小波与量子小波

(第一卷)

小波简史与小波基础理论

冉启文　冉　冉　著

科学出版社
北　京

内 容 简 介

《小波与量子小波》系统论述多尺度小波理论、线性调频小波理论和量子小波理论. 全书由十章以及包含 296 个练习题的四个习题集构成，分为相对独立的三卷.

第一卷介绍小波简史与小波基础理论，由第 1—5 章构成，核心内容包括小波与小波简史、小波与小波变换、小波变换规范正交性与小波逆变换、规范正交小波基、多分辨率分析与小波、小波链理论、小波包理论和小波金字塔理论.

第二卷介绍图像小波与小波应用，由第 6—8 章组成.

第三卷介绍调频小波与量子小波，由第 9 章和第 10 章以及包含 296 个练习题的四个习题集构成.

本书适合数学、统计学、物理学、信息科学与系统科学、力学、生命科学和医学、计算机科学、量子力学、信号和图像处理、航空航天科学、安全科学、军事学、地球物理学、化学、天文学、材料科学、能源与动力科学、测绘科学、电子学、机械学、环境科学、林学、经济学和管理学、土木建筑、水利工程、电气工程、交通运输等相关领域科学研究人员和工程技术人员参考，也适合高等院校相关专业高年级本科生、研究生作为学习与研究小波的教材或教学参考书.

图书在版编目（CIP）数据

小波与量子小波. 第一卷，小波简史与小波基础理论/冉启文，冉冉著. —北京：科学出版社，2019. 3

ISBN 978-7-03-060916-8

Ⅰ. ①小… Ⅱ. ①冉… ②冉… Ⅲ. ①小波理论 Ⅳ. ①O174.22

中国版本图书馆 CIP 数据核字（2019）第 050958 号

责任编辑：李静科 李 萍／责任校对：邹慧卿
责任印制：吴兆东／封面设计：无极书装

科 学 出 版 社 出版
北京东黄城根北街 16 号
邮政编码：100717
http://www.sciencep.com

北京凌奇印刷有限责任公司 印刷
科学出版社发行 各地新华书店经销
*
2019 年 3 月第 一 版 开本：720×1000 B5
2019 年 3 月第一次印刷 印张：29 3/4
字数：600 000

定价：198.00 元

（如有印装质量问题，我社负责调换）

献给我深爱的妻子

——冉启文

将此书献给我的母亲

因为她一直以来的支持与爱，这本书才得以完成

——冉　冉

前　　言

小波的出现是历史的必然，也是科学思想发展的必然.

小波是什么？这个问题已经在很多文献中被提出而且给出了各自的回答，其中典型代表应该是20世纪90年代初法国数学家迈耶(Meyer Y)在《小波与算子》中和比利时数学家朵蓓琪丝(Daubechies I)在《小波十讲》中给出的回答. 经过最近二十多年的快速发展以及对小波思想产生和发展历程的追溯，在“小波”名义下的各种研究无论是深度还是广度都已经出现了十分显著的变化，重新“定义”小波正当其时.

首先，小波思想的历史起源至少应该追溯到傅里叶在1807年初次提出而在1822年再次完善并最后递交法兰西科学院的《热的解析理论》核心科学研究方法——傅里叶频谱方法. 在对傅里叶频谱方法早期理解与表现形式的不断完善和不断抽象的过程中，最主要的几个发展和完善途径最终都走向了现代小波的范畴. 众所周知，傅里叶理论为近代和现代科学研究提供了著名的频谱分析方法，从该理论诞生之初就因为它存在深刻的内在问题而伴随着激烈且广泛的争论，这些争论使得傅里叶方法存在的各种内在问题迅速得到澄清和解决. 傅里叶变换理论的不断发展和完善，对现代数学基础、逻辑学基础以及哲学基础产生了根本冲击，这些问题深刻的继承性研究催生了现代科学中数学、物理学、逻辑学、哲学以及技术科学的许多新学科和新分支，每当回顾科学史、逻辑学史和哲学史这段科学英雄辈出、跌宕起伏的史诗般历史，我辈不禁心情激荡、浮想联翩，试想人类科学思维的两大核心问题，即“存在(哲学和物理学)与无穷(逻辑学和数学)”和“自我(存在)与思维(认识)”，这种困扰人类几千年的千古难题，其内在的矛盾超越人类最初朴素的哲学思维、逻辑学思维、物理学思维和数学思维，再次被赤裸裸地激发并直击人类思维的内核. 康托尔的“实无穷”理论(集合论)揭示和刻画了各种无穷之间的内在差异，各种集合论悖论的出现动摇了几千年哲学、逻辑学和数学的“朴素基础”，哥德尔的“不完备性定理”深刻揭示了逻辑体系(人类认识的系统知识)的“内在局限性”，更引发哲学家卢卡斯试图论证“人类智能与机器智能的绝对对立”或者“真与证之间的绝对差异”，这一切激起人们对人类智能、机器智能和人工智能的广泛研究热潮；到20世纪80年代，这些研究工作以语音识别与通信、语言和文字识别与翻译、计算视觉以及计算机机器智能(人工智能)等表达语音信息、视觉信息、图像和视频信息的多种方法和途径，直接导致和推动刻画“人类视觉特性”的马尔小波等“伸缩-平移”现代小波的产生和快速发展，回溯这种“伸缩(放大缩小)-平移”观察和研究自然界的科学思想，不仅可以把小波思想的历史追溯到更为久远的时代，也可以把小波内在的“伸缩-平移”功能从人类视觉系统的表达扩展到听觉、触觉等人类其他机体功能或者动物相应功能的表达，揭示小波思想的物理性质和客观存在性，从而把小波的“伸缩-平移”思想与大自然的演化史、人类和动物的进化史研究紧密结合起来，显著丰富小波研究的科学内涵并拓展小波应用的深度和广度.

其次，从 19 世纪末到 20 世纪上半叶，在量子力学思想和理论的产生、快速发展和形成完整理论体系以及狄拉克(Dirac P A M)符号系统出现的过程中，量子力学相干态和量子光学压缩态的刻画和描述研究，以加窗傅里叶变换的形式以及后来的“伸缩-平移”基的形式推动现代小波概念出现，同时促使了 20 世纪 80 年代量子态小波理论的产生和完善，几乎与此同时甚至更早一些，量子力学核心理论中薛定谔方程的研究和求解，诱导了线性调频小波理论的产生并在与现代光学和量子光学结合的基础上形成相对独立和相对完善的(有的文献称为分数阶傅里叶算子)现代线性调频小波理论；20 世纪 80 年代末，量子力学与计算机理论和计算科学理论的融合，促使了量子计算机和量子计算方法理论的产生和极其迅速的发展，在这个过程中，小波以量子比特运算酉算子，即量子比特小波的形式意外出现，并激起人们广泛的研究兴趣. 另一方面，傅里叶基十分简单的伸缩构造形式以及普遍的非局部化特征的矛盾关系，促使函数、算子、信号和图像等的表达、分析和处理的理论以及方法朝着“构成结构简单”兼顾“局部几何表达(时频联合表达)”的方向不断深入和发展，从 20 世纪初开始以函数空间各种意义的“基”的形式循序渐进地并最终以时频分析、伸缩-平移小波和线性调频小波的形式促使现代小波的出现，如果以哈尔(Haar A)小波规范正交基为起点且以规范正交小波基的一般构造方法，即马拉(Mallat S)和 Meyer 建立的多分辨率分析方法的出现作为结束标志，那么，这个过程前后持续了八十多年. 之后，这种具有尺度伸缩和位置移动的局部化(规范)正交小波基理论跨越学科的限制在几乎整个科学研究领域得到了广泛关注和普遍应用，更让人吃惊和意外的是，随着时频小波理论和这种多尺度小波理论研究的不断深入，居然发现多尺度小波仅仅是以加窗傅里叶基(量子相干态或者量子态小波)为最早代表的时频小波的一类特殊存在，从傅里叶变换出发分别发展起来的两种分析方法，经过几十年独立地不断完善，最终通过非常偶然的途径在纯粹理论形式上被统一在一个理论框架内.

在对小波思想和理论发展历程的简单认识基础上，考虑到小波理论体系和小波应用自 20 世纪 90 年代以来取得的丰硕理论研究成果和极其广泛的应用成果，我们将“小波”界定为“多尺度小波”“线性调频小波”和“量子小波”这样三类内涵．“多尺度小波”特别是20世纪80年代和90年代出现的由Mallat和Meyer建立的多分辨率分析理论以及由Daubechies创立的紧支撑对偶(共轭或者双正交)小波理论，因为在科学研究和工程技术研究众多领域得到迅速应用而广为人知，与此相关的常用名词是伸缩-平移小波、时频小波、时间-尺度小波、空间-尺度小波、规范正交小波、双正交小波、正交和双正交小波包等，以及后来紧接着出现的提升格式(第二代)小波、曲波和脊波等小波；“线性调频小波”和“量子小波”直接产生于量子力学和量子计算理论，特别是由量子态小波和量子比特小波组成的量子小波，其相对完善的理论体系出现得比较晚，但这些小波理论潜在的理论意义和应用价值仍然不容小觑．

多尺度小波和线性调频小波的“尺度”都是非线性的．前者的“尺度”虽然形式上分布在整个实数轴上，但本质上“尺度”可以仅限于正实数全体，而且，发挥作用的具体形式是“对数函数线性的”．正是这个原因决定了多尺度小波构成函数空间规范正交基的方式，在连续状态下必须利用全部正实数尺度和全部实数位置移动，而且在理想离散状态下，伸缩尺度被选择为 2 的全部整数幂次，而位置移动量选择为2的全部整数幂次的所有整数倍数．线性调频小波的“尺度”，即“调频率”，形式上也分布在整个实数轴上，实际上完全可以限制在正实数范围内，而且，发挥作用的具体形式是“三角函数线性的”，更详细地表现为“余切函数线性和余割函数线性”，这决定了线性调频小波构成函数空间规范正交基的方式有别于多尺度小波，每当确定“调频率”数值的参数之后，线性调频小波就提供了函数空间的一组规范正交小波基；除此之外，考虑到线性调频小波算子的可交换性以及“调频率”控制参数的可加性要求，需要函数空间的线性调频小波规范正交基之间或者线性调频小波算子之间必须满足“阿贝尔群限制”，即由“调频率”控制参数决定的线性调频小波算子集合构成一个阿贝尔群，这样，线性调频小波理论本质上就是利用调频类函数或者调频类函数组合构造函数空间规范正交基族的一般理论．量子小波的数学本质与多尺度小波和线性调频小波是一样的，但它具有更清晰的物理意义．首先，量子态小波体现为量子力学系统的特殊量子态，它的压缩态产生一系列相互正交的基本量子态，可以将量子力学系统的任意量子态表达为这些基本量子态的“态叠加”．这里需要强调的是，这些相互正交的基本量子态具有普遍的通用功能，任何量子力学系统的任意量子态都能够被这组“基本态”正交地表达，无论是什么样的量子力学系统，而且无论这个量子力学系统采用何种“表象(坐标系)”方法，比如位置表象，或者动量表象，或者任何其他合适的表象，这个结论都是成立的！这个特征很容易联想到量子力学狄拉克符号体系的作用，即用专门的符号和符号形式演算系统表达量子力学的运算和规律(定律)，而无论量子力学系统采用何种表象，同一个运算或者同一种规律(定律)始终表现为相同的形式符号或者形式符号演算关系．

从这个意义上说，量子态小波理论体系与量子力学狄拉克符号体系处于同样的“抽象程度”或者“普适程度”. 其次，量子比特小波本质上是量子比特运算酉算子，是量子小波的另一类表现形式，可以大致理解为离散形式的量子态小波. 量子计算机和量子计算理论是20世纪90年代末量子力学与计算机理论以及计算科学理论的融合，在此基础上产生的量子比特小波出现得比较晚，时至今日也只有将近二十年的发展时间，虽然人们已经获得了一些重要的研究成果，但理论体系尚未十分完善. 考虑到量子计算机和量子计算理论未来可能对科技和社会带来不可估量的巨大推动作用以及小波思想和理论独特的显著方法论优势，我们深信量子比特小波理论研究必将迎来小波理论与应用研究的又一个高潮.

回顾小波的简短历史可以发现，雏形的量子态小波与多尺度小波有着密切的关系，正是格拉斯曼(Grossmann A)与莫勒特(Morlet J)在20世纪70年代末和80年代初的开创性“小波”理论研究工作以及他们在这个研究工作中引入的科学名词“wavelet”(小波)，标志着多尺度小波的现代形式得以确立，同时也标志着在紧随其后十几年内多尺度小波理论飞速发展并在极其广泛的科学研究领域带动小波热潮出现的真正开端，具体出现在这个标志性和里程碑式的小波理论研究工作中的量子态小波雏形就是压缩态量子小波！其实，在此之前的20世纪40年代初，量子态小波的更“粗糙的”雏形即相干态量子小波就出现在量子力学理论研究中，基于这些明显的而且充足的理由，即使把现代小波的全部理论都称为量子小波理论，也是完全可以接受的！考虑到多尺度小波理论研究取得的十分丰富和广泛的累累硕果以及完善的数学理论体系，同时尊重学术文献术语的俗成惯例，本书把对数函数线性的尺度伸缩-线性函数位置移动的小波以及离散形式的对数线性尺度-线性位置移动的小波统称为多尺度小波，而在不至于引起混淆的条件下，有时就直接简称为小波.

因此，本书的小波将包含丰富的逻辑内涵，体现为多尺度小波、线性调频小波和量子小波. 这样的小波具有将近两百年的历史渊源和传承，它是从20世纪80年代才得以真正兴起的深邃的科学思想和方法，其产生、发展、完善和应用直接受惠于数学、物理学、量子力学、计算机科学、信息科学、生物学和医学等广泛科学技术研究领域众多科学家和工程师们的卓越智慧和共同努力，小波的发展史淋漓尽致地展现出它是现代数学、现代物理学与现代科学技术研究交互推动的完美典范. 小波的思想简单、优美且普适，其数学理论是从一个或少数几个特别的函数出发，经过简单的“伸缩”和/或“平移”构造函数空间的规范正交基，其科学理念一脉相承于显微镜的思想精华，以任意的伸缩倍数聚焦于研究对象的任意局部位置，获得任意层次相互独立的局部细节. 小波在科学界享有“数学显微镜”的美誉.

《小波与量子小波》系统论述了多尺度小波理论、线性调频小波理论和量子小波理论. 全书由十章和四个习题集(共296个练习题)构成, 分为相对独立的三卷, 分别是《小波与量子小波(第一卷): 小波简史与小波基础理论》《小波与量子小波(第二卷): 图像小波与小波应用》和《小波与量子小波(第三卷): 调频小波与量子小波》.

第一卷由第 1—5 章构成, 核心内容包括小波与小波简史、线性算子与狄拉克符号体系(预备知识)、小波基本理论、多分辨率分析与小波、小波链理论与小波包理论. 在第 1 章中, 首先罗列了十几类典型的经典小波以及雏形小波, 其次从四个不同的历史发展途径重点阐明小波思想和方法对"尺度伸缩"和/或"位置移动"这种观察方法和科学研究方法的历史传承和发扬光大, 以及逐步抽象、完善并最终形成体系完备、宏大的现代小波理论. 第一个途径从傅里叶方法的收敛性和唯一性问题出发, 历经对函数概念的完善、傅里叶方法收敛性的探索和完善、傅里叶方法三角函数基简洁"伸缩正交特性"的一般化推广、(自由)集合论及其悖论的出现、选择公理与直觉悖论的确立、逻辑体系"不完备定理"的出现、机器智慧(人工智能)与人类智慧的对立、机器智慧悠久历史的简短回顾, 直到 20 世纪 80 年代在视觉计算理论中马尔小波的出现, 穿越哲学、逻辑学和数学朴素基础被动摇, 继而其现代基础得以建立的激荡人心的岁月, 才得最终以"人类视觉系统(人类智慧)计算理论即人工智能"的形式进入现代小波理论研究领域; 第二个途径从傅里叶级数构造的美妙"自相似"出发, 历经经典的"分形图像"、河流流量观测随机序列、随机变量和随机过程的斯德布尔分布、刻画流体性质的混沌和湍流理论的出现及其悠久历史的简短回顾、典型湍流理论中出现的"尺度与湍流性质的依赖关系""自相似性"与分形几何理论的出现, 直到 20 世纪 80 年代末和 90 年代初混沌、湍流和分形理论研究中小波方法的出现, 才得以进入现代小波理论研究领域; 第三个途径始于傅里叶级数方法中"傅里叶基"或者"三角函数基"的构造形式和简单结构, 其中最清晰的发展主线是为(区间上)平方可积函数空间构造和提供各种形式的"基"或者"规范正交基", 要求这些基构造方法简单而且结构整齐统一, 在大约八十年的历程中, 关键的两个标志点分别是"单位算子的理想谱分解或者谱展开"(比如"Calderón 恒等式")和"伸缩和/或平移构造方法"(比如"格拉斯曼-莫勒特(Grossmann-Morlet)小波"), 直到 20 世纪 80 年代末和 90 年代初多分辨率分析方法和规范正交小波基或者共轭正交小波基的出现; 第四个途径始于 19 世纪末和 20 世纪初创立的量子力学, 历经相干态量子小波以及量子光学压缩态量子小波, 到 20 世纪 80 年代以量子力学为出发点出现两种类型的小波, 即线性调频小波和量子态小波, 前者在某些文献中被称为"分数阶的傅里叶变换", 其雏形更是在 20 世纪 30 年代就被提出了; 后者是指数伸缩尺度叠加线性位置移动的波函数形式的量子小波, 与量子场论研究中的重正则化问题研究关系密切, 直到 20 世纪 90 年代末在量子计算机和量子计算理论基础上出现了以量子比特运算酉算子形式表示的量子比特小波, 这相当于量子态小波的量子比特形式，其算子形式总可以表示为有限维的酉矩阵或者正交矩阵. 第 2 章的线性算子与狄拉克符号体系是预备知识，在线性算子部分重点介绍与线性空间的基特别是规范正交基相关的知识和线性算子的谱表示方法，另外，罗列了几个典型的线性算子；狄拉克符号体系论述本书后续章节需要使用的与量子力学相关的最基本的概念和符号. 第 3 章是小波基本理论，这里论述多尺度小波和小波变换的基本概念及其离散形式，重点突出了最典型的离散形式，即规范正交小波基的相关内容. 第 4 章研究多分辨率分析与正交小波的相互关系，重点论述和证明多分辨率分析正交小波构造的方法和理论，最终建立正交小波构造的充分必要条件并给出正交小波构造的一种具体形式. 第 5 章在多分辨率分析理论框架下研究函数的小波分解和合成算法、小波分解链和合成链以及小波包理论，同时利用正交小波构造过程中建立的有限系数低通和带通滤波器理论，研究有限维向量或者函数和信号的有限采样序列的小波分解、小波链分解和小波包分解算法理论. 这些研究内容构成了全书的第一卷.

第二卷由第 6—8 章组成，主要内容包括图像小波与图像小波包理论、多分辨率分析理论应用和小波理论与应用三部分. 在第 6 章的图像小波理论研究中，详细论述了张量积形式的二维多分辨率分析的构造方法以及二维规范正交尺度函数基和规范正交小波基的构造形式，在二维多分辨率分析理论框架下，建立二维小波包理论体系以及物理图像的小波分解合成和小波包分解合成算法，在这一章中，系统讨论和创建了光场小波理论和光场小波包理论，引入超级图像的概念，即图像任何像素处对应一个“二元函数”或者“普通图像”，而不仅仅是普通图像在各个像素处的灰度数值，这样，当各个像素处的“二元函数”或者“普通图像”是脉冲函数或者 δ-函数时，超级图像的概念就包含了普通图像作为特例，当然，如果各个像素处的“二元函数”或者“普通图像”被理解为算子的或者线性变换的核函数，这种超级图像每个像素处就对应一个线性变换或者线性算子，这时，超级图像就是大量算子或者线性变换构成的算子族，超级图像处理或者变换分析就相当于按照某种统一的模式比如图像小波或者图像小波包的模式同时分析处理一个算子族或者线性变换族中的所有算子或者线性变换. 这样，超级图像的概念就能统一表达物理图像、离散图像、数字图像和光场以及对它们进行统一的图像小波分解合成、图像小波包分解合成、图像小波链分解合成、金字塔式图像小波包分解合成理论. 这种表达方式和研究模式是本书的独特创新模式，这样，超级图像的图像小波理论、图像小波包理论、图像小波链理论以及图像金字塔理论最终表现为超级图像金字塔理论这种统一的理论形式，而且，在这个理论体系中包含了物理图像、(无穷维)离散图像、数字图像以及光场理论所有二维函数形式，甚至也包含了前述这些二维函数形式的各种可能的混合组合形式. 因此，在“图像小波和图像小波包理论”的名义下，利用超级图像的概念，在本质上建立了包括传统意义的图像、算子(线性变换)、算子族的小波理论、小波包理论以及金字塔理论的统一的理论框架．实际上，如果读者具备关于像脉冲函数或者 δ-函数这样的广义函数或者“分布”的基本知识，那么，只要将此处超级图像各个像素处对应一个这样的“广义函数”或者“分布”，就可以获得“广义函数族”或者“分布族”相对应的图像小波理论、图像小波链理论、图像小波包理论、图像金字塔理论以及相对应的分解合成算法理论．这些研究成果为新颖的小波光场理论、小波光学理论和光信息处理理论的建立奠定了宽广而坚实的理论基础．在第 7 章的多分辨率分析理论应用研究中，重点研究几个典型的多分辨率分析，详细研究了 Daubechies 的紧支撑或者有限系数多分辨率分析理论，其中包括正交的、共轭正交的多分辨率分析理论以及相应的紧支撑小波包理论；第 7 章的另一个重要内容是在多分辨率分析理论框架下的时频分析理论体系，在这里建立了非常精妙的小波谱和小波包谱理论以及小波和小波包理论对时频分析局限性的根本突破，特别是对测不准原理从最终表达形式以及赖以成立的基本概念“频率”的彻底否定，从而为信号(函数)、图像、算子和分布的表达及处理提供非常新颖有效而且简单明了的理论方法和理论体系．作者尚未发现有关多分辨率分析这种应用专题以及系统论述的类似文献，本书在这里的论述是十分精彩的．在第 8 章的小波理论与应用研究中，详细阐述了小波理论和小波包理论的四类典型应用实例，即线性算子小波快速算法理论、恒分辨率小波理论和小波包理论及其算法理论、视觉计算理论与马尔小波理论、周期小波理论和周期小波级数理论以及与傅里叶级数理论的有趣对比．小波理论的应用已经深入渗透到十分广泛的科学研究以及技术研究领域，将小波思想方法、小波包思想方法和多分辨率分析方法融入各种科学技术问题研究中，常常能够获得意想不到的效果．本章深入浅出、循序渐进地研究和阐述了所选定的四类小波应用专题，线性算子小波快速算法主要涉及线性算子在规范正交小波基和规范正交小波包基下的表示问题，恒分辨率小波理论和小波包理论本质上是利用在多分辨率分析理论体系下冗余尺度函数基和小波函数基获得信号(函数)、图像、算子和分布的表达方法，视觉计算理论和马尔小波理论的研究重点集中在人工智能(视觉信息或者光信息)研究方法中的信息表达和信息传输模式的问题，选择这个小波应用专题的更深刻的动机在于，它不仅是小波思想和理论产生的重要源泉，而且这个问题以及研究结果还非常突出地表明，小波不仅仅是一种思维方法和抽象的数学和逻辑理论方法，也是人类视觉系统信息表达和传输功能的恰当描述，即小波是具有客观物理意义和生物学意义的，我们深信这个成果对于研究模拟人类智能活动的人工智能方法具有非常重要的示范效果和启迪意义．周期小波理论研究的核心问题是多分辨率分析的周期化，本书在这里比较深入全面地探讨了周期小波级数理论与傅里叶级数方法各自的优势和局限以及它们之间的关系，有利于获得对小波级数方法和傅里叶级数方法从理论到应用的客观准确认识.

第三卷由第 9 章和第 10 章以及总共 296 个练习题的四个习题集构成, 这也是本书的显著特点, 特征鲜明. 在调频小波部分的研究中, 重点利用多个调频率的线性调频函数按照统一的线性组合模式构造平方可积函数空间的规范正交基, 要求组合系数函数满足一组给定的公理, 保证相应的线性调频小波算子族构成一个阿贝尔群. 因为这种按照线性组合模式从一些特定的酉算子构造新的酉算子群的方法对于参与组合的酉算子列并没有过分严格的限制, 所以, 可以采用递归方式利用已经构造获得的酉算子群产生酉算子列, 重复这种模式再次构造新的酉算子群. 本书仔细论述了这种递归构造方法模式的相关问题, 最终获得了耦合线性调频小波函数系. 在通常条件下, 这种耦合线性调频小波函数系将不再重现参与线性组合的已知酉算子列, 这个显得稍微有些奇怪的性质, 为耦合线性调频小波函数系或者小波算子在光学图像信息安全研究中的应用奠定了关键的理论基础. 线性调频小波理论的核心问题是, 根据依赖于某个连续取值的参数决定的酉算子族的离散采样酉算子序列, 特别是这个参数等间隔取值产生的采样酉算子序列,产生的耦合线性调频小波算子族与原始的酉算子族的关系, 当耦合线性调频小波算子族与原始酉算子族完全重合时, 就相当于得到了原始酉算子族的采样插值重构公式, 这是算子逼近理论期望得到的主要结果; 当耦合线性调频小波算子族与原始酉算子族之间存在显著偏离时, 就为利用已知可视显示方式的信息实现安全信息隐藏提供了新的理论途径. 线性调频小波理论为分数傅里叶光学以及光学信息处理方法提供了新的理论框架. 在第 10 章的量子小波理论研究中, 详细回顾了在量子力学理论研究过程中, 量子态小波经历相干态量子小波、压缩态量子小波最终发展成为具有现代小波形式的量子小波的过程. 此外, 利用量子光学压缩态的方法重点研究了量子态“伸缩-平移”小波算子按照狄拉克符号体系的表示问题, 最终将量子力学系统任意量子态或者波函数的量子态小波变换表示为量子态“伸缩-平移”算子矩阵表达式中的矩阵元素. 作为示范, 在书中演算并具体给出了几个量子态小波的表达形式以及波函数的量子态小波变换, 在这个过程中, 顺便计算得到了线性调频形式的量子态小波以及它与伸缩-平移量子态小波联合实现波函数量子态小波变换的演算实例. 在量子比特小波的研究中, 在量子计算机和量子计算理论基础上, 将量子比特小波作为量子比特运算酉算子, 重点研究这类酉算子的分解表达形式以及量子计算实现所需要的量子线路和网络的构造问题. 考虑到量子比特小波计算的通用性要求, 按照克罗内克(Kronecker L)矩阵乘积或者算子乘积方法以及矩阵或者算子直和的方法, 尽量将小波包算法和金字塔算法需要的量子计算问题和量子计算实现问题转化为一些最简单的量子比特运算酉算子的组合, 比如在量子 Haar 小波和量子 Daubechies 小波的小波包量子算法以及金字塔量子算法实现过程中, 利用包括量子比特傅里叶算子、量子比特交叠置换算子、量子比特翻转置换算子等在内的已知量子比特运算酉算子，经过克罗内克算子乘积和算子直和，最终获得由高效且物理可行的量子计算实现小波包算法和金字塔算法的量子计算线路和线路网络，同时获得量子计算效率为量子比特位数多项式的综合评估结果.

第三卷中的 296 个练习题，涵盖了傅里叶级数基本性质、傅里叶变换基本性质、离散或者有限傅里叶变换的基本性质、多分辨率分析、小波基本理论、时频分析理论、小波链理论、小波包理论以及金字塔理论，图像小波理论、图像小波链理论、图像小波包理论、图像金字塔理论、超级图像小波理论、超级图像小波链理论、超级图像小波包理论以及超级图像金字塔算法理论、有限数字图像小波算法和小波包算法以及金字塔算法理论等.

在撰写全书的过程中，第一卷内容中涉及预备知识的量子力学和狄拉克符号体系、量子态小波、量子比特小波示例以及相应论述的部分由冉冉主笔完成，其余大部分由冉启文主笔完成；第二卷内容中涉及二维多分辨率分析理论、小波光场理论、图像和超级图像小波理论以及小波包理论的部分由冉冉主笔撰写，其余内容由冉启文主笔撰写；第三卷的第 9 章线性调频小波理论相关内容由冉启文主笔、冉冉辅助完成，第 10 章量子小波理论的相关内容由冉冉主笔、冉启文辅助完成，出现在第三卷最后部分的 296 个练习题由冉冉和冉启文共同完成. 全书工作量的大约 70%由冉启文完成，大约 30%由冉冉完成，全书由冉启文统稿.

作者用了三年多的时间撰写《小波与量子小波》，参考了大量文献，也参考了第一作者以前在科学出版社和国防工业出版社等出版的与小波理论、分数傅里叶变换以及分数傅里叶光学相关的著作. 书中大部分内容从 20 世纪 90 年代开始一直被用于硕士和博士研究生学位课程“小波理论与应用”的课堂教学，颇受学生欢迎. 书中部分内容从 2013 年开始在超星学术网上作为网络公开课程“小波理论与应用”实现网络授课，深受读者好评. 全书第一卷的小波基本理论和第二卷的图像小波理论以及第三卷的线性调频小波理论的部分内容被用于从 2015 年开始为本科生开设的暑期创新课程“小波方法及其在现代科学研究中的应用”的课堂教学，从 2016 年开始慕课课程“小波与科学”在“学堂在线”上线授课，课程内容涉及本书第一卷的小波与多分辨率分析理论和第二卷的图像小波理论中的大部分内容.

《小波与量子小波》凝聚了作者多年的科学研究和小波教学的成果，在二十多年储备和沉淀的基础上，经过多年深入和反复撰写、修改和完善，融合了几十项课题研究理论成果和超过二十年的教学资源，比如教学笔记、课程报告专题论文等，精心布局和规划，最终形成该书目前的风格，检索结果表明，国内外未见风格相同或者相近的小波理论著作出版发行，受限于作者的能力、时间和精力，全书内容的把握和叙述难免挂一漏万，谨乞读者谅解并不吝赐教.

小波博采数学、物理学、计算机科学、信息科学、生命科学和医学、经济学和管理学等学科之众长，小波思想和方法具有极其广泛的普遍适应性，而且，在其萌芽、产生、发展、完善以及最终获得十分广泛应用的过程中，得益于哲学、自然科学、信息科学和社会科学等领域众多科学家和工程师卓绝智慧的雨露滋润，演绎成为小波时代人类智慧鸿篇铸就的科学交响篇章，盛享“数学显微镜”之美誉.《小波与量子小波》只不过是博大精深、优美和谐的小波智慧之沧海一粟，作者谨期望它能够对数学、统计学、物理学、信息科学、机械学、信号和图像分析处理、信息安全、量子信息和量子计算、生命科学和医学、计算机科学、经济学和管理学等学科领域的研究人员有所裨益，能够成为高等学校相关专业高年级大学生、硕士研究生和博士研究生的小波理论学习教材或参考书的有益选项.

如果将《小波与量子小波》作为小波理论课程的学习教材，那么可以考虑以第3—6 章作为课堂授课的主要内容，让学生对小波的核心思想和理论有深刻的理解；将第 7, 8 章作为专题讨论的选题，以这些示范性的小波构造方法、小波应用典范以及用小波思想升华一些经典科学基本概念实例，引导学生尝试创造性学习和掌握自主构造小波、应用小波思想和理论研究解决各自学科或者课程中遇到的科学或者技术问题、拓展和升华科学思维方法以及科学思维方法论；将第 1 章和第 9, 10 章作为扩展阅读材料，结合书中罗列的丰富文献资料，帮助读者了解和深入理解小波得以产生和发展的历史渊源和历程以及将来可能具有重要理论意义和潜在应用价值的新兴研究方向和新兴研究领域. 另外，如果能够具备一定的条件，我们强烈推荐并建议，组织临近学科和交叉学科的学生形成学习团队，争取利用小波思想、小波方法和小波理论针对相应领域、相应学科联合解决相关专业典型科学技术问题，以获得相关典型问题的新认识，甚至达到重新理解和表达相应的科学技术问题形成学科研究的新兴领域和新的发展支撑点. 回顾小波简史和最近二十年小波理论研究以及应用研究的快速发展，通过对第 7—10 章研究成果和研究内容的论述，结合小波思想、方法和理论广泛的普适性以及方法论优势，作者关于小波研究和小波教学的前述两个建议，具有十分明显的时效性和紧迫性.

开始撰写《小波与量子小波》虽然只是最近几年的事情，但密切关联的研究工作以及小波课程教学资源的积累过程前后延续超过二十年，在这个过程中我们得到了许多的帮助和支持，一直心存感激，借此成书的机会一并表示感谢.

感谢已故洪家荣教授和冯英浚教授，正是两位教授的支持与帮助坚定了第一作者在 20 世纪 90 年代选择多尺度小波与分数傅里叶变换(线性调频小波)相关关系的研究工作. 感谢舒文豪教授以及第二作者在哈尔滨工业大学学习期间的导师刘树田教授，与他们的广泛讨论启迪作者研究并逐渐认识到多尺度小波与分数傅里叶变换(线性调频小波)的相似性.

感谢已故中国科学院院士马祖光教授、作为第一作者在博士后研究期间合作导师的王骐教授和马晶教授，与三位教授的学术交流和学术讨论如沐春风、受益匪浅，开启了第一作者系统构造线性调频小波和耦合调频小波的研究方向；同时感谢马晶和谭立英夫妇，与两位教授从20世纪90年代开始的友谊以及在光学、小波光学、分数傅里叶光学和卫星激光通信等领域的全面深入合作研究，深度影响了《小波与量子小波》的写作风格，特别是长期无私的讨论和争论形成的小波波前滤波思想和分数傅里叶光学调频域滤波思想，深深影响了本书图像小波理论、小波光场理论和线性调频小波理论的论述风格.

感谢已故中国工程院院士张乃通教授，他生前大力推动小波理论在通信理论和技术研究中的应用，积极组织团队加强小波方法与超宽带无线通信方法和技术的融合、多尺度小波和线性调频小波方法与多域协同通信理论和方法的交叉联合研究，在他生前的最后几年，还特别鼓励和推荐第一作者将这些交叉融合研究成果撰写并公开出版，虽然因为各种原因未能完成这些成果的独立出版，但其中部分成果已经融入本书的相关章节，希望对相关领域研究者和学生有所裨益，告慰辞世不久的张乃通院士.

感谢沙学军教授针对小波方法在通信理论和技术研究中应用的有益建议和无私讨论，特别是在基于加权分数傅里叶变换域的多分量多天线通信方法研究和异构网络协同信号处理理论与方法研究过程中深入的、全方位的交流和探索，启发第一作者在本书的撰写过程中重新考虑并采用更恰当的方式阐述多尺度小波理论和线性调频小波理论的某些问题.

感谢严质彬教授，第一作者和他三十多年的友谊一直伴随着小波、分形和混沌、随机过程和随机计算算法等理论的发展以及关于这些理论应用的长期、广泛而且深入的讨论和争论，受益良多，深刻影响着第一作者在《小波与量子小波》中对小波理论以及小波应用某些专题研究的理解和诠释.

除此之外，张海莹博士、赵辉博士、魏德运博士、杨中华博士、赵铁宇博士、袁琳博士、陈冰冰硕士和在读博士研究生王玲参与了部分文献资料的搜集整理工作，在“小波与科学”慕课课程建设过程中，张海莹博士、肖宇博士、杨占文博士、李莉博士和袁腊梅博士部分参与了将《小波与量子小波》中多尺度小波理论的部分内容转换成线上课程内容的工作，在此一并表示感谢.

《小波与量子小波》能够顺利出版，感谢哈尔滨工业大学研究生院和本科生院的资助和大力支持！特别感谢“973”计划课题“资源复用与抗干扰机理(2007CB310606)”和“异构网络协同信号处理理论与方法(2013CB329003)”的资助和大力支持！感谢国家自然科学基金项目“基于加权分数傅里叶变换域的多分量多天线通信方法(61671179)”的资助和大力支持！

最后，感谢吕春玲女士，不仅因为她对作者长期在工作、生活等多方面的关心和照顾，更因为她在《小波与量子小波》的成书过程中付出了大量的时间和精力，完成了十分繁重的相关资料整理、文字编辑排版以及巨量的数学公式和符号编排工作，同时，在将《小波与量子小波》的部分早期内容以“小波理论与应用”的课程名称在‘超星学术网’上公开授课过程中，以及在按照‘学堂在线’要求将《小波与量子小波》中多尺度小波理论的部分内容和习题转换、处理、编辑和整理成为在线慕课课程“小波与科学”的过程中，她完成了超出想象的大量繁琐复杂工作，深得相关网站工作人员的好评和赞赏. 作者再次感谢她，唯愿《小波与量子小波》的出版能够对相关领域科学技术研究人员和学生理解及应用小波有所助益，以此回馈和报答她的辛勤付出！

冉启文
2018 年 4 月于中国哈尔滨
冉　冉
2018 年 4 月于加拿大多伦多

目　录

第一卷　小波简史与小波基础理论

第二卷　图像小波与小波应用

第三卷　调频小波与量子小波

第 1 章　小波与小波简史

小波有百年的历史渊源和传承，是从 20 世纪 80 年代才得以真正兴起的深邃科学思想和方法，其产生、发展、完善和应用直接得益于数学、物理学、量子力学、计算机科学、信息和通信科学、生物学和医学、电子科学、宇宙学、精密机械学、经济学和管理学以及模式识别、信号和图像处理、航空航天等研究领域众多科学家和工程师的卓越智慧和共同努力，小波的发展史淋漓尽致地展现出它是现代数学、现代物理学与现代科学技术研究交互推动的完美典范.

小波思想简单、优美且普适，其数学理论是从一个或几个特别的函数出发，经过简单的“伸缩”和/或“平移”构造函数空间的规范正交基，其科学理念一脉相承于显微镜的思想精华，以任意的伸缩倍数聚焦于研究对象的任意局部，获得任意层次相互独立的局部细节. 小波在科学界享有“数学显微镜”的美誉.

1.1　小　　波

小波是一些特别的函数，以它们中的一个或几个函数通过尺度伸缩和位置平移产生的函数为基本单元，能够把数据、函数、信号、声音、乐曲、图像、算子和量子态等数学、物理、技术以及工程等科学技术的对象有效解剖成随尺度伸缩和位置平移变化而且特征鲜明的成分，同时保证利用这些成分能够忠实重塑被解剖的各种研究对象. 小波分析理论或小波变换理论的任务是，针对科学技术的研究对象以及研究目的，构造或寻找合适的小波函数，能够充分突出研究对象小波成分的特征，形成和/或获得对研究对象更深刻的认识，或者，能够快速提供便于进一步分析处理和/或高效表达研究对象的小波成分. 这是小波和小波变换的形式化解释.

小波产生的漫长曲折的历史和小波应用的广泛性表明，小波是数学、物理学、量子力学、通信和信息科学、生物学和医学、地球物理学、大气科学、宇宙学、混沌和湍流科学等学科领域“变换思维”的“统一的思想库”. 从 1910 年 Haar 规范正交小波基这样的个例开始，特别是 20 世纪 80 年代以来的三十多年，在“小波”的名义下，来自众多学科的科学家和大量工程技术领域的工程师们不断创造、逐步丰富并完整建立了一个方法论统一、算法结构统一的“变换方法库”和“变换思想库”，这个“变换方法库”和“变换思想库”提供了比历史上任何以“变换”的名义命名的方法和理论都更有力、更有效而且也远为丰富的变换分析手段和计算方法.

小波思想与早期的原子分解思想体系极其类似但又绝不雷同于原子物理学和核物理学的物质世界构造的哲学思想和方法论，为物质世界、脑科学、生物医学、社会科学等提供独特多视角"存在的"哲学观和方法论.

小波的历史传承起点可以标定在 1807 年由傅里叶建立的三角函数级数方法和傅里叶积分变换方法(1822 年初次出版，2008 年在北京大学出版社出版中译本)，本质上与小波和小波思想创立直接相关的早期典型工作分别是在各个不同的研究领域独立出现的. 比如，从事函数和函数表示研究的 Haar (1910, 1930)提出的特别简单的函数，即现在著名的 Haar 函数或 Haar 小波；在纯粹数学调和分析领域，Calderón (1963, 1964)建立的恒等算子 Calderón 分解公式；在物理学量子力学研究领域，Aslaksen (1968, 1969), Klauder (1963a, 1963b, 1964a), Klauder 和 McKenna (1964), Klauder 等(1969), Klauder 和 Sudarshan (1968)等构造的$(ax+b)$群伸缩平移型相干态，以及 Paul (1984, 1985, 1986, 1990), Paul 和 Seip (1992)在研究小波与量子力学等问题时提出的与氢原子哈密顿算子相关联的$(ax+b)$群伸缩平移型相干态；在工程技术研究领域, Esteban 和 Galand (1977), Galand 和 Nussbaumer (1984)和 Croisier 等(1976)为改善数字电话语音传输效果而建立的正交镜像滤波器，后来，Smith 和 Barnwell (1984, 1986), Vetterli 等(1986, 1992, 1996)在电机工程研究中实现的完美重建正交镜像滤波器和子带编码方法，特别是在地球物理学研究中，Morlet 等(1981, 1982a, 1982b, 1983)为了进行科学数据分析首次提出的"小波"方法(这是小波英文单词 wavelet 首次出现)，在数字图像处理研究中，Burt 和 Adelson (1983a, 1983b)创立的紧图编码拉普拉斯金字塔方法以及作为金字塔方法极限出现的(二维张量积形式的)小波方法等. Meyer 和 Ryan (1993), Daubechies 等(1991)和 Jaffard 等(2001)更是揭示和论述了小波在包括数学、物理学、量子力学、分形与混沌理论、湍流理论、天文学、天体物理学和宇宙学等学科领域研究中的广泛应用.

在这些小波中，最早出现的是 1910 年的 Haar 函数或 Haar 小波. 这个函数非常简单，定义如下:

$$\psi(x)=\begin{cases}1, & x\in[0,0.5)\\ -1, & x\in[0.5,1)\\ 0, & x\notin[0,1)\end{cases}$$

这时，这个函数的伸缩平移函数系 $\{\psi_{j,k}(x)=2^{j/2}\psi(2^jx-k);(j,k)\in\mathbb{Z}^2\}$ 构成平方可积函数空间 $\mathcal{L}^2(\mathbb{R})$ 的规范正交基，这就是 Haar 小波，而且是一个正交小波.

下面罗列一些著名的小波和小波构造方法.

1.1.1 Grossmann-Morlet 小波

小波函数 $\psi(x)\in\mathcal{L}^2(\mathbb{R}^n)$，满足限制条件:

$$\int_0^{+\infty} |\Psi(t\xi)|^2 \frac{dt}{t} = 1, \quad \text{a.e.}, \quad \xi \in \mathbb{R}^n$$

其中

$$\Psi(\xi) = (\mathcal{F}\psi)(\xi) = (2\pi)^{-\frac{n}{2}} \int_{\mathbb{R}^n} \psi(x) e^{-ix\cdot\xi} dx$$

是 $\psi(x)$ 的傅里叶变换，满足如下逆变换关系：

$$\psi(x) = (2\pi)^{-\frac{n}{2}} \int_{\mathbb{R}^n} \Psi(\xi) e^{ix\cdot\xi} d\xi$$

而且连续小波表示如下：

$$\psi_{(\mu,s)}(x) = \frac{1}{\sqrt{s}} \psi\left(\frac{x-\mu}{s}\right), \quad s > 0, \quad \mu \in \mathbb{R}^n$$

有时额外要求 $\psi(x)$ 具有如下定义的 m 阶消失矩(一元函数，m 是自然数)：

$$\int_{-\infty}^{+\infty} x^{v} \psi(x) dx = 0, \quad v = 0,1,2,\cdots,(m-1)$$

这样, Grossmann-Morlet (1985, 1986)小波分析体现为如下重建公式：

$$f(x) = \int_0^{+\infty} \int_{\mathbb{R}^n} \mathcal{W}_f(\mu, s) \psi_{(\mu,s)}(x) s^{-(n+1)} d\mu ds$$

其中，$\mathcal{W}_f(\mu, s)$ 是函数 $f(x)$ 的小波变换，定义如下：

$$\mathcal{W}_f(\mu, s) = \int_{\mathbb{R}^n} f(x) \overline{\psi}_{(\mu,s)}(x) dx, \quad s > 0, \quad \mu \in \mathbb{R}^n$$

1.1.2　Littlewood-Paley-Stein 二进块小波

小波函数 $\psi(x) \in \mathcal{L}^2(\mathbb{R}^n)$，满足限制条件：

$$\sum_{k\in\mathbb{Z}} |\Psi(2^k \xi)|^2 = 1, \quad \text{a.e.}, \quad \xi \in \mathbb{R}^n$$

这样, Littlewood 和 Paley (1931, 1937, 1938), Stein (1970a, 1970b), Stein 和 Weiss (1971)构造的二进块小波分析体现为如下重建公式：

$$f(x) = \sum_{k\in\mathbb{Z}} \int_{\mathbb{R}^n} \mathscr{W}_k^*(\mu) \psi_k(x-\mu) d\mu$$

其中，$\psi_k(x) = 2^{nk} \psi(2^k x), k \in \mathbb{Z}$ 表示小波函数 $\psi(x)$ 的 2 的整数次幂伸缩产生的函数序列. 另外，$\mathscr{W}_k^*$ 是如下定义的卷积算子 $\mathscr{W}_k : \mathcal{L}^2(\mathbb{R}^n) \to \mathcal{L}^2(\mathbb{R}^n)$ 的伴随算子：

$$\begin{aligned}
\mathscr{W}_k(\mu) &= (f * \psi_k)(\mu) \\
&= \int_{\mathbb{R}^n} f(x) \psi_k(\mu - x) dx \\
&= 2^k \int_{\mathbb{R}^n} f(x) \psi[2^k(\mu - x)] dx
\end{aligned}$$

即当 $k \in \mathbb{Z}$ 时，卷积算子 $\mathscr{W}_k$ 把函数 $f(x)$ 变换为函数 $\mathscr{W}_k(\mu) = (f * \psi_k)(\mu)$. 实际上，如果按照如下方式定义函数 $\tau(x), \tau_k(x)$：

$$\begin{cases}\tau(x)=\overline{\psi}(-x), & x\in\mathbb{R}^n\\ \tau_k(x)=2^{nk}\tau(2^k x), & k\in\mathbb{Z}\end{cases}$$

那么，卷积算子 $\mathscr{W}_k$ 的伴随算子 $\mathscr{W}_k^*:\mathcal{L}^2(\mathbb{R}^n)\to\mathcal{L}^2(\mathbb{R}^n)$ 可以表示如下:

$$\begin{aligned}\mathscr{W}_k^*(\mu)&=(f*\tau_k)(\mu)\\ &=\int_{\mathbb{R}^n}f(x)\tau_k(\mu-x)dx\\ &=2^k\int_{\mathbb{R}^n}f(x)\tau[2^k(\mu-x)]dx\end{aligned}$$

即当 $k\in\mathbb{Z}$ 时，卷积算子 $\mathscr{W}_k^*$ 把函数 $f(x)$ 变换为函数 $\mathscr{W}_k^*(\mu)=(f*\tau_k)(\mu)$. 在一般意义下，满足前述要求的函数 $\tau(x)$ 称为小波函数 $\psi(x)$ 的对偶小波.

1.1.3 Haar-Franklin-Strömberg 正交小波

小波函数 $\psi(x)\in\mathcal{L}^2(\mathbb{R})$，按照如下方式得到的函数系:

$$\{\psi_{k,\ell}(x)=2^{k/2}\psi(2^k x-\ell);(k,\ell)\in\mathbb{Z}^2\}$$

构成平方可积函数空间 $\mathcal{L}^2(\mathbb{R})$ 的规范正交基，那么，Haar (1910, 1930), Franklin (1928)和 Strömberg (1983a, 1983b, 1983c)构造的正交小波分析体现为重建公式:

$$f(x)=\sum_{k\in\mathbb{Z}}\sum_{\ell\in\mathbb{Z}}\mathfrak{W}_{k,\ell}\psi_{k,\ell}(x)$$

其中，$\{\mathfrak{W}_{k,\ell};(k,\ell)\in\mathbb{Z}^2\}$ 是如下定义的平方可和序列(矩阵):

$$\mathfrak{W}_{k,\ell}=\int_{-\infty}^{+\infty}f(x)\overline{\psi}_{k,\ell}(x)dx=2^{k/2}\int_{-\infty}^{+\infty}f(x)\overline{\psi}(2^k x-\ell)dx$$

1.1.4 线性调频小波

Namias(1980)建立的线性调频小波是几类十分丰富的小波函数族.

(α) 经典线性调频小波

线性调频小波 $\mathcal{K}_\alpha(\omega,x)$ 可以表示如下:

$$\mathcal{K}_\alpha(\omega,x)=\rho(\alpha)\,e^{i\chi(\alpha,\omega,x)}$$

其中

$$\rho(\alpha)=\sqrt{\frac{1-i\cot(0.5\alpha\pi)}{2\pi}}$$

而且

$$\chi(\alpha,\omega,x)=\frac{(\omega^2+x^2)\cos(0.5\alpha\pi)-2\omega x}{2\sin(0.5\alpha\pi)}$$

或者

$$\chi(\alpha,\omega,x)=\frac{1}{2}\left[\omega^2\cot\left(\frac{\alpha\pi}{2}\right)-2\omega x\csc\left(\frac{\alpha\pi}{2}\right)+x^2\cot\left(\frac{\alpha\pi}{2}\right)\right]$$

其中，$\alpha\in\mathbb{R}$ 不是偶整数. 当 α 是偶数时，则 $\boldsymbol{\mathcal{K}}_\alpha(\omega,x)=\delta(\omega-(-1)^{0.5\alpha}x)$.

这样，线性调频小波分析体现为如下重建公式:

$$\begin{aligned}f(x)&=\int_{-\infty}^{+\infty}(\boldsymbol{\mathcal{F}}^\alpha f)(\omega)\boldsymbol{\mathcal{K}}_{-\alpha}(\omega,x)d\omega\\&=\int_{-\infty}^{+\infty}(\boldsymbol{\mathcal{F}}^\alpha f)(\omega)\bar{\boldsymbol{\mathcal{K}}}_\alpha(\omega,x)d\omega\\&=\rho(-\alpha)\int_{-\infty}^{+\infty}(\boldsymbol{\mathcal{F}}^\alpha f)(\omega)e^{-i\chi(\alpha,\omega,x)}d\omega\end{aligned}$$

其中，$\boldsymbol{\mathcal{F}}^\alpha(\omega)$ 是函数 $f(x)$ 的线性调频小波变换或分数傅里叶变换，定义如下:

$$(\boldsymbol{\mathcal{F}}^\alpha f)(\omega)=f^{(\alpha)}(\omega)=\int_{-\infty}^{+\infty}f(x)\boldsymbol{\mathcal{K}}_\alpha(\omega,x)\,dx=\rho(\alpha)\int_{-\infty}^{+\infty}f(x)e^{i\chi(\alpha,\omega,x)}dx$$

(β) 组合线性调频小波

线性调频小波实际上是一个小波族，它们构成分数傅里叶变换的积分核函数. 这些核函数具有十分简单的代数结构，即这些核函数或线性调频小波或分数傅里叶变换算子按照加法群进行表示. 这里给出 Shih (1995a, 1995b)构造的典型例子.

符号 $\boldsymbol{\Theta}$ 表示一个自然数，选择一组线性调频小波函数:

$$\{\boldsymbol{\mathcal{K}}_{4s/\boldsymbol{\Theta}}(\omega,x)\,;s=0,1,\cdots,(\boldsymbol{\Theta}-1)\}$$

这相当于参数 α 分别选择 $\alpha=4s/\boldsymbol{\Theta},s=0,1,\cdots,(\boldsymbol{\Theta}-1)$ ，这 $\boldsymbol{\Theta}$ 个等间隔的数值得到 $\boldsymbol{\Theta}$ 个线性调频小波函数. 定义组合线性调频小波函数 $\boldsymbol{\mathcal{K}}_\alpha^{(\mathcal{R})}(\omega,x)$:

$$\boldsymbol{\mathcal{K}}_\alpha^{(\mathcal{R})}(\omega,x)=\sum_{s=0}^{(\boldsymbol{\Theta}-1)}p_s(\alpha)\boldsymbol{\mathcal{K}}_{4s/\boldsymbol{\Theta}}(\omega,x)$$

其中，$\boldsymbol{\Theta}$ 个组合系数 $p_s(\alpha),s=0,1,\cdots,(\boldsymbol{\Theta}-1)$ 具体表示如下:

$$\begin{aligned}p_s(\alpha)&=\frac{1}{\boldsymbol{\Theta}}\sum_{k=0}^{(\boldsymbol{\Theta}-1)}\exp\{(-2\pi i/\boldsymbol{\Theta})(\alpha-s)k\}=\frac{1}{\boldsymbol{\Theta}}\frac{1-\exp(-2\pi(\alpha-s)i)}{1-\exp(-2\pi(\alpha-s)i/\boldsymbol{\Theta})}\\&=\frac{1}{\boldsymbol{\Theta}}\frac{\sin\pi(\alpha-s)}{\sin(\pi(\alpha-s)/\boldsymbol{\Theta})}\exp[-(\alpha-s)(\boldsymbol{\Theta}-1)\pi i/\boldsymbol{\Theta}]\end{aligned}$$

特别地，若 $\boldsymbol{\Theta}=2^\zeta$，$\zeta$ 是一个自然数，那么

$$p_s(\alpha)=\exp[-2^{-\zeta}(2^\zeta-1)(\alpha-s)\pi i]\prod_{t=0}^{(\zeta-1)}\cos2^{t-\zeta}(\alpha-s)\pi$$

若 $2^{\zeta-1} < \boldsymbol{\Theta} \leqslant 2^{\zeta}$，$\zeta$ 是一个自然数，那么

$$p_s(\alpha) = \frac{2^{\zeta}\sin((\alpha - s)\pi/2^{\zeta})}{\boldsymbol{\Theta}\sin((\alpha - s)\pi/\boldsymbol{\Theta})}\exp[-(\boldsymbol{\Theta}-1)(\alpha - s)\pi i/\boldsymbol{\Theta}]\prod_{t=0}^{(\zeta-1)}\cos[2^{t-\zeta}(\alpha - s)\pi]$$

这样，组合线性调频小波分析体现为如下重建公式:

$$\begin{aligned} f(x) &= \int_{-\infty}^{+\infty}(\mathcal{F}_{(\mathcal{R})}^{\alpha}f)(\omega)\mathcal{K}_{-\alpha}^{(\mathcal{R})}(\omega,x)d\omega \\ &= \int_{-\infty}^{+\infty}(\mathcal{F}_{(\mathcal{R})}^{\alpha}f)(\omega)\sum_{t=0}^{(\boldsymbol{\Theta}-1)}p_t(-\alpha)\mathcal{K}_{4t/\boldsymbol{\Theta}}(\omega,x)d\omega \\ &= \sum_{t=0}^{(\boldsymbol{\Theta}-1)}p_t(-\alpha)\int_{-\infty}^{+\infty}(\mathcal{F}_{(\mathcal{R})}^{\alpha}f)(\omega)\mathcal{K}_{4t/\boldsymbol{\Theta}}(\omega,x)d\omega \end{aligned}$$

其中函数 $f(x)$ 在组合线性调频小波函数 $\mathcal{K}_{\alpha}^{(\mathcal{R})}(\omega,x)$ 下的组合线性调频小波变换或分数傅里叶变换 $\mathcal{F}_{(\mathcal{R})}^{\alpha}$ 定义如下:

$$(\mathcal{F}_{(\mathcal{R})}^{\alpha}f)(\omega) = \int_{-\infty}^{+\infty}f(x)\mathcal{K}_{\alpha}^{(\mathcal{R})}(\omega,x)dx = \sum_{s=0}^{(\boldsymbol{\Theta}-1)}p_s(\alpha)(\mathcal{F}^{4s/\boldsymbol{\Theta}}f)(\omega)$$

实际上，组合线性调频小波变换的重建公式可以如下推导. 显然，线性调频小波 $\mathcal{K}_{\alpha}(\omega,x)$ 和组合线性调频小波 $\mathcal{K}_{\alpha}^{(\mathcal{R})}(\omega,x)$ 都是对称函数，即 $\mathcal{K}_{\alpha}(\omega,x) = \mathcal{K}_{\alpha}(x,\omega)$ 而且 $\mathcal{K}_{\alpha}^{(\mathcal{R})}(\omega,x) = \mathcal{K}_{\alpha}^{(\mathcal{R})}(x,\omega)$. 容易验证线性调频小波具有如下卷积性质或线性调频小波变换具有叠加性质:

$$\mathcal{K}_{4(s+t)/\boldsymbol{\Theta}}(y,x) = \int_{-\infty}^{+\infty}\mathcal{K}_{4s/\boldsymbol{\Theta}}(y,\omega)\mathcal{K}_{4t/\boldsymbol{\Theta}}(\omega,x)d\omega$$

或者

$$(\mathcal{F}^{4(s+t)/\boldsymbol{\Theta}}f)(\omega) = [\mathcal{F}^{4t/\boldsymbol{\Theta}}(\mathcal{F}^{4s/\boldsymbol{\Theta}}f)](\omega)$$

另外，组合线性调频小波的 $\boldsymbol{\Theta}$ 个组合系数 $p_s(\alpha), s = 0,1,\cdots,(\boldsymbol{\Theta}-1)$ 作为 α 的函数具有如下"加法"性质:

$$p_u(\alpha+\beta) = \sum_{s=0}^{(\boldsymbol{\Theta}-1)}p_s(\alpha)p_{\mathrm{mod}(u-s,\boldsymbol{\Theta})}(\beta), \quad u = 0,1,\cdots,(\boldsymbol{\Theta}-1)$$

或者

$$\left\{\begin{array}{llll} p_0(\alpha+\beta) = p_0(\alpha)p_0(\beta) & +p_1(\alpha)p_{(\boldsymbol{\Theta}-1)}(\beta) & +\cdots+ & p_{(\boldsymbol{\Theta}-1)}(\alpha)p_1(\beta) \\ p_1(\alpha+\beta) = p_0(\alpha)p_1(\beta) & +p_1(\alpha)p_0(\beta) & +\cdots+ & p_{(\boldsymbol{\Theta}-1)}(\alpha)p_2(\beta) \\ \qquad\vdots & \qquad\vdots & & \qquad\vdots \\ p_{(\boldsymbol{\Theta}-1)}(\alpha+\beta) = p_0(\alpha)p_{(\boldsymbol{\Theta}-1)}(\beta) & +p_1(\alpha)p_{(\boldsymbol{\Theta}-2)}(\beta) & +\cdots+ & p_{(\boldsymbol{\Theta}-1)}(\alpha)p_0(\beta) \end{array}\right.$$

如果引入 $\boldsymbol{\Theta}\times\boldsymbol{\Theta}$ 矩阵记号:

$$\mathscr{P}^{\alpha}=\begin{pmatrix} p_0(\alpha) & p_{(\boldsymbol{\Theta}-1)}(\alpha) & \cdots & p_1(\alpha) \\ p_1(\alpha) & p_0(\alpha) & \cdots & p_2(\alpha) \\ \vdots & \vdots & & \vdots \\ p_{(\boldsymbol{\Theta}-1)}(\alpha) & p_{(\boldsymbol{\Theta}-2)}(\alpha) & \cdots & p_0(\alpha) \end{pmatrix}$$

那么，组合线性调频小波的 $\boldsymbol{\Theta}$ 个组合系数 $p_s(\alpha), s=0,1,\cdots,(\boldsymbol{\Theta}-1)$ 作为 α 的函数的 "加法" 性质可以表示成

$$\mathscr{P}^{\alpha}\mathscr{P}^{\beta}=\mathscr{P}^{\beta}\mathscr{P}^{\alpha}=\mathscr{P}^{\alpha+\beta}$$

经过如下演算可以得到组合线性调频小波变换重建公式:

$$\begin{aligned} f(x) &= \int_{-\infty}^{+\infty}(\boldsymbol{\mathcal{F}}_{(\boldsymbol{\mathcal{R}})}^{\alpha}f)(\omega)\boldsymbol{\mathcal{K}}_{-\alpha}^{(\boldsymbol{\mathcal{R}})}(\omega,x)d\omega \\ &= \int_{-\infty}^{+\infty}\sum_{s=0}^{(\boldsymbol{\Theta}-1)}p_s(\alpha)(\boldsymbol{\mathcal{F}}^{4s/\boldsymbol{\Theta}}f)(\omega)\sum_{t=0}^{(\boldsymbol{\Theta}-1)}p_t(-\alpha)\boldsymbol{\mathcal{K}}_{4t/\boldsymbol{\Theta}}(\omega,x)d\omega \\ &= \sum_{t=0}^{(\boldsymbol{\Theta}-1)}\sum_{s=0}^{(\boldsymbol{\Theta}-1)}p_t(-\alpha)p_s(\alpha)\int_{-\infty}^{+\infty}f(y)dy\int_{-\infty}^{+\infty}\boldsymbol{\mathcal{K}}_{4s/\boldsymbol{\Theta}}(y,\omega)\boldsymbol{\mathcal{K}}_{4t/\boldsymbol{\Theta}}(\omega,x)d\omega \\ &= \sum_{t=0}^{(\boldsymbol{\Theta}-1)}\sum_{s=0}^{(\boldsymbol{\Theta}-1)}p_t(-\alpha)p_s(\alpha)(\boldsymbol{\mathcal{F}}^{4(s+t)/\boldsymbol{\Theta}}f)(x) \\ &= \sum_{u=0}^{(\boldsymbol{\Theta}-1)}\left[\sum_{s=0}^{(\boldsymbol{\Theta}-1)}p_s(\alpha)p_{\mathrm{mod}(u-s,\boldsymbol{\Theta})}(-\alpha)\right](\boldsymbol{\mathcal{F}}^{4u/\boldsymbol{\Theta}}f)(x) \end{aligned}$$

另外，在线性调频小波 "加法" 的意义下，线性调频小波函数集合:

$$\{\boldsymbol{\mathcal{K}}_{4s/\boldsymbol{\Theta}}(\omega,x)\,;s=0,1,\cdots,(\boldsymbol{\Theta}-1)\}$$

构成一个加法的有限群，而且，组合线性调频小波的集合:

$$\left\{\boldsymbol{\mathcal{K}}_{\alpha}^{(\boldsymbol{\mathcal{R}})}(\omega,x)=\sum_{s=0}^{(\boldsymbol{\Theta}-1)}p_s(\alpha)\boldsymbol{\mathcal{K}}_{4s/\boldsymbol{\Theta}}(\omega,x);\alpha\in\mathbb{R}\right\}$$

构成一个加法的连续群. 等价地，组合线性调频小波变换算子集合:

$$\left\{\boldsymbol{\mathcal{F}}_{(\boldsymbol{\mathcal{R}})}^{\alpha}=\sum_{s=0}^{(\boldsymbol{\Theta}-1)}p_s(\alpha)\boldsymbol{\mathcal{F}}^{4s/\boldsymbol{\Theta}};\alpha\in\mathbb{R}\right\}$$

是一个算子加法群. 这也等价于矩阵集合 $\{\mathscr{P}^{\alpha};\alpha\in\mathbb{R}\}$ 构成一个加法群.

(γ) 耦合线性调频小波

在组合线性调频小波的构造形式中，将组合系数修改为

$$q_s^{(\gamma)}(\alpha)=\frac{1}{\mathbf{\Theta}}\sum_{k=0}^{(\mathbf{\Theta}-1)}\exp\{(-2\pi i/\mathbf{\Theta})[\alpha(k+\gamma_k)-sk]\}$$
$$\gamma=(\gamma_0,\gamma_1,\cdots,\gamma_{(\mathbf{\Theta}-1)}),\quad s=0,1,2,\cdots,(\mathbf{\Theta}-1)$$

其中，$\gamma=(\gamma_0,\gamma_1,\cdots,\gamma_{(\mathbf{\Theta}-1)})\in\mathbb{R}^{\mathbf{\Theta}}$ 是一个 $\mathbf{\Theta}$ 维实数向量，这样得到的小波称为耦合参数为 $\gamma=(\gamma_0,\gamma_1,\cdots,\gamma_{(\mathbf{\Theta}-1)})$ 的耦合线性调频小波:

$$\begin{aligned}\boldsymbol{\mathcal{K}}_\alpha^{(\gamma)}(\omega,x)&=\sum_{s=0}^{(\mathbf{\Theta}-1)}q_s^{(\gamma)}(\alpha)\boldsymbol{\mathcal{K}}_{4s/\mathbf{\Theta}}(\omega,x)\\&=\frac{1}{\mathbf{\Theta}}\sum_{s=0}^{(\mathbf{\Theta}-1)}\sum_{k=0}^{(\mathbf{\Theta}-1)}\exp\{(-2\pi i/\mathbf{\Theta})[\alpha(k+\gamma_k)-sk]\}\boldsymbol{\mathcal{K}}_{4s/\mathbf{\Theta}}(\omega,x)\end{aligned}$$

容易验证，此前的几个结果对耦合线性调频小波也是真实的.

定义函数 $f(x)$ 在耦合线性调频小波 $\boldsymbol{\mathcal{K}}_\alpha^{(\gamma)}(\omega,x)$ 下的耦合线性调频小波变换 $\boldsymbol{\mathcal{F}}_{(\gamma)}^\alpha$ 具有如下表达式:

$$\begin{aligned}(\boldsymbol{\mathcal{F}}_{(\gamma)}^\alpha f)(\omega)&=\int_{-\infty}^{+\infty}f(x)\boldsymbol{\mathcal{K}}_\alpha^{(\gamma)}(\omega,x)dx\\&=\frac{1}{\mathbf{\Theta}}\sum_{s=0}^{(\mathbf{\Theta}-1)}\sum_{k=0}^{(\mathbf{\Theta}-1)}e^{(-2\pi i/\mathbf{\Theta})[\alpha(k+\gamma_k)-sk]}\int_{-\infty}^{+\infty}f(x)\boldsymbol{\mathcal{K}}_{4s/\mathbf{\Theta}}(\omega,x)dx\\&=\sum_{s=0}^{(\mathbf{\Theta}-1)}q_s^{(\gamma)}(\alpha)(\boldsymbol{\mathcal{F}}^{4s/\mathbf{\Theta}}f)(\omega)\end{aligned}$$

这样，耦合线性调频小波分析体现为如下重建公式:

$$\begin{aligned}f(x)&=\int_{-\infty}^{+\infty}(\boldsymbol{\mathcal{F}}_{(\gamma)}^\alpha f)(\omega)\boldsymbol{\mathcal{K}}_{-\alpha}^{(\gamma)}(\omega,x)d\omega\\&=\int_{-\infty}^{+\infty}\sum_{s=0}^{(\mathbf{\Theta}-1)}q_s^{(\gamma)}(\alpha)(\boldsymbol{\mathcal{F}}^{4s/\mathbf{\Theta}}f)(\omega)\sum_{t=0}^{(\mathbf{\Theta}-1)}q_t(-\alpha)\boldsymbol{\mathcal{K}}_{4t/\mathbf{\Theta}}(\omega,x)d\omega\\&=\sum_{t=0}^{(\mathbf{\Theta}-1)}\sum_{s=0}^{(\mathbf{\Theta}-1)}q_t^{(\gamma)}(-\alpha)q_s^{(\gamma)}(\alpha)\int_{-\infty}^{+\infty}(\boldsymbol{\mathcal{F}}^{4s/\mathbf{\Theta}}f)(\omega)\boldsymbol{\mathcal{K}}_{4t/\mathbf{\Theta}}(\omega,x)d\omega\end{aligned}$$

最后化简为

$$f(x)=\sum_{t=0}^{(\mathbf{\Theta}-1)}\sum_{s=0}^{(\mathbf{\Theta}-1)}q_t^{(\gamma)}(-\alpha)q_s^{(\gamma)}(\alpha)(\boldsymbol{\mathcal{F}}^{4(s+t)/\mathbf{\Theta}}f)(x)$$

容易验证耦合系数全体 $\{q_s^{(\gamma)}(\alpha);s=0,1,2,\cdots,(\mathbf{\Theta}-1)\}$ 满足如下关系:

$$q_u^{(\gamma)}(\alpha+\beta)=\sum_{s=0}^{(\mathbf{\Theta}-1)}q_s^{(\gamma)}(\alpha)q_{\mathrm{mod}(u-s,\mathbf{\Theta})}^{(\gamma)}(\beta),\quad u=0,1,\cdots,(\mathbf{\Theta}-1)$$

利用傅里叶变换的基本性质，对于任意的 $f(x)\in\boldsymbol{\mathcal{L}}^2(\mathbb{R})$，$(\boldsymbol{\mathcal{F}}^4f)(x)=f(x)$ 恒成立，这样，上述耦合线性调频小波变换重建公式可以改写为

$$f(x) = \sum_{t=0}^{(\Theta-1)} \sum_{s=0}^{(\Theta-1)} q_t^{(\gamma)}(-\alpha) q_s^{(\gamma)}(\alpha) (\mathcal{F}^{4(s+t)/\Theta} f)(x)$$
$$= \sum_{u=0}^{(\Theta-1)} \left[\sum_{s=0}^{(\Theta-1)} q_s^{(\gamma)}(\alpha) q_{\mathrm{mod}(u-s,\Theta)}^{(\gamma)}(-\alpha) \right] (\mathcal{F}^{4u/\Theta} f)(x)$$

这种类型的耦合线性调频小波属于冉启文等(1995, 2001, 2002, 2004), Ran 等(2000, 2003, 2004, 2005, 2009, 2013, 2014)构造的线性调频小波系列之一.

注释: 线性调频小波、组合线性调频小波和耦合线性调频小波与通信系统的发射波束、雷达系统的反射接收波形、湍流中的 Chirp 信号、分形几何学中的 Chirp 信号、Wigner-Ville 变换瞬时频率分析中出现的 Chirp 信号以及脉冲星接收波形的表达和识别密切相关.

1.1.5　Gabor 小波

Gabor (1946a, 1946b, 1946c, 1946d, 1947, 1953)小波函数 $\mathfrak{G}_\sigma(x;\omega,\mu) \in \mathcal{L}^2(\mathbb{R})$ 具有如下构造形式:

$$\mathfrak{G}_\sigma(x;\omega,\mu) = \mathfrak{g}_\sigma(x-\mu)e^{i\omega x} = \frac{1}{\sqrt{2\pi}\sigma} \exp\left(-\frac{(x-\mu)^2}{2\sigma^2}\right) \exp(i\omega x)$$

其中

$$\mathfrak{g}_\sigma(x) = \frac{1}{\sqrt{2\pi}\sigma} \exp\left(-\frac{x^2}{2\sigma^2}\right)$$

是标准差为 σ 而且数学期望为 0 的高斯分布或正态分布概率密度函数:

$$\int_{-\infty}^{+\infty} \mathfrak{g}_\sigma(x-\mu)d\mu = \int_{-\infty}^{+\infty} \frac{1}{\sqrt{2\pi}\sigma} \exp\left(-\frac{(x-\mu)^2}{2\sigma^2}\right) d\mu = 1$$

这样, Gabor 小波分析体现为如下重建公式:

$$f(x) = \frac{1}{2\pi} \int_{-\infty}^{+\infty} \int_{-\infty}^{+\infty} \mathfrak{W}_\sigma(\omega,\mu) e^{i\omega x} d\omega d\mu$$

其中

$$\mathfrak{W}_\sigma(\omega,\mu) = \left\langle f(x), \mathfrak{G}_\sigma(x;\omega,\mu) \right\rangle = \int_{-\infty}^{+\infty} f(x) \bar{\mathfrak{G}}_\sigma(x;\omega,\mu) dx$$
$$= \int_{-\infty}^{+\infty} f(x) \mathfrak{g}_\sigma(x-\mu) e^{-i\omega x} dx$$
$$= \frac{1}{\sqrt{2\pi}\sigma} \int_{-\infty}^{+\infty} f(x) e^{-i\omega x} \exp\left(-\frac{(x-\mu)^2}{2\sigma^2}\right) dx$$

是函数 $f(x)$ 的 Gabor 小波变换.

注释: 在 20 世纪中期, Brillouin (1956), Gabor (1946a, 1946b, 1946c, 1946d, 1947), von Neumann (1931)等, 构造函数系:

$$\mathfrak{C}_{k,\ell}(x)=\tilde{\mathfrak{g}}(x-\ell)e^{2\pi ikx}=\pi^{-0.25}\exp(-0.5(x-\ell)^2)e^{2\pi ikx},\quad (k,\ell)\in\mathbb{Z}^2$$

其中

$$\mathfrak{C}_{(\omega,\mu)}(x)=\tilde{\mathfrak{g}}(x-\mu)e^{2\pi i\omega x}=\pi^{-0.25}\exp(-0.5(x-\mu)^2)e^{2\pi i\omega x}$$

而且

$$\tilde{\mathfrak{g}}(x)=\pi^{-0.25}\exp(-0.5x^2)$$

他们利用函数系 $\{\mathfrak{C}_{k,\ell}(x);(k,\ell)\in\mathbb{Z}^2\}$ 分析函数空间 $\mathcal{L}^2(\mathbb{R})$ 中的信号. 后来, Balian (1981), Low (1985)各自独立发现并证明了这种方法存在的根本问题, 即这种分析方法无法有效地分析函数空间 $\mathcal{L}^2(\mathbb{R})$ 中的信号. 这种分析方法存在的根本问题并不是由"窗函数" $\tilde{\mathfrak{g}}(x)$ 的选择决定的, 因为除了 $\tilde{\mathfrak{g}}(x)$ 选取像矩形函数这样一些极端的情形之外, 当 $\tilde{\mathfrak{g}}(x)$ 及其傅里叶变换 $\tilde{\mathfrak{G}}(\xi)=(\mathcal{F}\mathfrak{g})(\xi)$:

$$\tilde{\mathfrak{G}}(\xi)=(\mathcal{F}\tilde{\mathfrak{g}})(\xi)=\frac{1}{\sqrt{2\pi}}\int_{-\infty}^{+\infty}\tilde{\mathfrak{g}}(x)e^{-ix\xi}dx$$

满足如下快速衰减条件:

$$\begin{cases}\int_{-\infty}^{+\infty}(1+|x|^2)|\tilde{\mathfrak{g}}(x)|^2dx<+\infty\\ \int_{-\infty}^{+\infty}(1+|\xi|^2)|\tilde{\mathfrak{G}}(\xi)|^2d\xi<+\infty\end{cases}$$

时, 函数系 $\{\mathfrak{C}_{k,\ell}(x);(k,\ell)\in\mathbb{Z}^2\}$ 永远不可能构成函数空间 $\mathcal{L}^2(\mathbb{R})$ 的规范正交基.

1.1.6 Malvar-Wilson 小波

Malvar-Wilson 小波是系列小波, 体现为几种典型的形式, 这里分别进行讨论.

(α) 等距平移固定窗形的 Wilson 小波

因相变理论和重正化群变换理论而获得 1982 年诺贝尔物理学奖的理论物理学家威尔逊(Wilson K G), 在研究量子场重正则化过程中, 在 Gabor 小波的启发下, 详细构造得到在函数空间 $\mathcal{L}^2(\mathbb{R})$ 上的 2π 整数倍平移且窗形固定的规范正交基(一种加窗三角函数基), 即 Wilson (1971a, 1971b, 1971c, 1974, 1975, 1979, 1983)正交小波基.

为了量子场重正则化的需要, 在 Wilson 正交小波基构造过程中必须要求窗函数 $\mathbb{W}(x)$ 及其傅里叶变换 $(\mathcal{F}\mathbb{W})(\xi)$ 都是快速指数衰减的单位能量函数或分布, 而 Wilson 正交小波函数系 $\{\mathbb{W}_{0,2\ell}(x),\mathbb{W}_{k,\ell}(x);\ell\in\mathbb{Z},k=1,2,\cdots\}$ 可以具体表示如下:

$$\begin{cases}\mathbb{W}_{k,\ell}(x)=\mathbb{W}(x-2\ell\pi)\sqrt{2}\cos(0.5kx), & \ell\in 2\mathbb{Z},k=1,2,\cdots\\ \mathbb{W}_{0,\ell}(x)=\mathbb{W}(x-2\ell\pi), & \ell\in 2\mathbb{Z}\\ \mathbb{W}_{k,\ell}(x)=\mathbb{W}(x-2\ell\pi)\sqrt{2}\sin(0.5kx), & \ell\in 2\mathbb{Z}+1,k=1,2,\cdots\end{cases}$$

注释: 因为要求窗函数 $\mathbb{W}(x)$ 及其傅里叶变换 $(\boldsymbol{\mathcal{F}}\mathbb{W})(\xi)$ 都是指数衰减的, 所以, 这两者不可能同时是紧支撑的!

因为 Wilson 正交小波函数系 $\{\mathbb{W}_{0,2\ell}(x),\mathbb{W}_{k,\ell}(x);\ell\in\mathbb{Z},k=1,2,\cdots\}$ 构成平方可积函数空间 $\mathcal{L}^2(\mathbb{R})$ 的规范正交基, 所以, 对于任意的函数或信号 $f(x)\in\mathcal{L}^2(\mathbb{R})$, Wilson 正交小波分析体现为重建公式:

$$f(x)=\sum_{\ell\in\mathbb{Z}}\mathfrak{W}_{0,2\ell}\mathbb{W}_{0,2\ell}(x)+\sum_{k=1}^{+\infty}\sum_{\ell\in\mathbb{Z}}\mathfrak{W}_{k,\ell}\mathbb{W}_{k,\ell}(x)$$

其中, $\{\mathfrak{W}_{0,2\ell},\mathfrak{W}_{k,\ell};\ell\in\mathbb{Z},k=1,2,\cdots\}$ 是如下定义的平方可和序列(矩阵):

$$\begin{cases}\mathfrak{W}_{k,\ell}=\int_{-\infty}^{+\infty}f(x)\bar{\mathbb{W}}_{k,\ell}(x)dx, & \ell\in\mathbb{Z},k=1,2,\cdots\\ \mathfrak{W}_{0,\ell}=\int_{-\infty}^{+\infty}f(x)\bar{\mathbb{W}}_{0,\ell}(x)dx, & \ell\in 2\mathbb{Z}\end{cases}$$

或者具体表示为

$$\begin{cases}\mathfrak{W}_{k,\ell}=\int_{-\infty}^{+\infty}f(x)\mathbb{W}(x-2\ell\pi)\sqrt{2}\cos(0.5kx)dx, & \ell\in 2\mathbb{Z},k=1,2,\cdots\\ \mathfrak{W}_{0,\ell}=\int_{-\infty}^{+\infty}f(x)\mathbb{W}(x-2\ell\pi)dx, & \ell\in 2\mathbb{Z}\\ \mathfrak{W}_{k,\ell}=\int_{-\infty}^{+\infty}f(x)\mathbb{W}(x-2\ell\pi)\sqrt{2}\sin(0.5kx)dx, & \ell\in 2\mathbb{Z}+1,k=1,2,\cdots\end{cases}$$

平方可和序列(矩阵) $\{\mathfrak{W}_{0,2\ell},\mathfrak{W}_{k,\ell};\ell\in\mathbb{Z},k=1,2,\cdots\}$ 就是函数或者信号 $f(x)$ 在 Wilson 正交小波基 $\{\mathbb{W}_{0,2\ell}(x),\mathbb{W}_{k,\ell}(x);\ell\in\mathbb{Z},k=1,2,\cdots\}$ 下的正交小波变换.

(β) 等距平移固定窗形的 Malvar 小波

Malvar (1986, 1990, 1998)为了消除折叠正交变换图像编码块效应以及快速调制折叠变换计算的需要, 在不知道前人研究成果的条件下, 构造了算法格式与 Wilson 正交小波基相同的函数空间 $\mathcal{L}^2(\mathbb{R})$ 的规范正交基(一种加窗三角函数基), 即 Malvar 正交小波基, 其窗函数系 $\{\mathbb{M}(x-2\ell\pi);\ell\in\mathbb{Z}\}$ 是由一个固定的非负正则(比如光滑的)实函数 $\mathbb{M}(x)$ 经过 2π 整数倍平移产生的, 窗函数 $\mathbb{M}(x)$ 的构造要求是

$$\begin{cases}0\leqslant\mathbb{M}(x)\leqslant 1, & -\infty<x<+\infty\\ \mathbb{M}(2\pi-x)=\mathbb{M}(x), & -\infty<x<+\infty\\ 0=\mathbb{M}(x), & -\infty<x\leqslant-\pi\\ 1=\mathbb{M}^2(x)+\mathbb{M}^2(-x), & -\pi\leqslant x\leqslant\pi\\ 0=\mathbb{M}(x), & 3\pi\leqslant x<+\infty\end{cases}$$

注释: 窗函数 $\mathbb{M}(x)$ 取值在闭区间 $[0,1]$ 上, 而且其波形关于垂直线 $x=\pi$ 左右对称, 窗函数的整个有效波形只分布在闭区间 $[-\pi,3\pi]$ 上, 在这个区间之外窗函数的

取值恒等于零. Malvar 窗函数构造方法简单直观，容易根据信号处理或图像处理的实际需要实现快速构造，不过，因为窗函数 $\mathbb{M}(x)$ 是紧支撑的，所以，窗函数 $\mathbb{M}(x)$ 的傅里叶变换 $(\mathcal{F}\mathbb{M})(\xi)$ 不可能是快速指数衰减的，这导致窗函数 $\mathbb{M}(x)$ 在频域的能量集中程度不是很理想. 这是和 Wilson 窗函数最大的差异.

Malvar 正交小波函数系 $\{\mathbb{M}_{0,2\ell}(x),\mathbb{M}_{k,\ell}(x);\ell\in\mathbb{Z},k=1,2,\cdots\}$ 可以具体表示如下:

$$\begin{cases}\mathbb{M}_{k,\ell}(x)=\mathbb{M}(x-2\ell\pi)\sqrt{2}\cos(0.5kx), & \ell\in 2\mathbb{Z},k=1,2,\cdots\\ \mathbb{M}_{0,\ell}(x)=\mathbb{M}(x-2\ell\pi), & \ell\in 2\mathbb{Z}\\ \mathbb{M}_{k,\ell}(x)=\mathbb{M}(x-2\ell\pi)\sqrt{2}\sin(0.5kx), & \ell\in 2\mathbb{Z}+1,k=1,2,\cdots\end{cases}$$

Malvar 函数系 $\{\mathbb{M}_{0,2\ell}(x),\mathbb{M}_{k,\ell}(x);\ell\in\mathbb{Z},k=1,2,\cdots\}$ 构成函数空间 $\mathcal{L}^2(\mathbb{R})$ 的规范正交基，是一种加窗三角函数基. 函数空间 $\mathcal{L}^2(\mathbb{R})$ 中的任何函数或信号 $f(x)$，首先，被窗函数系 $\{\mathbb{M}(x-2\ell\pi);\ell\in\mathbb{Z}\}$ 按照 $\ell\in\mathbb{Z}$ 的奇偶性质分割成两类函数段族或信号段族 $\{c_\ell(x)=\mathbb{M}(x-2\ell\pi)f(x);\ell\in 2\mathbb{Z}\}$ 和 $\{s_\ell(x)=\mathbb{M}(x-2\ell\pi)f(x);\ell\in 2\mathbb{Z}+1\}$；其次，当 $\ell\in 2\mathbb{Z}$ 时，利用离散余弦函数系 $\{\sqrt{2}\cos(0.5kx);k=0,1,2,\cdots\}$ 对函数段族或信号段族 $\{c_\ell(x)=\mathbb{M}(x-2\ell\pi)f(x);\ell\in 2\mathbb{Z}\}$ 中的每一段分别独立进行“余弦谱分析”(注意: 当 $k=0$ 时，将恒等函数 $\sqrt{2}$ 修正为恒等函数 1，这是每段“余弦谱分析”都需要处理的修正)，当 $\ell\in 2\mathbb{Z}+1$ 时，利用离散正弦函数系 $\{\sqrt{2}\sin(0.5kx);k=1,2,\cdots\}$ 对 $\{s_\ell(x)=\mathbb{M}(x-2\ell\pi)f(x);\ell\in 2\mathbb{Z}+1\}$ 的每段分别独立进行“正弦谱分析”.

对于任意函数或信号 $f(x)\in\mathcal{L}^2(\mathbb{R})$，Malvar 正交小波分析体现为重建公式:

$$f(x)=\sum_{\ell\in\mathbb{Z}}\mathfrak{W}_{0,2\ell}\mathbb{M}_{0,2\ell}(x)+\sum_{k=1}^{+\infty}\sum_{\ell\in\mathbb{Z}}\mathfrak{W}_{k,\ell}\mathbb{M}_{k,\ell}(x)$$

其中，$\{\mathfrak{W}_{0,2\ell},\mathfrak{W}_{k,\ell};\ell\in\mathbb{Z},k=1,2,\cdots\}$ 是如下定义的平方可和序列(矩阵):

$$\begin{cases}\mathfrak{W}_{k,\ell}=\int_{-\infty}^{+\infty}f(x)\bar{\mathbb{M}}_{k,\ell}(x)dx, & \ell\in\mathbb{Z},k=1,2,\cdots\\ \mathfrak{W}_{0,\ell}=\int_{-\infty}^{+\infty}f(x)\bar{\mathbb{M}}_{0,\ell}(x)dx, & \ell\in 2\mathbb{Z}\end{cases}$$

或者详细表示为

$$\begin{cases}\mathfrak{W}_{k,\ell}=\int_{-\infty}^{+\infty}f(x)\mathbb{M}(x-2\ell\pi)\sqrt{2}\cos(0.5kx)dx, & \ell\in 2\mathbb{Z},k=1,2,\cdots\\ \mathfrak{W}_{0,\ell}=\int_{-\infty}^{+\infty}f(x)\mathbb{M}(x-2\ell\pi)dx, & \ell\in 2\mathbb{Z}\\ \mathfrak{W}_{k,\ell}=\int_{-\infty}^{+\infty}f(x)\mathbb{M}(x-2\ell\pi)\sqrt{2}\sin(0.5kx)dx, & \ell\in 2\mathbb{Z}+1,k=1,2,\cdots\end{cases}$$

平方可和序列(矩阵) $\{\mathfrak{W}_{0,2\ell},\mathfrak{W}_{k,\ell};\ell\in\mathbb{Z},k=1,2,\cdots\}$ 就是函数或者信号 $f(x)$ 在 Malvar 正交小波基 $\{\mathbb{M}_{0,2\ell}(x),\mathbb{M}_{k,\ell}(x);\ell\in\mathbb{Z},k=1,2,\cdots\}$ 下的正交小波变换.

(γ) 变窗 Malvar-Wilson 小波

Coifman 和 Meyer (1991), Meyer 等(1990, 1991a, 1991b, 1993, 1997), Daubechies 等(1991)完全解决了在 Wilson 正交小波基和 Malvar 正交小波基构造过程中遇到的窗函数等距平移及窗形固化的问题, 得到可以任意改变平移距离和任意改变窗函数形状的多种变窗 Malvar-Wilson 正交小波基.

变窗 Malvar-Wilson 正交小波基及窗函数系 $\{\mathcal{M}_j(x); j\in\mathbb{Z}\}$ 构造方法由四部分组成, 它们分别是主窗位置选择(实数轴分割)、窗函数升降区域选择、窗函数波形选择、正交小波基算法结构选择.

第一部分: 主窗位置选择.

选择严格递增实数序列 $\{\mu_j;\ j\in\mathbb{Z}\}$, 满足以下要求:

$$\begin{gathered}\cdots<\mu_{-1}<\mu_0<\mu_1<\cdots\\ \lim_{j\to+\infty}\mu_j=+\infty\\ \lim_{j\to-\infty}\mu_j=-\infty\end{gathered}$$

这样的实数序列 $\{\mu_j;\ j\in\mathbb{Z}\}$ 称为实数轴 $\mathbb{R}$ 的一个分割, μ_j 称为分割点, 第 j 个闭区间 $[\mu_j,\mu_{j+1}]$ 就是第 j 个窗函数 $\mathcal{M}_j(x)$ 的主窗位置, 正实数 $\ell_j=\mu_{j+1}-\mu_j$ 就是第 j 个窗函数 $\mathcal{M}_j(x)$ 的窗口宽度, 其中 j 是任意整数.

第二部分: 窗函数升降区域选择.

选择正实数序列 $\{\zeta_j;\ j\in\mathbb{Z}\}$, 满足以下控制条件:

$$\ell_j=\mu_{j+1}-\mu_j\geqslant\zeta_j+\zeta_{j+1},\quad j\in\mathbb{Z}$$

这样的正实数序列 $\{\zeta_j;\ j\in\mathbb{Z}\}$ 称为窗函数升降区域控制参数序列, 而控制条件仅仅只是保证第 j 个窗函数 $\mathcal{M}_j(x)$ 的主窗位置, 即闭区间 $[\mu_j,\mu_{j+1}]$ 足够支撑这个窗函数的上升区域 $[\mu_j-\zeta_j,\mu_j+\zeta_j]$ 和下降区域 $[\mu_{j+1}-\zeta_{j+1},\mu_{j+1}+\zeta_{j+1}]$, 确保窗函数的升降区域不会重叠, 即 $\mu_j+\zeta_j\leqslant\mu_{j+1}-\zeta_{j+1}$. 因此, 在实数序列 $\{\mu_j;\ j\in\mathbb{Z}\}$, 即实数轴 $\mathbb{R}$ 的一个分割确定之后, 窗函数升降区域控制参数序列 $\{\zeta_j;\ j\in\mathbb{Z}\}$ 中的每一项都必须适当小.

第三部分: 窗函数波形选择.

窗函数系 $\{\mathcal{M}_j(x); j\in\mathbb{Z}\}$ 中每个窗函数 $\mathcal{M}_j(x)$ 的波形数值满足如下两类不同要求.

第一类要求: 单个窗函数的波形, 对任意的 $j\in\mathbb{Z}$,

$$\begin{cases}0 \leqslant \mathcal{M}_j(x) \leqslant 1, & -\infty < x < +\infty \\ 1 = \mathcal{M}_j^2(\mu_j + z) + \mathcal{M}_j^2(\mu_j - z), & -\zeta_j \leqslant z \leqslant \zeta_j \\ 0 = \mathcal{M}_j(x), & -\infty < x \leqslant \mu_j - \zeta_j \\ 1 = \mathcal{M}_j(x), & \mu_j + \zeta_j \leqslant x \leqslant \mu_{j+1} - \zeta_{j+1} \\ 0 = \mathcal{M}_j(x), & \mu_{j+1} + \zeta_{j+1} \leqslant x < +\infty \end{cases}$$

第一类要求说明，单个窗函数 $\mathcal{M}_j(x)$ 是非负实数函数，取值在闭区间 [0,1] 上，窗函数 $\mathcal{M}_j(x)$ 的函数值主要分布在对应的主窗位置 $[\mu_j, \mu_{j+1}]$ 上，整个窗函数的非零函数值支撑在闭区间 $[\mu_j - \zeta_j, \mu_{j+1} + \zeta_{j+1}]$ 上，在这个闭区间之外，这个窗函数的数值恒等于 0，窗函数 $\mathcal{M}_j(x)$ 在主窗位置 $[\mu_j, \mu_{j+1}]$ 内的核心区间 $[\mu_j + \zeta_j, \mu_{j+1} - \zeta_{j+1}]$ 上函数值恒等于 1，在这个窗函数的上升区域 $[\mu_j - \zeta_j, \mu_j + \zeta_j]$ 中，窗函数在分割点 $x = \mu_j$ 左右对称位置上的取值平方和恒等于 1，即 $-\zeta_j \leqslant z \leqslant \zeta_j$，$\mathcal{M}_j^2(\mu_j + z) + \mathcal{M}_j^2(\mu_j - z) = 1$．直观地，这里没有直接关于这个窗函数在下降区域 $[\mu_{j+1} - \zeta_{j+1}, \mu_{j+1} + \zeta_{j+1}]$ 上函数值的要求，具体要求体现在"第二类要求"所述相邻两个窗函数之间的关系中.

第二类要求：相邻两个窗函数的波形依赖关系，对任意的 $j \in \mathbb{Z}$，

$$\mathcal{M}_{j-1}(\mu_j + z) = \mathcal{M}_j(\mu_j - z), \quad -\zeta_j \leqslant z \leqslant \zeta_j$$

即窗函数 $\mathcal{M}_{j-1}(x)$ 的下降区域和窗函数 $\mathcal{M}_j(x)$ 的上升区域重合为 $[\mu_j - \zeta_j, \mu_j + \zeta_j]$，在这个闭区间上，窗函数 $\mathcal{M}_{j-1}(x)$ 和窗函数 $\mathcal{M}_j(x)$ 的函数值关于分割点 $x = \mu_j$ (也是这个闭区间的中点!)左右对称.

综合上述两类要求可知，窗函数系 $\{\mathcal{M}_j(x); j \in \mathbb{Z}\}$ 中每个窗函数 $\mathcal{M}_j(x)$ 都可以是无穷次可导的，而且，还可以得到一个直接的推论，这个窗函数系的全部窗函数的平方和恒等于 1，即

$$\sum_{j=-\infty}^{+\infty} \mathcal{M}_j^2(x) = 1, \quad \forall x \in \mathbb{R}$$

第四部分：变窗 Malvar-Wilson 正交小波基算法结构选择.

构造变窗 Malvar-Wilson 正交小波基的方式有很多，这里只罗列两种典型的形式，即加窗离散余弦函数系形式、加窗离散正弦与加窗离散余弦交替函数系形式. 利用这两种典型形式还可以直接组合构造许多不同的规范正交变窗 Malvar-Wilson 小波基，它们都是函数空间 $\mathcal{L}^2(\mathbb{R})$ 的规范正交基.

第一类规范正交变窗 Malvar-Wilson 小波基:

$$\mathcal{M}_{j,k}(x)=\sqrt{2/\ell_j}\mathcal{M}_j(x)\cos[\pi(k+0.5)(x-\mu_j)/\ell_j]$$

这里 $j\in\mathbb{Z},k=0,1,2,\cdots$. 这时，函数系 $\{\mathcal{M}_{j,k}(x);j\in\mathbb{Z},k=0,1,2,\cdots\}$ 构成函数空间 $\mathcal{L}^2(\mathbb{R})$ 的规范正交基.

第二类规范正交变窗 Malvar-Wilson 小波基:

$$\begin{cases}\mathcal{M}_{j,k}(x)=\sqrt{2/\ell_j}\mathcal{M}_j(x)\cos[k\pi(x-\mu_j)/\ell_j], & j\in 2\mathbb{Z},k=1,2,\cdots\\ \mathcal{M}_{j,0}(x)=\sqrt{1/\ell_j}\mathcal{M}_j(x), & j\in 2\mathbb{Z}\\ \mathcal{M}_{j,k}(x)=\sqrt{2/\ell_j}\mathcal{M}_j(x)\sin[k\pi(x-\mu_j)/\ell_j], & j\in 2\mathbb{Z}+1,k=1,2,\cdots\end{cases}$$

这样构造获得的函数系 $\{\mathcal{M}_{2j,0}(x),\mathcal{M}_{j,k}(x);j\in\mathbb{Z},k=1,2,\cdots\}$ 是存在伸缩和平移的三角函数系，其中伸缩量和平移量都可以自由选择，这个函数系构成函数空间 $\mathcal{L}^2(\mathbb{R})$ 的规范正交基.

1.1.7　马尔小波

Marr (1982), Marr 和 Hildreth (1980)在研究视觉计算问题时，利用“中心-周边型感受域”获得原始视觉信息或图像的几何级数尺度下的离散信息表示方法，就是马尔引入的局部视觉信息提取和表示方法，即马尔离散二进小波变换信息表示方法，这里所使用的小波函数就是马尔小波.

在一元函数滤波中，马尔小波是高斯函数

$$\tilde{g}(x)=\frac{1}{\sqrt{2}\pi\sigma}e^{-\frac{x^2}{2\pi\sigma^2}}$$

的二阶导函数 $\tilde{g}''(x)$:

$$\mathscr{M}(x)=\tilde{g}''(x)=-\frac{1}{\sqrt{2}\pi^2\sigma^3}\left(1-\frac{x^2}{\pi\sigma^2}\right)\exp\left(-\frac{x^2}{2\pi\sigma^2}\right)$$

在图像滤波处理过程中，马尔小波是拉普拉斯算子 ∇^2 作用在二元旋转对称归一化高斯函数

$$\tilde{\mathrm{G}}(x,y)=\tilde{g}(x)\tilde{g}(y)=\frac{1}{2\pi^2\sigma^2}\exp\left(-\frac{x^2+y^2}{2\pi\sigma^2}\right)$$

上的二元函数:

$$\mathscr{M}(x,y)=\nabla^2\tilde{\mathrm{G}}(x,y)=-\pi^{-3}\sigma^{-4}\left(1-\frac{x^2+y^2}{2\pi\sigma^2}\right)\exp\left(-\frac{x^2+y^2}{2\pi\sigma^2}\right)$$

图像的马尔小波分析就是先对原始图像进行滤波，再找出滤波处理所得图像

的零交叉点，即二阶导数零值位置，从而刻画图像密度的变化情况. 自然图像密度变化的空间尺度是很宽的. 要把所有空间尺度上的密度变化都检测出来，必须采用几个不同尺度的滤波器. 大尺度滤波器检测模糊边缘，小尺度滤波器检测图像细节. 然后，把各通道的零交叉合并成一组对后续处理有用的离散基元“边缘”. 基元边缘和其他一些基元符号构成大卫·马尔称为原始基元图的图像密度表示方法.

对于灰度值为 $f(x,y)$ 的黑白图像，大卫·马尔的基元边缘就是曲线:

$$\left(f * \mathscr{M}_{\lambda}\right)(x,y) = 0$$

其中

$$\mathscr{M}_{\lambda}(x,y) = \frac{1}{\lambda^2}\tilde{\mathrm{G}}\left(\frac{x}{\partial}, \frac{y}{\partial}\right)$$

$\lambda > 0$ 为可变尺度，这些曲线全部构成大卫·马尔的零-穿越理论. 在实际计算过程中，尺度 λ 选取如下几何级数离散数值:

$$\lambda_j = (1.75)^j \lambda_0$$

这样，原始图像 $f(x,y)$ 的马尔小波分析就是如下的曲线族:

$$\{(f * \mathscr{M}_{\lambda_j})(x,y) = 0; j \in \mathbb{Z}\}$$

1.1.8　子带编码和正交镜像滤波器

设自然数 $m \geqslant 2$，I 是 $[0,2\pi]$ 的长度为 $2\pi/m$ 的子区间，将希尔伯特(Hilbert)空间

$$\ell_I^2 = \left\{(c_k; k \in \mathbb{Z}) \in \ell^2(\mathbb{Z}); \sum_{k=-\infty}^{+\infty} c_k e^{ik\omega} = 0, \omega \notin I\right\}$$

称为一个频带. 如果将 $f(\omega)$ 的傅里叶级数记为

$$f(\omega) = \sum_{k\in\mathbb{Z}} c_k e^{ik\omega}$$

其中 $(c_k; k \in \mathbb{Z}) \in \ell^2(\mathbb{Z})$，则 $f \in \mathcal{L}^2(0,2\pi)$ 与 $(c_k; k \in \mathbb{Z}) \in \ell^2$ 的一一对应关系是周期 2π 的平方可积函数空间 $\mathcal{L}^2(0,2\pi)$ 与平方可和序列空间 $\ell^2(\mathbb{Z})$ 之间的酉变换关系，前者的规范正交基就是傅里叶三角函数基，后者的规范正交基就是平凡规范正交基，其中每个序列都只有一项等于 1，其余的项都等于 0. 频带 ℓ_I^2 实际上是序列空间 $\ell^2(\mathbb{Z})$ 的一个子空间，它相对应的信号 $f(\omega)$，当 $\omega \notin I$ 时，取零值，只有当 $\omega \in I$ 时，$f(\omega)$ 才可能不为 0. 由 $\mathcal{L}^2(0,2\pi)$ 与 $\ell^2(\mathbb{Z})$ 的同构知，这种频带划分也是对 $\mathcal{L}^2(0,2\pi)$ 的划分,

这两者是完全对应的.

(α) 子带编码原理

利用前述记号, 如果 $(c_k; k \in \mathbb{Z}) \in \ell^2(\mathbb{Z})$, 那么, 当 $\omega \in I$ 时, 因为

$$f\left(\omega+\frac{2\pi}{m}\right)=\cdots=f\left(\omega+\frac{2\pi(m-1)}{m}\right)=0$$

所以

$$f(\omega)=f(\omega)+f\left(\omega+\frac{2\pi}{m}\right)+\cdots+f\left(\omega+\frac{2\pi(m-1)}{m}\right)$$

此外, 当 $\lambda = 0,1,2,\cdots,(m-1)$ 时,

$$f\left(\omega+\frac{2\pi\lambda}{m}\right)=\sum_{k\in\mathbb{Z}}c_k\exp\left[ik\left(\omega+\frac{2\pi\lambda}{m}\right)\right]=\sum_{k\in\mathbb{Z}}c_k e^{ik\omega}\exp\left(\frac{2\pi ik\lambda}{m}\right)$$

从而得到如下恒等式:

$$\begin{aligned}f(\omega)&=\sum_{\lambda=0}^{(m-1)}f\left(\omega+\frac{2\pi\lambda}{m}\right)\\&=\sum_{\lambda=0}^{(m-1)}\sum_{k\in\mathbb{Z}}c_k e^{ik\omega}\exp\left(\frac{2\pi ik\lambda}{m}\right)\\&=\sum_{k\in\mathbb{Z}}c_k e^{ik\omega}\sum_{\lambda=0}^{(m-1)}\exp\left(\frac{2\pi ik\lambda}{m}\right)\\&=\sum_{k\in\mathbb{Z}}c_k e^{ik\omega}m\delta[\operatorname{mod}(k,m)]\\&=m\sum_{v\in\mathbb{Z}}c_{mv}e^{imv\omega}\end{aligned}$$

或者写成

$$\frac{1}{m}f(\omega)=\sum_{v\in\mathbb{Z}}c_{mv}e^{imv\omega}$$

这说明原始序列 $(c_k; k \in \mathbb{Z})$ 具有一个更紧凑的表示 $(c_{km}; k \in \mathbb{Z})$, 即原始序列中序号是 m 整数倍的项构成的子序列. 这时还有如下恒等关系:

$$\sum_{v\in\mathbb{Z}}|c_{vm}|^2=\frac{1}{m}\sum_{k\in\mathbb{Z}}|c_k|^2$$

这说明原始序列 $(c_k; k \in \mathbb{Z})$ 包含大量的冗余信息, 为了表达原始信息 $f(\omega)$, 本质上, 只需要原始序列中序号是 m 整数倍的项构成的子序列即可.

(β) 子带编码和解码方案

根据上述分析和公式, 可以建立如下理想子带编码和解码设计方案.

子带编码设计方案: 利用 m 个线性滤波器将输入信号进行线性滤波, 得到 m 个输出信号, 它们分别落入与频率区间 $[2\pi\lambda/m, 2\pi(\lambda+1)/m]$ 相对应的 "频带":

$$\ell_\lambda^2 = \left\{(c_k; k\in\mathbb{Z})\in\ell^2(\mathbb{Z});\ \sum_{k=-\infty}^{+\infty} c_k e^{ik\omega} = 0, \omega\notin[2\pi\lambda/m, 2\pi(\lambda+1)/m]\right\}$$

其中 $\lambda = 0,1,\cdots,(m-1)$, 之后对这 m 个输出信号中的每一个信号进行 "m 抽 1" 的再采样, 即只保留每个序列中序号是 m 整数倍的项组成的子序列, 这个过程相当于把每个定义在 $\mathbb{Z}$ 上的序列限制在 $m\mathbb{Z}$ 上, 称为 "m 抽 1 筛子", 使用一个抽象的符号 "$m\downarrow 1$" 表示.

将原始输入序列记为 $x=(x(k);k\in\mathbb{Z})\in\ell^2(\mathbb{Z})$, $F_0,F_1,\cdots,F_{m-1}$ 表示需要的 m 个线性滤波器, 对于 $\lambda=0,1,\cdots,(m-1)$, $z_\lambda = F_\lambda x$ 表示输入序列 x 经过线性滤波器 F_λ 滤波之后得到的输出序列, $y_\lambda=(m\downarrow 1)z_\lambda$ 表示输出序列 $z_\lambda = F_\lambda x$ 经过 m 抽 1 筛子 "$m\downarrow 1$" 抽取序号是 m 整数倍的项组成的子序列:

$$y_\lambda = (y_\lambda(k);k\in\mathbb{Z}) = (m\downarrow 1)z_\lambda = (z_\lambda(km);k\in\mathbb{Z})$$

整个过程可以抽象表示为

$$y_\lambda = (m\downarrow 1)z_\lambda = [(m\downarrow 1)F_\lambda]x,\quad \lambda=0,1,\cdots,(m-1)$$

这就是子带编码过程, 也称为子带编码器.

子带解码设计方案: 从子带编码器得到的 m 个输出序列 $y_\lambda,\lambda=0,1,\cdots,(m-1)$ 经过综合最终得到原始输入序列 x 的过程, 就是子带解码过程或子带解码器.

解码过程: 当 $\lambda=0,1,\cdots,(m-1)$ 时, 将序列 $y_\lambda=(y_\lambda(k);k\in\mathbb{Z})$ 插值成为 "完整序列", 插值方法是在 $(y_\lambda(k);k\in\mathbb{Z})$ 的每相邻两项之间插入 $(m-1)$ 个数值为 0 的项, 将所得序列记为 $w_\lambda=(w_\lambda(k);k\in\mathbb{Z})=(1\uparrow m)y_\lambda$, 则

$$\begin{cases} w_\lambda(km) = y_\lambda(k), & k\in\mathbb{Z} \\ w_\lambda(km+v) = 0, & v=1,2,\cdots,(m-1),\quad k\in\mathbb{Z} \end{cases}$$

这时, 分别以 $y_\lambda=(y_\lambda(k);k\in\mathbb{Z})$ 和 $w_\lambda=(w_\lambda(k);k\in\mathbb{Z})$ 为傅里叶系数序列的两个周期为 2π 的函数或信号经过 m 倍的伸缩完全重合. 利用线性滤波器组 $F_0,F_1,\cdots,F_{m-1}$ 的伴随滤波器或伴随算子 $G_0,G_1,\cdots,G_{m-1}$, 将 $w_\lambda=(w_\lambda(k);k\in\mathbb{Z})$ 经过 G_λ 的滤波输出序列记为

$$\zeta_\lambda = (\zeta_\lambda(k);k\in\mathbb{Z}) = G_\lambda w_\lambda = G_\lambda(1\uparrow m)y_\lambda,\quad \lambda=0,1,\cdots,(m-1)$$

解码的最后步骤是, 定义序列 $\zeta=(\zeta(k);k\in\mathbb{Z})\in\ell^2(\mathbb{Z})$ 如下:

$$\zeta = \sum_{\lambda=0}^{(m-1)} \zeta_\lambda \text{ 或 } \zeta(k) = \sum_{\lambda=0}^{(m-1)} \zeta_\lambda(k), \quad k \in \mathbb{Z}$$

理想子带编码和解码设计方案的最终要求是

$$\zeta = x \text{ 或者 } \zeta(k) = x(k), \quad k \in \mathbb{Z}$$

如果线性滤波器组 $F_0, F_1, \cdots, F_{m-1}$ 和线性滤波器组 $G_0, G_1, \cdots, G_{m-1}$ 满足这个要求，则称之为理想子带编码器和解码器.

(γ) 子带编码算子和伴随算子

这里说明伴随算子或伴随滤波器. 序列空间 $\ell^2(\mathbb{Z})$ 上的滤波器 F_λ 表示为

$$\begin{aligned} F_\lambda &: \ell^2(\mathbb{Z}) \to \ell^2(\mathbb{Z}) \\ &: x \mapsto z_\lambda = F_\lambda x \end{aligned}$$

滤波器 F_λ 的伴随算子或伴随滤波器 G_λ 定义是

$$\begin{aligned} G_\lambda &: \ell^2(\mathbb{Z}) \to \ell^2(\mathbb{Z}) \\ &: w_\lambda \mapsto \zeta_\lambda = G_\lambda w_\lambda \end{aligned}$$

满足如下内积恒等式:

$$\left\langle F_\lambda x, w_\lambda \right\rangle = \left\langle x, G_\lambda w_\lambda \right\rangle, \quad \forall x \in \ell^2(\mathbb{Z}), \quad \forall w_\lambda \in \ell^2(\mathbb{Z})$$

如果滤波器 F_λ 的脉冲响应序列是 $\mathfrak{f}_\lambda = (f_\lambda(k), k \in \mathbb{Z}) \in \ell^2(\mathbb{Z})$，那么，它的伴随算子或伴随滤波器 G_λ 的脉冲响应序列 $\mathfrak{g}_\lambda = (g_\lambda(k), k \in \mathbb{Z}) \in \ell^2(\mathbb{Z})$ 可以表示为

$$g_\lambda(k) = \overline{f}_\lambda(-k), \quad k \in \mathbb{Z}$$

另外，滤波器 F_λ 的频率响应函数或传递函数是 $F_\lambda(\omega)$:

$$F_\lambda(\omega) = \sum_{k=-\infty}^{+\infty} f_\lambda(k) e^{ik\omega}$$

那么，F_λ 的伴随滤波器 G_λ 的频率响应函数或传递函数 $G_\lambda(\omega)$ 可表示为

$$G_\lambda(\omega) = \sum_{k=-\infty}^{+\infty} g_\lambda(k) e^{ik\omega} = \sum_{k=-\infty}^{+\infty} \overline{f}_\lambda(-k) e^{ik\omega} = \left[\overline{\sum_{k=-\infty}^{+\infty} f_\lambda(k) e^{ik\omega}}\right] = \overline{F}_\lambda(\omega), \quad \omega \in \mathbb{R}$$

(δ) 子带编码器传递函数

在理想子带滤波器编码和解码设计方案中，如果序列空间 $\ell^2(\mathbb{Z})$ 上的滤波器 F_λ 的脉冲响应序列是 $\mathfrak{f}_\lambda = (f_\lambda(k), k \in \mathbb{Z}) \in \ell^2(\mathbb{Z})$，那么，$F_\lambda$ 的频率响应函数或传递函数 $F_\lambda(\omega)$ 可以表示为(周期为 2π 的函数):

$$F_{\lambda}(\omega)=\sum_{k=-\infty}^{+\infty} f_{\lambda}(k)e^{ik\omega}$$

而且，对于任意的输入序列 $x=(x(k);k\in\mathbb{Z})\in\ell^2(\mathbb{Z})$，$z_{\lambda}=F_{\lambda}x=(z_{\lambda}(k);k\in\mathbb{Z})$ 可以详细表示为

$$z_{\lambda}(k)=\sum_{n=-\infty}^{+\infty} f_{\lambda}(k-n)x(n),\ \ k\in\mathbb{Z}$$

此外，如果定义两个周期为 2π 的函数：

$$X(\omega)=\sum_{k=-\infty}^{+\infty} x(k)e^{ik\omega},\ Z_{\lambda}(\omega)=\sum_{k=-\infty}^{+\infty} z_{\lambda}(k)e^{ik\omega}$$

那么还可以得到下列关系：

$$Z_{\lambda}(\omega)=F_{\lambda}(\omega)X(\omega)$$

而且

$$\begin{aligned}X(\omega)&=\sum_{k=-\infty}^{+\infty} x(k)e^{ik\omega}\in\mathcal{L}^2(0,2\pi)\\F_{\lambda}(\omega)&=\sum_{k=-\infty}^{+\infty} f_{\lambda}(k)e^{ik\omega}\in\mathcal{L}^2(0,2\pi)\\Z_{\lambda}(\omega)&=\sum_{k=-\infty}^{+\infty} z_{\lambda}(k)e^{ik\omega}\in\mathcal{L}^2(0,2\pi)\end{aligned}$$

(ε) 理想子带编码器传递函数

在理想子带滤波器编码和解码设计方案中，本质上要求理想子带编码滤波器 F_{λ} 的频率响应函数或传递函数 $F_{\lambda}(\omega)$ (周期为 2π 的函数)是频率域闭区间 $[2\pi\lambda/m,2\pi(\lambda+1)/m]$ 的特征函数：

$$F_{\lambda}(\omega)=\Omega_{m,\lambda}(\omega)=\Omega(m\omega-2\pi\lambda)=\begin{cases}1, & \omega\in[2\pi\lambda/m,2\pi(\lambda+1)/m]\\0, & \omega\notin[2\pi\lambda/m,2\pi(\lambda+1)/m]\end{cases}$$

其中 $\lambda=0,1,\cdots,(m-1)$，而且

$$\Omega(\omega)=\begin{cases}1, & \omega\in[0,2\pi]\\0, & \omega\notin[0,2\pi]\end{cases}$$

正好是序列信号时间域“m 抽 1 筛子”，即“$m\downarrow 1$”在频率域相应的采样函数，实质上是 $[0,2\pi]$ 的特征函数，滤波器 F_{λ} 在频率域相应的采样函数是 $\Omega_{m,\lambda}(\omega)$，实质上是频率域闭区间 $[2\pi\lambda/m,2\pi(\lambda+1)/m]$ 的特征函数.

(ζ) 正交镜像滤波器组

为了获得更好的滤波效果和物理实现，Galand 曾经放弃频域采样函数 $\Omega(\omega)$ 是 $[0,2\pi]$ 特征函数的限制，尝试用具有一定光滑性且又有较好局部化能力的函数作为频域采样函数 $\Omega(\omega)$，但这两方面的要求是相互矛盾的，需要进行适当的平衡. 例如，当选取 $\Omega(\omega)$ 是有限项三角函数和时，相应的滤波器 $F_0, F_1, \cdots, F_{(m-1)}$ 具有有限长度，这正是实际应用时所希望的要求之一，但这时 $\Omega(\omega)$ 的局部化能力(时间域的)却极差，这又是应用所不愿意看到的缺陷.

Balian (1981)和 Low (1985)的研究工作表明，要想比较规则地利用 m 个脉冲响应序列长度有限的线性滤波器的频带完全覆盖频率空间是不可能的，在理想子带编码和解码过程中，虽然频带分布比较好，但在序列空间 $\ell^2(\mathbb{Z})$ 中的分割却极不规则. Croisier 等(1976), Esteban 和 Galand (1977), Galand 和 Nussbaumer (1984)试图通过重复使用双通道子带编码的双频带划分处理方法实现频带的精细分块构造，这种想法和小波包有异曲同工之妙，同时，其频带二分分割优于小波包的频率特性. 作为一种频带二分分割方法，这里简述导致后来 Mallat 建立多尺度分析或多分辨率分析理论的正交镜像滤波器组理论.

设原始输入序列为 $x=(x(k);k\in\mathbb{Z})\in\ell^2(\mathbb{Z})$，即输入序列 $(x(k);k\in\mathbb{Z})$ 是能量有限的，$\sum\limits_{k=-\infty}^{+\infty}|x(k)|^2<+\infty$. 将只保留序列 $(x(k);k\in\mathbb{Z})$ 双序号项的“2 抽 1 筛子”算子 $(2\downarrow 1)$ 记为 D，定义如下:

$$\begin{aligned}
D:\ &\ell^2(\mathbb{Z})\to\ell^2(2\mathbb{Z})\\
:\ &x=\big(x(k);k\in\mathbb{Z}\big)\mapsto y=Dx=\big(y(n);n\in 2\mathbb{Z}\big)\\
:\ &y(n)=x(n),n\in 2\mathbb{Z}\\
:\ &(Dx)(n)=x(n),n\in 2\mathbb{Z}
\end{aligned}$$

记 D 的伴随算子 $(1\uparrow 2)$ 为 D^*，这时 D^*：$\ell^2(2\mathbb{Z})\to\ell^2(\mathbb{Z})$ 在 D^* 的输入序列相邻两项间嵌入一个数值为 0 的项，输出得到序列空间 $\ell^2(\mathbb{Z})$ 中的一个“完整序列”：

$$\begin{aligned}
D^*:\ &\ell^2(2\mathbb{Z})\to\ell^2(\mathbb{Z})\\
:\ &y=(y(n);n\in 2\mathbb{Z})\mapsto z=D^*y=(z(k);k\in\mathbb{Z})\\
:\ &z(k)=y(k),k\in 2\mathbb{Z}\\
:\ &z(k)=0,k\in 2\mathbb{Z}+1
\end{aligned}$$

这个算子也可以直观表示为

$$z=D^*y=D^*(y(2n);n\in\mathbb{Z})=(\cdots,0,y(-2),0,y(0),0,y(2),0,\cdots)$$

沿用子带编码中两个滤波器的记号 F_0 和 F_1，今后分别称 F_0 是低通滤波器而 F_1

是高(带)通滤波器, 原始输入序列 $x=(x(k);k\in\mathbb{Z})\in\ell^2(\mathbb{Z})$ 经过 F_0 和 F_1 滤波的输出分别记为 X_0 和 X_1, 即 $(X_0(k)=(F_0x)(k);k\in\mathbb{Z})$, $(X_1(k)=(F_1x)(k);k\in\mathbb{Z})$, 这时, X_0 和 X_1 是序列空间 $\ell^2(\mathbb{Z})$ 中两个能量有限的信号, 在算子 D 的作用下, X_0 和 X_1 分别被"2 抽 1 筛子"算子 $(2\downarrow 1)$ 采样, 即

$$Y_0=(Y_0(n)=(DX_0)(n)=X_0(n);n\in 2\mathbb{Z})$$
$$Y_1=(Y_1(n)=(DX_1)(n)=X_1(n);n\in 2\mathbb{Z})$$

在序列空间 $\ell^2(\mathbb{Z})$ 中, 如果 $\forall x=(x(k);k\in\mathbb{Z})\in\ell^2(\mathbb{Z})$, 恒有

$$\|Y_0\|^2+\|Y_1\|^2=\|x\|^2$$

则称滤波器组 (F_0,F_1) 是正交镜像滤波器组.

(η) 正交镜像滤波器的完美重建

引入算子记号:

$$T_0=DF_0:\ell^2(\mathbb{Z})\to\ell^2(2\mathbb{Z})$$
$$T_1=DF_1:\ell^2(\mathbb{Z})\to\ell^2(2\mathbb{Z})$$

那么, 正交镜像滤波器组条件可以等价地记为

$$I=T_0^*T_0+T_1^*T_1$$

如果滤波器 F_0 和 F_1 的传递函数是 $F_\lambda(\omega),\lambda=0,1$:

$$F_\lambda(\omega)=\sum_{k=-\infty}^{+\infty}f_\lambda(k)e^{ik\omega}\in\mathcal{L}^2(0,2\pi)$$

并定义如下的 2×2 矩阵:

$$\mathscr{F}(\omega)=\frac{1}{\sqrt{2}}\begin{pmatrix}F_0(\omega) & F_1(\omega)\\ F_0(\omega+\pi) & F_1(\omega+\pi)\end{pmatrix}$$

那么, 正交镜像滤波器组条件可以等价表示为

$$\mathscr{F}\mathscr{F}^*=\mathscr{F}^*\mathscr{F}=I$$

即 $\mathscr{F}$ 是酉矩阵, 或者算子组 $T=(T_0,T_1):\ell^2(\mathbb{Z})\to\ell^2(2\mathbb{Z})\times\ell^2(2\mathbb{Z})$ 是等距同构的.

算子方程 $I=T_0^*T_0+T_1^*T_1$ 说明, 输入信号 x 是两个正交信号 $T_0^*T_0(x)$ 和 $T_1^*T_1(x)$ 之和, 其中 $T_0(x)$ 和 $T_1(x)$ 是由分解得到的, 而 T_0^* 和 T_1^* 是将偶序号序列相邻两项之间嵌入一个数值为 0 的项之后分别由滤波器 F_0^* 和 F_1^* 进行滤波而实现的. 这个算子方程保证了完全的分解和合成设计方案.

另外, 算子方程组 $\mathscr{F}\mathscr{F}^*=\mathscr{F}^*\mathscr{F}=I$ 和等距同构算子组 $T=(T_0,T_1)$ 说明, 正交镜像滤波器组实质上构成一种特殊的正交变换. 2×2 酉矩阵 $\mathscr{F}$ 的结构形式暗

示可以构造具有有限脉冲响应序列的正交镜像滤波器组，这是因为两个 2π 周期函数 $F_\lambda(\omega), \lambda = 0,1$ 分别是以滤波器 F_0 和 F_1 的脉冲响应序列为傅里叶级数系数的傅里叶级数和函数. 例如，适当选取 $\alpha_0, \alpha_1, \cdots, \alpha_N$ 构造三角函数和

$$m_0(\omega) = \alpha_0 + \alpha_1 e^{i\omega} + \cdots + \alpha_N e^{iN\omega}$$

满足

$$|m_0(\omega)|^2 + |m_0(\omega + \pi)|^2 = 1, \quad \omega \in \mathbb{R}$$

这时只要构造函数组:

$$\begin{cases} F_0(\omega) = \sqrt{2}\overline{m}_0(\omega) \\ F_1(\omega) = \sqrt{2}m_0(\omega + \pi)e^{i\omega} \end{cases}$$

则矩阵 $\mathscr{F}$ 必为酉矩阵.

(θ) 正交镜像滤波器组实例

这里给出几个著名的典型例子.

例 1　$\forall x = (x(k); k \in \mathbb{Z}) \in \ell^2(\mathbb{Z})$，定义

$$\begin{cases} T_0 x = T_0(x(k); k \in \mathbb{Z}) = (x(2k); k \in \mathbb{Z}) \\ T_1 x = T_1(x(k); k \in \mathbb{Z}) = (x(2k+1); k \in \mathbb{Z}) \end{cases}$$

这时，矩阵

$$\mathscr{F} = \frac{1}{\sqrt{2}} \begin{pmatrix} 1 & e^{i\omega} \\ 1 & -e^{i\omega} \end{pmatrix}$$

显然是酉矩阵.

例 2　$\forall x = (x(k); k \in \mathbb{Z}) \in \ell^2(\mathbb{Z})$，如下定义的滤波器组:

$$\begin{cases} (F_0 x)(n) = \dfrac{1}{\sqrt{2}}\big(x(n) + x(n+1)\big), & n \in \mathbb{Z} \\ (F_1 x)(n) = \dfrac{1}{\sqrt{2}}\big(x(n) - x(n+1)\big), & n \in \mathbb{Z} \end{cases}$$

必是正交镜像滤波器组，而且与此相应的规范正交小波基恰好是 Haar 系函数.

例 3　定义如下的 2π 周期函数 $m_0(\omega)$:

$$m_0(\omega) = \begin{cases} 1, & 0 \leqslant \omega < \pi \\ 0, & \pi \leqslant \omega < 2\pi \end{cases}$$

并且 $m_1(\omega) = 1 - m_0(\omega)$，定义滤波器的频率响应函数:

$$\begin{cases}F_0(\omega)=\sqrt{2}\bar{m}_0(\omega)\\ F_1(\omega)=\sqrt{2}\bar{m}_1(\omega)\end{cases}$$

这样得到的也是正交镜像滤波器组，而且正好是子带编码相应于 $m=2$ 的理想滤波器.

例 4 例 3 的改进形式. 将 $m_0(\omega)$ 改为如下的 2π 周期函数 $m_0(\omega)$，即

$$m_0(\omega)=\begin{cases}1, & \omega\in(-0.5\pi,0.5\pi)\\ 0, & \omega\in[-\pi,-0.5\pi]\cup[0.5\pi,\pi]\end{cases}$$

且 $m_1(\omega)=1-m_0(\omega)$，定义滤波器的频率响应函数:

$$\begin{cases}F_0(\omega)=\sqrt{2}\bar{m}_0(\omega)\\ F_1(\omega)=\sqrt{2}\bar{m}_1(\omega)\end{cases}$$

则这样的 F_0 和 F_1 也是正交共轭滤波器组.

例 5 设 $0<\alpha<0.5\pi$ 且 $m_0(\omega)$ 是如下构造的 2π 周期函数:

$$m_0(\omega)=1,\quad -0.5\pi+\alpha\leqslant\omega<0.5\pi-\alpha$$
$$m_0(\omega)=0,\quad 0.5\pi+\alpha\leqslant\omega<1.5\pi-\alpha$$

而且

$$|m_0(\omega)|^2+|m_0(\omega+\pi)|^2=1\quad\Leftarrow\begin{cases}-0.5\pi\leqslant\omega<-0.5\pi+\alpha\\ 0.5\pi-\alpha\leqslant\omega<0.5\pi+\alpha\\ 1.5\pi-\alpha\leqslant\omega<1.5\pi\end{cases}$$

并额外要求 $m_0(\omega)$ 是无限次可微的，定义:

$$m_1(\omega)=e^{-i\theta}\bar{m}_0(\omega+\pi)$$

而且

$$\begin{cases}F_0(\omega)=\sqrt{2}\bar{m}_0(\omega)\\ F_1(\omega)=\sqrt{2}\bar{m}_1(\omega)\end{cases}$$

这时，F_0 和 F_1 仍是正交镜像滤波器组.

1.1.9 Shannon 小波

Shannon 小波是一类丰富的小波函数族.

(α) 经典 Shannon 小波

定义函数

$$\phi(x)=\frac{\sin\pi x}{\pi x}$$

则

$$\Phi(\omega)=\frac{1}{\sqrt{2\pi}}\int_{-\infty}^{+\infty}\phi(x)e^{-i\omega x}dx=\begin{cases}(2\pi)^{-0.5}, & \omega\in[-\pi,\pi]\\ 0, & \omega\notin[-\pi,\pi]\end{cases}$$

这时，$\forall m\in\mathbb{Z}$，函数系

$$\{\phi_{m,n}(x)=2^{m/2}\phi(2^m x-n);\ n\in\mathbb{Z}\}$$

是函数空间 $\mathcal{L}^2(\mathbb{R})$ 中的规范正交函数系，是函数子空间 $\mathcal{L}^2[-2^m\pi,+2^m\pi]$ 的规范正交基. 在 $m=0,1$ 时，利用 Shannon 采样定理和 Shannon 插值公式可得

$$\begin{aligned}\phi(x)&=\sum_{n\in\mathbb{Z}}\phi(0.5n)\frac{\sin 2\pi(x-0.5n)}{2\pi(x-0.5n)}=\sqrt{2}\sum_{n\in\mathbb{Z}}h_n\phi(2x-n)\\&=\sqrt{2}\left\{\sum_{n\in\mathbb{Z}}\left[(-1)^n\frac{1}{(2n+1)\pi}\sqrt{2}\phi(2x-(2n-1))\right]+\frac{1}{2}\sqrt{2}\phi(2x)\right\}\end{aligned}$$

其中系数列 $\{h_n;n\in\mathbb{Z}\}$ 为

$$h_n=\frac{1}{\sqrt{2}}\frac{\sin(0.5n\pi)}{0.5n\pi}=\begin{cases}\sqrt{0.5}, & n=0\\ 0, & n=2k,k\neq 0\\ (-1)^k\sqrt{2}[(2k+1)\pi]^{-1}, & n=2k+1\end{cases}$$

因此，构造方程的系数 $\{g_n;n\in\mathbb{Z}\}$ 可写成

$$g_n=(-1)^{n-1}h_{1-n}=\begin{cases}\sqrt{0.5}, & n=1\\ 0, & n=2k+1,k\neq 0\\ (-1)^{k+1}\sqrt{2}[(1-2k)\pi]^{-1}, & n=2k\end{cases}$$

由构造方程得到相应的正交小波函数 $\psi(x)$ 为

$$\psi(x)=\frac{\sin 2\pi(x-0.5)-\sin\pi(x-0.5)}{\pi(x-0.5)}=2\phi(2(x-0.5))-\phi(x-0.5)$$

构造过程所需低通滤波器的频率响应函数是

$$\mathrm{H}(\omega)=\frac{1}{\sqrt{2}}\sum_{n\in\mathbb{Z}}h_n e^{-in\omega}=\begin{cases}1, & 0\leqslant|\omega|<0.5\pi\\ 0, & 0.5\pi\leqslant|\omega|\leqslant\pi\end{cases}$$

相应正交镜像滤波器组的带通滤波器频率响应函数是

$$\Gamma(\omega)=\frac{1}{\sqrt{2}}\sum_{n\in\mathbb{Z}}g_n e^{-in\omega}=e^{-i\omega}\overline{\mathrm{H}}(\omega+\pi)=\begin{cases}0, & 0\leqslant|\omega|<0.5\pi\\ e^{-i\omega}, & 0.5\pi\leqslant|\omega|\leqslant\pi\end{cases}$$

正交镜像滤波器组构成的 2×2 矩阵:

$$\mathrm{M}(\omega)=\begin{pmatrix}\mathrm{H}(\omega) & \Gamma(\omega)\\ \mathrm{H}(\omega+\pi) & \Gamma(\omega+\pi)\end{pmatrix}$$

是一个酉矩阵. 这时, 正交小波函数 $\psi(x)$ 的频域形式, 即 $\psi(x)$ 的傅里叶变换:

$$\Psi(\omega)=\frac{1}{\sqrt{2\pi}}\int_{-\infty}^{+\infty}\psi(x)e^{-i\omega x}dx$$

可直接写成

$$\begin{aligned}\Psi(\omega)&=e^{-0.5i\omega}\overline{\mathrm{H}}(\pi+0.5\omega)\Phi(0.5\omega)\\&=e^{-0.5i\omega}(1-\mathrm{H}(0.5\omega))\Phi(0.5\omega)\\&=e^{-0.5i\omega}\Phi(0.5\omega)-e^{-0.5i\omega}\Phi(\omega)\end{aligned}$$

利用傅里叶逆变换的性质再次得到时间域形式的小波函数:

$$\psi(x)=2\phi(2(x-0.5))-\phi(x-0.5)$$

这就是 Shannon 小波函数, 这时, 如下的伸缩平移函数系

$$\{\psi_{k,\ell}(x)=2^{k/2}\psi(2^k x-\ell);(k,\ell)\in\mathbb{Z}^2\}$$

构成平方可积函数空间 $\mathcal{L}^2(\mathbb{R})$ 的规范正交基, 这就是 Shannon 规范正交小波函数基.

(β) 广义 Shannon 小波

回顾正交镜像滤波器组实例的例 4. 在正交镜像滤波器组中的高通滤波器频率响应函数选择为: $\forall\varsigma\in\mathbb{R}$,

$$\Gamma(\omega)=e^{-i\omega\varsigma}\overline{\mathrm{H}}(\omega+\pi)=\begin{cases}0, & 0\leqslant|\omega|<0.5\pi\\ e^{-i\omega\varsigma}, & 0.5\pi\leqslant|\omega|\leqslant\pi\end{cases}$$

正交镜像滤波器组构成的 2×2 矩阵:

$$\mathrm{M}(\omega)=\begin{pmatrix}\mathrm{H}(\omega) & \Gamma(\omega)\\ \mathrm{H}(\omega+\pi) & \Gamma(\omega+\pi)\end{pmatrix}$$

也是一个酉矩阵. 这时, 正交小波函数 $\psi(x)$ 的频域形式, 即 $\psi(x)$ 的傅里叶变换:

$$\begin{aligned}\Psi(\omega)&=\Gamma(0.5\omega)\Phi(0.5\omega)\\&=e^{-0.5\varsigma\omega i}\overline{\mathrm{H}}(0.5\omega+\pi)\Phi(0.5\omega)\end{aligned}$$

这时, 函数

$$\psi^{(\varsigma)}(x)=\frac{\sin 2\pi(x-0.5\varsigma)-\sin\pi(x-0.5\varsigma)}{\pi(x-0.5\varsigma)}$$

也是 Shannon 小波函数, 这时, 如下的伸缩平移函数系:

$$\{\psi_{k,\ell}^{(\varsigma)}(x)=2^{k/2}\psi^{(\varsigma)}(2^k x-\ell);(k,\ell)\in\mathbb{Z}^2\}$$

构成平方可积函数空间 $\mathcal{L}^2(\mathbb{R})$ 的规范正交基, 这也是 Shannon 规范正交小波函数基.

事实上, 如下两个整数平移规范正交基:

$$\{\psi_{k,\ell}^{(0)}(x)=2^{k/2}\psi^{(0)}(2^k x-\ell);(k,\ell)\in\mathbb{Z}^2\}$$

和

$$\{\psi_{k,\ell}^{(1)}(x)=2^{k/2}\psi^{(1)}(2^k x-\ell);(k,\ell)\in\mathbb{Z}^2\}$$

是函数空间 $\mathcal{L}^2(\mathbb{R})$ 的两个完全不同的 Shannon 规范正交小波函数基.

1.1.10　Meyer 小波

选取非负实对称函数 $\Theta(\omega)\in C_0^\infty(\mathbb{R})$ (即只在有限区间范围内取值不为零而且任意次可微函数全体构成的族, 紧支撑光滑函数族)具有如下形式:

$$\begin{cases}1=\Theta(\omega), & 0\leqslant|\omega|\leqslant\dfrac{2\pi}{3}\\ 1=\Theta^2(\omega)+\Theta^2(2\pi-\omega), & -2\pi\leqslant\omega\leqslant 2\pi\\ 0=\Theta(\omega), & \dfrac{4\pi}{3}\leqslant|\omega|<\infty\end{cases}$$

显然, 在整个实数轴 $\mathbb{R}$ 上, $0\leqslant\Theta(\omega)\leqslant 1$. 利用 $\Theta(\omega)$ 的傅里叶逆变换构造函数 $\varphi(x)=\theta(x)=(\boldsymbol{\mathcal{F}}^{-1}\Theta)(x)$:

$$\varphi(x)=\theta(x)=(\boldsymbol{\mathcal{F}}^{-1}\Theta)(x)=\frac{1}{2\pi}\int_{-\frac{4\pi}{3}}^{\frac{4\pi}{3}}\Theta(\omega)e^{-ix\omega}d\omega$$

那么, $\varphi(x)$ 的傅里叶变换 $\Phi(\omega)=(\boldsymbol{\mathcal{F}}\varphi)(\omega)=\Theta(\omega)$ 满足

$$\sum_{n\in\mathbb{Z}}|\Phi(\omega+2n\pi)|^2=\sum_{n\in\mathbb{Z}}|\Theta(\omega+2n\pi)|^2=1$$

利用如下频率域方程构造正交镜像滤波器组低通滤波器频率响应函数 $\mathrm{H}(\omega)$:

$$\Theta(2\omega)=\mathrm{H}(\omega)\Theta(\omega),\quad -\pi\leqslant\omega\leqslant\pi$$

利用频率域函数 $\Theta(\omega)$ 的特殊构造可知, 当 $-2\pi/3\leqslant\omega\leqslant 2\pi/3$ 时, $\Theta(\omega)=1$, 于是 $\mathrm{H}(\omega)=\Theta(2\omega)$; 当 $-\pi\leqslant\omega\leqslant-2\pi/3$ 或 $2\pi/3\leqslant\omega\leqslant\pi$ 时, 因为 $|2\omega|\geqslant 4\pi/3$, 所以 $\Theta(2\omega)=0$, 此时, 可以选取 $\mathrm{H}(\omega)=0=\Theta(2\omega)$. 这样, 经过简单演算得到周期 2π 的低通滤波器频率响应函数(即传递函数) $\mathrm{H}(\omega)$ 的显式计算公式:

$$\mathrm{H}(\omega)=\frac{\Theta(2\omega)}{\Theta(\omega)}=\Theta(2\omega),\quad -\pi\leqslant\omega\leqslant\pi$$

正交镜像滤波器组相应的带通滤波器频率响应函数 $\Gamma(\omega)$ 选择如下:

$$\Gamma(\omega)=e^{-i\omega}\mathrm{H}(\omega+\pi)=e^{-i\omega}\Theta(2\pi-2\,|\,\omega\,|),\quad -\pi\leqslant\omega\leqslant\pi$$

此时, 正交镜像滤波器组低通滤波器频率响应函数 $\mathrm{H}(\omega)$ 和带通滤波器频率响应函数 $\Gamma(\omega)$ 构成的 2×2 矩阵:

$$M(\omega)=\begin{pmatrix} H(\omega) & \Gamma(\omega) \\ H(\omega+\pi) & \Gamma(\omega+\pi) \end{pmatrix}$$

也是一个酉矩阵. 这时, Meyer 小波函数 $\psi(x)$ 的傅里叶变换 $\Psi(\omega)$ 可以取为

$$\Psi(\omega)=\Gamma(0.5\omega)\Theta(0.5\omega)=e^{-0.5i\omega}\Theta(0.5\omega)\Theta(2\pi-|\omega|)$$

由 $\Theta(\omega)\in C_0^{\infty}(\mathbb{R})$ 知 $\Psi(\omega)\in C_0^{\infty}(\mathbb{R})$. 容易证明, 对于任意自然数 n,

$$\begin{cases} \Psi^{(n)}(0)=0 \\ \int_{-\infty}^{+\infty} x^n\psi(x)dx=0 \end{cases}$$

这说明 Meyer 小波 $\psi(x)$ 是光滑的且具有任意阶的消失矩, 即 $\psi(x)$ 是具有良好波动性的光滑函数. 这些性质保证 Meyer 小波在函数空间分析和其他一些对光滑性和消失矩有特殊要求的理论分析中具有重要作用. 这时, 如下伸缩平移函数系

$$\{\psi_{k,\ell}(x)=2^{k/2}\psi(2^k x-\ell);(k,\ell)\in\mathbb{Z}^2\}$$

是平方可积函数空间 $\mathcal{L}^2(\mathbb{R})$ 的规范正交基, 即 Meyer 规范正交小波函数基.

1.1.11 金字塔算法与小波

物理图像理解为二维平方可积函数空间 $\mathcal{L}^2(\mathbb{R}\times\mathbb{R})=\mathcal{L}^2(\mathbb{R}^2)$ 中的二元函数或信号 $f(x,y)$, 数字图像理解为物理图像 $f(x,y)$ 经过特定的处理方式(比如滤波-采样)在平面网格 $\Gamma_j=(2^{-j}\mathbb{Z})\times(2^{-j}\mathbb{Z})$ 上的限制, 其中 j 是某个自然数, 比如当 $j=9$ 时, 数字图像相当于在平面网格 $\Gamma_9=(2^{-9}\mathbb{Z})\times(2^{-9}\mathbb{Z})$ 上的一个数字分辨率为 512×512 的数值矩阵.

(α) 数字图像

在形式理论分析中, 数字图像理解为定义在平面网格 $\Gamma_j=(2^{-j}\mathbb{Z})\times(2^{-j}\mathbb{Z})$ 上的二维离散函数 $\{c(m,n)=f(2^{-j}m,2^{-j}n);(m,n)\in\mathbb{Z}\times\mathbb{Z}\}\in\ell^2(\mathbb{Z}\times\mathbb{Z})=\ell^2(\mathbb{Z}^2)$, 这实际是一个"$\infty\times\infty$ 矩阵", 要求矩阵元素的平方和, 即矩阵或数字图像的能量是有限的. 数字图像就是原始物理图像二元函数 $f(x,y)$ 采样数字化的数值记忆方式. 因为原始物理图像二元函数 $f(x,y)$ 本身极不规则、存在图像边缘的不连续点, 还可能被噪声污染, 所以, 在将物理图像采样数字化转化为数字图像的过程中, 总是假定先滤波之后再采样数字化.

原始物理图像 $f(x,y)$ 按照尺度 $\Delta=2^{-j}$ 进行采样的结果记为 f_j, 它是采样算子 R_j: $\mathcal{L}^2(\mathbb{R}^2)\to\ell^2(\Gamma_j)$ 作用到 $f(x,y)$ 上的结果, 体现为定义在 $\Gamma_j=(2^{-j}\mathbb{Z})\times(2^{-j}\mathbb{Z})$ 上的数字矩阵 $\{c(m,n);(2^{-j}m,2^{-j}n)\in(2^{-j}\mathbb{Z})\times(2^{-j}\mathbb{Z})\}$, 可以形式地表示为

$$\begin{aligned} R_j:\ & \mathcal{L}^2(\mathbb{R}^2) \to \ell^2(\Gamma_j) \\ & f(x,y) \mapsto f_j = R_j(f) \\ & \qquad f_j = \{c(m,n);(2^{-j}m,2^{-j}n) \in (2^{-j}\mathbb{Z})\times(2^{-j}\mathbb{Z})\} \end{aligned}$$

(β) 数字图像金字塔算法

Burt 和 Adelson (1983a, 1983b)发现并构造得到采样算子序列 $\{R_j:\mathcal{L}^2(\mathbb{R}^2) \to \ell^2(\Gamma_j); j\in\mathbb{Z}\}$，要求采样算子序列的任意两个前后相邻采样算子之间存在完全相同的转换关系，这就是(物理的或数字的)图像处理的(连续的或离散的)金字塔算法. 即对任何原始图像 $f(x,y)$，利用采样算子序列 $\{R_j:\mathcal{L}^2(\mathbb{R}^2) \to \ell^2(\Gamma_j); j\in\mathbb{Z}\}$ 得到采样的数字图像序列 $\{f_j = R_j(f); j\in\mathbb{Z}\}$，随着采样网格 $\Gamma_j = (2^{-j}\mathbb{Z})\times(2^{-j}\mathbb{Z})$ 从精细到粗糙变化，即 j 的数值从大到小逐步变化，无须再利用原始图像 $f(x,y)$ 的任何信息，就可以由 $f(x,y)$ 在 Γ_j 上的采样图像 f_j 准确简明地计算它在网格 Γ_{j-1} 上的采样图像 f_{j-1}，而且，这种转换计算的格式(算子)与 j 的取值无关！这就是 Burt 和 Adelson 建立的金字塔算法.

(γ) 采样算子序列

采样算子序列 $\{R_j:\mathcal{L}^2(\mathbb{R}^2) \to \ell^2(\Gamma_j); j\in\mathbb{Z}\}$ 的构造方法是，选择的滤波函数 $g(x,y)$ 是支撑在原点附近或显著数值集中在原点附近的光滑函数，按照数字化的采样间隔 $\Delta = h$，以 $\Delta = h$ 为尺度对滤波函数 $g(x,y)$ 进行伸缩处理得到尺度为 $\Delta = h$ 的滤波函数:

$$g_h(x,y) = \frac{1}{h^2} g\left(\frac{x}{h},\frac{y}{h}\right)$$

将原始物理图像 $f(x,y)$ 与滤波函数 $g_h(x,y)$ 进行卷积滤波，得到平方可积的光滑物理图像 $\tilde{f}_h(u,v)$:

$$\tilde{f}_h(u,v) = \frac{1}{h^2}\int_{-\infty}^{+\infty}\int_{-\infty}^{+\infty} g\left(u-\frac{x}{h}, v-\frac{y}{h}\right) f(x,y)dxdy,\quad (u,v)\in\mathbb{R}\times\mathbb{R}$$

原始物理图像 $f(x,y)$ 在尺度 $\Delta = h$ 时对应数字图像 f_h 的含义是，$\forall (m,n)\in\mathbb{Z}\times\mathbb{Z}$，在平面 $\mathbb{R}^2$ 上的点 (m,n) 处，$f(x,y)$ 的滤波-采样数字化结果是

$$c(m,n) = \tilde{f}_h(m,n) = \frac{1}{h^2}\int_{-\infty}^{+\infty}\int_{-\infty}^{+\infty} g\left(m-\frac{x}{h}, n-\frac{y}{h}\right) f(x,y)dxdy$$

而且

$$f_h = R_h(f) = \{c(m,n) = \tilde{f}_h(m,n); (m,n) \in \mathbb{Z}\times\mathbb{Z}\}$$

事实上，对于任意的$(m,n)\in\mathbb{Z}\times\mathbb{Z}$，$c(m,n)$的数值本质上体现了原始物理图像$f(x,y)$在平面$\mathbb{R}^2$上的点$(mh,nh)$附近数值分布的平均，在滤波函数$g(x,y)$取定之后，“附近”的实际范围被尺度$\Delta=h$完全确定. 相应地，数字图像$f_h$是原始物理图像$f(x,y)$在全部形如$(mh,nh)$的各个网格点附近数值分布平均得到的数值矩阵.

这就是数字化算子或投影算子R_h: $\mathcal{L}^2(\mathbb{R}^2)\to\ell^2(\Gamma_h)$，$\Gamma_h=(h\mathbb{Z})\times(h\mathbb{Z})$. 将它形式化表示如下：

$$\begin{aligned}
R_h: \mathcal{L}^2(\mathbb{R}^2) &\to \ell^2(\Gamma_h)\\
f(x,y) &\mapsto f_h = R_h(f) = \{c_h(m,n);(m,n)\in\Gamma_h\}\\
c_h(m,n) &= \int_{\mathbb{R}^2} f(x,y)\overline{\varphi}_h(x-mh,y-nh)dxdy\\
&= \int_{\mathbb{R}^2} f(x,y)h^{-2}\overline{\varphi}(h^{-1}x-m,h^{-1}y-n)dxdy
\end{aligned}$$

其中

$$\begin{cases}
\varphi(x,y) = \overline{g}(-x,-y)\\
\varphi_h(x,y) = \dfrac{1}{h^2}\varphi\left(\dfrac{x}{h},\dfrac{y}{h}\right)
\end{cases}$$

上述形式化表示公式中的函数$\varphi(x,y)$称为尺度函数.

上述分析说明，在尺度函数选择为$\varphi(x,y)$的条件下，采样算子或数字化算子或投影算子R_h: $\mathcal{L}^2(\mathbb{R}^2)\to\ell^2(\Gamma_h)$的作用$f(x,y)\mapsto f_h=\{c(m,n);(m,n)\in\Gamma_h\}$过程未必是一个单射，换句话说，如下定义的重建算子或延拓算子P_h：

$$\begin{aligned}
P_h: \ell^2(\Gamma_h) &\to \mathcal{L}^2(\mathbb{R}^2)\\
f_h &\mapsto \mathfrak{f}(x,y)\\
f_h &= \{c(m,n);(m,n)\in\Gamma_h\}\\
\mathfrak{f}(x,y) &= \sum_{m\in\mathbb{Z}}\sum_{n\in\mathbb{Z}} c(mh,nh)\varphi(h^{-1}x-m,h^{-1}y-n)
\end{aligned}$$

未必能保证$\mathfrak{f}(x,y)=f(x,y)$，即延拓算子P_h未必是投影算子R_h的“逆算子”而且投影算子R_h未必存在“逆算子”. 但是根据 Shannon 采样定理，延拓算子P_h具有如下特性，即对$\forall f(x,y)\in\mathcal{L}^2(\mathbb{R}^2)$，当$h\to 0^+$时，

$$\lim_{h\to 0^+}\int_{\mathbb{R}\times\mathbb{R}}|\mathfrak{f}(x,y)-f(x,y)|^2dxdy = \lim_{h\to 0^+}\int_{\mathbb{R}\times\mathbb{R}}|P_hR_h[f](x,y)-f(x,y)|^2dxdy = 0$$

或者等价表示为

$$P_hR_h(f)\to f,\ \ h\to 0^+$$

如果要求$\varphi(x,y)$是连续速降函数，上式相当于$P_hR_h(1)=1$，这里 1 表示$\mathbb{R}^2$上的恒 1

函数，利用函数 $\varphi(x,y)$ 的傅里叶变换 $\Phi(\omega,\upsilon)$，这可以在频率域表示为

$$\left|\Phi(0,0)\right|=1,\ \ \Phi(2m\pi,2n\pi)=0,\ \ (m,n)\neq(0,0)$$

因此，在往后的研究中总假设 $\int_{\mathbb{R}^2}\varphi(x,y)dxdy=1$.

另一方面，根据 Shannon 采样定理，适当选择或构造尺度函数 $\varphi(x,y)$ 而且限制投影算子 R_h 的定义域为函数空间 $\mathcal{L}^2(\mathbb{R}^2)$ 的子集合或子空间，可以保证延拓算子 P_h 是投影算子 R_h 的受限"逆算子"，甚至可能对于 $\Delta=h=2^{-j}$，其中 j 是全部整数这个结论都是真实的. 这正是 Burt 和 Adelson 所希望并实现构造的采样算子序列和延拓算子序列，同时这也是多分辨率分析和(正交的和双正交的)小波构造的核心要求.

当 $j\in\mathbb{Z}$ 而且尺度 $\Delta=h=2^{-j}$ 时，得到采样算子 $R_j:\mathcal{L}^2(\mathbb{R}^2)\to\ell^2(\Gamma_j)$.

(δ) 转换算子序列

Burt 和 Adelson 的金字塔算法对采样算子 R_j: $\mathcal{L}^2(\mathbb{R}^2)\to\ell^2(\Gamma_j)$ 的直接要求是，存在用符号 T_j 表示的转换算子序列 $\{T_j$: $\ell^2(\Gamma_j)\to\ell^2(\Gamma_{j-1});j\in\mathbb{Z}\}$ 满足

$$\begin{aligned}T_j:&\ \ell^2(\Gamma_j)\to\ell^2(\Gamma_{j-1})\\ &T_j(f_j)=f_{j-1},f_j=R_j(f),f_{j-1}=R_{j-1}(f)\end{aligned}$$

或者结合采样算子序列 $\{R_j$: $\mathcal{L}^2(\mathbb{R}^2)\to\ell^2(\Gamma_j);j\in\mathbb{Z}\}$ 抽象地表示为

$$R_{j-1}=T_jR_j,\ \ j\in\mathbb{Z}$$

因为 R_j: $\mathcal{L}^2(\mathbb{R}^2)\to\ell^2(\Gamma_j)$ 未必可逆，即 R_j^{-1} 未必存在，所以，不可能直接由形式要求 $R_{j-1}=T_jR_j$ 利用 R_j^{-1} 将 $T_j:\ell^2(\Gamma_j)\to\ell^2(\Gamma_{j-1})$ 求解出来. 这相当于说，不能由模糊化的图像完全复原到原始图像.

实际上，转换算子序列 $\{T_j$: $\ell^2(\Gamma_j)\to\ell^2(\Gamma_{j-1});j\in\mathbb{Z}\}$ 需要满足的上述条件本质上是对尺度函数 $\varphi(x,y)$ 的性质有特殊要求，反过来说，只有构造具有特定性质的尺度函数 $\varphi(x,y)$，由此产生的采样算子序列 $\{R_j$: $\mathcal{L}^2(\mathbb{R}^2)\to\ell^2(\Gamma_j);j\in\mathbb{Z}\}$ 才可能存在满足上述要求的转换算子序列 $\{T_j$: $\ell^2(\Gamma_j)\to\ell^2(\Gamma_{j-1});j\in\mathbb{Z}\}$.

现在讨论转换算子序列 $\{T_j$: $\ell^2(\Gamma_j)\to\ell^2(\Gamma_{j-1});j\in\mathbb{Z}\}$ 的表示问题. Burt 和 Adelson 的基本思想是，利用转换算子构造尺度函数.

根据子带滤波器基本理论，转换算子 T_0: $\ell^2(\Gamma_0)\to\ell^2(\Gamma_{-1})$ 或者直接详细表示为 T_0: $\ell^2(\mathbb{Z}^2)\to\ell^2(2\mathbb{Z}^2)$，可以写出滤波-抽取形式 $T_0=DF_0$，其中 F_0: $\ell^2(\mathbb{Z}^2)\to\ell^2(\mathbb{Z}^2)$ 是平方可和矩阵空间 $\ell^2(\mathbb{Z}^2)$ 上的线性滤波算子，而 D: $\ell^2(\mathbb{Z}^2)\to\ell^2(2\mathbb{Z}^2)$ 是

“2 抽 1 筛子”算子，这样，如果 $x=(x(m,n);(m,n)\in\mathbb{Z}^2)\in\ell^2(\mathbb{Z}^2)$，则

$$(T_0x)(2k,2\ell)=\sum_{m\in\mathbb{Z}}\sum_{n\in\mathbb{Z}}h(2k-m,2\ell-n)x(m,n),\quad (k,\ell)\in\mathbb{Z}\times\mathbb{Z}$$

其中 $\{h(m,n);(m,n)\in\mathbb{Z}\times\mathbb{Z}\}\in\ell^2(\mathbb{Z}\times\mathbb{Z})$ 是滤波器 F_0 的脉冲响应序列(矩阵)，在后面的构造过程中假设它是实数矩阵. 如果 $x=(x(m,n);(m,n)\in\mathbb{Z}^2)$ 是物理图像 $f(x,y)$ 经过尺度函数 $\varphi(x,y)$ 卷积滤波之后数字化得到的数字图像:

$$f_0=\left\{x(m,n)=\int_{-\infty}^{+\infty}\int_{-\infty}^{+\infty}f(x,y)\overline{\varphi}(x-m,y-n)dxdy;(m,n)\in\mathbb{Z}^2\right\}$$

当 $j=0$ 时，$R_{j-1}=T_jR_j$ 具体写成 $R_{-1}=T_0R_0$，意味着对于任意的 $f(x,y)$，满足

$$(R_{-1}f)=T_0(R_0f)\quad 或者\quad f_{-1}=T_0(f_0)$$

按照 $j=-1$ 时数字图像的定义知

$$\begin{aligned}f_{-1}&=\left\{x(m,n)=\int_{\mathbb{R}\times\mathbb{R}}f(x,y)\overline{\varphi}_{2^{-1}}(x-m,y-n)dxdy;(2^{-1}m,2^{-1}n)\in\mathbb{Z}^2\right\}\\&=\left\{x(2k,2\ell)=\frac{1}{4}\int_{\mathbb{R}\times\mathbb{R}}f(x,y)\overline{\varphi}\left(\frac{x}{2}-2k,\frac{y}{2}-2\ell\right)dxdy;(k,\ell)\in\mathbb{Z}^2\right\}\end{aligned}$$

这样转换算子 T_0 给出的两个数字图像之间的关系 $f_{-1}=T_0(f_0)$ 可以具体写成

$$\begin{aligned}&\frac{1}{4}\int_{\mathbb{R}\times\mathbb{R}}f(x,y)\overline{\varphi}\left(\frac{x}{2}-2k,\frac{y}{2}-2\ell\right)dxdy\\=&\sum_{(m,n)\in\mathbb{Z}\times\mathbb{Z}}h(2k-m,2\ell-n)\int_{\mathbb{R}\times\mathbb{R}}f(x,y)\overline{\varphi}(x-m,y-n)dxdy,\quad (k,\ell)\in\mathbb{Z}\times\mathbb{Z}\end{aligned}$$

其中 $(k,\ell)\in\mathbb{Z}^2$，将上式改写为

$$\begin{aligned}&\int_{\mathbb{R}\times\mathbb{R}}f(x,y)\overline{\varphi}\left(\frac{x}{2}-2k,\frac{y}{2}-2\ell\right)dxdy\\=&\int_{\mathbb{R}\times\mathbb{R}}f(x,y)\sum_{(m,n)\in\mathbb{Z}\times\mathbb{Z}}4h(2k-m,2\ell-n)\overline{\varphi}(x-m,y-n)dxdy\end{aligned}$$

因为这个公式对空间 $\mathcal{L}^2(\mathbb{R}^2)$ 中的所有物理图像 $f(x,y)$ 都是真实的，所以得到尺度函数之间的关系公式：$\forall(k,\ell)\in\mathbb{Z}^2$，

$$\overline{\varphi}\left(\frac{x}{2}-2k,\frac{y}{2}-2\ell\right)=4\sum_{(m,n)\in\mathbb{Z}\times\mathbb{Z}}h(2k-m,2\ell-n)\overline{\varphi}(x-m,y-n)$$

或者等价地写成规范的形式：$\forall(k,\ell)\in\mathbb{Z}^2$，

$$\varphi(x-2k,y-2\ell)=4\sum_{(m,n)\in\mathbb{Z}\times\mathbb{Z}}h(2k+m,2\ell+n)\varphi(2x+m,2y+n)$$

特别地，令 $k=\ell=0$ 得到“尺度方程”：

$$\varphi(x,y)=4\sum_{(m,n)\in\mathbb{Z}\times\mathbb{Z}}h(m,n)\varphi(2x+m,2y+n)$$

进行傅里叶变换得到“尺度方程”的频率域表示:

$$\Phi(\omega,v)=m_0\left(\frac{\omega}{2},\frac{v}{2}\right)\Phi\left(\frac{\omega}{2},\frac{v}{2}\right)$$

其中 m_0 是滤波器 F_0 的频率响应函数或传递函数:

$$m_0(\omega,v)=\sum_{(m,n)\in\mathbb{Z}\times\mathbb{Z}}h(m,n)\exp[i(m\omega+nv)]$$

利用假设 $\Phi(0,0)=1$ 以及 Burt 和 Adelson 为了使用方便额外要求滤波器 F_0 是有限脉冲响应的，得到尺度函数 $\varphi(x,y)$ 的频域表达:

$$\Phi(\omega,v)=m_0\left(\frac{\omega}{2},\frac{v}{2}\right)m_0\left(\frac{\omega}{4},\frac{v}{4}\right)\cdots m_0\left(\frac{\omega}{2^j},\frac{v}{2^j}\right)\cdots=\prod_{j=1}^{+\infty}m_0\left(\frac{\omega}{2^j},\frac{v}{2^j}\right)$$

回顾前述讨论可知，只要进行变量替换 $x\mapsto 2^jx, y\mapsto 2^jy$ 即可得到

$$\begin{aligned}&(R_{j-1}f)(2^{-j+1}k,2^{-j+1}\ell)\\ &=\sum_{(m,n)\in\mathbb{Z}\times\mathbb{Z}}h(2k-m,2\ell-n)(R_jf)(2^{-j}m,2^{-j}n),\quad (k,\ell)\in\mathbb{Z}\times\mathbb{Z}\end{aligned}$$

所以，希望的转换算子序列 $\{T_j\colon\ \ell^2(\Gamma_j)\to\ell^2(\Gamma_{j-1}); j\in\mathbb{Z}\}$ 可以表示为

$$(T_jx)(2^{-j+1}k,2^{-j+1}\ell)=\sum_{(m,n)\in\mathbb{Z}\times\mathbb{Z}}h(2k-m,2\ell-n)x(2^{-j}m,2^{-j}n),\quad (k,\ell)\in\mathbb{Z}\times\mathbb{Z}$$

其中，$x=(x(2^{-j}m,2^{-j}n);(m,n)\in\mathbb{Z}\times\mathbb{Z})\in\ell^2(\Gamma_j)$. 特别值得注意的是，这也是 Burt 和 Adelson 金字塔算法的关键支撑结论，$\mathfrak{h}=(h(m,n);(m,n)\in\mathbb{Z}\times\mathbb{Z})$ 是平方可和的，而且对所有的 j 和 T_j 都是相同的.

(ε) 金字塔算法的构造

Burt 和 Adelson 在具体构造金字塔算法时，要求子带编码滤波器 F_0 的脉冲响应矩阵 $\mathfrak{h}=(h(m,n);(m,n)\in\mathbb{Z}\times\mathbb{Z})$ 具有有限长度且全部元素的和为 1，即存在某个 $\mathbf{M}>0$，当 $|m|\geqslant\mathbf{M}$ 且 $|n|\geqslant\mathbf{M}$ 时，$h(m,n)=0$，同时

$$\sum_{(m,n)\in\mathbb{Z}\times\mathbb{Z}}h(m,n)=1$$

Burt 和 Adelson 构造金字塔算法的过程可以抽象表达:

(1) 低通滤波器脉冲响应矩阵:

$$\boxed{\mathfrak{h}=(h(m,n);(m,n)\in\mathbb{Z}\times\mathbb{Z})\in\ell^2(\mathbb{Z}\times\mathbb{Z})}$$

(2) 低通滤波器频率响应函数或传递函数:

$$\boxed{m_0(\omega,v)=\sum_{(m,n)\in\mathbb{Z}\times\mathbb{Z}}h(m,n)\exp[i(m\omega+nv)]}$$

(3) 尺度函数的频率域表达:

$$\boxed{\Phi(\omega,v)=\prod_{j=1}^{+\infty}m_0(2^{-j}\omega,2^{-j}v)\in\boldsymbol{\mathcal{L}}^2(\mathbb{R}^2)}$$

(4) 尺度函数的时间域表达:

$$\boxed{\varphi(x,y)=(\boldsymbol{\mathcal{F}}^{-1}\Phi)(x,y)=\frac{1}{2\pi}\int_{\mathbb{R}^2}\Phi(\omega,v)e^{i(x\omega+yv)}d\omega dv}$$

(5) 数字化算子序列或滤波-采样算子序列: $j\in\mathbb{Z}$,

$$\boxed{\begin{aligned}&R_j:\boldsymbol{\mathcal{L}}^2(\mathbb{R}^2)\to\ell^2(\Gamma_j)\\&\qquad f(x,y)\mapsto f_j=R_j(f)=\{c_j(m,n);(m,n)\in\Gamma_j\}\\&\qquad c_j(m,n)=\int_{\mathbb{R}^2}f(x,y)\overline{\varphi}_{j;m,n}(x,y)dxdy\\&\qquad\qquad\quad=\int_{\mathbb{R}^2}f(x,y)2^{2j}\overline{\varphi}(2^jx-m,2^jy-n)dxdy\end{aligned}}$$

(6) 转换算子序列: $j\in\mathbb{Z}$,

$$\boxed{\begin{aligned}&T_j:\ \ell^2(\Gamma_j)\to\ell^2(\Gamma_{j-1})\\&\qquad x\mapsto T_jx\\&\qquad x=(x(2^{-j}m,2^{-j}n);(m,n)\in\mathbb{Z}\times\mathbb{Z})\\&\qquad T_jx=((T_jx)(2^{-j+1}k,2^{-j+1}\ell);(k,\ell)\in\mathbb{Z}\times\mathbb{Z})\\&(T_jx)(2^{-j+1}k,2^{-j+1}\ell)=\sum_{(m,n)\in\mathbb{Z}\times\mathbb{Z}}h(2k-m,2\ell-n)x(2^{-j}m,2^{-j}n)\\&\qquad(k,\ell)\in\mathbb{Z}\times\mathbb{Z}\end{aligned}}$$

(7) 采样算子序列与转换算子序列的关系: $j\in\mathbb{Z}$,

$$\boxed{\boxed{R_{j-1}=T_jR_j}:\boldsymbol{\mathcal{L}}^2(\mathbb{R}^2)\xrightarrow{R_j}\ell^2(\Gamma_j)\xrightarrow{T_j}\ell^2(\Gamma_{j-1})}$$

$$
\begin{array}{|l|}
\hline
f(x,y)\mapsto \boxed{R_j}\to f_j\mapsto \boxed{T_j}\to f_{j-1}\\
R_{j-1}(f)=(T_jR_j)(f)\\
\qquad\quad \int_{\mathbb{R}^2} f(x,y)\overline{\varphi}_{j-1;k,\ell}(x,y)dxdy\\
\qquad =\sum\limits_{(m,n)\in\mathbb{Z}\times\mathbb{Z}} h(2k-m,2\ell-n)\int_{\mathbb{R}^2} f(x,y)\overline{\varphi}_{j;m,n}(x,y)dxdy\\
\qquad =\int_{\mathbb{R}^2} f(x,y)\left[\sum\limits_{(m,n)\in\mathbb{Z}\times\mathbb{Z}} h(2k-m,2\ell-n)\overline{\varphi}_{j;m,n}(x,y)\right]dxdy\\
\quad (k,\ell)\in\mathbb{Z}\times\mathbb{Z}\\
\hline
\end{array}
$$

(8) “任意尺度方程”：$j\in\mathbb{Z}$，

$$
\boxed{\varphi_{j-1;k,\ell}(x,y)=\sum_{(m,n)\in\mathbb{Z}\times\mathbb{Z}} h(2k-m,2\ell-n)\varphi_{j;m,n}(x,y),\ (k,\ell)\in\mathbb{Z}\times\mathbb{Z}}
$$

(9) “单位尺度方程”：

$$
\boxed{\varphi(x-2k,y-2\ell)=4\sum_{(m,n)\in\mathbb{Z}\times\mathbb{Z}} h(2k+m,2\ell+n)\varphi(2x+m,2y+n)}
$$

或者

$$
\boxed{\varphi(x,y)=4\sum_{(m,n)\in\mathbb{Z}\times\mathbb{Z}} h(m,n)\varphi(2x+m,2y+n)}
$$

(10) 金字塔算法:

二维平方可积函数空间 $\mathcal{L}^2(\mathbb{R}^2)$ 中的任何物理图像，即二元函数或信号 $f(x,y)$ 在平面网格序列 $\{\Gamma_j=(2^{-j}\mathbb{Z})\times(2^{-j}\mathbb{Z});j\in\mathbb{Z}\}$ 上经过滤波-采样等数字化过程产生的数字图像序列是 $\{f_j=R_j(f);j\in\mathbb{Z}\}$，$\{T_j\text{: } \ell^2(\Gamma_j)\to\ell^2(\Gamma_{j-1});j\in\mathbb{Z}\}$ 表示转换算子序列，它们之间满足 Burt 和 Adelson 的金字塔算法关系:

$$
R_{j-1}=T_jR_j \quad \text{或者} \quad f_{j-1}=T_j(f_j)
$$

其中 $j\in\mathbb{Z}$ 是任意整数.

注释: 在上述构造过程中，尺度函数和转换算子并不总能保证同时存在.

(ζ) 金字塔算法实例

例 1　定义尺度假设

$$
\varphi(x,y)=\frac{1}{\pi}\exp[-(x^2+y^2)]
$$

从低通滤波器频率响应函数或传递函数 $m_0(\omega,\upsilon)$ 与尺度函数满足的关系:

$$\Phi(\omega,v)=m_0\left(\frac{\omega}{2},\frac{v}{2}\right)\Phi\left(\frac{\omega}{2},\frac{v}{2}\right)$$

演算得到

$$m_0(\omega,v)=\exp\left(-\frac{3}{4}(\omega^2+v^2)\right)$$

这不是一个 2π 周期函数，所以，这时转换算子确实是不存在的.

再如，选取尺度函数

$$\varphi(x,y)=\frac{1}{4}\exp\left(-|x|-|y|\right)$$

这时转换算子仍然不存在.

例 2　为了计算简便这个例子以一维形式进行说明. 设 $m\in\mathbb{N}$，$\varphi(x)$ 是 $[0,1]$ 上的特征函数 $\chi_{[0,1]}(x)$ 卷积 m 次所得的函数，那么，$\varphi(x)$ 的傅里叶变换 $\Phi(\omega)$ 是

$$\Phi(\omega)=\left(\frac{1-e^{-i\omega}}{i\omega}\right)^{m+1}$$

由尺度方程的频率域形式直接演算得到

$$m_0(\omega)=\left[\frac{1}{2}(1+e^{-i\omega})\right]^{m+1}$$

这是一个 2π 周期函数，其傅里叶级数系数系列决定转换算子是存在的.

反过来，下面各例先给出转换算子序列 $\{T_j;j\in\mathbb{Z}\}$，再研究尺度函数的存在性和构造问题. 为了演算简便，假设转换算子序列 $\{T_j;j\in\mathbb{Z}\}$ 对应的低通滤波器脉冲响应矩阵 $\{h(k,\ell);(k,\ell)\in\mathbb{Z}^2\}$ 是可分的，这时 $\varphi(x,y)$ 也是可分的，可以写成两个函数乘积的形式，即 $\varphi(x,y)=\varphi(x)\varphi(y)$. 下述各例按照一元函数形式进行说明.

例 3　定义脉冲响应序列 $\{h(k);k\in\mathbb{Z}\}$ 为

$$h(k)=\begin{cases}1, & k=0\\ 0, & k\neq 0\end{cases}$$

根据低通滤波器频率响应函数或传递函数“连乘积”求得尺度函数 $\varphi(x)$ 的频域表示 Φ，经过傅里叶逆变换得知尺度函数 $\varphi(x)$ 是在 $x=0$ 点的狄拉克测度.

例 4　选取

$$h(k)=\begin{cases}0.5, & k=\pm 1\\ 0, & k\neq \pm 1\end{cases}$$

这时 $m_0(\omega)=\cos\omega$，而且

$$\varphi(x)=\begin{cases}0.5, & x\in[-1,1]\\ 0, & x\notin[-1,1]\end{cases}$$

例 5　Burt 和 Adelson 的金字塔算法实例. 定义脉冲响应序列 $\{h(k);k\in\mathbb{Z}\}$ 为

$$h(k)=\begin{cases}0.6, & k=0\\ 0.25, & k=\pm1\\ -0.05, & k=\pm2\\ 0, & |k|\geqslant 3\end{cases}$$

则尺度函数 $\varphi(x)$ 支撑在 $[-2,2]$ 上而且是连续的, 且其形状与函数

$$\tilde{\varphi}(x)=C\exp(-c\,|\,x\,|),\quad C>0,\quad c>0$$

极相似, 正因为这样, 对应金字塔算法称为拉普拉斯金字塔算法.

这些例子说明, 即使在简单情况下, 尺度函数 $\varphi(x)$ 也是千变万化的, 其存在性也不是总能得到保证, 似乎尺度函数 $\varphi(x)$ 的存在性是件奇异的事情. 实际上, 选择

$$h(k)=\begin{cases}p, & k=0\\ q, & k=-1\\ 0, & k\notin\{0,-1\}\end{cases}$$

其中 $0<p<1$ 且 $0<q<1$ 满足 $p+q=1$. 当 $p=q=0.5$ 时, $\varphi(x)$ 正好是 $[0,1]$ 的特征函数. 一般地, 尺度函数 $\varphi(x)$ 的频域形式 $\Phi(\omega)$ 是 $[0,1]$ 上一个概率测度 μ 的傅里叶变换, 该测度 μ 在勒贝格测度下是奇异的, 而且具有特殊的计算性质: 如果闭区间 $\Xi=[2^{-j}k,2^{-j}(k+1)]\subset[0,1]$, 那么

$$\begin{cases}p\mu(\Xi)=\mu([2^{-j}k,2^{-j}(k+0.5)])\\ q\mu(\Xi)=\mu([2^{-j}(k+0.5),2^{-j}(k+1)])\end{cases}$$

事实上, 这个尺度函数或测度具有多重分形结构.

(η) 金字塔算法编解码原理

Burt 和 Adelson 金字塔算法的直接研究动机是数字图像压缩. 数字图像压缩金字塔算法的核心是转换算子序列 $\{T_j:\ell^2(\Gamma_j)\to\ell^2(\Gamma_{j-1});j\in\mathbb{Z}\}$ 的表示和近似. 假设转换算子序列 $\{T_j:\ell^2(\Gamma_j)\to\ell^2(\Gamma_{j-1});j\in\mathbb{Z}\}$ 除了尺度变化外都是相同的, 即作为离散矩阵滤波器, 它们的脉冲响应矩阵除了尺度差异外完全相同.

假设 $j\in\mathbb{Z}$ 而且 T_j: $\ell^2(\Gamma_j)\to\ell^2(\Gamma_{j-1})$ 的伴随算子是 T_j^*: $\ell^2(\Gamma_{j-1})\to\ell^2(\Gamma_j)$. 当然, 在一般情况下, 能量有限矩阵空间 $\ell^2(\Gamma_j)$ 上的算子 $T_j^*T_j$ 未必是空间 $\ell^2(\Gamma_j)$ 的单位算子 E_j. 但是这并不排除存在数字图像 $f_j\in\ell^2(\Gamma_j)$ 能够满足 $(T_j^*T_j)(f_j)=f_j$, 在这种条件下, 完全可以在没有任何信息损失的基础上利用在“更小的”空间 $\ell^2(\Gamma_{j-1})$

中的更稀疏的数字图像 $f_{j-1}=T_jf_j$ “编码”或者“表达”在“较大的”空间 $\ell^2(\Gamma_j)$ 中的原始数字图像 f_j. 否则, $(T_j^*T_j)(f_j)\neq f_j$ 或者 $f_j-(T_j^*T_j)(f_j)\neq 0$, 此时, 因为

$$f_j=(T_j^*T_j)(f_j)+[f_j-(T_j^*T_j)(f_j)]=T_j^*(f_{j-1})+[f_j-(T_j^*T_j)(f_j)]$$

所以, 原始数字图像 f_j 的无损失“编码”应该是

$$\boxed{\begin{aligned}f_{j-1}&=T_jf_j\\ \gamma_j&=f_j-(T_j^*T_j)(f_j)\end{aligned}}$$

其中 $f_{j-1}=T_jf_j\in\ell^2(\Gamma_{j-1})$ 或 $(T_j^*T_j)(f_j)\in\ell^2(\Gamma_j)$ 称为原始数字图像 f_j 的“趋势”, 而 $\gamma_j=f_j-(T_j^*T_j)(f_j)$ 称为原始数字图像 f_j 的“细节”. 引入符号 $\Upsilon_j=E_j-T_j^*T_j$ 表示空间 $\ell^2(\Gamma_j)$ 上的“细节算子”, 这样, 原始数字图像 f_j 在空间 $\ell^2(\Gamma_j)$ 上的“细节”就表示为 $\gamma_j=\Upsilon_j(f_j)$. 因此, 原始数字图像 f_j 是通过“趋势”和“细节”实现编码的, 即 $f_j\mapsto[T_jf_j,\Upsilon_jf_j]=[f_{j-1},\gamma_j]$. 解码获得原始数字图像 f_j 的方法是

$$\boxed{f_j=T_j^*(f_{j-1})+\gamma_j}$$

这就是著名的 Burt 和 Adelson 金字塔数字图像编码和解码算法.

(θ) 金字塔算法编码

经过多次迭代得到完整的编码过程:

$$\begin{array}{lcl}
f_j & \xrightarrow{\ \Upsilon_j\ } & \gamma_j=\Upsilon_jf_j\\
\downarrow\boxed{T_j} & & \\
f_{j-1} & \xrightarrow{\ \Upsilon_{j-1}\ } & \gamma_{j-1}=\Upsilon_{j-1}f_{j-1}\\
\downarrow\boxed{T_{j-1}} & & \\
f_{j-2} & \xrightarrow{\ \Upsilon_{j-2}\ } & \gamma_{j-2}=\Upsilon_{j-2}f_{j-2}\\
\downarrow\boxed{T_{j-2}} & & \\
\vdots & & \\
f_{j-m} & \xrightarrow{\ \Upsilon_{j-m}\ } & \gamma_{j-m}=\Upsilon_{j-m}f_{j-m}\\
\downarrow\boxed{T_{j-m}} & & \\
f_{j-(m+1)} & &
\end{array}$$

Burt 和 Adelson 金字塔数字图像编码输出格式是

$$\begin{aligned} f_j &\mapsto [f_{j-1}, \gamma_j] \\ &\mapsto [f_{j-2}, \gamma_{j-1}, \gamma_j] \\ &\vdots \\ &\mapsto [f_{j-(m+1)}, \gamma_{j-m}, \cdots, \gamma_{j-1}, \gamma_j] \end{aligned}$$

(ι) 金字塔算法解码

Burt 和 Adelson 金字塔数字图像解码过程是：对于自然数 $m = 1, 2, 3, \cdots$，利用数字图像 f_j 的编码输出 $f_j \mapsto [f_{j-(m+1)}, \gamma_{j-m}, \cdots, \gamma_{j-1}, \gamma_j]$，通过如下的解码方法恢复得到原始数字图像：

$$f_j = \gamma_j + T_j^* \gamma_{j-1} + \cdots + T_j^* T_{j-1}^* \cdots T_{j-(m-1)}^* \gamma_{j-m} + T_j^* T_{j-1}^* \cdots T_{j-m}^* f_{j-(m+1)}$$

或者利用连续求和符号与连续乘积符号简洁表达为

$$f_j = \gamma_j + \sum_{n=0}^{m-1} \left[\prod_{\lambda=0}^{n} T_{j-\lambda}^* \right] \gamma_{j-(n+1)} + \left[\prod_{\lambda=0}^{m} T_{j-\lambda}^* \right] f_{j-(m+1)}$$

Burt 和 Adelson 金字塔数字图像解码输出格式是：$m = 1, 2, 3, \cdots$，

$$\begin{aligned} f_j &\Leftarrow \gamma_j + T_j^* f_{j-1} \\ &\Leftarrow \gamma_j + T_j^* \gamma_{j-1} + T_j^* T_{j-1}^* f_{j-2} \\ &\vdots \\ &\Leftarrow \gamma_j + T_j^* \gamma_{j-1} + \sum_{n=1}^{m-1} \left[\prod_{\lambda=0}^{n} T_{j-\lambda}^* \right] \gamma_{j-(n+1)} + \left[\prod_{\lambda=0}^{m} T_{j-\lambda}^* \right] f_{j-(m+1)} \end{aligned}$$

(κ) 多分辨率分析

现在研究 Burt 和 Adelson 金字塔算法的连续形式，就是金字塔算法与多分辨率分析的关系.

函数空间 $\mathcal{L}^2(\mathbb{R}^n)$ 上的一个多分辨率分析由 $\mathcal{L}^2(\mathbb{R}^n)$ 上的一个函数 φ 和 $\mathcal{L}^2(\mathbb{R}^n)$ 的相互嵌套的闭线性子空间序列 $\{V_j; j \in \mathbb{Z}\}$ 组成，满足下述要求：

(1) $\bigcap_{j\in\mathbb{Z}} V_j = \{0\}$ 而且 $\overline{\bigcup_{j\in\mathbb{Z}} V_j} = \mathcal{L}^2(\mathbb{R}^n)$；

(2) $\forall f \in \mathcal{L}^2(\mathbb{R}^n)$，$f(x) \in V_0 \Leftrightarrow f(2^j x) \in V_j, j \in \mathbb{Z}$；

(3) 存在函数 $\varphi \in V_0$，使 $\{\varphi(x-k); k \in \mathbb{Z}^n\}$ 是 V_0 的 Riesz 基，即 $\exists C_1 > C_2 > 0$，对任意的 $\alpha = (\alpha_k; k \in \mathbb{Z}^n) \in \ell^2(\mathbb{Z}^n)$ 下式成立：

$$C_2 \| \alpha \|_2^2 \leqslant \left\| \sum_{k\in\mathbb{Z}^n} \alpha_k \varphi(x-k) \right\|_2^2 \leqslant C_1 \| \alpha \|_2^2$$

或者

$$C_2\sum_{k\in\mathbb{Z}^n}|\alpha_k|^2\leqslant\left\|\sum_{k\in\mathbb{Z}^n}\alpha_k\varphi(x-k)\right\|_2^2\leqslant C_1\sum_{k\in\mathbb{Z}^n}|\alpha_k|^2$$

这样的函数 φ 称为尺度函数.

注释: (1) Riesz 基和共轭(对偶)Riesz 基. 设 $\{\varepsilon_j; j\in J\}$ 是希尔伯特空间 $\mathbb{H}$ 的一个希尔伯特基, 线性算子 $T:\mathbb{H}\to\mathbb{H}$ 是同态的, $T:\{\varepsilon_j;j\in J\}\mapsto\{e_j;j\in J\}$, 即 $\{e_j;j\in J\}$ 是 $\{\varepsilon_j;j\in J\}$ 的一个同态映射, 则称 $\{e_j;j\in J\}$ 是希尔伯特空间 $\mathbb{H}$ 的一个 Riesz 基. 将线性算子 T 的伴随算子记为 $T^*:\mathbb{H}\to\mathbb{H}$, 容易证明, 希尔伯特空间 $\mathbb{H}$ 上的向量系 $\{e_j^*=(T^*)^{-1}(e_j);j\in J\}$ 也是 $\mathbb{H}$ 的一个 Riesz 基, 称之为 Riesz 基 $\{e_j;j\in J\}$ 的共轭 Riesz 基或对偶 Riesz 基. 这时, 对 $\forall x\in\mathbb{H}$, 它可唯一地分解成级数 $x=\sum_{j\in J}\alpha_j e_j$, 其中 $\alpha=\left(\alpha_j=\left\langle x,e_j^*\right\rangle;j\in J\right)\in\ell^2(J)$.

(2) 多分辨率分析的正则性. 对于自然数 r, 如果尺度函数 φ 具有如下性质, 即对 $\forall m\in\mathbb{N},\exists C_m>0$, 对 $\forall x=(x_1,x_2,\cdots,x_n)\in\mathbb{R}^n$ 总有

$$\left|\frac{\partial^{\alpha_1+\alpha_2+\cdots+\alpha_n}}{\partial x_1^{\alpha_1}\cdots\partial x_n^{\alpha_n}}\varphi(x_1,x_2,\cdots,x_n)\right|\leqslant\frac{C_m}{(1+|x_1|+\cdots+|x_n|)^m}$$

这里 $\alpha_1\geqslant0,\cdots,\alpha_n\geqslant0,\alpha_1+\alpha_2+\cdots+\alpha_n\leqslant r$, 则称多分辨率分析是 r-正则的.

如果 Burt 和 Adelson 金字塔算法构造过程中的尺度函数 $\varphi(x,y)$ 的整数平移函数系 $\{\varphi(x-m,y-n);(m,n)\in\mathbb{Z}^2\}$ 具有如下性质:

$\exists C>c>0$, 对任意的 $\alpha=(\alpha(m,n);(m,n)\in\mathbb{Z}^2)\in\ell^2(\mathbb{Z}^2)$, 下式成立:

$$c\,\|\alpha\|_2^2\leqslant\left\|\sum_{(m,n)\in\mathbb{Z}^2}\alpha(m,n)\varphi(x-m,y-n)\right\|_2^2\leqslant C\,\|\alpha\|_2^2$$

或者

$$c\sum_{(m,n)\in\mathbb{Z}^2}|\alpha(m,n)|^2\leqslant\left\|\sum_{(m,n)\in\mathbb{Z}^2}\alpha(m,n)\varphi(x-m,y-n)\right\|_2^2\leqslant C\sum_{(m,n)\in\mathbb{Z}^2}|\alpha(m,n)|^2$$

那么, 在函数空间 $\mathcal{L}^2(\mathbb{R}^2)$ 中由整数平移函数系 $\{\varphi(x-m,y-n);(m,n)\in\mathbb{Z}^2\}$ 张成的闭线性子空间:

$$\mathbb{H}=\text{Closespan}\{\varphi(x-m,y-n);(m,n)\in\mathbb{Z}^2\}$$

以函数系 $\{\varphi(x-m,y-n);(m,n)\in\mathbb{Z}^2\}$ 为一个 Riesz 基. 定义 $V_0=\mathbb{H}$ 而且

$$V_j = \{f(2^j x, 2^j y); f(x,y) \in V_0\}, \quad j \in \mathbb{Z}$$

可以证明，闭线性子空间序列 $\{V_j; j \in \mathbb{Z}\}$ 和尺度函数 $\varphi(x,y)$ 共同构成函数空间 $\mathcal{L}^2(\mathbb{R}^2)$ 中的一个多分辨率分析.

(λ) 正交金字塔算法

在 Burt 和 Adelson 的金字塔算法中，如果在希尔伯特空间 $\ell^2(\Gamma_0)$ 的内积意义下，对 $\forall f(x,y) \in \ell^2(\Gamma_0)$ 总有

$$T_0^* T_0(f) \perp (E_0 - T_0^* T_0)(f)$$

则称相应的金字塔算法是正交的. 这时，$\ell^2(\Gamma_0)$ 具有如下正交直和分解:

$$\ell^2(\Gamma_0) = T_0^* T_0(\ell^2(\Gamma_0)) \oplus (I - T_0^* T_0)(\ell^2(\Gamma_0))$$

其中，上式右边的两个子空间是正交的.

正交金字塔算法的定义可以等价地改述为要求算子 $T_0 : \ell^2(\Gamma_0) \to \ell^2(\Gamma_{-1})$ 的伴随(共轭)算子 $T_0^* : \ell^2(\Gamma_{-1}) \to \ell^2(\Gamma_0)$ 是局部同构的，即如果定义子空间:

$$\mathfrak{A} = T_0^*(\ell^2(\Gamma_{-1})) \subset \ell^2(\Gamma_0)$$

那么，算子 $T_0^* : \ell^2(\Gamma_{-1}) \to \mathfrak{A}$ 是一个同构算子.

沿用前述记号，$m_0(\omega, \upsilon)$ 表示低通滤波器的“传递函数”或“频率响应函数”，那么金字塔算法是正交的，当且仅当

$$|m_0(\omega,\upsilon)|^2 + |m_0(\omega+\pi,\upsilon)|^2 + |m_0(\omega,\upsilon+\pi)|^2 + |m_0(\omega+\pi,\upsilon+\pi)|^2 = 1$$

或者紧凑地写成

$$\sum_{(\kappa,\lambda)\in\{0,1\}\times\{0,1\}} |m_0(\omega+\kappa\pi, \upsilon+\lambda\pi)|^2 = 1$$

(μ) 正交金字塔算法与多分辨率分析

假设 $\varphi \in \mathcal{L}^2(\mathbb{R}^2) \cap \mathcal{L}^1(\mathbb{R}^2)$，$\int_{\mathbb{R}^2} \varphi(x,y)dxdy = 1$，而且 $m_0(\omega,\upsilon)$ 具有如下“本质低通特性”：

$$m_0(\omega,\upsilon) \neq 0, \quad (\omega,\upsilon) \in [-0.5\pi, +0.5\pi] \times [-0.5\pi, +0.5\pi]$$

在这些条件下可以证明，$\{\varphi(x-m, y-n); (m,n) \in \mathbb{Z}^2\}$ 是 $\mathcal{L}^2(\mathbb{R}^2)$ 的闭线性子空间 V_0 的规范正交基，而且，当 $j \in \mathbb{Z}$ 时，函数系

$$\{\varphi_{j;m,n}(x,y) = 2^j \varphi(2^j x - m, 2^j y - n); (m,n) \in \mathbb{Z}^2\}$$

是 $\mathcal{L}^2(\mathbb{R}^2)$ 的闭线性子空间 V_j 的规范正交基.

在这些条件下，插值算子或者延拓算子 $P_j:\ell^2(\Gamma_j)\to V_j$ 是一个同构同态，而且，可以显式表示如下：

$$\begin{aligned}P_j:\ &\ell^2(\Gamma_j)\to V_j\\ &\alpha_j\mapsto f_j(x,y)\\ &\alpha_j=(\alpha_j(m,n);(2^{-j}m,2^{-j}n)\in\Gamma_j)\in\ell^2(\Gamma_j)\\ f_j(x,y)&=P_j(\alpha_j)\\ &=\sum_{(m,n)\in\mathbb{Z}\times\mathbb{Z}}\alpha_j(m,n)\varphi_{j;m,n}(x,y)\\ &=2^j\sum_{(m,n)\in\mathbb{Z}\times\mathbb{Z}}\alpha_j(m,n)\varphi(2^jx-m,2^jy-n)\end{aligned}$$

此外，正交投影算子 $O_j:\mathcal{L}^2(\mathbb{R}^2)\to V_j$ 可以显式表示为

$$\begin{aligned}O_j:\ &\mathcal{L}^2(\mathbb{R}^2)\to V_j\\ &f(x,y)\mapsto f_j(x,y)\\ f_j(x,y)&=O_j(f)\\ &=\sum_{(m,n)\in\mathbb{Z}\times\mathbb{Z}}\left\langle f,\varphi_{j;m,n}\right\rangle\varphi_{j;m,n}(x,y)\\ &=2^j\sum_{(m,n)\in\mathbb{Z}\times\mathbb{Z}}\left\langle f,\varphi_{j;m,n}\right\rangle\varphi(2^jx-m,2^jy-n)\end{aligned}$$

于是，采样算子 $R_j:\mathcal{L}^2(\mathbb{R}^2)\to\ell^2(\Gamma_j)$ 可分解成正交投影算子 $O_j:\mathcal{L}^2(\mathbb{R}^2)\to V_j$ 和插值算子的同态逆 $P_j^{-1}:V_j\to\ell^2(\Gamma_j)$ 的乘积，即 $R_j=P_j^{-1}O_j$.

正交投影算子 $\mathbb{T}_j:V_j\to V_{j-1}$ 可以显式表示为

$$\begin{aligned}\mathbb{T}_j:\ &V_j\to V_{j-1}\\ &f_j\mapsto f_{j-1}=\mathbb{T}_jf_j\\ f_{j-1}(x,y)&=(\mathbb{T}_jf_j)(x,y)=\sum_{(m,n)\in\mathbb{Z}\times\mathbb{Z}}\left\langle f_j,\varphi_{j-1;m,n}\right\rangle\varphi_{j-1;m,n}(x,y)\\ &=2^{j-1}\sum_{(m,n)\in\mathbb{Z}\times\mathbb{Z}}\left\langle f_j,\varphi_{j-1;m,n}\right\rangle\varphi(2^{j-1}x-m,2^{j-1}y-n)\end{aligned}$$

它本质上与由 $T_jR_j=R_{j-1}$ 定义的转换算子 $T_j:\ell^2(\Gamma_j)\to\ell^2(\Gamma_{j-1})$ 之间可以相互等价表示，即

$$\mathbb{T}_j=P_{j-1}T_jP_j^{-1}$$

或者

$$T_j=P_{j-1}^{-1}\mathbb{T}_jP_j$$

(ν) 尺度与小波的正交分解

将 V_j 在 V_{j+1} 里的正交补记为 W_j，则

$$V_{j+1} = V_j \oplus W_j,\quad j \in \mathbb{Z}$$

那么容易验证，这种空间分解完全相当于把 V_{j+1} 空间中的一个函数(物理图像)正交分解成其趋势和细节的正交金字塔算法. 利用金字塔算法和正交镜像滤波器理论，V_{j+1} 空间中的一个物理图像首先按照 x 轴被分解为[“趋势(x)”，“细节(x)”]，其次按照 y 轴方向把它们分别分解为

[“趋势(x)-趋势(y)”，“趋势(x)-细节(y)”]
[“细节(x)-趋势(y)”，“细节(x)-细节(y)”]

这是相互正交的四个分解，最终得到的将是一个总的二维趋势和三个二维细节，即 V_{j+1} 空间中的一个原始物理图像将被分解为相互正交的四个子物理图像. 因为插值算子或者延拓算子 $P_j : \ell^2(\Gamma_j) \to V_j$ 的同构同态性质以及物理图像正交投影算子 $\mathbb{T}_j : V_j \to V_{j-1}$ 与数字图像转换算子 $T_j : \ell^2(\Gamma_j) \to \ell^2(\Gamma_{j-1})$ 之间的等价性，所以为了描述“一分为四”的分解过程，需要引入 4 个定义在空间 $\ell^2(\mathbb{Z}\times\mathbb{Z}) = \ell^2(\Gamma_0)$ 上而且取值都在空间 $\ell^2\left((2\mathbb{Z})\times(2\mathbb{Z})\right) = \ell^2(\Gamma_{-1})$ 上的线性算子:

$$\mathbb{T}_\lambda : \ell^2(\mathbb{Z}\times\mathbb{Z}) \to \ell^2\left((2\mathbb{Z})\times(2\mathbb{Z})\right),\quad \lambda = 0,1,2,3$$

对于任意的数字图像 $f = \left(f(m,n);(m,n)\in\mathbb{Z}\times\mathbb{Z}\right) \in \ell^2(\mathbb{Z}\times\mathbb{Z})$，四个子图像

$$\mathbb{T}_0 f = ((\mathbb{T}_0 f)(\kappa,\varsigma);(\kappa,\varsigma)\in\Gamma_{-1}) \in \ell^2(\Gamma_{-1})$$
$$\mathbb{T}_1 f = ((\mathbb{T}_1 f)(\kappa,\varsigma);(\kappa,\varsigma)\in\Gamma_{-1}) \in \ell^2(\Gamma_{-1})$$
$$\mathbb{T}_2 f = ((\mathbb{T}_2 f)(\kappa,\varsigma);(\kappa,\varsigma)\in\Gamma_{-1}) \in \ell^2(\Gamma_{-1})$$
$$\mathbb{T}_3 f = ((\mathbb{T}_3 f)(\kappa,\varsigma);(\kappa,\varsigma)\in\Gamma_{-1}) \in \ell^2(\Gamma_{-1})$$

分别表示:

“趋势(x)-趋势(y)”
“趋势(x)-细节(y)”
“细节(x)-趋势(y)”
“细节(x)-细节(y)”

而且，成立如下恒等式:

$$\sum_{(m,n)\in\Gamma_0} |f(m,n)|^2 = \sum_{(\kappa,\varsigma)\in\Gamma_{-1}} |(\mathbb{T}_0 f)(\kappa,\varsigma)|^2 + \sum_{(\kappa,\varsigma)\in\Gamma_{-1}} |(\mathbb{T}_1 f)(\kappa,\varsigma)|^2 + \sum_{(\kappa,\varsigma)\in\Gamma_{-1}} |(\mathbb{T}_2 f)(\kappa,\varsigma)|^2 + \sum_{(\kappa,\varsigma)\in\Gamma_{-1}} |(\mathbb{T}_3 f)(\kappa,\varsigma)|^2$$

或者

$$\sum_{(m,n)\in\mathbb{Z}\times\mathbb{Z}}|f(m,n)|^2=\sum_{\lambda=0}^{3}\sum_{(\kappa,\varsigma)\in(2\mathbb{Z})\times(2\mathbb{Z})}|(\mathbb{T}_\lambda f)(\kappa,\varsigma)|^2$$

或者

$$\|f\|^2=\|\mathbb{T}_0 f\|^2+\|\mathbb{T}_1 f\|^2+\|\mathbb{T}_2 f\|^2+\|\mathbb{T}_3 f\|^2=\sum_{\lambda=0}^{3}\|\mathbb{T}_\lambda f\|^2$$

(ξ) 规范正交小波基

正交金字塔算法理论保证 $\mathbb{T}_\lambda,\lambda=0,1,2,3$ 的存在性，同时，结合多分辨率分析可以得到它们的具体构造方法. 如果算子 $\mathbb{T}_\lambda$ 对应滤波器的脉冲响应是

$$\mathfrak{h}_\lambda=(h_\lambda(m,n);(m,n)\in\mathbb{Z}\times\mathbb{Z})\in\ell^2(\mathbb{Z}\times\mathbb{Z}),\quad \lambda=0,1,2,3$$

而且，$\mathfrak{h}_0=(h_0(m,n);(m,n)\in\mathbb{Z}\times\mathbb{Z})$ 是速降的，那么，由此构造获得的三个算子 $\mathbb{T}_\lambda,\lambda=1,2,3$ 的脉冲响应 $\mathfrak{h}_\lambda=(h_\lambda(m,n);(m,n)\in\mathbb{Z}\times\mathbb{Z}),\lambda=1,2,3$ 也具有相同的速降性质. 这时，如果低通滤波器的频率响应函数:

$$m_0(\omega,\upsilon)=\sum_{(m,n)\in\mathbb{Z}\times\mathbb{Z}}h_0(m,n)\exp[i(m\omega+n\upsilon)]$$

具有如下“本质低通特性”:

$$m_0(\omega,\upsilon)\neq 0,\quad(\omega,\upsilon)\in[-0.5\pi,0.5\pi]\times[-0.5\pi,0.5\pi]$$

那么

$$\varphi(x,y)=4\sum_{(m,n)\in\mathbb{Z}\times\mathbb{Z}}h_0(m,n)\varphi(2x+m,2y+n)$$

而且，如下定义的三个函数 $\psi_\lambda(x,y),\lambda=1,2,3$:

$$\psi_\lambda(x,y)=4\sum_{(m,n)\in\mathbb{Z}\times\mathbb{Z}}h_\lambda(m,n)\varphi(2x+m,2y+n),\quad \lambda=1,2,3$$

是与三个算子 $\mathbb{T}_\lambda,\lambda=1,2,3$ 相对应的相互正交的正交小波，整数平移函数系:

$$\{\varphi(x-m,y-n),\psi_\lambda(x-m,y-n);(m,n)\in\mathbb{Z}\times\mathbb{Z},\lambda=1,2,3\}$$

是规范正交整数平移函数系. 引入记号：当 $(m,n)\in\mathbb{Z}\times\mathbb{Z}, j\in\mathbb{Z}$ 时，

$$\varphi_{j;m,n}(x,y)=2^j\varphi(2^jx-m,2^jy-n)$$
$$\psi_{\lambda;j;m,n}(x,y)=2^j\psi_\lambda(2^jx-m,2^jy-n),\quad \lambda=1,2,3$$

那么，对于任意的 $j\in\mathbb{Z}$，等间隔平移函数系:

$$\{\varphi_{j;m,n}(x,y)=2^j\varphi(2^jx-m,2^jy-n);(m,n)\in\mathbb{Z}\times\mathbb{Z}\}$$

是函数子空间 V_j 的规范正交基，等间隔平移函数系:

$$\{\varphi_{j;m,n}(x,y),\psi_{\lambda;j;m,n}(x,y);(m,n)\in\mathbb{Z}\times\mathbb{Z},\lambda=1,2,3\}$$

是函数子空间 V_{j+1} 的规范正交基，而且，规范正交函数系：

$$\{\psi_{\lambda;j;m,n}(x,y)=2^j\psi_\lambda(2^jx-m,2^jy-n);(m,n)\in\mathbb{Z}\times\mathbb{Z},\lambda=1,2,3,j\in\mathbb{Z}\}$$

是函数空间 $\mathcal{L}^2(\mathbb{R}^2)$ 的规范正交基. 如果引入函数子空间记号：$\lambda=1,2,3,j\in\mathbb{Z}$，

$$\mathbb{W}_j^{(\lambda)}=\text{Closespan}\{\psi_{\lambda;j;m,n}(x,y)=2^j\psi_\lambda(2^jx-m,2^jy-n);(m,n)\in\mathbb{Z}\times\mathbb{Z}\}$$

那么，$\{\mathbb{W}_j^{(\lambda)};\lambda=1,2,3,j\in\mathbb{Z}\}$ 是函数空间 $\mathcal{L}^2(\mathbb{R}^2)$ 上的相互正交的闭线性子空间族，而且以下几个函数空间正交直和分解公式成立：

$$W_j=\mathbb{W}_j^{(1)}\oplus\mathbb{W}_j^{(2)}\oplus\mathbb{W}_j^{(3)}$$

$$V_{j+1}=V_j\oplus\mathbb{W}_j^{(1)}\oplus\mathbb{W}_j^{(2)}\oplus\mathbb{W}_j^{(3)}$$

$$\mathcal{L}^2(\mathbb{R}^2)=\bigoplus_{j\in\mathbb{Z}}[\mathbb{W}_j^{(1)}\oplus\mathbb{W}_j^{(2)}\oplus\mathbb{W}_j^{(3)}]=\bigoplus_{j\in\mathbb{Z}}\bigoplus_{\lambda=1}^{3}\mathbb{W}_j^{(\lambda)}$$

(o) 单位算子正交分解恒等式

利用上述由正交金字塔算法自然诱导得出的正交多分辨率分析和构造得到的规范正交小波基知，数字图像“一分为四”的分解过程本质上是单位算子的正交分解：

$$\|f\|^2=\|\mathbb{T}_0f\|^2+\|\mathbb{T}_1f\|^2+\|\mathbb{T}_2f\|^2+\|\mathbb{T}_3f\|^2=\sum_{\lambda=0}^{3}\|\mathbb{T}_\lambda f\|^2,\quad f\in\ell^2(\mathbb{Z}\times\mathbb{Z})$$

或者等价地表示为

$$f=\mathbb{T}_0^*\mathbb{T}_0f+\mathbb{T}_1^*\mathbb{T}_1f+\mathbb{T}_2^*\mathbb{T}_2f+\mathbb{T}_3^*\mathbb{T}_3f=\sum_{\lambda=0}^{3}\mathbb{T}_\lambda^*\mathbb{T}_\lambda f,\quad f\in\ell^2(\mathbb{Z}\times\mathbb{Z})$$

或者等价地表示为

$$\mathbb{E}_0=\mathbb{T}_0^*\mathbb{T}_0+\mathbb{T}_1^*\mathbb{T}_1+\mathbb{T}_2^*\mathbb{T}_2+\mathbb{T}_3^*\mathbb{T}_3=\sum_{\lambda=0}^{3}\mathbb{T}_\lambda^*\mathbb{T}_\lambda$$

其中 $\mathbb{E}_0$ 表示 $\ell^2(\mathbb{Z}\times\mathbb{Z})=\ell^2(\Gamma_0)$ 上的单位算子，$\mathbb{T}_\lambda^*:\ell^2((2\mathbb{Z})\times(2\mathbb{Z}))\to\ell^2(\mathbb{Z}\times\mathbb{Z})$ 是 $\mathbb{T}_\lambda$ 的伴随算子，$\lambda=0,1,2,3$. 这样，数字图像 $f\in\ell^2(\mathbb{Z}\times\mathbb{Z})$ 的“总趋势”就可以显式表示为 $\mathbb{T}_0^*\mathbb{T}_0f$，形式化表示的“总细节” $f-\mathbb{T}_0^*\mathbb{T}_0f=(\mathbb{E}_0-\mathbb{T}_0^*\mathbb{T}_0)f$ 可以精确地表示为

$$f-\mathbb{T}_0^*\mathbb{T}_0f=(\mathbb{E}_0-\mathbb{T}_0^*\mathbb{T}_0)f=(\mathbb{T}_1^*\mathbb{T}_1+\mathbb{T}_2^*\mathbb{T}_2+\mathbb{T}_3^*\mathbb{T}_3)f$$

“总细节”可以表示为三个相互正交的“子细节”的和. 因为，算子 $\mathbb{T}_\lambda^*$ 是局部等距的，$\lambda=0,1,2,3$，所以，可以用 $\mathbb{T}_0f$ 编码“总趋势” $\mathbb{T}_0^*\mathbb{T}_0f$，而子数字图像 $\mathbb{T}_0f$ 的像

素个数只是 $\mathbb{T}_0^*\mathbb{T}_0 f$ 或者 f 的1/4，“总细节”的编码在金字塔算法中需要与 f 同样的像素个数，但在正交多分辨率分析中，可以用 $\mathbb{T}_1 f, \mathbb{T}_2 f, \mathbb{T}_3 f$ 分别编码 $\mathbb{T}_1^*\mathbb{T}_1 f$, $\mathbb{T}_2^*\mathbb{T}_2 f, \mathbb{T}_3^*\mathbb{T}_3 f$，而三个子数字图像 $\mathbb{T}_1 f, \mathbb{T}_2 f, \mathbb{T}_3 f$ 中每一个的像素个数都只是 $\mathbb{T}_0^*\mathbb{T}_0 f$ 或者 f 的1/4，因此，在编码方案 $f \mapsto [\mathbb{T}_0 f, \mathbb{T}_1 f, \mathbb{T}_2 f, \mathbb{T}_3 f]$ 中，原始数字图像中四分之三的像素被用于编码细节，而四分之一的像素被用于编码趋势．因此，这种编码方案不存在像素浪费问题，是一种完美的数字图像编码理论．

1.1.12　Daubechies 共轭正交小波

在正交镜像滤波器组、金字塔算法和多分辨率分析的理论基础上，重新阐释正交性的要求，可以保证尺度函数和小波函数具有更好的对称性、正则性和消失矩等特性，显著提升小波构造的灵活性和应用的有效性．这里研究 Daubechies-Cohen-Tchamitchian-Feauveau 构造的双正交小波或共轭正交小波．

(α) 共轭正交小波基

共轭正交小波是两个小波函数 $\psi(x), \tilde{\psi}(x) \in \mathcal{L}^2(\mathbb{R})$，保证函数系

$$\{\psi_{j,k}(x) = 2^{j/2}\psi(2^j x - k); (j,k) \in \mathbb{Z}^2\}$$

和

$$\{\tilde{\psi}_{j,k}(x) = 2^{j/2}\tilde{\psi}(2^j x - k); (j,k) \in \mathbb{Z}^2\}$$

是函数空间 $\mathcal{L}^2(\mathbb{R})$ 的相互共轭正交的两个 Riesz 基:

$$\left\langle \tilde{\psi}_{m,n}, \psi_{j,k} \right\rangle = \delta(j-m)\delta(k-n), \quad (j,k,m,n) \in \mathbb{Z}^4$$

或者

$$\int_{-\infty}^{+\infty} \tilde{\psi}_{m,n}(x)\overline{\psi}_{j,k}(x)dx = \begin{cases} 1, & (m,n) = (j,k), \\ 0, & (m,n) \neq (j,k), \end{cases} \quad (j,k,m,n) \in \mathbb{Z}^4$$

这样，当 $f(x) \in \mathcal{L}^2(\mathbb{R})$ 时，它可以被展开为如下两种级数:

$$f(x) = \sum_{(j,k)\in\mathbb{Z}\times\mathbb{Z}} \alpha_{j,k}\psi_{j,k}(x) = \sum_{(m,n)\in\mathbb{Z}\times\mathbb{Z}} \tilde{\alpha}_{m,n}\tilde{\psi}_{m,n}(x)$$

其中

$$\alpha_{j,k} = \int_{-\infty}^{+\infty} f(x)\overline{[\tilde{\psi}_{j,k}(x)]}\, dx, \quad (j,k) \in \mathbb{Z}\times\mathbb{Z}$$

而且

$$\tilde{\alpha}_{m,n} = \int_{-\infty}^{+\infty} f(x)\overline{[\psi_{m,n}(x)]}\, dx, \quad (m,n) \in \mathbb{Z}\times\mathbb{Z}$$

比如构造连续函数 $\psi(x)$ 如下:

当 $x \leqslant -1$ 或 $x \geqslant 2$ 时，$\psi(x) = 0$；

$\psi(0) = -1 = \psi(1)$，$\psi(0.5) = 3$；

$\psi(x)$ 在 $[-1,0],[0,0.5],[0.5,1],[1,2]$ 中的每个区间上都是线性的.

容易验证，这时，$\{\psi_{j,k}(x);(j,k) \in \mathbb{Z}^2\}$ 和 $\{\tilde{\psi}_{j,k}(x);(j,k) \in \mathbb{Z}^2\}$ 都是 $\mathcal{L}^2(\mathbb{R})$ 的 Riesz 基，但 $\tilde{\psi}(x)$ 不是连续函数.

(β) 共轭正交滤波器组

一般地，对函数 $\psi(x)$ 施加更严格的限制，可以期望 $\tilde{\psi}(x)$ 具有更好的性质. 在下面的讨论过程中，函数 $\psi(x)$ 要求是紧支撑连续函数，在任何连续半整数区间，即形如 $[0.5k, 0.5(k+1)](k \in \mathbb{Z})$ 的区间内是线性的，且 $\psi(x) = \psi(1-x), x \in \mathbb{R}$，即函数 $\psi(x)$ 关于 $x = 0.5$ 是对称的. 可以证明，存在这样的函数 ψ，它的共轭小波 $\tilde{\psi}(x)$ 也是紧支撑的，而且 $\tilde{\psi} \in C^r$ (即具有一定阶数的导函数).

从三角形函数 $\varphi(x) = \sup(1-|x|,0)$ 开始，定义周期函数:

$$m_0(\omega) = (\cos 0.5\omega)^2$$

容易验证 $\varphi(x)$ 的傅里叶变换 $\Phi(\omega)$ 满足

$$\Phi(\omega) = m_0(0.5\omega)\Phi(0.5\omega)$$

对于任何自然数 N，定义函数:

$$g_N(\omega) = c_N \int_\omega^\pi (\sin x)^{2N+1} dx$$

其中 $c_N > 0$ 使 $g_N(0) = 1$. 按照如下方式定义低通滤波器频率响应函数 $m_0(\omega)$ 的一个“对偶”函数 $\tilde{m}_0(\omega)$，满足公式

$$m_0(\omega)\tilde{m}_0(\omega) = g_N(\omega)$$

容易得到

$$m_0(\omega)\tilde{m}_0(\omega) + m_0(\omega+\pi)\tilde{m}_0(\omega+\pi) = 1$$

回顾: 在 Daubechies 正交小波构造过程中，$m_0(\omega)$ 需要满足 $|m_0(\omega)|^2 = g_N(\omega)$. 此处放弃了这个严格的限制，让传递函数 $m_0(\omega)$ 和“对偶”传递函数 $\tilde{m}_0(\omega)$ 可以具有更好的性质而且便于构造.

构造尺度函数 $\varphi(x)$ 的“对偶”尺度函数 $\tilde{\varphi}(x)$，其傅里叶变换 $\tilde{\Phi}(\omega)$ 满足

$$\tilde{\Phi}(\omega) = \prod_{j=1}^{+\infty} \tilde{m}_0(2^{-j}\omega) = \tilde{m}_0\left(\frac{\omega}{2}\right)\tilde{m}_0\left(\frac{\omega}{4}\right)\tilde{m}_0\left(\frac{\omega}{8}\right)\cdots$$

这样，$\tilde{\varphi}(x) \in \mathcal{L}^2(\mathbb{R})$ 而且满足“双正交的”关系:

$$\int_{\mathbb{R}} \tilde{\varphi}(x-k)\varphi(x-k)dx = \begin{cases} 1, & k=0 \\ 0, & k \neq 0 \end{cases}$$

则 $\tilde{\varphi}(x)$ 是偶函数，其支集是 $[-2N,2N]$，对足够大的 N，$\tilde{\varphi}(x) \in C^r$，满足 $\exists C > c > 0$，对任意的 $\alpha = \big(\alpha(m); m \in \mathbb{Z}\big) \in \ell^2(\mathbb{Z})$，下式成立:

$$c \| \alpha \|_2^2 \leqslant \left\| \sum_{m\in\mathbb{Z}} \alpha(m)\tilde{\varphi}(x-m) \right\|_2^2 \leqslant C \| \alpha \|_2^2$$

或者

$$c\sum_{m\in\mathbb{Z}} |\alpha(m)|^2 \leqslant \left\| \sum_{m\in\mathbb{Z}} \alpha(m)\tilde{\varphi}(x-m) \right\|_2^2 \leqslant C\sum_{m\in\mathbb{Z}} |\alpha(m)|^2$$

(γ) 共轭多分辨率分析

定义函数空间 $\mathcal{L}^2(\mathbb{R})$ 上的两个闭子空间序列:

$$\tilde{V}_0 = \text{Closespan}\{\tilde{\varphi}(x-k); k \in \mathbb{Z}\}$$
$$\tilde{V}_j = \{f(2^j x); f(x) \in \tilde{V}_0\}, \quad j \in \mathbb{Z}$$

而且

$$V_0 = \text{Closespan}\{\varphi(x-k); k \in \mathbb{Z}\}$$
$$V_j = \{f(2^j x); f(x) \in V_0\}, \quad j \in \mathbb{Z}$$

容易验证，函数系 $\{\tilde{\varphi}(x-k); k \in \mathbb{Z}\}$ 和 $\{\varphi(x-k); k \in \mathbb{Z}\}$ 分别是子空间 $\tilde{V}_0 \subset \mathcal{L}^2(\mathbb{R})$ 和子空间 $V_0 \subset \mathcal{L}^2(\mathbb{R})$ 的一个 Riesz 基，而且 $\tilde{\varphi}(x)$ 和 $(\tilde{V}_j; j \in \mathbb{Z})$ 以及 $\varphi(x)$ 和 $(V_j; j \in \mathbb{Z})$ 都是 $\mathcal{L}^2(\mathbb{R})$ 的多分辨率分析. 这是函数空间 $\mathcal{L}^2(\mathbb{R})$ 上的两个相互共轭的多分辨率分析.

定义函数空间 $\mathcal{L}^2(\mathbb{R})$ 上的两个闭子空间序列:

$$W_j = \left\{ f(x); f(x) \in V_{j+1}, f(x) \perp \tilde{V}_j : \forall \tilde{v}(x) \in \tilde{V}_j, \int_{-\infty}^{+\infty} f(x)\overline{\tilde{v}(x)}dx = 0 \right\}, \quad j \in \mathbb{Z}$$

$$\tilde{W}_j = \left\{ \tilde{f}(x); \tilde{f}(x) \in \tilde{V}_{j+1}, \tilde{f}(x) \perp V_j : \forall v(x) \in V_j, \int_{-\infty}^{+\infty} \tilde{f}(x)\overline{v(x)}dx = 0 \right\}, \quad j \in \mathbb{Z}$$

那么

$$f(x) \in W_j \Leftrightarrow f(2x) \in W_{j+1}, j \in \mathbb{Z}$$
$$\tilde{f}(x) \in \tilde{W}_j \Leftrightarrow \tilde{f}(2x) \in \tilde{W}_{j+1}, j \in \mathbb{Z}$$

这样，只需要构造函数 ψ 和 $\tilde{\psi}$，使得 $\{\psi(x-k); k \in \mathbb{Z}\}$ 和 $\{\tilde{\psi}(x-k); k \in \mathbb{Z}\}$ 分别构成子空间 $W_0, \tilde{W}_0$ 的 Riesz 基，那么，对于任意的整数 $j \in \mathbb{Z}$，函数系

$$\{\psi_{j,k}(x)=2^{j/2}\psi(2^jx-k);k\in\mathbb{Z}\}$$

和

$$\{\tilde{\psi}_{j,k}(x)=2^{j/2}\tilde{\psi}(2^jx-k);k\in\mathbb{Z}\}$$

就分别构成子空间 $W_j,\tilde{W}_j$ 的 Riesz 基，从而，两个伸缩平移函数系

$$\{\psi_{j,k}(x)=2^{j/2}\psi(2^jx-k);(j,k)\in\mathbb{Z}^2\}$$

和

$$\{\tilde{\psi}_{j,k}(x)=2^{j/2}\tilde{\psi}(2^jx-k);(j,k)\in\mathbb{Z}^2\}$$

必定构成函数空间 $\mathcal{L}^2(\mathbb{R})$ 的相互共轭正交的两个 Riesz 基，即函数 ψ 和 $\tilde{\psi}$ 是双正交或共轭正交小波.

(δ) Daubechies 共轭小波构造

利用前述的传递函数 $m_0(\omega)$ 和“对偶”传递函数 $\tilde{m}_0(\omega)$，构造对偶小波滤波器的相互对偶的传递函数 $m_1(\omega)$ 和 $\tilde{m}_1(\omega)$：

$$m_1(\omega)=e^{-i\omega}\tilde{m}_0(\omega+\pi),\quad \tilde{m}_1(\omega)=e^{-i\omega}m_0(\omega+\pi)$$

定义函数 ψ 和 $\tilde{\psi}$ 的傅里叶变换 $\Psi(\omega)$ 和 $\tilde{\Psi}(\omega)$ 为频域乘积形式:

$$\Psi(\omega)=m_1(0.5\omega)\Phi(0.5\omega),\quad \tilde{\Psi}(\omega)=\tilde{m}_1(0.5\omega)\tilde{\Phi}(0.5\omega)$$

可以证明，这样得到的对偶小波函数 ψ 和 $\tilde{\psi}$ 满足此前罗列的全部要求，而且，它们在半整数点上的函数值 $\psi(0.5k),\tilde{\psi}(0.5k),k\in\mathbb{Z}$ 都是有理数. 其中这两个小波函数具有的对称性对于滤波器设计是非常重要的，这正是 Daubechies 正交小波所缺少的.

1.1.13 量子态小波

量子态小波是 Fock (1928, 1932)空间满足母小波条件的态矢或转矢(即态矢的复数共轭转置或者态矢算子的伴随算子)，也就是说，以量子力学态矢或转矢表示的母小波称为量子态小波，简称为量子小波. 按照量子力学方法研究量子力学态矢的小波变换，称之为态矢的量子小波变换. 根据量子力学狄拉克符号体系，把态矢或波函数的量子小波变换表示为由母小波量子力学转矢和需要完成量子小波变换的态矢共同刻画的伸缩平移算子矩阵表达方法中的元素.

这样将小波方法和量子力学理论联系起来，通过量子力学量子态和量子光场态矢的量子小波变换为量子力学、量子光场的研究以及傅里叶光学、量子光学理论探索提供新的研究途径和方法，同时为开拓和建立量子计算新概念提供新思路.

(α) 相干态量子小波

Gabor (1946a, 1946b, 1946c, 1946d) 等建立的相干态量子小波表示为在时间(空间)域和频率域(傅里叶变换域)分别具有平移参量 x_0,ω_0 的高斯函数:

$$\mathbf{g}^{(x_0,\omega_0)}(x)=\mathbf{g}(x-x_0)e^{-0.5x_0\omega_0 i}e^{\omega_0 xi}$$

其中实数 $x_0,\omega_0\in\mathbb{R}$, 在相干态量子小波系 $\{\mathbf{g}^{(x_0,\omega_0)}(x);(x_0,\omega_0)\in\mathbb{R}^2\}$ 基础上, 任何量子态或波函数 $\psi(x)\in\mathcal{L}^2(\mathbb{R})$ 的量子小波变换表现为如下积分变换:

$$\Psi(x_0,\omega_0)=\int_{-\infty}^{+\infty}\psi(x)\overline{\mathbf{g}}^{(x_0,\omega_0)}(x)dx=e^{0.5x_0\omega_0 i}\int_{-\infty}^{+\infty}\psi(x)\mathbf{g}(x-x_0)e^{-i\omega_0 x}dx$$

这样定义的相干态量子小波变换本质上刻画了一个量子力学系统的酉性演化, 即成立如下恒等式:

$$\int_{-\infty}^{+\infty}|\psi(x)|^2\,dx=\int_{-\infty}^{+\infty}\int_{-\infty}^{+\infty}|\Psi(x_0,\omega_0)|^2\,dx_0d\omega_0$$

它将一个量子系统从原始量子态演化到由波函数 $\Psi(x_0,\omega_0)$ 表达的态. 在这种描述体系内, 相干态量子小波变换分析体现为如下公式刻画的逆演化:

$$\psi(x)=\int_{-\infty}^{+\infty}\int_{-\infty}^{+\infty}\Psi(x_0,\omega_0)\mathbf{g}(x-x_0)e^{-0.5x_0\omega_0 i}e^{\omega_0 xi}dx_0d\omega_0$$

如果将相干态量子小波变换 $\Psi(x_0,\omega_0)$ 的定义公式代入上式, 就可以得到如下重要的恒等式:

$$\psi(x)=\int_{-\infty}^{+\infty}\psi(y)\mathbf{E}(x,y)dy$$

其中

$$\mathbf{E}(x,y)=\int_{-\infty}^{+\infty}\int_{-\infty}^{+\infty}\overline{\mathbf{g}}^{(x_0,\omega_0)}(y)\mathbf{g}^{(x_0,\omega_0)}(x)dx_0d\omega_0$$

表现为“单位矩阵”或“单位算子”的“矩阵元素”(脉冲型元素), 即“主对角线元素恒等于 1, 其他元素恒等于 0”. 这个算子方程表达式体现了恒等算子或者单位算子的特征分解, 正是单位算子的这个分解恒等式说明了相干态量子小波以及相应量子变换的合理性, 即量子力学系统的酉性演化本质上体现为刻画量子力学系统状态的态矢量在规范正交量子态系下的再表达.

(β) 压缩态量子小波

Grossmann 和 Morlet (1984)在哈代(Hardy)空间上建立的压缩态量子小波是半轴频谱消失哈代函数, 要求压缩态量子小波满足容许性条件: 哈代空间 $\mathcal{H}^2(\mathbb{R})$ 中的分析小波 $\mathbf{g}(x)\in\mathcal{H}^2(\mathbb{R})$ 必须满足如下不等式:

$$\mathcal{C}_{\mathfrak{g}}=2\pi\parallel\mathfrak{g}\parallel^{-2}\int_{-\infty}^{+\infty}e^{s}ds\int_{-\infty}^{+\infty}|\,\mathfrak{G}(\omega)\mathfrak{G}(e^{s}\omega)\,|^{2}\,d\omega<+\infty$$

或者

$$\mathcal{C}_{\mathfrak{g}}=2\pi\int_{0}^{+\infty}\omega^{-1}\,|\,\mathfrak{G}(\omega)\,|^{2}\,d\omega<+\infty$$

其中

$$\parallel\mathfrak{g}\parallel^{2}=\int_{-\infty}^{+\infty}|\,\mathfrak{g}(x)\,|^{2}\,dx<+\infty$$

而且

$$\mathfrak{G}(\omega)=\frac{1}{\sqrt{2\pi}}\int_{-\infty}^{+\infty}\mathfrak{g}(x)e^{-i\omega x}dx$$

表示函数 $\mathfrak{g}(x)$ 的傅里叶变换. 分析小波 $\mathfrak{g}(x)$ 的如下伸缩平移系被称为压缩态量子小波系:

$$\mathfrak{g}_{s,\mu}(x)=e^{0.5s}\mathfrak{g}(e^{s}x-\mu)$$

其中 s,μ 是两个实数, 分别表示伸缩参数和平移参数. 任何函数 $h(x)\in\mathcal{H}^{2}(\mathbb{R})$, 定义它的压缩态量子小波变换为如下积分变换:

$$(\mathcal{O}h)(s,\mu)=\frac{1}{\sqrt{\mathcal{C}_{\mathfrak{g}}}}\int_{-\infty}^{+\infty}h(x)e^{0.5s}\overline{\mathfrak{g}}(e^{s}x-\mu)dx$$

可以证明, 对于任意的哈代函数 $h(x)\in\mathcal{H}^{2}(\mathbb{R})$, 成立如下两个恒等式:

$$\int_{-\infty}^{+\infty}|\,h(x)\,|^{2}\,dx=\int_{-\infty}^{+\infty}\int_{-\infty}^{+\infty}|\,(\mathcal{O}h)(s,\mu)\,|^{2}\,dsd\mu$$

或者更一般地, 对于哈代空间 $\mathcal{H}^{2}(\mathbb{R})$ 中的任何两个函数 $h(x),f(x)$, 成立如下恒等式:

$$\int_{-\infty}^{+\infty}h(x)\overline{f}(x)dx=\int_{-\infty}^{+\infty}\int_{-\infty}^{+\infty}(\mathcal{O}h)(s,\mu)[\overline{(\mathcal{O}f)(s,\mu)}]dsd\mu$$

或者简单表示为如下的内积恒等式:

$$\langle h,f\rangle=\langle(\mathcal{O}h),(\mathcal{O}f)\rangle_{\mathcal{L}^{2}(\mathbb{R}^{2},\,dsd\mu)}$$

这说明压缩态量子小波变换是酉算子, 保证了可以使用压缩态量子小波变换描述量子力学系统的酉演化过程.

压缩态量子小波变换分析方法体现为如下的量子态重建公式或者量子系统逆演化过程:

$$h(x)=\frac{1}{\sqrt{\mathcal{C}_{\mathfrak{g}}}}\int_{-\infty}^{+\infty}\int_{-\infty}^{+\infty}(\mathcal{O}h)(s,\mu)e^{0.5s}\mathfrak{g}(e^{s}x-\mu)dsd\mu$$

这体现了以压缩态量子小波 $\mathfrak{g}_{s,\mu}(x)=e^{0.5s}\mathfrak{g}(e^{s}x-\mu)$ 为基本量子态重新描述量子系

统状态的演化过程. 在这样的刻画方式下, 关于量子力学系统各种埃尔米特量或算子的分析, 如果需要, 就可以转化为在 $(\mathscr{G}h)(s,\mu)$ 的表达方式下的分析.

(γ) 量子态小波

量子态小波是量子小波的现代形式, 表现为满足容许性条件的母小波 $\psi(x)$ 量子态的伸缩平移态. 量子态小波的应用可参考 Coifman 和 Weiss (1977), 以及 Brennen 等(2015)的论文.

在现代小波的数学形式描述中, 具有实变量 x 的母小波 $\psi(x)$ 除了具有很好的局部化特征外还像波一样振荡: 随 $|x|$ 趋于无穷大 $\psi(x)$ 迅速衰减为 0, 而且 $\psi(x)$ 的无穷积分为 0:

$$\int_{-\infty}^{+\infty}\psi(x)dx=0$$

通过对实变量 x 的尺度伸缩和平移操作, 母小波 $\psi(x)$ 生成整个小波族的其他小波 $\psi_{(s,\mu)}(x)$, 其中 s 称为尺度参数, $s>0$, μ 称为平移参数, 具体形式是

$$\psi_{(s,\mu)}(x)=\frac{1}{\sqrt{s}}\psi\left(\frac{x-\mu}{s}\right)=s^{-0.5}\psi(s^{-1}(x-\mu))$$

函数 $f(x)$ 关于 $\psi(x)$ 的小波变换被定义为下面的带参数积分:

$$\begin{aligned}W_f(s,\mu)&=\frac{1}{\sqrt{s}}\int_{-\infty}^{+\infty}f(x)\psi^*\left(\frac{x-\mu}{s}\right)dx\\&=s^{-0.5}\int_{-\infty}^{+\infty}f(x)\psi^*(s^{-1}(x-\mu))dx\end{aligned}$$

根据量子力学狄拉克符号体系, 将带参数积分改写为按照算子有序乘积积分形式的量子力学表示:

$$\begin{aligned}W_f(s,\mu)&=\frac{1}{\sqrt{s}}\int_{-\infty}^{+\infty}\left\langle\psi\left|\frac{x-\mu}{s}\right.\right\rangle\left\langle x|f\right\rangle dx\\&=s^{-0.5}\int_{-\infty}^{+\infty}\left\langle\psi|s^{-1}(x-\mu)\right\rangle\left\langle x|f\right\rangle dx\end{aligned}$$

其中, $W_f(s,\mu)$ 被称为量子态小波变换, $\langle\psi|$ 是母小波的量子力学转矢, 称为量子态小波, $|f\rangle$ 是需要进行量子态小波分析的量子力学态矢, $\langle x|$ 是坐标算子本征态的转矢, 满足坐标算子特征方程 $X|x\rangle=x|x\rangle$, 坐标算子可以按照玻色算子的湮灭算子 a 和产生算子 $a^\dagger$ 分解成 $X=\sqrt{0.5}(a+a^\dagger)$, 而湮灭算子 a 和产生算子 $a^\dagger$ 的对易关系是 $[a,a^\dagger]=aa^\dagger-a^\dagger a=1$, 即单位算子. 在 Fock 空间中, 利用玻色湮灭算子 a 的真空湮没态矢 $|0\rangle$, 坐标算子本征态 $|x\rangle$ 具有如下的展开表示形式:

$$\left|x\right\rangle = \pi^{-0.25}\exp(-0.5x^2+\sqrt{2}xa^\dagger-0.5a^{\dagger 2})\left|0\right\rangle$$

这就是按照幺正算子 $\pi^{-0.25}\exp(-0.5x^2+\sqrt{2}xa^\dagger-0.5a^{\dagger 2})$ 演化一个处于真空湮没态的量子系统所到达系统态的态矢. 依据量子态小波变换表达式和算子正则序乘积积分方法, 定义量子态伸缩平移算子 $U(s,\mu)$:

$$U(s,\mu)\equiv s^{-0.5}\int_{-\infty}^{+\infty}\left|s^{-1}(x-\mu)\right\rangle\left\langle x\right|dx$$

这个算子与量子光学压缩态问题的研究关系密切. 在母小波相应的量子力学态, 即转矢 $\left\langle\psi\right|$ 已知的前提下, 对于任意的量子力学态矢 $\left|f\right\rangle$, 利用前述量子态伸缩平移算子的矩阵元素表示方法, 由转矢 $\left\langle\psi\right|$ 和态矢 $\left|f\right\rangle$ 刻画的量子态伸缩平移算子矩阵元 $\left\langle\psi\right|U(s,\mu)\left|f\right\rangle$ 就是量子态小波变换 $W_f(s,\mu)$, 或者用数学语言称为函数 $f(x)$ 关于母小波 $\psi(x)$ 的小波变换, 或者用量子力学狄拉克符号系统语言称为量子力学态矢 $\left|f\right\rangle$ 关于量子态小波 $\left\langle\psi\right|$ 的量子态小波变换, 即

$$W_f(s,\mu)=\left\langle\psi\right|U(s,\mu)\left|f\right\rangle$$

因此, 量子态小波变换就是当参数组 (s,μ) 取遍全部可能数值时, 量子态伸缩平移算子矩阵表示方法中的所有元素 $U(s,\mu)$, 形象的说法是, 在参数组 (s,μ) 给定时, 量子态小波变换 $W_f(s,\mu)$ 就是伸缩平移算子由转矢 $\left\langle\psi\right|$ 和态矢 $\left|f\right\rangle$ 刻画的"第 s 行第 μ 列矩阵元素".

利用量子力学狄拉克符号系统和算子正则序乘积积分方法演算得到量子态伸缩平移算子 $U(s,\mu)$ 的正则序展开形式.

按正则序乘积形式表示利用真空湮没态矢 $\left|0\right\rangle$ 构造的真空投影算子如下:

$$\left|0\right\rangle\left\langle 0\right| =: e^{-a^\dagger a}:$$

从量子态伸缩平移算子 $U(s,\mu)$ 的定义公式出发, 利用算子正则序乘积积分方法直接积分公式中出现的算子乘积, 可得如下结果:

$$\begin{aligned}
U(s,\mu) &\equiv s^{-0.5}\int_{-\infty}^{+\infty}\left|s^{-1}(x-\mu)\right\rangle\left\langle x\right|dx\\
&=(\pi s)^{-1}\int_{-\infty}^{+\infty}dx e^{0.5s^{-2}(x-\mu)^2+\sqrt{2}s^{-1}(x-\mu)a^\dagger-0.5a^{\dagger 2}}\left|0\right\rangle\left\langle 0\right| e^{-0.5x^2+\sqrt{2}xa-0.5a^2}\\
&=(\pi s)^{-1}\int_{-\infty}^{+\infty}dx : e^{-0.5x^2(1+s^{-2})+s^{-2}x\mu+\sqrt{2}s^{-1}(x-\mu)a^\dagger+\sqrt{2}xa-0.5s^{-2}\mu^2-X^2}:\\
&=[2s(1+s^2)^{-1}]^{0.5} : e^{0.5(s^{-1}\mu+\sqrt{2}a^\dagger+\sqrt{2}sa)^2(1+s^2)^{-1}-\sqrt{2}s^{-1}\mu a^\dagger-0.5s^{-2}\mu^2-X^2}:
\end{aligned}$$

这就是按照算子正则序乘积方法得到的量子态伸缩平移算子 $U(s,\mu)$ 的一般表示形式.

令 $s=e^\lambda$ 或者 $\lambda=\ln s$, 回顾双曲函数定义:

$$\mathrm{sech}\lambda = 2s(s^2+1)^{-1},\quad \tanh\lambda = (s^2-1)(s^2+1)^{-1}$$

那么，量子态伸缩平移算子$U(s,\mu)$的表达形式还可以化简为

$$U(s,\mu) = (\mathrm{sech}\lambda)^{0.5} e^{-0.25\mu^2(1-\tanh\lambda)-0.5a^{\dagger 2}\tanh\lambda-\sqrt{0.5}a^{\dagger}\mu\mathrm{sech}\lambda}$$
$$: e^{(\mathrm{sech}\lambda-1)a^{\dagger}a} : e^{0.5a^2\tanh\lambda+\sqrt{0.5}a\mu\mathrm{sech}\lambda}$$

利用算子指数函数的正则序恒等式:

$$e^{ga^{\dagger}a} = :\ \exp[(e^g-1)a^{\dagger}a]:$$

得到量子态伸缩平移算子$U(s,\mu)$的另一个简化表达式:

$$U(s,\mu) = e^{-0.25\mu^2(1-\tanh\lambda)-0.5a^{\dagger 2}\tanh\lambda-\sqrt{0.5}a^{\dagger}\mu\mathrm{sech}\lambda}$$
$$\times e^{(a^{\dagger}a+0.5)\ln\mathrm{sech}\lambda} e^{0.5a^2\tanh\lambda+\sqrt{0.5}a\mu\mathrm{sech}\lambda}$$

特别地，当$\mu=0$时，得到特殊量子态伸缩平移算子$U(s,\mu)$的正则序乘积的算子函数表达式:

$$U(s,0) = s^{-0.5}\int_{-\infty}^{\infty}\left|s^{-1}x\right\rangle\left\langle x\right|dx = \exp[0.5\lambda(a^2-a^{\dagger 2})]$$

(δ) 量子态马尔小波

在计算视觉理论中，大卫·马尔利用高斯函数二阶导函数，即马尔小波提取视觉物理图像中存在的轮廓，建立了基于马尔小波的视觉图像描述的理论体系. 在信号处理研究中，这个小波也被称为墨西哥帽小波(Mexican Hat 小波).

最简单形式的马尔小波取为如下的高斯函数二阶导函数的相反数:

$$\psi(x) = e^{-0.5x^2}(1-x^2)$$

这个小波的局部化条件即衰减特征是显而易见的，因为随着位置远离原点，这个小波按照指数律快速趋近于 0. 关于这个小波的更多讨论可参考 Grossmann 等(1985)、Marr (1969, 1970, 1971, 1974, 1975, 1976, 1977, 1982), Marr 和 Hildreth (1980), Marr 和 Nishihara (1978), Marr 和 Poggio (1976, 1977, 1979), Marr 和 Ullman (1981), Marr 和 Vaina (1982), Marr 等(1979, 2010)和马尔(1988)这些文献. 容易验证小波函数要求的容许性条件直接转化为如下波动性条件:

$$\int_{-\infty}^{\infty} e^{-0.5x^2}(1-x^2)dx = 0$$

在 Fock 空间中，坐标算子本征态$\left|x\right\rangle$可以表示为玻色湮灭算子a的真空湮没态矢$\left|0\right\rangle$的演化形式:

$$\left|x\right\rangle = \pi^{-0.25}\exp(-0.5x^2+\sqrt{2}xa^{\dagger}-0.5a^{\dagger 2})\left|0\right\rangle$$

即$\left|x\right\rangle$是按照幺正算子$\pi^{-0.25}\exp(-0.5x^2+\sqrt{2}xa^{\dagger}-0.5a^{\dagger 2})$演化一个处于真空湮没态的量子系统最终到达系统态的态矢. Fock 空间中玻色湮灭算子和生成算子的性质，可参考 Marx (1970)的成果.

利用常用积分公式:

$$\int_{-\infty}^{\infty} dx x^2 e^{-\upsilon x^2} = 0.5\sqrt{\pi}\upsilon^{-3/2}$$

可以演算得到马尔小波在 Fock 空间中相对应的量子力学态矢 $\left|\psi\right\rangle$:

$$\begin{aligned}\left|\psi\right\rangle &= \int_{-\infty}^{\infty} dx \left|x\right\rangle\left\langle x\middle|\psi\right\rangle \\ &= \pi^{-0.25}\int_{-\infty}^{\infty} dx e^{-x^2}(1-x^2)e^{\sqrt{2}xa^\dagger - 0.5a^{\dagger 2}}\left|0\right\rangle \\ &= 0.5\pi^{0.25}(1-a^{\dagger 2})\left|0\right\rangle\end{aligned}$$

这就是量子态马尔小波，它是 Fock 空间中量子力学系统的一个特殊态矢.

因为

$$\frac{1}{\sqrt{2\pi}}\int_{-\infty}^{\infty} dx\left|x\right\rangle = \left|p=0\right\rangle$$

其中 $\left|p\right\rangle$ 是动量本征态，按照数学语言刻画的小波波动性条件，即在整个位置轴上积分等于 0 的条件，按照量子力学狄拉克符号系统表述，就是如下算符或算子的元素必须等于 0:

$$\left\langle p=0\middle|(1-a^{\dagger 2})\middle|0\right\rangle = 0$$

对于量子态马尔小波，下列演算证明它满足这个条件的要求. 利用数字态的如下公式:

$$\left\langle p\middle|n\right\rangle = \frac{(-i)^n}{\sqrt{2^n n!}}\pi^{-0.25}e^{-p^2}\mathrm{H}_n(p)$$

其中 $\mathrm{H}_n(p)$ 是埃尔米特多项式并且其零点值为

$$\mathrm{H}_{2n}(0) = (-1)^n\frac{(2n)!}{n!}，\ \mathrm{H}_{2n+1}(0) = 0$$

在上述公式中，当 $p=0$ 而 n 分别取值 0 和 2 时，得到

$$\left\langle p=0\middle|0\right\rangle = \pi^{-0.25}，\ \sqrt{2}\left\langle p=0\middle|2\right\rangle = 0.5\pi^{-0.25}\mathrm{H}_2(0) = \pi^{-0.25}$$

利用玻色生成算子 $a^\dagger$ 的性质可知，$a^{\dagger 2}\left|0\right\rangle = \sqrt{2}\left|2\right\rangle$，将这些结果代入需要验证的公式左边，直接得到计算结果 0. 由此说明，按照数学语言表达的母小波波动性条件，即 $\psi(x)$ 在整个位置轴积分为 0 等价于量子力学表述 $\left\langle p=0\middle|\psi\right\rangle = 0$.

这些分析说明，量子态马尔小波 $\left|\psi\right\rangle$ 是一个合格的量子态小波. 这里示范性给出量子力学态向量或态矢或波函数 $\left|f\right\rangle$ 在量子态马尔小波系 $\left\langle\psi\right|U(s,\mu)$ 下的量子小波变换 $W_f(s,\mu)$，也就是计算在量子态马尔小波系下量子态伸缩平移算子或矩阵 $U(s,\mu)$ 的元素 $\left\langle\psi\middle|U(s,\mu)\middle|f\right\rangle$.

当量子力学态矢或量子光场态矢 $\left|f\right\rangle$ 是真空态 $\left|0\right\rangle$ 时，在量子力学狄拉克符号体系下，真空态的量子态马尔小波变换将体现为，量子态伸缩平移算子 $U(s,\mu)$ 由量子态马尔小波转矢 $\left\langle\psi\right|$ 和真空态矢 $\left|0\right\rangle$ 共同刻画的如下矩阵元素：

$$\begin{aligned}\left\langle\psi\right|U(s,\mu)\left|0\right\rangle &= \zeta(\lambda,\mu)\left[\left(\left\langle 0\right| - \sqrt{2}\left\langle 2\right|\right)e^{-0.5a^{\dagger 2}\tanh\lambda-\sqrt{0.5}a^{\dagger}\mu\mathrm{sech}\lambda}\left|0\right\rangle\right]\\ &= \zeta(\lambda,\mu)(1+\tanh\lambda-0.5\mu^2\mathrm{sech}^2\lambda)\end{aligned}$$

其中

$$\lambda = \ln s$$

$$\zeta(\lambda,\mu) = 0.5\pi^{0.25}\sqrt{\mathrm{sech}\lambda}e^{-0.25\mu^2(1-\tanh\lambda)}$$

这就是真空态的量子态马尔小波变换.

现在研究 $\left|f\right\rangle$ 是非归一化相干态 $\left|z\right\rangle$ 时的量子态马尔小波变换. 利用真空态和玻色生成算子函数可以得

$$\left|z\right\rangle = \exp[za^{\dagger}]\left|0\right\rangle$$

利用量子态伸缩平移算子 $U(s,\mu)$ 的解析表达式直接演算得到

$$U(s,\mu)\left|z\right\rangle = \Omega(\lambda,\mu)e^{-0.5a^{\dagger 2}\tanh\lambda-\sqrt{0.5}a^{\dagger}\mu\mathrm{sech}\lambda+a^{\dagger}z\mathrm{sech}\lambda}\left|0\right\rangle$$

其中

$$\Omega(\lambda,\mu) \equiv \sqrt{\mathrm{sech}\lambda}e^{-0.25\mu^2(1-\tanh\lambda)+0.5z^2\tanh\lambda+\sqrt{0.5}\mu z\mathrm{sech}\lambda}$$

利用带参数积分公式

$$\begin{aligned}&\int_{-\infty}^{\infty} d^2z : \pi^{-1}z^n e^{t\left|z\right|^2+\xi z+\eta z^*+gz^{*2}}\\ &= -t^{-(2n+1)}e^{t^{-2}(g\xi^2-t\xi\eta)}\sum_{k=0}^{\left\lfloor n/2\right\rfloor}\frac{n!}{k!(n-2k)!}(2\xi g-t\eta)^{n-2k}(gt^2)^k\end{aligned}$$

其中符号 $\left\lfloor 0.5n\right\rfloor$ 表示对 $(0.5n)$ 进行向下取整得到不超过 $(0.5n)$ 的整数，结合超完全关系式：

$$\int_{-\infty}^{\infty} d^2z : \pi^{-1}e^{-\left|z\right|^2}\left|z\right\rangle\left\langle z\right| = 1$$

得到如下的正则序算子积分演算等式：

$$\begin{aligned}a^n e^{ga^{\dagger 2}+ka^{\dagger}} &= \int_{-\infty}^{\infty} d^2z : \pi^{-1}z^n e^{-\left|z\right|^2}\left|z\right\rangle\left\langle z\right|e^{gz^{*2}+kz^*}\\ &= \int_{-\infty}^{\infty} d^2z : \pi^{-1}z^n : e^{-\left|z\right|^2+za^{\dagger}+z^*(a+k)+gz^{*2}-a^{\dagger}a} :\\ &= :e^{ga^{\dagger 2}+ka^{\dagger}}\sum_{\ell=0}^{\left\lfloor n/2\right\rfloor}\frac{n!g^{\ell}}{\ell!(n-2\ell)!}(2ga^{\dagger}+a+k)^{n-2\ell} :\end{aligned}$$

当量子力学态矢或量子光场态矢 $\left|f\right\rangle$ 是非归一化相干态 $\left|z\right\rangle$ 时，利用这些重要

公式并结合量子力学狄拉克符号体系，量子态 $\left|f\right\rangle$ 的量子态马尔小波变换将体现为量子态伸缩平移算子 $U(s,\mu)$ 由量子态马尔小波转矢 $\left\langle\psi\right|$ 和量子态 $U(s,\mu)\left|z\right\rangle$ 共同刻画的如下矩阵元素:

$$\begin{aligned}\left\langle\psi\middle|U(s,\mu)\middle|z\right\rangle &= \tilde{\Omega}(\lambda,\mu)\left\langle 0\middle|(1-a^2)e^{-0.5a^{\dagger 2}\tanh\lambda-\sqrt{0.5}a^{\dagger}\mu\operatorname{sech}\lambda+a^{\dagger}z\operatorname{sech}\lambda}\middle|0\right\rangle \\ &= \tilde{\Omega}(\lambda,\mu)[1+\tanh\lambda-(z-\sqrt{0.5}\mu)^2\operatorname{sech}^2\lambda]\end{aligned}$$

其中

$$\tilde{\Omega}(\lambda,\mu)=0.5\pi^{0.25}\sqrt{\operatorname{sech}\lambda}\,e^{-0.25\mu^2(1-\tanh\lambda)+0.5z^2\tanh\lambda+\sqrt{0.5}\mu z\operatorname{sech}\lambda}$$

这就是非归一化相干态的量子态马尔小波变换.

1.1.14 量子计算与量子比特小波

在量子力学理论基础上建立起来的量子计算机和量子计算的概念和理论，显著改变了人们对“计算”和“计算机”的认识，量子计算思想和理论与小波的交叉融合导致量子比特小波的产生以及在量子计算机上实现量子态的量子比特小波算子的量子线路和线路网络的出现. 量子计算机和量子计算在数值计算以及搜索和计算复杂性、结构复杂性研究中的优势及挑战可以参考 Berthiaume 和 Brassard (1992)、Berthiaume (1997)、Bennet 等(1997)和 Boyer 等(1996)的研究文献.

这里建立实现 Daubechies 系列小波中第四号小波 $D^{(4)}$ 诱导酉算子的有效完整量子线路和量子线路网络. 量子实现这个酉算子的方法是将它们在平凡规范正交基体系下对应的经典酉算子分解为便于量子线路和网络实现的典型、简单酉矩阵的直和、直积和点积，这些矩阵算子对应 1-量子比特和 2-量子比特的量子门，而置换矩阵作为一类特殊的酉矩阵将在其中发挥至关重要的作用.

按照三种不同的方法研究置换矩阵的量子实现:

第一类方法: 包括“完美交叠置换矩阵类 Π_{2^n} ”和“比特反转置换矩阵类 P_{2^n} ”这两类算子的量子比特置换矩阵. 利用它们在经典算法中的典型矩阵因子分解导出其量子实现的高效量子线路和线路网络;

第二类方法: 下移置换矩阵类 Q_{2^n}，利用 Vedral 等(1996)提出的实现基本代数运算的量子线路网络即可获得 Q_{2^n} 类置换矩阵的高效量子实现;

第三类方法: 按照 FFT(快速傅里叶变换)算子结构建造置换算子 Q_{2^n} 的矩阵因子分解，利用 QFT(量子傅里叶变换算子)量子线路得到实现下移置换矩阵类 Q_{2^n} 的量子线路和线路网络.

这里将建立 $D^{(4)}$ 小波酉算子的三种矩阵因子分解并由此获得它的三种不同门级量子网络实现，其中有一种因子分解的量子实现完全转化为 QFT 量子线路和线路网络.

(α) 完美交叠置换算子

完美交叠置换算子Π_{2^n}的经典定义是，如果$\mathscr{X}$是一个2^n-维列向量，将$\mathscr{X}$上下对分，并将上半部分和下半部分的元素逐个相间排列产生向量$\mathscr{Y}=\Pi_{2^n}\mathscr{X}$. 可以直观表示如下：

$$\mathscr{X}=\begin{pmatrix} z_0 \\ z_1 \\ z_2 \\ z_3 \\ \vdots \\ z_{2^n-2} \\ z_{2^n-1} \end{pmatrix} \mapsto \begin{pmatrix} z_0 \\ z_{2^{n-1}} \\ z_1 \\ z_{2^{n-1}+1} \\ \vdots \\ z_{2^{n-1}-1} \\ z_{2^n-1} \end{pmatrix} = \begin{pmatrix} y_0 \\ y_1 \\ y_2 \\ y_3 \\ \vdots \\ y_{2^n-2} \\ y_{2^n-1} \end{pmatrix} = \mathscr{Y} = \Pi_{2^n}\mathscr{X}$$

完美交叠置换算子Π_{2^n}是一个$2^n\times 2^n$矩阵，$\Pi_{2^n}=(\Pi_{ij})_{i,j=0,1,\cdots,2^n-1}$，其中记号$\Pi_{ij},i,j=0,1,\cdots,(2^n-1)$，表示矩阵$\Pi_{2^n}$的全部元素，定义如下：

$$\Pi_{ij}=\begin{cases}1, & i=0(\operatorname{mod}2),\ j=0.5i\\ 1, & i=1(\operatorname{mod}2),\ j=0.5(i-1)\\ 0, & \text{其他}\end{cases}$$

按分块矩阵表示法，将Π_{2^n}分块为左右两个子矩阵，即$\Pi_{2^n}=(\Pi^{(0)}\mid\Pi^{(1)})$，其中$\Pi^{(0)},\Pi^{(1)}$都是$2^n\times 2^{n-1}$矩阵，假如$\Pi^{(0)}$的行编号是$i=0,1,\cdots,(2^n-1)$，那么，它的第$i=1,3,\cdots,(2^n-1)$行共$2^{n-1}$个行向量都是0向量，即这些行的元素全都是0；而它的第$i=0,2,\cdots,(2^n-2)$行，共2^{n-1}个行向量，每个行向量唯一的非 0 元素都是 1，而且，这个非 0 元素所在的列序号正好是其行编号的一半，即在第i行，其中$i=0,2,\cdots,(2^n-2)$，只有第$0.5i$列位置上的元素等于 1，其余各位置上的元素都是 0. 具体写出如下：

$$\Pi^{(0)}=\begin{pmatrix} 1 & 0 & 0 & \cdots & \cdots & 0\\ 0 & 0 & 0 & \cdots & \cdots & 0\\ 0 & 1 & 0 & \cdots & \cdots & 0\\ 0 & 0 & 0 & \cdots & \cdots & 0\\ & & & \ddots & & \\ 0 & 0 & 0 & \cdots & 0 & 1\\ 0 & 0 & 0 & \cdots & 0 & 0 \end{pmatrix}_{2^n\times 2^{n-1}}$$

此外，利用 $\Pi^{(0)}$ 可以直截了当说明 $\Pi^{(1)}$：将 $\Pi^{(0)}$ 的第 $i=0,1,\cdots,(2^n-2)$ 行依次下移一行构成 $\Pi^{(1)}$ 的第 $i=1,\cdots,(2^n-1)$ 行，而将 $\Pi^{(0)}$ 的最后一行，其每个元素都是 0，即第 (2^n-1) 行这个 0 行向量，构成 $\Pi^{(1)}$ 的首行，即第 $i=0$ 行. 具体写出

$$\Pi^{(1)}=\begin{pmatrix}0&0&0&\cdots&\cdots&0\\1&0&0&\cdots&\cdots&0\\0&0&0&\cdots&\cdots&0\\0&1&0&\cdots&\cdots&0\\&&&\ddots&&\\0&0&0&\cdots&0&0\\0&0&0&\cdots&0&1\end{pmatrix}_{2^n\times 2^{n-1}}$$

或者利用 $2^n\times 2^n$ 循环下移置换矩阵 Θ_{2^n}：

$$\Theta_{2^n}=\begin{pmatrix}0&\cdots&0&1\\1&\ddots&\vdots&\vdots\\\vdots&\ddots&0&0\\0&\cdots&1&0\end{pmatrix}$$

将 $\Pi^{(1)}$ 和 $\Pi^{(0)}$ 的关系表示如下:

$$\Pi^{(1)}=\Theta_{2^n}\Pi^{(0)}$$

由此完美交叠置换算子 Π_{2^n} 的分块表示可以写成

$$\Pi_{2^n}=(\Pi^{(0)}\mid\Theta_{2^n}\Pi^{(0)})=\left(\begin{array}{cccccc|cccccc}1&0&0&\cdots&\cdots&0&0&0&0&\cdots&\cdots&0\\0&0&0&\cdots&\cdots&0&1&0&0&\cdots&\cdots&0\\0&1&0&\cdots&\cdots&0&0&0&0&\cdots&\cdots&0\\0&0&0&\cdots&\cdots&0&0&1&0&\cdots&\cdots&0\\&&&\ddots&&&&&&\ddots&&\\0&0&0&\cdots&0&1&0&0&0&\cdots&0&0\\0&0&0&\cdots&0&0&0&0&0&\cdots&0&1\end{array}\right)$$

按照 n 量子比特或 n-qbit 量子态，完美交叠置换算子 Π_{2^n} 的量子描述十分简单，具体可以表示为

$$\Pi_{2^n}:\left|a_{n-1}a_{n-2}\cdots a_1a_0\right\rangle\mapsto\left|a_0a_{n-1}a_{n-2}\cdots a_1\right\rangle$$

其中，$a_i\in\{0,1\},i=0,1,\cdots,(n-1)$，这表明在量子计算中 Π_{2^n} 是对 n 量子比特进行右移位的算子.

按照二进制字符串的说明方式，Π_{2^n} 是把 n 位二进制字符串 $(a_{n-1}a_{n-2}\cdots a_1a_0)_2$ 转换为二进制字符串 $(a_0a_{n-1}a_{n-2}\cdots a_1)_2$ 的算子或线性变换.

显然，Π_{2^n} 的转置矩阵 $\Pi_{2^n}^{\mathrm{T}}$ (T 表示转置)将实现量子比特左移操作，即

$$\Pi_{2^n}^{\mathrm{T}}:\left|a_{n-1}a_{n-2}\cdots a_1a_0\right\rangle\mapsto\left|a_{n-2}\cdots a_1a_0a_{n-1}\right\rangle$$

(β) 比特反转置换算子

比特反转置换矩阵 P_{2^n} 的经典描述可通过它对给定向量的影响直接说明. 假设 $\mathscr{X}$ 和 $\mathscr{Y}$ 都是 2^n-维列向量且满足关系 $\mathscr{Y}=\mathrm{P}_{2^n}\mathscr{X}$，令矩阵 $\mathrm{P}_{2^n}=(p_{ij})_{2^n\times 2^n}$，将矩阵元素的行列号 $i,j=0,1,\cdots,2^n-1$ 都写成 n 位二进制字符串形式:

$$i=(i_0i_1\cdots i_{n-1})_2\in\{0,1\}^n,\quad j=(j_0j_1\cdots j_{n-1})_2\in\{0,1\}^n$$

那么，矩阵 P_{2^n} 的元素 p_{ij} 可以给出如下:

$$p_{ij}=\begin{cases}1, & i=(i_0i_1\cdots i_{n-1})_2, j=(i_{n-1}\cdots i_1i_0)_2\\ 0, & \text{其他}\end{cases}$$

这相当于在列向量关系 $\mathscr{Y}=\mathrm{P}_{2^n}\mathscr{X}$ 中，当 $i=0,1,\cdots,2^n-1$ 时，$\mathscr{Y}_i=\mathscr{X}_j$，其中 j 是将 i 的 n 位二进制表示字符串 $(i_0i_1\cdots i_{n-1})_2$ 颠倒顺序变成 $(i_{n-1}\cdots i_1i_0)_2$ 所对应的自然数，即 $j=(i_{n-1}\cdots i_1i_0)_2$，或者具体表示为

$$\mathscr{Y}_{(i_0i_1\cdots i_{n-1})_2}=\mathscr{X}_{(i_{n-1}\cdots i_1i_0)_2},\quad i=(i_0i_1\cdots i_{n-1})_2\in\{0,1\}^n$$

容易证明，利用完美交叠置换矩阵序列 $\Pi_{2^\ell},\ell=2,3,\cdots,(n-1)$，可以将比特反转置换矩阵 P_{2^n} 分解为矩阵因子张量积和矩阵因子乘积形式:

$$\mathrm{P}_{2^n}=\Pi_{2^n}(I_2\otimes\Pi_{2^{n-1}})\cdots(I_{2^\ell}\otimes\Pi_{2^{n-\ell}})\cdots(I_{2^{n-3}}\otimes\Pi_8)(I_{2^{n-2}}\otimes\Pi_4)$$

其中 $\ell=1,\cdots,(n-2)$，I_{2^ℓ} 是 $2^\ell\times 2^\ell$ 单位算子，$I_{2^\ell}\otimes\Pi_{2^{n-\ell}}$ 是 I_{2^ℓ} 与 $\Pi_{2^{n-\ell}}$ 的克罗内克乘积.

按照 n 量子比特或 n-qbit 量子态，比特反转置换矩阵 P_{2^n} 的量子描述十分简单，具体可以表示为

$$\mathrm{P}_{2^n}:\left|a_{n-1}a_{n-2}\cdots a_1a_0\right\rangle\mapsto\left|a_0a_1\cdots a_{n-2}a_{n-1}\right\rangle$$

其中 $\left|a_{n-1}a_{n-2}\cdots a_1a_0\right\rangle$ 是 n 量子比特态矢，$a_\ell\in\{0,1\},\ell=0,1,\cdots,(n-1)$，即 P_{2^n} 是反转 n 量子比特顺序的算子. 这个量子描述可以从算子 P_{2^n} 的矩阵因子乘积和张量积分解以及完美交叠置换矩阵类 Π_{2^ℓ} 的量子描述得到.

值得注意的是，矩阵 P_{2^n} 的经典计算刻画和量子计算刻画之间存在显著简繁差

异. 利用经典计算术语, “比特反转”是指颠倒向量元素位置序号二进制表示字符串的顺序, 利用量子计算术语, 矩阵 P_{2^n} 表示量子态矢的量子比特顺序颠倒.

因为量子比特反转两次就会恢复其原来的顺序, 这表明恒等式 $\mathrm{P}_{2^n}\mathrm{P}_{2^n}=\mathrm{I}_{2^n}$ 成立. 此外由于 P_{2^n} 是正交的, 即 $\mathrm{P}_{2^n}\mathrm{P}_{2^n}^{\mathrm{T}}=\mathrm{I}_{2^n}$, 从而 $\mathrm{P}_{2^n}=\mathrm{P}_{2^n}^{\mathrm{T}}$. 这说明量子比特反转是对称算子.

(γ) 量子比特 FFT

量子比特 FFT(QFT)是著名的量子比特算法, 同时, 它可以被用于实现量子比特小波变换的量子线路和线路网络.

一个 s 维复数向量 $f=(f(0),f(1),\cdots,f(s-1))^{\mathrm{T}}\in\mathbb{C}^s$ 的离散傅里叶变换是一个 s 维复数向量 $\mathfrak{f}=(\mathscr{F}f)=(\mathfrak{f}(0),\mathfrak{f}(1),\cdots,\mathfrak{f}(s-1))^{\mathrm{T}}\in\mathbb{C}^s$, 满足如下计算关系:

$$\mathfrak{f}(c)=(\mathscr{F}f)(c)=\frac{1}{\sqrt{s}}\sum_{a=0}^{s-1}f(a)e^{-2\pi aci/s},\quad c=0,1,\cdots,(s-1)$$

量子比特傅里叶变换是一个酉算子 $F_s=\mathscr{F}$, 如果 $\{|0\rangle,|1\rangle,\cdots,|s-1\rangle\}$ 是一组预先选定的计算基, 那么, $F_s=\mathscr{F}$ 的作用体现为如下的映射关系:

$$F_s=\mathscr{F}:|a\rangle\mapsto\frac{1}{\sqrt{s}}\sum_{c=0}^{s-1}e^{-2\pi aci/s}|c\rangle,\quad a=0,1,\cdots,(s-1)$$

或者表示为更一般的形式:

$$F_s=\mathscr{F}:\sum_{a=0}^{s-1}f(a)|a\rangle\mapsto\sum_{c=0}^{s-1}\mathfrak{f}(c)|c\rangle$$

其中 $\mathfrak{f}=(\mathfrak{f}(0),\mathfrak{f}(1),\cdots,\mathfrak{f}(s-1))^{\mathrm{T}}$ 是 $f=(f(0),f(1),\cdots,f(s-1))^{\mathrm{T}}$ 的离散傅里叶变换.

这样定义的量子比特傅里叶变换称为量子比特 FFT. 在后续的讨论中, 维数 s 被取为 $s=2^n$, n 是一个自然数.

一个 2^n-维向量的经典 Cooley-Tukey (1965) FFT 算子 F_{2^n} 可以分解为

$$F_{2^n}=A_nA_{n-1}\cdots A_1\mathrm{P}_{2^n}=\underline{F}_{2^n}\mathrm{P}_{2^n}$$

其中的记号和定义详细罗列如下:

$$A_\ell=I_{2^{n-\ell}}\otimes B_{2^\ell},\quad \Omega_{2^{\ell-1}}=\mathrm{diag}(1,\omega_{2^\ell},\omega_{2^\ell}^2,\cdots,\omega_{2^\ell}^{2^{\ell-1}-1})$$

$$B_{2^\ell}=\frac{1}{\sqrt{2}}\begin{pmatrix}I_{2^{\ell-1}}&\Omega_{2^{\ell-1}}\\I_{2^{\ell-1}}&-\Omega_{2^{\ell-1}}\end{pmatrix},\quad F_2=W=\frac{1}{\sqrt{2}}\begin{pmatrix}1&1\\1&-1\end{pmatrix}$$

其中 $\Omega_{2^{\ell-1}}$ 是一个 $2^{\ell-1}\times2^{\ell-1}$ 对角矩阵, $\omega_{2^\ell}=\exp(-2i\pi\times2^{-\ell})$. 另外, 定义算子:

$$\underline{F}_{2^n}=A_nA_{n-1}\cdots A_1$$

其表示 Cooley-Tukey FFT 算子的计算核, P_{2^n} 表示在将该向量代入计算核之前需要在输入向量的元素上执行置换操作. 计算公式中出现的比特反转置换算子 P_{2^n} 需要按照前述矩阵因式 $(I_{2^\ell} \otimes \Pi_{2^{n-\ell}})$ 累积乘积实现计算.

快速离散傅里叶变换算子的另一种分解, 即 Gentleman-Sande (1966) FFT 算子矩阵因子分解, 可以利用 F_{2^n} 的对称性以及 Cooley-Tukey 因子分解式的转置得到

$$F_{2^n} = \mathrm{P}_{2^n} A_1^{\mathrm{T}} \cdots A_{n-1}^{\mathrm{T}} A_n^{\mathrm{T}} = \mathrm{P}_{2^n} \underline{F}_{2^n}^{\mathrm{T}}$$

其中

$$\underline{F}_{2^n}^{\mathrm{T}} = (A_n A_{n-1} \cdots A_1)^{\mathrm{T}} = A_1^{\mathrm{T}} \cdots A_{n-1}^{\mathrm{T}} A_n^{\mathrm{T}}$$

表示 Gentleman-Sande FFT 算子的计算核, P_{2^n} 表示为了获得正确顺序的输出向量元素需要执行的置换.

前面出现的算子 $\underline{F}_{2^n}^{\mathrm{T}}$ 的量子路线实现, 需要利用算子 B_{2^ℓ} 的如下分解:

$$B_{2^\ell} = \frac{1}{\sqrt{2}}\begin{pmatrix} I_{2^{\ell-1}} & \Omega_{2^{\ell-1}} \\ I_{2^{\ell-1}} & -\Omega_{2^{\ell-1}} \end{pmatrix} = \frac{1}{\sqrt{2}}\begin{pmatrix} I_{2^{\ell-1}} & I_{2^{\ell-1}} \\ I_{2^{\ell-1}} & -I_{2^{\ell-1}} \end{pmatrix}\begin{pmatrix} I_{2^{\ell-1}} & 0 \\ 0 & \Omega_{2^{\ell-1}} \end{pmatrix}$$

定义一个新的矩阵符号:

$$C_{2^\ell} = \begin{pmatrix} I_{2^{\ell-1}} & 0 \\ 0 & \Omega_{2^{\ell-1}} \end{pmatrix}$$

那么, 在计算 F_{2^n} 时需要的 A_ℓ 和 B_{2^ℓ} 可以被改写如下:

$$B_{2^\ell} = (W \otimes I_{2^{\ell-1}})C_{2^\ell}$$

$$A_\ell = I_{2^{n-\ell}} \otimes B_{2^\ell} = (I_{2^{n-\ell}} \otimes W \otimes I_{2^{\ell-1}})(I_{2^{n-\ell}} \otimes C_{2^\ell})$$

其中涉及的算子 C_{2^ℓ} 按照如下矩阵因子分解完成量子实现:

$$C_{2^\ell} = \theta_{n-1,n-\ell}\theta_{n-2,n-\ell} \cdots \theta_{n-\ell+1,n-\ell}$$

其中 $\theta_{j,k}$ 是一个作用在第 j 和第 k 量子比特上的 2-比特量子门.

图 1 给出了一个实现量子比特傅里叶变换算子的高效量子线路网络.

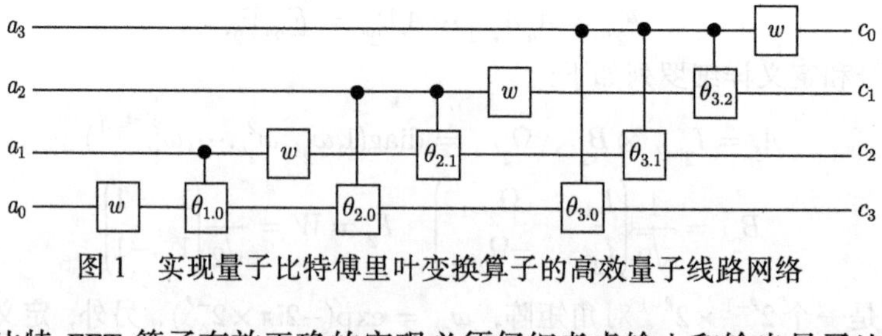

图 1　实现量子比特傅里叶变换算子的高效量子线路网络

量子比特 FFT 算子有效正确的实现必须仔细考虑输入和输出量子比特的顺序, 特别是将量子比特 FFT 算子作为其他酉算子量子计算网络中的子模块使用的时候,

其输入比特和输出比特各自的顺序是十分关键的影响因素.

(δ) 完美交叠置换算子量子门

将“最小的”量子比特完美交叠置换算子称为“量子比特置换矩阵”，实现量子比特置换需要一套高效实用的量子线路网络，把这个量子线路网络对应的量子门称为“量子比特交换门”，记号是Π_4，定义如下：

$$\Pi_4=\begin{pmatrix}1&0&0&0\\0&0&1&0\\0&1&0&0\\0&0&0&1\end{pmatrix}$$

按照量子计算的术语，Π_4被称为“量子交换算子”，可以用 2-量子比特量子态简洁表达如下：

$$\Pi_4:\left|a_1a_0\right\rangle\mapsto\left|a_0a_1\right\rangle$$

其中$a_1,a_0\in\{0,1\}$. 量子比特交换门Π_4，其定义如图 2(a)所示，可以由三个 XOR 门实现，如图 2(b)所示.

Π_4门只执行一个交换相邻两个量子比特的局部操作，非常方便量子网络实现，它的实现只需要三个 XOR 门(或受控非门)，便于完成包含Π_4的条件算子的量子实现，可以扩展为n量子比特量子门，比如利用受控k-非门实现结构形如$\Pi_4\oplus I_{2^n-4}$的n量子比特算子. 这是实现量子比特小波算子的高效量子线路和线路网络的途径之一.

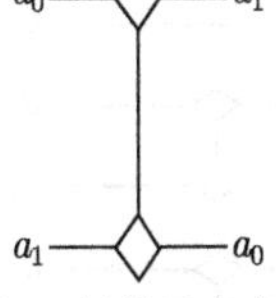

(a) Π_4门量子态定义

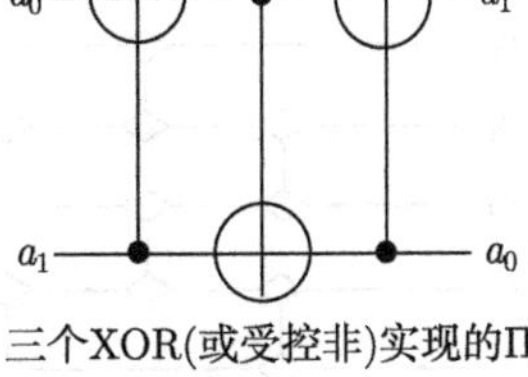

(b) 三个XOR(或受控非)实现的Π_4门

图 2　Π_4门

图 3 给出的是利用Π_4门实现Π_{2^n}，比如Π_{16}的示范量子线路网络.

利用Π_4门经过多次重复实现Π_{2^n}的量子线路网络将会导出Π_{2^n}的以因式Π_4为最小单元的矩阵因子分解表达式：

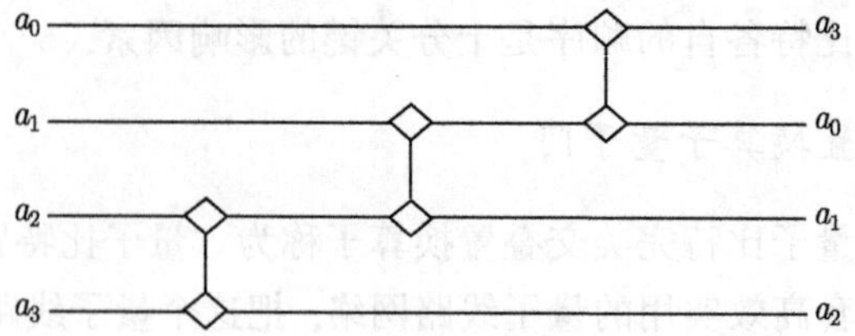

图 3　利用 Π_4 门实现 Π_{16} 的量子线路网络

$$\begin{aligned}\Pi_{2^n} = &(I_{2^{n-2}} \otimes \Pi_4)(I_{2^{n-3}} \otimes \Pi_4 \otimes I_2) \\ &\cdots (I_{2^{n-\ell}} \otimes \Pi_4 \otimes I_{2^{\ell-2}}) \\ &\cdots (I_2 \otimes \Pi_4 \otimes I_{2^{n-3}})(\Pi_4 \otimes I_{2^{n-2}})\end{aligned}$$

这个量子因子分解提供 Π_{2^n} 的一个高效量子实现, 简单分析即可知道, 这个方案的经典计算是一种低效模式. 此外, 图 3 的量子线路网络暗示算子 Π_{2^ℓ} 的一个递归分解关系:

$$\Pi_{2^\ell} = (I_{2^{\ell-2}} \otimes \Pi_4)(I_{2^{\ell-1}} \otimes \Pi_2)$$

即以 Π_4, Π_2 为最小的基本算子, 可以利用单位算子 $I_{2^{\ell-2}}, I_{2^{\ell-1}}$ 递归产生 Π_{2^ℓ}, 其中 ℓ 逐渐递增地取正整数即可.

图 4 给出利用 Π_4 门实现 P_{2^n} 的量子线路网络.

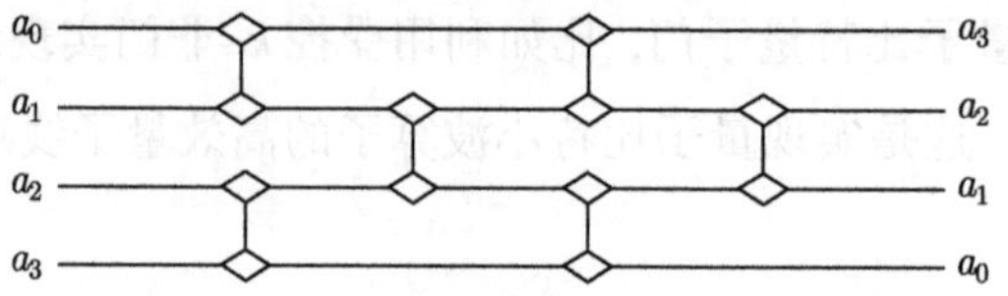

(a) n是偶数

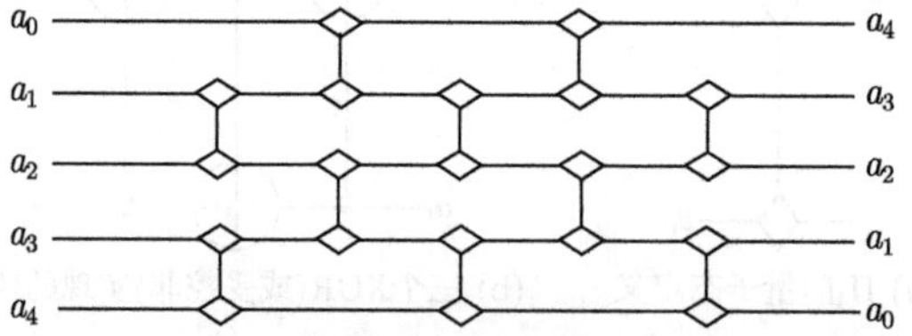

(b) n是奇数

图 4　利用 Π_4 门实现 P_{2^n} 的量子线路网络

利用 Π_4 门实现 P_{2^n} 的量子线路网络表明, 只使用因子 Π_4 和单位算子即可构造 P_{2^n} 的矩阵因子分解公式.

实际上，当 n 是偶数时，

$$\mathrm{P}_{2^n}=[(\underbrace{\Pi_4\otimes\Pi_4\otimes\cdots\otimes\Pi_4}_{0.5n})(I_2\otimes\underbrace{\Pi_4\otimes\cdots\otimes\Pi_4}_{0.5n-1}\otimes I_2)]^{0.5n}$$

而当 n 是奇数时，

$$\mathrm{P}_{2^n}=((I_2\otimes\underbrace{\Pi_4\otimes\cdots\otimes\Pi_4}_{0.5(n-1)})(\underbrace{\Pi_4\otimes\cdots\otimes\Pi_4}_{0.5(n-1)}\otimes I_2))^{0.5(n-1)}(I_2\otimes\underbrace{\Pi_4\otimes\cdots\otimes\Pi_4}_{0.5(n-1)})$$

当然，在建立实现量子比特小波算子的高效完全量子线路网络过程中，除了前面的这些准备工作，还需要能够实现形如 $\Pi_{2^\ell}\oplus I_{2^n-2^\ell}$ 和 $\mathrm{P}_{2^\ell}\oplus I_{2^n-2^\ell}$ 这类条件算子的高效量子线路网络，其中 ℓ 是特定自然数.

(ε) 量子比特小波金字塔算法和小波包算法

按照多分辨率分析理论，量子比特小波算子包括波包量子比特小波算子和金字塔量子比特小波算子. 遵循量子实现酉算子的基本思想，为了获得量子实现波包量子比特小波算子和金字塔量子比特小波算子的高效量子线路和线路网络，关键问题是建立这两类酉算子的矩阵因子分解公式，要求分解公式中出现的各个“最小的(基本的)”因子矩阵或算子能够存在高效量子线路和线路网络，同时，这些最小的或基本的因子矩阵的组合过程必须存在高效量子实现的量子线路和线路网络.

将 2^ℓ-维 Daubechies 4 号小波核记为 $D^{(4)}_{2^\ell}$. 作为 n 量子比特量子态变换酉算子，这类小波核的波包量子比特小波算子 $\mathscr{P}$ 存在如下矩阵因子分解关系：

$$\begin{aligned}\mathscr{P}=&\boxed{(I_{2^{n-2}}\otimes D^{(4)}_4)(I_{2^{n-3}}\otimes\Pi_8)}\\&\cdots\boxed{(I_{2^{n-\ell}}\otimes D^{(4)}_{2^\ell})(I_{2^{n-\ell-1}}\otimes\Pi_{2^{\ell+1}})}\\&\cdots\boxed{(I_2\otimes D^{(4)}_{2^{n-1}})\Pi_{2^n}}\cdot D^{(4)}_{2^n}\end{aligned}$$

同时，这类小波核的金字塔量子比特小波算子 $\mathscr{Q}$ 存在如下矩阵因子分解关系：

$$\begin{aligned}\mathscr{Q}=&\boxed{(D^{(4)}_4\oplus I_{2^n-4})(\Pi_8\oplus I_{2^n-8})}\\&\cdots\boxed{(D^{(4)}_{2^\ell}\oplus I_{2^n-2^\ell})(\Pi_{2^{\ell+1}}\oplus I_{2^n-2^{\ell+1}})}\\&\cdots\boxed{(D^{(4)}_{2^{n-1}}\oplus I_{2^{n-1}})\Pi_{2^n}}\cdot D^{(4)}_{2^n}\end{aligned}$$

这些矩阵因子分解公式表明，建立有效实现 $D^{(4)}_{2^\ell}$ 的量子算法是量子实现波包量子比特小波算子和金字塔量子比特小波算子的关键步骤. 因为，利用 $D^{(4)}_{2^\ell}$ 的量子算法可以直接建立实现算子 $(I_{2^{n-\ell}}\otimes D^{(4)}_{2^\ell})$ 的有效量子算法和量子线路. 另外，利用算

子 Π_{2^ℓ} 的矩阵因子分解可以建立有效实现算子 $(I_{2^{n-\ell}}\otimes\Pi_{2^\ell})$ 以及直和型条件算子 $(\Pi_{2^\ell}\oplus I_{2^n-2^\ell})$ 的量子线路. 最后, 剩余的问题就是如何利用算子 $D_{2^\ell}^{(4)}$ 的有效量子实现算法建立直和型条件算子 $(D_{2^\ell}^{(4)}\oplus I_{2^n-2^\ell})$ 的高效量子实现线路网络.

值得欣慰的是, 回顾前述以 Π_4 门为最小矩阵因子实现 n 量子比特算子 Π_{2^n} 的矩阵因子分解公式, 以及 ℓ 量子比特算子 Π_{2^ℓ} 的递归计算因子分解公式, 即以 Π_4,Π_2 为最小基本算子利用单位算子 $I_{2^{\ell-2}},I_{2^{\ell-1}}$ 递归产生 Π_{2^ℓ} 的矩阵计算公式, 借助这些矩阵因子分解和条件 Π_4 门的量子实现线路和线路网络, 能够建立实现条件算子 $(\Pi_{2^\ell}\oplus I_{2^n-2^\ell})$ 的高效量子线路和线路网络.

这里需要说明的是, 关于波包量子比特小波算子和金字塔量子比特小波算子的量子实现, 上述分析过程同样适用于其他正交小波算子.

(ζ) 量子比特 Daubechies 小波

这里利用矩阵因子分解方法建立实现 2^n -维 Daubechies 4 号小波算子 $D_{2^n}^{(4)}$ 的量子算法和量子线路. 将 2^n -维 Daubechies 4 号小波算子 $D_{2^n}^{(4)}$ 表达如下:

$$D_{2^n}^{(4)}=\begin{pmatrix}
c_0 & c_1 & c_2 & c_3 & & & & & & \\
c_3 & -c_2 & c_1 & -c_0 & & & & & & \\
 & & c_0 & c_1 & c_2 & c_3 & & & & \\
 & & c_3 & -c_2 & c_1 & -c_0 & & & & \\
\vdots & \vdots & & & & & \ddots & & & \\
 & & & & & & c_0 & c_1 & c_2 & c_3 \\
 & & & & & & c_3 & -c_2 & c_1 & -c_0 \\
c_2 & c_3 & & & & & & & c_0 & c_1 \\
c_1 & -c_0 & & & & & & & c_3 & -c_2
\end{pmatrix}_{2^n\times 2^n}$$

其中, Daubechies 4 号小波系数是

$$\begin{cases}
c_0=\dfrac{1}{4\sqrt{2}}(1+\sqrt{3}), & c_2=\dfrac{1}{4\sqrt{2}}(3-\sqrt{3})\\[2ex]
c_1=\dfrac{1}{4\sqrt{2}}(3+\sqrt{3}), & c_3=\dfrac{1}{4\sqrt{2}}(1-\sqrt{3})
\end{cases}$$

在经典计算中, 利用上述矩阵的稀疏结构实现 Daubechies 4 号小波算子 $D_{2^n}^{(4)}$ 的最佳计算成本是 $O(2^n)$. 但是这个稀疏结构的矩阵 $D_{2^n}^{(4)}$ 不适合量子实现.

为了建立量子实现 Daubechies 4 号小波算子 $D_{2^n}^{(4)}$ 的可行有效量子线路和线路网络，这里给出算子 $D_{2^n}^{(4)}$ 的一个典型的矩阵因子分解公式:

$$D_{2^n}^{(4)} = (I_{2^{n-1}} \otimes C_1) S_{2^n} (I_{2^{n-1}} \otimes C_0)$$

其中

$$C_0 = 2\begin{pmatrix} c_3 & -c_2 \\ -c_2 & c_3 \end{pmatrix}, \quad C_1 = \frac{1}{2}\begin{pmatrix} c_0/c_3 & 1 \\ 1 & c_1/c_2 \end{pmatrix}$$

而且，$S_{2^n} = (s_{i,j})_{2^n \times 2^n}$ 是一个置换矩阵，其经典描述由下式给出:

$$s_{i,j} = \begin{cases} 1, & i = 0 \bmod(2), j = i \\ 1, & i = 1 \bmod(2), j = i + 2 \bmod(2^n) \\ 0, & \text{其他} \end{cases}$$

或者直接写成矩阵形式:

$$S_{2^n} = \begin{pmatrix} 1 & 0 & & & & & & & & \\ & & 0 & 1 & & & & & & \\ & & 1 & 0 & & & & & & \\ & & & & 0 & 1 & & & & \\ & & & & 1 & 0 & & & & \\ & & & & & \ddots & \ddots & & & \\ & & & & & & \ddots & 0 & 1 \\ & & & & & & & 1 & 0 \\ 0 & 1 & & & & & & 0 & 0 \end{pmatrix}_{2^n \times 2^n}$$

实际上，置换矩阵 $S_{2^n} = (s_{k\ell})_{2^n \times 2^n}$ 的每一行和每一列都只有唯一一个数值等于 1 的非 0 元素，其余元素都是 0，具体地说，矩阵 $S_{2^n} = (s_{i,j})_{2^n \times 2^n}$ 的编号为 $i = 0, 2, \cdots, (2^n - 2)$ 这些偶数行，其唯一的数值等于 1 的非 0 元素处于主对角线上，即 $s_{i,i} = 1$；矩阵 $S_{2^n} = (s_{i,j})_{2^n \times 2^n}$ 的编号为 $i = 1, 3, \cdots, (2^n - 3)$ 这些奇数行，其唯一的数值等于 1 的非 0 元素是 $s_{i,i+2} = 1$，而当 $i = (2^n - 1)$ 时，即 $S_{2^n} = (s_{i,j})_{2^n \times 2^n}$ 的最后一行，其唯一的数值等于 1 的非 0 元素是 $s_{(2^n - 1),1} = 1$.

图 5 给出了以算子 S_{2^n} 为核心量子线路块按照 Daubechies 4 号小波算子 $D_{2^n}^{(4)}$ 的矩阵因子分解建立的量子实现算子 $D_{2^n}^{(4)}$ 的量子线路网络.

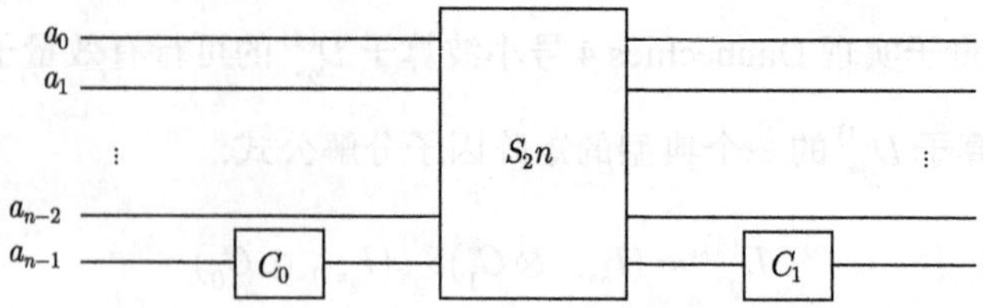

图 5 量子实现 Daubechies 4 号小波算子 $D_{2^n}^{(4)}$ 的量子线路网络

按照图 5 的方案，置换矩阵 S_{2^n} 的量子实现是量子实现算子 $D_{2^n}^{(4)}$ 的量子线路网络的关键问题. 置换矩阵 S_{2^n} 的量子算法描述是

$$S_{2^n}:\left|a_{n-1}a_{n-2}\cdots a_1a_0\right\rangle \mapsto \left|b_{n-1}b_{n-2}\cdots b_1b_0\right\rangle$$

其中

$$(b_{n-1}b_{n-2}\cdots b_1b_0)_2=\begin{cases}(a_{n-1}a_{n-2}\cdots a_1a_0)_2, & a_0=0\\ (a_{n-1}a_{n-2}\cdots a_1a_0)_2-2\bmod(2^n), & a_0=1\end{cases}$$

实际上，n 量子比特置换矩阵 S_{2^n} 的量子描述可以直观解释如下:

当 $a_0=1$时，那么 $b_0=a_0=1$;

当 $a_{n-1},a_{n-2},\cdots,a_1$ 这 $(n-1)$ 个比特中至少有一个不是 0 时，则

$$(b_{n-1}b_{n-2}\cdots b_1)_2=(a_{n-1}a_{n-2}\cdots a_1)_2-(00\cdots01)_2$$

当 $a_{n-1},a_{n-2},\cdots,a_1$ 全都是 0 时，则 $b_{n-1}=\cdots=b_1=1$;

当 $a_0=0$时，则 $(b_{n-1}b_{n-2}\cdots b_1b_0)_2=(a_{n-1}a_{n-2}\cdots a_1a_0)_2$.

利用量子实现初等算术运算的量子线路和线路网络，比如 Vedral 等(1996)建立的量子线路，可以直接构建得到能够量子实现 n 量子比特置换矩阵 S_{2^n} 的计算复杂度为 $O(n)$ 的量子线路和线路网络.

这样，形如 $(I_{2^{n-\ell}}\otimes D_{2^\ell}^{(4)})$ 或 $(D_{2^\ell}^{(4)}\otimes I_{2^{n-\ell}})$ 的算子以及由此构建的波包量子比特小波算子 $\mathscr{H}$ 都能够得到直接有效的量子线路和线路网络实现. 这些结果可以间接支持能够量子实现形如 $(I_{2^n-2^\ell}\oplus D_{2^\ell}^{(4)})$ 或 $(D_{2^\ell}^{(4)}\oplus I_{2^n-2^\ell})$ 的算子以及由此构建的金字塔量子比特小波算子 $\mathscr{P}$ 的量子线路和线路网络. 为了进一步提高这种 n 量子比特直和型算子和金字塔量子比特小波算子量子实现线路和线路网络的计算效率，需要进行更深入的研究并建立量子实现效率更高的矩阵因子分解公式，这是挑战性极高的计算科学问题.

1.2 小 波 简 史

傅里叶分析方法从被提出到 20 世纪 80 年代现代小波理论的出现，经历了将近两百年的时间，即使把时间截止到 1910 年 Haar 函数(现在称为 Haar 小波)的建立，这个过程也超过一百年. 简单回顾小波产生、发展和完善的历史，有利于全面理解小波丰富的理论方法及其在广泛的学科领域取得的成功应用.

1.2.1 傅里叶理论与马尔小波

众所周知，傅里叶理论为近代和现代科学研究提供了著名的谱分析方法和技术，从该理论诞生之初就因为它存在深刻的内在问题而伴随着激烈且广泛的争论，正是这些争论使得傅里叶方法存在的各种内在问题迅速得到解决. 在傅里叶变换理论不断得到发展、完善的同时，却意外导致对现代数学基础、逻辑学基础以及哲学基础的根本性冲击，这些问题的深刻的继承性研究催生了现代科学中数学、物理学、逻辑学、哲学以及技术学科的许多新学科. 在 20 世纪 80 年代，语音识别和通信、语言文字识别和翻译、计算视觉以及计算机机器智能等的发展促进了小波的产生和快速发展.

本小节将沿着傅里叶级数和傅里叶积分变换理论的提出、表示唯一性问题、经典集合论的产生、集合论悖论、公理集合论的建立、哥德尔不完备性定理的出现以及与人工智能的交叉、计算视觉理论这样的曲折路线说明马尔小波的诞生.

(α) 傅里叶级数

1807 年，傅里叶(Fourier J B J)向法国科学院(Academie des Sciences)呈交了一篇关于热传导问题研究的长篇论文，名称是《关于热传导的研究报告》. 在这个论文中，傅里叶(2008)宣称任意函数都可以展开写成三角函数的无穷级数. 论文的研究内容是关于不连续的物质和特殊形状的连续体(矩形的、环状的、球状的、柱状的、棱柱形的)中的热扩散(或热传导)问题. 其三维基本方程是

$$\frac{\partial^2 v}{\partial x^2}+\frac{\partial^2 v}{\partial y^2}+\frac{\partial^2 v}{\partial z^2}=k\frac{\partial v}{\partial t}$$

在论文的评阅人中，拉普拉斯(Laplace P S)、蒙日(Monge G)、拉克鲁瓦(Lacroix S F)和勒让德(Legendre A M)赞成并接受这篇论文. 但是遭到拉格朗日(Lagrange J L)的强烈反对，因为，论文使用如下的三角函数无穷级数(即现在普遍使用的傅里叶级数):

$$f(x)=\frac{1}{\pi}\sum_{n=1}^{+\infty}\cos(nx)\int_{-\pi}^{+\pi}f(\zeta)\cos(n\zeta)d\zeta$$
$$+\frac{1}{\pi}\sum_{n=1}^{+\infty}\sin(nx)\int_{-\pi}^{+\pi}f(\zeta)\sin(n\zeta)d\zeta+\frac{1}{2\pi}\int_{-\pi}^{+\pi}f(\zeta)d\zeta$$

表示某些物体的初始温度分布，这与拉格朗日在 18 世纪 50 年代处理弦振动问题时对三角级数的否定相矛盾. 这篇论文因此而未能得到正式出版. 不过，在审查委员会给傅里叶的回信中，还是鼓励他继续钻研并将研究结果严密化. 函数的这种表达形式现在规范化被称为傅里叶级数或三角级数，具体表示为

$$f(x)=a_0+\sum_{n=1}^{+\infty}[a_n\cos(nx)+b_n\sin(nx)]$$

其中

$$a_0=\frac{1}{2\pi}\int_{-\pi}^{+\pi}f(\zeta)d\zeta$$
$$a_n=\frac{1}{\pi}\int_{-\pi}^{+\pi}f(\zeta)\cos(n\zeta)d\zeta,\quad n=1,2,\cdots$$
$$b_n=\frac{1}{\pi}\int_{-\pi}^{+\pi}f(\zeta)\sin(n\zeta)d\zeta,\quad n=1,2,\cdots$$

或者利用复指数函数系 $\{e^{inx},n\in\mathbb{Z}\}$ 表示成

$$f(x)=\sum_{k\in\mathbb{Z}}c_ke^{ikx}$$

其中 $\mathbb{Z}$ 表示全部整数的集合，而且

$$c_k=\frac{1}{2\pi}\int_0^{2\pi}f(x)e^{-ikx}dx,\quad k\in\mathbb{Z}$$

这两种表达形式系数之间的关系是：$a_0=c_0$，当 $k=1,2,\cdots$ 时，

$$\begin{cases}a_k=(c_k+c_{-k})\\ b_k=i(c_k-c_{-k})\end{cases}$$

或者

$$\begin{cases}c_k=0.5(a_k-ib_k)\\ c_{-k}=0.5(a_k+ib_k)\end{cases}$$

而级数基函数之间的关系是：当 $k=0,\pm1,\cdots$ 时，

$$e^{ikx}=\cos kx+i\sin kx$$

或者

$$\begin{cases}\cos kx=0.5(e^{-ikx}+e^{ikx})\\ \sin kx=0.5i(e^{-ikx}-e^{ikx})\end{cases}$$

在傅里叶宣布他的惊奇发现时，无论是函数概念还是积分概念都还没有得到

精确的定义，可以说，傅里叶的数学论断在学术思想革命性飞跃过程中占据了至关重要的位置. 在此之前，无穷级数被用来表示和处理函数，大多数被构造的普通函数都被赋予了特定的性质，而且这些性质不自觉地与函数本身的概念联系在一起，从一种表示形式:

$$a_0 + a_1 x + a_2 x^2 + a_3 x^3 + \cdots$$

到另一种表示形式:

$$a_0 + (a_1 \cos x + b_1 \sin x) + (a_2 \cos(2x) + b_2 \sin(2x)) + \cdots$$

傅里叶幸运地发现了这一新的函数领域.

(β) 傅里叶积分变换

为了推动对热扩散问题的研究，法国科学院于 1811 年悬赏征求论文. 傅里叶呈交了一篇对其 1807 年文章加以修改的论文，题目是《固体中的热运动理论》(*Théorie du movement de la chaleur dans les corps solides*)，文中增加了在无穷大物体中热扩散的新分析. 但是，在这一情形中，傅里叶原来所用的三角函数无穷级数因具有周期性而不能应用，于是，傅里叶代之以如下的积分形式，这就是现在普遍使用的傅里叶积分(一维函数情形):

$$f(x) = \frac{1}{\pi}\int_{-\infty}^{+\infty} f(\zeta)d\zeta \int_{0}^{+\infty} \cos\xi(x-\zeta)d\xi$$

在函数概念和积分概念都还没有得到充分精确的定义之前，傅里叶用这样的方法把函数的范围扩大到非周期函数. 函数的这种表达形式现在规范化表示为

$$f(x) = \frac{1}{2\pi}\int_{-\infty}^{+\infty} f(\zeta)d\zeta \int_{-\infty}^{+\infty} e^{i\xi(x-\zeta)}d\xi$$

或者表示成(傅里叶变换对):

$$\begin{cases} f(x) = \mathscr{F}^*[F](x) = \dfrac{1}{\sqrt{2\pi}}\displaystyle\int_{-\infty}^{+\infty} F(\xi)e^{i\xi x}d\xi \\ F(\xi) = \mathscr{F}[f](\xi) = \dfrac{1}{\sqrt{2\pi}}\displaystyle\int_{-\infty}^{+\infty} f(\zeta)e^{-i\xi\zeta}d\zeta \end{cases}$$

这篇论文在竞争中获胜，傅里叶获得法国科学院于 1812 年颁发的奖金. 但是，评委——可能是由于拉格朗日的坚持——仍然从文章的严格性和普遍性上给予了批评，以至于这篇论文又未能正式发表. 傅里叶认为这是一种无理的非难，他决心将这篇论文的数学部分扩充成为一本书. 经过十几年的努力，他终于完成了这部著作——《热的解析理论》(*Théorie Analytique de la chalear*)，并于 1822 年正式出版 (*Théorie Analytique de la Chalear*, Fourier J B J, Paris: Firmin Didot Père Et Fils, 1822). 他原来还计划将该论文的物理部分也扩充成一本书，书名是《热的物理理论》(*Théorie physique de la chalear*). 可惜这个愿望未能实现，虽然处理热的物理方面的

问题也是他获奖论文中的重要内容，甚至是他晚年的研究工作中更重要的内容.《热的解析理论》是记载傅里叶级数和傅里叶积分诞生经过的重要历史文献，在数学史、科学史和科学哲学史上被公认为是一部划时代的经典性著作.

《热的解析理论》中关于“热的传导”理论给德国物理学家欧姆(Ohm G S)的启发很大，1826 年，欧姆利用“热传导”联想“电传导”，用傅里叶建立的研究热效应的方法对电进行研究，从而得到著名的电传导公式，即欧姆定理. 在《热的解析理论》提出并证明的将周期函数展开为正余弦函数级数的原理基础上，泊松(Poisson S D)和高斯(Gauss J C F)等将傅里叶级数和傅里叶积分方法用于电学研究，从而推动电学得到广泛的关注和普遍应用.

《热的解析理论》所蕴含的科学成就可以从物理学和数学两个方面进行概括：一是该著作把物理问题表述为线性偏微分方程的边值问题进行处理，连同该著作涉及和论述的单位和量纲的相关工作，使分析力学超出了牛顿在《自然哲学的数学原理》中所规定的范畴；二是该著作发明的求解方程的强有力的数学工具产生了一系列派生学科，在数学研究中提出了许多研究课题，极大地推动了 19 世纪和 20 世纪数学领域大量一流科学研究成果的出现，开拓无数新的研究领域，同时，傅里叶理论本身和这些发展渗透到了近代物理和现代物理的几乎所有领域.

《热的解析理论》对热传导问题的研究和新的普遍性数学方法的创造，为数学、物理学的前进开辟了广阔的道路，极大地推动了基础数学和应用数学的发展，同时也有力地推动了物理学和数学物理的发展.

(γ) 函数连续与可导的差异

傅里叶大胆断言：“任意”函数(实际上是在有限区间上只有有限个间断点的函数！)都可以展开成三角函数的无穷级数，并且列举大量函数和运用图形来说明函数的三角函数级数展开的普遍性，虽然他没有给出明确的条件和严格的证明，但是毕竟由此开创出“傅里叶分析”这一重要分支，拓广了传统的函数概念.

1837 年，狄利克雷(Dirichlet P G L)正是在研究了傅里叶级数理论之后才提出了现代数学中通用的函数定义.

1854 年，黎曼(Riemann)在讨论傅里叶级数收敛性的文章《关于用三角级数表示函数的可能性》中，第一次阐述了现代数学通用的积分定义(即黎曼积分)，同时，首次提出了“函数三角级数表示唯一性问题”，即如果函数 $f(x)$ 在某个区间内除间断点外所有点上都能展开为收敛于该函数的三角级数，那么这样的三角级数是否是唯一的？但他没有给予回答. 函数三角级数表示唯一性问题的研究后来直接推动了康托尔建立经典集合论和超穷数理论.

1860 年，魏尔斯特拉斯(Weierstrass, 1894, 1923)运用三角级数构造出处处连续但处处不可导的怪异函数，在数学史上，充分揭示了函数连续与函数微分之间的根本差异，由此推动极限理论的快速建立和发展. 他利用单调有界有理数数列来定义无理数，在严格的逻辑基础上建立了实数理论，并建立了连续函数的 ε - δ 语言定义. 数学家们曾经一度猜测：连续函数在其定义区间中，至多除去可列个点外都是可导的. 也就是说，连续函数的不可导点至多是可列集. 当时函数表示手段简单有限，只考虑初等函数或分段初等函数，这个猜想似乎是正确的. 傅里叶三角函数无穷级数理论扩展了函数表示手段，能够便利地表示更广泛的函数类. 魏尔斯特拉斯利用如下形式的傅里叶级数第一个构造得到处处连续处处不可导的函数类，否定并终结了上述直观猜测：

$$f(x)=\sum_{n=0}^{+\infty}a^n\cos(b^nx),\quad 0<a<1<b,\quad 1\leqslant ab$$

构造方法的简单直观以及这类函数的广泛存在，使数学界为之震撼. 更为意外的是，这类函数居然只需要利用极其简单的函数比如三角函数 $\cos x$，经过相似的压缩波形(减小幅值缩短周期) $a^n\cos(b^nx)$ 无穷次逐步叠加修正而构造获得：

$$\begin{gathered}\cos x\\ \cos x+a\cos(bx)\\ \cos x+a\cos(bx)+a^2\cos(b^2x)\\ \cos x+a\cos(bx)+a^2\cos(b^2x)+a^3\cos(b^3x)\\ \cdots\cdots\end{gathered}$$

其中，每次的“增量”都是幅值压缩和周期压缩的余弦函数 $a^n\cos(b^nx)$，$n=0,1,2,\cdots$. 谁也未曾想到，正是“形状”的这种相似结构蕴藏着超乎想象的科学宝藏.

傅里叶的研究成果又是表现数学美的典型，傅里叶级数犹同用数学语言谱写的一首长诗. 著名物理学家麦克斯韦(Maxwell J C)曾把《热的解析理论》称为“一首伟大的数学的诗”. 汤姆孙(Thomson W)不但称之为“数学的诗”，更是宣称他自己在数学物理中的全部生涯都受到了这部著作的影响.

傅里叶的研究工作还引起了他同时代哲学家的重视，法国哲学家、实证主义创始人孔德(Comte, 1830, 1835, 1838, 1839, 1841, 1842)在六卷本《实证哲学教程》中，把牛顿的力学理论和傅里叶的热传导理论都看作实证主义基本观点在科学中的重要印证. 辩证唯物主义哲学家恩格斯(Engels F)则把傅里叶的数学成就与他所推崇的哲学家黑格尔的辩证法相提并论，他曾经写道：“傅里叶是一首数学的诗，黑格尔是一首辩证法的诗.”

正是从傅里叶级数提出来的一系列问题直接引导狄利克雷、黎曼、斯托克斯(Stokes G G)以及从海涅(Heine H E)直至康托尔(Cantor G)、戴德金(Dedkind J W R)、哥德尔(Gödel K)、策梅洛(Zermelo E)、勒贝格(Lebesgue H L)、里斯(Riesz F)和费希(Fisch E)等在实变分析等各个方面获得卓越研究成果，导致大量新数学学科，如泛函分析、调和分析、集合论、数理逻辑以及涉及数学基础的集合理论公理化、实无穷理论、逻辑学和数理哲学等众多分支的产生和建立. 傅里叶的研究工作能对数学、逻辑学、哲学和科学发展产生如此深远的影响, 这是傅里叶本人及其同时代人都没有预料到的, 而且, 这种影响时至今日还在继续延伸和发展之中.

(δ) 傅里叶级数的收敛性和唯一性

正如傅里叶的著名言论所表明的那样, "数学的分析和大自然本身一样广阔" "对自然界的深入研究乃是数学发现的最丰富成果的源泉".

1873 年, 保尔·杜博伊斯-雷蒙(du Bois-Reymond, 1870, 1871a, 1871b, 1873, 1876) 在研究函数傅里叶级数收敛性时发现, 2π 周期函数的傅里叶级数可以不必点点收敛, 更不必收敛到构造该傅里叶级数的初始函数, 同时, 杜博伊斯-雷蒙具体构造了实变量 x 的 2π 周期连续函数, 在 x 的指定取值点上, 其傅里叶级数不收敛. 这和傅里叶的大胆断言是对立的.

杜博伊斯-雷蒙的发现和构造以及黎曼提出的"函数三角级数表示唯一性问题"激发了数学家们对傅里叶级数理论以及数学逻辑基础的研究兴趣. 实际上, 从傅里叶三角级数的构造方法、表示方法和收敛性等研究出发, 为了彻底解决杜博伊斯-雷蒙和黎曼等不经意触碰到的与傅里叶三角级数函数表示、函数项级数构造与收敛、函数概念及其本质等相关的数学基础、逻辑学基础和哲学基础问题, 回溯近现代数学史、逻辑学史和哲学史, 可以总结得到解决问题的三个最基本的也是最主要的途径.

第一个途径, 函数概念和函数分类: 定义、寻找和限制在某种意义下适合傅里叶三角级数的函数概念和种类.

第二个途径, 傅里叶级数收敛和函数项级数收敛的概念: 几千年的数学史和科学史表明, "收敛"这样一个形式上的数学概念, 本质上与人类智慧、逻辑学和哲学思维中"无穷"概念存在根本的等价关联关系, 几千年来一直牵动着数学家、物理学家、天文学家、逻辑学家和哲学家的心, 始终萦绕在他们的心头, 推动数学、物理学、逻辑学、哲学和科学众多领域实现一次又一次的不断飞跃.

第三个途径, 傅里叶三角级数构造方法和函数项级数构造方法: 构造某种意义下"正交的"函数系, 由此诱导产生的函数项级数不再发生像正交三角函数系那样由杜博伊斯-雷蒙发现的发散现象.

出乎意料的是, 这三个途径最终都导致了小波的出现.

早期研究表明, 最适合傅里叶三角级数的函数概念是由亨利·勒贝格创建的勒贝格可测(从而勒贝格可积)的函数空间 $\mathcal{L}^2[0,2\pi]$, 即在 $[0,2\pi]$ 上平方可积的函数空间. 利用三角函数系可以为这个函数空间构造规范正交基:

$$\frac{1}{\sqrt{2\pi}}, \frac{1}{\sqrt{\pi}}\cos x, \frac{1}{\sqrt{\pi}}\sin x, \frac{1}{\sqrt{\pi}}\cos 2x, \frac{1}{\sqrt{\pi}}\sin 2x, \cdots$$

或者利用复指数函数系为这个函数空间构造规范正交基:

$$\cdots,\frac{1}{\sqrt{2\pi}}e^{2ix},\frac{1}{\sqrt{2\pi}}e^{ix},\frac{1}{\sqrt{2\pi}},\frac{1}{\sqrt{2\pi}}e^{-ix},\frac{1}{\sqrt{2\pi}}e^{-2ix},\cdots$$

在这样的规范正交基下，函数 $f(x)$ 的傅里叶级数展开式:

$$f(x)=a_0+\sum_{n=1}^{+\infty}[a_n\cos(nx)+b_n\sin(nx)]=\sum_{k\in\mathbb{Z}}c_ke^{ikx}$$

在均方收敛的意义下收敛到原始函数 $f(x)$，即上述公式中的等号“=”是几乎处处成立的. 但是，即使在均方收敛的意义下，当函数的解析性质比较差，比如不连续或不可导时，该函数傅里叶级数的收敛就会非常缓慢，从而导致傅里叶级数前有限项之和逼近函数的数值精度显著下降. 小波的出现，特别是具有良好局部性、高阶消失矩和高阶正则性的正交小波，能够按照所需函数数值逼近的精度明显加快函数展开小波级数的收敛速度.

第二个避免出现杜博伊斯-雷蒙发现的发散问题的研究途径的早期方法是重新定义收敛方式，比如，将经典意义下的傅里叶级数部分和 $\mathcal{S}_m(x)$:

$$\mathcal{S}_m(x)=a_0+\sum_{n=1}^{m}[a_n\cos(nx)+b_n\sin(nx)],\quad m=0,1,\cdots$$

替换为意大利数学家恩内斯图·塞萨罗(Cesàro, 1894, 1896, 1897, 1899, 1905)引入的平均部分和，即塞萨罗平均(Cesàro mean) $\mathcal{U}_m(x)$:

$$\begin{aligned}\mathcal{U}_m(x)&=\frac{\mathcal{S}_0(x)+\mathcal{S}_1(x)+\cdots+\mathcal{S}_{m-1}(x)}{m}\\&=a_0+\sum_{n=1}^{m-1}\frac{m-n}{m}[a_n\cos(nx)+b_n\sin(nx)]\end{aligned}$$

其中 $m=1,2,\cdots$. 这样，当函数 $f(x)$ 连续时，塞萨罗平均函数序列 $\mathcal{U}_m(x)$ 将一致收敛于函数 $f(x)$，在这种收敛意义下，函数 $f(x)$ 的傅里叶级数一致收敛于连续函数 $f(x)$.

第二个途径即改变级数收敛意义的早期方法，即塞萨罗平均的实质，可以通过如下的形式转换表达得更清楚. 对于 $m=1,2,\cdots$，定义函数序列 $v_m(x)$:

$$v_m(x)\triangleq\mathcal{U}_{m+1}(x)-\mathcal{U}_m(x)=\sum_{n=1}^{m}\frac{n}{m(m+1)}[a_n\cos(nx)+b_n\sin(nx)]$$

那么，这个函数序列的部分和就正好是 $\mathcal{U}_m(x)$ ($v_0(x)=a_0$):

$$\mathcal{U}_m(x)=a_0+v_1(x)+\cdots+v_{m-2}(x)+v_{m-1}(x),\quad m=1,2,3,\cdots$$

与傅里叶级数的部分和

$$\mathcal{S}_m(x)=a_0+\sum_{n=1}^{m}[a_n\cos(nx)+b_n\sin(nx)],\quad m=1,2,3,\cdots$$

进行直接比较可知，对于 $k=1,2,\cdots$，前后两者的第 k 个求和项分别是

$$v_k(x)=\sum_{n=1}^{k}\frac{n}{k(k+1)}[a_n\cos(nx)+b_n\sin(nx)]\text{与}\varsigma_k(x)=[a_k\cos(kx)+b_k\sin(kx)]$$

显然, 后者 $\varsigma_k(x)$ 只与“频率为 k 的频率成分”有关, 而前者与

$$[a_1\cos(x)+b_1\sin(x)],[a_2\cos(2x)+b_2\sin(2x)],\cdots,[a_k\cos(kx)+b_k\sin(kx)]$$

这 k 个频率分别为 $1,2,\cdots,k$ 的频率成分都有关系, 而且是它们的线性组合, 参与线性组合的组合系数分别是

$$\frac{1}{k(k+1)},\frac{2}{k(k+1)},\cdots,\frac{k}{k(k+1)}$$

即 $v_k(x)$ 是频率分别为 $1,2,\cdots,k$ 的 k 个频率成分的线性组合, 只不过第 k 个频率成分的组合系数最大, 保证第 k 个频率成分 $\left[a_k\cos(kx)+b_k\sin(kx)\right]$ 在 $v_k(x)$ 的线性组合表达式中占比最大. 简单计算表明:

$$\frac{1}{k(k+1)}+\frac{2}{k(k+1)}+\cdots+\frac{k}{k(k+1)}=0.5$$

如果将全体组合系数之和等于 1 的线性组合按照传统习惯称为规范线性组合, 那么, $v_k(x)$ 是频率为 $1,2,\cdots,k$ 的 k 个频率成分的非规范线性组合, 只不过最高频率 k 对应的频率成分占据最大的比重, 即 $v_k(x)$ 表现为一个完整的离散频带分布, 其主频, 即最高频率 k 占据具有最大值的分布“密度”. 这就是早期小波的频带分割思想, 即放弃频率点而使用宽度可以自动调整的“频带”展开函数或者信号的小波思想. 当然, 完整的小波理论将提供比此处的线性加权系数远为丰富、灵活、完美的“频带分割”方法.

这种理解方法的基本思想是把塞萨罗平均序列视为一个新的函数项级数的部分和, 重点分析这个函数级数的每个函数项的构造特点, 最终的收敛方式和收敛性与以前的概念是完全一样的.

这个途径的更直观的解释方法是完全基于原始的傅里叶三角级数, 只不过在研究收敛性含义时, 增加一个“预处理”中间环节. 即在研究傅里叶三角级数收敛性的过程中, 把求取傅里叶三角级数部分和

$$\mathcal{S}_m(x)=a_0+\sum_{n=1}^{m}[a_n\cos(nx)+b_n\sin(nx)],\quad m=1,2,3,\cdots$$

的过程视为一种“预处理”, 不直接研究函数序列 $\{\mathcal{S}_m(x);m=1,2,3,\cdots\}$ 的收敛性, 真正需要研究收敛性的函数序列是塞萨罗平均函数序列 $\left\{\mathcal{U}_m(x);m=1,2,3,\cdots\right\}$. 利用塞萨罗平均函数序列的如下表达式:

$$\mathcal{U}_m(x)=a_0+\sum_{n=1}^{m}\frac{m-n}{m}[a_n\cos(nx)+b_n\sin(nx)]$$

可知, $\mathcal{U}_m(x)$ 不是基本函数项 a_0, $[a_1\cos(x)+b_1\sin(x)]$, $[a_2\cos(2x)+b_2\sin(2x)]$,

$\cdots, [a_m \cos(mx) + b_m \sin(mx)]$ 直接求和的结果 $\mathcal{S}_m(x)$，而是它们的加权线性组合，各项的组合系数分别是

$$\frac{m-0}{m}, \frac{m-1}{m}, \cdots, \frac{m-(m-1)}{m}, \frac{m-m}{m}$$

具体地说，对于相同的自然数 m，$\mathcal{U}_m(x)$ 作为各个频率基本函数项的线性组合，越是低频成分加权数值越大，而 $\mathcal{S}_m(x)$ 是各个频率基本函数项的等数值(每个数值都是 1)加权线性组合. 由此可知，与 $\mathcal{S}_m(x)$ 相比，从频率-能量分布即频谱分布而言，$\mathcal{U}_m(x)$ 的低频成分占有更大的比重，可以将 $\mathcal{U}_m(x)$ 理解为全部频率基本函数项“偏低频通”滤波的结果，而 $\mathcal{S}_m(x)$ 是全部频率基本函数项“全频等通”滤波的结果. 直接计算可得

$$\mathcal{V}_m(x) = \mathcal{S}_m(x) - \mathcal{U}_m(x) = \sum_{n=1}^{m} \frac{n}{m} [a_n \cos(nx) + b_n \sin(nx)]$$

即 $\mathcal{V}_m(x)$ 是全部频率基本函数项 $[a_1 \cos(x) + b_1 \sin(x)]$, $[a_2 \cos(2x) + b_2 \sin(2x)]$, $\cdots$, $[a_m \cos(mx) + b_m \sin(mx)]$ 的加权线性组合，各项的组合系数分别是

$$\frac{1}{m}, \frac{2}{m}, \cdots, \frac{m-1}{m}, \frac{m}{m}$$

这表明越是高频成分加权数值越大. 这样，$\mathcal{U}_m(x)$ 和 $\mathcal{V}_m(x)$ 的相对关系体现了类似于小波思想中滤波器组的“偏低频通”和“偏高频通”的滤波结果. 利用小波滤波器组方法可知，如果函数 $f(x)$ 具有更好的解析性质，比如连续或可导，那么，塞萨罗平均函数序列 $\mathcal{U}_m(x)$ 比部分和函数序列 $\mathcal{S}_m(x)$ 能“更好地”收敛到函数 $f(x)$.

解决傅里叶级数发散问题的这两种研究途径最终发展到小波理论的过程显得十分曲折而且处处充满惊喜. 避免出现杜博伊斯-雷蒙发现的发散问题的第三个研究途径虽然困难重重但毫无悬念地导致了小波理论的出现.

此外，令人意想不到的是，傅里叶分析技术，即傅里叶级数方法和傅里叶变换方法的广泛应用以及在应用过程中产生的技术问题和科学问题的深入研究，在 20 世纪后半叶和 21 世纪初也推动了傅里叶三角级数理论和傅里叶变换理论的上述问题在各种不同意义下得到解决，实现从三角函数系到小波函数系的根本飞跃. 姑且把这称为通向小波的第四个途径.

(ε) 傅里叶级数的唯一性与康托尔的经典集合论

在傅里叶出版《热的解析理论》的基础上，以杜博伊斯-雷蒙的发现和构造以及黎曼提出的函数傅里叶三角级数表示唯一性问题为出发点，无数的数学家、物理学

家、逻辑学家、哲学家以及计算机科学家、视觉、信息及安全研究领域的专家学者，推动了傅里叶级数理论和傅里叶积分理论方法以及数学基础、逻辑基础和哲学基础的不断完善和发展.

在 19 世纪数学分析严格化和函数论快速发展的过程中，无理数理论和实数理论、连续函数理论研究取得关键性成果，这为德国数学家格奥尔格·康托尔(Cantor, 1879, 1880, 1882a, 1882b, 1883a, 1883b, 1884, 1895, 1897, 1932)通过研究函数傅里叶级数收敛性问题和表示唯一性问题最终建立 19 世纪末、20 世纪初最伟大的数学成就——集合论和超穷数理论奠定了坚实基础.

1870 年海涅证明，当函数 $f(x)$ 连续而且它的三角级数展开式一致收敛时，这个函数的三角级数展开式是唯一的，此外，即使函数 $f(x)$ 有"少量间断点"但表示函数 $f(x)$ 的三角级数在区间 $[-\pi,\pi]$ 中去掉函数间断点任意小邻域后剩余部分上是一致收敛的，这个结论仍然成立. 进一步的问题是：当 $f(x)$ 具有无穷多个间断点时，唯一性能否成立？这个问题海涅没能解决.

康托尔正是在寻找函数展开为傅里叶三角级数表示的唯一性判别准则过程中认识到无穷集合的重要性的. 在 1870 年和 1871 年，康托尔先后两次发表论文证明函数傅里叶三角级数表示的唯一性定理，即使傅里叶三角级数在函数的有限个间断点这样的例外点处不收敛，唯一性定理仍然成立. 1872 年康托尔在《数学年鉴》(*Mathematische Annalen*)上发表《函数傅里叶三角级数表示唯一性定理的推广》的论文，把函数傅里叶三角级数表示唯一性定理的结果推广到允许傅里叶三角级数不收敛或者三角级数收敛但不收敛到原始函数这样的例外点构成某种无穷集合的情形. 为了描述三角级数表示唯一性定理的这种例外点集合，康托尔定义了点集的极限点、点集的导集和导集的导集等一系列重要概念. 这是从三角级数表示唯一性问题的探索走向点集论、抽象集合论、超穷数理论以及公理化集合论的开端.

康托尔对数学和整个现代科学的最大贡献就是集合论和超穷数(实无穷)理论. 从古希腊罗马时代以来，包括物理学家、数学家、逻辑学家、哲学家以及天文学家、星象学家、神学家等在内的科学家和各类研究人员每每面对并触碰到"无穷"，都无力准确把握和认识它，大自然向人类智慧提出的这个挑战是尖锐的. 康托尔以其独特的思维方式，丰富的想象力，新颖的方法和独特幸运的动机，"几乎独自一人完成了数学无穷的革命"，令 19 世纪和 20 世纪之交的整个数学界、逻辑学界甚至哲学界为之震惊.

为了将有穷集合元素个数的概念推广到无穷集合，康托尔利用"一一对应"的原则建立了集合等价和集合基数等概念. 集合的基数(cardinal number)也叫集合的势(cardinality)，是刻画任意集合所含元素数量多少的一个概念. 任意两个集合如果它们的元素间可以建立一一对应则称它们是等价的，它们的元素个数是相同的，即它们具有相同的基数或势. 这是数学史和科学史上第一次按照集合元素的"多少"

划分各种无穷集合，从此“无穷”有了实体性质，即实在无穷. 比如，引进“可列”集合的概念，把凡是能和正整数构成一一对应的任何一个集合都称为可列集合. 1874 年康托尔在《数学杂志》上发表论文先后证明了有理数集合是可列的，所有代数数全体构成的集合也是可列的. 他在 1873 年给戴德金的一封信中提出了实数集合是否可列的问题，不久之后最终证实实数集合是不可列的. 由于实数集合是不可列的，而代数数集合是可列的，于是康托尔获得了一个惊人的推论：超越数不仅存在，而且超越数(的基数或“个数”)“远远多于”代数数(的基数或“个数”).

从 1879 年到 1884 年，康托尔(Cantor, 1879, 1880, 1882, 1883a, 1883b, 1884)出版《论无穷线性点流形》的六篇系列论文，基本完成经典点集理论，其中的第五篇论文后来以书名《一般集合论基础》出版了单行本(Cantor, 1932).

《超穷数理论基础》是康托尔最后一部重要的数学著作，经历了 20 年之久的艰苦探索，康托尔希望系统地总结一下超穷数理论严格的数学基础. 《超穷数理论基础》分两部分，都发表在《数学年鉴》上，第一部分是《全序集的研究》，于 1895 年出版；第二部分是《良序集的研究》，于 1897 年出版. 《超穷数理论基础》的出版标志着集合论已从点集论过渡到抽象集合论，但尚未完成公理化. 因为没有明确对这种抽象集合论的逻辑前提和证明方法给予适当限制，所以后来发现这种集合论存在多种典型的数学悖论和逻辑学悖论，正因为这样，康托尔的集合论通常称为古典集合论或朴素集合论.

由康托尔首创的全新且具有划时代意义的集合论，是自古希腊时代三千多年以来，人类认识史上第一次给无穷建立起抽象的形式符号系统和确定的运算，它从本质上揭示了无穷的特性，使无穷的概念发生了一次革命性的变化，并渗透到所有的数学分支，从根本上改造了数学的结构，促进了数学的其他新分支的建立和发展，成为实变函数论、代数拓扑、群论、泛函分析、数理逻辑以及计算机算法等理论的基础，还给逻辑学和哲学带来了深远的影响.

(ζ) 绝对自由与悖论

康托尔信奉的名言是：“数学在其自身的发展中完全是自由的，概念的唯一限制是它自身必须是无矛盾的、与由确切定义引进的其他概念相协调. 数学的本质就在于它的自由.”

正是因为这样“绝对自由的数学”导致康托尔“自由的”集合论并非完美无缺. 一方面，康托尔对“连续统假设”和“良序性定理”始终束手无策；另一方面，1895 年出现的康托尔悖论(即“最大基数悖论”)，1897 年出现的布拉利-福蒂(Burali-Forti C)悖论(即“最大序数悖论”)，1903 年出现的罗素(Russell, 1897, 1903)悖论，Whitehead 和 Russell (1910, 1912, 1913, 1925, 1927a, 1927b)悖论(即在 1919 年通俗表述的“理发师悖论”)使人们对集合论的可靠性和协调性产生了严重的怀疑；同时，集合论的出现以及由此获得的某些惊人结果强烈冲击着传统的数学观念、逻辑学概念甚至哲学概念, 颠覆了此前许多“十分自然的”想象结果(比如“整体”大于“部分”), 很难兼容于当时的数学、逻辑学和哲学界, 因而遭到许多著名数学家、逻辑学家和哲学家的强烈反对, 其中反对最激烈的是康托尔曾经的导师、柏林数学学派的代表人物、数学家克罗内克(Kronecker L). 他强烈主张, 数学的一切对象都必须是可有限构造的, 任何不能有限步骤构造实现的都是可疑的, 不应作为数学的对象. 他甚至坚决反对无理数和连续函数理论, 严厉批评和恶毒攻击康托尔无穷集合理论和超穷数理论, 认为康托尔的集合论和超穷数理论不是数学而是神秘主义. 另外一些著名数学家也附和克罗内克反对集合论, 比如著名的法国数学家庞加莱(Poincaré J H)说: “我个人, 而且还不只我一人, 认为数学研究决不能引进任何不能用有限步骤实现完全定义的概念!”他甚至认为应该把集合论当作一个有趣的“病理学的情形”来谈论, 并确信“后一代人只可能把(康托尔的)集合论当作一种疾病, 而人们已经从这种疾病中恢复过来了”. 德国数学家外尔(Weyl H)认为, 康托尔关于基数的等级观点是“雾中之雾”, 克莱因(Klein C F)也不赞成康托尔集合论的思想. 数学家施瓦茨(Schwarz H A)原本是康托尔的好友, 但他由于反对集合论而同康托尔断交. 集合论悖论出现之后, 他们在数学逻辑基础这场世纪大战中, 构成反康托尔的庞大阵营.

1884 年 5 月底, 由于连续统假设长期得不到证明, 再加上克罗内克和反康托尔阵营的尖锐批判及蛮横攻击, 屡遭打击的康托尔第一次精神崩溃, 不能集中精力开展研究, 从此深深地卷入神学、哲学及逻辑学争论不能自拔. 但是, 每当他恢复常态时, 他的思想总变得超乎寻常的清晰, 继续进行集合论和超穷数研究工作并推动抽象集合论的建立和完善, 直至 1918 年在精神病院去世.

康托尔的集合论得到公开承认和称赞是 1897 年在瑞士苏黎世召开的第一届国际数学家大会上. 这次会议的“大会一小时特约报告”共邀请了庞加莱(因病缺席并由弗兰纽尔(Franel J)代替出席宣讲论文)、赫尔维茨(Hurwitz A)、克莱因和佩亚诺(Peano G) 4 位数学家. 其中, 瑞士苏黎世理工大学教授赫尔维茨公开、明确阐述康托尔集合论对函数论研究发挥了巨大推动作用, 这破天荒第一次向国际数学界表明康托尔集合论不是虚无缥缈的哲学, 而是能促进数学研究和发展的强大思想方法和逻辑理论. 此外, 法国数学家阿达马(Hadamard J)也强调了康托尔集合论对其研究工作的重要支撑作用. 随着时间的推移, 数学界、逻辑学界和哲学界逐渐认识到集合论的重要性, 比如数学家希尔伯特就高度赞誉康托尔集合论“是最优秀数学天才的作品”“是人类智力活动的最高成就”“是这个时代所能夸耀的最伟大工作”. 1900 年在法国巴黎举行第二届国际数学家大会, 大会主席是庞加莱,“大会一小时特约报告”共邀请了康托尔(Cantor G), 米塔-列夫勒(Mittag-Leffler M G), 沃尔泰拉(Volterra V)和庞加莱共 4 位数学家. 希尔伯特大气磅礴的著名讲演《未来的数学问题》确立了这次巴黎国际数学家大会在数学史上的重要历史地位,“通过对这些问题的研讨, 可以促进和期待科学的进步”, 借此机会希尔伯特再次肯定并极力宣扬了康托尔的集合论和超穷数研究成就, 并把康托尔提出的连续统假设列为 20 世纪有待解决的 23 个重要数学问题之首, 足见他对集合论思想、方法和理论推崇备至. 当克罗内克的后继者布劳威尔(Brouwer L)因朴素集合论出现悖论而对康托尔和集合论大肆攻击时, 希尔伯特毫不客气、坚定宣告“没有任何人能将我们从康托尔所创造的伊甸园中驱赶出来”! 从此, 集合论作为现代数学基础的根本地位得到巩固、被许多数学新秀关注和研究, 并逐步地坚定地走向相对完善的公理集合论.

(η) 公理集合论

19 世纪末 20 世纪初出现的集合论著名悖论, 即康托尔悖论、布拉利-福尔蒂悖论和罗素悖论, 特别是罗素悖论触发了数学的第三次危机, 动摇了数学基础并引发了对数学严密性的怀疑, 不仅震动了当时的数学界, 而且“危机风暴”直接冲击逻辑学和哲学的核心思想.

德国数学家圣弗利斯(Schoenflies, 1908a, 1908b; Schoenflies et al, 1900)在《德国数学家联合会年报》上发表了点集论的相关论文.

1914 年, 德国数学家豪斯多夫(Hausdorff, 1914a)在研究集合论的序型及序集理论基础上汇集出版了集合论及点集拓扑学的经典著作《集合论大纲》, 这个理论体系推动了集合论成为系统的学科.

1904 年, 策梅洛(Zermelo, 1904, 1908, 1914, 1930)引入选择公理并据此证明了良序定理. 这个公理应用极广而且具有多种等价形式, 例如代数中常用的佐恩(Zorn, 1930, 1931, 1935, 1941)引理(Zorn’s lemma), 或者库那图斯克-佐恩引理(Kuratowski, 1922).

公理化集合论的出现克服了集合论悖论所造成的困难, 策梅洛对集合论的公理化给出了清晰的描述: “建立包含现有集合论成果的数学分支的适当原则. 这些原则既足够狭窄以保证排除一切矛盾, 又充分广阔以保证包含康托尔集合论中一切有价值的成就” (策梅洛语).

策梅洛(1908, 1914, 1930)建立了第一个公理集合论系统, 经过以色列数学家弗拉恩克尔(Fraenkel and Yehoshua, 1958a, 1958b; Fraenkel, 1973)和挪威数学家斯科勒姆(Skolem, 1930, 1933, 1934, 1955, 1970)的完善, 得到现在最著名的集合论公理体系, 即策梅洛-弗拉恩克尔公理系统(Zermelo-Fraenkel set theory), 简记为 ZF. 如果额外添加选择公理(AC), 则这个集合论公理系统简记为 ZFC.

另一个集合论公理系统最初是由冯·诺依曼(von Neumann, 1923, 1925, 1928, 1929, 1931)在 1925 年提出的, 后经 Hilbert 和 Bernays (1934, 1939), 以及贝尔纳斯(Bernays, 1958, 1976)多次修改完善并证明这个公理系统可以有限公理化, 哥德尔(Gödel, 1930, 1931, 1932, 1938, 1940, 1947, 1950)在 1940 年建立了连续统假设的独

立性并给出了这个公理系统的最终有限公理化形式，即冯·诺依曼-贝尔纳斯-哥德尔集合论(von Neumann-Bernays-Gödel set theory) (Itô, 1986)，这就是集合论的NBG公理系统.

蒙田(Montague and Kalish, 1956a, 1956b; Montague, 1957)在1957年的博士学位论文中证明了附加选择公理的策梅洛-弗拉恩克尔公理系统的完全性，之后卡利希(Kalish and Montague, 1964, 1965)证明这个公理体系是不可有限公理化的.

可以证明，策梅洛-弗拉恩克尔集合论公理系统是公理化集合论的适当公理体系，经典集合论的几乎所有概念都能实现公理化表达，而且能避免已知的集合论悖论.

公理化集合论构成了形式语义学和程序理论的基础，它在公理语义学中构成软件开发工具的基本语言.

选择公理属于数学、逻辑学和哲学的交叉研究领域. 选择公理的提出以及由此引发的广泛争论涉及许多逻辑学和哲学观点的相互碰撞. 选择公理为数学提供了强有力的论证方法，利用它可以证明许多重要的结论. 选择公理的发展促进了数学、逻辑学和哲学的发展.

1938 年，哥德尔证明了策梅洛-弗拉恩克尔公理系统不能证伪选择公理，而且，在添加选择公理后亦不能证伪连续统假设. 由此说明，选择公理与策梅洛-弗拉恩克尔公理系统相对无矛盾；连续统假设与附加选择公理的策梅洛-弗拉恩克尔公理系统，即ZFC相对无矛盾. 1963年，科恩(Cohen, 1963, 1964)开创了一种独特的证明方法并利用他自己独创的证明方法证明了选择公理与策梅洛-弗拉恩克尔公理系统的独立性，以及连续统假设与附加选择公理的策梅洛-弗拉恩克尔公理系统的独立性. 由此推论，选择公理在策梅洛-弗拉恩克尔公理系统中是不可判定的，连续统假设在附加选择公理的策梅洛-弗拉恩克尔公理系统中是不可判定的. 科恩独创的证明方法可以证明许多数学命题在策梅洛-弗拉恩克尔公理系统或更一般的公理系统中是不可判定的. 这些研究结果最终回答了希尔伯特在第二届国际数学家大会上提出的 23 个重要数学问题中的第一个问题，即连续统假设问题.

(θ) 选择公理与直觉悖论

在公理集合论体系中，选择公理和连续统假设具有特殊地位，选择公理是数学史上继平行线公理之后最具争议的公理. 选择公理表明，可以在一组非空集合中的每一个集合中抽取一个元素，与其所在的集合配成有序对，而这些有序对组成一个非空集合. 选择公理如此简单、自然，但是，这个命题却能异乎寻常演绎出一些违反人类直觉的结论.

在承认选择公理的前提下，1914 年德国数学家豪斯多夫(Hausdorff, 1914b)提出了单位球的一种奇异分解(the paradoxical decomposition of a ball)，波兰数学家巴拿赫(Banach , 1923; Banach and Tarski, 1924)与塔尔斯基(Tarski, 1933, 1944, 1969)，于

1923 年和 1924 年在此基础上进一步构造完成并证明了著名的分球怪论，即豪斯多夫-巴拿赫-塔尔斯基悖论(Hausdorff-Banach-Tarski paradox) (Churkin, 2010)，可以简单地表述为：利用选择公理可以将一个三维实心单位球分成有限(勒贝格不可测的)部分(在三维条件下至少分成 5 部分)，之后通过适当的旋转、平移和重组得到两个完整的实心单位球.

豪斯多夫-巴拿赫-塔尔斯基悖论是一个数学定理，它说明简单浅显的选择公理蕴藏着令人惊讶、有悖直觉的反直觉结果.

(ι) 不完备性定理与人工智能

公理集合论的研究顶峰是 1931 年奥地利裔美国著名数学家哥德尔(Gödel, 1930, 1931, 1932, 1938, 1940, 1947, 1950)提出的“哥德尔不完备性定理”(Gödel incompleteness theorems). 1936 年罗塞尔(Rosser, 1936)得到更完整的不完备性定理.

不完备性定理由哥德尔在其 1931 年论文中的一个定理和一个推论构成，即第一不完备性定理和第二不完备性定理. 第一不完备性定理表明：“在所有包含初等数论的一致经典数理逻辑形式系统中，必定存在既不能证明亦不能证伪的命题”. 哥德尔甚至在该论文中给出了构造这类命题的完整方法. 第二不完备性定理断定：“在递归、一致的经典数理逻辑形式系统中，表达其一致性的命题不可证”. 在哥德尔提供的证明框架基础上，希尔伯特和贝尔纳斯(Hilbert and Bernays, 1939)在 1939 年完成了这个推论的真正形式化证明.

不完备性定理在一定意义下刻画了一阶逻辑形式系统证明能力的边界，只能在一阶逻辑框架内理解和应用.

哥德尔和科恩获得的研究成果综合给出不确定性命题的典型例子：选择公理和连续统假设是集合论标准公理系统内的不确定性命题.

在计算机科学中，不完备性定理表明：在一阶逻辑中，定理是递归可枚举的而且可以编写枚举其所有合法证明的程序；在一般性条件下不能编写在有限时间内判定命题真假的程序！另一个典型的不确定性命题是柴廷(Chaitin, 1966, 1975, 2007, 2012)随机数任意字节的判定问题. 1975 年，柴廷在算法信息论中构造了一个命题：“Chaitin 随机数 Ω 的第 n 个字节为 0”. 这个命题在附加选择公理的策梅洛-弗拉恩克尔公理系统，即 ZFC 内是不可判定的(Bennett and Gardner, 1979).

不完备性定理是数学史上划时代的成就，更是现代逻辑学和哲学研究的里程碑. 哥德尔不完备性定理、塔尔斯基(Tarski, 1933, 1944, 1969)形式语言真理理论和图灵(Turing, 1948, 1950, 1952)的图灵检验准则，被赞誉为数理逻辑学和现代逻辑科学在哲学方面的三大成果.

不完备性定理的影响已经远远超出了数学的范围. 它不仅使数学、逻辑学发生革命性的变化，引发许多涉及哲学、语言学和计算机科学的极富挑战性的问题，甚至还触及天体物理学和宇宙学. 2002 年 8 月 17 日, 著名宇宙学家史蒂芬·威廉姆·霍金(Hawking, 2002)在北京举行的国际弦理论会议上发表了题为《哥德尔与 M 理论》的报告, 他认为从哥德尔不完备性定理出发, 有理由相信建立一个单一的描述宇宙的大统一理论是不太可能的.

不完备性定理的影响如此之广泛, 难怪哥德尔会被看作他那个时代最有影响力的智慧巨人之一, 受到人们的永恒怀念. 美国《时代》杂志曾评选出 20 世纪 100 位最伟大的人物(The official list of Time Magazine's most influential people) (Miller et al, 2011), 在数学家中, 排在第一的就是哥德尔.

不完备性定理推翻了数学家几千年来的朴素信念: 永远不可能建立能够证明一切数学真理的万能公理系统, 同时, 与一致性系统的一致性等价的任何命题在这个逻辑系统内都是不可证明的. 从此, 在数理逻辑、现代逻辑学和哲学的范畴内, 彻底分化了"真"与"证"这两个概念的本质差异, 即"可证的"命题一定是"真实的"命题, 但"真实的"命题未必是"可证的"命题.

在计算机视觉和计算机智能研究中, 有些命题人类能够理解其真实性但计算机基于一阶逻辑却无法判断其真伪, 除非计算机可以按照非一阶逻辑的逻辑系统进行构建. 这似乎对计算视觉和人工智能的表述和推理构成一定限制. 事实上, 从集合论公理化发展得到的不完备性理论是否适合计算视觉和人工智能的研究早就成了十分热门的争论焦点.

1950 年, 图灵(Turing, 1950)在《心》(*Mind*)杂志上发表了一篇题为《计算机器与人类智能》的文章, 研究计算机器能否像人类一样思维. 正是在这篇研究论文中, 图灵建立了著名的"图灵检验"设想, 并借此证明计算机器能够具有像人类一样的(自然)智能. 由此激发并导致范围远远超出计算机科学的支持和反对人工智能的两大派别之间旷日持久的争论, 推动计算机视觉和人工智能研究取得快速发展.

在反对人工智能的学派中, 牛津大学哲学家卢卡斯(Lucas, 1961, 1976, 2002)的观点是具有代表性的.

1961 年, 卢卡斯在《哲学》(*Philosophy*)杂志的第 36 卷上发表标题为《智能、机器和哥德尔》的研究论文, 从不完备性定理出发对图灵的人工智能观点进行批判. 在这篇论文中, 卢卡斯清晰阐述了他的观点: "当哥德尔的不完备性定理应用于控制论的机器时, 因为控制论机器本质上是一个形式逻辑系统的具体实现, 所以, 给定任何一致的、能够做简单算术运算的控制论机器, 必定存在一个这样的命题, 这个控制论机器不能证明这个命题是真的. 换句话说, 该命题在这个控制论机器逻辑系统中不可能被这个机器判断是能被证明的, 但人类智慧却能判断或者看出它是真的! 因此, 没有控制论机器可以成为心(人类智慧)的完全的或适当的模型, 心(人类智慧)在本质上不同于机器". 比如, 构造一个命题: "这个命题在这个机器逻辑系统中是不能被证明的". 如果这个命题在这个机器逻辑系统中是能够被证明的, 那么就会产生一个矛盾：如果它在这个系统中被证明了，那么在这个系统中它就不是不能被证明的，因此，“这个命题在这个系统中是不能被证明的”就是错误的．另一方面，如果这个命题在这个系统中是不能被证明的，那么它就不是错误的，而应该是正确的，因为在任何一致逻辑系统中没有任何错误的东西能够在这个系统中被证明，除非它是正确的．这样，命题“这个命题在这个机器逻辑系统中是不能被证明的”在这个系统中就会自相矛盾．所以，卢卡斯在他的论文中接着说，“我的个人理解是，哥德尔不完备性定理证明了机器智能理论是错误的，也就是说，心(人类智能)不能被解释成机器，即机器逻辑系统根本不可能构成心(人类智能)的刻画”．因为，“不论创造怎样复杂的机器，如果它是机器，就将对应于一个形式系统，这个形式系统反过来将因为发现在该逻辑系统内不可证明的命题而与哥德尔的不完备性定理相违背，受到哥德尔定理的打击．机器不能把这个命题作为真理推导出来，但是心(人类智能)却能‘看出(悟出或想到)’它是真的！因此该机器仍然不是心的恰当模型．总之，不要总是试图制造心(人类智能)的任何一种机器模型——因为，机器从本质上是‘死’的，而心(人类智能)是‘活’的，实际上，‘活’着的心(人类智能)总能比任何形式的、僵化的、‘死’的机器逻辑系统做得更好！”

卢卡斯根据哥德尔不完备性定理推论机器不可能具有人的心(人类智能)的观点激起了广泛的争论(Good, 1969; Hutton, 1976; Siegelmann, 1995, 1996, 1999, 2003)，时至今日这些争论亦未有丝毫减弱！哥德尔不完备性定理与机器是否可以具有人类智能也许可能没有实质性关系，但哥德尔不完备性定理对人类智能或人类思维的限制，同样也适用于任何机器应该是一个无可辩驳的事实．这些争论的不断深入必将推动计算机视觉理解、计算机语言理解和计算机智能系统研究取得越来越多、越来越深刻的对计算机智能(人工智能)和人类智能及其关系的崭新认识．

(κ) 机器与智能

计算机视觉理论的出现和发展正是在前述历史背景和科学哲学背景下计算机科学研究必然趋势的体现．

利用有据可查的历史文献和典籍，将人类智慧和智能贯注于器件和机器的设计制造从而获得安全可靠的具有类人智慧智能的机器，即人工智能或机器人的科技史，可以追溯到中国的春秋战国时代，甚至更早．

比如成书于战国时期的史典《墨子》载明，在大约二千五百年前，墨翟(公元前468—前376年)和公输班(亦名鲁班：公元前507年—前444年)发明制作“木鸢”“风筝(木制、竹制)”“木鸟”「成而飞之，三日不下」．另外，公输班巧制“木车马”“机关具备，一驱不还”．这些令人惊叹的发明在后来的《韩非子》《淮南子》和《论衡》等著作中亦有明确记载．这些机器制造和智巧制造的经典历史文献铭刻着中华民族先贤们超乎寻常的卓越想象力和创造力．

据晋·陈寿(233~297年)所著《三国志》(共六十五卷)记载(陈寿, 285), 在距今一千七百多年前, 三国时期蜀汉丞相诸葛亮(181—234 年)发明了特别的运输工具——木牛流马, 分为木牛与流马两类, 史载建兴九年至十二年(231—234 年)诸葛亮在北伐时所使用, 其载重量为“一岁粮”, 大约 4 百斤, 每日行程为“特行者数十里, 群行二十里”, 为蜀国十万大军提供粮食. 另外, 这些机器还设有机关防止敌人夺取后使用.

晋·陈寿所著《三国志·第三十三卷·蜀志·后主传》记载(陈寿, 285a, 285b): “建兴九年, 亮复出祁山, 以木牛运, 粮尽退军; …; 十二年春, 亮悉大众由斜谷出, 以流马运, 据武功五丈原, 与司马宣王对于渭南.”

晋·陈寿所著《三国志·第三十五卷·蜀志·诸葛亮传》用精简明确的文字记载(陈寿, 285b): “亮性长于巧思, 损益连弩, 木牛流马, 皆出其意.”

这些记载真是让人叹为观止: 在遥远的战国时代和三国时代, 中华先辈不仅能想象、设计并创造空前绝后的先进技术和智巧机器, 而且, 居然能够想象并完整实现达到技术安全和智能装备安全目的的安全思想和安全智慧.

另据南朝·梁·萧子显所著《南齐书》(萧子显, 519)和唐·李延寿所著《南史》记载(李延寿, 659), 在南朝宋大明八年(464 年)至南朝齐初年期间, 科学巨匠南北朝时期的天才祖冲之, 倾力研究机械制造, 建造铜制机件传动的“指南车”, 发明日行百里的“千里船”和“木牛流马”、水碓磨(利用水力加工粮食的工具), 还设计制造过漏壶(古代计时器)和巧妙的欹器.

这些饱含聪明智慧的智能化设计和发明昭示着人类模拟人类智慧和智能制造类人智能仪器设备和机器的悠久历史和远大理想.

2016 年, 基尔 · 普勒斯(Press, 2016)在《福布斯杂志》上发表人工智能研究简史, 时间跨度超 700 年, 从一个美国杂志记者的视角追溯人工智能研究的重大历史事件, 广泛涵盖心理学、数学、逻辑学、哲学、文学、艺术、计算机科学等学科领域. 该文报道的最早文献是加泰隆尼亚诗人和神学家雷蒙 · 卢尔的著作《伟大的艺术》(Llull, 1401), 阐述作者利用他在 1308 年建立的“逻辑机”从概念的组合中创造新知识的方法. 其次介绍的文献是其后三百五十多年的德国数学家和哲学家莱布尼茨(Leibniz G)在 1666 年出版的著作《组合的艺术》(Zirngibl, 1973), 继承并发展了雷蒙 · 卢尔提出的“人类思想字母表”(参考《伟大的艺术》), 作者的基本观点是“所有思想都是少量简单概念的组合”. 之后大约一百年, 英国数学家和哲学家贝叶斯(Bayes, 1763)建立利用先验概率(事先已知!)推理随机事件概率的理论框架(Anderson, 1941), 贝叶斯推理(贝叶斯公式)理论成为机器学习的主要方法(Bellhouse, 2004). 1943 年, 麦克罗琦和匹兹(McCulloch and Pitts, 1943)出版研究论文《神经活动中内在思想的逻辑演算》, 提出最简单的人工“神经元”和“神经元网络”以模仿人的大脑.

1949 年, 赫布(Hebb, 1949)出版著作《行为的组织: 一种神经心理学理论》, 提出关于“学习”的理论(赫布理论)并研究解释在学习过程中大脑神经元发生的变化.

1950 年, 艾伦·图灵(Turing, 1950)发表《计算机器和智能》, 提出一种用于判定机器是否具有智能的试验方法“模仿游戏”, 即现在广为人知的“图灵测试”. 同年, 第一个人工智能程序, 即西门(Simon H)和纽维尔(Newell A)开发的“逻辑理论家”(logic theorist)发表, 它能够证明罗素和怀特海的专著《数学原理》前 52 个定理中的 38 个. 西门和纽维尔(Newell, 1969; Newell and Simon, 1962)的人工智能理论研究成果也相继出版.

1957 年, 罗森布拉特(Rosenblatt, 1957, 1958, 1962)提出人工神经网络模型, 即“感知机”, 它能在两层网络模型的基础上实现计算机学习从而完成模式识别. 1964 年, 博布饶(Bobrow, 1964)在其麻省理工学院博士学位论文《计算机问题求解系统的自然语言输入》中提出让计算机理解自然语言并求解语言表述的问题, 开辟计算机自然语言理解研究领域.

1965 年, 赫伯特·德莱弗斯(Dreyfus, 1965, 1972)出版著作《炼金术与人工智能》, 在该书中及此后他与斯图亚特·德莱弗斯(Dreyfus and Dreyfus, 1986)共同出版著作研究人类智慧与机器智能的关系并质疑人工智能能够达到的智能化水平.

1969 年, 闵斯基和帕普尔特(Minsky and Papert, 1969a, 1969b)出版感知机研究专著《感知机: 计算几何引论》, 论述感知机和简单神经网络的数学理论局限性, 沉重打击了人工智能特别是人工神经网络的理论研究和实验研究. 直到该书再版的 1988 年, 这个领域的研究几乎陷入停滞状态.

1986 年 10 月, 卢梅尔哈特(Rumelhart D), 赫茵顿(Hinton G)和威廉姆斯(Williams R)发表论文《误差反向传播知识表示方法》(Rumelhart et al, 1986), 建立了类神经元多层网络学习方法, 即反向传播或 BP 方法.

1988 年, 因概率推理和因果推理在人工智能研究领域做出杰出贡献而在之后获得 2011 年度图灵奖的皮耶尔(Pearl, 1988)出版《智能系统中的概率推理》, 首创贝叶斯网络, 不仅显著推动人工智能的研究, 而且也成为许多其他工程和自然科学分支领域的重要研究工具. 同年, IBM 沃森研究中心布朗(Brown et al., 1988)等发表研究论文《自然语言机器翻译统计方法》, 从此基于规则的机器翻译方法转变为概率翻译方法, 这是“机器学习方法”研究的重大转变.

1997 年, 深蓝(Deep Blue)成为第一个在国际象棋赛中击败国际象棋冠军的计算机程序.

2007 年, 赫茵顿(Hinton, 2007)发表《表示方法的多层学习理论》, 建立多层神经网络及训练方法, 从历史数据生成知觉数据, 放弃分类历史数据的传统研究方法, 这就是深度学习方法.

2009 年, 瑞恩纳(Raina R), 马德哈凡(Madhavan A)和恩吉(Ng A)发表《基于图形处理器的大规模深度无监督学习方法》(Raina R, et al., 2009), 利用现代图形处理器的强大计算能力，显著增强深度无监督学习方法的表示能力.

2016年3月，谷歌深脑(Google Deepmind)的阿尔法狗(Alphago)在围棋对弈中打败世界围棋冠军李世石.

(λ) 计算视觉理论

在人工智能或计算机智能研究和发展的历史过程中，在20世纪60—80年代，大卫·马尔(Marr, 1969, 1970, 1971, 1974, 1975, 1976, 1977, 1982)及其研究团队，比如Marr和Hildreth (1980), Marr和Nishihara (1978), Marr和Poggio (1976, 1977, 1979), Marr等(1979, 2010), Marr和Ullman (1981), Marr和Vaina (1982)等，在系统深入研究"视觉系统究竟是怎样完成视觉任务的"这样的问题之后，成功统一此前数学、心理学、逻辑学、哲学、心理物理学、神经解剖学、生物化学、神经生理学等多个学科关于脑和视觉系统研究的成果，比如Kuffler (1953), Rodieck和Stone (1965), Enroth和Robson (1966), Dreher和Sanderson (1973), Tolhurst (1975), Logan (1977), Grimson (1981), Nishihara (1981, 1984), Nishihara和Larson (1981)等于1982年出版科学专著《视觉：视觉信息的人类表达方法和处理的计算理论研究》，开创性地建立了人类视觉科学和计算机视觉科学的第一个理论体系，即视觉计算理论.

大卫·马尔的视觉计算理论体系将视觉定义为复杂的信息处理，可以从三个相互独立的层面进行刻画，即：①视觉信息的表示方法理论；②视觉信号计算机算法理论；③视觉信息系统的生理物理学和神经生理学机理、计算机硬件构架(实现算法的物理实体).

在视觉信息的表示方法理论中，视觉信息处理就是把特定符号表示的信息转换成用其他符号表示的信息. 人类视觉信息处理过程就是从外部世界在视网膜成像(图像或视频)直到形成完整的视知觉为止.

视觉信息表示方法是视觉计算理论中最重要的思想. 视觉信息的表示方法(representation)就是与所述问题相关的某种特殊信息表达方式，其目的是将对后续处理有用的重要信息变得更明确更容易理解.

虽然"表示方法"的思想在视觉计算理论体系中才被得到系统研究和清晰明确论述，但是，它作为信息的一种表达方式在其他学科的研究中早就被普遍采用了. 例如，在物理学中"能量"是一种表示方法；在数学学科中，数字和直角坐标系中的点都是表示方法；在视觉科学中，表示方法在人脑中留下的"痕迹"在一定刺激条件下会再次显现出来，这种痕迹也是一种表示方法. "表示方法"完整表达一个现象，即应用"表示方法"的具体实例则称为该"表示方法"的一个具体描述(description). 例如，12就是"阿拉伯数字"表示方法中一个自然数的具体描述，而这个自然数在"二进制数字"表示方法中的具体描述是1100. 当然，同样一个问题存在许多不同的"表示方法"，针对解决问题的不同目的，有的"表示方法"显得简单高效，而其他的则不然. 比如，在自然数的加法运算中，自然数的“二进制数字”表示方法对于完成两个数字的加法就显得简单高效，此时，“阿拉伯数字”表示方法就显得更复杂.

在视觉科学中，表示方法的具体结构是与现实场景相联系的，因此，为了完成视觉信息处理任务，必须正确地选择视觉信息的“表示方法”. 在 20 世纪 70 年代之前的很长一个时期，视觉科学、计算机科学和人工智能等的研究并没有充分正视“表示方法”这个问题，没有认识到视觉信息处理的困难所在，正因为如此，此前的视觉研究包括神经科学和解剖学的传统方法和技术都一概失败了. 在大卫 · 马尔的视觉计算理论体系中，视觉信息处理首先必须分析给定的任务，分析的客观基础则是真实的物质世界，使用数学公式准确表示视觉计算理论的决定性步骤是抽取和表述视觉世界的物理特性，给视觉信息处理或视觉计算问题增加约束条件，使其含义明确清晰，能够按照数学方法或物理学方法求解这个问题. 在这个过程中，无须高级水平的特殊先验性知识，有用的仅仅是物理世界的一般性质. 人类视觉和计算机视觉问题的约束条件就是最终得出的描述应该一律由图像诱导出来. 这样，在视觉科学中，视觉早期处理的表示方法结构主要决定于人们自己或计算机能够从图像中计算得到“什么信息”和“怎样表示的信息”，视觉后期处理的表述方法结构还需要受视觉任务或视觉计算任务的制约，而这些制约完全来自客观的物理世界.

(μ) 马尔小波

视觉信息表示方法理论与图像轮廓检测、神经生理学和心理学密切相关. 早期视觉信息处理的目的是检测图像的局部性质. 图像密度剧烈变化的部分正是物体表面物理变化的最好标记，一定空间分辨率要求下的图像分析对应于一个“中心-周边型感受域”，即拉普拉斯算子∇^2G:

$$\nabla^2 = \frac{\partial^2}{\partial x^2} + \frac{\partial^2}{\partial y^2}$$

而且，G 是中心旋转对称二维高斯函数 $\mathrm{G}(x,y) = \exp[-(x^2+y^2)/(2\pi\sigma^2)]$，经过简单计算可得

$$\nabla^2 \mathrm{G}(x,y) = -\frac{2}{\pi\sigma^2}\left(1-\frac{x^2+y^2}{2\pi\sigma^2}\right)\exp\left(-\frac{x^2+y^2}{2\pi\sigma^2}\right)$$

如果令 $r^2 = x^2 + y^2$，那么，算子∇^2G 可以进一步表示为

$$\nabla^2 \mathrm{G}(r) = -\frac{2}{\pi\sigma^2}\left(1-\frac{r^2}{2\pi\sigma^2}\right)\exp\left(-\frac{r^2}{2\pi\sigma^2}\right)$$

在一维函数表示的情况下，高斯函数 $g(x) = \exp[-x^2/(2\pi\sigma^2)]$，正好是数学期望

为 0 而且方差是 $\Delta=\sqrt{\pi}\sigma$ 的正态概率密度函数, 其二阶导函数是

$$g''(x)=-\frac{1}{\pi\sigma^2}\left(1-\frac{x^2}{\pi\sigma^2}\right)\exp\left(-\frac{x^2}{2\pi\sigma^2}\right)$$

这个函数在 $x=\pm\sqrt{\pi}\sigma$ 时穿过水平轴, 所以, $x=\pm\sqrt{\pi}\sigma$ 是这个高斯函数的零-交叉, 而高斯函数二阶导函数的数值正好是 0.

利用高斯概率密度函数的归一化性质:

$$\int_{\mathbb{R}}\frac{1}{\sqrt{2\pi}}e^{-\frac{1}{2}\zeta^2}d\zeta=1$$

经过积分变量代换 $\zeta=\pi^{-0.5}\sigma^{-1}x$ 可以得到

$$\int_{\mathbb{R}}\frac{1}{\sqrt{2\pi}\sigma}e^{-\frac{x^2}{2\pi\sigma^2}}dx=1$$

从而得到恒等式:

$$\int_{\mathbb{R}}g(x)dx=\sqrt{2\pi}\sigma$$

以及

$$\iint_{\mathbb{R}\times\mathbb{R}}\mathrm{G}(x,y)dxdy=2\pi^2\sigma^2$$

因此, 在使用一维的高斯函数 $g(x)=\exp[-x^2/(2\pi\sigma^2)]$ 对一维函数进行滤波或利用二维旋转对称高斯函数 $\mathrm{G}(x,y)=\exp[-(x^2+y^2)/(2\pi\sigma^2)]$ 对图像进行滤波时, 它们的归一化因子分别是 $\sqrt{2\pi}\sigma$ 和 $2\pi^2\sigma^2$, 即进行卷积滤波时的卷积函数分别是

$$\tilde{g}(x)=\frac{1}{\sqrt{2\pi}\sigma}e^{-\frac{x^2}{2\pi\sigma^2}}$$

和

$$\tilde{\mathrm{G}}(x,y)=\tilde{g}(x)\tilde{g}(y)=\frac{1}{2\pi^2\sigma^2}e^{-\frac{x^2+y^2}{2\pi\sigma^2}}$$

对原始图像进行滤波, 然后再找出滤波处理所得图像的零交叉点, 即二阶导数零值位置, 这样就可刻画图像密度的变化情况. 自然图像密度变化的空间尺度是很宽的. 要把所有空间尺度上的密度变化都检测出来, 必须采用几个不同尺度的滤波器. 大尺度滤波器检测模糊边缘, 小尺度滤波器检测图像细节. 然后, 把各通道的零交叉合并成一组对后续处理有用的离散基元 “边缘”. 基元边缘和其他一些基元符号构成大卫·马尔称为原始基元图的图像密度表示方法.

对于灰度值为 $f(x,y)$ 的黑白图像, 大卫·马尔的基元边缘就是曲线:

$$(f*\psi_\sigma)(x,y)=0$$

其中

$$\psi_\sigma(x,y)=\frac{1}{\sigma^2}\tilde{\mathrm{G}}\left(\frac{x}{\partial},\frac{y}{\partial}\right)$$

$\sigma>0$ 为可变尺度，这些曲线全部构成大卫·马尔的零-穿越理论. 另外，根据 Campbell 和 Robson (1968), Campbell (1990), Wilson (1980), Wilson 和 Bergen (1979), Wilson 和 Giese (1977), Marr 等(2010)等的实验证明，尺度呈如下的几何级数:

$$\sigma_j=(1.75)^j\sigma_0$$

这样，原始图像 $f(x,y)$ 由如下曲线所决定：$j=0,\pm1,\pm2,\cdots$,

$$(f*\psi_{\sigma_j})(x,y)=0$$

容易验证，图像的这种描述方法具有平移、旋转和伸缩不变性. 图像和视觉系统的零-穿越理论提供了一种自然的视觉信息表示方法，可以把连续表达的二维图像强度值 $f(x,y)$ 转化为离散的、符号化的表达形式.

利用"中心-周边型感受域"获得原始视觉信息或图像的几何级数尺度下的离散信息表示方法，就是马尔引入的局部视觉信息提取和表示方法，即马尔离散二进小波变换信息表示方法，其中小波函数就是马尔小波，在一元函数滤波中，马尔小波是高斯函数二阶导函数 $\tilde{g}''(x)$:

$$\tilde{g}''(x)=-2^{-0.5}\pi^{-2}\sigma^{-3}\left(1-\frac{x^2}{\pi\sigma^2}\right)\exp\left(-\frac{x^2}{2\pi\sigma^2}\right)$$

在图像滤波中，马尔小波是拉普拉斯算子作用下的二元高斯函数 $\nabla^2\tilde{\mathrm{G}}(x,y)$:

$$\nabla^2\tilde{\mathrm{G}}(x,y)=-\pi^{-3}\sigma^{-4}\left(1-\frac{x^2+y^2}{2\pi\sigma^2}\right)\exp\left(-\frac{x^2+y^2}{2\pi\sigma^2}\right)$$

利用导函数运算与卷积运算的可交换性，经过简单演算可得

$$(f*\xi)''(x,y)=(f*\xi'')(x,y)$$

由此可知，如果 $\xi(x,y)$ 是光滑二元函数，那么，图像或视觉信息 $f(x,y)$ 的马尔零-穿越:

$$(f*\xi)''(x,y)=(f*\xi'')(x,y)=0$$

本质上就是图像强度值二元函数 $f(x,y)$ 经过 $\xi(x,y)$ 滤波之后所得光滑函数 $(f*\xi)(x,y)$ 的二阶导函数为 0 的点或"图像边缘"，亦即一阶导函数取得极大值或极小值的点或"图像边缘"，也就是光滑函数 $(f*\xi)(x,y)$ 函数值急剧增加或者急剧

下降的点或“图像边缘”. 因为高斯函数及其一阶导函数、二阶导函数具有能量集中的局部化性质, 所以, 在图像或视觉信息 $f(x,y)$ 的马尔零-穿越附近适当范围内(范围尺寸由高斯函数的均方差决定), 图像强度值二元函数 $f(x,y)$ (灰度值)的数值急剧增加或急剧下降.

另一方面, 将图像的马尔小波变换表示为卷积形式, 如下表达公式:

$$(f*\xi'')(x,y)=0$$

充分说明, 图像或视觉在各种尺度下的马尔零-穿越, 就是图像或视频 $f(x,y)$ 在几何级数尺度离散马尔小波:

$$\left\{\psi_{\sigma_j}(x,y)=\frac{1}{\sigma_j^2}\tilde{\mathrm{G}}\left(\frac{x}{\partial},\frac{y}{\partial}\right);j=0,\pm1,\pm2,\cdots\right\}$$

之下离散小波变换的零点.

实际上, 上述马尔小波变换和几何级数尺度离散马尔小波变换具有明显的生理学和心理学意义: 它们阐明了视觉通道初级视觉信息处理的基本性质, 并成功统一了视觉心理物理学和神经生物学的空间频率通道和边缘检测器, 而且, 为了马尔零交叉检测器能够提取有明确物理意义和客观现实意义的信息, 就必须对视觉各个独立通道的输出分别进行运算处理(即各个尺度下的离散马尔小波变换). 同时, 视觉的心理物理学和神经生物学实验表明, 高斯函数二阶导数滤波在生理学和解剖学意义下是由视网膜神经节细胞和外侧膝状体核完成的, 有向马尔零交叉线段(即“图像边缘”)则是由视皮层中的 x 细胞检测的.

这就是在 20 世纪 70—80 年代马尔为了建立视觉计算理论而引入的马尔小波理论、马尔小波变换和几何级数尺度离散马尔小波变换理论.

在人类视觉科学计算理论体系中, 马尔的小波思想和小波方法在视觉信息表达方法和灵活处理中发挥了至关重要的作用, 利用马尔小波或尺度化旋转对称高斯函数二阶导函数小波, 成功统一了此前心理物理学、神经生理学和脑科学研究领域众多优秀科学家关于人类视觉信息表达和处理模式的最新研究成果, 深刻揭示了人类视觉系统基础信息表达和处理的时-空-频局部化结构的类似小波行为特性, 创立了现代人类视觉和机器视觉以及人工智能科学视觉问题的基本理论框架体系.

视觉计算理论方法建立在现实世界物理学和图像公式化基本定律这样牢固的基础上, 其结果像物理学定律一样可靠、永久. 从此, 人类视觉科学和计算机视觉科学在视觉计算理论基础上发展成为一门真正的科学(姚国正和汪云九, 1984; Hummel and Moniot, 1989; Tyrrell and Willshaw, 1992). 这些研究工作对大规模信息表达和处理、机器视觉和脑科学等研究具有深远的影响.

1.2.2　分形几何学与小波

傅里叶三角级数的最基本函数单元是正弦、余弦或复指数函数，这些基本函数单元都具有相似的波形，它们都是一个简单函数经过自变量的伸缩和/或平移得到的函数系. 出人意料的是，在这些波形相似函数叠加过程中，如果出现大量的漏项而且叠加幅值快速衰减，其结果竟然突破数学家们曾经一度猜想的“连续函数除少数例外点都可导”的臆想，出现了处处连续处处不可导的函数，其中居然蕴藏着丰富的“分形几何”的思想. 更让人惊异不已的是，在发展能有效分析这种分形几何对象的研究工具和方法过程中，再次浮现出小波的身影，而且，分形几何对象的小波行为居然表现为“十分平常的”全项小波级数，只是小波级数系数按照特定的规律快速衰减而已，从而揭示出像分形几何那样的“怪异对象”的行为中潜藏着的平常特征.

本小节将简单介绍以傅里叶三角级数形式出现的“处处连续且处处不可导的”函数为起点经历百年演进最终在 20 世纪 70 年代形成系统理论体系的分形几何学，以及由此迂回发展最终产生分形研究小波方法的简短历史，主要包含经典典型分形几何图形和曲线如康托尔三分集、佩亚诺曲线、科赫曲线、谢尔宾斯基地毯、茹利亚集合、曼德尔布罗特集合等，以及豪斯多夫测度、洛伦茨混沌“蝴蝶效应”、非线性复函数迭代系统、柯尔莫哥洛夫湍流理论和出现在现代科学多个领域中关于分形、湍流等复杂现象和复杂行为刻画的小波方法.

(α) 魏尔斯特拉斯函数与经典分形

魏尔斯特拉斯 (Weierstrass, 1841, 1880, 1895, 1923) 在 1860 年利用三角级数:

$$\mathscr{W}(x)=\sum_{n=0}^{+\infty}a^n\cos(b^nx),\quad 0<a<1<b,\quad 1\leqslant ab$$

构造处处连续但处处不可导的函数时，意外发现这类函数只需要利用极其简单的三角函数 $\cos x$ (正弦函数 $\sin x$ 也可以)，经过相似的压缩波形(减小幅值缩短周期) $a^n\cos(b^nx)$ 无穷次逐步叠加修正而构造获得:

$$\begin{gathered}\cos x\,,\\ \cos x+a\cos(bx)\,,\\ \cos x+a\cos(bx)+a^2\cos(b^2x)\,,\\ \cos x+a\cos(bx)+a^2\cos(b^2x)+a^3\cos(b^3x)\,,\\ \cdots\cdots\end{gathered}$$

当 $n=0,1,2,\cdots$ 时，幅值压缩和周期压缩的余弦函数 $a^n\cos(b^nx)$ 作为“增量”，只要幅值和周期的压缩速度足够快，就可以保证这种叠加构成的三角级数收敛而且收敛得到的函数处处连续处处不可导.

与魏尔斯特拉斯构造处处连续处处不可导函数模式类似的是黎曼函数的构造:

$$\mathscr{R}(x)=\sum_{n=0}^{+\infty}\frac{1}{n^2}\sin(\pi n^2 x).$$

这样构造得到的黎曼函数处处连续而且在全部无理数点上是不可导的.

正是这里的形状"相似结构"成为分形理论研究的最早实例.

另一个导致分形理论产生的巧妙实例是著名的康托尔集合.

令 $\mathrm{C}_0=[0,1]$，当 $x\in\mathrm{C}_0$ 时定义点映射：$\mathrm{T_L}(x)=x/3, \mathrm{T_R}(x)=(2+x)/3$，按照如下方式定义集合序列 $\mathrm{C}_n, n=1,2,\cdots$，

$$\mathrm{C}_n=\frac{\mathrm{C}_{n-1}}{3}\cup\left(\frac{2}{3}+\frac{\mathrm{C}_{n-1}}{3}\right)=\mathrm{T_L}(\mathrm{C}_{n-1})+\mathrm{T_R}(\mathrm{C}_{n-1}),$$

那么，康托尔集合或者康托尔"尘埃"可以表示如下：

$$\begin{aligned}\text{CantorSet}&=\bigcap_{n=1}^{+\infty}\mathrm{C}_n\\&=[0,1]-\bigcap_{n=1}^{+\infty}\bigcup_{k=0}^{3^{n-1}-1}\left[\frac{3k+1}{3^n},\frac{3k+2}{3^n}\right]\\&=\bigcap_{n=1}^{+\infty}\bigcup_{k=0}^{3^{n-1}-1}\left(\left[\frac{3k+0}{3^n},\frac{3k+1}{3^n}\right]\cup\left[\frac{3k+2}{3^n},\frac{3k+3}{3^n}\right]\right).\end{aligned}$$

集合序列 $\mathrm{C}_n, n=1,2,\cdots$ 的直观示意图(图 6)如下.

图 6 集合序列 C_n 示意图，按照从上到下的顺序 $n=0,1,2,3,4,5,6$

康托尔集合或者康托尔"尘埃"是一个无穷集合. 康托尔集是一个无处稠密的完备集，简单说康托尔集是个测度为 0 的集，直观的解析几何说法就是该函数图像面积为 0.

在数学中，康托尔集合是一个分布在单位线段上的点集，具有许多非同一般的深刻性质. 它最早是在 1874 年由亨利·约翰·斯蒂芬·史密斯(Smith, 1874)在研究不连续函数积分时发现的. 另外，保尔·杜博伊斯-雷蒙(du Bois-Reymond, 1880)在研究傅里叶级数收敛性问题过程中，可能在 1873 年构造其傅里叶级数不收敛的连续函数时，研究了函数傅里叶级数不收敛到原始函数的全体例外点的性质，之后，大约在 1880 年再次发现并构造了康托尔集合. 沃尔特拉(Volterra, 1881)在研究点态不连续

函数性质时，于 1881 年建立了康托尔集合. 在研究函数三角级数展开唯一性问题的过程中，德国数学家格奥尔格·康托尔(Cantor, 1882b)在研究保证唯一性成立的例外点集性质时，于 1882 年引入并重新构造了康托尔集合，以此作为无处稠密完备集合这种更一般思想的一个例子，康托尔自己按照一种一般的抽象方法定义了这个集合，顺便提出了康托尔集合的"三进制"构造方法，在这个原始论文中还讨论了其他几种不同的构造方法，后续研究发现，斯蒂芬·斯梅尔(Smale, 1967)的马蹄映射也可以形成康托尔集. 在康托尔发明康托尔集合的时代，这个集合被精心抽象化. 康托尔自己因为涉及三角级数不收敛点集和保证唯一性的例外点集而最终走向了康托尔集合. 这个发现推动康托尔进入发展抽象的无穷集合理论的道路. 通过考虑这个集合，康托尔奠定了现代点集拓扑学的基础.

除此之外，再罗列几个早期分形集合的典型例子，它们因为不同的研究动机而被发现.

1890 年，在康托尔无穷集合理论中实数直线点和平面点之间能够一一对应的启发下，意大利数学家佩亚诺(Peano, 1890)构造了现在以他的名字命名的著名曲线，即佩亚诺曲线，有时也称为希尔伯特-佩亚诺(Hilbert, 1891)曲线，它能够填满平面上的单位正方形，再次敏感地触碰到"无穷"、"维数"和"分形"之间隐藏颇深的潜在关系.

1904 年，瑞典数学家科赫(von Koch, 1904)设计得到一类分形，即科赫雪花或称为科赫曲线、科赫星、科赫岛屿. 科赫雪花是利用围绕中心的六个边的不断自我复制最终生成的，它是一条连续曲线但无处可微.

直觉上，科赫曲线的维数应该大于直线的 1 维而小于佩亚诺曲线的 2 维. 实际计算结果表明，它的豪斯多夫维数是 $\ln 4/\ln 3 \approx 1.26186$.

1916 年，波兰数学家谢尔宾斯基(Sierpinski, 1915, 1916)在研究分析学与拓扑学问题时建立了一些著名的反例，比如谢尔宾斯基地毯和海绵，它们是分形几何的重要思想源泉. 谢尔宾斯基地毯是一个在平面上的分形，它可以视为康托尔集合的高维推广. 谢尔宾斯基地毯的构造是从一个单位正方形开始的. 将单位正方形均匀分割为 3×3 的 9 个边长 1/3 的小正方形，放弃中心位置上的小正方形，在保留的 8 个小正方形的每一个上重复这样"一分为九并放弃中心位置上的小正方形"的操作，重复这样的"3×3 分割-中心块舍弃"操作，最终保留的点全体即为谢尔宾斯基地毯.

另外，谢尔宾斯基地毯可以理解为平面上单位正方形的子集合，集合中点的 x 轴坐标和 y 轴坐标，如果按照三进制小数表示，两者不能同时出现数字 1 (把三进制小数 0.1 理解为无穷循环小数 $0.022222\cdots$).

直觉上，谢尔宾斯基地毯的维数应该大于直线的 1 维而小于正方形的 2 维. 实际计算结果表明，它的豪斯多夫维数是 $\log 8/\log 3 \approx 1.8928$.

动力系统和复数平面解析映射迭代函数系统是获得或产生分形集的重要来源.

法国数学家茹利亚(Julia, 1918a, 1918b)和法图(Fatou, 1906, 1919, 1920a, 1920b)在1918—1919年出版的研究成果开创性地奠定了这个“美丽”领域的初步基础. 1918年，茹利亚在研究复二次函数 $z \to z^2 - c$ 迭代过程中，对特定的迭代复数参数 c，将复数平面上保证迭代序列永远停留在有限区域内的迭代初始值全体构成的集合定义为茹利亚集合，而法图 1919 年把在相同迭代参数下使迭代序列不可能停留在有限区域内的迭代初始值全体构成的集合定义为法图集合，两者没有公共部分而且覆盖整个复数平面. 这是从动力系统或非线性复函数迭代系统产生分形集合的最早记录，虽然同时代的人们包括作者自己都未曾发现复数平面上这种集合的边界竟然蕴藏着“无穷层次自相似性”这样的分形性质.

1918 年，德国数学家豪斯多夫(Hausdorff, 1919a, 1919b)在研究集合豪斯多夫测度理论过程中建立了任意集合(包括分形)本质上有别于拓扑维数(这个概念不能覆盖分形)的另一种维数概念，即豪斯多夫维数. 1928 年，贝塞考维奇(Besicovitch, 1928, 1929, 1934, 1948, 1956, 1957, 1968; Besicovitch and Ursell, 1937; Besicovitch and Walker, 1937)更深刻揭示了豪斯多夫测度性质和奇异集分数维数性质，在完善豪斯多夫测度及其几何研究的基础上, Gillis (1937)和 Best (1939, 1941)在分形研究领域建立了豪斯多夫-贝塞考维奇维数概念.

卡尔·门格尔(Menger, 1923, 1926a, 1926b, 1926c, 1928, 1929, 1930)在研究拓扑维数概念过程中建立了门格尔海绵，它与谢尔宾斯基海绵是不同的，是康托尔集合和谢尔宾斯基地毯的三维推广.

设 $\mathcal{M}_0$ 是单位正方体，如下定义集合序列 $\mathcal{M}_n, n = 0,1,2,3,4,\cdots$，

$$\mathcal{M}_{n+1} = \left\{ (x,y,z) \in \mathbb{R}^3 : \begin{array}{l} \text{存在 } i,j,k \in \{0,1,2\}, \text{使得 } (3x-i, 3y-j, 3z-k) \in \mathcal{M}_n, \\ \text{而且 } i,j,k \text{ 至多有一个等于 } 1 \end{array} \right\}$$

那么，门格尔海绵 $\mathcal{M}_g$ 就是这个集合序列的交集或公共部分:

$$\mathcal{M}_g = \bigcap_{n \in \mathbb{N}} \mathcal{M}_n$$

门格尔海绵的豪斯多夫维数是: log20/log3≈2.727.

1935 年，法国数学家乔治·路易斯·布里冈(Bouligand, 1935; Bouligand et al., 1935)利用闵可夫斯基容度(Minkowski content)的基本思想，建立了集合的闵可夫斯基-布里冈维数，也称为闵可夫斯基维数或盒子计数维数，在分形几何研究中，它是一种确定 n 维欧几里得空间或度量空间中一个集合分形维数的方法(Kline, 1939; Hunt et al., 1939; Federer, 1969, 1978).

分形豪斯多夫-贝塞考维奇维数在分形理论研究领域比更简单但是常常等价的闵可夫斯基-布里冈维数或盒子计数维数的应用更成功.

(β) 斯德布尔分布与随机游走

在 19 世纪末和 20 世纪初, 经济学家威尔弗雷多·菲德尔里克·大马索·帕累托 (Pareto, 1895, 1896, 1897)和马克思·奥托·洛仑茨(Lorenz, 1905)在研究收入分布规律过程中发现收入服从帕累托分布, 即一种特殊的指数率概率分布.

1915 年经济学家威斯利·克来尔·米歇尔(Mitchell, 1915, 1938)在观测和研究股票市场股价长期变化的经验数据后发现, 股票价格百分比变化率分布与最优拟合正态分布相比较存在相似性但一致偏离正态分布.

这些实际经验表明, 某些变量的柱状图(统计直方图)看似正态分布, 但却系统性偏离正态分布的概率密度函数. 1925 年保尔·勒维(Lévy, 1925)经过严格数学分析之后建立了"帕累托-勒维"斯德布尔分布(Pareto-Levy's stable distribution), 它是中心极限定理的一般化, 即大量独立随机变量之和服从斯德布尔分布, 这样, 服从这种随机分布的两个独立随机变量之和仍然服从这类随机分布. 这类随机分布简称为斯德布尔分布(Stable distributions).

某些现象, 比如股票价格的变化或暴风雪的雨量或河流的水流量或水库蓄水储量等, 是大量相互独立的影响因素的综合结果, 因此可预期它们将服从斯德布尔分布. "帕累托-勒维"斯德布尔分布可以用于解释说明甚至有效预测这些随机变量中存在的意想不到的极端变化, 以及伴随暴风雨雪、河水泛滥、水库溢洪、股市崩溃、经济危机等大灾大难发生的意外事件的种类.

保尔·勒维(Lévy P)建立了斯德布尔分布特征函数的表达公式, 即斯德布尔分布特征函数 $\Phi(\omega)$ 的对数具有如下表达形式:

$$\log(\Phi(\omega)) = i\delta\omega - \mid \upsilon\omega \mid^{\alpha} (1 - i\beta F(\omega, \alpha, \upsilon))$$

其中 $F(\omega, \alpha, \upsilon)$ 是满足如下条件的累积概率分布:

$$F(\omega, \alpha, \upsilon) = \begin{cases} \text{sgn}(\omega)\tan(0.5\alpha\pi), & \alpha \neq 1, \\ -(2/\pi)\log(\mid \upsilon\omega \mid), & \alpha = 1, \end{cases} \quad \text{sgn}(\omega) = \begin{cases} +1, & \omega > 0 \\ 0, & \omega = 0 \\ -1, & \omega < 0 \end{cases}$$

其中涉及的参数含义如下:

α: 稳定参数. 在正态分布时, $\alpha = 2$. 通常情况下, $0 < \alpha \leq 2$.

β: 倾斜参数. 在正态分布和任何对称分布时, $\beta = 0$. 一般情况下, β 可以取任何实数值.

υ: 尺度参数或散布参数. 在正态分布时, υ 等于标准差. 在非正态分布时, υ 取一个不等于标准差的有限数值, 对于非正态的斯德布尔分布, υ 的取值是无穷大.

δ: 数学期望或中心度量. δ 可以取任何实数值.

在正态分布条件下, $\alpha = 2, \beta = 0, \upsilon$ 等于标准差, δ 等于数学期望. 因此, 正态分布特征函数的对数将具有如下形式:

$$\log(\Phi(\omega)) = i\delta\omega - |\upsilon\omega|^2$$

1951 年, 英国水文学者哈罗尔德·埃德温·赫尔斯特(Hurst, 1925, 1947, 1951, 1952; Hurst et al., 1946, 1951, 1966)在长期连续测量尼罗河水库库存容量的基础上, 利用水文地理学方法证明尼罗河水库容量作为时间序列存在长期依赖关系, 尤其是尼罗河水位的起伏波动随时间变化的序列显著存在这种长期依赖关系. 为了系统刻画和描述尼罗河水库库存容量变化规律和尼罗河水位起伏波动时间序列, 赫尔斯特建立了随机游走(即分形布朗运动)和有偏随机游走(即有偏分形布朗运动)模型, 利用长期观测尼罗河水文状态获得的经验数据, 他创立了经验型重尺度化极差(rescaled range)方法度量时间序列和随机过程存在的长时间依赖关系, 这就是后来的“赫尔斯特指数”, 以此判断时间序列和随机过程是遵从随机游走模型还是有偏随机游走模型. 利用“帕累托-勒维”斯德布尔分布和“赫尔斯特指数”研究尼罗河洪水过程等时间序列, 发现它们具有正的长时间相关效应, 因此可以比较合理解释“干旱越久就越可能出现持续干旱”及“大洪水年过后更有可能仍然会有较大洪水”这样一些对尼罗河年代久远的观测记录, 以及历史记忆的经验规律.

(γ) 混沌、湍流与小波

1963 年, 美国气象学家爱德华·诺顿·洛仑茨(Lorenz, 1955, 1963, 1967, 1969a, 1969b) 利用傅里叶变换理论展开从流体力学 Navier-Stokes 方程、热传导方程和连续性方程(Verhulst, 1845)推导得出的描述地球大气热对流的非线性偏微分方程组, 大胆简化和截断抽象最终得到描述地球大气流体垂直速度、上下层流体温差和垂直方向温度梯度相互关系的三维自治动力系统方程, 这个描述空气流体运动的简化微分方程组就是现在著名的洛仑茨方程组:

$$\frac{dx}{dt} = \sigma(y - x), \quad \frac{dy}{dt} = x(\rho - z) - y, \quad \frac{dz}{dt} = xy - \beta z.$$

洛仑茨利用这个方程组计算模拟非周期流体现象, 从而提出并试图证明, 根据逐步延伸方法从事长期天气预报是不可能的观点. 这些研究成果最终以题目《确定性非周期流体》出版于《大气科学杂志》. 洛伦茨长期研究大气环流和天气预报, 他早在 1955 年就利用有效位能(即大气能量)概念建立了大气环流维持机理, 后来系统研究与数值天气预报相关的大量理论和实际问题. 在他 1967 年出版的《大气环流的性质和理论》一书中, 精辟地阐述了大气环流研究工作的历史发展、现状和展望.

现在科学界普遍认为, 洛仑茨在 1963 年建立的洛仑茨方程是现代非线性混沌研究最经典的动力学系统理论方程, 而确定性非周期流体中存在的“确定性混沌现象”的发现影响了基础科学的众多领域，在人类对于自然界的认识上，引发了自牛顿力学以来最大的变化.

洛仑茨最终到底没有将“可预测性”完全寄希望于纯粹的随机性，在地球大气模型中潜伏着比随机性更丰富的“秘密”，即随机性后面的有序性，他的注意力被深深吸引不断寻找看似没有规律的复杂系统的规律，即混沌规律或洛仑茨吸引子，也就是现在普遍称谓的混沌吸引子. 关于洛仑茨的研究或混沌研究，目前最大众化的通俗说法也是最流行的说法，就是“蝴蝶效应”.

紊流流体的流动理论或湍流理论具有十分悠久的研究历史，可以追溯到久远的文艺复兴时期，当时意大利艺术家、科学家和哲学家列奥纳多·达·芬奇(da Vinci L)就曾经论述过流体在紊流流动状态下的有趣性质，而现代湍流研究则始于 19 世纪末和 20 世纪初，湍流基本方程即纳维-斯托克斯方程(Navier-Stokes equations)，湍流平均流场基本方程即雷诺方程(Reynolds-averaged Navier-Stokes equations)，以及雷诺数(Reynolds number)概念的建立是两者之间重大区别的重要标志.

湍流理论研究的中心问题是求解湍流基本方程，即纳维-斯托克斯方程或者湍流平均流场基本方程雷诺方程的统计解. 由于方程十分复杂的非线性和湍流解的极度不规则性，湍流理论成为流体力学中最困难而又引人入胜的研究领域. 虽然经历了一百多年的探讨，但是湍流理论研究迄今还没有取得根本的和成熟的精确理论，许多基本问题尚未得到完美、合理的理论解释.

雷诺数是流体力学中表征流体黏性影响程度的无量纲数量，表示为惯性力和黏性力的数量比例，用以判别和区分黏性流体的流动状态. 其基本物理意义是，在流体流动过程中，雷诺数较小时，黏滞力对流场的影响大于惯性力，流场中流速的扰动会因黏滞力而衰减，流体流动稳定，表现为层流状态；雷诺数较大时，惯性力对流场的影响大于黏滞力，流体流动逐渐失稳，流速的微小变化容易发展并逐渐增强，形成紊乱、不规则的紊流流场.

雷诺数的概念是乔治·斯托克斯(Stokes, 1851)在 1851 年引进流体力学研究中的，但是，雷诺数(Rott, 1990)的命名或术语“雷诺数”的引入，却是在奥斯本·雷诺(Reynolds, 1883, 1884, 1894, 1896)于 1883 年普及这个概念的使用之后，阿诺尔德·索梅菲尔德(Sommerfeld, 1908)在 1908 年为了纪念流体力学湍流研究先驱奥斯本·雷诺而正式完成命名的.

1895 年，在纳维-斯托克斯方程的基础上，奥斯本·雷诺利用统计平均方法将湍流瞬时速度、瞬时压力平均化建立湍流平均流场基本方程，即雷诺方程，从此奠定了现代湍流研究的理论基础. 20 世纪 30 年代以来，统计湍流理论，特别是理想的各向同性均匀湍流理论研究获得了长足的进步，物理学家和数学家纷纷采用随机过程、泛函分析、拓扑学和群论等数学工具，分别从统计力学和量子场论等不同角度，探索研究湍流理论的新途径. 特别是在湍流相干结构(又称拟序结构)概念确立之后，湍流研究逐渐转入建立确定性湍流理论，阐述湍流是如何由层流演变而来的非线性理论，例如，分形理论、混沌理论和奇异吸引子等取得重要进展. 20 世纪 30 年代初，随着统计力学和量子场论重正则化小波方法以及分形和多重分形理论小波方法的建立和完善，小波方法顺理成章进入现代湍流理论研究领域，形成湍流理论研究独具风格的研究特色.

(δ) 湍流与分形

在 1926 年路易斯·理查森(Richardson, 1926)阐述的现代大气湍流概念中，紊流气体由各种大小尺寸的漩涡构成，尺寸的大小界定漩涡的特征长度尺度，同时它被依赖于长度尺度的流体速度尺度和时间尺度(流动时间)所刻画. 大漩涡是不稳定的终将破裂生成小漩涡，而大漩涡的运动学能量被分割成由此产生的小漩涡的能量. 这些小漩涡经历相同的过程，引发更小的继承了此前漩涡能量的小漩涡，如此等等. 在这个过程中，运动学能量从大尺度运动被继承传递至较小尺度运动状态，直至达到一个长度尺度充分细小的运动状态，使流体的黏滞度足以能够把运动学能量耗散分裂为内能.

在柯尔莫哥洛夫(Kolmogorov, 1941a, 1941b, 1962) 1941 年的原始创新统计湍流理论中，首先假设雷诺数极高的小尺度湍流运动按照统计学意义是各向同性的(即不能辨别优先的空间方向). 一般地，大尺度流动不是各向同性的，因为，它们被边界的特殊几何形状所确定(刻画大尺度流动范围的尺寸将用符号 L 表示). 柯尔莫哥洛夫的想法是，在理查森能量流中，几何信息和方向信息都消失，尺度减小使小尺度统计学具有普遍的意义：当雷诺数充分巨大的时候，对所有的紊流流动，它们都是相同的.

由此，柯尔莫哥洛夫引入第二个假设：雷诺数极高的小尺度紊流流体的统计特征被流体流动的运动学黏滞性ν和能量耗散率ε完全地唯一地确定. 只需要利用这两个参数，能够由量纲分析(维数分析)确定的唯一特征长度是

$$\eta=(\nu^3\ /\ \varepsilon)^{\frac{1}{4}}.$$

这就是现在著名的柯尔莫哥洛夫微尺度(Kolmogorov microscale)公式. 紊流流动被尺度级别所确定，跨越这个尺度级别就会出现能量喷流.

运动学能量耗散发生在柯尔莫哥洛夫特征长度指数η的尺度上，虽然注入喷流的能量输入来自于大尺度湍流流动的尺度尺寸 L 的减小. 处于喷流极端状态的这两个尺度可能随大雷诺数几个不同数量量级而各不相同. 在它们之间存在相应的尺度范围，每一个都与它自己的特征长度 r 有关，而且被较大尺度紊流流体的能量耗散代价决定. 这些尺度远远大于柯尔莫哥洛夫特征长度，同时，远远小于最大流动尺度($\eta\ll r\ll \mathrm{L}$). 因为在这个范围内的漩涡比存在于柯尔莫哥洛夫尺度下的耗散漩涡大得多，在这个范围内运动学能量本质上并没有消失，只不过它转换为更小尺度

而存在，直到接近柯尔莫哥洛夫特征尺度而黏滞效应变得重要为止. 在这个范围内，惯性效应仍然比黏滞效应大得多，可以假定黏滞性还发挥不了在粒子内动力学中那样的作用(因为这个理由，这个范围被称为“惯性范围或惯性区域”). 因此，得到柯尔莫哥洛夫的第三个假设，即极高雷诺数的条件下，在 $\eta \ll r \ll \mathrm{L}$ 范围内，尺度统计特征被特征尺度 r 和能量耗散率 ε 完全地唯一地确定.

运动学能量分布在大量尺度上是紊流流动的一个基本特征. 在均匀湍流的条件下(即在参考系平移时具有统计不变性)，这通常由能量谱函数的平均 $\mathbf{E}(k)$ 得到，其中，k 是波向量的模，这些波向量相应于流体速度场 $U(X)$ 的傅里叶表达式中的某些谐波(调和分量):

$$U(X)=\iiint_{\mathbb{R}^3}\mathscr{F}_U(K)e^{iK\cdot X}d^3K$$

其中 $\mathscr{F}_U(K)$ 是流体速度场 $U(X)$ 的傅里叶变换. 因此，$\mathbf{E}(k)dk$ 所表达的是在傅里叶表达式中满足条件 $k \leqslant |K| \leqslant k+dk$ 的全体谐波的运动学能量贡献，即

$$0.5\left\langle u_i,u_i\right\rangle=\int_0^{\infty}E(k)dk$$

其中，$0.5\left\langle u_i,u_i\right\rangle$ 是流体流动的平均紊流运动学能量. 与特征长度尺度 r 对应的波数 k 是 $k=2\pi/r$. 利用量纲分析可得柯尔莫哥洛夫第三个假设中的能量谱函数具有如下唯一表达形式:

$$\mathbf{E}(k)=C\varepsilon^{\frac{2}{3}}k^{-\frac{5}{3}}$$

这里，C 是普适常数. 这是柯尔莫哥洛夫在 1941 年建立的湍流理论中最著名的成果之一，而且大量实验证据支持这个理论.

柯尔莫哥洛夫湍流理论存在多种改进版本. 这个理论潜在假定在不同尺度上的湍流是统计自相似的. 这本质上意味着，在惯性尺度范围内，统计特征是尺度不变的. 研究紊流流动速度场的常用方法是平均如下定义的流动速度增量:

$$\delta u(r)=u(x+r)-u(x)$$

即由向量 r 分隔开的两个点之间流体流动速度之差(因为湍流被假定是迷向的，即各向同性的，因此，流体流动速度增量只依赖于向量 r 的模). 流体流动速度增量是非常有用的，因为在计算统计特征的时候，它们突出了间隔距离 r 的尺度效应. 统计特征尺度不变性意味着，流体流动速度增量随点距的尺度伸缩将以唯一的尺度伸缩指数 β 的形式出现，因此，当点距 r 按照因子 λ 进行伸缩时，流体流动速度增量

$$\delta u(\lambda r)$$

与如下的统计量应该具有相同的统计分布

$$\lambda^{\beta}\delta u(r)$$

而且，指数β与点距尺度r无关. 根据这个结论以及柯尔莫哥洛夫湍流理论的其他结果可知，流体流动速度增量的统计分布数字特征矩(即众所周知的湍流结构函数)应该是

$$\left\langle (\delta u(r))^n \right\rangle = \mathbf{E}(k) = C_n (\varepsilon r)^{\frac{n}{3}},$$

其中的尖括号表示统计平均，而C_n是普适常数.

柯尔莫哥洛夫湍流理论并非十全十美，存在大量证据证明紊流流动偏离这样的行为. 流体流动速度增量作为随机变量，其高阶矩的特征尺度伸缩指数偏离柯尔莫格洛夫湍流理论预测的数值$n/3$，实际可能是结构函数幂次 n 的一个非线性函数，而且常数的普遍性也广受质疑. 在理想验证实验条件下，当统计分布矩的阶数较低时，流体流动速度增量的各阶数学期望中尺度幂次与柯尔莫哥洛夫理论预测的数值$n/3$之间的差异非常小，这清楚说明了柯尔莫哥洛夫理论对于低阶统计分布矩的成功. 特别地，可以证明，如果能量谱服从指数律:

$$\mathbf{E}(k) \propto k^{-p}$$

其中$1<p<3$，那么，二阶结构函数也服从具有如下形式的指数律:

$$\left\langle (\delta u(r))^2 \right\rangle \propto r^{p-1}$$

实际上，关于二阶结构函数能够得到的实验数值与柯尔莫哥洛夫理论预测的数值$2/3$之间只有细微偏差，对于p而言，实验数值非常接近$5/3$(偏差大约 2%). 因此，“柯尔莫哥洛夫$-5/3$谱”是被湍流普遍遵守的.

高阶结构函数尺度幂次与柯尔莫哥洛夫伸缩尺度幂次的差异是显著的，而且统计自相似性也明显崩溃. 这种行为和常数 C_n 缺失普遍性都与湍流流动中存在的间歇现象有关.

这个现象的另一个表现形式是湍流能量耗散率的高间歇分布，而且显著偏离平均状态的行为也将导致偏离柯尔莫哥洛夫 1941 年的湍流理论. 小尺度间歇是这个领域的一个重要研究问题，现代湍流理论的主要目标是理解在惯性区域中到底什么才具有最一般的普遍性.

乌拉·弗里希(Frisch, 1995)在 1995 年出版的著作以高超的艺术性精彩论述了作为物理学研究最大挑战之一的现代湍流理论. 为了预报极高雷诺数流动流体的性质，在列奥纳多·达·芬奇初次研究之后五百年，在柯尔莫哥洛夫首次尝试之后半个世纪，这部著作关于“充分发育的湍流”的艺术性描述不愧为湍流理论研究历史长河中星光闪耀的著名观点. 在宇宙和自然环境中，在工程应用和日常生活中，这种“充分发育的湍流”无处不在. 本质上确定性系统进行统计随机描述的必要性得到充分详尽深入的论述. 在流体流动过程中，刻画流动状态的各种对称性因为产生湍流的机制而遭到破坏，又因小尺度能量喷流的混沌性质而得以恢复. 在对称性的这些深入认

识基础上，柯尔莫哥洛夫 1941 年首创的湍流理论按照一种新颖的方式得到重建. 流体湍流间歇性和小尺度流动从理论得到相对完整透彻的研究，这些概念推动了湍流的分形和多重分形模型的发展. 由苯内特·芒德布罗(Mandelbrot, 1977, 1982, 1998)开拓性创立的分形和多重分形模型在湍流理论研究之外也有十分广泛的应用，比如受限扩散凝聚理论、固态地球物理学、动力学系统吸引子理论等众多研究领域. 另外，湍流理论先驱 Kraichnan (1964, 1976), Lewis 和 Kraichnan (1962)开拓地特征分类解析理论、漩涡传输和重正则化理论、二维湍流统计理论(Heisenberg, 1948; Batchelor, 1953; Obukhov, 1962; Hinze, 1975; Meneveau and Sreenivasan, 1991; Mathieu and Scott, 2000)都得到深入论述.

(ε) 自相似性与分形几何学

从 20 世纪 50 年代开始，苯内特·芒德布罗(Mandelbrot, 1954, 1959, 1960, 1961, 1963, 1964a, 1964b, 1966, 1967a, 1967b, 1971, 1972, 1974, 1975a, 1975b, 1976, 1977, 1980, 1982, 1983, 1984a, 1984b, 1984c, 1984d, 1984e, 1984f, 1985, 1986, 1991, 1997, 1998, 1999a, 1999b), Mandelbrot 和 Wheeler(1983), Mandelbrot 等(1968, 1984, 1998), Mandelbrot 和 Given(1984), Mandelbrot 和 Franks(1989), Mandelbrot 和 Evertsz(1990), Mandelbrot 和 Mccamy(1970)，在包括股票市场股价变化、棉花市场棉价变化、自然语言通信中的误差分布、尼罗河水文观察中蓄水库容量和尼罗河水位变化、英国海岸线测量与计算等多个研究领域长期继承性接力研究中，逐渐发现潜藏在这些表现各异的研究问题中的某些共同几何特征，即随着观测尺度的变化，这些问题或这些问题中数据序列的长期变化规律存在大小尺度变换对称性或自相似性，比如棉价变化长期性态中价格在大小尺度变换间的对称性，自然语言电话通信传输误差时间分布的类康托尔集性质，尼罗河水位长期观测时间序列和英国海岸线长度测量随“标尺”的变化中也发现类似“尺度变换对称性”规律.

1967 年，芒德布罗在 *Science* 杂志上出版研究论文《英国海岸线有多长？统计自相似性和分形维数》，建立“自相似性或统计自相似性”和“分形维数”的基本概念，并尝试利用这两个概念刻画“尺度变换对称性”规律，总结和揭示自然界中大量现象和科学研究问题潜藏在尺度变换过程中的这种对称性. 将这类集合称作自相似集合，其严格定义可由相似映射给出. 因为欧氏测度不能准确刻画这类集合的本质，在他发现维数的尺度变换不变性之后，主张用分形维数来刻画这类几何问题.

经过二十几年的广泛研究和累积，芒德布罗创造专用名词“*Fractals*”(分形)刻画“尺度变换对称性”规律中的几何性质，先后用法文和英文出版了研究和论述“*Fractals*”(分形)的科学著作. 1975 年，法文第一版 *Les objets fractals: forme, hasard et dimension* (分形：形状、机遇和维数) 出版发行，这是第一部研究分形几何的著作. 1977 年，该书用英文再次出版 *Fractals: Form, Chance, and Dimension* (分形：形状、机遇和维数). 它集中了 1975 年以前芒德布罗关于分形几何的主要思想，将分形定义为豪斯多夫维数严格大于其拓扑维数的集合，总结得到根据自相似性计算实验维数的方法. 由于相似维数只对严格自相似集合有意义，豪斯多夫维数虽然广泛，但在很多情形下难以用计算方法求得，因此分形几何的应用受到限制. 同年，《大自然的分形几何学》(*The Fractal Geometry of Nature*)出版. 1982 年该书出版第二版，将分形定义为局部以某种方式与整体相似的集合，重新引入并讨论盒维数，它比豪斯多夫维数容易计算. 分形理论揭示了世界的本质，即部分与整体的自相似性，被誉为大自然的几何学. 美国《科学家》杂志列举该书为 20 世纪科学世界一百本书之一.

1985 年，芒德布罗提出并研究自然界中广泛存在的自仿射集合，它包括自相似集合并可通过仿射映射严格定义. 自然界中的分形，与概率统计、随机过程关系密切. 确定性的古典分形集合加入随机性，就会产生出随机康托尔集合、随机科契曲线等各种随机分形. 分形布朗运动的提出体现分形几何学与随机过程理论的自然融合.

在研究复二次函数迭代 $z_{n+1}=z_n^2-c,\ n=0,1,2,\cdots$ 过程中，其中 c 是迭代复参数，z_0 是迭代初始值，芒德布罗于 1980 年用计算机绘制得到现在以他的名字命名的芒德布罗集合的第一张图. 回顾茹利亚集合的定义，在复二次函数迭代 $z_{n+1}=z_n^2-c,\ n=0,1,2,\cdots$ 过程中，对迭代复数参数 c，茹利亚集合是保证迭代序列 $\{z_{n+1};\ n=0,1,2,\cdots\}$ 永远停留在复数平面上有限区域内的迭代初始值 z_0 全体构成的集合，因此，茹利亚集合会随着迭代复参数 c 而变化. 芒德布罗集合的定义是，在复二次函数迭代 $z_{n+1}=z_n^2-c,\ n=0,1,2,\cdots$ 过程中，在迭代初始值取为 0，即 $z_0=0$ 的条件下，保证迭代序列 $\{z_{n+1};\ n=0,1,2,\cdots\}$ 永远停留在复数平面上有限区域内的复数参数 c 全体构成的集合. 如果迭代初始值 z_0 选择其他数值或者选择其他非线性迭代关系，就会出现大量变形的芒德布罗集合. 从原始定义可以看出，芒德布罗集合、茹利亚集合和法图集合这些典型的分形几何图像都是由复二次函数迭代 $z_{n+1}=z_n^2-c,\ n=0,1,2,\cdots$ 产生的，体现了分形几何学、非线性复解析函数迭代系统和混沌动力学之间实质性的内在联系.

可以证明，在复数平面上，使茹利亚集合成为连通集合的复二次函数 $f(z)=z^2-c$ 的复数参数全体组成芒德布罗集合，而且，芒德布罗集合是连通的. 此外，芒德布罗集合中的复参数实际上发挥着众多茹利亚集合的总字典的作用.

芒德布罗集合、茹利亚集合和法图集合的边界都蕴藏着“无穷层次自相似性”这样的分形性质. 后来涌现的大量研究成果推动分形几何学迅速与混沌动力学、流体力学、孤立子理论和湍流理论等相互渗透结合在众多科学和技术研究领域得到广泛深入的研究和应用. 这些研究方向可部分参考 Given 和 Mandelbrot (1984), Krantz 和 Mandelbrot (1989), Musgrave 和 Mandelbrot (1991), Riedi 和 Mandelbrot

(1998)开展的探索. 非线性现象的本质刻画可参考 Feigenbaum (1978, 1979)的重要研究成果.

(ζ) 分形几何学与小波

在历史上，小波很早就以隐晦的形式出现在分形和多重分形理论的研究中，比如 1916 年，哈代和李特尔伍德(Hardy, 1916; Hardy and Littlewood, 1926)利用 Poisson 核函数的导函数(早期的小波基)作为“分解基”，他们证明了在某点附近黎曼函数在“分解基”下的分解系数或小波变换数值“很大”，从而证明了黎曼函数在给定点处的非正则性(比如不可导).

格匝·弗洛伊德(Freud, 1962)曾经将 Littlewood-Paley 的二进块分析方法的特殊形式(时间-尺度)小波用于证明魏尔斯特拉斯构造的处处连续函数是处处不可导的. 后来也用于证明处处连续的黎曼函数在全部无理数点上是不可导的. 此外，Holschneider(1991), Holschneider 和 Tchamitchian(1991)利用负二次复函数表示的鲁金(Lusin)小波函数得到 Gerver(1969, 1971)定理的一个新证明，从而证明了黎曼函数在π的某个有理倍数点上是不可导的性质.

1988 年，阿内多等(Arneodo, 1975; Arneodo et al., 1979, 1980, 1988, 1989, 1990, 1992, 1995a, 1995b, 1998a, 1998b; Arneodo and Holschneider, 1988)在此前多年研究周期性重正则化群、三维 Volterra 方程的奇异吸引子、渐近混沌、三重大气对流的动力学、受限扩散凝聚和电镀沉淀丛的自相似性、分形维数和同胚共轭性的关系等涉及湍流理论和分形几何问题之后，建立和研究了多重分形结构的小波变换方法，从此，在小波变换方法基础上研究湍流动力学、分形几何学、混沌动力学、DNA 小波分形理论、肿瘤医学和癫痫遗传理论等问题取得了丰富开创性成果，体现了小波的尺度伸缩和(空间域、时间域、频率域以及变换域)局部化思想与这些科学技术研究问题本质特征的潜在契合关系，大量典型范例的理论方法和实验数据分析结果能够清晰说明这种契合关系. 比如，从湍流小波变换理论再次清晰简洁阐明理查森现代大气湍流概念中能量喷流的多重分形本质；利用小波多尺度分析方法阐释从跃迁到混沌直到充分发育的湍流整个过程随尺度变化的规律.

从 20 世纪 90 年代开始，阿内多研究团队的论文(Arneodo, et al., 1994, 1995a, 1995b, 1998a, 1998b, 1998c, 1998d, 1999, 2003)把小波方法用于研究涉及量子场论、量子场重正则化、随机量子场论、湍流、分形几何理论等的各种技术应用研究，取得了丰硕成果，其中包括建立奇异信号的小波和多重分形理论并用于湍流实验数据的分析处理；在光学理论基础上，研究分形的光学小波变换及其局部尺度性质，以及分形生长现象的光学小波变换特征；联合结构函数方法和小波模极大方法重建分形信号的多重分形理论体系；建立并利用超越经典多重分形几何分析的小波方法分离隐藏在受限扩散凝聚行为之几何复杂性中的乘性过程；构建求解逆分形问题(分形仿真等)的小波方法；按照小波理论的基本思想建立多重分形理论体系以及分形的热力学理论体系；发现并验证 DNA 序列存在小波长距离相关特征以及 DNA 序列的小波分形特征；将分形信号小波热力学理论应用于分析处理成熟(充分发展的)湍流数据和 DNA 序列；建立包含振荡奇异信号的多重分形函数奇异谱理论；利用股票市场日利润数据标准差的小波分解研究标准差对数两点相关函数随尺度变化的性质，揭示这种随机序列存在因果信息级联关系并阐述这个关系的市场动力学意义；构建并利用小波反卷积方法从混合湍流信号中抽取某些潜在的乘性级联过程，比如通过研究高雷诺数风洞湍流信号的高斯正态核小波变换系数的概率密度函数，从湍流信号中抽取并证实服从对数正态概率密度函数分布的级联过程，同时验证湍流信号对数正态多重分形刻画的渐近有效性；发现湍流速度场以统计稳定方式存在的小波对数正态级联随机过程；建立合成多重分形粗糙表面的多重分形图像分析小波方法，湍流能量耗散数据多重分形刻画的三维小波多重分形方法理论，三维湍流速度场和漩涡数据分析的随机向量场小波多重分形理论的一般化方法，建立在小波理论基础上的湍流速度增量中断和倾斜等统计特征的统一多重分形刻画方法，高分辨率瞬时降雨量随尺度变化的小波累积分布函数理论，湍流速度和漩涡三维数值数据分析的小波向量值随机场多重分形理论，高分辨率表面胞质基因在可见和近红外波长下显微镜成像小波分解理论，基因宽带复制时间剖面小波理论多尺度分析理论，乳腺癌动态红外成像的多重分形分析理论；建立并利用微钙化丛双乳腺 X 射线照片图像小波三维重建方法发现并证明一个特殊的图像学证据，以此证明分形瘤是恶性的而欧氏瘤是良性的；建立乳腺癌早期诊断动态红外温度记录图小波多重分形分析理论；建立在小波变换算法基础上的无癫痫症遗传模型特征峰波形态变化谱相位方法，软材料原子力显微镜无源微流变学小波分析方法等.

1.2.3 函数空间与小波

解决瑞伊蒙德和黎曼等发现的傅里叶三角级数构造和收敛性问题的第三个方面，是研究傅里叶三角级数构造方法并建立特殊的函数项级数构造方法，寻找或构造在某种意义下“正交的”函数系，由此诱导产生的函数项级数不再发生像正交三角函数级数那样的发散现象. 这个过程漫长而曲折，最终以函数空间的“基”的形式从多个学科和多种渠道都取得了成功，但在各个不同学科相应的渠道获得的“正交函数系”不尽相同. 这些正交函数系现在都称为小波.

傅里叶级数理论为 $[0,2\pi]$ 上平方可积的函数空间 $\mathcal{L}^2[0,2\pi]$ (或者周期为 2π 的平方可积函数空间)提供了三角函数规范正交基:

$$\frac{1}{\sqrt{2\pi}}, \frac{1}{\sqrt{\pi}}\cos x, \frac{1}{\sqrt{\pi}}\sin x, \frac{1}{\sqrt{\pi}}\cos 2x, \frac{1}{\sqrt{\pi}}\sin 2x, \cdots$$

或者复指数函数规范正交基:

$$\cdots,\frac{1}{\sqrt{2\pi}}e^{2ix},\frac{1}{\sqrt{2\pi}}e^{ix},\frac{1}{\sqrt{2\pi}},\frac{1}{\sqrt{2\pi}}e^{-ix},\frac{1}{\sqrt{2\pi}}e^{-2ix},\cdots$$

在这样的规范正交基下，函数 $f(x)$ 的傅里叶级数展开式:

$$f(x)=a_0+\sum_{n=1}^{+\infty}[a_n\cos(nx)+b_n\sin(nx)]=\sum_{k\in\mathbb{Z}}c_k e^{ikx}$$

在均方收敛的意义下收敛到原始函数 $f(x)$，即上述公式中的等号 "=" 是几乎处处成立的.

在傅里叶积分变换方法中，函数 $f(x)$ 和它的傅里叶变换 $F(\xi)=\mathscr{F}[f](\xi)$ 构成一个对称的积分变换组:

$$\begin{cases} f(x)=\mathscr{F}^*[F](x)=\dfrac{1}{\sqrt{2\pi}}\displaystyle\int_{-\infty}^{+\infty}F(\xi)e^{i\xi x}d\xi \\ F(\xi)=\mathscr{F}[f](\xi)=\dfrac{1}{\sqrt{2\pi}}\displaystyle\int_{-\infty}^{+\infty}f(\zeta)e^{-i\xi\zeta}d\zeta \end{cases}$$

其中函数 $f(x)$ 和它的傅里叶变换 $F(\xi)=\mathscr{F}[f](\xi)$ 都是非周期平方可积函数，满足一个特殊的 "恒等算子" 关系:

$$f(x)=\int_{-\infty}^{+\infty}f(\zeta)d\zeta\left[\frac{1}{2\pi}\int_{-\infty}^{+\infty}e^{i\xi(x-\zeta)}d\xi\right]$$

或者换一种说法，傅里叶变换理论为非周期平方可积函数空间 $\mathcal{L}^2(\mathbb{R})$ 提供了如下复指数函数形式的规范正交基:

$$\left\{\frac{1}{\sqrt{2\pi}}e^{i\xi x};\xi\in\mathbb{R}\right\}$$

这个规范正交基也被称为傅里叶基或复指数函数基.

在 19 世纪初，函数概念和积分概念尚未得到充分精确定义，在线性空间和函数空间的概念、思想以及理论还远远没有进入数学家、物理学家等科学家的视野和科学世界的时代，傅里叶敏锐地意识到并系统利用三角函数基和傅里叶基分析来表达函数，即使和后来首次出现在 1910 年由 Haar 建立的 Haar 正交小波函数规范正交基相比较，也整整超前了一百年. 下面简略回顾从 Haar 小波规范正交基到现代小波出现过程中的几个重要基函数类和关键时间节点.

(α) 小波源起: 傅里叶级数

傅里叶级数理论为 $[0,2\pi]$ 上平方可积的函数空间 $\mathcal{L}^2[0,2\pi]$ (或者周期为 2π 的平方可积函数空间)提供了复指数函数规范正交基:

$$\cdots,\frac{1}{\sqrt{2\pi}}e^{2xi},\frac{1}{\sqrt{2\pi}}e^{xi},\frac{1}{\sqrt{2\pi}},\frac{1}{\sqrt{2\pi}}e^{-xi},\frac{1}{\sqrt{2\pi}}e^{-2xi},\cdots$$

在这样的规范正交基下，$\forall f(x)\in\mathcal{L}^2[0,2\pi]$，即 $\int_0^{2\pi}|f(x)|^2\,dx<+\infty$，那么

$$f(x)=\frac{1}{\sqrt{2\pi}}\sum_{k\in\mathbb{Z}}f_k e^{ikx},\quad f_k=\frac{1}{\sqrt{2\pi}}\int_0^{2\pi}f(x)e^{-ikx}dx,\quad k\in\mathbb{Z}$$

其中傅里叶级数的收敛是函数空间 $\mathcal{L}^2[0,2\pi]$ 上的范数收敛或均方收敛，即如果

$$\boldsymbol{\mathcal{S}}(m,n;x)=\frac{1}{\sqrt{2\pi}}\sum_{k=m}^{n}f_k e^{ikx},\quad f_k=\frac{1}{\sqrt{2\pi}}\int_0^{2\pi}f(x)e^{-ikx}dx,\quad k=m,m+1,\cdots,n-1,n$$

那么

$$\lim_{\substack{n\to+\infty\\ m\to-\infty}}\int_0^{2\pi}|f(x)-\boldsymbol{\mathcal{S}}(m,n;x)|^2\,dx=0$$

或者

$$f(x)=\lim_{\substack{n\to+\infty\\ m\to-\infty}}\boldsymbol{\mathcal{S}}(m,n;x)$$

显然，平方可积函数空间 $\mathcal{L}^2[0,2\pi]$ 的这个复指数函数规范正交基是由简单的复指数函数 $\varepsilon(x)=(2\pi)^{-0.5}e^{ix}$ 经自变量整数倍伸缩产生的，即 $\{\varepsilon_k(x)=\varepsilon(kx),k\in\mathbb{Z}\}$ 就是 $\mathcal{L}^2[0,2\pi]$ 的前述规范正交复指数函数基.

正如杜博伊斯-雷蒙所指出的，2π 周期连续函数的傅里叶级数虽然均方收敛到这个函数自己，但不必点态收敛，更不必一致地收敛到这个函数自己.

(β) 小波初现: Haar 小波基

Haar(1910, 1930)在 1910 年出版的论文中针对出现在傅里叶级数方法里由正弦函数和余弦函数或复指数函数伸缩构成的规范正交基，提出一个十分简单的问题：例如，在闭区间 [0,1] 上，是否存在函数 $h(x)$，经过其自变量的简单代数运算，如伸缩和平移，产生得到的函数系 $\{h_n(x);n=0,1,2,\cdots\}$，能保证连续函数 $f(x)$ 的如下级数展开式一致收敛到函数 $f(x)$ 自己：

$$f(x)=\sum_{n=0}^{+\infty}\langle f,h_n\rangle h_n(x)=\langle f,h_0\rangle h_0(x)+\langle f,h_1\rangle h_1(x)+\cdots+\langle f,h_n\rangle h_n(x)+\cdots$$

其中

$$\langle f,h_n\rangle=\int_0^1 f(x)\overline{h}_n(x)dx,\quad n=0,1,2,\cdots$$

1910年, Haar 建立了现在以他的名字命名的 Haar 函数，即著名的 Haar 小波，给

出了这个问题最简单的解决方案. 这个函数非常简单, 定义如下:

$$h(x)=\begin{cases}0, & -\infty<x<0\\ 1, & 0\leqslant x<0.5\\ -1, & 0.5\leqslant x<1\\ 0, & 1\leqslant x<+\infty\end{cases}$$

按照如下方式定义这个函数的伸缩平移函数系: 当 $(j,k)\in\mathbb{Z}\times\mathbb{Z}$ 时,

$$h_{j,k}(x)=2^{j/2}h(2^jx-k)=\begin{cases}0, & -\infty<x<2^{-j}k\\ 2^{j/2}, & 2^{-j}k\leqslant x<2^{-j}(k+0.5)\\ -2^{j/2}, & 2^{-j}(k+0.5)\leqslant x<2^{-j}(k+1.0)\\ 0, & 2^{-j}(k+1.0)\leqslant x<+\infty\end{cases}$$

构造函数系 $\zeta_0(x)=1$, $\zeta_n(x)=h_{j,k}(x)$, $n=2^j+k,0\leqslant k<2^j,j=0,1,2,\cdots$, 那么, 规范正交函数系 $\zeta_0(x),\zeta_1(x),\cdots,\zeta_n(x),\cdots$ 构成平方可积函数空间 $\mathcal{L}^2[0,1]$ 的规范正交基, 称之为 Haar 小波规范正交基. 详细罗列如下: $\zeta_0(x)=1$, 而且

$n=1$	$j=0,k=0$	$\zeta_1(x)=h_{0,0}(x)=h(x)$
$n=2$	$j=1,k=0$	$\zeta_2(x)=h_{1,0}(x)=2^{1/2}h(2x)$
$n=3$	$k=1$	$\zeta_3(x)=h_{1,1}(x)=2^{1/2}h(2x-1)$
$n=4$	$j=2,k=0$	$\zeta_4(x)=h_{2,0}(x)=2^{2/2}h(2^2x)$
$n=5$	$k=1$	$\zeta_5(x)=h_{2,1}(x)=2^{2/2}h(2^2x-1)$
$n=6$	$k=2$	$\zeta_6(x)=h_{2,2}(x)=2^{2/2}h(2^2x-2)$
$n=7$	$k=3$	$\zeta_7(x)=h_{2,3}(x)=2^{2/2}h(2^2x-3)$
$\vdots$	$\vdots$	$\vdots$

值得注意的是, 如果 $f(x)$ 是在闭区间 $[0,1]$ 上的连续函数, 那么, $f(x)$ 的如下级数展开式能够一致收敛到函数 $f(x)$ 自己:

$$f(x)=\sum_{n=0}^{+\infty}\left\langle f,\zeta_n\right\rangle\zeta_n(x)=\left\langle f,\zeta_0\right\rangle\zeta_0(x)+\left\langle f,\zeta_1\right\rangle\zeta_1(x)+\cdots+\left\langle f,\zeta_n\right\rangle\zeta_n(x)+\cdots$$

其中, 当 $n=2^j+k,0\leqslant k<2^j,j=0,1,2,\cdots$ 时,

$$\left\langle f,\zeta_n\right\rangle=\int_0^1 f(x)\overline{\zeta}_n(x)dx$$

就是函数 $f(x)$ 在区间 $[2^{-j}k,2^{-j}(k+1))$ 的左右两个半子区间 $[2^{-j}k,2^{-j}(k+0.5))$ 和 $[2^{-j}(k+0.5),2^{-j}(k+1))$ 上函数平均值之差与归一化因子 $2^{j/2}$ 的乘积:

$$\left\langle f,\zeta_n\right\rangle = 2^{j/2}\left[\int_{2^{-j}k}^{2^{-j}(k+0.5)} f(x)dx - \int_{2^{-j}(k+0.5)}^{2^{-j}(k+1)} f(x)dx\right]$$

当 $n=0$ 时，$\left\langle f,\zeta_0\right\rangle$ 就是函数 $f(x)$ 在区间 $[0,1]$ 上的平均值.

在 Haar 构造的规范正交基中，基本身是跳跃型不连续函数，虽然连续函数的级数展开式一致收敛到这个函数本身，但是，连续函数自己具有的解析性质比如连续性、可导性等无法在基函数上得到体现，也无法在展开式的系数上得到良好的体现. 提高基函数解析性质的简单途径是将 Haar 的台阶形函数替换成折线形或者三角形函数，比如 Faber(1910)和 Schauder(1927)构造完成的三角形函数小波基.

(γ) 小波初现: Faber 和 Schauder 三角形小波基

Haar 在 1910 年所提问题的另一个解决方案，在要求基函数具有连续性的条件下, Faber(1910)和 Schauder(1927)分别给出了最简单的解答，就是构造三角形函数或折线形函数小波基.

定义如下三角形函数 $\Delta(x)$:

$$\Delta(x)=\begin{cases}0, & -\infty<x<0\\ 2x, & 0\leqslant x\leqslant 0.5\\ 2(1-x), & 0.5\leqslant x\leqslant 1\\ 0, & 1<x<+\infty\end{cases}$$

按照如下方式定义这个函数的伸缩平移函数系：当 $(j,k)\in\mathbb{Z}\times\mathbb{Z}$ 时，

$$\Delta_{j,k}(x)=\Delta(2^j x-k)=\begin{cases}0, & -\infty<x<2^{-j}k\\ 2(2^j x-k), & 2^{-j}k\leqslant x<2^{-j}(k+0.5)\\ -2(2^j x-(k+1)), & 2^{-j}(k+0.5)\leqslant x<2^{-j}(k+1)\\ 0, & 2^{-j}(k+1)\leqslant x<+\infty\end{cases}$$

显然，$\Delta_{j,k}(x)$ 是支撑在区间 $[2^{-j}k,2^{-j}(k+1)]$ 上，在两个端点以及之外取值恒为 0 而且在这个区间的中点 $x=2^{-j}(k+0.5)$ 取值为 1 的三角形连续折线.

构造如下函数系:

$$\varsigma_{-1}(x)=1$$
$$\varsigma_0(x)=x$$
$$\varsigma_n(x)=\Delta_{j,k}(x)$$
$$n=2^j+k,\quad 0\leqslant k<2^j,\quad j=0,1,2,\cdots$$

那么，函数系 $\varsigma_{-1}(x),\varsigma_0(x),\varsigma_1(x),\cdots,\varsigma_n(x),\cdots$ 构成一组 Schauder 基，[0,1]上的连续函数 $f(x)$ 可以按照如下形式展开为系数唯一而且一致收敛的级数:

$$f(x)=\alpha_{-1}+\alpha_0 x+\alpha_1\varsigma_1(x)+\cdots+\alpha_n\varsigma_n(x)+\cdots$$

其实，容易验证 $\alpha_{-1}=f(0)$，$\alpha_{-1}+\alpha_0=f(1)$，$\alpha_{-1}+0.5\alpha_0+\alpha_1=f(0.5)$，$\cdots$ 这样，利用函数系 $\varsigma_{-1}(x),\varsigma_0(x),\varsigma_1(x),\cdots,\varsigma_n(x),\cdots$ 中各个函数顺序地在[0,1]中有限位二进制表示点上取值为 0 或 1 的规律可以递推地得到全部级数系数. 另外可以证明，当序数表示为 $n=2^j+k, 0\leqslant k<2^j, j=0,1,2,\cdots$ 时，

$$\alpha_n=f(2^{-j}(k+0.5))-0.5[f(2^{-j}k)+f(2^{-j}(k+1))]$$

容易证明，如果[0,1]上的函数 $f(x)$ 是连续可导的，那么，它的 Schauder 基函数项级数一致收敛于 $f(x)$，而且，这个 Schauder 基函数项级数各项求导就得到函数 $f(x)$ 的导函数 $f'(x)$ 的 Haar 小波基函数项级数展开式，即如果 $f(x)$ 是[0,1]上的连续可导函数，那么

$$f(x)=\sum_{n=-1}^{+\infty}\alpha_n\varsigma_n(x)$$

而且

$$\frac{df(x)}{dx}=\sum_{n=0}^{+\infty}\alpha_n\frac{d\varsigma_n(x)}{dx}=\sum_{n=0}^{+\infty}\alpha_n\zeta_n(x)=\sum_{n=0}^{+\infty}\left\langle f',\zeta_n\right\rangle\zeta_n(x)$$

同时，这两个函数项级数都是一致收敛的.

另外，作为一个随机过程的布朗运动 $B(x,\omega)$，其中 x 表示时间或空间变量，ω 属于某概率空间 Ω，可以视之为依赖于参数 ω 的时间函数或空间函数，利用希尔伯特空间的 Schauder 基或正交化 Schauder 基对 $B(x,\omega)$ 进行“分离”展开：在分布意义下，$B(x,\omega)$ 的时间或空间导数 $B'_x(x,\omega)$ 可以表示为希尔伯特空间 $\mathcal{L}^2(\mathbb{R})$ 的一组正交基 $\{\vartheta_s(x);s\in\mathscr{S}\}$ 的函数项级数形式：

$$B'_x(x,\omega)=\frac{d}{dx}B(x,\omega)=\sum_{s\in\mathscr{S}}\rho_s(\omega)\vartheta_s(x)$$

其中，$\{\rho_s(\omega);s\in\mathscr{S}\}$ 是一组数学期望为 0 的独立同分布高斯随机变量. 这样可以证明，布朗运动轨迹的 Hölder 指数小于 0.5，即 $B(x,\omega)\in C^h, h<0.5$.

后来大量的研究文献表明，函数 $f(x)$ 介于连续但不可导的状态，与 Hölder 空间 $C^h[0,1], 0<h<1$、分形结构以及多重分形结构具有密切关系，而且，像按照“缺项”傅里叶级数表示的处处连续处处不可导的魏尔斯特拉斯函数和处处连续而在无理数点上不可导的黎曼函数，在小波理论深入研究的过程中，最终都能简洁明了地把这些特殊性质展现在小波级数展开系数的衰减特征上.

(δ) 小波初现: Franklin 正交函数系

前述 Schauder 基 $\varsigma_{-1}(x),\varsigma_0(x),\varsigma_1(x),\cdots,\varsigma_n(x),\cdots$ 不是正交函数系，这给许多问题分析带来不便，Franklin(1928)利用 Gram-Schmidt 正交化方法将它转换为一个正交函数系，仍用这些记号，那么，$\varsigma_{-1}(x)=1$，$\varsigma_0(x)=\sqrt{12}(x-0.5),\cdots$，由此得到空间 $\mathcal{L}^2[0,1]$ 的一个正交基. 这个正交基称为 Franklin 函数系.

Franklin 函数系的显著优点是利用 $\mathcal{L}^2[0,1]$ 的这个正交基能够从函数展开的 Franklin 函数项级数系数简洁特征化如下定义的 Hölder 空间 $C^h[0,1], 0<h<1$:

$$f(x)\in C^h[0,1]\Leftrightarrow |f(x)-f(y)|\leqslant \varepsilon\,|x-y|^h,\quad 0\leqslant t,\ \ u\leqslant 1$$

实际上，如果函数 $f(x)\in\mathcal{L}^2[0,1]$ 按照 Franklin 函数系展开如下:

$$f(x)=\sum_{n=-1}^{+\infty}\alpha_n\varsigma_n(x)=\sum_{n=-1}^{+\infty}\left\langle f,\varsigma_n\right\rangle\varsigma_n(x)$$

那么

$$f(x)\in C^h[0,1]\Leftrightarrow \left|\left\langle f,\varsigma_n\right\rangle\right|=\left|\int_0^1 f(x)\overline{\varsigma}_n(x)dx\right|\leqslant cn^{-0.5-h},\quad n=1,2,\cdots$$

即函数空间 $\mathcal{L}^2[0,1]$ 或者其中的函数完全被这些函数在 Franklin 函数系上的正交投影或者展开系数的衰减特征所表征.

除此之外, Franklin 函数系还具有良好的“波动性”:

$$\int_0^1\varsigma_n(x)dx=\int_0^1 x\varsigma_n(x)dx=0,\quad n=1,2,\cdots$$

Franklin 函数系的典型缺陷是它没有简单的算法结构，即它不像 Haar 小波基函数和 Schauder 基函数那样能够利用某个简单的函数经过自变量的伸缩和平移产生得到全部函数系，此外，这个正交函数系的另一个缺陷是它不便于表征其他常用函数空间.

(ε) 小波初现: Littlewood-Paley 二进块方法

在函数空间 $\mathcal{L}^2[0,2\pi]$ 中的函数 $f(x)$ 可以按照傅里叶级数表示为

$$f(x)=a_0+\sum_{n=1}^{+\infty}[a_n\cos(nx)+b_n\sin(nx)]$$

而且，这个函数的平均能量也可以由傅里叶级数系数的平方和表示如下:

$$\frac{1}{2\pi}\int_0^{2\pi}|f(x)|^2\,dx=|a_0|^2+\sum_{n=1}^{+\infty}[|a_n|^2+|b_n|^2]$$

但是，函数 $f(x)$ 的能量分布以及能量显著集中位置的相关信息却不能由傅里叶级数系数进行适当表征. 此外，在物理学研究中常用函数的 p 阶模:

$$\| f \|_p = \left(\frac{1}{2\pi} \int_0^{2\pi} | f(x) |^p \, dx \right)^{1/p}$$

近似刻画函数 $f(x)$ 的能量分布情况，通过分析函数 $f(x)$ 的 p 阶模 $\| f \|_p$ 随阶数 p 的变化快慢，判断函数 $f(x)$ 的能量是集中在某些局部还是比较均匀地分布在整个区间 $[0,2\pi]$ 上. 但是，利用函数 $f(x)$ 的傅里叶级数系数既不能精确计算，也不能大致估计函数 $f(x)$ 的 p 阶模. 这说明将傅里叶三角基函数直接用于分析函数能量分布存在局限性.

在 20 世纪 30 年代，Littlewood 和 Paley(1931, 1937, 1938)利用傅里叶三角函数基建立一种“块”分析方法，即现在被称为“二进块”的分析方法，以这种“块”而非单个正弦函数或余弦函数或复指数函数为基本单元重组和分析函数，从而达到对函数 p 阶模的特征化.

Littlewood 和 Paley 按照如下方式定义函数 $f(x)$ 的二进块 $\Delta_j f(x)$:

$$\Delta_j f(x) = \sum_{n=2^j}^{2^{j+1}-1} [a_n \cos(nx) + b_n \sin(nx)]$$

于是得到函数 $f(x)$ 的二进块展开表达式:

$$f(x) = a_0 + \sum_{j=0}^{+\infty} \Delta_j f(x)$$

可以证明，对于 $1 < p < +\infty$，存在两个正数 $0 < c_p \leqslant C_p < +\infty$，使得对于任意的函数 $f(x) \in \mathcal{L}^p(\mathbb{R})$，如下不等式恒成立:

$$c_p \| f \|_p \leqslant \left\| \sqrt{| a_0 |^2 + \sum_{j=0}^{+\infty} | \Delta_j f(x) |^2} \right\|_p \leqslant C_p \| f \|_p$$

在 $p = 2$ 时，可以取 $c_p = C_p = 1$，而且，成立如下等式:

$$\| f \|_p = \left\| \sqrt{| a_0 |^2 + \sum_{j=0}^{+\infty} | \Delta_j f(x) |^2} \right\|_p$$

这说明如下的两个 p 模:

$$\left\| \sqrt{| a_0 |^2 + \sum_{j=0}^{+\infty} | \Delta_j f(x) |^2} \right\|_p, \quad \| f \|_p$$

是等价模，可以用前者这样的函数傅里叶级数的“块”作为基本单元达到对任意函数 p 模的特征化.

(ζ) 小波初现: Zygmund-Stein 高维二进块理论

在 Littlewood-Paley 二进块方法的基础上，Zygmund(1950, 1956, 1959)和 Stein(1970a, 1970b, 1971)把从函数空间 $\mathcal{L}^2[0,2\pi]$ 中的傅里叶级数分析方法发展起来的一维二进块方法扩展到高维空间，这为后来 20 世纪 60 年代的单位算子分解公式 "Calderón 恒等式" 的建立以及现代形式小波的出现发挥了直接推动的作用.

选择定义在 n 维欧氏空间 $\mathbb{R}^n$ 中的无穷次可微快速衰减函数 $\mathscr{g}(x)$，其傅里叶变换:

$$\mathscr{G}(\omega) = (\mathscr{F}\mathscr{g})(\omega) = (2\pi)^{-0.5n} \int_{x\in\mathbb{R}^n} \mathscr{g}(x) e^{-i\omega\cdot x} dx$$

满足如下要求:

$$\begin{cases} \mathscr{G}(\omega) = 0, & 0 \leqslant |\omega| \leqslant (1-\alpha) \\ \mathscr{G}(\omega) = 1, & (1+\alpha) \leqslant |\omega| \leqslant 2(1-\alpha) \\ \mathscr{G}(\omega) = 0, & 2(1+\alpha) \leqslant |\omega| < +\infty \\ \sum\limits_{j\in\mathbb{Z}} |\mathscr{G}(2^{-j}\omega)|^2 = 1, & \omega \in \mathbb{R}^n,\ \omega \neq 0 \end{cases}$$

其中控制频域波形的参数 $\alpha \in (0,1/3]$，此外，当 $(1-\alpha) < |\omega| < 1+\alpha$ 时，$\mathscr{g}(x)$ 的傅里叶谱 $\mathscr{G}(\omega)$ 的绝对值 $|\mathscr{G}(\omega)|$ 介于 0 和 1 之间. 利用这些记号和函数 $\mathscr{g}(x)$，对于任意函数 $f(x)$，按照如下方式定义 $f(x)$ 的二进块 $\Delta_j f(x)$:

$$\Delta_j f(x) = (f * \mathscr{g}_j)(x),\quad \mathscr{g}_j(x) = 2^{nj} \mathscr{g}(2^j x),\quad j \in \mathbb{Z}$$

称为函数 $f(x)$ 的 Zygmund-Stein 二进块(函数系)，此外，按照如下函数项级数和的方式定义与函数 $f(x)$ 对应的 Littlewood-Paley-Stein 函数 $\varsigma(x)$:

$$\varsigma(x) = \left(\sum_{j=0}^{+\infty} |\Delta_j f(x)|^2 \right)^{0.5}$$

可以证明，如果 $f(x) \in \mathcal{L}^2(\mathbb{R}^n)$，那么，$\|f\|_2 = \|\varsigma\|_2$，即能量守恒. 当 $1 < p < +\infty$ 时，$\exists 0 < \gamma_p \leqslant \mu_p < +\infty$，使得，如果 $f(x) \in \mathcal{L}^p(\mathbb{R}^n)$，那么成立如下不等式:

$$\gamma_p \|\varsigma\|_p \leqslant \|f\|_p \leqslant \mu_p \|\varsigma\|_p$$

即函数空间 $\mathcal{L}^p(\mathbb{R}^n)$ 上的这两个范数或模是等价模.

另外，从函数 $f(x)$ 的 Zygmund-Stein 二进块函数系如何实现函数 $f(x)$ 的重建呢? 这部分研究成果是 Marcinkiewicz(1937, 1939)所建立的函数空间原子分解理论中重建规则的典型范例.

假设 $\mathscr{g}(x) \in \mathcal{L}^2(\mathbb{R}^n)$ 的傅里叶谱 $\mathscr{G}(\omega)$ 满足限制条件:

$$\sum_{j\in\mathbb{Z}}|\mathscr{G}(2^{-j}\omega)|^2=1,\quad \text{a.e.},\quad \omega\in\mathbb{R}^n$$

这样, 利用 Zygmund-Stein 二进块函数系重建函数 $f(x)$ 的重建公式需要用"块"算子的伴随算子表示为如下对称形式:

$$\begin{aligned}f(x)&=\sum_{j\in\mathbb{Z}}\int_{\mathbb{R}^n}\mathscr{W}_j^*(\mu)\mathscr{g}_j(x-\mu)d\mu\\&=\sum_{j\in\mathbb{Z}}\int_{\mathbb{R}^n}\mathscr{W}_j(\mu)\tilde{\mathscr{g}}_j(x-\mu)d\mu\end{aligned}$$

其中, $\mathscr{g}_j(x)=2^{nj}\mathscr{g}(2^jx),j\in\mathbb{Z}$ 表示分块函数 $\mathscr{g}(x)$ 的 2 的整数次幂伸缩产生的函数序列. 另外, $\mathscr{W}_j^*$ 是如下定义的卷积算子 $\mathscr{W}_j:\mathcal{L}^2(\mathbb{R}^n)\to\mathcal{L}^2(\mathbb{R}^n)$ 的伴随算子:

$$\begin{aligned}\mathscr{W}_j(\mu)&=(f*\mathscr{g}_j)(\mu)\\&=\int_{\mathbb{R}^n}f(x)\mathscr{g}_j(\mu-x)dx\\&=2^{nj}\int_{\mathbb{R}^n}f(x)\mathscr{g}[2^j(\mu-x)]dx\end{aligned}$$

即当 $j\in\mathbb{Z}$ 时, 卷积算子 $\mathscr{W}_j$ 把函数 $f(x)$ 变换为函数 $\mathscr{W}_j(\mu)=(f*\mathscr{g}_j)(\mu)$, 这就是前述 Zygmund-Stein 二进块 $\Delta_jf(\mu)$. 实际上, 如果按照如下方式定义"对偶分块"函数 $\tilde{\mathscr{g}}(x),\tilde{\mathscr{g}}_j(x)$:

$$\begin{cases}\tilde{\mathscr{g}}(x)=\overline{\mathscr{g}}(-x), & x\in\mathbb{R}^n\\ \tilde{\mathscr{g}}_j(x)=2^{nj}\tilde{\mathscr{g}}(2^jx), & j\in\mathbb{Z}\end{cases}$$

那么, 卷积算子 $\mathscr{W}_j$ 的伴随算子 $\mathscr{W}_j^*:\mathcal{L}^2(\mathbb{R}^n)\to\mathcal{L}^2(\mathbb{R}^n)$ 可以表示如下:

$$\begin{aligned}\mathscr{W}_j^*(\mu)&=(f*\tilde{\mathscr{g}}_j)(\mu)\\&=\int_{\mathbb{R}^n}f(x)\tilde{\mathscr{g}}_j(\mu-x)dx\\&=2^{nj}\int_{\mathbb{R}^n}f(x)\tilde{\mathscr{g}}[2^j(\mu-x)]dx\end{aligned}$$

即当 $j\in\mathbb{Z}$ 时, 卷积算子 $\mathscr{W}_j^*$ 把函数 $f(x)$ 变换为函数 $\mathscr{W}_j^*(\mu)=(f*\tilde{\mathscr{g}}_j)(\mu)$, 这也是前述意义下的 Zygmund-Stein 二进块, 只不过分块所使用的函数替换为"对偶分块"函数 $\tilde{\mathscr{g}}(x)$.

在这里 $\tilde{\mathscr{g}}(x)$ 称为分块函数 $\mathscr{g}(x)$ 的对偶, 显然, $\mathscr{g}(x)$ 也是 $\tilde{\mathscr{g}}(x)$ 的对偶, 而分块函数系 $\{\tilde{\mathscr{g}}_j(x)=2^{nj}\tilde{\mathscr{g}}(2^jx);j\in\mathbb{Z}\}$ 称为分块函数系 $\{\mathscr{g}_j(x)=2^{nj}\mathscr{g}(2^jx);j\in\mathbb{Z}\}$ 的对偶函数系, 或者称它们是互为对偶的.

这里关于分块函数对偶或分块函数系对偶的解释在后续二进小波及其对偶小波、双正交小波及其对偶小波的论述中还会以类似的形式再次出现.

(η) 小波初现: Lusin 小波

20世纪30年代, Lusin 精彩地将哈代空间 $\mathcal{H}^p(\mathbb{R})$ 及其中的函数按照基本单元函数或者原子函数, 即负二次函数 $\vartheta_\xi(z)=(z-\overline{\xi})^{-2}$ 进行了巧妙分解, 其中 $\xi=\lambda+i\mu$ 是上半平面内的复数, 即 $\lambda\in\mathbb{R}$, $\mu>0$, 具体地, $\mathcal{H}^p(\mathbb{R})$ 中的函数 $f(z)$ 可以被表示成如下积分形式:

$$f(z)=\iint_{\xi=\lambda+i\mu\in \mathrm{P}}(z-\overline{\xi})^{-2}\alpha(\xi)d\lambda d\mu$$

其中 $\mathrm{P}=\{\xi=\lambda+i\mu;\lambda\in\mathbb{R},\ \mu>0\}$ 是上半复平面. 这个积分表达式称为 Lusin 合成公式, 原子函数 $\vartheta_\xi(z)=(z-\overline{\xi})^{-2}$ 称为 Lusin 小波.

当 $1\leqslant p\leqslant+\infty$ 时, 哈代空间 $\mathcal{H}^p(\mathbb{R})$ 的基本含义是: $f(z)\in\mathcal{H}^p(\mathbb{R})$ 当且仅当 $f(z)$ 在上半复平面 P 是全纯的并满足如下限制条件:

$$\|f\|_{\mathcal{H}^p(\mathbb{R})}=\sup_{v>0}\sqrt[p]{\int_{u\in\mathbb{R}}|f(u+iv)|^p\ du}<+\infty$$

现在说明 Lusin 合成公式真实成立的条件. 从作为"合成系数"的任意可测函数 $\alpha(\xi)$ 出发, 定义二次函数:

$$\mathrm{A}(u)=\sqrt{\iint_{\Gamma(u)=\{(\lambda,\mu)\in\mathbb{R}^2;\mu>|\lambda-u|\}}\|\alpha(\lambda+i\mu)^2\mu^{-2}d\lambda d\mu}$$

其中积分区域 $\Gamma(u)=\{(\lambda,\mu)\in\mathbb{R}^2;\mu>|\lambda-u|\}$ 是上半复平面 P 内一个开口向上的锥顶角是直角的开锥形区域, 锥形区域的顶点是 $(\lambda,\mu)=(u,0)$, 垂直直线 $\lambda=u$ 是这个锥形区域的对称线. 这样, 实数变量 u 的非负函数 $\mathrm{A}(u)$ 可以被理解为锥形区域 $\Gamma(u)$ 上柱顶面是曲面 $\tilde{\alpha}(\lambda,\mu)=|\alpha(\lambda+i\mu)|^2\ \mu^{-2}$ 的柱体体积.

当 $1\leqslant p\leqslant+\infty$ 时, 定义实数变量 u 的非负函数 $\mathrm{A}(u)$ 的 $\mathcal{L}^p(\mathbb{R})$ 模如下:

$$\|\mathrm{A}\|_{\mathcal{L}^p(\mathbb{R})}=\left(\int_{-\infty}^{+\infty}|\mathrm{A}(u)|^p\ du\right)^{1/p}$$

利用这些记号, Lusin 合成理论表述为: 如果 $\mathrm{A}(u)\in\mathcal{L}^p(\mathbb{R})$, 那么, 公式

$$f(z)=\iint_{\xi=\lambda+i\mu\in \mathrm{P}}(z-\overline{\xi})^{-2}\alpha(\xi)d\lambda d\mu\in\mathcal{H}^p(\mathbb{R})$$

而且, 当 $1\leqslant p<+\infty$ 时, 成立如下的特征化关系:

$$\|f\|_{\mathcal{H}^p(\mathbb{R})}\leqslant\mathcal{C}(p)\|\mathrm{A}\|_{\mathcal{L}^p(\mathbb{R})}$$

其中 $\mathcal{C}(p)$ 是与 p 相关的一个正实数. 最后这个关于两个函数空间范数的不等式称为

Lusin 不等式. 这个不等式给出了哈代空间 $\mathcal{H}^p(\mathbb{R})$ 及其函数的适当程度的特征化，但这种特征化不彻底！容易验证，函数 $f(z)=(z+i)^{-2}$ 在每个哈代空间 $\mathcal{H}^p(\mathbb{R})$ 里，此时，可以取 $\alpha(\xi)=\delta(\xi-i)$ 是狄拉克测度，但直接计算可得

$$\| \mathrm{A} \|_{\mathcal{L}^p(\mathbb{R})}^p = \int_{-\infty}^{+\infty} |\, \mathrm{A}(u) |^p \, du = +\infty$$

这说明一个简单的事实，即如果不对 Lusin 合成公式中的合成系数 $\alpha(\xi)$ 施加足够的限制，那么，哈代空间 $\mathcal{H}^p(\mathbb{R})$ 的模 $\| f \|_{\mathcal{H}^p(\mathbb{R})}$ 与函数空间 $\mathcal{L}^p(\mathbb{R})$ 的模 $\| \mathrm{A} \|_{\mathcal{L}^p(\mathbb{R})}$ 不会是任何意义下的等价模. 导致这种事情发生的根本原因是函数的 Lusin 分解或合成公式表达式不是唯一的，具体形式是合成系数 $\alpha(\xi)$ 与实数变量 u 的非负实函数 $\mathrm{A}(u)$ 之间不是一一对应关系，实际上，$\mathrm{A}(u)$ 只依赖于合成系数 $\alpha(\xi)$ 的绝对值或模.

解决这个问题的一个途径是“自然合成公式”和“自然合成系数”(准小波变换)的提出. 在上半复平面 P 全纯的函数 $f(z)$，要求 Lusin 合成公式中的合成系数 $\alpha(\xi)$ 选择为 $\alpha(\xi)=2\pi^{-1}i\mu f'(\lambda+i\mu)$，其中 $\xi=\lambda+i\mu$，这个系数称为自然合成系数，这时，Lusin 合成公式成立而且称为 Lusin 自然合成公式. 在这种自然选择条件下，当 $1\leqslant p<+\infty$ 时，哈代空间 $\mathcal{H}^p(\mathbb{R})$ 的模 $\| f \|_{\mathcal{H}^p(\mathbb{R})}$ 与函数空间 $\mathcal{L}^p(\mathbb{R})$ 的模 $\| \mathrm{A} \|_{\mathcal{L}^p(\mathbb{R})}$ 是等价模.

在保持分解或合成公式唯一性的条件下，得到巧妙的对应关系：

$$f(z) \mapsto \boxed{\alpha(\xi)=2\pi^{-1}i\mu f'(\lambda+i\mu)}$$

$$\boxed{\alpha(\xi)=2\pi^{-1}i\mu f'(\lambda+i\mu)} \mapsto f(z) = \iint_{\xi=\lambda+i\mu\in \mathrm{P}} (z-\overline{\xi})^{-2}\alpha(\xi)d\lambda d\mu$$

到 20 世纪后期由 Coifman 和 Weiss(1977)首次按照原子和原子分解理论揭示出它们隐藏的“小波变换”关系，其中的原子或者“小波”其实就是函数 $\vartheta_\xi(z)=(z-\overline{\xi})^{-2}$，这里 $\xi\in \mathrm{P}$. 这就是 Lusin 小波名称的真正来源.

(θ) 小波初现：单位算子分解的 Calderón 恒等式

1938 年，Marcinkiewicz(1937, 1939) 建立函数空间原子分解理论，其中所谓原子就是函数空间“最简单的单元”，原子分解理论的目标就是寻找常用函数空间的原子并制定由原子重建空间中函数的规则，利用发现的原子和函数重组规则实现函数空间每个函数的重建. 实际上，Lusin 分解或合成公式说明，函数 $\vartheta_\xi(z)=(z-\overline{\xi})^{-2}$，这里 $\xi\in \mathrm{P}$ 就是全纯哈代空间 $\mathcal{H}^p(\mathbb{R})$ 的原子，而函数重组规则就是 Lusin 合成公式. Marcinkiewicz 发现函数空间 $\mathcal{L}^p[0,1]$，其中 $1<p<+\infty$ 的最简单的原子是 1910 年建立的哈尔正交函数系，而 1927 年出现的 Franklin 正交函数系也能建立函数空间

$\mathcal{L}^p[0,1]$，其中 $1<p<+\infty$ 的良好的原子分解．从现代小波理论的科学观念出发，Franklin 正交函数系和 1930 年发展起来的 Littlewood-Paley 二进块理论以及 Zygmund(1950)的高维二进块理论之间存在十分自然的关联，但最重要的是，20 世纪 60 年代 Calderón(1963, 1964, 1965, 1966)发现的以“Calderón 恒等式”著称的单位算子分解公式继承性提供了函数空间原子分解的另一个途径，以最直接和最相似的形式奠定了现代小波方法形式体系理论基础．

假设 $\psi(x)\in\mathcal{L}^2(\mathbb{R}^n)$ 的傅里叶谱 $\Psi(\omega)$ 满足限制条件：

$$\int_0^{+\infty}|\Psi(t\omega)|^2\frac{dt}{t}=1,\quad \text{a.e.},\quad \omega\in\mathbb{R}^n$$

此时，如果 $\psi(x)\in\mathcal{L}^1(\mathbb{R}^n)$，那么，上式可以得到

$$\int_{\mathbb{R}^n}\psi(x)dx=0$$

引入如下函数和记号：

$$\tilde{\psi}(x)=\overline{\psi(-x)},\quad \psi_t(x)=t^{-n}\psi(t^{-1}x),\quad \tilde{\psi}_t(x)=t^{-n}\tilde{\psi}(t^{-1}x)$$

定义两类算子 Q_t 和 Q_t^*：

$$(Q_tf)(u)=(\psi_t*f)(u)=\int_{v\in\mathbb{R}^n}\psi_t(v)f(u-v)dv$$

$$(Q_t^*f)(u)=(\tilde{\psi}_t*f)(u)=\int_{v\in\mathbb{R}^n}\tilde{\psi}_t(v)f(u-v)dv$$

可以证明，当 $t>0$ 时，算子 Q_t^* 是 Q_t 的伴随算子，而且，成立如下形式的关于单位算子分解的 Calderón 恒等式：

$$I=\int_0^{+\infty}Q_tQ_t^*\frac{dt}{t}$$

这意味着对于所有的函数 $f(x)\in\mathcal{L}^2(\mathbb{R}^n)$，如下形式的重建公式成立：

$$f(x)=\int_0^{+\infty}[Q_t(Q_t^*f)](x)\frac{dt}{t},\quad \text{a.e.},\quad x\in\mathbb{R}^n$$

也可以等价地改写为

$$f(x)=\int_0^{+\infty}\frac{dt}{t}\int_{\mu\in\mathbb{R}^n}(\psi_t*\tilde{\psi}_t)(x-\mu)f(\mu)d\mu,\quad \text{a.e.},\quad x\in\mathbb{R}^n$$

或者

$$f(x)=\int_0^{+\infty}(\psi_t*\tilde{\psi}_t*f)(x)\frac{dt}{t},\quad \text{a.e.},\quad x\in\mathbb{R}^n$$

(ι) 小波初现：Franklin 系的近似小波特征

Franklin 函数系 $\varsigma_{-1}(x),\varsigma_0(x),\varsigma_1(x),\cdots,\varsigma_n(x),\cdots$ 具有一些良好的性质，比如能建

立函数空间 $\mathcal{L}^p[0,1]$，其中 $1<p<+\infty$ 的良好的原子分解，具有良好的"波动性"，函数空间 $\mathcal{L}^2[0,1]$ 或者其中的函数完全被这些函数在 Franklin 函数系上的正交投影或者展开系数的衰减特征所表征等，但比较遗憾的是，Franklin 系函数构造复杂，形式不统一，而且它不便于表征其他常用的函数空间. 但 Ciesielski (1963) 给出的 Franklin 函数系的估计形式说明，Franklin 函数系已经非常接近现代小波的规范正交基的形式.

1963 年，Ciesielski 发现并证明 Franklin 函数系的近似小波特性，即 $\exists\gamma>0,\beta>0$，使得，$\forall 0\leqslant x\leqslant 1$ 以及 $n=2^j+k, 0\leqslant k<2^j, j=0,1,2,\cdots$，

$$|\varsigma_n(x)|\leqslant \beta 2^{j/2}\exp(-\gamma\,|\,2^j x-k\,|)$$

而且

$$\left|\frac{d\varsigma_n(x)}{dx}\right|\leqslant \beta 2^{3j/2}\exp(-\gamma\,|\,2^j x-k\,|)$$

因此，Franklin 函数系 $\{\varsigma_{-1}(x),\varsigma_0(x),\varsigma_n(x);n=1,2,\cdots\}$ 的函数 $\varsigma_n(x)$ 具有如下形式的渐近近似表示：当 $n=2^j+k, 0\leqslant k<2^j, j=0,1,2,\cdots$ 时，

$$\varsigma_n(x)\approx\psi_{j,k}(x)=2^{j/2}\psi(2^j x-k)$$

其中函数 $\psi(x)$ 是一个指数衰减的 Lipschitz 函数.

(κ) 小波产生: Strömberg 小波

Ciesielski 在 1963 年发现并证明了 Franklin 函数系 $\{\varsigma_n(x);n=-1,0,1,2,\cdots\}$ 与形如 $\psi_n(x)=\psi_{j,k}(x)=2^{j/2}\psi(2^j x-k); n=2^j+k, 0\leqslant k<2^j, j=0,1,2,\cdots$ 的伸缩平移函数系具有渐近近似关系，实际上，可以进一步证明，存在指数衰减的 Lipschitz 函数 $\psi(x)$、误差函数 $\varepsilon_n(x)$ 以及正数 c，当 $n=2^j+k, 0\leqslant k<2^j, j=0,1,2,\cdots$ 时，成立如下的精确近似关系和误差控制关系：

$$\varsigma_n(x)=2^{j/2}\psi(2^j x-k)+\varepsilon_n(x)$$

而且

$$\|\,\varepsilon_n(x)\,\|_2\leqslant c(2-\sqrt{3})^{d(n)},\quad d(n)=\inf(k,2^j-k)$$

Strömberg(1983a, 1983b, 1983c)第一个发现并构造实现满足前述要求的指数衰减 Lipschitz 函数 $\psi(x)$，具体构造方法是

a) 函数系 $\{2^{j/2}\psi(2^j x-k),(j,k)\in\mathbb{Z}^2\}$ 是空间 $\mathcal{L}^2(\mathbb{R})$ 的规范正交基;

b) $\psi(x)$ 在整个实直线上连续且在如下各个区间上是线性的:

$$0.5[2-\ell,3-\ell],\ [\ell,\ell+1],\ \ell=1,2,\cdots$$

c) $|\psi(x)|\leqslant c(2-\sqrt{3})^{|x|}$，即 $\psi(x)$ 是指数衰减的.

这就是 Strömberg 小波或者 Strömberg 规范正交小波基. 在最后一个条件中，因为

$$2-\sqrt{3}=\frac{1}{2+\sqrt{3}}<\frac{1}{3}$$

所以 $\psi(x)$ 的指数衰减是显而易见的.

在 Strömberg 的构造中，要求一个函数 $\psi(x)$ 不仅具有特定的解析性质，比如连续性以及在无穷远处速降，而且，它的伸缩平移函数系构成函数空间 $\mathcal{L}^2(\mathbb{R})$ 的规范正交基，这不仅重新恢复了傅里叶方法所用基函数只具有极其简单的代数结构，同时分析方法具有十分广泛的普适性，而且，函数空间存在由伸缩平移函数系构成的规范正交基意味着在这个空间中函数的分析和重建都将具有十分简单有效的快速数值算法.

另外，以全纯哈代空间 $\mathcal{H}^1(\mathbb{R})$ 实函数形式的函数空间 $\mathbb{H}^1(\mathbb{R})$ 原子分解为例，说明了原子分解、无条件基与 Strömberg 规范正交小波基的关系.

实函数哈代空间 $\mathbb{H}^1(\mathbb{R})$ 中的函数 $u(x)$，需要满足的条件是：存在实函数 $v(x)$，$u(x)+iv(x)\in\mathcal{H}^1(\mathbb{R})$. 另一种说法是，$u(x)\in\mathbb{H}^1(\mathbb{R})$ 当且仅当 $u(x)$ 及其希尔伯特变换 $\tilde{u}(x)$ 都在 $\mathcal{L}^1(\mathbb{R})$ 中.

Weiss 和 Coifman 给出了实哈代空间 $\mathbb{H}^1(\mathbb{R})$ 的一种原子分解理论，但这种原子分解没有唯一性；这个空间的另一种原子分解方法是根据无条件基完成实现的，不仅具有分解和重建唯一性，而且还十分便于进一步的分析. 实际上，Wojtaszczyk(1982) 证明，函数系 $\{\varsigma_n(x);n=0,1,2,\cdots\}$ (即去除恒 1 函数外余下的 Franklin 函数系)是哈代空间 $\mathbb{H}^1(\mathbb{R})$ 中在区间[0,1]之外恒等于 0 的函数全体构成的子空间的无条件基，而 Strömberg(1983a, 1983b, 1983c)进一步证明了，他在 1980 年构造的“Strömberg 规范正交小波基” $\{2^{j/2}\psi(2^jx-k),(j,k)\in\mathbb{Z}^2\}$ 是 $\mathbb{H}^1(\mathbb{R})$ 的无条件基. Meyer (1990), Meyer 和 Coifman (1991a, 1991b, 1997), Meyer 和 Ryan (1993)在“小波与算子(I)”中仔细讨论了利用紧支撑函数 $\psi(x)$ 生成的规范正交基 $\{2^{j/2}\psi(2^jx-k),(j,k)\in\mathbb{Z}^2\}$ 构造 Weiss 和 Coifman 原子分解的类似“Littlewood-Paley 二进块”方法，即先把函数展开为这个规范正交基的级数，然后将小波基分组构成原子，只不过，这种重组原子的过程依据的是规范正交小波级数系数的绝对值或模. 这示范性说明了由 Strömberg 首先开启的 $\{2^{j/2}\psi(2^jx-k),(j,k)\in\mathbb{Z}^2\}$ 型规范正交基方法不仅简单有效而且作用巨大.

(λ) 小波产生: Grossmann-Morlet 小波函数系

在 Calderón(1963, 1964, 1965, 1966)发现单位算子分解公式, 即 "Calderón 恒等式" 之后 20 年, Grossmann 和 Morlet(1984, 1985, 1986)在不了解这项重要成果的条件下于 1984 年再次发现了这个 20 年前的单位算子分解恒等式. 在量子力学理论的基础上, 他们把这个发现与量子力学相干态相联系, 给出了这个单位算子分解恒等式的完全不同的解释, 从而建立了现代小波概念以及应用范围异常广泛的普适小波变换理论体系, 这样的小波经常称为 Grossmann-Morlet 小波.

他们对小波函数 $\psi(x) \in \mathcal{L}^2(\mathbb{R}^n)$ 的要求是, 其傅里叶谱 $\Psi(\omega)$ 满足条件:

$$\int_0^{+\infty} |\Psi(t\omega)|^2 \frac{dt}{t} = 1, \quad \text{a.e.}, \quad \omega \in \mathbb{R}^n$$

其中, $\psi(x)$ 的傅里叶谱 $\Psi(\omega)$ 定义是

$$\Psi(\omega) = (\boldsymbol{\mathcal{F}}\psi)(\omega) = (2\pi)^{-\frac{n}{2}} \int_{\mathbb{R}^n} \psi(x) e^{-ix\cdot\omega} dx$$

满足如下逆变换关系:

$$\psi(x) = (2\pi)^{-\frac{n}{2}} \int_{\mathbb{R}^n} \Psi(\omega) e^{ix\cdot\omega} d\omega$$

此外, 如果 $\psi(x) \in \mathcal{L}^1(\mathbb{R}^n)$, 那么, 上述条件可以推论:

$$\int_{\mathbb{R}^n} \psi(x) dx = 0$$

小波函数系或连续小波 $\psi_{(s,\mu)}(x)$ 表示如下:

$$\psi_{(s,\mu)}(x) = s^{-n/2} \psi\left(\frac{x-\mu}{s}\right), \quad s > 0, \quad \mu \in \mathbb{R}^n$$

有时, 额外要求 $\psi(x)$ 具有如下定义的 m 阶消失矩:

$$\int_{-\infty}^{+\infty} x^v \psi(x) dx = 0, \quad v = 0, 1, 2, \cdots, (m-1)$$

在函数空间 $\mathcal{L}^2(\mathbb{R}^n)$ 的分析过程中, 对于任意的函数 $f(x)$, 它的小波变换用符号 $\boldsymbol{\mathcal{W}}_f(s,\mu)$ 表示并定义如下:

$$\boldsymbol{\mathcal{W}}_f(\mu, s) = \left\langle f, \psi_{(s,\mu)} \right\rangle = \int_{\mathbb{R}^n} f(x) \overline{\psi}_{(s,\mu)}(x) dx, \quad s > 0, \quad \mu \in \mathbb{R}^n$$

这相当于把小波函数系或连续小波 $\psi_{(s,\mu)}(x)$ 作为一个分析基, 将函数 $f(x)$ 向每个基函数进行正交投影.

反过来, 利用 Grossmann 和 Morlet(1984)发现的在量子力学相干态意义下的单

位算子分解恒等式，直接获得函数 $f(x)$ 的重建公式：

$$f(x)=\int_0^{+\infty}\int_{\mathbb{R}^n}\mathcal{W}_f(s,\mu)\psi_{(s,\mu)}(x)s^{-(n+1)}d\mu ds$$

虽然它是由从事量子理论研究的物理学家与从事地震勘探数据分析的地球物理学家从单位算子分解量子力学相干态解释中发展得到的分析方法，但这样的小波概念却是十分广泛的，幸运地涵盖了此前与小波本质相关联的所有概念，这里示范性说明它与 Strömberg 规范正交小波基和 Littlewood-Paley 二进块方法的联系. 在二进块分析方法中，要求 $\mathscr{g}(x)\in\mathcal{L}^2(\mathbb{R}^n)$ 的傅里叶谱 $\mathscr{G}(\omega)$ 满足限制条件：

$$\sum_{j\in\mathbb{Z}}|\mathscr{G}(2^{-j}\omega)|^2=1,\quad \text{a.e.},\quad \omega\in\mathbb{R}^n$$

容易验证，只要 $\psi(x)=\sqrt{\log 2}\,\mathscr{g}(x)$，那么，它的谱满足 Grossmann-Morlet 小波对谱的要求.

此外，如果函数 $\psi(x)$ 是 Strömberg 构造中的小波，那么，它的伸缩平移函数系 $\{2^{j/2}\psi(2^jx-k),(j,k)\in\mathbb{Z}^2\}$ 是 $\mathcal{L}^2(\mathbb{R})$ 的规范正交小波基，这时，$\psi(x)$ 的傅里叶变换 $\Psi(\omega)$ 显然满足 $\sum\limits_{k\in\mathbb{Z}}|\Psi(2^k\omega)|^2=1,\text{a.e.},\omega\in\mathbb{R}^n$. 这说明 Strömberg 小波 $\psi(x)$ 也是满足一维函数空间 $\mathcal{L}^2(\mathbb{R})$ 二进块分析需要的小波.

这些分析说明，Grossmann-Morlet 小波、Littlewood-Paley 二进块小波和 Strömberg 小波顺序地逐渐增强了对小波函数的要求，从而使小波作为分析和分解函数的工具具有越来越好的性能，函数的分解公式和重建公式具有更简洁的表达形式，同时，这里出现的三种类型的小波分别体现现代小波函数系中伸缩平移参数不同类型取值方式的小波 $\psi_{(s,\mu)}(x)$，在 Grossmann-Morlet 小波函数系或连续小波 $\psi_{(s,\mu)}(x)$ 中，参数 $s>0,\mu\in\mathbb{R}^n$ 都是连续取值；在 Littlewood-Paley 二进块小波函数系 $\mathscr{g}_j(x)=2^{nj}\mathscr{g}(2^jx)$，$\Delta_jf(x)=(f*\mathscr{g}_j)(x)$，$j\in\mathbb{Z}$ 中，相当于 $\psi_{(s,\mu)}(x)$ 中参数 $s=2^{-j},j\in\mathbb{Z},\mu\in\mathbb{R}^n$，即 $s>0$ 被离散化为 2 的整数次幂形式 $s=2^{-j},j\in\mathbb{Z}$，而参数 $\mu\in\mathbb{R}^n$ 仍然是连续取值；在 Strömberg 小波正交基函数系中，小波函数系 $\psi_{(s,\mu)}(x)$ 中的参数 $s>0$ 和 $\mu\in\mathbb{R}$ 分别被离散化为 $s=2^{-j},\mu=2^{-j}k,j\in\mathbb{Z},k\in\mathbb{Z}$，这时小波写成 $\psi_{(s,\mu)}(x)=\psi_{j,k}(x)=2^{j/2}\psi(2^jx-k),(j,k)\in\mathbb{Z}^2$.

从单位算子分解形式上，也可以发现这三类小波之间的联系.

首先，与 Grossmann-Morlet 小波函数系或连续小波 $\psi_{(s,\mu)}(x)$ 分析对应的是“单位算子分解的 Calderón 恒等式”：

$$I=\int_0^{+\infty}Q_tQ_t^*\frac{dt}{t}$$

或者 $\forall f(x)\in\mathcal{L}^2(\mathbb{R}^n)$，

$$f(x)=\int_0^{+\infty}[Q_t(Q_t^*f)](x)\frac{dt}{t},\quad \text{a.e.},\quad x\in\mathbb{R}^n$$

也可以等价改写为

$$f(x)=\int_0^{+\infty}\frac{dt}{t}\int_{\mu\in\mathbb{R}^n}(\psi_t*\tilde{\psi}_t)(x-\mu)f(\mu)d\mu,\quad \text{a.e.},\quad x\in\mathbb{R}^n$$

或者

$$f(x)=\int_0^{+\infty}(\psi_t*\tilde{\psi}_t*f)(x)\frac{dt}{t},\quad \text{a.e.},\quad x\in\mathbb{R}^n$$

或者表示成小波重建公式形式:

$$f(x)=\int_0^{+\infty}\int_{\mathbb{R}^n}\mathcal{W}_f(s,\mu)\psi_{(s,\mu)}(x)s^{-(n+1)}d\mu ds$$

总之, 所有这些等价表达式本质上都等价于恒等式:

$$\int_0^{+\infty}|\Psi(t\omega)|^2\frac{dt}{t}=1,\quad \text{a.e.},\quad \omega\in\mathbb{R}^n$$

其次, 与 Littlewood-Paley 二进块分析对应的是“单位算子分解级数”:

$$I=\sum_{j=-\infty}^{+\infty}\Delta_j\Delta_j^*$$

其中

$$\Delta_jf(x)=(f*\mathscr{g}_j)(x),\quad \Delta_j^*f(x)=(f*\tilde{\mathscr{g}}_j)(x)$$

而且

$$\begin{cases}\mathscr{g}_j(x)=2^{nj}\mathscr{g}(2^jx), & j\in\mathbb{Z}\\ \tilde{\mathscr{g}}_j(x)=2^{nj}\tilde{\mathscr{g}}(2^jx), & j\in\mathbb{Z}\\ \tilde{\mathscr{g}}(x)=\overline{\mathscr{g}}(-x), & x\in\mathbb{R}^n\end{cases}$$

或者将单位算子分解级数表示成二进块小波重建公式形式:

$$\begin{aligned}f(x)&=\sum_{j=-\infty}^{+\infty}\int_{\mu\in\mathbb{R}^n}(\Delta_j^*f)(\mu)\mathscr{g}_j(x-\mu)d\mu\\&=\sum_{j=-\infty}^{+\infty}\int_{\mu\in\mathbb{R}^n}(f*\tilde{\mathscr{g}}_j)(\mu)\mathscr{g}_j(x-\mu)d\mu\end{aligned}$$

实际上, 当 $j\in\mathbb{Z}$ 时, 算子 Δ_j^* 是算子 Δ_j 的伴随算子. 这里的单位算子分解级数相当于在单位算子分解的 Calderón 恒等式中的 t 被离散化为 $t=2^{-j},j\in\mathbb{Z}$. 这里的单位算子分解级数实质上等价于如下频域恒等式:

$$\sum_{j\in\mathbb{Z}}|\mathscr{G}(2^{-j}\omega)|^2=1,\quad \text{a.e.},\quad \omega\in\mathbb{R}^n$$

最后, 在 Strömberg 小波正交分析方法中, $\forall f(x)\in\mathcal{L}^2(\mathbb{R})$, 在 Strömberg 小波基下的如下展开级数就是单位算子分解的合成公式:

$$f(x)=\sum_{k\in\mathbb{Z}}\sum_{j\in\mathbb{Z}}\mathfrak{f}_{j,k}\psi_{j,k}(x)$$

其中级数系数 $\{\mathfrak{f}_{j,k};(j,k)\in\mathbb{Z}^2\}$ 可以按照如下方式进行计算:

$$\begin{aligned}\mathfrak{f}_{j,k}&=\int_{-\infty}^{+\infty}f(x)\bar{\psi}_{j,k}(x)dx=2^{j/2}\int_{-\infty}^{+\infty}f(x)\bar{\psi}(2^jx-k)dx\\&=2^{-j/2}(f*\tilde{\psi}_j)(2^{-j}k)=2^{-j/2}(\Delta_j^*f)(2^{-j}k)\end{aligned}$$

这里为清楚地区别于前述二进块算子, 利用了类似二进块算子的符号和定义:

$$\Delta_jf(x)=(f*\psi_j)(x),\quad \Delta_j^*f(x)=(f*\tilde{\psi}_j)(x)$$

而且

$$\begin{cases}\psi_j(x)=2^j\psi(2^jx), & j\in\mathbb{Z}\\ \tilde{\psi}_j(x)=2^j\tilde{\psi}(2^jx), & j\in\mathbb{Z}\\ \tilde{\psi}(x)=\bar{\psi}(-x), & x\in\mathbb{R}\end{cases}$$

当 $j\in\mathbb{Z}$ 时, 算子 Δ_j^* 是算子 Δ_j 的伴随算子, 同时, 级数系数 $\{\mathfrak{f}_{j,k};k\in\mathbb{Z}\}$ 可以通过 $\Delta_j^*f(x)=(f*\tilde{\psi}_j)(x)$ 在网格 $\Gamma_j=2^{-j}\mathbb{Z}$ 上的采样序列 $\{(\Delta_j^*f)(2^{-j}k),k\in\mathbb{Z}\}$ 进行计算.

这样的回顾清晰地显现出各个研究领域出现的各种小波概念的统一以及 Strömberg 小波规范正交基展现的对傅里叶三角级数基和 Haar 规范正交基分析性能的近乎完美的继承性. 这是现代小波概念的第一次抽象的统一.

(μ) 小波产生: Mallat 多分辨率分析与 Daubechies 小波

在小波的百年发展历程中, 多分辨率分析的出现是具有里程碑意义的划时代大事件, 从此历史开启了新的篇章, 奠定了小波在数学界和科学界独一无二的历史地位. 时至今日, 完善和发展多分辨率分析和小波构造的工作还在一直继续, 我们愿意期待小波研究取得越来越多、越来越深入的标志性关键成果, 但是, 到目前为止所有这些已经取得的研究成果中, Mallat(1988, 1989a, 1989b, 1989c, 1991), Mallat 和 Hwang(1992), Mallat 和 Zhang(1993), Mallat 和 Zhong(1991, 1992)完成的研究工作应该是最重要和最关键的决定性成果, 发现此前从无关联的几类科学研究问题和研究成果之间的相似性并由此建立能够统一这些工作的“多分辨率分析方法”:

(1) Croisier, Esteban 和 Galand 在研究语音传输编码和数字电话时发明的正交镜

像滤波器理论;

(2) Burt 和 Adelson 在研究图像处理和提取图像纹理过程中发明的金字塔算法和正交金字塔算法;

(3) Strömberg 和 Meyer 发现并建立的正交小波基及其构造方法.

在小波与正交镜像滤波器组理论之间的关系基础上, Daubechies(1988a, 1988b, 1990, 1992), Daubechies 和 Sweldens(1998)发现并完整建立紧支撑、高阶消失矩、正则的正交和双正交“Daubechies 小波”的理论和构造方法. 连同 Mallat, Meyer 等其他学者丰富的小波研究成果, 小波从此系统性地在范围十分广泛的科学和学科领域升华和取代以前各种意义下的多种用于科学分析的“基”, 成为性能极佳的普适、灵活、方便的科学分析方法, 可以说是十分完美地, 甚至可以说是“出乎当年敢于预期地”解决了 Haar(1910)关于傅里叶三角级数基和傅里叶积分变换基提出的基函数构造问题.

在 Daubechies 发现并证明的小波和小波滤波器组的构造方法中, 对每一个给定的正整数 $\zeta\in\mathbb{N}$, 可以在函数空间 $\mathcal{L}^2(\mathbb{R})$ 上构造满足如下“标准”要求的正交小波函数 $\psi^{(\zeta)}(x)$:

(1) 函数系 $\{\psi_{j,k}^{(\zeta)}(x)=2^{j/2}\psi^{(\zeta)}(2^jx-k);(j,k)\in\mathbb{Z}^2\}$ 是 $\mathcal{L}^2(\mathbb{R})$ 的规范正交基;

(2) 函数 $\psi^{(\zeta)}(x)$ 的支撑区间是闭区间 $[0,2\zeta+1]$;

(3) 函数 $\psi^{(\zeta)}(x)$ 具有直到 ζ 阶的“消失矩”, 即

$$\int_{-\infty}^{+\infty}x^n\psi^{(\zeta)}(x)dx=0,\quad n=0,1,\cdots,\zeta$$

(4) 函数 $\psi^{(\zeta)}(x)$ 具有 $\zeta\gamma$ 阶连续导数, 其中 γ 是一个独立常数, 数值大约是 0.2 .

作为一个特例, 当 $\zeta=0$ 时, Daubechies 小波退化为 Haar 小波.

Daubechies 小波能够提供高效的函数分解和重构方法. 实际上, 如果函数 $f(x)\in\mathcal{L}^2(\mathbb{R}^n)$ 本身具有 m 阶连续导函数并利用 $\zeta\geqslant(m-1)$ 的 Daubechies 小波 $\psi^{(\zeta)}(x)$ 进行函数分解, 那么, 函数在小波基函数 $\psi_{j,k}^{(\zeta)}(x)=2^{j/2}\psi^{(\zeta)}(2^jx-k)$ 上的投影或分解系数 $\alpha_{j,k}$:

$$\begin{aligned}\alpha_{j,k}&=\int_{-\infty}^{+\infty}f(x)\overline{\psi}_{j,k}^{(\zeta)}(x)dx\\&=\int_{-\infty}^{+\infty}f(x)2^{j/2}\overline{\psi}^{(\zeta)}(2^jx-k)dx\end{aligned}$$

将被序列 $2^{-(m+0.5)j}$ 所限定, 除了对所有整数 $j\in\mathbb{Z}$ 存在的一个共同正常数. 作为对比, 比如 Haar 小波或者沃尔什函数, 这个分解系数的限界是 $2^{-1.5j}$. 这说明正则函数的 Daubechies 小波分解中, 绝对值超过计算机数值精度的系数比其他分解方法要少得多. 反过来, 函数的 Daubechies 小波重构不仅是高效、高精度的, 同时还因为

Daubechies 小波本身可以具有的高阶正则性，可以保证局部逼近和近似逼近也具有良好的正则性，比如图像重建的块效应会被大幅度降低和压制. Daubechies 小波基的这些非凡特性决定了它在科学界的巨大作用.

注释：简述多分辨率分析建立后小波理论和构造的一些典型成果.

(1) Coifman 等(1992)和 Wickerhauser(1992)在多分辨率分析基础上建立的小波包(wavelet packet)分析理论是小波思想深度发展的典型代表，极大程度上扩展了规范正交小波基以及双正交小波基的构造，在正交小波理论的基础上给函数分析和函数空间表示提供从已知小波基再生大量分析基的普遍方法. 马晶等(马晶等，1999，马晶和谭立英，1999)将这种分析方法用于光的研究，建立了光的波前滤波理论.

(2) Sweldens(1994, 1996, 1998), Sweldens 和 Schröder(2000)建立提升方案(lifting scheme)构造小波的方法，Daubechies 和 Sweldens(1998)发现并证明有限脉冲响应小波滤波器可以通过一系列简单的多步提升步骤完全实现，标志第二代小波概念得以建立. 第二代小波理论和构造方法的理论基础是历史悠久而著名的多项式分解和多项式矩阵分解的 Euclid 算法(多项式辗转相除法)理论. 这种通过分裂(split)—预测(predict)—更新(update)三个步骤在时间域实现的小波构造方法，简便灵活，算法简易且不局限于标准的伸缩平移，为小波理论和方法的应用特别是实现小波算法的设计提供了极大的便利.

(3) Meyer 和 Coifman(1997), Borup 和 Nielsen(2003, 2005)等建立实现自适应频带分割的小波构造方法，提出 Brushlet 变换；Hayakawa(1998), Donoho(1999a, 1999b, 2000), Donoho 和 Huo(2000), Wang 等(2003)为了满足图像处理边缘及纹理提取的需要先后建立楔波(wedgelet)和小线(beamlets)分析基本理论和构造方法；Candès(1998), Candès 和 Donoho(1999, 2000a, 2000b, 2002, 2005a, 2005b), Starck 等(2002, 2003)先后建立连续的和正交的脊波(ridgelet)变换方法，并进一步构造第一代和第二代连续曲波(curvelet)变换; Pennec 和 Mallat(2005a, 2005b)提出了第一代和第二代 Bandelet 变换; Do(2003), Do 和 Vetterli(2000, 2002, 2003a, 2003b), 以及 Lu 和 Do(2003)提出了 Contourlet 变换. 这样的清单还可以继续罗列下去，仅仅说明满足特定研究和应用需要的小波层出不穷，永远不会枯竭.

(4) 量子小波和量子小波变换研究的内容是，在量子力学理论的基础上，如何实现小波的量子态描述以及如何实现量子态的小波变换，如何在量子计算机和量子计算理论基础上实现量子态的正交或双正交量子比特小波算子，实现量子比特小波算子的量子线路的设计等. 这些问题将会在后续独立章节分别进行研究.

多分辨率分析是众多科学研究领域现代小波思想和小波构造思想的再一次大抽象和大统一，强有力地推动小波理论的发展以及与其他学科的深度融合.

(ν) 小波产生: Namias 线性调频小波函数系

线性调频小波函数的出现直接源自傅里叶变换的特征性质和傅里叶变换算子

的 4 周期特性. Namias(1980)在傅里叶变换算子完备规范正交埃尔米特-高斯函数特征函数系和 $\lambda_n=(-i)^n=\exp(-0.5n\pi i), n=0,1,2,\cdots$ 形式的特征值系列基础上，在保持特征函数系不变的条件下，通过将变换算子的特征值系列选择为傅里叶变换算子特征值系列各个特征值的 α 次幂 $\lambda_n^\alpha=(-i)^{n\alpha}=\exp(-0.5n\alpha\pi i)$， $n=0,1,2,\cdots$，从而构造获得函数空间 $\mathcal{L}^2(\mathbb{R})$ 上幂次参数为 α 的线性变换，并命名这种线性变换为"分数阶傅里叶变换" (the fractional order Fourier transform). 在这个变换算子族中，经典傅里叶变换表现为幂次 $\alpha=1$ 的分数阶傅里叶变换. 分数阶傅里叶变换算子的积分表达形式适合罗列出类似于傅里叶积分变换表那样的重要的常用函数变换表, 此外, 随着幂次参数取遍全部实数数值，这些积分变换算子满足一般算子演算规则. 利用这些算子能够建立一种求解在经典二次哈密顿(量)函数量子力学中出现的常微分方程和偏微分方程的简便方法. 通过在自由和受限量子力学调和振荡器研究中的应用实例，详细说明了这类线性变换算子方法如何使用，同时解析地给出了相应的格林函数系. 这种变换算子在三维函数空间的普遍形式被用于研究定磁场电子运动量子力学特征(即电动力学特征)，建立在通用算子演算规则上的分数阶傅里叶变换算子可以十分方便的刻画定态、能量跃迁态和初始波包的演化过程. 这个方法在求解刻画时变磁场电子量子动力学的时间依赖系数二阶偏微分方程的过程中得到成功应用. 这些成果意味着分数阶傅里叶变换算子理论将会像傅里叶变换方法一样被广泛用于科学技术研究各个领域.

在此之前，Weyl (1927)和 Wiener (1929)研究揭示埃尔米特多项式、埃尔米特-高斯正交函数系以及傅里叶变换特征值问题之间的关联关系，在群论与量子力学研究过程中，他们虽然没有命名分数阶傅里叶变换算子，但确实把与傅里叶变换特征性质相关的一些重要成果推广到了这种分数幂次的傅里叶变换算子中. Condon(1937)通过把傅里叶变换算子嵌入函数变换连续群的方式建立了傅里叶变换的一种推广形式，此后 Kober(1939), Bargmann(1961，1962a，1962b，1967)和 Wolf(1979)在构造各种各样的积分变换和正则变换的过程中，都涉及或建立了非常接近分数阶傅里叶变换的线性积分变换算子.

Mcbride 和 Kerr(1987)建立并统一刻画得到此前文献中出现的各种分数阶傅里叶变换算子的积分核函数，这类核函数就是以变换幂次作为参数的线性调频函数，正因为这样，这类线性变换的核函数称为线性调频小波函数，相应的线性变换或积分变换称为线性调频小波变换. Lohmam(1993)发现并证明在 Wigner 分布时频平面上线性调频小波变换与平面旋转算子是等价的，具体地说，变换幂次参数为 α 的线性调频小波变换等价于 Wigner 分布时频平面上中心在原点转动角度为 $0.5\pi\alpha$ 的旋转算子，从而开启了线性调频小波和线性调频小波变换在光学和光学工程、信号处理和图像信息安全等学科领域的研究和应用.

Almeida(1994)在线性调频小波函数基础上建立了线性调频小波变换的时移、频移以及尺度性质，奠定了线性调频小波在滤波器设计以及信号滤波理论中应用的方法基础，从此开启线性调频小波和线性调频小波变换在信号最优滤波、雷达信号识别等领域的研究和应用.

利用函数空间 $\mathcal{L}^2(\mathbb{R})$ 上傅里叶变换算子幂次的4周期性质，即任何函数连续进行4次傅里叶变换就返回这个函数本身，将一些特殊幂次参数的线性调频小波函数进行线性组合可以产生“组合线性调频函数系”，可以像线性调频小波函数系一样实现函数空间 $\mathcal{L}^2(\mathbb{R})$ 的完全分析，这时，任何函数与其组合线性调频小波变换保持同样的范数或模，即组合线性调频小波函数也是函数空间 $\mathcal{L}^2(\mathbb{R})$ 的规范正交基，相应的组合线性调频小波变换是酉变换. Shih(1995a, 1995b)给出了具体的 4 项组合型线性调频小波函数系；Liu 等(1997)建立了组合项数为 4 的整数倍的组合型线性调频小波函数系；Kutay 等(1997), Cariolaro 等(1998), Zhu 等(2000), Ran 等(2000, 2003, 2004)发展了组合项数任意的组合线性调频小波函数系以及在组合项数固定前提下构造由参数向量控制的组合线性调频小波函数系理论，随着控制参数向量的不同选择可以产生大量的组合型线性调频小波函数系；Yeung 等(2004), 冉启文(1995, 2001), 冉启文和谭立英(2002, 2004), Ran 等(2005, 2009, 2014, 2015), Zhao 等(2009a, 2009b, 2015a, 2015b, 2015c, 2016a, 2016b, 2016c), Wei 等(2011a, 2011b, 2011c, 2011d, 2012a, 2012b), Yuan 等(2016)等建立了系列耦合线性调频小波并取得了丰硕的理论和应用研究成果，这些研究工作为函数空间 $\mathcal{L}^2(\mathbb{R})$ 等的分析提供丰富的规范正交基函数系，为线性调频小波理论在图像信息安全和光信息安全研究领域的应用奠定了坚实的理论基础.

定义规范正交埃尔米特-高斯(Hermite-Gaussian)函数系 $\phi_m(x)$ 如下：

$$\phi_m(x)=\frac{1}{\sqrt{2^m m!\sqrt{2}}}h_m(\sqrt{2\pi}x)\exp(-\pi x^2),\quad m=0,1,2,3,\cdots$$

其中 $h_m(x)$ 是第 m 个埃尔米特多项式：

$$h_m(x)=(-1)^m e^{x^2}\frac{d^m e^{-x^2}}{dx^m},\quad m=0,1,2,\cdots$$

可以证明，函数系 $\left\{\phi_m(x);m=0,1,2,3,\cdots\right\}$ 是函数空间 $\mathcal{L}^2(\mathbb{R})$ 的规范正交基，而且，如下傅里叶变换算子特征方程成立：

$$(\boldsymbol{\mathcal{F}}\phi_m)(\omega)=\lambda_m\phi_m(\omega)=\exp\left(-\frac{m\pi i}{2}\right)\phi_m(\omega),\quad m=0,1,2,\cdots$$

即 $\lambda_m=(-i)^m=\exp(-0.5m\pi i),m=0,1,2,\cdots$ 是傅里叶变换算子的特征值序列，而完备规范正交埃尔米特-高斯函数系 $\{\phi_m(x);m=0,1,2,3,\cdots\}$ 是傅里叶变换算子的特征函数系.

因此经典傅里叶变换算子 $\boldsymbol{\mathcal{F}}$ 可以写成对角形式：$\forall f(x)\in\boldsymbol{\mathcal{L}}^2(\mathbb{R})$，将它写成正交级数展开形式：

$$f(x)=\sum_{m=0}^{\infty} f_m\phi_m(x),\quad f_m=\int_{x\in\mathbb{R}} f(x)\phi_m^*(x)dx,\quad m=0,1,2,\cdots$$

那么，$f(x)$ 的傅里叶变换可以表示如下：

$$\begin{aligned}(\boldsymbol{\mathcal{F}}f)(\omega)=\mathrm{F}(\omega)&=\frac{1}{\sqrt{2\pi}}\int_{\mathbb{R}} f(x)e^{-ix\omega}dx=\sum_{m=0}^{\infty} f_m\lambda_m\phi_m(\omega)\\&=\int_{x\in\mathbb{R}} f(x)\left[\sum_{m=0}^{\infty}\lambda_m\phi_m(\omega)\phi_m^*(x)\right]dx\end{aligned}$$

换句话说，在函数空间 $\boldsymbol{\mathcal{L}}^2(\mathbb{R})$ 的规范正交基 $\{\phi_m(x);m=0,1,2,3,\cdots\}$ 之下，如果函数 $f(x)$ 被转换为序列 $(f_m;m=0,1,2,3,\cdots)$，那么，$f(x)$ 的傅里叶变换 $(\boldsymbol{\mathcal{F}}f)(\omega)$ 在该空间的这个规范正交基之下对应的序列就是 $(f_m\lambda_m;m=0,1,2,3,\cdots)$，而且傅里叶变换算子积分核或傅里叶基函数系能够写成可分变量乘积型无穷级数展开式：

$$\frac{1}{\sqrt{2\pi}}e^{-ix\omega}=\sum_{m=0}^{\infty}\lambda_m\phi_m(\omega)\phi_m^*(x)$$

利用这些记号和公式，Namies(1980)将变换参数为 α 的线性调频小波变换或者变换幂次或者变换阶数为 α 的分数阶傅里叶变换记为 $\boldsymbol{\mathcal{F}}^\alpha$，并定义如下：

$$\begin{aligned}(\boldsymbol{\mathcal{F}}^\alpha f)(\omega)&=f^{(\alpha)}(\omega)\\&=\sum_{m=0}^{\infty} f_m\lambda_m^\alpha\phi_m(\omega)\\&=\int_{x\in\mathbb{R}} f(x)\left[\sum_{m=0}^{\infty}\lambda_m^\alpha\phi_m(\omega)\phi_m^*(x)\right]dx\\&=\int_{x\in\mathbb{R}} f(x)\mathscr{K}_{\boldsymbol{\mathcal{F}}^\alpha}(\omega,x)dx\end{aligned}$$

其中，这个积分变换的核函数表示为

$$\mathscr{K}_{\boldsymbol{\mathcal{F}}^\alpha}(\omega,x)=\sum_{m=0}^{\infty}\lambda_m^\alpha\phi_m(\omega)\phi_m^*(x)$$

Mcbride 和 Kerr(1987)发现并证明，线性调频小波函数 $\boldsymbol{\mathcal{K}}_\alpha(\omega,x)$ 可以表示为无穷级数展开形式：

$$\boldsymbol{\mathcal{K}}_\alpha(\omega,x)=\rho(\alpha)e^{i\chi(\alpha,\omega,x)}=\mathscr{K}_{\boldsymbol{\mathcal{F}}^\alpha}(\omega,x)=\sum_{m=0}^{\infty}\lambda_m^\alpha\phi_m(\omega)\phi_m^*(x)$$

其中

$$\rho(\alpha)=\sqrt{\frac{1-i\cot(0.5\alpha\pi)}{2\pi}}$$

而且

$$\chi(\alpha,\omega,x)=\frac{(\omega^2+x^2)\cos(0.5\alpha\pi)-2\omega x}{2\sin(0.5\alpha\pi)}$$

或者

$$\chi(\alpha,\omega,x)=\frac{1}{2}\left[\omega^2\cot\left(\frac{\alpha\pi}{2}\right)-2\omega x\csc\left(\frac{\alpha\pi}{2}\right)+x^2\cot\left(\frac{\alpha\pi}{2}\right)\right]$$

其中 $\alpha\in\mathbb{R}$ 不是偶整数. 当 α 是偶数时, 则 $\mathcal{K}_\alpha(\omega,x)=\delta(\omega-(-1)^{0.5\alpha}x)$.

容易证明, 线性调频小波变换或分数阶傅里叶变换的特征方程满足

$$(\mathcal{F}^\alpha\phi_m)(\omega)=\lambda_m^\alpha\phi_m(\omega)=\exp\left(-\frac{m\alpha\pi i}{2}\right)\phi_m(\omega),\quad m=0,1,2,\cdots$$

即特征值序列是 $\lambda_m^\alpha=(-i)^{m\alpha}=\exp(-0.5m\alpha\pi i), m=0,1,2,\cdots$, 而特征函数系是完备规范正交埃尔米特-高斯函数系 $\{\phi_m(x);m=0,1,2,3,\cdots\}$. 显然, 当 $\alpha=1$ 时, 线性调频小波变换就退化为经典的傅里叶变换.

另一方面, $\forall f(x)\in\mathcal{L}^2(\mathbb{R})$, 容易验证:

$$\begin{aligned}
f^{(0)}(\omega)&=(\mathcal{F}^0 f)(\omega)=f(\omega)\\
f^{(1)}(\omega)&=(\mathcal{F}^1 f)(\omega)=(\mathcal{F}f)(\omega)\\
f^{(2)}(\omega)&=[\mathcal{F}(\mathcal{F}f)](\omega)=f(-\omega)\\
f^{(3)}(\omega)&=[\mathcal{F}(\mathcal{F}^2 f)](\omega)=(\mathcal{F}f)(-\omega)\\
f^{(4)}(\omega)&=[\mathcal{F}(\mathcal{F}^3 f)](\omega)=f(\omega)\\
f^{(5)}(\omega)&=[\mathcal{F}(\mathcal{F}^4 f)](\omega)=(\mathcal{F}f)(\omega)\\
&\cdots\cdots
\end{aligned}$$

利用线性调频小波变换的符号可以把这种规律表示如下:

$$f^{(\alpha)}(\omega)=(\mathcal{F}^\alpha f)(\omega)=(\mathcal{F}^{\mathrm{mod}(\alpha,4)}f)(\omega)=f^{(\mathrm{mod}(\alpha,4))}(\omega),\quad \alpha\in\mathbb{N}$$

Shih(1995a, 1995b)利用上述规律定义一种“傅里叶变换的分数化形式”的线性变换 $(\mathcal{F}_{\mathcal{S}}^\alpha f)(\omega)$, 具有如下形式:

$$\begin{aligned}
(\mathcal{F}_{\mathcal{S}}^\alpha f)(\omega)&=\sum_{s=0}^{3}p_s(\alpha)f^{(s)}(\omega)\\
&=p_0(\alpha)f^{(0)}(\omega)+p_1(\alpha)f^{(1)}(\omega)+p_2(\alpha)f^{(2)}(\omega)+p_3(\alpha)f^{(3)}(\omega)
\end{aligned}$$

满足如下算子运算规则:

$$[\mathcal{F}_{\mathcal{S}}^{\alpha}(\varsigma f+\upsilon g)](\omega)=\varsigma(\mathcal{F}_{\mathcal{S}}^{\alpha}f)(\omega)+\upsilon(\mathcal{F}_{\mathcal{S}}^{\alpha}g)(\omega)$$
$$\lim_{f\to g}(\mathcal{F}_{\mathcal{S}}^{\alpha}f)(\omega)=(\mathcal{F}_{\mathcal{S}}^{\alpha}g)(\omega)$$
$$(\mathcal{F}_{\mathcal{S}}^{\alpha+\tilde{\alpha}}f)(\omega)=[\mathcal{F}_{\mathcal{S}}^{\tilde{\alpha}}(\mathcal{F}_{\mathcal{S}}^{\alpha}f)](\omega)=[\mathcal{F}_{\mathcal{S}}^{\alpha}(\mathcal{F}_{\mathcal{S}}^{\tilde{\alpha}}f)](\omega)$$
$$(\mathcal{F}_{\mathcal{S}}^{\alpha}f)(\omega)=(\mathcal{F}^{m}f)(\omega),\quad \alpha=m\in\mathbb{Z}$$

这样的算子运算规则说明组合系数 $p_0(\alpha),p_1(\alpha),p_2(\alpha),p_3(\alpha)$ 必须满足“下标卷积”方程组:

$$\begin{cases}p_0(\alpha+\beta)=p_0(\alpha)p_0(\beta)+p_1(\alpha)p_3(\beta)+p_2(\alpha)p_2(\beta)+p_3(\alpha)p_1(\beta)\\ p_1(\alpha+\beta)=p_0(\alpha)p_1(\beta)+p_1(\alpha)p_0(\beta)+p_2(\alpha)p_3(\beta)+p_3(\alpha)p_2(\beta)\\ p_2(\alpha+\beta)=p_0(\alpha)p_2(\beta)+p_1(\alpha)p_1(\beta)+p_2(\alpha)p_0(\beta)+p_3(\alpha)p_3(\beta)\\ p_3(\alpha+\beta)=p_0(\alpha)p_3(\beta)+p_1(\alpha)p_2(\beta)+p_2(\alpha)p_1(\beta)+p_3(\alpha)p_0(\beta)\end{cases}$$

也可以把这个关于组合系数 $p_0(\alpha),p_1(\alpha),p_2(\alpha),p_3(\alpha)$ 的方程组集中表示为

$$p_\ell(\alpha+\beta)=\sum_{\substack{0\le m,n\le 3\\ m+n\equiv\ell \mod(4)}}p_m(\alpha)p_n(\beta),\quad \ell=0,1,2,3$$

Shih (1995a, 1995b)得到了这个函数方程组的“最简单的”解:

$$p_\ell(\alpha)=\cos\frac{\pi(\alpha-\ell)}{4}\cos\frac{2\pi(\alpha-\ell)}{4}\exp\left[-\frac{3\pi i(\alpha-\ell)}{4}\right],\quad \ell=0,1,2,3$$

同时, “傅里叶变换的分数化形式”线性变换 $(\mathcal{F}_{\mathcal{S}}^{\alpha}f)(\omega)$ 作为一种线性调频小波变换, 它对应的线性调频小波函数系 $\mathcal{K}_{\alpha}^{(\mathcal{S})}(\omega,x)$ 可以写成

$$\mathcal{K}_{\alpha}^{(\mathcal{S})}(\omega,x)=\sum_{s=0}^{3}p_s(\alpha)\mathcal{K}_s(\omega,x)$$

或者

$$\mathcal{K}_{\alpha}^{(\mathcal{S})}(\omega,x)=p_0(\alpha)\mathcal{K}_0(\omega,x)+p_1(\alpha)\mathcal{K}_1(\omega,x)+p_2(\alpha)\mathcal{K}_2(\omega,x)+p_3(\alpha)\mathcal{K}_3(\omega,x)$$

其中

$$\mathcal{K}_0(\omega,x)=\delta(\omega-x),\quad \mathcal{K}_1(\omega,x)=\frac{1}{\sqrt{2\pi}}\exp(-i\omega x)$$
$$\mathcal{K}_2(\omega,x)=\delta(\omega+x),\quad \mathcal{K}_3(\omega,x)=\frac{1}{\sqrt{2\pi}}\exp(+i\omega x)$$

一般地, 设符号 $\boldsymbol{\Theta}$ 是自然数, $\boldsymbol{\Theta}$ 个组合系数 $q_s^{(\gamma)}(\alpha),s=0,1,\cdots,(\boldsymbol{\Theta}-1)$ 定义为如下形式的实数α的 $\boldsymbol{\Theta}$ 个函数:

$$q_s^{(\gamma)}(\alpha)=\frac{1}{\boldsymbol{\Theta}}\sum_{k=0}^{(\boldsymbol{\Theta}-1)}\exp\{(-2\pi i/\boldsymbol{\Theta})[\alpha(k+\gamma_k)-sk]\}$$
$$\gamma=(\gamma_0,\gamma_1,\cdots,\gamma_{(\boldsymbol{\Theta}-1)}),\quad s=0,1,2,\cdots,(\boldsymbol{\Theta}-1)$$

其中，$\gamma=(\gamma_0,\gamma_1,\cdots,\gamma_{(\Theta-1)})\in\mathbb{R}^{\Theta}$ 是一个 Θ 维实数向量. 定义:

$$\begin{aligned}\mathcal{K}_{\alpha}^{(\gamma)}(\omega,x)&=\sum_{s=0}^{(\Theta-1)}q_s^{(\gamma)}(\alpha)\mathcal{K}_{4s/\Theta}(\omega,x)\\&=\frac{1}{\Theta}\sum_{s=0}^{(\Theta-1)}\sum_{k=0}^{(\Theta-1)}\exp\{(-2\pi i/\Theta)[\alpha(k+\gamma_k)-sk]\}\mathcal{K}_{4s/\Theta}(\omega,x)\end{aligned}$$

称之为耦合参数为 $\gamma=(\gamma_0,\gamma_1,\cdots,\gamma_{(\Theta-1)})$ 的耦合线性调频小波函数系，它满足如下的叠加运算规则:

$$\mathcal{K}_{\alpha+\beta}^{(\gamma)}(\omega,x)=\int_{-\infty}^{+\infty}\mathcal{K}_{\alpha}^{(\gamma)}(\omega,z)\mathcal{K}_{\beta}^{(\gamma)}(z,x)dz=\int_{-\infty}^{+\infty}\mathcal{K}_{\beta}^{(\gamma)}(\omega,z)\mathcal{K}_{\alpha}^{(\gamma)}(z,x)dz$$

或者形式化表示为

$$\mathcal{K}_{\alpha+\beta}^{(\gamma)}(\omega,x)=(\mathcal{K}_{\alpha}^{(\gamma)}*\mathcal{K}_{\beta}^{(\gamma)})(\omega,x)=(\mathcal{K}_{\beta}^{(\gamma)}*\mathcal{K}_{\alpha}^{(\gamma)})(\omega,x)$$

定义函数 $f(x)$ 在耦合线性调频小波 $\mathcal{K}_{\alpha}^{(\gamma)}(\omega,x)$ 下的耦合线性调频小波变换 $\mathcal{F}_{(\gamma)}^{\alpha}$ 具有如下表达式:

$$\begin{aligned}(\mathcal{F}_{(\gamma)}^{\alpha}f)(\omega)&=\int_{-\infty}^{+\infty}f(x)\mathcal{K}_{\alpha}^{(\gamma)}(\omega,x)dx\\&=\frac{1}{\Theta}\sum_{s=0}^{(\Theta-1)}\sum_{k=0}^{(\Theta-1)}e^{(-2\pi i/\Theta)[\alpha(k+\gamma_k)-sk]}\int_{-\infty}^{+\infty}f(x)\mathcal{K}_{4s/\Theta}(\omega,x)dx\\&=\sum_{s=0}^{(\Theta-1)}q_s^{(\gamma)}(\alpha)(\mathcal{F}^{4s/\Theta}f)(\omega)\end{aligned}$$

这样定义的耦合线性调频小波变换具有如下性质:

$$f(x)=\int_{-\infty}^{+\infty}(\mathcal{F}_{(\gamma)}^{\alpha}f)(\omega)\mathcal{K}_{-\alpha}^{(\gamma)}(\omega,x)d\omega=\sum_{t=0}^{(\Theta-1)}\sum_{s=0}^{(\Theta-1)}q_t^{(\gamma)}(-\alpha)q_s^{(\gamma)}(\alpha)f^{(4(s+t)/\Theta)}(x)$$

同时，耦合线性调频小波变换的叠加满足参数α的“加法规则”:

$$[\mathcal{F}_{(\gamma)}^{\alpha}(\mathcal{F}_{(\gamma)}^{\beta}f)](\omega)=[\mathcal{F}_{(\gamma)}^{\beta}(\mathcal{F}_{(\gamma)}^{\alpha}f)](\omega)=(\mathcal{F}_{(\gamma)}^{(\alpha+\beta)}f)(\omega)$$

或者形式化表示为

$$\mathcal{F}_{(\gamma)}^{\alpha}\mathcal{F}_{(\gamma)}^{\beta}=\mathcal{F}_{(\gamma)}^{\beta}\mathcal{F}_{(\gamma)}^{\alpha}=\mathcal{F}_{(\gamma)}^{(\alpha+\beta)}$$

也可以利用耦合系数全体 $\{q_s^{(\gamma)}(\alpha);s=0,1,2,\cdots,(\Theta-1)\}$ 表示为

$$q_u^{(\gamma)}(\alpha+\beta)=\sum_{s=0}^{(\Theta-1)}q_s^{(\gamma)}(\alpha)q_{\mathrm{mod}(u-s,\Theta)}^{(\gamma)}(\beta),\ \ u=0,1,\cdots,(\Theta-1)$$

或者改写为

$$\begin{cases} q_0^{(\gamma)}(\alpha+\beta)=q_0^{(\gamma)}(\alpha)q_0^{(\gamma)}(\beta) & +q_1^{(\gamma)}(\alpha)q_{(\Theta-1)}^{(\gamma)}(\beta) & +\cdots+ & q_{(\Theta-1)}^{(\gamma)}(\alpha)q_1^{(\gamma)}(\beta) \\ q_1^{(\gamma)}(\alpha+\beta)=q_0^{(\gamma)}(\alpha)q_1^{(\gamma)}(\beta) & +q_1^{(\gamma)}(\alpha)q_0^{(\gamma)}(\beta) & +\cdots+ & q_{(\Theta-1)}^{(\gamma)}(\alpha)q_2^{(\gamma)}(\beta) \\ \quad\vdots & \vdots & \ddots & \vdots \\ q_{(\Theta-1)}^{(\gamma)}(\alpha+\beta)=q_0^{(\gamma)}(\alpha)q_{(\Theta-1)}^{(\gamma)}(\beta) & +q_1^{(\gamma)}(\alpha)q_{(\Theta-2)}^{(\gamma)}(\beta) & +\cdots+ & q_{(\Theta-1)}^{(\gamma)}(\alpha)q_0^{(\gamma)}(\beta) \end{cases}$$

或者引入 $\Theta\times\Theta$ 矩阵记号:

$$\mathscr{Q}_{(\gamma)}^{\alpha}=\begin{pmatrix} q_0^{(\gamma)}(\alpha) & q_{(\Theta-1)}^{(\gamma)}(\alpha) & \cdots & q_1^{(\gamma)}(\alpha) \\ q_1^{(\gamma)}(\alpha) & q_0^{(\gamma)}(\alpha) & \cdots & q_2^{(\gamma)}(\alpha) \\ \vdots & \vdots & \ddots & \vdots \\ q_{(\Theta-1)}^{(\gamma)}(\alpha) & q_{(\Theta-2)}^{(\gamma)}(\alpha) & \cdots & q_0^{(\gamma)}(\alpha) \end{pmatrix}$$

将“加法规则”表示为

$$\mathscr{Q}_{(\gamma)}^{\alpha}\mathscr{Q}_{(\gamma)}^{\beta}=\mathscr{Q}_{(\gamma)}^{\beta}\mathscr{Q}_{(\gamma)}^{\alpha}=\mathscr{Q}_{(\gamma)}^{\alpha+\beta}$$

在上述讨论中，当 $\gamma=(\gamma_0,\gamma_1,\cdots,\gamma_{(\Theta-1)})=(0,0,\cdots,0)\in\mathbb{R}^{\Theta}$ 时，如果组合或耦合项数参数 $\Theta=4m, m\in\mathbb{N}$，这就返回到 Liu 等(1997)建立的组合项数为 4 的整数倍的组合型线性调频小波函数系.

1.2.4　量子力学与量子小波

小波与量子力学的关系源远流长，相干态特别是量子光学压缩态的思想更是小波思想的源泉之一. 在量子力学的理论体系如 Dirac(1930, 1949)建立的近乎完美的狄拉克量子力学形式符号体系中，虽然量子力学系统的量子态设定在 Fock(1928, 1932)空间中选取，但连续形式压缩算子或压缩态的积分演算复杂晦涩不便于获得简单明了的显式表达形式，而这正好又是小波伸缩思想在量子力学中的基本表现形式，这似乎不利于小波的思想和方法在量子力学领域的产生和发展. 其后 Segal 和 Mackey(1960), Marx(1970), Reed 和 Simon(1975)在量子力学符号体系完善和关于 Fock 空间的研究成果为量子力学理论和方法的应用提供了便利.

随着量子力学理论自身发展的需要以及参考量子力学(测不准原理等)思想进行信号处理和通信理论研究的强劲需求，小波的雏形很早就以一些特殊的形式潜藏在借鉴量子力学思想的通信研究、量子系统量子态演进研究、量子力学量子态表示方法研究以及量子光学等研究之中，比如 Wigner(1932), Gabor(1946a, 1946b, 1946c, 1946d, 1947, 1953)借助相干态(加窗傅里叶基函数)思想建立的函数或信号表达方式; Bargmann(1961, 1962a, 1962b, 1967)利用一些特殊形式的积分变换提出解析函数希尔伯特空间中函数的分解展开表达方法; Helstrom(1966)在信息论研究过程中利用高斯函数作为信号基元得到各种信号的积分形式展开表达式; Klauder 和 Sudarshan 等(1968, 1969)在《量子光学基础》(*Fundamentals of Quantum Optics*)

中直接使用空间(时间)域和频率(傅里叶变换)域都有平移参量的高斯窗傅里叶基函数通过积分形式表达任意量子光场的方法；此外，Dixmier(1969), Vilenkin(1968), Perelomov(1972), Duplo 和 Moore(1976)等的研究工作涉及相干态、量子光场和群表示理论的重正则化表示方法. Battle(1997)研究了小波态的海森伯(Heisenberg)测不准关系. 在这些早期研究成果中，小波的雏形就以加窗傅里叶基函数或相干态形式时隐时现.

Grossmann 和 Morlet 等(1984, 1985, 1986)在不了解 20 年前 Calderón(1964)在调和分析领域建立的"单位算子分解 Calderón 恒等式"的前提下，在 Morlet 等(1981, 1982a, 1982b)分析地震勘探地震道记录数据特殊方法的基础上，系统地建立了哈代空间"分析小波"的数学基础理论，即将平方可积的实数值函数(哈代函数)分解为由一个固定小波经过伸缩和平移产生的适当的平方可积小波族，当小波满足容许性条件时，这样产生的积分变换是保范自伴随的，即这个定义在哈代空间上的线性算子是酉算子，这就是量子力学形式的"单位算子分解 Calderón 恒等式". 特别地，能够得到哈代空间一类显式的分析小波，它所能发挥的作用相当于平方可积函数空间中相干态或 Gabor 小波的作用. 最后根据群论方法研究了非幺模 $(ax+b)$ 群不可约表达的平方可积系数. 所有这些研究成果就是单粒子单方向直线运动的自然量子力学表示法. 从此建立了现代小波概念，而且，专用名词"小波"(wavelet)才真正出现. 其实，根据小波产生的学科背景和量子力学表示理论体系，把小波称为"量子小波"是十分自然的回归. 只不过，在这个开创性论文中没有利用量子力学狄拉克符号体系表述本质上与量子光学压缩态密切相关的小波概念和理论.

Fan 等(1987, 2004, 2006, 2009)发现并建立算子有序乘积积分方法，发展了量子力学的狄拉克符号体系方法；Wünsche(1999)建立了量子光学算子有序乘积积分方法，为出现在量子力学和量子光学中的许多复杂积分问题提供了简便的解决途径，这也包括小波思想中最核心的伸缩平移运算导致的压缩积分问题；Jia 等(2016), 范洪义(2013), Liu 和 Fan(2009), Lv 等(2015)和 Song 等(2010, 2012, 2016)等利用算子有序乘积方法解决了一些复杂的量子力学问题，比如 Jia 等(2016)建立了纠缠压缩变换与量子力学的关联关系，从而为量子态小波理论的建立奠定了量子力学方法的基础.

在量子力学理论基础上，量子计算机和量子计算概念的建立使计算和计算机的概念发生了深刻的变化，比如 Chuang 和 Yamamoto(1995), Chuang 等(1995)建立了简单的量子计算机概念；Chuang 等(1998), Jones 等(1998)分别建立和实验性地实现了量子算法以及量子搜索算法等.

在量子计算理论基础研究中，出现了各种高效量子计算算法，最著名的例子包括用于判定一个函数是否是偶的或平衡的 Deutsch 和 Jozsa(Deutsch, 1989; Deutsch 和 Jozsa, 1992)算法，整数质因素分解的 Shor(1994, 1995, 1997)算法和在一个非结构化数据库中搜索一个项目的 Grover(1996)算法.

在 Fino 和 Algazi(1977)建立的离散酉变换统一处理模式基础上, Loan(1992)建立了快速傅里叶变换的计算框架, Reck 等(1994)建立了离散酉算子的量子计算实现方法, Knill(1995)利用量子线路逼近酉算子, Barenco 等(1995, 1996)建立了近似量子傅里叶变换并研究了消相干的影响, Vedral 等(1996)建立了实现基本代数运算的量子线路网络, Calderbank 等(1996, 1997)研究了量子容错计算理论, Brassard 等(1998)建立和实现了量子计数方法, Buhrman 等(1999)研究了多量子之间的通信复杂性, Aharonov 等(1998)建立实现了混合量子态的量子线路, Cerf 等(1998, 2000a, 2000b)研究了嵌入式量子搜索算法的 NP 问题, Zalka(1999)证明了 Grover(1996)建立的量子搜索算法的最优性, Jozsa(1998)建立了量子傅里叶变换即量子比特 FFT. 在量子计算机量子线路和量子线路网络的基础上, Fijany 和 Williams(1999)建立了实现量子比特小波快速算法的完全量子线路网络.

这些重要的量子计算和量子酉变换研究成果充分揭示了经典计算和量子计算在许多方面的差异, 除了计算能力存在天壤之别(Simon, 1994), 更让人意外的是, 几种最典型的基本酉算子的计算实现效率, 两者出现了完全相反的状态. 比如置换算子类中的某些置换算子, 在实现快速量子比特小波变换的过程中, 其实现效率(时间开销和空间开销)远远不如它在经典计算中的表现, 甚至于其计算开销在实现过程中必须作为主要的或关键的难点, 采取完全有别于经典计算实现的具有极大挑战性的、有悖常理的思路和途径才可能得到解决. 在完成各种计算任务的量子线路和量子线路网络的研究中, 这些基本酉算子发挥了十分关键的作用.

量子计算机和量子计算理论取得的这些重大研究成果为建立实现量子比特小波和量子比特小波算子的量子线路和线路网络奠定了物理基础、算法理论基础和计算基础.

总之, 小波思想和小波理论的出现、发展和完善, 量子力学理论体系特别是量子力学狄拉克符号体系的发展, 量子力学中算子有序乘积积分方法的产生和完善, 量子计算机理论和量子计算理论的出现和快速发展, 共同推动早在 20 世纪中叶就雏形初显的量子小波, 到 20 世纪 90 年代先后分别以量子态小波和量子比特小波的形式获得系统的理论研究和量子线路实现研究, 拓展和丰富了量子力学理论、量子计算机理论和量子计算理论.

(α) 量子力学与相干态小波

在 Gabor(1946a, 1946b, 1946c, 1946d, 1947, 1953)高斯窗傅里叶基函数形式的相干态函数或信号展开表达方法中, 将任意平方可积复数值函数分解为在时间(空间)域和频率域(傅里叶变换域)都具有平移参量的高斯函数系的积分组合形式, 这种时(空)-频双域平移高斯函数系构成的分解基出现在 Bargmann(1961)的解析函数希尔伯特空间函数分解表达式中, Helstrom(1966)以这个函数系为信号基元将信号展开为积分表达式, 在 Klauder 和 Sudarshan(1968)的量子光学理论中, 将量子光场表述为这个函数系的积分形式.

定义如下形式的高斯函数:

$$\mathfrak{g}(x)=\frac{1}{\sqrt[4]{\pi}}\frac{1}{\sqrt{2\pi}}\exp\left(-\frac{x^2}{2}\right)$$

对于任意的两个实数 $x_0,\omega_0\in\mathbb{R}$，在时间(空间)域和频率域(傅里叶变换域)分别具有平移参量 x_0,ω_0 的高斯函数系表示为

$$\mathfrak{g}^{(x_0,\omega_0)}(x)=\mathfrak{g}(x-x_0)e^{-0.5x_0\omega_0 i}e^{\omega_0 xi}$$

在高斯函数系 $\{\mathfrak{g}^{(x_0,\omega_0)}(x)=\mathfrak{g}(x-x_0)e^{-0.5x_0\omega_0 i}e^{\omega_0 xi};(x_0,\omega_0)\in\mathbb{R}^2\}$ 基础上，对于任意的平方可积函数 $\psi(x)\in\mathcal{L}^2(\mathbb{R})$，定义如下积分变换:

$$\Psi(x_0,\omega_0)=\int_{-\infty}^{+\infty}\psi(x)\overline{\mathfrak{g}}^{(x_0,\omega_0)}(x)dx=e^{0.5x_0\omega_0 i}\int_{-\infty}^{+\infty}\psi(x)\mathfrak{g}(x-x_0)e^{-i\omega_0 x}dx$$

可以证明，对于任意的平方可积函数 $\psi(x)\in\mathcal{L}^2(\mathbb{R})$，成立如下两个恒等式:

$$\int_{-\infty}^{+\infty}|\psi(x)|^2\,dx=\int_{-\infty}^{+\infty}\int_{-\infty}^{+\infty}|\Psi(x_0,\omega_0)|^2\,dx_0d\omega_0$$

而且

$$\begin{aligned}\psi(x)&=\int_{-\infty}^{+\infty}\int_{-\infty}^{+\infty}\Psi(x_0,\omega_0)\mathfrak{g}^{(x_0,\omega_0)}(x)dx_0d\omega_0\\&=\int_{-\infty}^{+\infty}\int_{-\infty}^{+\infty}\Psi(x_0,\omega_0)\mathfrak{g}(x-x_0)e^{-0.5x_0\omega_0 i}e^{\omega_0 xi}dx_0d\omega_0\end{aligned}$$

其中第一个恒等式说明这个线性变换或算子是保范的或酉的算子，而第二个恒等式说明函数 $\psi(x)$ 可以从它的变换 $\Psi(x_0,\omega_0)$ 实现重建，这本质上体现了单位算子的恒等分解:

$$\begin{aligned}\psi(x)&=\int_{-\infty}^{+\infty}\psi(y)\mathbf{E}(x,y)dy\\&=\int_{-\infty}^{+\infty}\psi(y)dy\int_{-\infty}^{+\infty}\int_{-\infty}^{+\infty}\overline{\mathfrak{g}}^{(x_0,\omega_0)}(y)\mathfrak{g}^{(x_0,\omega_0)}(x)dx_0d\omega_0\end{aligned}$$

即

$$\mathbf{E}(x,y)=\int_{-\infty}^{+\infty}\int_{-\infty}^{+\infty}\overline{\mathfrak{g}}^{(x_0,\omega_0)}(y)\mathfrak{g}^{(x_0,\omega_0)}(x)dx_0d\omega_0$$

表现为“单位矩阵”或“单位算子”的“矩阵元素”(脉冲型元素)，即“主对角线元素恒等于 1，其他元素恒等于 0”.

在这个函数分解关系或恒等算子分解关系中，$\mathfrak{g}^{(x_0,\omega_0)}(x)=\mathfrak{g}(x-x_0)e^{-0.5x_0\omega_0 i}e^{\omega_0 xi}$ 作为基本单元体现为量子力学中的相干态，具有分析小波基的雏形，可以把它称为相干态小波.

(β) 量子光学与压缩态小波

Grossmann 与 Morlet(1984)在哈代空间建立了压缩态量子小波的基本理论，将半轴频谱消失的函数，即哈代函数分解为压缩态量子小波的积分表达形式，建立压缩态量子小波的基本条件，即容许性条件，论证这种分解算子的幺正性质或酉性，建立单位算子分解恒等式，利用一种改进的伽马函数研究了哈代空间一个显式压缩态量子小波的表示和渐近性质，同时从群论的观点研究了非幺模伸缩平移 $(ax+b)$ 群不可约表示方法的平方可积系数. 这为单粒子单方向直线运动动力学提供了自然的量子力学表示法.

在这里的哈代函数可以理解为平方可积实数值函数，也可以理解为半轴频谱消失复数值解析函数的实数部分，后者十分有利于这种分析方法在各种场合的实际应用. 这样，哈代空间 $\mathcal{H}^2(\mathbb{R})$ 就是 $\mathcal{L}^2(\mathbb{R})$ 的一个闭子空间.

要求分析小波 $\mathfrak{g}(x)\in\mathcal{H}^2(\mathbb{R})$ 满足容许性条件:

$$\mathcal{C}_{\mathfrak{g}}=2\pi\,\|\,\mathfrak{g}\,\|^{-2}\int_{-\infty}^{+\infty}e^{s}ds\int_{-\infty}^{+\infty}|\,\mathfrak{G}(\omega)\mathfrak{G}(e^{s}\omega)\,|^{2}\,d\omega<+\infty$$

或者演算化简为

$$\mathcal{C}_{\mathfrak{g}}=2\pi\int_{0}^{+\infty}\omega^{-1}\,|\,\mathfrak{G}(\omega)\,|^{2}\,d\omega<+\infty$$

其中

$$\|\,\mathfrak{g}\,\|^{2}=\int_{-\infty}^{+\infty}|\,\mathfrak{g}(x)\,|^{2}\,dx<+\infty$$

而且

$$\mathfrak{G}(\omega)=\frac{1}{\sqrt{2\pi}}\int_{-\infty}^{+\infty}\mathfrak{g}(x)e^{-i\omega x}dx$$

表示函数 $\mathfrak{g}(x)$ 的傅里叶变换.

现在回到哈代空间 $\mathcal{H}^2(\mathbb{R})$，对于其中任何函数 $h(x)\in\mathcal{H}^2(\mathbb{R})$，定义它的一个积分变换如下:

$$(\mathcal{O}h)(s,\mu)=\frac{1}{\sqrt{\mathcal{C}_{\mathfrak{g}}}}\int_{-\infty}^{+\infty}h(x)e^{0.5s}\overline{\mathfrak{g}}(e^{s}x-\mu)dx$$

或者在频域等价表示为

$$(\mathcal{O}h)(s,\mu)=\frac{1}{\sqrt{\mathcal{C}_{\mathfrak{g}}}}\int_{0}^{+\infty}H(\omega)e^{-0.5s}\overline{\mathfrak{G}}(e^{-s}\omega)e^{i(e^{-s}\mu)\omega}dx$$

其中

$$H(\omega)=\frac{1}{\sqrt{2\pi}}\int_{-\infty}^{+\infty}h(x)e^{-i\omega x}dx$$

是函数 $h(x)$ 的傅里叶变换，而且

$$\mathfrak{g}_{s,\mu}(x) = e^{0.5s}\mathfrak{g}(e^s x - \mu)$$

称为压缩态量子小波，$(\mathcal{O}h)(s,\mu)$ 称为函数 $h(x)$ 的压缩态量子小波变换.

可以证明，对于任意的哈代函数 $h(x) \in \mathcal{H}^2(\mathbb{R})$，成立如下两个恒等式:

$$\int_{-\infty}^{+\infty} |h(x)|^2 \, dx = \int_{-\infty}^{+\infty}\int_{-\infty}^{+\infty} |(\mathcal{O}h)(s,\mu)|^2 \, dsd\mu$$

而且

$$h(x) = \frac{1}{\sqrt{\mathcal{C}_{\mathfrak{g}}}}\int_{-\infty}^{+\infty}\int_{-\infty}^{+\infty}(\mathcal{O}h)(s,\mu)e^{0.5s}\mathfrak{g}(e^s x - \mu)dsd\mu$$

其中第一个恒等式称为范数恒等式，说明压缩态量子小波变换是酉算子，变换过程是能量守恒的，它更经常使用的形式是，对于哈代空间 $\mathcal{H}^2(\mathbb{R})$ 中的任何两个函数 $h(x), f(x)$，成立如下恒等式:

$$\int_{-\infty}^{+\infty} h(x)\overline{f}(x)dx = \int_{-\infty}^{+\infty}\int_{-\infty}^{+\infty}(\mathcal{O}h)(s,\mu)\overline{[(\mathcal{O}f)(s,\mu)]}dsd\mu$$

或者简单表示为如下的内积恒等式:

$$\left\langle h, f\right\rangle = \left\langle (\mathcal{O}h), (\mathcal{O}f)\right\rangle_{\mathcal{L}^2(\mathbb{R}^2)}$$

前述第二个恒等式称为重建公式，说明函数 $h(x)$ 可以从它的压缩态量子小波变换 $(\mathcal{O}h)(s,\mu)$ 实现重建，它是建立在内积恒等式的基础之上的，实际上，利用平方可积函数空间内积与哈代空间内积的关系，以及狄拉克测度 $\delta_{x_0} = \delta(x - x_0)$ 可得

$$h(x) = \left\langle \delta_{x_0}, h\right\rangle_{\mathcal{L}^2(\mathbb{R},dx)} = \frac{1}{2}\left\langle \delta_{x_0}^{(+)}, h\right\rangle_{\mathcal{H}^2(\mathbb{R},dx)} = \frac{1}{2}\left\langle (\mathcal{O}\delta_{x_0}^{(+)}), (\mathcal{O}h)\right\rangle_{\mathcal{L}^2(\mathbb{R}^2,dsd\mu)}$$

根据希尔伯特变换可知

$$\delta_{x_0}^{(+)}(x) = \delta(x - x_0) + \frac{i}{\pi}\frac{P}{x - x_0}\text{(主部)}$$

直接演算它的压缩态量子小波变换 $(\mathcal{O}\delta_{x_0}^{(+)})(s,\mu)$ 可得

$$\begin{aligned}
(\mathcal{O}\delta_{x_0}^{(+)})(s,\mu) &= \frac{1}{\sqrt{\mathcal{C}_{\mathfrak{g}}}}\int_{-\infty}^{+\infty}\delta_{x_0}^{(+)}(x)e^{0.5s}\overline{\mathfrak{g}}(e^s x - \mu)dx \\
&= \frac{2}{\sqrt{\mathcal{C}_{\mathfrak{g}}}}\int_{-\infty}^{+\infty}\delta(x - x_0)e^{0.5s}\overline{\mathfrak{g}}(e^s x - \mu)dx \\
&= \frac{2}{\sqrt{\mathcal{C}_{\mathfrak{g}}}}e^{0.5s}\overline{\mathfrak{g}}(e^s x_0 - \mu)
\end{aligned}$$

将这个计算结果代入前述内积恒等式直接得出重建公式. 压缩态量子小波变换的逆

变换公式, 即重建公式实际上是单位算子的另一种形式的恒等分解:

$$h(x)=\int_{-\infty}^{+\infty}h(z)dz\left[\frac{1}{\mathcal{C}_{\mathbf{g}}}\int_{-\infty}^{+\infty}\int_{-\infty}^{+\infty}e^{0.5s}\overline{\mathbf{g}}(e^{s}z-\mu)e^{0.5s}\mathbf{g}(e^{s}x-\mu)dsd\mu\right]$$

为了简单明了地表示这个关系, 引入记号 $\mathbf{E}(x,z)$:

$$\mathbf{E}(x,z)=\frac{1}{\mathcal{C}_{\mathbf{g}}}\int_{-\infty}^{+\infty}\int_{-\infty}^{+\infty}e^{0.5s}\overline{\mathbf{g}}(e^{s}z-\mu)e^{0.5s}\mathbf{g}(e^{s}x-\mu)dsd\mu$$

这样, 前述恒等式化简为

$$h(x)=\int_{-\infty}^{+\infty}\mathbf{E}(x,z)h(z)dz$$

其中 $\mathbf{E}(x,z)$ 直观上表现为“单位矩阵”或“单位算子”的“矩阵元素”(体现为狄拉克测度), 即“主对角线元素恒等于 1, 其他元素恒等于 0”.

将 $\mathbf{E}(\cdot,\cdot)$ 形式化理解为哈代空间上的算子, 那么, 重建公式表明这是一个恒等算子, 而 $\mathbf{E}(x,z)$ 的定义公式给出这个恒等算子的一个分解表达式. 在这个函数分解关系或恒等算子分解关系中, $\mathbf{g}_{s,\mu}(x)=e^{0.5s}\mathbf{g}(e^{s}x-\mu)$ 作为基本单元体现为量子光学的压缩态, 这是把它称为压缩态量子小波的直接原因.

(γ) 量子态小波

Fan 和 Hu(2004)将量子小波定义为 Fock 空间满足母小波条件的态矢或转矢(即态矢的复数共轭转置或者态矢算子的伴随算子), 也就是说, 以量子力学态矢或转矢表示的母小波称为量子小波或者量子态小波. 量子态小波是量子小波的现代形式, 表现为满足容许性条件的母小波 $\psi(x)$ 量子态的伸缩平移态. 按照量子力学方法研究量子力学态矢的小波变换, 称之为态矢的量子态小波变换.

根据量子力学狄拉克符号体系和算子有序乘积积分方法, 在 Fock 空间中, 利用玻色湮灭算子 a 的真空湮没态矢 $\left|0\right\rangle$, 将坐标算子本征态 $\left|x\right\rangle$ 表示为如下的展开表示:

$$\left|x\right\rangle=\pi^{-0.25}\exp(-0.5x^{2}+\sqrt{2}xa^{\dagger}-0.5a^{\dagger 2})\left|0\right\rangle$$

这就是按照幺正算子 $\pi^{-0.25}\exp(-0.5x^{2}+\sqrt{2}xa^{\dagger}-0.5a^{\dagger 2})$ 演化一个处于真空湮没态的量子系统所到达系统状态的态矢.

用 $\psi(x)$ 表示具有实变量 x 的母小波, 假设 $\psi(x)$ 的无穷积分为 0:

$$\int_{-\infty}^{+\infty}\psi(x)dx=0$$

母小波 $\psi(x)$ 伸缩和平移生成的小波族记为 $\psi_{(s,\mu)}(x)$, 其中 s 称为尺度参数, $s>0$, μ 称为平移参数, 具体形式是

$$\psi_{(s,\mu)}(x)=\frac{1}{\sqrt{s}}\psi\left(\frac{x-\mu}{s}\right)=s^{-0.5}\psi\left(s^{-1}(x-\mu)\right)$$

这样，函数 $f(x)$ 关于 $\psi(x)$ 的小波变换被定义为

$$\begin{aligned}W_f(s,\mu)&=\frac{1}{\sqrt{s}}\int_{-\infty}^{+\infty}f(x)\psi^*\left(\frac{x-\mu}{s}\right)dx\\&=s^{-0.5}\int_{-\infty}^{+\infty}f(x)\psi^*\left(s^{-1}(x-\mu)\right)dx\end{aligned}$$

小波变换 $W_f(s,\mu)$ 在量子力学狄拉克符号体系中可以改写为按照算子有序乘积积分形式：

$$\begin{aligned}W_f(s,\mu)&=\frac{1}{\sqrt{s}}\int_{-\infty}^{+\infty}\left\langle\psi\middle|\frac{x-\mu}{s}\right\rangle\left\langle x\middle|f\right\rangle dx\\&=s^{-0.5}\int_{-\infty}^{+\infty}\left\langle\psi\middle|s^{-1}(x-\mu)\right\rangle\left\langle x\middle|f\right\rangle dx\end{aligned}$$

这样，$W_f(s,\mu)$ 被称为量子态小波变换，$\langle\psi|$ 是母小波的量子力学转矢，称为量子态小波，$|f\rangle$ 是需要进行量子态小波分析的量子力学态矢，$\langle x|$ 是坐标算子本征态的转矢，满足坐标算子特征方程 $X|x\rangle=x|x\rangle$.

将量子态小波变换的“伸缩平移算子”按照算子正则序乘积积分方法定义为如下的量子态伸缩平移算子 $U(s,\mu)$：

$$U(s,\mu)\equiv s^{-0.5}\int_{-\infty}^{+\infty}\left|s^{-1}(x-\mu)\right\rangle\left\langle x\right|dx$$

于是，可以在量子力学狄拉克符号系统下将量子力学态矢 $|f\rangle$ 关于量子态小波 $\langle\psi|$ 的量子态小波变换改写为

$$W_f(s,\mu)=\left\langle\psi\middle|U(s,\mu)\middle|f\right\rangle$$

即量子态小波变换 $W_f(s,\mu)$ 就是当参数组 (s,μ) 取遍全部可能数值时，量子态伸缩平移算子 $U(s,\mu)$ 矩阵表示方法中的所有矩阵元素 $\langle\psi|U(s,\mu)|f\rangle$，形象的说法是，在参数组 (s,μ) 给定时，量子态小波变换 $W_f(s,\mu)$ 就是伸缩平移算子 $U(s,\mu)$ 由转矢 $\langle\psi|$ 和态矢 $|f\rangle$ 刻画的“第 s 行第 μ 列矩阵元素”.

量子态小波变换 $W_f(s,\mu)$ 中出现的量子态伸缩平移算子 $U(s,\mu)$ 与量子光学压缩态问题的研究关系密切.

利用量子力学狄拉克符号系统和算子正则序乘积积分方法可以演算得到量子态伸缩平移算子 $U(s,\mu)$ 的正则序展开形式.

按正则序乘积形式表示利用真空湮没态矢 $|0\rangle$ 构造的真空投影算子如下：

$$|0\rangle\langle0|=\;:e^{-a^\dagger a}:$$

利用坐标算子本征态$\left|x\right\rangle$的表达式和算子正则序乘积积分方法可得如下结果:

$$\begin{aligned}U(s,\mu) &\equiv s^{-0.5}\int_{-\infty}^{+\infty}\left|s^{-1}(x-\mu)\right\rangle\left\langle x\right|dx\\&=(\pi s)^{-1}\int_{-\infty}^{+\infty}dxe^{0.5s^{-2}(x-\mu)^2+\sqrt{2}s^{-1}(x-\mu)a^\dagger-0.5a^{\dagger 2}}\left|0\right\rangle\left\langle 0\right|\mathrm{e}^{-0.5x^2+\sqrt{2}xa-0.5a^2}\\&=(\pi s)^{-1}\int_{-\infty}^{+\infty}dx:e^{-0.5x^2(1+s^{-2})+s^{-2}x\mu+\sqrt{2}s^{-1}(x-\mu)a^\dagger+\sqrt{2}xa-0.5s^{-2}\mu^2-X^2}:\\&=[2s(1+s^2)^{-1}]^{0.5}:e^{0.5(s^{-1}\mu+\sqrt{2}a^\dagger+\sqrt{2}sa)^2(1+s^2)^{-1}-\sqrt{2}s^{-1}\mu a^\dagger-0.5s^{-2}\mu^2-X^2}:\end{aligned}$$

这就是按照算子正则序乘积方法得到的量子态伸缩平移算子$U(s,\mu)$的一般表示形式. 为了得到$U(s,\mu)$的简化表示, 令$\lambda=\ln s$, 回顾双曲函数定义:

$$\operatorname{sech}\lambda=2s(s^2+1)^{-1},\quad \tanh\lambda=(s^2-1)(s^2+1)^{-1}$$

那么, 量子态伸缩平移算子$U(s,\mu)$的表达形式还可以被化简为

$$\begin{aligned}U(s,\mu)&=(\operatorname{sech}\lambda)^{0.5}e^{-0.25\mu^2(1-\tanh\lambda)-0.5a^{\dagger 2}\tanh\lambda-\sqrt{0.5}a^\dagger\mu\operatorname{sech}\lambda}\\&\quad :e^{(\operatorname{sech}\lambda-1)a^\dagger a}:e^{0.5a^2\tanh\lambda+\sqrt{0.5}a\mu\operatorname{sech}\lambda}\end{aligned}$$

利用算子指数函数的正则序恒等式:

$$e^{ga^\dagger a}=\ :\exp[(e^g-1)a^\dagger a]:$$

得到量子态伸缩平移算子$U(s,\mu)$的另一个简化表达式:

$$\begin{aligned}U(s,\mu)&=e^{-0.25\mu^2(1-\tanh\lambda)-0.5a^{\dagger 2}\tanh\lambda-\sqrt{0.5}a^\dagger\mu\operatorname{sech}\lambda}\\&\quad\times e^{(a^\dagger a+0.5)\ln\operatorname{sech}\lambda}e^{0.5a^2\tanh\lambda+\sqrt{0.5}a\mu\operatorname{sech}\lambda}\end{aligned}$$

这样, 如果$\left\langle\psi\right|$是母小波的量子力学转矢, $U(s,\mu)$是量子态伸缩平移算子, 那么, 由母小波产生的量子态小波系就可以表示为转矢$\left\langle\psi\right|U(s,\mu)$, 如果$\left|f\right\rangle$是需要进行量子态小波变换的任意量子态, 那么, 它的量子态小波变换$W_f(s,\mu)$最终将可以表示为$\left\langle\psi\right|U(s,\mu)\left|f\right\rangle$, 即量子态伸缩平移算子$U(s,\mu)$的由转矢$\left\langle\psi\right|$和态矢$\left|f\right\rangle$共同刻画的“第$s$行第$\mu$列矩阵元素”.

(δ) 量子态马尔小波

最简单形式的马尔小波取为如下的高斯函数二阶导函数的相反数:

$$\psi(x)=e^{-0.5x^2}(1-x^2)$$

容易验证它满足小波波动性条件:

$$\int_{-\infty}^{\infty}e^{-0.5x^2}(1-x^2)dx=0$$

将坐标算子本征态$\left|x\right\rangle$在 Fock 空间中表示为玻色湮灭算子a的真空湮没态矢$\left|0\right\rangle$的演化形式:

$$\left|x\right\rangle = \pi^{-0.25}\exp(-0.5x^2 + \sqrt{2}xa^\dagger - 0.5a^{\dagger 2})\left|0\right\rangle$$

利用常用积分公式:

$$\int_{-\infty}^{\infty} dx x^2 e^{-\upsilon x^2} = 0.5\sqrt{\pi}\upsilon^{-3/2}$$

可以演算得到马尔小波在 Fock 空间中的量子力学态矢 $\left|\psi\right\rangle$:

$$\begin{aligned}\left|\psi\right\rangle &= \int_{-\infty}^{\infty} dx\left|x\right\rangle\left\langle x\middle|\psi\right\rangle = \pi^{-0.25}\int_{-\infty}^{\infty} dx e^{-x^2}(1-x^2)e^{\sqrt{2}xa^\dagger - 0.5a^{\dagger 2}}\left|0\right\rangle \\ &= 0.5\pi^{0.25}(1-a^{\dagger 2})\left|0\right\rangle\end{aligned}$$

这就是量子态马尔小波，它是 Fock 空间中量子力学系统的一个特殊态矢.

数字态存在如下的表达式:

$$\left\langle p\middle|n\right\rangle = \frac{(-i)^n}{\sqrt{2^n n!}}\pi^{-0.25}e^{-p^2}\mathrm{H}_n(p)$$

其中 $\mathrm{H}_n(p)$ 是埃尔米特多项式并且其零点值为

$$\mathrm{H}_{2n}(0) = (-1)^n\frac{(2n)!}{n!}, \quad \mathrm{H}_{2n+1}(0) = 0$$

在上述公式中，当 $p=0$，而 n 分别取值 0 和 2，得到

$$\left\langle p=0\middle|0\right\rangle = \pi^{-0.25}, \quad \sqrt{2}\left\langle p=0\middle|2\right\rangle = 0.5\pi^{-0.25}\mathrm{H}_2(0) = \pi^{-0.25}$$

因为

$$\frac{1}{\sqrt{2\pi}}\int_{-\infty}^{\infty} dx\left|x\right\rangle = \left|p=0\right\rangle$$

其中 $\left|p\right\rangle$ 是动量本征态，于是利用数字态的前述公式可得

$$\left\langle p=0\middle|\psi\right\rangle = \left\langle p=0\right|(1-a^{\dagger 2})\left|0\right\rangle = 0$$

这就是量子态马尔小波的波动性条件在量子力学中的表现形式. 这说明量子态马尔小波 $\left|\psi\right\rangle$ 是一个合格的量子态小波. 这里示范性给出量子态或波函数 $\left|f\right\rangle$ 在量子态马尔小波系 $\left\langle\psi\right|U(s,\mu)$ 下的量子态小波变换 $W_f(s,\mu)$，也就是计算在量子态马尔小波系下量子态伸缩平移算子或矩阵 $U(s,\mu)$ 的元素 $\left\langle\psi\right|U(s,\mu)\left|f\right\rangle$.

当量子力学态矢或量子光场态矢 $\left|f\right\rangle$ 是真空态 $\left|0\right\rangle$ 时，它的量子态马尔小波变换将体现为，量子态伸缩平移算子 $U(s,\mu)$ 由量子态马尔小波转矢 $\left\langle\psi\right|$ 和真空态矢 $\left|0\right\rangle$ 共同刻画的如下矩阵元素:

$$\begin{aligned}\left\langle\psi\right|U(s,\mu)\left|0\right\rangle &= \zeta(\lambda,\mu)\left[\left(\left\langle 0\right| - \sqrt{2}\left\langle 2\right|\right)e^{-0.5a^{\dagger 2}\tanh\lambda - \sqrt{0.5}a^\dagger\mu\,\mathrm{sech}\,\lambda}\left|0\right\rangle\right] \\ &= \zeta(\lambda,\mu)(1+\tanh\lambda - 0.5\mu^2\,\mathrm{sech}^2\,\lambda)\end{aligned}$$

其中，$\lambda=\ln s$，而且

$$\zeta(\lambda,\mu)=0.5\pi^{0.25}\sqrt{\operatorname{sech}\lambda}\ e^{-0.25\mu^2(1-\tanh\lambda)}$$

这就是真空态的量子态马尔小波变换.

现在研究 $\left|f\right\rangle$ 是非归一化相干态 $\left|z\right\rangle$ 时的量子态马尔小波变换. 利用真空态和玻色生成算子函数可以得

$$\left|z\right\rangle=\exp[za^\dagger]\left|0\right\rangle$$

利用量子态伸缩平移算子 $U(s,\mu)$ 的解析表达式直接演算得到

$$U(s,\mu)\left|z\right\rangle=\Omega(\lambda,\mu)e^{-0.5a^{\dagger2}\tanh\lambda-\sqrt{0.5}a^\dagger\mu\operatorname{sech}\lambda+a^\dagger z\operatorname{sech}\lambda}\left|0\right\rangle$$

式中

$$\Omega(\lambda,\mu)\equiv\sqrt{\operatorname{sech}\lambda}e^{-0.25\mu^2(1-\tanh\lambda)+0.5z^2\tanh\lambda+\sqrt{0.5}\mu z\operatorname{sech}\lambda}$$

利用带参数积分公式

$$\begin{aligned}&\int_{-\infty}^{\infty}d^2z:\pi^{-1}z^n e^{\tau\left|z\right|^2+\xi z+\eta z^*+gz^{*2}}\\&=-\tau^{-(2n+1)}e^{\tau^{-2}(g\xi^2-\tau\xi\eta)}\sum_{k=0}^{\left[n/2\right]}\frac{n!}{k!(n-2k)!}(2\xi g-\tau\eta)^{n-2k}(g\tau^2)^k\end{aligned}$$

其中符号 $\left[0.5n\right]$ 表示对 $(0.5n)$ 进行向下取整得到不超过 $(0.5n)$ 的最大整数，结合超完全关系式:

$$\int_{-\infty}^{\infty}d^2z:\pi^{-1}e^{-\left|z\right|^2}\left|z\right\rangle\left\langle z\right|=1$$

得到如下的正则序算子积分演算等式:

$$\begin{aligned}a^n\,\mathrm{e}^{ga^{\dagger2}+ka^\dagger}&=\int_{-\infty}^{\infty}d^2z:\pi^{-1}z^n e^{-\left|z\right|^2}\left|z\right\rangle\left\langle z\right|e^{gz^{*2}+kz^*}\\&=\int_{-\infty}^{\infty}d^2z:\pi^{-1}z^n:e^{-\left|z\right|^2+za^\dagger+z^*(a+k)+gz^{*2}-a^\dagger a}:\\&=\ :e^{ga^{\dagger2}+ka^\dagger}\sum_{\ell=0}^{\left[n/2\right]}\frac{n!g^\ell}{\ell!(n-2\ell)!}(2ga^\dagger+a+k)^{n-2\ell}:\end{aligned}$$

利用这些重要公式并结合量子力学狄拉克符号体系，非归一化相干态 $\left|z\right\rangle$ 的量子态马尔小波变换将体现为，量子态伸缩平移算子 $U(s,\mu)$ 的由量子态马尔小波转矢 $\left\langle\psi\right|$ 和量子态 $U(s,\mu)\left|z\right\rangle$ 共同刻画的如下矩阵元素:

$$\begin{aligned}\left\langle\psi\right|U(s,\mu)\left|z\right\rangle&=\tilde{\Omega}(\lambda,\mu)\left\langle0\right|(1-a^2)e^{-0.5a^{\dagger2}\tanh\lambda-\sqrt{0.5}a^\dagger\mu\operatorname{sech}\lambda+a^\dagger z\operatorname{sech}\lambda}\left|0\right\rangle\\&=\tilde{\Omega}(\lambda,\mu)[1+\tanh\lambda-(z-\sqrt{0.5}\mu)^2\operatorname{sech}^2\lambda]\end{aligned}$$

其中

$$\tilde{\Omega}(\lambda,\mu)=0.5\pi^{0.25}\sqrt{\operatorname{sech}\lambda}\,e^{-0.25\mu^2(1-\tanh\lambda)+0.5z^2\tanh\lambda+\sqrt{0.5}\mu z\operatorname{sech}\lambda}$$

这就是非归一化相干态的量子态马尔小波变换.

(ε) 量子比特小波

量子比特小波就是实现量子比特的小波变换的量子算子或量子线路. 这里以实现 2^n 维 Daubechies 4 号小波算子 $D_{2^n}^{(4)}$ 的量子比特小波为例进行说明.

将 2^n 维 Daubechies 4 号小波算子 $D_{2^n}^{(4)}$ 表达如下:

$$D_{2^n}^{(4)}=\begin{pmatrix} c_0 & c_1 & c_2 & c_3 & & & & & & \\ c_3 & -c_2 & c_1 & -c_0 & & & & & & \\ & & c_0 & c_1 & c_2 & c_3 & & & & \\ & & c_3 & -c_2 & c_1 & -c_0 & & & & \\ \vdots & \vdots & & & & \ddots & & & & \\ & & & & & & c_0 & c_1 & c_2 & c_3 \\ & & & & & & c_3 & -c_2 & c_1 & -c_0 \\ c_2 & c_3 & & & & & & & c_0 & c_1 \\ c_1 & -c_0 & & & & & & & c_3 & -c_2 \end{pmatrix}_{2^n\times 2^n}$$

其中, Daubechies 4 号小波系数是

$$\begin{cases} c_0=\dfrac{1}{4\sqrt{2}}(1+\sqrt{3}), & c_2=\dfrac{1}{4\sqrt{2}}(3-\sqrt{3}) \\ c_1=\dfrac{1}{4\sqrt{2}}(3+\sqrt{3}), & c_3=\dfrac{1}{4\sqrt{2}}(1-\sqrt{3}) \end{cases}$$

在经典计算中, 利用上述矩阵的稀疏结构实现 Daubechies 4 号小波算子 $D_{2^n}^{(4)}$ 的最佳计算成本是 $O(2^n)$. 但是这个稀疏结构的矩阵 $D_{2^n}^{(4)}$ 不适合量子实现.

Fijany 和 Williams(1999)建立 Daubechies 4 号小波算子 $D_{2^n}^{(4)}$ 的如下典型矩阵因子分解公式, 为建立量子实现小波算子 $D_{2^n}^{(4)}$ 的可行有效量子线路和线路网络提供了有力支持:

$$D_{2^n}^{(4)}=(I_{2^{n-1}}\otimes C_1)S_{2^n}(I_{2^{n-1}}\otimes C_0)$$

其中

$$C_0=2\begin{pmatrix} c_3 & -c_2 \\ -c_2 & c_3 \end{pmatrix},\quad C_1=\frac{1}{2}\begin{pmatrix} c_0/c_3 & 1 \\ 1 & c_1/c_2 \end{pmatrix}$$

而且, $S_{2^n}=(s_{i,j})_{2^n\times 2^n}$ 是一个置换矩阵, 其经典描述由下式给出:

$$s_{i,j}=\begin{cases}1, & i=0\bmod(2),\ j=i\\ 1, & i=1\bmod(2),\ j=i+2\bmod(2^n)\\ 0, & \text{其他}\end{cases}$$

或者直接写成矩阵形式:

$$S_{2^n}=\begin{pmatrix}1 & 0 & & & & & & & \\ & & 0 & 1 & & & & & \\ & & 1 & 0 & & & & & \\ & & & & 0 & 1 & & & \\ & & & & 1 & 0 & & & \\ & & & & & \ddots & \ddots & & \\ & & & & & & \ddots & 0 & 1\\ & & & & & & & 1 & 0\\ 0 & 1 & & & & & & 0 & 0\end{pmatrix}_{2^n\times 2^n}$$

根据以算子 S_{2^n} 为核心的 Daubechies 4 号小波算子 $D_{2^n}^{(4)}$ 的矩阵因子分解公式建立量子实现算子 $D_{2^n}^{(4)}$ 的量子线路网络，最关键的问题是获得高效量子实现置换矩阵 S_{2^n} 的量子线路和线路网络.

置换矩阵 S_{2^n} 的量子算法描述是

$$S_{2^n}:\left|a_{n-1}a_{n-2}\cdots a_1a_0\right\rangle\mapsto\left|b_{n-1}b_{n-2}\cdots b_1b_0\right\rangle$$

其中

$$(b_{n-1}b_{n-2}\cdots b_1b_0)_2=\begin{cases}(a_{n-1}a_{n-2}\cdots a_1a_0)_2, & a_0=0\\ (a_{n-1}a_{n-2}\cdots a_1a_0)_2-2\bmod(2^n), & a_0=1\end{cases}$$

实际上，n 量子比特置换矩阵 S_{2^n} 的量子描述可以直观解释如下:

当 $a_0=1$时，则 $b_0=a_0=1$;

当 $a_{n-1},a_{n-2},\cdots,a_1$ 这 $(n-1)$ 个比特中至少有一个不是 0 时，则

$$(b_{n-1}b_{n-2}\cdots b_1)_2=(a_{n-1}a_{n-2}\cdots a_1)_2-(00\cdots 01)_2$$

当 $a_{n-1},a_{n-2},\cdots,a_1$ 全都是 0 时，则 $b_{n-1}=\cdots=b_1=1$;

当 $a_0=0$时，则 $(b_{n-1}b_{n-2}\cdots b_1b_0)_2=(a_{n-1}a_{n-2}\cdots a_1a_0)_2$.

利用量子实现初等算术运算的量子线路和线路网络，比如 Vedral 等(1996)建立的量子线路，可以直接构建得到能够量子实现 n 量子比特置换矩阵 S_{2^n} 的计算复杂

度为 $O(n)$ 的量子线路和线路网络.

按照多分辨率分析理论，量子比特小波算子包括波包量子比特小波算子和金字塔量子比特小波算子，虽然它与经典计算理论中的小波包完全算法和级联小波算法是相对应的，但量子比特小波算子的量子线路和线路网络实现不仅理论体系独具特色，而且实现效率也是经典计算方法望尘莫及的.

遵循量子计算机和量子线路实现酉算子的基本思想，为了获得量子实现波包量子比特小波算子和金字塔量子比特小波算子的高效量子线路和线路网络，关键问题是建立这两类酉算子的矩阵因子分解公式，要求分解公式中出现的各个“最小的(基本的)”因子矩阵或算子能够存在能高效实现的量子线路和线路网络，同时，这些最小的或基本的因子矩阵的组合过程必须存在高效量子实现的量子线路和线路网络.

(ζ) 量子力学与小波

在量子力学理论、量子计算机和量子计算理论基础上发展起来的量子态小波和量子比特小波理论和量子算法，是量子力学思想和小波思想的完美融合，从微观空间理论和微观计算理论的角度，充分展现了小波理论的伸缩、平移和局部思想在描述刻画研究对象、分析表达研究对象和深刻认识研究对象各个方面的巨大作用，为量子力学、傅里叶光学、量子光学、量子计算机和量子计算理论探索提供新颖的研究途径和方法.

1.3 小波与量子小波注释

小波的出现是历史的必然，也是科学思想发展的必然. 我们把小波的历史传承起点标定在傅里叶建立傅里叶级数方法和傅里叶积分方法的 1807 年和 1822 年. 当然，深究小波理论内在的伸缩、平移和局部化思想，应该可以把小波思想史追溯到更为久远的人类认识史和科学思想史，比如至少可以十分自然地追溯到放大镜、望远镜和显微镜的发明和使用，甚至于这样的说法也是可以接受的，即人类对时间、空间的感受以及对客观对象逐步深入的观察、思考和认识的过程，无不隐含着伸缩、平移和局部化的思想，这些思想随着人类的演化和进化不仅内化为人类行动的一种本能，更构成人类思维和人类智慧的重要科学思想. 小波的数学理论是这种科学思想的抽象严谨的刻画和发展，小波的量子态理论和量子比特理论是这种科学思想的微观空间、微观粒子和微观计算形式的表现，小波的视觉计算理论更是深刻揭示了人类视觉系统和大脑神经系统中客观存在的类似小波的行为和过程，这个科学理论强有力地支持前述小波的科学史观，我们深信，深入广泛的小波理论研究必将揭示出类似小波的行为和过程普遍存在于包括如听觉、嗅觉、触觉、思维等在内的人类功能、动植物功能以及自然界变迁过程等的各种尺度的表现中.

为了对小波理论和方法形成总体的认识轮廓，本章罗列了各种具有代表性的主要类型的小波，其中包括了早期具有代表性的多类小波雏形，现代小波中的连续伸缩平移小波、离散伸缩二进小波、规范正交小波基和双正交小波基、线性调频小波、组合线性调频小波和耦合线性调频小波、Gabor 小波、定窗定移正弦和余弦类小波、变窗移动正弦和余弦类小波、子带编码、正交镜像滤波器组与多分辨率分析类小波、Shannon 小波、Meyer 小波、金字塔算法与多分辨率分析小波、Daubechies 类正交和共轭(双正交)小波、量子力学与量子态小波、量子计算与量子比特小波，这些小波类型可以清晰构成整个小波理论和小波思想的主线和轮廓. 此外，在 1.2.3 小节论述函数空间与小波的第(μ)部分讨论 Mallat 多分辨率分析与 Daubechies 小波时，作为注释简单说明了小波包理论、提升格式(第二代)小波以及之后出现的源自多分辨率分析的多个其他小波，它们具有共同的出发点，即多分辨率分析理论框架.

关于小波简史的论述问题，把小波的理论起点设定为傅里叶分析，而历史传承起点设定为傅里叶级数方法和傅里叶积分方法建立的 1807 年和 1822 年. 小波简史第一条主线的出发点是傅里叶级数理论及其表示唯一性问题，由此引发经典(自由)集合论的创立和隐含的悖论、公理集合论与选择公理、不完备性定理与计算机智能及人工智能的关系，计算视觉理论的创立和马尔小波的发现，进入现代小波概念产生和发展时期；小波简史第二条主线的出发点是傅里叶级数理论及其构造模式的天然自相似性，具有分形特征的魏尔斯特拉斯函数和黎曼函数，紧随其后出现的经典分形集合或图像，与早期随机分析和随机游走相联系的概率分布-斯德布尔分布、混沌与小波雏形、湍流与分形、自相似性与分形几何学，最后出现了分形几何学和湍流理论的小波方法，进入现代小波概念的完善和小波典型应用领域；小波简史第三条主线的起点是傅里叶级数理论及其基函数的构造方法，函数空间表示和早期的 Haar 基函数系、Faber 和 Schauder 的三角形基函数系、函数空间表示的 Franklin 正交基函数系、函数和算子的二进块表示理论、单位算子分解、伸缩平移连续小波与相干态小波、函数和空间表示的正交基函数系、多分辨率分析与小波、线性调频小波函数系，进入现代小波概念并建立函数空间的各种意义下的正交基函数系；小波简史第四条主线的起点是 20 世纪初的量子力学以及 20 世纪后期的量子计算机和量子计算理论，历经量子力学相干态小波、量子光学压缩态小波、量子态小波、量子态马尔小波和量子比特小波，进入以量子力学概念为基本支撑的量子小波领域，实现量子力学思想与小波思想的自然融合，开辟量子态小波理论和量子比特小波计算理论及量子线路实现研究的新天地.

本书后续内容分为八个部分，第一部分是小波基本理论；第二部分是多分辨率分析理论与小波构造理论；第三部分是小波链、小波包以及小波包链理论；第四部分是图像小波与图像小波包理论；第五部分是多分辨率分析理论与应用；第六部分是小波理论与典型应用；第七部分是线性调频小波形式的函数空间规范正交基函数构造理论和方法；第八部分是建立在量子力学和量子计算机理论基础上的量子态小波理论和量子比特小波及其量子计算实现线路的构造方法和理论.

参考文献

大卫·马尔. 1988. 视觉计算理论. 姚国正，刘磊，汪云九，译. 北京：科学出版社

范洪义. 2013. 量子力学表象与变换论法进展. 合肥：中国科学技术大学出版社

傅里叶. 2008. 热的解析理论. 桂质亮，译. 北京：北京大学出版社

晋·陈寿. 285a.《三国志》(共 65 卷):《三国志·第三十三卷·蜀志·后主传》，成书时间 285 年

晋·陈寿. 285b.《三国志》(共 65 卷):《三国志·第三十五卷·蜀志·诸葛亮传》，成书时间 285 年

马晶，谭立英，冉启文. 1999. 小波分析在光学信息处理中的应用. 物理学报. 48(7): 1223-1229

马晶，谭立英. 1999. 光学小波滤波理论初探. 中国激光. 26(4): 343-346

墨翟. 公元前 221a.《墨子》(共 15 卷):《墨子 · 第十三卷 · 第四十九篇 · 鲁问篇》，成书于战国时期(公元前 475 年—前 221 年)，《墨子》全书共十五卷计五十三篇

墨翟. 公元前 221b.《墨子》(共 15 卷):《墨子 · 第十三卷 · 第五十篇 · 公输篇》，成书于战国时期(公元前 475 年—前 221 年)，《墨子》全书共十五卷计五十三篇

南朝·梁·萧子显. 519.《南齐书》(共 60 卷):《南齐书·第五十二卷 · 列传第三十三篇》，成书年代梁武帝天监年间(502—519 年)，记载历史时间: 479—502 年

冉启文. 1995. 小波分析方法及其应用. 哈尔滨：哈尔滨工业大学出版社

冉启文. 2001. 小波变换与分数傅里叶变换理论及应用. 哈尔滨：哈尔滨工业大学出版社

冉启文，谭立英. 2002. 小波分析与分数傅里叶变换及应用. 北京：国防工业出版社

冉启文，谭立英. 2004. 分数傅里叶光学导论. 北京：科学出版社

唐·李延寿. 659.《南史》(共 80 卷):《南史·第七十二卷 · 列传第六十二篇》，成书年代唐高宗显庆四年(659 年)，记载历史时间: 420—589 年

姚国正，汪云九. 1984. D.Marr 及其视觉计算理论. 机器人, 6: 57-59

Aharonov D, Kitaev A, Nisan N. 1998. Quantum circuits with mixed states. Proceedings of the 13th Annual ACM Symposium on Theory of Computation (STOC), Dallas, Texas, USA, 20-30

Almeida L B. 1994. The fractional Fourier transforms and time-frequency representations. IEEE Transactions on Signal Processing, 42(11): 3084-3091

Anderson J G. 1941. The reverend Thomas Bayes, F.R.S. The Mathematical Gazette, 25(265): 160-162

Arneodo A. 1975. Zero-contours in low-energy K-π scattering. Nuovo Cimento Della Societa Italiana Di Fisica A-Nuclei Particles and Fields, 25(3): 511-533

Arneodo A, Argoul F, Bacry E. 1992. Wavelet transform of fractals: I. From the transition to chaos to fully developed turbulence. II. Optical wavelet transform of fractal growth phenomena. Wavelets & Some of Their Applications, 286-352

Arneodo A, Argoul F, Grasseau G. 1989. Transformation en ondelettes et renormalisation. (French) Les ondelettes en: 125-191, 211-212

Arneodo A, Argoul F, Grasseau G. 1990. Wavelet Transform and Renormalization. Lecture Notes in Mathematics, 1438: 125-187

Arneodo A, Bacry E, Graves P, Muzy J. 1995a. Characterizing long-range correlations in DNA sequences from wavelet analysis. Physical Review Letters, 74(16): 3293-3296

Arneodo A, Bacry E, Jaffard S, Muzy J. 1998a. Singularity spectrum of multifractal functions involving oscillating singularities. Journal of Fourier Analysis and Applications,

4(2):159-174

Arneodo A, Bacry E, Muzy J. 1994. Solving the inverse fractal problem from wavelet analysis. EPL (Europhysics Letters), 25(7): 479-484

Arneodo A, Bacry E, Muzy J. 1995b. The thermodynamics of fractals revisited with wavelets. Physica A: Statistical Mechanics and its Applications, 213(1): 232-275

Arneodo A, Bacry E, Muzy J. 1998b. Random cascades on wavelet dyadic trees. Journal of Mathematical Physics, 39(8): 4142-4164

Arneodo A, Coullet P, Tresser C. 1979. A renormalization group with periodic behavior. Physics Letters A, 70(2): 74-76

Arneodo A, Coullet P, Tresser C. 1980. Occurence of strange attractors in three-dimensional Volterra equations. Physics Letters A, 79(4): 259-263

Arneodo A, Decoster N, Kestener P, Roux S. 2003. A wavelet-based method for multifractal image analysis: From theoretical concepts to experimental applications. Advances in Imaging and Electron Physics, 126: 1-92

Arneodo A, Grasseau G, Holschneider M. 1988. Wavelet transform of multifractals. Physical Review Letters, 61(20): 2281-2284

Arneodo A, Holschneider M. 1988. Fractal dimensions and homeomorphic conjugacies. Journal of Statistical Physics, 50(5-6): 995-1020

Arneodo A, Manneville S, Muzy J. 1998c. Towards log-normal statistics in high Reynolds number turbulence. The European Physical Journal B, 1(1): 129-140

Arneodo A, Manneville S, Muzy J, Roux S. 1999. Revealing a lognormal cascading process in turbulent velocity statistics with wavelet analysis. Philosophical Transactions of the Royal Society A: Mathematical, Physical and Engineering Sciences, 357(1760): 2415-2438

Arneodo A, Muzy J, Sornette D. 1998d. "Direct" causal cascade in the stock market. European Physical Journal B, 2(2): 277-282

Aslaksen E W. 1968. Unitary representations of the affine group. Journal of Mathematical Physics, 9(2): 206-211

Aslaksen E W, Klauder J R. 1969. Continuous representation theory using the affine group. Journal of Mathematical Physics, 10(12): 2267-2275

Balian R. 1981. Un principe d'incertitude fort en theorie du signal ou en mecanique. Comptes Rendus des Séances de l'Académie des Sciences, Série II. Mécanique, Physique, Chimie, Sciences de l'Univers, Sciences de la Terre, 292(20): 1357-1361

Banach S. 1923. Sur le problème de la mesure. Fundamenta Mathematicae, 4: 7-33

Banach S, Tarski A. 1924. Sur la décomposition des ensembles de points en parties respectivement congruentes. Fundamenta Mathematicae(in French), 6: 244-277

Barenco A, Bennett C H, Cleve R, et al. 1995. Elementary gates for quantum computation. Physical Review A: Atomic, Molecular, and Optical Physics, 52: 3457-3467

Barenco A, Ekert A, Suominen K A, Törmä P. 1996. Approximate quantum Fourier transform and decoherence. Physical Review A: Atomic, Molecular, and Optical Physics, 54(1): 139-146

Bargmann J V. 1961. On a Hilbert space of analytic functions and an associated integral transform part I. Communications on Pure and Applied Mathematics, 14 (3): 187-214

Bargmann J V. 1962a. On the representations of the rotation group. Reviews of Modern Physics, 34(4): 829-845

Bargmann J V. 1962b. Remarks on a Hilbert space of analytic functions. Proceedings of the National Academy of Sciences of the United States of America, 48(2): 199-204

Bargmann J V. 1967. On a Hilbert space of analytie functions and an associated integral

transform part II. A family of related function spaces application to distribution theory. Communications on Pure & Applied Mathematics, 20(1): 1-101
Batchelor G K. 1953. The Theory of Homogeneous Turbulence. Cambridge: Cambridge University Press
Battle G A. 1997. Heisenberg inequalities for wavelet states. Applied and Computational Harmonic Analysis, 4(2): 119-146
Bayes T. 1763. An essay towards solving a problem in the doctrine of chances. Philosophical Transactions of the Royal Society of London, 53: 370-418
Bellhouse D R. 2004. The Reverend Thomas Bayes, FRS: A biography to celebrate the tercentenary of his birth. Statistical Science, 19(1): 3-43
Bennett C H, Bernstein E, Brassard G, Vazirani U. 1997. Strengths and weaknesses of quantum computing. SIAM Journal on Computing, 26(5): 1510-1523
Bennett C H, Gardner M. 1979. The random number omega bids fair to hold the mysteries of the universe. Scientific American, 241: 20-34
Bernays P. 1958. Axiomatic set theory // Studies in Logic and the Foundations of Mathematics. Amsterdam: North-Holland
Bernays P. 1976. Abhandlungen zur Philosophie der Mathematik(in German). Darmstadt: Wissenschaftliche Buchgesellschaft
Berthiaume A. 1997. Quantum computation. Complexity Theory Retrospective II, 41(12):195-199
Berthiaume A, Brassard G. 1992. The quantum challenge to structural complexity theory // Proceedings of the Seventh Annual Structure in Complexity Theory Conference, Structure in Complexity Theory Conference, Boston, MA, USA: 132-137
Besicovitch A S. 1928. On Kakeya's problem and a similar one. Mathematische Zeitschrift, 27(1): 312-320
Besicovitch A S. 1929. On linear sets of points of fractional dimensions. Mathematische Annalen, 101(1): 161-193
Besicovitch A S. 1934. Sets of fractional dimensions (IV): On rational approximation to real numbers. Journal of the London Mathematical Society, s1-9(2): 126-131
Besicovitch A S. 1948. On distance-sets. Journal of the London Mathematical Society, s1-23(1): 9-14
Besicovitch A S. 1956. On density of perfect sets. Journal of the London Mathematical Society, s1-31(1): 48-53
Besicovitch A S. 1957. On density of linear sets. Journal of the London Mathematical Society, s1-32(2): 170-178
Besicovitch A S. 1968. On linear sets of points of fractional dimension-II. Journal of the London Mathematical Society, s1-43(1): 548-550
Besicovitch A S, Ursell H D. 1937. Sets of fractional dimensions (V): On dimensional numbers of some continuous curves. Journal of the London Mathematical Society, s1-12(1): 18-25
Besicovitch A S, Walker G. 1931. On the density of irregular linearly measurable sets of points. Proceedings of the London Mathematical Society, s2-32(1): 142-153
Best E. 1939. A closed dimensionless linear set. Proceedings of the Edinburgh Mathematical Society, 6(2): 105-108
Best E. 1941. On sets of fractional dimensions (II). Mathematical Proceedings of the Cambridge Philosophical Society, 37(2): 127-133
Bobrow D G. 1964. Natural language input for a computer problem solving system. Semantic Information Processing, 9(3): 281-288

Borup L, Nielsen M. 2003. Approximation with brushlet systems. Journal of Approximation Theory, 123(1): 25-51

Borup L, Nielsen M. 2005. On the equivalence of brushlet and wavelet bases. Journal of Mathematical Analysis & Applications, 309(1): 117-135

Bouligand G. 1935. Les Definitions Modernes de la Dimension. Paris: Hermann

Bouligand G, Giraud G, Delens P. 1935. Le problème de la dérivée oblique en théorie du potentiel. Actualités Scientifiques et Industrielles (in French), 219(6): 1-78

Boyer M, Brassard G, Høyer P, Tapp A. 1996. Tight bounds on quantum searching. Fortschritte Der Physik, 46(4-5): 493-505

Brassard G, Hoyer P, Tapp A. 1998. Quantum Counting. Proceedings of 25th International Colloquium on Automata, Languages, and Programming (ICALP), Aalborg, Denmark, LNCS 1443: 820-831

Brennen G K, Rohde P, Sanders B C, Singh S. 2015. Multiscale quantum simulation of quantum field theory using wavelets. Physical Review A, 92: 032315

Brillouin L. 1956. Science and Information Theory. New York: Academic Press

Brown P, Cocke J, Deli S, Pietra A, Pietra V D, Jelinek F, Roossin P. 1988. A statistical approach to language translation. Conference on Computational Linguistics, 1: 71-76

Buhrman H, van Dam W, Høyer P, Tapp A. 1999. Multiparty quantum communication complexity. Physical Review A: Covering Atomic, Molecular, and Optical Physics and Quantum Information, 60(4): 2737-2741

Burali-Forti C. 1897. Una questione sui numeri transfinite. Rendiconti del Circolo Matematico di Palermo (1884-1940), 11(1): 154-164

Burt P, Adelson E. 1983a. The laplacian pyramid as a compact image code. IEEE Transactions on Communications, 31(4): 532-540

Burt P, Adelson E. 1983b. A multiresolution spline with application to image mosaics. ACM Transactions on Graphics, 2(4): 217-236

Calderbank A R, Rains E M, Shor P W, Sloane N J A. 1997. Quantum error correction and orthogonal geometry. Physical Review Letters, 78(3): 405-408

Calderbank A R, Shor P W. 1996. Good quantum error-correcting codes exist. Physical Review A, 54: 1098-1106

Calderón A P. 1963. Intermediate spaces and interpolation. Studia Mathematica, 1: 31-34

Calderón A P. 1964. Intermediate spaces and interpolation: The complex method. Studia Mathematica, 24: 113-190

Calderón A P. 1965. Intermediate spaces and interpolation, the complex method. Matematika, 9(3): 56-129

Calderón A P. 1966. Spaces between $\mathcal{L}^1$ and $\mathcal{L}^\infty$ and the theorem of Marcinkiewicz. Studia Mathematica, 26: 273-299

Campbell F. 1990. Probing the human visual system: A commentary on application of Fourier analysis to the visibility of gratings. Current Contents/Life Sciences, 45: 16

Campbell F, Robson J. 1968. Application of Fourier analysis to the visibility of gratings. The Journal of Physiology, 197(3): 551-566

Candès E J. 1998. Ridgelets: Theory and applications. Ph.D. thesis, Department of Statistics, Stanford University, Stanford, CA

Candès E J, Donoho D L. 1999. Ridgelets: A key to higher-dimensional intermittency? Philosophical Transactions of the Royal Society A: Mathematical, Physical and Engineering Sciences, 357(1760): 2495-2509

Candès E J, Donoho D L. 2000a. Curvelets, multiresolution representation and scaling laws. Proceedings of SPIE-The International Society for Optical Engineering, 4119: 1-12

Candès E J, Donoho D L. 2000b. Curvelets and reconstruction of images from noisy radon data. Proceedings of SPIE, Wavelet Applications in Signal and Image Processing VIII, 4119(1): 108-117

Candès E J, Donoho D L. 2002. Recovering edges in ill-posed inverse problems: Optimality of curvelet frames. Annals of Statistics, 30(3): 784-842

Candès E J, Donoho D L. 2005a. Continuous curvelet transform I, resolution of the wavefront set. Applied and Computational Harmonic Analysis, 19(2): 162-197

Candès E J, Donoho D L. 2005b. Continuous curvelet transform II, discretization and frames. Applied and Computational Harmonic Analysis, 19(2): 198-222

Cantor G. 1879. Über unendliche, lineare punktmannigfaltigkeiten, part I. Mathematische Annalen, 15: 1-7

Cantor G. 1880. Über unendliche, lineare punktmannigfaltigkeiten, part II. Mathematische Annalen, 17: 355-358

Cantor G. 1882a. Über unendliche, lineare punktmannigfaltigkeiten, part III. Mathematische Annalen, 20: 113-121

Cantor G. 1882b. Über unendliche, lineare punktmannigfaltigkeiten, part V: On infinite, linear point-manifolds(sets). Mathematische Annalen, 21: 545-591

Cantor G. 1883a. Über unendliche, lineare punktmannigfaltigkeiten, part IV. Mathematische Annalen, 21: 51-58

Cantor G. 1883b. Über unendliche, lineare punktmannigfaltigkeiten, part V. Mathematische Annalen, 21: 545-586

Cantor G. 1884. Über unendliche, lineare punktmannigfaltigkeiten, part VI. Mathematische Annalen, 23: 453-488

Cantor G. 1895. Beiträge zur begründung der transfiniten mengenlehre: Zur begründung der transfiniten mengenlehre I. Mathematische Annalen, 46(4): 481-512

Cantor G. 1897. Beiträge zur begründung der transfiniten mengenlehre: Zur begründung der transfiniten mengenlehre II. Mathematische Annalen, 49(2): 207-246

Cantor G, Zermelo E. 1932. Gesammelte Abhandlungen. Berlin: Springer

Cariolaro G, Erseghe T, Kraniauskas P, Laurenti N. 1998. A unified framework for the fractional Fourier transforms. IEEE Transactions on Signal Processing, 46(12): 3206-3219

Cerf N J, Grover L K, Williams C P. 1998. Nested quantum search and NP-complete problems. Cornell University Library: https://arxiv.org/abs/quant-ph/9806078, KRL preprint MAP-225: 1-18

Cerf N J, Grover L K, Williams C P. 2000a. Nested quantum search and NP-hard problems. Applicable Algebra in Engineering, Communication and Computing, 10(4-5): 311-338

Cerf N J, Grover L K, Williams C P. 2000b. Nested quantum search and structured problems. Physical Review A: Atomic, Molecular and Optical Physics, 61(3): 167-169

Cesàro E. 1894. Corso di Analisi Algebrica: Con Introduzione al Calcolo Infinitesimal. Italy Bocca: Bocca Torino

Cesàro E. 1896. Lezioni di Geometria Intrinseca. Alvano: Naples

Cesàro E. 1897. Elementi di Calcolo Infinitesimale Con Numerose Applicazioni Geometriche. Alvano: Naples

Cesàro E. 1899. Elementi di Calcolo Infinitesimale Con Numerose Applicazione Geometriche. Science, 10(254): 688-690

Cesàro E. 1905. Elementi di Calcolo Infinitesimale con Numerose Applicazioni Geometriche. Italy Naples: Alvano Company

Chaitin G. 1966. On the length of programs for computing finite binary sequences. Journal of the Association for Computing Machinery, 13(4): 547-569

Chaitin G. 1975. A theory of program size formally identical to information theory. Journal of the Association for Computing Machinery, 22(3): 329-340

Chaitin G. 2007. How much information can there be in a real number? International Journal of Bifurcation and Chaos, 17(6): 1933-1935

Chaitin G. 2012. How much information can there be in a real number? Lecture Notes in Computer Science: Computation, Physics and Beyond, 7160: 247-251

Chuang I L, Vandersypen L M K, Zhou X, Leung D W, Lloyd S. 1998. Experimental realization of a quantum algorithm. Nature, 393(6681): 143-146

Chuang I L, Yamamoto Y. 1995. Simple quantum computer. Physical Review A, 52(5): 3489-3496

Chuang I L, Yamamoto Y, Laflamme R. 1995. Decoherence and a simple quantum computer. International symposium on the foundations of quantum mechanics in the light of new technologies, Hoyoyama (Japan), Los Alamos National Laboratory, NM (United States)

Churkin V A. 2010. A continuous version of the Hausdorff-Banach-Tarski paradox. Algebra and Logic, 49(1): 91-98

Ciesielski Z. 1963. Properties of the orthonormal Franklin system. Studia Mathematica, 23: 141-157

Cohen P J. 1963. The independence of the continuum hypothesis. Proceedings of the National Academy of Sciences of the United States of America, 50(6): 1143-1148

Cohen P J. 1964. The independence of the continuum hypothesis, II. Proceedings of the National Academy of Sciences of the United States of America, 51(1): 105-110

Coifman R, Meyer Y. 1991. Remarques sur l'analyse de Fourier à fenêtres. Comptes Rendus de I'Académie des Sciences de Paris, 312(3): 259-261

Coifman R, Weiss G. 1977. Extensions of Hardy spaces and their use in analysis. Bulletin of the American Mathematical Society, 83(4): 569-645

Coifman R R, Wickerhauser M V. 1992. Entropy-based algorithms for best basis selection. IEEE Transactions on Information Theory, 38(2): 713-718

Comte A. 1830. Cours de Philosophie Positive. Vol.1. Paris: Bachelier

Comte A. 1835. Cours de Philosophie Positive. Vol.2. Paris: Bachelier

Comte A. 1838. Cours de Philosophie Positive. Vol.3. Paris: Bachelier

Comte A. 1839. Cours de Philosophie Positive. Vol.4. Paris: Bachelier

Comte A. 1841. Cours de Philosophie Positive. Vol.5. Paris: Bachelier

Comte A. 1842. Cours de Philosophie Positive. Vol.6. Paris: Bachelier

Condon E U. 1937. Immersion of the Fourier transform in a continuous group of functional transformation. Proceedings of the National Academy of Sciences of the United States of America, 23(3): 158-164

Cooley J W, Tukey J W. 1965. An algorithm for the machine calculation of complex Fourier series. Mathematics of Computation, 19(90): 297-301

Croisier A, Esteban D, Galand C. 1976. Perfect channel splitting by use of interpolation/ decimation/tree decomposition techniques. Proceedings of the International Symposium on Information Circuits and Systems, Patras Greece, Sciences and Systems, 443-446

Daubechies I. 1988a. Time-frequency localization operators: A geometric phase space approach.

IEEE Transactions on Information Theory, 34(4): 605-612
Daubechies I. 1988b. Orthonormal bases of compactly supported wavelets. Communications on Pure and Applied Mathematics, 41(7): 909-996
Daubechies I. 1990. The wavelet transform, time-frequency localization and signal analysis. IEEE Transactions on Information Theory, 36(5): 961-1005
Daubechies I. 1992. Ten Lectures on Wavelets. Philadelphia, Pennsylvania: Society for Industrial and Applied Mathematics
Daubechies I, Jaffard S, Journé J L. 1991. A simple Wilson orthonormal basis with exponential decay. SIAM Journal on Mathematical Analysis, 22(2): 554-573
Daubechies I, Sweldens W. 1998. Factoring wavelet transforms into lifting steps. Journal of Fourier Analysis and Applications, 4(3): 247-269
Deutsch D.1989. Quantum computational networks. Proceedings of The Royal Society of London Series A: Mathematical Physical and Engineering Sciences, 425(1868): 73-90
Deutsch D, Jozsa R. 1992. Rapid solution of problems by quantum computation. Proceedings of the Royal Society of London Series A: Mathematical Physical and Engineering Sciences, 439(1907): 553-558
Dirac P A M. 1930. The Principles of Quantum Mechanics. Oxford: Clarendon Press
Dirac P A M. 1949. La seconde quantification. Annales de I'institut Henri Poincaré, 11(1): 15-47
Dirac P A M. 1958. The Principles of Quantum Mechanics. Oxford: Clarendon Press
Dixmier J. 1969. Les C*-Algebres et Leurs Representations. Paris: Gauthier-Villars
Do M N. 2003. Contourlets and sparse image expansions. Proceedings of SPIE-The International Society for Optical Engineering, 5207: 560-570
Do M N, Vetteril M. 2000. Image demising using orthonormal finite ridgelet transform. Proceedings of SPIE, 4119(1): 831-842
Do M N, Vetterli M. 2002. Contourlets: A directional multiresolution image representation. Proceedings of International Conference on Image Processing, 1(1): 357-360
Do M N, Vetterli M. 2003a. The finite ridgelet transform for image representation. IEEE Transactions on Image Processing, 12(1): 16-28
Do M N, Vetterli M. 2003b. Contourlets. Studies in Computational Mathematics, 10(C): 83-105
Donoho D L. 1999a. Tight frames of *k*-plane ridgelets and the problem of representing objects that are smooth away from *d*-dimensional singularities in R^n. Proceedings of the National Academy of Sciences of the United States of America, 96(5): 1828-1833
Donoho D L. 1999b. Wedgelets: Nearly minimax estimation of edges. Annals of Statistics, 27(3): 859-897
Donoho D L. 2000. Orthonormal ridgelets and linear singularities. SIAM Journal on Mathematical Analysis, 31(5): 1062-1099
Donoho D L, Huo X. 2000. Beamlet pyramids: A new form of multiresolution analysis suited for extracting lines, curves, and objects from very noisy image data. Proceedings of SPIE, 4119(1): 434-444
Dreher B, Sanderson K J. 1973. Receptive field analysis: Responses to moving visual contours by single lateral geniculate neurons in cat. The Journal of Physiology, 234(1): 95-118
Dreyfus H. 1965. Alchemy and Artificial Intelligence. Santa Monica, California: The RAND Corporation
Dreyfus H. 1972. What Computers Can't Do. New York: MIT Press
Dreyfus H, Dreyfus S. 1986. Mind over Machine: The Power of Human Intuition and Expertise in the Era of the Computer. Oxford: Blackwell

du Bois-Reymond P. 1870. Sur la grandeur relative des infinis des fonctions. Annali di Matematica Pura ed Applicata, Series 2, 1: 338-353

du Bois-Reymond P. 1871a. Notiz über einen Cauchy'schen Satz, die Stetigkeit von Summen unendlicher Reihen betreffend. Mathematische Annalen, 4(1): 135-137

du Bois-Reymond P. 1871b. Die Theorie der Fonrier'schen integrale und formeln. Mathematische Annalen, 4(3): 362-390

du Bois-Reymond P. 1873. Eine neue theorie der convergenz und divergenz von Reihen mit positiven Gliedern. Journal fur die Reine und Angewandte Mathematik, 1873(76): 61-91

du Bois-Reymond P. 1876. Zusätze zur abhandlung: Untersuchungen über die convergenz und divergenz der Fourier'schen darstellungsformeln. Mathematische Annalen, 10(3): 431-445

du Bois-Reymond P. 1880. Der beweis des fundamentalsatzes der integralrechnung. Mathematische Annalen, 16: 115-128

Duplo J M, Moore C C. 1976. On the regular representation of a nonunimodular locally compact group. Journal of Functional Analysis, 21(2): 209-243

Enroth C C, Robson J D. 1966. The contrast sensitivity of retinal ganglion cells of the cat. The Journal of Physiology, 187(3): 517-522

Esteban D, Galand C. 1977. Application of quadrature mirror filters to split band voice coding schemes. IEEE International Conference on Acoustics, Speech, & Signal Processing, 2: 191-195

Faber G. 1910. Über die Orthogonal funktionen des Herrn Haar. Jahresbericht Der Deutschen Mathematiker-Vereinigung, 19: 104-112

Fan H Y, Hu L Y. 2009. Optical transformation from chirplet to fractional Fourier transformation kernel. Journal of Modern Optics, 56(11): 1227-1229

Fan H Y, Lu J F. 2004. Quantum mechanics version of wavelet transform studied by virtue of IWOP technique. Communications in Theoretical Physics, 41(5): 681-684

Fan H Y, Lu H L, Xu X F. 2006. Application of bipartite entangled states to quantum mechanical version of complex wavelet transforms. Communications in Theoretical Physics, 45(4): 609-613

Fan H Y, Zaidi H R, Klauder J R. 1987. New approach for calculating the normally ordered form of squeeze operators. Physical Review D, 35(6): 1831-1834

Fatou P. 1906. Sur les solutions uniformes de certaines équations fonctionnelles. Comptes Rendus Hebdomadaires des Seances de l'Académie des Sciences, 143: 546-548

Fatou P. 1919. Sur les équations fonctionnelles, I. Bulletin de la Société Mathématique de France, 47: 161-271

Fatou P. 1920a. Sur les équations fonctionnelles, II. Bulletin de la Société Mathématique de France, 48: 33-94

Fatou P. 1920b. Sur les équations fonctionnelles, III. Bulletin de la Société Mathématique de France, 48: 208-314

Federer H. 1969. Geometric Measure Theory. New York: Springer-Verlag

Federer H. 1978. Colloquium lectures on geometric measure theory. Bulletin of the American Mathematical Society, 84(3): 291-338

Feigenbaum M J. 1978. Quantitative universality for a class of nonlinear transformations. Journal of Statistical Physics, 19: 25-52

Feigenbaum M J. 1979. The Universal metric properties of nonlinear transformations. Journal of Statistical Physics, 21: 669-706

Fijany A, Williams C P. 1999. Quantum wavelet transforms: Fast algorithms and complete circuits // Quantum Computing and Quantum Communications. Lecture Notes in Computer Science. Berlin: Springer, 1509: 10-33

Fino B J, Algazi V R. 1977. A Unified treatment of discrete fast unitary transforms. SIAM Journal on Computing, 6(4): 700-717

Fock V. 1928. Verallgemeinerung und losung der diracschen statistisschen gleichung. Zeitschrift für Physik A Hadrons and Nuclei, 49: 339-357

Fock V. 1932. Konfigurationsraum und zweite quantelung. Zeitschrift für Physik A Hadrons and Nuclei, September, 75(9-10): 622-647

Fourier J. 1822. Théorie Analytique de la Chaleur. Paris: Firmin Didot Père et Fils (reissued by Cambridge University Press, 2009. ISBN 978-1-108-00180-9)

Fraenkel A, Yehoshua B H. 1958a. Foundations of set theory. Studies in Logic and the Foundations of Mathematics, 23: 211-415

Fraenkel A, Yehoshua B H. 1958b. Chapter II axiomatic foundations of set theory: The Axiom of Choice. Studies in Logic and the Foundations of Mathematics, 23: 19-135

Fraenkel A, Yehoshua B H, Lévy A, Dalen D V. 1973. Foundations of Set Theory. Amsterdam: North-Holland

Franklin P. 1928. A set of continuous orthogonal functions. Mathematische Annalen, 100(1): 522-529

Freud G. 1962. Über trigonometrische approximation und Fouriersche reihen. Mathematische Zeitschrift, 78(1): 252-262

Frisch U. 1995. Turbulence: The Legacy of A. N. Kolmogorov. Cambridge: Cambridge University Press

Gabor J D. 1946a. Theory of communication. Journal of the Institution of Electrical Engineers(London) 93 (III): 429-457

Gabor J D. 1946b. Theory of communication, part 1: The analysis of information. Journal of the Institution of Electrical Engineers-Part III: Radio and Communication Engineering, 93(26): 429-441

Gabor J D. 1946c. Theory of communication, part 2: The analysis of hearing. Journal of the Institution of Electrical Engineers-Part III: Radio and Communication Engineering, 93(26): 442-445

Gabor J D. 1946d. Theory of communication, part 3: Frequency compression and expansion. Journal of the Institution of Electrical Engineers-Part III: Radio and Communication Engineering, 93(26): 445-457

Gabor J D. 1947. Theory of communication. Journal of the Institution of Electrical Engineers-Part I: General, 94(73): 58

Gabor J D. 1953. Communication theory and physics. Transactions of the IRE Professional Group on Information Theory, 1(1): 48-59

Galand C, Nussbaumer H. 1984. New quadrature mirror filter structures. IEEE Transactions on Acoustics Speech & Signal Processing, 32(3): 522-531

Gentleman W M, Sande G. 1966. Fast Fourier transforms: For fun and profit. Proceeding of AFIPS'66, California, 26(10): 563-578

Gerver J. 1969. The differentiability of the Riemann function at certain rational multiples of π. Proceedings of the National Academy of Sciences of the United States of America, 62(3): 668-670

Gerver J. 1971. More on the differentiability of the Riemann function. American Journal of Mathematics, 93(1): 33-41

Gillis J. 1937. Note on a theorem of Myrberg. Mathematical Proceedings of the Cambridge Philosophical Society, 33(4): 419-424

Given J A, Mandelbrot B. 1984. A new model of percolation clusters. Journal of Statistical Physics, 36(5-6): 545

Gödel K. 1930. Die vollständigkeit der axiome des logischen funktionenkalküls. Monatshefte für Mathematik und Physik, 37: 349-360

Gödel K. 1931. Über formal unentscheidbare sätze der principia mathematica und verwandter systeme, I. Monatshefte für Mathematik und Physik, 38(1): 173-198

Gödel K. 1932. Zum intuitionistischen aussagenkalkül. Anzeiger Akademie der Wissenschaften Wien, 69: 65-66

Gödel K. 1938. The Consistency of the Axiom of Choice and of the Generalized Continuum-Hypothesis. Proceedings of the National Academy of Sciences of the United States of America, 24(12): 556-557

Gödel K. 1940. The Consistency of the Axiom of Choice and of the Generalized Continuum-Hypothesis with the Axioms of Set Theory. Princeton: Princeton University Press

Gödel K. 1947. What is Cantor's continuum problem? The American Mathematical Monthly, 54: 515-525

Gödel K. 1950. Rotating universes in general relativity theory. Proceedings of the international Congress of Mathematicians in Cambridge, 1: 175-181

Good I J. 1969. Gödel's theorem is a red herring. The British Journal for the Philosophy of Science, 19(4): 357-358

Grimson W E. 1981. A computer implementation of a theory of human stereo vision. Philosophical transactions of the Royal Society of London, Series B: Biological Sciences, 292(1058): 217-253

Grossmann A, Morlet J. 1984. Decomposition of Hardy functions into square integrable wavelets of constant shape. SIAM Journal on Mathematical Analysis, 15(4): 723-736

Grossmann A, Morlet J, Paul T. 1985. Transforms associated to square integrable group representations. I. General results. Journal of Mathematical Physics, 26(10): 2473-2479

Grossmann A, Morlet J, Paul T. 1986. Transforms associated to square integrable group representations. II. Examples. Annales de l'institut Henri Poincaré Physique théorique, 45(3): 293-309

Grover L K. 1996. A fast quantum mechanical algorithm for database search. Proceedings of the 28th Annual ACM Symposium on Theory of Computing, Philadelphia, 212-219

Haar A. 1910. Zur theorie der orthogonalen Funktionensysteme. Mathematische Annalen, 69(3): 331-371

Haar A. 1930. Über die multiplikationstabelle der orthogonalen funktionensysteme. Mathematische Zeitschrift, 31(1): 769-798

Hardy G H. 1916. Weierstrass's non-differentiable function. Transactions of the American Mathematical Society, 17: 301-325

Hardy G H, Littlewood J E. 1926. Some problems of diophantine approximation: An additional note on the trigonometrical series associated with the elliptic theta-functions. Acta Mathematica, 47(1-2): 189-198

Hausdorff F. 1914a. Bemerkung über den inhalt von punktmengen. Mathematische Annalen, 75(28): 428-433

Hausdorff F. 1914b. Grundziige der Mengenlehre. Leipzig: Veitu. Co

Hausdorff F. 1919a. Dimension und äusseres mass. Mathematische Annalen, 79(1-2): 157-179

Hausdorff F. 1919b. Über halbstetige funktionen und deren verallgemeinerung. Mathematische Zeitschrift, 5(3-4): 292-309
Hawking S W. 2002. Gödel and M-theory. International Conference on String Theory in Beijing 2002, August 17-19, 2002 Beijing, China
Hayakawa Y. 1998. Beamlet profiles from multiple-hole ion-extraction systems. Journal of Propulsion and Power, 14(4): 568-574
Hebb D O. 1949. The Organization of Behavior: A Neuropsy Chological Theory. New York: Wiley and Sons
Heisenberg W. 1948. Zur statistischen theorie der turbulenz. Zeitschrift für Physik, 124(7-12): 628-657
Helstrom C W. 1966. An expansion of a signal in Gaussian elementary signals. IEEE Transactions on Information Theory, 12(1): 81-82
Hilbert D. 1891. Über die stetige abbildung einer linie auf ein flächenstück. Mathematische Annalen, 38: 459-460
Hilbert D, Bernays P. 1934. Grundlagen der Mathematik I. Die Grundlehren der Mathematischen Wissenschaften, 40. New York: Springer-Verlag
Hilbert D, Bernays P. 1939. Grundlagen der Mathematik II. Die Grundlehren der Mathematischen Wissenschaften, 50. New York: Springer-Verlag
Hinton G. 2007. Learning multiple layers of representation. Trends in Cognitive Sciences, 11(10): 428-434
Hinze J O. 1975. Turbulence. New York: McGraw-Hill
Holschneider M, Tchamitchian P. 1991. Pointwise analysis of Riemann's "nondifferentiable" function. Inventiones mathematicae, 105(1): 157-175
Hummel R, Moniot R. 1989. Reconstructions from zero crossings in scale space. IEEE Transactions on Acoustics, Speech, and Signal Processing, 37(12): 2111-2130
Hunt F V, Beranek L L, Maa D Y. 1939. Analysis of sound decay in rectangular rooms. Journal of the Acoustical Society of America, 11: 80-94
Hurst H E. 1925. The Lake Plateau Basin of the Nile. Cairo: Government Press
Hurst H E. 1947. The future conservation of the Nile. Geographical Journal, 110(4/6): 259-260
Hurst H E. 1951. Long term storage capacities of reservoirs. Transactions of the American Society of Civil Engineers, 116(12): 776-808
Hurst H E. 1952. The Nile: A General Account of the River and the Utilization of its Waters. London: Constable
Hurst H E, Black R P, Simaika Y M. 1946. The future conservation of the Nile. The Nile Basin, 8(51): 20-97
Hurst H E, Black R P, Simaika Y M. 1951. The Nile Basin: The Future Conservation of the Nile. Cairo: National Printing Office
Hurst H E, Black R P, Simaika Y M. 1966. The Major Nile Projects. The Nile Basin, 10: 9-10
Hutton A. 1976. This Gödel is killing me. Philosophia, 6(1): 135-144
Itô K. 1986. Bernays-Gödel set theory// Encyclopedic Dictionary of Mathematics(§33C), Vol. 1. Cambridge, MA: MIT Press
Jaffard S, Meyer Y, Ryan R. 2001. Wavelets: Tools for Science & Technology. Philadelphia: Society for Industrial & Applied Mathematics
Jia F, Xu S, Deng C Z, Liu C J, Hu L Y. 2016. 3D entangled fractional squeezing transformation and its quantum mechanical correspondence. Frontiers of Physics, 11(3): 1-7
Jones J A, Mosca M, Hansen R H. 1998. Implementation of a quantum search algorithm on a

nuclear magnetic resonance quantum computer. Nature, 393(6683): 344-346

Jozsa R. 1998. Quantum algorithms and the Fourier transform. Proceedings of the Royal Society of London, Series A, Mathematical, Physical and Engineering Sciences, Quantum Coherence and Decoherence, 454(1969): 323-337

Julia G. 1918a. Mémoire sur l'iteration des fonctions rationnelles. Journal de Mathématiques Pures et Appliquées, 8: 47-245

Julia G. 1918b. Mémoire sur l'itération des fonctions rationnelles. Journal de Mathématiques Pures et Appliquées, 9(3): 593-594

Kalish D, Montague R. 1964. Logic: Techniques of Formal Reasoning. New York: Harcourt, Brace and Jovanovich

Kalish D, Montague R. 1965. On Tarski's formalization of predicate logic with identity. Archiv für mathematische Logik und Grundlagenforschung, 7(3-4): 81-101

Klauder J R. 1963a. Continuous representation theory. I. postulates of continuous representation theory. Journal of Mathematical Physics, 4(8): 1055-1058

Klauder J R.1963b. Continuous representation theory. II. generalized relation between quantum and classical dynamics. Journal of Mathematical Physics, 4(8): 1058-1073

Klauder J R.1964. Continuous representation theory. III. on functional quantization of classical systems. Journal of Mathematical Physics, 5(2): 177-187

Klauder J R, McKenna J. 1964. Continuous representation theory. V. construction of a class of scalar boson field continuous representations. Journal of Mathematical Physics, 6(1): 68-87

Klauder J R, Sudarshan E C. 1968. Fundamentals of Quantum Optics. New York: Benjamin

Klauder J R, Sudarshan E C, Miller M M. 1969. Fundamentals of quantum optics. Physics Today, 22(12): 79-81

Kline J R. 1939. Review: G. Bouligand les definitions modernes de la dimension. Bulletin of the American Mathematical Society, 45(7): 503-504

Knill E. 1995. Approximation by quantum circuits. Mathematics, 8(1): 5-7

Kober H. 1939. Wurzeln aus der Hankel, Fourier und aus anderen stetigen transformationen. The Quarterly Journal of Mathematics, 10(1): 45-59

Kolmogorov A N. 1941a. The local structure of turbulence in incompressible viscous fluid for very large Reynolds numbers. Proceedings of the USSR Academy of Sciences (in Russian), 30: 299-303

Kolmogorov A N. 1941b. Dissipation of energy in locally isotropic turbulence. Proceedings of the USSR Academy of Sciences (in Russian), 32: 16-18

Kolmogorov A N. 1962. A refinement of previous hypotheses concerning the local structure of turbulence in a viscous incompressible fluid at high Reynolds number. Journal of Fluid Mechanics, 13(1): 82-85

Kraichnan R H. 1964. Kolmogorov's hypotheses and eulerian turbulence theory. Physics of Fluids, 7(11): 1723-1734

Kraichnan R H. 1976. Eddy viscosity in two and three dimensions. Journal of the Atmospheric Sciences, 33(8): 1521-1536

Krantz S G, Mandelbrot B. 1989. Fractal geometry. The Mathematical Intelligencer, 11(4): 12-16

Kuffler S W. 1953. Discharge patterns and functional organization of mammalian retina. Journal of Neurophysiology, 16(1): 37-68

Kuratowski K. 1922. Sur l'opération de l'analysis situs. Fundamenta Mathematicae, Warsaw: Polish Academy of Sciences, 3: 182-199

Kutay M A, Ozaktas M, Arikan O, Onural L. 1997. Optimal filtering in fractional Fourier

domains. IEEE Transactions on Signal Processing, 45: 1129-1143
Lévy P. 1925. Calcul des Probabilities. Paris: Gauthier-Villars
Lewis R M, Kraichnan R H. 1962. A space-time functional formalism for turbulence. Communications on Pure and Applied Mathematics, 15(4): 397-411
Littlewood J E, Paley R E A C. 1931. Theorems on Fourier series and power series. Journal of the London Mathematical Society, s1-6(3): 230-233
Littlewood J E, Paley R E A C. 1937. Theorems on Fourier series and power series (II). Proceedings of the London Mathematical Society, s2-42(1): 52-89
Littlewood J E, Paley R E A C. 1938. Theorems on Fourier series and power series (III). Proceedings of the London Mathematical Society, s2-43(2): 105-126
Liu S G, Fan H Y. 2009. Convolution theorem for the three-dimensional entangled fractional Fourier transformation deduced from the tripartite entangled state representation. Theoretical & Mathematical Physics, 161(3): 1714-1722
Liu S T, Jiang J X, Zhang Y, Zhang J D. 1997. Generalized fractional Fourier transforms. Journal of Physics, A, Mathematical and General, 30(3): 973-981
Llull R. 1401. Ars generalis ultima, Barcelona: Diposit Digital de la Universitat de Barcelona
Loan C V. 1992. Computational Frameworks for the Fast Fourier Transform. Philadelphia: Society for Industrial and Applied Mathematics, Volume 10 of Frontiers in Applied Mathematics
Logan B E. 1977. Information in the zero-crossings of bandpass signals. The Bell System Technical Journal, 56(4): 487-510
Lohmam A W. 1993. Image rotation, Wigner rotation, and the fractional Fourier transforms. Journal of the Optical Society of America A, 10(11): 2181-2186
Lorenz M O. 1905. Methods of measuring the concentration of wealth. Publications of the American Statistical Association, 9(70): 209-219
Lorenz E N. 1955. Available potential energy and the maintenance of the general circulation. Tellus, 7(2): 157-167
Lorenz E N. 1963. Deterministic nonperiodic flow. Journal of the Atmospheric Sciences, 20(2): 130-141
Lorenz E N. 1967. The nature and theory of the general circulation of the atmosphere. World Meteorological Organization: Reports on Progress in Physics, 218(1): 213-267
Lorenz E N. 1969a. Three approaches to atmospheric predictability. Bulletin of the American Meteorological Society, 50: 345-349
Lorenz E N. 1969b. Atmospheric predictability as revealed by naturally occurring analogues. Journal of the Atmospheric Sciences, 26(4): 636-646
Low F. 1985. Complete sets of wave packets// A Passion for Physics-Essays in Honor of Geoffrey Chew. Singapore: World Scientific, 17-22
Lu Y, Do M N. 2003. CRISP-contourlets: A critically sampled directional multiresolution image representation. Proceedings of SPIE, the International Society for Optical Engineering, 5207: 571-581
Lucas J R. 1961. Minds, machines and Gödel. Philosophy, 36(137): 112-127
Lucas J R. 1976. This Gödel is killing me: A rejoinder. Philosophia, 6(1): 145-148
Lucas J R. 2002. The Gödelian argument. Truth Journal, 14(7): 15-25
Lv C H, Fan H Y, Li D W. 2015. From fractional Fourier transformation to quantum mechanical fractional squeezing transformation. Chinese Physics B, 24(2): 35-38
Mallat S G. 1988. Multiresolution Representations and Wavelets. Pennsylvania: University of

Pennsylvania, ProQuest Dissertations Publishing

Mallat S G. 1989a. Multiresolution approximations and wavelet orthonormal bases of $L^2(R)$. Transactions of the American Mathematical Society, 315(1): 69-87

Mallat S G. 1989b. A theory for multi-resolution signal decomposition: The wavelet representation. IEEE Transactions on Pattern Analysis and Machine Intelligence, 11(7): 674-693

Mallat S G. 1989c. Multifrequency channel decompositions of images and wavelet models. IEEE Transactions on Acoustics, Speech, and Signal Processing, 37(12): 2091-2110

Mallat S G. 1991. Zero-crossings of a wavelet transform. IEEE Transactions on Information Theory, 37(4): 1019-1033

Mallat S G, Hwang W L. 1992. Singularity detection and processing with wavelets. IEEE Transactions on Information Theory, 38(2): 617-643

Mallat S G, Zhang Z. 1993. Matching pursuits with time-frequency dictionaries. IEEE Transactions on Signal Processing, 41(12): 3397-3415

Mallat S G, Zhong S. 1991. Wavelet transform maxima and multiscale edges// Wavelets and Their Applications. Boston: Jones and Bartlett: 67-104

Mallat S G, Zhong S. 1992. Characterization of signals from multiscale edges. IEEE Transactions on Pattern Analysis and Machine Intelligence, 14(7): 710-732

Malvar H S. 1986. Optimal pre-and post-filtering in noisy sampled-data systems. Ph.D. thesis. Department of Electrical Engineering and Computer Science, Massachusetts Institute of Technology, Cambridge, Mass, USA

Malvar H S. 1990. Lapped transforms for efficient transform/subband coding. IEEE Transactions on Acoustics Speech & Signal Processing, 38(6): 969-978

Malvar H S. 1998. Biorthogonal and nonuniform lapped transforms for transform coding with reduced blocking and ringing artifacts. IEEE Transactions on Signal Processing, 46(4): 1043-1053

Mandelbrot B. 1954. Simple games of strategy occurring in communication through natural languages. Transactions of the IRE Professional Group on Information Theory, 3(3): 124-137

Mandelbrot B. 1959. Variables et processus stochastiques de Pareto-Levy, et la repartition des revenus, I et II. Comptes Rendus de l'Académie des Sciences, Series I, Mathematics, Paris, 249(6): 613-615

Mandelbrot B. 1960. The Pareto-Levy law and the distribution of income. International Economic Review, 1(2): 79-106

Mandelbrot B. 1961. Stable paretian random functions and the multiplicative variation of income. Econometrica, 29(4): 517-543

Mandelbrot B. 1963. The variation of certain speculative prices. The Journal of Business, 36(4): 394-419

Mandelbrot B. 1964a. Random walks, fire damage amount and other paretian risk phenomena. Operations Research, 12(4): 582-585

Mandelbrot B. 1964b. On the derivation of statistical thermodynamics from purely phenomenological principles. Journal of Mathematical Physics, 5(2): 164-171

Mandelbrot B. 1966. Forecasts of future prices, unbiased markets, and martingale models. I. Introduction. The Journal of Business, 39(1): 242-255

Mandelbrot B. 1967a. The variation of some other speculative prices. I. introduction. Journal of Business, 40(4): 393-413

Mandelbrot B. 1967b. How long is the coast of britain? statistical self-similarity and fractional dimension. Science, American Association for the Advancement of Science, 156(3775): 636-638

Mandelbrot B. 1971. When can price be arbitraged efficiently? a limit to the validity of the random walk and martingale models. The Review of Economics and Statistics, 53(3): 225-236

Mandelbrot B. 1972. Possible refinement of the lognormal hypothesis concerning the distribution of energy dissipation in intermittent turbulence// Statistical Models and Turbulence. Lecture Notes in Physics 12. Berlin: Springer-Verlag: 333-351

Mandelbrot B. 1974. Intermittent turbulence in self-similar cascades: divergence of high moments and dimension of carrier. Journal of Fluid Mechanics, 62: 331-358

Mandelbrot B. 1975a. Les Objets Fractals: Forme, Hasard et Dimension. Flammarion: Champs Sciences

Mandelbrot B. 1975b. Stochastic models for the Earth's relief, the shape and the fractal dimension of the coastlines, and the number-area rule for islands. Proceedings of the National Academy of Sciences of the United States of America, 72(10): 3825-3828

Mandelbrot B. 1976. Note on the definition and the stationarity of fractional Gaussian noise. Journal of Hydrology, 30(4): 407-409

Mandelbrot B. 1977. The Fractal Geometry of Nature. San Francisco: Freeman

Mandelbrot B. 1980. On the dynamics of iterated maps, part I: Fractal aspects of the iteration of $z\to\lambda z(1-z)$ for complex λ and z. Annals of the New York Academy of Sciences, 357: 249-259

Mandelbrot B. 1982. The Fractal Geometry of Nature. San Francisco: Freeman

Mandelbrot B. 1983. On the dynamics of iterated maps, part II: On the quadratic mapping $z\to z^2-\mu$ for complex μ and z, the fractal structure of its M set and scaling. Physica D: Nonlinear Phenomena, 7(1): 224-239

Mandelbrot B. 1984a. On the dynamics of iterated maps, part III: The individual molecules of the M set, self-similarity properties, the N^{-2} rule, and the N^{-2} conjecture. Lecture Notes in Pure and Applied Mathematics: Chaos, Fractals, and Dynamics, 98: 213-224

Mandelbrot B. 1984b. On the dynamics of iterated maps, part IV: The notion of "normalized radical" of the M set, and the fractal dimension of the boundary of Chaos, fractals and dynamical systems. Lecture Notes in Pure and Applied Mathematics: Chaos, Fractals, and Dynamics, 98: 225-234

Mandelbrot B. 1984c. On the dynamics of iterated maps, part V: Conjecture that the boundary of the M set has a fractal dimension equal to 2. Lecture Notes in Pure and Applied Mathematics: Chaos, Fractals, and Dynamics, 98: 235-238

Mandelbrot B. 1984d. On the dynamics of iterated maps, part VI: Conjecture that certain Julia sets include smooth components. Lecture Notes in Pure and Applied Mathematics: Chaos, Fractals, and Dynamics, 98: 239-242

Mandelbrot B. 1984e. On the dynamics of iterated maps, part VII: Domain-filling ("Peano") sequences of fractal Julia sets, and an intuitive rationale for the Siegel discs. Lecture Notes in Pure and Applied Mathematics: Chaos, Fractals, and Dynamics, 98: 243-253

Mandelbrot B. 1984f. On the dynamics of iterated maps, part VIII: The Map $z\to\lambda(z+1/z)$, from Linear to Planar Chaos, and the Measurement of Chaos. Kuramoto, Springer Series in Synergetics, 24: 32-41

Mandelbrot B. 1985. On the dynamics of iterated maps, part IX: Continuous interpolation of the

complex discrete map $z \to \lambda z(1-z)$, and related topics. Physica Scripta, 1985(T9): 59-63
Mandelbrot B. 1986. Multifractals and fractals. Physics Today, 39(9): 11-13
Mandelbrot B. 1991. Random multifractals-negative dimensions and the resulting limitations of the thermodynamic formalism. Proceedings of The Royal Society of London Series A, Mathematical Physical and Engineering Sciences, 434(1890): 79-88
Mandelbrot B. 1997. Fractals and scaling in finance: Discontinuity, concentration, risk. Physics Today, 51(8): 59-60
Mandelbrot B. 1998. Multifractals and 1/*f* Noise: Wild Self-affinity in Physics(1963-1976). New York: Springer-Verlag.
Mandelbrot B. 1999a. Renormalization and fixed points in finance, since 1962. Physica A: Statistical Mechanics and its Applications, 263(1-4): 477-487
Mandelbrot B. 1999b. Gaussian Fractals and Beyond: Complexities in the Sciences. Singapore: World Scientific Publishing
Mandelbrot B, Evertsz J G. 1990. The potential distribution around growing fractal clusters. Nature, 348(6297): 143-145
Mandelbrot B, Franks J. 1989. Chaos, Bourbaki and Poincaré-Comment/reply. Mathematical Intelligencer, 11(3): 10
Mandelbrot B, Given J A. 1984. Physical properties of a new fractal model of percolation clusters. Physical Review Letters, 52(21): 1853-1856
Mandelbrot B, Mccamy K. 1970. Secular pole motion and chandler wobble. Geophysical Journal of the Royal Astronomical Society, 21(2): 217
Mandelbrot B, Van Ness J W. 1968. Fractional brownian motions, fractional noises and applications. SIAM Review, 10(4): 422-437
Mandelbrot B, Passoja D E, Paullay A J. 1984. Fractal character of fracture surfaces of metals. Nature, 308(5961): 721-722
Mandelbrot B, Peter P, Ofer B, Ofer M, Daniel A, David A. 1998. Is nature fractal? Science, 279(5352): 783-786
Mandelbrot B, Wheeler J A. 1983. The fractal geometry of nature. American Journal of Physics, 51(3): 286-287
Marcinkiewicz J. 1939. Sur l'interpolationd operations. Comptes Rendus de l'Académie des Sciences Paris, 208: 1272-1273
Marcinkiewicz J, Zygmund A. 1937. Some theorems on orthogonal systems. Fundamenta Mathematicae, 1937, 28(1): 309-335
Marr D. 1969. A theory of cerebellar cortex. The Journal of Physiology, 202(2): 437-470
Marr D. 1970. A theory for cerebral neocortex. Proceedings of the Royal Society of London, Series B: Biological Sciences, 176(1043): 161-234
Marr D. 1971. Simple memory: A theory for archicortex. Philosophical transactions of the Royal Society of London, Series B: Biological sciences, 262(841): 23-81
Marr D. 1974. The computation of lightness by the primate retina. Vision Research, 14(12): 1377-1388
Marr D. 1975. Approaches to biological information processing. Science, American Association for the Advancement of Science, 190(4217): 875-876
Marr D. 1976. Early processing of visual information. Philosophical Transactions of the Royal Society of London, Series B, Biological sciences, 275(942): 483-519
Marr D. 1977. Artificial intelligence—A personal view. Artificial Intelligence, 9(1): 37-48
Marr D. 1982. Vision: A Computational Investigation into the Human Representation and

Processing of Visual Information. San Francisco: Freeman
Marr D, Hildreth E. 1980. Theory of edge detection. Proceedings of the Royal Society of London, Series B: Biological Sciences, 207(1167): 187-217
Marr D, Nishihara H K. 1978. Representation and recognition of the spatial organization of three-dimensional shapes. Proceedings of the Royal Society of London, Series B: Biological Sciences, 200(1140): 269-294
Marr D, Poggio T. 1976. Cooperative computation of stereo disparity. Science, American Association for the Advancement of Science, 194(4262): 283-287
Marr D, Poggio T. 1977. From understanding computation to understanding neural circuitry. Neurosciences Research Program Bulletin, 15(3): 470-488
Marr D, Poggio T. 1979. A computational theory of human stereo vision. Proceedings of the Royal Society of London, Series B: Biological Sciences, 204(1156): 301-328
Marr D, Poggio T, Ullman S. 1979. Bandpass channels, zero-crossings, and early visual information processing. Journal of the Optical Society of America A, 69(6): 914-916
Marr D, Poggio T, Ullman S. 2010. Vision: A Computational Investigation into the Human Representation and Processing of Visual Information. Massachusetts: MIT Press
Marr D, Ullman S. 1981. Directional selectivity and its use in early visual processing. Proceedings of the Royal Society of London, Series B: Biological Sciences(London), 211(1183): 151-180
Marr D, Vaina L. 1982. Representation and recognition of the movements of shapes. Proceedings of the Royal Society of London, Series B: Biological Sciences, 214(1197): 501-524
Martinez-Torres C, Arneodo A, Streppa L, Argoul P, Argoul F. 2016. Passive microrheology of soft materials with atomic force microscopy: A wavelet-based spectral analysis. Applied Physics Letters, 108(3): 34102-34104
Marx E. 1970. Creation and annihilation operators in Fock space. Physica, 48(2): 247-253
Mathieu J, Scott J. 2000. An Introduction to Turbulent Flow. Cambridge: Cambridge University Press
Mcbride A C, Kerr F H. 1987. On Namias's fractional Fourier transforms. IMA Journal of Applied Mathematics, 39(2): 159-175
McCulloch W S, Pitts W. 1943. A logical calculus of the ideas immanent in nervous activity. The Bulletin of Mathematical Biophysics, 5(4): 115-133
McKenna J, Klauder J R.1964. Continuous representation theory. IV. structure of a class of function spaces arising from quantum mechanics. Journal of Mathematical Physics, 5(7): 878-896
Meneveau C, Sreenivasan K R. 1991. The multifractal nature of turbulent energy dissipation. Journal of Fluid Mechanics, 224: 429-484
Menger K. 1923. Uber die dimensionalitat von punktmengen. Monatshefte für Mathematik und Physik, 33(1): 148-160
Menger K. 1926a. Über die dimension von punktmengen II. Monatshefte für Mathematik und Physik, 34(1): 137-161
Menger K. 1926b. Grundzüge einer theorie der kurven. Mathematische Annalen, 95(1): 277-306
Menger K. 1926c. Allgemeine räume und cartesische räume. I. Communications to the Amsterdam Academy of Sciences. Colorado, Boulder: Westview Press
Menger K. 1928. Dimensionstheorie. Switzerland: Vieweg Teubner Verlag
Menger K. 1929. Uber die dimension von punktmengen III, zur begrundung einer axiomatischen theorie der dimension. Monatshefte für Mathematik, 36(1): 193-218

Menger K. 1930. Eine dimensionstheoretische Bemerkung von O. Schreier. Monatshefte für Mathematik und Physik, 37(1): 7-12

Meyer Y. 1990. Ondelettes et Operateurs, Vol.1. Paris: Hermann

Meyer Y, Coifman R. 1991a. Ondelettes et Operateurs, Vol.2. Paris: Hermann

Meyer Y, Coifman R. 1991b. Ondelettes et Operateurs, Vol.3. Paris: Hermann

Meyer Y, Coifman R. 1997. Brushlets: A tool for directional image analysis and image compression. Applied and Computational Harmonic Analysis, 4(2): 147-187

Meyer Y, Ryan R. 1993. Wavelets: Algorithms and Applications. Philadelphia: Society for Industrial & Applied Mathematics

Miller P, Vandome F, McBrewster J. 2011. Time 100: The Most Important People of the Century. Germany Saarbrücken: Alphascript Publishing

Minsky M, Papert S. 1969a. Perceptrons. Cambridge, MA: MIT Press

Minsky M, Papert S. 1969b. Perceptrons: An Introduction to Computational Geometry. Cambridge, MA: MIT Press

Mitchell W C. 1915. The Making and Using of Index Numbers. United States Government Printing Office Washington: Bulletin of the US Bureau of Labor Statistics

Mitchell W C. 1938. The Making and Using of Index Numbers. United States Government Printing Office Washington: Bulletin of the US Bureau of Labor Statistics

Montague R. 1957. Contributions to the axiomatic foundations of set theory. Ph. D. thesis., University of California, Berkeley

Montague R, Kalish D. 1956a. A simplification of Tarski's formulation of the predicate calculus. The Bulletin of the American Mathematical Society, 62: 261

Montague R, Kalish D. 1956b. Formulations of the predicate calculus with operation symbols and descriptive phrases. The Bulletin of the American Mathematical Society, 62: 262-263

Morlet J. 1981. Sampling theory and wave propagation. Proceedings of 50th Annual International Meeting of the Society of Exploration Geophysicists, in Houston

Morlet J. 1983. Sampling theory and wave Propagation. NATO ASI Series (Series F: Computer and System Sciences, Springer, Berlin, Heidelberg), Acoustic Signal-Image Processing and Recognition, 1: 233-261

Morlet J. Arens G, Fourgeauand E, Giard D. 1982a. Wave propagation and sampling theory—Part I: Complex signal and scattering in multilayered media. Geophysics, 47(2): 203-221

Morlet J, Arens G, Fourgeauand E, Giard D. 1982b. Wave propagation and sampling theory—Part II: Sampling theory and complex waves. Geophysics, 47(2): 222-236

Musgrave F K, Mandelbrot B. 1991. Art of fractal landscapes. IBM Journal of Research and Development, 35(4): 535-540

Namias V. 1980. The fractional order Fourier transform and its application to quantum mechanics. IMA Journal of Applied Mathematics, 25(3): 241-265

Newell A. 1969. A step toward the understanding of information processes. Science, 165(3895): 780-782

Newell A, Simon H A. 1962. Computer simulation of human thinking. Science, 27(2): 137-150

Nishihara H K. 1981. Intensity, visible-surface, and volumetric representations. Artificial Intelligence, 17(1): 265-284

Nishihara H K. 1984. Practical real-time imaging stereo matcher. Optical Engineering, 23(5): 536-545

Nishihara H K, Larson N G. 1981. Towards a real time implementation of the Marr and Poggio stereo matcher, image understanding. Proceedings of SPIE, the International Society for

Optical Engineering, 281(12): 299-305
Obukhov A M. 1962. Some specific features of atmospheric turbulence. Journal of Geophysical Research, 67(8): 3011-3014
Pareto V. 1895. La legge della domanda. Giornale degli Economisti, 10: 59-68
Pareto V. 1896. Écrits sur la Courbe de la Répartition de la Richesse. Paris: Gallimard
Pareto V. 1897. Cours d'économie Politique, Volume I and II. F. Paris: Gauthier-Villars
Paul T. 1984. Functions analytic on the half-plane as quantum mechanical states. Journal of Mathematical Physics, 25(11): 3252-3263
Paul T. 1985. Ondelettes et mecanique quantique. Ph. D. thesis, Université d Aix-Marseille II
Paul T. 1986. A characterization of dilation-analytic operators. Lecture Notes in Mathematics, 1218(1): 179-189
Paul T. 1990. Wavelets and path integral. Inverse Problems and Theoretical Imaging, 15(4): 204-208
Paul T, Seip K. 1992. Wavelets and quantum mechanics. Wavelets and their Applications, 6(3): 303-321
Peano G. 1890. Sur une courbe, qui remplit toute une aire plane. Mathematische Annalen, 36: 157-160.
Pearl J. 1988. Probabilistic Reasoning in Intelligent Systems, Networks of Plausible Inference. Morgan: Kaufmann
Pennec E L, Mallat S G. 2005a. Bandelet image approximation and compression. Multiscale Modeling & Simulation, 4(3): 992-1039
Pennec E L, Mallat S G. 2005b. Sparse geometrical image representation with bandelets. IEEE Transactions on Image Processing, 14(4): 423-438
Perelomov A M. 1972. Coherent states for arbitrary Lie group. Communications in Mathematical Physics, 26(3): 222-236
Press G. 2016. A very short history of artificial intelligence (AI). Forbes, 86(12) :11-14
Raina R, Madhavan A, Ng A. 2009. Large-scale deep unsupervised learning using graphics processors. Proceedings of the 26th Annual International Conference on machine learning, 382: 873-880
Ran Q W, Feng Y J. 2000. The Discrete fractional Fourier transform and its simulation. Chinese Journal of Electronics, 9(1):70-75
Ran Q W, Wang Q, Tan L Y, Ma J. 2003. Multi-fractional Fourier transform method and its applications to image encryption. Chinese Journal of Electronics, 12(1): 72-78
Ran Q W, Yang Z H, Ma J, Tan L Y, Liao H X, Liu Q F. 2013. Weighted adaptive threshold estimating method and its application to Satellite-to-Ground optical communications. Optics and Laser Technology, 45(1):639-646
Ran Q W, Yuan L, Tan L Y, Ma J, Wang Q. 2004. High order generalized permutational fractional Fourier transforms. Chinese Physics, 13(2): 178-186
Ran Q W, Yuan L, Zhao T Y. 2015. Image encryption based on non-separable fractional Fourier transform and chaotic map. Optics Communications, 348: 43-49
Ran Q W, Yueng D S, Tseng E C C, Wang Q. 2005. Multi-fractional Fourier transform method based on the generalized permutation matrix group. IEEE Transactions on Signal Processing, 2005, 53(1): 83-98
Ran Q W, Zhang H Y, Zhang J, Tan L Y, Ma J. 2009. Deficiencies of the cryptography based on multiple-parameter fractional Fourier transform. Optics Letters, 34(11): 1729-1731
Ran Q W, Zhao T Y, Yuan L, Wang J, Xu L. 2014. Vector power multiple-parameter fractional

Fourier transform of image encryption algorithm. Optics and Lasers in Engineering, 62: 80-86

Reck M, Zeilinger A, Bernstein H J, Bertani P. 1994. Experimental realization of any discrete unitary operator. Physical Review Letters, 73(1): 58-61

Reed M C, Simon B. 1975. Methods of Modern Mathematical Physics, Vol II. New York: Academic Press

Reynolds O. 1883. An experimental investigation of the circumstances which determine whether the motion of water shall be direct or sinuous, and of the law of resistance in parallel channels. Proceedings of the Royal Society of London, 35(224-226): 84-99

Reynolds O. 1884. An experimental investigation of the circumstances which determine whether the motion of water shall be direct or sinuous, and of the law of resistance in parallel channels. Philosophical Transactions of the Royal Society of London, 174: 935-982

Reynolds O. 1894. On the dynamical theory of incompressible viscous fluids and the determination of the criterion. Proceedings of the Royal Society of London, 56(336-339): 40-45

Reynolds O. 1896. On the dynamical theory of incompressible viscous fluids and the determination of the criterion. Philosophical Transactions of the Royal Society of London, Series A, Containing Papers of a Mathematical Or Physical Character, 186: 123-164

Richardson L F. 1926. Atmospheric diffusion shown on a distance-neighbour graph. Proceedings of the Royal Society of London, Series A, Mathematical Physical and Engineering Sciences, 110(756): 709-737

Riedi R H, Mandelbrot B. 1998. Exceptions to the multifractal formalism for discontinuous measures. Mathematical Proceedings of the Cambridge Philosophical Society, Cambridge University Press, 123(1): 133-157

Riemann G B. 1854. Ueber die Darstellbarkeit einer Function durch eine Trigonometrische Reihe. Habilitationsschrift: Abhandlungen der Königlichen Gesellschaft der Wissenschaften zu Göttingen

Rodieck R W, Stone J. 1965. Analysis of receptive fields of cat retinal ganglion cells. Journal of Neurophysiology, 28(5): 833-849

Rosenblatt F. 1957. The perceptron: A perceiving and recognizing automaton. Report: 85-460-1, Cornell Aeronautical Laboratory, Buffalo, New York

Rosenblatt F. 1958. The perceptron: A probabilistic model for information storage and organization in the brain. Cornell Aeronautical Laboratory, Psychological Review, 65(6): 386-408

Rosenblatt F. 1962. Principles of Neurodynamics. Washington, DC: Spartan Books

Rosser J B. 1936. Extensions of some theorems of Gödel and Church. Journal of Symbolic Logic, 1(3):87-91

Rosser J B. 1942. The Burali-Forti paradox. The Journal of Symbolic Logic, 7(1): 1-17

Rott N. 1990. Note on the history of the reynolds number. Annual Review of Fluid Mechanics, 22(1): 1-11

Rumelhart D, Hinton G, Williams R. 1986. Learning representations by back-propagating errors. Nature, 323(6088): 533-536

Russell B. 1897. An Essay on the Foundations of Geometry. Cambridge: Cambridge University Press

Russell B. 1903. The Principles of Mathematics. Cambridge: Cambridge University Press Morlet, Part II. Applied and Computational Harmonic Analysis, 28(3): 249-250

Schauder J. 1927. Zur Theorie stetiger Abbildungen in Funktionalräumen. Mathematische Zeitschrift, 26(1): 47-65

Schoenflies A. 1908a. Einführung in die Hauptgesetze der Zeichnerischen Darstellungs-Methoden. Teubner: Leipzig und Berlin Druck und Verlag

Schoenflies A. 1908b. Die Entwickelung der Lehre von den Punktmannigfaltigkeiten. Teubner: Jahres Bericht erstattet der Deutschen Mathematiker-Vereinigung

Schoenflies A, Hauck G, Gutzmer A. 1900. Die Entwickelung der Lehre von den Punktmannigfaltigkeiten. Teubner: Jahres Bericht der Deutschen Mathematiker-Vereinigung

Segal I E, Mackey G W. 1960. Representations of the free field // Mathematical Problems of Relativistic Physics. Proceedings of the Summer Seminar, Lectures in applied mathematics, Boulder, Colorado, 2: 73-84

Shih C C. 1995a. Optical interrelation of a complex-order Fourier transform. Optics Letters, 20(10): 1178-1180

Shih C C. 1995b. Fractionalization of Fourier transform. Optics Communications, 118(5-6): 495-498

Shor P W. 1994. Algorithms for quantum computation: Discrete logarithms and factoring. Proceedings of 35th Annual Symposium on Foundations of Computer Science, 124-134

Shor P W. 1995. Scheme for reducing decoherence in quantum computer memory. Physical Review A, 52: 2493-2496

Shor P W. 1997. Polynomial-time algorithms for prime factorization and discrete logarithms on a quantum computer. SIAM Journal on Computing, 26(5): 1484-1509

Siegelmann H T. 1995. Computation beyond the Turing limit. Science, 238(28): 632-637

Siegelmann H T. 1996. Analog computational power. Science, 271(5247): 373

Siegelmann H T. 1999. Computation beyond the Turing limit. Neural Networks and Analog Computation, 11(3): 153-164

Siegelmann H T. 2003. Neural and super-Turing computing. Minds and Machines, 13(1): 103-114

Sierpinski W. 1915. Sur une courbe cantorienne dont tout point est un point de ramification. Comptes Rendus de l'Académie des Sciences, Series I-Mathematics, Paris 160: 302-305

Sierpinski W. 1916. Sur une courbe cantorienne qui contient une image biunivoque et continue de toute courbe donnée. Comptes Rendus de l'Académie des Sciences, Series I-Mathematics, Paris 162: 629-632

Simon D R. 1994. On the power of quantum computation. Proceedings of 35th Annual Symposium on Foundations of Computer Science, A356(1743): 116-123

Skolem T. 1930. Über einige satzfunktionen in der arithmetik. Skrifter utgitt av Det Norske Videnskaps-Akademii Oslo I, Matematiks naturvidenskapelig klasse, 7: 1-28

Skolem T. 1933. Über die unmöglichkeit einer charakterisierung der zahlenreihe mittels eines endlichen axiomensystems. Norsk matematisk forening, skrifter, Series II, 10: 73-82

Skolem T. 1934. Über die Nicht-charakterisierbarkeit der Zahlenreihe mittels endlich oder abzählbar unendlich vieler Aussagen mit ausschließlich Zahlenvariablen. Fundamenta Mathematicae(in German), 23(1): 150-161

Skolem T. 1955. Peano's Axioms and Models of Arithmetic. Mathematical Interpretation of Formal Systems. Amsterdam: North-Holland Publishing: 1-14

Skolem T. 1970. Selected Works in Logic. Oslo: Universitetsforlaget

Smale S.1967. Differentiable dynamical systems. Bulletin of the American Mathematical Society, 73: 747-817

Smith H J S. 1874. On the integration of discontinuous functions. Proceedings of the London Mathematical Society, Series 1, 6: 140-153

Smith M J T, Barnwell T P. 1984. A procedure for designing exact reconstruction filter banks for tree-structured subband coders. IEEE International Conference on Acoustics Speech & Signal processing, 84: 421-424

Smith M J T, Barnwell T P. 1986. Exact reconstruction techniques for tree structured subband coders. IEEE Transactions on Acoustics Speech & Signal processing, 34(3): 434-441

Sommerfeld A. 1908. Ein Beitrag zur hydrodynamischen Erklärung der turbulenten Flüssigkeitsbewegung. Proceedings of the 4th International Mathematical Congress, Rome, 3: 116-124

Song J, Fan H Y. 2010. Wavelet-transform spectrum for quantum optical states. Chinese Physics Letters, 27(2): 024210

Song J, Fan H Y, Yuan H C. 2012. Wavelet transform of quantum chemical states. International Journal of Quantum Chemistry, 112(11): 2343-2347

Song J, He R, Yuan H, Zhou J, Fan H Y. 2016. The joint wavelet-fractional Fourier transform. Chinese Physics Letters, 33(11): 18-21

Starck J L, Candès E J, Donoho D L. 2002. The curvelet transform for image denoising. IEEE Transactions on Image Processing, 11(6): 670-684

Starck J L, Murtagh F, Candès E J, Donoho D L. 2003. Gray and color image contrast enhancement by the curvelet transform. IEEE Transactions on Image Processing, 12(6): 706-717

Stein E M. 1970a. Singular Integrals and Differentiability Properties of Functions. Princeton Mathematical Series Volume 30. Princeton: Princeton University Press

Stein E M. 1970b. Topics in Harmonic Analysis Related to the Littlewood-Paley Theory. Annals of Mathematics Studies Volume 63. Princeton: Princeton University Press

Stein E M, Weiss G. 1971. Introduction to Fourier Analysis on Euclidean Spaces. Princeton: Princeton University Press

Stokes G G. 1851. On the effect of the internal friction of fluids on the motion of pendulums. Transactions of the Cambridge Philosophical Society, 9: 8-106

Strömberg J O. 1983a. A modified Franklin system and higher-order spline systems on $\mathbb{R}^n$ as unconditional bases for Hardy spaces. Conference in Harmonic Analysis in Honor of Antoni Zygmund, II: 475-494

Strömberg J O. 1983b. Basis properties of Hardy spaces. Arkiv För Matematik, 21(1-2): 111-125

Strömberg J O. 1983c. Spline systems as bases in Hardy spaces. Israel Journal of Mathematics, 45(2/3): 147-156

Sweldens W. 1994. Construction and applications of wavelets in numerical analysis. Ph.D. thesis, Department of Computer Science, Katholieke Universiteit Leuven, Belgium

Sweldens W. 1996. The lifting scheme: A custom-design construction of biorthogonal wavelets. Applied & Computational Harmonic Analysis, 3(2): 186-200

Sweldens W. 1998. The lifting scheme: A construction of second generation wavelets. SIAM Journal on Mathematical Analysis, 29(2): 511-546

Sweldens W, Schröder P. 2000. Building your own wavelets at home. Wavelets in the Geosciences, Lecture Notes in Earth Sciences, 90: 72-107

Tarski A. 1933. The Concept of Truth in Formalized Languages. Logic Semantics Metamathematics. Oxford: Clarendon Press: 152-278

Tarski A. 1944. The semantic conception of truth. Philosophy and Phenomenological Research, 4:

341-375
Tarski A. 1969. Truth and proof. Scientific American, 220: 63-77
Tolhurst D J. 1975. Sustained and transient channels in human vision. Vision Research, 15(10): 1151-1555
Turing A. 1948. Machine intelligence // The essential Turing: The Ideas that Gave Birth to the Computer Age. Oxford: Clarendon Press
Turing A. 1950. Computing machinery and intelligence. Mind: A Quarterly Review of Psychology and Philosophy, 59(236): 433-460
Turing A. 1952. Can automatic calculating machines be said to think // The Essential Turing: The Ideas that Gave Birth to the Computer Age. Oxford: Clarendon Press
Tyrrell T, Willshaw D. 1992. Cerebellar cortexits simulation and the relevance of Marr theory. Philosophical Transactions of The Royal Society of London Series B-Biological Sciences, 336(1277): 239-257
Vedral V, Barenco A, Ekert A. 1996. Quantum networks for elementary arithmetic operations. Physical Review A: Atomic, Molecular, and Optical Physics, 54(1): 147-153
Verhulst P F. 1845. Récherches mathématiques sur la loi d'accroissement de la population. Nouveaux Mémoires de l'Académie Royale des Sciences et Belles-Lettres de Bruxelles, 18: 1-38
Vetterli M. 1986. Filter banks allowing perfect reconstruction. Signal Processing, 10(3): 219-244
Vetterli M, Herley C. 1992. Wavelets and filter banks: Theory and design. IEEE Transactions on Signal Processing, 40(9): 2207-2232
Vetterli M, Kovacevic J. 1996. Wavelets and Subband Coding. Englewood Cliff: Prentice Hall
Vilenkin N. 1968. Special Functions and the Theory of Group Representations. Providence: American Mathematical Society
Volterra V. 1881. Alcune osservazioni sulle funzioni punteggiate discontinue. Giornale di Matematiche, 19: 76-86
von Koch H. 1904. Sur une courbe continue sans tangente, obtenue par une construction géométrique élémentaire. Arkiv för Matematik, 1: 681-704
von Neumann J. 1923. Zur einführung der transfiniten zahlen. Acta Litterarum AC Scientiarum REG, Universitatis Hung, 1: 199-208
von Neumann J. 1925. Eine axiomatisierung der mengenlehre. Journal für die Reine und Angewandte Mathematik, 154: 219-240
von Neumann J. 1928. Die axiomatisierung der mengenlehre. Mathematische Zeitschrift, 27: 669-752
von Neumann J. 1929. Über eine widerspruchsfreiheitsfrage in der axiomatischen mengenlehre. Journal für die Reine und Angewandte Mathematik, 160: 227-241
von Neumann J. 1931. Die eindeutigkeit der Schrödingerschen operatoren. Mathematische Annalen, 104(1): 570-578
Wang Y, Cook R, Wu R. 2003. 3D local cosine beamlet propagator. SEG Technical Program Expanded Abstracts, 22(1): 981-984
Wei D Y, Ran Q W, Li Y M. 2011a. Reconstruction of band-limited signals from multichannel and periodic non-uniform samples in the linear canonical transform domain. Optics Communications, 284(19): 4307-4315
Wei D Y, Ran Q W, Li Y M. 2011b. Multichannel sampling expansion in the linear canonical transform domain and its application to super-resolution. Optics Communications, 284(23): 5424-5429

Wei D Y, Ran Q W, Li Y M. 2011c. Multichannel sampling and reconstruction of band-limited signals in the linear canonical transform domain. IET Signal Processing, 5(8): 717-727

Wei D Y, Ran Q W, Li Y M. 2012a. Sampling of fractional band-limited signals associated with fractional Fourier transform. Optik, 123(2): 137-139

Wei D Y, Ran Q W, Li Y M. 2012b. New convolution theorem for the linear canonical transform and its translation invariance property. Optik, 123(16): 1478-1481

Wei D Y, Ran Q W, Li Y M, Ma J, Tan L Y. 2011d. Fractionalization of odd time odd frequency DFT matrix based on the eigenvectors of a novel nearly tridiagonal commuting matrix. IET Signal Processing, 5(2): 150-156

Weierstrass K. 1841. Zur theorie der potenzreihen. Mathematische Werke, 1: 67-71

Weierstrass K. 1880. Zur functionenlehre monatsbericht der königlichen akademie der wissenschaften. Mathematische Werke, 2: 201-230

Weierstrass K. 1894. Über die analytische Darstellbarkeit sogenannter willkürlicher Functionen reeller, Argumente, Mathematische Werke, 3: 1-37

Weierstrass K. 1895. Mathematische Werke. Berlin: Mayer & Müller

Weierstrass K. 1923. Briefe von Karl Weierstrass an Paul du Bois-Reymond. Acta Mathematica, 39(1): 99-225

Weyl H. 1927. Quantenmechanik und gruppentheorie. Zeitschrift für Physik, 46(1-2): 1-46

Whitehead A N, Russell B. 1910. Principia Mathematica, 1. Cambridge: Cambridge University Press

Whitehead A N, Russell B. 1912. Principia Mathematica, 2. Cambridge: Cambridge University Press

Whitehead A N, Russell B. 1913. Principia Mathematica, 3. Cambridge: Cambridge University Press

Whitehead A N, Russell B. 1925. Principia Mathematica, 1. 2nd ed. Cambridge: Cambridge University Press

Whitehead A N, Russell B. 1927a. Principia Mathematica, 2. 2nd ed. Cambridge: Cambridge University Press

Whitehead A N, Russell B. 1927b. Principia Mathematica, 3. 2nd ed. Cambridge: Cambridge University Press

Wickerhauser M V. 1992. Acoustic signal compression with wavelet packets. Wavelets: A tutorial in Theory and Applications, 2(6): 679-700

Wiener N. 1929. Hermitian polynomials and Fourier analysis. Journal of Mathematics and Physics, 8(1-4): 70-73

Wigner E P. 1932. On the quantum correction for thermodynamic equilibrium. Physical Review, 40(40): 749-759

Wilson H R. 1980. Spatiotemporal characterization of a transient mechanism in the human visual system. Vision Research, 20(5): 443-452

Wilson H R, Bergen J R. 1979. A four mechanism model for threshold spatial vision. Vision Research, 19(1): 19-32

Wilson H R, Giese S C. 1977. Threshold visibility of frequency gradient patterns. Vision Research, 17(10): 1177-1190

Wilson K G. 1971a. Renormalization group and critical phenomena. I. renormalization group and the kadanoff scaling picture. Physical Review B, 4(9): 3174-3183

Wilson K G. 1971b. Renormalization group and critical phenomena. II. phase-space cell analysis of critical behavior. Physical Review B, 4(9): 3184-3205

Wilson K G. 1971c. Renormalization group and strong interactions. Physical Review D, 3(8): 1818-1846

Wilson K G. 1974. The renormalization group and the ε expansion. Physics Reports, 12(2): 75-199

Wilson K G. 1975. The renormalization group: Critical phenomena and the Kondo problem. Reviews of Modern Physics, 47(4): 773-840

Wilson K G. 1979. Problems in physics with many scales of length. Scientific American, 241: 158-179

Wilson K G. 1983. The renormalization group and critical phenomena. Reviews of Modern Physics, 55(3): 583-600

Wojtaszczyk P. 1982. The Franklin system is an unconditional basis in h_1. Arkiv för Matematik, 20(1-2): 293-300

Wolf K B. 1979. Construction and properties of canonical transforms // integral transforms in science and engineering. Mathematical Concepts and Methods in Science and Engineering, 11: 381-416

Wünsche A. 1999. About integration within ordered products in quantum optics. Journal of Optics B: Quantum and Semiclassical Optics, 1(3): 11-21

Yeung D S, Ran Q W, Tsang E C C, Teo K L. 2004. Complete way to fractionalize Fourier transform. Optics Communications, 230: 55-57

Yuan L, Ran Q W, Zhao T Y, Tan L Y. 2016. The weighted gyrator transform with its properties and applications. Optics Communications, 359: 53-60

Zalka C. 1999. Grover's quantum searching algorithm is optimal. Physical Review A: Covering Atomic, Molecular, and Optical Physics and Quantum Information, 60(4): 2746-2751

Zermelo E. 1904. Beweis dass jede Menge wohlgeordnet werden kann. Mathematische Annalen, 59(4): 514-516

Zermelo E. 1908. Untersuchungen über die grundlagen der mengenlehre I. Mathematische Annalen, 65: 261-281

Zermelo E. 1914. Über ganze transzendente Zahlen. Mathematische Annalen, 75(3): 434-442

Zermelo E. 1930. Über grenzzahlen und mengenbereiche. Fundamenta Mathematicae, 16: 29-47

Zhao H, Ran Q W, Ma J, Tan L Y. 2009a. On band-limited signals associated with linear canonical transform. IEEE Signal Processing Letters, 16(5): 343-345

Zhao H, Ran Q W, Tan L Y, Ma J. 2009b. Reconstruction of band-limited signals in linear canonical transform domain from finite non-uniformly spaced samples. IEEE Signal Processing Letters, 16(12): 1047-1050

Zhao T Y, Ran Q W, Chi Y Y. 2015a. Image encryption based on nonlinear encryption system and public-key cryptography. Optics Communications, 338: 64-72

Zhao T Y, Ran Q W, Yuan L, Chi Y Y. 2015b. Manipulative attack using the phase retrieval algorithm for double random phase encoding. Applied Optics, 54(23): 7115-7119

Zhao T Y, Ran Q W, Yuan L, Chi Y Y, Ma J. 2015c. Image encryption using fingerprint as key based on phase retrieval algorithm and public key cryptography. Optics and Lasers in Engineering, 72: 12-17

Zhao T Y, Ran Q W, Yuan L, Chi Y Y, Ma J. 2016a. Optical image encryption using password key based on phase retrieval algorithm. Journal of Modern Optics, 63(8): 771-776

Zhao T Y, Ran Q W, Yuan L, Chi Y Y, Ma J. 2016b. Information verification cryptosystem using one-time keys based on double random phase encoding and public-key cryptography. Optics and Lasers in Engineering, 83: 48-58

Zhao T Y, Ran Q W, Yuan L, Chi Y Y, Ma J. 2016c. Security of image encryption scheme based on multi-parameter fractional Fourier transform. Optics Communications, 376: 47-51

Zhu B H, Liu S T, Ran Q W. 2000. Optical image encryption based on multi-fractional Fourier transforms. Optics letters, 25(16): 1159-1161

Zirngibl R. 1973. Die Idee einer formalen Grammatik in der Dissertatio de arte combinatoria von G. W. Leibniz (1666). Studia Leibnitiana, Bd. 5, H, 1: 102-115

Zorn M A. 1930. Theorie der alternativen ringen. Abhandlungen aus dem Mathematischen Seminar der Universität Hamburg, 8(2): 123-147

Zorn M A. 1931. Alternativekörper und quadratische systeme. Abhandlungen aus dem mathematischen Seminar der Universität Hamburg, 9(3/4): 395-402

Zorn M A. 1935. A remark on method in transfinite algebra. Bulletin of the American Mathematical Society, 41(10): 667-670

Zorn M A. 1941. Alternative rings and related questions I: existence of the radical. Annals of Mathematics, 42: 676-686

Zygmund A. 1950. Trigonometric Interpolation. Chicago University of Chicago

Zygmund A. 1956. On a theorem of Marcinkiewicz concerning interpolation of operations. Journal de Mathématiques Pures et Appliquées, Neuvième Série, 35: 223-248

Zygmund A. 1959. Trigonometric Series. Cambridge: Cambridge University Press

第 2 章　线性算子与狄拉克符号体系

在小波和量子小波产生及研究过程中，涉及的学科十分广泛，这为小波和量子小波理论的论述及理解带来一个显著的问题，即产生自多个不同学科和研究领域的小波，在其自身的研究和描述中大量使用相应学科的基本知识和习惯性通用符号，为此这一章将本书需要的最主要的相关知识和习惯符号进行集中介绍，大致按照点、向量和线性空间、常用的典型线性空间、线性变换和线性算子、卷积算子与傅里叶变换、量子力学狄拉克符号体系这样的顺序分别罗列和论述.

线性算子的相关知识主要参考 Stone (1929a, 1929b, 1930, 1932)的研究成果，量子力学的相关知识的主要参考 Bohm (1951), von Neumann (1955), Dirac (1958), Merzbacher (1970)和 Louisell (1990)的研究成果.

2.1　线性空间和基

在通俗的理解中，单点永远都是某一维直线上的一个点，在直线取定之后，它总是和一个数字相对应. 但是，当需要同时面对许多点时，这样的处理模式就无效了. 于是产生了多维点的概念，即多维向量的概念.

在线性代数理论中，在 n 维线性空间 X 的基选定前提下，其中每个向量对应一个点，相应的描述需要 n 个数字 $x=(x_1,x_2,\cdots,x_n)^{\mathrm{T}}$，就是该点或向量向基中的各个向量的投影. 这个概念可以推广到高维和无穷维点或向量. 这里顺便说明，符号 x^{T} 表示向量 x 的转置或矩阵 x 的转置，这个记号全书通用.

这里先回顾线性空间、赋范空间和内积空间的概念，罗列几个典型的希尔伯特空间.

2.1.1　线性空间

(α) 线性空间的定义

线性空间的定义：设 F 是一个数域(比如实数域 $\mathbb{R}$ 或复数域 $\mathbb{C}$ 等), V 是某些元素构成的一个非空集合，称 V 为数域 F 上的线性空间，必要的时候，记为 $V(F)$, 是指它满足如下(i)(ii)(iii)三类要求：

(i) V 构成一个“加法群”，即在 V 内定义了一种运算“+”(称为“加法”)，其

使得对于任意的元素 $x, y, z \in V$, 必有

(1) 封闭性：$x+y \in V$；

(2) 交换性：$x+y=y+x$；

(3) 结合性：$(x+y)+z=x+(y+z)$；

(4) 零元存在性：存在零元 $\theta \in V$，对任意元素 $x \in V$，满足 $x+\theta=x$；

(5) 逆元存在性：对任意元素 $x \in V$，存在元素 $y \in V$，满足 $x+y=\theta$，这时，y 称为 x 的逆元，记为 $y=-x$.

(ii) 数域 F 与集合 V 之间定义了一种运算 “·” (有时此符号可省略)，称为 “数乘”，其使得对任意的 $x \in V$，$f, g \in F$，必有

(1) 封闭性：$f \cdot x \in V$；

(2) 结合性：$f \cdot (g \cdot x)=(fg) \cdot x$；

(3) 单位性：$1 \cdot x=x$.

(iii) 前述加法与数乘之间具有以下关系，任给 $x, y \in V$，$f, g \in F$，均有

(1) 左分配律：$(f+g) \cdot x=f \cdot x+g \cdot x$；

(2) 右分配律：$f \cdot (x+y)=f \cdot x+f \cdot y$.

(β) 赋范线性空间

赋范线性空间的定义：称 V 为实的或复的赋范线性空间，是指 V 是一个数域(实数域或复数域) F 上的线性空间，而且，对 V 中的每一个元素 $x \in V$，按一定法则使其与一个非负实数 “$\| x \|$” 相对应，此对应法则满足：

(i) 正定性：$\| x \| \geqslant 0$，而且 $\| x \|=0 \Leftrightarrow x=\theta$；

(ii) 三角不等式：$\| x+y \| \leqslant \| x \|+\| y \|$，对任意的 $x, y \in V$ 成立；

(iii) 绝对齐次性：$\| f \cdot x \|=| f | \cdot \| x \|$，对任意的 $f \in F$ 成立.

这时，$\| x \|$ 被称为元素 x 的范数.

巴拿赫(Banach)空间的定义：赋范线性空间 V 称为巴拿赫空间，是指按照距离 $d(x, y)=\| x-y \|$ 是完备的，即对空间 V 中的任意序列 $\{x_n; n=1,2,\cdots\}$，如果它是柯西(Cauchy)序列，也就是说，对于任意的正实数 $\varepsilon>0$，总存在自然数 N，当 $m, n>N$ 时，$d(x_n, x_m)=\| x_n-x_m \|<\varepsilon$ 成立，那么，必然存在 $x \in V$，使得 $d(x_n, x)=\| x_n-x \| \rightarrow 0$.

(γ) 内积空间

内积空间的定义：设 V 是实数域 $\mathbb{R}$ 或复数域 $\mathbb{C}$ 上的线性空间，如果对于 V 中任意的两个元素 $x, y \in V$，均存在一个实的或复的数 “$\langle x, y \rangle$” 与此有序的两个元素相对应，并且该数满足以下性质，对于任意的元素 $x, y, z \in V$ 和 $f \in \mathbb{C}$ (或 $\mathbb{R}$)，均有

(i) 分配律：$\langle x+y,z\rangle=\langle x,z\rangle+\langle y,z\rangle$；

(ii) 共轭律：$\langle x,y\rangle=\langle y,x\rangle^*$（对于实数域，就是$\langle x,y\rangle=\langle y,x\rangle$）；

(iii) 齐次性：$\langle f\cdot x,y\rangle=f\langle x,y\rangle$；

(iv) 正定性：$\langle x,x\rangle\geqslant 0$，而且当$x\neq\theta$时，$\langle x,x\rangle>0$，

那么，数$\langle x,y\rangle$被称为x与y的内积. 定义了内积的线性空间称为内积空间.

定理 2.1 (Fréchet-Jordan-von Nenmann定理) 为了线性空间V成为一个内积空间，必须而且只需V是一个赋范空间，并且其中的范数“$\|x\|$”满足平行四边形关系：

$$\|x+y\|+\|x-y\|=2(\|x\|+\|y\|),\quad x,y\in V$$

希尔伯特空间的定义：完备的内积空间称为希尔伯特空间. 这里的完备性是指内积空间按照其内积诱导距离$d(x,y)=\sqrt{\langle x-y,x-y\rangle}$是完备的，即对空间的任意序列$\{x_n;n=1,2,\cdots\}$，如果它是柯西序列，即对于任意实数$\varepsilon>0$，总存在自然数$N$，当$m,n>N$时，$d(x_n,x_m)<\varepsilon$成立，那么，必然存在内积空间的元素$x$，使得$d(x_n,x)\to 0$.

2.1.2 线性空间的基

(α) 线性空间基的定义

设$\{\alpha_m;m\in\mathbb{M}\}$是线性空间$X$的一组向量，如果对任意$x\in X$，存在唯一的数列$\{x_m;m\in\mathbb{M}\}$，满足

$$x=\sum_{m\in\mathbb{M}}x_m\alpha_m$$

则称$\{\alpha_m;m\in\mathbb{M}\}$是线性空间$X$的基. 如果线性空间$X$的基$\{\alpha_m;m\in\mathbb{M}\}$只包含有限个向量，则称线性空间$X$是有限维的.

(β) 向量的坐标

如果线性空间X有基$\{\alpha_m;m\in\mathbb{M}\}$，则对任意$x\in X$，必存在唯一的数列$\{x_m;m\in\mathbb{M}\}$，满足

$$x=\sum_{m\in\mathbb{M}}x_m\alpha_m$$

称$\{x_m;m\in\mathbb{M}\}$是$x\in X$在基$\{\alpha_m;m\in\mathbb{M}\}$下的坐标.

(γ) 内积空间的规范正交基

设 $\{\alpha_m; m\in\mathbb{M}\}$ 是内积空间 X 的一组向量，如果对任意的 $(m,n)\in\mathbb{M}^2$，

$$\left\langle \alpha_m, \alpha_n \right\rangle = \delta(m-n) = \begin{cases} 1, & m=n \\ 0, & m\neq n \end{cases}$$

则称 $\{\alpha_m; m\in\mathbb{M}\}$ 是内积空间 X 中的规范正交系，此外，如果对任意 $x\in X$，存在唯一的数列 $\{x_m; m\in\mathbb{M}\}$，满足

$$x = \sum_{m\in\mathbb{M}} x_m \alpha_m$$

则称 $\{\alpha_m; m\in\mathbb{M}\}$ 是内积空间 X 的规范正交基. 在规范正交基之下，向量 $x\in X$ 的坐标可以表示成 $\{x_m = \left\langle x_m, x\right\rangle; m\in\mathbb{M}\}$，而且

$$\| x \|^2 = \left\langle x, x\right\rangle = \sum_{m\in\mathbb{M}} | x_m |^2$$

注释：如果在规范正交基定义中不要求每个基向量都是单位向量，这样的基称为正交基.

2.1.3　线性空间的坐标变换

(α) 有限维空间的坐标变换

如果有限维线性空间 X 有基 $\{\alpha_1,\alpha_2,\cdots,\alpha_n\}$，对任意 $x\in X$，假设它在这个基下的坐标是数列 $\{x_1,x_2,\cdots,x_n\}$，即满足如下关系：

$$x = \sum_{m=1}^{n} x_m \alpha_m = (\alpha_1,\alpha_2,\cdots,\alpha_n)\begin{pmatrix} x_1 \\ \vdots \\ x_n \end{pmatrix}$$

另外，设 $\{\varphi_1,\varphi_2,\cdots,\varphi_n\}$ 是线性空间 X 的另一个基，它与原来的基 $\{\alpha_1,\alpha_2,\cdots,\alpha_n\}$ 之间的关系是

$$(\varphi_1,\varphi_2,\cdots,\varphi_n) = (\alpha_1,\alpha_2,\cdots,\alpha_n)P$$

或者

$$\varphi_u = \sum_{m=1}^{n} p_{u,m}\alpha_m, \quad u=1,2,\cdots,n$$

称 $P=(p_{u,m}, m=1,2,\cdots,n, u=1,2,\cdots,n)$ 是从 $\{\alpha_1,\alpha_2,\cdots,\alpha_n\}$ 到 $\{\varphi_1,\varphi_2,\cdots,\varphi_n\}$ 的“过渡

矩阵”. 另外, 设 $x \in X$ 在这个基下的坐标是 $\{z_1, z_2, \cdots, z_n\}$, 即

$$x = \sum_{m=1}^{n} x_m \alpha_m = (\alpha_1, \alpha_2, \cdots, \alpha_n) \begin{pmatrix} x_1 \\ \vdots \\ x_n \end{pmatrix}$$

$$= \sum_{u=1}^{n} z_u \varphi_u = (\varphi_1, \varphi_2, \cdots, \varphi_n) \begin{pmatrix} z_1 \\ \vdots \\ z_n \end{pmatrix}$$

$$= (\alpha_1, \alpha_2, \cdots, \alpha_n) P \begin{pmatrix} z_1 \\ \vdots \\ z_n \end{pmatrix}$$

于是得到 $x \in X$ 在两个基下的坐标之间的如下坐标变换关系:

$$\begin{pmatrix} x_1 \\ \vdots \\ x_n \end{pmatrix} = P \begin{pmatrix} z_1 \\ \vdots \\ z_n \end{pmatrix} \quad \text{或者} \quad \begin{pmatrix} z_1 \\ \vdots \\ z_n \end{pmatrix} = P^{-1} \begin{pmatrix} x_1 \\ \vdots \\ x_n \end{pmatrix}$$

(β) 规范正交基坐标变换

如果 $\{\alpha_1, \alpha_2, \cdots, \alpha_n\}$ 和 $\{\varphi_1, \varphi_2, \cdots, \varphi_n\}$ 都是 n 维线性空间 X 的规范正交基, 那么, 这两个规范正交基之间的过渡矩阵 $P = (p_{u,m})_{n \times n}$ 就是一个正交矩阵或者酉矩阵, $P^{-1} = P^*$ 就是 P 的复数共轭转置矩阵. 这时, 如果任意 $x \in X$ 在这两个规范正交基下的坐标分别是数列 $\{x_1, x_2, \cdots, x_n\}$ 和 $\{z_1, z_2, \cdots, z_n\}$, 那么, 在规范正交基下的坐标变换关系可以写成

$$\begin{pmatrix} x_1 \\ \vdots \\ x_n \end{pmatrix} = P \begin{pmatrix} z_1 \\ \vdots \\ z_n \end{pmatrix} \Leftrightarrow \begin{pmatrix} z_1 \\ \vdots \\ z_n \end{pmatrix} = P^* \begin{pmatrix} x_1 \\ \vdots \\ x_n \end{pmatrix}$$

注释: 在规范正交基之下的这组坐标变换关系非常便于理解正交小波多分辨分析理论中的Mallat算法、尺度子空间、小波子空间以及它们的正交直和分解关系, 而且, 特别便于理解小波包分解和合成的金字塔算法理论.

(γ) 无穷维坐标变换

假设 $\{\alpha_m; m \in \mathbb{M}\}$ 和 $\{\varphi_u; u \in \mathbb{M}\}$ 是线性空间 X 的两个基, 对任意 $x \in X$, 它在这两个基下的坐标分别为数列 $\{x_m; m \in \mathbb{M}\}$ 和 $\{z_u; u \in \mathbb{M}\}$, 即满足

$$x=\sum_{m\in\mathbb{M}}x_m\alpha_m=\sum_{u\in\mathbb{M}}z_u\varphi_u$$

如果线性空间 X 的这两个基 $\{\alpha_m;m\in\mathbb{M}\}$ 和 $\{\varphi_u;u\in\mathbb{M}\}$ 之间的关系是

$$\begin{cases}(\varphi_u;u\in\mathbb{M})=(\alpha_m;m\in\mathbb{M})P\\(\alpha_m;m\in\mathbb{M})=(\varphi_u;u\in\mathbb{M})Q\end{cases}$$

或者

$$\begin{cases}\varphi_u=\sum\limits_{m\in\mathbb{M}}p_{u,m}\alpha_m, & u\in\mathbb{M}\\\alpha_m=\sum\limits_{u\in\mathbb{M}}q_{m,u}\varphi_u, & m\in\mathbb{M}\end{cases}$$

其中 $P=(p_{u,m},m\in\mathbb{M},u\in\mathbb{M})$ 是从 $\{\alpha_m;m\in\mathbb{M}\}$ 到 $\{\varphi_u;u\in\mathbb{M}\}$ 的“过渡矩阵”，而 $Q=(q_{m,u},u\in\mathbb{M},m\in\mathbb{M})$ 是从 $\{\varphi_u;u\in\mathbb{M}\}$ 到 $\{\alpha_m;m\in\mathbb{M}\}$ 的“过渡矩阵”，那么，$PQ=QP=I$ 是单位矩阵，而且，如下演算成立：

$$\begin{aligned}x&=\sum_{m\in\mathbb{M}}x_m\alpha_m=(\alpha_m;m\in\mathbb{M})(x_m;m\in\mathbb{M})^{\mathrm{T}}\\&=\sum_{m\in\mathbb{M}}\sum_{u\in\mathbb{M}}p_{u,m}z_u\alpha_m=(\alpha_m;m\in\mathbb{M})\left[P(z_m;m\in\mathbb{M})^{\mathrm{T}}\right]\end{aligned}$$

同时

$$\begin{aligned}x&=\sum_{u\in\mathbb{M}}z_u\varphi_u=(\varphi_u;u\in\mathbb{M})(z_u;u\in\mathbb{M})^{\mathrm{T}}\\&=\sum_{u\in\mathbb{M}}\sum_{m\in\mathbb{M}}q_{m,u}x_m\varphi_u=(\varphi_u;u\in\mathbb{M})\left[Q(x_m;m\in\mathbb{M})^{\mathrm{T}}\right]\end{aligned}$$

于是得到向量 x 在两个基下坐标之间的坐标变换关系：

$$\begin{cases}(x_m;m\in\mathbb{M})^{\mathrm{T}}=[P(z_u;u\in\mathbb{M})^{\mathrm{T}}]\\(z_u;u\in\mathbb{M})^{\mathrm{T}}=[Q(x_m;m\in\mathbb{M})^{\mathrm{T}}]\end{cases}\quad\text{或者}\quad\begin{cases}x_m=\sum\limits_{u\in\mathbb{M}}p_{u,m}z_u, & m\in\mathbb{M}\\z_u=\sum\limits_{m\in\mathbb{M}}q_{m,u}x_m, & u\in\mathbb{M}\end{cases}$$

注释：坐标变换的这种表述形式只适合可数基的线性空间. 如果线性空间的基是不可数的，那么，坐标变换上述表达式中的级数就应该用积分形式代替. 在包括连续小波变换和线性调频小波变换的研究中，必然需要处理不可数基条件下的坐标变换问题，届时将用积分变换之变换核的卷积关系代替这里出现的矩阵乘积关系，从而实现对不可数基条件下的坐标变换关系的刻画.

2.2 常用希尔伯特空间

这里罗列几个常用的希尔伯特空间, 它们是后续研究必不可少的.

(α) 有限维实数空间

将 n 维实数空间 V_n 记为

$$\mathbb{R}^n = \mathbb{R}\times\mathbb{R}\times\cdots\times\mathbb{R} = \{x=(x_1,x_2,\cdots,x_n)^{\mathrm{T}}; x_j\in\mathbb{R}, j=1,2,\cdots,n\}$$

其中的内积就是常用内积, 表示如下:

$$\langle x,y\rangle = \sum_{j=1}^{n} x_j y_j = y^{\mathrm{T}}x$$

在这样的内积定义下, 向量的范数可以诱导为 $\langle x,x\rangle = \| x \|^2 = \sum_{j=1}^{n} x_j^2$, 这时, 内积空间的平凡规范正交基可以表示为, 如果 $\{u_1,u_2,\cdots,u_n\}$ 是 n 维实数内积空间 $\mathbb{R}^n$ 的基, 而且, 当 $1\leqslant j,k\leqslant n$ 时满足

$$u_j = (u_{j,k} = \delta(j-k), k=1,2,\cdots,n)^{\mathrm{T}}$$

其中

$$\delta(j-k) = \begin{cases} 1, & j=k \\ 0, & j\neq k \end{cases}$$

则称 $\{u_1,u_2,\cdots,u_n\}$ 是 n 维实数内积空间 $\mathbb{R}^n$ 的平凡规范正交基.

(β) 有限维复数空间

将 n 维复数空间 V_n 记为

$$\mathbb{C}^n = \mathbb{C}\times\mathbb{C}\times\cdots\times\mathbb{C} = \{c=(c_1,c_2,\cdots,c_n)^{\mathrm{T}}; c_j\in\mathbb{C}, j=1,2,\cdots,n\}$$

这个线性空间中的内积就是常用内积, 表示如下:

$$\langle a,b\rangle = \sum_{j=1}^{n} a_j b_j^* = b^* a$$

其中符号 b^* 表示复数的共轭或向量和矩阵的复共轭转置或算子的伴随算子, 这个

记号全书通用. 利用这个内积将向量范数诱导为 $\left\langle a,a\right\rangle = \|a\|^2 = \sum_{j=1}^{n}|a_j|^2$.

(γ) 有限维复数矩阵空间

将 $M\times N$ 维复数矩阵空间 $V_{M\times N}$ 记为

$$\mathbb{C}^{M\times N} = \{\mathbb{A} = (a_{r,s}\in\mathbb{C})_{M\times N};(r,s)\in\mathbb{Z}_{M\times N}\}$$

其中 $\mathbb{Z}_{M\times N} = \{(r,s);1\leqslant r\leqslant M,1\leqslant s\leqslant N\}$ 表示 $M\times N$ 个二元自然数组构成的集合. 在这个复数矩阵线性空间中的内积定义如下:

$$\left\langle \mathbb{A},\mathbb{B}\right\rangle = \sum_{(r,s)\in\mathbb{Z}_{M\times N}} a_{r,s}b_{r,s}^*$$

利用这个内积将矩阵范数诱导为

$$\left\langle \mathbb{A},\mathbb{A}\right\rangle = \|\mathbb{A}\|^2 = \sum_{(r,s)\in\mathbb{Z}_{M\times N}} |a_{r,s}|^2$$

(δ) 无穷维复数序列空间

将无穷维复数序列空间表示为

$$\ell^2(\mathbb{Z}) = \left\{c = (\cdots,c_{-1},c_0,c_1,\cdots)^{\mathrm{T}};c_j\in\mathbb{C},j\in\mathbb{Z},\sum_{j\in\mathbb{Z}}|c_j|^2 < +\infty\right\}$$

在这个复数序列线性空间中的内积定义如下:

$$\left\langle a,b\right\rangle = \sum_{j=-\infty}^{+\infty} a_j b_j^* = b^* a$$

利用这个内积将序列范数诱导为

$$\left\langle a,a\right\rangle = \|a\|^2 = \sum_{j\in\mathbb{Z}}|a_j|^2 < +\infty$$

(ε) 无穷维复数矩阵空间

将无穷维复数矩阵空间表示为

$$\begin{aligned}\ell^2(\mathbb{Z}\times\mathbb{Z}) &= \ell^2(\mathbb{Z}^2)\\ &= \left\{\mathbb{A} = (a_{r,s});a_{r,s}\in\mathbb{C},(r,s)\in\mathbb{Z}^2,\ \sum_{(r,s)\in\mathbb{Z}^2}|a_{r,s}|^2 < +\infty\right\}\end{aligned}$$

在这个复数矩阵线性空间中的内积定义如下:

$$\langle \mathbb{A}, \mathbb{B} \rangle = \sum_{(r,s)\in\mathbb{Z}^2} a_{r,s} b_{r,s}^*$$

利用这个内积将矩阵范数诱导为

$$\langle \mathbb{A}, \mathbb{A} \rangle = \| \mathbb{A} \|^2 = \sum_{(r,s)\in\mathbb{Z}^2} | a_{r,s} |^2 < +\infty$$

(ζ) 平方可积周期函数空间

将周期 2π 的能量有限信号空间或平方可积函数空间表示为

$$\mathcal{L}^2(0,2\pi) = \left\{ x(t); \int_0^{2\pi} | x(t) |^2 \, dt < +\infty \right\}$$

值得注意的是, 在这个空间中, 两个向量或两个函数相同的意义是

$$(x = y) \Leftrightarrow (x(t) = y(t),\ \text{a.e.}, t \in [0,2\pi]) \Leftrightarrow \int_0^{2\pi} | x(t) - y(t) |^2 \, dt = 0$$

在这个周期函数线性空间中的内积定义如下:

$$\langle x, y \rangle = \int_0^{2\pi} x(t)\overline{y}(t) dt$$

利用这个内积将向量范数或函数范数诱导为

$$\| x \|^2 = \langle x, x \rangle = \int_0^{2\pi} | x(t) |^2 \, dt < +\infty$$

(η) 平方可积非周期函数空间

将能量有限信号空间或平方可积函数空间表示为

$$\mathcal{L}^2(\mathbb{R}) = \left\{ x(t); \int_{-\infty}^{+\infty} | x(t) |^2 \, dt < +\infty \right\}$$

此处需要提醒注意的是, 在这个空间中, 两个向量或两个函数相同的意义是

$$(x = y) \Leftrightarrow (x(t) = y(t),\ \text{a.e.}, t \in \mathbb{R}) \Leftrightarrow \int_{-\infty}^{+\infty} | x(t) - y(t) |^2 \, dt = 0$$

在这个函数线性空间中的内积定义如下:

$$\langle x, y \rangle = \int_{-\infty}^{+\infty} x(t)\overline{y}(t) dt$$

利用这个内积将向量范数或函数范数诱导为

$$\| x \|^2 = \langle x, x \rangle = \int_{-\infty}^{+\infty} | x(t) |^2 \, dt < +\infty$$

(θ) 平方可积二元函数空间

将能量有限物理图像空间或平方可积二元函数空间表示为

$$\mathcal{L}^2(\mathbb{R}\times\mathbb{R})=\mathcal{L}^2(\mathbb{R}^2)=\left\{x(t,s);\ \iint\limits_{(t,s)\in\mathbb{R}^2}|\,x(t,s)\,|^2\ dtds<+\infty\right\}$$

此处需要提醒注意的是，在这个空间中，两个物理图像或两个函数相同的意义是

$$\begin{aligned}(x=y)&\Leftrightarrow(x(t,s)=y(t,s),\ \text{a.e.},\ (t,s)\in\mathbb{R}^2)\\&\Leftrightarrow\iint\limits_{(t,s)\in\mathbb{R}^2}|\,x(t,s)-y(t,s)\,|^2\ dtds=0\end{aligned}$$

在这个函数线性空间中的内积定义如下：

$$\left\langle x,y\right\rangle=\iint\limits_{(t,s)\in\mathbb{R}^2}x(t,s)\overline{y}(t,s)dtds$$

利用这个内积将物理图像范数或二元函数范数诱导为

$$\|\,x\,\|^2=\left\langle x,x\right\rangle=\iint\limits_{(t,s)\in\mathbb{R}^2}|\,x(t,s)\,|^2\ dtds<+\infty$$

2.3　线性变换与矩阵

通过线性变换可以把不同的线性空间联系起来. 本节介绍线性变换的基本概念，以及利用线性空间的基将线性变换的刻画转化为矩阵.

2.3.1　线性变换

线性变换的定义：设 $T:X\to Y$ 是从线性空间 X 到线性空间 Y 的一个映射，即任给 $x\in X$，必有 $T(x)=y\in Y$. 如果对于任意的 $x,z\in X$ 以及 a,b，满足

$$T(ax+bz)=aT(x)+bT(z)\in Y$$

那么，称这样的映射 $T:X\to Y$ 为从线性空间 X 到线性空间 Y 的线性变换.

线性变换的确定方法：设 $T:X\to Y$ 为从线性空间 X 到线性空间 Y 的一个线性变换，如果线性空间 X 有基 $\{\alpha_1,\alpha_2,\cdots,\alpha_n\}$，那么，$T:X\to Y$ 将被变换向量组：

$$\{T(\alpha_\ell)=\beta_\ell\in Y,\ell=1,2,\cdots,n\}$$

唯一确定. 具体实现方法是：任给 $x\in X$，它在线性空间 X 的基 $\{\alpha_1,\alpha_2,\cdots,\alpha_n\}$ 给定之后，必有唯一坐标 $(x_1,x_2,\cdots,x_n)$，在 X 中满足如下演算关系：

$$x=\sum_{j=1}^n x_j\alpha_j=(\alpha_1,\alpha_2,\cdots,\alpha_n)\begin{pmatrix}x_1\\\vdots\\x_n\end{pmatrix}$$

此时，在线性空间 Y 中可以完成如下演算：

$$T(x)=\sum_{j=1}^{n}x_jT(\alpha_j)=(T(\alpha_1),\cdots,T(\alpha_n))\begin{pmatrix}x_1\\ \vdots\\ x_n\end{pmatrix}=(\beta_1,\cdots,\beta_n)\begin{pmatrix}x_1\\ \vdots\\ x_n\end{pmatrix}=\sum_{j=1}^{n}x_j\beta_j$$

因此，线性变换 $T:X\to Y$ 被向量组 $\left\{T(\alpha_\ell)=\beta_\ell\in Y,\ell=1,2,\cdots,n\right\}$ 唯一确定.

2.3.2 线性变换矩阵

设 $T:X\to Y$ 是从线性空间 X 到线性空间 Y 的线性变换，而且线性空间 X 有基 $\{\alpha_1,\alpha_2,\cdots,\alpha_n\}$，线性空间 Y 有基 $\{\xi_1,\xi_2,\cdots,\xi_n\}$.

将向量组 $\{T(\alpha_\ell)=\beta_\ell\in Y,\ell=1,2,\cdots,n\}$ 在 Y 的基 $\{\xi_1,\xi_2,\cdots,\xi_n\}$ 之下表示为

$$T(\alpha_j)=\beta_j=(\xi_1,\xi_2,\cdots,\xi_n)\begin{pmatrix}a_{1,j}\\ \vdots\\ a_{n,j}\end{pmatrix},\quad j=1,2,\cdots,n$$

或者

$$(T(\alpha_1),T(\alpha_2),\cdots,T(\alpha_n))=(\beta_1,\beta_2,\cdots,\beta_n)=(\xi_1,\xi_2,\cdots,\xi_n)\begin{pmatrix}a_{1,1}&\cdots&a_{1,n}\\ \vdots&\ddots&\vdots\\ a_{n,1}&\cdots&a_{n,n}\end{pmatrix}$$

在这些记号之下，对于任意向量 $x\in X$，如果在基 $\{\alpha_1,\alpha_2,\cdots,\alpha_n\}$ 之下它的坐标是 $(x_1,x_2,\cdots,x_n)$，即

$$x=\sum_{j=1}^{n}x_j\alpha_j=(\alpha_1,\alpha_2,\cdots,\alpha_n)\begin{pmatrix}x_1\\ \vdots\\ x_n\end{pmatrix}$$

那么，存在 $(y_1,y_2,\cdots,y_n)$ 保证在线性空间 Y 中如下演算成立：

$$T(x)=y=(\xi_1,\xi_2,\cdots,\xi_n)\begin{pmatrix}y_1\\ \vdots\\ y_n\end{pmatrix}$$

而且

$$\begin{aligned}(\xi_1,\xi_2,\cdots,\xi_n)\begin{pmatrix}y_1\\ \vdots\\ y_n\end{pmatrix}&=y=T(x)=(T(\alpha_1),T(\alpha_2),\cdots,T(\alpha_n))\begin{pmatrix}x_1\\ \vdots\\ x_n\end{pmatrix}\\ &=(\xi_1,\xi_2,\cdots,\xi_n)\begin{pmatrix}a_{1,1}&\cdots&a_{1,n}\\ \vdots&\ddots&\vdots\\ a_{n,1}&\cdots&a_{n,n}\end{pmatrix}\begin{pmatrix}x_1\\ \vdots\\ x_n\end{pmatrix}\end{aligned}$$

从而得到

$$\begin{pmatrix} y_1 \\ \vdots \\ y_n \end{pmatrix} = \begin{pmatrix} a_{1,1} & \cdots & a_{1,n} \\ \vdots & \ddots & \vdots \\ a_{n,1} & \cdots & a_{n,n} \end{pmatrix} \begin{pmatrix} x_1 \\ \vdots \\ x_n \end{pmatrix}$$

由此可得，在线性空间 X 取定基 $\{\alpha_1,\alpha_2,\cdots,\alpha_n\}$，线性空间 Y 取定基 $\{\xi_1,\xi_2,\cdots,\xi_n\}$ 的前提下，线性变换 $T: X \to Y$ 有如下等价表达：

$$y = T(x) \Leftrightarrow \begin{pmatrix} y_1 \\ \vdots \\ y_n \end{pmatrix} = \mathbb{T} \begin{pmatrix} x_1 \\ \vdots \\ x_n \end{pmatrix} \Leftrightarrow y = \mathbb{T}x$$

其中

$$\mathbb{T} = \begin{pmatrix} a_{1,1} & \cdots & a_{1,n} \\ \vdots & \ddots & \vdots \\ a_{n,1} & \cdots & a_{n,n} \end{pmatrix}$$

这就是说，在线性空间选定基的前提下，线性变换 T 与矩阵 $\mathbb{T}$ 是一一对应的. 这样的矩阵称为线性变换的矩阵或线性变换矩阵.

2.3.3　线性变换矩阵与基

这里研究线性空间基的选择对线性变换矩阵的影响.

设 $\{\alpha_1,\alpha_2,\cdots,\alpha_n\}$ 和 $\{\varphi_1,\varphi_2,\cdots,\varphi_n\}$ 是线性空间 X 的两个基，过渡矩阵是 P：

$$(\varphi_1,\varphi_2,\cdots,\varphi_n) = (\alpha_1,\alpha_2,\cdots,\alpha_n)P$$

或者

$$(\alpha_1,\alpha_2,\cdots,\alpha_n) = (\varphi_1,\varphi_2,\cdots,\varphi_n)P^{-1}$$

同时假设 $\{\xi_1,\xi_2,\cdots,\xi_n\}$ 和 $\{\psi_1,\psi_2,\cdots,\psi_n\}$ 是线性空间 Y 的两个基，过渡矩阵是 Q：

$$(\psi_1,\psi_2,\cdots,\psi_n) = (\xi_1,\xi_2,\cdots,\xi_n)Q$$

或者

$$(\xi_1,\xi_2,\cdots,\xi_n) = (\psi_1,\psi_2,\cdots,\psi_n)Q^{-1}$$

设 $x \in X$ 在 X 的两个基下的坐标分别是 $(x_1,x_2,\cdots,x_n)$ 和 $(z_1,z_2,\cdots,z_n)$，则

$$x = \sum_{j=1}^{n} x_j \alpha_j = (\alpha_1,\alpha_2,\cdots,\alpha_n) \begin{pmatrix} x_1 \\ \vdots \\ x_n \end{pmatrix}$$

$$=\sum_{j=1}^{n} z_j\varphi_j=(\varphi_1,\varphi_2,\cdots,\varphi_n)\begin{pmatrix}z_1\\ \vdots\\ z_n\end{pmatrix}=(\alpha_1,\alpha_2,\cdots,\alpha_n)P\begin{pmatrix}z_1\\ \vdots\\ z_n\end{pmatrix}$$

假设 $T:X\to Y$ 是从线性空间 X 到线性空间 Y 的线性变换，而且，$y=T(x)\in Y$ 在 Y 的前述两个基下的坐标分别是 $(y_1,y_2,\cdots,y_n)$ 和 $(w_1,w_2,\cdots,w_n)$，则

$$y=\sum_{j=1}^{n} y_j\xi_j=(\xi_1,\xi_2,\cdots,\xi_n)\begin{pmatrix}y_1\\ \vdots\\ y_n\end{pmatrix}$$

$$=\sum_{j=1}^{n} w_j\psi_j=(\psi_1,\psi_2,\cdots,\psi_n)\begin{pmatrix}w_1\\ \vdots\\ w_n\end{pmatrix}=(\xi_1,\xi_2,\cdots,\xi_n)Q\begin{pmatrix}w_1\\ \vdots\\ w_n\end{pmatrix}$$

显然可以得到如下两组坐标变换关系：

$$\begin{pmatrix}x_1\\ \vdots\\ x_n\end{pmatrix}=P\begin{pmatrix}z_1\\ \vdots\\ z_n\end{pmatrix},\quad \begin{pmatrix}y_1\\ \vdots\\ y_n\end{pmatrix}=Q\begin{pmatrix}w_1\\ \vdots\\ w_n\end{pmatrix}$$

在这样的记号体系下，如果在两个线性空间 X 和线性空间 Y 的基分别选择为 $\{\alpha_1,\alpha_2,\cdots,\alpha_n\}$ 和 $\{\xi_1,\xi_2,\cdots,\xi_n\}$，线性变换 $T:X\to Y$ 的矩阵为 $\mathbb{T}$，即

$$\begin{pmatrix}y_1\\ \vdots\\ y_n\end{pmatrix}=\mathbb{T}\begin{pmatrix}x_1\\ \vdots\\ x_n\end{pmatrix}$$

那么

$$Q\begin{pmatrix}w_1\\ \vdots\\ w_n\end{pmatrix}=\mathbb{T}P\begin{pmatrix}z_1\\ \vdots\\ z_n\end{pmatrix}\Rightarrow\begin{pmatrix}w_1\\ \vdots\\ w_n\end{pmatrix}=Q^{-1}\mathbb{T}P\begin{pmatrix}z_1\\ \vdots\\ z_n\end{pmatrix}$$

如果当两个线性空间 X 和 Y 的基分别选择为 $\{\varphi_1,\varphi_2,\cdots,\varphi_n\}$ 和 $\{\psi_1,\psi_2,\cdots,\psi_n\}$，线性变换 $T:X\to Y$ 的矩阵是 $\tilde{\mathbb{T}}$，即

$$\begin{pmatrix}w_1\\ \vdots\\ w_n\end{pmatrix}=\tilde{\mathbb{T}}\begin{pmatrix}z_1\\ \vdots\\ z_n\end{pmatrix}$$

那么

$$\tilde{\mathbb{T}}=Q^{-1}\mathbb{T}P$$

这个关系说明了线性空间基的选择如何影响线性变换矩阵的变化.

注释：

(i) 如果线性空间 $X=Y$，那么 $Q=P$，从而

$$\tilde{\mathbb{T}}=P^{-1}\mathbb{T}P$$

(ii) 如果 $\{\alpha_1,\alpha_2,\cdots,\alpha_n\}$ 和 $\{\varphi_1,\varphi_2,\cdots,\varphi_n\}$ 是 X 的规范正交基，那么

$$\tilde{\mathbb{T}}=P^{*}\mathbb{T}P$$

(iii) 如果 $\{\alpha_1,\alpha_2,\cdots,\alpha_n\}$ 和 $\{\varphi_1,\varphi_2,\cdots,\varphi_n\}$ 是 X 的实规范正交基，那么

$$\tilde{\mathbb{T}}=P^{\mathrm{T}}\mathbb{T}P$$

在这种特殊条件下，线性变换 $y=T(x)$ 在不同的实规范正交基下的矩阵之间的关系相当于作为数字图像的 $\mathbb{T}$ 和 $P^{\mathrm{T}}\mathbb{T}P$ 之间的正交变换 $P^{\mathrm{T}}\otimes P$，即 $\mathbb{T}$ 按照行和列分别进行正交变换 P 得到图像 $\tilde{\mathbb{T}}$.

2.3.4　酉线性变换

酉线性变换的定义：设 $T:X\to Y$ 是从赋范线性空间 X 到赋范线性空间 Y 的一个线性变换，如果任给 $x\in X$，$y=T(x)\in Y$ 满足

$$\|x\|=\|T(x)\|=\|y\|$$

那么，称线性变换 $T:X\to Y$ 是酉的线性变换.

设 $T:X\to Y$ 是从内积线性空间 X 到内积线性空间 Y 的一个线性变换，如果任给 $x,z\in X$，$y=T(x),u=T(z)\in Y$ 满足

$$\langle x,z\rangle=\langle T(x),T(z)\rangle=\langle y,u\rangle$$

那么，称线性变换 $T:X\to Y$ 是酉的线性变换.

2.4　线性变换对角化

这里研究有限维线性空间上线性变换的对角化问题.

(α) 有限维空间线性变换

选择平凡基 $\{e_\ell=(0,\cdots,0,1,0,\cdots,0)^{\mathrm{T}};\ell=1,2,\cdots,n\}$ 作为 n 维线性空间 X 的规范正交基，线性变换 $T:X\to X$ 使得 $T:x\in X\mapsto y\in X$ 或者写成 $y=T(x)$，假设 x,y 在这个平凡规范正交基下的坐标分别为 $(x_1,x_2,\cdots,x_n)$ 和 $(y_1,y_2,\cdots,y_n)$，即

$$x=\sum_{\ell=1}^{n}x_\ell e_\ell=(e_1,e_2,\cdots,e_n)\begin{pmatrix}x_1\\ \vdots\\ x_n\end{pmatrix},\quad y=\sum_{\ell=1}^{n}y_\ell e_\ell=(e_1,e_2,\cdots,e_n)\begin{pmatrix}y_1\\ \vdots\\ y_n\end{pmatrix}$$

如果线性变换 $T:X\to X$ 在这个平凡基下的矩阵是 $\mathbb{T}$，即

$$T(e_1,e_2,\cdots,e_n)=(e_1,e_2,\cdots,e_n)\mathbb{T}$$

那么，线性变换 $y=T(x)$ 就可以写成矩阵-向量乘积关系：

$$\begin{pmatrix} y_1 \\ \vdots \\ y_n \end{pmatrix}=y=T(x)=\mathbb{T}\begin{pmatrix} x_1 \\ \vdots \\ x_n \end{pmatrix}$$

(β) 线性变换特征关系

在 n 维内积线性空间的平凡规范正交基下，设线性变换 $y=T(x)$ 的矩阵是 $\mathbb{T}$，那么，这个线性变换的特征关系可以等价表示为

$$T(\alpha_m)=\lambda_m\alpha_m, m=1,2,\cdots,n \Leftrightarrow \mathbb{T}\alpha_m=\lambda_m\alpha_m,\ m=1,2,\cdots,n$$

这里，对于 $m=1,2,\cdots,n$，将向量 α_m 与其坐标构成的列向量视为相同. 假设这些特征向量满足 $\langle\alpha_m,\alpha_{m'}\rangle=\delta(m-m'),1\leqslant m,m'\leqslant n$，而且，$\{\alpha_1,\alpha_2,\cdots,\alpha_n\}$ 构成 n 维内积线性空间的规范正交基.

线性变换的上述等价特征关系可以表示为矩阵-向量乘积关系：

$$(T(\alpha_1),T(\alpha_2),\cdots,T(\alpha_n))=(\alpha_1,\alpha_2,\cdots,\alpha_n)\begin{pmatrix} \lambda_1 & 0 & \cdots & 0 \\ 0 & \lambda_2 & \cdots & 0 \\ \vdots & \vdots & \ddots & \vdots \\ 0 & 0 & \cdots & \lambda_n \end{pmatrix}$$

$$\Updownarrow$$

$$(\mathbb{T}\alpha_1,\mathbb{T}\alpha_2,\cdots,\mathbb{T}\alpha_n)=(\alpha_1,\alpha_2,\cdots,\alpha_n)\begin{pmatrix} \lambda_1 & 0 & \cdots & 0 \\ 0 & \lambda_2 & \cdots & 0 \\ \vdots & \vdots & \ddots & \vdots \\ 0 & 0 & \cdots & \lambda_n \end{pmatrix}$$

设矩阵 $\mathbb{A}=(\alpha_1,\alpha_2,\cdots,\alpha_n)$，即列向量组 $\{\alpha_1,\alpha_2,\cdots,\alpha_n\}$ 是 $\mathbb{A}$ 的全部列向量，那么，成立如下演算关系：

$$\mathbb{A}\mathbb{A}^*=\mathbb{A}^*\mathbb{A}=\begin{pmatrix} 1 & \cdots & 0 \\ \vdots & \ddots & \vdots \\ 0 & \cdots & 1 \end{pmatrix}$$

即 $\mathbb{A}$ 是酉矩阵，这时

$$\mathbb{T}\mathbb{A}=\mathbb{A}\mathrm{diag}(\lambda_1,\lambda_2,\cdots,\lambda_n)=\mathbb{A}\mathbb{D}$$

其中 $\mathbb{D}=\mathrm{diag}(\lambda_1,\lambda_2,\cdots,\lambda_n)$ 是主对角元素为 $\lambda_1,\lambda_2,\cdots,\lambda_n$ 的对角矩阵，因此

$$\mathbb{A}^*\mathbb{T}\mathbb{A}=\mathrm{diag}(\lambda_1,\lambda_2,\cdots,\lambda_n)=\mathbb{D}$$

这样，以线性变换的规范正交特征向量系 $\{\alpha_1,\alpha_2,\cdots,\alpha_n\}$ 为基，线性变换 $y=T(x)$ 表现为对角化形式，它的矩阵就是对角矩阵 $\mathbb{D}=\mathrm{diag}(\lambda_1,\lambda_2,\cdots,\lambda_n)$. 同时，

$$\mathbb{T}=\mathbb{A}\mathbb{D}\mathbb{A}^*$$

表明线性变换或矩阵可以分解成对角矩阵与正交矩阵的乘积形式. 这时，线性变换将可以被表示为

$$y=T(x)\Rightarrow[\mathbb{A}^*y]=[\mathbb{A}^*\mathbb{T}\mathbb{A}][\mathbb{A}^*x]\Rightarrow\tilde{y}=\mathbb{D}\tilde{x}$$

这个表示说明，如果 $\mathbb{A}$ 是 $y=T(x)$ 的规范正交特征向量作为列向量构成的矩阵，那么，在内积向量空间的基 $\{\alpha_1,\alpha_2,\cdots,\alpha_n\}$ 之下，线性变换 $y=T(x)$ 对应的矩阵 $\mathbb{T}$ 变为以特征值为主对角元素的对角阵 $\mathbb{A}^*\mathbb{T}\mathbb{A}=\mathrm{diag}(\lambda_1,\lambda_2,\cdots,\lambda_n)=\mathbb{D}$，而且 $\tilde{y}=\mathbb{A}^*y$，$\tilde{x}=\mathbb{A}^*x$ 分别是 y,x 在基 $\{\alpha_1,\alpha_2,\cdots,\alpha_n\}$ 下的坐标向量.

这样，就实现了线性变换或矩阵的对角化.

2.5 典型线性变换

这里介绍两个典型的线性变换，即傅里叶级数变换和傅里叶积分变换. 这两个线性变换都是酉变换，在小波、量子小波、卷积算子以及共轭正交滤波器组设计等许多问题的研究中被广泛使用.

2.5.1 傅里叶级数变换

(α) 傅里叶级数

在周期 2π 的能量有限信号空间或平方可积函数空间 $\mathcal{L}^2(0,2\pi)$ 中，考虑傅里叶级数基函数 $\{\varepsilon_k(t)=(2\pi)^{-0.5}e^{ikt};k\in\mathbb{Z}\}$，它是 $\mathcal{L}^2(0,2\pi)$ 的规范正交基.

任意 2π 周期函数 $x(t)\in\mathcal{L}^2(0,2\pi)$，其傅里叶级数展开表达式是

$$x(t)=\sum_{k\in\mathbb{Z}}c_ke^{ikt}$$

满足

$$\int_0^{2\pi}\left|x(t)-\sum_{k\in\mathbb{Z}}c_ke^{ikt}\right|^2dt=0\Leftrightarrow\lim_{\substack{N\to+\infty\\M\to+\infty}}\int_0^{2\pi}\left|x(t)-\sum_{k=-N}^{M}c_ke^{ikt}\right|^2dt=0$$

其中的系数序列是 $\mathbf{c}=\{c_k;k\in\mathbb{Z}\}^{\mathrm{T}}\in\ell^2(\mathbb{Z})$，满足如下计算关系：

$$\int_0^{2\pi} x(t)e^{-ikt}dt = \int_0^{2\pi} \sum_{j\in\mathbb{Z}} c_j e^{ijt} e^{-ikt}dt = \sum_{j\in\mathbb{Z}} c_j \int_0^{2\pi} e^{ijt}e^{-ikt}dt$$
$$= \sum_{j\in\mathbb{Z}} c_j \int_0^{2\pi} e^{i(j-k)t}dt = 2\pi c_k$$

因此

$$c_k = \frac{1}{2\pi}\int_0^{2\pi} x(t)e^{-ikt}dt, \quad k\in\mathbb{Z}$$

此外

$$\| x \|^2 = \int_0^{2\pi} | x(t) |^2 \ dt = \int_0^{2\pi} \sum_{j\in\mathbb{Z}} c_j e^{ijt} \sum_{k\in\mathbb{Z}} \overline{c}_k e^{-ikt}dt = 2\pi \sum_{k\in\mathbb{Z}} | c_k |^2 = 2\pi \| \mathbf{c} \|^2$$

如果利用 2π 周期函数空间 $\boldsymbol{\mathcal{L}}^2(0,2\pi)$ 的规范正交基 $\{\varepsilon_k(t);k\in\mathbb{Z}\}$，那么，周期 2π 的能量有限信号或平方可积函数 $x(t)$ 的傅里叶级数展开表达式是

$$x(t) = \sum_{k\in\mathbb{Z}} x_k \varepsilon_k(t)$$

这样，系数序列是 $\mathbf{x} = \{x_k;k\in\mathbb{Z}\}^{\mathrm{T}} \in \ell^2(\mathbb{Z})$，满足

$$x_k = \int_0^{2\pi} x(t)\overline{\varepsilon}_k(t)dt = \sqrt{2\pi}c_k, \quad k\in\mathbb{Z}$$

而且

$$\| x \|^2 = 2\pi \| \mathbf{c} \|^2 = 2\pi \sum_{k\in\mathbb{Z}} | c_k |^2 = \sum_{k\in\mathbb{Z}} | x_k |^2 = \| \mathbf{x} \|^2$$

利用这些讨论可知，如果定义线性变换 $\mathscr{F}:\boldsymbol{\mathcal{L}}^2(0,2\pi)\to\ell^2(\mathbb{Z})$ 如下：

$$\mathscr{F}:\varepsilon_k(t)\mapsto\delta_k = \{\delta(n-k);n\in\mathbb{Z}\}^{\mathrm{T}}, \quad k\in\mathbb{Z}$$

这时，$\mathscr{F}(x(t)) = \mathbf{x} = \{x_k;k\in\mathbb{Z}\}^{\mathrm{T}}\in\ell^2(\mathbb{Z})$ 是一个酉线性变换.

注释：Parseval 恒等式或 Plancherel 能量守恒定理表示为内积恒等式：

$$\langle x,y\rangle = \int_0^{2\pi} x(t)\overline{y}(t)dt = \sum_{k\in\mathbb{Z}} x_k\overline{y}_k = \langle \mathbf{x},\mathbf{y}\rangle$$

(β) 周期卷积对角化

假设 $x(t),y(t),z(t)\in\boldsymbol{\mathcal{L}}^2(0,2\pi)$ 是周期 2π 的能量有限信号或平方可积函数，如果它们满足如下卷积关系：

$$z(t) = (x*y)(t) = \int_0^{2\pi} x(u)y(t-u)du$$

而且

$$\begin{cases}\mathscr{F}(x(t)) = \mathbf{x} = \{x_k; k \in \mathbb{Z}\}^{\mathrm{T}} \in \ell^2(\mathbb{Z}) \\ \mathscr{F}(y(t)) = \mathbf{y} = \{y_k; k \in \mathbb{Z}\}^{\mathrm{T}} \in \ell^2(\mathbb{Z}) \\ \mathscr{F}(z(t)) = \mathbf{z} = \{z_k; k \in \mathbb{Z}\}^{\mathrm{T}} \in \ell^2(\mathbb{Z})\end{cases}$$

那么

$$\mathscr{F}(z(t)) = \mathbf{z} = \{z_k = \sqrt{2\pi} x_k y_k; k \in \mathbb{Z}\}^{\mathrm{T}}$$

这样，希尔伯特 $\mathcal{L}^2(0,2\pi)$ 中的卷积算子在线性变换 $\mathscr{F}$： $\mathcal{L}^2(0,2\pi) \to \ell^2(\mathbb{Z})$，即傅里叶级数变换 $\mathscr{F}: \varepsilon_k(t) \mapsto \delta_k = \{\delta(n-k); n \in \mathbb{Z}\}^{\mathrm{T}}, k \in \mathbb{Z}$ 之下表现为一个对角型算子.

2.5.2 傅里叶积分变换

(α) 傅里叶变换

在非周期能量有限信号空间或平方可积函数空间 $\mathcal{L}^2(\mathbb{R})$ 中，考虑傅里叶变换基 $\{\varepsilon_\omega(t) = (2\pi)^{-0.5} e^{i\omega t}; \omega \in \mathbb{R}\}$，它是 $\mathcal{L}^2(\mathbb{R})$ 的规范正交基.

任意 $x(t) \in \mathcal{L}^2(\mathbb{R})$ 在平凡规范正交基 $\{\delta(t-\omega); \omega \in \mathbb{R}\}$ 下的“坐标”写成

$$x(\omega) = \int_{-\infty}^{+\infty} x(t)\delta(t-\omega)dt$$

它在这个平凡规范正交基下的表示为

$$x(t) = \int_{-\infty}^{+\infty} x(\omega)\delta(t-\omega)d\omega$$

定义线性变换 $\mathscr{F}: \mathcal{L}^2(\mathbb{R}) \to \mathcal{L}^2(\mathbb{R})$，将 $\mathcal{L}^2(\mathbb{R})$ 的平凡规范正交基 $\{\delta(t-\omega); \omega \in \mathbb{R}\}$ 变换成规范正交基 $\{\varepsilon_\omega(t) = (2\pi)^{-0.5} e^{i\omega t}; \omega \in \mathbb{R}\}$，详细表示如下：

$$\mathscr{F}: \delta(t-\omega) \to \varepsilon_\omega(t) = \frac{1}{\sqrt{2\pi}} e^{i\omega t}, \quad \omega \in \mathbb{R}$$

于是 $x(t)$ 在傅里叶变换基 $\{\varepsilon_\omega(t) = (2\pi)^{-0.5} e^{i\omega t}; \omega \in \mathbb{R}\}$ 之下的“坐标”为

$$\mathscr{F}(x) = X: X(\omega) = \frac{1}{\sqrt{2\pi}} \int_{-\infty}^{+\infty} x(t) e^{-i\omega t} dt$$

此即 $x(t)$ 的傅里叶变换 $X(\omega)$. 在傅里叶变换基 $\{\varepsilon_\omega(t) = (2\pi)^{-0.5} e^{i\omega t}; \omega \in \mathbb{R}\}$ 之下，$x(t)$ 可以表示为

$$x(t) = (2\pi)^{-0.5} \int_{-\infty}^{+\infty} X(\omega) e^{i\omega t} d\omega$$

这正好是 $X(\omega)$ 的傅里叶逆变换 $x(t)$.

(β) 傅里叶变换的酉性

任意 $x(t)\in\mathcal{L}^2(\mathbb{R})$，其傅里叶变换：

$$\mathscr{F}(x)=X:X(\omega)=\frac{1}{\sqrt{2\pi}}\int_{-\infty}^{+\infty}x(t)e^{-i\omega t}dt\in\mathcal{L}^2(\mathbb{R})$$

是一个酉变换，即任给 $x(t),y(t)\in\mathcal{L}^2(\mathbb{R})$，Parseval 恒等式或 Plancherel 能量守恒定理成立：

$$\langle x,y\rangle=\int_{-\infty}^{+\infty}x(t)\overline{y}(t)dt=\int_{-\infty}^{+\infty}X(\omega)\overline{Y}(\omega)d\omega=\langle X,Y\rangle$$

(γ) 卷积算子对角化

假设 $x(t),y(t),z(t)\in\mathcal{L}^2(\mathbb{R})$ 是平方可积函数，它们满足如下卷积关系：

$$z(t)=(x*y)(t)=\int_{-\infty}^{+\infty}x(u)y(t-u)du$$

那么

$$\begin{cases}\mathscr{F}(x*y)=(2\pi)^{1/2}\mathscr{F}(x)\mathscr{F}(y)\\ \mathscr{F}(x\cdot y)=(2\pi)^{-1/2}\mathscr{F}(x)*\mathscr{F}(y)\end{cases}$$

这说明，当选择傅里叶变换基 $\{\varepsilon_\omega(t)=(2\pi)^{-0.5}e^{i\omega t};\omega\in\mathbb{R}\}$ 作为 $\mathcal{L}^2(\mathbb{R})$ 的规范正交基时，卷积运算作为一个线性变换是一个对角变换．这个事实成立的原因是，傅里叶变换基是卷积算子(矩阵)的特征函数．

(δ) 傅里叶算子的尺度和平移特性

傅里叶变换算子对函数的尺度伸缩和时间移动保持简洁的计算关系．引入记号：对于固定的 $(s,v)\in\mathbb{R}^2$，

$$y(t)=x_{s,v}(t)=x(s^{-1}(t-v))$$

那么，它的傅里叶变换 $\mathscr{F}(y)=Y$ 具有如下计算方法：

$$Y(\omega)=|\,s\,|\,X(s\omega)e^{-i\omega v}$$

其中 $X(\omega)$ 是 $x(t)$ 的傅里叶变换．

(ε) 傅里叶算子的微分特性

傅里叶变换算子还与导数运算之间保持如下特殊的运算关系．对于正整数 α，

$$\begin{cases}\mathscr{F}(\partial^\alpha x) = (i\omega)^\alpha \mathscr{F}(x) \\ \partial^\alpha[\mathscr{F}(x)] = \mathscr{F}[(it)^\alpha x(t)]\end{cases}$$

2.5.3 傅里叶变换算子对角化

利用 $\mathcal{L}^2(\mathbb{R})$ 的由傅里叶变换算子 $\mathscr{F}:\mathcal{L}^2(\mathbb{R})\to\mathcal{L}^2(\mathbb{R})$ 的规范正交特征函数系构成的规范正交基，可以把傅里叶变换算子对角化.

(α) 埃尔米特-高斯函数系

规范正交的埃尔米特-高斯函数系定义如下：

$$\varphi_n(t) = 1\Big/\sqrt{2^m n!\sqrt{\pi}}\, h_n(t)\exp(-0.5t^2),\quad n\in\mathbb{N}$$

其中 $\mathbb{N}=\{0,1,2,\cdots\}, h_n(t)=(-1)^n e^{t^2} d^n e^{-t^2} / dt^n$ 是 n 阶埃尔米特多项式. 容易验证，埃尔米特-高斯函数系 $\{\varphi_n(t); n\in\mathbb{N}\}$ 满足

$$\int_{-\infty}^{+\infty}\varphi_m(t)\varphi_n^*(t)dt = \delta_{m,n} = \begin{cases}1, & m=n\\ 0, & m\neq n\end{cases}$$

(β) 傅里叶变换算子的规范正交特征函数系

将傅里叶变换算子 $\mathscr{F}:\mathcal{L}^2(\mathbb{R})\to\mathcal{L}^2(\mathbb{R})$ 表示如下：

$$\mathscr{F}:\ \mathscr{F}[x(t)](\omega) = (\mathscr{F}x)(\omega) = (2\pi)^{-0.5}\int_{-\infty}^{+\infty} x(t)e^{-i\omega t}dt \in \mathcal{L}^2(\mathbb{R})$$

容易验证傅里叶变换算子 $\mathscr{F}$ 具有如下特征关系：

$$\mathscr{F}[\varphi_n(t)](\omega) = \mu_n\varphi_n(\omega),\ \ \mu_n = \exp(-2\pi ni/4),\ n=0,1,2,\cdots$$

即埃尔米特-高斯函数系 $\{\varphi_n(t); n\in\mathbb{N}\}$ 是傅里叶变换算子 $\mathscr{F}$ 的规范正交特征函数系，而 $\mu_n = \exp(-2\pi ni/4), n=0,1,2,\cdots$ 是傅里叶变换算子的特征值序列.

可以证明，$\{\varphi_n(t); n\in\mathbb{N}\}$ 是函数空间 $\mathcal{L}^2(\mathbb{R})$ 的规范正交基.

(γ) 傅里叶变换算子的对角化形式

函数空间 $\mathcal{L}^2(\mathbb{R})$ 上的任何函数 $x(t)$ 具有如下形式的级数展开：

$$x(t) = \sum_{n=0}^{\infty} x_n\varphi_n(t),\quad x_n = \int_{\mathbb{R}} x(t)\varphi_n^*(t)dt,\quad n=0,1,2,\cdots$$

因为，$\mathscr{F}[\varphi_n(t)](\omega) = \mu_n\varphi_n(\omega), n=0,1,2,\cdots$，由此导出算子 $\mathscr{F}$ 的分解形式：

$$\mathscr{F}[x(t)](\omega)=\sum_{n=0}^{\infty}x_n\mu_n\varphi_n(\omega)=\sum_{n=0}^{\infty}\varphi_n(\omega)\mu_n\int_{t\in\mathbb{R}}x(t)\varphi_n^*(t)dt$$

定义 3 个算子：

$$\begin{cases}\mathcal{U}^*: & x(t)\to\{x_n\}_{n\in\mathbb{N}}, & x_n=\int_{\mathbb{R}}x(t)\varphi_n^*(t)dt\\ \mathcal{D}: & \{x_n\}_{n\in\mathbb{N}}\to\{y_n\}_{n\in\mathbb{N}}, & y_n=\mu_n x_n\\ \mathcal{U}: & \{y_n\}_{n\in\mathbb{N}}\to y(\omega), & y(\omega)=\sum_{n\in\mathbb{N}}y_n\varphi_n(\omega)\end{cases}$$

那么

$$\mathscr{F}=\mathcal{U}\mathcal{D}\mathcal{U}^*$$

另外，因为

$$y(\omega)=\mathscr{F}[x(t)](\omega)=\int_{-\infty}^{+\infty}x(t)\left(\sum_{n=0}^{\infty}\varphi_n(\omega)\mu_n\varphi_n^*(t)\right)dt$$

所以，算子 $\mathscr{F}$ 的核函数 $\mathcal{K}(\omega,t)$ 可以写成

$$\mathcal{K}(\omega,t)=\sum_{n=0}^{\infty}\varphi_n(\omega)\mu_n\varphi_n^*(t)=(\varphi_0(\omega),\cdots,\varphi_n(\omega),\cdots)\begin{pmatrix}\mu_0 & \cdots & 0 & \\ \vdots & \ddots & \vdots & \vdots\\ 0 & \cdots & \mu_n & \\ & \cdots & & \ddots\end{pmatrix}\begin{pmatrix}\varphi_0^*(t)\\ \vdots\\ \varphi_n^*(t)\\ \vdots\end{pmatrix}$$

容易证明

$$\mathcal{K}(\omega,t)=\sum_{n=0}^{\infty}\varphi_n(\omega)\mu_n\varphi_n^*(t)=\frac{1}{\sqrt{2\pi}}\exp(-i\omega t)$$

这样，傅里叶变换可以形式化写成“对角算子”：

$$\begin{aligned}y(\omega)&=\mathscr{F}[x(t)](\omega)=\int_{-\infty}^{+\infty}x(t)\mathcal{K}(\omega,t)dt\\ &=(\varphi_0(\omega),\cdots,\varphi_n(\omega),\cdots)\begin{pmatrix}\mu_0 & \cdots & 0 & \\ \vdots & \ddots & \vdots & \vdots\\ 0 & \cdots & \mu_n & \\ & \cdots & & \ddots\end{pmatrix}\begin{pmatrix}\int_{-\infty}^{+\infty}x(t)\varphi_0^*(t)dt\\ \vdots\\ \int_{-\infty}^{+\infty}x(t)\varphi_n^*(t)dt\\ \vdots\end{pmatrix}\end{aligned}$$

(δ) 对角傅里叶变换算子

根据线性变换或者矩阵的对角化方法，利用傅里叶变换算子 $\mathscr{F}$ 的规范正交特征函数(特征向量)系，以此为函数空间或者信号空间 $\mathcal{L}^2(\mathbb{R})$ 的规范正交基，在这个规范正交基之下，傅里叶变换算子 $\mathscr{F}$ 就是一个对角算子或者对角化酉型线性变换.

这种对角化形式傅里叶变换算子 $\mathscr{F}$ 建立函数空间 $\mathcal{L}^2(\mathbb{R})$ 与平方可和序列空间 $\ell^2(\mathbb{N})$ 之间的正交变换对应关系，其中

$$\ell^2(\mathbb{N}) = \left\{c = (c_0, c_1, \cdots)^{\mathrm{T}}; c_j \in \mathbb{C}, j \in \mathbb{N}, \sum_{j\in\mathbb{N}} |c_j|^2 < +\infty\right\}$$

$$\langle a, b\rangle = \sum_{j\in\mathbb{N}} a_j b_j^*$$

$$\langle a, a\rangle = \|a\|^2 = \sum_{j\in\mathbb{N}} |a_j|^2 < +\infty$$

定义线性变换 $\mathbb{T}$： $\mathcal{L}^2(\mathbb{R}) \to \ell^2(\mathbb{N})$ 如下：

$$\mathbb{T}: \varphi_k(t) \mapsto \delta_k = \{\delta(n-k); n \in \mathbb{N}\}^{\mathrm{T}}, \quad k \in \mathbb{N}$$

这样，线性变换 $\mathbb{T}$： $\{\varphi_k(t); k \in \mathbb{N}\} \to \{\delta_k; k \in \mathbb{N}\}$ 把函数空间 $\mathcal{L}^2(\mathbb{R})$ 的埃尔米特-高斯函数系规范正交基 $\{\varphi_k(t); k \in \mathbb{N}\}$ 变换成序列空间 $\ell^2(\mathbb{N})$ 的平凡规范正交基 $\{\delta_k; k \in \mathbb{N}\}$，从而

$$\boxed{x(t) = \sum_{n=0}^{\infty} x_n \varphi_n(t)} \mapsto \boxed{\mathbf{x} = \{x_k; k \in \mathbb{Z}\}^{\mathrm{T}} = \sum_{k=0}^{\infty} x_k \delta_k}$$

$$\boxed{\begin{aligned} y(\omega) &= \mathscr{F}(x)(\omega) \\ &= \sum_{n=0}^{\infty} y_n \varphi_n(\omega) \\ &= \sum_{n=0}^{\infty} \mu_n x_n \varphi_n(\omega) \end{aligned}} \mapsto \boxed{\begin{aligned} \mathbf{y} &= \mathscr{F}(\mathbf{x}) \\ &= \sum_{k=0}^{\infty} y_k \delta_k \\ &= \sum_{k=0}^{\infty} \mu_k x_k \delta_k \end{aligned}}$$

或者更直观地在序列空间 $\ell^2(\mathbb{N})$ 中写成矩阵-向量乘积形式：

$$y = \begin{pmatrix} y_0 \\ \vdots \\ y_n \\ \vdots \end{pmatrix} = \mathscr{F}(x) = \begin{pmatrix} \mu_0 & \cdots & 0 & \\ \vdots & \ddots & \vdots & \vdots \\ 0 & \cdots & \mu_n & \\ & \cdots & & \ddots \end{pmatrix} \begin{pmatrix} x_0 \\ \vdots \\ x_n \\ \vdots \end{pmatrix}$$

因此

$$\mathscr{F} = \begin{pmatrix} \mu_0 & \cdots & 0 & \\ \vdots & \ddots & \vdots & \vdots \\ 0 & \cdots & \mu_n & \\ & \cdots & & \ddots \end{pmatrix}$$

也就是说，在序列空间 $\ell^2(\mathbb{N})$ 的平凡规范正交基 $\{\delta_k; k \in \mathbb{N}\}$ 之下，傅里叶变换算子 $\mathscr{F}$ 本质上是一个对角算子 $\mathscr{F} = \mathrm{diag}(\mu_0, \mu_1, \cdots, \mu_n, \cdots)$.

2.6 量子力学狄拉克符号

这里介绍非相对论量子力学狄拉克符号体系的简化处理方法，薛定谔符号体系被看作狄拉克符号体系的特例，目标是提供一个包含在量子力学理论中的数学方法和物理概念的有效知识体系. 因此，这里的内容是量子力学狄拉克符号体系的一个引论，如果需要可以查阅大量优秀的量子力学专著.

狄拉克符号体系包括了有限维和无限维空间上的向量以及算子的概念. 这里给出这种方法的一个简单示范.

研究在一维空间运动的质量为 m 的粒子，位势为 $V(q)$，其中 q 是粒子坐标，它可以取分布于$-\infty$到$+\infty$之间的任意数值，也就是说，粒子可以出现在一维空间的任意位置. 根据波动力学薛定谔符号体系，粒子在时刻 t 的状态由按照位置描述的波函数 $\psi(q,t)$ 进行刻画. 如果没有进行干涉测量，那么，这个状态就可以完全从时刻 t_0 的状态 $\psi(q,t_0)$ 演化得到，两者之间具有由假设的薛定谔波动方程给定的因果演绎关系：

$$\left[-\frac{\hbar^2}{2m}\frac{\partial^2}{\partial q^2}+V(q)\right]\psi(q,t)=i\hbar\frac{\partial}{\partial t}\psi(q,t)$$

其中 $\hbar$ 的数值是普朗克(Planck)常数除以 2π. $\psi(q,t)$ 的概率解释如下(当需要通过测量确定粒子的位置时，这是必要的)：当位置测量完成后，$\left|\psi(q,t)\right|^2 dq$ 给出了在时刻 t 空间区间 $[q,q+dq]$ 中找到粒子的概率.

利用波函数 $\psi(q,t)$ 的傅里叶变换可以获得另一个波函数：

$$\varphi(p,t)=\frac{1}{\sqrt{2\pi\hbar}}\int_{-\infty}^{+\infty}\psi(q,t)\exp\left(-\frac{ipq}{\hbar}\right)dq$$

这个波函数被称为动量波函数，其中 p 表示粒子的动量. 从严格数学逻辑出发，为了保证波函数傅里叶变换存在，要求位置波函数 $\psi(q,t)$ 关于位置变量是平方可积的而动量波函数 $\varphi(p,t)$ 关于动量变量是平方可积的，即 $\int_{-\infty}^{+\infty}|\psi(q)|^2\,dq<+\infty$ 而且 $\int_{-\infty}^{+\infty}|\varphi(p)|^2\,dp<+\infty$. 动量波函数被位置波函数 $\psi(q,t)$ 完全确定，它刻画系统在 t 时刻的状态. 因此有理由认为 $\varphi(p,t)$ 表达了与波函数 $\psi(q,t)$ 完全相同的系统动力学状态. 这是相同系统态的另一种表示方法. 在动量波函数的意义下，其概率含义是 $|\varphi(p,t)|^2\,dp$ 给出的动量测量数值出现在 p 到 $p+dp$ 之间的概率.

这个理论可以完全等价地按照位置或者动量的描述方式进行刻画. 事实上，这种刻画所起的作用类似于几何学中的坐标系. 因为，在经典几何理论中，任何问题都可以在抽象向量的意义下进行求解，而不必使用(在更一般意义下的)坐标系以及抽象向量在该坐标系下的坐标，所以，一个饶有兴趣的问题是，是否可以不使用任何特定的(坐标系)描述同样实现对量子力学的刻画，这样，其结果将独立于任何特定的(坐标系)描述. 虽然在所需刻画中使用一个特定描述方法的优势是显而易见的，比如一种简便的描述方法总是被用于完成科学演算，就像在使用向量的时候一个坐标系被选中那样，但是量子力学狄拉克符号体系的目标却是建立独立于任何特定表述方法而演绎量子力学的理论体系.

首先尝试利用向量概念获得 t 时刻位置波函数 $\psi(q)$ 的几何解释. 与此前约定一致，粒子坐标 q 可以取分布于 $-\infty$ 到 $+\infty$ 之间的任意数值. 对于位置变量 q 的一些特定取值，比如 $q_1, q_2, q_3, \cdots$，相应地，位置波函数 $\psi(q)$ 取值是 $\psi(q_1), \psi(q_2), \psi(q_3), \cdots$. 另一种解释是，一个无穷维向量空间有一组相互正交的坐标轴，各个坐标轴由 $q(q_1, q_2, q_3, \cdots)$ 的数值之一决定，而且，$\psi(q_1)$ 是某个向量在坐标轴 q_1 上的投影，$\psi(q_2)$ 是同一个向量在坐标轴 q_2 上的投影，如此等等. 特别提醒注意，这里所给出的几何解释最多是一种启发式的说明，其实这并不是正确的. 不过，这有助于给读者提供这种希尔伯特空间的直观认识，这种空间被定义为坐标轴上的平方可积函数构成的向量空间. 因此，向量描述系统的状态就像这些状态是系统的构成成分一样. 这个向量不是一个普通的向量，因为它有复数特征，因此，必须使用特殊记号指明它，这就好像对一个普通向量指定相应记号那样. 狄拉克使用记号 $|\bullet\rangle$ 指明这种类型的一个向量，并称之为态矢(ket)向量，或者简称为态矢，以清晰地区别于普通向量. 分量是 $\psi(q_1)$，$\psi(q_2)$，$\psi(q_3)$，$\cdots$ 的这种向量被称为态矢 ψ 并写出 $|\psi\rangle$.

如果 A 是一个普通向量，而且，(x, y, z) 表示一个笛卡儿坐标系，那么，可以利用向量 A 沿这三个坐标轴的分量详细说明向量 A，即 $A = (A_x, A_y, A_z)$；也就是说，只要选定坐标系，向量 A 就可以被它的坐标分量完全描述.

启发式地，态矢 $|\psi\rangle$ 也可以通过其沿着正交的位置坐标轴，即 q 轴的分量得到完全确定 $|\psi\rangle = [\psi(q_1), \psi(q_2), \psi(q_3), \cdots]$.

总而言之，字母 A 可以像它沿着某些坐标轴的分量那样等价地表示向量，态矢 $|\psi\rangle$ 正好像它的位置分量那样描述系统的状态，在这个情况下的向量被说成是按照位置表达方法给出的，即选定的坐标系是位置坐标系.

向量 A 也可以通过给出它沿着另一个笛卡儿坐标系 (x', y', z') 的分量进行完全等

价的表示，只要这个新的笛卡儿坐标系 (x',y',z') 是原始笛卡儿坐标系 (x,y,z) 经过旋转得到的就可以：$A=(A_{x'},A_{y'},A_{z'})$．同样，态矢 $|\psi\rangle$ 也可以按照另一个坐标系或描述方法进行表述：$|\psi\rangle=[\varphi(p_1),\varphi(p_2),\varphi(p_3),\cdots]$．这种表示被称为动量表达，这可以被粗略设想为相同向量在坐标轴的一个旋转正交坐标系上的分量．前述 q 轴和 p 轴之间的转换关系由傅里叶变换给出．

显然存在无穷多种其他形式的等价表示，当然，如果不把向量概念引入量子力学理论体系之中，这些等价表示不可能是那么显而易见就能想到的．为了严谨论述量子力学理论体系，必须更加准确地详细说明态矢的性质．

(α) 态矢

狄拉克把用符号 $|a\rangle,|x\rangle$ 表示的向量称为态矢．一般意义下的态矢用符号 $|\bullet\rangle$ 表示，符号内部的变量表示特定的态矢．将一个态矢与研究中出现的动力学系统的每一个状态相对应．因为系统状态的任何一个线性叠加仍然是这个系统的一个状态，所以，态矢空间必须是一个线性向量空间．一个向量空间在下述意义下被称为是线性的．如果 c_1 和 c_2 是两个复数，$|a\rangle,|b\rangle$ 是两个态矢，因为与 $|a\rangle,|b\rangle$ 相关的两个系统态的线性组合也是一个系统态，那么，线性组合

$$|u\rangle=c_1|a\rangle+c_2|b\rangle$$

也是一个态矢．如果一个态矢依赖于参数 q'，将它表示为 $|q'\rangle$，其中参数 q' 的取值范围是 ${q_1}'\leqslant q'\leqslant {q_2}'$，这样，可以将两项线性组合的表示方法一般化，研究连续项积分组合形式的如下态矢：

$$|v\rangle=\int_{{q_1}'}^{{q_2}'}c(q')\big|q'\big\rangle dq'$$

其中 $c(q')$ 是 q' 的普通复函数，$|v\rangle$ 在态矢空间中．上述态矢 $|u\rangle$ 或 $|v\rangle$ 称为线性依赖于态矢 $|a\rangle,|b\rangle$ 或态矢 $|q'\rangle$．如果一组态矢中没有任何态矢可以表示成其余态矢的线性组合，则称这组态矢是线性独立的．

虽然经典叠加原理和量子叠加原理是完全不同的，但是，正如后续内容将要说明的那样，它们可以用类似的方法进行阐述，如果 $i,\ j,\ k$ 是经典向量空间中的三个相互正交的单位向量，那么，任何其他向量都可以写成这三个向量的一个线性组合，向量的差别体现为组合系数的差别；换言之，如果 A 是任意一个常数向量，那么，A 可以写成 $A=c_1i+c_2j+c_3k$．另一方面，i 不能写成 j 和 k 的任何线性组合，称它与 j 和 k 线性独立．

量子力学的另一个假设是，当一个系统态与它自己再次叠加时，不会产生一个

新的系统态向量，只能是原始态自己，也就是说，当 $c_1|a\rangle, c_2|a\rangle$ 相加时，其中，c_1, c_2 是任意复数，形式上结果是

$$c_1|a\rangle + c_2|a\rangle = (c_1 + c_2)|a\rangle$$

其实，态矢 $c_1|a\rangle, c_2|a\rangle, (c_1+c_2)|a\rangle$ 表示相同系统态，除非 $c_1+c_2=0$，这相当于没有任何系统态. 因此，一个系统状态被态矢的方向唯一确定. 由此可以推断，$+|a\rangle, -|a\rangle$ 表达相同的系统态. 这样，在系统态与态矢空间的方向之间存在一一对应关系. 这个假设违反经典力学原理，同时证明经典叠加原理和量子叠加原理是完全不同的.

态矢空间既可以是有限维的也可以是无限维的. 空间维数被态矢空间中线性独立的态矢个数决定. 因为，一个量子系统的独立态由独立态矢表示，所以，态矢空间的维数完全由量子系统的相互独立的系统状态个数决定.

(β) 内积和转矢

在抽象线性向量空间中引入的态矢，在无限维向量空间的相互正交的坐标轴上的投影就是位置表达波函数 $\psi(q,t)$ 在时刻 t 的数值. 态矢的本质是在态矢空间的一个方向，它与量子系统的每个态存在一一对应关系.

现在按照如下方式定义态矢的内积和转矢. 考虑将每个态矢 $|a\rangle$ 对应于一个复数 f，与不同态矢 $|a\rangle$ 相对应的全体复数就是态矢 $|a\rangle$ 的函数，不妨记为 $f(|a\rangle)$. 要求这个函数是线性函数，即如果 $|a_1\rangle, |a_2\rangle$ 是两个态矢而且 c 是一个复数，则

$$f(|a_1\rangle + |a_2\rangle) = f(|a_1\rangle) + f(|a_2\rangle), \quad f(c|a\rangle) = cf(|a\rangle)$$

可以把与态矢空间中所有态矢相对应的复数 f 理解为在另一个空间中定义的一个向量，比如按照希尔伯特空间上 Frechet-Riesz 表示定理，有界线性泛函 f 就定义了另一个空间上的一个向量. 狄拉克把这个用符号 $\langle\bullet|$ 表示的向量称为 bra 向量，或埃尔米特转置态矢，或简称为转矢.

把转矢 $\langle f|$ 与态矢 $|a\rangle$ 的内积定义为 $\langle f|a\rangle \equiv f(|a\rangle)$，只要给出对于态矢 $|a\rangle$ 的全部复数数值 f，就完整定义了转矢 $\langle f|$. 转矢向量空间与态矢向量空间是不同的. 利用内积和转矢的定义立即可得

$$\langle f|(|a_1\rangle + |a_2\rangle) = \langle f|a_1\rangle + \langle f|a_2\rangle, \quad \langle f|(c|a\rangle) = c\langle f|a\rangle$$

因为，转矢是根据与态矢的内积定义的，所以，$\langle b|=0$ 相当于对于全部态矢 $|a\rangle$，$\langle b|a\rangle=0$，而且，$\langle b_1|=\langle b_2|$ 相当于对于每个态矢 $|a\rangle$，$\langle b_1|a\rangle=\langle b_2|a\rangle$.

两个转矢的和也可通过态矢 $|a\rangle$ 的内积得到定义：

$$(\langle f_1|+\langle f_2|)|a\rangle=\langle f_1|a\rangle+\langle f_2|a\rangle,\quad (c\langle f|)|a\rangle=c\langle f|a\rangle$$

假设每个态矢只能唯一地与一个转矢相对应，即假定在态矢与转矢之间存在一一对应关系. 因此，有理由把与态矢相同的记号赋予转矢，只要它们是相对应的即可. 这样，$\langle a|$ 是与态矢 $|a\rangle$ 相对应的转矢，而且，当 $|u\rangle=|a\rangle+|b\rangle$ 时，可以得到 $\langle u|=\langle a|+\langle b|$；当 $|v\rangle=c|a\rangle$ 时，可以得到 $\langle v|=c^*\langle a|$，其中 c 是一个复数，c^* 是 c 的复数共轭. 另外，把与一个态矢相应的转矢称为原始态矢的埃尔米特共轭或埃尔米特伴随，反之亦然，即 $\langle u|=(|u\rangle)^\dagger, |u\rangle=(\langle u|)^\dagger$，这里剑(dagger)†运算的意思是，转矢被转变为相应的态矢(反之亦然)，而且包含在其中的任何数也相应转变为复数共轭.

根据假设，在转矢与态矢之间存在唯一的对应关系，所以，一个转矢的方向可以等价地像态矢的方向那样表示一个量子系统的态. 这种关系被称为一个是另一个的对偶，或对偶关系.

定义态矢 $|a\rangle$ 的长度或模为 $\langle a|a\rangle$，$\langle a|a\rangle\geqslant 0$，其中等号仅在 $|a\rangle$=0 时成立.

对于波函数 $\psi(q,t)$ 及其复数共轭 $\psi^*(q,t)$，可以直观地把 $\psi(q,t)$ 当成态矢空间向量 $|\psi\rangle$ 的成分，把 $\psi^*(q,t)$ 理解为转矢空间向量 $\langle\psi|$ 的成分. 根据波动力学理论可知，复数 $\psi^*(q,t)\chi(q,t)$ 和 $\chi^*(q,t)\psi(q,t)$ 具有如下关系：

$$\psi^*(q)\chi(q)=[\chi^*(q)\psi(q)]^*,\quad \int_{-\infty}^{+\infty}|\psi(q)|^2dq\geqslant 0$$

在转矢和态矢的情况下，如果内积满足 $\langle a|b\rangle=0$，那么，称这两个向量是正交的. 当 $\langle a|b\rangle=0$ 时，可以说它们所描述的相应的系统量子态是正交的. 在波动力学中，称 $\psi^*(q)$ 和 $\chi(q)$ 正交，如果 $\int_{-\infty}^{+\infty}\psi^*(q)\chi(q)dq=0$.

如果空间中所有向量的模都是有限的，那么，这个空间被称为是希尔伯特空间. 量子力学理论必须包括无限模向量，这些向量组成的空间构成一个被称为态矢空间或转矢空间甚至更为一般的空间.

(γ) 线性算子

现在在态矢向量和转矢向量空间引入线性算子. 如果对态矢空间上的每一个态矢 $|a\rangle$，把它与另一个态矢 $|b\rangle$ 相对应，那么，这个对应关系可以被用于定义一个算子 D，符号化表示为 $|b\rangle=D|a\rangle$，这里的 D 可以是微分、积分或者其他的算子. 按照惯例，算子总是出现在态矢的左边.

线性算子的基本要求是，如果$|a_1\rangle, |a_2\rangle, |a\rangle$是三个态矢，而$c$是一个数字，那么，算子$D$必须满足如下关系：

$$D\left(|a_1\rangle + |a_2\rangle\right) = D|a_1\rangle + D|a_2\rangle, \quad D\left(c|a\rangle\right) = cD|a\rangle$$

当一个算子在线性空间的每一个态矢上的作用都已知时，这个算子就被完全定义了，所以，当$D_1|a\rangle = D_2|a\rangle$对每个态矢$|a\rangle$都成立时，两个算子$D_1, D_2$就是相等的，即$D_1 = D_2$．空算子$D=0$，被定义为对于每个态矢$|a\rangle$，$D|a\rangle = 0$．恒等算子$D=I$，被定义为对于每个态矢$|a\rangle$，$D|a\rangle = |a\rangle$．

利用在每个态矢上的作用定义两个算子的和$D_1 + D_2$：

$$(D_1 + D_2)|a\rangle = D_1|a\rangle + D_2|a\rangle$$

以及它们的乘积：

$$(D_1D_2)|a\rangle = D_1\left(D_2|a\rangle\right)$$

两个算子D_1, D_2的对易(交换子)，写成$[D_1, D_2]$，定义如下：

$$\left[D_1, D_2\right] = D_1D_2 - D_2D_1$$

一般地，$D_1D_2 \neq D_2D_1$，这是矩阵运算的一个共同性质．量子力学的代数是非交换代数．非交换线性算子的例子是$D_1 = x$ (被x乘)和$D_2 = d/dx$ (微分)．容易验证，如果$f(x)$是x的连续函数，那么

$$\left[x, \frac{d}{dx}\right]f(x) = \left(x\frac{d}{dx} - \frac{d}{dx}x\right)f(x) = -f(x)$$

所以，非交换算子早已经是很熟悉的．

当两个算子D_1, D_2满足关系$D_1D_2 = D_2D_1 = I$时，其中I是单位算子，则称D_1是D_2的逆，D_2是D_1的逆，记号是$D_1 = D_2^{-1}$，$D_2 = D_1^{-1}$．算子乘积的逆满足运算关系$\left(D_1D_2D_3\right)^{-1} = D_3^{-1}D_2^{-1}D_1^{-1}$．

现在给出算子在转矢上运算的含义．考虑态矢$|b\rangle = D|a\rangle$．研究这个态矢与任意转矢比如$\langle c|$的纯量积；这个纯量积$\langle c|b\rangle = \langle c|\left(D|a\rangle\right)$线性依赖于态矢$|a\rangle$，因为，$D$是线性的．根据一个转矢的定义，纯量积$\langle c|b\rangle$可以被认为是态矢$|a\rangle$与某一个转矢比如$\langle d|$的纯量积．因此，对每一个转矢$\langle c|$，都存在一个转矢$\langle d|$与之对应，这个转矢$\langle d|$线性依赖转矢$\langle c|$，因此，转矢$\langle d|$可以从转矢$\langle c|$通过一个线性算子作用在转矢$\langle c|$上得到．这个算子被$D$唯一确定，可以写成$\langle d| = \langle c|D$．这个定义可以总结表示为$\langle c|\left(D|a\rangle\right) = \langle c|b\rangle = \left(\langle c|D\right)|a\rangle$．这样，其中的圆括号是不必要的，任何一边

都可以写成$\langle c|D|a\rangle$，即算子 D 可以首先作用在转矢$\langle c|$上，其结果再应用于态矢$|a\rangle$，反之亦然. 注意，$\langle c|D|a\rangle$是一个封闭的括号，它表示一个复数.

经常出现在量子力学理论中的一个简单线性算子是$P=|a\rangle\langle c|$. P 作用在一个态矢上的作用是$P|c\rangle=|a\rangle\langle b|c\rangle$，它是一个态矢$|a\rangle$与数字$\langle b|c\rangle$之积，而且类似地，$\langle c|P=\langle c|a\rangle\langle b|$表示一个转矢$\langle b|$与数字$\langle c|a\rangle$之积.

在量子力学理论的物理解释中线性算子发挥关键作用. 按照狄拉克的习惯，假设一个物理系统的每一个可以被测量的物理量(被称为一个动力学变量)都可以用一类特殊的线性算子表示. 与线性算子相联系的动力学变量的例子是位置(q)、动量(p)、角动量(L)、能量(H)等出现在经典力学中的这些量，还有转动角动量这样没有经典力学对应量的动力学变量. 在经典力学中这些量都是相互对易的，但是，在量子力学中，可以假定某些算子不是对易的. 对易关系决定算子代数的类型，而且表示量子力学与经典力学的差异.

(δ) 埃尔米特算子

表示动力学变量的线性算子限制为实数线性算子. 这样的算子被称为是埃尔米特算子，其定义是，与一个态矢$|q\rangle=L|p\rangle$相对应的转矢$\langle q|$，其中L是一个线性算子，可以写成$\langle q|=\langle p|L^{\dagger}=\left(L|p\rangle\right)^{\dagger}=\left(|q\rangle\right)^{\dagger}$. 记号$L^{\dagger}$被称为算子$L$的埃尔米特共轭，即转矢$\langle q|$是态矢$|q\rangle$的埃尔米特共轭，是某个线性算子作用在转矢$\langle p|$上的结果，这个线性算子用记号$L^{\dagger}$表示.

容易证明$L^{\dagger\dagger}=L$. 如果转矢$\langle a|=\langle p|L^{\dagger}$而且态矢$|a\rangle=L|p\rangle$，那么

$$\langle a|b\rangle=\langle p|L^{\dagger}|b\rangle=\langle b|L|p\rangle^{*}$$

如果一个线性算子是自伴随的，即$L^{\dagger}=L$，那么，这个算子被称为是埃尔米特的. 如果L是埃尔米特的，则$\langle p|L|b\rangle=\langle b|L|p\rangle^{*}$，其中$|b\rangle,|p\rangle$是任意的态矢. 显然，$\left[(L_1+L_2)|a\rangle\right]^{\dagger}=\langle a|(L_1^{\dagger}+L_2^{\dagger})$，$\left(cL|a\rangle\right)^{\dagger}=c^{*}\langle a|L^{\dagger}$，对任何线性算子都成立，其中 c 是一个常数.

算子伴随代数与有限正方形矩阵的代数是相同的.

(ε) 特征关系

转矢和态矢向量，或者更一般地转矢和态矢的方向，是与系统状态相对应的，线性埃尔米特算子是与描述系统的动力学变量相对应的. 怎么把这些数学概念与系

统的物理测量联系起来，需要引入埃尔米特算子特征值的概念.

特征值问题与用于经典物理学中的经典数学特征值问题是类似的. 一个最简单的例子是求解方程 $Lu(x)=\lambda u(x)$，这里 L 是已知的 $-d^2/dx^2$，$u(x),\lambda$ 是未知的. 如果边界条件是 $u(0)=u(\ell)=0$，那么，λ 只能取 $\lambda_n=\pi^2n^2/\ell^2,\ell=0,\pm1,\pm2,\cdots$ 中的某些数值，对应特征函数 $u_n(x)$ 是 $u_n(x)=\sin(\pi nx/\ell),\ell=0,\pm1,\pm2,\cdots$. 值得注意的是，一个算子 L 在特征函数 $u_n(x)$ 上的作用就是重新得到 $u_n(x)$. 如果 L 作用在一个任意的函数 $u(x)$ 上，那么，一般地，将不会重新得到这个函数与一个常数的乘积.

态矢(转矢)空间的特征值问题与此类似. 假设 L 是一个线性算子，$|a\rangle$ 是一个态矢向量，如果 L 作用在态矢 $|a\rangle$ 上并给出态矢 $|a\rangle$ 与一个数字 ℓ 的乘积，那么，$|a\rangle$ 就是 L 的一个特征态矢，ℓ 是相应的特征值，表示为 $L|a\rangle=\ell|a\rangle$. 按照狄拉克的习惯，用相应特征值标记特征态矢，即 $L|\ell\rangle=\ell|\ell\rangle$.

特征值问题也可以等价地根据转矢写成 $\langle d|D=d\langle d|$.

如果 $|\ell\rangle$ 是 L 的一个特征态矢，那么任何常数 c 乘以 $|\ell\rangle$ 也是同一个特征值的特征态矢. 根据早先的假定，$|\ell\rangle,c|\ell\rangle$ 表示的系统态是同一个态.

为了简单，只考虑线性算子每个特征值只有一个特征向量. 容易证明，线性埃尔米特算子的特征值都是实数，而且属于不同特征值的特征向量是正交的.

示范研究一个线性埃尔米特算子 σ_z，假定 σ_z 满足附加条件 $\sigma_z^2=I$，其中 I 是恒等算子，求解特征值问题 $\sigma_z|s\rangle=s|s\rangle$.

埃尔米特算子 σ_z 的特征值 s 必是实数，且当 $s'\neq s''$ 时，$\langle s'|s''\rangle=0$.

显然 $\sigma_z^2|s\rangle=|s\rangle=s\sigma_z|s\rangle=s^2|s\rangle$，或者 $(s^2-1)|s\rangle=0$. 用 $\langle s|$ 进行内积而且因为 $\langle s|s\rangle$ 是正数而且非零，所以 σ_z 的特征值满足 $s=\pm1$. 在不退化(两个特征值相同)的要求下，σ_z 只有两个不同的特征值，于是

$$\sigma_z|+1\rangle=+1|+1\rangle,\ \sigma_z|-1\rangle=-1|-1\rangle,\ \ \langle+1|-1\rangle=0=\langle-1|+1\rangle$$

因为任何特征态矢乘以任何一个常数仍然是属于同一个特征值的特征态矢，因此，利用特征向量的模是有限数值，可以选择一个常数，使得每个特征向量的模都是单位，即 $\langle+1|+1\rangle=\langle-1|-1\rangle=1$. 这就是正规化条件. 正规化不能唯一确定一个向量，可以利用复指数函数 $\exp(i\alpha)$ 乘以 $|+1\rangle$，因为，这时 $\langle+1|$ 会出现乘积因子 $\exp(-i\alpha)$，其中 α 是任意实数，特征态矢的模或自己内积没有变化. 这种相位移动在量子力学中是没有任何物理意义的，所以，通常选择 $\alpha=0$.

对于向量模有限的任何特征值问题，特征向量总可以被正规化，因此埃尔米特算子特征态矢满足规范正规化，即规范正交性关系：

$$\langle \ell' | \ell'' \rangle = \delta_{\ell',\ell''} = \begin{cases} 1, & \ell' = \ell'' \\ 0, & \ell' \neq \ell'' \end{cases}$$

其中 $\delta_{\ell',\ell''}$ 是克罗内克 δ 函数.

如果向量有无限模，这些结论可以类似地一般化.

实际上，σ_z 可以形式化用一个 2×2 的矩阵表示如下：

$$\sigma_z = \begin{bmatrix} 1 & 0 \\ 0 & -1 \end{bmatrix}$$

用转矢 $\langle +1|, \langle -1|$ 分别与 σ_z 的两个特征关系公式进行内积，可以得到如下形式化的算子 σ_z 的 4 个矩阵元素：

$$\langle +1|\sigma_z|+1\rangle = +1, \quad \langle +1|\sigma_z|-1\rangle = 0$$

$$\langle -1|\sigma_z|+1\rangle = 0, \quad \langle -1|\sigma_z|-1\rangle = -1$$

根据矩阵的行用特征转矢表示而列用特征态矢表示的习惯得到 σ_z 的矩阵表示.

现在简短说明态矢空间中的任何态矢都可以利用特征态矢 $|+1\rangle, |-1\rangle$ 进行表示，这时，称特征态矢构成一个完全系.

对于任意的态矢 $|P\rangle$，如下恒等式成立：

$$|P\rangle = I|P\rangle = 0.5(I+\sigma_z)|P\rangle + 0.5(I-\sigma_z)|P\rangle$$

因为

$$\sigma_z\left[0.5(I+\sigma_z)|P\rangle\right] = +1\left[0.5(\sigma_z+I)|P\rangle\right]$$

即 $0.5(I+\sigma_z)|P\rangle$ 是线性埃尔米特算子 σ_z 与特征值 $+1$ 相对应的特征态矢，故它与 $|+1\rangle$ 只相差一个常数倍，即 $0.5(I+\sigma_z)|P\rangle = c_1|+1\rangle$，其中 c_1 是一个常数. 类似地，

$$\sigma_z\left[0.5(I-\sigma_z)|P\rangle\right] = -1\left[0.5(I-\sigma_z)|P\rangle\right]$$

所以 $0.5(I-\sigma_z)|P\rangle = c_2|-1\rangle$，其中 c_2 是另一个常数. 把这两个结果代入前述恒等式得 $|P\rangle = c_1|+1\rangle + c_2|-1\rangle$，故任何态矢都是线性地依赖两个态矢 $|+1\rangle, |-1\rangle$，这就证明了态矢系 $\{|+1\rangle, |-1\rangle\}$ 是完全的.

简单演算可得 $\langle +1|P\rangle = c_1, \langle -1|P\rangle = c_2$，从而

$$|P\rangle = \left[|+1\rangle\langle +1| + |-1\rangle\langle -1|\right]|P\rangle$$

因为 $|P\rangle$ 是任意的态矢，所以这个方程成立当且仅当

$$\left|+1\right\rangle\left\langle+1\right|+\left|-1\right\rangle\left\langle-1\right|=I$$

这就是完全性关系或完备性关系. 这说明这个例子中的希尔伯特空间是 2 维的.

利用态矢 $\left|P\right\rangle$ 的任意性, 前述论证过程蕴藏如下重要结果:

$$0.5(I+\sigma_z)=\left|+1\right\rangle\left\langle+1\right|,\quad 0.5(I-\sigma_z)=\left|-1\right\rangle\left\langle-1\right|$$

两式相减得到

$$\sigma_z=\left|+1\right\rangle\left\langle+1\right|-\left|-1\right\rangle\left\langle-1\right|$$

这就是线性埃尔米特算子 σ_z 的谱展开式, 组合系数就是它的特征值, 有时也称为算子的谱.

(ζ) 完全性与谱表示

对于一个系统的每一个动力学变量, 存在一个相应的埃尔米特算子. 当这个变量的测量一经完成, 就获得一个数字. 据此假设一个量子系统正好处于 L 的一个特定的特征状态, 比如 $\left|\ell\right\rangle$, 那么, 测量 L 就得到数字 ℓ. 换言之, 如果测量一个系统 L 并永远确定性地得到数字 ℓ, 那么, 这个系统是处于特征态 $\left|\ell\right\rangle$; 再或者, 如果多次重复测量系统 L, 每次按照完全相同的方法制备这个系统, 并总是获得数字 ℓ, 那么, 这个系统处于状态 $\left|\ell\right\rangle$.

处于任意状态的系统完成 L 的单次测量将得到 L 的特征值之一作为测量结果. 当处于任意状态的系统被测量时, 测量的作用干扰系统并导致系统跳转到被测变量(算子)的特征态之一. 如果马上第二次测量 L, 那么, 此次测量将必然获得与第一次测量相同的特征值.

如果系统的任意状态都线性地依赖于 L 的特征态, 则 L 的特征态构成一个完全系. 具有特征向量完全系的这种埃尔米特算子被称为是可观测的.

在量子力学中总假定, 如果一个物理量能够被测量, 那么, 它的特征态矢就构成一个完全系. 完全性假设保证系统的任意状态都可以按照 L 的特征态矢进行展开. 除了前述线性厄尔米特算子 σ_z 外, 另一个更熟悉的具有完全性的例子就是将周期函数按照正弦函数和余弦函数的傅里叶级数展开, 即正弦和余弦函数系构成周期函数族的一个完全系.

在一个可观测量具有离散特征值的情况下, 如果特征态矢系 $\left\{\left|\ell\right\rangle\right\}$ 是完全的, 那么可以按照线性组合的形式展开任意态矢 $\left|\psi\right\rangle$:

$$\left|\psi\right\rangle=\sum_{\ell}c_\ell\left|\ell\right\rangle$$

要求在 ℓ 可取的全部数值范围求和. 求和范围可能是有限的, 比如算子 σ_z, 也可能

是无限的, 比如傅里叶级数算子. 利用完全性和规范正交关系可得

$$\left\langle \ell' \middle| \psi \right\rangle = \sum_{\ell} c_\ell \left\langle \ell' \middle| \ell \right\rangle = \sum_{\ell} c_\ell \delta_{\ell',\ell} \left\langle \ell' \middle| \ell \right\rangle = c_{\ell'}$$

从而得到任意态矢的如下恒等式:

$$\left|\psi\right\rangle = \sum_{\ell} \left|\ell\right\rangle\left\langle\ell\middle|\psi\right\rangle$$

即任意态矢 $\left|\psi\right\rangle$ 按 L 的特征态矢的展开式. 因态矢 $\left|\psi\right\rangle$ 是任意的, 由此可得

$$\sum_{\ell} \left|\ell\right\rangle\left\langle\ell\right| = I$$

这就是离散特征值完全性关系或完备性关系.

考虑按照如下 "特征函数" 完全系展开一个函数 $f(x)$:

$$u_n(x) = x_0^{-0.5} e^{2\pi i n x / x_0}, \quad n = 0, \pm 1, \pm 2, \cdots$$

如果函数族中任意函数都可以按照函数系 $\{u_n(x), n = 0, \pm 1, \pm 2, \cdots\}$ 进行展开, 那么, 这个函数系被称为对该函数族是完全的. 因为 $u_n(x + x_0) = u_n(x)$, 所以这个函数组中的每一个函数都是周期的, 而且周期是 x_0. 这个函数族的任何函数都可以展开如下:

$$f(x) = \sum_{n=-\infty}^{+\infty} c_n u_n(x)$$

函数系 $\{u_n(x), n = 0, \pm 1, \pm 2, \cdots\}$ 的规范正交关系是

$$\int_0^{x_0} u_{n'}^*(x) u_n(x) dx = \delta_{n'n}, \quad n', n = 0, \pm 1, \pm 2, \cdots$$

利用这些结果可得

$$\int_0^{x_0} f(x) u_{n'}^*(x) dx = \sum_{n=-\infty}^{+\infty} c_n \int_0^{x_0} u_{n'}^*(x) u_n(x) dx = c_{n'}$$

其中假定关于系数 $c_{n'}$ 的积分是存在的, 而且改变积分与级数求和顺序都是合法的. 再次改变级数求和的顺序并积分可以得到

$$f(x) = \int_0^{x_0} dx' f(x') \sum_{n=-\infty}^{+\infty} u_n^*(x') u_n(x)$$

狄拉克定义了一个具有如下性质的非平常函数 $\delta(x - x')$:

$$\delta(x - x') = \begin{cases} \infty, & x = x' \\ 0, & x \neq x' \end{cases}$$

这不是一个经典意义下的函数. 但是, 它非常有用, 而且, 它的作用可以用分布理论进行严格论证. 这里不是严格地而仅仅是利用它的积分性质进行定义, 即

$$\int_{x'-\varepsilon}^{x'+\varepsilon} \delta(x-x')dx = 1$$

其中 ε 是任意大小的正数，而且

$$\int_{x'-\varepsilon}^{x'+\varepsilon} f(x)\delta(x-x')dx = f(x')$$

这个函数是对称的，即 $\delta(x)=\delta(-x)$．$\delta(x)$ 存在许多有趣的表达方法，其中一个十分有用的表达方法是

$$\delta(x) = \lim_{a\to\infty} \frac{\sin ax}{\pi x}$$

函数 $\delta(x)$ 具有如下性质，当 $x=0$ 时，$\delta(0)=\infty$，而且，在 $-\infty$ 到 $+\infty$ 之间的积分是 1. 作为一个推论，可以得到

$$\lim_{a\to\infty} \int_{-a}^{+a} e^{ikx}dx = \lim_{a\to\infty} \frac{2\sin ka}{k} = 2\pi\delta(k)$$

利用这些补充讨论和结果，因为 $f(x)$ 是任意选取的，故

$$\sum_{n=-\infty}^{+\infty} u_n^*(x')u_n(x) = \delta(x'-x)$$

这就是函数系 $\{u_n(x), n=0,\pm1,\pm2,\cdots\}$ 的完全性关系.

现在研究可观测量的特征值是连续取值的情形. 如果 $\ell' \neq \ell''$，仍然保持正交性关系 $\langle \ell' | \ell'' \rangle = 0$. 在完全特征向量系下，展开两个向量 $|C\rangle, |D\rangle$ 如下：

$$|C\rangle = \int c(\ell')|\ell'\rangle d\ell', \quad |D\rangle = \int d(\ell'')|\ell''\rangle d\ell''$$

它们的内积可以演算如下：

$$\langle C|D\rangle = \int c^*(\ell')d\ell' \int d(\ell'')\langle \ell'|\ell''\rangle d\ell''$$

因为当 $\ell' \neq \ell''$ 时，$\langle \ell'|\ell''\rangle = 0$，所以如果 $\langle \ell'|\ell'\rangle$ 是有限的，那么必有

$$\int d(\ell'')\langle \ell'|\ell''\rangle d\ell'' = 0$$

因为在 ℓ' 确定的条件下，除 $\ell''=\ell'$ 之外被积函数处处等于 0，所以这个积分必然等于 0. 但是因为一般 $\langle C|D\rangle \neq 0$，所以，唯一推论是 $\langle \ell'|\ell'\rangle = \infty$. 恰恰是狄拉克的 δ 函数可以表达这个性质，即连续特征值时规范正交关系可表示为

$$\langle \ell'|\ell''\rangle = \delta(\ell'-\ell'')$$

这样，可以将特征向量规范化得到

$$\int \langle \ell'|\ell''\rangle d\ell'' = 1$$

当 $|C\rangle = |D\rangle$ 时，得到态矢向量模的计算结果：

$$\langle C|C\rangle = \int c^*(\ell')d\ell' \int c(\ell'')\delta(\ell'-\ell'')d\ell'' = \int |c(\ell')|^2 d\ell' \geqslant 0$$

这个积分的积分限是 L 的特征值的整个范围.

现在研究特征态矢系的完全性. 利用内积计算得到

$$\left\langle \ell'' \middle| C \right\rangle = \int c(\ell') \left\langle \ell'' \middle| \ell' \right\rangle d\ell' = \int c(\ell') \delta(\ell' - \ell'') d\ell' = c(\ell'')$$

从而获得态矢向量 $\left| C \right\rangle$ 的具体表达式：

$$\left| C \right\rangle = \int \left| \ell' \right\rangle d\ell' \left\langle \ell' \middle| C \right\rangle$$

因为态矢 $\left| C \right\rangle$ 是任意的, 最终得到特征态矢系的完全性关系：

$$\int \left| \ell' \right\rangle d\ell' \left\langle \ell' \right| = \int \left| \ell' \right\rangle \left\langle \ell' \right| d\ell' = I$$

狄拉克 δ 函数在傅里叶变换理论研究中被经常使用. 量子力学系统位置波函数 $\psi(q)$ 按照傅里叶积分展开表达式是

$$\psi(q) = \frac{1}{\sqrt{2\pi\hbar}} \int_{-\infty}^{+\infty} \varphi(p) \exp\left(+ \frac{ipq}{\hbar} \right) dp$$

而且动量波函数 $\varphi(p)$ 正好是 $\psi(q)$ 的逆变换形式：

$$\varphi(p) = \frac{1}{\sqrt{2\pi\hbar}} \int_{-\infty}^{+\infty} \psi(q') \exp\left(- \frac{ipq'}{\hbar} \right) dq'$$

将两者合并同时根据 p 和 q' 改变积分顺序得到

$$\psi(q) = \int_{-\infty}^{+\infty} \psi(q') dq' \left\{ \frac{1}{2\pi} \int_{-\infty}^{+\infty} \frac{dp}{\hbar} \exp\left[\frac{ip(q - q')}{\hbar} \right] \right\}$$

由于位置波函数 $\psi(q)$ 的任意性, 上式必然推导演绎得出完全性关系：

$$\frac{1}{2\pi} \int_{-\infty}^{+\infty} \frac{dp}{\hbar} \exp\left[\frac{ip(q' - q'')}{\hbar} \right] = \delta(q' - q'')$$

实际上, 这也给出 δ 函数的另一种表达形式, 只是与此前的符号略有不同.

某些可观测量同时具有离散谱和连续谱. 此时特征态矢系的规范正交性和完全性可类似表达, 此不赘述.

(η) 矩阵

一个正方形的有限维矩阵的迹(trace)被定义为其主对角元素的和. 因此, 如果 A 是一个正方形的有限维矩阵, 那么, 它的迹定义为

$$\mathrm{Tr}(A) = \sum_i A_{ii}$$

其中 Tr 是迹的记号, A_{ii} 表示 A 的第 i 个对角元素. 有限个正方形矩阵乘积的迹在循环置换下是不变的, 即

$$\mathrm{Tr}(ABC) = \mathrm{Tr}(BCA) = \mathrm{Tr}(CAB)$$

矩阵 A 的厄尔米特伴随记号是 $A^\dagger$，定义为交换 A 的行和列，并取每个元素的复数共轭. 如果 $A = A^\dagger$，那么，这个矩阵被称为是厄尔米特的，即 $(A^\dagger)_{ij} = A^*_{ji} = A_{ij}$. 一个矩阵 A 是酉矩阵，如果 $AA^\dagger = A^\dagger A = I$ 或者 $A^\dagger = A^{-1}$，其中 A^{-1} 是逆矩阵. 逆矩阵存在的条件是矩阵 A 的行列式非 0.

矩阵不必局限于行数和列数是有限的，而且，标志行和列的指标也可以是分布在一定数字范围内的连续指标集合. 比如，假设 q,q' 可以选取分布在 $-\infty$ 到 $+\infty$ 之间的任意数字，那么，可以用记号 $A_{q;q'}$ 或者等价地 $A(q;q')$ 标志 A 的矩阵元素. 当用矩阵元素是 $B_{q;q'}$ 的矩阵乘以矩阵 A 时，乘积矩阵的元素可表示为

$$C(q;q') = \int_{-\infty}^{+\infty} A(q;q'')A(q'';q')\ dq''$$

当上述积分收敛时，这个定义是有意义的. 类似地，A 的迹表示为

$$\mathrm{Tr}(A) = \int_{-\infty}^{+\infty} A(q';q')dq'$$

假设上述积分是(存在的)收敛的. 一个对角矩阵可以写成

$$A(q';q'') = A(q';q')\delta(q'-q'')$$

(θ) 态矢和算子的矩阵表示

现在研究算子、态矢和转矢的矩阵表示方法，就像表示在一个线性空间中的线性算子那样.

首先研究满足如下特征方程的可观测量 L 或者 q：

$$L\left|\ell\right\rangle = \ell\left|\ell\right\rangle,\quad q\left|q'\right\rangle = q'\left|q'\right\rangle$$

其中特征值 ℓ 是离散的，q' 是连续的. 因为，L 和 q 是可观测量，所以，特征态矢系 $\{\left|\ell\right\rangle\},\{\left|q'\right\rangle\}$ 都构成规范正交完全系：

$$\left\langle \ell'\middle|\ell''\right\rangle = \delta_{\ell',\ell''},\quad \sum_{\ell'}\left|\ell'\right\rangle\left\langle\ell'\right| = I$$

$$\left\langle q'\middle|q''\right\rangle = \delta\left(q'-q''\right),\quad \int\left|q'\right\rangle dq'\left\langle q'\right| = I$$

这样，态矢空间的任意态矢 $\left|\psi\right\rangle$ 可以展开表示如下：

$$\left|\psi\right\rangle = \sum_{\ell'}\left|\ell'\right\rangle\left\langle\ell'\middle|\psi\right\rangle,\quad \left|\psi\right\rangle = \int\left|q'\right\rangle\left\langle q'\middle|\psi\right\rangle dq'$$

其中，$\left\langle\ell'\middle|\psi\right\rangle,\left\langle q'\middle|\psi\right\rangle$ 是按照 L 或者 q 表示方法的态矢 $\left|\psi\right\rangle$ 的“分量”，或者如狄拉克的说法，是态矢 $\left|\psi\right\rangle$ 的代表量. 由内积定义知，$\left\langle\ell'\middle|\psi\right\rangle,\left\langle q'\middle|\psi\right\rangle$ 可以被看成是 ℓ',q' 的

函数而分别写成 $\psi_{\ell'},\psi(q')$，这是因为，对每个 ℓ',q' 都存在相应的数字 $\psi_{\ell'},\psi(q')$. 这些数字或函数唯一确定态矢 $\left|\psi\right\rangle$(在特征态矢完全确定的条件下). 态矢 $\left|\psi\right\rangle$ 可以表示成一列形式的矩阵，ℓ',q' 表示行：

$$\left|\psi\right\rangle=\sum_{\ell'}\left\langle\ell'\middle|\psi\right\rangle\left|\ell'\right\rangle,\quad \left|\psi\right\rangle=\int dq'\left\langle q'\middle|\psi\right\rangle\left|q'\right\rangle$$

因此，可以用一个列向量表示一个任意的态矢 $\left|\psi\right\rangle$. 行的个数由特征值 ℓ',q' 的个数决定. 代表量或坐标 $\left\langle\ell'\middle|\psi\right\rangle,\left\langle q'\middle|\psi\right\rangle$ 通常是复数.

比如，在研究算子 σ_z 时，任意态矢 $\left|P\right\rangle$ 可以表示为

$$\left|P\right\rangle=\begin{bmatrix}\left\langle +1\middle|P\right\rangle\\ \left\langle -1\middle|P\right\rangle\end{bmatrix}=\begin{bmatrix}c_1\\ c_2\end{bmatrix}=c_1\begin{bmatrix}1\\0\end{bmatrix}+c_2\begin{bmatrix}0\\1\end{bmatrix}$$

这就是任意态矢的向量表示方法，其中，基向量可以表示如下：

$$\left|+1\right\rangle=\begin{bmatrix}\left\langle +1\middle|+1\right\rangle\\ \left\langle -1\middle|+1\right\rangle\end{bmatrix}=\begin{bmatrix}1\\0\end{bmatrix},\quad \left|-1\right\rangle=\begin{bmatrix}\left\langle +1\middle|-1\right\rangle\\ \left\langle -1\middle|-1\right\rangle\end{bmatrix}=\begin{bmatrix}0\\1\end{bmatrix}$$

再比如，当 q 是与一维运动粒子坐标系相对应的可观测量时，狄拉克代表量或坐标 $\left\langle q'\middle|\psi\right\rangle=\psi(q')$ 是坐标系表示方法意义下的薛定谔波函数.

任意转矢 $\left\langle\psi\right|$ 可以表示成一个只有一行的矩阵，其列用 ℓ',q' 表示，即

$$\left\langle\psi\right|=\sum_{\ell'}\left\langle\psi\middle|\ell'\right\rangle\left\langle\ell'\right|,\quad \left\langle\psi\middle|\ell'\right\rangle=\left\langle\ell'\middle|\psi\right\rangle^*\equiv\psi_{\ell'}^*$$

$$\left\langle\psi\right|=\int\left\langle\psi\middle|q'\right\rangle dq'\left\langle q'\right|,\quad \left\langle\psi\middle|q'\right\rangle=\left\langle q'\middle|\psi\right\rangle^*\equiv\psi^*(q')$$

这样，一个列向量的埃尔米特伴随(复共轭转置)是一个行向量，其相应的元素是原始行向量元素的复数共轭.

对于任意线性算子 A，两次使用完全性关系得到如下恒等式：

$$A=\sum_{\ell',\ell''}\left|\ell'\right\rangle\left\langle\ell'\middle|A\middle|\ell''\right\rangle\left\langle\ell''\right|,\quad A=\iint dq'dq''\left|q'\right\rangle\left\langle q'\middle|A\middle|q''\right\rangle\left\langle q''\right|$$

其中，数字 $\left\langle\ell'\middle|A\middle|\ell''\right\rangle$ 是 (ℓ',ℓ'') 的函数，而 $\left\langle q'\middle|A\middle|q''\right\rangle$ 是 (q',q'') 的函数，因此，矩阵的元素可以表示如下：

$$\left\langle\ell'\middle|A\middle|\ell''\right\rangle\equiv A_{\ell',\ell''},\quad \left\langle q'\middle|A\middle|q''\right\rangle\equiv A(q',q'')$$

特别地，当 $A=L$ 或者 $A=q$ 时，矩阵元素退化为

$$\left\langle\ell'\middle|L\middle|\ell''\right\rangle=\ell'\delta_{\ell',\ell''},\quad \left\langle q'\middle|q\middle|q''\right\rangle=q'\delta(q'-q'')$$

即在其自身的表示方法下，L 和 q 都是对角算子或矩阵.

再次回顾算子 σ_z 的例子，可以具体写出

$$\sigma_z=\begin{bmatrix}\langle +1|\sigma_z|+1\rangle & \langle +1|\sigma_z|-1\rangle\\ \langle -1|\sigma_z|+1\rangle & \langle -1|\sigma_z|-1\rangle\end{bmatrix}=\begin{bmatrix}1 & 0\\ 0 & -1\end{bmatrix}$$

此时算子 σ_z 表示为对角矩阵. 这被称为对角化表示方法.

因为算子代数与矩阵代数是相同的，因此，算子可以用矩阵进行表示就毫无惊奇之处. 同样，态矢和转矢的代数与单列矩阵(向量)或者单行矩阵(向量)的代数是一样的.

(ι) 算子矩阵对角化

假定有两个满足如下特征值方程的可观测量 L 和 M：

$$L|\ell'\rangle=\ell'|\ell'\rangle,\quad M|m'\rangle=m'|m'\rangle$$

其中 ℓ',m' 两个都是离散的，其他类型类似处理. 完全规范正交关系表示为

$$\langle\ell'|\ell''\rangle=\delta_{\ell',\ell''},\quad \sum_{\ell'}|\ell'\rangle\langle\ell'|=I$$

$$\langle m'|m''\rangle=\delta_{m',m''},\quad \sum_{m'}|m'\rangle\langle m'|=I$$

两个特征态矢系 $\{|m'\rangle\}$ 和 $\{|\ell'\rangle\}$ 的相互表示结果如下：

$$|\ell'\rangle=\sum_{m'}|m'\rangle\langle m'|\ell'\rangle,\quad |m'\rangle=\sum_{\ell'}|\ell'\rangle\langle\ell'|m'\rangle$$

其中数值 $\langle m'|\ell'\rangle,\langle\ell'|m'\rangle$ 之间具有如下关系：

$$\langle m'|\ell'\rangle=\langle\ell'|m'\rangle^*$$

数值 $\langle m'|\ell'\rangle,\langle\ell'|m'\rangle$ 被称为 L 和 M 这两种表示方法之间的转换函数. 因为同时具有如下完全性关系和正交性关系：

$$\langle\ell'|\ell''\rangle=\sum_{m'}\langle\ell'|m'\rangle\langle m'|\ell''\rangle=\delta_{\ell',\ell''}$$

$$\langle m'|m''\rangle=\sum_{\ell'}\langle m'|\ell'\rangle\langle\ell'|m''\rangle=\delta_{m',m''}$$

因此，两个特征态矢系 $\{|m'\rangle\}$ 和 $\{|\ell'\rangle\}$ 的相互表示关系是酉的. 数值 $\langle m'|\ell'\rangle$ 可以被理解为矩阵的元素，特征值 m' 标志矩阵的列，而特征值 ℓ' 标志矩阵的行.

任何算子 A 都可以按照 L 或者 M 这两种表示方法中的任何一个实现表达. 数字 $A_{\ell',\ell''}\equiv\langle\ell'|A|\ell''\rangle$ 是在 L 表示方法意义下算子 A 对应的矩阵元素，而数字 $A_{m',m''}\equiv\langle m'|A|m''\rangle$ 是在 M 表示方法意义下算子 A 对应的矩阵元素. 这两组元素之间存在如下转换关系：

$$\left\langle \ell' \middle| A \middle| \ell'' \right\rangle = \sum_{m',m''} \left\langle \ell' \middle| m' \right\rangle \left\langle m' \middle| A \middle| m'' \right\rangle \left\langle m'' \middle| \ell'' \right\rangle$$

$$\left\langle m' \middle| A \middle| m'' \right\rangle = \sum_{\ell',\ell''} \left\langle m' \middle| \ell' \right\rangle \left\langle \ell' \middle| A \middle| \ell'' \right\rangle \left\langle \ell'' \middle| m'' \right\rangle$$

转换函数决定了两种表示方法下矩阵元素之间的关系. 在一个酉变换下, 从一种表示方法转换为另一种表示方法, 被称为是在一个相似变换下的转换.

假设 A 是一个可观测量, 求解如下特征值问题：

$$A\left| a' \right\rangle = a' \left| a' \right\rangle$$

其中 $\left\{ \left| a' \right\rangle \right\}$ 是规范正交的而且是完全的. 另外假设已知在 L 表示方法意义下算子 A 对应的矩阵元素. 用 $\left\langle \ell' \right|$ 左乘上式两边并结合完全性关系可得

$$\sum_{\ell''} \left\langle \ell' \middle| A \middle| \ell'' \right\rangle \left\langle \ell'' \middle| a' \right\rangle = a' \left\langle \ell' \middle| a' \right\rangle$$

将这个公式改写为如下齐次线性代数方程组形式：

$$\sum_{\ell''} \left[\left\langle \ell' \middle| A \middle| \ell'' \right\rangle - a' \delta_{\ell'',\ell'} \right] \left\langle \ell'' \middle| a' \right\rangle = 0$$

求解即可获得从 L 表示方法到使得 A 被对角化的表示方法之间的转换函数 $\left\langle \ell' \middle| a' \right\rangle$. 为了得到非平凡解, 充分必要条件是 $\det(A_{\ell',\ell''} - a'\delta_{\ell',\ell''}) = 0$, 满足这个方程组的 a' 就是 A 的特征值. 算子 A 的矩阵对角化等价于求解特征值问题.

容易证明, 两个矩阵能够使用相同的转换实现同时对角化的充分必要条件是它们是对易的.

(κ) 转换函数

这里先研究如何按照量子力学的方式处理具有经典力学版本的系统. 再研究质量 m 的单粒子, 它在引力场中沿一维直线运动. 在经典力学理论中, 这个系统被位置坐标 q 和动量 p 完全刻画. 如果确定了在某一时刻 t 系统的这两个物理量, 那么, 该系统在这一时刻的经典状态就被完全确定了.

为了按照量子力学的方式处理这个系统, 根据此前已经建立的理论, 把这些动力学变量(它们都是可观测量)中的每一个对应一个线性埃尔米特算子, 它们被称为 q 和 p, 都是埃尔米特的, 即 $p = p^\dagger$, $q = q^\dagger$. 这个系统的经典哈密顿量是一个可观测量, 也是一个埃尔米特算子：

$$H = \frac{1}{2m} p^2 + V(q) = H^\dagger$$

可以按照 p 和 q 展开这个算子. 下面说明这个展开的详细过程.

这里需要一个量子力学假设, 用 p 和 q 的对易关系表示如下：

$$[q,q]=0,\quad [p,p]=0$$
$$[q,p]\equiv qp-pq=i\hbar$$

其中$\hbar$是普朗克常数除以2π，即假定p和q满足上述对易关系. 在经典力学中,p和q是对易的，当它们不对易时，量子系统和经典系统就出现差异了. 当可观测量p和q满足上述对易关系时，经典系统就称为被量子化了.

该量子力学假设的理由是理论与实验之间显著的一致性. 这可能是量子力学中意义最深远同时也是最根本的假设.

当$\hbar\to 0$时,p和q将是对易的，因此，经典力学应该被包含于当$\hbar\to 0$时量子力学公式的极限中. 这恰好就是量子力学的一致性原理.

这个假设被称为q和p服从非对易(非交换)代数. 如果ℓ是一个整数，那么，可以归纳地得到如下公式：

$$[q,p^{\ell}]=i\hbar\ell p^{\ell-1}\equiv i\hbar\frac{\partial}{\partial p}p^{\ell},\quad [p,q^{\ell}]=-i\hbar\ell q^{\ell-1}\equiv -i\hbar\frac{\partial}{\partial q}q^{\ell}$$

如果$F(p),G(q)$分别可以按照p和q展开成幂级数，类似地得到

$$[q,F(p)]\equiv i\hbar\frac{\partial F(p)}{\partial p},\quad [p,G(q)]\equiv -i\hbar\frac{\partial G(q)}{\partial q}$$

即使$F(p),G(q)$不能展开成幂级数，仍然假定这两个公式成立. 最一般的假设是，$F(p,q)$是p,q的某些函数，下面的公式成立：

$$[q,F(p,q)]\equiv i\hbar\frac{\partial F(p,q)}{\partial p},\quad [p,F(p,q)]\equiv -i\hbar\frac{\partial F(p,q)}{\partial q}$$

示范性地，令$F(p,q)=pqp$，显然$F(p,q)$不等于p^2q，准确地应该得到

$$[q,F(p,q)]=[q,pqp]\equiv i\hbar\frac{\partial pqp}{\partial p}=i\hbar\left(pq+qp\right)$$

现在求解如下两个关于动量和坐标的特征值问题：

$$p\left|p'\right\rangle=p'\left|p'\right\rangle,\quad q\left|q'\right\rangle=q'\left|q'\right\rangle$$

为了求解之便，引入两个被称为平移算子的狄拉克算子. 研究如下算子：

$$Q(\xi)=\exp(-i\xi p/\hbar)$$

这里ξ是一个任意的实参数. 因为p是一个埃尔米特算子，所以

$$Q^{\dagger}(\xi)=\exp\left(\frac{i\xi p}{\hbar}\right)=Q^{-1}(\xi)$$

故当ξ是一个实数时，$Q(\xi)$是酉算子. 简单演算容易得到

$$[q,Q]=i\hbar\frac{\partial Q}{\partial p}=\xi Q$$

利用对易关系的定义，得出 $qQ=Qq+\xi Q$. 利用 q 的相应于特征值 q' 的特征态矢 $\left|q'\right\rangle$ 乘以这个公式的两端可得 $q[Q\left|q'\right\rangle]=(q'+\xi)[Q\left|q'\right\rangle]$. 这说明，如果 $\left|q'\right\rangle$ 是特征值 q' 的特征态矢，那么，$Q\left|q'\right\rangle$ 是特征值 $(q'+\xi)$ 的特征态矢. 因为 q 是埃尔米特的，q 的特征值必定都是实数，从而 ξ 必定是实数. 因此，特征值 $(q'+\xi)$ 可以是 $-\infty$ 到 $+\infty$ 之间的任意实数，即 Q 的特征值具有连续谱. 因为 Q 把特征值从 q' 移动到 $(q'+\xi)$，所以把 Q 称为一个移动算子的理由是充分的. 用 Q^{-1} 从左侧乘以公式 $qQ=Qq+\xi Q$ 的两边还可得到 $Q^{-1}qQ=q+\xi$，这说明，Q 把算子 q 移动了一个数量 ξ.

因为 q' 是连续的，所以特征态矢可以通过规范正交关系实现规范化：

$$\left\langle q'\middle|q''\right\rangle=\delta(q'-q'')$$

由于 q 是一个可观测量，确保特征态矢系具有完全性关系：

$$\int_{-\infty}^{+\infty}\left|q'\right\rangle dq'\left\langle q'\right|=I$$

容易证明，$Q(\xi)\left|q'\right\rangle$ 是 q 的特征态矢，特征值是 $q'+\xi$，因此它可能与特征态矢 $\left|q'+\xi\right\rangle$ 相差一个常数乘积因子，不妨令 $Q(\xi)\left|q'\right\rangle=c(q',\xi)\left|q'+\xi\right\rangle$，这样其转矢形式可以表示为 $\left\langle q''\right|Q^{\dagger}(\xi)=c^{*}(q'',\xi)\left\langle q''+\xi\right|$. 两式相乘得

$$\left\langle q''\right|Q^{\dagger}(\xi)Q(\xi)\left|q'\right\rangle=\left\langle q''\middle|q'\right\rangle=c^{*}(q'',\xi)c(q',\xi)\left\langle q''+\xi\middle|q'+\xi\right\rangle$$

根据规范正交关系并将上式两边对全部 dq'' 进行积分可知 $\left|c(q',\xi)\right|^2=1$，与 q',ξ 独立. 除去一个平凡的相位之外，可以取 $c=1$，得到如下特征关系公式：

$$\exp\left(-\frac{i\xi p}{\hbar}\right)\left|q'\right\rangle\equiv Q(\xi)\left|q'\right\rangle=\left|q'+\xi\right\rangle$$

特别地，如果取 $q'=0$，则得到 $Q(\xi)\left|0\right\rangle_q=\left|\xi\right\rangle_q$，其中下标 q 表示态矢 $\left|0\right\rangle_q$ 是 q 的特征态矢，对应的特征值等于 0. 取 ξ 是某一个任意的特征值，比如 q'，那么，可以得到

$$\exp\left(-\frac{iq'p}{\hbar}\right)\left|0\right\rangle_q\equiv Q(q')\left|0\right\rangle_q=\left|q'\right\rangle$$

即移动算子 $Q(q')$ 可以从特征值为 0 的系统态产生特征值为 q' 的系统态.

上述推演的转矢表述是

$$\left\langle q'\right|Q^{\dagger}(\xi)\equiv\left\langle q'\right|\exp\left(\frac{i\xi p}{\hbar}\right)=\left\langle q'+\xi\right|$$

因此 ${}_q\langle 0|Q^\dagger(q') = \langle q'|$. 故一个特征态矢(特征转矢)可以产生全部特征态矢(特征转矢). 这些可以充分决定量子力学理论需要的特征向量的全部性质.

现在引入另一个酉的移动算子：

$$P(\xi) = \exp\left(\frac{i\xi q}{\hbar}\right)$$

可以证明 p 的特征值可取值于从 $-\infty$ 到 $+\infty$ 的全部数值, 而且

$$P(\xi)|p'\rangle = |p'+\xi\rangle, \quad P(p')|0\rangle_p \equiv \exp\left(\frac{ip'q}{\hbar}\right)|0\rangle_p = |p'\rangle$$

或者

$${}_p\langle 0|P^\dagger(p') \equiv {}_p\langle 0|\exp\left(-\frac{ip'q}{\hbar}\right) = \langle p'|$$

最终得到

$$P^{-1}pP = p+\xi$$

另外, 特征态矢系满足规范正交关系公式和完全性关系公式：

$$\langle p'|p''\rangle = \delta(p'-p''), \quad \int_{-\infty}^{+\infty}|p'\rangle dp'\langle p'| = I$$

这样就完成了 q 和 p 的特征值问题的求解. 特征态矢系 $\{|q'\rangle\}$ 和特征态矢系 $\{|p'\rangle\}$ 两个都是完全的, 而且其中任何一个都可以作为基向量系以表达任意态向量和算子. 为了实现从一种表示方法到另一种表示方法的转换, 需要转换函数：

$$S(p',q') = \langle p'|q'\rangle = \langle q'|p'\rangle^*$$

借助于移动算子 Q 和 P 可以十分简便地计算这个转换函数.

$$\langle p'|q'\rangle = \langle p'|\exp\left(-\frac{iq'p}{\hbar}\right)|0\rangle_q$$

利用公式 $\langle p'|F(p) = F(p')\langle p'|$ 直接得到

$$\langle p'|q'\rangle = \exp\left(-\frac{iq'p'}{\hbar}\right)\langle p'|0\rangle_q$$

类似地, 根据 $F(q)|q'\rangle = F(q')|q'\rangle$ 进一步化简可得

$$\langle p'|q'\rangle = \exp\left(-\frac{iq'p'}{\hbar}\right){}_p\langle 0|\exp\left(-\frac{ip'q}{\hbar}\right)|0\rangle_q = \exp\left(-\frac{iq'p'}{\hbar}\right){}_p\langle 0|0\rangle_q \equiv \langle q'|p'\rangle^*$$

其中最后的等号是定义, 而 ${}_p\langle 0|0\rangle_q$ 只是一个常数, 可以直接计算. 根据 $|p'\rangle$ 的规范正交关系公式和 $|q'\rangle$ 的完全性关系公式可以得到如下结果：

$$\int_{-\infty}^{+\infty}\left\langle p'\middle|q'\right\rangle dq'\left\langle q'\middle|p''\right\rangle=\delta(p'-p'')$$

利用前述公式演算上式左边得到

$$\left|{}_p\left\langle 0\middle|0\right\rangle_q\right|^2\int_{-\infty}^{+\infty}\exp\left[\frac{iq'(p''-p')}{\hbar}\right]dq'=\delta(p'-p'')$$

上式中出现的积分等于 $2\pi\hbar\delta(p'-p'')$，因此，最终得到如下计算结果：

$$\left|{}_p\left\langle 0\middle|0\right\rangle_q\right|^2=\frac{1}{2\pi\hbar}$$

${}_p\left\langle 0\middle|0\right\rangle_q$ 的相位经过适当的选择，得到如下的转换函数表达公式：

$$S(p',q')=\left\langle p'\middle|q'\right\rangle=\frac{1}{\sqrt{2\pi\hbar}}\exp\left(-\frac{ip'q'}{\hbar}\right)=\left\langle q'\middle|p'\right\rangle^*$$

现在研究在连续特征值问题中，按照一种方法表示的算子如何转换成按照另一种方法进行表示. 此时首先可以得到利用积分表示的如下公式：

$$\left\langle q'\middle|A\middle|q''\right\rangle=\int_{-\infty}^{+\infty}dp'\int_{-\infty}^{+\infty}dp''\left\langle q'\middle|p'\right\rangle\left\langle p'\middle|A\middle|p''\right\rangle\left\langle p''\middle|q''\right\rangle$$

将转换函数代入上式可得

$$\left\langle q'\middle|A\middle|q''\right\rangle=\frac{1}{2\pi\hbar}\int_{-\infty}^{+\infty}dp'\int_{-\infty}^{+\infty}dp''\exp\left[\frac{i(p'q'-p''q'')}{\hbar}\right]\left\langle p'\middle|A\middle|p''\right\rangle$$

为了便于理解，现在研究 $A=p$ 这个特例. 此时，

$$\left\langle q'\middle|p\middle|q''\right\rangle=p'\delta(p'-p'')$$

将这个特殊结果代入前述一般公式并计算变量 p'' 的积分得到

$$\begin{aligned}\left\langle q'\middle|p\middle|q''\right\rangle&=\frac{1}{2\pi\hbar}\int_{-\infty}^{+\infty}dp'p'\exp\left[\frac{ip'(q'-q'')}{\hbar}\right]\\&=\frac{\hbar}{i}\frac{\partial}{\partial q'}\frac{1}{2\pi\hbar}\int_{-\infty}^{+\infty}\exp\left[\frac{ip'(q'-q'')}{\hbar}\right]dp'\\&=-\frac{\hbar}{i}\frac{\partial}{\partial q''}\frac{1}{2\pi\hbar}\int_{-\infty}^{+\infty}\exp\left[\frac{ip'(q'-q'')}{\hbar}\right]dp'\end{aligned}$$

在积分号内求取变量 q' 或者 q'' 的导数，进一步简化上式得

$$\left\langle q'\middle|p\middle|q''\right\rangle=\frac{\hbar}{i}\frac{\partial}{\partial q'}\delta(q'-q'')=-\frac{\hbar}{i}\frac{\partial}{\partial q''}\delta(q'-q'')$$

将这个公式按照另一种方法改写：

$$\left\langle q'\middle|p\middle|q''\right\rangle=\frac{\hbar}{i}\frac{\partial}{\partial q'}\left\langle q'\middle|q''\right\rangle=-\frac{\hbar}{i}\frac{\partial}{\partial q''}\left\langle q'\middle|q''\right\rangle$$

这个公式说明了算子 p 怎样从 p-表示方法转换成 q-表示方法. 一般地，如果 F

是 p 的一个函数，那么，容易证明如下公式：

$$\left\langle q'\middle|F(p)\middle|q''\right\rangle = F\left(\frac{\hbar}{i}\frac{\partial}{\partial q'}\right)\left\langle q'\middle|q''\right\rangle$$

同时，如果 V 是 q 的一个函数，类似可得

$$\left\langle q'\middle|V(q)\middle|q''\right\rangle = V\left(q'\right)\left\langle q'\middle|q''\right\rangle$$

这样得到 q 怎样转换成 p-表示方法：

$$\left\langle p'\middle|q\middle|p''\right\rangle = -\frac{\hbar}{i}\frac{\partial}{\partial p'}\left\langle p'\middle|p''\right\rangle = +\frac{\hbar}{i}\frac{\partial}{\partial p''}\left\langle p'\middle|p''\right\rangle$$

现在研究一个任意态矢向量 $\left|\psi\right\rangle$ 的表达分量怎样与这两种表示方法相联系．利用完全性关系公式和转换函数可得

$$\psi(q') \equiv \left\langle q'\middle|\psi\right\rangle = \int_{-\infty}^{+\infty}\left\langle q'\middle|p'\right\rangle dp'\left\langle p'\middle|\psi\right\rangle = \frac{1}{\sqrt{2\pi\hbar}}\int_{-\infty}^{+\infty}\exp\left(\frac{ip'q'}{\hbar}\right)\left\langle p'\middle|\psi\right\rangle dp'$$

类似可得

$$\varphi(p') \equiv \left\langle p'\middle|\psi\right\rangle = \frac{1}{\sqrt{2\pi\hbar}}\int_{-\infty}^{+\infty}\exp\left(-\frac{ip'q'}{\hbar}\right)\left\langle q'\middle|\psi\right\rangle dq'$$

其中 $\left\langle q'\middle|\psi\right\rangle = \psi(q')$ 是 q' 的一个函数，而 $\left\langle p'\middle|\psi\right\rangle = \varphi(p')$ 是 p' 的另一个函数．这些公式说明，$\psi(q')$ 和 $\varphi(p')$ 这两个函数互为傅里叶变换，它们按照两种不同的表示方法表达了相同的态矢向量 $\left|\psi\right\rangle$，被称为薛定谔波函数．

这些结果可以进一步推广：如果 F 是 p 的一个函数，用 $\left\langle q''\middle|\psi\right\rangle$ 从右侧乘以如下公式的两边：

$$\left\langle q'\middle|F(p)\middle|q''\right\rangle = F\left(\frac{\hbar}{i}\frac{\partial}{\partial q'}\right)\left\langle q'\middle|q''\right\rangle$$

并让 dq'' 从 $-\infty$ 到 $+\infty$ 进行积分，利用完全性关系公式简化得到

$$\left\langle q'\middle|F(p)\middle|\psi\right\rangle = F\left(\frac{\hbar}{i}\frac{\partial}{\partial q'}\right)\left\langle q'\middle|\psi\right\rangle = F\left(\frac{\hbar}{i}\frac{\partial}{\partial q'}\right)\psi\left(q'\right)$$

其中 $\left|\psi\right\rangle$ 是一个任意的态矢向量．类似处理可得

$$\left\langle q'\middle|V(q)\middle|\psi\right\rangle = V(q')\left\langle q'\middle|\psi\right\rangle = V(q')\psi(q')$$

这个系统还存在另一个非常重要的可观测量，即哈密顿量，也是一个埃尔米特算子：

$$H = \frac{1}{2m}p^2 + V(q) = H^\dagger$$

它满足的特征方程是

$$H\left|E\right\rangle = E\left|E\right\rangle = \left[\frac{p^2}{2m} + V(q)\right]\left|E\right\rangle$$

用算子 q 的特征转矢 $\left\langle q'\right|$ 与上式两边进行内积得到在直角坐标系下表示的能量-特征值问题：

$$\left\langle q'\left|\left[\frac{p^2}{2m} + V(q)\right]\right|E\right\rangle = E\left\langle q'\middle|E\right\rangle$$

其中特征态矢 $\left|E\right\rangle$ 是能量表示方法. 利用前述两个公式中的态矢向量 $\left|\psi\right\rangle$ 的任意性，选择 $\left|\psi\right\rangle = \left|E\right\rangle$ 可将上式写成

$$\left[-\frac{\hbar^2}{2m}\frac{d^2}{dq'^2} + V\left(q'\right)\right]\left\langle q'\middle|E\right\rangle = E\left\langle q'\middle|E\right\rangle$$

这个方程的解给出能量和直角坐标系之间的转换函数 $\left\langle q'\middle|E\right\rangle$. 它也是在 q 表示方法之下的能量特征函数或者在能量表示方法之下 q 的特征函数. 这个方程被称为时间独立的薛定谔波动方程. $\left\langle q'\middle|E\right\rangle$ 是薛定谔波函数，记为

$$\psi_E\left(q'\right) = \left\langle q'\middle|E\right\rangle$$

因为哈密顿量是一个可观测量，所以，由此推论特征态矢系 $\left|E\right\rangle$ 构成一个完全系而且满足规范正交条件. 在确定 $V(q)$ 之前，不能肯定特征值是离散的、连续的，或者两者中的某一个，再或者存在任何退化. 更具体的仔细讨论参考量子力学的其他专著.

(λ) 概率幅和概率

在此前可观测量特征态的物理解释中假设，如果系统处于一个可观测量 L 的特征态 $\left|\ell\right\rangle$，那么，L 的一次测量将得到数字 ℓ. 此外，假设：对处于任意态 $\left|\psi\right\rangle$ 的系统进行单次测量，其结果将是 L 的特征值之一. 包含在测量中的干扰将导致系统以一种不可控的方式跳入系统特征值之一. 不能预测测量将得到特征值中的哪一个，因为，在测量被真正完成之前，系统与观测设备之间的交互作用将彻底消灭测量数字与系统状态之间的因果关系. 在此建立一个假设以保证当测量一个处于任意状态 $\left|\psi\right\rangle$ 的系统时，确定测量得到 L 的一个已知特征值的概率.

假定多次测量处于同一系统态 $\left|\psi\right\rangle$ 的系统获得的平均值是

$$\left\langle L\right\rangle = \frac{\left\langle\psi\middle|L\middle|\psi\right\rangle}{\left\langle\psi\middle|\psi\right\rangle}$$

同时假设所有客观可能的系统态矢 $\left|\psi\right\rangle$ 都可以被有限模向量表示. 这个假设的一般化形式是，当 f 是 L 的函数时，$f(L)$ 的平均值是

$$\left\langle f(L)\right\rangle = \frac{\left\langle\psi\middle|f(L)\middle|\psi\right\rangle}{\left\langle\psi\middle|\psi\right\rangle}$$

这里出现的量子平均是总体平均，即假设存在无穷多个完全相同的量子系统，每个都是按照完全相同的方法制备的，而且相互之间没有干扰. 每个系统都被称为总体的一个元素. 那么，L 或者 $f(L)$ 都在总体的每个元素上进行测量并将测量结果进行平均，平均值可以表示成前述两个公式. 一个量子平均就是在处于态 $\left|\psi\right\rangle$ 的每个总体元素上进行的(概率)总体平均. 如果 L 的特征态矢构成一个完全的规范正交系，当特征值离散时，可得

$$I = \sum_{\ell}\left|\ell\right\rangle\left\langle\ell\right|$$

用 L 的一个函数乘以上式两边可得

$$f(L) = \sum_{\ell} f(\ell)\left|\ell\right\rangle\left\langle\ell\right|$$

其中算子 $\left|\ell\right\rangle\left\langle\ell\right|$ 被称为投影算子，上述公式说明每个算子 $f(L)$ 都可以被表示成投影算子的加权组合. 对于任何一个算子 A，两次使用完全性关系公式得到

$$A = \sum_{\ell,m}\left|\ell\right\rangle\left\langle\ell\middle|A\middle|m\right\rangle\left\langle m\right| = \sum_{\ell,m} A_{\ell m}\left|\ell\right\rangle\left\langle m\right|$$

如果选择算子函数 $f(L)$ 满足 $f(\ell) = \delta_{\ell,\ell'}$，则得到退化公式：

$$f(L) = \left|\ell'\right\rangle\left\langle\ell'\right|$$

在处于态 $\left|\psi\right\rangle$ 的系统上进行测量时，L "取值为 ℓ'" 的概率 $P_{\ell'}$ 可以计算如下：

$$P_{\ell} = \left\langle\psi\middle|f(L)\middle|\psi\right\rangle = \left\langle\psi\middle|\ell'\right\rangle\left\langle\ell'\middle|\psi\right\rangle = \left|\left\langle\ell'\middle|\psi\right\rangle\right|^2$$

其中假设 $\left\langle\psi\middle|\psi\right\rangle = 1$. 当系统处于态 $\left|\psi\right\rangle$ 单次测量 L 时，在 L 表示方法意义下的波函数 $\left\langle\ell'\middle|\psi\right\rangle = \psi(\ell')$ 被称为概率幅度(幅值)，$\left|\psi(\ell')\right|^2$ 是测量取值 ℓ' 的概率.

当算子 $L=q$ 而且具有从 $-\infty$ 到 $+\infty$ 的连续特征值谱时，如果 $q\left|q'\right\rangle = q'\left|q'\right\rangle$ 而且 $\left\langle q'\middle|p''\right\rangle = \delta(p'-p'')$，$\int_{-\infty}^{+\infty}\left|q''\right\rangle dq''\left\langle q''\right| = I$，对于算子函数 $f(q)$ 可得

$$f(q) = \int_{-\infty}^{+\infty} f(q'')\left|q''\right\rangle dq''\left\langle q''\right|$$

如果函数 $f\left(q''\right)$ 定义如下：

$$f(q'')=\begin{cases}1, & q'<q''<q'+dq' \\ 0, & \text{其他}\end{cases}$$

那么, 算子 $f(q)$ 就可以表示为

$$f(q)=\int_{q'}^{q'+dq'}\left|q''\right\rangle dq''\left\langle q''\right|$$

当系统处于态 $\left|\psi\right\rangle$ 时, q 的一次测量取值在 $[q',q'+dq']$ 之间的概率就是算子 $f(q)$ 的平均值:

$$P_{q'}dq'=\left\langle\psi\left|f(q)\right|\psi\right\rangle=\int_{q'}^{q'+dq'}\left\langle\psi\left|q''\right\rangle dq''\left\langle q''\right|\psi\right\rangle=\left|\left\langle q'\left|\psi\right\rangle\right|^2 dq'\right.$$

在 q 表示方法意义下, 波函数 $\left\langle q'\left|\psi\right\rangle=\psi(q')\right.$ 是概率幅, $\left|\psi(q')\right|^2 dq'$ 表示当系统处于态 $\left|\psi\right\rangle$ 时, q 的一次测量落在 $[q',q'+dq']$ 之间的概率.

从 L 表示方法到 M 表示方法的转换函数 $\left\langle\ell'\left|m'\right\rangle=\left[\left\langle m'\left|\ell'\right\rangle\right]^*\right.\right.$ 具有两种不同的概率解释. 假定 ℓ',m' 是离散的. 首先, 对处于状态 $\left|m'\right\rangle$ 的系统, $\left|\left\langle\ell'\left|m'\right\rangle\right|^2\right.$ 给出测量 L 得到数字 ℓ' 的概率; 或者, 对处于状态 $\left|\ell'\right\rangle$ 的系统, $\left|\left\langle\ell'\left|m'\right\rangle\right|^2\right.$ 给出测量 M 得到数字 m' 的概率. 这两个概率是相同的. $\left\langle\ell'\left|m'\right\rangle\right.$ 可以被称为在 L 表示方法意义下可观测量 M 的波函数, 也可以被称为在 M 表示方法意义下可观测量 L 的波函数.

这种量子力学测量理论的一个十分彻底的处理方法, 参考 von Neumann (1955) 和 Bohm(1951)的著作.

(μ) Heisenberg 测不准原理

假设一个相同的非干涉量子系统的总体, 每个都处于态 $\left|\psi\right\rangle$. 在一半的总体上, 测量一个可观测量 A, 在另一半总体上, 测量另一个可观测量 B. 总体的每一半都有无穷多个元素. A 和 B 的测量被称为是同时发生的, 因为, 当 A 和 B 被测量时, 总体的每个元素的态都是相同的.

在总体的一个元素上, A 的一次测量给出 A 的一个特征值, 比如 a, 在这个测量完成后, 总体的元素从态 $\left|\psi\right\rangle$ 跳转到态 $\left|a\right\rangle$. 类似地, 在总体的另一个元素上, B 的一次测量给出 B 的一个特征值, 比如 b, 该总体元素跳转到 $\left|b\right\rangle$. A 的一次单次测量得到数字 a 的概率是 $\left|\left\langle a\left|\psi\right\rangle\right|^2\right.$, B 的一次单次测量得到数字 b 的概率是 $\left|\left\langle b\left|\psi\right\rangle\right|^2\right.$. 对于所有这些测量, A 和 B 的量子平均值或总体平均值分别是 $\left\langle A\right\rangle=\left\langle\psi\left|A\right|\psi\right\rangle$ 和 $\left\langle B\right\rangle=\left\langle\psi\left|B\right|\psi\right\rangle$, 其中 $\left\langle\psi\left|\psi\right\rangle\right.=1$. A 和 B 的测量值, 一般地说, 围绕平均值 $\left\langle A\right\rangle,\left\langle B\right\rangle$ 存在起伏.

这些起伏不是普通的起伏，因为测量仪器不是完美的. 在量子力学中，后一种误差被假定是不存在的. 在 A 和 B 中由量子引起的均方差或起伏是

$$(\Delta A)^2 = \left\langle A^2 \right\rangle - \left\langle A \right\rangle^2, \quad (\Delta B)^2 = \left\langle B^2 \right\rangle - \left\langle B \right\rangle^2$$

其中 $\left\langle A^2 \right\rangle = \left\langle \psi \middle| A^2 \middle| \psi \right\rangle, \left\langle B^2 \right\rangle = \left\langle \psi \middle| B^2 \middle| \psi \right\rangle$. 起伏等于 0 当且仅当系统态是 A, B 或者两者的一个特征态. 这是定义可观测量特征态的一个新途径：每次测量永远都给出没有起伏的相同特征值.

如果两个可观测量 A 和 B 不是对易的，具有对易关系 $[A,B] = iC$，其中 C 是一个常数或者另一个可观测量. 可以证明，在这种情况下，两个变量不可能同时得到完全精确(没有起伏)测量，而且它们的均方差满足不等式：

$$(\Delta A)^2 (\Delta B)^2 \geqslant 0.25 \left| \left\langle C \right\rangle \right|^2$$

其中 $\left\langle C \right\rangle = \left\langle \psi \middle| C \middle| \psi \right\rangle$. 这被称为海森伯测不准原理.

注释：在测量 A 时，如果要得到一个精确的数字(没有起伏)，$\left|\psi\right\rangle$ 必须是 A 的一个特征态. 同样，在测量 B 时，如果要得到一个精确的数字(没有起伏)，$\left|\psi\right\rangle$ 必须是 B 的一个特征态. 这意味着，如果同时测量 A 和 B 并得到两者的精确数字(即两者的特征值)，那么，系统态必须处于 A 和 B 两者共同的特征态. 这意味着，$\Delta A = \Delta B = 0$，此时，根据测不准原理，只有当 $\left\langle C \right\rangle = 0$ 时这才可能是成立的. 而 $C = 0$ 意味着 A 和 B 是对易的. 两个可观测量如果是对易的，那么，它们有可能同时得到精确测量，只要它们处于共同的特征态即可.

研究一维粒子动力学系统，选择算子 $A = q, B = p$，此时 $[q,p] = i\hbar$，测不准原理表现为 $\Delta p \Delta q \geqslant 0.5\hbar$. 其含义是，当系统处于 p 的一个特征态时测量 p 记为 $\left|\psi\right\rangle = \left|p'\right\rangle$，那么，$\left\langle p^2 \right\rangle = \left\langle p \right\rangle^2$ 而且 $(\Delta p)^2 = 0$. 此时可以推论 $(\Delta q)^2$，即同时测量 q 的均方起伏必然是无穷大. 即如果重复测量 p 且总是得到 p'，那么，在同时测量条件下，不会得到关于 q 的任何信息. 如果 $\left|\psi\right\rangle = \left|q'\right\rangle$ 是 q 的一个特征态，推理是相同的，$\Delta q = 0$ 而且 $\Delta p = \infty$.

在 $\left|\psi\right\rangle$ 是 p 或者 q 的一个特征态的情况下，这些极限情形与前述理论的概率解释是一致的. 当确切已知 p 的一次测量必将得到数字 p' 时，q 的一次测量将产生在 $[q', q' + dq']$ 之间的一个数字的概率是

$$P_{q'} dq' = \left| \left\langle q' \middle| p' \right\rangle \right|^2 dq' = \frac{dq'}{2\pi\hbar}$$

其中的演算利用了转换函数. 这个概率值与 q' 是独立的, 即粒子在 $(-\infty,+\infty)$ 中任何地方被找到将是等可能性的, 也就是说, 如果 $\Delta p=0,\Delta q=\infty$, 那么, 这是与测不准原理相一致的.

当确切已知 q 的一次测量必将得到数字 q' 时, 动量的一次测量将产生在 $[p',p'+dp']$ 之间的一个数字的概率是

$$P_{p'}dp'=\left|\left\langle q'\middle|p'\right\rangle\right|^2 dp'=\frac{dp'}{2\pi\hbar}$$

演算中利用了转换函数. 如果已知 q, 这时不能确定动量也能知道, q 的精确测量给系统带来非常严重的干扰, 此时不能得到动量的任何信息.

如果系统态是 $\left|\psi\right\rangle$ 而且完成 p 的单次测量, 测量结果是特征值, 比如 p', 这次测量迫使系统转入态 $\left|p'\right\rangle$. 这是把系统制备到状态 $\left|p'\right\rangle$ 的一种途径. 当系统处于状态 $\left|\psi\right\rangle$ 时, 完成 p 的一次测量得到数字 p' 的概率是 $\left|\left\langle p'\middle|\psi\right\rangle\right|^2 dp'$. 一般地, 如果系统没有处于 p 或者 q 的特征态, 那么, $\Delta p,\Delta q$ 将是有限的而且非 0.

确定 $\Delta p\Delta q$ 取最小不确定性乘积对应的系统态是一个有趣的练习.

在坐标表示方法下,

$$\psi(q')=\left\langle q'\middle|\psi\right\rangle=\frac{1}{\sqrt[4]{2\pi}\sqrt{\Delta q}}\exp\left[\frac{i\left\langle p\right\rangle q'}{\hbar}-\frac{(q'-\left\langle q\right\rangle)^2}{4(\Delta q)^2}\right]$$

就是最小不确定性波函数. 对处于这个状态的系统, q 的重复测量给出均方起伏为 $(\Delta q)^2$ 的平均值 $\left\langle q\right\rangle$, 而且, 重复测量 p 得到平均值 $\left\langle p\right\rangle$. p 的均方起伏是 $(\Delta p)^2=\hbar^2/[4(\Delta q)^2]$. 因为 $\left\langle p\right\rangle$, $\left\langle q\right\rangle$, $(\Delta q)^2$ 都是任意的, 因此, 最小不确定态存在三重无限性. 根据量子力学理论的概率解释, 当 q 的一次测量被完成之后, 粒子被限定在 $[q',q'+dq']$ 之间的概率是

$$\psi(q')dq'=\frac{dq'}{\sqrt[4]{2\pi}\sqrt{\Delta q}}\exp\left[-\frac{\left(q'-\left\langle q\right\rangle\right)^2}{2(\Delta q)^2}\right]$$

这就是中心在 $q'=\left\langle q\right\rangle$ 具有标准差 Δq 的高斯概率分布函数.

在动量表示方法下,

$$\varphi(p')=\left\langle p'\middle|\varphi\right\rangle=\frac{1}{\sqrt[4]{2\pi}\sqrt{\Delta p}}\exp\left[-\frac{i}{\hbar}\left\langle q\right\rangle(p'-\left\langle p\right\rangle)-\frac{\left(p'-\left\langle p\right\rangle\right)^2}{4(\Delta p)^2}\right]$$

这是同一个最小不确定态的动量表示. $|\varphi(p')|^2$ 是在动量空间的一个高斯概率分布

函数，中心是 $p' = \langle p \rangle$，标准差是 $\Delta p = \hbar / [2\Delta q]$. 实际上，$\varphi(p')$ 与 $\psi(q')$ 是利用傅里叶变换相互唯一确定的.

可以把 $\psi(q')$ 视为具有如下波长的平面波 $\exp\left(ip'q'/\hbar\right)$ 的级数求和：

$$\lambda = \frac{2\pi\hbar}{p'} = \frac{h}{p'}$$

这是与质量 m 的粒子相对应的德布罗意(de Broglie)波长，它可以解释衍射实验中粒子的波动本质.

傅里叶积分表示形式说明，$\varphi(p')$ 可以被视为每个参与求和的平面波的幅值，在最小不确定态，这些波函数在动量空间中 Δp 的范围内建设性地干涉以便使 $|\psi(q')|^2$ 在 Δq 的范围内取得一个巨大的数值；反之，它们在这个范围之外破坏性地干涉以使 $|\psi(q')|^2$ 达到最小. 所以，$\psi(q')$ 表示一个波包，坐标表示的最小不确定性波函数是一个在固定时刻的最小不确定波包. 使用一个波包有可能把粒子限定在坐标和动量空间的一个极限区域内使这个波展现出类似粒子的特征.

参 考 文 献

Bohm D. 1951. Quantum Theory. Englewood Cliffs: Prentice Hall

Dirac P A M. 1958. The Principles of Quantum Mechanics. Oxford: Clarendon

Louisell W H. 1990. Quantum Statistical Properties of Radiation. New York: John Wiley &Sons

Merzbacher E. 1970. Quantum Mechanics. New York: Wiley

Stone M H. 1929a. Linear transformations in hilbert space. I. geometrical aspects. Proceedings of the National Academy of Sciences of the United States of America, 15(3): 198-200

Stone M H. 1929b. Linear transformations in hilbert space. II. analytical aspects. Proceedings of the National Academy of Sciences of the United States of America, 15(5): 423-425

Stone M H. 1930. Linear transformations in hilbert space. III. operational methods and group theory. Proceedings of the National Academy of Sciences of the United States of America, 16(2): 172-175

Stone M H. 1932. Linear Transformations in Hilbert Space. New York: American Mathematical Society

von Neumann J. 1955. Mathematical Foundations of Quantum Mechanics. Princeton: Princeton University Press

第 3 章　小波基本理论

小波思想简单、优美且普适，其数学理论是从一个或几个特别的函数出发，经过简单的“伸缩”和/或“平移”构造函数空间的规范正交基，其科学理念一脉相承于放大镜和显微镜的思想精华，以任意的伸缩倍数聚焦于研究对象的任意局部，获得任意层次相互独立的局部细节．小波在科学界享有“数学显微镜”的美誉．

小波是一些特别的函数，以它们中的一个或几个函数通过尺度伸缩和位置平移产生的函数为基本单元，能够把数据、函数、信号、声音、乐曲、图像、算子和量子态等数学、物理、技术以及工程等科学技术的对象有效解剖成随尺度伸缩和位置平移变化而且特征鲜明的成分，同时保证利用这些成分能够完全重塑被解剖的各种研究对象．小波理论的任务是，针对科学技术的研究对象以及研究目的，构造或寻找合适的小波，能够充分突出研究对象小波成分的特征，形成和/或获得对研究对象更深刻的认识，或者，能够快速提供便于进一步分析处理和/或高效表达研究对象的小波成分．这是小波和小波理论的形式化解释．

这里重点研究自变量同时具有尺度伸缩和位置移动的小波，文献中广泛称为时间-尺度小波或时间-频率小波．

3.1　小波与小波变换

为了行文方便，我们约定，一般用小写字母，比如 $f(x)$ 表示时间信号或函数，其中括号里的小写英文字母 x 表示时间域自变量或空间域位置变量(有时为了尊重特定问题的习惯记号会使用符号 t)，对应的大写字母，这里的就是 $F(\omega)$ 表示相应函数或信号 $f(x)$ 按照如下形式定义的傅里叶变换，其中的小写希腊字母 ω 表示频率域自变量，简称为频率：

$$F(\omega)=(\mathcal{F}f)(\omega)=(2\pi)^{-n/2}\int_{\mathbb{R}^n}f(x)e^{-ix\cdot\omega}dx,\quad \omega\in\mathbb{R}^n$$

这里，$\mathbb{R}^n=\mathbb{R}\times\mathbb{R}\times\cdots\times\mathbb{R}$ 表示 n 维实数空间，傅里叶变换满足如下逆变换关系：

$$f(x)=(2\pi)^{-n/2}\int_{\mathbb{R}^n}F(\omega)e^{ix\cdot\omega}d\omega,\quad x\in\mathbb{R}^n$$

这里维数 n 是自然数，在每个出现的地方按照上下文关系都有明确的含义，当可能出现混淆时，进行适当的必要说明．

另外，尺度函数总是写成 $\varphi(x)$（时间域）和 $\Phi(\omega)$（频率域）；小波函数总是写成 $\psi(x)$（时间域）和 $\Psi(\omega)$（频率域），这样成立如下关系：

$$\Phi(\omega)=(\mathcal{F}\varphi)(\omega)=(2\pi)^{-n/2}\int_{\mathbb{R}^n}\varphi(x)e^{-ix\cdot\omega}dx,\quad \varphi(x)=(2\pi)^{-n/2}\int_{\mathbb{R}^n}\Phi(\omega)e^{ix\cdot\omega}d\omega$$

$$\Psi(\omega)=(\mathcal{F}\psi)(\omega)=(2\pi)^{-n/2}\int_{\mathbb{R}^n}\psi(x)e^{-ix\cdot\omega}dx,\quad \psi(x)=(2\pi)^{-n/2}\int_{\mathbb{R}^n}\Psi(\omega)e^{ix\cdot\omega}d\omega$$

本章考虑函数空间 $\mathcal{L}^2(\mathbb{R}^n)$，必要的时候就是一维函数空间 $\mathcal{L}^2(\mathbb{R})$，它是能量有限信号或平方可积函数构成的空间：

$$\int_{\mathbb{R}^n}\left|f(x)\right|^2 dx<+\infty$$

其中自带习惯的函数运算和内积定义，这样构成一个希尔伯特空间. 直观地说，就是在远离原点的地方衰减得比较快的那些函数或者信号构成的空间.

3.1.1 小波

小波是函数空间 $\mathcal{L}^2(\mathbb{R})$ 中满足下述条件的一个函数或者信号 $\psi(x)$：

$$\mathcal{C}_\psi=2\pi\int_{\mathbb{R}^*}\left|\omega\right|^{-1}\left|\Psi(\omega)\right|^2 d\omega<+\infty$$

这里，$\mathbb{R}^*=\mathbb{R}-\{0\}$ 表示非零实数全体，$\Psi(\omega)$ 是 $\psi(x)$ 的傅里叶变换. 有时 $\psi(x)$ 也称为小波母函数，前述条件，即 $\mathcal{C}_\psi<+\infty$ 称为"容许性条件"，因此，$\psi(x)$ 也被称为容许小波，简称小波. 对于任意的实数组 (s,μ)，其中，参数 s 必须为非零实数，称为尺度参数，μ 是任意实数，称为移动参数，称如下形式的函数：

$$\psi_{(s,\mu)}(x)=\frac{1}{\sqrt{|s|}}\psi\left(\frac{x-\mu}{s}\right),\quad s\in\mathbb{R}^*,\ \mu\in\mathbb{R}$$

为由小波母函数 $\psi(x)$ 生成的依赖于参数组 (s,μ) 的连续小波函数，简称小波.

(α) "小波"的理由

如果小波母函数 $\psi(x)$ 的傅里叶变换 $\Psi(\omega)$ 在频率域原点 $\omega=0$ 是连续的，那么，容许性条件 $\mathcal{C}_\psi<\infty$ 保证 $\Psi(0)=0$，即 $\int_{\mathbb{R}}\psi(x)dx=0$. 这说明函数 $\psi(x)$ 有"波动"的特点，另外，函数空间本身的要求又说明小波函数 $\psi(x)$ 只有在原点的附近，它的波动才会明显偏离水平轴，在远离原点的地方函数值将迅速"衰减"为零，整个波动趋于平静. 这是称函数 $\psi(x)$ 为"小波"函数的基本原因.

(β) "小波"的要求

按照傅里叶变换的酉性可知，当小波母函数 $\psi(x)\in\mathcal{L}^2(\mathbb{R})$ 时，

$$\int_{-\infty}^{+\infty} |\psi(x)|^2\, dx = \int_{\mathbb{R}} |\Psi(\omega)|^2\, d\omega < +\infty$$

这样，按照定义，小波母函数 $\psi(x)$ 需要满足的两个要求可以用它的傅里叶变换 $\Psi(\omega)$ 表示为

$$\begin{cases} \|\Psi\|^2 = \int_{\mathbb{R}} |\Psi(\omega)|^2\, d\omega = \|\psi\|^2 < +\infty \\ \mathcal{C}_\psi = 2\pi \int_{\mathbb{R}^*} |\omega|^{-1} |\Psi(\omega)|^2\, d\omega < +\infty \end{cases}$$

总之，$\|\Psi\|^2 = \|\psi\|^2 < +\infty$ 表明，小波母函数 $\psi(x)$ 在时间域体现为远处速降，在频率域体现为高频速降；同时因为

$$0 \leqslant \int_{-1}^{+1} |\psi(x)|^2\, dx \leqslant \int_{-\infty}^{+\infty} |\psi(x)|^2\, dx < +\infty$$

$$0 \leqslant \int_{-1}^{+1} |\Psi(\omega)|^2\, dx \leqslant \int_{-1}^{+1} |\omega|^{-1} |\Psi(\omega)|^2\, d\omega \leqslant \int_{\mathbb{R}^*} |\omega|^{-1} |\Psi(\omega)|^2\, d\omega < +\infty$$

所以，小波母函数 $\psi(x)$ 在时间(空间)域原点附近体现为慢增，在频率域体现为低频慢增；而且，在 $\omega = 0$ 附近，$\Psi(\omega)$ 必须较快地趋近于 0 以保证在包括 $\omega = 0$ 为内点的闭区间，比如 $[-1,+1]$ 上，满足要求 $0 \leqslant \int_{|\omega| \leqslant 1} |\omega|^{-1} |\Psi(\omega)|^2\, d\omega < +\infty$，即小波母函数 $\psi(x)$ 的低频成分很少，等价地 $\Psi(\omega)$ 在 $\omega = 0$ 附近的模数值 $|\Psi(\omega)|$ 应该很小.

(γ) 连续小波也是“小波”

如果函数 $\psi(x)$ 是一个小波母函数，那么，对于任意的参数组 (s,μ)，连续小波 $\psi_{(s,\mu)}(x)$ 也满足小波的两个要求. 首先，$\psi_{(s,\mu)}(x) \in \mathcal{L}^2(\mathbb{R})$，因为

$$\|\psi_{(s,\mu)}\|^2 = \int_{-\infty}^{+\infty} \| s |^{-0.5} |\psi(s^{-1}(x-\mu))|^2\, dx = \int_{-\infty}^{+\infty} |\psi(x)|^2\, dx < +\infty$$

另外，因为 $\psi_{(s,\mu)}(x)$ 的傅里叶变换 $(\mathcal{F}\psi_{(s,\mu)})(\omega)$ 可以直接演算得到

$$(\mathcal{F}\psi_{(s,\mu)})(\omega) = (2\pi)^{-0.5} \int_{-\infty}^{+\infty} |s|^{-0.5}\, \psi(s^{-1}(x-\mu)) e^{-ix\cdot\omega} dx = |s|^{0.5}\, \Psi(s\omega) e^{-i\omega\mu}$$

从而

$$\begin{aligned} \mathcal{C}_{\psi_{(s,\mu)}} &= 2\pi \int_{\mathbb{R}^*} |\omega|^{-1} |(\mathcal{F}\psi_{(s,\mu)})(\omega)|^2\, d\omega \\ &= 2\pi |s| \int_{\mathbb{R}^*} |\omega|^{-1} |\Psi(s\omega)|^2\, d\omega \\ &= |s|\, \mathcal{C}_\psi < +\infty \end{aligned}$$

所以，连续小波 $\psi_{(s,\mu)}(x)$ 也是小波.

(δ) "小波"的波形

如果小波母函数 $\psi(x)$ 的傅里叶变换 $\Psi(\omega)$ 在频率域原点 $\omega=0$ 是连续的，那么，容许性条件 $\mathcal{C}_{\psi}<+\infty$ 保证对于任意的参数组 (s,μ)，$\int_{\mathbb{R}}\psi_{(s,\mu)}(x)\mathrm{d}x=0$. 这时 $\psi_{(s,\mu)}(x)$ 也具有"波动"的特点，只不过是在 $x=\mu$ 的附近才存在明显的波动，而且有明显波动存在的范围完全依赖于参数 s 的变化，同时小波的波形也随之产生明显的变化：

当 $s=1$ 时，这个范围和波形与原来的小波函数 $\psi(x)$ 都是一致的；

当 $s>1$ 时，这个范围比原来的小波函数 $\psi(x)$ 的范围要大一些，小波的波形变矮变胖，而且，当 $s>1$ 变得越来越大时，小波的波形变得越来越胖、越来越矮，整个函数的形状表现出来的变化越来越缓慢；

当 $0<s<1$ 时，$\psi_{(s,\mu)}(x)$ 在 $x=\mu$ 的附近存在明显波动的范围比原来的小波母函数 $\psi(x)$ 的要小，小波的波形变得尖锐而瘦高，当 $0<s<1$ 且越来越小时，小波的波形渐渐地接近于脉冲函数，整个函数的形状表现出来的变化越来越快，颇有瞬息万变之态.

连续小波 $\psi_{(s,\mu)}(x)$ 的波形随参数组 (s,μ) 的变化规律可以总结如下：

$$\begin{cases}1\geqslant s\downarrow 0, & \psi_{(s,\mu)}(x)\uparrow \text{瘦、高} \quad \Uparrow \text{快成分}\\ s=1, & \psi_{(1,\mu)}(x)=\psi(x-\mu) \quad \text{平移}\\ 1<s\uparrow+\infty, & \psi_{(s,\mu)}(x)\downarrow \text{胖、矮} \quad \Downarrow \text{慢成分}\end{cases}$$

此后的研究表明，正是小波 $\psi_{(s,\mu)}(x)$ 随参数组 (s,μ) 中的尺度参数 s 的这种变化规律，决定了小波变换能够对函数和信号进行任意指定点处的任意精细结构的分析，同时，这也决定了小波在对非平稳信号进行时-频分析时具有的时-频同时局部化的能力以及二进小波对频域巧妙的二进频带分割能力，最重要的是正交小波实现函数空间的完美正交直和分解、函数空间中的函数和信号在各个正交小波子空间上的正交投影以及它们在相邻尺度小波子空间上正交投影之间的完美关联关系.

3.1.2　小波变换

(α) 小波变换的定义

当小波母函数 $\psi(x)\in\mathcal{L}^2(\mathbb{R})$ 给定后，对于任意函数或者信号 $f(x)\in\mathcal{L}^2(\mathbb{R})$，将其小波变换(wavelet transform) $W_f(s,\mu)$ 定义为

$$\begin{aligned}W_f(s,\mu)&=\mathcal{C}_{\psi}^{-0.5}\left\langle f,\psi_{(s,\mu)}\right\rangle\\&=\mathcal{C}_{\psi}^{-0.5}\int_{-\infty}^{+\infty}f(x)\,|\,s\,|^{-0.5}\;\psi^*(s^{-1}(x-\mu))dx\end{aligned}$$

$$= \mathcal{C}_\psi^{-0.5} \mid s \mid^{-0.5} \int_{-\infty}^{+\infty} f(x)\psi^*\left(\frac{x-\mu}{s}\right)dx$$

由此可以看出，对任意的函数 $f(x)$，它的小波变换 $W_f(s,\mu)$ 是一个二元函数. 这是小波变换和傅里叶变换很不相同的地方.

另外, 因为小波母函数 $\psi(x)$ 只在原点的附近才会有明显偏离水平轴的波动, 在远离原点的地方函数值将迅速衰减为零, 这样, 对于任意的参数组 (s,μ)，小波 $\psi_{(s,\mu)}(x)$ 只在 $x=\mu$ 的附近才存在明显的波动, 在远离 $x=\mu$ 的地方将迅速地衰减到 0, 因而, 从形式上可以看出, 函数 $f(x)$ 的小波变换 $W_f(s,\mu)$ 在数值上表明的是原来的函数或者信号 $f(x)$ 在 $x=\mu$ 点附近按 $\psi_{(s,\mu)}(x)$ 进行加权的平均, 体现的是以 $\psi_{(s,\mu)}(x)$ 为标准快慢的 $f(x)$ 的变化情况.

这样, 参数 μ 表示分析的时间中心或时间点, 而参数 s 体现的是以 $x=\mu$ 为中心的附近范围的大小. 这就是称参数 s 为尺度参数, 而称参数 μ 为移动参数的理由, 后者即 μ 有时候被称为时间(位置)中心参数. 因此, 当时间中心参数 μ 固定不变时, 小波变换 $W_f(s,\mu)$ 体现的是原来的函数或信号 $f(x)$ 在 $x=\mu$ 点附近随着分析和观察的范围逐渐变化时表现出来的变化情况.

(β) 小波变换的线性性

定义二元函数线性空间 $\mathcal{L}^2(\mathbb{R}^2, s^{-2}dsd\mu)$：

$$\mathcal{L}^2(\mathbb{R}^2, s^{-2}dsd\mu) = \left\{\vartheta(s,\mu); \int_{\mathbb{R}^2} \mid \vartheta(s,\mu) \mid^2 s^{-2}dsd\mu < +\infty\right\}$$

其中“函数相同”的定义是

$$\begin{aligned}(\vartheta = \varsigma) &\Leftrightarrow (\vartheta(s,\mu) = \varsigma(s,\mu),\ \text{a.e.},\ (s,\mu) \in \mathbb{R}^2) \\ &\Leftrightarrow \int_{\mathbb{R}^2} \mid \vartheta(s,\mu) - \varsigma(s,\mu) \mid^2 s^{-2}dsd\mu = 0\end{aligned}$$

在这个函数线性空间中, 按照如下方式定义内积：

$$\left\langle \vartheta, \varsigma \right\rangle_{\mathcal{L}^2(\mathbb{R}^2, s^{-2}dsd\mu)} = \int_{\mathbb{R}^2} \vartheta(s,\mu)\overline{\varsigma}(s,\mu)s^{-2}dsd\mu$$

由此诱导的范数 $\|\bullet\|_{\mathcal{L}^2(\mathbb{R}^2, s^{-2}dsd\mu)}$ 满足如下方程：

$$\| \vartheta \|^2_{\mathcal{L}^2(\mathbb{R}^2, s^{-2}dsd\mu)} = \left\langle \vartheta, \vartheta \right\rangle_{\mathcal{L}^2(\mathbb{R}^2, s^{-2}dsd\mu)} = \int_{\mathbb{R}^2} \mid \vartheta(s,\mu) \mid^2 s^{-2}dsd\mu$$

在函数的常规运算和数乘运算意义下, 这实际上构成一个希尔伯特空间. 在上下文关系和含义清晰的条件下, 这个空间上的内积和由此诱导的范数记号中的空间下标 $\mathcal{L}^2(\mathbb{R}^2, s^{-2}dsd\mu)$ 会被省略.

利用这些记号，当小波 $\psi(x)$ 给定时，可以把小波变换写成如下算子形式：

$$\mathbb{W}:\ \mathcal{L}^2(\mathbb{R}) \to \mathcal{L}^2(\mathbb{R}^2, s^{-2}dsd\mu)$$

$$f(x) \mapsto (\mathbb{W}f)(s,\mu) = W_f(s,\mu)$$

$$W_f(s,\mu) = \mathcal{C}_\psi^{-0.5}\int_{-\infty}^{+\infty} f(x)\psi^*_{(s,\mu)}(x)dx$$

$$= \mathcal{C}_\psi^{-0.5}\int_{-\infty}^{+\infty} f(x)\,|\,s\,|^{-0.5}\ \psi^*(s^{-1}(x-\mu))dx$$

这样，可以证明关于小波变换算子是线性算子的定理.

定理 3.1 (小波变换线性性)　在小波 $\psi(x)$ 给定后，如果 $f(x), g(x) \in \mathcal{L}^2(\mathbb{R})$，而且 $\xi,\zeta \in \mathbb{C}$，那么，成立如下公式：

$$[\mathbb{W}(\xi f + \zeta g)](s,\mu) = \xi(\mathbb{W}f)(s,\mu) + \zeta(\mathbb{W}g)(s,\mu)$$

或者简写为

$$W_{\xi f+\zeta g}(s,\mu) = \xi W_f(s,\mu) + \zeta W_g(s,\mu)$$

证明　按照小波变换的定义，下列演算成立：

$$\begin{aligned}
[\mathbb{W}(\xi f + \zeta g)](s,\mu) &= W_{\xi f+\zeta g}(s,\mu)\\
&= \mathcal{C}_\psi^{-0.5}\int_{-\infty}^{+\infty}[\xi f(x) + \zeta g(x)]\psi^*_{(s,\mu)}(x)dx\\
&= \xi\mathcal{C}_\psi^{-0.5}\int_{-\infty}^{+\infty} f(x)\psi^*_{(s,\mu)}(x)dx + \zeta\mathcal{C}_\psi^{-0.5}\int_{-\infty}^{+\infty} g(x)\psi^*_{(s,\mu)}(x)dx\\
&= \xi W_f(s,\mu) + \zeta W_g(s,\mu)\\
&= \xi(\mathbb{W}f)(s,\mu) + \zeta(\mathbb{W}g)(s,\mu)
\end{aligned}$$

#

注释：在本书所有地方，符号 # 出现在定理、推论和引理的证明或相关的论述之结尾处，标志推证或论述结束.

(γ) δ 函数的小波变换

在这里作为一个函数小波变换的计算实例，计算狄拉克函数，即 δ 函数的小波变换. 在信号处理和滤波器设计研究中，狄拉克函数，即 δ 函数也被称为脉冲函数或冲激函数. 这个特殊函数的小波变换将在研究任意函数的小波变换重建公式时发挥重要作用.

狄拉克定义的 δ 函数是一个形式上具有如下性质的非平常函数 $\delta(x-x')$：

$$\delta(x-x') = \begin{cases}\infty, & x = x'\\ 0, & x \neq x'\end{cases}$$

这不是一个经典意义下的函数，但可以用分布理论进行严格论证. 简略地说，它具有如下积分性质，即

$$\int_{x'-\varepsilon}^{x'+\varepsilon}\delta(x-x')dx = 1$$

其中 ε 是任意大小的正数, 而且

$$\int_{x'-\varepsilon}^{x'+\varepsilon} f(x)\delta(x-x')dx = f(x')$$

在这里我们将使用更一般的表达形式, 即

$$\int_{-\infty}^{+\infty} \delta(x-x')dx = 1$$

而且

$$\int_{-\infty}^{+\infty} f(x)\delta(x-x')dx = f(x')$$

其中允许 $f(x)$ 是一个平方可积函数或者分布.

小波变换算例　在小波 $\psi(x)$ 给定后, 函数 $\delta(x-x')$ 的小波变换 $W_\delta(s,\mu)$ 是

$$W_\delta(s,\mu) = \mathcal{C}_\psi^{-0.5}\psi^*_{(s,\mu)}(x') = |\,s\,|^{-0.5}\ \mathcal{C}_\psi^{-0.5}\overline{\psi}(s^{-1}(x'-\mu))$$

实际上, 按照小波变换的定义知

$$\begin{aligned} W_\delta(s,\mu) &= \mathcal{C}_\psi^{-0.5}\int_{-\infty}^{+\infty} \delta(x-x')\psi^*_{(s,\mu)}(x)dx \\ &= \mathcal{C}_\psi^{-0.5}\psi^*_{(s,\mu)}(x') \\ &= |\,s\,|^{-0.5}\ \mathcal{C}_\psi^{-0.5}\overline{\psi}(s^{-1}(x'-\mu)) \end{aligned}$$

#

3.2　小波变换的性质

按照上述方式定义小波变换之后, 很自然就会关心这样的问题, 即它具有什么性质, 同时, 作为一种变换工具, 小波变换能否像傅里叶变换那样可以在变换域对信号进行有效的分析, 说得具体一些, 利用函数或信号的小波变换 $W_f(s,\mu)$ 进行分析所得到的结果, 对于原来的信号 $f(x)$ 来说是否是有效的? 这样的问题涉及小波变换是否可逆. 下面将详细研究和说明这些问题.

3.2.1　小波变换的酉性

在小波 $\psi(x)$ 给定后, 可以证明小波变换 $\mathbb{W}$: $\mathcal{L}^2(\mathbb{R}) \to \mathcal{L}^2(\mathbb{R}^2, s^{-2}dsd\mu)$ 作为线性变换能够保持变换前后两个函数的内积不变, 即小波变换是酉变换.

(α) 小波变换内积恒等式

定理 3.2 (小波变换的酉性)　在小波 $\psi(x)$ 给定后, 对任意的 $f(x), g(x) \in \mathcal{L}^2(\mathbb{R})$, 如果它们的小波变换表示如下:

$$\begin{aligned}\mathbb{W}:\ &\mathcal{L}^2(\mathbb{R}) \to \mathcal{L}^2(\mathbb{R}^2, s^{-2}dsd\mu)\\ &f(x) \mapsto (\mathbb{W}f)(s,\mu) = W_f(s,\mu)\\ &g(x) \mapsto (\mathbb{W}g)(s,\mu) = W_g(s,\mu)\end{aligned}$$

那么，成立如下恒等式：

$$\begin{aligned}\int_{\mathbb{R}} f(x)\overline{g}(x)dx &= \int_{\mathbb{R}^2} (\mathbb{W}f)(s,\mu)\overline{(\mathbb{W}g)}(s,\mu)s^{-2}dsd\mu\\ &= \int_{\mathbb{R}^2} W_f(s,\mu)\overline{W_g}(s,\mu)s^{-2}dsd\mu\end{aligned}$$

或者简写为

$$\left\langle f,g\right\rangle_{\mathcal{L}^2(\mathbb{R})} = \left\langle \mathbb{W}f,\mathbb{W}g\right\rangle_{\mathcal{L}^2(\mathbb{R}^2,s^{-2}dsd\mu)} = \left\langle W_f,W_g\right\rangle_{\mathcal{L}^2(\mathbb{R}^2,s^{-2}dsd\mu)}$$

这就是小波变换的 Parseval 恒等式.

证明　小波 $\psi_{(s,\mu)}(x) = |\,s\,|^{-0.5}\ \psi(s^{-1}(x-\mu))$ 的傅里叶变换 $(\mathcal{F}\psi_{(s,\mu)})(\omega)$ 可以直接演算得到

$$(\mathcal{F}\psi_{(s,\mu)})(\omega) = \left|s\right|^{0.5}\ \Psi(s\omega)e^{-i\omega\mu}$$

利用傅里叶变换的内积恒等式将小波变换改写为

$$\begin{aligned}W_f(s,\mu) &= \mathcal{C}_\psi^{-0.5}\left\langle f,\psi_{(s,\mu)}\right\rangle = \mathcal{C}_\psi^{-0.5}\left\langle \mathcal{F}f,\mathcal{F}\psi_{(s,\mu)}\right\rangle\\ &= \mathcal{C}_\psi^{-0.5}\int_{-\infty}^{+\infty}(\mathcal{F}f)(\omega)\overline{(\mathcal{F}\psi_{(s,\mu)})(\omega)}d\omega\\ &= \mathcal{C}_\psi^{-0.5}\int_{-\infty}^{+\infty}(\mathcal{F}f)(\omega)\,|\,s\,|^{0.5}\ \overline{\Psi(s\omega)}\ e^{+i\omega\mu}d\omega\\ &= \mathcal{C}_\psi^{-0.5}\,|\,s\,|^{0.5}\int_{-\infty}^{+\infty}\boxed{(\mathcal{F}f)(\omega)\Psi^*(s\omega)}\ e^{+i\omega\mu}d\omega\end{aligned}$$

为了行文方便，引入记号：

$$\begin{aligned}\Delta(f,\psi,s;\omega) &= (\mathcal{F}f)(\omega)\Psi^*(s\omega)\\ \Delta(g,\psi,s;\omega) &= (\mathcal{F}g)(\omega)\Psi^*(s\omega)\end{aligned}$$

这样可以进一步改写小波变换 $W_f(s,\mu)$ 如下：

$$\begin{aligned}W_f(s,\mu) &= \mathcal{C}_\psi^{-0.5}\,|\,s\,|^{0.5}\int_{-\infty}^{+\infty}\boxed{(\mathcal{F}f)(\omega)\Psi^*(s\omega)}\ e^{+i\omega\mu}d\omega\\ &= \sqrt{2\pi}\mathcal{C}_\psi^{-0.5}\,|\,s\,|^{0.5}\cdot\frac{1}{\sqrt{2\pi}}\int_{-\infty}^{+\infty}\Delta(f,\psi,s;x)e^{-i(-\mu)x}dx\\ &= \sqrt{2\pi}\mathcal{C}_\psi^{-0.5}\,|\,s\,|^{0.5}\ (\mathcal{F}\Delta)(f,\psi,s;-\mu)\end{aligned}$$

总结可得

$$\begin{aligned}W_f(s,\mu) &= \sqrt{2\pi}\mathcal{C}_\psi^{-0.5}\,|\,s\,|^{0.5}\ (\mathcal{F}\Delta)(f,\psi,s;-\mu)\\ W_g(s,\mu) &= \sqrt{2\pi}\mathcal{C}_\psi^{-0.5}\,|\,s\,|^{0.5}\ (\mathcal{F}\Delta)(g,\psi,s;-\mu)\end{aligned}$$

现在演算在二元函数线性空间 $\mathcal{L}^2(\mathbb{R}^2, s^{-2}dsd\mu)$ 中的内积：

$$
\begin{aligned}
&\left\langle \mathbb{W}f, \mathbb{W}g \right\rangle_{\mathcal{L}^2(\mathbb{R}^2, s^{-2}dsd\mu)} \\
&= \left\langle W_f, W_g \right\rangle_{\mathcal{L}^2(\mathbb{R}^2, s^{-2}dsd\mu)} \\
&= \int_{\mathbb{R}^2} W_f(s,\mu) W_g(s,\mu) s^{-2} dsd\mu \\
&= \int_{-\infty}^{+\infty} \left[\int_{-\infty}^{+\infty} \boxed{W_f(s,\mu) W_g^*(s,\mu)}\, d\mu \right] s^{-2} ds \\
&= \int_{-\infty}^{+\infty} \left\{ \int_{-\infty}^{+\infty} \boxed{\sqrt{2\pi}\mathcal{C}_\psi^{-0.5} \mid s \mid^{0.5} (\mathcal{F}\Delta)(f,\psi,s;-\mu)} \right. \\
&\quad \left. \times \boxed{\sqrt{2\pi}\mathcal{C}_\psi^{-0.5} \mid s \mid^{0.5} (\mathcal{F}\Delta)^*(g,\psi,s;-\mu)}\, d\mu \right\} s^{-2} ds \\
&= 2\pi\mathcal{C}_\psi^{-1} \int_{-\infty}^{+\infty} \boxed{\int_{-\infty}^{+\infty} (\mathcal{F}\Delta)(f,\psi,s;\mu)(\mathcal{F}\Delta)^*(g,\psi,s;\mu) d\mu}\, ds/\mid s \mid \\
&= 2\pi\mathcal{C}_\psi^{-1} \int_{-\infty}^{+\infty} \boxed{\int_{-\infty}^{+\infty} \Delta(f,\psi,s;\omega)\Delta^*(g,\psi,s;\omega) d\omega}\, ds/\mid s \mid
\end{aligned}
$$

在上述推演中的最后一个步骤利用了傅里叶变换的内积恒等式.

将符号 $\Delta(f,\psi,s;\omega), \Delta(g,\psi,s;\omega)$ 的定义代入上式，进一步演算得

$$
\begin{aligned}
\left\langle \mathbb{W}f, \mathbb{W}g \right\rangle_{\mathcal{L}^2(\mathbb{R}^2, s^{-2}dsd\mu)} &= 2\pi\mathcal{C}_\psi^{-1} \int_{-\infty}^{+\infty} \boxed{\int_{-\infty}^{+\infty} (\mathcal{F}f)(\omega)\Psi^*(s\omega)(\mathcal{F}g)^*(\omega)\Psi(s\omega) d\omega}\, ds/\mid s \mid \\
&= 2\pi\mathcal{C}_\psi^{-1} \int_{-\infty}^{+\infty} \int_{-\infty}^{+\infty} \boxed{(\mathcal{F}f)(\omega)(\mathcal{F}g)^*(\omega)} \left| \Psi(s\omega) \right|^2 d\omega \;\; ds/\mid s \mid \\
&= \mathcal{C}_\psi^{-1} \int_{-\infty}^{+\infty} \boxed{(\mathcal{F}f)(\omega)(\mathcal{F}g)^*(\omega)} d\omega \times 2\pi \int_{-\infty}^{+\infty} \mid s \mid^{-1} \mid \Psi(s\omega) \mid^2 ds
\end{aligned}
$$

因为，对于任意的 $\omega \in \mathbb{R}$，简单计算可得

$$
2\pi \int_{-\infty}^{+\infty} \mid s \mid^{-1} \mid \Psi(s\omega) \mid^2 ds = 2\pi \int_{-\infty}^{+\infty} \mid u \mid^{-1} \mid \Psi(u) \mid^2 \, du = \mathcal{C}_\psi
$$

于是得到欲证明的公式：

$$
\begin{aligned}
\left\langle \mathbb{W}f, \mathbb{W}g \right\rangle_{\mathcal{L}^2(\mathbb{R}^2, s^{-2}dsd\mu)} &= \int_{-\infty}^{+\infty} (\mathcal{F}f)(\omega)(\mathcal{F}g)^*(\omega) d\omega \\
&= \int_{-\infty}^{+\infty} f(x) g^*(x) dx \\
&= \left\langle f, g \right\rangle_{\mathcal{L}^2(\mathbb{R})}
\end{aligned}
$$

这个推演的第二个步骤再次利用了傅里叶变换内积恒等式. #

小波变换的内积恒等式有时也称为小波变换的 Parseval 恒等式.

(β) 小波变换的保范性

在小波变换内积恒等式中，利用内积运算中函数的任意性，当参与内积的两个函数相同时，就得到小波变换的范数恒等式，即小波变换是保范线性变换.

定理 3.3 (小波变换的保范性)　在小波 $\psi(x)$ 给定后，对任意的 $f(x)\in\mathcal{L}^2(\mathbb{R})$，如果它的小波变换定义如下：

$$\begin{aligned}\mathbb{W}:\ \mathcal{L}^2(\mathbb{R}) &\to \mathcal{L}^2(\mathbb{R}^2, s^{-2}dsd\mu)\\ f(x) &\mapsto (\mathbb{W}f)(s,\mu)=W_f(s,\mu)\end{aligned}$$

那么，成立如下的恒等式：

$$\int_{\mathbb{R}}|f(x)|^2\,dx=\int_{\mathbb{R}^2}|(\mathbb{W}f)(s,\mu)|^2\ s^{-2}dsd\mu=\int_{\mathbb{R}^2}|W_f(s,\mu)|^2\ s^{-2}dsd\mu$$

或者等价地简写为

$$\|f\|_{\mathcal{L}^2(\mathbb{R})}=\|\mathbb{W}f\|_{\mathcal{L}^2(\mathbb{R}^2,s^{-2}dsd\mu)}=\|W_f\|_{\mathcal{L}^2(\mathbb{R}^2,s^{-2}dsd\mu)}$$

这就是小波变换的范数恒等式，物理学家有时也把它称为小波变换的普朗克能量守恒定理.

这个定理说明小波变换本质上是正交变换(当小波是实数值函数时)或酉变换(当小波是复数值函数时).

(γ) 局部同构子空间

在前述研究过程中，稍微注意即可发现，小波变换只是把一元函数的平方可积函数空间 $\mathcal{L}^2(\mathbb{R})$ 变换为二元函数构成的尺度平方压缩测度意义下平方可积函数空间 $\mathcal{L}^2(\mathbb{R}^2,s^{-2}dsd\mu)$ 的一个闭线性子空间 $\mathcal{L}^2_{\text{Loc}}(\mathbb{R}^2,s^{-2}dsd\mu)$：

$$\mathcal{L}^2_{\text{Loc}}(\mathbb{R}^2,s^{-2}dsd\mu)=\{(\mathbb{W}f)(s,\mu)=W_f(s,\mu);f(x)\in\mathcal{L}^2(\mathbb{R})\}$$

前述结果说明，小波变换的内积恒等式和范数恒等式具有某种局部性质，只在这个局部范围内小波变换才是保证内积不变和范数不变的. 利用这些记号，当小波 $\psi(x)$ 给定时，在往后的研究中，小波变换理解为如下算子形式：

$$\begin{aligned}\mathbb{W}:\ \mathcal{L}^2(\mathbb{R}) &\to \mathcal{L}^2_{\text{Loc}}(\mathbb{R}^2, s^{-2}dsd\mu)\\ f(x) &\mapsto (\mathbb{W}f)(s,\mu)=W_f(s,\mu)\end{aligned}$$

$$\begin{aligned}W_f(s,\mu)&=\mathcal{C}_\psi^{-0.5}\left\langle f,\psi_{(s,\mu)}\right\rangle\\ &=\mathcal{C}_\psi^{-0.5}\int_{-\infty}^{+\infty}f(x)\,|\,s\,|^{-0.5}\ \psi^*(s^{-1}(x-\mu))dx\end{aligned}$$

这样，小波变换算子的线性性、保内积恒等和保范数恒等的范围就清晰了.

此外，线性子空间 $\mathcal{L}^2_{\text{Loc}}(\mathbb{R}^2,s^{-2}dsd\mu)$ 的“完备性”，即如果 $\mathcal{L}^2_{\text{Loc}}(\mathbb{R}^2,s^{-2}dsd\mu)$ 中的序列 $\{W^{(m)}(s,\mu);m=0,1,2,\cdots\}$ 在 $\mathcal{L}^2(\mathbb{R}^2,s^{-2}dsd\mu)$ 中是柯西序列，对于任意的正实数 $\varepsilon>0$，存在 m_0，当 $m,m'>m_0$ 时，

$$\| W^{(m)} - W^{(m')} \|^2_{\mathcal{L}^2(\mathbb{R}^2, s^{-2}dsd\mu)} = \int_{\mathbb{R}^2} | W^{(m)}(s,\mu) - W^{(m')}(s,\mu) |^2 \ s^{-2} dsd\mu < \varepsilon$$

那么，必然存在 $W(s,\mu) \in \mathcal{L}^2_{\text{Loc}}(\mathbb{R}^2, s^{-2}dsd\mu)$，保证：

$$\lim_{m\to\infty} \| W^{(m)} - W \|^2_{\mathcal{L}^2(\mathbb{R}^2, s^{-2}dsd\mu)} = \lim_{m\to\infty} \int_{\mathbb{R}^2} | W^{(m)}(s,\mu) - W(s,\mu) |^2 \ s^{-2} dsd\mu = 0$$

另一种比较简单的表述是，在线性子空间 $\mathcal{L}^2_{\text{Loc}}(\mathbb{R}^2, s^{-2}dsd\mu)$ 中，如果函数序列 $\{W^{(m)}(s,\mu); m = 0,1,2,\cdots\}$ 在 $\mathcal{L}^2(\mathbb{R}^2, s^{-2}dsd\mu)$ 中是柯西序列，即

$$\lim_{\substack{m\to\infty \\ m'\to\infty}} \| W^{(m)} - W^{(m')} \|^2_{\mathcal{L}^2(\mathbb{R}^2, s^{-2}dsd\mu)} = \lim_{\substack{m\to\infty \\ m'\to\infty}} \int_{\mathbb{R}^2} | W^{(m)}(s,\mu) - W^{(m')}(s,\mu) |^2 \ s^{-2} dsd\mu = 0$$

那么，必然存在 $W(s,\mu) \in \mathcal{L}^2_{\text{Loc}}(\mathbb{R}^2, s^{-2}dsd\mu)$，保证：

$$\lim_{m\to\infty} \| W^{(m)} - W \|^2_{\mathcal{L}^2(\mathbb{R}^2, s^{-2}dsd\mu)} = \lim_{m\to\infty} \int_{\mathbb{R}^2} | W^{(m)}(s,\mu) - W(s,\mu) |^2 \ s^{-2} dsd\mu = 0$$

即线性子空间 $\mathcal{L}^2_{\text{Loc}}(\mathbb{R}^2, s^{-2}dsd\mu)$ 是完备的.

这样，因为算子 $\mathbb{W}$：$\mathcal{L}^2(\mathbb{R}) \to \mathcal{L}^2_{\text{Loc}}(\mathbb{R}^2, s^{-2}dsd\mu)$ 的保范性和保内积性，两个函数空间 $\mathcal{L}^2(\mathbb{R})$ 和 $\mathcal{L}^2_{\text{Loc}}(\mathbb{R}^2, s^{-2}dsd\mu)$ 可以视为“相同”即同构，这时，函数子空间 $\mathcal{L}^2_{\text{Loc}}(\mathbb{R}^2, s^{-2}dsd\mu)$ 是 $\mathcal{L}^2(\mathbb{R})$ 在 $\mathcal{L}^2(\mathbb{R}^2, s^{-2}dsd\mu)$ 中的局部同构子空间，任何问题的研究可以完全转化为在另一个空间进行讨论.

3.2.2 小波逆变换

在小波函数 $\psi(x)$ 给定之后，小波变换 $\mathbb{W}$：$\mathcal{L}^2(\mathbb{R}) \to \mathcal{L}^2(\mathbb{R}^2, s^{-2}dsd\mu)$ 或者按照局部化处理后的 $\mathbb{W}$：$\mathcal{L}^2(\mathbb{R}) \to \mathcal{L}^2_{\text{Loc}}(\mathbb{R}^2, s^{-2}dsd\mu)$ 是保内积不变和保范数不变的线性变换，因此，小波变换的逆变换将可以得到简洁的表达，同时，小波函数系作为完全规范正交基的性质也可以得到充分展现.

(α) 函数小波重建公式

利用小波变换的 Parseval 恒等式，容易获得从函数的小波变换 $W_f(s,\mu)$ 重建函数 $f(x) \in \mathcal{L}^2(\mathbb{R})$ 的小波变换反演公式.

定理 3.4 (小波反演公式) 在小波 $\psi(x)$ 给定后，对任意的 $f(x) \in \mathcal{L}^2(\mathbb{R})$，如果它的小波变换表示如下：

$$\mathbb{W}\text{：} \mathcal{L}^2(\mathbb{R}) \to \mathcal{L}^2(\mathbb{R}^2, s^{-2}dsd\mu)$$
$$f(x) \mapsto (\mathbb{W}f)(s,\mu) = W_f(s,\mu)$$

那么，在函数空间 $\mathcal{L}^2(\mathbb{R})$ 中成立如下恒等式：

$$f(x)=\mathcal{C}_\psi^{-0.5}\iint_{\mathbb{R}^2}W_f(s,\mu)\psi_{(s,\mu)}(x)s^{-2}dsd\mu$$

证明　利用小波变换的内积恒等式可知，在小波 $\psi(x)$ 给定后，对任意的两个函数 $f(x),g(x)\in\mathcal{L}^2(\mathbb{R})$，如果

$$\begin{aligned}\mathbb{W}:\ \mathcal{L}^2(\mathbb{R})&\to\mathcal{L}^2(\mathbb{R}^2,s^{-2}dsd\mu)\\ f(x)&\mapsto(\mathbb{W}f)(s,\mu)=W_f(s,\mu)\\ g(x)&\mapsto(\mathbb{W}g)(s,\mu)=W_g(s,\mu)\end{aligned}$$

那么，成立如下恒等式：

$$\begin{aligned}\int_{\mathbb{R}}f(x)\overline{g}(x)dx&=\int_{\mathbb{R}^2}(\mathbb{W}f)(s,\mu)\overline{(\mathbb{W}g)}(s,\mu)s^{-2}dsd\mu\\ &=\int_{\mathbb{R}^2}W_f(s,\mu)\overline{W_g}(s,\mu)s^{-2}dsd\mu\end{aligned}$$

对于任意的 $x'\in\mathbb{R}$，取函数 $g(x)=\delta(x-x')$，其小波变换是

$$W_g(s,\mu)=W_\delta(s,\mu)=\mathcal{C}_\psi^{-0.5}\psi^*_{(s,\mu)}(x')=|\,s\,|^{-0.5}\ \mathcal{C}_\psi^{-0.5}\overline{\psi}(s^{-1}(x'-\mu))$$

这时，小波变换内积恒等式具体形式是

$$\begin{aligned}\int_{\mathbb{R}}f(x)\overline{\delta}(x-x')dx&=\int_{\mathbb{R}^2}W_f(s,\mu)\overline{W_\delta}(s,\mu)s^{-2}dsd\mu\\ &=\mathcal{C}_\psi^{-0.5}\int_{-\infty}^{+\infty}\int_{-\infty}^{+\infty}W_f(s,\mu)\,|\,s\,|^{-0.5}\ \psi(s^{-1}(x'-\mu))s^{-2}dsd\mu\\ &=\mathcal{C}_\psi^{-0.5}\int_{-\infty}^{+\infty}\int_{-\infty}^{+\infty}W_f(s,\mu)\psi_{(s,\mu)}(x')s^{-2}dsd\mu\end{aligned}$$

在上述公式左边利用 δ 函数 $g(x)=\delta(x-x')$ 的积分性质，最后得到公式

$$f(x')=\mathcal{C}_\psi^{-0.5}\int_{-\infty}^{+\infty}\int_{-\infty}^{+\infty}W_f(s,\mu)\psi_{(s,\mu)}(x')s^{-2}dsd\mu\qquad\#$$

注释：按照 δ 函数的积分性质，在函数空间或者分布空间 $\mathcal{L}^2(\mathbb{R})$ 中，对任意的平方可积函数或者分布 $f(x)$，恒等式：

$$\int_{-\infty}^{+\infty}f(x)\delta(x-x')dx=f(x')$$

是几乎处处成立的. 因此，这里出现的小波反演公式是几乎处处成立的.

(β) 点态小波反演公式

如果函数 $f(x)$ 在某一点 $x=x'$ 是连续的，利用 δ 函数的积分性质可得如下数值等式：

$$\int_{-\infty}^{+\infty}f(x)\delta(x-x')dx=f(x')$$

这样可以直接推证得到如下点态小波反演定理.

定理 3.5 (点态小波反演公式)　在小波 $\psi(x)$ 给定后，对任意的 $f(x)\in\mathcal{L}^2(\mathbb{R})$ 在某一点 $x=x'$ 是连续的，如果 $\mathbb{W}$：$f(x)\mapsto(\mathbb{W}f)(s,\mu)=W_f(s,\mu)$，那么，成立如下数值等式形式的点态小波反演公式：

$$f(x')=\mathcal{C}_\psi^{-0.5}\iint_{\mathbb{R}^2}W_f(s,\mu)\psi_{(s,\mu)}(x')s^{-2}dsd\mu \qquad \#$$

(γ) 小波正逆变换组

现在研究相反的问题. 在小波 $\psi(x)$ 给定后，小波变换算子定义为

$$\begin{aligned}\mathbb{W}:\ &\mathcal{L}^2(\mathbb{R})\to\mathcal{L}^2_{\mathrm{Loc}}(\mathbb{R}^2,s^{-2}dsd\mu)\\ &f(x)\mapsto(\mathbb{W}f)(s,\mu)=W_f(s,\mu)\\ &W_f(s,\mu)=\mathcal{C}_\psi^{-0.5}\left\langle f,\psi_{(s,\mu)}\right\rangle\\ &\qquad\qquad=\mathcal{C}_\psi^{-0.5}\int_{-\infty}^{+\infty}f(x)\,|\,s\,|^{-0.5}\ \psi^*(s^{-1}(x-\mu))dx\end{aligned}$$

定义线性算子 $\tilde{\mathbb{W}}$：$\mathcal{L}^2_{\mathrm{Loc}}(\mathbb{R}^2,s^{-2}dsd\mu)\to\mathcal{L}^2(\mathbb{R})$ 如下：

$$\begin{aligned}\tilde{\mathbb{W}}:\ &\mathcal{L}^2_{\mathrm{Loc}}(\mathbb{R}^2,s^{-2}dsd\mu)\to\mathcal{L}^2(\mathbb{R})\\ &W(s,\mu)\mapsto w(x)\\ &w(x)=\mathcal{C}_\psi^{-0.5}\iint_{\mathbb{R}^2}W(s,\mu)\psi_{(s,\mu)}(x)s^{-2}dsd\mu\end{aligned}$$

利用小波变换算子的反演公式以及内积恒等式、范数恒等式可以证明，这里定义的算子 $\tilde{\mathbb{W}}$：$\mathcal{L}^2_{\mathrm{Loc}}(\mathbb{R}^2,s^{-2}dsd\mu)\to\mathcal{L}^2(\mathbb{R})$ 是线性算子(这就是此前把它称为线性算子的理由)，它保持内积恒等式和范数恒等式. 这里可以证明的最主要的结果是，算子 $\tilde{\mathbb{W}}$：$\mathcal{L}^2_{\mathrm{Loc}}(\mathbb{R}^2,s^{-2}dsd\mu)\to\mathcal{L}^2(\mathbb{R})$ 是 $\mathbb{W}$：$\mathcal{L}^2(\mathbb{R})\to\mathcal{L}^2_{\mathrm{Loc}}(\mathbb{R}^2,s^{-2}dsd\mu)$ 的逆算子，而且，因为它们都是保范保内积的酉算子，因此，它们互为伴随算子、共轭算子和逆算子，即 $\mathbb{W}\tilde{\mathbb{W}}$：$\mathcal{L}^2_{\mathrm{Loc}}(\mathbb{R}^2,s^{-2}dsd\mu)\to\mathcal{L}^2_{\mathrm{Loc}}(\mathbb{R}^2,s^{-2}dsd\mu)$ 是单位算子，而且，$\tilde{\mathbb{W}}\mathbb{W}$：$\mathcal{L}^2(\mathbb{R})\to\mathcal{L}^2(\mathbb{R})$ 也是单位算子，即可以形式表达如下：

$$\boxed{\begin{aligned}&\tilde{\mathbb{W}}=\mathbb{W}^{-1}=\mathbb{W}^*:\\ &\mathbb{W}\tilde{\mathbb{W}}=\mathbb{I}_{\mathcal{L}^2_{\mathrm{Loc}}(\mathbb{R}^2,s^{-2}dsd\mu)}:\mathcal{L}^2_{\mathrm{Loc}}(\mathbb{R}^2,s^{-2}dsd\mu)\to\mathcal{L}^2(\mathbb{R})\to\mathcal{L}^2_{\mathrm{Loc}}(\mathbb{R}^2,s^{-2}dsd\mu)\end{aligned}}$$

$$\boxed{\begin{aligned}&\mathbb{W}=\tilde{\mathbb{W}}^{-1}=\tilde{\mathbb{W}}^*:\\ &\tilde{\mathbb{W}}\mathbb{W}=\mathbb{I}_{\mathcal{L}^2(\mathbb{R})}:\mathcal{L}^2(\mathbb{R})\to\mathcal{L}^2_{\mathrm{Loc}}(\mathbb{R}^2,s^{-2}dsd\mu)\to\mathcal{L}^2(\mathbb{R})\end{aligned}}$$

利用空间 $\mathcal{L}^2(\mathbb{R}),\mathcal{L}^2_{\mathrm{Loc}}(\mathbb{R}^2,s^{-2}dsd\mu)$ 中的函数进行表达，具体形式是

$$\begin{aligned} f(x) &= \frac{1}{\sqrt{\mathcal{C}_\psi}} \iint_{\mathbb{R}^2} W_f(s,\mu)\psi_{(s,\mu)}(x) s^{-2} ds d\mu \\ W_f(s,\mu) &= \frac{1}{\sqrt{\mathcal{C}_\psi}} \int_{-\infty}^{+\infty} f(x)\psi^*_{(s,\mu)}(x) dx \end{aligned}$$

或者反过来表示为

$$W(s,\mu) = \frac{1}{\sqrt{\mathcal{C}_\psi}} \int_{-\infty}^{+\infty} w(x)\psi^*_{(s,\mu)}(x) dx$$

$$w(x) = \frac{1}{\sqrt{\mathcal{C}_\psi}} \iint_{\mathbb{R}^2} W(s,\mu)\psi_{(s,\mu)}(x) s^{-2} ds d\mu$$

小波的正变换和逆变换之间的互逆酉变换关系可以图解如图 1 所示.

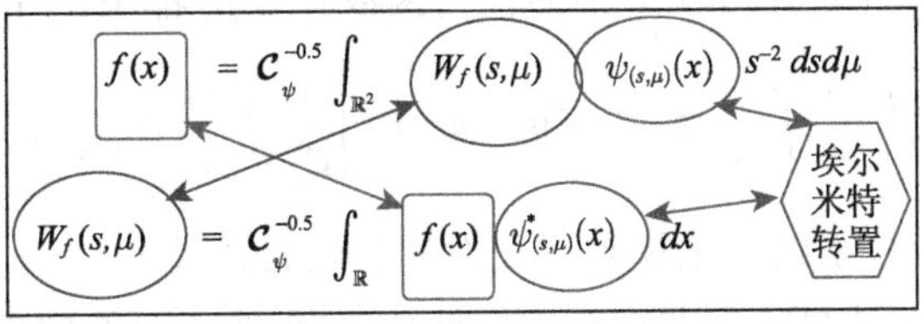

图 1　小波正变换和逆变换的互逆酉变换关系

这些研究结果说明小波正变换和小波逆变换都是酉变换，而且形式上具有完美的对称性，只不过在这些公式中出现的与小波 $\psi(x)$ 有关的标准化因子 $\mathcal{C}_\psi^{-0.5}$ 显得稍微有些不协调. 实际上，如果有必要，完全可以把这个因子吸收到小波函数中去，这时候小波函数被表示成 $\xi(x) = \mathcal{C}_\psi^{-0.5}\psi(x)$，这样，各个公式中出现的这个常数因子就完全消失了.

注释：作为对比回顾傅里叶变换组的对称性，表示如下.

$$\begin{gathered} \mathscr{F} : f(x) \mapsto F(\omega) = (2\pi)^{-0.5} \int_{-\infty}^{+\infty} f(x) e^{-i\omega x} dx \\ \Updownarrow \mathscr{F}^*\mathscr{F} = \mathscr{F}\ \mathscr{F}^* = \mathscr{I} \\ \mathscr{F}^* : F(\omega) \mapsto f(x) = (2\pi)^{-0.5} \int_{-\infty}^{+\infty} F(\omega) e^{i\omega x} d\omega \end{gathered}$$

其中傅里叶变换算子 $\mathscr{F} : \mathcal{L}^2(\mathbb{R}) \to \mathcal{L}^2(\mathbb{R})$ 是定义在空间 $\mathcal{L}^2(\mathbb{R})$ 上的酉算子，此时，平方可积的一元函数的傅里叶变换仍然是平方可积的一元函数. 这里傅里叶变换算子使用的符号 $\mathscr{F}$ 与此前正文中出现的 $\mathcal{F}$ 是不一样的，略有区别. 往后不加区分使用这两个符号，同时，它们涵盖了傅里叶积分变换、傅里叶级数变换以及有限傅里叶变换，具体含义随上下文关系而确定.

(δ) 小波完全规范正交性

小波的正变换和逆变换具有的互逆酉变换关系保证它们最终显示出优美的对称性，容易想到一定是小波函数系作为分析的基函数，它本身具备的某些特殊性质决定了这一切. 事实上，让这一切得以实现的根本原因就是小波函数系的完全规范正交性质.

利用小波的正变换和逆变换之间互逆酉变换关系可以得到小波函数系的如下两个恒等式，即小波函数系的完全规范正交关系.

定理 3.6 (小波的隐式完全规范正交性) 在小波 $\psi(x)$ 给定后，函数空间 $\mathcal{L}^2(\mathbb{R})$ 中的任何函数 $f(x)$ 都满足如下的恒等式：

$$f(x)=\int_{-\infty}^{+\infty}f(x')dx'\left[\frac{1}{\mathcal{C}_\psi}\int_{-\infty}^{+\infty}\int_{-\infty}^{+\infty}\psi^*_{(s,\mu)}(x')\psi_{(s,\mu)}(x)s^{-2}dsd\mu\right]$$

而且，函数空间 $\mathcal{L}^2_{\text{Loc}}(\mathbb{R}^2,s^{-2}dsd\mu)$ 中的任何函数 $W(s,\mu)$ 都满足如下恒等式：

$$W(s,\mu)=\int_{-\infty}^{+\infty}\int_{-\infty}^{+\infty}W(s',\mu')s'^{-2}ds'd\mu'\left[\frac{1}{\mathcal{C}_\psi}\int_{-\infty}^{+\infty}\psi_{(s',\mu')}(x)\psi^*_{(s,\mu)}(x)dx\right]$$

这就是小波函数系的完全规范正交性的隐式关系式. #

定理 3.7 (小波的显式完全规范正交性) 在小波 $\psi(x)$ 给定后，按照如下方式定义的函数是狄拉克 δ 函数：

$$\begin{aligned}\mathbf{E}(x,x')&=\frac{1}{\mathcal{C}_\psi}\int_{-\infty}^{+\infty}\int_{-\infty}^{+\infty}\psi^*_{(s,\mu)}(x')\psi_{(s,\mu)}(x)s^{-2}dsd\mu\\&=\left\langle[\mathcal{C}_\psi^{-0.5}\psi_{(\bullet,\bullet)}(x)],[\mathcal{C}_\psi^{-0.5}\psi_{(\bullet,\bullet)}(x')]\right\rangle_{\mathcal{L}^2_{\text{Loc}}(\mathbb{R}^2,s^{-2}dsd\mu)}\\&=\delta(x-x')\end{aligned}$$

而且，按照如下方式定义的函数是二维的狄拉克 δ 函数：

$$\begin{aligned}\mathbb{E}(s,\mu,s',\mu')&=\frac{1}{\mathcal{C}_\psi}\int_{-\infty}^{+\infty}\psi_{(s',\mu')}(x)\psi^*_{(s,\mu)}(x)dx\\&=\left\langle[\mathcal{C}_\psi^{-0.5}\psi_{(s',\mu')}(\bullet)],[\mathcal{C}_\psi^{-0.5}\psi_{(s,\mu)}(\bullet)]^*\right\rangle_{\mathcal{L}^2(\mathbb{R})}\\&=\delta(s-s',\mu-\mu')\end{aligned}$$

这样，在函数空间 $\mathcal{L}^2_{\text{Loc}}(\mathbb{R}^2,s^{-2}dsd\mu)$ 中，小波函数系 $\{\mathcal{C}_\psi^{-0.5}\psi_{(s,\mu)}(x);x\in\mathbb{R}\}$ 是这个空间的完全规范正交基，对任意的 $W(s,\mu)\in\mathcal{L}^2_{\text{Loc}}(\mathbb{R}^2,s^{-2}dsd\mu)$，成立公式：

$$W(s,\mu)=\int_{-\infty}^{+\infty}w(x)[\mathcal{C}_\psi^{-0.5}\psi_{(s,\mu)}(x)]^*dx$$

其中的“系数” $w(x)$ 是函数 $W(s,\mu)$ 在基函数 $[\mathcal{C}_\psi^{-0.5}\psi_{(s,\mu)}(x)]$ 上的正交投影：

$$\begin{aligned} w(x) &= \left\langle W(s,\mu), [\mathcal{C}_\psi^{-0.5}\psi_{(s,\mu)}(x)] \right\rangle_{\mathcal{L}^2_{\mathrm{Loc}}(\mathbb{R}^2, s^{-2}dsd\mu)} \\ &= \int_{-\infty}^{+\infty}\int_{-\infty}^{+\infty} W(s,\mu)[\mathcal{C}_\psi^{-0.5}\psi_{(s,\mu)}(x)]^* s^{-2}dsd\mu \end{aligned}$$

同样，在函数空间 $\mathcal{L}^2(\mathbb{R})$ 中，小波函数系 $\{\mathcal{C}_\psi^{-0.5}\psi_{(s,\mu)}(x);(s,\mu)\in\mathbb{R}^*\times\mathbb{R}\}$ 是这个空间的完全规范正交基，对任意的 $f(x)\in\mathcal{L}^2(\mathbb{R})$，成立公式：

$$f(x) = \int_{-\infty}^{+\infty}\int_{-\infty}^{+\infty} W_f(s,\mu)[\mathcal{C}_\psi^{-0.5}\psi_{(s,\mu)}(x)]s^{-2}dsd\mu$$

其中的“系数” $W_f(s,\mu)$ 正好是函数 $f(x)$ 在基函数 $[\mathcal{C}_\psi^{-0.5}\psi_{(s,\mu)}(x)]$ 上的正交投影：

$$\begin{aligned} W_f(s,\mu) &= \left\langle f(x), [\mathcal{C}_\psi^{-0.5}\psi_{(s,\mu)}(x)] \right\rangle_{\mathcal{L}^2(\mathbb{R})} \\ &= \int_{-\infty}^{+\infty} f(x)[\mathcal{C}_\psi^{-0.5}\psi_{(s,\mu)}(x)]^* dx \end{aligned}$$ #

(ε) 单位算子小波正交分解

在小波的显式完全规范正交性定理中，在小波 $\psi(x)$ 给定后，出现两个狄拉克函数 $\mathbf{E}(x,x')=\delta(x-x')$ 和 $\mathbb{E}(s,\mu,s',\mu')=\delta(s-s',\mu-\mu')$，它们分别是一维的狄拉克函数和二维狄拉克函数.

$\mathbf{E}(x,x')=\delta(x-x')$ 说明在函数空间 $\mathcal{L}^2_{\mathrm{Loc}}(\mathbb{R}^2,s^{-2}dsd\mu)$ 中小波函数系：

$$\left\{\mathcal{C}_\psi^{-0.5}\psi_{(s,\mu)}(x) = \frac{1}{\sqrt{\mathcal{C}_\psi}}\frac{1}{\sqrt{|s|}}\psi\left(\frac{x-\mu}{s}\right); x\in\mathbb{R}\right\}$$

是规范正交基.

$\mathbb{E}(s,\mu,s',\mu')=\delta(s-s',\mu-\mu')$ 说明在函数空间 $\mathcal{L}^2(\mathbb{R})$ 中小波函数系：

$$\left\{\mathcal{C}_\psi^{-0.5}\psi_{(s,\mu)}(x) = \frac{1}{\sqrt{\mathcal{C}_\psi}}\frac{1}{\sqrt{|s|}}\psi\left(\frac{x-\mu}{s}\right); s\in\mathbb{R}^*, \mu\in\mathbb{R}\right\}$$

是规范正交基.

因此，这两个函数的定义表达式应该十分自然地诱导出相应函数空间的单位算子的正交分解. 容易证明，在这里它们分别诱导得到函数空间 $\mathcal{L}^2_{\mathrm{Loc}}(\mathbb{R}^2,s^{-2}dsd\mu)$ 和函数空间 $\mathcal{L}^2(\mathbb{R})$ 的单位算子的小波正交分解.

定理 3.8 (单位算子小波分解)　在小波 $\psi(x)$ 给定后，在函数空间 $\mathcal{L}^2(\mathbb{R})$ 中定义如下线性算子：

$$\begin{aligned}\mathbf{E}\colon \mathcal{L}^2(\mathbb{R}) &\to \mathcal{L}^2(\mathbb{R})\\ f(x) &\mapsto (\mathbf{E}f)(x') = E_f(x')\\ (\mathbf{E}f)(x') = E_f(x') &= \int_{-\infty}^{+\infty} f(x)\mathbf{E}(x,x')dx\end{aligned}$$

那么

$$\begin{aligned}&\mathbf{E}\colon \mathcal{L}^2(\mathbb{R}) \to \mathcal{L}^2(\mathbb{R})\\ &\mathcal{C}_\psi^{-0.5}\psi_{(s,\mu)}(x) \mapsto (\mathbf{E}\mathcal{C}_\psi^{-0.5}\psi_{(s,\mu)})(x') = \mathcal{C}_\psi^{-0.5}\psi_{(s,\mu)}(x'),\quad s\in\mathbb{R}^*,\quad \mu\in\mathbb{R}\end{aligned}$$

即算子 $\mathbf{E}$ 把 $\mathcal{L}^2(\mathbb{R})$ 的规范正交基 $\{\mathcal{C}_\psi^{-0.5}\psi_{(s,\mu)}(x); s\in\mathbb{R}^*, \mu\in\mathbb{R}\}$ 映射为它自己：

$$\mathbf{E}: \{\mathcal{C}_\psi^{-0.5}\psi_{(s,\mu)}(x); s\in\mathbb{R}^*, \mu\in\mathbb{R}\} \to \{\mathcal{C}_\psi^{-0.5}\psi_{(s,\mu)}(x'); s\in\mathbb{R}^*, \mu\in\mathbb{R}\}$$

另外，如果将 $\mathbf{E}(x,x')$ 改写如下：

$$\mathbf{E}(x,x') = \int_{-\infty}^{+\infty}\int_{-\infty}^{+\infty} [\mathcal{C}_\psi^{-0.5}\psi_{(s,\mu)}(x')]^*[\mathcal{C}_\psi^{-0.5}\psi_{(s,\mu)}(x)]s^{-2}dsd\mu$$

那么，这相当于把单位算子 $\mathbf{E}$ 按照指标 $(s,\mu), s\in\mathbb{R}^*, \mu\in\mathbb{R}$ 分解为大量单维投影算子 $[\mathcal{C}_\psi^{-0.5}\psi_{(s,\mu)}(x')]^*[\mathcal{C}_\psi^{-0.5}\psi_{(s,\mu)}(x)]$ 的正交和. #

注释：从形式上看，二元函数 $\mathbf{E}(x,x') = \delta(x-x')$ 直观上表现为“单位矩阵”或“单位算子”的“矩阵元素”(狄拉克测度)，即“主对角线元素恒等于 1，其他元素恒等于 0”. 当把 $\mathbf{E}(x,x') = \delta(x-x')$ 视为一个算子核时，这个算子 $\mathbf{E}$ 把一个一元函数变换成另一个一元函数，这是一个单位算子，而函数 $\mathbf{E}(x,x')$ 的定义表达式就是单位算子的正交分解.

定理 3.9 (单位算子小波分解) 在小波 $\psi(x)$ 给定后，在函数空间 $\mathcal{L}^2_{\mathrm{Loc}}(\mathbb{R}^2, s^{-2}dsd\mu)$ 中定义如下线性算子：

$$\begin{aligned}\mathbb{E}\colon \mathcal{L}^2_{\mathrm{Loc}}(\mathbb{R}^2, s^{-2}dsd\mu) &\to \mathcal{L}^2_{\mathrm{Loc}}(\mathbb{R}^2, s^{-2}dsd\mu)\\ W(s,\mu) &\mapsto (\mathbb{E}W)(s',\mu') = \mathscr{E}_W(s',\mu')\\ (\mathbb{E}W)(s',\mu') = \mathscr{E}_W(s',\mu') &= \int_{-\infty}^{+\infty}\int_{-\infty}^{+\infty} W(s,\mu)\mathbb{E}(s,\mu,s',\mu')s^{-2}dsd\mu\end{aligned}$$

那么

$$\begin{aligned}&\mathbb{E}\colon \mathcal{L}^2_{\mathrm{Loc}}(\mathbb{R}^2, s^{-2}dsd\mu) \to \mathcal{L}^2_{\mathrm{Loc}}(\mathbb{R}^2, s^{-2}dsd\mu)\\ &\mathcal{C}_\psi^{-0.5}\psi_{(s,\mu)}(x) \mapsto (\mathbb{E}\mathcal{C}_\psi^{-0.5}\psi_{(s,\mu)})(x) = \mathcal{C}_\psi^{-0.5}\psi_{(s',\mu')}(x),\quad x\in\mathbb{R}\end{aligned}$$

即算子 $\mathbb{E}$ 把 $\mathcal{L}^2_{\mathrm{Loc}}(\mathbb{R}^2, s^{-2}dsd\mu)$ 的规范正交基 $\{\mathcal{C}_\psi^{-0.5}\psi_{(s,\mu)}(x); x\in\mathbb{R}\}$ 映射为它自己：

$$\mathbb{E}: \{\mathcal{C}_\psi^{-0.5}\psi_{(s,\mu)}(x); x\in\mathbb{R}\} \to \{\mathcal{C}_\psi^{-0.5}\psi_{(s',\mu')}(x); x\in\mathbb{R}\}$$

另外，如果将 $\mathbb{E}(s,\mu,s',\mu')$ 改写如下：

$$\mathbb{E}(s,\mu,s',\mu')=\int_{-\infty}^{+\infty}[\mathcal{C}_\psi^{-0.5}\psi_{(s',\mu')}(x)][\mathcal{C}_\psi^{-0.5}\psi_{(s,\mu)}(x)]^* dx$$

那么，这相当于大量单维投影算子 $[\mathcal{C}_\psi^{-0.5}\psi_{(s',\mu')}(x)][\mathcal{C}_\psi^{-0.5}\psi_{(s,\mu)}(x)]^*$ 按照指标 $x\in\mathbb{R}$ 构成了单位算子 $\mathbb{E}$：$\mathcal{L}^2_{\mathrm{Loc}}(\mathbb{R}^2,s^{-2}dsd\mu)\to\mathcal{L}^2_{\mathrm{Loc}}(\mathbb{R}^2,s^{-2}dsd\mu)$ 的正交分解.

注释：从形式上看，四元函数 $\mathbb{E}(s,\mu,s',\mu')=\delta(s-s',\mu-\mu')$ 在直观上也表现为“单位矩阵”或“单位算子”的“矩阵元素”，即“$s=s',\mu=\mu'$ 对应的主对角线元素恒等于 1，其他元素恒等于 0”．当把 $\mathbb{E}(s,\mu,s',\mu')=\delta(s-s',\mu-\mu')$ 视为一个算子核时，这个算子 $\mathbb{E}$ 把一个二元函数映射为另一个二元函数，把 $\mathcal{L}^2_{\mathrm{Loc}}(\mathbb{R}^2,s^{-2}dsd\mu)$ 的规范正交基 $\{\mathcal{C}_\psi^{-0.5}\psi_{(s,\mu)}(x);x\in\mathbb{R}\}$ 映射为它自己，因此，它是一个单位算子，函数 $\mathbb{E}(s,\mu,s',\mu')$ 的定义表达式给出单位算子的正交分解.

3.2.3　吸收小波理论

在研究小波变换的过程中，参数组 (s,μ) 中的尺度参数 $s\neq 0$，从“尺度”的物理意义可知，真正有价值的应该是 $s>0$．但是，此前的所有定义和分析除了包含自然的 $s>0$ 之外，都包含了 $s<0$ 这种比较“意外的”取值.

回顾傅里叶变换巧妙地只使用“正的频率”就实现全体平方可积周期函数和平方可积非周期函数的分析技巧. 将傅里叶变换表示为

$$\mathscr{F}:\ \mathcal{L}^2(\mathbb{R})\to\mathcal{L}^2(\mathbb{R})$$

$$f(x)\mapsto F(\omega)=(2\pi)^{-0.5}\int_{-\infty}^{+\infty}f(x)e^{-i\omega x}dx$$

那么，在对称函数、反对称函数和实数值函数条件下，成立如下将频率轴对折转换为正频率轴的公式：

$$\boxed{\begin{array}{lll} f(x)=\ \ f(-x) & \Rightarrow & F(\omega)=\ \ F(-\omega)\\ f(x)=-f(-x) & \Rightarrow & F(\omega)=-F(-\omega)\\ f(x)=\ \ \overline{f}(x) & \Rightarrow & F(\omega)=\ \ \overline{F}(-\omega)\end{array}}$$

$$\Downarrow$$

$$-\infty<\omega<+\infty\mapsto 0\leqslant\omega<+\infty$$

此外，对于任意的函数 $f(x)$，成立如下奇偶函数分解表达式：

$$f(x)=f^{(E)}(x)+f^{(O)}(x)$$

其中

$$f^{(E)}(x)=\frac{f(x)+f(-x)}{2},\quad f^{(O)}(x)=\frac{f(x)-f(-x)}{2}$$

因此，频率轴对折 $-\infty<\omega<+\infty\mapsto 0\leqslant\omega<+\infty$ 的傅里叶变换方法可以完全

分析任意的平方可积函数.

这里研究将小波的尺度参数对折仅限于 $s>0$ 的处理方法.

(α) 吸收空间

定义二元函数线性空间 $\mathcal{L}^2(\mathbb{R}^+\times\mathbb{R},s^{-2}dsd\mu)$：

$$\mathcal{L}^2(\mathbb{R}^+\times\mathbb{R},s^{-2}dsd\mu)=\left\{\vartheta(s,\mu);\int_{\mathbb{R}^+\times\mathbb{R}}\left|\vartheta(s,\mu)\right|^2 s^{-2}dsd\mu<+\infty\right\}$$

其中“函数相同”的定义是

$$(\vartheta=\varsigma)\Leftrightarrow(\vartheta(s,\mu)=\varsigma(s,\mu),\ \text{a.e. }(s,\mu)\in\mathbb{R}^+\times\mathbb{R})$$

$$\Leftrightarrow\int_{\mathbb{R}^+\times\mathbb{R}}|\,\vartheta(s,\mu)-\varsigma(s,\mu)\,|^2\ s^{-2}dsd\mu=0$$

在这个函数线性空间中, 按照如下方式定义内积:

$$\left\langle\vartheta,\varsigma\right\rangle_{\mathcal{L}^2(\mathbb{R}^+\times\mathbb{R},s^{-2}dsd\mu)}=\int_{\mathbb{R}^+\times\mathbb{R}}\vartheta(s,\mu)\overline{\varsigma}(s,\mu)s^{-2}dsd\mu$$

由此诱导的范数 $\|\bullet\|_{\mathcal{L}^2(\mathbb{R}^+\times\mathbb{R},s^{-2}dsd\mu)}$ 满足如下方程:

$$\|\,\vartheta\,\|^2_{\mathcal{L}^2(\mathbb{R}^+\times\mathbb{R},s^{-2}dsd\mu)}=\left\langle\vartheta,\vartheta\right\rangle_{\mathcal{L}^2(\mathbb{R}^+\times\mathbb{R},s^{-2}dsd\mu)}=\int_{\mathbb{R}^+\times\mathbb{R}}|\,\vartheta(s,\mu)\,|^2\ s^{-2}dsd\mu$$

在函数的常规运算和数乘运算意义下, 这实际上构成一个希尔伯特空间. 在上下文关系和含义清晰的条件下, 这个空间上的内积和由此诱导的范数记号中的空间下标 $\mathcal{L}^2(\mathbb{R}^+\times\mathbb{R},s^{-2}dsd\mu)$ 会被省略.

(β) 吸收小波

如果 $\psi(x)\in\mathcal{L}^2(\mathbb{R})$ 满足下述“吸收条件”:

$$\int_0^{+\infty}|\,\omega\,|^{-1}|\,\Psi(\omega)\,|^2\ d\omega=\int_0^{+\infty}|\,\omega\,|^{-1}|\,\Psi(-\omega)\,|^2\ d\omega<+\infty$$

其中 $\Psi(\omega)$ 是 $\psi(x)$ 的傅里叶变换, 则称函数 $\psi(x)$ 是一个吸收小波. 容易验证, 如果函数 $\psi(x)$ 是一个吸收小波, 那么, 它一定满足小波容许性条件:

$$\mathcal{C}_\psi=2\pi\int_{\mathbb{R}^*}|\,\omega\,|^{-1}|\,\Psi(\omega)\,|^2\ d\omega<+\infty$$

即它是一个合格的小波母函数.

因此, 如果 $\psi(x)$ 是一个吸收小波, 那么, 此前关于小波和小波变换的全部研究结果必然都成立. 但是, 这里研究在吸收小波条件下必然会更特别的内积恒等式、范数恒等式以及特殊形式的小波逆变换或函数小波重建公式.

(γ) 吸收小波变换

当吸收小波 $\psi(x)$ 给定后，按照如下算子形式定义吸收小波变换：

$$\mathbb{W}:\ \mathcal{L}^2(\mathbb{R}) \to \mathcal{L}^2(\mathbb{R}^+ \times \mathbb{R}, s^{-2}dsd\mu)$$
$$f(x) \mapsto (\mathbb{W}f)(s,\mu) = W_f(s,\mu),\quad (s,\mu) \in \mathbb{R}^+ \times \mathbb{R}$$
$$W_f(s,\mu) = \mathcal{C}_\psi^{-0.5}\left\langle f, \psi_{(s,\mu)}\right\rangle = \mathcal{C}_\psi^{-0.5} \mid s \mid^{-0.5} \int_{-\infty}^{+\infty} f(x)\psi^*(s^{-1}(x-\mu))dx$$

在这样的定义下，容易证明吸收小波变换算子是线性算子，即成立如下定理.

定理 3.10　在吸收小波 $\psi(x)$ 给定后，如果 $f(x), g(x) \in \mathcal{L}^2(\mathbb{R})$，而且 $\xi, \zeta \in \mathbb{C}$，那么，成立如下公式：

$$[\mathbb{W}(\xi f + \zeta g)](s,\mu) = \xi(\mathbb{W}f)(s,\mu) + \zeta(\mathbb{W}g)(s,\mu)$$

或者简写为

$$W_{\xi f+\zeta g}(s,\mu) = \xi W_f(s,\mu) + \zeta W_g(s,\mu)$$

(δ) 吸收内积恒等式

如果 $\psi(x)$ 是一个吸收小波，那么，仿照小波变换内积恒等式可以得到在变换域中吸收内积恒等式或者在变换域尺度折叠的内积恒等式，这就是如下的尺度折叠保内积定理.

定理 3.11 (尺度折叠保内积定理)　如果 $\psi(x)$ 是吸收小波，那么，对于任意的两个函数 $f(x), g(x) \in \mathcal{L}^2(\mathbb{R})$，如果它们的吸收小波变换表示如下：

$$\mathbb{W}:\ \mathcal{L}^2(\mathbb{R}) \to \mathcal{L}^2(\mathbb{R}^+ \times \mathbb{R}, s^{-2}dsd\mu)$$
$$f(x) \mapsto (\mathbb{W}f)(s,\mu) = W_f(s,\mu),\quad (s,\mu) \in \mathbb{R}^+ \times \mathbb{R}$$
$$g(x) \mapsto (\mathbb{W}f)(s,\mu) = W_g(s,\mu),\quad (s,\mu) \in \mathbb{R}^+ \times \mathbb{R}$$

那么，成立如下恒等式：

$$\begin{aligned}\int_{\mathbb{R}} f(x)\overline{g}(x)dx &= 2\int_{\mathbb{R}^+\times\mathbb{R}} (\mathbb{W}f)(s,\mu)\overline{(\mathbb{W}g)}(s,\mu)s^{-2}dsd\mu \\ &= 2\int_{\mathbb{R}^+\times\mathbb{R}} W_f(s,\mu)\overline{W_g}(s,\mu)s^{-2}dsd\mu\end{aligned}$$

或者简写为

$$\left\langle f,g\right\rangle_{\mathcal{L}^2(\mathbb{R})} = 2\left\langle \mathbb{W}f, \mathbb{W}g\right\rangle_{\mathcal{L}^2(\mathbb{R}^+\times\mathbb{R}, s^{-2}dsd\mu)} = 2\left\langle W_f, W_g\right\rangle_{\mathcal{L}^2(\mathbb{R}^+\times\mathbb{R}, s^{-2}dsd\mu)}$$

这就是吸收小波变换的 Parseval 恒等式.

证明　容易验证，吸收小波函数与其傅里叶变换的如下关系：

$$\mathcal{F}: \psi_{(s,\mu)}(x) \mapsto (\mathcal{F}\psi_{(s,\mu)})(\omega) = s^{0.5}\Psi(s\omega)e^{-i\omega\mu}$$

同时，在引入如下两个记号：

$$\Delta(f,\psi,s;\omega)=(\mathcal{F}f)(\omega)\Psi^*(s\omega)$$
$$\Delta(g,\psi,s;\omega)=(\mathcal{F}g)(\omega)\Psi^*(s\omega)$$

之后，函数 $f(x),g(x)$ 的吸收小波变换可以在频域重新表示为

$$W_f(s,\mu)=\sqrt{2\pi}\mathcal{C}_\psi^{-0.5}s^{0.5}(\mathcal{F}\Delta)(f,\psi,s;-\mu)$$
$$W_g(s,\mu)=\sqrt{2\pi}\mathcal{C}_\psi^{-0.5}s^{0.5}(\mathcal{F}\Delta)(g,\psi,s;-\mu)$$

在这些演算结果基础上，可以逐步完成尺度折叠内积公式的演算.

在半平面上的二元函数空间 $\mathcal{L}^2(\mathbb{R}^+\times\mathbb{R},s^{-2}dsd\mu)$ 中演算内积：

$$\begin{aligned}
&2\left\langle \mathbb{W}f,\mathbb{W}g\right\rangle_{\mathcal{L}^2(\mathbb{R}^+\times\mathbb{R},s^{-2}dsd\mu)}\\
&=2\left\langle W_f,W_g\right\rangle_{\mathcal{L}^2(\mathbb{R}^+\times\mathbb{R},s^{-2}dsd\mu)}\\
&=2\int_{s\in\mathbb{R}^+}s^{-2}ds\int_{\mu\in\mathbb{R}}W_f(s,\mu)W_g^*(s,\mu)d\mu\\
&=4\pi\mathcal{C}_\psi^{-1}\int_0^{+\infty}s^{-1}ds\int_{-\infty}^{+\infty}(\mathcal{F}\Delta)(f,\psi,s;\mu)(\mathcal{F}\Delta)^*(g,\psi,s;\mu)d\mu\\
&=4\pi\mathcal{C}_\psi^{-1}\int_0^{+\infty}s^{-1}ds\int_{-\infty}^{+\infty}\Delta(f,\psi,s;\omega)\Delta^*(g,\psi,s;\omega)d\omega
\end{aligned}$$

在上述推演中的最后一个步骤利用了傅里叶变换的内积恒等式.

将符号 $\Delta(f,\psi,s;\omega),\Delta(g,\psi,s;\omega)$ 的定义代入上式，进一步演算得

$$\begin{aligned}
&2\left\langle \mathbb{W}f,\mathbb{W}g\right\rangle_{\mathcal{L}^2(\mathbb{R}^+\times\mathbb{R},s^{-2}dsd\mu)}\\
&=4\pi\mathcal{C}_\psi^{-1}\int_0^{+\infty}s^{-1}ds\int_{-\infty}^{+\infty}(\mathcal{F}f)(\omega)\Psi^*(s\omega)(\mathcal{F}g)^*(\omega)\Psi(s\omega)d\omega\\
&=4\pi\mathcal{C}_\psi^{-1}\int_0^{+\infty}s^{-1}ds\int_{-\infty}^{+\infty}\boxed{(\mathcal{F}f)(\omega)(\mathcal{F}g)^*(\omega)}\mid\Psi(s\omega)\mid^2d\omega\\
&=\mathcal{C}_\psi^{-1}\int_{-\infty}^{+\infty}\boxed{(\mathcal{F}f)(\omega)(\mathcal{F}g)^*(\omega)}d\omega\times4\pi\int_0^{+\infty}s^{-1}\mid\Psi(s\omega)\mid^2ds\\
&=\int_{-\infty}^{+\infty}(\mathcal{F}f)(\omega)(\mathcal{F}g)^*(\omega)d\omega
\end{aligned}$$

在上述推演的最后一个步骤利用了如下演算结果：

$$4\pi\int_0^{+\infty}s^{-1}\mid\Psi(s\omega)\mid^2ds=2\pi\int_{-\infty}^{+\infty}\mid\omega\mid^{-1}\mid\Psi(\omega)\mid^2d\omega=\mathcal{C}_\psi$$

最后，再次利用傅里叶变换的内积恒等式得到欲证明的公式：

$$2\left\langle \mathbb{W}f,\mathbb{W}g\right\rangle_{\mathcal{L}^2(\mathbb{R}^+\times\mathbb{R},s^{-2}dsd\mu)}=\int_{-\infty}^{+\infty}f(x)g^*(x)dx=\left\langle f,g\right\rangle_{\mathcal{L}^2(\mathbb{R})}$$

(ε) 吸收范数恒等式

在吸收小波变换内积恒等式中，利用内积运算中函数的任意性，当参与内积的两个函数相同时，就得到吸收小波变换的范数恒等式，即尺度折叠保范定理.

定理 3.12 (尺度折叠保范定理)　假设 $\psi(x)$ 是吸收小波，$f(x)$ 是函数空间 $\mathcal{L}^2(\mathbb{R})$

中的任意函数，如果 $f(x)$ 的吸收小波变换表示如下：

$$\begin{aligned}\mathbb{W}\text{：}\ &\mathcal{L}^2(\mathbb{R}) \to \mathcal{L}^2(\mathbb{R}^+ \times \mathbb{R}, s^{-2}dsd\mu)\\ &f(x) \mapsto (\mathbb{W}f)(s,\mu) = W_f(s,\mu),\quad (s,\mu) \in \mathbb{R}^+ \times \mathbb{R}\end{aligned}$$

那么，成立如下的恒等式：

$$\int_{\mathbb{R}} |f(x)|^2\, dx = 2\int_{\mathbb{R}^2} |(\mathbb{W}f)(s,\mu)|^2\ s^{-2}dsd\mu = 2\int_{\mathbb{R}^2} |W_f(s,\mu)|^2\ s^{-2}dsd\mu$$

或者等价地简写为

$$\|f\|_{\mathcal{L}^2(\mathbb{R})} = \sqrt{2}\,\|\mathbb{W}f\|_{\mathcal{L}^2(\mathbb{R}^+\times\mathbb{R}, s^{-2}dsd\mu)} = \sqrt{2}\,\|W_f\|_{\mathcal{L}^2(\mathbb{R}^+\times\mathbb{R}, s^{-2}dsd\mu)}$$

这就是吸收小波变换的范数恒等式.

(ζ) 吸收逆变换

利用吸收小波变换的 Parseval 恒等式，容易获得从函数的吸收小波变换 $W_f(s,\mu)$ 重建函数 $f(x) \in \mathcal{L}^2(\mathbb{R})$ 的吸收小波反演公式.

定理 3.13 (吸收小波反演公式) 假设 $\psi(x)$ 是吸收小波，$f(x)$ 是函数空间 $\mathcal{L}^2(\mathbb{R})$ 中的任意函数，如果将 $f(x)$ 的吸收小波变换表示如下：

$$\begin{aligned}\mathbb{W}\text{：}\ &\mathcal{L}^2(\mathbb{R}) \to \mathcal{L}^2(\mathbb{R}^+ \times \mathbb{R}, s^{-2}dsd\mu)\\ &f(x) \mapsto (\mathbb{W}f)(s,\mu) = W_f(s,\mu)\end{aligned}$$

那么，在函数空间 $\mathcal{L}^2(\mathbb{R})$ 中几乎处处成立如下恒等式：

$$f(x) = 2\mathcal{C}_\psi^{-0.5}\int_0^{+\infty} s^{-2}ds\int_{-\infty}^{+\infty} W_f(s,\mu)\psi_{(s,\mu)}(x)d\mu$$

如果函数 $f(x)$ 在某一点 $x = x'$ 是连续的，那么，成立如下数值等式形式的点态吸收小波反演公式：

$$f(x') = 2\mathcal{C}_\psi^{-0.5}\int_0^{+\infty} s^{-2}ds\int_{-\infty}^{+\infty} W_f(s,\mu)\psi_{(s,\mu)}(x')d\mu$$

(η) 尺度折叠局部同构子空间

上述研究过程表明，吸收小波变换只是把一元函数平方可积空间 $\mathcal{L}^2(\mathbb{R})$ 变换为由二元函数构成的尺度折叠而且尺度平方压缩测度意义下的平方可积函数空间 $\mathcal{L}^2(\mathbb{R}^+ \times \mathbb{R}, s^{-2}dsd\mu)$ 的一个闭线性子空间 $\mathcal{L}^2_{\text{Loc}}(\mathbb{R}^+ \times \mathbb{R}, s^{-2}dsd\mu)$：

$$\mathcal{L}^2_{\text{Loc}}(\mathbb{R}^+ \times \mathbb{R}, s^{-2}dsd\mu) = \{(\mathbb{W}f)(s,\mu) = W_f(s,\mu); f(x) \in \mathcal{L}^2(\mathbb{R})\}$$

吸收小波变换的内积恒等式和范数恒等式具有某种局部性质，利用这些记号，当吸收小波 $\psi(x)$ 给定，在研究吸收小波逆变换时，相应的吸收小波变换理解为如下算子形式：

$$\mathbb{W}: \mathcal{L}^2(\mathbb{R}) \to \mathcal{L}^2_{\text{Loc}}(\mathbb{R}^+ \times \mathbb{R}, s^{-2}dsd\mu)$$
$$f(x) \mapsto (\mathbb{W}f)(s,\mu) = W_f(s,\mu)$$

$$W_f(s,\mu) = \mathcal{C}_\psi^{-0.5}\left\langle f, \psi_{(s,\mu)}\right\rangle$$
$$= \mathcal{C}_\psi^{-0.5}\int_{-\infty}^{+\infty} f(x)\mid s\mid^{-0.5}\ \psi^*(s^{-1}(x-\mu))dx$$

这样，吸收小波变换算子的线性性、保折叠内积恒等和保折叠范数恒等的范围就清晰了. 因此，闭线性子空间 $\mathcal{L}^2_{\text{Loc}}(\mathbb{R}^+ \times \mathbb{R}, s^{-2}dsd\mu)$ 是函数空间 $\mathcal{L}^2(\mathbb{R})$ 在希尔伯特空间 $\mathcal{L}^2(\mathbb{R}^2, s^{-2}dsd\mu)$ 中的尺度折叠局部同构子空间.

在这样的准备之后，就可以仔细论述吸收小波变换算子的逆算子等各种问题，可以仿照此前相似的内容逐步完成，此不赘述.

总之，在吸收小波的条件下，函数空间 $\mathcal{L}^2(\mathbb{R})$ 中的全部函数映射到希尔伯特空间 $\mathcal{L}^2(\mathbb{R}^2, s^{-2}dsd\mu)$ 中的"像"可以被折叠局部化在子空间 $\mathcal{L}^2_{\text{Loc}}(\mathbb{R}^+ \times \mathbb{R}, s^{-2}dsd\mu)$ 之中，而这一切都仅仅表现为将尺度参数 $s \neq 0$ 对折吸收为 $s > 0$.

3.3 二进小波理论

在小波函数 $\psi(x)$ 给定的条件下，利用小波的正变换和逆变换之间互逆酉变换关系充分展示了小波函数系的完全规范正交关系. 如下形式的完全规范正交小波函数系：

$$\mathscr{Z} = \left\{\mathcal{C}_\psi^{-0.5}\psi_{(s,\mu)}(x) = \mathcal{C}_\psi^{-0.5}\mid s\mid^{-0.5}\ \psi\left(\frac{x-\mu}{s}\right); s \in \mathbb{R}^*, \mu \in \mathbb{R}\right\}$$

因为特殊函数 $\mathbb{E}(s,\mu,s',\mu')$ 可以表示为

$$\mathbb{E}(s,\mu,s',\mu') = \left\langle [\mathcal{C}_\psi^{-0.5}\psi_{(s',\mu')}(\bullet)], [\mathcal{C}_\psi^{-0.5}\psi_{(s,\mu)}(\bullet)]^*\right\rangle_{\mathcal{L}^2(\mathbb{R})} = \delta(s-s', \mu-\mu')$$

说明这个函数系 $\mathscr{Z}$ 构成空间 $\mathcal{L}^2(\mathbb{R})$ 的规范正交基.

在这个规范正交基的基础上，函数空间的分析本质上是"酉的"线性变换，略显遗憾的是，标志规范正交基中的每个函数或基的两个指标 (s,μ) 都是连续取值，这产生一个问题，即是否存在有效的途径将这两个指标 (s,μ) 或其中的一个指标比如 s，离散化为可列或可数个取值，同时保证由此得到的函数系 $\mathscr{Z}$ 的子函数系 $\mathscr{Z}'$ 仍然构成空间 $\mathcal{L}^2(\mathbb{R})$ 的规范正交基，或者降低一些要求，希望这个子函数系构成 $\mathcal{L}^2(\mathbb{R})$ 的基或者框架?

这是一个不被看好的问题.

在众所周知的傅里叶变换 $\mathscr{F}:\mathcal{L}^2(\mathbb{R})\to\mathcal{L}^2(\mathbb{R})$ 定义中,

$$\mathscr{F}:\mathcal{L}^2(\mathbb{R})\to\mathcal{L}^2(\mathbb{R})$$

$$f(x)\mapsto F(\omega)=(\mathscr{F}f)(\omega)=(2\pi)^{-0.5}\int_{-\infty}^{+\infty}f(x)e^{-i\omega x}dx$$

出现了完全规范正交函数系 $\{\varepsilon_\omega(x)=(2\pi)^{-0.5}e^{i\omega x};\omega\in\mathbb{R}\}$，它是非周期能量有限信号空间或平方可积函数空间 $\mathcal{L}^2(\mathbb{R})$ 的规范正交基，被称为傅里叶变换基. 如果将这个函数系的指标 $\omega\in\mathbb{R}$ 等间隔离散化为 $\omega=k,k=0,\pm1,\pm2,\cdots$，得到函数系：

$$\{\varepsilon_k(x)=(2\pi)^{-0.5}e^{ikx};k\in\mathbb{Z}\}$$

这个函数系是规范正交函数系，它是周期 2π 的能量有限信号空间或平方可积函数空间 $\mathcal{L}^2(0,2\pi)$ 的规范正交基，就是傅里叶级数基. 在这个具体的酉变换中，前述问题的答案是否定的. 容易证明，傅里叶变换基指标 $\omega\in\mathbb{R}$ 的等间隔离散化都将导致分析范围从函数空间 $\mathcal{L}^2(\mathbb{R})$ 退化为周期平方可积函数空间.

但是，这个问题在小波理论研究中却获得了意外的肯定答案！比如二进小波就是一个可行的有效途径：当小波函数满足某些更苛刻的条件时，小波规范正交基的两个指标 (s,μ) 之一的尺度参数 $s>0$ 按照对数等间隔离散化为比如 $s=2^{-j}$，其中 $j\in\mathbb{Z}$，这时，函数系 $\mathscr{Z}$ 的子函数系 $\mathscr{Z}'$ 构成空间 $\mathcal{L}^2(\mathbb{R})$ 的某种意义下的分析基，这就是二进小波理论.

3.3.1　二进小波

本小节研究二进小波函数以及它与容许小波和吸收小波的关系.

(α) 二进小波的定义

假设 $\psi(x)$ 是函数空间 $\mathcal{L}^2(\mathbb{R})$ 中的一个函数，如果存在两个正的实数 $\mathbf{A}$ 和 $\mathbf{B}$，满足如下的频域不等式：

$$\mathbf{0}<\mathbf{A}\leqslant\sum_{j=-\infty}^{+\infty}\left|\Psi(2^{-j}\omega)\right|^2\leqslant\mathbf{B}<+\infty,\quad \text{a.e.},\quad \omega\in\mathbb{R}$$

其中 $\Psi(\omega)$ 是函数 $\psi(x)$ 的傅里叶变换，这时，称函数 $\psi(x)$ 是一个二进小波，上式中的不等式称为稳定性条件，正因为这样，所以在研究小波理论的文献中有时也把二进小波称为稳定小波.

注释：在二进小波稳定性条件中，如果定义函数：

$$\Omega(\omega)=\sum_{j=-\infty}^{+\infty}|\,\Psi(2^{-j}\omega)\,|^2$$

那么，函数 $\Omega(\omega)$ 的取值完全由它在区间 $[-2^{k+1},-2^k]\cup[2^m,2^{m+1}]$ 上的取值决定，其中 m,k 是两个任意的整数. 实际上，对于任意的整数 $m'\in\mathbb{Z}$,

$$\Omega(\omega)=\Omega(2^{m'}\omega),\quad \omega\in\mathbb{R}$$

因为容许小波理论和吸收小波理论已经得到充分详细的研究并明确证明了它们具有的各种性质，因此，在二进小波定义之后，自然会关心容许小波和吸收小波的相关成果对于二进小波是否还继续成立？这个问题本质上就是二进小波与容许小波和吸收小波的关系问题.

(β) 二进小波是容许小波

这里研究二进小波与容许小波的关系问题. 根据二进小波定义之后的注释容易证明二进小波必为容许小波，即如下成立定理.

定理 3.14 如果函数 $\psi(x)\in\mathcal{L}^2(\mathbb{R})$ 是一个二进小波，那么，它必然满足容许性条件 $\mathcal{C}_\psi<+\infty$，即 $\psi(x)$ 是容许小波.

证明 因为 $\psi(x)$ 是一个二进小波，那么，必然存在两个正的实数 $\mathbf{A}$ 和 $\mathbf{B}$，满足如下的频域不等式：

$$0<\mathbf{A}\leqslant\sum_{j=-\infty}^{+\infty}|\Psi(2^{-j}\omega)|^2\leqslant\mathbf{B}<+\infty,\quad \text{a.e.},\quad \omega\in\mathbb{R}$$

其中 $\Psi(\omega)$ 是函数 $\psi(x)$ 的傅里叶变换，于是成立如下演算：

$$\begin{aligned}\mathcal{C}_\psi&=2\pi\int_{\mathbb{R}^*}|\omega|^{-1}|\Psi(\omega)|^2\,d\omega\\&=2\pi\int_{\mathbb{R}^+}\omega^{-1}[|\Psi(\omega)|^2+|\Psi(-\omega)|^2]d\omega\\&=2\pi\sum_{k\in\mathbb{Z}}\int_{2^k}^{2^{k+1}}\omega^{-1}[|\Psi(\omega)|^2+|\Psi(-\omega)|^2]d\omega\\&=2\pi\int_1^2\xi^{-1}\sum\nolimits_{k\in\mathbb{Z}}[|\Psi(2^k\xi)|^2+|\Psi(-2^k\xi)|^2]d\xi\end{aligned}$$

利用二进小波的稳定性条件给出的不等式，得到最终演算结果：

$$4\pi\mathbf{A}\ell n2\leqslant\mathcal{C}_\psi\leqslant4\pi\mathbf{B}\ell n2<+\infty$$ #

这个定理保证对于容许小波成立的一切结论对于二进小波都成立.

(γ) 实二进小波是吸收小波

这里研究二进小波与吸收小波的关系. 可以利用实数值函数傅里叶变换的性质证明如下的定理.

定理 3.15 如果实数值函数 $\psi(x)\in\mathcal{L}^2(\mathbb{R})$ 是一个二进小波，那么，它必然满足吸收条件，即 $\psi(x)$ 是吸收小波.

证明　如果 $\psi(x)\in\mathcal{L}^2(\mathbb{R})$ 是实数值函数，则它的傅里叶变换具有如下性质：

$$\Psi(\omega)=(2\pi)^{-0.5}\int_{\mathbb{R}}\psi(x)e^{-ix\omega}dx=\overline{\left[(2\pi)^{-0.5}\int_{\mathbb{R}}\psi(x)e^{-ix(-\omega)}dx\right]}=\overline{\Psi}(-\omega)$$

因此

$$\begin{aligned}\int_{\mathbb{R}^+}\omega^{-1}\left|\Psi(-\omega)\right|^2d\omega&=\int_{\mathbb{R}^+}\omega^{-1}\left|\Psi(\omega)\right|^2d\omega\\&=2\pi\sum_{k\in\mathbb{Z}}\int_{2^k}^{2^{k+1}}\omega^{-1}\left|\Psi(\omega)\right|^2d\omega\\&=2\pi\int_1^2\xi^{-1}\sum_{k\in\mathbb{Z}}\left|\Psi(2^k\xi)\right|^2d\xi\\&\leqslant 2\pi\mathbf{B}\ell n2<+\infty\end{aligned}$$

其中正实数 $\mathbf{B}$ 是出现在二进小波稳定性条件中的不等式上界.　#

注释：可以从频域直接构造函数 $\psi(x)$ 的傅里叶变换 $\Psi(\omega)$，保证 $\psi(x)$ 满足稳定性条件，但它不是吸收的，这说明二进小波未必是吸收小波. 后续研究将阐述清楚，在二进小波的条件下，首先，它作为容许小波的小波变换是具有明确的含义的，因此，关于容许小波以及容许小波变换的结果对二进小波都成立；其次，任何平方可积函数 $f(x)\in\mathcal{L}^2(\mathbb{R})$ 可以利用它在这个二进小波下的正尺度容许小波变换 $\{W_f(s,\mu);s>0,\mu\in\mathbb{R}\}$ 实现函数的完全重建，即虽然二进小波未必是吸收小波，但正尺度容许小波变换 $\{W_f(s,\mu);s>0,\mu\in\mathbb{R}\}$ 已经包含了重建函数 $f(x)$ 需要的一切信息.

(δ) 对偶小波

定义　假设函数 $\psi(x)\in\mathcal{L}^2(\mathbb{R})$ 是一个二进小波，如果函数 $\tau(x)\in\mathcal{L}^2(\mathbb{R})$ 满足如下恒等式：

$$2\pi\sum_{j=-\infty}^{+\infty}\overline{\Psi}(2^{-j}\omega)\mathrm{T}(2^{-j}\omega)=1,\quad \text{a.e.},\quad \omega\in\mathbb{R}$$

其中

$$\Psi(\omega)=(2\pi)^{-0.5}\int_{x\in\mathbb{R}}\psi(x)e^{-i\omega x}dx,\quad \mathrm{T}(\omega)=(2\pi)^{-0.5}\int_{x\in\mathbb{R}}\tau(x)e^{-i\omega x}dx$$

分别表示 $\psi(x)$ 和 $\tau(x)$ 的傅里叶变换，则称 $\tau(x)$ 是二进小波 $\psi(x)$ 的对偶小波.

实际上，因为 $\psi(x)$ 是二进小波，所以，存在两个正的实数 $\mathbf{A}$ 和 $\mathbf{B}$，满足如下的频域不等式：

$$\mathbf{0}<\mathbf{A}\leqslant\sum_{j=-\infty}^{+\infty}|\,\Psi(2^{-j}\omega)\,|^2\leqslant\mathbf{B}<+\infty,\quad \text{a.e.},\quad \omega\in\mathbb{R}$$

此时, 如果构造函数 $\tau(x)$, 其傅里叶变换 $\mathrm{T}(\omega)$ 具有如下形式:

$$\mathrm{T}(\omega)=\frac{\Psi(\omega)}{2\pi\sum\limits_{k=-\infty}^{+\infty}|\,\Psi(2^{-k}\omega)\,|^2},\quad \text{a.e.},\quad \omega\in\mathbb{R}$$

那么, 因为如下演算成立: 对于任意的整数 j,

$$\mathrm{T}(2^{-j}\omega)=\frac{\Psi(2^{-j}\omega)}{2\pi\sum\limits_{k=-\infty}^{+\infty}|\,\Psi(2^{-k}\omega\times 2^{-j}\omega)\,|^2}=\frac{\Psi(2^{-j}\omega)}{2\pi\sum\limits_{\ell=-\infty}^{+\infty}|\,\Psi(2^{-\ell}\omega)\,|^2}$$

而且

$$\begin{aligned}1&=\frac{1}{\sum\limits_{\ell=-\infty}^{+\infty}|\,\Psi(2^{-\ell}\omega)\,|^2}\sum_{j=-\infty}^{+\infty}|\,\Psi(2^{-j}\omega)\,|^2\\&=2\pi\sum_{j=-\infty}^{+\infty}\overline{\Psi}(2^{-j}\omega)\frac{\Psi(2^{-j}\omega)}{2\pi\sum\limits_{\ell=-\infty}^{+\infty}|\,\Psi(2^{-\ell}\omega)\,|^2}\\&=2\pi\sum_{j=-\infty}^{+\infty}\overline{\Psi}(2^{-j}\omega)\mathrm{T}(2^{-j}\omega)\end{aligned}$$

所以, $\tau(x)$ 是二进小波 $\psi(x)$ 的对偶小波.

注释: 事实上, 由 $\tau(x)$ 的傅里叶变换 $\mathrm{T}(\omega)$ 的构造公式可知

$$\frac{|\,\Psi(\omega)\,|}{2\pi\mathbf{B}}\leqslant|\,\mathrm{T}(\omega)\,|=\frac{|\,\Psi(\omega)\,|}{2\pi\sum\limits_{k=-\infty}^{+\infty}|\,\Psi(2^{-k}\omega)\,|^2}\leqslant\frac{|\,\Psi(\omega)\,|}{2\pi\mathbf{A}},\quad \text{a.e.},\quad \omega\in\mathbb{R}$$

所以

$$\int_{\mathbb{R}}|\,\tau(x)\,|^2\,dx=\int_{\mathbb{R}}|\,\mathrm{T}(\omega)\,|^2\,d\omega\leqslant(2\pi\mathbf{A})^{-2}\int_{\mathbb{R}}|\,\Psi(\omega)\,|^2\,d\omega<+\infty$$

这说明 $\tau(x)\in\mathcal{L}^2(\mathbb{R})$. 此外

$$\sum_{j=-\infty}^{+\infty}|\,\mathrm{T}(2^{-j}\omega)\,|^2=\sum_{j=-\infty}^{+\infty}|\,\Psi(2^{-j}\omega)\,|^2\left[2\pi\sum_{\ell=-\infty}^{+\infty}|\,\Psi(2^{-\ell}\omega)\,|^2\right]^{-2}=\frac{1}{4\pi^2}\left[\sum_{\ell=-\infty}^{+\infty}|\,\Psi(2^{-\ell}\omega)\,|^2\right]^{-1}$$

从而得到关于 $\tau(x)$ 的稳定性条件:

$$\frac{1}{4\pi^2\mathbf{B}}\leqslant\sum_{j=-\infty}^{+\infty}|\,\mathrm{T}(2^{-j}\omega)\,|^2=\frac{1}{4\pi^2}\left[\sum_{j=-\infty}^{+\infty}|\,\Psi(2^{-j}\omega)\,|^2\right]^{-1}\leqslant\frac{1}{4\pi^2\mathbf{A}}$$

这些推演结果说明, 对于二进小波 $\psi(x)$, 它的对偶小波总是存在的, 而且, 按照上述方式构造得到的对偶小波 $\tau(x)$ 是一个二进小波. 可以证明, 二进小波 $\psi(x)$ 的

对偶小波都是二进小波.

3.3.2　二进小波变换

本小节研究在二进小波条件下的小波变换.

(α) 二进小波变换定义

定义　如果函数 $\psi(x)\in\mathcal{L}^2(\mathbb{R})$ 是一个二进小波, 将任何函数 $f(x)\in\mathcal{L}^2(\mathbb{R})$ 的二进小波变换定义并表示如下:

$$\begin{aligned}W_f^{(j)}(\mu) &= W_f(2^{-j},\mu)\\ &= \mathcal{C}_\psi^{-0.5}\int_{-\infty}^{+\infty} f(x)\psi^*_{(2^{-j},\mu)}(x)dx\\ &= 2^{j/2}\mathcal{C}_\psi^{-0.5}\int_{-\infty}^{+\infty} f(x)\psi^*(2^j(x-\mu))dx\end{aligned}$$

其中

$$\mathcal{C}_\psi = 2\pi\int_{\mathbb{R}^*}|\,\omega\,|^{-1}|\,\Psi(\omega)\,|^2\,d\omega<+\infty$$

是二进小波 $\psi(x)$ 的容许性参数, $\Psi(\omega)$ 是 $\psi(x)$ 的傅里叶变换.

这个定义表明, 函数 $f(x)$ 的二进小波变换 $W_f^{(j)}(\mu)$ 就是 $f(x)$ 在二进小波 $\psi(x)$ 作为容许小波时当尺度参数为 $s=2^{-j}$ 的容许小波变换 $W_f(2^{-j},\mu)$. 当 j 取遍所有整数时, $f(x)$ 的二进小波变换形成一个函数序列 $\{W_f^{(j)}(\mu)\in\mathcal{L}^2(\mathbb{R});j\in\mathbb{Z}\}$.

容易证明, 对于任意整数 j, $W_f^{(j)}(\mu)\in\mathcal{L}^2(\mathbb{R})$.

(β) 二进小波重建公式

如果 $\psi(x)$ 是一个二进小波, 函数 $f(x)\in\mathcal{L}^2(\mathbb{R})$ 的二进小波变换表示为

$$W_f^{(j)}(\mu) = \mathcal{C}_\psi^{-0.5}\int_{-\infty}^{+\infty} f(x)\psi^*_{(2^{-j},\mu)}(x)dx$$

其中 $\mathcal{C}_\psi = 2\pi\int_{\mathbb{R}^*}|\,\omega\,|^{-1}|\,\Psi(\omega)\,|^2\,d\omega<+\infty$ 是小波函数 $\psi(x)$ 的容许性参数. 那么, 可以证明利用函数系 $\{W_f^{(j)}(\mu)\in\mathcal{L}^2(\mathbb{R});j\in\mathbb{Z}\}$ 能够完全重建函数 $f(x)$, 这就是下面的二进小波重建公式.

定理 3.16 (二进小波重建公式)　如果 $\psi(x)$ 是一个二进小波, 而且, $\tau(x)$ 是 $\psi(x)$ 的一个对偶小波, 那么, 对任何函数 $f(x)\in\mathcal{L}^2(\mathbb{R})$, 如下公式成立:

$$f(x)=\sum_{k=-\infty}^{+\infty}\int_{-\infty}^{+\infty}2^k\mathcal{C}_\psi^{0.5}W_f^{(k)}(\mu)\tau_{(2^{-k},\mu)}(x)d\mu$$

证明 第一步，对于整数 k，分别计算 $\psi_{(2^{-k},\mu)}(x),\tau_{(2^{-k},\mu)}(x),W_f^{(k)}(\mu)$ 这三个函数的傅里叶变换. 首先，演算得到

$$\begin{cases}\mathscr{F}:\psi_{(2^{-k},\mu)}(x)\mapsto 2^{-k/2}\Psi(2^{-k}\omega)e^{-i\omega\mu}\\ \mathscr{F}:\tau_{(2^{-k},\mu)}(x)\mapsto 2^{-k/2}\mathrm{T}(2^{-k}\omega)e^{-i\omega\mu}\end{cases}$$

比如示范计算：

$$\begin{aligned}\mathscr{F}:\ \psi_{(2^{-k},\mu)}(x)&\mapsto(2\pi)^{-0.5}\int_{-\infty}^{+\infty}\psi_{(2^{-k},\mu)}(x)e^{-i\omega x}dx\\&=(2\pi)^{-0.5}\int_{-\infty}^{+\infty}2^{k/2}\psi(2^k(x-\mu))e^{-i\omega x}dx\\&=2^{-k/2}\left[(2\pi)^{-0.5}\int_{-\infty}^{+\infty}\psi(u)e^{-i(2^{-k}\omega)u}du\right]e^{-i\omega\mu}\\&=2^{-k/2}\Psi(2^{-k}\omega)e^{-i\omega\mu}\end{aligned}$$

其次，计算得到与函数 $W_f^{(k)}(\mu)$ 相关的傅里叶变换关系公式组：

$$\begin{cases}\mathscr{F}:\ [(2\pi)^{-0.5}2^{k/2}\mathcal{C}_\psi^{0.5}W_f^{(k)}(\mu)]\mapsto[(\mathscr{F}f)(\omega)\overline{\Psi}(2^{-k}\omega)]\\ \mathscr{F}^*:\ [(\mathscr{F}f)(\omega)\overline{\Psi}(2^{-k}\omega)]\mapsto[(2\pi)^{-0.5}2^{k/2}\mathcal{C}_\psi^{0.5}W_f^{(k)}(\mu)]\end{cases}$$

或者表示为

$$[(2\pi)^{-0.5}2^{k/2}\mathcal{C}_\psi^{0.5}W_f^{(k)}(\mu)]=(2\pi)^{-0.5}\int_{-\infty}^{+\infty}[(\mathscr{F}f)(\omega)\overline{\Psi}(2^{-k}\omega)]e^{i\omega\mu}d\omega$$

实际上，利用二进小波变换定义和一次傅里叶变换内积恒等式可以得到如下的演算公式：

$$\begin{aligned}W_f^{(k)}(\mu)&=\mathcal{C}_\psi^{-0.5}\int_{-\infty}^{+\infty}f(x)[\psi_{(2^{-k},\mu)}(x)]^*dx\\&=\mathcal{C}_\psi^{-0.5}\int_{-\infty}^{+\infty}(\mathscr{F}f)(\omega)[2^{-k/2}\Psi(2^{-k}\omega)e^{-i\omega\mu}]^*d\omega\\&=(2\pi)^{0.5}2^{-k/2}\mathcal{C}_\psi^{-0.5}\left\{(2\pi)^{-0.5}\int_{-\infty}^{+\infty}\left[(\mathscr{F}f)(\omega)\overline{\Psi}(2^{-k}\omega)\right]e^{i\omega\mu}d\omega\right\}\end{aligned}$$

第二步，将函数 $f(x)$ 的傅里叶变换 $(\mathscr{F}f)(\omega)$ 以及第一步获得的三个函数的傅里叶变换表达式逐步地、顺序地代入对偶小波的定义公式，完成如下演算过程即可获得二进小波重建公式.

首先，将函数 $f(x)$ 的傅里叶变换 $(\mathscr{F}f)(\omega)$ 代入对偶小波定义公式得

$$(\mathscr{F}f)(\omega)=2\pi\sum_{k=-\infty}^{+\infty}[(\mathscr{F}f)(\omega)\overline{\Psi}(2^{-k}\omega)]\mathrm{T}(2^{-k}\omega),\quad \text{a.e.},\quad \omega\in\mathbb{R}$$

其次，将等式右边方括号内的频域形式的函数替换为其傅里叶变换定义得

$$(\mathscr{F}f)(\omega)=2\pi\sum_{k=-\infty}^{+\infty}\mathrm{T}(2^{-k}\omega)\left\{(2\pi)^{-0.5}\int_{-\infty}^{+\infty}[(2\pi)^{-0.5}2^{k/2}\boldsymbol{C}_{\psi}^{0.5}W_f^{(k)}(\mu)]e^{-i\omega\mu}d\mu\right\}$$

初步将上式右边按照对偶小波 $\tau_{(2^{-k},\mu)}(x)$ 的傅里叶变换形式进行整理得到

$$(\mathscr{F}f)(\omega)=\boldsymbol{C}_{\psi}^{0.5}\sum_{k=-\infty}^{+\infty}\int_{-\infty}^{+\infty}[2^kW_f^{(k)}(\mu)][2^{-k/2}\mathrm{T}(2^k\omega)e^{-i\omega\mu}]d\mu$$

将对偶小波 $\tau_{(2^{-k},\mu)}(x)$ 的傅里叶变换定义公式代入，可得

$$(\mathscr{F}f)(\omega)=\boldsymbol{C}_{\psi}^{0.5}\sum_{k=-\infty}^{+\infty}\int_{-\infty}^{+\infty}[2^kW_f^{(k)}(\mu)]\left[(2\pi)^{-0.5}\int_{-\infty}^{+\infty}\tau_{(2^{-k},\mu)}(x)e^{-i\omega x}dx\right]d\mu$$

回顾函数 $f(x)$ 的傅里叶变换 $(\mathscr{F}f)(\omega)$ 的定义公式，整理上式右边，得到

$$(\mathscr{F}f)(\omega)=(2\pi)^{-0.5}\int_{-\infty}^{+\infty}\left[\sum_{k=-\infty}^{+\infty}\int_{-\infty}^{+\infty}2^k\boldsymbol{C}_{\psi}^{0.5}W_f^{(k)}(\mu)\tau_{(2^{-k},\mu)}(x)d\mu\right]e^{-i\omega x}dx$$

由傅里叶变换关系的唯一性获得二进小波重建公式：

$$f(x)=\sum_{k=-\infty}^{+\infty}\int_{-\infty}^{+\infty}2^k\boldsymbol{C}_{\psi}^{0.5}W_f^{(k)}(\mu)\tau_{(2^{-k},\mu)}(x)d\mu$$

注释：前述分析已经论证二进小波 $\psi(x)$ 的对偶小波的存在性，而且二进小波 $\psi(x)$ 的对偶小波都是二进小波. 实际上，二进小波的对偶小波未必唯一. 前述分析中曾经按照频域形式构造特定的对偶小波 $\tau(x)$. 按照这个特定构造模式，容易验证，函数 $\psi(x)$ 是二进小波 $\tau(x)$ 的对偶小波. 一般地，二进小波函数 $\psi(x)$ 总是它的对偶小波 $\tau(x)$ 的对偶小波. 这里需要特别提示的是，在演算二进小波重建公式的过程中，不需要二进小波的对偶小波的具体形式，只要满足对偶小波的定义要求，二进小波重建公式以及上述推证过程都是成立的.

(γ) 为什么是二进小波

回顾此前关于二进小波的分析，如果 $\psi(x)$ 是二进小波，那么，任何平方可积函数 $f(x)$ 与其二进小波变换函数系 $\{W_f^{(k)}(\mu)\in\boldsymbol{\mathcal{L}}^2(\mathbb{R});k\in\mathbb{Z}\}$ 存在一种互逆表示关系，具体实现过程需要两个二进小波函数系，即函数系 $\{\psi_{(2^{-k},\mu)}(x);k\in\mathbb{Z}\}$ 和函数系 $\{\tau_{(2^{-k},\mu)}(x);k\in\mathbb{Z}\}$，其中一个函数系 $\{\psi_{(2^{-k},\mu)}(x);k\in\mathbb{Z}\}$ 作为“分解基”发挥作用，把一个函数分解为一个函数序列 $\{W_f^{(k)}(\mu)\in\boldsymbol{\mathcal{L}}^2(\mathbb{R});k\in\mathbb{Z}\}$： $\forall k\in\mathbb{Z}$，

$$\psi_{(2^{-k},\mu)}(x)\text{: } f(x)\mapsto W_f^{(k)}(\mu)=\mathcal{C}_\psi^{-0.5}\int_{-\infty}^{+\infty}f(x)\psi^*_{(2^{-k},\mu)}(x)dx$$

最终，二进小波 $\psi(x)$ 或者算子“ψ”把 $f(x)$ 转换为如下函数序列：

$$\psi\text{: } f(x)\mapsto\{W_f^{(k)}(\mu)\in\mathcal{L}^2(\mathbb{R});k\in\mathbb{Z}\}$$

另一个函数系，即 $\{\tau_{(2^{-k},\mu)}(x);k\in\mathbb{Z}\}$ 作为“合成基”，按照顺序标志 $k\in\mathbb{Z}$ 逐个对应地把函数序列 $\{W_f^{(k)}(\mu)\in\mathcal{L}^2(\mathbb{R});k\in\mathbb{Z}\}$ 合并为一个函数，具体详细表达如下：$\forall k\in\mathbb{Z}$，

$$\tau_{(2^{-k},\mu)}\text{: } W_f^{(k)}(\mu)\mapsto f_k(x)=2^k\mathcal{C}_\psi^{0.5}\int_{-\infty}^{+\infty}W_f^{(k)}(\mu)\tau_{(2^{-k},\mu)}(x)d\mu$$

最终，二进小波 $\tau(x)$ 或者算子“τ”把函数序列 $\{W_f^{(k)}(\mu)\in\mathcal{L}^2(\mathbb{R});k\in\mathbb{Z}\}$ 转换为原始函数 $f(x)$：

$$\tau\text{: } \{W_f^{(k)}(\mu)\in\mathcal{L}^2(\mathbb{R});k\in\mathbb{Z}\}\mapsto f(x)=\sum_{k=-\infty}^{+\infty}f_k(x)$$

在二进小波的前提下，保证上述分析过程顺利实现两者互逆表示的逻辑根据就是对偶小波定义恒等式：

$$2\pi\sum_{j=-\infty}^{+\infty}\overline{\Psi}(2^{-j}\omega)\mathrm{T}(2^{-j}\omega)=1,\quad \text{a.e.},\quad \omega\in\mathbb{R}$$

在这个过程中，相当于小波基的参数组 (s,μ) 中的连续尺度参数 $s\in\mathbb{R}^+$ 被离散化为可数的参数值 $s=2^{-k},k\in\mathbb{Z}$，一个显然的问题是，连续尺度参数 $s\in\mathbb{R}^+$ 的离散化为什么没有选择其他常用形式，比如线性等间隔离散化？即为什么是二进小波？这里尝试简单地说明这个问题.

回顾容许小波重建公式，将这个重建公式重新写成

$$f(x)=\mathcal{C}_\psi^{-0.5}\int_{-\infty}^{+\infty}d\mu\int_{-\infty}^{+\infty}[s^{-2}W_f(s,\mu)]\psi_{(s,\mu)}(x)ds$$

可以把这个重建公式理解为，在 $s-\mu$ 坐标系下，利用这两个坐标轴的线性测度 ds 和 $d\mu$，根据基函数系 $\psi_{(s,\mu)}(x)$ 从函数 $[s^{-2}W_f(s,\mu)]$ 重建函数 $f(x)$. 另一种解释是从小波变换 $W_f(s,\mu)$ 加权实现函数 $f(x)$ 的重建. 在后一种解释之下，小波变换 $W_f(s,\mu)$ 数值对重建函数 $f(x)$ 数值的贡献，对于所有的 μ，在累积(积分)过程中具有相同的加权数值，但是，在对 s 的累积(积分)过程中，显然，$|s|$ 的数值越大，对应的 $W_f(s,\mu)$ 的加权 s^{-2} 数值就越小，$|s|$ 的数值越小，对应的 $W_f(s,\mu)$ 的加权数值 s^{-2} 就越大，当 $|s|\to 0$ 时，小波变换 $W_f(s,\mu)$ 的加权数值 $s^{-2}\to+\infty$. 因此，在从 $W_f(s,\mu)$

重建函数 $f(x)$ 的过程中，小尺度小波变换最终发挥的作用更大，尺度越小的小波变换发挥的作用越大. 这些分析结果表明，如果按照 s 的某种离散序列 $\{s^{(k)};k\in\mathbb{Z}\}$ 从 $\{W_f(s,\mu);(s,\mu)\in\mathbb{R}^*\times\mathbb{R}\}$ 中抽取部分小波变换数值：

$$\{W_f(s,\mu);\mu\in\mathbb{R},s=s^{(k)},k\in\mathbb{Z}\}$$

就能够实现函数 $f(x)$ 的重建，那么，因为当 $|s|\to 0$ 时，$s^{-2}\to+\infty$，所以，可能性最大的尺度参数离散化方案应该是，离散序列 $\{s^{(k)};k\in\mathbb{Z}\}$ 的数值更多地同时也是更稠密地集中分布在 s 的较小数值区域，即集中地稠密地分布在 $s=0$ 的小开邻域内，在 s 的大数值区域，离散化序列 $\{s^{(k)};k\in\mathbb{Z}\}$ 的分布必须是稀疏的，而且，s 的数值越大，在它附近区域的分布越稀疏. 当然，s 的等间隔均匀离散化是很不合适的. 在前述二进小波和二进小波变换理论研究过程中，将尺度参数 s 的离散化序列 $\{s^{(k)};k\in\mathbb{Z}\}$ 选择为 $\{s^{(k)}=2^{-k};k\in\mathbb{Z}\}$，与这里的分析结果是协调一致的，这样，尺度参数的离散化在对数坐标轴上是等间隔均匀分布的. 这在一定程度上回答了前述问题.

另一方面，在重新表述的小波重建公式中，在线性测度 $dsd\mu$ 之下，重建函数 $f(x)$ 的重构单元是($s>0$)

$$[s^{-2}W_f(s,\mu)]\psi_{(s,\mu)}(x')dsd\mu=[s^{-2}W_f(s,\mu)][s^{-0.5}\psi(s^{-1}(x'-\mu))]dsd\mu$$

因此，除了 $[s^{-2}W_f(s,\mu)]$ 体现当 s 数值小时 $W_f(s,\mu)$ 被加更大的权值外，这个重构单元还体现了在小数值 s 时，大数值小范围分布的尖锐小波 $[s^{-0.5}\psi(s^{-1}(x'-\mu))]$ 在函数 $f(x)$ 位于 $x=x'$ 附近波形的决定性作用，在大数值 s 时，小数值大范围分布的矮胖小波 $[s^{-0.5}\psi(s^{-1}(x'-\mu))]$ 在函数 $f(x)$ 位于 $x=x'$ 附近波形的可以忽略的微乎其微的作用. 这就是小波局部化分析能力的根本原因. 在后续研究中，这个特色将会得到更清晰、更严谨和更充分的展现.

注释：即使尺度参数离散化采用对数坐标轴等间隔均匀分布，具体离散化方式也不会只有 $\{s^{(k)}=2^{-k};k\in\mathbb{Z}\}$ 这一种，关于这个问题可以在参考文献，比如 Daubechies (1988a, 1988b, 1990, 1992), Daubechies 和 Sweldens (1998)的文献中找到更深入和更详细的研究.

二进小波理论是建立在将尺度参数 s 离散化为序列 $\{s^{(k)}=2^{-k};k\in\mathbb{Z}\}$ 的基础上，同时保证对函数空间 $\mathcal{L}^2(\mathbb{R})$ 上的所有函数 $f(x)$，都可以利用其二进小波变换函数系 $\{W_f^{(k)}(\mu)\in\mathcal{L}^2(\mathbb{R});k\in\mathbb{Z}\}$ 实现完全重建，其途径是对小波函数 $\psi(x)$ 施加更苛刻的

“稳定性”条件限制.

沿着这个思路更大胆的探索是，对小波函数 $\psi(x)$ 施加比“稳定性”条件更严苛的限制，不仅可以用序列 $\{s^{(k)}=2^{-k};k\in\mathbb{Z}\}$ 离散化尺度参数 s，而且还可以按照某种方式离散化平移参数 μ 为序列 $\{\mu^{(m)};m\in\mathbb{Z}\}$，同时保证对空间 $\mathcal{L}^2(\mathbb{R})$ 上的所有函数 $f(x)$，可以利用其小波变换列 $\{W_f^{(k,m)},(k,m)\in\mathbb{Z}^2\}\in\ell^{\,2}(\mathbb{Z}\times\mathbb{Z})$ 实现完美重建. 正交小波理论的研究就是这种探索的完美榜样.

3.4 正交小波理论

小波的显式完全规范正交性定理表明，在容许小波 $\psi(x)$ 给定后，根据以四维核函数形式出现的二维狄拉克函数 $\mathbb{E}(s,\mu,s',\mu')=\delta(s-s',\mu-\mu')$，能够说明小波函数系：

$$\{\mathcal{C}_\psi^{-0.5}\psi_{(s,\mu)}(x)=\mathcal{C}_\psi^{-0.5}\ |\,s\,|^{-0.5}\ \psi(s^{-1}(x-\mu));s\in\mathbb{R}^*,\mu\in\mathbb{R}\}$$

构成函数空间 $\mathcal{L}^2(\mathbb{R})$ 的规范正交基，这时，规范正交基函数的两个参数 (s,μ) 都是连续取值的，$(s,\mu)\in\mathbb{R}^*\times\mathbb{R}$.

二进小波的重建定理获得了比容许小波更简洁的函数重建公式. 在两个二进小波 $\psi(x)$ 和 $\tau(x)$ 满足对偶小波恒等式：

$$2\pi\sum_{j=-\infty}^{+\infty}\overline{\Psi}(2^{-j}\omega)\mathrm{T}(2^{-j}\omega)=1,\quad \text{a.e.,}\quad \omega\in\mathbb{R}$$

的前提下，小波函数系 $\{\psi_{(2^{-k},\mu)}(x);k\in\mathbb{Z},\mu\in\mathbb{R}\}$ 可以被作为一个“分解基”，将任何平方可积函数 $f(x)$ 分解为小波变换函数系 $\{W_f^{(k)}(\mu)\in\mathcal{L}^2(\mathbb{R});k\in\mathbb{Z}\}$，同时，小波函数系 $\{\tau_{(2^{-k},\mu)}(x);k\in\mathbb{Z},\mu\in\mathbb{R}\}$ 可以被作为一个“合成基”，能够完美地从小波变换函数系 $\{W_f^{(k)}(\mu)\in\mathcal{L}^2(\mathbb{R});k\in\mathbb{Z}\}$ 重建原函数 $f(x)$. 这个过程形式上体现为，在小波规范正交基参数组 (s,μ) 中，s 被离散化为序列 $\{s^{(k)}=2^{-k};k\in\mathbb{Z}\}$，平移参数 $\mu\in\mathbb{R}$ 仍然保持连续取值，同时，“分解基” $\{\psi_{(2^{-k},\mu)}(x);k\in\mathbb{Z},\mu\in\mathbb{R}\}$ 和“合成基” $\{\tau_{(2^{-k},\mu)}(x);k\in\mathbb{Z},\mu\in\mathbb{R}\}$ 表现为某种意义下的“对偶基”.

容易想到如果增加对小波函数施加更严苛的要求，足以保证不仅尺度参数 s 被离散化为序列 $\{s^{(k)}=2^{-k};k\in\mathbb{Z}\}$，而且同时平移参数 $\mu\in\mathbb{R}$ 也被离散化为序列

$\{\mu^{(m)};m\in\mathbb{Z}\}$，还能够保证可数的“分解基” $\{\psi_{(2^{-k},\mu^{(m)})}(x);k\in\mathbb{Z},m\in\mathbb{Z}\}$ 也可以作为“合成基”发挥作用，如果是这样，那么可以想象，函数空间 $\mathcal{L}^2(\mathbb{R})$ 以及其中函数的分析表示都将显得简洁而优美. 这就是本节的正交小波理论需要研究的问题.

(α) 正交小波

正交小波定义　如果函数 $\psi(x)\in\mathcal{L}^2(\mathbb{R})$，$\psi(x)$ 的如下伸缩平移函数系：

$$\{\psi_{j,k}(x)=2^{j/2}\psi(2^jx-k);(j,k)\in\mathbb{Z}\times\mathbb{Z}\}$$

构成函数空间 $\mathcal{L}^2(\mathbb{R})$ 的规范正交基，即满足下述条件：$\forall(j,k,\ell,m)\in\mathbb{Z}^4$，

$$\left\langle\psi_{j,k},\psi_{\ell,m}\right\rangle=\int_{\mathbb{R}}\psi_{j,k}(x)\overline{\psi}_{\ell,m}(x)dx=\delta(j-\ell)\delta(k-m)$$

其中符号 $\delta(m)$ 的定义是

$$\delta(m)=\begin{cases}1, & m=0\\0, & m\neq 0\end{cases}$$

称之为克罗内克函数，同时对 $f(x)\in\mathcal{L}^2(\mathbb{R})$，存在 $\{\alpha_{j,k};(j,k)\in\mathbb{Z}\times\mathbb{Z}\}$ 使如下公式成立：

$$f(x)=\sum_{j=-\infty}^{+\infty}\sum_{k=-\infty}^{+\infty}\alpha_{j,k}\psi_{j,k}(x)$$

这个公式称为函数 $f(x)$ 的小波级数表达式. 这时，称 $\psi(x)$ 是一个正交小波.

注释：由小波函数系 $\{\psi_{j,k}(x);(j,k)\in\mathbb{Z}\times\mathbb{Z}\}$ 与 $\{\psi_{(s,\mu)}(x);(s,\mu)\in\mathbb{R}^*\times\mathbb{R}\}$ 的比较可知，相当于 $s\in\mathbb{R}$ 首先被限制为 $s>0$，之后将 $(s,\mu)\in\mathbb{R}^+\times\mathbb{R}$ 同时离散化为

$$(s,\mu)=(2^{-j},2^{-j}k);\quad (j,k)\in\mathbb{Z}\times\mathbb{Z}$$

这样，$\{(2^{-j},2^{-j}k);(j,k)\in\mathbb{Z}\times\mathbb{Z}\}$ 是半平面 $\{(s,\mu);(s,\mu)\in\mathbb{R}^+\times\mathbb{R}\}$ 中的一组网格.

注释：在函数的正交小波级数表达式中，级数系数 $\{\alpha_{j,k};(j,k)\in\mathbb{Z}\times\mathbb{Z}\}$ 可以具有十分简单的表示方法：

$$\alpha_{j,k}=\int_{\mathbb{R}}f(x)\overline{\psi}_{j,k}(x)dx,\quad (j,k)\in\mathbb{Z}\times\mathbb{Z}$$

这具有明确的几何意义，即 $\{\alpha_{j,k};(j,k)\in\mathbb{Z}\times\mathbb{Z}\}$ 是函数 $f(x)$ 在函数空间 $\mathcal{L}^2(\mathbb{R})$ 的规范正交小波基 $\{\psi_{j,k}(x);(j,k)\in\mathbb{Z}\times\mathbb{Z}\}$ 坐标系下的坐标或正交投影.

正交小波的简单例子就是有名的 Haar 小波. Haar 小波是法国数学家 Haar 在 20 世纪初给出的.

1910 年, Haar(1910, 1930)建立了现在以他的名字命名的 Haar 函数, 即著名的 Haar 小波. 这个函数非常简单, 定义如下:

$$h(x)=\begin{cases}0, & -\infty<x<0\\ 1, & 0\leqslant x<0.5\\ -1, & 0.5\leqslant x<1\\ 0, & 1\leqslant x<+\infty\end{cases}$$

按照如下方式定义这个函数的伸缩平移函数系: 当 $(j,k)\in\mathbb{Z}\times\mathbb{Z}$ 时,

$$h_{j,k}(x)=2^{j/2}h(2^jx-k)=\begin{cases}0, & -\infty<x<2^{-j}k\\ 2^{j/2}, & 2^{-j}k\leqslant x<2^{-j}(k+0.5)\\ -2^{j/2}, & 2^{-j}(k+0.5)\leqslant x<2^{-j}(k+1.0)\\ 0, & 2^{-j}(k+1.0)\leqslant x<+\infty\end{cases}$$

这样, 函数系 $\{h_{j,k}(x);(j,k)\in\mathbb{Z}\times\mathbb{Z}\}$ 构成函数空间 $\mathcal{L}^2(\mathbb{R})$ 的规范正交小波基.

(β) 正交小波的酉性

如果 $\psi(x)$ 是正交小波, 即函数系 $\{\psi_{j,k}(x);(j,k)\in\mathbb{Z}\times\mathbb{Z}\}$ 是函数空间 $\mathcal{L}^2(\mathbb{R})$ 的规范正交小波基, 定义如下的线性变换:

$$\begin{aligned}\mathscr{W}:\ &\mathcal{L}^2(\mathbb{R})\to\ell^2(\mathbb{Z}^2)\\ &\psi_{j,k}(x)\mapsto\delta_{(j,k)},\quad (j,k)\in\mathbb{Z}^2\end{aligned}$$

其中, $\delta_{(j,k)}=(a_{r,s};(r,s)\in\mathbb{Z}^2)\in\ell^2(\mathbb{Z}^2)$ 定义如下:

$$a_{r,s}=\begin{cases}1, & (r,s)=(j,k)\\ 0, & (r,s)\neq(j,k)\end{cases}$$

可以证明这个线性变换是一个酉算子, 即如下定理成立.

定理 3.17 (正交小波酉性) 若 $\psi(x)$ 是正交小波, 即函数系 $\{\psi_{j,k}(x);(j,k)\in\mathbb{Z}\times\mathbb{Z}\}$ 是函数空间 $\mathcal{L}^2(\mathbb{R})$ 的规范正交小波基, 那么, 线性变换 $\mathscr{W}:\ \mathcal{L}^2(\mathbb{R})\to\ell^2(\mathbb{Z}^2)$ 是酉算子.

证明 因为函数系 $\{\psi_{j,k}(x);(j,k)\in\mathbb{Z}\times\mathbb{Z}\}$ 是空间 $\mathcal{L}^2(\mathbb{R})$ 的规范正交小波基, 所以, 如果 $f(x),g(x)\in\mathcal{L}^2(\mathbb{R})$, 那么它们必然具有如下正交小波级数表达式:

$$f(x)=\sum_{j=-\infty}^{+\infty}\sum_{k=-\infty}^{+\infty}W_f(2^{-j},2^{-j}k)\psi_{j,k}(x)$$
$$g(x)=\sum_{j=-\infty}^{+\infty}\sum_{k=-\infty}^{+\infty}W_g(2^{-j},2^{-j}k)\psi_{j,k}(x)$$

其中，对于任意的 $(j,k)\in\mathbb{Z}^2$，正交小波级数的系数可以表示为

$$W_f(2^{-j},2^{-j}k)=\int_{\mathbb{R}}f(x)\cdot 2^{j/2}\overline{\psi}(2^jx-k)dx$$
$$W_g(2^{-j},2^{-j}k)=\int_{\mathbb{R}}g(x)\cdot 2^{j/2}\overline{\psi}(2^jx-k)dx$$

因为“无穷矩阵” $\delta_{(j,k)}$ 全体构成的矩阵族 $\{\delta_{(j,k)};(j,k)\in\mathbb{Z}^2\}$ 是矩阵空间 $\ell^2(\mathbb{Z}^2)$ 的平凡规范正交基，因此

$$\mathscr{W}:\ \mathcal{L}^2(\mathbb{R})\to\ell^2(\mathbb{Z}^2)$$
$$f(x)\mapsto\mathscr{W}_f=\sum_{j=-\infty}^{+\infty}\sum_{k=-\infty}^{+\infty}W_f(2^{-j},2^{-j}k)\delta_{(j,k)}\in\ell^2(\mathbb{Z}^2)$$
$$g(x)\mapsto\mathscr{W}_g=\sum_{j=-\infty}^{+\infty}\sum_{k=-\infty}^{+\infty}W_f(2^{-j},2^{-j}k)\delta_{(j,k)}\in\ell^2(\mathbb{Z}^2)$$

这样，下述内积演算过程必然成立：

$$\begin{aligned}\langle f,g\rangle_{\mathcal{L}^2(\mathbb{R})}&=\int_{\mathbb{R}}f(x)\overline{g}(x)dx\\&=\sum_{j=-\infty}^{+\infty}\sum_{k=-\infty}^{+\infty}W_f(2^{-j},2^{-j}k)\overline{W}_g(2^{-j},2^{-j}k)\\&=\langle\mathscr{W}_f,\mathscr{W}_g\rangle_{\ell^2(\mathbb{Z}^2)}\end{aligned}$$

这个内积恒等式说明，线性变换 $\mathscr{W}$：$\mathcal{L}^2(\mathbb{R})\to\ell^2(\mathbb{Z}^2)$ 是保内积不变的，即对于任意的函数 $f(x),g(x)\in\mathcal{L}^2(\mathbb{R})$，如下等式恒成立：

$$\langle f,g\rangle_{\mathcal{L}^2(\mathbb{R})}=\langle\mathscr{W}_f,\mathscr{W}_g\rangle_{\ell^2(\mathbb{Z}^2)}$$

因此，线性变换 $\mathscr{W}$：$\mathcal{L}^2(\mathbb{R})\to\ell^2(\mathbb{Z}^2)$ 是酉算子.

注释：利用定理和定理证明过程中的记号，则对任意函数 $f(x)\in\mathcal{L}^2(\mathbb{R})$，如下等式恒成立：

$$\|f(x)\|^2_{\mathcal{L}^2(\mathbb{R})}=\int_{\mathbb{R}}|f(x)|^2\,dx=\sum_{j=-\infty}^{+\infty}\sum_{k=-\infty}^{+\infty}|W_f(2^{-j},2^{-j}k)|^2=\|\mathscr{W}_f\|^2_{\ell^2(\mathbb{Z}^2)}$$

即线性变换 $\mathscr{W}$：$\mathcal{L}^2(\mathbb{R})\to\ell^2(\mathbb{Z}^2)$ 或者正交小波级数变换是保范数不变的.

总之，根据线性变换 $\mathscr{W}$：$\mathcal{L}^2(\mathbb{R})\to\ell^2(\mathbb{Z}^2)$ 的这些性质，两个内积(范数)空间 $\mathcal{L}^2(\mathbb{R}),\ell^2(\mathbb{Z}^2)$ 是保持内积不变、保持范数不变的完全同构空间. 作为对比回顾容许

小波变换和二进小波变换条件下同类问题的研究结果，可以说正交小波给出了最完美和最简洁的解决方案.

(γ) 小波完美采样

在 $\psi(x)$ 是正交小波的条件下，作为空间 $\mathcal{L}^2(\mathbb{R})$ 的规范正交基，正交小波函数系 $\{\psi_{j,k}(x);(j,k)\in\mathbb{Z}\times\mathbb{Z}\}$ 是容许小波函数系 $\{\psi_{(s,\mu)}(x);(s,\mu)\in\mathbb{R}^*\times\mathbb{R}\}$ 按照基函数参数 $(s,\mu)\in\mathbb{R}^*\times\mathbb{R}$ 首先折叠为参数半平面 $\{(s,\mu);(s,\mu)\in\mathbb{R}^+\times\mathbb{R}\}$ 之后再离散化为网格 $\{(2^{-j},2^{-j}k);(j,k)\in\mathbb{Z}\times\mathbb{Z}\}$ 进行抽取构成的可数基. 虽然空间 $\mathcal{L}^2(\mathbb{R})$ 的这两个规范正交基都可以提供函数的有效正交表达，但是可数的正交小波函数系具有充分的理由应该更受青睐. 下面的小波完美采样定理就是最好的例证之一.

定理 3.18 (小波完美采样) 若 $\psi(x)$ 是正交小波，即函数系 $\{\psi_{j,k}(x);(j,k)\in\mathbb{Z}\times\mathbb{Z}\}$ 是函数空间 $\mathcal{L}^2(\mathbb{R})$ 的规范正交小波基，线性变换 $\mathscr{W}$：$\mathcal{L}^2(\mathbb{R})\to\ell^2(\mathbb{Z}^2)$ 定义如前述，另外，定义线性变换：

$$\mathbb{W}:\ \mathcal{L}^2(\mathbb{R})\to\mathcal{L}^2_{\mathrm{Loc}}(\mathbb{R}^2,s^{-2}dsd\mu)$$

$$f(x)\mapsto(\mathbb{W}f)(s,\mu)=W_f(s,\mu)=\int_{-\infty}^{+\infty}f(x)\psi_{(s,\mu)}(x)dx$$

利用这些记号定义采样算子：

$$\begin{aligned}\mathscr{S}:\ \mathcal{L}^2_{\mathrm{Loc}}(\mathbb{R}^2,s^{-2}dsd\mu)&\to\ell^2(\mathbb{Z}^2)\\ W(s,\mu)&\mapsto\mathscr{S}_W\in\ell^2(\mathbb{Z}^2)\\ \mathscr{S}_W(j,k)&=W(2^{-j},2^{-j}k),\quad(j,k)\in\mathbb{Z}\times\mathbb{Z}\end{aligned}$$

那么，这个采样算子 $\mathscr{S}$: $\mathcal{L}^2_{\mathrm{Loc}}(\mathbb{R}^2,s^{-2}dsd\mu)\to\ell^2(\mathbb{Z}^2)$ 是酉的线性算子，内积恒等式表现为：对任意的 $W^{(1)}(s,\mu),W^{(2)}(s,\mu)\in\mathcal{L}^2_{\mathrm{Loc}}(\mathbb{R}^2,s^{-2}dsd\mu)$，下式恒成立：

$$\int_{\mathbb{R}^2}[W^{(1)}(s,\mu)][W^{(2)}(s,\mu)]^*s^{-2}dsd\mu=\sum_{j=-\infty}^{+\infty}\sum_{k=-\infty}^{+\infty}[\mathscr{S}_{W^{(1)}}(j,k)][\mathscr{S}_{W^{(2)}}(j,k)]^*$$

或者简写成

$$\left\langle W^{(1)}(s,\mu),W^{(2)}(s,\mu)\right\rangle_{\mathcal{L}^2_{\mathrm{Loc}}(\mathbb{R}^2,s^{-2}dsd\mu)}=\left\langle\mathscr{S}_{W^{(1)}}(j,k),\mathscr{S}_{W^{(2)}}(j,k)\right\rangle_{\ell^2(\mathbb{Z}^2)}$$

因此，内积空间 $\mathcal{L}^2_{\mathrm{Loc}}(\mathbb{R}^2,s^{-2}dsd\mu),\ell^2(\mathbb{Z}^2)$ 是保内积不变、保范数不变完全同构的.

证明 这里只证明采样算子 $\mathscr{S}$: $\mathcal{L}^2_{\mathrm{Loc}}(\mathbb{R}^2,s^{-2}dsd\mu)\to\ell^2(\mathbb{Z}^2)$ 是保持内积不变的，读者可以利用后续证明过程的符号和内容补充其余细节.

前述分析表明，正交小波 $\psi(x)$ 同时也是容许小波，而且

$$\mathcal{C}_{\psi} = 2\pi \int_{\mathbb{R}^*} |\,\omega\,|^{-1} |\,\Psi(\omega)\,|^2 \, d\omega = 1$$

将线性算子 $\mathscr{W}$：$\mathcal{L}^2(\mathbb{R}) \to \ell^2(\mathbb{Z}^2)$ 重新表示如下：

$$\mathscr{W}\colon \mathcal{L}^2(\mathbb{R}) \to \ell^2(\mathbb{Z}^2)$$
$$f(x) \mapsto \mathscr{W}_f = \sum_{j=-\infty}^{+\infty} \sum_{k=-\infty}^{+\infty} W_f(2^{-j}, 2^{-j}k)\delta_{(j,k)} \in \ell^2(\mathbb{Z}^2)$$

而且它是保内积不变、保范数不变的完全的线性同构映射.

另外，容许小波线性变换算子 $\mathbb{W}$：$\mathcal{L}^2(\mathbb{R}) \to \mathcal{L}^2_{\mathrm{Loc}}(\mathbb{R}^2, s^{-2}dsd\mu)$ 按照定理中的描述被表示为

$$\mathbb{W}\colon \mathcal{L}^2(\mathbb{R}) \to \mathcal{L}^2_{\mathrm{Loc}}(\mathbb{R}^2, s^{-2}dsd\mu)$$
$$f(x) \mapsto (\mathbb{W}f)(s,\mu) = W_f(s,\mu) = \int_{-\infty}^{+\infty} f(x)\psi_{(s,\mu)}(x)dx$$

按照前述“小波正逆变换组”中的研究结果可知，这个线性算子也是一个保持内积不变、保持范数不变的完全线性同构映射.

如果 $W^{(1)}(s,\mu), W^{(2)}(s,\mu) \in \mathcal{L}^2_{\mathrm{Loc}}(\mathbb{R}^2, s^{-2}dsd\mu)$，则存在 $f(x), g(x) \in \mathcal{L}^2(\mathbb{R})$，使得 $W^{(1)}(s,\mu), W^{(2)}(s,\mu)$ 分别是 $f(x), g(x)$ 的容许小波变换，即：$\forall (s,\mu) \in \mathbb{R}\times\mathbb{R}$，

$$W^{(1)}(s,\mu) = (\mathbb{W}f)(s,\mu) = W_f(s,\mu), \quad W^{(2)}(s,\mu) = (\mathbb{W}g)(s,\mu) = W_g(s,\mu)$$

此时

$$\begin{aligned}
&\left\langle W^{(1)}(s,\mu), W^{(2)}(s,\mu) \right\rangle_{\mathcal{L}^2_{\mathrm{Loc}}(\mathbb{R}^2, s^{-2}dsd\mu)} \\
&= \int_{\mathbb{R}^2} [W^{(1)}(s,\mu)][W^{(2)}(s,\mu)]^* s^{-2}dsd\mu \\
&= \int_{\mathbb{R}^2} [W_f(s,\mu)][W_g(s,\mu)]^* s^{-2}dsd\mu \\
&= \left\langle f(x), g(x) \right\rangle_{\mathcal{L}^2(\mathbb{R})}
\end{aligned}$$

因为，$\psi(x)$ 是正交小波，所以，$f(x), g(x)$ 可以表示为正交小波级数：

$$f(x) = \sum_{j=-\infty}^{+\infty} \sum_{k=-\infty}^{+\infty} \alpha_{j,k}\psi_{j,k}(x), \quad g(x) = \sum_{j=-\infty}^{+\infty} \sum_{k=-\infty}^{+\infty} \beta_{j,k}\psi_{j,k}(x)$$

其中小波级数系数可以表示如下：$\forall (j,k) \in \mathbb{Z}\times\mathbb{Z}$，

$$\alpha_{j,k} = \int_{-\infty}^{+\infty} f(x)\overline{\psi}_{j,k}(x)dx = W_f(2^{-j}, 2^{-j}k) = W^{(1)}(2^{-j}, 2^{-j}k)$$
$$\beta_{j,k} = \int_{-\infty}^{+\infty} g(x)\overline{\psi}_{j,k}(x)dx = W_g(2^{-j}, 2^{-j}k) = W^{(2)}(2^{-j}, 2^{-j}k)$$

此时

$$\begin{aligned}\left\langle f,g\right\rangle_{\mathcal{L}^2(\mathbb{R})} &= \left\langle \mathscr{W}_f,\mathscr{W}_g\right\rangle_{\ell^2(\mathbb{Z}^2)} = \sum_{j=-\infty}^{+\infty}\sum_{k=-\infty}^{+\infty}\alpha_{j,k}\overline{\beta}_{j,k}\\ &= \sum_{j=-\infty}^{+\infty}\sum_{k=-\infty}^{+\infty}[W^{(1)}(2^{-j},2^{-j}k)][W^{(2)}(2^{-j},2^{-j}k)]^*\\ &= \sum_{j=-\infty}^{+\infty}\sum_{k=-\infty}^{+\infty}[\mathscr{S}_{W^{(1)}}(j,k)][\mathscr{S}_{W^{(2)}}(j,k)]^*\\ &= \left\langle \mathscr{S}_{W^{(1)}}(j,k),\mathscr{S}_{W^{(2)}}(j,k)\right\rangle_{\ell^2(\mathbb{Z}^2)}\end{aligned}$$

最后，先后用 $\mathbb{W}$：$\mathcal{L}^2(\mathbb{R})\to\mathcal{L}^2_{\text{Loc}}(\mathbb{R}^2,s^{-2}dsd\mu)$ 和 $\mathscr{W}$：$\mathcal{L}^2(\mathbb{R})\to\ell^2(\mathbb{Z}^2)$ 的酉性或者内积恒等式，得到所欲证明的内积恒等式：

$$\left\langle W^{(1)}(s,\mu),W^{(2)}(s,\mu)\right\rangle_{\mathcal{L}^2_{\text{Loc}}(\mathbb{R}^2,s^{-2}dsd\mu)}=\left\langle f(x),g(x)\right\rangle_{\mathcal{L}^2(\mathbb{R})}=\left\langle \mathscr{S}_{W^{(1)}}\mathscr{S}_{W^{(2)}}\right\rangle_{\ell^2(\mathbb{Z}^2)} \qquad \#$$

注释：这个证明过程的核心是，从小波变换的“像空间” $\mathcal{L}^2_{\text{Loc}}(\mathbb{R}^2,s^{-2}dsd\mu)$ 利用容许小波变换算子的酉性逆返回到函数空间 $\mathcal{L}^2(\mathbb{R})$，再利用正交小波级数算子的酉性从函数空间 $\mathcal{L}^2(\mathbb{R})$ 映射到“无穷矩阵空间” $\ell^2(\mathbb{Z}\times\mathbb{Z})$，这两个步骤涉及的算子都是线性酉算子，抽象地可以写出表达式：

$$\mathscr{S}=\mathscr{W}\,\mathbb{W}^{-1}\text{：}\ \mathcal{L}^2_{\text{Loc}}(\mathbb{R}^2,s^{-2}dsd\mu)\to\mathcal{L}^2(\mathbb{R})\to\ell^2(\mathbb{Z}^2)$$

形式化解释，因为 $\mathscr{S}=\mathscr{W}\,\mathbb{W}^{-1}$ 是两个线性酉算子的“乘积”，所以它必然是线性酉算子.

小波完美采样定理说明，小波采样算子把二元函数空间 $\mathcal{L}^2_{\text{Loc}}(\mathbb{R}^2,s^{-2}dsd\mu)$ 中的任何二元函数 $W(s,\mu)$ 按照同样的格式转化为平面网格 $\ell^2(\mathbb{Z}\times\mathbb{Z})$ 中的“无穷矩阵” $\mathscr{S}_W$，特别之处是，$\mathscr{S}_W=\{\mathscr{S}_W(j,k)=W(2^{-j},2^{-j}k);(j,k)\in\mathbb{Z}\times\mathbb{Z}\}$ 正好是二元函数 $W(s,\mu)$ 在参数半平面 $\{(s,\mu);(s,\mu)\in\mathbb{R}^+\times\mathbb{R}\}$ 中第一参量对数等间隔、第二参量线性等间隔离散网格 $\{(2^{-j},2^{-j}k);(j,k)\in\mathbb{Z}\times\mathbb{Z}\}$ 上的函数值，同时，这个转换过程是线性的而且是酉性的. 因此，从函数空间和序列(矩阵)空间的向量运算、数乘运算和内积运算等角度来看，$W(s,\mu)$ 和它的采样矩阵 $\mathscr{S}_W$ 完全可以相互完美转换，视之为相同信息体的两种不同但是等价的表达形式. 这就是把算子 $\mathscr{S}$ 称为小波完美采样算子的理由. 如何表示这个采样算子的逆算子，即小波完美插值算子就是接下来要研究的问题.

(δ) 小波完美插值

现在研究小波完美采样算子 $\mathscr{S}$ 的逆算子. 按照此前的讨论，可以简单地按照形式化方式表示如下：

$$\mathbb{S} = \mathscr{S}^{-1} = \mathbb{W}\mathscr{W}^{-1}\text{：}\ \ell^2(\mathbb{Z}^2) \to \mathcal{L}^2(\mathbb{R}) \ \to \mathcal{L}^2_{\text{Loc}}(\mathbb{R}^* \times \mathbb{R}, s^{-2}dsd\mu)$$

其基本含义是，利用正交小波 $\psi(x)$ 构造函数系 $\{\psi_{j,k}(x);(j,k)\in\mathbb{Z}\times\mathbb{Z}\}$ 构成函数空间 $\mathcal{L}^2(\mathbb{R})$ 的规范正交小波基，算子 $\mathscr{W}^{-1}$：$\ell^2(\mathbb{Z}^2)\to\mathcal{L}^2(\mathbb{R})$ 的作用是将 $\ell^2(\mathbb{Z}^2)$ 中的任意"无穷矩阵" $\alpha=\{\alpha_{j,k};(j,k)\in\mathbb{Z}\times\mathbb{Z}\}$ 映射为 $\mathcal{L}^2(\mathbb{R})$ 中的如下函数：

$$\mathscr{W}^{-1}\text{：}\ \alpha=\{\alpha_{j,k};(j,k)\in\mathbb{Z}\times\mathbb{Z}\}\mapsto f(x)=\sum_{j=-\infty}^{+\infty}\sum_{k=-\infty}^{+\infty}\alpha_{j,k}\psi_{j,k}(x)$$

之后，利用容许小波 $\psi(x)$ 构造 $\mathcal{L}^2(\mathbb{R})$ 的规范正交基 $\{\psi_{(s,\mu)}(x);(s,\mu)\in\mathbb{R}^*\times\mathbb{R}\}$，算子 $\mathbb{W}$：$\mathcal{L}^2(\mathbb{R}) \ \to\mathcal{L}^2_{\text{Loc}}(\mathbb{R}^*\times\mathbb{R},s^{-2}dsd\mu)$ 的作用是将 $f(x)$ 变换为如下形式的二元函数 $W_f(s,\mu)\in\mathcal{L}^2_{\text{Loc}}(\mathbb{R}^*\times\mathbb{R},s^{-2}dsd\mu)$：

$$\mathbb{W}\text{：}\ f(x)\to W_f(s,\mu)=\int_{-\infty}^{+\infty}f(x)[\psi_{(s,\mu)}(x)]^*dx$$

这样，叠加算子 $\mathbb{S}=\mathscr{S}^{-1}=\mathbb{W}\mathscr{W}^{-1}$：$\ell^2(\mathbb{Z}^2)\to\mathcal{L}^2_{\text{Loc}}(\mathbb{R}^2,s^{-2}dsd\mu)$ 即为所求.

总之，利用上述算子演算，最终可以从 $W(s,\mu)\in\mathcal{L}^2_{\text{Loc}}(\mathbb{R}^*\times\mathbb{R},s^{-2}dsd\mu)$ 在网格 $\{(2^{-j},2^{-j}k);(j,k)\in\mathbb{Z}\times\mathbb{Z}\}$ 上的小波采样 $\alpha=\{\alpha_{j,k}=W(2^{-j},2^{-j}k);(j,k)\in\mathbb{Z}\times\mathbb{Z}\}$，完全重建或插值产生原函数 $W(s,\mu)\in\mathcal{L}^2_{\text{Loc}}(\mathbb{R}^*\times\mathbb{R},s^{-2}dsd\mu)$. 由此总结得到如下的小波完美插值定理.

定理 3.19 (小波完美插值)　若 $\psi(x)$ 是正交小波，即函数系 $\{\psi_{j,k}(x);(j,k)\in\mathbb{Z}\times\mathbb{Z}\}$ 是函数空间 $\mathcal{L}^2(\mathbb{R})$ 的规范正交小波基，同时，定义：

$$\mathcal{L}^2_{\text{Loc}}(\mathbb{R}^*\times\mathbb{R},s^{-2}dsd\mu)=\{(\mathbb{W}f)(s,\mu)=W_f(s,\mu);f(x)\in\mathcal{L}^2(\mathbb{R})\}$$

那么，叠加算子 $\mathbb{S}=\mathscr{S}^{-1}=\mathbb{W}\mathscr{W}^{-1}$：$\ell^2(\mathbb{Z}^2)\to\mathcal{L}^2_{\text{Loc}}(\mathbb{R}^*\times\mathbb{R},s^{-2}dsd\mu)$ 具有如下解析表达形式：如果 $\alpha=\{\alpha_{j,k};(j,k)\in\mathbb{Z}\times\mathbb{Z}\}\in\ell^2(\mathbb{Z}\times\mathbb{Z})$ 是 $\mathcal{L}^2_{\text{Loc}}(\mathbb{R}^*\times\mathbb{R},s^{-2}dsd\mu)$ 中函数 $W(s,\mu)$ 在半平面 $\{(s,\mu);(s,\mu)\in\mathbb{R}^+\times\mathbb{R}\}$ 的网格 $\{(2^{-j},2^{-j}k);(j,k)\in\mathbb{Z}\times\mathbb{Z}\}$ 上的小波采样：

$$\alpha_{j,k}=W(2^{-j},2^{-j}k),\quad (j,k)\in\mathbb{Z}\times\mathbb{Z}$$

那么，成立如下小波完美插值公式：

$$W(s,\mu)=\sum_{j=-\infty}^{+\infty}\sum_{k=-\infty}^{+\infty}\alpha_{j,k}\xi_{j,k}(s,\mu)$$

其中，$\forall(j,k)\in\mathbb{Z}\times\mathbb{Z}$，

$$\xi_{j,k}(s,\mu)=\int_{-\infty}^{+\infty}\psi_{j,k}(x)\overline{\psi}_{(s,\mu)}(x)dx$$

这就是小波插值基元函数系.

证明　对于任意的函数 $W(s,\mu)\in\mathcal{L}^2_{\text{Loc}}(\mathbb{R}^*\times\mathbb{R},s^{-2}dsd\mu)$，按照定义存在平方可积函数 $f(x)\in\mathcal{L}^2(\mathbb{R})$，它的容许小波变换正好就是 $W(s,\mu)$，即

$$W(s,\mu)=W_f(s,\mu)=\int_{-\infty}^{+\infty}f(x)\left[\psi_{(s,\mu)}(x)\right]^*dx$$

因为，$\psi(x)$ 是正交小波，即函数系 $\{\psi_{j,k}(x);(j,k)\in\mathbb{Z}\times\mathbb{Z}\}$ 是函数空间 $\mathcal{L}^2(\mathbb{R})$ 的规范正交小波基，从而 $f(x)$ 可以展开为如下正交小波级数：

$$f(x)=\sum_{j=-\infty}^{+\infty}\sum_{k=-\infty}^{+\infty}\varsigma_{j,k}\psi_{j,k}(x)$$

其中，$\forall(j,k)\in\mathbb{Z}\times\mathbb{Z}$，

$$\varsigma_{j,k}=\int_{\mathbb{R}}f(x)\overline{\psi}_{j,k}(x)dx=W_f(2^{-j},2^{-j}k)=W(2^{-j},2^{-j}k)=\alpha_{j,k}$$

利用 $f(x)$ 的正交小波级数展开公式和容许小波 $\psi(x)$，在等式两边分别计算容许小波变换可得

$$\int_{-\infty}^{+\infty}f(x)\psi^*_{(s,\mu)}(x)dx=\sum_{j=-\infty}^{+\infty}\sum_{k=-\infty}^{+\infty}\alpha_{j,k}\int_{-\infty}^{+\infty}\psi_{j,k}(x)\psi^*_{(s,\mu)}(x)dx$$

这样得到如下小波完美插值公式：

$$W(s,\mu)=W_f(s,\mu)=\sum_{j=-\infty}^{+\infty}\sum_{k=-\infty}^{+\infty}\alpha_{j,k}\xi_{j,k}(s,\mu)$$

其中的小波插值基元函数系，即 $\forall(j,k)\in\mathbb{Z}\times\mathbb{Z}$，

$$\xi_{j,k}(s,\mu)=\int_{-\infty}^{+\infty}\psi_{j,k}(x)\overline{\psi}_{(s,\mu)}(x)dx$$

就是函数空间 $\mathcal{L}^2(\mathbb{R})$ 的规范正交小波基函数系 $\{\psi_{j,k}(x);(j,k)\in\mathbb{Z}\times\mathbb{Z}\}$ 在容许小波变换下得到的函数系.

注释：正交小波完美插值公式可以表示为

$$W(s,\mu)=\sum_{j=-\infty}^{+\infty}\sum_{k=-\infty}^{+\infty}W(2^{-j},2^{-j}k)\xi_{j,k}(s,\mu)$$

其中，小波插值基元函数系 $\{\xi_{j,k}(s,\mu);(j,k)\in\mathbb{Z}\times\mathbb{Z}\}$ 独立于函数 $W(s,\mu)$，完全由小波函数 $\psi(x)$ 决定，而正交小波函数 $\psi(x)$ 是与函数空间 $\mathcal{L}^2_{\text{Loc}}(\mathbb{R}^*\times\mathbb{R},s^{-2}dsd\mu)$ 密切关联的.

注释：因为正交小波完美插值公式实际上就是小波完美采样算子：

$$\mathscr{S}\colon\ \mathcal{L}^2_{\mathrm{Loc}}(\mathbb{R}^*\times\mathbb{R},s^{-2}dsd\mu)\to\ell^2(\mathbb{Z}^2)$$

的逆算子，即正交小波完美插值算子：

$$\mathbb{S}=\mathscr{S}^{-1}\colon\ \ell^2(\mathbb{Z}^2)\to\mathcal{L}^2_{\mathrm{Loc}}(\mathbb{R}^*\times\mathbb{R},s^{-2}dsd\mu)$$

的等价表达形式，利用小波完美采样算子 $\mathscr{S}$ 与小波完美插值算子 $\mathbb{S}$ 的互逆性和酉性可知，小波插值基元函数系 $\{\xi_{j,k}(s,\mu);(j,k)\in\mathbb{Z}\times\mathbb{Z}\}$ 构成 $\mathcal{L}^2_{\mathrm{Loc}}(\mathbb{R}^*\times\mathbb{R},s^{-2}dsd\mu)$ 的可数规范正交基.

(ε) 基与插值函数

在正交小波理论分析中，三个希尔伯特空间 $\mathcal{L}^2_{\mathrm{Loc}}(\mathbb{R}^*\times\mathbb{R},s^{-2}dsd\mu)$，$\ell^2(\mathbb{Z}\times\mathbb{Z})$ 和 $\mathcal{L}^2(\mathbb{R})$ 不仅是同构的，而且还保持内积和范数的完全一致性. 比如，仿照函数空间 $\mathcal{L}^2(\mathbb{R})$ 中的正交小波级数理论，在希尔伯特空间 $\mathcal{L}^2_{\mathrm{Loc}}(\mathbb{R}^*\times\mathbb{R},s^{-2}dsd\mu)$ 中存在一个“镜像”一样的“正交函数项级数”理论，把这个显然的结果总结为如下的定理.

定理 3.20　若 $\psi(x)$ 是正交小波，那么，在希尔伯特空间 $\mathcal{L}^2_{\mathrm{Loc}}(\mathbb{R}^*\times\mathbb{R},s^{-2}dsd\mu)$ 中存在如下的“正交函数项级数”展开公式：

$$W(s,\mu)=\sum_{j=-\infty}^{+\infty}\sum_{k=-\infty}^{+\infty}W(2^{-j},2^{-j}k)\xi_{j,k}(s,\mu)$$

其中，$\forall(j,k)\in\mathbb{Z}\times\mathbb{Z}$，

$$W(2^{-j},2^{-j}k)=\iint_{\mathbb{R}^2}W(s,\mu)\left[\xi_{j,k}(s,\mu)\right]^*s^{-2}dsd\mu$$

对于任意的 $W(s,\mu)\in\mathcal{L}^2_{\mathrm{Loc}}(\mathbb{R}^*\times\mathbb{R},s^{-2}dsd\mu)$ 都成立.　#

这个定理说明，在函数空间 $\mathcal{L}^2_{\mathrm{Loc}}(\mathbb{R}^*\times\mathbb{R},s^{-2}dsd\mu)$ 中，函数的采样插值重建公式与函数的正交级数展开表达式完全一致.

可数函数系 $\{\xi_{j,k}(s,\mu);(j,k)\in\mathbb{Z}\times\mathbb{Z}\}$ 是函数空间 $\mathcal{L}^2_{\mathrm{Loc}}(\mathbb{R}^*\times\mathbb{R},s^{-2}dsd\mu)$ 的规范正交基，同时也是插值基元函数系，即它是完全的规范正交函数系：

$$\left\langle\xi_{j,k}(s,\mu),\xi_{j',k'}(s,\mu),\right\rangle_{\mathcal{L}^2_{\mathrm{Loc}}(\mathbb{R}^*\times\mathbb{R},s^{-2}dsd\mu)}=\left\langle\psi_{j,k}(x),\psi_{j',k'}(x)\right\rangle_{\mathcal{L}^2(\mathbb{R})}=\delta(j-j')\delta(k-k')$$

其中 $(j,k,j',k')\in\mathbb{Z}\times\mathbb{Z}\times\mathbb{Z}\times\mathbb{Z}=\mathbb{Z}^4$.

(ζ)“连续=离散”

在正交小波 $\psi(x)$ 给定之后，$\{\psi_{(s,\mu)}(x);(s,\mu)\in\mathbb{R}^*\times\mathbb{R}\}$，$\{\psi_{(s,\mu)}(x);x\in\mathbb{R}\}$，$\{\psi_{j,k}(x);(j,k)\in\mathbb{Z}\times\mathbb{Z}\}$，$\{\xi_{j,k}(s,\mu);(j,k)\in\mathbb{Z}\times\mathbb{Z}\}$ 这四个函数系都是规范正交基，它们使空

间 $\mathcal{L}^2(\mathbb{R})$，$\ell^2(\mathbb{Z}\times\mathbb{Z})$ 和 $\mathcal{L}^2_{\mathrm{Loc}}(\mathbb{R}^*\times\mathbb{R},s^{-2}dsd\mu)$ 是保内积一致同构的. 这些关系被总结在如下矩形框中.

$$\xi_{j,k}(s,\mu)=\int_{-\infty}^{+\infty}\psi_{j,k}(x)\overline{\psi}_{(s,\mu)}(x)dx,\quad (j,k)\in\mathbb{Z}\times\mathbb{Z}$$

$$W(s,\mu)=\sum_{j=-\infty}^{+\infty}\sum_{k=-\infty}^{+\infty}W(2^{-j},2^{-j}k)\xi_{j,k}(s,\mu),\quad (s,\mu)\in\mathbb{R}^*\times\mathbb{R}$$

$$\boxed{\begin{matrix}\mathcal{L}^2(\mathbb{R},dx)\\ f(x)\end{matrix}}\ \underset{f(x)\Leftarrow\iint_{\mathbb{R}^2}W(s,\mu)\psi_{(s,\mu)}(x)s^{-2}dsd\mu}{\overset{\int_{-\infty}^{+\infty}f(x)\psi^*_{(s,\mu)}(x)dx\Rightarrow W(s,\mu)}{\Longleftrightarrow}}\ \boxed{\begin{matrix}\mathcal{L}^2_{\mathrm{Loc}}(\mathbb{R}^*\times\mathbb{R},s^{-2}dsd\mu)\\ W(s,\mu)\end{matrix}}$$

$$\Updownarrow$$

$$\boxed{\begin{matrix}\ell^2(\mathbb{Z}\times\mathbb{Z})\\ \left\{\alpha_{j,k};(j,k)\in\mathbb{Z}\times\mathbb{Z}\right\}\end{matrix}}\ \underset{W(2^{-j},2^{-j}k)\Leftarrow\iint_{\mathbb{R}^2}W(s,\mu)\left[\xi_{j,k}(s,\mu)\right]^*s^{-2}dsd\mu}{\overset{\sum_{j=-\infty}^{+\infty}\sum_{k=-\infty}^{+\infty}\alpha_{j,k}\xi_{j,k}(s,\mu)\Rightarrow W(s,\mu)}{\Longleftrightarrow}}\ \boxed{\begin{matrix}\mathcal{L}^2_{\mathrm{Loc}}(\mathbb{R}^*\times\mathbb{R},s^{-2}dsd\mu)\\ W(s,\mu)\end{matrix}}$$

在正交小波 $\psi(x)$ 给定之后，可数函数系 $\{\xi_{j,k}(s,\mu);(j,k)\in\mathbb{Z}\times\mathbb{Z}\}$ 按照前述方式构造，这样在函数空间 $\mathcal{L}^2_{\mathrm{Loc}}(\mathbb{R}^*\times\mathbb{R},s^{-2}dsd\mu)$ 中，任何向量(函数) W 既可以用连续自变量 $(s,\mu)\in\mathbb{R}^*\times\mathbb{R}$ 表示成 $W(s,\mu)$，也可以用 $\{(2^{-j},2^{-j}k);(j,k)\in\mathbb{Z}\times\mathbb{Z}\}$ 这样的离散网格表示成“无穷矩阵” $\{W(2^{-j},2^{-j}k);(j,k)\in\mathbb{Z}\times\mathbb{Z}\}$. 这两种表示方法完全等价可以任意自由转化，转化方式简单、线性而且保内积. 因此，在这个特殊的函数空间里，“连续”和“离散”这两种表示方法绝对一致、完全统一. 这就是标题“连续=离散”的真实含义.

从连续变量函数采样的角度来看，在正交小波的前提下，这里的“连续=离散”就是包含了采样的过程，而且，函数空间 $\mathcal{L}^2_{\mathrm{Loc}}(\mathbb{R}^*\times\mathbb{R},s^{-2}dsd\mu)$ 中的采样方式是完全一致的网格 $\{(2^{-j},2^{-j}k);(j,k)\in\mathbb{Z}\times\mathbb{Z}\}$. 另一方面，即使改变正交小波函数，这类完美采样的采样方式永远都是在相同的网格 $\{(2^{-j},2^{-j}k);(j,k)\in\mathbb{Z}\times\mathbb{Z}\}$ 上实现的，而独立于函数空间 $\mathcal{L}^2_{\mathrm{Loc}}(\mathbb{R}^*\times\mathbb{R},s^{-2}dsd\mu)$. 因为 $\mathcal{L}^2_{\mathrm{Loc}}(\mathbb{R}^*\times\mathbb{R},s^{-2}dsd\mu)$ 与函数空间 $\mathcal{L}^2(\mathbb{R})$ 的线性保内积完全同构，因此，这里的正交小波理论简洁地、间接地从某种意义上彻底、完美解决了科学研究中的“采样”这一典型问题.

真是神奇的小波!

关于小波，比这些更神奇的性质，将在多分辨率分析理论之后集中研究.

3.5　小波理论与傅里叶理论

在小波理论的初步论述之后，把它与傅里叶理论进行简单对比.

两类傅里叶理论之一的傅里叶级数是傅里叶早在 19 世纪初的 1807 年就建立的几乎完美的典型正交级数分析理论，在十分广泛的科学技术研究领域得到了普遍、深入的应用，这源于它的极其简单明了的数学结构和普适的“频率”的物理含义. 正交小波级数理论应该是完美的正交函数级数分析理论的典型代表，这个理论一经建立就在极短的时间内迅速渗透、扩散到现代科学几乎所有的主要领域，得到十分广泛的应用和应用研究.

在这里只是简单比较傅里叶级数理论与小波级数理论，虽然两者深入全面的比较已经取得十分丰富的研究成果. 因为傅里叶级数理论本质的周期性限制，傅里叶级数分析方法可能有效表达或特征化的只是周期函数或周期分布或周期算子，而正交小波级数除此之外还可以自如处理各种非周期数学对象，因此，根本不存在两种理论的真正公平的比较. 即使仅仅在周期性数学对象范围内，让人颇感吃惊的是居然也出现了意料之外的比较结果：只有在一种情况下，即傅里叶级数绝对收敛的函数构成的 Wiener 代数的特征化过程中，傅里叶级数理论才是显著优于小波级数的，小波级数因为小波基不是 Wiener 代数的 Schauder 基而表现欠佳，除此之外，在绝大多数情况下，小波级数都拥有极其显著的优势，只在其他少数情况下，比如 $\mathcal{L}^2(0,2\pi)$ 和 Sobolev 空间的表征，两者表现俱佳、不分伯仲. 为了完成这样的比较，需要构造周期化正交小波函数，因此，即使是不加证明的成果罗列和分析解释，适合的比较也是在多分辨率分析理论得到充分研究和展开之后，利用多分辨率分析方法构造周期化正交小波和周期正交小波级数，才能比较清晰地阐明两者的比较过程和比较结果. 比如在这众多比较结果中，有一类非常吸引注意力的代表性成果极为形象地体现了傅里叶级数与正交小波级数的深刻差异，简单地概括为：“满项的”小波级数(多数系数非零)代表“十分异常的”函数，“通常的”函数的小波级数是“有洞的”或“缺项的”；相反地，“通常的”函数的傅里叶级数是“满项的”，“缺项的”或“有洞的”傅里叶级数表示“异常的或病态的”函数. 粗略解释是，对于具有稀疏离散奇异点的函数而言，其傅里叶级数是“满项的”，即傅里叶系数序列衰减缓慢且几乎不缺项(几乎没有取值为 0 的项)，而它的周期正交小波级数是“缺项的”，即按照周期正交小波构造时的字典序，小波系数序列快速衰减且明显缺项(大量出现连续多项数值非常小或者为0)；而对于像魏尔斯特拉斯函数和黎曼函数那样的处处连续稠密不可导的“类分形的”函数，其傅里叶级数是“缺陷的”，但它的正交小波级数是“满项的”. 这些问题以后会有更详细的论述.

傅里叶积分变换是傅里叶(1822)在 19 世纪 20 年代为了利用正弦函数和余弦函数或者复指数函数分析表达非周期函数而建立的函数积分表示理论，这个理论和傅里叶级数理论联合构成傅里叶分析理论. 在小波理论中，能够完全处理非周期函数的包括容许小波变换理论、二进小波变换理论和正交小波级数理论. 由于小波内在的时-空-频局部化特性和正交性质, 两者的比较毫无悬念地出现了一边倒的结果, 即小波理论优于傅里叶积分变换理论, 而且, 更重要的是, 在绝大多数时候, 小波理论表现出非常显著的优势.

(α) 傅里叶级数

在平方可积周期函数空间 $\mathcal{L}^2(0,2\pi)$ 中, 函数系 $\{\varepsilon_k(x)=(2\pi)^{-0.5}e^{ikx};k\in\mathbb{Z}\}$, 即傅里叶级数基函数系构成 $\mathcal{L}^2(0,2\pi)$ 的一个规范正交基. 函数 $f(x)\in\mathcal{L}^2(0,2\pi)$ 的傅里叶级数展开表达式是

$$f(x)=(2\pi)^{-0.5}\sum_{k\in\mathbb{Z}}f_k e^{ikx}$$

其中的级数系数序列 $\mathbf{f}=\{f_k;k\in\mathbb{Z}\}^{\mathrm{T}}\in\ell^2(\mathbb{Z})$ 如下计算:

$$f_k=\frac{1}{\sqrt{2\pi}}\int_0^{2\pi}f(x)e^{-ikx}dx,\quad k\in\mathbb{Z}$$

满足

$$\int_0^{2\pi}\left|f(x)-(2\pi)^{-0.5}\sum_{k\in\mathbb{Z}}f_k e^{ikx}\right|^2dx=\lim_{\substack{N\to+\infty\\M\to+\infty}}\int_0^{2\pi}\left|f(x)-(2\pi)^{-0.5}\sum_{k=-N}^{M}f_k e^{ikx}\right|^2dx=0$$

或者

$$f(x)=(2\pi)^{-0.5}\lim_{\substack{N\to+\infty\\M\to+\infty}}\sum_{k=-N}^{M}f_k e^{ikx}$$

在傅里叶级数表示下, 如果另一个 $g(x)\in\mathcal{L}^2(0,2\pi)$ 表示为

$$g(x)=(2\pi)^{-0.5}\sum_{k\in\mathbb{Z}}g_k e^{ikx}$$

其中 $\mathbf{g}=\{g_k;k\in\mathbb{Z}\}^{\mathrm{T}}\in\ell^2(\mathbb{Z})$ 是系数序列, 那么, 傅里叶级数的 Parseval 恒等式或 Plancherel 能量守恒定理表示为

$$\left\langle f(x),g(x)\right\rangle_{\mathcal{L}^2(0,2\pi)}=\int_0^{2\pi}f(x)\overline{g}(x)dx=\sum_{k\in\mathbb{Z}}f_k\overline{g}_k=\left\langle\mathbf{f},\mathbf{g}\right\rangle_{\ell^2(\mathbb{Z})}$$

或者

$$\|f\|^2_{\mathcal{L}^2(0,2\pi)}=\int_0^{2\pi}|f(x)|^2\,dx=\sum_{k\in\mathbb{Z}}|f_k|^2=\|\mathbf{f}\|^2_{\ell^2(\mathbb{Z})}$$

容易证明, 傅里叶级数算子是如下西的线性变换 $\mathscr{F}$: $\mathcal{L}^2(0,2\pi)\to\ell^2(\mathbb{Z})$

$$\begin{aligned}\mathscr{F}:\ &\mathcal{L}^2(0,2\pi)\to \ell^2(\mathbb{Z})\\ &\varepsilon_k(x)\mapsto \delta_k=\{\delta(n-k);n\in\mathbb{Z}\}^{\mathrm{T}},\quad k\in\mathbb{Z}\end{aligned}$$

傅里叶级数理论存在许多用途，有的是成功的应用，也存在一些意外的应用，而恰恰是这些意外的应用暴露了傅里叶级数理论的根本性理论缺陷.

傅里叶级数作为函数 $\varepsilon_k(x)=(2\pi)^{-0.5}e^{ikx},k\in\mathbb{Z}$ 的线性组合，存在许多问题，对这些问题的研究一直是而且相信未来永远是数学分析中问题和发现的取之不尽、用之不竭的智慧源泉. 之所以问题多，从形式上看，这主要是因为缺失一部好的字典，它能把函数的性质准确地转换到它的傅里叶级数系数上. 比如 Leeuw 等(1977), Kislyakov(1988)构建了这样一个例子说明这个困难：从任何一个平方可积函数 $f(x)\in\mathcal{L}^2(0,2\pi)$ 出发，为了得到一个连续函数 $g(x)\in\mathcal{L}^2(0,2\pi)$，只需要或者增大 $f(x)$ 的傅里叶级数系数的模，或者保持 $f(x)$ 的傅里叶级数系数的模不变但适当改变系数的相位即可实现. 不仅如此，虽然对于任意的 $1<p<+\infty$，如果 $f(x)\in\mathcal{L}^p(0,2\pi)$ 的傅里叶级数是

$$f(x)=(2\pi)^{-0.5}\sum_{k\in\mathbb{Z}}f_k e^{ikx}$$

那么，可以证明

$$\lim_{N\to+\infty,M\to+\infty}\int_0^{2\pi}\left|f(x)-(2\pi)^{-0.5}\sum_{k=-N}^{M}f_k e^{ikx}\right|^p dx=0$$

或者

$$f(x)=\lim_{N\to+\infty,M\to+\infty}(2\pi)^{-0.5}\sum_{k=-N}^{M}f_k e^{ikx}$$

但是，$f(x)$ 在 $\mathcal{L}^p(0,2\pi)$ 中的范数 $\|f\|_{\mathcal{L}^p(0,2\pi)}=\|f\|_p$ 却不能仅从 $f(x)$ 的傅里叶级数系数 f_k 的大小 $|f_k|$ 进行估计，这些系数 f_k 的相位发挥着不可缺少的作用. 这里给出一个说明性的例子.

对于任意的平方可和序列 $\mathbf{f}=\{f_k;k\in\mathbb{Z}\}^{\mathrm{T}}\in\ell^2(\mathbb{Z})$，即 $\sum_{k\in\mathbb{Z}}|f_k|^2<+\infty$，如果随机变量序列 $\{X_k;k\in\mathbb{Z}\}$ 是独立同分布于伯努利(Bernoulli)的两点分布：

$$P(X_k=0)=\vartheta,\quad P(X_k=1)=1-\vartheta,\quad 0<\vartheta<1$$

那么，随机改变系数符号的傅里叶级数：

$$(2\pi)^{-0.5}\sum_{k\in\mathbb{Z}}(-1)^{X_k}f_k e^{ikx}$$

收敛到一个函数，这个函数将会因为随机变量序列 $\{X_k;k\in\mathbb{Z}\}$ 的每次实现而属于所

有的 $\mathcal{L}^p(0,2\pi)$，其中 $2 \leqslant p < +\infty$.

因此，不可能只根据傅里叶级数系数大小的阶就能准确了解如函数的数值大小、正则性等性质. 更清楚地认识这些问题目前仍然是困难的，Kislyakov(1988)探讨了连续函数傅里叶系数的性质，许多问题还有待进一步的深入研究.

另一个例子说明，沿着合适的研究方向可以从傅里叶级数出发经过适当的重组，在一定程度上缓解，甚至在一定范围内解决傅里叶级数理论存在的问题.

将函数空间 $\mathcal{L}^2(0,2\pi)$ 中的函数 $f(x)$ 写成另一种形式的傅里叶级数：

$$f(x) = a_0 + \sum_{n=1}^{+\infty} [a_n \cos(nx) + b_n \sin(nx)]$$

其中

$$a_0 = \frac{1}{2\pi}\int_0^{2\pi} f(x)dx$$

$$a_n = \frac{1}{\pi}\int_0^{2\pi} f(x)\cos(nx)dx, \quad n = 1,2,\cdots$$

$$b_n = \frac{1}{\pi}\int_0^{2\pi} f(x)\sin(nx)dx, \quad n = 1,2,\cdots$$

这样，函数的平均能量也可以由傅里叶级数系数的平方和表示如下：

$$\frac{1}{2\pi}\int_0^{2\pi} |\, f(x)\,|^2 \, dx = |\, a_0\,|^2 + \sum_{n=1}^{+\infty} [|\, a_n\,|^2 + |\, b_n\,|^2]$$

但是，函数 $f(x)$ 的能量分布以及能量显著集中位置的相关信息却不能由傅里叶级数系数进行适当表征. 此外，在物理学研究中常用函数的 p 阶模：

$$||\, f\,||_p = \left(\frac{1}{2\pi}\int_0^{2\pi} |\, f(x)\,|^p \, dx\right)^{1/p}$$

近似刻画函数 $f(x)$ 的能量分布情况，通过分析函数 $f(x)$ 的 p 阶模 $||\, f\,||_p$ 随阶数 p 的变化快慢，判断函数 $f(x)$ 的能量是集中在某些局部还是比较均匀地分布在整个区间 $[0,2\pi]$ 上. 但是，利用函数 $f(x)$ 的傅里叶级数系数既不能精确计算，也不能大致估计函数 $f(x)$ 的 p 阶模. 这说明傅里叶三角基函数直接用于分析函数能量分布的局限性.

傅里叶级数在平方可积的意义下收敛到函数 $f(x)$，但为什么却会出现这样的问题呢？从数值分布的初步分析发现，可能的原因在于傅里叶级数分析的基函数系 $\varepsilon_k(x) = (2\pi)^{-0.5} e^{ikx}, k \in \mathbb{Z}$ 满足 $|\, \varepsilon_k(x)\,| = (2\pi)^{-0.5}, k \in \mathbb{Z}$，即每个分析基元的绝对值在 $[0,2\pi]$ 上都是同一个恒常数，换一种说法是

$$\cos^2(nx) + \sin^2(nx) \equiv 1, \quad 0 \leqslant x \leqslant 2\pi, \quad n = 0,1,2,\cdots$$

在 20 世纪 30 年代，Littlewood 和 Paley(1931, 1937, 1938)建立了一种“二进块”

的分析方法，把“频率”落入以 2 的连续两个整数次幂为端点的区间，即“频带”的傅里叶级数的函数项组合成一个“单元”，将傅里叶级数重组改造为以这些“单元”为基本项的函数项级数，从而实现函数 p 阶模的特征化.

对于任意的函数 $f(x)$，按照如下方式定义它的二进块 $(\Delta_j f)(x)$：

$$(\Delta_j f)(x)=\sum_{n=2^j}^{2^{j+1}-1}[a_n\cos(nx)+b_n\sin(nx)]$$

于是得到函数 $f(x)$ 的“二进块”单元展开级数表达式：

$$f(x)=a_0+\sum_{j=0}^{+\infty}(\Delta_j f)(x)$$

可以证明，对于 $1<p<+\infty$，存在两个正数 $0<c_p\leqslant C_p<+\infty$，使得对于任意的函数 $f(x)\in\mathcal{L}^p(0,2\pi)$，如下范数不等式恒成立：

$$c_p\,\|f\|_{\mathcal{L}^p(0,2\pi)}\leqslant\left\||a_0|+\sqrt{\sum_{j=0}^{+\infty}|(\Delta_j f)(x)|^2}\right\|_{\mathcal{L}^p(0,2\pi)}\leqslant C_p\,\|f\|_{\mathcal{L}^p(0,2\pi)}$$

在 $p=2$ 时，可以取 $c_p=C_p=1$，而且，成立如下范数恒等式：

$$\|f\|_{\mathcal{L}^2(0,2\pi)}=\left\||a_0|+\sqrt{\sum_{j=0}^{+\infty}|(\Delta_j f)(x)|^2}\right\|_{\mathcal{L}^2(0,2\pi)}$$

这说明如下的两个 p 模：

$$\left\||a_0|+\sqrt{\sum_{j=0}^{+\infty}|(\Delta_j f)(x)|^2}\right\|_{\mathcal{L}^p(0,2\pi)},\quad\|f\|_{\mathcal{L}^p(0,2\pi)}$$

是等价模，可以用前者这样的函数傅里叶级数的“二进块”作为基本单元达到对任意函数 p 模的特征化.

在这样的处理之后，在函数 $f(x)$ 的“二进块”级数表达式中的各个“单元” $a_0,(\Delta_j f)(x),j=0,1,2,\cdots$ 无论怎样改变它们前面的符号，无论随机变量序列 $\{X_k;k\in\mathbb{Z}\}$ 的每次具体实现是什么，如下的 p 模都将恒等不变：

$$\left\||a_0|+\sqrt{\sum_{j=0}^{+\infty}|(\Delta_j f)(x)|^2}\right\|_{\mathcal{L}^p(0,2\pi)}=\left\||(-1)^{X_0}a_0|+\sqrt{\sum_{j=0}^{+\infty}|(-1)^{X_j}(\Delta_j f)(x)|^2}\right\|_{\mathcal{L}^p(0,2\pi)}$$

这个例子似乎说明，当人们想计算一个函数的 $\mathcal{L}^p(0,2\pi)$ 模时，对这个函数的每个傅里叶系数的准确了解只提供了一种虚幻的精确性(即绝对精确的绝对值)，虽然通过精确分析函数所有傅里叶系数的方法可以大大推进对函数的分析和了解，但这样做可能走得太远，分解的基元太精细，应该回过头来，把分解使用的基元做得稍微“大一点”，而在这些稍微“大一点”的基元(比如二进块)内部则不再进行“更精细的”的操作和分析，这样更有利于保持函数的 $\mathcal{L}^p(0,2\pi)$ 模.

这样就历史必然地、科学逻辑必然地，同时也是数学必然地走向了小波和小波级数.

(β) 傅里叶变换

现在考虑函数空间 $\mathcal{L}^2(\mathbb{R})$ 上的傅里叶变换. 空间 $\mathcal{L}^2(\mathbb{R})$ 中的任何函数 $f(x)$，它的傅里叶变换被表示为

$$(\mathcal{F}f)(\omega)=F(\omega)=(2\pi)^{-0.5}\int_{-\infty}^{+\infty}f(x)e^{-i\omega x}dx$$

函数 $f(x)$ 的重建公式，即傅里叶逆变换可以表示为

$$f(x)=(\mathcal{F}^{-1}F)(x)=(2\pi)^{-0.5}\int_{-\infty}^{+\infty}F(\omega)e^{i\omega x}dx$$

直观地看，周期函数 $(2\pi)^{-0.5}e^{i\omega x}$ 在通常意义下不在空间 $\mathcal{L}^2(\mathbb{R})$ 中，但利用分布理论或者特殊函数论的方法可以证明，函数系 $\{(2\pi)^{-0.5}e^{i\omega x};\omega\in\mathbb{R}\}$ 构成函数空间 $\mathcal{L}^2(\mathbb{R})$ 的规范正交基. 这样，如下定义的线性变换算子

$$\mathcal{F}:\ \mathcal{L}^2(\mathbb{R})\to\mathcal{L}^2(\mathbb{R})$$

$$f(x)\mapsto(\mathcal{F}f)(\omega)=(2\pi)^{-0.5}\int_{-\infty}^{+\infty}f(x)e^{-i\omega x}dx$$

是一个酉算子，有时也被称为傅里叶变换算子，或傅里叶算子.

傅里叶积分变换算子将规范正交基 $\{\varepsilon_{\omega_0}(x)=(2\pi)^{-0.5}e^{i\omega_0 x};\omega_0\in\mathbb{R}\}$ 变换为函数空间 $\mathcal{L}^2(\mathbb{R})$ 的另一个规范正交基 $\{\delta(\omega-\omega_0);\omega_0\in\mathbb{R}\}$，即

$$\mathcal{F}:\ \{\varepsilon_{\omega_0}(x)=(2\pi)^{-0.5}e^{i\omega_0 x};\omega_0\in\mathbb{R}\}\to\{\delta_{\omega_0}(\omega)=\delta(\omega-\omega_0);\omega_0\in\mathbb{R}\}$$

$$\varepsilon_{\omega_0}(x)\mapsto\delta_{\omega_0}(\omega)=\delta(\omega-\omega_0),\omega_0\in\mathbb{R}$$

当试图像小波理论那样，为了获得傅里叶变换算子级数形式的离散表达，将函数空间 $\mathcal{L}^2(\mathbb{R})$ 的规范正交基 $\{\varepsilon_{\omega_0}(x)=(2\pi)^{-0.5}e^{i\omega_0 x};\omega_0\in\mathbb{R}\}$ 的标志参数 $\omega_0\in\mathbb{R}$ 离散化，比如 $\omega_0=k,k\in\mathbb{Z}$，函数系 $\{\varepsilon_{\omega_0}(x);\omega_0\in\mathbb{R}\}$ 退化为 $\mathcal{L}^2(0,2\pi)$ 的规范正交基 $\{\varepsilon_k(x)=(2\pi)^{-0.5}e^{ikx};k\in\mathbb{Z}\}$，这时傅里叶基变换算子退化为傅里叶级数变换算子 $\mathscr{F}:\ \mathcal{L}^2(0,2\pi)\to\ell^2(\mathbb{Z})$. 再或者，比如限制标志参数 $\omega_0\in\mathbb{R}$ 的取值范围为区间 $[0,2\pi]$，那么，$(\mathcal{F}f)(\omega)$ 支撑在 $[0,2\pi]$ 上的函数全体也只是构成 $\mathcal{L}^2(\mathbb{R})$ 的一个闭子空

间, 将时间域和频率域转换后可知, 这个相当于频率域中的“傅里叶级数算子”, 即傅里叶基变换算子还是退化了. 虽然利用傅里叶积分变换算子的可数规范正交函数系, 即埃尔米特-高斯函数系构成 $\mathcal{L}^2(\mathbb{R})$ 的规范正交基这个事实可以将傅里叶积分变换算子序列化表示(此时是对角序列化), 但是, 这已经和傅里叶积分变换基函数系和傅里叶级数变换基函数系没有任何联系了.

总之, 傅里叶积分变换与傅里叶级数变换形式上何其相似, 理论本质上相差何其远, 它们之间存在着理论上不可逾越的鸿沟! 这种关系同容许小波变换与正交小波变换之间的和谐关系存在天壤之别.

(γ) 小波与小波级数

小波基础理论的三个核心部分, 即容许小波及其积分变换理论、二进小波及其积分变换理论以及正交小波与小波级数理论, 已经得到充分的研究和论述, 由于小波基础理论的内在和谐性, 只要小波函数满足适当的要求, 那么, 在刻画任何函数或分布或算子时, 或者特征化任何函数空间时, 只要有必要, 就可以使用小波基础理论的三个部分中的任何一个方法和理论. 这是小波理论所独有的普适性和灵活性, 无论是傅里叶级数理论, 还是傅里叶积分变换理论, 都是不可能超越的, 前述分析已经指出, 这种例外到目前为止还仅限于 Wiener 代数的特征化过程. 为了把小波与小波级数理论同傅里叶理论进行比较, Meyer(1990), Meyer 和 Coifmann(1991a, 1991b), Meyer 和 Ryan(1993)进行过简单分析, 下面只是把小波和小波级数理论的一些此前尚未强调的特性进行简单明了的阐述, 强化小波理论独特优势的可能应用, 加深傅里叶理论与小波理论各自优劣的认识以及两者差异的认识, 为小波研究和小波应用提供便利.

如果函数 $\psi(x)$ 是正交小波, 那么, 函数系 $\{\psi_{j,k}(x);(j,k)\in\mathbb{Z}\times\mathbb{Z}\}$ 构成函数空间 $\mathcal{L}^2(\mathbb{R})$ 的规范正交小波基, 对于任意的函数 $f(x)\in\mathcal{L}^2(\mathbb{R})$, $f(x)$ 可以写成如下的正交小波级数:

$$f(x)=\sum_{j=-\infty}^{+\infty}\sum_{k=-\infty}^{+\infty}\left\langle f,\psi_{j,k}\right\rangle_{\mathcal{L}^2(\mathbb{R})}\psi_{j,k}(x)$$

当然, 如果只关心 $\mathcal{L}^2(\mathbb{R})$ 空间中的平方可积函数, 那么, 只需要 $\psi(x)=h(x)$ 是 Haar 小波就可以了. 但是如果因为某种原因需要面对具有一定正则性的函数, 那又将怎样呢? 这时候, Haar 小波级数系数就无法体现函数中内在的正则性, 随着正交小波的出现, 这个问题就迎刃而解了. 真正的原因是, 正交小波比 Haar 小波具有两个方面的显著优势.

首先, 对于函数的自变量, 在函数正则的地方, 小波级数系数(小波变换数值)是很小的, 只有在函数奇异点附近, 小波系数很大, 即只有孤立奇异性(如果是高维函数, 就是奇异性出现在低维曲面上)的函数的小波级数是“有洞的”或者“缺项的”级数; 而且, 当小波消失矩的阶数越高时, 这个性质的几何特征就越明显, 所谓小波 $\psi(x)$ 消失矩的阶数, 就是使如下积分连续等于零的自变量 x 的最高阶数 m :

$$0=\int_{-\infty}^{+\infty}\psi(x)dx=\int_{-\infty}^{+\infty}x\psi(x)dx=\cdots=\int_{-\infty}^{+\infty}x^m\psi(x)dx$$

或者表示为

$$\int_{-\infty}^{+\infty}x^{m+1}\psi(x)dx\neq 0,\ \ \int_{-\infty}^{+\infty}x^k\psi(x)dx=0,\ \ k=0,1,\cdots,m$$

实际上, Haar 小波的消失矩阶数是 $m=0$:

$$\int_{-\infty}^{+\infty}xh(x)dx\neq 0,\ \ \int_{-\infty}^{+\infty}h(x)dx=0$$

正交小波构造理论表明, 对于任意的自然数 m, 总可以按照固定的构造模式获得消失矩阶数不低于 m 的正交小波, 甚至于还可以要求这样的正交小波是紧支撑的, 即正交小波在某有限长度的区间外恒等于零. 这时候, 最高阶数不超过 m 的多项式 $\xi^{(m)}(x)$ 的小波变换以及小波级数系数都等于零:

$$\int_{-\infty}^{+\infty}\xi^{(m)}(x)\psi^*_{(s,\mu)}(x)dx=0$$

而且

$$\int_{-\infty}^{+\infty}\xi^{(m)}(x)\psi^*_{j,k}(x)dx=0,\ \ (j,k)\in\mathbb{Z}\times\mathbb{Z}$$

如果函数 $f(x)$ 在某个区间 Ω 的范围内与最高阶数不超过 m 的多项式非常接近, 而正交小波 $\psi(x)$ 是紧支撑的, 那么, 当参数组 (s,μ) 使连续小波 $\psi_{(s,\mu)}(x)$ 支撑在区间 Ω 之内, 或者, 整数组 $(j,k)\in\mathbb{Z}\times\mathbb{Z}$ 使正交小波基函数 $\psi_{j,k}(x)$ 支撑在区间 Ω 之内, 那么仍然可以得到

$$\int_{-\infty}^{+\infty}\xi^{(m)}(x)\psi^*_{(s,\mu)}(x)dx\approx 0$$

而且

$$\int_{-\infty}^{+\infty}\xi^{(m)}(x)\psi^*_{j,k}(x)dx\approx 0$$

这就是正交小波级数“有洞”或者“缺项”的基本含义.

正交小波的第二个优势是, 规范正交小波基能灵活地、自适应地适用于分析中出现的各种函数范数. 如果 $f(x)$ 属于某个经典的函数空间(当 $1<p<+\infty$ 时的 $\mathcal{L}^p(\mathbb{R})$, Sobolev 空间, Besov 空间, 哈代空间等), 那么, 它的正交小波级数自动在相应的范数下收敛到 $f(x)$. 这些问题的研究让小波理论取得了非常重要的而且也是非常丰富的研究成果, 其中部分成果将在正交多分辨率分析理论得到充分阐述之后进行适当的研究和说明.

这里将对正交小波的第二个优势进行一个补充说明，权且认为是正交小波的第三个优势.

当在更一般情形而不仅是在空间 $\mathcal{L}^2(\mathbb{R})$ 中使用正交小波级数时，比如在函数空间 $\mathcal{L}^\infty(\mathbb{R})$ 上直接使用正交小波级数方法，就会遇到第一个理论障碍. 假如 $f(x)$ 是恒等于 1 的函数 $f(x)\equiv 1$，那么，正交小波级数的每个系数都是零，因为正交小波基中的每个小波的积分都是零. 这样，如果直接使用正交小波级数公式，那么，就得到 1=0. 因此，不能直接把 $\mathcal{L}^2(\mathbb{R})$ 上的正交小波级数理论用在 $\mathcal{L}^\infty(\mathbb{R})$ 上.

当在函数空间 $\mathcal{L}^1(\mathbb{R})$ 上直接使用正交小波级数方法时，还会遇到第二个理论上的障碍. 在某种意义上说，这是第一个理论障碍的对偶形式. 如果 $f(x)\in\mathscr{D}(\mathbb{R})$ (无穷次可微的紧支撑的函数全体，即紧支光滑函数全体)而且

$$\int_{-\infty}^{+\infty} f(x)dx = 1$$

且直接使用正交小波级数公式，那么，这个函数 $f(x)$ 便被分解成每一项都是积分等于零的小波级数，显然，这时正交小波级数不能按照 $\mathcal{L}^1(\mathbb{R})$ 的范数收敛，否则，在正交小波级数收敛到 $f(x)$ 的前提下，逐项积分便再次出现 1= 0.

这两个理论障碍的出现似乎说明，正交小波级数本质上只能适用于 $\mathcal{L}^p(\mathbb{R})$ 空间，而 p 只能局限于 $1<p<+\infty$.

但是，这两个形式上的理论障碍，通过灵活使用正交小波构造方法就可以迎刃而解. 这里简单说明解决这两个理论障碍的途径，详细内容在多分辨率分析理论得到充分阐述之后便不言自明了.

将函数 $f(x)$ 的正交小波级数重新表述如下：

$$f(x)=\sum_{j=-\infty}^{-1}\sum_{k=-\infty}^{+\infty}\alpha_{j,k}\psi_{j,k}(x)+\sum_{j=0}^{+\infty}\sum_{k=-\infty}^{+\infty}\alpha_{j,k}\psi_{j,k}(x)=f_0(x)+\sum_{j=0}^{+\infty}g_j(x)$$

其中

$$f_0(x)=\sum_{j=-\infty}^{-1}\sum_{k=-\infty}^{+\infty}\alpha_{j,k}\psi_{j,k}(x),\quad g_j(x)=\sum_{k=-\infty}^{+\infty}\alpha_{j,k}\psi_{j,k}(x),\quad j=0,1,2,\cdots$$

下面的论述先回到函数空间 $\mathcal{L}^2(\mathbb{R})$. 因为函数 $\psi(x)$ 是正交小波，那么，函数系 $\{\psi_{j,k}(x);(j,k)\in\mathbb{Z}\times\mathbb{Z}\}$ 构成函数空间 $\mathcal{L}^2(\mathbb{R})$ 的规范正交小波基，把这个规范正交小波基重新分组分别张成 $\mathcal{L}^2(\mathbb{R})$ 的不同闭子空间列：

$$\begin{aligned}V_J&=\text{Closespan}\{\psi_{j,k}(x);k\in\mathbb{Z},j=J-1,J-2,\cdots\},\ J\in\mathbb{Z}\\W_j&=\text{Closespan}\{\psi_{j,k}(x);k\in\mathbb{Z}\},\ j\in\mathbb{Z}\end{aligned}$$

这样，容易得到函数空间 $\mathcal{L}^2(\mathbb{R})$ 的如下正交直和分解：

$$\mathcal{L}^2(\mathbb{R}) = \bigoplus_{j=-\infty}^{+\infty} W_j = V_0 \oplus \left[\bigoplus_{j=0}^{+\infty} W_j\right]$$

利用这些记号，如果在函数子空间 V_0 中存在函数 $\varphi(x)$，保证由 $\varphi(x)$ 的整数平移产生的函数系 $\{\varphi(x-k); k \in \mathbb{Z}\}$ 构成 V_0 的规范正交基，这时称 $\varphi(x)$ 是一个尺度函数，除此之外，如果对一个特定的自然数 m，对于任意的 $m' \in \mathbb{N}$，存在正的常数 $C_{m'}$，当 $0 \leqslant \tilde{m} \leqslant m$ 时成立如下不等式：

$$\left|\frac{d^{\tilde{m}}\varphi(x)}{dx^{\tilde{m}}}\right| \leqslant C_{m'}\left(1+|x|\right)^{-m'}$$

这时称函数 $\varphi(x)$ 具有 m 阶正则性，或者称 $\varphi(x)$ 是 m 阶正则函数.

在这样的处理和准备之后，函数 $f(x) \in \mathcal{L}^2(\mathbb{R})$ 的正交小波级数就具有了一种表达形式：

$$f(x) = f_0(x) + \sum_{j=0}^{+\infty} g_j(x) = \sum_{k=-\infty}^{+\infty} \beta_k \varphi(x-k) + \sum_{j=0}^{+\infty}\sum_{k=-\infty}^{+\infty} \alpha_{j,k}\psi_{j,k}(x)$$

其中

$$\beta_k = \int_{-\infty}^{+\infty} f(x)\overline{\varphi}(x-k)dx = \int_{-\infty}^{+\infty} f_0(x)\overline{\varphi}(x-k)dx$$

$$\alpha_{j,k} = \int_{-\infty}^{+\infty} f(x)\overline{\psi}_{j,k}(x)dx = \int_{-\infty}^{+\infty} g_j(x)\overline{\psi}_{j,k}(x)dx, \quad k \in \mathbb{Z}, \quad j = 0,1,2,\cdots$$

可以证明，如果正交小波函数 $\psi(x)$ 和尺度函数 $\varphi(x)$ 都是 m 阶正则的，而且小波 $\psi(x)$ 具有 m 阶消失矩，利用规范正交小波基 $\{\psi_{j,k}(x); (j,k) \in \mathbb{Z}^* \times \mathbb{Z}\}$ 和规范正交整数平移函数系 $\{\varphi(x-k); k \in \mathbb{Z}\}$，构造如下正交小波级数：

$$f(x) = \sum_{k=-\infty}^{+\infty} \beta_k \varphi(x-k) + \sum_{j=0}^{+\infty}\sum_{k=-\infty}^{+\infty} \alpha_{j,k}\psi_{j,k}(x)$$

那么，前述两类理论障碍自动解除.

比如当 $f(x) \equiv 1$ 时，$\beta_k = 1,\ k \in \mathbb{Z}$，小波级数表示为

$$1 = \sum_{k=-\infty}^{+\infty} \varphi(x-k)$$

更一般地，如果 $f(x)$ 是最高次幂不超过 m 的多项式 $\xi^{(m)}(x)$，那么，$f(x)$ 的正交小波级数保持积分可交换. 其他容不赘述.

对于在函数空间 $\mathcal{L}^1(\mathbb{R})$ 上第二个理论障碍，如果 $f(x) \in \mathscr{D}(\mathbb{R})$，那么

$$\left\| f_0(x) - \sum_{k=-\infty}^{+\infty} \beta_k \varphi(x-k) \right\|_{\mathcal{L}^1(\mathbb{R})} = 0, \quad f_0(x) \in \mathcal{L}^1(\mathbb{R})$$

其中，当 $k \in \mathbb{Z}$ 时，

$$\beta_k = \int_{-\infty}^{+\infty} f(x)\varphi(x-k)dx = \int_{-\infty}^{+\infty} f_0(x)\varphi(x-k)dx$$

同时成立如下积分等式：

$$\int_{-\infty}^{+\infty} f(x)dx = \int_{-\infty}^{+\infty} f_0(x)dx = \sum_{k=-\infty}^{+\infty} \beta_k \int_{-\infty}^{+\infty} \varphi(x-k)dx$$

这时，“剩余级数”满足

$$\left\| \Delta(x) - \sum_{j=0}^{+\infty} \sum_{k=-\infty}^{+\infty} \alpha_{j,k} \psi_{j,k}(x) \right\|_{\mathcal{L}^1(\mathbb{R})} = 0, \quad \Delta(x) \in \mathcal{L}^1(\mathbb{R})$$

其中，当 $k \in \mathbb{Z}, j = 0,1,2,\cdots$ 时，

$$\alpha_{j,k} = \int_{-\infty}^{+\infty} f(x)\bar{\psi}_{j,k}(x)dx = \int_{-\infty}^{+\infty} \Delta(x)\bar{\psi}_{j,k}(x)dx$$

同时成立如下等式：

$$f(x) = f_0(x) + \Delta(x), \quad \int_{-\infty}^{+\infty} \Delta(x)dx = 0$$

这些工作的公共理论基础就是著名的多分辨率分析理论.

正交小波的多分辨率分析理论彻底解决了正交小波刻画函数空间和函数表示问题，还在许多科学领域的研究中获得了让人十分惊讶的成功应用. 在此基础上建立的小波包理论更是让科学界倍感惊异.

3.6　小波的注释

本章的研究内容包含了容许小波、吸收小波、二进小波和正交小波，因为特别的话题同时把研究内容延伸到多分辨率分析理论和正交小波包理论，这些内容会在适当的地方得到深入细致的讨论.

在小波基本理论的研究中，集中细致深入地论述了小波本质的“酉性”的各种具体表现形式，它体现在容许小波和连续小波变换、吸收小波和正尺度连续小波变换、尺度二进离散的二进小波和二进小波变换系列、正交小波和正交小波级数中，不仅如此，它还体现在局部保范同构的小波变换空间的“完美采样”和“完美插值”中. 小波酉性在连续和离散状态之间的完美和谐性也是小波理论十分精彩的内容.

在小波理论与傅里叶理论的简单比较过程中，简洁地论述了两者在理论体系内在一致和谐性方面的差异，同时也考虑了两者在函数空间特征化和函数表达方面

的差异，重点阐述了小波灵活性带来的而傅里叶理论所不可能具备的理论延伸能力，比如小波向多分辨率分析理论的延伸、小波向小波包理论的延伸等，还有更多的延伸，比如小波框架理论、共轭正交小波理论、高维小波理论等，这里甚至都没有提及，即使是这样，相信读者已经能够充分认识到两者的深刻差异以及小波方法具有的不可比拟的理论优势.

总之，小波的理论是深刻的、丰富的，也是普适的. 虽然本章的选题是非常局限的，但这样应该不会影响读者对小波形成完整的理论体系轮廓和深入全面的认识. 关于小波的更多研究内容可以参考 Candès(1998), Candès 和 Donho (1999), Coifman 和 Wickerhouser (1992), Mallat (1988, 1989a, 1989b, 1989c, 1991), Mallat 和 Hwang(1992), Mallat 和 Zhang(1993), Mallat 和 Zhong(1991,1992), Sweldens (1994, 1996, 1998), Sweldens 和 Schröder (2000), Dubuc(1986)和 Wickerhauser(1992)的研究成果.

参考文献

Candès E J. 1998. Ridgelets: Theory and applications. Ph.D. thesis, Department of Statistics, Stanford University, Stanford, CA

Candès E J, Donoho D L. 1999. Ridgelets: A key to higher-dimensional intermittency? Philosophical Transactions of the Royal Society: Mathematical Physical & Engineering Sciences, 357(1760): 2495-2509

Coifman R R, Wickerhauser M V. 1992. Entropy-based algorithms for best basis selection. IEEE Transactions on Information Theory, 38(2): 713-718

Daubechies I. 1988a. Time-frequency localization operators: A geometric phase space approach. IEEE Transactions on Information Theory, 34(4): 605-612

Daubechies I. 1988b. Orthonormal bases of compactly supported wavelets. Communications on Pure and Applied Mathematics, 41(7): 909-996

Daubechies I. 1990. The wavelet transform, time-frequency localization and signal analysis. IEEE Transactions on Information Theory, 36(5): 961-1005

Daubechies I. 1992. Ten Lectures on Wavelets. Philadelphia, Pennsylvania: Society for Industrial and Applied Mathematics

Daubechies I, Sweldens W. 1998. Factoring wavelet transforms into lifting steps. Journal of Fourier Analysis and Applications, 4(3): 247-269

Dubuc S. 1986. Interpolation through an iterative scheme. Journal of Mathematical Analysis & Applications, 114(1): 185-204

Fourier J. 1822. Théorie Analytique de la Chaleur. Paris: Firmin Didot Père et Fils

Haar A. 1910. Zur théorie der orthogonalen Funktionensysteme. Mathematische Annalen, 69(3): 331-371

Haar A. 1930. Über die Multiplikationstabelle der orthogonalen Funktionen-systeme. Mathematische Zeitschrift, 31(1): 769-798

Kislyakov S. 1988. Fourier coefficients of continuous functions and a class of multipliers. Annales de l'Institut Fourier(Grenoble), 38(2): 147-183

Leeuw K D, Katznelson Y, Kahane J P. 1977. Sur les coefficients de Fourier des fonctions continues. Comptes Rendus De L'Académie Des Sciences, Paris, Series A-B, 285(16):

A1001-A1003

Littlewood J E, Paley R E A C. 1931. Theorems on Fourier series and power series. Journal of the London Mathematical Society, s1-6(3): 230-233

Littlewood J E, Paley R E A C. 1937. Theorems on Fourier series and power series (II). Proceedings of the London Mathematical Society, s2-42(1): 52-89

Littlewood J E, Paley R E A C. 1938. Theorems on Fourier series and power series (III). Proceedings of the London Mathematical Society, s2-43(2): 105-126

Mallat S G. 1988. Multiresolution representations and wavelets. Ph. D. thesis, University of Pennsylvania

Mallat S G. 1989a. Multiresolution approximations and wavelet orthonormal bases of $L^2(R)$. Transactions of the American Mathematical Society, 315(1): 69-87

Mallat S G. 1989b. A theory for multi-resolution signal decomposition: The wavelet representation. IEEE Transactions on Pattern Analysis and Machine Intelligence, 11(7): 674-693

Mallat S G. 1989c. Multifrequency channel decompositions of images and wavelet models. IEEE Transactions on Acoustics, Speech, and Signal Processing, 37(12): 2091-2110

Mallat S G. 1991. Zero-crossings of a wavelet transform. IEEE Transactions on Information Theory, 37(4): 1019-1033

Mallat S G, Hwang W L. 1992. Singularity detection and processing with wavelets. IEEE Transactions on Information Theory, 38(2): 617-643

Mallat S G, Zhang Z. 1993. Matching pursuits with time-frequency dictionaries. IEEE Transactions on Signal Processing, 41(12): 3397-3415

Mallat S G, Zhong S. 1991. Wavelet transform maxima and multiscale edges//Wavelets and their Applications. Boston: Jones and Bartlett: 67-104

Mallat S G, Zhong S. 1992. Characterization of signals from multiscale edges. IEEE Transactions on Pattern Analysis and Machine Intelligence, 14(7): 710-732

Meyer Y. 1990. Ondelettes et Operateurs, Vol.1. Paris: Hermann

Meyer Y, Coifman R. 1991a. Ondelettes et Operateurs, Vol.2. Paris: Hermann

Meyer Y, Coifman R. 1991b. Ondelettes et Operateurs, Vol.3. Paris: Hermann

Meyer Y, Ryan R. 1993. Wavelets: Algorithms and Applications. Philadelphia: Society for Industrial & Applied Mathematics

Sweldens W. 1994. Construction and applications of wavelets in numerical analysis. Ph.D. thesis, Department of Computer Science, Katholieke Universiteit Leuven, Belgium

Sweldens W. 1996. The lifting scheme: A custom-design construction of biorthogonal wavelets. Applied & Computational Harmonic Analysis, 3(2): 186-200

Sweldens W. 1998. The lifting scheme: A construction of second generation wavelets. SIAM Journal on Mathematical Analysis, 29(2): 511-546

Sweldens W, Schröder P. 2000. Building your own wavelets at home. Wavelets in the Geosciences, Lecture Notes in Earth Sciences, 90: 72-107

Wickerhauser M V. 1992. Acoustic signal compression with wavelet packets. Wavelets: A Tutorial in Theory and Applications, 2(6): 679-700

第 4 章　多分辨率分析与小波

多分辨率分析是小波理论里程碑式的辉煌成就，是具有划时代意义的重大、普适的科学理论和方法. 在发现从无关联的几类科学研究问题和研究成果之间的相似性基础上, Mallat(1988, 1989a, 1989b, 1989c)和 Meyer(1990), Meyer 和 Coifman(1991a, 1991b)共同建立了紧支撑小波多分辨率分析构造理论，并由此建立能够统一这些工作的“多分辨率分析方法”，其中典型的基础性研究成果包括:

(1) Croisier, Esteban 和 Galand 在研究语音传输编码和数字电话时发明的正交镜像滤波器理论;

(2) Burt 与 Adelson 在研究图像处理和提取图像纹理过程中发明的金字塔算法和正交金字塔算法;

(3) Strömberg 和 Meyer 发现并建立的正交小波基及其构造方法.

在小波与正交镜像滤波器组理论之间的关系基础上, Daubechies(1988a, 1988b, 1990, 1992), Daubechies 和 Sweldens(1998)发现并完整建立紧支撑、高阶消失矩、正则的正交和双正交“Daubechies 小波”的理论和构造方法，连同 Mallat 和 Meyer 等其他学者取得的丰富研究成果，小波从此系统性地在范围十分广泛的科学和学科领域升华和取代以前各种意义下的科学分析方法，比如傅里叶分析方法，成为理论深刻普适、算法灵活方便的科学研究方法，以“出乎当年敢于预期的”成就完美解决了类似傅里叶三角函数基或复指数函数基的一般化、通用化构造问题. Meyer 和 Coifman(1991a, 1991b)等在小波多分辨率分析构造理论基础上系统完成了函数、分布和算子以及常用函数空间的小波特征刻画. 在 Daubechies 发现并证明的小波和小波滤波器组的构造方法中，对每一个给定的正整数 $\zeta\in\mathbb{N}$，可以在函数空间 $\mathcal{L}^2(\mathbb{R})$ 上构造满足如下“标准”要求的正交小波函数 $\psi^{(\zeta)}(x)$:

① 函数系 $\{\psi_{j,k}^{(\zeta)}(x)=2^{j/2}\psi^{(\zeta)}(2^jx-k);(j,k)\in\mathbb{Z}^2\}$ 是 $\mathcal{L}^2(\mathbb{R})$ 的规范正交基;

② 函数 $\psi^{(\zeta)}(x)$ 的支撑区间是闭区间 $[0,2\zeta+1]$;

③ 函数 $\psi^{(\zeta)}(x)$ 具有直到 ζ 阶的“消失矩”，即

$$\int_{-\infty}^{+\infty}x^n\psi^{(\zeta)}(x)dx=0,\quad n=0,1,\cdots,\zeta$$

④ 函数 $\psi^{(\zeta)}(x)$ 具有 $\zeta\gamma$ 阶连续导数，其中 γ 是一个独立常数，数值大约是 0.2 .

这些 Daubechies 小波能够提供高效的函数分解和重构方法，比如，如果函数

$f(x)$ 具有 m 阶连续导数并利用 $\zeta \geqslant (m-1)$ 的 Daubechies 小波 $\psi^{(\zeta)}(x)$ 进行函数分解，那么它在小波基 $\psi_{j,k}^{(\zeta)}(x) = 2^{j/2}\psi^{(\zeta)}(2^j x - k)$ 上的投影或分解系数 $\alpha_{j,k} = \left\langle f, \psi_{j,k}^{(\zeta)} \right\rangle$ 将被序列 $2^{-(m+0.5)j}$ 所限定，最多需要去除一个对所有整数 j 都相同的常数因子. 这些重要的理论成果保证了高阶正则函数可以利用极少数“显著非零”系数实现高精度重建的高效压缩记忆，同时还因为小波具有的高阶正则性，可以保证函数的局部逼近和近似逼近也具有良好的正则性，这为提高信息压缩记忆、压缩感知、数据压缩传输等方法的性能开辟新途径奠定了理论基础. 小波的这些非凡特性决定了它在科学界的巨大作用.

这些重要的小波理论成果以及其他绝大多数小波理论成就都是建立在多分辨率分析理论基础上的. 多分辨率分析理论的建立和完善奠定了小波在数学界和科学界独一无二的历史地位.

这就是本章将全面而且详细研究的多分辨率分析理论. 如果函数 $\psi(x)$ 是正交小波，那么，函数系 $\{\psi_{j,k}(x);(j,k)\in\mathbb{Z}\times\mathbb{Z}\}$ 构成函数空间 $\mathcal{L}^2(\mathbb{R})$ 的规范正交小波基. 把这个规范正交小波基重新分组分别张成 $\mathcal{L}^2(\mathbb{R})$ 的不同闭子空间列:

$$
\begin{aligned}
V_J &= \text{Closespan}\{\psi_{j,k}(x);k\in\mathbb{Z}, j=J-1,J-2,\cdots\},\quad J\in\mathbb{Z}\\
W_j &= \text{Closespan}\{\psi_{j,k}(x);k\in\mathbb{Z}\},\quad j\in\mathbb{Z}
\end{aligned}
$$

这样，容易得到函数空间 $\mathcal{L}^2(\mathbb{R})$ 的如下正交直和分解:

$$
\mathcal{L}^2(\mathbb{R}) = \bigoplus_{j=-\infty}^{+\infty} W_j = V_0 \oplus \left[\bigoplus_{j=0}^{+\infty} W_j\right]
$$

本章将详细讨论空间 $\mathcal{L}^2(\mathbb{R})$ 的这两个闭子空间序列 $\{V_J;J\in\mathbb{Z}\}$ 和 $\{W_j;j\in\mathbb{Z}\}$ 的构造以及它们之间的关系.

4.1　函数和子空间的分辨率

本节将研究分辨率基准函数以及函数和子空间的分辨率、分辨率序列等问题.

4.1.1　整数平移函数系

这里研究规范正交整数平移函数系的等价刻画. 如下引理将在本书后续研究中被多次重复引用.

引理 4.1 (平移函数系的规范正交性)　设 $\xi(x)\in\mathcal{L}^2(\mathbb{R})$，则如下三种描述是相互等价的:

1°　$\{\xi(x-k);k\in\mathbb{Z}\}$ 是规范正交系: 对于任意的 $(k,\ell)\in\mathbb{Z}\times\mathbb{Z}$,

$$\left\langle \xi(\cdot-k),\xi(\cdot-\ell)\right\rangle=\int_{-\infty}^{+\infty}\xi(x-k)\xi^*(x-\ell)dx=\delta(k-\ell)$$

2° $\int_{-\infty}^{+\infty}|(\boldsymbol{\mathcal{F}}\xi)(\omega)|^2e^{-ij\omega}d\omega=\delta(j),j\in\mathbb{Z}$;

3° $2\pi\sum_{k=-\infty}^{+\infty}(\boldsymbol{\mathcal{F}}\xi)(\omega+2k\pi)^2=1,\text{a.e.},\omega\in\mathbb{R}$,

其中$(\boldsymbol{\mathcal{F}}\xi)(\omega)$按照惯例表示函数$\xi(x)$的傅里叶变换.

证明 验证这些表述等价性的策略是$1°\Rightarrow2°\Rightarrow3°\Rightarrow1°$.

首先，利用如下基本演算关系:

$$\mathscr{F}:\phi(x-k)\mapsto[\boldsymbol{\mathcal{F}}\phi(\cdot-k)](\omega)=(\boldsymbol{\mathcal{F}}\phi)(\omega)e^{-i\omega k}$$

获得如下内积等价表达式:

$$\begin{aligned}\left\langle \phi(\cdot-k),\phi(\cdot-\ell)\right\rangle&=\int_{-\infty}^{+\infty}\phi(x-k)\phi^*(x-\ell)dx\\&=\int_{-\infty}^{+\infty}[(\boldsymbol{\mathcal{F}}\phi)(\omega)e^{-i\omega k}]\cdot[(\boldsymbol{\mathcal{F}}\phi)(\omega)e^{-i\omega\ell}]^*d\omega\\&=\int_{-\infty}^{+\infty}|(\boldsymbol{\mathcal{F}}\phi)(\omega)|^2e^{-i\omega(k-\ell)}d\omega\quad(\text{重要公式})\\&=\sum_{m=-\infty}^{+\infty}\int_{2m\pi}^{2(m+1)\pi}|(\boldsymbol{\mathcal{F}}\phi)(\omega)|^2e^{-i\omega(k-\ell)}d\omega\\&=\int_0^{2\pi}\left[\sum_{m=-\infty}^{+\infty}\left|(\boldsymbol{\mathcal{F}}\phi)(\omega+2m\pi)\right|^2\right]e^{-i\omega(k-\ell)}d\omega\quad(\text{重要公式})\end{aligned}$$

其次，完成等价性的推演证明:

如果1°成立，即$\left\langle \phi(\cdot-k),\phi(\cdot-\ell)\right\rangle=\delta(k-\ell),(k,\ell)\in\mathbb{Z}\times\mathbb{Z}$成立，那么，由

$$\left\langle \phi(\cdot-k),\phi(\cdot-\ell)\right\rangle=\int_{-\infty}^{+\infty}e^{-i\omega(k-\ell)}|(\boldsymbol{\mathcal{F}}\phi)(\omega)|^2d\omega$$

取$j=k-\ell$，由于k,ℓ是任意整数，所以，j也是任意整数，且$k=\ell$时$j=0$，否则$j\neq0$. 从而$\int_{-\infty}^{+\infty}|(\boldsymbol{\mathcal{F}}\phi)(\omega)|^2e^{-ij\omega}d\omega=\delta(j),\ j\in\mathbb{Z}$. $(1°\Rightarrow2°)$

如果2°成立，即$\int_{-\infty}^{+\infty}|(\boldsymbol{\mathcal{F}}\phi)(\omega)|^2e^{-ij\omega}d\omega=\delta(j),\ j\in\mathbb{Z}$，那么，$\forall j\in\mathbb{Z}$,

$$\begin{aligned}\delta(j)&=\int_{-\infty}^{+\infty}|(\boldsymbol{\mathcal{F}}\phi)(\omega)|^2e^{-ij\omega}d\omega\\&=\int_0^{2\pi}\left[\sum_{m=-\infty}^{+\infty}|(\boldsymbol{\mathcal{F}}\phi)(\omega+2m\pi)|^2\right]e^{-ij\omega}d\omega\end{aligned}$$

显然$\Delta(\omega)=\sum_{m=-\infty}^{+\infty}\left|(\boldsymbol{\mathcal{F}}\phi)(\omega+2m\pi)\right|^2$是$2\pi$周期函数而且$\Delta(\omega)\in\boldsymbol{\mathcal{L}}^2(0,2\pi)$. 因为函数系$\{(2\pi)^{-0.5}e^{ij\omega};j\in\mathbb{Z}\}$是空间$\boldsymbol{\mathcal{L}}^2(0,2\pi)$的规范正交基，而上式说明，当$j\neq0$时,

$\Delta(\omega)$ 与基向量 $(2\pi)^{-0.5}e^{ij\omega}$ 正交，因此它必是常数，从而

$$2\pi\sum_{m=-\infty}^{+\infty}|(\mathcal{F}\phi)(\omega+2m\pi)|^2=1 \qquad (2^\circ\Rightarrow 3^\circ)$$

如果 3°成立，即 $2\pi\sum_{m=-\infty}^{+\infty}|(\mathcal{F}\phi)(\omega+2m\pi)|^2=1$，那么，$\forall(k,\ell)\in\mathbb{Z}\times\mathbb{Z}$，

$$\left\langle\phi(\cdot-k),\phi(\cdot-\ell)\right\rangle=\int_0^{2\pi}\left[\sum_{m=-\infty}^{+\infty}|(\mathcal{F}\phi)(\omega+2m\pi)|^2\right]e^{-i\omega(k-\ell)}d\omega=\delta(k-\ell)$$

从而完成($3^\circ\Rightarrow 1^\circ$).

4.1.2　函数和子空间的分辨率

这里引入子空间和函数的分辨率以及小波分辨率序列等概念.

(α) 分辨率

分辨率的定义　设 $\mathscr{B}$ 是函数空间 $\mathcal{L}^2(\mathbb{R})$ 的线性子空间，如果存在函数 $\zeta(x)$，它的间隔为 Δ 整数倍的平移函数系 $\{\zeta(x-k\Delta);k\in\mathbb{Z}\}$ 构成函数子空间 $\mathscr{B}$ 的规范正交基，则称子空间 $\mathscr{B}$ 在基准函数 $\zeta(x)$ 之下分辨率是 Δ^{-1}，记为 $\lambda=\Delta^{-1}$，同时，称子空间 $\mathscr{B}$ 中的任何函数在基准函数 $\zeta(x)$ 之下的分辨率是 $\lambda=\Delta^{-1}$.

(β) 分辨率序列

分辨率序列的定义　设 $\mathscr{B}$ 是函数空间 $\mathcal{L}^2(\mathbb{R})$ 的线性子空间，如果存在相互正交的闭子空间序列 $\{\mathscr{B}^{(m)};m\in\Theta\}$ 构成 $\mathscr{B}$ 的正交直和分解：

$$\mathscr{B}=\bigoplus_{m\in\Theta}\mathscr{B}^{(m)}$$

而且对于任何 $m\in\Theta$，闭子空间 $\mathscr{B}^{(m)}$ 在基准函数 $\zeta^{(m)}(x)$ 之下的分辨率是 λ_m，则称 $\mathscr{B}$ 在基准函数系 $\{\zeta^{(m)}(x);m\in\Theta\}$ 之下的分辨率序列是 $\{\lambda_m;m\in\Theta\}$，也称函数子空间 $\mathscr{B}$ 是多分辨率子空间. 这时，称子空间 $\mathscr{B}$ 中的任何函数在基准函数系 $\{\zeta^{(m)}(x);m\in\Theta\}$ 之下的分辨率序列是 $\{\lambda_m;m\in\Theta\}$.

4.2　小波子空间与小波分辨率

本节的前提是正交小波函数 $\psi(x)$ 给定，研究当分辨率的基准函数取为小波函数的某个尺度伸缩的小波时，函数和子空间的分辨率或分辨率序列问题. 这里引入小波子

空间的概念, 研究函数和小波子空间的小波分辨率以及小波分辨率序列等问题.

(α) 小波子空间

如果函数 $\psi(x)$ 是正交小波, 那么, 函数系 $\{\psi_{j,k}(x);(j,k)\in\mathbb{Z}\times\mathbb{Z}\}$ 构成函数空间 $\mathcal{L}^2(\mathbb{R})$ 的规范正交基. 定义空间 $\mathcal{L}^2(\mathbb{R})$ 的闭子空间序列 $\{W_j;j\in\mathbb{Z}\}$ 如下:

$$W_j=\mathrm{Closespan}\{\psi_{j,k}(x)=2^{j/2}\psi(2^jx-k);k\in\mathbb{Z}\},\quad j\in\mathbb{Z}$$

其中 W_j 称为第 j 级小波子空间.

因为 $\{\psi_{j,k}(x);(j,k)\in\mathbb{Z}\times\mathbb{Z}\}$ 是 $\mathcal{L}^2(\mathbb{R})$ 的规范正交小波基, 从而, 当 $j\neq\ell$ 时,

$$\{\psi_{j,k}(x);k\in\mathbb{Z}\}\perp\{\psi_{\ell,n}(x);n\in\mathbb{Z}\}$$

因此得到 $W_j\perp W_\ell$, 即小波子空间序列 $\{W_j;j\in\mathbb{Z}\}$ 是相互正交的.

此外, 利用正交小波基的结构特点可以得到如下结果: $\forall j\in\mathbb{Z}$,

$$g(x)\in W_j\Leftrightarrow g(2x)\in W_{j+1}$$

利用函数的正交小波级数表示方法容易证明这个结果.

正交小波基的结构特点决定了不同尺度小波基函数之间的转换关系. 实际上, 把 $\psi_{j,k}(x)$ 的时间压缩一倍, 即 $x\to 2x$, 每个函数再乘以规范化因子 $\sqrt{2}$, 就能够产生得到 $\psi_{j+1,k}(x)$. 这个过程可以示意性表示为

$$\boxed{\begin{array}{c}\psi_{j,k}(x)=2^{j/2}\psi(2^jx-k)\\ \Downarrow\ \boxed{x\to 2x}\\ 2^{j/2}\psi(2^j\times 2x-k)\\ \Downarrow\ \boxed{\times\sqrt{2}}\\ \psi_{j+1,k}(x)=\sqrt{2}\times 2^{j/2}\psi(2^j\times 2x-k)\end{array}}$$

反过来, 把 $\psi_{j+1,k}(x)$ 的时间扩张一倍, 即 $x\to 0.5x$, 每个函数再乘以规范化因子 $2^{-1/2}$, 就能够得到 $\psi_{j,k}(x)$. 这个过程可以示意性表示为

$$\boxed{\begin{array}{c}\psi_{j+1,k}(x)=2^{(j+1)/2}\psi(2^{j+1}x-k)\\ \Downarrow\ \boxed{x\to 0.5x}\\ 2^{(j+1)/2}\psi(2^{j+1}\times 0.5x-k)\\ \Downarrow\ \boxed{\times 2^{-1/2}}\\ \psi_{j,k}(x)=2^{j/2}\psi(2^jx-k)\end{array}}$$

利用正交小波基结构的这种独特性，比如示范地，当 $g(x)\in W_j$ 时，按照第 j 级小波子空间 W_j 的定义知，存在平方可和序列 $\{\varsigma_k;k\in\mathbb{Z}\}\in\ell^2(\mathbb{Z})$ 满足要求：

$$g(x)=\sum_{k=-\infty}^{+\infty}\varsigma_k\psi_{j,k}(x),\quad \|g\|^2=\sum_{k\in\mathbb{Z}}|\varsigma_k|^2<+\infty$$

重新表达这个正交小波级数得到如下演算：

$$\begin{aligned}g(2x)&=\sum_{k=-\infty}^{+\infty}\varsigma_k\psi_{j,k}(2x)=\sum_{k=-\infty}^{+\infty}\varsigma_k\cdot 2^{j/2}\psi(2^j\cdot 2x-k)\\&=\sum_{k=-\infty}^{+\infty}(2^{-0.5}\varsigma_k)\cdot 2^{(j+1)/2}\psi(2^{j+1}x-k)\\&=\sum_{k=-\infty}^{+\infty}(2^{-0.5}\varsigma_k)\psi_{j+1,k}(x)\end{aligned}$$

显然 $\sum_{k\in\mathbb{Z}}|2^{-0.5}\varsigma_k|^2=0.5\sum_{k\in\mathbb{Z}}|\varsigma_k|^2<+\infty$，从而按照定义 $g(2x)\in W_{j+1}$。

因此，小波子空间序列 $\{W_j;j\in\mathbb{Z}\}$ 是伸缩依赖的相互正交闭子空间序列，同时构成 $\mathcal{L}^2(\mathbb{R})$ 的正交直和分解，总结在如下方框中：

$$\boxed{\begin{aligned}&W_j\perp W_\ell,\ j\neq\ell,\ (j,\ell)\in\mathbb{Z}\times\mathbb{Z}\\&g(x)\in W_j\Leftrightarrow g(2x)\in W_{j+1},j\in\mathbb{Z}\\&W_j=\text{Closespan}\{\psi_{j,k}(x)=2^{j/2}\psi(2^jx-k);k\in\mathbb{Z}\},j\in\mathbb{Z}\\&\mathcal{L}^2(\mathbb{R})=\text{Closespan}\{\psi_{j,k}(x);(j,k)\in\mathbb{Z}\times\mathbb{Z}\}=\bigoplus_{j=-\infty}^{+\infty}W_j\end{aligned}}$$

(β) 小波分辨率

小波分辨率　如果函数 $\psi(x)$ 是正交小波，并选择基准函数：

$$\zeta_j(x)=\psi_{j,0}(x)=2^{j/2}\psi(2^jx)$$

那么，因为如下平移函数系：

$$\{\zeta_j(x-2^{-j}k)=\psi_{j,0}(x-2^{-j}k)=2^{j/2}\psi(2^jx-k);k\in\mathbb{Z}\}$$

构成第 j 级正交小波子空间 W_j 的规范正交基，因此，在基准函数 $\zeta_j(x)=\psi_{j,0}(x)$ 之下，小波子空间 W_j 的分辨率是 $\lambda_j=2^j$，也称 W_j 的小波分辨率是 $\lambda_j=2^j$．对于任意的函数 $g(x)\in W_j$，称 $g(x)$ 的小波分辨率是 $\lambda_j=2^j$，在前后文关系清晰的条件下，简称 $g(x)$ 的分辨率是 $\lambda_j=2^j$．另外，因为 $\mathcal{L}^2(\mathbb{R})=\bigoplus_{j=-\infty}^{+\infty}W_j$，所以，$\mathcal{L}^2(\mathbb{R})$ 在基准函

数系 $\{\zeta_j(x)=\psi_{j,0}(x);j\in\mathbb{Z}\}$ 之下的分辨率序列是 $\{\lambda_j=2^j;j\in\mathbb{Z}\}$，也称 $\mathcal{L}^2(\mathbb{R})$ 的小波分辨率序列是 $\{\lambda_j=2^j;j\in\mathbb{Z}\}$. 这样，函数空间 $\mathcal{L}^2(\mathbb{R})$ 包含了全部小波分辨率 $\lambda_j=2^j$, $j\in\mathbb{Z}$.

分辨率的多样性 如果 $\psi(x)$ 是正交小波，对于任意的函数 $f(x)\in\mathcal{L}^2(\mathbb{R})$，它的正交小波级数表示为

$$f(x)=\sum_{j=-\infty}^{+\infty}\sum_{k=-\infty}^{+\infty}\left\langle f,\psi_{j,k}\right\rangle_{\mathcal{L}^2(\mathbb{R})}\psi_{j,k}(x)$$

如果定义函数序列 $\left\{g_j(x);j\in\mathbb{Z}\right\}$ 如下:

$$g_j(x)=\sum_{k=-\infty}^{+\infty}\left\langle f,\psi_{j,k}\right\rangle_{\mathcal{L}^2(\mathbb{R})}\psi_{j,k}(x)$$

那么，在基准函数 $\zeta_j(x)=\psi_{j,0}(x)$ 之下，$g_j(x)$ 的小波分辨率是 $\lambda_j=2^j$.

今后将函数 $g_j(x)$ 称为函数 $f(x)$ 的小波分辨率为 $\lambda_j=2^j$ 的小波成分. 形式上，函数 $f(x)$ 是它的小波分辨率为 $\lambda_j=2^j$ 的小波成分 $g_j(x)$ 的总和，其中 j 是全体整数. 如果对于每一个 $j\in\mathbb{Z}$，总存在 $k'\in\mathbb{Z}$，保证:

$$\left\langle f,\psi_{j,k'}\right\rangle_{\mathcal{L}^2(\mathbb{R})}\neq 0$$

那么，在这个正交小波之下，函数 $f(x)$ 在基准函数系 $\{\zeta_j(x)=\psi_{j,0}(x);j\in\mathbb{Z}\}$ 之下的分辨率序列是 $\{\lambda_j=2^j;j\in\mathbb{Z}\}$，包含了全部小波分辨率 $\lambda_j=2^j,j\in\mathbb{Z}$.

注释: 需要注意的是，并非每个函数 $f(x)\in\mathcal{L}^2(\mathbb{R})$ 都会包含全部小波分辨率 $\lambda_j=2^j,j\in\mathbb{Z}$. 比如一个极端的例子是 $f(x)=\psi_{j,2}(x)=2^{j/2}\psi(2^jx-2)$，它的小波分辨率就是单一的 $\lambda_j=2^j$.

另一方面，如果正交小波函数被选择为另一个函数 $\tilde{\psi}(x)$，那么，上述结论就可能会发生变化. 这样的问题在函数子空间的条件下也会出现的. 这就是函数子空间和函数的分辨率多样性问题. 当一个正交小波给定之后，一个函数或者一个函数子空间的小波分辨率或小波分辨率序列就唯一确定了. 改变正交小波函数，一个函数或者一个函数子空间的小波分辨率或小波分辨率序列就会发生变化.

(γ) 小波成分的正交性

在正交小波 $\psi(x)$ 给定之后，对于任意的函数 $f(x)\in\mathcal{L}^2(\mathbb{R})$，它在小波子空间序列 $\{W_j;j\in\mathbb{Z}\}$ 的正交投影定义为函数序列 $\{\tilde{g}_j(x);j\in\mathbb{Z}\}$，那么，显然对于任意的整

数 $j \in \mathbb{Z}$，$\tilde{g}_j(x)$ 的小波分辨率是 $\lambda_j = 2^j$，更重要的是，$f(x)$ 在第 j 级小波子空间 W_j 上的正交投影 $\tilde{g}_j(x)$ 正好就是 $f(x)$ 的小波分辨率为 $\lambda_j = 2^j$ 的小波成分 $g_j(x)$. 这个浅显的证明留给读者作为练习.

由于小波子空间序列是函数空间 $\mathcal{L}^2(\mathbb{R})$ 的相互正交的闭子空间序列，根据 $f(x)$ 在第 j 级小波子空间 W_j 上的正交投影 $\tilde{g}_j(x) = g_j(x)$，立即得到一个重要结果，即函数 $f(x)$ 的全部小波成分 $\{g_j(x) = \tilde{g}_j(x); j \in \mathbb{Z}\}$ 是相互正交的函数序列:

$$\left\langle g_j(x), g_{j'}(x) \right\rangle_{\mathcal{L}^2(\mathbb{R})} = \int_{-\infty}^{+\infty} g_j(x)\overline{g}_{j'}(x)dx = 0, \quad -\infty < j \neq j' < +\infty$$

这个结果的证明也可以从函数 $g_j(x)$ 的定义直接完成.

注释: 这个重要而简单的结果与小波子空间序列的伸缩依赖性没有关系! 因为，虽然由 $g_j(x) \in W_j$ 可以推演得到 $g_j(2x) \in W_{j+1}$ 而且函数 $g_j(2x)$ 的小波分辨率也确实是 $\lambda_j = 2^j$，但是，这时得到的 $g_j(2x)$ 未必是 $f(x)$ 的小波成分!

(δ) 函数的正交叠加逼近

假设函数 $\psi(x)$ 是正交小波，对于任意的函数 $f(x) \in \mathcal{L}^2(\mathbb{R})$，它的全部小波成分是 $\{g_j(x) = \tilde{g}_j(x); j \in \mathbb{Z}\}$，那么，可以得到如下重要的小波成分逼近定理.

定理 4.1 (小波成分正交叠加逼近)　任意的函数 $f(x) \in \mathcal{L}^2(\mathbb{R})$，成立如下正交函数级数逼近关系:

$$f(x) = \sum_{j=-\infty}^{+\infty} g_j(x)$$

或者

$$f(x) = \lim_{J\to+\infty} \sum_{j=-\infty}^{J-1} g_j(x)$$

或者

$$\lim_{J\to+\infty} \left\| f(x) - \sum_{j=-\infty}^{J-1} g_j(x) \right\|_{\mathcal{L}^2(\mathbb{R})}^2 = \lim_{J\to+\infty} \int_{-\infty}^{+\infty} \left| f(x) - \sum_{j=-\infty}^{J-1} g_j(x) \right|^2 dx = 0$$

其中函数 $f(x)$ 的全部小波成分 $\{g_j(x)=\tilde{g}_j(x); j \in \mathbb{Z}\}$ 是相互正交的函数序列.

证明　因为函数 $\psi(x)$ 是正交小波，函数系 $\{\psi_{j,k}(x); (j,k) \in \mathbb{Z} \times \mathbb{Z}\}$ 构成函数空间 $\mathcal{L}^2(\mathbb{R})$ 的规范正交小波基，可以将函数 $f(x)$ 的小波级数表示为

$$f(x)=\sum_{j=-\infty}^{+\infty}\sum_{k=-\infty}^{+\infty}\alpha_{j,k}\psi_{j,k}(x)$$

其中，$\forall(j,k)\in\mathbb{Z}\times\mathbb{Z}$，

$$\alpha_{j,k}=\left\langle f,\psi_{j,k}\right\rangle_{\mathcal{L}^2(\mathbb{R})}=\int_{-\infty}^{+\infty}f(x)\bar{\psi}_{j,k}(x)dx$$

简单的演算可以得到(回顾第 3 章关于正交小波酉性的讨论)

$$\|f\|^2=\sum_{j=-\infty}^{+\infty}\|g_j\|^2=\sum_{j=-\infty}^{+\infty}\sum_{k=-\infty}^{+\infty}|\alpha_{j,k}|^2<+\infty$$

因为收敛向量必是柯西序列，从而得到

$$\sum_{j=J}^{+\infty}\sum_{k=-\infty}^{+\infty}|\alpha_{j,k}|^2\to 0\quad(J\to+\infty)$$

回到定理证明的核心步骤:

$$\begin{aligned}\left\|f(x)-\sum_{j=-\infty}^{J-1}g_j(x)\right\|_{\mathcal{L}^2(\mathbb{R})}^2&=\int_{-\infty}^{+\infty}\left|f(x)-\sum_{j=-\infty}^{J-1}g_j(x)\right|^2dx\\&=\sum_{j=J}^{+\infty}\|g_j\|^2\\&=\sum_{j=J}^{+\infty}\sum_{k=-\infty}^{+\infty}|\alpha_{j,k}|^2\to 0\quad(J\to+\infty)\end{aligned}$$ #

引入两个函数记号 $f_j(x),\varepsilon_j(x)$:

$$f_j(x)=\sum_{\ell=-\infty}^{j-1}g_\ell(x),\quad \varepsilon_j(x)=f(x)-f_j(x)$$

分别表示函数 $f(x)$ 的小波成分正交叠加逼近量和逼近误差函数.

定理 4.2 (小波成分逼近和误差的正交关系) 假设函数 $\psi(x)$ 是正交小波，对于任意的函数 $f(x)\in\mathcal{L}^2(\mathbb{R})$，它的全部小波成分是 $\{g_j(x)=\tilde{g}_j(x);j\in\mathbb{Z}\}$，那么，可以得到如下两组正交关系:

$$\begin{cases}f(x)=\varepsilon_{j+1}(x)+f_{j+1}(x)=\varepsilon_j(x)+f_j(x)\\ \varepsilon_j(x)=\varepsilon_{j+1}(x)+g_j(x)\end{cases}$$

而且

$$\begin{cases}\|f\|^2=\|\varepsilon_{j+1}\|^2+\|f_{j+1}\|^2=\|\varepsilon_j\|^2+\|f_j\|^2\\ \|\varepsilon_j\|^2=\|\varepsilon_{j+1}\|^2+\|g_j\|^2\end{cases}$$

证明　利用正交小波产生的规范正交基和前一个定理证明的思路, 直接演算即可完成证明. #

推论 4.1 (小波成分逼近最优性)　假设函数 $\psi(x)$ 是正交小波, 对于任意的函数 $f(x)\in\mathcal{L}^2(\mathbb{R})$, 它的全部小波成分是 $\{g_j(x)=\tilde{g}_j(x);j\in\mathbb{Z}\}$, 那么, $f_j(x)$ 是函数 $f(x)$ 的小波分辨率 $\lambda_\ell=2^\ell$, $\ell\leqslant(j-1)$ 的全部小波成分的叠加, 它是小波分辨率序列为 $\{\lambda_\ell=2^\ell;\ell\leqslant(j-1)\}$ 的函数; 反过来, 如果 $\tilde{f}_j(x)$ 是小波分辨率序列为 $\{\lambda_\ell=2^\ell;\ell\leqslant(j-1)\}$ 的函数, 它逼近函数 $f(x)$ 的误差为 $\tilde{\varepsilon}_j(x)=f(x)-\tilde{f}_j(x)$, 那么, $\|\tilde{\varepsilon}_j\|^2\geqslant\|\varepsilon_j\|^2$, 而且当要求 $\|\tilde{\varepsilon}_j\|^2=\|\varepsilon_j\|^2$ 时, 必然得到 $\tilde{f}_j(x)=f_j(x)$, 即 $f_j(x)$ 是 $f(x)$ 的小波分辨率序列为 $\{\lambda_\ell=2^\ell;\ell\leqslant(j-1)\}$ 的使逼近误差 $\mathcal{L}^2$-模最小的逼近.

利用函数在闭线性子空间上的正交投影使投影偏差模最小的性质即可完成推论的简短证明. 此外, 根据逼近误差正交关系 $\|\varepsilon_j\|^2=\|\varepsilon_{j+1}\|^2+\|g_j\|^2$ 以及小波成分逼近最优性, 容易得到如下描述逼近误差 $\mathcal{L}^2$-模单调下降的推论.

推论 4.2 (误差 $\mathcal{L}^2$-模最速下降特性)　假设 $\psi(x)$ 是正交小波, 对任意的函数 $f(x)\in\mathcal{L}^2(\mathbb{R})$, 它的小波成分正交叠加逼近 $f_j(x)$ 的逼近误差 $\mathcal{L}^2$-模 $\|\varepsilon_j\|^2\to 0$ 是单调下降的, 如果要求严格遵循小波分辨率 $\lambda_j=2^j$ 依次连续增加的准则, 逼近误差 $\mathcal{L}^2$-模 $\|\varepsilon_j\|^2$ 还是最速下降的.

推论 4.3 (误差 $\mathcal{L}^2$-模本质下降特性)　假设函数 $\psi(x)$ 是正交小波, 对于任意非零函数 $f(x)\in\mathcal{L}^2(\mathbb{R})$, 将它的小波成分正交叠加逼近 $f_j(x)$ 的逼近误差 $\mathcal{L}^2$-模记为 $\|\varepsilon_j\|^2$, 那么, $\|\varepsilon_j\|^2\to 0$, 而且至少存在整数 $j'\in\mathbb{Z}$, 使得 $\|\varepsilon_{j'}\|^2>\|\varepsilon_{j'+1}\|^2$.

推论 4.4 (误差 $\mathcal{L}^2$-模严格下降特性)　假设函数 $\psi(x)$ 是正交小波, 对于任意非零函数 $f(x)\in\mathcal{L}^2(\mathbb{R})$, 如果 $f(x)$ 的任何单一小波分辨率 $\lambda_j=2^j$ 的小波成分 $g_j(x)$ 都具有非零 $\mathcal{L}^2$-模, 那么, $f(x)$ 的小波成分正交叠加逼近 $f_j(x)$ 的逼近误差 $\mathcal{L}^2$-模序列 $\|\varepsilon_j\|^2\to 0$ 是严格下降的, 即 $\|\varepsilon_j\|^2>\|\varepsilon_{j+1}\|^2, j\in\mathbb{Z}$.

上面这些分析和讨论充分说明, 在正交小波的基础上, 函数 $f(x)$ 的小波成分正交叠加逼近方法的根本特征是, 在逼近过程中, 为了改善逼近效果, 每次的添加量都与此前任何一次的逼近量正交, 不仅如此, 而且, 每一次的添加量都是一个最优量, 确保逼近误差 $\mathcal{L}^2$-模序列是最速下降的!

正是在正交小波的基础上, 函数 $f(x)$ 的小波成分正交叠加逼近方法才具有了这一系列的优良性质，具体而言，$\{\psi_{\ell,k}(x);-\infty<\ell\leqslant j-1,k\in\mathbb{Z}\}$ 这样的规范正交函数系才是小波成分正交叠加逼近方法一切性质的根本基础.

(ε) 小波子空间的多分辨率结构

如果函数 $\psi(x)$ 是正交小波，那么，函数系 $\{\psi_{j,k}(x);(j,k)\in\mathbb{Z}\times\mathbb{Z}\}$ 构成函数空间 $\mathcal{L}^2(\mathbb{R})$ 的规范正交小波基. 小波子空间序列是函数空间 $\mathcal{L}^2(\mathbb{R})$ 上的闭子空间序列 $\{W_j;j\in\mathbb{Z}\}$：

$$W_j=\text{Closespan}\{\psi_{j,k}(x)=2^{j/2}\psi(2^jx-k);k\in\mathbb{Z}\},\quad j\in\mathbb{Z}$$

那么，小波子空间可以重新表达为

$$W_j=\left\{g_j(x)=\sum_{k=-\infty}^{+\infty}\alpha_k\psi_{j,k}(x);\sum_{k=-\infty}^{+\infty}|\alpha_k|^2<+\infty\right\}$$

而且小波子空间序列 $\{W_j;j\in\mathbb{Z}\}$ 具有如下正交的伸缩依赖关系：

$$W_j\perp W_\ell,\ \ j\neq\ell,(j,\ell)\in\mathbb{Z}\times\mathbb{Z}$$

$$g(x)\in W_j\Leftrightarrow g(2x)\in W_{j+1}$$

同时，小波子空间序列 $\{W_j;j\in\mathbb{Z}\}$ 构成 $\mathcal{L}^2(\mathbb{R})$ 的正交直和分解关系：

$$\mathcal{L}^2(\mathbb{R})=\text{Closespan}\{\psi_{j,k}(x);(j,k)\in\mathbb{Z}\times\mathbb{Z}\}=\bigoplus_{j=-\infty}^{+\infty}W_j$$

这样，正交小波函数 $\psi(x)$ 已知的前提下，函数空间 $\mathcal{L}^2(\mathbb{R})$ 的分析和构造完全可以转换为一系列分辨率各异的小波子空间序列 $\{W_j;j\in\mathbb{Z}\}$ 的分析和构造，此外，最重要也是最精彩的是，利用小波子空间列的伸缩依赖关系，分辨率各不相同的小波子空间的分析和构造完全转化为这个子空间列中的任何一个单一分辨率子空间的分析和构造. 在正交小波理论中，整个函数空间 $\mathcal{L}^2(\mathbb{R})$ 的分析构造问题最终转化为单一分辨率小波子空间比如 W_0 的分析构造.

4.3 尺度子空间与尺度分辨率

为了在小波子空间列特性的基础上研究 $\{\psi_{\ell,k}(x);-\infty<\ell\leqslant j-1,k\in\mathbb{Z}\}$ 的整体性质，以这个规范正交函数系张成的闭子空间，即尺度子空间的定义为出发点.

4.3.1　尺度子空间

(α) 尺度子空间的定义

尺度子空间的定义　如果 $\psi(x)$ 是正交小波，那么，$\{\psi_{j,k}(x);(j,k)\in\mathbb{Z}\times\mathbb{Z}\}$ 构成函数空间 $\mathcal{L}^2(\mathbb{R})$ 的规范正交小波基. 定义空间 $\mathcal{L}^2(\mathbb{R})$ 的闭子空间序列 $\{V_j;j\in\mathbb{Z}\}$ 如下：$\forall j\in\mathbb{Z}$，

$$V_j=\mathrm{Closespan}\{\psi_{\ell,k}(x)=2^{\ell/2}\psi(2^\ell x-k);-\infty<\ell\leqslant j-1,k\in\mathbb{Z}\}$$

其中 V_j 称为第 j 级尺度子空间.

由尺度子空间的定义知，函数 $f(x)$ 的小波成分正交叠加逼近 $f_j(x)$ 实际上就是 $f(x)$ 在函数空间 $\mathcal{L}^2(\mathbb{R})$ 的闭线性子空间 V_j，即第 j 级尺度子空间上的正交投影，因此，在希尔伯特空间中向量向一个闭线性子空间正交投影的各种性质都可以用来研究函数的小波成分正交叠加逼近方法. 为此需要先研究尺度子空间序列的性质以及它与小波子空间序列的关系.

(β) 尺度子空间的递归关系

根据尺度子空间的定义，可以直接得到尺度子空间的等价表达形式：

$$V_J=\bigoplus_{j=-\infty}^{J-1}W_j$$

或者

$$V_J=\left\{\xi_J(x)=\sum_{j=-\infty}^{J-1}\sum_{k=-\infty}^{+\infty}\varsigma_{j,k}\psi_{j,k}(x);\sum_{j=-\infty}^{J-1}\sum_{k=-\infty}^{+\infty}|\varsigma_{j,k}|^2<\infty\right\}$$

利用尺度子空间的定义和等价表达可以得到尺度子空间列的递归关系.

定理 4.3 (递归尺度子空间列)　$V_{J+1}=V_J\oplus W_J,J\in\mathbb{Z}$.

证明　根据尺度子空间的几种等价表达可得 $\forall J\in\mathbb{Z}$，

$$\begin{aligned}V_{J+1}&=\left\{\xi_{J+1}(x)=\sum_{j=-\infty}^{J}\sum_{k=-\infty}^{+\infty}\varsigma_{j,k}\psi_{j,k}(x);\sum_{j=-\infty}^{J}\sum_{k=-\infty}^{+\infty}|\varsigma_{j,k}|^2<\infty\right\}\\&=\left\{\xi_{J+1}(x)=\sum_{k=-\infty}^{+\infty}\varsigma_{J,k}\psi_{J,k}(x)+\sum_{j=-\infty}^{J-1}\sum_{k=-\infty}^{+\infty}\varsigma_{j,k}\psi_{j,k}(x);\sum_{j=-\infty}^{J}\sum_{k=-\infty}^{+\infty}|\varsigma_{j,k}|^2<\infty\right\}\\&=\{\xi_{J+1}(x)=g_J(x)+\xi_J(x);g_J(x)\in W_J,\xi_J(x)\in V_J\}\\&=V_J\oplus W_J\end{aligned}$$

其中利用了两个规范正交函数系 $\{\psi_{j.k}(x);j\leqslant J-1,k\in\mathbb{Z}\}$ 和 $\{\psi_{J.k}(x);k\in\mathbb{Z}\}$ 的正交

性决定的尺度子空间 V_J 与小波子空间 W_J 的正交性. #

回顾函数记号 $f_j(x)$ 的定义可知，定理所述的尺度子空间列递归关系本质上体现的是函数递归关系 $f_{j+1}(x)=f_j(x)+g_j(x)$ 而且 $f_j(x)\perp g_j(x)$. 这从整体上再次表达了这样一个事实："在正交小波的基础上，函数 $f(x)$ 的小波成分正交叠加逼近方法的根本特征是，在逼近过程中，为了改善逼近效果，每次的添加量都与此前任何一次的逼近量正交，不仅如此，而且，每一次的添加量都是一个最优量，确保逼近误差 $\mathcal{L}^2$-模序列是最速下降的！". 在这里这个事实可以这样表述：在对函数 $f(x)$ 的正交小波成分逼近过程中，函数递归关系 $f_{j+1}(x)=f_j(x)+g_j(x)$ 而且 $f_j(x)\perp g_j(x)$ 表明，与前一逼近步骤的 $f_j(x)$ 逼近 $f(x)$ 相比，$f_{j+1}(x)$ 对函数 $f(x)$ 的逼近多了一个增量 $g_j(x)$，这个增量与 $f_j(x)$ 正交，所以是一个真正的增量，不仅如此，$f_\ell(x)\perp g_j(x),\ell<j$，即这个逼近步骤的真正增量 $g_j(x)$ 与这个步骤之前的每个步骤的逼近量 $f_\ell(x),\ell<j$ 都是正交的. 更重要的是，如果增量 $g_j(x)$ 只允许在小波子空间 W_j 中选择，现在给出的这个增量 $g_j(x)$ 是最好的增量，完全可以保证由此导致 $f_{j+1}(x)$ 对函数 $f(x)$ 的逼近误差在 $\mathcal{L}^2$-模(范数)意义下达到最小，即对于任意的函数 $\tilde{g}_j(x)\in W_j$，成立如下的 $\mathcal{L}^2$-范数不等式：

$$\begin{aligned}&\|f(x)-f_{j+1}(x)\|_{\mathcal{L}^2}^2=\|(f(x)-f_j(x))-g_j(x)\|_{\mathcal{L}^2}^2\\ \leqslant&\|(f(x)-f_j(x))-\tilde{g}_j(x)\|_{\mathcal{L}^2}^2\end{aligned}$$

或者

$$\|\varepsilon_{j+1}\|_{\mathcal{L}^2}^2=\|f(x)-f_{j+1}(x)\|_{\mathcal{L}^2}^2\leqslant\|\tilde{\varepsilon}_{j+1}(x)\|_{\mathcal{L}^2}^2$$

其中 $\tilde{\varepsilon}_{j+1}(x)=f(x)-f_j(x)-\tilde{g}_j(x)$ 而且 $\tilde{g}_j(x)\in W_j$.

这严格表达了逼近误差函数的 $\mathcal{L}^2$-范数单调下降 $\|\varepsilon_{j+1}\|_{\mathcal{L}^2}^2\leqslant\|\varepsilon_j\|_{\mathcal{L}^2}^2$，而且这个下降还是最快的下降 $\|\varepsilon_{j+1}\|_{\mathcal{L}^2}^2\leqslant\|\tilde{\varepsilon}_{j+1}(x)\|_{\mathcal{L}^2}^2$.

(γ) 尺度子空间列的单调性

这里以尺度子空间列的递归关系的推论形式给出尺度子空间列的单调性.

推论 4.5 (尺度子空间列单调性) $V_J\subseteq V_{J+1},J\in\mathbb{Z}$.

尺度子空间列的单调性体现的是逼近关系式 $f_{j+1}(x)=f_j(x)+g_j(x)$ 中当增量部分 $g_j(x)=0$ 这样一种特殊情形.

(δ) 尺度子空间列的稠密性

在函数 $\psi(x)$ 是正交小波的条件下，对于任意的函数 $f(x)\in\mathcal{L}^2(\mathbb{R})$，根据小波成分正交叠加逼近定理可知，函数 $f(x)$ 的全部小波成分 $\{g_j(x)=\tilde{g}_j(x); j\in\mathbb{Z}\}$ 的叠加是正交叠加，而且这种叠加在一定意义下是最佳逼近函数 $f(x)$ 的. 这个重要事实可以形式地表示为 $\sum_{j=-\infty}^{J-1} g_j(x)\to f(x)(J\to+\infty)$ 或者 $f_j(x)\to f(x)(j\to+\infty)$. 利用尺度子空间列形式刻画这个结果就得到如下的尺度子空间列稠密性定理.

定理 4.4 (尺度子空间列的稠密性定理)　$\mathcal{L}^2(\mathbb{R})=\overline{\left[\bigcup_{J\in\mathbb{Z}} V_J\right]}$，或者，简单写成如下的极限表达形式:

$$\mathcal{L}^2(\mathbb{R})=\lim_{J\to+\infty} V_J \quad \text{或者} \quad V_J\to\mathcal{L}^2(\mathbb{R})\ (J\to+\infty)$$

证明　事实上，因为 $V_J\subseteq\mathcal{L}^2(\mathbb{R}), J\in\mathbb{Z}$ 而且 $\mathcal{L}^2(\mathbb{R})$ 是希尔伯特空间，因此直接可以得到 $\overline{\left[\bigcup_{J\in\mathbb{Z}} V_J\right]}\subseteq\mathcal{L}^2(\mathbb{R})$. 下面证明 $\mathcal{L}^2(\mathbb{R})=\overline{\left[\bigcup_{J\in\mathbb{Z}} V_J\right]}$，把这个关系重新表述为

$$\forall f(x)\in\mathcal{L}^2(\mathbb{R}),\forall J\in\mathbb{Z},\ \exists f_J(x)\in V_J \Rightarrow \| f(x)-f_J(x)\|^2_{\mathcal{L}^2(\mathbb{R})}\to 0$$

或者

$$f(x)=\lim_{J\to+\infty} f_J(x)$$

在 $\psi(x)$ 是正交小波的条件下，$\{\psi_{j,k}(x);(j,k)\in\mathbb{Z}\times\mathbb{Z}\}$ 构成函数空间 $\mathcal{L}^2(\mathbb{R})$ 的规范正交小波基，当 $f(x)\in\mathcal{L}^2(\mathbb{R})$ 时，成立如下的正交小波级数展开式:

$$f(x)=\sum_{j=-\infty}^{+\infty}\sum_{k=-\infty}^{+\infty}\alpha_{j,k}\psi_{j,k}(x)$$

其中，$(j,k)\in\mathbb{Z}\times\mathbb{Z}$，

$$\alpha_{j,k}=\left\langle f,\psi_{j,k}\right\rangle_{\mathcal{L}^2(\mathbb{R})}=\int_{-\infty}^{+\infty} f(x)\overline{\psi}_{j,k}(x)dx$$

而且

$$\| f(x)\|^2_{\mathcal{L}^2(\mathbb{R})}=\sum_{j=-\infty}^{+\infty}\sum_{k=-\infty}^{+\infty}|\alpha_{j,k}|^2<+\infty$$

如果定义函数序列 $\left\{f_J(x); J\in\mathbb{Z}\right\}$ 如下:

$$f_J(x)=\sum_{j=-\infty}^{J-1}\sum_{k=-\infty}^{+\infty}\alpha_{j,k}\psi_{j,k}(x)$$

因为 $V_J = \mathrm{Closespan}\{\psi_{\ell,k}(x); -\infty < \ell \leqslant J-1, k \in \mathbb{Z}\}$，而且

$$0 \leqslant \sum_{j=-\infty}^{J-1} \sum_{k=-\infty}^{+\infty} |\alpha_{j,k}|^2 \leqslant \sum_{j=-\infty}^{+\infty} \sum_{k=-\infty}^{+\infty} |\alpha_{j,k}|^2 = \|f\|^2 < +\infty$$

所以 $f_J(x) \in V_J$.

利用这些构造直接演算:

$$\int_{-\infty}^{+\infty} |f(x) - f_J(x)|^2 dx = \int_{-\infty}^{+\infty} \left| \sum_{j=-\infty}^{+\infty} \sum_{k=-\infty}^{+\infty} \alpha_{j,k} \psi_{j,k}(x) - \sum_{j=-\infty}^{J-1} \sum_{k=-\infty}^{+\infty} \alpha_{j,k} \psi_{j,k}(x) \right|^2 dx$$

$$= \int_{-\infty}^{+\infty} \left| \sum_{j=J}^{+\infty} \sum_{k=-\infty}^{+\infty} \alpha_{j,k} \psi_{j,k}(x) \right|^2 dx = \sum_{j=J}^{+\infty} \sum_{k=-\infty}^{+\infty} |\alpha_{j,k}|^2$$

因为

$$\sum_{j=-\infty}^{+\infty} \sum_{k=-\infty}^{+\infty} |\alpha_{j,k}|^2 < +\infty$$

所以，当 $J \to +\infty$ 时，

$$\|f(x) - f_J(x)\|_{\mathcal{L}^2(\mathbb{R})}^2 = \sum_{j=J}^{+\infty} \sum_{k=-\infty}^{+\infty} |\alpha_{j,k}|^2 \to 0$$

(ε) 尺度子空间列的唯一性

关于尺度子空间列的稠密性的定理说明，尺度子空间列作为 $\mathcal{L}^2(\mathbb{R})$ 中的闭的嵌套子空间序列，在某种意义下“充满”了整个空间 $\mathcal{L}^2(\mathbb{R})$，这相当于表达了“严格递增的”子空间序列 $\{V_J \subseteq \mathcal{L}^2(\mathbb{R}), J \in \mathbb{Z}\}$ 的“最大的子空间 $V_{+\infty}$”逼近，而且达到了全空间 $\mathcal{L}^2(\mathbb{R})$. 这就好像解决了尺度子空间序列的“最大值问题”. 这里将研究“相反的”问题，即尺度子空间序列的“最小子空间 $V_{-\infty}$”，就是尺度子空间序列的唯一性问题.

定理 4.5 (尺度子空间列的唯一性) $\bigcap_{J\in\mathbb{Z}} V_J = \{0\}$，或者，简单写成如下的极限表达形式:

$$\lim_{J\to-\infty} V_J = \{0\} \quad 或者 \quad V_J \to \{0\}\ (J \to -\infty)$$

证明 这个定理的基本意义是，如果 $h(x) \in V_J, J \in \mathbb{Z}$，那么，$h(x) = 0$，即

$$\forall h(x) \in \bigcap_{J=-\infty}^{+\infty} V_J \Rightarrow h(x) = 0$$

实际上，因为 $h(x)\in\bigcap_{J=-\infty}^{+\infty}V_J\subseteq\mathcal{L}^2(\mathbb{R})$，而且在 $\psi(x)$ 是正交小波的条件下 $\{\psi_{j,k}(x);(j,k)\in\mathbb{Z}\times\mathbb{Z}\}$ 构成 $\mathcal{L}^2(\mathbb{R})$ 的规范正交小波基，于是，$h(x)$ 可以写成正交小波级数形式:

$$h(x)=\sum_{j=-\infty}^{+\infty}\sum_{k=-\infty}^{+\infty}h_{j,k}\psi_{j,k}(x)$$

其中，$(j,k)\in\mathbb{Z}\times\mathbb{Z}$，

$$h_{j,k}=\left\langle h,\psi_{j,k}\right\rangle_{\mathcal{L}^2(\mathbb{R})}=\int_{-\infty}^{+\infty}h(x)\overline{\psi}_{j,k}(x)dx$$

下面的证明思路是，对任意的 $(j,k)\in\mathbb{Z}\times\mathbb{Z}$，推证 $h_{j,k}=0$. 如是则 $h(x)=0$.

对于任意的 $j\in\mathbb{Z}$，因为 $h(x)\in\bigcap_{J=-\infty}^{+\infty}V_J$，所以 $h(x)\in V_{j+1}$，于是利用 V_{j+1} 的定义知，$h(x)$ 将具有如下的特殊正交小波级数表达:

$$h(x)=\sum_{\ell=-\infty}^{j}\sum_{m\in\mathbb{Z}}h_{\ell,m}\psi_{\ell,m}(x)$$

特别需要注意的是，因为 $h(x)\in\bigcap_{J=-\infty}^{+\infty}V_J$，所以这个级数表达的 $h(x)$ 必然同时属于 V_j，即 $h(x)\in V_j$. 因为 $V_j\perp W_j$，所以 $h(x)\perp W_j$. 利用 W_j 的定义:

$$W_j=\text{Closespan}\{\psi_{j,k}(x);k\in\mathbb{Z}\}$$

可知，对于任意的 $k\in\mathbb{Z}$，必然成立 $h(x)\perp\psi_{j,k}(x)$，即 $\left\langle h(x),\psi_{j,k}(x)\right\rangle=0$. 将函数 $h(x)$ 的小波级数表达式代入这个公式直接演算可得

$$\begin{aligned}0&=\left\langle h(x),\psi_{j,k}(x)\right\rangle\\&=\int_{-\infty}^{+\infty}h(x)\overline{\psi}_{j,k}(x)dx\\&=\int_{-\infty}^{+\infty}\left[\sum_{\ell=-\infty}^{j}\sum_{m\in\mathbb{Z}}h_{\ell,m}\psi_{\ell,m}(x)\right]\overline{\psi}_{j,k}(x)dx\\&=h_{j,k}\end{aligned}$$

即得证 $h_{j,k}=0$.　#

尺度子空间列唯一性定理说明，嵌套的尺度子空间序列的“最小子空间 $V_{-\infty}$”就是 $\mathcal{L}^2(\mathbb{R})$ 的唯一的一个零函数构成的平凡子空间 $\{0\}$.

注释：这个定理还有一个更具有“整体性”的证明. 试述如下. 显然

$$\forall j \in \mathbb{Z},\ \left[\bigcap_{J=-\infty}^{+\infty} V_J\right] \subseteq V_j$$

因为 $\forall j \in \mathbb{Z}, V_j \perp W_j$，所以

$$\forall j \in \mathbb{Z},\ \left[\bigcap_{J=-\infty}^{+\infty} V_J\right] \perp W_j$$

因为 $\mathcal{L}^2(\mathbb{R}) = \bigoplus_{j=-\infty}^{+\infty} W_j$，所以

$$\left[\bigcap_{J=-\infty}^{+\infty} V_J\right] \perp \mathcal{L}^2(\mathbb{R})$$

最后得到 $\bigcap_{J=-\infty}^{+\infty} V_J = \{0\}$. #

(ζ) 尺度子空间列的伸缩性

在函数 $\psi(x)$ 是正交小波的条件下，小波子空间列具有伸缩依赖关系 $g(x) \in W_j \Leftrightarrow g(2x) \in W_{j+1}$，从而把小波子空间的构造完全归结为小波子空间序列中的任何一个子空间的构造，利用这种伸缩依赖关系就可以从这个子空间的构造得到每个小波子空间的构造.

这里将研究尺度子空间序列的类似性质，尝试论证尺度子空间序列具有伸缩依赖关系.

定理 4.6 (尺度子空间列的伸缩性) 在函数 $\psi(x)$ 是正交小波的条件下，按照前述方式定义的尺度子空间序列 $\{V_J; J \in \mathbb{Z}\}$ 具有如下伸缩依赖关系：

$$f(x) \in V_J \Leftrightarrow f(2x) \in V_{J+1}$$

证明 这里示范性证明 $\forall\ h(x) \in V_{J+1} \Rightarrow h(0.5x) \in V_J$.

因为正交小波 $\psi(x)$ 的伸缩平移函数系 $\{\psi_{j,k}(x); (j,k) \in \mathbb{Z} \times \mathbb{Z}\}$ 构成 $\mathcal{L}^2(\mathbb{R})$ 的规范正交小波基，由 V_{J+1} 的定义知，$h(x)$ 可以写成如下的小波级数：

$$h(x) = \sum_{\ell=-\infty}^{J} \sum_{m \in \mathbb{Z}} h_{\ell,m} \psi_{\ell,m}(x)$$

其中，$(\ell, m) \in \mathbb{Z} \times \mathbb{Z}$，

$$h_{\ell,m} = \left\langle h, \psi_{\ell,m} \right\rangle_{\mathcal{L}^2(\mathbb{R})} = \int_{-\infty}^{+\infty} h(x) \bar{\psi}_{\ell,m}(x) dx$$

直接演算 $h(0.5x)$ 的表达公式可得

$$\begin{aligned}h(0.5x) &= \sum_{\ell=-\infty}^{J}\sum_{m\in\mathbb{Z}} h_{\ell,m}\psi_{\ell,m}(0.5x) \\ &= \sum_{\ell=-\infty}^{J}\sum_{m\in\mathbb{Z}} \sqrt{2}h_{\ell,m}2^{(\ell-1)/2}\psi(2^{\ell-1}x-m) \\ &= \sum_{j=-\infty}^{J-1}\sum_{m\in\mathbb{Z}} \sqrt{2}h_{j+1,m}2^{j/2}\psi(2^{j}x-m) \\ &= \sum_{j=-\infty}^{J-1}\sum_{m\in\mathbb{Z}} \sqrt{2}h_{j+1,m}\psi_{j,m}(x)\end{aligned}$$

其中

$$\sum_{j=-\infty}^{J-1}\sum_{m\in\mathbb{Z}}|\sqrt{2}h_{j+1,m}|^2 = 2\sum_{\ell=-\infty}^{J}\sum_{m\in\mathbb{Z}}|h_{\ell,m}|^2 = 2\|h\|^2 < +\infty$$

这些演算结果说明，函数 $h(0.5x)$ 可以写成尺度子空间 V_J 的规范正交基:

$$\{\psi_{\ell,m}(x) = 2^{\ell/2}\psi(2^{\ell}x-m); -\infty < \ell \leqslant J-1, m \in \mathbb{Z}\}$$

的小波级数，而且级数系数是平方可和的，因此可得 $h(0.5x)\in V_J$.

类似可证 $\forall\ h(x)\in V_J \Rightarrow h(2x)\in V_{J+1}$.　#

注释: 这个定理还有一个更具有“整体性”的证明. 把尺度子空间序列与小波子空间序列的关系公式:

$$V_J = \bigoplus_{j=-\infty}^{J-1} W_j$$

转换为函数表达式形式，得到如下公式:

$$f_J(x)\in V_J \Leftrightarrow f_J(x) = \sum_{j=-\infty}^{J-1} g_j(x),\quad g_j(x)\in W_j,\quad -\infty < j \leqslant J-1$$

而且

$$f_J(2x) = \sum_{j=-\infty}^{J-1} g_j(2x),\ g_j(x)\in W_j \Leftrightarrow g_j(2x)\in W_{j+1},\quad -\infty < j \leqslant J-1$$

因此直接推论得到

$$f_J(x)\in V_J \Leftrightarrow f_J(2x)\in V_{J+1}$$ #

在函数 $\psi(x)$ 是正交小波的条件下，根据尺度子空间列的伸缩性定理可知，尺度子空间序列的构造完全被归结为尺度子空间序列中的任何一个子空间的构造，利用这种伸缩依赖关系就可以从这个特定的尺度子空间的构造得到每个尺度子空间的构造.

(η) 尺度空间的多分辨率结构

在函数空间 $\mathcal{L}^2(\mathbb{R})$ 中的正交小波函数 $\psi(x)$ 已知的条件下，由 $\psi(x)$ 的尺度伸缩和位置移动产生的函数系 $\{\psi_{j,k}(x);(j,k)\in\mathbb{Z}\times\mathbb{Z}\}$ 构成空间 $\mathcal{L}^2(\mathbb{R})$ 的规范正交小波基. 定义空间 $\mathcal{L}^2(\mathbb{R})$ 的闭子空间序列 $\{V_j;j\in\mathbb{Z}\}$ 如下：$\forall j\in\mathbb{Z}$，

$$V_j=\text{Closespan}\{\psi_{\ell,k}(x)=2^{\ell/2}\psi(2^\ell x-k);-\infty<\ell\leqslant j-1,k\in\mathbb{Z}\}$$

那么，尺度子空间可以重新表达为

$$V_J=\left\{f_J(x)=\sum_{j=-\infty}^{J-1}\sum_{k=-\infty}^{+\infty}\alpha_{j,k}\psi_{j,k}(x);\sum_{j=-\infty}^{J-1}\sum_{k=-\infty}^{+\infty}|\alpha_{j,k}|^2<+\infty\right\}$$

$$V_J=\left\{f_J(x)=\sum_{j=-\infty}^{J-1}g_j(x);g_j(x)\in W_j,-\infty<j\leqslant J-1\right\}$$

它与小波子空间序列 $\{W_j;j\in\mathbb{Z}\}$ 满足如下递归依赖关系：

$$V_J=\bigoplus_{j=-\infty}^{J-1}W_j=V_{J-1}\oplus W_{J-1}$$

尺度子空间序列 $\left\{V_j;j\in\mathbb{Z}\right\}$ 具有如下性质：

❶ 单调性：$V_J\subseteq V_{J+1}$；

❷ 稠密性：$\overline{\left[\bigcup_{J\in\mathbb{Z}}V_J\right]}=\mathcal{L}^2(\mathbb{R})$；

❸ 唯一性：$\bigcup_{J\in\mathbb{Z}}V_J=\{0\}$；

❹ 伸缩性：$f(x)\in V_J\Leftrightarrow f(2x)\in V_{J+1}$.

这就是尺度子空间序列的多分辨率结构. 这样，对函数空间 $\mathcal{L}^2(\mathbb{R})$ 的分析和构造就可以转化为研究尺度子空间序列，进一步转化为对某一个特定的尺度子空间比如 V_0 的研究. 这正是多分辨率分析理论的出发点和核心所在.

(θ) 多分辨率分析与尺度函数

按照尺度子空间的定义，沿用子空间和函数的小波分辨率或小波分辨率序列的概念，那么，在选择分辨率基准函数为小波函数时，尺度子空间 V_j 的小波分辨率序列是 $\{\lambda_\ell=2^\ell;\ell\leqslant(j-1)\}$，$j\in\mathbb{Z}$. 因此，在小波作为分辨率基准函数时，尺度子空间永远不会出现单一分辨率，而且，每个尺度子空间 V_j 的小波分辨率序列都是形如 $2^{j-1},2^{j-2},\cdots,2^{j-m},\cdots$，其中 m 是自然数的连续半无穷分辨率序列.

是否存在分辨率基准函数，使某一个尺度子空间在这样的基准函数下是单一分辨率的？比如 V_0 是单一分辨率的？这个问题没有唯一答案. 但是如果存在多分辨率分析，那么答案是肯定.

多分辨率分析的定义　假设 $\{V_j; j\in\mathbb{Z}\}$ 是函数空间 $\mathcal{L}^2(\mathbb{R})$ 上的闭线性子空间序列，函数 $\varphi(x)\in\mathcal{L}^2(\mathbb{R})$，如果它们满足如下五个要求，即

❶ 单调性：$V_J\subseteq V_{J+1}, J\in\mathbb{Z}$；

❷ 稠密性：$\overline{\left[\bigcup_{J\in\mathbb{Z}} V_J\right]}=\mathcal{L}^2(\mathbb{R})$；

❸ 唯一性：$\bigcup_{J\in\mathbb{Z}} V_J=\{0\}$；

❹ 伸缩性：$f(x)\in V_J \Leftrightarrow f(2x)\in V_{J+1}, J\in\mathbb{Z}$；

❺ 构造性：$\{\varphi(x-k); k\in\mathbb{Z}\}$ 构成 V_0 的规范正交基，

那么，称 $(\{V_j; j\in\mathbb{Z}\},\varphi(x))$ 是函数空间 $\mathcal{L}^2(\mathbb{R})$ 上的一个多分辨率分析，而且，函数 $\varphi(x)$ 称为尺度函数，对于任意的整数 $j\in\mathbb{Z}$，V_j 被称为第 j 级尺度子空间.

在有的文献中，将尺度函数 $\varphi(x)$ 称为父小波，至于这种称谓的理由，随着多分辨率分析理论的逐渐展开在恰当的地方将给出明确说明. 在这里可以说明的是，父小波这个称谓主要是和满足容许性条件的函数被称为母小波相对应的.

在正交小波 $\psi(x)$ 已知的条件下，可以按照前述研究过程构造得到一个具有多分辨率结构的尺度子空间序列 $\{V_j; j\in\mathbb{Z}\}$，但未必存在函数 $\varphi(x)$，结合这个由正交小波产生的尺度子空间序列 $\{V_j; j\in\mathbb{Z}\}$ 共同构成函数空间 $\mathcal{L}^2(\mathbb{R})$ 的一个多分辨率分析，即在尺度子空间 V_0 中未必存在合适的函数 $\varphi(x)$，$\{\varphi(x-k); k\in\mathbb{Z}\}$ 构成 V_0 的规范正交基，即从一个正交小波出发未必能导致一个尺度函数. 但如果存在函数 $\varphi(x)$，它的整数平移函数系 $\{\varphi(x-k); k\in\mathbb{Z}\}$ 构成 V_0 的规范正交基，那么，本质地，利用已知的正交小波和这个假设存在的函数 $\varphi(x)$，就可以构造得到函数空间 $\mathcal{L}^2(\mathbb{R})$ 上的一个多分辨率分析.

反过来会怎么样呢？就是说，如果已知函数空间 $\mathcal{L}^2(\mathbb{R})$ 上的一个多分辨率分析，即已知 $\mathcal{L}^2(\mathbb{R})$ 上的一个具有多分辨率结构的闭子空间序列 $\{V_j; j\in\mathbb{Z}\}$，另外配备一个被称为尺度函数的函数 $\varphi(x)$，从这两者出发，能否确保存在正交小波 $\psi(x)$，由它诱导出的尺度子空间序列正好是这个具有多分辨率结构的闭子空间序列 $\{V_j; j\in\mathbb{Z}\}$？如果答案是肯定的，那么，这个正交小波就能诱导得出一个多分辨率分析. 让人意外的是，这个问题的答案居然永远都是肯定的. 不仅如此，甚至还有更让人惊奇的事情会发生.

比如假设$\varphi(x)$是一个尺度函数，即由函数$\varphi(x)$的整数平移产生的规范正交函数系$\{\varphi(x-k);k\in\mathbb{Z}\}$构成$V_0$的规范正交基，此外，如果对特定的自然数$m$，对于任意的$m'\in\mathbb{N}$，存在正的常数$C_{m'}$，当$0\leqslant\tilde{m}\leqslant m$时成立如下不等式:

$$\left|\frac{d^{\tilde{m}}\varphi(x)}{dx^{\tilde{m}}}\right|\leqslant C_{m'}(1+|x|)^{-m'}$$

这时称尺度函数$\varphi(x)$具有m阶正则性，或者称$\varphi(x)$是m阶正则尺度函数. 这时，多分辨率分析被称为是m阶正则的，或者称$(\{V_j;j\in\mathbb{Z}\},\varphi(x))$是空间$\mathcal{L}^2(\mathbb{R})$上的一个$m$阶正则多分辨率分析.

从空间$\mathcal{L}^2(\mathbb{R})$上的一个$m$阶正则多分辨率分析$(\{V_j;j\in\mathbb{Z}\},\varphi(x))$出发，可以构造具有$m$阶消失矩的正交小波$\psi(x)$，即

$$\int_{-\infty}^{+\infty}\psi(x)dx=\int_{-\infty}^{+\infty}x\psi(x)dx=\cdots=\int_{-\infty}^{+\infty}x^m\psi(x)dx=0,\quad \int_{-\infty}^{+\infty}x^{m+1}\psi(x)dx\neq 0$$

或者表示为

$$\int_{-\infty}^{+\infty}x^{m+1}\psi(x)dx\neq 0,\quad \int_{-\infty}^{+\infty}x^k\psi(x)dx=0,\ k=0,1,\cdots,m$$

同时，正交小波$\psi(x)$还具有一定阶数的连续导函数，而这个阶数与其消失矩的阶数m有大致的线性关系$m\xi$，其线性斜率$\xi\approx 0.2$. 在 Daubechies 的构造方法中，甚至$\psi(x)$还可以是支撑在闭区间$[0,2m+1]$上的紧支撑函数.

正交小波具有的这些性质在使用小波特征化函数空间、函数和分布的表示以及算子近似对角化过程中将发挥巨大的作用.

4.3.2 尺度分辨率

如果函数$\psi(x)$是一个正交小波，即伸缩平移函数系$\{\psi_{j,k}(x);(j,k)\in\mathbb{Z}\times\mathbb{Z}\}$构成空间$\mathcal{L}^2(\mathbb{R})$的规范正交小波基，那么，由$\psi(x)$可以诱导产生空间$\mathcal{L}^2(\mathbb{R})$上的两个闭子空间序列，一个是小波子空间序列$\{W_j;j\in\mathbb{Z}\}$，另一个是尺度子空间序列$\{V_j;j\in\mathbb{Z}\}$. 这时候，如果选择分辨率基准函数$\zeta(x)$是小波函数$\psi(x)$或者它的适当倍数的伸缩函数，那么，小波子空间$W_j$具有单一的小波分辨率$\lambda_j=2^j$，而任何尺度子空间$V_j$具有形如$2^{j-1},2^{j-2},\cdots,2^{j-m},\cdots$，其中$m$是自然数的连续半无穷序列的小波分辨率序列. 是否可以选择其他分辨率基准函数，让尺度子空间也具有单一分辨率数值? 这就是将要研究的问题，即尺度分辨率.

(α) 尺度分辨率

在空间$\mathcal{L}^2(\mathbb{R})$上的一个多分辨率分析的基础上，可以证明，当选择分辨率基准

函数 $\zeta(x)$ 是尺度函数 $\varphi(x)$ 或者它的适当倍数的伸缩函数时，尺度子空间 V_j 将具有单一的分辨率 $\mu_j=2^j$，称尺度子空间 V_j 的尺度分辨率是 $\mu_j=2^j$.

定理 4.7 (尺度子空间的单一分辨率)　如果 $(\{V_j;j\in\mathbb{Z}\},\varphi(x))$ 是函数空间 $\mathcal{L}^2(\mathbb{R})$ 上的一个多分辨率分析，那么，对于任何 $j\in\mathbb{Z}$，存在分辨率基准函数 $\zeta(x)$，使尺度子空间 V_j 的分辨率是单一分辨率 $\mu_j=2^j$.

证明　$(\{V_j;j\in\mathbb{Z}\},\varphi(x))$ 是函数空间 $\mathcal{L}^2(\mathbb{R})$ 上的一个多分辨率分析，此时整数平移函数系 $\{\varphi(x-k);k\in\mathbb{Z}\}$ 是 V_0 的一个规范正交基，因此，当分辨率基准函数 $\zeta(x)=\varphi(x)$ 时，尺度子空间 V_0 的分辨率就是 $\mu_0=1$.

容易证明，对于任何 $j\in\mathbb{Z}$，函数系 $\{\varphi_{j,k}(x)=2^{j/2}\varphi(2^jx-k);k\in\mathbb{Z}\}$ 是尺度子空间 V_j 的一个规范正交基，当分辨率基准函数 $\zeta_j(x)=\varphi_{j,0}(x)=2^{j/2}\varphi(2^jx)$ 时，那么，因为如下平移函数系：

$$\{\zeta_j(x-2^{-j}k)=\varphi_{j,0}(x-2^{-j}k)=2^{j/2}\varphi(2^jx-k);k\in\mathbb{Z}\}$$

构成第 j 级尺度子空间 V_j 的规范正交基，因此，在基准函数 $\zeta_j(x)=\varphi_{j,0}(x)$ 之下，尺度子空间 V_j 的分辨率是单一分辨率 $\mu_j=2^j$.　#

(β) *分辨率辨析*

在正交小波理论和多分辨率分析理论中，函数空间 $\mathcal{L}^2(\mathbb{R})$ 子空间的分辨率和分辨率序列直接依赖于分辨率基准函数的选择，为了讨论方便，引入了小波分辨率和尺度分辨率，并借助函数子空间分辨率的概念引入了函数的分辨率.

在多分辨率分析构造正交小波的过程中，无论是小波子空间还是尺度子空间，每当涉及它的分辨率时，比如“小波子空间 W_j 的分辨率是 $\lambda_j=2^j$”，其中分辨率非常清晰就是小波分辨率，再如“尺度子空间 V_j 的分辨率序列是 $2^{j-1},2^{j-2},\cdots$”，其分辨率的含义清晰的是小波分辨率，另外，“尺度子空间 V_j 分辨率是 $\mu_j=2^j$”意思是尺度子空间的尺度分辨率是单一的 $\mu_j=2^j$. 在这样上下文关系清晰的时候，没有必要特意说明分辨率基准函数，行文中会忽略这些名词，否则，总会在需要的时候，进行必要的标注和说明.

关于函数的分辨率，总是理解为相应子空间的分辨率，当一个函数在分辨率不同的多个子空间的交集中时，习惯用法是理解为这些子空间同种类型分辨率的最小值，比如尺度函数 $\varphi(x)$ 的尺度分辨率就是 $\mu_0=2^0=1$，虽然 $\varphi(x)\in V_1$ 而 V_1 的尺度

分辨率是 $\mu_1 = 2$.

在这些补充说明之后，所谓函数空间 $\mathcal{L}^2(\mathbb{R})$ 上的多种分辨率就两个含义，其一是小波分辨率和尺度分辨率，其二是在小波分辨率或/和尺度分辨率下，涉及函数子空间按照正交直和分解被表示为多个相互正交的分辨率各不相同的子空间的直和，讨论过程中同时出现了多个分辨率的子空间，或者函数被分解为多个相互正交的函数的和，这样也需要同时处理分辨率不同的多个函数. 比如，在尺度子空间的正交直和分解关系 $V_{J+1} = V_J \oplus W_J$ 中，分辨率为 2^{J+1} 的尺度子空间 V_{J+1} 被分解为相互正交的分辨率为 2^J 的两个子空间 V_J, W_J 的正交直和，其中同时出现了小波分辨率和尺度分辨率，而且，尺度分辨率还出现了两个不同的数值即 2^J 和 2^{J+1}. 凡此种种，在上下文的关系中，意义都是非常清晰的.

4.4　尺度函数与尺度子空间

这里复述多分辨率分析的定义如下.

多分辨率分析的定义　假设 $\{V_j; j \in \mathbb{Z}\}$ 是函数空间 $\mathcal{L}^2(\mathbb{R})$ 上的闭线性子空间序列，函数 $\varphi(x) \in \mathcal{L}^2(\mathbb{R})$，如果它们满足如下五个要求，即

❶ 单调性：$\cdots \subseteq V_{-2} \subseteq V_{-1} \subseteq V_0 \subseteq V_{+1} \subseteq V_{+2} \subseteq \cdots$;

❷ 稠密性：$\overline{\left[\bigcup_{J\in\mathbb{Z}} V_J\right]} = \mathcal{L}^2(\mathbb{R})$;

❸ 唯一性：$\bigcap_{J\in\mathbb{Z}} V_J = \{0\}$;

❹ 伸缩性：$f(x) \in V_J \Leftrightarrow f(2x) \in V_{J+1}, J \in \mathbb{Z}$;

❺ 构造性：$\{\varphi(x-k); k \in \mathbb{Z}\}$ 构成 V_0 的规范正交基，

那么，称 $(\{V_j; j \in \mathbb{Z}\}, \varphi(x))$ 是函数空间 $\mathcal{L}^2(\mathbb{R})$ 上的一个多分辨率分析(MRA)，而且，函数 $\varphi(x)$ 称为尺度函数，对任意 $j \in \mathbb{Z}$，V_j 被称为第 j 级尺度子空间.

4.4.1　尺度空间的尺度函数基

在多分辨率分析中，每一个尺度子空间都具有尺度函数伸缩平移构成的规范正交基，称为尺度函数规范正交基.

(α) 尺度规范正交系

在多分辨率分析中，尺度函数的整数平移系 $\{\varphi(x-k); k \in \mathbb{Z}\}$ 是规范正交函数系，于是可以得到如下定理.

定理 4.8 (尺度规范正交系)　如果 $(\{V_j; j\in\mathbb{Z}\},\varphi(x))$ 是函数空间 $\mathcal{L}^2(\mathbb{R})$ 上的一个多分辨率分析, 尺度函数 $\varphi(x)$ 的傅里叶变换记为 $\Phi(\omega)$, 那么

$$2\pi\sum_{m\in\mathbb{Z}}|\Phi(\omega+2m\pi)|^2=1,\quad \text{a.e.},\quad \omega\in[0,2\pi]$$

证明　因为尺度函数 $\varphi(x)$ 的整数平移系 $\{\varphi(x-k);k\in\mathbb{Z}\}$ 构成 V_0 的规范正交基, 所以, $\{\varphi(x-k);k\in\mathbb{Z}\}$ 必是规范正交函数系, 于是根据平移函数系的规范正交性引理 4.1 即可完成证明. #

这个定理说明了在时间域中, 整数平移函数系构成规范正交函数系的频域表达形式. 这为在频域研究尺度函数的性质提供了便利.

(β) 尺度规范正交基

在多分辨率分析中, 尺度函数 $\varphi(x)$ 的整数平移系 $\{\varphi(x-k);k\in\mathbb{Z}\}$ 构成 V_0 的规范正交基, 借助伸缩性可以获得任意尺度子空间 V_j 的规范正交基.

定理 4.9 (尺度规范正交基)　如果 $(\{V_j; j\in\mathbb{Z}\},\varphi(x))$ 是函数空间 $\mathcal{L}^2(\mathbb{R})$ 上的一个多分辨率分析, 那么, 对任何 $j\in\mathbb{Z}$, $\{\varphi_{j,k}(x)=2^{j/2}\varphi(2^jx-k);k\in\mathbb{Z}\}$ 是规范正交函数系, 构成尺度子空间 V_j 的规范正交基.

证明　利用多分辨率分析的公理❹和公理❺可以直接完成证明:

$$\begin{aligned}\left\langle\varphi_{j,k}(x),\varphi_{j,n}(x)\right\rangle_{\mathcal{L}^2(\mathbb{R})}&=\int_{-\infty}^{+\infty}\varphi_{j,k}(x)\overline{\varphi}_{j,n}(x)dx\\&=2^j\int_{-\infty}^{+\infty}\varphi(2^jx-k)\overline{\varphi}(2^jx-n)dx\\&=\int_{-\infty}^{+\infty}\varphi(x-k)\overline{\varphi}(x-n)dx\\&=\delta(k-n)\end{aligned}$$

对于任意的 $(k,n)\in\mathbb{Z}\times\mathbb{Z}$ 成立, 其中最后一个步骤因为 $\{\varphi(x-k);k\in\mathbb{Z}\}$ 构成 V_0 的规范正交基. 这说明 $\{\varphi_{j,k}(x)=2^{j/2}\varphi(2^jx-k);k\in\mathbb{Z}\}$ 是规范正交函数系.

此外, 对于任意的函数 $f_j(x)\in V_j$, 必然得到 $f_j(2^{-j}x)\in V_0$, 因为尺度子空间 V_0 具有规范正交基 $\{\varphi(x-k);k\in\mathbb{Z}\}$, 故 $f_j(2^{-j}x)\in V_0$ 必有正交尺度函数级数表示:

$$f_j(2^{-j}x)=\sum_{n\in\mathbb{Z}}c_n\varphi(x-n)$$

其中 $\sum_{n\in\mathbb{Z}}|c_n|^2<+\infty$. 这样得到函数 $f_j(x)\in V_j$ 的正交尺度函数级数表示:

$$f_j(x)=\sum_{n\in\mathbb{Z}}2^{-j/2}c_n\cdot 2^{j/2}\varphi(2^jx-n)=\sum_{n\in\mathbb{Z}}(2^{-j/2}c_n)\cdot 2^{j/2}\varphi_{j,n}(x)$$

其中 $\sum_{n\in\mathbb{Z}}|2^{-j/2}c_n|^2=2^{-j}\sum_{n\in\mathbb{Z}}|c_n|^2<+\infty$. 这说明 $\{\varphi_{j,n}(x);n\in\mathbb{Z}\}$ 构成 V_j 的基. 综合即可完成定理的证明. #

4.4.2 尺度方程

在多分辨率分析中, 尺度子空间 V_0 具有规范正交基 $\{\varphi(x-k);k\in\mathbb{Z}\}$, 尺度子空间 V_1 具有规范正交基 $\{\varphi_{1,k}(x)=\sqrt{2}\phi(2x-k);k\in\mathbb{Z}\}$, 而且由单调性可知 $V_0\subseteq V_1$, 所以, 函数系 $\{\varphi_{1,k}(x);k\in\mathbb{Z}\}$ 和 $\{\varphi(x-k);k\in\mathbb{Z}\}$ 之间存在表示与被表示的关系.

(α) 尺度方程

定理 4.10 (尺度方程) 如果 $(\{V_j;j\in\mathbb{Z}\},\varphi(x))$ 是函数空间 $\mathcal{L}^2(\mathbb{R})$ 上的一个多分辨率分析, 那么, 尺度函数 $\varphi(x)$ 必然成立如下正交尺度函数级数表示:

$$\varphi(x)=\sqrt{2}\sum_{n\in\mathbb{Z}}h_n\varphi(2x-n)$$

其中的级数系数当 $n\in\mathbb{Z}$ 时表示为

$$h_n=\left\langle\varphi(\cdot),\sqrt{2}\varphi(2\cdot-n)\right\rangle=\sqrt{2}\int_{x\in\mathbb{R}}\varphi(x)\overline{\varphi}(2x-n)dx$$

称之为低通滤波器系数或者低通系数, 满足 $\sum_{n\in\mathbb{Z}}\left|h_n\right|^2<+\infty$.

证明 因为函数系 $\{\varphi_{1,k}(x);k\in\mathbb{Z}\}$ 和 $\{\varphi(x-k);k\in\mathbb{Z}\}$ 分别是 V_1 和 V_0 的规范正交基, 而且 $\varphi(x)\in V_0\subseteq V_1$, 所以, 尺度函数 $\varphi(x)$ 可以写成 V_1 的尺度规范正交基, 即 $\{\varphi_{1,k}(x);k\in\mathbb{Z}\}$ 的线性组合, 而且, 组合系数正好是在基函数上的正交投影, 组合系数序列必然是平方可和的, 具体可得

$$\begin{aligned}||\varphi||^2_{\mathcal{L}^2(\mathbb{R})}&=\int_{\mathbb{R}}|\varphi(x)|^2\,dx\\&=\int_{\mathbb{R}}\left[\sqrt{2}\sum_{n\in\mathbb{Z}}h_n\varphi(2x-n)\right]\left[\sqrt{2}\sum_{m\in\mathbb{Z}}h_m\varphi(2x-m)\right]^*dx\\&=\sum_{n\in\mathbb{Z}}\sum_{m\in\mathbb{Z}}h_n\overline{h}_m\int_{\mathbb{R}}2\varphi(2x-n)\overline{\varphi}(2x-m)dx\\&=\sum_{n\in\mathbb{Z}}\sum_{m\in\mathbb{Z}}h_n\overline{h}_m\delta(n-m)=\sum_{n\in\mathbb{Z}}|h_n|^2\end{aligned}$$

因为 $\{\varphi(x-k);k\in\mathbb{Z}\}$ 是规范正交函数系, 所以, 当 $(k,n)\in\mathbb{Z}\times\mathbb{Z}$ 时,

$$\left\langle \varphi(x-k), \varphi(x-n) \right\rangle_{\mathcal{L}^2(\mathbb{R})} = \int_{-\infty}^{+\infty} \varphi(x-k)\overline{\varphi}(x-n)dx = \delta(k-n)$$

最终得到

$$\| \varphi \|_{\mathcal{L}^2(\mathbb{R})}^2 = \sum_{n\in\mathbb{Z}} | h_n |^2 = 1$$

这样就完成了定理的证明.　#

推论 4.6 (尺度方程)　如果 $(\{V_j; j\in\mathbb{Z}\}, \varphi(x))$ 是函数空间 $\mathcal{L}^2(\mathbb{R})$ 上的一个多分辨率分析, 那么, 关于尺度函数 $\varphi(x)$ 的如下两个正交尺度函数级数成立:

$$\phi(x-k) = \sqrt{2}\sum_{n\in\mathbb{Z}} h_{n-2k}\phi(2x-n), \quad k\in\mathbb{Z}$$

$$\phi_{j,k}(x) = \sum_{n\in\mathbb{Z}} h_{n-2k}\phi_{j+1,n}(x), \quad k\in\mathbb{Z}$$

其中 $(j,k,n)\in\mathbb{Z}\times\mathbb{Z}\times\mathbb{Z}$, 而且

$$\begin{cases} \varphi_{j,k}(x) = 2^{j/2}\varphi(2^j x - k), & n\in\mathbb{Z} \\ \varphi_{j+1,n}(x) = 2^{(j+1)/2}\varphi(2^{j+1}x - n), & n\in\mathbb{Z} \\ h_{n-2k} = \left\langle \varphi_{j,k}(\cdot), \varphi_{j+1,n}(\cdot) \right\rangle, k\in\mathbb{Z}, & n\in\mathbb{Z} \end{cases}$$

这个推论容易被证明, 留给读者作为练习.

(β) 频域尺度方程

在时间域表示的尺度方程可以利用傅里叶变换转换到频域进行研究, 从而得到尺度函数诱导的滤波器的频域特性.

定理 4.11 (频域尺度方程)　如果 $(\{V_j; j\in\mathbb{Z}\}, \varphi(x))$ 是函数空间 $\mathcal{L}^2(\mathbb{R})$ 上的一个多分辨率分析, 那么, 成立如下频域形式的尺度方程:

$$\Phi(\omega) = \mathrm{H}(\omega/2)\Phi(\omega/2)$$

其中

$$\Phi(\omega) = (2\pi)^{-0.5}\int_{x\in\mathbb{R}} \varphi(x)e^{-i\omega x}dx$$

是尺度函数 $\varphi(x)$ 的傅里叶变换, 另外

$$\mathrm{H}(\omega) = 2^{-0.5}\sum_{n\in\mathbb{Z}} h_n e^{-i\omega n}$$

称为低通滤波器, 低通系数的定义如前而且满足 $\sum_{n\in\mathbb{Z}} | h_n |^2 = 1$.

证明　利用此前得到的尺度方程, 在方程两端分别进行傅里叶变换演算:

$$
\begin{aligned}
\Phi(\omega) &= (2\pi)^{-0.5}\int_{x\in\mathbb{R}}\varphi(x)e^{-i\omega x}dx \\
&= (2\pi)^{-0.5}\int_{x\in\mathbb{R}}\sqrt{2}\sum_{n\in\mathbb{Z}}h_n\varphi(2x-n)e^{-i\omega x}dx \\
&= \left[2^{-0.5}\sum_{n\in\mathbb{Z}}h_n e^{-i\times 0.5\omega\times x}\right]\cdot(2\pi)^{-0.5}\int_{y\in\mathbb{R}}\varphi(y)e^{-i\times 0.5\omega\times y}dy \\
&= \mathrm{H}(0.5\omega)\Phi(0.5\omega)
\end{aligned}
$$

另外，低通滤波器系数序列平方可和且 $\sum_{n\in\mathbb{Z}}|h_n|^2=1$ 此前已经证明. #

推论 4.7 (频域尺度方程) 如果 $(\{V_j;j\in\mathbb{Z}\},\varphi(x))$ 是函数空间 $\mathcal{L}^2(\mathbb{R})$ 上的一个多分辨率分析，沿用前述记号，对任意整数 $j\in\mathbb{Z}$，频域尺度方程可写成

$$\Phi(2^{-j}\omega)=\mathrm{H}(2^{-(j+1)}\omega)\Phi(2^{-(j+1)}\omega)$$

证明是容易的，留给读者练习.

推论 4.8 (低通滤波器的范数) 如果 $(\{V_j;j\in\mathbb{Z}\},\varphi(x))$ 是函数空间 $\mathcal{L}^2(\mathbb{R})$ 上的一个多分辨率分析，那么，低通滤波器 $\mathrm{H}(\omega)$ 是 2π 周期平方可积函数，即 $\mathrm{H}(\omega)\in\mathcal{L}^2(0,2\pi)$，而且 $\|\mathrm{H}\|_{\mathcal{L}^2(0,2\pi)}=\sqrt{\pi}$.

证明 因为低通滤波器系数序列 $\{h_n;n\in\mathbb{Z}\}$ 是平方可和的，所以按照定义即得低通滤波器 $\mathrm{H}(\omega)$ 的 2π 周期性，此外直接计算可得

$$
\begin{aligned}
\|\mathrm{H}\|^2_{\mathcal{L}^2(0,2\pi)} &= \int_0^{2\pi}|\mathrm{H}(\omega)|^2\,d\omega=\int_0^{2\pi}\left[2^{-0.5}\sum_{n\in\mathbb{Z}}h_n e^{-i\omega n}\right]\left[2^{-0.5}\sum_{m\in\mathbb{Z}}h_m e^{-i\omega m}d\omega\right]^* d\omega \\
&= 0.5\sum_{n\in\mathbb{Z}}\sum_{m\in\mathbb{Z}}h_n\bar{h}_m\int_0^{2\pi}e^{-i\omega(n-m)}d\omega \\
&= 0.5\sum_{n\in\mathbb{Z}}\sum_{m\in\mathbb{Z}}h_n\bar{h}_m\cdot 2\pi\delta(n-m) \\
&= \pi\sum_{n\in\mathbb{Z}}|h_n|^2=\pi
\end{aligned}
$$
#

(γ) 规范低通滤波器

在多分辨率分析中，在时间域中，尺度方程表示了两个临近尺度上尺度函数整数平移函数系之间的关系，这种关系利用傅里叶变换转换到频域后，尺度函数的性质，比如平移规范正交性等，最终必将体现为低通滤波器系数序列(脉冲响应序列)或低通滤波器(频率响应函数)的约束条件.

定理 4.12 (低通滤波器规范性) 如果 $(\{V_j;j\in\mathbb{Z}\},\varphi(x))$ 是函数空间 $\mathcal{L}^2(\mathbb{R})$ 上的一个多分辨率分析，那么，沿用前述记号得到频域恒等式:

$$|\mathrm{H}(\omega)|^2+|\mathrm{H}(\omega+\pi)|^2=1,\quad \text{a.e.},\quad \omega\in[0,2\pi]$$

证明 因为尺度函数 $\varphi(x)$ 的整数平移系 $\{\varphi(x-k);k\in\mathbb{Z}\}$ 是规范正交系，利用这个事实的频域等价刻画得到如下演算：

$$\begin{aligned}
1&=2\pi\sum_{n\in\mathbb{Z}}|\Phi(\omega+2n\pi)|^2=2\pi\sum_{n\in\mathbb{Z}}|\mathrm{H}(0.5\omega+n\pi)\Phi(0.5\omega+n\pi)|^2\\
&=2\pi\sum_{n=2\ell\in\mathbb{Z}}|\mathrm{H}(0.5\omega+2\ell\pi)\Phi(0.5\omega+2\ell\pi)|^2\\
&\quad+2\pi\sum_{n=2\ell+1\in\mathbb{Z}}|\mathrm{H}(0.5\omega+\pi+2\ell\pi)\Phi(0.5\omega+\pi+2\ell\pi)|^2\\
&=2\pi|\mathrm{H}(0.5\omega)|^2\sum_{\ell\in\mathbb{Z}}|\Phi(0.5\omega+2\ell\pi)|^2\\
&\quad+2\pi\left|\mathrm{H}(0.5\omega+\pi)\right|^2\sum_{\ell\in\mathbb{Z}}|\Phi(0.5\omega+\pi+2\ell\pi)|^2\\
&=|\mathrm{H}(0.5\omega)|^2+|\mathrm{H}(0.5\omega+\pi)|^2
\end{aligned}$$

在这个推演过程中第一个等号和最后一个等号共三次使用恒等式：

$$2\pi\sum_{n\in\mathbb{Z}}|\Phi(\omega+2n\pi)|^2=1$$

这样完成证明. #

(δ) 低通系数列正交性

在多分辨率分析中，尺度函数整数平移函数系的规范正交性可以利用傅里叶变换转换为一个频域恒等式，也可以转换为低通滤波器的规范性(也是一个频域恒等式)，因此有充分理由相信，低通滤波器系数序列也应该具有某种意义的正交性，这就是如下的低通系数序列在平方可和序列空间中的偶数平移正交性.

定理 4.13 (低通系数序列正交性) 如果 $(\{V_j;j\in\mathbb{Z}\},\varphi(x))$ 是函数空间 $\mathcal{L}^2(\mathbb{R})$ 上的一个多分辨率分析，将低通系数序列 $\{h_n;n\in\mathbb{Z}\}$ 的整数 m 平移序列记为

$$\mathbf{h}^{(m)}=\{h_{n-m};n\in\mathbb{Z}\}^{\mathrm{T}}\in\ell^2(\mathbb{Z})$$

那么，低通系数序列具有如下偶数平移正交性：$\forall(m,k)\in\mathbb{Z}\times\mathbb{Z}$，

$$\left\langle\mathbf{h}^{(2m)},\mathbf{h}^{(2k)}\right\rangle_{\ell^2(\mathbb{Z})}=[\mathbf{h}^{(2k)}]^*[\mathbf{h}^{(2m)}]=\sum_{n\in\mathbb{Z}}h_{n-2m}\overline{h}_{n-2k}=\delta(m-k)$$

证明 因为 $\{\varphi(x-k);k\in\mathbb{Z}\}$ 是规范正交函数系，所以可得如下演算：

$$\begin{aligned}
\delta(m-k)&=\left\langle\varphi(x-m),\varphi(x-k)\right\rangle_{\mathcal{L}^2(\mathbb{R})}\\
&=\int_{-\infty}^{+\infty}\varphi(x-m)\overline{\varphi}(x-k)dx
\end{aligned}$$

将如下两个尺度方程：

$$\varphi(x-m)=\sqrt{2}\sum_{n\in\mathbb{Z}}h_{n-2m}\varphi(2x-n),\quad \varphi(x-k)=\sqrt{2}\sum_{u\in\mathbb{Z}}h_{u-2k}\varphi(2x-u)$$

代入前述推演公式中可得

$$\begin{aligned}\delta(m-k)&=\int_{-\infty}^{+\infty}\left[\sqrt{2}\sum_{n\in\mathbb{Z}}h_{n-2m}\varphi(2x-n)\right]\left[\sqrt{2}\sum_{u\in\mathbb{Z}}h_{u-2k}\varphi(2x-u)\right]^{*}dx\\&=\sum_{n\in\mathbb{Z}}\sum_{u\in\mathbb{Z}}h_{n-2m}\overline{h}_{u-2k}\int_{-\infty}^{+\infty}2\varphi(2x-n)\overline{\varphi}(2x-u)dx\\&=\sum_{n\in\mathbb{Z}}\sum_{u\in\mathbb{Z}}h_{n-2m}\overline{h}_{u-2k}\delta(n-u)=\sum_{n\in\mathbb{Z}}h_{n-2m}\overline{h}_{n-2k}\\&=[\mathbf{h}^{(2k)}]^{*}[\mathbf{h}^{(2m)}]=\left\langle\mathbf{h}^{(2m)},\mathbf{h}^{(2k)}\right\rangle_{\ell^{2}(\mathbb{Z})}\end{aligned}$$

这样完成证明. #

注释: 可以利用低通滤波器规范性定理完成证明. 试简述之.

按照定义直接计算低通滤波器频率响应函数的模平方的表达式:

$$\begin{aligned}\left|\mathrm{H}(\omega)\right|^{2}&=\mathrm{H}(\omega)\overline{\mathrm{H}}(\omega)=\left[2^{-0.5}\sum_{n\in\mathbb{Z}}h_{n}e^{-i\omega n}\right]\left[2^{-0.5}\sum_{u\in\mathbb{Z}}h_{u}e^{-i\omega u}\right]^{*}\\&=0.5\sum_{n\in\mathbb{Z}}\sum_{u\in\mathbb{Z}}h_{n}\overline{h}_{u}e^{-i\omega(n-u)}\\&=0.5\sum_{k\in\mathbb{Z}}\left(\sum_{n\in\mathbb{Z}}h_{n}\overline{h}_{n-k}\right)e^{-i\omega k}\end{aligned}$$

同时

$$\left|\mathrm{H}(\omega+\pi)\right|^{2}=0.5\sum_{k\in\mathbb{Z}}\left(\sum_{n\in\mathbb{Z}}h_{n}\overline{h}_{n-k}\right)e^{-i(\omega+\pi)k}=0.5\sum_{k\in\mathbb{Z}}(-1)^{k}\left(\sum_{n\in\mathbb{Z}}h_{n}\overline{h}_{n-k}\right)e^{-i\omega k}$$

利用低通滤波器规范性恒等式继续演算得到

$$\begin{aligned}1&=|\mathrm{H}(0.5\omega)|^{2}+|\mathrm{H}(0.5\omega+\pi)|^{2}\\&=0.5\sum_{k\in\mathbb{Z}}\left(\sum_{n\in\mathbb{Z}}h_{n}\overline{h}_{n-k}\right)e^{-i\cdot0.5\omega\cdot k}+0.5\sum_{k\in\mathbb{Z}}(-1)^{k}\left(\sum_{n\in\mathbb{Z}}h_{n}\overline{h}_{n-k}\right)e^{-i\cdot0.5\omega\cdot k}\\&=\sum_{\substack{k\in\mathbb{Z}\\k=2m}}\left(\sum_{n\in\mathbb{Z}}h_{n}\overline{h}_{n-2m}\right)e^{-i\cdot0.5\omega\cdot2m}=\sum_{m\in\mathbb{Z}}\left(\sum_{n\in\mathbb{Z}}h_{n}\overline{h}_{n-2m}\right)e^{-i\omega m}\end{aligned}$$

由于函数系 $\{(2\pi)^{-0.5}e^{-i\omega m};m\in\mathbb{Z}\}$ 是 $\mathcal{L}^{2}(0,2\pi)$ 的规范正交基, 因此最终得到

$$\sum_{n\in\mathbb{Z}}h_{n}\overline{h}_{n-2m}=\delta(m)=\begin{cases}1, & m=0\\0, & m\neq0\end{cases}$$

证明完成.

这个定理及其证明过程充分说明，在 V_1 的尺度规范正交基，即 $\{\varphi_{1,k}(x);k\in\mathbb{Z}\}$ 之下，把尺度函数整数平移 $\varphi(x-k)$ 映射为 $\ell^2(\mathbb{Z})$ 中的 $\mathbf{h}^{(2k)}=\{h_{n-2k};n\in\mathbb{Z}\}^{\mathrm{T}}$，这个映射是从尺度子空间 V_0 到序列空间 $\ell^2(\mathbb{Z})$ 的保持内积恒等的线性变换.

推论 4.9 (低通系数序列偶数平移规范正交性)　如果 $(\{V_j;j\in\mathbb{Z}\},\varphi(x))$ 是函数空间 $\mathcal{L}^2(\mathbb{R})$ 上的一个多分辨率分析，沿用前述记号，如下序列向量组:

$$\{\mathbf{h}^{(2m)}=\{h_{n-2m};n\in\mathbb{Z}\}^{\mathrm{T}}\in\ell^2(\mathbb{Z});m\in\mathbb{Z}\}$$

是序列空间 $\ell^2(\mathbb{Z})$ 的规范正交系.

事实上，如果定义 H 是无穷维序列向量规范正交系 $\{\mathbf{h}^{(2m)};m\in\mathbb{Z}\}$ 张成的 $\ell^2(\mathbb{Z})$ 的闭线性子空间:

$$\mathrm{H}=\mathrm{Closespan}\{\mathbf{h}^{(2m)}\in\ell^2(\mathbb{Z});m\in\mathbb{Z}\}_{\ell^2(\mathbb{Z})}$$

那么，容易证明 $\{\mathbf{h}^{(2m)};m\in\mathbb{Z}\}$ 是 H 的规范正交基. 将尺度函数 $\varphi(x-k)$ 按照尺度方程 $\varphi(x-k)=\sqrt{2}\sum\limits_{n\in\mathbb{Z}}h_{n-2k}\varphi(2x-n)$ 与向量 $\mathbf{h}^{(2k)}=\{h_{n-2k};n\in\mathbb{Z}\}^{\mathrm{T}}$ 相对应，即定义线性变换:

$$\begin{aligned}\mathscr{H}:\ & V_1\to\ell^2(\mathbb{Z})\\ & \varphi_{1,k}(x)\mapsto\varsigma_k=\{\delta(n-k);n\in\mathbb{Z}\}^{\mathrm{T}},k\in\mathbb{Z}\end{aligned}$$

可以得到如下重要结果.

定理 4.14 (尺度方程的酉性)　线性算子 $\mathscr{H}$: $V_1\to\ell^2(\mathbb{Z})$ 在尺度子空间 V_0 上的限制是从尺度子空间 V_0 到无穷维序列向量子空间 H 之间的局部保持范数不变的线性算子:

$$\begin{aligned}\mathscr{H}:\ & V_0\to\mathrm{H}\\ \varphi(x-k)&\mapsto\mathbf{h}^{(2k)}=\{h_{n-2k};n\in\mathbb{Z}\}^{\mathrm{T}},k\in\mathbb{Z}\\ h_{n-2k}&=\left\langle\varphi(x-k),\sqrt{2}\varphi(2x-n)\right\rangle_{\mathcal{L}^2(\mathbb{R})}\\ &=\int_{\mathbb{R}}\varphi(x-k)\times\sqrt{2}\overline{\varphi}(2x-n)dx,\quad(n,k)\in\mathbb{Z}\times\mathbb{Z}\end{aligned}$$

#

4.4.3　尺度函数的刻画

如果 $(\{V_j;j\in\mathbb{Z}\},\varphi(x))$ 是函数空间 $\mathcal{L}^2(\mathbb{R})$ 上的一个多分辨率分析，那么，尺度函数 $\varphi(x)$ 的平移系 $\{\varphi(x-k);k\in\mathbb{Z}\}$ 构成 V_0 的规范正交基，可以得到尺度函数的如下多种刻画:

(1) $\left\langle \varphi_{j,k}(x), \varphi_{j,n}(x) \right\rangle_{\mathcal{L}^2(\mathbb{R})} = \delta(k-n), (j,k,n) \in \mathbb{Z}\times\mathbb{Z}\times\mathbb{Z}$;

(2) $2\pi \sum_{m\in\mathbb{Z}} |\,\Phi(\omega+2m\pi)\,|^2 = 1, \text{a.e.}, \omega \in [0,2\pi]$;

(3) $\Phi(\omega) = \mathrm{H}(0.5\omega)\Phi(0.5\omega),\ \omega \in \mathbb{R}$;

(4) $\left|\mathrm{H}(\omega)\right|^2 + \left|\mathrm{H}(\omega+\pi)\right|^2 = 1, \text{a.e.}, \omega \in [0,2\pi]$;

(5) $\left\langle \mathbf{h}^{(2m)}, \mathbf{h}^{(2k)} \right\rangle_{\ell^2(\mathbb{Z})} = \sum_{n\in\mathbb{Z}} h_{n-2m}\overline{h}_{n-2k} = \delta(m-k), \forall (m,k) \in \mathbb{Z}\times\mathbb{Z}$;

(6) $\mathscr{H}$: $V_0 \to \mathrm{H}$ 是局部酉算子.

这涉及函数空间 $\mathcal{L}^2(\mathbb{R})$ 的时间域和频率域形式、空间 $\mathcal{L}^2(0,2\pi)$ 上的低通滤波器频率响应函数、无穷维序列向量空间 $\ell^2(\mathbb{Z})$ 上的规范正交系以及局部酉线性算子 $\mathscr{H}$: $V_0 \to \mathrm{H}$.

4.5 小波空间与尺度空间

如果 $\left(\left\{V_j; j\in\mathbb{Z}\right\}, \varphi(x)\right)$ 是函数空间 $\mathcal{L}^2(\mathbb{R})$ 上的一个多分辨率分析, 那么, 可以利用尺度子空间序列定义小波子空间序列, 并由此诱导得出正交小波函数的类似于尺度函数的各种刻画. 除此之外, 本节还将研究小波函数与尺度函数之间的制约关系.

4.5.1 小波子空间列

(α) “小波空间”的定义

小波空间的定义 如果 $(\{V_j; j\in\mathbb{Z}\}, \varphi(x))$ 是函数空间 $\mathcal{L}^2(\mathbb{R})$ 上的一个多分辨率分析, 定义空间 $\mathcal{L}^2(\mathbb{R})$ 的闭线性子空间列 $\{W_j; j\in\mathbb{Z}\}$: 对 $\forall j\in\mathbb{Z}$, 子空间 W_j 满足 $W_j \perp V_j, V_{j+1} = W_j \oplus V_j$, 其中, W_j 称为(第 j 级)小波子空间.

注释: 小波空间或小波子空间列本质上体现为尺度子空间的正交补, 即小波子空间 W_j 是 $V_j \subseteq V_{j+1}$ 在 V_{j+1} 中的正交补子空间, 在形式上与尺度函数没有直接关系.

(β) 小波空间列的正交性

定理 4.15 (小波空间列正交性) 小波子空间序列 $\{W_j; j\in\mathbb{Z}\}$ 是相互正交的:

$$W_j \perp W_\ell,\quad \forall j\neq \ell,\quad (j,\ell)\in\mathbb{Z}^2$$

即 $\forall (j,\ell)\in\mathbb{Z}^2, j\neq\ell$, 当 $u(x)\in W_j, v(x)\in W_\ell$ 时, $u(x)$ 与 $v(x)$ 正交:

$$\left\langle u(x), v(x)\right\rangle = \int_{x\in\mathbb{R}} u(x)\overline{v}(x)dx = 0$$

证明　$\forall (j,\ell)\in\mathbb{Z}^2, j\neq \ell$，不妨假设 $j\geqslant \ell+1$，那么

$$W_\ell \oplus V_\ell = V_{\ell+1} \subseteq V_j,\quad W_j \perp V_j$$

于是得到 $W_j \perp W_\ell$．　#

(γ) 小波空间列的伸缩依赖关系

定理 4.16 (小波空间列伸缩依赖性)　小波子空间序列 $\{W_j\ ; j\in\mathbb{Z}\}$ 具有伸缩依赖关系：$\forall j\in\mathbb{Z}$,

$$u(x)\in W_j \Leftrightarrow u(2x)\in W_{j+1}$$

即如果 $u(x)\in W_j$，那么，$u(2x)\in W_{j+1}$. 反之亦然. 这种伸缩依赖关系链还可以延长，表示如下：$\forall m\in\mathbb{Z}$,

$$u(x)\in W_j \Leftrightarrow u(2x)\in W_{j+1} \Leftrightarrow \cdots \Leftrightarrow u(2^m x)\in W_{j+m}$$

证明　这里示范证明 $u(x)\in W_j \Rightarrow u(2x)\in W_{j+1}$. 相反关系类似可证. 按照小波空间定义，$u(2x)\in W_{j+1}$ 由两个事实确定，即 $u(2x)\in V_{j+2}$ 而且 $u(2x)\perp V_{j+1}$.

首先，由尺度空间列伸缩依赖关系可得 $u(x)\in W_j \subseteq V_{j+1} \Rightarrow u(2x)\in V_{j+2}$. 其次，对于任意的函数 $v(x)\in V_{j+1}$，重复利用尺度子空间序列的伸缩依赖关系可以得到 $v(0.5x)\in V_j$，因为 $W_j\perp V_j$，所以由 $u(x)\in W_j$ 而且 $v(0.5x)\in V_j$ 得到

$$\begin{aligned} 0 &= \left\langle u(x), v(0.5x)\right\rangle_{\mathcal{L}^2(\mathbb{R})} = \int_{x\in\mathbb{R}} u(x)\overline{v}(0.5x)dx \\ &= 2\int_{x\in\mathbb{R}} u(2x)\overline{v}(x)dx = 2\left\langle u(2x), v(x)\right\rangle_{\mathcal{L}^2(\mathbb{R})} \end{aligned}$$

这说明 $\left\langle u(2x), v(x)\right\rangle_{\mathcal{L}^2(\mathbb{R})} = 0$，即 $u(2x)\perp V_{j+1}$.　#

(δ) 小波空间与尺度空间或包含或正交

小波子空间序列 $\{W_j; j\in\mathbb{Z}\}$ 与尺度子空间列 $\{V_j; j\in\mathbb{Z}\}$ 之间具有如下特殊关系.

定理 4.17　在小波空间序列 $\{W_j; j\in\mathbb{Z}\}$ 与尺度空间列 $\{V_j; j\in\mathbb{Z}\}$ 中，对于任意的两个整数 $(j,m)\in\mathbb{Z}^2$，成立如下关系：

$$\begin{cases} m \geqslant j \Rightarrow W_m \perp V_j \\ m < j \Rightarrow W_m \subseteq V_j \end{cases}$$

即小波空间 W_m 要么正交于要么被包含于尺度空间 V_j.

证明 由小波空间的定义直接得到这个结果. #

(ε) 空间的正交直和分解

利用小波空间序列 $\{W_j; j \in \mathbb{Z}\}$ 的定义和多分辨率分析的唯一性可以得尺度子空间的有限的和完全的正交直和分解表达式.

定理 4.18 如果 $(\{V_j; j \in \mathbb{Z}\}, \varphi(x))$ 是函数空间 $\mathcal{L}^2(\mathbb{R})$ 上的一个多分辨率分析, 小波空间序列 $\{W_j; j \in \mathbb{Z}\}$ 定义如前, 那么, 尺度子空间可以写成如下的、有限的正交直和分解和完全的正交直和分解: $j \in \mathbb{Z}, m \in \mathbb{N}$,

$$\begin{cases} V_{j+m+1} = W_{j+m} \oplus W_{j+m-1} \oplus \cdots \oplus W_j \oplus V_j \\ V_{j+m+1} = \bigoplus\limits_{\ell=0}^{+\infty} W_{j+m-\ell} \end{cases}$$

证明 利用小波子空间序列的定义容易得到第一个有限正交直和分解公式, 这里利用尺度子空间序列的唯一性证明第二个分解公式, 即将尺度子空间可以完全分解为一系列相互正交的小波子空间的直和.

按照定义可知, 对于任意的 $j \in \mathbb{Z}, m \in \mathbb{N}$, $W_{j+m-\ell} \subseteq V_{j+m+1}, \ell \in \mathbb{Z}, \ell \geqslant 0$, 于是因为尺度子空间 V_{j+m+1} 是函数空间 $\mathcal{L}^2(\mathbb{R})$ 的闭子空间, 故得到包含关系:

$$\left[\bigoplus_{\ell=0}^{+\infty} W_{j+m-\ell}\right] \subseteq V_{j+m+1}$$

因为直和子空间 $\bigoplus\limits_{\ell=0}^{+\infty} W_{j+m-\ell}$ 是函数空间 $\mathcal{L}^2(\mathbb{R})$ 的闭子空间, 将 $\bigoplus\limits_{\ell=0}^{+\infty} W_{j+m-\ell}$ 在尺度子空间 V_{j+m+1} 中的正交补子空间记为 Ω, 即

$$V_{j+m+1} = \Omega \oplus \left[\bigoplus_{\ell=0}^{+\infty} W_{j+m-\ell}\right], \quad \left[\bigoplus_{\ell=0}^{+\infty} W_{j+m-\ell}\right] \perp \Omega$$

这个证明思路的本质就是要利用单调性公理证明 Ω 被包含于全部尺度子空间的交集中, 并利用唯一性公理得到 $\Omega = \{0\}$. 建议读者完成这个证明. 这里采用另一种更直观的证明方法.

对于任意的函数 $f_{j+m+1}(x) \in V_{j+m+1}$, 对于任意整数 $j \in \mathbb{Z}$, 将 $f_{j+m+1}(x)$ 在尺度

子空间列 V_j 上的正交投影记为 $f_j(x)\in V_j$，在小波子空间 W_j 上的正交投影记为 $g_j(x)\in W_j$，因为 V_{j+m+1} 存在如下有限正交直和分解：$\forall M\in\mathbb{N}$，

$$V_{j+m+1}=\left[\bigoplus_{\ell=0}^{M}W_{j+m-\ell}\right]\oplus V_{j+m-M}$$

所以得到函数等式：

$$f_{j+m+1}(x)=\sum_{\ell=0}^{M}g_{j+m-\ell}(x)+f_{j+m-M}(x)$$

而且

$$f_{j+m-M}(x)=f_{j+m-(M+1)}(x)+g_{j+m-(M+1)}(x)$$

利用子空间正交直和分解决定的投影函数之间的正交关系，进一步得到

$$\left\|f_{j+m+1}(x)-\sum_{\ell=0}^{M}g_{j+m-\ell}(x)\right\|_{\mathcal{L}^2(\mathbb{R})}^2=\|f_{j+m-M}(x)\|_{\mathcal{L}^2(\mathbb{R})}^2$$

而且

$$\begin{aligned}\|f_{j+m-M}(x)\|_{\mathcal{L}^2(\mathbb{R})}^2&=\|f_{j+m-(M+1)}(x)\|_{\mathcal{L}^2(\mathbb{R})}^2+\|g_{j+m-(M+1)}(x)\|_{\mathcal{L}^2(\mathbb{R})}^2\\&\geqslant\|f_{j+m-(M+1)}(x)\|_{\mathcal{L}^2(\mathbb{R})}^2\end{aligned}$$

最后的范数平方序列是单调下降的非负的实数序列，故当 $M\to+\infty$ 时必有非负极限存在：

$$\|f_{j+m-M}(x)\|_{\mathcal{L}^2(\mathbb{R})}^2\to c\geqslant 0$$

在这里必然 $c=0$．否则，$c>0$，可以找到 $\{f_{j+m-M}(x);M\in\mathbb{N}\}$ 的收敛子序列 $\{f_{j+m-u(n)}(x);n\in\mathbb{N}\}$，其中 $\{u(n);n\in\mathbb{N}\}$ 是一个严格上升的自然数序列，对于某一个非零范数的函数 $\zeta(x)\in\mathcal{L}^2(\mathbb{R})$，满足两个要求：

$$\|f_{j+m-u(n)}(x)-\zeta(x)\|_{\mathcal{L}^2(\mathbb{R})}^2\to 0,\quad n\to+\infty$$

而且，对于任意的 $L\in\mathbb{N}$，

$$\zeta(x)\in\bigcap_{M=L}^{+\infty}V_{j+m-M}$$

解释最后这个函数包含关系：对于任意的 $L\in\mathbb{N}$，因为 $u(n)\to+\infty$，所以必然存在一个自然数 n'，当 $n>n'$ 时，$u(n)>L$，这样

$$f_{j+m-u(n)}(x)\in V_{j+m-u(n)}\subseteq V_{j+m-L}$$

这说明，当 $n>n'$ 时的整个序列满足 $\{f_{j+m-u(n)}(x);n>n'\}\subseteq V_{j+m-L}$，即从某一项开始的整个序列都在闭的尺度子空间 V_{j+m-L} 中，因此，作为这个收敛序列极限的非零范数函数 $\zeta(x)\in\mathcal{L}^2(\mathbb{R})$，必然在闭子空间 V_{j+m-L} 中，即 $\zeta(x)\in V_{j+m-L}$．再根据自然数 L 的任意性以及尺度子空间的单调性，最终得出函数 $\zeta(x)$ 在所有这些尺度子空间 $\{V_{j+m-M};M\geqslant L\}$ 的交集形成的闭子空间中．

但是，这样的非零范数函数 $\zeta(x)$ 的存在性与多分辨率分析的唯一性公理❸相矛盾:

$$0\neq\zeta(x)\in\bigcap_{M=L}^{+\infty}V_{j+m-M}=\bigcap_{M=-\infty}^{+\infty}V_{j+m-M}$$

这个矛盾的出现证明 $c=0$．因此得到极限关系式:

$$\lim_{M\to+\infty}\left\|f_{j+m+1}(x)-\sum_{\ell=0}^{M}g_{j+m-\ell}(x)\right\|_{\mathcal{L}^2(\mathbb{R})}^2=\lim_{M\to+\infty}\|f_{j+m-M}(x)\|_{\mathcal{L}^2(\mathbb{R})}^2=0$$

或者简写为

$$f_{j+m+1}(x)=\lim_{M\to+\infty}\sum_{\ell=0}^{M}g_{j+m-\ell}(x)=\sum_{\ell=0}^{+\infty}g_{j+m-\ell}(x)\in\left[\bigoplus_{\ell=0}^{+\infty}W_{j+m-\ell}\right]$$

这样得到包含关系 $\left[\bigoplus_{\ell=0}^{+\infty}W_{j+m-\ell}\right]\subseteq V_{j+m+1}$．总结得到尺度子空间的完全正交直和分解公式 $V_{j+m+1}=\left[\bigoplus_{\ell=0}^{+\infty}W_{j+m-\ell}\right]$． #

定理 4.19 如果 $(\{V_j;j\in\mathbb{Z}\},\varphi(x))$ 是函数空间 $\mathcal{L}^2(\mathbb{R})$ 上的一个多分辨率分析，小波空间序列 $\{W_j;j\in\mathbb{Z}\}$ 定义如前，那么，函数空间 $\mathcal{L}^2(\mathbb{R})$ 可以表示为尺度子空间和小波子空间混合的半无穷正交直和分解形式，也可以表示为完全由正交小波子空间列构成的正交直和分解形式:

$$\begin{cases}\mathcal{L}^2(\mathbb{R})=V_j\oplus\left(\bigoplus_{m\geqslant j}W_m\right), & j\in\mathbb{Z}\\ \mathcal{L}^2(\mathbb{R})=\bigoplus_{m\in\mathbb{Z}}W_m\end{cases}$$

证明 这里只证明第一个正交直和分解公式，第二个正交直和分解公式由第一个公式和定理 4.18 的结果综合即可得到. 这个证明必须利用多分辨率分析的稠密性公理.

因为对于任意的整数 $j\in\mathbb{Z}$，$\{V_j,W_m;m\geqslant j,m\in\mathbb{Z}\}$ 是尺度子空间和小波子空间的正交族，所以，$V_j\oplus\left(\bigoplus_{m\geqslant j}W_m\right)$ $V_j\oplus\left(\bigoplus_{m\geqslant j}W_m\right)$ 是函数空间 $\mathcal{L}^2(\mathbb{R})$ 的闭子空间，将

它的正交补子空间记为Ω，那么

$$\mathcal{L}^2(\mathbb{R})=\Omega\oplus\left[V_j\oplus\left(\bigoplus_{m\geqslant j}W_m\right)\right],\quad \left[V_j\oplus\left(\bigoplus_{m\geqslant j}W_m\right)\right]\perp\Omega$$

这个证明思路的本质就是要利用单调性公理和稠密性公理证明$\Omega=\{0\}$，即对于任意的函数$\varsigma(x)\in\Omega$，推证$\|\varsigma(x)\|_{\mathcal{L}^2(\mathbb{R})}=0$或者$\varsigma(x)=0$.

用反证法进行证明. 如果存在函数$\varsigma(x)\in\Omega$，使得$\|\varsigma(x)\|_{\mathcal{L}^2(\mathbb{R})}\neq 0$，对于整数$m\geqslant j,m\in\mathbb{Z}$，将非零范数函数$\varsigma(x)$在正交闭子空间$V_j,W_m$上的正交投影分别记为$\varsigma_j(x),\zeta_m(x)$，那么，根据希尔伯特空间正交投影定理可得，对于任意的函数和函数系列$f_j(x)\in V_j,g(x)\in W_m$，成立如下的几个范数不等式：$M\geqslant j$，

$$\|\varsigma(x)-f_j(x)\|^2_{\mathcal{L}^2(\mathbb{R})}\geqslant\|\varsigma(x)-\varsigma_j(x)\|^2_{\mathcal{L}^2(\mathbb{R})}$$

$$\|\varsigma(x)-g_m(x)\|^2_{\mathcal{L}^2(\mathbb{R})}\geqslant\|\varsigma(x)-\zeta_m(x)\|^2_{\mathcal{L}^2(\mathbb{R})}$$

$$\left\|\varsigma(x)-\left[f_j(x)+\sum_{m=j}^{j+M}g_m(x)\right]\right\|^2_{\mathcal{L}^2(\mathbb{R})}\geqslant\left\|\varsigma(x)-\left[\varsigma_j(x)+\sum_{m=j}^{j+M}\zeta_m(x)\right]\right\|^2_{\mathcal{L}^2(\mathbb{R})}$$

$$\left\|\varsigma(x)-\left[f_j(x)+\sum_{m=j}^{+\infty}g_m(x)\right]\right\|^2_{\mathcal{L}^2(\mathbb{R})}\geqslant\left\|\varsigma(x)-\left[\varsigma_j(x)+\sum_{m=j}^{+\infty}\zeta_m(x)\right]\right\|^2_{\mathcal{L}^2(\mathbb{R})}$$

这里尝试解释后两个范数不等式成立的理由：主要理由是$\varsigma(x)$向$V_j\oplus\left(\bigoplus_{m\geqslant j}W_m\right)$的正交投影是$\varsigma_j(x)+\sum_{m=j}^{+\infty}\zeta(x)$，$\varsigma(x)$向闭子空间$V_j\oplus\left(\bigoplus_{j\leqslant m\leqslant j+M}W_m\right)$的正交投影是$\varsigma_j(x)+\sum_{m=j}^{j+M}\zeta_m(x)=\varsigma_{j+M+1}(x)$. 前两个由定义即知成立.

证明中最关键的环节是，因为$\varsigma(x)\in\Omega$，所以由Ω的定义可得

$$\varsigma_j(x)=\zeta_m(x)=0,\quad m\geqslant j$$

$$\varsigma_j(x)+\sum_{m=j}^{+\infty}\zeta_m(x)=0$$

$$\varsigma_j(x)+\sum_{m=j}^{j+M}\zeta_m(x)=\varsigma_{j+M+1}(x)=0$$

因此，最后两个范数不等式简化为

$$\left\| \varsigma(x) - \left[f_j(x) + \sum_{m=j}^{j+M} g_m(x) \right] \right\|_{\mathcal{L}^2(\mathbb{R})}^2 \geqslant \| \varsigma(x) \|_{\mathcal{L}^2(\mathbb{R})}^2 > 0$$

$$\left\| \varsigma(x) - \left[f_j(x) + \sum_{m=j}^{+\infty} g_m(x) \right] \right\|_{\mathcal{L}^2(\mathbb{R})}^2 \geqslant \| \varsigma(x) \|_{\mathcal{L}^2(\mathbb{R})}^2 > 0$$

由此说明，对于 $M \geqslant j$，任意的函数序列：

$$f_j(x) + \sum_{m=j}^{j+M} g_m(x) = f_{j+M}(x)$$

都不会收敛到函数 $\varsigma(x)$，无论这个函数序列收敛与否. 即使它收敛也不会收敛到函数 $\varsigma(x)$，因为

$$\left\| \varsigma(x) - \left[f_j(x) + \sum_{m=j}^{+\infty} g_m(x) \right] \right\|_{\mathcal{L}^2(\mathbb{R})}^2 \geqslant \| \varsigma(x) \|_{\mathcal{L}^2(\mathbb{R})}^2 > 0$$

这样，对于非零范数函数 $\varsigma(x) \in \mathcal{L}(\mathbb{R})$，不存在 $\bigcup_{m\in\mathbb{Z}} V_m$ 中的函数序列能够收敛到函数 $\varsigma(x)$. 这与稠密性公理 $\left[\overline{\bigcup_{J\in\mathbb{Z}} V_J}\right] = \mathcal{L}^2(\mathbb{R})$ 矛盾. #

(ζ) 正交子空间和直和分解

如果 $(\{V_j; j\in\mathbb{Z}\}, \varphi(x))$ 是函数空间 $\mathcal{L}^2(\mathbb{R})$ 上的一个多分辨率分析，定义小波子空间列 $\{W_j; j\in\mathbb{Z}\}$：对 $\forall j\in\mathbb{Z}$，子空间 W_j 满足：$W_j \perp V_j, V_{j+1} = W_j \oplus V_j$. 那么，小波空间序列 $\{W_j; j\in\mathbb{Z}\}$ 具有如下性质，能给出尺度空间序列 $\{V_j; j\in\mathbb{Z}\}$ 和函数空间 $\mathcal{L}^2(\mathbb{R})$ 的正交直和分解表示：

$$\boxed{\begin{array}{l} W_j \perp W_\ell, \quad \forall j \neq \ell, (j,\ell)\in\mathbb{Z}^2 \\ u(x)\in W_j \Leftrightarrow u(2x)\in W_{j+1} \\ \begin{cases} m \geqslant j \Rightarrow W_m \perp V_j \\ m < j \Rightarrow W_m \subseteq V_j \end{cases} \end{array}}$$

$$\boxed{\begin{array}{l} \begin{cases} V_{j+m+1} = W_{j+m} \oplus W_{j+m-1} \oplus \cdots \oplus W_j \oplus V_j \\ V_{j+m+1} = \bigoplus_{\ell=0}^{+\infty} W_{j+m-\ell} \end{cases} \\ \begin{cases} \mathcal{L}^2(\mathbb{R}) = V_j \oplus \left(\bigoplus_{m\geqslant j} W_m \right), \quad j\in\mathbb{Z} \\ \mathcal{L}^2(\mathbb{R}) = \bigoplus_{m\in\mathbb{Z}} W_m \end{cases} \end{array}}$$

这些性质表明，由多分辨率分析产生的伸缩依赖相互正交的小波子空间序列提供了尺度子空间序列和平方可积函数空间的精巧结构，如果能够为小波子空间提供规范正交基，那么，尺度子空间和平方可积函数空间都间接获得了规范正交基，这将为函数分析和函数空间的特征化提供极大方便.

4.5.2　正交小波与小波空间

如果 $\{\{V_j;j\in\mathbb{Z}\},\varphi(x)\}$ 是函数空间 $\mathcal{L}^2(\mathbb{R})$ 上的一个多分辨率分析，那么，可以由此定义空间 $\mathcal{L}^2(\mathbb{R})$ 的伸缩依赖的相互正交的小波子空间序列 $\{W_j;j\in\mathbb{Z}\}$，它构成了函数空间 $\mathcal{L}^2(\mathbb{R})$ 的正交直和分解. 这里将研究一个特别的函数，它的整数平移函数系能够构成特定小波子空间的整数平移规范正交基，这样的函数本质上就是正交小波.

(α)　“正交小波”的定义

正交小波的定义　设 $\{\{V_j;j\in\mathbb{Z}\},\varphi(x)\}$ 是函数空间 $\mathcal{L}^2(\mathbb{R})$ 上的一个多分辨率分析，$\{W_j;j\in\mathbb{Z}\}$ 是前述定义的小波子空间序列，如果函数 $\psi(x)\in W_0$ 的整数平移函数系 $\{\psi(x-n);n\in\mathbb{Z}\}$ 构成小波子空间 W_0 的规范正交基，则称这样的函数 $\psi(x)$ 是一个多分辨率分析小波，简称为正交小波.

注释：这里将多分辨率分析小波简称为正交小波，可能会因为与以前的“正交小波”概念略有差异而导致混乱和不确定性. 准确地说，回顾此前关于正交小波与多分辨率分析之间的细微差异可知，以前定义的正交小波未必是多分辨率分析小波，但这里定义的多分辨率分析小波必然满足以前对正交小波的要求，即此正交小波是彼正交小波，而彼正交小波未必是此正交小波，两者确实存在一定的差别. 本书此后不加区别的混用这两者，在特定的上下文关系中意义是清晰的，当然，绝大多数时候使用的还是这里定义的正交小波，即多分辨率分析小波.

(β)　小波空间的小波基

利用正交小波可以为所有的小波空间提供规范正交小波基，正如如下定理所表述的那样.

定理 4.20 (小波空间小波基)　假设 $(\{V_j;j\in\mathbb{Z}\},\varphi(x))$ 是函数空间 $\mathcal{L}^2(\mathbb{R})$ 上的一个多分辨率分析，函数 $\varphi(x)\in W_0$ 是一个正交小波，即多分辨率分析小波，那么，对于 $\forall j\in\mathbb{Z}$，$\{\psi_{j,k}(x)=2^{j/2}\psi(2^jx-k);k\in\mathbb{Z}\}$ 是小波子空间 W_j 的规范正交基.

证明　利用小波空间列的伸缩依赖关系以及函数系 $\{\psi(x-n);n\in\mathbb{Z}\}$ 构成小波

子空间 W_0 的规范正交基, 可以直接完成定理的证明. 读者自己可以把证明的详细过程补充完整. #

推论 4.10 (尺度空间的小波基) 假设 $(\{V_j; j\in\mathbb{Z}\},\varphi(x))$ 是函数空间 $\mathcal{L}^2(\mathbb{R})$ 上的一个多分辨率分析, 函数 $\psi(x)\in W_0$ 是一个正交小波, 即多分辨率分析小波, 那么, 对于 $\forall j\in\mathbb{Z}$, $\{\psi_{m,k}(x)=2^{m/2}\psi(2^m x-k); m\leqslant j-1, k\in\mathbb{Z}\}$ 是尺度子空间 V_j 的规范正交基, 即尺度空间的小波基.

证明 因为 $V_j=\bigoplus_{\ell=1}^{+\infty}W_{j-\ell}$ 而且 $\{\psi_{j-\ell,k}(x)=2^{(j-\ell)/2}\psi(2^{j-\ell}x-k); k\in\mathbb{Z}\}$ 是 $W_{j-\ell}$ 的规范正交小波基. 完成证明. #

该推论表明, 尺度空间可以由正交小波的伸缩平移规范正交小波基张成.

(γ) 规范正交小波基

在多分辨率分析给定的基础上, 整个平方可积函数空间具有伸缩依赖相互正交小波子空间列正交直和分解表达, 结合多分辨率分析小波, 即正交小波的定义, 可以获得整个函数空间的规范正交基, 这个事实可以被总结为如下的规范正交小波基定理.

定理 4.21 (规范正交小波基) 假设 $(\{V_j; j\in\mathbb{Z}\},\varphi(x))$ 是函数空间 $\mathcal{L}^2(\mathbb{R})$ 上的一个多分辨率分析, 函数 $\psi(x)\in W_0$ 是一个正交小波, 即多分辨率分析小波, 那么, $\{\psi_{j,k}(x)=2^{j/2}\psi(2^j x-k); (j,k)\in\mathbb{Z}\times\mathbb{Z}\}$ 是 $\mathcal{L}^2(\mathbb{R})$ 的规范正交小波基.

证明 因为 $\mathcal{L}^2(\mathbb{R})=\bigoplus_{m\in\mathbb{Z}}W_m$ 而且 $\{\psi_{j,k}(x)=2^{j/2}\psi(2^j x-k); k\in\mathbb{Z}\}$ 是小波子空间 W_j 的规范正交基, $j\in\mathbb{Z}$. 完成证明. #

注释: 这个定理的结果说明, 多分辨率分析小波一定满足第 3 章中定义正交小波的要求.

4.5.3 小波方程

在多分辨率分析给定的基础上, 正交小波可以用尺度函数整数平移规范正交函数系进行刻画.

(α) 小波规范正交性

如果 $(\{V_j; j\in\mathbb{Z}\},\varphi(x))$ 是函数空间 $\mathcal{L}^2(\mathbb{R})$ 上的一个多分辨率分析, 诱导定义的小波子空间序列是 $\{W_j; j\in\mathbb{Z}\}$, 函数 $\psi(x)\in W_0$ 是一个正交小波, 即多分辨率分析

小波，则 $\{\psi(x-k);k\in\mathbb{Z}\}$ 构成小波子空间 W_0 的规范正交基，因此作为函数空间 $\mathcal{L}^2(\mathbb{R})$ 上的一个整数平移函数系，它必然满足如下的频域恒等式.

定理 4.22 (小波规范正交性)　如果 $(\{V_j;j\in\mathbb{Z}\},\varphi(x))$ 是函数空间 $\mathcal{L}^2(\mathbb{R})$ 上的一个多分辨率分析，诱导定义小波子空间序列 $\{W_j;j\in\mathbb{Z}\}$，函数 $\psi(x)\in W_0$ 是一个正交小波，即多分辨率分析小波，则

$$2\pi\sum_{m\in\mathbb{Z}}\left|\Psi(\omega+2m\pi)\right|^2=1,\quad \text{a.e.},\quad \omega\in[0,2\pi]$$

其中 $\Psi(\omega)$ 是小波函数 $\psi(x)$ 的傅里叶变换. #

小波函数的这个性质与尺度函数是相似的，即整数平移规范正交函数系.

(β) 小波方程

如果 $(\{V_j;j\in\mathbb{Z}\},\varphi(x))$ 是函数空间 $\mathcal{L}^2(\mathbb{R})$ 上的一个多分辨率分析，诱导定义的小波子空间序列是 $\{W_j;j\in\mathbb{Z}\}$，函数 $\psi(x)\in W_0$ 是一个正交小波，即多分辨率分析小波，那么，因为 $V_1=V_0\oplus W_0$ 而且 $\{\varphi_{1,k}(x)=\sqrt{2}\phi(2x-k);k\in\mathbb{Z}\}$ 是尺度子空间 V_1 的规范正交基，所以，$\psi(x)\in W_0\subseteq V_1$ 必然可以写成 $\{\varphi_{1,k}(x);k\in\mathbb{Z}\}$ 的正交函数级数表达式，这就是下面的小波方程.

定理 4.23 (小波方程)　如果 $(\{V_j;j\in\mathbb{Z}\},\varphi(x))$ 是函数空间 $\mathcal{L}^2(\mathbb{R})$ 上的一个多分辨率分析，诱导定义小波子空间序列 $\{W_j;j\in\mathbb{Z}\}$，函数 $\psi(x)\in W_0$ 是一个正交小波，即多分辨率分析小波，则小波函数 $\psi(x)$ 必然可以被表示为如下的正交尺度函数级数：

$$\psi(x)=\sqrt{2}\sum_{n\in\mathbb{Z}}g_n\varphi(2x-n)$$

其中，级数系数当 $n\in\mathbb{Z}$ 时表示为

$$g_n=\left\langle\psi(\cdot),\sqrt{2}\varphi(2\cdot-n)\right\rangle_{\mathcal{L}^2(\mathbb{R})}=\sqrt{2}\int_{x\in\mathbb{R}}\psi(x)\overline{\varphi}(2x-n)dx$$

称为带通滤波器系数，满足 $\sum_{n\in\mathbb{Z}}\left|g_n\right|^2=1$. 这个方程称为小波方程.

证明　因为函数系 $\{\varphi_{1,k}(x);k\in\mathbb{Z}\}$ 是 V_1 的规范正交基，而且 $\psi(x)\in W_0\subseteq V_1$，所以，小波函数 $\psi(x)$ 必然可以被表示为 V_1 的规范正交基 $\{\varphi_{1,k}(x);k\in\mathbb{Z}\}$ 的线性组合，而且，组合系数正好是 $\psi(x)$ 在基函数上的正交投影，组合系数序列必然是平方可和

的, 具体可得

$$\begin{aligned}1&=\|\psi\|_{\mathcal{L}^2(\mathbb{R})}^2=\int_{\mathbb{R}}|\psi(x)|^2dx\\&=\int_{\mathbb{R}}\left[\sqrt{2}\sum_{n\in\mathbb{Z}}g_n\varphi(2x-n)\right]\left[\sqrt{2}\sum_{m\in\mathbb{Z}}g_m\varphi(2x-m)\right]^*dx\\&=\sum_{n\in\mathbb{Z}}\sum_{m\in\mathbb{Z}}g_n\overline{g}_m\int_{\mathbb{R}}2\varphi(2x-n)\overline{\varphi}(2x-m)dx\\&=\sum_{n\in\mathbb{Z}}\sum_{m\in\mathbb{Z}}g_n\overline{g}_m\delta(n-m)=\sum_{n\in\mathbb{Z}}|g_n|^2\end{aligned}$$

这样就完成了定理的证明. #

这里得到的小波方程和尺度方程是类似的. 同样, 小波方程存在平移和尺度伸缩形式的等价表达形式.

推论 4.11 (小波方程) 如果 $(\{V_j;j\in\mathbb{Z}\},\varphi(x))$ 是函数空间 $\mathcal{L}^2(\mathbb{R})$ 上的一个多分辨率分析, 那么, 小波函数 $\psi(x)$ 的如下两个正交尺度函数级数成立:

$$\psi(x-k)=\sqrt{2}\sum_{n\in\mathbb{Z}}g_{n-2k}\varphi(2x-n),\quad \psi_{j,k}(x)=\sum_{n\in\mathbb{Z}}g_{n-2k}\varphi_{j+1,n}(x),\quad k\in\mathbb{Z}$$

其中 $(j,k,n)\in\mathbb{Z}\times\mathbb{Z}\times\mathbb{Z}$, 而且

$$\begin{aligned}&\psi_{j,k}(x)=2^{j/2}\psi(2^jx-k),\quad \psi_{j+1,k}(x)=2^{(j+1)/2}\psi(2^{j+1}x-k),\ k\in\mathbb{Z}\\&g_{n-2k}=\left\langle\psi_{j,k}(\cdot),\varphi_{j+1,n}(\cdot)\right\rangle,\quad k\in\mathbb{Z},\ n\in\mathbb{Z}\end{aligned}$$

这个推论容易被证明, 留给读者作为练习.

这个推论给出的是小波方程等价形式, 在进一步分析讨论中都会被使用.

(γ) 频域小波方程

在时间域表示的小波方程可以利用傅里叶变换转换到频域进行研究, 从而得到小波函数诱导的滤波器的频域特性.

定理 4.24 (频域小波方程) 假设 $(\{V_j;j\in\mathbb{Z}\},\varphi(x))$ 是函数空间 $\mathcal{L}^2(\mathbb{R})$ 上的一个多分辨率分析, 如果函数 $\psi(x)\in W_0$ 是一个正交小波, 那么, 成立如下频域形式的小波方程:

$$\Psi(\omega)=\mathrm{G}(\omega/2)\Phi(\omega/2)$$

其中

$$\Psi(\omega)=(2\pi)^{-0.5}\int_{x\in\mathbb{R}}\psi(x)e^{-i\omega x}dx$$

是小波函数 $\psi(x)$ 的傅里叶变换, 另外,

$$G(\omega)=2^{-0.5}\sum_{n\in\mathbf{Z}}g_n e^{-i\omega n}$$

称为带通滤波器，带通系数的定义如前而且满足 $\sum_{n\in\mathbf{Z}}|g_n|^2=1$.

证明　在小波方程两端分别进行傅里叶变换演算:

$$\begin{aligned}\Psi(\omega)&=(2\pi)^{-0.5}\int_{x\in\mathbb{R}}\psi(x)e^{-i\omega x}dx\\&=(2\pi)^{-0.5}\int_{x\in\mathbb{R}}\sqrt{2}\sum_{n\in\mathbf{Z}}g_n\varphi(2x-n)e^{-i\omega x}dx\\&=\left[2^{-0.5}\sum_{n\in\mathbf{Z}}g_n e^{-i\times 0.5\omega\times x}\right]\cdot(2\pi)^{-0.5}\int_{y\in\mathbb{R}}\varphi(y)e^{-i\times 0.5\omega\times y}dy\\&=G(0.5\omega)\Phi(0.5\omega)\end{aligned}$$

另外，带通滤波器系数序列平方可和且 $\sum_{n\in\mathbf{Z}}|g_n|^2=1$，此前已经证明.　#

推论 4.12 (频域小波方程)　如果 $(\{V_j;j\in\mathbf{Z}\},\varphi(x))$ 是函数空间 $\mathcal{L}^2(\mathbb{R})$ 上的一个多分辨率分析，如果函数 $\psi(x)\in W_0$ 是一个正交小波，那么，对任意整数 $j\in\mathbf{Z}$，频域小波方程可写成

$$\Psi(2^{-j}\omega)=G(2^{-(j+1)}\omega)\Phi(2^{-(j+1)}\omega)$$

证明是容易的，留给读者练习.

推论 4.13 (带通滤波器的范数)　如果 $(\{V_j;j\in\mathbf{Z}\},\varphi(x))$ 是函数空间 $\mathcal{L}^2(\mathbb{R})$ 上的一个多分辨率分析，如果函数 $\psi(x)\in W_0$ 是一个正交小波，那么，带通滤波器 $G(\omega)$ 是 2π 周期平方可积函数，即 $G(\omega)\in\mathcal{L}^2(0,2\pi)$ 而且 $\|G\|_{\mathcal{L}^2(0,2\pi)}=\sqrt{\pi}$.

证明　因为带通滤波器系数序列 $\{g_n;n\in\mathbf{Z}\}$ 是平方可和的，所以按照定义即得带通滤波器 $G(\omega)$ 的 2π 周期性，此外直接计算可得

$$\begin{aligned}\|G\|^2_{\mathcal{L}^2(0,2\pi)}&=\int_0^{2\pi}|G(\omega)|^2\,d\omega=\int_0^{2\pi}\left[2^{-0.5}\sum_{n\in\mathbf{Z}}g_n e^{-i\omega n}\right]\left[2^{-0.5}\sum_{m\in\mathbf{Z}}g_m e^{-i\omega m}d\omega\right]^*d\omega\\&=0.5\sum_{n\in\mathbf{Z}}\sum_{m\in\mathbf{Z}}g_n\overline{g}_m\int_0^{2\pi}e^{-i\omega(n-m)}d\omega\\&=0.5\sum_{n\in\mathbf{Z}}\sum_{m\in\mathbf{Z}}g_n\overline{g}_m\cdot 2\pi\delta(n-m)=\pi\sum_{n\in\mathbf{Z}}|g_n|^2=\pi\end{aligned}$$　#

(δ) 规范带通滤波器

假设 $(\{V_j;j\in\mathbf{Z}\},\varphi(x))$ 是函数空间 $\mathcal{L}^2(\mathbb{R})$ 上的一个多分辨率分析，如果函数

$\psi(x)\in W_0$ 是一个正交小波，那么，由小波函数和小波方程的带通滤波器系数序列(脉冲响应序列)或带通滤波器(频率响应函数)必将满足某些约束条件.

定理 4.25 (带通滤波器规范性) 假设 $(\{V_j;j\in\mathbb{Z}\},\varphi(x))$ 是函数空间 $\mathcal{L}^2(\mathbb{R})$ 上的一个多分辨率分析，如果函数 $\psi(x)\in W_0$ 是一个正交小波，那么，小波方程诱导的带通滤波器 $\mathrm{G}(\omega)$ 满足频域恒等式:

$$|\mathrm{G}(\omega)|^2+|\mathrm{G}(\omega+\pi)|^2=1,\ \text{a.e.},\quad \omega\in[0,2\pi]$$

证明 因为小波函数 $\psi(x)$ 的整数平移系 $\{\psi(x-k);k\in\mathbb{Z}\}$ 是规范正交系，利用这个事实的频域等价刻画得到如下演算:

$$\begin{aligned}1&=2\pi\sum_{n\in\mathbb{Z}}|\Psi(\omega+2n\pi)|^2=2\pi\sum_{n\in\mathbb{Z}}|\mathrm{G}(0.5\omega+n\pi)\Phi(0.5\omega+n\pi)|^2\\&=2\pi\sum_{n=2\ell\in\mathbb{Z}}|\mathrm{G}(0.5\omega+2\ell\pi)\Phi(0.5\omega+2\ell\pi)|^2\\&\quad+2\pi\sum_{n=2\ell+1\in\mathbb{Z}}|\mathrm{G}(0.5\omega+\pi+2\ell\pi)\Phi(0.5\omega+\pi+2\ell\pi)|^2\\&=2\pi|\mathrm{G}(0.5\omega)|^2\sum_{\ell\in\mathbb{Z}}|\Phi(0.5\omega+2\ell\pi)|^2\\&\quad+2\pi\left|\mathrm{G}(0.5\omega+\pi)\right|^2\sum_{\ell\in\mathbb{Z}}|\Phi(0.5\omega+\pi+2\ell\pi)|^2\end{aligned}$$

在这个推演过程中，在第一个等号处使用恒等式:

$$2\pi\sum_{n\in\mathbb{Z}}|\Psi(\omega+2n\pi)|^2=1$$

在最后表达式中两次使用恒等式:

$$2\pi\sum_{n\in\mathbb{Z}}|\Phi(\omega+2n\pi)|^2=1$$

得到恒等式:

$$1=|\mathrm{G}(0.5\omega)|^2+|\mathrm{G}(0.5\omega+\pi)|^2$$

这样完成证明. #

这个定理的结果表明小波函数和小波方程诱导的带通滤波器具有某种“单位性”，更准确和更清晰的意义在后续研究中会给予充分详细的论述.

(ε) 带通系数列正交性

假设 $(\{V_j;j\in\mathbb{Z}\},\varphi(x))$ 是函数空间 $\mathcal{L}^2(\mathbb{R})$ 上的一个多分辨率分析，如果函数

$\psi(x)\in W_0$ 是一个正交小波，那么，由小波方程诱导的带通滤波器系数序列(脉冲响应序列)在平方可和序列空间中具有偶数平移正交性.

定理 4.26 (带通系数序列正交性)　假设 $(\{V_j;j\in\mathbb{Z}\},\varphi(x))$ 是函数空间 $\mathcal{L}^2(\mathbb{R})$ 上的一个多分辨率分析，而且函数 $\psi(x)\in W_0$ 是一个正交小波，如果将小波方程诱导的带通滤波器系数序列 $\{g_n;n\in\mathbb{Z}\}$ 的整数 m 平移序列记为

$$\mathbf{g}^{(m)}=\left\{g_{n-m};n\in\mathbb{Z}\right\}^{\mathrm{T}}\in\ell^2(\mathbb{Z})$$

那么，带通系数序列具有如下偶数平移正交性：$\forall(m,k)\in\mathbb{Z}\times\mathbb{Z}$，

$$\left\langle\mathbf{g}^{(2m)},\mathbf{g}^{(2k)}\right\rangle_{\ell^2(\mathbb{Z})}=[\mathbf{g}^{(2k)}]^*[\mathbf{g}^{(2m)}]=\sum_{n\in\mathbb{Z}}g_{n-2m}\overline{g}_{n-2k}=\delta(m-k)$$

证明　建议读者仿真低通滤波器系数序列偶数平移正交性的证明方法和证明过程完成这个定理的证明.　#

这个定理及其证明过程充分说明，在 V_1 的尺度规范正交基，即 $\{\varphi_{1,k}(x);k\in\mathbb{Z}\}$ 之下，如果把小波函数整数平移 $\varphi(x-k)$ 映射为 $\ell^2(\mathbb{Z})$ 中的 $\mathbf{g}^{(2k)}=\{g_{n-2k};n\in\mathbb{Z}\}^{\mathrm{T}}$，那么，这个映射是从子空间 W_0 到序列空间 $\ell^2(\mathbb{Z})$ 的保持内积恒等的线性变换.

推论 4.14 (带通系数序列偶数平移规范正交性)　如果 $(\{V_j;j\in\mathbb{Z}\},\varphi(x))$ 是函数空间 $\mathcal{L}^2(\mathbb{R})$ 上的一个多分辨率分析，沿用前述记号，如下序列向量组：

$$\{\mathbf{g}^{(2m)}=\{h_{n-2m};n\in\mathbb{Z}\}^{\mathrm{T}}\in\ell^2(\mathbb{Z});m\in\mathbb{Z}\}$$

是序列空间 $\ell^2(\mathbb{Z})$ 的规范正交系.　#

事实上，如果定义 $\mathbf{G}$ 是无穷维序列向量规范正交系 $\{\mathbf{g}^{(2m)};m\in\mathbb{Z}\}$ 张成的 $\ell^2(\mathbb{Z})$ 的闭线性子空间：

$$\mathbf{G}=\mathrm{Closespan}\left\{\mathbf{g}^{(2m)}\in\ell^2(\mathbb{Z});m\in\mathbb{Z}\right\}_{\ell^2(\mathbb{Z})}$$

那么，容易证明 $\{\mathbf{g}^{(2m)};m\in\mathbb{Z}\}$ 是 $\mathbf{G}$ 的规范正交基. 将小波函数 $\varphi(x-k)$ 按照小波方程 $\psi(x-k)=\sqrt{2}\sum\limits_{n\in\mathbb{Z}}g_{n-2k}\varphi(2x-n)$ 与向量 $\mathbf{g}^{(2k)}=\{h_{n-2k};n\in\mathbb{Z}\}^{\mathrm{T}}$ 相对应，按照以前已经给出的线性变换定义：

$$\begin{aligned}\mathscr{H}:\ & V_1\to\ell^2(\mathbb{Z})\\ & \varphi_{1,k}(x)\mapsto\varsigma_k=\{\delta(n-k);n\in\mathbb{Z}\}^{\mathrm{T}},\quad k\in\mathbb{Z}\end{aligned}$$

可以得到如下重要结果.

定理 4.27 (小波方程的酉性) 线性算子 $\mathscr{H}$: $V_1 \to \ell^2(\mathbb{Z})$ 在尺度子空间 W_0 上的限制 $\mathscr{H}_1$: $W_0 \to \mathbf{G}$ 是从小波子空间 W_0 到无穷维序列向量子空间 $\mathbf{G}$ 之间的局部保持范数不变的线性算子:

$$\begin{aligned}\mathscr{H}_1:\ & W_0 \to \mathbf{G} \\ \psi(x-k) &\mapsto \mathbf{g}^{(2k)} = \{g_{n-2k}; n \in \mathbb{Z}\}^{\mathrm{T}}, k \in \mathbb{Z} \\ g_{n-2k} &= \left\langle \psi(x-k), \sqrt{2}\varphi(2x-n) \right\rangle_{\mathcal{L}^2(\mathbb{R})} \\ &= \int_{\mathbb{R}} \psi(x-k) \times \sqrt{2}\overline{\varphi}(2x-n)dx, \quad (n,k) \in \mathbb{Z} \times \mathbb{Z}\end{aligned}$$

#

4.5.4 小波函数的刻画

假设 $(\{V_j; j \in \mathbb{Z}\}, \varphi(x))$ 是函数空间 $\mathcal{L}^2(\mathbb{R})$ 上的一个多分辨率分析而且函数 $\psi(x) \in W_0$ 是一个正交小波, 那么, 小波函数和小波方程存在如下多种刻画:

(1) $\left\langle \psi_{j,k}(x), \psi_{j,n}(x) \right\rangle_{\mathcal{L}^2(\mathbb{R})} = \delta(k-n), (j,k,n) \in \mathbb{Z} \times \mathbb{Z} \times \mathbb{Z}$;

(2) $2\pi \sum_{m \in \mathbb{Z}} |\Psi(\omega + 2m\pi)|^2 = 1, \text{a.e.}, \omega \in [0, 2\pi]$;

(3) $\Psi(\omega) = \mathrm{G}(\omega/2)\Phi(\omega/2)$;

(4) $|\mathrm{G}(\omega)|^2 + |\mathrm{G}(\omega+\pi)|^2 = 1, \text{a.e.}, \omega \in [0, 2\pi]$;

(5) $\left\langle \mathbf{g}^{(2m)}, \mathbf{g}^{(2k)} \right\rangle_{\ell^2(\mathbb{Z})} = \sum_{n \in \mathbb{Z}} g_{n-2m}\overline{g}_{n-2k} = \delta(m-k)$;

(6) $\mathscr{H}_1$: $W_0 \to \mathrm{G}$ 是局部酉算子.

这涉及函数空间 $\mathcal{L}^2(\mathbb{R})$ 的时间域和频率域形式, 空间 $\mathcal{L}^2(0, 2\pi)$ 上的带通滤波器频率响应函数, 无穷维序列向量空间 $\ell^2(\mathbb{Z})$ 上的规范正交系以及局部酉线性算子 $\mathscr{H}$: $W_0 \to \mathbf{G}$.

4.5.5 小波函数与尺度函数

假设 $(\{V_j; j \in \mathbb{Z}\}, \varphi(x))$ 是函数空间 $\mathcal{L}^2(\mathbb{R})$ 上的一个多分辨率分析, 而且函数 $\psi(x) \in W_0$ 是一个正交小波, 此时, $\{\psi(x-k); k \in \mathbb{Z}\}$ 构成小波子空间 W_0 的规范正交基. 因为, 尺度函数平移函数系 $\{\varphi(x-k); k \in \mathbb{Z}\}$ 构成尺度子空间 V_0 的规范正交基, 且按定义 $V_0 \oplus W_0 = V_1$, 所以, $\{\varphi(x-k); k \in \mathbb{Z}\} \cup \{\psi(x-k); k \in \mathbb{Z}\}$ 将构成 V_1 的规范正交基. 这样, 因为 $\{\phi_{1,n}(x) = \sqrt{2}\phi(2x-n); n \in \mathbb{Z}\}$ 是 V_1 的规范正交基, 所以, 在尺

度子空间 V_1 上存在两个规范正交基. 可以相信, 小波函数与尺度函数之间的制约关系必将因为利用 V_1 上的这两个规范正交基的存在而体现到滤波器系数序列、滤波器的频率响应函数、平方可和无穷序列向量线性空间 $\ell^2(\mathbb{Z})$ 的相互正交的两个闭子空间的关系上. 详细论述这些问题就是本节的任务.

(α) 小波函数与尺度函数的正交性

假设 $(\{V_j;j\in\mathbb{Z}\},\varphi(x))$ 是函数空间 $\mathcal{L}^2(\mathbb{R})$ 上的一个多分辨率分析, 而且函数 $\psi(x)\in W_0$ 是一个正交小波, 此时, $\{\psi(x-k);k\in\mathbb{Z}\}$ 构成小波子空间 W_0 的规范正交基, 尺度函数平移函数系 $\{\varphi(x-k);k\in\mathbb{Z}\}$ 构成尺度子空间 V_0 的规范正交基, 因为 $V_0\perp W_0$, 所以 $\{\varphi(x-k);k\in\mathbb{Z}\}\perp\{\psi(x-k);k\in\mathbb{Z}\}$, 由此得到如下的小波函数系与尺度函数系的正交性定理.

定理 4.28 (小波函数与尺度函数正交性)　假设 $(\{V_j;j\in\mathbb{Z}\},\varphi(x))$ 是函数空间 $\mathcal{L}^2(\mathbb{R})$ 上的一个多分辨率分析, 而且函数 $\psi(x)\in W_0$ 是一个正交小波, 那么, 小波函数系与尺度函数系正交, 即 $\{\varphi(x-k);k\in\mathbb{Z}\}\perp\{\psi(x-k);k\in\mathbb{Z}\}$, 表达如下:

$$\left\langle\psi(x-k),\varphi(x-n)\right\rangle=0,\quad (k,n)\in\mathbb{Z}\times\mathbb{Z}$$

证明　因为 $V_0\perp W_0$ 而且

$$V_0=\mathrm{Closespan}\{\varphi(x-k);k\in\mathbb{Z}\}$$
$$W_0=\mathrm{Closespan}\{\psi(x-k);k\in\mathbb{Z}\}$$

于是按照正交的定义完成定理的证明.　#

(β) 低通滤波器与带通滤波器的正交性

在 $(\{V_j;j\in\mathbb{Z}\},\varphi(x))$ 是函数空间 $\mathcal{L}^2(\mathbb{R})$ 上的一个多分辨率分析的条件下, 小波函数系 $\{\psi(x-k);k\in\mathbb{Z}\}$ 与尺度函数平移函数系 $\{\varphi(x-k);k\in\mathbb{Z}\}$ 的正交性可以转换表示为低通滤波器和带通滤波器的正交性, 就是如下的定理.

定理 4.29 (低通和带通滤波器的正交性)　假设 $(\{V_j;j\in\mathbb{Z}\},\varphi(x))$ 是函数空间 $\mathcal{L}^2(\mathbb{R})$ 上的一个多分辨率分析, 而且函数 $\psi(x)\in W_0$ 是一个正交小波, 尺度函数和小波函数诱导的滤波器组 $\Phi(\omega),\Psi(\omega)$ 具有如下正交关系:

$$\sum_{k\in\mathbb{Z}}[\Psi(\omega+2k\pi)][\Phi(\omega+2k\pi)]^*=0$$

证明 利用两个函数系 $\{\psi(x-k);k\in\mathbb{Z}\}$ 和 $\{\varphi(x-k);k\in\mathbb{Z}\}$ 的正交性可得，对于任意的两个整数 $(m,n)\in\mathbb{Z}\times\mathbb{Z}$，

$$\begin{aligned}0&=\left\langle\psi(x-n),\varphi(x-m)\right\rangle\\&=\int_{x\in\mathbb{R}}\psi(x-n)\overline{\varphi}(x-m)dx\\&=\int_{\omega\in\mathbb{R}}\Psi(\omega)e^{-i\omega n}[\Phi(\omega)e^{-i\omega m}]^*d\omega\\&=\int_{\omega\in\mathbb{R}}\Psi(\omega)[\Phi(\omega)]^*e^{-i\omega(n-m)}d\omega\\&=\sum\nolimits_{k\in\mathbb{Z}}\int_{2k\pi}^{2(k+1)\pi}\Psi(\omega)[\Phi(\omega)]^*e^{-i\omega(n-m)}d\omega\\&=\sum\nolimits_{k\in\mathbb{Z}}\int_{0}^{2\pi}[\Psi(\omega+2k\pi)][\Phi(\omega+2k\pi)]^*e^{-i\omega(n-m)}d\omega\\&=\int_0^{2\pi}\left\{\sum_{k\in\mathbb{Z}}[\Psi(\omega+2k\pi)][\Phi(\omega+2k\pi)]^*\right\}e^{-i\omega(n-m)}d\omega\end{aligned}$$

#

(γ) 低通与带通系数列的正交性

在 $(\{V_j;j\in\mathbb{Z}\},\varphi(x))$ 是函数空间 $\mathcal{L}^2(\mathbb{R})$ 上的一个多分辨率分析的条件下，小波函数与尺度函数诱导的带通和低通滤波器具有前述正交性，这种正交性还可以体现为带通和低通滤波器系数序列在平方可和无穷序列向量空间 $\ell^2(\mathbb{Z})$ 内积意义下的正交性，就是如下的定理.

定理 4.30 (低通和带通系数序列正交性) 假设 $(\{V_j;j\in\mathbb{Z}\},\varphi(x))$ 是函数空间 $\mathcal{L}^2(\mathbb{R})$ 上的一个多分辨率分析，而且函数 $\psi(x)\in W_0$ 是一个正交小波，那么，小波函数与尺度函数诱导的带通和低通滤波器系数序列具有如下的正交性：

$$\sum_{n\in\mathbb{Z}}g_{n-2k}\overline{h}_{n-2m}=0,\quad (k,m)\in\mathbb{Z}\times\mathbb{Z}$$

沿用前述记号，还可以表述为

$$\left\langle\mathbf{g}^{(2k)},\mathbf{h}^{(2m)}\right\rangle_{\ell^2(\mathbb{Z})}=\sum_{n\in\mathbb{Z}}g_{n-2k}\overline{h}_{n-2m}=0,\quad (k,m)\in\mathbb{Z}\times\mathbb{Z}$$

证明 因为 $\{\psi(x-k);k\in\mathbb{Z}\}\perp\{\varphi(x-m);m\in\mathbb{Z}\}$，所以 $\forall(k,m)\in\mathbb{Z}\times\mathbb{Z}$，

$$\begin{aligned}0&=\left\langle\psi(x-k),\varphi(x-m)\right\rangle\\&=\int_{x\in\mathbb{R}}\psi(x-k)\overline{\varphi}(x-m)dx\\&=\int_{x\in\mathbb{R}}\left[\sqrt{2}\sum_{n\in\mathbb{Z}}g_{n-2k}\varphi(2x-n)\right]\end{aligned}$$

$$\begin{aligned}
&\times\left[\sqrt{2}\sum_{n\in\mathbb{Z}}h_{n-2m}\varphi(2x-n)\right]^* dx \\
&=\sum_{n\in\mathbb{Z}}\sum_{\ell\in\mathbb{Z}}g_{n-2k}\overline{h}_{\ell-2m}\int_{x\in\mathbb{R}}\varphi(2x-n)\overline{\varphi}(2x-\ell)d(2x) \\
&=\sum_{n\in\mathbb{Z}}\sum_{\ell\in\mathbb{Z}}g_{n-2k}\overline{h}_{\ell-2m}\int_{x\in\mathbb{R}}\varphi(x-n)\overline{\varphi}(x-\ell)dx \\
&=\sum_{n\in\mathbb{Z}}\sum_{\ell\in\mathbb{Z}}g_{n-2k}\overline{h}_{\ell-2m}\delta(n-\ell) \\
&=\sum_{n\in\mathbb{Z}}g_{n-2k}\overline{h}_{n-2m}
\end{aligned}$$

证明完成. #

(δ) 低通与带通滤波器频移正交性

设 $(\{V_j;j\in\mathbb{Z}\},\varphi(x))$ 是函数空间 $\mathcal{L}^2(\mathbb{R})$ 上的一个多分辨率分析的条件下，小波函数与尺度函数诱导的带通和低通滤波器具有前述正交性，这种正交性还可以体现为带通和低通滤波器的如下形式的频移正交性.

定理 4.31 (低通和带通滤波器频移正交性)　假设 $(\{V_j;j\in\mathbb{Z}\},\varphi(x))$ 是函数空间 $\mathcal{L}^2(\mathbb{R})$ 上的一个多分辨率分析，而且函数 $\psi(x)\in W_0$ 是一个正交小波，尺度函数和小波函数诱导的滤波器组 $\Phi(\omega),\Psi(\omega)$ 具有如下正交关系:

$$\mathrm{H}(\omega)\overline{\mathrm{G}}(\omega)+\mathrm{H}(\omega+\pi)\overline{\mathrm{G}}(\omega+\pi)=0$$

证明　利用已经获得的低通滤波器和带通滤波器正交性的表达形式:

$$\sum_{k\in\mathbb{Z}}[\Psi(\omega+2k\pi)][\Phi(\omega+2k\pi)]^*=0$$

以及尺度方程和小波方程的频域形式可以继续演算:

$$\begin{aligned}
0&=\sum_{k\in\mathbb{Z}}\Phi(\omega+2k\pi)[\Psi(\omega+2k\pi)]^* \\
&=\sum_{k\in\mathbb{Z}}[\mathrm{H}(0.5\omega+k\pi)\Phi(0.5\omega+k\pi)][\mathrm{G}(0.5\omega+k\pi)\Phi(0.5\omega+k\pi)]^* \\
&=\sum_{k=2m\in\mathbb{Z}}[\mathrm{H}(0.5\omega)\overline{\mathrm{G}}(0.5\omega)]\,|\,\Phi(0.5\omega+2m\pi)\,|^2 \\
&\quad+\sum_{k=2m+1\in\mathbb{Z}}[\mathrm{H}(0.5\omega+\pi)\overline{\mathrm{G}}(0.5\omega+\pi)]\,|\,\Phi(0.5\omega+\pi+2m\pi)\,|^2 \\
&=[\mathrm{H}(0.5\omega)\overline{\mathrm{G}}(0.5\omega)]\sum_{m\in\mathbb{Z}}|\,\Phi(0.5\omega+2m\pi)\,|^2 \\
&\quad+[\mathrm{H}(0.5\omega+\pi)\overline{\mathrm{G}}(0.5\omega+\pi)]\sum_{m\in\mathbb{Z}}|\,\Phi(0.5\omega+\pi+2m\pi)\,|^2 \\
&=\frac{1}{2\pi}[\mathrm{H}(0.5\omega)\overline{\mathrm{G}}(0.5\omega)+\mathrm{H}(0.5\omega+\pi)\overline{\mathrm{G}}(0.5\omega+\pi)]
\end{aligned}$$

在这个推演过程中, 最后一个步骤两次使用频域恒等式:

$$2\pi\sum_{m\in\mathbb{Z}}|\Phi(\omega+2m\pi)|^2=1,\quad \text{a.e.},\quad \omega\in[0,2\pi]$$

这就证明了带通和低通滤波器的 π -频移正交性. 证明完成. #

(ε) 尺度方程与小波方程的正交性

假设 $(\{V_j;j\in\mathbb{Z}\},\varphi(x))$ 是函数空间 $\mathcal{L}^2(\mathbb{R})$ 上的一个多分辨率分析, 而且函数 $\psi(x)\in W_0$ 是一个正交小波, $\{\psi(x-k);k\in\mathbb{Z}\}$ 构成小波子空间 W_0 的规范正交基, 尺度函数平移函数系 $\{\varphi(x-k);k\in\mathbb{Z}\}$ 构成尺度子空间 V_0 的规范正交基, 因为 $V_0\oplus W_0=V_1$, 所以 $\{\varphi(x-k);k\in\mathbb{Z}\}\cup\{\psi(x-k);k\in\mathbb{Z}\}$ 是 V_1 的一个规范正交基. 由多分辨率分析的假设, $\{\varphi_{1,n}(x)=\sqrt{2}\varphi(2x-n);n\in\mathbb{Z}\}$ 是 V_1 的一个规范正交基. 这样得到尺度子空间 V_1 的两个规范正交基. 实际上, 尺度方程和小波方程就是用规范正交基 $\{\varphi_{1,n}(x)=\sqrt{2}\varphi(2x-n);n\in\mathbb{Z}\}$ 分别表示 $\{\varphi(x-k);k\in\mathbb{Z}\}$ 以及小波规范正交系 $\{\psi(x-k);k\in\mathbb{Z}\}$ 的公式.

回顾从 V_1 到 $\ell^2(\mathbb{Z})$ 的如下定义的线性变换

$$\begin{aligned}&\mathscr{H}:\ V_1\to\ell^2(\mathbb{Z})\\&\varphi_{1,k}(x)\mapsto\varsigma_k=\{\delta(n-k);n\in\mathbb{Z}\}^{\mathrm{T}},\quad k\in\mathbb{Z}\end{aligned}$$

因为 $\{\varphi_{1,n}(x);n\in\mathbb{Z}\}$ 是 V_1 的一个规范正交基, $\{\varsigma_k;k\in\mathbb{Z}\}$ 是 $\ell^2(\mathbb{Z})$ 的平凡规范正交基, 所以 $\mathscr{H}$: $V_1\to\ell^2(\mathbb{Z})$ 是一个酉算子, 由 $V_0\perp W_0$ 可得 $\mathscr{H}(V_0)\perp\mathscr{H}(W_0)$, 因此得到如下的关于尺度方程和小波方程的"正交性"定理.

定理 4.32 (尺度方程和小波方程正交性) 假设 $(\{V_j;j\in\mathbb{Z}\},\varphi(x))$ 是函数空间 $\mathcal{L}^2(\mathbb{R})$ 上的一个多分辨率分析, 而且函数 $\psi(x)\in W_0$ 是一个正交小波, 从 V_1 到 $\ell^2(\mathbb{Z})$ 的线性变换 $\mathscr{H}$: $V_1\to\ell^2(\mathbb{Z})$ 定义如前, 那么 $\mathscr{H}(V_0)\perp\mathscr{H}(W_0)$, 而且, 这两个闭子空间 $\mathscr{H}(V_0),\mathscr{H}(W_0)$ 可以表示如下:

$$\begin{cases}\mathscr{H}(V_0)=\mathscr{H}_0(V_0)=\mathbf{H}=\mathrm{Closespan}\{\mathbf{h}^{(2m)}\in\ell^2(\mathbb{Z});m\in\mathbb{Z}\}_{\ell^2(\mathbb{Z})}\\\mathscr{H}(W_0)=\mathscr{H}_1(W_0)=\mathbf{G}=\mathrm{Closespan}\{\mathbf{g}^{(2m)}\in\ell^2(\mathbb{Z});m\in\mathbb{Z}\}_{\ell^2(\mathbb{Z})}\end{cases}$$

证明 因为线性变换 $\mathscr{H}$: $V_1\to\ell^2(\mathbb{Z})$ 是酉算子, 所以, $\mathscr{H}(V_0)\perp\mathscr{H}(W_0)$ 可以直接从 $V_0\perp W_0$ 得到, 即两个相互正交的向量组, 在保持内积不变的酉线性变换之

下的两组"映像"仍然是正交的(也就是说，在像空间的内积意义下).

子空间 V_0, W_0 在线性变换 $\mathscr{H}$：$V_1 \to \ell^2(\mathbb{Z})$ 下的像 $\mathscr{H}(V_0), \mathscr{H}(W_0)$ 的待征表达式，实际上就是需要证明 $\mathscr{H}\big|_{V_0} = \mathscr{H}_0$ 而且 $\mathscr{H}\big|_{W_0} = \mathscr{H}_1$.

这里示范证明 $\mathscr{H}\big|_{V_0} = \mathscr{H}_0$，余下的留给读者作为练习.

由于 $\{\varphi(x-k); k \in \mathbb{Z}\}$ 构成尺度子空间 V_0 的规范正交基，因此只需要证明对于每一个 $k \in \mathbb{Z}$，$\mathscr{H}(\varphi(x-k)) = \mathscr{H}_0(\varphi(x-k))$. 实际上，利用尺度方程:

$$\varphi(x-k) = \sqrt{2}\sum_{n\in\mathbb{Z}} h_{n-2k}\varphi(2x-n), \quad k \in \mathbb{Z}$$

以及 $\mathscr{H}$：$V_1 \to \ell^2(\mathbb{Z})$ 是线性变换的性质，可得如下演算:

$$\begin{aligned}
\mathscr{H}(\varphi(x-k)) &= \mathscr{H}\left(\sum_{n\in\mathbb{Z}} h_{n-2k}\sqrt{2}\varphi(2x-n)\right) \\
&= \sum_{n\in\mathbb{Z}} h_{n-2k}\mathscr{H}(\sqrt{2}\varphi(2x-n)) \\
&= \sum_{n\in\mathbb{Z}} h_{n-2k}\varsigma_n = \mathbf{h}^{(2k)} \\
&= \left\{h_{n-2k}; n \in \mathbb{Z}\right\}^{\mathrm{T}} = \mathscr{H}_0(\varphi(x-k))
\end{aligned}$$

完成证明.　#

另一方面，可以直接利用 $\{\mathbf{h}^{(2m)}; m \in \mathbb{Z}\} \perp \{\mathbf{g}^{(2m)}; m \in \mathbb{Z}\}$ 推证 $\mathbf{H} \perp \mathbf{G}$，但这样不便得到 $\mathbf{H} \oplus \mathbf{G} = \ell^2(\mathbb{Z})$. 利用上述证明方法可以简便获得这个结果，这就是下面的定理.

定理 4.33 (序列空间的正交直和分解)　假设 $(\{V_j; j \in \mathbb{Z}\}, \varphi(x))$ 是函数空间 $\mathcal{L}^2(\mathbb{R})$ 上的一个多分辨率分析，而且函数 $\psi(x) \in W_0$ 是一个正交小波，从 V_1 到 $\ell^2(\mathbb{Z})$ 的线性变换 $\mathscr{H}$：$V_1 \to \ell^2(\mathbb{Z})$ 定义如前，那么

$$\mathscr{H}(V_0) \oplus \mathscr{H}(W_0) = \mathbf{H} \oplus \mathbf{G} = \ell^2(\mathbb{Z})$$

证明　这里只需要证明 $\mathbf{H} + \mathbf{G} = \ell^2(\mathbb{Z})$. 实际上，对于任意的 $\xi \in \ell^2(\mathbb{Z})$，因为 $\mathscr{H}$：$V_1 \to \ell^2(\mathbb{Z})$ 是酉算子，所以存在唯一的函数 $\rho(x) \in V_1$ 保证 $\mathscr{H}(\rho(x)) = \xi$. 由 V_1 的直和分解表达式 $V_0 \oplus W_0 = V_1$，存在 $\rho_0(x) \in V_0, \rho_1(x) \in W_0$，$\rho_0(x) \perp \rho_1(x)$，使 $\rho_0(x) + \rho_1(x) = \rho(x)$. 因 $\mathscr{H}$ 是酉线性算子得 $\mathscr{H}(\rho_0(x)) \perp \mathscr{H}(\rho_1(x))$，而且

$$\begin{cases} \mathscr{H}(\rho_0(x)) = \xi_0 \in \mathscr{H}(V_0) = \mathbf{H} \\ \mathscr{H}(\rho_1(x)) = \xi_1 \in \mathscr{H}(W_0) = \mathbf{G} \end{cases}$$

而且

$$\xi = \mathscr{H}(\rho(x)) = \mathscr{H}(\rho_0(x) + \rho_1(x)) = \mathscr{H}(\rho_0(x)) + \mathscr{H}(\rho_1(x)) = \xi_0 + \xi_1$$

其中 $\xi_0 \perp \xi_1$，即 $\ell^2(\mathbb{Z})$ 的任意向量都可以分解为 $\mathbf{H}, \mathbf{G}$ 中的向量的正交和. #

4.5.6 小波函数与尺度函数的关系

假设 $(\{V_j; j \in \mathbb{Z}\}, \varphi(x))$ 是函数空间 $\mathcal{L}^2(\mathbb{R})$ 上的一个多分辨率分析，而且函数 $\psi(x) \in W_0$ 是一个正交小波，那么，小波函数和尺度函数的直接关系存在如下多种刻画:

(1) $\langle \psi(x-k), \varphi(x-n) \rangle = 0, (k,n) \in \mathbb{Z} \times \mathbb{Z}$;

(2) $\sum_{k \in \mathbb{Z}} [\Psi(\omega + 2k\pi)][\Phi(\omega + 2k\pi)]^* = 0$;

(3) $\mathrm{H}(\omega)\overline{\mathrm{G}}(\omega) + \mathrm{H}(\omega+\pi)\overline{\mathrm{G}}(\omega+\pi) = 0$;

(4) $\sum_{n \in \mathbb{Z}} g_{n-2k} \bar{h}_{n-2m} = 0, (k,m) \in \mathbb{Z} \times \mathbb{Z}$;

(5) $\mathscr{H}(V_0) = \mathbf{H}, \mathscr{H}(W_0) = \mathbf{G}$;

(6) $\mathscr{H}(V_0) \oplus \mathscr{H}(W_0) = \mathbf{H} \oplus \mathbf{G} = \ell^2(\mathbb{Z})$.

这些刻画从不同的角度说明了尺度函数与小波函数之间的制约关系.

4.6 正交小波的充分必要条件

定理 4.34 (正交小波充要条件) 假设 $(\{V_j; j \in \mathbb{Z}\}, \varphi(x))$ 是函数空间 $\mathcal{L}^2(\mathbb{R})$ 上的一个多分辨率分析，诱导定义小波子空间序列 $\{W_j; j \in \mathbb{Z}\}$. 在这样的假设条件下，利用前述记号，可以得到如下结果：函数 $\psi(x) \in W_0$ 是一个正交小波的充分必要条件是

$$\boxed{\begin{aligned} &1 = |\mathrm{H}(\omega)|^2 + |\mathrm{H}(\omega+\pi)|^2 \\ &1 = |\mathrm{G}(\omega)|^2 + |\mathrm{G}(\omega+\pi)|^2 \\ &0 = \mathrm{H}(\omega)\overline{\mathrm{G}}(\omega) + \mathrm{H}(\omega+\pi)\overline{\mathrm{G}}(\omega+\pi) \end{aligned}}$$

为了表达的更简洁，引入如下 2×2 的构造矩阵 $\mathbf{M}(\omega)$:

$$\mathbf{M}(\omega)=\begin{pmatrix}\mathbb{H}(\omega) & \mathbb{H}(\omega+\pi)\\ \mathbb{G}(\omega) & \mathbb{G}(\omega+\pi)\end{pmatrix}$$

这时，它的复数共轭转置记为

$$\mathbf{M}^*(\omega)=\begin{pmatrix}\overline{\mathbb{H}}(\omega) & \overline{\mathbb{G}}(\omega)\\ \overline{\mathbb{H}}(\omega+\pi) & \overline{\mathbb{G}}(\omega+\pi)\end{pmatrix}$$

这样，函数 $\psi(x)$ 是一个正交小波的充分必要条件是

$$\mathbf{M}(\omega)\mathbf{M}^*(\omega)=\mathbf{M}^*(\omega)\mathbf{M}(\omega)=\mathbf{I}$$

其中 $\mathbf{I}$ 表示 2×2 的单位矩阵，即矩阵 $\mathbf{M}(\omega)$ 是酉矩阵.

这个定理的证明分为以下几个步骤完成.

(α) 正交小波条件必要性

假设 $(\{V_j;j\in\mathbb{Z}\},\varphi(x))$ 是函数空间 $\mathcal{L}^2(\mathbb{R})$ 上的一个多分辨率分析，而且存在函数 $\psi(x)\in W_0$ 是一个正交小波，则前述论述过程已经证明矩阵 $\mathbf{M}(\omega)$ 是酉矩阵.

(β) 正交小波构造与条件充分性

假设 $(\{V_j;j\in\mathbb{Z}\},\varphi(x))$ 是函数空间 $\mathcal{L}^2(\mathbb{R})$ 上的一个多分辨率分析，尺度子空间 V_1 有规范正交基 $\{\varphi_{1,k}(x)=\sqrt{2}\phi(2x-k);k\in\mathbb{Z}\}$. 若构造矩阵 $\mathbf{M}(\omega)$ 是酉矩阵，即 $\mathbf{M}(\omega)\mathbf{M}^*(\omega)=\mathbf{M}^*(\omega)\mathbf{M}(\omega)=\mathbf{I}$，并令 $\Psi(\omega)=\mathrm{G}(0.5\omega)\Phi(0.5\omega)$ 是函数 $\psi(x)$ 的傅里叶变换，那么，可以证明首先函数 $\psi(x)\in W_0$，其次，$\psi(x)$ 的整数平移函数系 $\{\psi(x-k);k\in\mathbb{Z}\}$ 构成 W_0 的规范正交基，而 $\{\psi_{j,k}(x)=2^{j/2}\psi(2^jx-k);k\in\mathbb{Z}\}$ 构成 W_j 的规范正交基，$j\in\mathbb{Z}$，从而，$\{\psi_{j,k}(x)=2^{j/2}\psi(2^jx-k);(j,k)\in\mathbb{Z}\times\mathbb{Z}\}$ 构成函数空间 $\mathcal{L}^2(\mathbb{R})$ 的规范正交基，这就说明 $\psi(x)$ 是一个正交小波.

下面分步骤完成这个证明.

第一步：证明的预备. 将 $\mathbf{M}(\omega)\mathbf{M}^*(\omega)=\mathbf{M}^*(\omega)\mathbf{M}(\omega)=\mathbf{I}$ 转换为低通和带通滤波器系数序列之间的关系. 由恒等式

$$\boxed{\mathbf{M}(\omega)\mathbf{M}^*(\omega)=\mathbf{M}^*(\omega)\mathbf{M}(\omega)=\begin{pmatrix}1&0\\0&1\end{pmatrix}}$$

得到

$$\boxed{\begin{aligned}|\mathrm{H}(\omega)|^2+|\mathrm{H}(\omega+\pi)|^2=1\\|\mathrm{G}(\omega)|^2+|\mathrm{G}(\omega+\pi)|^2=1\\\mathrm{H}(\omega)\overline{\mathrm{G}}(\omega)+\mathrm{H}(\omega+\pi)\overline{\mathrm{G}}(\omega+\pi)=0\end{aligned}}$$

其中

$$\begin{cases}\mathrm{H}(\omega)=2^{-0.5}\sum\limits_{n\in\mathbb{Z}}h_n\exp(-i\omega n)\\\mathrm{G}(\omega)=2^{-0.5}\sum\limits_{n\in\mathbb{Z}}g_n\exp(-i\omega n)\end{cases}$$

首先演算低通滤波器系数序列及其偶数平移序列之间的制约关系:

$$|\mathrm{H}(\omega)|^2=0.5\sum_{k\in\mathbb{Z}}\left[\sum_{n\in\mathbb{Z}}h_n\overline{h}_{n-k}\right]\exp(-i\omega k)$$

$$|\mathrm{H}(\omega+\pi)|^2=0.5\sum_{k\in\mathbb{Z}}(-1)^k\left[\sum_{n\in\mathbb{Z}}h_n\overline{h}_{n-k}\right]\exp(-i\omega k).$$

这样, 可得

$$1=|\mathrm{H}(\omega)|^2+|\mathrm{H}(\omega+\pi)|^2=\sum_{m\in\mathbb{Z}}\left[\sum_{n\in\mathbb{Z}}h_n\overline{h}_{n-2m}\right]e^{-2i\omega m}$$

进一步改写为

$$1=|\mathrm{H}(0.5\omega)|^2+|\mathrm{H}(0.5\omega+\pi)|^2=\sum_{m\in\mathbb{Z}}\left[\sum_{n\in\mathbb{Z}}h_n\overline{h}_{n-2m}\right]e^{-i\omega m}$$

其次, 类似演算可得带通滤波器系数序列及其偶数平移序列之间的制约关系:

$$1=|\mathrm{G}(0.5\omega)|^2+|\mathrm{G}(0.5\omega+\pi)|^2=\sum_{m\in\mathbb{Z}}\left[\sum_{n\in\mathbb{Z}}g_n\overline{g}_{n-2m}\right]e^{-i\omega m}$$

最后, 低通和带通滤波器系数序列及其偶数平移序列之间的制约关系演算如下:

$$\begin{aligned}\mathrm{H}(\omega)\overline{\mathrm{G}}(\omega)&=\left[2^{-0.5}\sum_{n\in\mathbb{Z}}h_n\exp(-i\omega n)\right]\left[2^{-0.5}\sum_{m\in\mathbb{Z}}g_m\exp(-i\omega m)\right]^*\\&=0.5\sum_{n\in\mathbb{Z}}\sum_{m\in\mathbb{Z}}h_n\overline{g}_m\exp(-i\omega(n-m))\\&=0.5\sum_{k\in\mathbb{Z}}\left[\sum_{n\in\mathbb{Z}}h_n\overline{g}_{n-k}\right]\exp(-i\omega k)\end{aligned}$$

类似可得

$$\mathrm{H}(\omega+\pi)\overline{\mathrm{G}}(\omega+\pi)=0.5\sum_{k\in\mathbb{Z}}(-1)^k\left[\sum_{n\in\mathbb{Z}}h_n\overline{g}_{n-k}\right]\exp(-i\omega k)$$

这样得到低通和带通滤波器系数序列满足的方程:

$$0 = \mathrm{H}(0.5\omega)\overline{\mathrm{G}}(0.5\omega) + \mathrm{H}(0.5\omega+\pi)\overline{\mathrm{G}}(0.5\omega+\pi) = \sum_{m\in\mathbb{Z}}\left[\sum_{n\in\mathbb{Z}} h_n \overline{g}_{n-2m}\right] e^{-i\omega m}$$

因为 $\{(2\pi)^{-0.5}\exp(i\omega m); m\in\mathbb{Z}\}$ 是函数空间 $\mathcal{L}^2(0,2\pi)$ 的规范正交基，这样得到低通和带通滤波器系数序列及其偶数平移序列之间的制约关系:

$$\boxed{\begin{aligned}&\sum_{n\in\mathbb{Z}} h_n \overline{h}_{n-2m} = \delta(m), m\in\mathbb{Z}\\&\sum_{n\in\mathbb{Z}} g_n \overline{g}_{n-2m} = \delta(m), m\in\mathbb{Z}\\&\sum_{n\in\mathbb{Z}} h_n \overline{g}_{n-2m} = 0, m\in\mathbb{Z}\end{aligned}}$$

在序列空间 $\ell^2(\mathbb{Z})$ 中表示为

$$\boxed{\begin{aligned}&\left\langle \mathbf{h}^{(2m)}, \mathbf{h}^{(2k)}\right\rangle = \sum_{n\in\mathbb{Z}} h_{n-2m}\overline{h}_{n-2k} = \delta(m-k), (m,k)\in\mathbb{Z}^2\\&\left\langle \mathbf{g}^{(2m)}, \mathbf{g}^{(2k)}\right\rangle = \sum_{n\in\mathbb{Z}} g_{n-2m}\overline{g}_{n-2k} = \delta(m-k), (m,k)\in\mathbb{Z}^2\\&\left\langle \mathbf{g}^{(2m)}, \mathbf{h}^{(2k)}\right\rangle = \sum_{n\in\mathbb{Z}} g_{n-2m}\overline{h}_{n-2k} = 0, (m,k)\in\mathbb{Z}^2\end{aligned}}$$

第二步：定义小波函数. 利用带通滤波器 $\mathrm{G}(\omega) = 2^{-0.5}\sum_{n\in\mathbb{Z}} g_n \exp(-i\omega n)$ 和尺度函数 $\varphi(x)$ 的傅里叶变换 $\Phi(\omega)$ 定义小波函数 $\psi(x)$，其傅里叶变换 $\Psi(\omega)$ 满足频域小波方程:

$$\Psi(\omega) = \mathrm{G}\left(\frac{\omega}{2}\right)\Phi\left(\frac{\omega}{2}\right)$$

利用尺度子空间 V_1 的规范正交基 $\{\varphi_{1,k}(x) = \sqrt{2}\phi(2x-k); k\in\mathbb{Z}\}$，根据傅里叶逆变换得到小波方程，即小波函数 $\psi(x)$ 的时间域表达公式:

$$\psi(x) = \sqrt{2}\sum_{n\in\mathbb{Z}} g_n \varphi(2x-n)$$

因为 $\sum_{n\in\mathbb{Z}} |g_n|^2 = 1$，所以 $\psi(x)\in V_1$，从而 $\{\psi(x-k); k\in\mathbb{Z}\}\subseteq V_1$.

第三步：证明 $\{\psi(x-k); k\in\mathbb{Z}\}$ 构成尺度子空间 V_1 的规范正交函数系. 实际上，直接计算可得 $\forall(k,m)\in\mathbb{Z}\times\mathbb{Z}$,

$$\begin{aligned}&\left\langle \psi(x-k), \psi(x-m)\right\rangle\\&= \int_{x\in\mathbb{R}}\left[\sqrt{2}\sum_{n\in\mathbb{Z}} g_{n-2k}\varphi(2x-n)\right]\left[\sqrt{2}\sum_{n\in\mathbb{Z}} g_{n-2m}\overline{\varphi}(2x-n)\right]dx\\&= \sum_{n\in\mathbb{Z}}\sum_{\ell\in\mathbb{Z}} g_{n-2k}\overline{g}_{\ell-2m}\int_{y\in\mathbb{R}}\varphi(y-n)\overline{\varphi}(y-\ell)dy\end{aligned}$$

$$
\begin{aligned}
&= \sum_{n\in\mathbb{Z}}\sum_{\ell\in\mathbb{Z}} g_{n-2k}\overline{g}_{\ell-2m}\delta(n-\ell)\\
&= \sum_{n\in\mathbb{Z}} g_{n-2k}\overline{g}_{n-2m}\\
&= \delta(k-m)
\end{aligned}
$$

这就是$\{\psi(x-k);k\in\mathbb{Z}\}$的规范正交性.

第四步：证明$\{\psi(x-k);k\in\mathbb{Z}\}$是小波子空间$W_0$的规范正交函数系. 研究这个规范正交系与尺度子空间V_0的规范正交尺度函数基$\{\varphi(x-k);k\in\mathbb{Z}\}$的正交关系. 实际上，直接计算可得$\forall(k,m)\in\mathbb{Z}\times\mathbb{Z}$，

$$\left\langle \varphi(x-k),\psi(x-m)\right\rangle = \sum_{n\in\mathbb{Z}} h_{n-2k}\overline{g}_{n-2m} = 0$$

这样得到$\{\psi(x-k);k\in\mathbb{Z}\}\perp\{\varphi(x-k);k\in\mathbb{Z}\}$. 利用

$$V_0 = \text{Closespan}\{\phi(x-k);k\in\mathbb{Z}\}_{\mathcal{L}^2(\mathbb{R})}$$

最后得到$\{\psi(x-k);k\in\mathbb{Z}\}\perp V_0$，因此，$\{\psi(x-k);k\in\mathbb{Z}\}\subseteq W_0$.

第五步：证明$\{\psi(x-k);k\in\mathbb{Z}\}\cup\{\varphi(x-k);k\in\mathbb{Z}\}$是尺度子空间$V_1$的规范正交基. 因为$V_1=V_0\oplus W_0$，所以容易得知$\{\psi(x-k);k\in\mathbb{Z}\}\cup\{\varphi(x-k);k\in\mathbb{Z}\}$是子空间$V_1$的规范正交系. 下面证明$\{\psi(x-k);k\in\mathbb{Z}\}\cup\{\varphi(x-k);k\in\mathbb{Z}\}$是$V_1$的完全规范正交函数系. 如是，则$\{\psi(x-k);k\in\mathbb{Z}\}\cup\{\varphi(x-k);k\in\mathbb{Z}\}$构成尺度子空间$V_1$的规范正交基.

在这里的证明目标是$\forall\kappa(x)\in V_1$，如果满足$\kappa(x)\perp\{\psi(x-k);k\in\mathbb{Z}\}$，而且满足$\kappa(x)\perp\{\varphi(x-k);k\in\mathbb{Z}\}$，那么 $\kappa(x)=0$.

事实上，因为$\kappa(x)\in V_1$，而且

$$V_1 = \text{Closespan}\{\varphi_{1,k}(x)=\sqrt{2}\phi(2x-k);k\in\mathbb{Z}\}_{\mathcal{L}^2(\mathbb{R})}$$

于是函数$\kappa(x)$存在如下的类似尺度方程和小波方程的函数级数展开表达式:

$$\kappa(x) = \sqrt{2}\sum_{n\in\mathbb{Z}}\kappa_n\varphi(2x-n)$$

其中，级数系数当$n\in\mathbb{Z}$时表示为

$$\kappa_n = \left\langle \kappa(\cdot),\sqrt{2}\varphi(2\cdot-n)\right\rangle_{\mathcal{L}^2(\mathbb{R})} = \sqrt{2}\int_{x\in\mathbb{R}}\kappa(x)\overline{\varphi}(2x-n)dx$$

满足

$$\sum_{n\in\mathbb{Z}}\left|\kappa_n\right|^2<+\infty$$

定义滤波器:

$$\mathbb{K}(\omega)=2^{-0.5}\sum_{n\in\mathbb{Z}}\kappa_n\exp(-i\omega n)$$

可以将 $\kappa(x)$ 的级数展开表达式转换为频率域形式:

$$\mathrm{K}(\omega)=\mathbb{K}\left(\frac{\omega}{2}\right)\Phi\left(\frac{\omega}{2}\right)$$

其中 $\mathrm{K}(\omega)$ 是 $\kappa(x)$ 的傅里叶变换. 仿照两个平移函数系正交性频域刻画理论的推证方法, 由 $\kappa(x)\perp\{\psi(x-k);k\in\mathbb{Z}\}$ 可以得到 $\forall m\in\mathbb{Z}$,

$$\begin{aligned}
0&=\left\langle\kappa(x),\psi(x-m)\right\rangle=\int_{x\in\mathbb{R}}\kappa(x)\overline{\psi}(x-m)dx\\
&=\int_{\omega\in\mathbb{R}}\mathrm{K}(\omega)[\Psi(\omega)\exp(-i\omega m)]^*d\omega\\
&=\int_{\omega\in\mathbb{R}}[\mathbb{K}(0.5\omega)\Phi(0.5\omega)][\mathbb{G}(0.5\omega)\Phi(0.5\omega)\exp(-i\omega m)]^*d\omega\\
&=\sum_{k\in\mathbb{Z}}\int_{4k\pi}^{4(k+1)\pi}[\mathbb{K}(0.5\omega)][\mathbb{G}(0.5\omega)]^*\mid\Phi(0.5\omega)\mid^2\exp(i\omega m)d\omega\\
&=\int_0^{4\pi}\left[\sum_{k\in\mathbb{Z}}\mid\Phi(0.5\omega+2k\pi)\mid^2\right][\mathbb{K}(0.5\omega)][\mathbb{G}(0.5\omega)]^*\exp(i\omega m)d\omega\\
&=(2\pi)^{-1}\int_0^{4\pi}[\mathbb{K}(0.5\omega)][\mathbb{G}(0.5\omega)]^*\exp(i\omega m)d\omega\\
&=(2\pi)^{-1}\int_0^{2\pi}\mathscr{G}(\omega)\exp(i\omega m)d\omega
\end{aligned}$$

其中

$$\mathscr{G}(\omega)=[\mathbb{K}(0.5\omega)][\mathbb{G}(0.5\omega)]^*+[\mathbb{K}(0.5\omega+\pi)][\mathbb{G}(0.5\omega+\pi)]^*$$

同样地, 由 $\kappa(x)\perp\{\varphi(x-k);k\in\mathbb{Z}\}$ 可以得到 $\forall m\in\mathbb{Z}$,

$$\begin{aligned}
0&=\left\langle\kappa(x),\varphi(x-m)\right\rangle=\int_{x\in\mathbb{R}}\kappa(x)\overline{\varphi}(x-m)dx\\
&=\int_{\omega\in\mathbb{R}}\mathrm{K}(\omega)[\Phi(\omega)\exp(-i\omega m)]^*d\omega\\
&=\int_{\omega\in\mathbb{R}}[\mathbb{K}(0.5\omega)\Phi(0.5\omega)][\mathbb{H}(0.5\omega)\Phi(0.5\omega)\exp(-i\omega m)]^*d\omega\\
&=\sum_{k\in\mathbb{Z}}\int_{4k\pi}^{4(k+1)\pi}[\mathbb{K}(0.5\omega)][\mathbb{H}(0.5\omega)]^*\mid\Phi(0.5\omega)\mid^2\exp(i\omega m)d\omega\\
&=\int_0^{4\pi}\left[\sum_{k\in\mathbb{Z}}\mid\Phi(0.5\omega+2k\pi)\mid^2\right][\mathbb{K}(0.5\omega)][\mathbb{H}(0.5\omega)]^*\exp(i\omega m)d\omega
\end{aligned}$$

进一步化简得到

$$
\begin{aligned}
0 &= (2\pi)^{-1}\int_0^{4\pi}[\mathbb{K}(0.5\omega)][\mathbb{H}(0.5\omega)]^*\exp(i\omega m)d\omega \\
&= (2\pi)^{-1}\int_0^{2\pi}\mathscr{K}(\omega)\exp(i\omega m)d\omega
\end{aligned}
$$

其中

$$
\mathscr{K}(\omega) = [\mathbb{K}(0.5\omega)][\mathbb{H}(0.5\omega)]^* + [\mathbb{K}(0.5\omega+\pi)][\mathbb{H}(0.5\omega+\pi)]^*
$$

总结上述两个方程得到如下形式的方程组:

$$
\begin{cases}
\mathscr{K}^*(\omega) = [\mathbb{H}(0.5\omega)][\mathbb{K}(0.5\omega)]^* + [\mathbb{H}(0.5\omega+\pi)][\mathbb{K}(0.5\omega+\pi)]^* = 0 \\
\mathscr{G}^*(\omega) = [\mathbb{G}(0.5\omega)][\mathbb{K}(0.5\omega)]^* + [\mathbb{G}(0.5\omega+\pi)][\mathbb{K}(0.5\omega+\pi)]^* = 0
\end{cases}
$$

利用构造矩阵表示为

$$
\begin{pmatrix} \mathbb{H}(0.5\omega) & \mathbb{H}(0.5\omega+\pi) \\ \mathbb{G}(0.5\omega) & \mathbb{G}(0.5\omega+\pi) \end{pmatrix}
\begin{pmatrix} [\mathbb{K}(0.5\omega)]^* \\ [\mathbb{K}(0.5\omega+\pi)]^* \end{pmatrix}
= \mathbf{M}(0.5\omega)\begin{pmatrix} [\mathbb{K}(0.5\omega)]^* \\ [\mathbb{K}(0.5\omega+\pi)]^* \end{pmatrix}
= \begin{pmatrix} 0 \\ 0 \end{pmatrix}
$$

因为构造矩阵是酉矩阵, 即

$$
\mathbf{M}^*(0.5\omega)\mathbf{M}(0.5\omega) = \mathbf{M}(0.5\omega)\mathbf{M}^*(0.5\omega) = \begin{pmatrix} 1 & 0 \\ 0 & 1 \end{pmatrix}
$$

所以得到上述方程组的唯一解:

$$
\begin{pmatrix} [\mathbb{K}(0.5\omega)]^* \\ [\mathbb{K}(0.5\omega+\pi)]^* \end{pmatrix} = \begin{pmatrix} 0 \\ 0 \end{pmatrix}
$$

最后得到 $\mathrm{K}(\omega) = 0$, 从而 $\kappa(x) = 0$.

第六步: 证明 $\{\psi(x-k); k\in\mathbb{Z}\}$ 是小波子空间 W_0 的规范正交函数基. 定义:

$$
\Omega = \mathrm{Closespan}\{\psi(x-k); k\in\mathbb{Z}\}_{\mathcal{L}^2(\mathbb{R})}
$$

显然得到 $\Omega \subseteq W_0$, 令 Ξ 是 Ω 在 W_0 中的正交补空间: $\Omega \perp \Xi$, $\Omega \oplus \Xi = W_0$. 这里的证明目标就是 $\Xi = \{0\}$.

实际上, 如果 $s(x)\in\Xi$, 那么, 由 Ξ 的定义知 $s(x)\perp\{\psi(x-k); k\in\mathbb{Z}\}$, 另一方面, 由 $s(x)\in\Xi\subseteq W_0 \perp V_0$ 可得, $s(x)\perp\{\varphi(x-k); k\in\mathbb{Z}\}$. 综合这里得到的两个结果可知, $s(x)\perp\{\varphi(x-k); k\in\mathbb{Z}\}\cup\{\psi(x-k); k\in\mathbb{Z}\}$, 由于 $s(x)\in\Xi\subseteq V_1$, 而且 $\{\varphi(x-k); k\in\mathbb{Z}\}\cup\{\psi(x-k); k\in\mathbb{Z}\}$ 是尺度子空间 V_1 的规范正交基, 因此最后得到 $s(x)=0$. 这样就证明了 $\Xi = \{0\}$.

总结这些证明得知

$$W_0 = \Omega = \text{Closespan}\{\psi(x-k); k \in \mathbb{Z}\}_{\mathcal{L}^2(\mathbb{R})}$$

这说明规范正交函数系 $\{\psi(x-k); k\in\mathbb{Z}\}$ 张成 W_0，从而 $\{\psi(x-k); k\in\mathbb{Z}\}$ 是小波子空间 W_0 的规范正交函数基.

第七步：证明 $\{\psi_{j,k}(x) = 2^{j/2}\psi(2^j x - k); k\in\mathbb{Z}\}$ 构成 W_j 的规范正交基，$j\in\mathbb{Z}$，而且 $\{\psi_{j,k}(x) = 2^{j/2}\psi(2^j x - k); (j,k)\in\mathbb{Z}\times\mathbb{Z}\}$ 构成函数空间 $\mathcal{L}^2(\mathbb{R})$ 的规范正交基，这就说明 $\psi(x)$ 是一个正交小波.

实际上，小波子空间序列 $\{W_j; j\in\mathbb{Z}\}$ 是伸缩依赖的正交闭子空间序列，利用前述证明获得的结果，即 $\{\psi(x-k); k\in\mathbb{Z}\}$ 是小波子空间 W_0 的规范正交函数基，于是，对任意的 $j\in\mathbb{Z}$，$\{\psi_{j,k}(x) = 2^{j/2}\psi(2^j x - k); k\in\mathbb{Z}\}$ 构成 W_j 的规范正交基. 此外，利用 $\mathcal{L}^2(\mathbb{R})$ 的正交直和分解公式 $\mathcal{L}^2(\mathbb{R}) = \bigoplus_{m=-\infty}^{+\infty} W_m$，最终确认函数空间 $\mathcal{L}^2(\mathbb{R})$ 具有规范正交基 $\{\psi_{j,k}(x) = 2^{j/2}\psi(2^j x - k); (j,k)\in\mathbb{Z}\times\mathbb{Z}\}$.

第八步：总结这七个步骤的证明可得，在函数空间 $\mathcal{L}^2(\mathbb{R})$ 上给出一个多分辨率分析 $(\{V_j; j\in\mathbb{Z}\}, \varphi(x))$，并给出满足 $\mathbf{M}(\omega)\mathbf{M}^*(\omega) = \mathbf{M}^*(\omega)\mathbf{M}(\omega) = \mathbf{I}$ 的一个构造矩阵 $\mathbf{M}(\omega)$，即 $\mathbf{M}(\omega)$ 是酉矩阵. 按照 $\Psi(\omega) = \mathrm{G}(0.5\omega)\Phi(0.5\omega)$ 构造函数 $\psi(x)$，其中 $\Psi(\omega)$ 是 $\psi(x)$ 的傅里叶变换，那么，函数 $\psi(x)\in W_0$ 是一个正交小波.　#

(γ) 正交小波充要条件等价形式

假设 $(\{V_j; j\in\mathbb{Z}\}, \varphi(x))$ 是函数空间 $\mathcal{L}^2(\mathbb{R})$ 上的一个多分辨率分析，诱导定义小波子空间序列 $\{W_j; j\in\mathbb{Z}\}$. 定义两个序列向量子空间:

$$\begin{cases} \mathbf{H} = \text{Closespan}\{\mathbf{h}^{(2m)} \in \ell^2(\mathbb{Z}); m\in\mathbb{Z}\}_{\ell^2(\mathbb{Z})} \\ \mathbf{G} = \text{Closespan}\{\mathbf{g}^{(2m)} \in \ell^2(\mathbb{Z}); m\in\mathbb{Z}\}_{\ell^2(\mathbb{Z})} \end{cases}$$

定理 4.35 (正交小波充要条件)　假设 $(\{V_j; j\in\mathbb{Z}\}, \varphi(x))$ 是函数空间 $\mathcal{L}^2(\mathbb{R})$ 上的一个多分辨率分析，诱导定义小波子空间序列 $\{W_j; j\in\mathbb{Z}\}$. 构造函数 $\psi(x)$ 满足 $\Psi(\omega) = \mathrm{G}(0.5\omega)\Phi(0.5\omega)$，其中 $\Psi(\omega)$ 是 $\psi(x)$ 的傅里叶变换，那么，$\psi(x)\in W_0$ 是一个正交小波的充分必要条件是 $\ell^2(\mathbb{Z}) = \mathbf{H}\oplus\mathbf{G}$.　#

证明　留给读者作为练习完成证明.

定义两个形式“二维”列向量:

$$\mathscr{H}(\omega)=\begin{pmatrix}\mathrm{H}(\omega)\\ \mathrm{H}(\omega+\pi)\end{pmatrix},\quad \mathscr{G}(\omega)=\begin{pmatrix}\mathrm{G}(\omega)\\ \mathrm{G}(\omega+\pi)\end{pmatrix}\in\mathcal{L}^2(0,2\pi)\times\mathcal{L}^2(0,2\pi)$$

即它们是“超级二维空间” $\mathcal{L}^2(0,2\pi)\times\mathcal{L}^2(0,2\pi)$ 中的两个列向量，这个“超级二维空间”的每个“坐标轴”都是函数空间 $\mathcal{L}^2(0,2\pi)$. 可以形式化表述建立如下定理.

定理 4.36 (正交小波充要条件) 假设 $(\{V_j;j\in\mathbb{Z}\},\varphi(x))$ 是函数空间 $\mathcal{L}^2(\mathbb{R})$ 上的一个多分辨率分析，诱导定义小波子空间序列 $\{W_j;j\in\mathbb{Z}\}$. 构造函数 $\psi(x)$ 满足 $\Psi(\omega)=\mathrm{G}(0.5\omega)\Phi(0.5\omega)$，其中 $\Psi(\omega)$ 是 $\psi(x)$ 的傅里叶变换，那么，$\psi(x)\in W_0$ 是一个正交小波的充分必要条件是：$\{\mathscr{H}(\omega),\mathscr{G}(\omega)\}$ 是“超级二维空间”中的两个相互正交的单位向量，a.e.,$\omega\in(0,2\pi)$，即 a.e.,$\omega\in(0,2\pi)$，

$$\|\mathscr{H}(\omega)\|^2=|\mathrm{H}(\omega)|^2+|\mathrm{H}(\omega+\pi)|^2=1$$
$$\|\mathscr{G}(\omega)\|^2=|\mathrm{G}(\omega)|^2+|\mathrm{G}(\omega+\pi)|^2=1$$
$$\left\langle\mathscr{H}(\omega),\mathscr{G}(\omega)\right\rangle=\mathrm{H}(\omega)\overline{\mathrm{G}}(\omega)+\mathrm{H}(\omega+\pi)\overline{\mathrm{G}}(\omega+\pi)=0$$

这个表达形式不算严谨的定理有助于理解和记忆正交小波构造的充分必要条件.

(δ) 小波构造与空间转换关系

回顾多分辨率分析理论，在正交小波构造的方法和过程中，不断转换尺度函数平移规范正交系、小波函数平移规范正交系以及它们相互正交关系的具体表达形式，在此过程中，涉及和使用的数学对象所在的希尔伯特空间也在相应变换，这里大致总结如下：

第一步：初始状态，目标构造空间 $\mathcal{L}^2(\mathbb{R})$ 的“特殊”规范正交基；

第二步：尺度状态，利用一个多分辨率分析，把空间 $\mathcal{L}^2(\mathbb{R})$ 转换为伸缩嵌套的尺度子空间序列 $\{V_j;j\in\mathbb{Z}\}$；

第三步：小波状态，把空间 $\mathcal{L}^2(\mathbb{R})$ 和尺度子空间序列 $\{V_j;j\in\mathbb{Z}\}$ 转换为伸缩正交小波子空间序列 $\{W_j;j\in\mathbb{Z}\}$；

第四步：尺度-小波联合状态，正交小波构造问题转换为 $V_1=V_0\oplus W_0$ 的分解和子空间表达问题；

第五步：序列空间状态，根据尺度方程和小波方程把 $V_1=V_0\oplus W_0$ 转换为序列空间的正交直和分解关系 $\ell^2(\mathbb{Z})=\mathbf{H}\oplus\mathbf{G}$；

第六步：矩阵空间状态，在 2×2 构造矩阵空间中，$\mathbf{M}(\omega)$ 是酉矩阵；

第七步：“超级二维的”空间状态，在超级二维空间 $\mathcal{L}^2(0,2\pi)\times\mathcal{L}^2(0,2\pi)$ 中的由

两个相互正交的单位向量构成的向量组 $\{\mathscr{H}(\omega),\mathscr{G}(\omega)\}$；

在 $\mathcal{L}^2(\mathbb{R})$ 的多分辨率分析理论体系下，利用前述习惯的符号和含义，简单地说，$\psi(x)$ 是多分辨率分析小波或正交小波的充分必要条件是，$\mathbf{M}(\omega)$ 是酉矩阵，或者 $\{\mathscr{H}(\omega),\mathscr{G}(\omega)\}$ 是正交单位向量组，或者存在正交分解 $\ell^2(\mathbb{Z})=\mathbf{H}\oplus\mathbf{G}$，或者存在正交分解 $V_1=V_0\oplus W_0$，或者 $\{\psi(x-k);k\in\mathbb{Z}\}$ 是 W_0 的规范正交基.

4.7　小波构造的实现

假设 $(\{V_j;j\in\mathbb{Z}\},\varphi(x))$ 是函数空间 $\mathcal{L}^2(\mathbb{R})$ 上的一个多分辨率分析，诱导定义小波子空间序列 $\{W_j;j\in\mathbb{Z}\}$. 将尺度函数 $\varphi(x)$ 诱导的滤波器组 $\mathbb{H}(\omega)$ 表示如下:

$$\mathbb{H}(\omega)=\frac{1}{\sqrt{2}}\sum_{n\in\mathbb{Z}}h_n\exp(-i\omega n)$$

其中滤波器的脉冲响应系数当 $n\in\mathbb{Z}$ 时表示为

$$h_n=\left\langle\varphi(\cdot),\sqrt{2}\varphi(2\cdot-n)\right\rangle_{\mathcal{L}^2(\mathbb{R})}=\sqrt{2}\int_{x\in\mathbb{R}}\varphi(x)\bar{\varphi}(2x-n)dx$$

可以由多分辨率分析的尺度函数 $\varphi(x)$ 唯一确定性计算得到. 直接构造滤波器:

$$\mathbb{G}(\omega)=\bar{\mathbb{H}}(\omega+\pi)\exp(-i\omega(1+2\kappa))$$

其中 $\kappa\in\mathbb{Z}$ 是一个固定的整数. 容易验证，在这样的构造之后，如下矩阵:

$$\mathbf{M}(\omega)=\begin{pmatrix}\mathbb{H}(\omega) & \mathbb{H}(\omega+\pi)\\ \mathbb{G}(\omega) & \mathbb{G}(\omega+\pi)\end{pmatrix}$$

是酉矩阵，即

$$\mathbf{M}(\omega)\mathbf{M}^*(\omega)=\mathbf{M}^*(\omega)\mathbf{M}(\omega)=\mathbf{I}$$

其中 $\mathbf{I}$ 表示 2×2 的单位矩阵.

根据多分辨率分析理论，构造函数 $\psi(x)$，其傅里叶变换 $\Psi(\omega)$ 表示如下:

$$\Psi(\omega)=\mathbb{G}(0.5\omega)\Phi(0.5\omega)=\bar{\mathbb{H}}(0.5\omega+\pi)\Phi(0.5\omega)e^{-i\omega(0.5+\kappa)}$$

那么，函数 $\psi(x)$ 是一个多分辨率分析小波，而且，$\psi(x)$ 可以用尺度函数 $\varphi(x)$ 构成的规范正交函数系 $\{\varphi_{1,k}(x)=\sqrt{2}\phi(2x-k);k\in\mathbb{Z}\}$ 表示成正交函数级数:

$$\psi(x)=\sqrt{2}\sum_{n\in\mathbb{Z}}g_n\varphi(2x-n)$$

其中正交函数级数的系数当 $n\in\mathbb{Z}$ 时可以表示为

$$g_n = (-1)^{2\kappa+1-n}\overline{h}_{2\kappa+1-n}$$

或者小波函数 $\psi(x)$ 可以直接表示为

$$\psi(x) = \sqrt{2}\sum_{n\in\mathbb{Z}}(-1)^{2\kappa+1-n}\overline{h}_{2\kappa+1-n}\varphi(2x-n)$$

注释：在多分辨率分析理论中，按 $\mathbb{G}(\omega) = \overline{\mathbb{H}}(\omega+\pi)\exp(-i\omega(1+2\kappa))$ 这样选择带通滤波器可以确保构造矩阵 $\mathbf{M}(\omega)$ 是酉矩阵，从而实现正交小波的构造. 当然，在特定的多分辨率分析给定之后，由于低通滤波器的特殊性，保证构造矩阵是酉矩阵的带通滤波器选择可能是不唯一的. 这样就可能获得完全不同的正交小波函数.

总之，在多分辨率分析理论体系下，可以实现正交小波的形式化理论构造. 这样得到的正交小波是多分辨率分析小波，它可以诱导出一个多分辨率分析，与构造这个正交小波的多分辨率分析是完全一致的，可以证明，在这个正交小波诱导得到多分辨率分析中，尺度函数的选择与原来多分辨率分析的已知尺度函数最多相差一个时间整数平移和一个相位因子.

多分辨率分析理论是深刻的、丰富的，也是普适的. 本章内容的选择是非常局限的，对多分辨率分析完整的理论体系只能形成一个大致轮廓认识，更多和更深入的多分辨率分析和小波构造研究可以参考本章参考文献，比如 Meyer(1990, 1991a, 1991b), Meyer 和 Ryan(1993), Daubechies(1988a, 1988b, 1990, 1992), Daubeehies 和 Sweldens(1998), Mallat(1991, 1996, 2009), Sweldens(1994, 1996), Mallat 和 Hwang (1992), Mallat 和 Zhang(1993), Mallat 和 Zhong(1991, 1992)等的研究文献，另外，多分辨率分析思想的产生和早期应用研究可以参考 Leeuw 等(1977), Dubuc(1986), Wickerhauser(1992), Coifmann 和 Wickerhauser (1992)的研究工作以及 Mallat(1988)的博士论文.

参 考 文 献

Coifman R R, Wickerhauser M V. 1992. Entropy-based algorithms for best basis selection. IEEE Transactions on Information Theory, 38(2): 713-718

Daubechies I. 1988a. Time-frequency localization operators: A geometric phase space approach. IEEE Transactions on Information Theory, 34(4): 605-612

Daubechies I. 1988b. Orthonormal bases of compactly supported wavelets. Communications on Pure and Applied Mathematics, 41(7): 909-996

Daubechies I. 1990. The wavelet transform, time-frequency localization and signal analysis. IEEE Transactions on Information Theory, 36(5): 961-1005

Daubechies I. 1992. Ten Lectures on Wavelets. Philadelphia, Pennsylvania: Society For Industrial and Applied Mathematics

Daubechies I, Sweldens W. 1998. Factoring wavelet transforms into lifting steps. Journal of Fourier Analysis and Applications, 4(3): 247-269

Dubuc S. 1986. Interpolation through an iterative scheme. Journal of Mathematical Analysis & Applications, 114(1): 185-204

Leeuw K D, Katznelson Y, Kahane J P. 1977. Sur les coefficients de Fourier des fonctions continues. Comptes Rendus De L'Académie Des Sciences, Paris, Series A-B, 285(16): A1001-A1003

Mallat S G. 1988. Multiresolution representations and wavelets. Ph. D. thesis, University of Pennsylvania

Mallat S G. 1989a. Multiresolution approximations and wavelet orthonormal bases of $L^2(R)$. Transactions of the American Mathematical Society, 315(1): 69-87

Mallat S G. 1989b. A theory for multi-resolution signal decomposition: The wavelet representation. IEEE Transactions on Pattern Analysis and Machine Intelligence, 11(7): 674-693

Mallat S G. 1989c. Multifrequency channel decompositions of images and wavelet models. IEEE Transactions on Acoustics, Speech, and Signal Processing, 37(12): 2091-2110

Mallat S G. 1991. Zero-crossings of a wavelet transform. IEEE Transactions on Information Theory, 37(4): 1019-1033

Mallat S G. 1996. Wavelets for a vision. Proceedings of the IEEE, 84(4): 604-614

Mallat S G. 2009. A Wavelet Tour of Signal Processing: The Sparse Way. New York: Academic Press

Mallat S G, Hwang W L. 1992. Singularity detection and processing with wavelets. IEEE Transactions on Information Theory, 38(2): 617-643

Mallat S G, Zhang Z. 1993. Matching pursuits with time-frequency dictionaries. IEEE Transactions on Signal Processing, 41(12): 3397-3415

Mallat S G, Zhong S. 1991. Wavelet transform maxima and multiscale edges//Wavelets and Their Applications. Boston: Jones and Bartlett, 67-104

Mallat S G, Zhong S. 1992. Characterization of signals from multiscale edges. IEEE Transactions on Pattern Analysis and Machine Intelligence, 14(7): 710-732

Meyer Y. 1990. Ondelettes et Operateurs, Vol.1. Paris: Hermann

Meyer Y, Coifman R. 1991a. Ondelettes et Operateurs, Vol.2. Paris: Hermann

Meyer Y, Coifman R. 1991b. Ondelettes et Operateurs, Vol.3. Paris: Hermann

Meyer Y, Ryan R. 1993. Wavelets: Algorithms and Applications. Philadelphia: Society for Industrial & Applied Mathematics

Sweldens W. 1994. Construction and applications of wavelets in numerical analysis. Ph.D. thesis, Department of Computer Science, Katholieke Universiteit Leuven, Belgium

Sweldens W. 1996. The lifting scheme: A custom-design construction of biorthogonal wavelets. Applied & Computational Harmonic Analysis, 3(2): 186-200

Wickerhauser M V. 1992. Acoustic signal compression with wavelet packets. Wavelets: a tutorial in theory and applications, 2(6): 679-700

第 5 章　小波链理论与小波包理论

多分辨率分析是形式化构造小波的理论体系，其两个核心分别是尺度函数和一系列伸缩嵌套的尺度子空间. 多分辨率分析小波构造方法的关键基础是相邻两个嵌套的闭尺度子空间的正交直和分解关系，以及这个正交直和分解中小波子空间整数平移规范正交基的构造和表达.

在多分辨率分析理论体系中，相邻两个伸缩嵌套的闭尺度子空间的正交直和分解关系，以及这个分解关系中每个闭子空间平移规范正交基的存在性和具体表达公式，借助闭尺度子空间列的伸缩嵌套关系和闭小波子空间列的伸缩正交关系，在为函数空间、尺度子空间、小波子空间、函数或分布或算子提供多种正交表达的过程中可以发挥巨大的推动作用. 本章将要研究的小波链理论和小波包理论就是十分典型的成功案例.

小波链理论包含了在相邻嵌套尺度子空间之间的正交直和分解理论基础上函数在闭尺度子空间和闭小波子空间上正交投影的获得和表达，以及多次重复进行这种正交投影的完整表达. 这个函数正交投影过程可以完全转换为函数在尺度子空间和小波子空间规范正交基基础上正交函数级数的级数系数序列的正交投影，同时，这个正交投影过程也可以在有限维向量空间中获得完全相似的版本，即离散算法理论，从而为小波链理论在有限维数字信号研究中发挥重要作用奠定坚实的理论基础.

小波包理论需要建立闭小波子空间的正交直和分解，而这种分解完全类似于利用闭小波子空间列建立相邻伸缩嵌套的两个尺度子空间的正交直和分解公式. 在小波子空间的这些正交直和分解关系基础上，经过多次重复，小波包理论可以在小波子空间以及小波子空间正交直和分解产生的子空间上，建立完全类似于小波链理论在尺度子空间列上构建的函数正交投影理论、函数的正交尺度函数级数系数序列和函数的正交小波函数级数系数序列的正交投影理论，以及这些正交投影理论在有限维信号空间中的完全相似的离散版本，即离散算法理论.

5.1　多分辨率分析与函数正交投影分解

在多分辨率分析理论体系下，利用尺度函数和小波函数为尺度子空间和小波子空间，以及整个函数空间 $\mathcal{L}^2(\mathbb{R})$ 提供的平移规范正交基和伸缩平移规范正交基，可以获得尺度子空间、小波子空间和空间 $\mathcal{L}^2(\mathbb{R})$ 上任意函数的正交函数项级数展开表达式，最重要的是，这些正交函数项级数系数序列之间存在正交线性变换或者酉变换关系．这里将研究这些正交投影或正交分解之间的关系并准确表达这里出现的正交线性变换或酉变换．

5.1.1　多分辨率分析及主要正交关系

如果 $(\{V_j; j\in\mathbb{Z}\}, \varphi(x))$ 是函数空间 $\mathcal{L}^2(\mathbb{R})$ 上的一个多分辨率分析，即这个尺度子空间列与函数的组合满足如下五个要求，即

❶ 单调性：$V_J \subseteq V_{J+1}$，$J\in\mathbb{Z}$；

❷ 稠密性：$\overline{\left[\bigcup_{J\in\mathbb{Z}} V_J\right]} = \mathcal{L}^2(\mathbb{R})$；

❸ 唯一性：$\bigcap_{J\in\mathbb{Z}} V_J = \{0\}$；

❹ 伸缩性：$f(x)\in V_J \Leftrightarrow f(2x)\in V_{J+1}$，$J\in\mathbb{Z}$；

❺ 构造性：$\{\varphi(x-k); k\in\mathbb{Z}\}$ 构成 V_0 的规范正交基，

其中 $\varphi(x)\in\mathcal{L}^2(\mathbb{R})$ 称为尺度函数，对于任意的整数 $j\in\mathbb{Z}$，V_j 被称为第 j 级尺度子空间．定义空间 $\mathcal{L}^2(\mathbb{R})$ 中的闭线性子空间列 $\{W_j; j\in\mathbb{Z}\}$：对 $\forall j\in\mathbb{Z}$，子空间 W_j 满足：$W_j \perp V_j, V_{j+1} = W_j \oplus V_j$，其中，$W_j$ 称为(第 j 级)小波子空间．

根据多分辨率分析理论构造获得的正交小波函数是 $\psi(x)\in W_0$．

(α) 几个主要的正交关系和依赖关系

① 小波子空间序列 $\{W_j; j\in\mathbb{Z}\}$ 相互正交，而且伸缩依赖：

$$g(x)\in W_j \Leftrightarrow g(2x)\in W_{j+1},\ W_j \perp W_\ell,\ \forall j\neq \ell,\ (j,\ell)\in\mathbb{Z}\times\mathbb{Z}$$

② 尺度空间列 $\{V_j; j\in\mathbb{Z}\}$ 和小波空间序列 $\{W_j; j\in\mathbb{Z}\}$ 具有如下关系：

$$\begin{cases} m\geqslant j \Rightarrow W_m \perp V_j \\ m< j \Rightarrow W_m \subseteq V_j \end{cases}$$

③ 空间正交直和分解关系：$j\in\mathbb{Z}, L\in\mathbb{N}$，

$$V_{j+L+1} = W_{j+L}\oplus W_{j+L-1}\oplus\cdots\oplus W_j\oplus V_j,\quad V_{j+L+1} = \bigoplus_{k=0}^{+\infty} W_{j+L-k}$$

而且

$$\mathcal{L}^2(\mathbb{R})=V_j\oplus\left(\bigoplus_{m=j}^{+\infty}W_m\right)=\bigoplus_{m=-\infty}^{+\infty}W_m$$

④ 尺度方程和小波方程:

$$\begin{cases}\varphi(x)=\sqrt{2}\sum\limits_{n\in\mathbb{Z}}h_n\varphi(2x-n)\\ \psi(x)=\sqrt{2}\sum\limits_{n\in\mathbb{Z}}g_n\varphi(2x-n)\end{cases}\Leftrightarrow\begin{cases}\Phi(\omega)=\mathrm{H}(0.5\omega)\Phi(0.5\omega)\\ \Psi(\omega)=\mathrm{G}(0.5\omega)\Phi(0.5\omega)\end{cases}$$

或者等价地: 对于任意的整数 $j\in\mathbb{Z}$,

$$\begin{cases}\varphi_{j,k}(x)=\sum\limits_{n\in\mathbb{Z}}h_{n-2k}\varphi_{j+1,n}(x),k\in\mathbb{Z}\\ \psi_{j,k}(x)=\sum\limits_{n\in\mathbb{Z}}g_{n-2k}\varphi_{j+1,n}(x),k\in\mathbb{Z}\end{cases}\Leftrightarrow\begin{cases}\Phi(2^{-j}\omega)=\mathrm{H}(2^{-(j+1)}\omega)\Phi(2^{-(j+1)}\omega)\\ \Psi(2^{-j}\omega)=\mathrm{G}(2^{-(j+1)}\omega)\Phi(2^{-(j+1)}\omega)\end{cases}$$

其中低通和带通滤波器表示如下:

$$\mathrm{H}(\omega)=2^{-0.5}\sum_{n\in\mathbb{Z}}h_ne^{-i\omega n},\quad \mathrm{G}(\omega)=2^{-0.5}\sum_{n\in\mathbb{Z}}g_ne^{-i\omega n}$$

而且, 低通系数和带通系数当 $n\in\mathbb{Z}$ 时表示为

$$\begin{aligned}h_n&=\left\langle\varphi(\cdot),\sqrt{2}\varphi(2\cdot-n)\right\rangle_{\mathcal{L}^2(\mathbb{R})}=\sqrt{2}\int_{x\in\mathbb{R}}\varphi(x)\overline{\varphi}(2x-n)dx\\ g_n&=\left\langle\psi(\cdot),\sqrt{2}\varphi(2\cdot-n)\right\rangle_{\mathcal{L}^2(\mathbb{R})}=\sqrt{2}\int_{x\in\mathbb{R}}\psi(x)\overline{\varphi}(2x-n)dx\end{aligned}$$

同时满足 $\sum\limits_{n\in\mathbb{Z}}|h_n|^2=\sum\limits_{n\in\mathbb{Z}}|g_n|^2=1$.

⑤ 子空间的规范正交基:

A. $\{\varphi_{j,k}(x)=2^{j/2}\varphi(2^jx-k);k\in\mathbb{Z}\}$ 是 V_j 的规范正交基;

B. $\{\psi_{j,k}(x)=2^{j/2}\psi(2^jx-k);k\in\mathbb{Z}\}$ 是 W_j 的规范正交基;

C. $\{\varphi_{j,k}(x),\psi_{j,k}(x);k\in\mathbb{Z}\}$ 是 V_{j+1} 的规范正交基;

D. $\{\varphi_{j+1,k}(x)=2^{(j+1)/2}\varphi(2^{j+1}x-k);k\in\mathbb{Z}\}$ 是 V_{j+1} 的规范正交基;

E. $\{\psi_{j,k}(x)=2^{j/2}\psi(2^jx-k);(j,k)\in\mathbb{Z}\times\mathbb{Z}\}$ 是 $\mathcal{L}^2(\mathbb{R})$ 的规范正交基.

⑥ 2×2 的构造矩阵:

$$\mathbf{M}(\omega)=\begin{pmatrix}\mathrm{H}(\omega)&\mathrm{H}(\omega+\pi)\\ \mathrm{G}(\omega)&\mathrm{G}(\omega+\pi)\end{pmatrix}$$

满足如下恒等式:

$$\mathbf{M}(\omega)\mathbf{M}^*(\omega)=\mathbf{M}^*(\omega)\mathbf{M}(\omega)=\mathbf{I}$$

或者等价地，当 $\omega\in[0,2\pi]$ 时，

$$|\mathrm{H}(\omega)|^2+|\mathrm{H}(\omega+\pi)|^2=1$$

$$|\mathrm{G}(\omega)|^2+|\mathrm{G}(\omega+\pi)|^2=1$$

$$\mathrm{H}(\omega)\overline{\mathrm{G}}(\omega)+\mathrm{H}(\omega+\pi)\overline{\mathrm{G}}(\omega+\pi)=0$$

或者等价地，在空间 $\ell^2(\mathbb{Z})$ 中，对于任意的 $(m,k)\in\mathbb{Z}^2$，

$$\begin{cases}\left\langle\mathbf{h}^{(2m)},\mathbf{h}^{(2k)}\right\rangle_{\ell^2(\mathbb{Z})}=\sum\limits_{n\in\mathbb{Z}}h_{n-2m}\overline{h}_{n-2k}=\delta(m-k)\\ \left\langle\mathbf{g}^{(2m)},\mathbf{g}^{(2k)})\right\rangle_{\ell^2(\mathbb{Z})}=\sum\limits_{n\in\mathbb{Z}}g_{n-2m}\overline{g}_{n-2k}=\delta(m-k)\\ \left\langle\mathbf{g}^{(2m)},\mathbf{h}^{(2k)})\right\rangle_{\ell^2(\mathbb{Z})}=\sum\limits_{n\in\mathbb{Z}}g_{n-2m}\overline{h}_{n-2k}=0\end{cases}$$

(β) 函数正交投影

对于任意的函数 $f(x)\in\mathcal{L}^2(\mathbb{R})$，对任意整数 $j\in\mathbb{Z}$，假定 $f(x)$ 在 $\mathcal{L}^2(\mathbb{R})$ 的尺度子空间 V_j 上的正交投影是 $f_j^{(0)}(x)$，在小波子空间 W_j 上的正交投影是 $f_j^{(1)}(x)$，那么，$f(x)$ 的这两个正交投影函数序列之间存在如下定理表述的正交和关系.

定理 5.1 (正交投影的正交和关系)　对于任意的函数 $f(x)\in\mathcal{L}^2(\mathbb{R})$，它的两个正交投影函数系列 $\{f_j^{(0)}(x);j\in\mathbb{Z}\}$ 和 $\{f_j^{(1)}(x);j\in\mathbb{Z}\}$ 之间存在如下正交和关系:

$$f_{j+1}^{(0)}(x)=f_j^{(0)}(x)+f_j^{(1)}(x),\quad f_j^{(0)}(x)\perp f_j^{(1)}(x)$$

而且，$f_j^{(0)}(x)$ 和 $f_j^{(1)}(x)$ 正好是 $f_{j+1}^{(0)}(x)$ 在子空间 V_j,W_j 上的正交投影.

证明　根据多分辨率分析关于小波子空间的定义可知 $V_{j+1}=V_j\oplus W_j$，由此说明定理的表述是正确的.　#

注释: 另一种证明方法是利用多分辨率分析小波 $\psi(x)\in W_0$，这时函数空间 $\mathcal{L}^2(\mathbb{R})$ 有一个规范正交小波基 $\{\psi_{j,k}(x)=2^{j/2}\psi(2^jx-k);(j,k)\in\mathbb{Z}\times\mathbb{Z}\}$，这样，函数空间 $\mathcal{L}^2(\mathbb{R})$ 中的任何函数，以及它在尺度子空间和小波子空间的正交投影都可以写成正交小波级数形式，利用这些正交小波函数级数即可完成证明. 希望读者补充必要的细节，形成完整的证明.

推论 5.1 (小波勾股定理) 对于任意的函数 $f(x)\in\mathcal{L}^2(\mathbb{R})$，它的两个正交投影函数系列 $\{f_j^{(0)}(x);j\in\mathbb{Z}\}$ 和 $\{f_j^{(1)}(x);j\in\mathbb{Z}\}$ 之间存在如下勾股定理关系:

$$\begin{cases}f_{j+1}^{(0)}(x)=f_j^{(0)}(x)+f_j^{(1)}(x)\\ \|f_{j+1}^{(0)}\|_{\mathcal{L}^2(\mathbb{R})}^2=\|f_j^{(0)}\|_{\mathcal{L}^2(\mathbb{R})}^2+\|f_j^{(1)}\|_{\mathcal{L}^2(\mathbb{R})}^2\end{cases}$$

其中

$$\begin{cases}\|f_{j+1}^{(0)}\|_{\mathcal{L}^2(\mathbb{R})}^2=\int_{x\in\mathbb{R}}|f_{j+1}^{(0)}(x)|^2\,dx\\ \|f_j^{(0)}\|_{\mathcal{L}^2(\mathbb{R})}^2=\int_{x\in\mathbb{R}}|f_j^{(0)}(x)|^2\,dx\\ \|f_j^{(1)}\|_{\mathcal{L}^2(\mathbb{R})}^2=\int_{x\in\mathbb{R}}|f_j^{(1)}(x)|^2\,dx\end{cases}$$

(γ) Mallat 分解公式

对于任意的函数 $f(x)\in\mathcal{L}^2(\mathbb{R})$，将它在尺度子空间列和小波子空间列上的正交投影函数系列分别记为 $\{f_j^{(0)}(x);j\in\mathbb{Z}\}$ 和 $\{f_j^{(1)}(x);j\in\mathbb{Z}\}$，利用多分辨率分析小波 $\psi(x)$ 产生伸缩平移系 $\{\psi_{j,k}(x)=2^{j/2}\psi(2^jx-k);(j,k)\in\mathbb{Z}\times\mathbb{Z}\}$，它必然构成空间 $\mathcal{L}^2(\mathbb{R})$ 的规范正交小波基，同时，$\{\varphi_{j,k}(x)=2^{j/2}\varphi(2^jx-k);(j,k)\in\mathbb{Z}\times\mathbb{Z}\}$ 是尺度子空间 V_j 的规范正交基，那么，必存在 3 个平方可和无穷序列 $\{d_{j+1,n}^{(0)};n\in\mathbb{Z}\}$，$\{d_{j,k}^{(0)};k\in\mathbb{Z}\}$ 和 $\{d_{j,k}^{(1)};k\in\mathbb{Z}\}$，满足

$$\begin{cases}f_{j+1}^{(0)}(x)=\sum\limits_{n\in\mathbb{Z}}d_{j+1,n}^{(0)}\varphi_{j+1,n}(x)\\ f_j^{(0)}(x)=\sum\limits_{k\in\mathbb{Z}}d_{j,k}^{(0)}\varphi_{j,k}(x)\\ f_j^{(1)}(x)=\sum\limits_{k\in\mathbb{Z}}d_{j,k}^{(1)}\psi_{j,k}(x)\end{cases}$$

而且

$$\sum_{n\in\mathbb{Z}}d_{j+1,n}^{(0)}\varphi_{j+1,n}(x)=\sum_{k\in\mathbb{Z}}d_{j,k}^{(0)}\varphi_{j,k}(x)+\sum_{k\in\mathbb{Z}}d_{j,k}^{(1)}\psi_{j,k}(x)$$

其中

$$\begin{cases}d_{j+1,n}^{(0)}=\int_{x\in\mathbb{R}}f_{j+1}^{(0)}(x)\overline{\varphi}_{j+1,k}(x)dx=\int_{x\in\mathbb{R}}f(x)\varphi_{j+1,k}(x)dx\\ d_{j,k}^{(0)}=\int_{x\in\mathbb{R}}f_j^{(0)}(x)\overline{\varphi}_{j,k}(x)dx=\int_{x\in\mathbb{R}}f(x)\overline{\varphi}_{j,k}(x)dx\\ d_{j,k}^{(1)}=\int_{x\in\mathbb{R}}f_j^{(1)}(x)\overline{\psi}_{j,k}(x)dx=\int_{x\in\mathbb{R}}f(x)\overline{\psi}_{j,k}(x)dx\end{cases}$$

在多分辨率分析理论体系下，无穷序列 $\{d_{j+1,n}^{(0)};n\in\mathbb{Z}\}$，$\{d_{j,k}^{(0)};k\in\mathbb{Z}\}$ 和 $\{d_{j,k}^{(1)};k\in\mathbb{Z}\}$ 之间存在如下定理所述的正交分解关系.

定理 5.2 (Mallat 分解公式)　对于任意的函数 $f(x)\in\mathcal{L}^2(\mathbb{R})$，它的两个正交投影函数系列 $\{f_j^{(0)}(x);j\in\mathbb{Z}\}$ 和 $\{f_j^{(1)}(x);j\in\mathbb{Z}\}$ 的正交小波级数系数序列之间存在如下正交分解关系: 对于任意整数 $j\in\mathbb{Z}$，在如下函数等式:

$$\sum_{n\in\mathbb{Z}} d_{j+1,n}^{(0)}\varphi_{j+1,n}(x)=\sum_{k\in\mathbb{Z}} d_{j,k}^{(0)}\varphi_{j,k}(x)+\sum_{k\in\mathbb{Z}} d_{j,k}^{(1)}\psi_{j,k}(x)$$

中，成立如下的数值级数等式:

$$\sum_{n\in\mathbb{Z}}\left|d_{j+1,n}^{(0)}\right|^2=\sum_{k\in\mathbb{Z}}\left|d_{j,k}^{(0)}\right|^2+\sum_{k\in\mathbb{Z}}\left|d_{j,k}^{(1)}\right|^2$$

而且对于任意整数 $k\in\mathbb{Z}$，

$$\begin{cases} d_{j,k}^{(0)}=\sum\limits_{n\in\mathbb{Z}}\overline{h}_{n-2k}d_{j+1,n}^{(0)} \\ d_{j,k}^{(1)}=\sum\limits_{n\in\mathbb{Z}}\overline{g}_{n-2k}d_{j+1,n}^{(0)} \end{cases}$$

这组关系就是 Mallat 分解公式.

证明　这里示范性给出部分证明，其余的留给读者补充. 利用函数的正交尺度函数级数表示公式:

$$f_{j+1}^{(0)}(x)=\sum_{n\in\mathbb{Z}} d_{j+1,n}^{(0)}\varphi_{j+1,n}(x)$$

完成如下演算:

$$\begin{aligned}
\left\|f_{j+1}^{(0)}\right\|_{\mathcal{L}^2(\mathbb{R})}^2 &= \int_{x\in\mathbb{R}}|\,f_{j+1}^{(0)}(x)\,|^2\ dx \\
&= \int_{x\in\mathbb{R}}\sum_{n\in\mathbb{Z}} d_{j+1,n}^{(0)}\varphi_{j+1,n}(x)\sum_{m\in\mathbb{Z}}\overline{d}_{j+1,m}^{(0)}\overline{\varphi}_{j+1,m}(x)dx \\
&= \sum_{n\in\mathbb{Z}}\sum_{m\in\mathbb{Z}} d_{j+1,n}^{(0)}\overline{d}_{j+1,m}^{(0)}\int_{x\in\mathbb{R}}\varphi_{j+1,n}(x)\overline{\varphi}_{j+1,m}(x)dx \\
&= \sum_{n\in\mathbb{Z}}\sum_{m\in\mathbb{Z}} d_{j+1,n}^{(0)}\overline{d}_{j+1,m}^{(0)}\delta(n-m) \\
&= \sum_{n\in\mathbb{Z}}|\,d_{j+1,n}^{(0)}\,|^2
\end{aligned}$$

同时，利用函数的正交分解关系:

$$f_{j+1}^{(0)}(x)=f_j^{(0)}(x)+f_j^{(1)}(x),\quad f_j^{(0)}(x)\perp f_j^{(1)}(x)$$

得到勾股定理:

$$\| f_{j+1}^{(0)} \|_{\mathcal{L}^2(\mathbb{R})}^2 = \| f_j^{(0)} \|_{\mathcal{L}^2(\mathbb{R})}^2 + \| f_j^{(1)} \|_{\mathcal{L}^2(\mathbb{R})}^2$$

将前述演算结果以及类似计算结果代入上式可得

$$\sum_{n\in\mathbb{Z}} | d_{j+1,n}^{(0)} |^2 = \sum_{k\in\mathbb{Z}} | d_{j,k}^{(0)} |^2 + \sum_{k\in\mathbb{Z}} | d_{j,k}^{(1)} |^2$$

另外, 用 $\overline{\varphi}_{j,m}(x)dx$ 乘下式两端并积分:

$$\sum_{n\in\mathbb{Z}} d_{j+1,n}^{(0)} \varphi_{j+1,n}(x) = \sum_{k\in\mathbb{Z}} d_{j,k}^{(0)} \varphi_{j,k}(x) + \sum_{k\in\mathbb{Z}} d_{j,k}^{(1)} \psi_{j,k}(x)$$

方程左边将变为 $m \in \mathbb{Z}$,

$$\begin{aligned}
\int_{x\in\mathbb{R}} f_{j+1}^{(0)}(x)\overline{\varphi}_{j,m}(x)dx &= \int_{x\in\mathbb{R}} \sum_{n\in\mathbb{Z}} d_{j+1,n}^{(0)} \varphi_{j+1,n}(x)\overline{\varphi}_{j,m}(x)dx \\
&= \sum_{n\in\mathbb{Z}} d_{j+1,n}^{(0)} \int_{x\in\mathbb{R}} \varphi_{j+1,n}(x)\overline{\varphi}_{j,m}(x)dx \\
&= \sum_{n\in\mathbb{Z}} d_{j+1,n}^{(0)} \int_{x\in\mathbb{R}} \sqrt{2}\varphi(2x-n)\cdot\overline{\varphi}(x-m)dx \\
&= \sum_{n\in\mathbb{Z}} d_{j+1,n}^{(0)} \overline{h}_{n-2m}
\end{aligned}$$

同时, 方程右边的演算是

$$\begin{aligned}
\int_{x\in\mathbb{R}} f_j^{(0)}(x)\overline{\varphi}_{j,m}(x)dx &= \int_{x\in\mathbb{R}} \sum_{n\in\mathbb{Z}} d_{j,n}^{(0)} \varphi_{j,n}(x)\overline{\varphi}_{j,m}(x)dx \\
&= \sum_{n\in\mathbb{Z}} d_{j,n}^{(0)} \int_{x\in\mathbb{R}} \varphi_{j,n}(x)\overline{\varphi}_{j,m}(x)dx \\
&= \sum_{n\in\mathbb{Z}} d_{j,n}^{(0)} \int_{x\in\mathbb{R}} \varphi(x-n)\cdot\overline{\varphi}(x-m)dx \\
&= \sum_{n\in\mathbb{Z}} d_{j,n}^{(0)} \delta(n-m) \\
&= d_{j,m}^{(0)}
\end{aligned}$$

另一个演算是

$$\begin{aligned}
\int_{x\in\mathbb{R}} f_j^{(1)}(x)\overline{\varphi}_{j,m}(x)dx &= \int_{x\in\mathbb{R}} \sum_{n\in\mathbb{Z}} d_{j,n}^{(1)} \psi_{j,n}(x)\overline{\varphi}_{j,m}(x)dx \\
&= \sum_{n\in\mathbb{Z}} d_{j,n}^{(1)} \int_{x\in\mathbb{R}} \psi_{j,n}(x)\overline{\varphi}_{j,m}(x)dx \\
&= \sum_{n\in\mathbb{Z}} d_{j,n}^{(1)} \int_{x\in\mathbb{R}} \psi(x-n)\cdot\overline{\varphi}(x-m)dx \\
&= 0
\end{aligned}$$

综合这些演算得到公式:

$$d_{j,m}^{(0)}=\sum_{n\in\mathbb{Z}}\overline{h}_{n-2m}d_{j+1,n}^{(0)}$$

如果使用乘积因子是 $\overline{\psi}_{j,m}(x)dx$，那么，演算结果将是

$$d_{j,m}^{(1)}=\sum_{n\in\mathbb{Z}}\overline{g}_{n-2m}d_{j+1,n}^{(0)}$$

这样完成定理的证明. #

这个定理在 $V_{j+1}=V_j\oplus W_j$ 这样的尺度子空间正交直和分解基础上给出函数在这三个子空间上正交投影正交函数级数系数序列之间的"Mallat 分解关系"，即从更精细尺度的尺度子空间上函数投影系数序列独立计算在两个较大尺度的尺度子空间和小波子空间上的函数正交投影系数序列.

(δ) Mallat 合成公式

沿用前述记号, 可以得到如下的 Mallat 合成公式.

定理 5.3 (Mallat 合成公式)　对于任意的函数 $f(x)\in\mathcal{L}^2(\mathbb{R})$，它的两个正交投影函数系列 $\{f_j^{(0)}(x);j\in\mathbb{Z}\}$ 和 $\{f_j^{(1)}(x);j\in\mathbb{Z}\}$ 的正交小波级数系数序列之间存在如下正交合成关系: 对于任意整数 $n\in\mathbb{Z}$，

$$d_{j+1,n}^{(0)}=\sum_{k\in\mathbb{Z}}(h_{n-2k}d_{j,k}^{(0)}+g_{n-2k}d_{j,k}^{(1)})$$

这组关系就是 Mallat 合成公式.

证明　在定理 5.2 的证明过程中, 用 $\overline{\varphi}_{j+1,m}(x)dx$ 乘下式两端并积分:

$$\sum_{n\in\mathbb{Z}}d_{j+1,n}^{(0)}\varphi_{j+1,n}(x)=\sum_{k\in\mathbb{Z}}d_{j,k}^{(0)}\varphi_{j,k}(x)+\sum_{k\in\mathbb{Z}}d_{j,k}^{(1)}\psi_{j,k}(x)$$

方程左边将变为 $m\in\mathbb{Z}$，

$$\begin{aligned}\int_{x\in\mathbb{R}}f_{j+1}^{(0)}(x)\overline{\varphi}_{j+1,m}(x)dx&=\int_{x\in\mathbb{R}}\sum_{n\in\mathbb{Z}}d_{j+1,n}^{(0)}\varphi_{j+1,n}(x)\overline{\varphi}_{j+1,m}(x)dx\\&=\sum_{n\in\mathbb{Z}}d_{j+1,n}^{(0)}\int_{x\in\mathbb{R}}\varphi_{j+1,n}(x)\overline{\varphi}_{j+1,m}(x)dx\\&=\sum_{n\in\mathbb{Z}}d_{j+1,n}^{(0)}\delta(n-m)\\&=d_{j+1,m}^{(0)}\end{aligned}$$

同时, 方程右边的演算是

$$\begin{aligned}\int_{x\in\mathbb{R}}f_j^{(0)}(x)\overline{\varphi}_{j+1,m}(x)dx&=\int_{x\in\mathbb{R}}\sum_{n\in\mathbb{Z}}d_{j,n}^{(0)}\varphi_{j,n}(x)\overline{\varphi}_{j+1,m}(x)dx\\&=\sum_{n\in\mathbb{Z}}d_{j,n}^{(0)}\int_{x\in\mathbb{R}}\varphi_{j,n}(x)\overline{\varphi}_{j+1,m}(x)dx\end{aligned}$$

$$
\begin{aligned}
&= \sum_{n\in\mathbb{Z}} d_{j,n}^{(0)} \int_{x\in\mathbb{R}} \varphi(x-n)\cdot\sqrt{2}\overline{\varphi}(2x-m)dx \\
&= \sum_{n\in\mathbb{Z}} d_{j,n}^{(0)} h_{m-2n}
\end{aligned}
$$

另一个演算是

$$
\begin{aligned}
\int_{x\in\mathbb{R}} f_j^{(1)}(x)\overline{\varphi}_{j+1,m}(x)dx &= \int_{x\in\mathbb{R}} \sum_{n\in\mathbb{Z}} d_{j,n}^{(1)}\psi_{j,n}(x)\overline{\varphi}_{j+1,m}(x)dx \\
&= \sum_{n\in\mathbb{Z}} d_{j,n}^{(1)} \int_{x\in\mathbb{R}} \psi_{j,n}(x)\overline{\varphi}_{j+1,m}(x)dx \\
&= \sum_{n\in\mathbb{Z}} d_{j,n}^{(1)} \int_{x\in\mathbb{R}} \psi(x-n)\cdot\sqrt{2}\overline{\varphi}(2x-m)dx \\
&= \sum_{n\in\mathbb{Z}} d_{j,n}^{(1)} g_{m-2n}
\end{aligned}
$$

综合这些演算得到公式:

$$
d_{j+1,m}^{(0)} = \sum_{k\in\mathbb{Z}} (h_{m-2k} d_{j,k}^{(0)} + g_{m-2k} d_{j,k}^{(1)})
$$

这样完成定理的证明. #

这个定理在尺度子空间正交直和分解公式 $V_{j+1} = V_j \oplus W_j$ 的基础上给出函数在这三个子空间上正交投影正交函数级数系数序列之间的“Mallat 合成关系”，即从在两个较大尺度的尺度子空间和小波子空间上的函数正交投影系数序列独立计算更精细尺度的尺度子空间上函数投影系数序列. 这组关系就是 Mallat 合成算法.

5.1.2 序列空间中的 Mallat 算法理论

本节将在无穷序列向量空间 $\ell^2(\mathbb{Z})$ 中研究 Mallat 分解算法和合成算法理论. 为了方便, 需要把尺度方程和小波方程表达的两个规范正交基之间关系的相反关系表示出来, 并由此确定这两个规范正交基之间的正交变换关系或酉变换关系, 利用这种酉变换关系把函数子空间转换为无穷序列线性空间, 从而获得 Mallat 分解和合成关系的无穷序列版本.

(α) 规范正交基之间的酉关系

在多分辨率分析理论体系中, 在尺度子空间的正交分解 $V_{j+1} = W_j \oplus V_j$ 中, $\{\varphi_{j,k}(x), \psi_{j,k}(x); k\in\mathbb{Z}\}$ 和 $\{\varphi_{j+1,k}(x); k\in\mathbb{Z}\}$ 都是尺度子空间 V_{j+1} 的规范正交基, 它们通过尺度方程和小波方程相联系, 即对于任意的整数 $j\in\mathbb{Z}$,

$$
\begin{cases}
\varphi_{j,k}(x) = \sum_{n\in\mathbb{Z}} h_{n-2k}\varphi_{j+1,n}(x), & k\in\mathbb{Z} \\
\psi_{j,k}(x) = \sum_{n\in\mathbb{Z}} g_{n-2k}\varphi_{j+1,n}(x), & k\in\mathbb{Z}
\end{cases}
$$

其中 $\{\varphi_{j,k}(x)=2^{j/2}\varphi(2^j x-k);k\in\mathbb{Z}\}$ 和 $\{\psi_{j,k}(x)=2^{j/2}\psi(2^j x-k);k\in\mathbb{Z}\}$ 是函数空间 $\mathcal{L}^2(\mathbb{R})$ 中相互正交的整数平移规范正交函数系，而且，它们分别构成 V_j 和 W_j 的规范正交基，两者共同组成 $V_{j+1}=W_j\oplus V_j$ 的规范正交基. 下述定理给出这两个规范正交基之间的另一种酉变换关系.

定理 5.4 在多分辨率分析理论体系中，尺度子空间 V_{j+1} 的两个平移规范正交基 $\{\varphi_{j+1,k}(x);k\in\mathbb{Z}\}$ 和 $\{\varphi_{j,k}(x),\psi_{j,k}(x);k\in\mathbb{Z}\}$ 之间存在如下酉变换关系：即对于任意的整数 $j\in\mathbb{Z}$，如下函数方程成立：

$$\varphi_{j+1,n}(x)=\sum_{k\in\mathbb{Z}}[\overline{h}_{n-2k}\varphi_{j,k}(x)+\overline{g}_{n-2k}\psi_{j,k}(x)],\quad n\in\mathbb{Z}$$

证明 这里采用直接将尺度方程和小波方程代入上式右边经过演算得到更精细尺度的尺度函数平移函数系. 另一种证明思路稍后再评述.

现在直接演算：对于任意的整数 $n\in\mathbb{Z}$，

$$\begin{aligned}
&\sum_{k\in\mathbb{Z}}[\overline{h}_{n-2k}\varphi_{j,k}(x)+\overline{g}_{n-2k}\psi_{j,k}(x)]\\
&=\sum_{k\in\mathbb{Z}}\left[\overline{h}_{n-2k}\sum_{m\in\mathbb{Z}}h_{m-2k}\varphi_{j+1,m}(x)+\overline{g}_{n-2k}\sum_{m\in\mathbb{Z}}g_{m-2k}\varphi_{j+1,m}(x)\right]\\
&=\sum_{k\in\mathbb{Z}}\sum_{m\in\mathbb{Z}}(h_{m-2k}\overline{h}_{n-2k}+g_{m-2k}\overline{g}_{n-2k})\varphi_{j+1,m}(x)\\
&=\sum_{m\in\mathbb{Z}}\left[\sum_{k\in\mathbb{Z}}(h_{m-2k}\overline{h}_{n-2k}+g_{m-2k}\overline{g}_{n-2k})\right]\varphi_{j+1,m}(x)\\
&=\sum_{m\in\mathbb{Z}}\delta(m-n)\varphi_{j+1,m}(x)\\
&=\varphi_{j+1,n}(x)
\end{aligned}$$

其中利用了恒等式：对于任意的两个整数 $(m,n)\in\mathbb{Z}\times\mathbb{Z}$，

$$\sum_{k\in\mathbb{Z}}(h_{m-2k}\overline{h}_{n-2k}+g_{m-2k}\overline{g}_{n-2k})=\delta(m-n)$$

它来自构造矩阵酉性的恒等式 $\mathbf{M}^*(\omega)\mathbf{M}(\omega)=\mathbf{I}$ 或者等价地，当 $\omega\in[0,2\pi]$ 时，

$$\begin{aligned}
1&=\left|\mathrm{H}(\omega)\right|^2+\left|\mathrm{G}(\omega)\right|^2\\
1&=\left|\mathrm{H}(\omega+\pi)\right|^2+\left|\mathrm{G}(\omega+\pi)\right|^2\\
0&=\overline{\mathrm{H}}(\omega)\mathrm{H}(\omega+\pi)+\overline{\mathrm{G}}(\omega)\mathrm{G}(\omega+\pi)
\end{aligned}$$

建议读者补充这个并不困难的详细演算过程. #

注释：另一种证明思路. 因为 $\{\varphi_{j+1,k}(x);k\in\mathbb{Z}\}$ 和 $\{\varphi_{j,k}(x),\psi_{j,k}(x);k\in\mathbb{Z}\}$ 是尺度

子空间 V_{j+1} 的两个规范正交基，所以，存在 $\alpha_{j,n,k},\beta_{j,n,k},(j,n,k)\in\mathbb{Z}\times\mathbb{Z}$，满足

$$\varphi_{j+1,n}(x)=\sum_{k\in\mathbb{Z}}[\alpha_{j,n,k}\varphi_{j,k}(x)+\beta_{j,n,k}(x)\psi_{j,k}(x)]$$

再次使用推证 Mallat 分解和合成算法公式的技巧即得需要的证明.

注释：定理 5.4 的结果与尺度方程和小波方程处于互逆的位置. 结合这些结果就得到了 V_{j+1} 的两个规范正交基 $\{\varphi_{j+1,k}(x);k\in\mathbb{Z}\}$ 和 $\{\varphi_{j,k}(x),\psi_{j,k}(x);k\in\mathbb{Z}\}$ 之间相互转换的互逆的酉变换关系. 利用这种酉变换关系结合预备知识中线性代数关于坐标变换的定理可知，Mallat 分解和合成算法公式本质上是一对互逆的坐标变换公式，其中涉及的两个坐标系或两个规范正交基正好就是尺度子空间 V_{j+1} 的两个规范正交基 $\{\varphi_{j+1,k}(x);k\in\mathbb{Z}\}$ 和 $\{\varphi_{j,k}(x),\psi_{j,k}(x);k\in\mathbb{Z}\}$.

(β) 规范正交基的过渡矩阵关系

在多分辨率分析理论体系下，为了进一步研究之便引入矩阵和行向量记号. 引入两个矩阵(离散算子)记号：

$$\mathcal{H}=[h_{n,k}=h_{n-2k};(n,k)\in\mathbb{Z}^2]_{\infty\times\frac{\infty}{2}}=[\mathbf{h}^{(2k)};k\in\mathbb{Z}]_{\infty\times\frac{\infty}{2}}$$

$$\mathcal{G}=[g_{n,k}=g_{n-2k};(n,k)\in\mathbb{Z}^2]_{\infty\times\frac{\infty}{2}}=[\mathbf{g}^{(2k)};k\in\mathbb{Z}]_{\infty\times\frac{\infty}{2}}$$

注释说明：$\mathcal{H}$ 的列向量是 $\ell^2(\mathbb{Z})$ 的无穷维规范正交向量系 $\{\mathbf{h}^{(2k)};k\in\mathbb{Z}\}$. 对于任意整数的 $k\in\mathbb{Z}$，$\mathcal{H}$ 的第 k 列元素 $\mathbf{h}^{(2k)}=\{h_{n-2k};n\in\mathbb{Z}\}^{\mathrm{T}}$ 是列向量 $\{h_n;n\in\mathbb{Z}\}^{\mathrm{T}}$ 向下移动 $2k$ 位得到的新列向量. 这样，矩阵 $\mathcal{H}$ 的构造方法是：$\mathcal{H}$ 的第 0 列正好就是多分辨率分析低通滤波器系数序列构成的列向量 $\{h_n;n\in\mathbb{Z}\}^{\mathrm{T}}$；$\mathcal{H}$ 的第 $k\geqslant 0$ 列就是多分辨率分析低通滤波器系数序列构成的列向量 $\{h_n;n\in\mathbb{Z}\}^{\mathrm{T}}$ 向下移动 $2k$ 行得到的新列向量 $\mathbf{h}^{(2k)}=\{h_{n-2k};n\in\mathbb{Z}\}^{\mathrm{T}}$；$\mathcal{H}$ 的第 $m\leqslant 0$ 列就是低通滤波器系数序列构成的列向量 $\{h_n;n\in\mathbb{Z}\}^{\mathrm{T}}$ 向上移动 $2|m|$ 行得到的新列向量 $\mathbf{h}^{(2m)}=\{h_{n-2m};n\in\mathbb{Z}\}^{\mathrm{T}}$. 总之，矩阵 $\mathcal{H}$ 本质上由它的第 0 列 $\{h_n;n\in\mathbb{Z}\}^{\mathrm{T}}$ (即低通滤波器系数序列)构造而得，每次往右移动一列，只需要将当前列向下移动两行，每次往左移动一列，只需要将当前列向上移动两行即可.

注释说明：矩阵 $\mathcal{G}$ 的构造方法与矩阵 $\mathcal{H}$ 的构造方法完全相同，唯一的差别是，$\mathcal{G}$ 的第 0 列是多分辨率分析带通滤波器系数序列构成的列向量 $\{g_n;n\in\mathbb{Z}\}^{\mathrm{T}}$.

为了直观起见，可以将这两个$\infty\times\dfrac{\infty}{2}$矩阵按照列元素示意性表示如下：

$$
\mathcal{H}=\begin{pmatrix}
\vdots & \vdots & \vdots & \vdots & \vdots\\
\vdots & h_0 & h_{-2} & \vdots & \vdots\\
\vdots & h_{+1} & h_{-1} & \vdots & \vdots\\
\vdots & h_{+2} & h_0 & h_{-2} & \vdots\\
\vdots & \vdots & h_{+1} & h_{-1} & \vdots\\
\vdots & \vdots & h_{+2} & h_0 & \vdots\\
\vdots & \vdots & \vdots & \vdots & \vdots
\end{pmatrix}_{\infty\times\frac{\infty}{2}},\quad
\mathcal{G}=\begin{pmatrix}
\vdots & \vdots & \vdots & \vdots & \vdots\\
\vdots & g_0 & g_{-2} & \vdots & \vdots\\
\vdots & g_{+1} & g_{-1} & \vdots & \vdots\\
\vdots & g_{+2} & g_0 & g_{-2} & \vdots\\
\vdots & \vdots & g_{+1} & g_{-1} & \vdots\\
\vdots & \vdots & g_{+2} & g_0 & \vdots\\
\vdots & \vdots & \vdots & \vdots & \vdots
\end{pmatrix}_{\infty\times\frac{\infty}{2}}
$$

而且，它们的复数共轭转置矩阵$\mathcal{H}^*,\mathcal{G}^*$都是$\dfrac{\infty}{2}\times\infty$矩阵，可以按照行元素示意性表示为

$$
\mathcal{H}^*=\begin{pmatrix}
\cdots & & & & & & & & & \\
\cdots & \overline{h}_{-2} & \overline{h}_{-2} & \overline{h}_0 & \overline{h}_{+1} & \overline{h}_{+2} & \cdots & & & \\
 & & \cdots & \overline{h}_{-2} & \overline{h}_{-1} & \overline{h}_0 & \overline{h}_{+1} & \overline{h}_{+2} & \cdots & \\
 & & & & \cdots & \overline{h}_{-2} & \overline{h}_{-1} & \overline{h}_0 & \overline{h}_{+1} & \overline{h}_{+2} & \cdots\\
 & & & & & & & & & & \cdots
\end{pmatrix}_{\frac{\infty}{2}\times\infty}
$$

$$
\mathcal{G}^*=\begin{pmatrix}
\cdots & & & & & & & & & \\
\cdots & \overline{g}_{-2} & \overline{g}_{-1} & \overline{g}_0 & \overline{g}_{+1} & \overline{g}_{+2} & \cdots & & & \\
 & & \cdots & \overline{g}_{-2} & \overline{g}_{-1} & \overline{g}_0 & \overline{g}_{+1} & \overline{g}_{+2} & \cdots & & \overline{g}_0\\
 & & & & \overline{g}_{-2} & \overline{g}_{-1} & \overline{g}_0 & \overline{g}_{+1} & \overline{g}_{+2} & \cdots & \\
 & & & & & & & & & \cdots &
\end{pmatrix}_{\frac{\infty}{2}\times\infty}
$$

利用这些记号定义一个$\infty\times\infty$的分块为1×2的矩阵$\mathcal{A}$：

$$
\mathcal{A}=\left(\mathcal{H}\middle|\mathcal{G}\right)=\left(\begin{array}{ccccc|ccccc}
\vdots & \vdots & \vdots & \vdots & \vdots & \vdots & \vdots & \vdots & \vdots & \vdots\\
\vdots & h_0 & h_{-2} & \vdots & \vdots & \vdots & g_0 & g_{-2} & \vdots & \vdots\\
\vdots & h_{+1} & h_{-1} & \vdots & \vdots & \vdots & g_{+1} & g_{-1} & \vdots & \vdots\\
\vdots & h_{+2} & h_0 & h_{-2} & \vdots & \vdots & g_{+2} & g_0 & g_{-2} & \vdots\\
\vdots & \vdots & h_{+1} & h_{-1} & \vdots & \vdots & \vdots & g_{+1} & g_{-1} & \vdots\\
\vdots & \vdots & h_{+2} & h_0 & \vdots & \vdots & \vdots & g_{+2} & g_0 & \vdots\\
\vdots & \vdots & \vdots & \vdots & \vdots & \vdots & \vdots & \vdots & \vdots & \vdots
\end{array}\right)_{\infty\times\infty}
$$

利用这些记号可以得到如下定理.

定理 5.5　在多分辨率分析理论体系中，分块为1×2的无穷行和无穷列矩阵$\mathcal{A}$是酉矩阵，即

$$\mathcal{A}\mathcal{A}^* = \mathcal{A}^*\mathcal{A} = \mathcal{I}$$

其中 $\mathcal{I}$ 是单位矩阵.

证明 仔细观察发现, 这实际上等价于:

$$\mathbf{M}(\omega)\mathbf{M}^*(\omega) = \mathbf{M}^*(\omega)\mathbf{M}(\omega) = \mathbf{I}$$

或者等价地, 当 $\omega \in [0, 2\pi]$ 时,

$$\begin{aligned} 1 &= \left|\mathrm{H}(\omega)\right|^2 + \left|\mathrm{H}(\omega+\pi)\right|^2 \\ 1 &= \left|\mathrm{G}(\omega)\right|^2 + \left|\mathrm{G}(\omega+\pi)\right|^2 \\ 0 &= \mathrm{H}(\omega)\overline{\mathrm{G}}(\omega) + \mathrm{H}(\omega+\pi)\overline{\mathrm{G}}(\omega+\pi) \end{aligned}$$

或者等价地, 在空间 $\ell^2(\mathbb{Z})$ 中, 对于任意的 $(m,k) \in \mathbb{Z}^2$,

$$\begin{cases} \left\langle \mathbf{h}^{(2m)}, \mathbf{h}^{(2k)} \right\rangle = \sum\limits_{n\in\mathbb{Z}} h_{n-2m} \overline{h}_{n-2k} = \delta(m-k) \\ \left\langle \mathbf{g}^{(2m)}, \mathbf{g}^{(2k)} \right\rangle = \sum\limits_{n\in\mathbb{Z}} g_{n-2m} \overline{g}_{n-2k} = \delta(m-k) \\ \left\langle \mathbf{g}^{(2m)}, \mathbf{h}^{(2k)} \right\rangle = \sum\limits_{n\in\mathbb{Z}} g_{n-2m} \overline{h}_{n-2k} = 0 \end{cases}$$

这个定理实际上提供了构造矩阵酉性的一个新的等价表达.

定理 5.6 在多分辨率分析理论体系中, 尺度子空间 V_{j+1} 的两个平移规范正交基 $\{\varphi_{j+1,k}(x); k\in\mathbb{Z}\}$ 和 $\{\varphi_{j,k}(x), \psi_{j,k}(x); k\in\mathbb{Z}\}$ 之间存在如下用无穷列矩阵 $\mathcal{A}$ 表示的过渡关系:

$$\begin{aligned} &(\cdots, \varphi(x+1), \varphi(x), \varphi(x-1), \cdots \mid \cdots, \psi(x+1), \psi(x), \psi(x-1), \cdots) \\ &= (\cdots, \sqrt{2}\varphi(2x+1), \sqrt{2}\varphi(2x), \sqrt{2}\varphi(2x-1), \cdots)\mathcal{A} \end{aligned}$$

或者

$$(\{\varphi(x-k); k\in\mathbb{Z}\} \mid \{\psi(x-k); k\in\mathbb{Z}\}) = \{\varphi_{1,n}(x); n\in\mathbb{Z}\}\mathcal{A}$$

或者, 等价地

$$(\{\varphi_{j,k}(x); k\in\mathbb{Z}\} | \{\psi_{j,k}(x); k\in\mathbb{Z}\}) = \{\varphi_{j+1,n}(x); n\in\mathbb{Z}\}\mathcal{A}$$

即从 V_{j+1} 的规范正交基 $\{\varphi_{j+1,n}(x); n\in\mathbb{Z}\}$ 过渡到基 $\{\varphi_{j,k}(x), \psi_{j,k}(x); k\in\mathbb{Z}\}$ 的过渡矩阵就是 $\infty\times\infty$ 的矩阵 $\mathcal{A}$.

反过来,

$$\{\varphi_{1,n}(x); n\in\mathbb{Z}\} = (\{\varphi(x-k); k\in\mathbb{Z}\} \mid \{\psi(x-k); k\in\mathbb{Z}\})\mathcal{A}^{-1}$$

或者, 等价地

$$\{\varphi_{j+1,n}(x); n\in\mathbb{Z}\} = (\{\varphi_{j,k}(x); k\in\mathbb{Z}\} \mid \{\psi_{j,k}(x); k\in\mathbb{Z}\})\mathcal{A}^{-1}$$

即从 V_{j+1} 的规范正交基 $\{\varphi_{j,k}(x),\psi_{j,k}(x);k\in\mathbb{Z}\}$ 过渡到基 $\{\varphi_{j+1,n}(x);n\in\mathbb{Z}\}$ 的过渡矩阵就是 $\infty\times\infty$ 的矩阵 $\boldsymbol{\mathcal{A}}^{-1}$.

注释: 这些公式中出现的都是行向量或分块行向量与矩阵的乘积关系.

证明　实际上第一组关系就是尺度方程和小波方程. 第二组关系就是出现在定理 5.4 中的公式. #

(γ) Mallat 算法的矩阵-向量表示法

在多分辨率分析理论体系下, 函数在尺度子空间上的直接投影可以表示为

$$f_{j+1}^{(0)}(x)=\sum_{n\in\mathbb{Z}}d_{j+1,n}^{(0)}\varphi_{j+1,n}(x)=\sum_{k\in\mathbb{Z}}[d_{j,k}^{(0)}\varphi_{j,k}(x)+d_{j,k}^{(1)}\psi_{j,k}(x)]$$

其中, $\mathscr{D}_{j+1}^{(0)}=\{d_{j+1,n}^{(0)};n\in\mathbb{Z}\}^{\mathrm{T}}$ 是 $f_{j+1}^{(0)}(x)$ 在 V_{j+1} 的规范正交基 $\{\varphi_{j+1,n}(x);n\in\mathbb{Z}\}$ 下的坐标, 而 $\mathscr{D}_j^{(0)}=\{d_{j,k}^{(0)};k\in\mathbb{Z}\}^{\mathrm{T}}$ 和 $\mathscr{D}_j^{(1)}=\{d_{j,k}^{(1)};k\in\mathbb{Z}\}^{\mathrm{T}}$ 分别是 $f_{j+1}^{(0)}(x)$ 在 V_{j+1} 的另一个规范正交基 $\{\varphi_{j,k}(x);k\in\mathbb{Z}\}$ 和 $\{\psi_{j,k}(x);k\in\mathbb{Z}\}$ 下的坐标.

利用线性代数理论中的坐标变换方法, 可以证明如下定理表述的矩阵-向量形式的 Mallat 分解和合成算法公式.

定理 5.7　在多分辨率分析理论体系中, 在尺度子空间 V_{j+1} 的两个平移规范正交基 $\{\varphi_{j+1,k}(x);k\in\mathbb{Z}\}$ 和 $\{\varphi_{j,k}(x),\psi_{j,k}(x);k\in\mathbb{Z}\}$ 之下, 函数的直接投影 $f_{j+1}^{(0)}(x)$ 的坐标向量之间满足如下坐标变换关系:

$$\left(\frac{\mathscr{D}_j^{(0)}}{\mathscr{D}_j^{(1)}}\right)=\boldsymbol{\mathcal{A}}^{-1}\mathscr{D}_{j+1}^{(0)}=\boldsymbol{\mathcal{A}}^{*}\mathscr{D}_{j+1}^{(0)}=\left(\frac{\boldsymbol{\mathcal{H}}^{*}}{\boldsymbol{\mathcal{G}}^{*}}\right)\mathscr{D}_{j+1}^{(0)}$$

其中, $\infty\times\infty$ 矩阵 $\boldsymbol{\mathcal{A}}$ 是酉矩阵, $\boldsymbol{\mathcal{A}}^{-1}=\boldsymbol{\mathcal{A}}^{*}$. 这就是小波分解的 Mallat 分解算法公式. 同时, 小波合成的 Mallat 合成算法公式可以表示为

$$\mathscr{D}_{j+1}^{(0)}=\boldsymbol{\mathcal{A}}\left(\frac{\mathscr{D}_j^{(0)}}{\mathscr{D}_j^{(1)}}\right)=\left(\boldsymbol{\mathcal{H}}\big|\boldsymbol{\mathcal{G}}\right)\left(\frac{\mathscr{D}_j^{(0)}}{\mathscr{D}_j^{(1)}}\right)=\boldsymbol{\mathcal{H}}\mathscr{D}_j^{(0)}+\boldsymbol{\mathcal{G}}\mathscr{D}_j^{(1)}$$

这就是分块矩阵形式的 Mallat 合成算法公式.

证明　利用分块矩阵乘法规则容易验证定理的两个等式. 比如用第一组等式验证第二组等式:

$$\boldsymbol{\mathcal{H}}\mathscr{D}_j^{(0)}+\boldsymbol{\mathcal{G}}\mathscr{D}_j^{(1)}=\boldsymbol{\mathcal{H}}\boldsymbol{\mathcal{H}}^{*}\mathscr{D}_{j+1}^{(0)}+\boldsymbol{\mathcal{G}}\boldsymbol{\mathcal{G}}^{*}\mathscr{D}_{j+1}^{(0)}=(\boldsymbol{\mathcal{H}}\boldsymbol{\mathcal{H}}^{*}+\boldsymbol{\mathcal{G}}\boldsymbol{\mathcal{G}}^{*})\mathscr{D}_{j+1}^{(0)}=\mathscr{D}_{j+1}^{(0)}$$

其中由 $\boldsymbol{\mathcal{A}}\boldsymbol{\mathcal{A}}^{*}=\boldsymbol{\mathcal{A}}^{*}\boldsymbol{\mathcal{A}}=\boldsymbol{\mathcal{I}}$ 得到 $\boldsymbol{\mathcal{H}}\boldsymbol{\mathcal{H}}^{*}+\boldsymbol{\mathcal{G}}\boldsymbol{\mathcal{G}}^{*}=\boldsymbol{\mathcal{I}}$, 从而完成证明. #

(δ) Mallat 算法的正交性

在多分辨率分析理论体系下, Mallat 合成算法可以写成

$$\mathscr{D}_{j+1}^{(0)}=\mathcal{A}\left(\frac{\mathscr{D}_j^{(0)}}{\mathscr{D}_j^{(1)}}\right)=\left(\mathcal{H}\middle|\mathcal{G}\right)\left(\frac{\mathscr{D}_j^{(0)}}{\mathscr{D}_j^{(1)}}\right)=\mathcal{H}\mathscr{D}_j^{(0)}+\mathcal{G}\mathscr{D}_j^{(1)}$$

容易证明, 在这个分块矩阵形式的 Mallat 合成算法公式中, 右边的两个向量是序列空间 $\ell^2(\mathbb{Z})$ 中相互正交的平方可和无穷维向量, 即得到如下正交性定理.

定理 5.8　在多分辨率分析理论体系中, 在 Mallat 分解和合成算法公式:

$$\mathscr{D}_{j+1}^{(0)}=\mathcal{A}\left(\frac{\mathscr{D}_j^{(0)}}{\mathscr{D}_j^{(1)}}\right)=\left(\mathcal{H}\middle|\mathcal{G}\right)\left(\frac{\mathscr{D}_j^{(0)}}{\mathscr{D}_j^{(1)}}\right)=\mathcal{H}\mathscr{D}_j^{(0)}+\mathcal{G}\mathscr{D}_j^{(1)}$$

中存在如下形式的正交性:

$$\left\langle \mathcal{H}\mathscr{D}_j^{(0)},\mathcal{G}\mathscr{D}_j^{(1)}\right\rangle_{\ell^2(\mathbb{Z})}=0$$

从而, 得到如下“勾股定理”恒等式:

$$\left\|\mathscr{D}_{j+1}^{(0)}\right\|_{\ell^2(\mathbb{Z})}^2=\left\|\mathcal{H}\mathscr{D}_j^{(0)}\right\|_{\ell^2(\mathbb{Z})}^2+\left\|\mathcal{G}\mathscr{D}_j^{(1)}\right\|_{\ell^2(\mathbb{Z})}^2$$

其中, 根据无穷维序列向量空间 $\ell^2(\mathbb{Z})$ 中“欧氏范数(距离)”的定义, 三个向量 $\mathscr{D}_{j+1}^{(0)},\mathcal{H}\mathscr{D}_j^{(0)},\mathcal{G}\mathscr{D}_j^{(1)}$ 的欧氏长度可以表示为

$$\begin{cases}\left\|\mathscr{D}_{j+1}^{(0)}\right\|_{\ell^2(\mathbb{Z})}^2=\sum\limits_{n\in\mathbb{Z}}\left|d_{j+1,n}^{(0)}\right|^2\\ \left\|\mathcal{H}\mathscr{D}_j^{(0)}\right\|_{\ell^2(\mathbb{Z})}^2=\sum\limits_{k\in\mathbb{Z}}\left|d_{j,k}^{(0)}\right|^2\\ \left\|\mathcal{G}\mathscr{D}_j^{(1)}\right\|_{\ell^2(\mathbb{Z})}^2=\sum\limits_{k\in\mathbb{Z}}\left|d_{j,k}^{(1)}\right|^2\end{cases}$$

证明　直接演算即可证明这种正交性:

$$\left\langle \mathcal{H}\mathscr{D}_j^{(0)},\mathcal{G}\mathscr{D}_j^{(1)}\right\rangle_{\ell^2(\mathbb{Z})}=\left[\mathcal{G}\mathscr{D}_j^{(1)}\right]^*\left[\mathcal{H}\mathscr{D}_j^{(0)}\right]=\left[\mathscr{D}_j^{(1)}\right]^*\left[\mathcal{G}^*\mathcal{H}\right]\left[\mathscr{D}_j^{(0)}\right]=0$$

其中, $\left[\mathcal{G}\mathscr{D}_j^{(1)}\right]^*$ 表示 $\mathcal{G}\mathscr{D}_j^{(1)}$ 的复数共轭转置矩阵.　#

这个定理的结果表明, 小波的 Mallat 分解和合成算法本质上是正交变换或酉变换.

5.2　小波链理论

在多分辨率分析理论体系下，利用 $V_{j+1}=V_j\oplus W_j$ 表示的尺度子空间正交直和分解关系，前述内容研究了任何函数 $f(x)\in\mathcal{L}^2(\mathbb{R})$ 在这三个子空间上的正交投影之间的关系，以及这些投影在这三个子空间规范正交基下投影系数序列之间的分解合成关系. 本节将在尺度子空间链式正交直和分解的基础上，研究尺度子空间正交直和分解链中各个闭子空间的规范正交基的表示方法，并利用这些子空间的规范正交基研究函数空间 $\mathcal{L}^2(\mathbb{R})$ 中任何函数在这些闭子空间上正交投影之间的关系，以及这些正交投影在这些闭子空间规范正交基下的正交投影系数序列之间的分解和合成关系.

5.2.1　子空间正交直和分解链

在多分辨率分析中，根据小波子空间列的定义可以证明，对于任意的整数 $j\in\mathbb{Z}$ 和任意的自然数 $L\in\mathbb{N}$，经过多次重复使用分解 $V_{j+1}=V_j\oplus W_j$ 关系公式，可以得到尺度子空间正交直和链式分解关系 (cascade decomposation):

$$
\begin{aligned}
V_{j+1}&=W_j\oplus V_j\\
&=W_j\oplus W_{j-1}\oplus V_{j-1}\\
&\cdots\cdots\\
&=W_j\oplus W_{j-1}\oplus\cdots\oplus W_{j-L}\oplus V_{j-L}\quad(L\in\mathbb{N})
\end{aligned}
$$

这里将研究如何给出这些正交子空间的规范正交基，以及函数在这些子空间上正交投影的表示.

(α) 正交直和分解链的规范正交基

定理 5.9 (链式分解的规范正交基)　在多分辨率分析理论体系的尺度子空间 V_{j+1} 中，如下的规范正交函数系都是 V_{j+1} 的规范正交基:

(1) $\{\varphi_{j+1,n}(x);n\in\mathbb{Z}\}$；

(2) $\{\varphi_{j,k}(x),\psi_{j,k}(x);k\in\mathbb{Z}\}$；

(3) $\{\varphi_{j-L,k}(x),\psi_{j-\ell,k}(x);\ell=0,1,2,\cdots,L,k\in\mathbb{Z}\}$，其中 L 是自然数.

证明　仿照利用正交直和分解关系 $V_{j+1}=V_j\oplus W_j$ 提供 V_{j+1} 的两个规范正交基的方法可以证明这个定理. 建议读者给出详细的证明.　#

这个定理为尺度子空间 V_{j+1} 提供了 $(L+2)$ 个规范正交基, 其基本思想是利用小波子空间列 $W_j, W_{j-1}, \cdots, W_{j-L}$ 的规范正交小波基和尺度子空间 V_{j-L} 的尺度函数规范正交基联合得到 V_{j+1} 的新规范正交基.

(β) 函数正交分解链

利用这些规范正交基可以把任何函数在这些正交子空间上的正交投影用正交函数级数表示出来.

定理 5.10 (函数的正交分解链) 在多分辨率分析理论体系下, 对于任意函数 $f(x) \in \mathcal{L}^2(\mathbb{R})$, 假设 $f(x)$ 在 $\mathcal{L}^2(\mathbb{R})$ 的闭线性子空间列:

$$V_{j+1}, W_j, W_{j-1}, \cdots, W_{j-L}, V_{j-L}$$

上的正交投影分别是

$$f_{j+1}^{(0)}(x), f_j^{(1)}(x), f_{j-1}^{(1)}(x), \cdots, f_{j-L}^{(1)}(x), f_{j-L}^{(0)}(x)$$

那么

$$f_{j+1}^{(0)}(x) = f_j^{(1)}(x) + f_{j-1}^{(1)}(x) + \cdots + f_{j-L}^{(1)}(x) + f_{j-L}^{(0)}(x)$$

而且, $\{f_j^{(1)}(x), f_{j-1}^{(1)}(x), \cdots, f_{j-L}^{(1)}(x), f_{j-L}^{(0)}(x)\}$ 是正交函数系, 它们正好是 $f_{j+1}^{(0)}(x)$ 在闭线性子空间列:

$$W_j, W_{j-1}, \cdots, W_{j-L}, V_{j-L}$$

上的正交投影.

证明 根据尺度子空间 V_{j+1} 的正交直和分解链, 容易得到这个定理的证明. 建议读者完成这个证明. #

注释: 实际上只利用尺度子空间的正交直和分解和小波子空间的定义就可以完成这个证明. 另一种方法是利用多分辨率分析小波提供的规范正交基.

定理 5.11 (正交分解链勾股定理) 在多分辨率分析理论体系下, 对于任意函数 $f(x) \in \mathcal{L}^2(\mathbb{R})$, 假设 $f(x)$ 在 $\mathcal{L}^2(\mathbb{R})$ 的闭线性子空间列:

$$V_{j+1}, W_j, W_{j-1}, \cdots, W_{j-L}, V_{j-L}$$

上的正交投影分别是

$$f_{j+1}^{(0)}(x), f_j^{(1)}(x), f_{j-1}^{(1)}(x), \cdots, f_{j-L}^{(1)}(x), f_{j-L}^{(0)}(x)$$

那么, 成立如下表达的 "正交分解链勾股定理": 对于整数 $j \in \mathbb{Z}, L \in \mathbb{N}$,

$$\begin{cases} f_{j+1}^{(0)}(x)=\sum_{\ell=0}^{L} f_{j-\ell}^{(1)}(x)+f_{j-L}^{(0)}(x) \\ \| f_{j+1}^{(0)} \|_{\mathcal{L}^2(\mathbb{R})}^2=\sum_{\ell=0}^{L}\| f_{j-\ell}^{(1)} \|_{\mathcal{L}^2(\mathbb{R})}^2+\| f_{j-L}^{(0)} \|_{\mathcal{L}^2(\mathbb{R})}^2 \end{cases}$$

证明　多次重复利用在 $V_{j+1}=V_j\oplus W_j$ 这种正交直和分解关系下的勾股定理直接得到证明. 建议读者完成这个证明. #

实际上这是勾股定理在多分辨率分析理论体系中的自然延伸表达.

定理 5.12 (正交分解链级数表示法)　在多分辨率分析理论体系下, 对于任意函数 $f(x)\in\mathcal{L}^2(\mathbb{R})$, 假设 $f(x)$ 在 $\mathcal{L}^2(\mathbb{R})$ 的闭线性子空间列:

$$V_{j+1},W_j,W_{j-1},\cdots,W_{j-L},V_{j-L}$$

上的正交投影分别是

$$f_{j+1}^{(0)}(x),f_j^{(1)}(x),f_{j-1}^{(1)}(x),\cdots,f_{j-L}^{(1)}(x),f_{j-L}^{(0)}(x)$$

那么, 存在平方可和无穷序列 $\{d_{j+1,n}^{(0)};n\in\mathbb{Z}\}$, $\{d_{j-\ell,k}^{(1)};k\in\mathbb{Z}\},\ell=0,1,2,\cdots,L$ 和 $\{d_{j-L,k}^{(0)};k\in\mathbb{Z}\}$, 满足

$$\begin{cases} f_{j+1}^{(0)}(x)=\sum_{n\in\mathbb{Z}} d_{j+1,n}^{(0)}\varphi_{j+1,n}(x) \\ f_{j-L}^{(0)}(x)=\sum_{n\in\mathbb{Z}} d_{j-L,k}^{(0)}\varphi_{j-L,k}(x) \\ f_{j-\ell}^{(1)}(x)=\sum_{n\in\mathbb{Z}} d_{j-\ell,k}^{(1)}\psi_{j-\ell,k}(x),\quad \ell=0,1,2,\cdots,L \end{cases}$$

而且

$$\sum_{n\in\mathbb{Z}} d_{j+1,n}^{(0)}\varphi_{j+1,n}(x)=\sum_{\ell=0}^{L}\sum_{n\in\mathbb{Z}} d_{j-\ell,k}^{(1)}\psi_{j-\ell,k}(x)+\sum_{k\in\mathbb{Z}} d_{j-L,k}^{(0)}\varphi_{j-L,k}(x),$$

其中

$$\begin{cases} d_{j+1,n}^{(0)}=\int_{x\in\mathbb{R}} f_{j+1}^{(0)}(x)\overline{\varphi}_{j+1,k}(x)dx=\int_{x\in\mathbb{R}} f(x)\overline{\varphi}_{j+1,k}(x)dx \\ d_{j-L,k}^{(0)}=\int_{x\in\mathbb{R}} f_{j-L}^{(0)}(x)\overline{\varphi}_{j-L,k}(x)dx=\int_{x\in\mathbb{R}} f(x)\overline{\varphi}_{j-L,k}(x)dx \\ d_{j-\ell,k}^{(1)}=\int_{x\in\mathbb{R}} f_{j-\ell}^{(1)}(x)\overline{\psi}_{j-\ell,k}(x)dx=\int_{x\in\mathbb{R}} f(x)\overline{\psi}_{j-\ell,k}(x)dx,\quad \ell=0,1,2,\cdots,L \end{cases}$$

证明　注意到 $f(x)$ 在 $\mathcal{L}^2(\mathbb{R})$ 的闭线性子空间列:

$$W_j,W_{j-1},\cdots,W_{j-L},V_{j-L}$$

上的正交投影分别是

$$f_j^{(1)}(x),f_{j-1}^{(1)}(x),\cdots,f_{j-L}^{(1)}(x),f_{j-L}^{(0)}(x)$$

正好也是 $f_{j+1}^{(0)}(x)$ 在这些闭子空间列上的正交投影. 利用这个事实即可完成证明. 建议读者补充并完善这个证明的细节. #

利用这些表示以及这些表示的正交性可以得到如下的双重勾股定理.

定理 5.13 (正交分解链双重勾股定理)　在多分辨率分析理论体系下, 对于任意函数 $f(x)\in\mathcal{L}^2(\mathbb{R})$, 假设 $f(x)$ 在 $\mathcal{L}^2(\mathbb{R})$ 的闭线性子空间列:

$$V_{j+1},W_j,W_{j-1},\cdots,W_{j-L},V_{j-L}$$

上的正交投影分别是

$$f_{j+1}^{(0)}(x),f_j^{(1)}(x),f_{j-1}^{(1)}(x),\cdots,f_{j-L}^{(1)}(x),f_{j-L}^{(0)}(x)$$

而且可以表示为如下正交函数无穷级数形式:

$$\begin{cases} f_{j+1}^{(0)}(x)=\sum_{n\in\mathbb{Z}} d_{j+1,n}^{(0)}\varphi_{j+1,n}(x)\\ f_{j-L}^{(0)}(x)=\sum_{n\in\mathbb{Z}} d_{j-L,k}^{(0)}\varphi_{j-L,k}(x)\\ f_{j-\ell}^{(1)}(x)=\sum_{n\in\mathbb{Z}} d_{j-\ell,k}^{(1)}\psi_{j-\ell,k}(x),\quad \ell=0,1,2,\cdots,L \end{cases}$$

那么, 对于任意整数 $j\in\mathbb{Z}$, 成立如下函数正交分解关系:

$$\sum_{n\in\mathbb{Z}} d_{j+1,n}^{(0)}\varphi_{j+1,n}(x)=\sum_{\ell=0}^{L}\sum_{k\in\mathbb{Z}} d_{j-\ell,k}^{(1)}\psi_{j-\ell,k}(x)+\sum_{k\in\mathbb{Z}} d_{j-L,k}^{(0)}\varphi_{j-L,k}(x)$$

而且, 成立如下形式的“双重勾股定理”:

$$\sum_{n\in\mathbb{Z}}|\,d_{j+1,n}^{(0)}\,|^2=\sum_{\ell=0}^{L}\sum_{k\in\mathbb{Z}}|\,d_{j-\ell,k}^{(1)}\,|^2+\sum_{k\in\mathbb{Z}}|\,d_{j-L,k}^{(0)}\,|^2$$

证明　利用定理 5.11(正交分解链勾股定理)以及这些正交子空间的规范正交基容易完成这个证明. 建议读者补充并完善这个证明过程. #

(γ) 正交小波分解链

利用尺度子空间的正交直和分解链以及这些正交子空间的小波和尺度函数规范正交基能够得到如下定理表述的正交小波分解链.

定理 5.14 (正交小波分解链) 在多分辨率分析理论体系下, 对于任意函数 $f(x)\in\mathcal{L}^2(\mathbb{R})$, 假设 $f(x)$ 在 $\mathcal{L}^2(\mathbb{R})$ 的闭线性子空间列:

$$V_{j+1},W_j,W_{j-1},\cdots,W_{j-L},V_{j-L}$$

上的正交投影分别是

$$f_{j+1}^{(0)}(x),f_j^{(1)}(x),f_{j-1}^{(1)}(x),\cdots,f_{j-L}^{(1)}(x),f_{j-L}^{(0)}(x)$$

而且 $\{d_{j+1,n}^{(0)};n\in\mathbb{Z}\}$，$\{d_{j-\ell,k}^{(1)};k\in\mathbb{Z}\},\ell=0,1,2,\cdots,L$ 和 $\{d_{j-L,k}^{(0)};k\in\mathbb{Z}\}$ 满足

$$\begin{cases}f_{j+1}^{(0)}(x)=\sum\limits_{n\in\mathbb{Z}}d_{j+1,n}^{(0)}\varphi_{j+1,n}(x)\\ f_{j-L}^{(0)}(x)=\sum\limits_{n\in\mathbb{Z}}d_{j-L,k}^{(0)}\varphi_{j-L,k}(x)\\ f_{j-\ell}^{(1)}(x)=\sum\limits_{n\in\mathbb{Z}}d_{j-\ell,k}^{(1)}\psi_{j-\ell,k}(x),\quad \ell=0,1,2,\cdots,L\end{cases}$$

那么，成立如下的递推形式的链式正交分解公式：当 $\ell=0,1,2,\cdots,L$ 时，

$$\begin{cases}d_{j-\ell,k}^{(0)}=\sum\limits_{n\in\mathbb{Z}}\overline{h}_{n-2k}d_{j+1-\ell,n}^{(0)},\quad k\in\mathbb{Z}\\ d_{j-\ell,k}^{(1)}=\sum\limits_{n\in\mathbb{Z}}\overline{g}_{n-2k}d_{j+1-\ell,n}^{(0)},\quad k\in\mathbb{Z}\end{cases}$$

这组关系就是 Mallat 分解链.

证明　多次重复利用在正交直和分解关系 $V_{j+1}=V_j\oplus W_j$ 中的 Mallat 分解公式可以递归得到证明. 当然也可以直接利用正交投影以及这些子空间的规范正交基的特殊构造完成证明. 建议读者完成这个证明.　#

这个定理深刻描述了函数在尺度子空间列和小波子空间列上正交投影在这些子空间规范正交基下的投影系数之间的依赖关系，即正交小波分解链. 因为这些正交小波分解链内在的正交性，所以这个过程是酉变换关系，从而其逆必存在并且具有简洁的表述方法.

(δ) 正交小波合成链

定理 5.15 (正交小波合成链)　在多分辨率分析理论体系下，对于任意函数 $f(x)\in\mathcal{L}^2(\mathbb{R})$，假设 $f(x)$ 在 $\mathcal{L}^2(\mathbb{R})$ 的闭线性子空间列：

$$V_{j+1},W_j,W_{j-1},\cdots,W_{j-L},V_{j-L}$$

上的正交投影分别是

$$f_{j+1}^{(0)}(x),f_j^{(1)}(x),f_{j-1}^{(1)}(x),\cdots,f_{j-L}^{(1)}(x),f_{j-L}^{(0)}(x)$$

而且 $\{d_{j+1,n}^{(0)};n\in\mathbb{Z}\}$，$\{d_{j-\ell,k}^{(1)};k\in\mathbb{Z}\},\ell=0,1,2,\cdots,L$ 和 $\{d_{j-L,k}^{(0)};k\in\mathbb{Z}\}$ 满足

$$\begin{cases}f_{j+1}^{(0)}(x)=\sum\limits_{n\in\mathbb{Z}}d_{j+1,n}^{(0)}\varphi_{j+1,n}(x)\\ f_{j-L}^{(0)}(x)=\sum\limits_{n\in\mathbb{Z}}d_{j-L,k}^{(0)}\varphi_{j-L,k}(x)\\ f_{j-\ell}^{(1)}(x)=\sum\limits_{n\in\mathbb{Z}}d_{j-\ell,k}^{(1)}\psi_{j-\ell,k}(x),\quad \ell=0,1,2,\cdots,L\end{cases}$$

那么，成立如下的递归链式正交合成公式：当 $\ell=0,1,2,\cdots,L$ 时，

$$d_{j+1-\ell,n}^{(0)}=\sum_{k\in\mathbb{Z}}(h_{n-2k}d_{j-\ell,k}^{(0)}+g_{n-2k}d_{j-\ell,k}^{(1)}),\quad n\in\mathbb{Z},\quad \ell=L,(L-1),\cdots,2,1,0$$

这组关系就是 Mallat 正交小波合成链.

证明　多次重复利用在正交直和分解关系 $V_{j+1}=V_j\oplus W_j$ 中的 Mallat 合成公式可以递归得到证明. 当然也可以直接利用正交投影以及这些子空间的规范正交基的特殊构造完成证明. 建议读者完成这个证明. #

定理 5.14 和定理 5.15 深刻描述了在尺度子空间列和小波子空间列上函数正交投影在这些子空间规范正交基下的投影系数之间的依赖关系，即正交小波链. 在这个理论体系下，函数的正交投影、正交投影系数之间存在十分简单直观的依赖关系，这种关系是正交分解和正交合成关系，整个过程体现为一种“酉的”关系. 这些研究结果以及正交小波的性质非常有利于函数和函数空间的表达和刻画.

5.2.2　序列空间小波链

在多分辨率分析理论体系下，任意函数 $f(x)\in\mathcal{L}^2(\mathbb{R})$，假设 $f(x)$ 在 $\mathcal{L}^2(\mathbb{R})$ 的闭线性子空间列：

$$V_{j+1},W_j,W_{j-1},\cdots,W_{j-L},V_{j-L}$$

上的正交投影分别是

$$f_{j+1}^{(0)}(x),f_j^{(1)}(x),f_{j-1}^{(1)}(x),\cdots,f_{j-L}^{(1)}(x),f_{j-L}^{(0)}(x)$$

而且 $\{d_{j+1,n}^{(0)};n\in\mathbb{Z}\}$，$\{d_{j-\ell,k}^{(1)};k\in\mathbb{Z}\},\ell=0,1,2,\cdots,L$ 和 $\{d_{j-L,k}^{(0)};k\in\mathbb{Z}\}$ 满足

$$\begin{cases}f_{j+1}^{(0)}(x)=\sum\limits_{n\in\mathbb{Z}}d_{j+1,n}^{(0)}\varphi_{j+1,n}(x)\\ f_{j-L}^{(0)}(x)=\sum\limits_{n\in\mathbb{Z}}d_{j-L,k}^{(0)}\varphi_{j-L,k}(x)\\ f_{j-\ell}^{(1)}(x)=\sum\limits_{n\in\mathbb{Z}}d_{j-\ell,k}^{(1)}\psi_{j-\ell,k}(x),\quad \ell=0,1,2,\cdots,L\end{cases}$$

在序列空间 $\ell^2(\mathbb{Z})$ 中引入列向量符号：

$$\begin{cases}\mathscr{D}_{j+1}^{(0)}=\{d_{j+1,n}^{(0)};n\in\mathbb{Z}\}^{\mathrm{T}}\\ \mathscr{D}_{j-\ell}^{(1)}=\{d_{j-\ell,k}^{(1)};k\in\mathbb{Z}\}^{\mathrm{T}},\quad \ell=0,1,2,\cdots,L\\ \mathscr{D}_{j-\ell}^{(0)}=\{d_{j-\ell,k}^{(0)};k\in\mathbb{Z}\}^{\mathrm{T}},\quad \ell=0,1,2,\cdots,L\end{cases}$$

那么，在函数 $\mathcal{L}^2(\mathbb{R})$ 上小波链的各项成果都将获得在序列空间 $\ell^2(\mathbb{Z})$ 上的表达形式，即序列空间小波链理论.

(α) 序列正交小波分解链

在多分辨率分析理论体系下，结合这里引入的序列符号得到 Mallat 分解公式在序列空间的表达.

定理 5.16 (序列正交小波分解链)　在多分辨率分析理论体系下, Mallat 分解链可以等价写成如下形式:

$$\left(\frac{\mathscr{D}_{j-\ell}^{(0)}}{\mathscr{D}_{j-\ell}^{(1)}}\right)=\boldsymbol{\mathcal{A}}_\ell^*\mathscr{D}_{j-\ell+1}^{(0)}=\left(\frac{\boldsymbol{\mathcal{H}}_\ell^*}{\boldsymbol{\mathcal{G}}_\ell^*}\right)\mathscr{D}_{j-\ell+1}^{(0)}$$
$$=\left(\frac{\boldsymbol{\mathcal{H}}_\ell^*\mathscr{D}_{j-\ell+1}^{(0)}}{\boldsymbol{\mathcal{G}}_\ell^*\mathscr{D}_{j-\ell+1}^{(0)}}\right),\quad \ell=0,1,2,\cdots,L$$

其中，$\boldsymbol{\mathcal{A}}_\ell=\left(\boldsymbol{\mathcal{H}}_\ell \mid \boldsymbol{\mathcal{G}}_\ell\right)_{[2^{-\ell}\infty]\times[2^{-\ell}\infty]}$ 是 $[2^{-\ell}\infty]\times[2^{-\ell}\infty]$ 矩阵，按照分块矩阵方法表示为 1×2 的分块形式，$\boldsymbol{\mathcal{H}}_\ell,\boldsymbol{\mathcal{G}}_\ell$ 都是 $[2^{-\ell}\infty]\times[2^{-(\ell+1)}\infty]$ 矩阵，其构造方法与 $\ell=0$ 对应的 $\boldsymbol{\mathcal{H}}_\ell=\boldsymbol{\mathcal{H}}_0=\boldsymbol{\mathcal{H}}$，$\boldsymbol{\mathcal{G}}_\ell=\boldsymbol{\mathcal{G}}_0=\boldsymbol{\mathcal{G}}$ 的构造方法完全相同，唯一的差异仅仅是这些矩阵的尺寸将随着 $\ell=0,1,2,\cdots,L$ 的数值不同而发生变化.

证明　利用分块矩阵表示方法，将函数空间 $\boldsymbol{\mathcal{L}}^2(\mathbb{R})$ 上的函数表示转换为这些函数在尺度子空间和小波子空间规范正交基上的投影系数序列表示，仔细排列各个分块矩阵的位置，如是则不难完成定理的证明. 建议读者把这个证明过程补充完整.　#

(β) 序列正交小波合成链

定理 5.17 (序列正交小波合成链)　在多分辨率分析理论体系下, Mallat 合成链可以等价写成如下形式:

$$\mathscr{D}_{j-\ell+1}^{(0)}=\boldsymbol{\mathcal{A}}_\ell\left(\frac{\mathscr{D}_{j-\ell}^{(0)}}{\mathscr{D}_{j-\ell}^{(1)}}\right)=\left(\boldsymbol{\mathcal{H}}_\ell\middle|\boldsymbol{\mathcal{G}}_\ell\right)\left(\frac{\mathscr{D}_{j-\ell}^{(0)}}{\mathscr{D}_{j-\ell}^{(1)}}\right)=\boldsymbol{\mathcal{H}}_\ell\mathscr{D}_{j-\ell}^{(0)}+\boldsymbol{\mathcal{G}}_\ell\mathscr{D}_{j-\ell}^{(1)}$$

其中，$\ell=L,L-1,\cdots,2,1,0$.

证明　仿照定理 5.16 证明的说明.

(γ) 序列小波分解集成链

利用分块矩阵表示方法，可以将递归逐步描述的序列正交小波分解链集中形成统一的序列小波分解集成链.

定理 5.18 (序列小波分解集成链) 在多分辨率分析理论体系下, Mallat 分解链可以等价写成如下形式:

$$\begin{pmatrix} \mathscr{D}_{j-L}^{(0)} \\ \hline \mathscr{D}_{j-L}^{(1)} \\ \hline \vdots \\ \hline \mathscr{D}_{j-1}^{(1)} \\ \hline \mathscr{D}_{j}^{(1)} \end{pmatrix} = \begin{pmatrix} \mathcal{H}_L^*\mathcal{H}_{(L-1)}^* \cdots \mathcal{H}_0^* \\ \hline \mathcal{G}_L^*\ \mathcal{H}_{(L-1)}^* \cdots \mathcal{H}_0^* \\ \hline \vdots \\ \hline \mathcal{G}_1^*\mathcal{H}_0^* \\ \hline \mathcal{G}_0^* \end{pmatrix} \mathscr{D}_{j+1}^{(0)}$$

其中分块矩阵(列向量)只按照行进行分块, 被表示成 $(L+2)\times 1$ 的分块形式, 从上到下各个分块的行数规则是

$$\frac{\infty}{2^{L+1}}, \frac{\infty}{2^{L+1}}, \frac{\infty}{2^{L}}, \frac{\infty}{2^{L-1}}, \cdots, \frac{\infty}{2^{2}}, \frac{\infty}{2^{1}}$$

证明 在定理 5.16 中, 注意迭代分解过程中分块矩阵行的变化规则, 将每次分块"行数"减半的方式准确刻画并集中表达, 就可以得到定理中给出的分块形式的集中一次实现链式分解的矩阵表示公式. 细节请读者补充和完善. #

这个定理非常巧妙地把每次行数减半的分块过程实现了统一刻画. 正是因为这个巧妙的表达形式, 虽然可以由此前的分析论证过程得到结果, 但在这里也容易直接验证序列小波分解集成链是一个酉变换或酉算子. 这个验证工作留给读者作为练习. 利用这个酉算子的逆算子的简洁表达形式可以得到关于序列小波合成的集成链的如下定理.

(δ) 序列小波合成集成链

利用分块矩阵表示方法, 可以将递归逐步描述的序列正交小波合成链集中形成统一的序列小波合成集成链.

定理 5.19 (序列小波合成集成链) 在多分辨率分析理论体系下, Mallat 合成链可以等价写成如下形式:

$$\mathscr{D}_{j+1}^{(0)} = \begin{pmatrix} \mathcal{H}_L^*\mathcal{H}_{(L-1)}^* \cdots \mathcal{H}_0^* \\ \hline \mathcal{G}_L^*\ \mathcal{H}_{(L-1)}^* \cdots \mathcal{H}_0^* \\ \hline \vdots \\ \hline \mathcal{G}_1^*\mathcal{H}_0^* \\ \hline \mathcal{G}_0^* \end{pmatrix}^* \begin{pmatrix} \mathscr{D}_{j-L}^{(0)} \\ \hline \mathscr{D}_{j-L}^{(1)} \\ \hline \vdots \\ \hline \mathscr{D}_{j-1}^{(1)} \\ \hline \mathscr{D}_{j}^{(1)} \end{pmatrix}$$

$$\mathscr{D}_{j+1}^{(0)} = \left(\mathcal{H}_0 \cdots \mathcal{H}_{L-1}\mathcal{H}_L \middle| \mathcal{H}_0 \cdots \mathcal{H}_{L-1}\mathcal{G}_L \middle| \cdots \middle| \mathcal{H}_0\mathcal{G}_1 \middle| \mathcal{G}_0\right) \left(\begin{array}{c} \mathscr{D}_{j-L}^{(0)} \\ \hline \mathscr{D}_{j-L}^{(1)} \\ \hline \vdots \\ \hline \mathscr{D}_{j-1}^{(1)} \\ \hline \mathscr{D}_{j}^{(1)} \end{array}\right)$$

$$= \mathcal{H}_0 \cdots \mathcal{H}_{L-1}\mathcal{H}_L\mathscr{D}_{j-L}^{(0)} + \mathcal{H}_0 \cdots \mathcal{H}_{L-1}\mathcal{G}_L\mathscr{D}_{j-L}^{(1)} + \cdots + \mathcal{H}_0\mathcal{G}_1\mathscr{D}_{j-1}^{(1)} + \mathcal{G}_0\mathscr{D}_{j}^{(1)}$$

证明　直接利用序列小波分解集成链的酉算子的逆算子正好是其复数共轭转置矩阵，写成这个逆算子的具体表达公式就可以完成全部证明. 证明细节留给读者完成. #

值得注意的是，在序列小波合成集成链的最后一个等价表达公式中，在无穷维序列空间 $\ell^2(\mathbb{Z})$ 中，原始无穷维序列向量被表示为 $(L+2)$ 个“同维数”列向量的和，而且，这些“同维数”列向量是相互正交的.

(ε) 序列小波链的正交性

在多分辨率分析理论中，引入无穷维序列线性空间 $\ell^2(\mathbb{Z})$ 中的列向量符号:

$$\begin{aligned}
\mathscr{R}_{j}^{(1)} &= \mathcal{G}_0\mathscr{D}_{j}^{(1)} \\
\mathscr{R}_{j-1}^{(1)} &= \mathcal{H}_0\mathcal{G}_1\mathscr{D}_{j-1}^{(1)} \\
&\cdots\cdots \\
\mathscr{R}_{j-L}^{(1)} &= \mathcal{H}_0 \cdots \mathcal{H}_{L-1}\mathcal{G}_L\mathscr{D}_{j-L}^{(1)} \\
\mathscr{R}_{j-L}^{(0)} &= \mathcal{H}_0 \cdots \mathcal{H}_{L-1}\mathcal{H}_L\mathscr{D}_{j-L}^{(0)}
\end{aligned}$$

定理 5.20 (序列小波链正交性)　在多分辨率分析理论体系下，序列小波分解链和序列小波合成链中出现的向量组 $\{\mathscr{R}_{j}^{(1)}, \mathscr{R}_{j-1}^{(1)}, \cdots, \mathscr{R}_{j-L}^{(1)}, \mathscr{R}_{j-L}^{(0)}\}$ 和原始的列向量 $\mathscr{D}_{j+1}^{(0)}$ 具有如下表示关系:

$$\mathscr{D}_{j+1}^{(0)} = \mathscr{R}_{j}^{(1)} + \mathscr{R}_{j-1}^{(1)} + \cdots + \mathscr{R}_{j-L}^{(1)} + \mathscr{R}_{j-L}^{(0)}$$

而且，由 $(L+2)$ 个向量组成的无穷维列向量组 $\{\mathscr{R}_{j}^{(1)}, \mathscr{R}_{j-1}^{(1)}, \cdots, \mathscr{R}_{j-L}^{(1)}, \mathscr{R}_{j-L}^{(0)}\}$ 在无穷维序列向量空间 $\ell^2(\mathbb{Z})$ 中相互正交，即

$$\left\langle \mathscr{R}_{j-\ell}^{(1)}, \mathscr{R}_{j-r}^{(1)} \right\rangle_{\ell^2(\mathbb{Z})} = 0, \quad \left\langle \mathscr{R}_{j-\ell}^{(1)}, \mathscr{R}_{j-L}^{(0)} \right\rangle_{\ell^2(\mathbb{Z})} = 0, \quad 0 \leqslant \ell \neq r \leqslant L$$

证明　利用定理 5.19 结合符号的定义，直接在无穷维序列向量空间 $\ell^2(\mathbb{Z})$ 中按照内积定义进行演算即可完成定理的证明. 强烈建议读者完成定理的详细证明. 实

际上，这个证明过程体现的是定理 5.19 中各个矩阵分块在适当意义下的正交性，通过仔细演算可以完全弄清楚"适当意义"到底是什么意义. #

这个定理及其证明过程充分说明，序列小波链体现的是无穷维序列向量空间 $\ell^2(\mathbb{Z})$ 中列向量向各个相互正交的闭子空间的正交投影，以及各个投影之间的正交性，容易想到，这个正交投影过程既体现了"勾股定理"的内容，反过来，又一定与这个空间中的某闭子空间的规范正交基相关联.

(ζ) 序列小波链的勾股定理

前述分析讨论暗示成立如下定理描述的序列小波链勾股定理.

定理 5.21 (序列小波链勾股定理)　在多分辨率分析理论体系下，序列小波分解链和序列小波合成链中出现的向量组 $\{\mathscr{R}_j^{(1)},\mathscr{R}_{j-1}^{(1)},\cdots,\mathscr{R}_{j-L}^{(1)},\mathscr{R}_{j-L}^{(0)}\}$ 和原始的列向量 $\mathscr{D}_{j+1}^{(0)}$ 具有如下勾股定理:

$$\mathscr{D}_{j+1}^{(0)}=\mathscr{R}_j^{(1)}+\mathscr{R}_{j-1}^{(1)}+\cdots+\mathscr{R}_{j-L}^{(1)}+\mathscr{R}_{j-L}^{(0)}$$

而且在无穷维序列空间 $\ell^2(\mathbb{Z})$ 中，存在如下"勾股定理"恒等式:

$$\|\mathscr{D}_{j+1}^{(0)}\|_{\ell^2(\mathbb{Z})}^2=\|\mathscr{R}_j^{(1)}\|_{\ell^2(\mathbb{Z})}^2+\|\mathscr{R}_{j-1}^{(1)}\|_{\ell^2(\mathbb{Z})}^2+\cdots+\|\mathscr{R}_{j-L}^{(1)}\|_{\ell^2(\mathbb{Z})}^2+\|\mathscr{R}_{j-L}^{(0)}\|_{\ell^2(\mathbb{Z})}^2$$

此外，根据无穷维序列空间 $\ell^2(\mathbb{Z})$ 中"(欧氏)范数"的定义，这些向量的欧氏长度平方可以表示为

$$\begin{cases}\|\mathscr{D}_{j+1}^{(0)}\|_{\ell^2(\mathbb{Z})}^2=\sum\limits_{n\in\mathbb{Z}}|d_{j+1,n}^{(0)}|^2\\ \|\mathscr{R}_{j-\ell}^{(1)}\|_{\ell^2(\mathbb{Z})}^2=\sum\limits_{k\in\mathbb{Z}}|d_{j-\ell,k}^{(1)}|^2,\quad \ell=0,1,2,\cdots,L\\ \|\mathscr{R}_{j-L}^{(0)}\|_{\ell^2(\mathbb{Z})}^2=\sum\limits_{k\in\mathbb{Z}}|d_{j-L,k}^{(0)}|^2\end{cases}$$

证明　直接利用符号的定义进行形式演算即可完成证明，建议读者补充并完善这个证明过程. 实际上，利用希尔伯特空间中正交闭子空间之间的关系以及这些闭子空间存在规范正交基时的性质，这个定理的结果是显而易见的. 建议读者思考这个具体的证明过程，回顾和参考关于希尔伯特空间的相应专著，能够形成这个定理所述的几何直观. #

众所周知，勾股定理的等价刻画就是正交投影，或者闭子空间中存在规范正交基，这里与这个定理所述勾股定理相关联的规范正交基是迭代小波基或序列小波链规范正交基.

(η) 序列小波链规范正交基

把定理 5.21 中出现的 $(L+2)$ 个矩阵 $\mathcal{G}_0, \mathcal{H}_0\mathcal{G}_1, \cdots, \mathcal{H}_0\cdots\mathcal{H}_{L-1}\mathcal{G}_L, \mathcal{H}_0\cdots\mathcal{H}_{L-1}\mathcal{H}_L$ 全部按照列向量的形式，重新约定撰写成如下格式：

$$\mathcal{G}^{(0)} = \mathcal{G}_0 = \mathcal{G} = [\mathbf{g}(0,2k) = \{g_{0,2k,m}; m \in \mathbb{Z}\}^{\mathrm{T}} = \mathbf{g}^{(2k)}; k \in \mathbb{Z}]_{\infty \times \frac{\infty}{2}}$$

$$\mathcal{G}^{(1)} = \mathcal{H}_0\mathcal{G}_1 = [\mathbf{g}(1,4k) = \{g_{1,4k,m}; m \in \mathbb{Z}\}^{\mathrm{T}}; k \in \mathbb{Z}]_{\infty \times \frac{\infty}{4}}$$

$$\mathcal{G}^{(2)} = \mathcal{H}_0\mathcal{H}_1\mathcal{G}_2 = [\mathbf{g}(2,8k) = \{g_{2,8k,m}; m \in \mathbb{Z}\}^{\mathrm{T}}; k \in \mathbb{Z}]_{\infty \times \frac{\infty}{8}}$$

$$\cdots$$

$$\mathcal{G}^{(\ell)} = \mathcal{H}_0\cdots\mathcal{H}_{\ell-1}\mathcal{G}_\ell = [\mathbf{g}(\ell,2^{\ell+1}k) = \{g_{\ell,2^{\ell+1}k,m}; m \in \mathbb{Z}\}^{\mathrm{T}}; k \in \mathbb{Z}]_{\infty \times \frac{\infty}{2^{\ell+1}}}$$

$$\cdots$$

$$\mathcal{G}^{(L)} = \mathcal{H}_0\cdots\mathcal{H}_{L-1}\mathcal{G}_L = [\mathbf{g}(L,2^{L+1}k) = \{g_{L,2^{L+1}k,m}; m \in \mathbb{Z}\}^{\mathrm{T}}; k \in \mathbb{Z}]_{\infty \times \frac{\infty}{2^{L+1}}}$$

$$\mathcal{H}^{(L)} = \mathcal{H}_0\cdots\mathcal{H}_{L-1}\mathcal{H}_L = [\mathbf{h}(L,2^{L+1}k) = \{h_{L,2^{L+1}k,m}; m \in \mathbb{Z}\}^{\mathrm{T}}; k \in \mathbb{Z}]_{\infty \times \frac{\infty}{2^{L+1}}}$$

这些矩阵的全部列向量构成无穷序列向量空间 $\ell^2(\mathbb{Z})$ 的一个规范正交基，即如下的定理成立.

定理 5.22 (序列小波链规范正交基)　在多分辨率分析理论体系下，利用引进的这些列向量记号，那么，下列矩阵：

$$\mathcal{G}^{(0)} = \mathcal{G}_0 = \mathcal{G}$$

$$\mathcal{G}^{(1)} = \mathcal{H}_0\mathcal{G}_1$$

$$\mathcal{G}^{(2)} = \mathcal{H}_0\mathcal{H}_1\mathcal{G}_2$$

$$\cdots\cdots$$

$$\mathcal{G}^{(\ell)} = \mathcal{H}_0\cdots\mathcal{H}_{\ell-1}\mathcal{G}_\ell$$

$$\cdots\cdots$$

$$\mathcal{G}^{(L)} = \mathcal{H}_0\cdots\mathcal{H}_{L-1}\mathcal{G}_L$$

$$\mathcal{H}^{(L)} = \mathcal{H}_0\cdots\mathcal{H}_{L-1}\mathcal{H}_L$$

的全部列向量构成的向量系：

$$\{\mathbf{g}(\ell,2^{\ell+1}k); k \in \mathbb{Z}, \ell = 0,1,2,\cdots,L\} \cup \{\mathbf{h}(L,2^{L+1}k); k \in \mathbb{Z}\}$$

构成无穷维序列空间 $\ell^2(\mathbb{Z})$ 的规范正交基.

证明　利用序列小波分解链和序列小波合成链的酉变换性质，能够完成这个定理的证明. 建议读者独立完成这个定理的详细证明.　#

这个定理的结果在设计正交小波分解和合成算法的计算方法时，是最核心的关键性基础，除了使用逐步迭代分解或合成的计算方式之外，利用这个定理的结果的离散傅里叶变换形式可以构造高效的数值计算方法，感兴趣的读者可以参考本章的参考文献.

(θ) 序列空间的小波子空间

根据定理 5.22 的结果，其中各个分块矩阵的列向量都是规范正交系，共同构成序列向量空间 $\ell^2(\mathbb{Z})$ 的规范正交基，因此，这实际上是提供了序列向量空间 $\ell^2(\mathbb{Z})$ 的正交直和分解，这就是如下定理的结果.

定理 5.23 (序列空间的小波子空间分解) 在多分辨率分析理论体系下，利用引进的这些列向量记号，定义序列向量空间 $\ell^2(\mathbb{Z})$ 的子空间序列:

$$\mathscr{W}_{j-\ell} = \text{Closespan}\{\mathbf{g}(\ell, 2^{\ell+1}k); k \in \mathbb{Z}\}, \quad \ell = 0,1,2,\cdots,L$$
$$\mathscr{V}_{j-L} = \text{Closespan}\{\mathbf{h}(L, 2^{L+1}k); k \in \mathbb{Z}\}$$

那么，$\ell^2(\mathbb{Z})$ 的子空间序列 $\{\mathscr{V}_{j-L}, \mathscr{W}_{j-\ell}, \ell = 0,1,2,\cdots,L\}$ 是相互正交的，而且

$$\ell^2(\mathbb{Z}) = \mathscr{V}_{j-L} \oplus \left[\bigoplus_{\ell=0,1,2,\cdots,L} \mathscr{W}_{j-\ell}\right]$$

证明 因为规范正交向量系:

$$\{\mathbf{g}(\ell, 2^{\ell+1}k); k \in \mathbb{Z}, \ell = 0,1,2,\cdots,L\} \cup \{\mathbf{h}(L, 2^{L+1}k); k \in \mathbb{Z}\}$$

构成无穷维序列线性空间 $\ell^2(\mathbb{Z})$ 的规范正交基. 这个定理的结果只不过是一个简单的推论而已. #

(ι) 序列小波投影的坐标

利用无穷维序列线性空间 $\ell^2(\mathbb{Z})$ 的平凡规范正交基和上述小波尺度规范正交基，可以清晰刻画序列小波链理论中向量正交投影两种表达形式下的“坐标”的不同含义.

定理 5.24 (平凡基小波分解坐标) 在多分辨率分析理论体系中，在无穷维序列空间 $\ell^2(\mathbb{Z})$ 的平凡规范正交基下，原始向量 $\mathscr{D}_{j+1}^{(0)}$ 在 $\ell^2(\mathbb{Z})$ 的子空间序列 $\mathscr{V}_{j-L}$, $\mathscr{W}_{j-\ell}, \ell = 0,1,2,\cdots,L$ 上正交投影的坐标是 $\mathscr{R}_{j-L}^{(0)}, \mathscr{R}_{j}^{(1)}, \mathscr{R}_{j-1}^{(1)}, \cdots, \mathscr{R}_{j-L}^{(1)}$.

证明 根据序列小波合成集成链公式:

$$\mathscr{D}_{j+1}^{(0)} = \mathscr{R}_{j}^{(1)} + \mathscr{R}_{j-1}^{(1)} + \cdots + \mathscr{R}_{j-L}^{(1)} + \mathscr{R}_{j-L}^{(0)}$$

以及上式右边出现的相互正交的各项所在的子空间完成证明. #

定理 5.25 (小波基小波分解坐标) 在多分辨率分析理论体系中，在无穷维序

列空间 $\ell^2(\mathbb{Z})$ 的如下正交小波基:

$$\{\mathbf{g}(\ell,2^{\ell+1}k);k\in\mathbb{Z},\ell=0,1,2,\cdots,L\}\cup\{\mathbf{h}(L,2^{L+1}k);k\in\mathbb{Z}\}$$

下，原始向量 $\mathscr{D}_{j+1}^{(0)}$ 在 $\ell^2(\mathbb{Z})$ 的子空间序列 $\mathscr{V}_{j-L},\mathscr{W}_{j-\ell},\ell=0,1,2,\cdots,L$ 上正交投影的坐标分别是

$$\mathscr{D}_{j-L}^{(0)}=\{d_{j-L,k}^{(0)};k\in\mathbb{Z}\}^{\mathrm{T}},\quad \mathscr{D}_{j-\ell}^{(1)}=\{d_{j-\ell,k}^{(1)};k\in\mathbb{Z}\}^{\mathrm{T}},\quad \ell=0,1,2,\cdots,L$$

证明　由定理 5.18 可知

$$\left(\begin{array}{c}\mathscr{D}_{j-L}^{(0)}\\\hline \mathscr{D}_{j-L}^{(1)}\\\hline \vdots\\\hline \mathscr{D}_{j-1}^{(1)}\\\hline \mathscr{D}_{j}^{(1)}\end{array}\right)=\left(\begin{array}{c}\mathcal{H}_L^*\mathcal{H}_{(L-1)}^*\cdots\mathcal{H}_0^*\\\hline \mathcal{G}_L^*\ \mathcal{H}_{(L-1)}^*\cdots\mathcal{H}_0^*\\\hline \vdots\\\hline \mathcal{G}_1^*\mathcal{H}_0^*\\\hline \mathcal{G}_0^*\end{array}\right)\mathscr{D}_{j+1}^{(0)}$$

这个公式说明，比如，当 $\ell=0,1,2,\cdots,L$ 时，原始向量 $\mathscr{D}_{j+1}^{(0)}$ 在 $\ell^2(\mathbb{Z})$ 的“小波子空间” $\mathscr{W}_{j-\ell}$ 的规范正交小波基 $\{\mathbf{g}(\ell,2^{\ell+1}k);k\in\mathbb{Z}\}$ 下正交投影的坐标是

$$\mathscr{D}_{j-\ell}^{(1)}=\left\{d_{j-\ell,k}^{(1)};k\in\mathbb{Z}\right\}^{\mathrm{T}}$$

这个正交投影在其他子空间联合的规范正交小波基:

$$\{\mathbf{g}(m,2^{m+1}k);k\in\mathbb{Z},m=0,1,\cdots,\ell-1,\ell+1,\cdots,L\}\cup\{\mathbf{h}(L,2^{L+1}k);k\in\mathbb{Z}\}$$

上的坐标分量都是零. 类似可以说明 $\mathscr{D}_{j+1}^{(0)}$ 在 $\mathscr{V}_{j-L}$ 上正交投影的坐标含义.　#

总之，$\mathscr{D}_{j+1}^{(0)}$ 在正交尺度和小波子空间序列 $\mathscr{V}_{j-L},\mathscr{W}_{j-\ell},\ell=0,1,2,\cdots,L$ 上的正交投影是唯一确定的，但是当无穷维序列线性空间 $\ell^2(\mathbb{Z})$ 选择不同的规范正交基时，这些正交投影的坐标是会相应地变化的:

在无穷维序列空间 $\ell^2(\mathbb{Z})$ 的平凡规范正交基之下，这些正交投影的坐标是

$$\mathscr{R}_{j-L}^{(0)},\mathscr{R}_{j}^{(1)},\mathscr{R}_{j-1}^{(1)},\cdots,\mathscr{R}_{j-L}^{(1)}$$

在无穷维序列空间 $\ell^2(\mathbb{Z})$ 选择如下的规范正交小波基:

$$\{\mathbf{h}(L,2^{L+1}k);k\in\mathbb{Z}\}\cup\{\mathbf{g}(\ell,2^{\ell+1}k);k\in\mathbb{Z},\ell=0,1,2,\cdots,L\}$$

那么，这些正交投影的坐标变为

$$\mathscr{D}_{j-L}^{(0)},\mathscr{D}_{j}^{(1)},\mathscr{D}_{j-1}^{(1)},\cdots,\mathscr{D}_{j-L}^{(1)}$$

这个总结还可以显得更简洁:

“分解过程使用规范正交小波基”正交投影坐标是

$$\mathscr{D}_{j-L}^{(0)}, \mathscr{D}_{j}^{(1)}, \mathscr{D}_{j-1}^{(1)}, \cdots, \mathscr{D}_{j-L}^{(1)}$$

“合成过程使用规范正交平凡基”正交投影坐标是

$$\mathscr{R}_{j-L}^{(0)}, \mathscr{R}_{j}^{(1)}, \mathscr{R}_{j-1}^{(1)}, \cdots, \mathscr{R}_{j-L}^{(1)}$$

通过这样的研究,函数空间 $\mathcal{L}^2(\mathbb{R})$ 上的多分辨率分析的小波链理论就完全转换为在无穷维序列线性空间 $\ell^2(\mathbb{Z})$ 上的序列形式的小波链理论.

5.3 小波包理论

在正交小波理论和小波链理论中,最核心的两个特征是,子空间正交直和分解总是把一个尺度子空间分解为倍增尺度的尺度子空间和小波子空间的正交和;尺度子空间的尺度函数平移规范正交基被替换为尺度倍增之后尺度函数平移规范正交系与正交的小波函数平移规范正交系共同构成的另一个规范正交基.

在正交小波分解和小波分解链实现过程中,小波子空间一旦出现就不会再次被分解,而且,其中的小波函数平移规范正交基再也不会被替换为另一个由相互正交的两个平移规范正交系共同构成的规范正交基,即小波子空间以及小波子空间的规范正交基,一旦出现将永远不再改变.

在函数小波分解和小波链分解实现过程中,函数的小波成分以及小波成分在小波函数平移规范正交基下的坐标(正交小波级数的系数序列),一旦出现将永远不再改变.

在正交小波理论和小波链理论中,被改变的永远是尺度子空间以及尺度子空间中的尺度函数平移规范正交基.

在这样的多分辨率分析中,小波子空间以及其中的小波函数平移规范正交基就不能像处理尺度子空间以及其中的尺度函数平移规范正交基那样被替换和改变吗?

这就是小波包理论要解决的问题.

5.3.1 子空间的直和分解

在多分辨率分析中,$V_{j+1} = V_j \oplus W_j$ 是最重要的尺度子空间正交直和分解公式,其中 $j \in \mathbb{Z}$,因为尺度伸缩依赖关系,这些类似的分解关系最终被集中为唯一一个分解关系 $V_1 = V_0 \oplus W_0$,经过详细深入的研究,得到了正交小波函数,即多分辨率

分析小波的构造方法，实现这个构造的关键公式是如下的尺度方程和小波方程:

$$\begin{cases}\varphi(x)=\sqrt{2}\sum\limits_{n\in\mathbb{Z}}h_n\varphi(2x-n)\\ \psi(x)=\sqrt{2}\sum\limits_{n\in\mathbb{Z}}g_n\varphi(2x-n)\end{cases}\Leftrightarrow\begin{cases}\Phi(\omega)=\mathrm{H}(0.5\omega)\Phi(0.5\omega)\\ \Psi(\omega)=\mathrm{G}(0.5\omega)\Phi(0.5\omega)\end{cases}$$

回顾正交小波构造充分必要条件的证明过程，在充分性证明过程中，利用构造矩阵的酉性，即构造矩阵:

$$\mathbf{M}(\omega)=\begin{pmatrix}\mathrm{H}(\omega) & \mathrm{H}(\omega+\pi)\\ \mathrm{G}(\omega) & \mathrm{G}(\omega+\pi)\end{pmatrix}$$

满足如下恒等式:

$$\mathbf{M}(\omega)\mathbf{M}^*(\omega)=\mathbf{M}^*(\omega)\mathbf{M}(\omega)=\mathbf{I}$$

或者等价地，当 $\omega\in[0,2\pi]$ 时，

$$\begin{aligned}&|\,\mathrm{H}(\omega)\,|^2+|\,\mathrm{H}(\omega+\pi)\,|^2=1\\ &|\,\mathrm{G}(\omega)\,|^2+|\,\mathrm{G}(\omega+\pi)\,|^2=1\\ &\mathrm{H}(\omega)\overline{\mathrm{G}}(\omega)+\mathrm{H}(\omega+\pi)\overline{\mathrm{G}}(\omega+\pi)=0\end{aligned}$$

或者等价地，在空间 $\ell^2(\mathbb{Z})$ 中，对于任意的 $(m,k)\in\mathbb{Z}^2$，

$$\begin{cases}\left\langle\mathbf{h}^{(2m)},\mathbf{h}^{(2k)}\right\rangle=\sum\limits_{n\in\mathbb{Z}}h_{n-2m}\overline{h}_{n-2k}=\delta(m-k)\\ \left\langle\mathbf{g}^{(2m)},\mathbf{g}^{(2k)}\right\rangle=\sum\limits_{n\in\mathbb{Z}}g_{n-2m}\overline{g}_{n-2k}=\delta(m-k)\\ \left\langle\mathbf{g}^{(2m)},\mathbf{h}^{(2k)}\right\rangle=\sum\limits_{n\in\mathbb{Z}}g_{n-2m}\overline{h}_{n-2k}=0\end{cases}$$

表达尺度方程和小波方程系数序列是相互正交的两个偶数平移规范正交无穷序列向量组，并据此证明 $\{\varphi(x-k);k\in\mathbb{Z}\}$ 和 $\{\psi(x-k);k\in\mathbb{Z}\}$ 分别构成 V_0,W_0 的平移规范正交基，而且 $\{\varphi(x-k);k\in\mathbb{Z}\}\cup\{\psi(x-k);k\in\mathbb{Z}\}$ 构成 V_1 的平移规范正交基，这样实现 $V_1=V_0\oplus W_0$ 的正交直和分解.

这个简短的回顾表明，只要在多分辨率分析理论框架内，无论是尺度子空间还是小波子空间，利用其中的平移函数规范正交基，以尺度方程和小波方程系数序列为“分解器”，构造两个函数，即“尺度函数”和“小波函数”，它们的平移函数系构成规范正交函数系，分别张成两个相互正交的闭子空间，它们的直和就是开始出现的子空间，即实现了原始子空间的正交直和分解. 总之，尺度方程和小波方程系数序列或者低通和带通滤波器系数序列实际上就是一个“闭子空间的正交直和分解器”.

把这个过程进行抽象就得到下列子空间正交分解方法.

(α) 规范正交基正交分解

引理 5.1 (子空间正交分解) 在多分辨率分析理论体系中, 设 $\mathcal{L}$ 是函数空间 $\mathcal{L}^2(\mathbb{R})$ 的闭子空间, 存在 $\zeta(x)\in\mathcal{L}$ 使得 $\{\sqrt{2}\zeta(2x-n);n\in\mathbb{Z}\}$, 即由函数 $\zeta(x)$ 平移产生的函数系是 $\mathcal{L}$ 的规范正交基, 定义函数:

$$\begin{cases}\varsigma(x)=\sqrt{2}\sum\limits_{n\in\mathbb{Z}}h_n\zeta(2x-n)\\ \upsilon(x)=\sqrt{2}\sum\limits_{n\in\mathbb{Z}}g_n\zeta(2x-n)\end{cases}$$

那么, $\{\varsigma(x-n);n\in\mathbb{Z}\}$ 和 $\{\upsilon(x-n);n\in\mathbb{Z}\}$ 是 $\mathcal{L}^2(\mathbb{R})$ 中相互正交的两个整数平移规范正交函数系, 而且, 它们共同构成子空间 $\mathcal{L}$ 的规范正交基.

证明 第一步, 证明对于任意的 $(n,m)\in\mathbb{Z}^2$, 成立如下内积公式:

$$\begin{cases}\left\langle\varsigma(\cdot-n),\varsigma(\cdot-m)\right\rangle=\int_{x\in\mathbb{R}}\varsigma(x-n)\overline{\varsigma}(x-m)dx=\delta(n-m)\\ \left\langle\upsilon(\cdot-n),\upsilon(\cdot-m)\right\rangle=\int_{x\in\mathbb{R}}\upsilon(x-n)\overline{\upsilon}(x-m)dx=\delta(n-m)\\ \left\langle\varsigma(\cdot-n),\upsilon(\cdot-m)\right\rangle=\int_{x\in\mathbb{R}}\varsigma(x-n)\overline{\upsilon}(x-m)dx=0\end{cases}$$

根据定义可知(仿照多分辨率分析的证明过程):

$$\begin{cases}\varsigma(x)=\sqrt{2}\sum\limits_{n\in\mathbb{Z}}h_n\zeta(2x-n)\\ \upsilon(x)=\sqrt{2}\sum\limits_{n\in\mathbb{Z}}g_n\zeta(2x-n)\end{cases}\Leftrightarrow\begin{cases}\hat{\varsigma}(\omega)=\mathrm{H}(\omega/2)\hat{\zeta}(\omega/2)\\ \hat{\upsilon}(\omega)=\mathrm{G}(\omega/2)\hat{\zeta}(\omega/2)\end{cases}$$

其中

$$\begin{cases}\hat{\varsigma}(\omega)=(2\pi)^{-0.5}\int_{x\in\mathbb{R}}\varsigma(x)e^{-i\omega x}dx\\ \hat{\upsilon}(\omega)=(2\pi)^{-0.5}\int_{x\in\mathbb{R}}\upsilon(x)e^{-i\omega x}dx\\ \hat{\zeta}(\omega)=(2\pi)^{-0.5}\int_{x\in\mathbb{R}}\zeta(x)e^{-i\omega x}dx\end{cases}$$

分别表示三个函数 $\varsigma(x),\upsilon(x),\zeta(x)$ 的傅里叶变换. 进一步演算内积:

$$\begin{aligned}\left\langle\varsigma(\cdot-n),\varsigma(\cdot-m)\right\rangle&=\int_{x\in\mathbb{R}}\varsigma(x-n)\overline{\varsigma}(x-m)dx=\int_{\omega\in\mathbb{R}}|\hat{\varsigma}(\omega)|^2e^{-i\omega(n-m)}d\omega\\&=\int_{\omega\in\mathbb{R}}|\mathrm{H}(\omega/2)\hat{\zeta}(\omega/2)|^2e^{-i\omega(n-m)}d\omega\\&=\sum_{k=-\infty}^{+\infty}\int_{4\pi k}^{4\pi(k+1)}|\mathrm{H}(\omega/2)|^2|\hat{\zeta}(\omega/2)|^2e^{-i\omega(n-m)}d\omega\end{aligned}$$

$$= \int_0^{4\pi} |\mathrm{H}(\omega/2)|^2 e^{-i\omega(n-m)} \sum_{k=-\infty}^{+\infty} |\hat{\zeta}(\omega/2+2k\pi)|^2 d\omega$$
$$= \frac{1}{2\pi}\int_0^{4\pi} |\mathrm{H}(\omega/2)|^2 e^{-i\omega(n-m)} d\omega$$
$$= \frac{1}{2\pi}\int_0^{2\pi} [|\mathrm{H}(\omega/2)|^2 + |\mathrm{H}(\omega/2+\pi)|^2] e^{-i\omega(n-m)} d\omega$$
$$= \frac{1}{2\pi}\int_0^{2\pi} e^{-i\omega(n-m)} d\omega = \delta(n-m)$$

而且

$$\left\langle \upsilon(\cdot-n), \upsilon(\cdot-m)\right\rangle = \int_{x\in\mathbf{R}} \upsilon(x-n)\overline{\upsilon}(x-m)dx = \int_{\omega\in\mathbf{R}} |\hat{\upsilon}(\omega)|^2 e^{-i\omega(n-m)} d\omega$$
$$= \int_{\omega\in\mathbf{R}} |\mathrm{G}(\omega/2)\hat{\zeta}(\omega/2)|^2 e^{-i\omega(n-m)} d\omega$$
$$= \sum_{k=-\infty}^{+\infty} \int_{4\pi k}^{4\pi(k+1)} |\mathrm{G}(\omega/2)|^2 |\hat{\zeta}(\omega/2)|^2 e^{-i\omega(n-m)} d\omega$$
$$= \int_0^{4\pi} |\mathrm{G}(\omega/2)|^2 e^{-i\omega(n-m)} \sum_{k=-\infty}^{+\infty} |\hat{\zeta}(\omega/2+2k\pi)|^2 d\omega$$
$$= \frac{1}{2\pi}\int_0^{4\pi} |\mathrm{G}(\omega/2)|^2 e^{-i\omega(n-m)} d\omega$$
$$= \frac{1}{2\pi}\int_0^{2\pi} [|\mathrm{G}(\omega/2)|^2 + |\mathrm{G}(\omega/2+\pi)|^2] e^{-i\omega(n-m)} d\omega$$
$$= \frac{1}{2\pi}\int_0^{2\pi} e^{-i\omega(n-m)} d\omega = \delta(n-m)$$

同时

$$\left\langle \varsigma(\cdot-n), \upsilon(\cdot-m)\right\rangle$$
$$= \int_{x\in\mathbf{R}} \varsigma(x-k)\overline{\upsilon}(x-m)dx = \int_{\omega\in\mathbf{R}} [\hat{\varsigma}(\omega)][\hat{\upsilon}(\omega)]^* e^{-i\omega(n-m)} d\omega$$
$$= \int_{\omega\in\mathbf{R}} [\mathrm{H}(\omega/2)][\mathrm{G}(\omega/2)]^* |\hat{\zeta}(\omega/2)|^2 e^{-i\omega(n-m)} d\omega$$
$$= \sum_{k=-\infty}^{+\infty} \int_{4\pi k}^{4\pi(k+1)} [\mathrm{H}(\omega/2)][\mathrm{G}(\omega/2)]^* |\hat{\zeta}(\omega/2)|^2 e^{-i\omega(n-m)} d\omega$$
$$= \int_0^{4\pi} [\mathrm{H}(\omega/2)][\mathrm{G}(\omega/2)]^* e^{-i\omega(n-m)} \sum_{k=-\infty}^{+\infty} |\hat{\zeta}(\omega/2+2k\pi)|^2 d\omega$$
$$= \frac{1}{2\pi}\int_0^{4\pi} [\mathrm{H}(\omega/2)][\mathrm{G}(\omega/2)]^* e^{-i\omega(n-m)} d\omega$$
$$= \frac{1}{2\pi}\int_0^{2\pi} \{[\mathrm{H}(\omega/2)][\mathrm{G}(\omega/2)]^* + [\mathrm{H}(\omega/2+\pi)][\mathrm{G}(\omega/2+\pi)]^*\} e^{-i\omega(n-m)} d\omega$$
$$= 0$$

其中, 利用了如下恒等式:

$$2\pi \sum_{k=-\infty}^{+\infty} |\hat{\zeta}(\omega/2+2k\pi)|^2 = 1$$

事实上，因 $\{\sqrt{2}\zeta(2x-n);n\in\mathbb{Z}\}$ 是空间 $\mathcal{L}^2(\mathbb{R})$ 的平移规范正交系，即

$$\left\langle \sqrt{2}\zeta(2\cdot -n), \sqrt{2}\zeta(2\cdot -m)\right\rangle = \int_{x\in\mathbb{R}} \sqrt{2}\zeta(2x-n)\sqrt{2}\overline{\zeta}(2x-n)dx = \delta(n-m)$$

对于任意的 $(n,m)\in\mathbb{Z}^2$ 成立. 因此

$$\begin{aligned}\left\langle \sqrt{2}\zeta(2\cdot -n), \sqrt{2}\zeta(2\cdot -m)\right\rangle &= \int_{x\in\mathbb{R}} \sqrt{2}\zeta(2x-n)\sqrt{2}\overline{\zeta}(2x-m)dx \\ &= \int_{\omega\in\mathbb{R}} \left|\frac{1}{\sqrt{2}}\hat{\zeta}(\omega/2)\right|^2 e^{-i(\omega/2)(n-m)}d\omega \\ &= \int_{\omega\in\mathbb{R}} \left|\hat{\zeta}(\omega)\right|^2 e^{-i\omega(n-m)}d\omega \\ &= \sum_{k=-\infty}^{+\infty} \int_{2\pi k}^{2\pi(k+1)} \left|\hat{\zeta}(\omega)\right|^2 e^{-i\omega(n-m)}d\omega \\ &= \int_0^{2\pi} e^{-i\omega(n-m)} \sum_{k=-\infty}^{+\infty} |\hat{\zeta}(\omega+2k\pi)|^2 d\omega \\ &= \delta(n-m)\end{aligned}$$

对于任意 $(n,m)\in\mathbb{Z}^2$ 都成立. 这样可得 $2\pi\sum_{k=-\infty}^{+\infty} |\hat{\zeta}(\omega+2k\pi)|^2 = 1$.

第一步证明的结果是，$\{\varsigma(x-n);n\in\mathbb{Z}\}$ 和 $\{\upsilon(x-n);n\in\mathbb{Z}\}$ 是 $\mathcal{L}^2(\mathbb{R})$ 中相互正交的两个整数平移规范正交函数系.

第二步，证明 $\{\varsigma(x-n),\upsilon(x-n);n\in\mathbb{Z}\}$ 是 $\mathcal{L}$ 的完全规范正交函数系，即对任意 $\xi(x)\in\mathcal{L}$, 如果 $\xi(x)\perp\{\varsigma(x-n);n\in\mathbb{Z}\}$ 且 $\xi(x)\perp\{\upsilon(x-n);n\in\mathbb{Z}\}$，那么 $\xi(x)=0$.

实际上，因为 $\xi(x)\in\mathcal{L}$，所以存在 $\{\xi_n,n\in\mathbb{Z}\}$ 且 $\sum_{n\in\mathbb{Z}}|\xi_n|^2<+\infty$，满足

$$\xi(x) = \sqrt{2}\sum_{n\in\mathbb{Z}}\xi_n\zeta(2x-n) \Leftrightarrow \hat{\xi}(\omega) = \mathrm{K}(\omega/2)\hat{\zeta}(\omega/2)$$

其中 $\mathrm{K}(\omega) = 2^{-0.5}\sum_{n\in\mathbb{Z}}\xi_n e^{-i\omega n}$ 是周期 2π 的平方可积或能量有限函数. 另外，

$$\hat{\xi}(\omega) = (2\pi)^{-0.5}\int_{x\in\mathbb{R}}\xi(x)e^{-i\omega x}dx$$

表示函数 $\xi(x)\in\mathcal{L}$ 的傅里叶变换. 对任意 $m\in\mathbb{Z}$，容易推导获得如下等式:

$$\begin{aligned}0 &= \left\langle \xi(\cdot), \upsilon(\cdot -m)\right\rangle \\ &= \int_{x\in\mathbb{R}}\xi(x)\overline{\upsilon}(x-m)dx = \int_{\omega\in\mathbb{R}}[\hat{\xi}(\omega)][\hat{\upsilon}(\omega)]^* e^{i\omega m}d\omega\end{aligned}$$

$$
\begin{aligned}
&= \int_{\omega\in\mathbb{R}} [\mathrm{K}(\omega/2)][\mathrm{G}(\omega/2)]^* \mid \hat{\zeta}(\omega/2)\mid^2 e^{i\omega m} d\omega \\
&= \frac{1}{2\pi}\int_0^{2\pi} \{[\mathrm{K}(\omega/2)][\mathrm{G}(\omega/2)]^* + [\mathrm{K}(\omega/2+\pi)][\mathrm{G}(\omega/2+\pi)]^*\} e^{i\omega m} d\omega
\end{aligned}
$$

而且

$$
\begin{aligned}
0 &= \left\langle \xi(\cdot), \varsigma(\cdot - m)\right\rangle \\
&= \int_{x\in\mathbb{R}} \xi(x)\overline{\varsigma}(x-m)dx = \int_{\omega\in\mathbb{R}} [\hat{\xi}(\omega)][\hat{\varsigma}(\omega)]^* e^{i\omega m} d\omega \\
&= \int_{\omega\in\mathbb{R}} [\mathrm{K}(\omega/2)][\mathrm{H}(\omega/2)]^* \mid \hat{\zeta}(\omega/2)\mid^2 e^{i\omega m} d\omega \\
&= \frac{1}{2\pi}\int_0^{2\pi} \{[\mathrm{K}(\omega/2)][\mathrm{H}(\omega/2)]^* + [\mathrm{K}(\omega/2+\pi)][\mathrm{H}(\omega/2+\pi)]^*\} e^{i\omega m} d\omega
\end{aligned}
$$

得到方程组:

$$
\begin{cases}
[\mathrm{K}(\omega/2)][\mathrm{H}(\omega/2)]^* + [\mathrm{K}(\omega/2+\pi)][\mathrm{H}(\omega/2+\pi)]^* = 0 \\
[\mathrm{K}(\omega/2)][\mathrm{G}(\omega/2)]^* + [\mathrm{K}(\omega/2+\pi)][\mathrm{G}(\omega/2+\pi)]^* = 0
\end{cases}
$$

或者改写为

$$
(\mathrm{K}(\omega/2), \mathrm{K}(\omega/2+\pi))\mathbf{M}^*(\omega) = \left(0,0\right)
$$

因为

$$
\mathbf{M}(\omega)\mathbf{M}^*(\omega) = \mathbf{M}^*(\omega)\mathbf{M}(\omega) = \begin{pmatrix} 1 & 0 \\ 0 & 1 \end{pmatrix}
$$

所以

$$
\mathrm{K}(\omega/2) = 0
$$

从而

$$
\xi(x) = 0
$$

这说明 $\{\varsigma(x-n), \upsilon(x-n); n\in\mathbb{Z}\}$ 是子空间 $\mathcal{L}$ 的完全规范正交函数系. 因此, 它们共同构成子空间 $\mathcal{L}$ 的规范正交基. #

这个引理及其证明过程说明了把子空间的平移函数规范正交基替换为两个相互正交的平移函数规范正交系共同构成的规范正交基的一般方法.

(β) 子空间正交分解

利用引理提出的把子空间的平移函数规范正交基替换为两个相互正交的平移函数规范正交系共同构成的规范正交基的一般方法可知, 这两个平移函数规范正交系分别张成的闭子空间不仅正交, 而且, 它们的直和就是原始的子空间. 这就是如下的定理.

定理 5.26 (子空间正交分解)　在多分辨率分析理论体系中, 设 $\mathcal{L}$ 是函数空间

$\mathcal{L}^2(\mathbb{R})$ 的闭子空间，存在 $\zeta(x)\in\mathcal{L}$ 使得 $\{\sqrt{2}\zeta(2x-n);n\in\mathbb{Z}\}$，即由函数 $\zeta(x)$ 平移产生的函数系是 $\mathcal{L}$ 的规范正交基，定义函数:

$$\begin{cases}\varsigma(x)=\sqrt{2}\sum\limits_{n\in\mathbb{Z}}h_n\zeta(2x-n)\\ \upsilon(x)=\sqrt{2}\sum\limits_{n\in\mathbb{Z}}g_n\zeta(2x-n)\end{cases}$$

而且

$$\begin{cases}\mathcal{L}_0=\text{Closespan}\{\varsigma(x-n);n\in\mathbb{Z}\}\\ \mathcal{L}_1=\text{Closespan}\{\upsilon(x-n);n\in\mathbb{Z}\}\end{cases}$$

那么 $\mathcal{L}_0\perp\mathcal{L}_1,\mathcal{L}=\mathcal{L}_0\oplus\mathcal{L}_1$.

证明　因为 $\{\varsigma(x-n),\upsilon(x-n);n\in\mathbb{Z}\}$ 是 $\mathcal{L}$ 的规范正交基，而且，两个函数系 $\{\varsigma(x-n);n\in\mathbb{Z}\}\perp\{\upsilon(x-n);n\in\mathbb{Z}\}$，所以 $\mathcal{L}_0\perp\mathcal{L}_1,\mathcal{L}=\mathcal{L}_0\oplus\mathcal{L}_1$.　#

定理 5.27 (子空间正交分解)　在多分辨率分析理论体系中，设 $\mathcal{L}$ 是函数空间 $\mathcal{L}^2(\mathbb{R})$ 的闭子空间，存在 $\zeta(x)\in\mathcal{L}$，产生的如下形式的平移函数系:

$$\{\zeta_{j+1,k}(x)=2^{(j+1)/2}\zeta(2^{j+1}x-k);k\in\mathbb{Z}\}$$

构成 $\mathcal{L}$ 的规范正交基，其中 j 是某个整数. 定义两个函数:

$$\begin{cases}\varsigma(x)=\sqrt{2}\sum\limits_{n\in\mathbb{Z}}h_n\zeta(2x-n)\\ \upsilon(x)=\sqrt{2}\sum\limits_{n\in\mathbb{Z}}g_n\zeta(2x-n)\end{cases}$$

而且

$$\begin{cases}\mathcal{L}_0=\text{Closespan}\{\varsigma_{j,k}(x)=2^{j/2}\varsigma(2^jx-k);k\in\mathbb{Z}\}\\ \mathcal{L}_1=\text{Closespan}\{\upsilon_{j,k}(x)=2^{j/2}\upsilon(2^jx-k);k\in\mathbb{Z}\}\end{cases}$$

那么，$\{\varsigma_{j,k}(x)=2^{j/2}\varsigma(2^jx-k);k\in\mathbb{Z}\}$ 和 $\{\upsilon_{j,k}(x)=2^{j/2}\upsilon(2^jx-k);k\in\mathbb{Z}\}$ 是子空间 $\mathcal{L}$ 中的两个相互正交的整数平移规范正交函数系，它们共同构成子空间 $\mathcal{L}$ 的规范正交基，而且 $\mathcal{L}_0\perp\mathcal{L}_1,\mathcal{L}=\mathcal{L}_0\oplus\mathcal{L}_1$.

证明　类似于引理 5.1 和定理 5.26 的证明. 建议读者独立完成这个证明.　#

上述结果表明，在多分辨率分析理论中，由尺度和小波诱导的低通滤波器系数序列 $\mathbf{h}=\{h_n;n\in\mathbb{Z}\}^{\mathrm{T}}\in\ell^2(\mathbb{Z})$ 和带通滤波器系数序列 $\mathbf{g}=\{g_n;n\in\mathbb{Z}\}^{\mathrm{T}}\in\ell^2(\mathbb{Z})$ 构成的系数序列向量组 $\{\mathbf{h},\mathbf{g}\}$，能够按照由尺度方程和小波方程构成的格式，将线性子空间分解成两个子空间的正交直和，前提条件是这个子空间存在由某个函数的整数平移函数系构成的规范正交基. 将这种方法多次重复迭代应用于多分辨率分析的尺度子空间和小波子空间，这样，小波包理论就产生了.

具体地说，如果与低通滤波器系数 $\mathbf{h}=\{h_n;n\in\mathbb{Z}\}^{\mathrm{T}}\in\ell^2(\mathbb{Z})$ 及带通滤波器系数 $\mathbf{g}=\{g_n;n\in\mathbb{Z}\}^{\mathrm{T}}\in\ell^2(\mathbb{Z})$ 进行线性组合的函数系是小波子空间 W_1 的规范正交基 $\{\sqrt{2}\psi(2x-n);n\in\mathbb{Z}\}$，那么，按上述方式处理的结果应该正好是 W_1 的正交直和分解，通过这种方式的处理，可以将 W_1 对应的频带分割得更精细，提高信号处理的频率分辨率. 用这种方法处理其他尺度上的小波子空间以及在这个过程产生的新的线性子空间，这就是正交小波包分析的基本思想.

5.3.2　正交小波包

本小节将定义正交小波包并研究正交小波包序列的性质.

(α) 小波包的定义及性质

在多分辨率分析中，将尺度函数和小波函数记为 $\mu_0(x)=\varphi(x),\mu_1(x)=\psi(x)$，它们诱导的低通滤波器系数序列是 $\mathbf{h}=\{h_n;n\in\mathbb{Z}\}^{\mathrm{T}}\in\ell^2(\mathbb{Z})$，而带通滤波器系数序列是 $\mathbf{g}=\{g_n;n\in\mathbb{Z}\}^{\mathrm{T}}\in\ell^2(\mathbb{Z})$.

小波包的定义　按照如下方式定义函数系 $\{\mu_m(x)\ ;\ m=0,1,2,\cdots\}$：

$$\begin{cases}\mu_{2m}(x)=\sqrt{2}\sum\limits_{n\in Z}h_n\mu_m(2x-n)\\ \mu_{2m+1}(x)=\sqrt{2}\sum\limits_{n\in Z}g_n\mu_m(2x-n)\end{cases}$$

称这个函数系 $\{\mu_m(x)\ ;\ m=0,1,2,\cdots\}$ 为小波包函数序列.

对任意非负整数 m，$\mathrm{N}_{2m+\ell}(\omega)$ 表示小波包函数 $\mu_{2m+\ell}(x)$ 的傅里叶变换：

$$\mathrm{N}_{2m+\ell}(\omega)=(2\pi)^{-0.5}\int_{x\in\mathbb{R}}\mu_{2m+\ell}(x)e^{-i\omega x}dx$$

定理 5.28 (频域小波包)　在多分辨率分析理论体系中，对任意的非负整数 m，$\mu_{2m+\ell}(x)$ 的傅里叶变换 $\mathrm{N}_{2m+\ell}(\omega)$ 可以写成

$$\mathrm{N}_{2m+\ell}(\omega)=\mathrm{H}_\ell\left(\frac{\omega}{2}\right)\mathrm{N}_m\left(\frac{\omega}{2}\right),\quad \ell=0,1$$

其中

$$\begin{cases}\mathrm{H}_0(\omega)=2^{-0.5}\sum\limits_{n\in\mathbb{Z}}h_ne^{-i\omega n}\\ \mathrm{H}_1(\omega)=2^{-0.5}\sum\limits_{n\in\mathbb{Z}}g_ne^{-i\omega n}\end{cases}$$

证明　在小波包函数系 $\{\mu_m(x);\ m=0,1,2,\cdots\}$ 的定义中，直接计算可得

$$\begin{cases} \mathrm{N}_0(\omega) = \Phi(\omega) = \mathrm{H}_0\left(\dfrac{\omega}{2}\right)\mathrm{N}_0\left(\dfrac{\omega}{2}\right) \\ \mathrm{N}_1(\omega) = \Psi(\omega) = \mathrm{H}_1\left(\dfrac{\omega}{2}\right)\mathrm{N}_0\left(\dfrac{\omega}{2}\right) \end{cases}$$

其余的证明与此类似，留给读者补充完善并给出完整的证明. #

多次重复迭代使用这个定理的结果，可以得到如下的定理.

定理 5.29 (频域小波包通式) 在多分辨率分析理论体系中，对任意的非负整数 m，如果它的二进制表示如下:

$$m = \sum_{\ell=0}^{+\infty} \varepsilon_\ell \times 2^\ell$$

其中，$\varepsilon_\ell \in \{0,1\}$, $\ell \geqslant 0$, 那么

$$\mathrm{N}_m(\omega) = \prod_{\ell=0}^{+\infty} \mathrm{H}_{\varepsilon_\ell}\left(2^{-(\ell+1)}\omega\right)$$

证明 利用归一化条件 $\mathrm{N}_0(0) = \Phi(0) = 1$ 以及公式:

$$\begin{cases} \mathrm{N}_0(\omega) = \Phi(\omega) = \displaystyle\prod_{\ell=0}^{+\infty} \mathrm{H}_0(2^{-(\ell+1)}\omega) \\ \mathrm{N}_1(\omega) = \Psi(\omega) = \mathrm{H}_1\left(\dfrac{\omega}{2}\right)\Phi\left(\dfrac{\omega}{2}\right) = \mathrm{H}_1\left(\dfrac{\omega}{2}\right)\displaystyle\prod_{\ell=0}^{+\infty} \mathrm{H}_0(2^{-(\ell+2)}\omega) \end{cases}$$

根据数学归纳法即可完成证明.

特别提醒: 对任意的非负整数 m，如果它的二进制表示如下:

$$\begin{aligned} m &= \sum_{\ell=0}^{M} \varepsilon_\ell \times 2^\ell \\ &= \varepsilon_M \times 2^M + \varepsilon_{M-1} \times 2^{M-1} + \cdots + \varepsilon_2 \times 2^2 + \varepsilon_1 \times 2 + \varepsilon_0 \\ &= (\varepsilon_M \varepsilon_{M-1} \ldots \varepsilon_2 \varepsilon_1 \varepsilon_0)_2 \end{aligned}$$

其中，$\varepsilon_\ell \in \{0,1\}$, $\ell = 0,1,\cdots,M$，而且，$\varepsilon_M \neq 0$，那么

$$\begin{aligned} \mathrm{N}_m(\omega) &= \left[\prod_{\ell=0}^{M} \mathrm{H}_{\varepsilon_\ell}(2^{-(\ell+1)}\omega)\right]\mathrm{N}_0(2^{-(M+1)}\omega) \\ &= \left[\prod_{\ell=0}^{M} \mathrm{H}_{\varepsilon_\ell}(2^{-(\ell+1)}\omega)\right]\Phi(2^{-(M+1)}\omega) \end{aligned}$$

(β) 小波包平移正交性

仿照尺度函数和小波函数的整数平移函数系是规范正交系，可以得到小波包函数整数平移函数系的规范正交性，即如下的定理.

定理 5.30 (小波包平移正交性)　在多分辨率分析理论体系中，对任意的非负整数 m，$\{\mu_m(x-n);n\in\mathbb{Z}\}$ 是规范正交函数系，即对任意整数 $(n,\ell)\in\mathbb{Z}^2$，

$$\left\langle \mu_m(\cdot-n),\ \mu_m(\cdot-\ell)\right\rangle=\delta(n-\ell)=\begin{cases}1, & n=\ell\\ 0, & n\neq\ell\end{cases}$$

证明　利用数学归纳法进行证明. 当 $m=0$ 和 $m=1$ 时，因为这时的小波包函数分别是尺度函数和小波函数，结果显然成立. 假设当 $2^{\xi}\leqslant m<2^{\xi+1}$ 时，定理的结果是真实的，那么，对于 $2^{\xi+1}\leqslant m<2^{\xi+2}$，下列演算成立：

$$\begin{aligned}
&\left\langle \mu_m(\cdot-n),\ \mu_m(\cdot-\ell)\right\rangle\\
&=\int_{x\in\mathbb{R}}\mu_m(x-n)\overline{\mu}_m(x-\ell)dx\\
&=\int_{\omega\in\mathbb{R}}|\,\mathrm{N}_m(\omega)\,|^2\,e^{-i(n-\ell)\omega}d\omega\\
&=\int_{\omega\in\mathbb{R}}\left|\mathrm{H}_{\mathrm{mod}(m,2)}\left(\frac{\omega}{2}\right)\right|^2\left|\mathrm{N}_{[\mathrm{m}/2]}\left(\frac{\omega}{2}\right)\right|^2\,e^{-i(n-\ell)\omega}d\omega\\
&=\sum_{k=-\infty}^{+\infty}\int_{4\pi k}^{4\pi(k+1)}\left|\mathrm{H}_{\mathrm{mod}(m,2)}\left(\frac{\omega}{2}\right)\right|^2\left|\mathrm{N}_{[\mathrm{m}/2]}\left(\frac{\omega}{2}\right)\right|^2\,e^{-i(n-\ell)\omega}d\omega\\
&=\int_{0}^{4\pi}\left|\mathrm{H}_{\mathrm{mod}(m,2)}\left(\frac{\omega}{2}\right)\right|^2\sum_{k=-\infty}^{+\infty}\left|\mathrm{N}_{[\mathrm{m}/2]}\left(\frac{\omega}{2}+2k\pi\right)\right|^2 e^{-i(n-\ell)\omega}d\omega\\
&=\frac{1}{2\pi}\int_{0}^{4\pi}\left|\mathrm{H}_{\mathrm{mod}(m,2)}\left(\frac{\omega}{2}\right)\right|^2\,e^{-i(n-\ell)\omega}d\omega\\
&=\frac{1}{2\pi}\int_{0}^{2\pi}\left[\left|\mathrm{H}_{\mathrm{mod}(m,2)}\left(\frac{\omega}{2}\right)\right|^2+\left|\mathrm{H}_{\mathrm{mod}(m,2)}\left(\frac{\omega}{2}+\pi\right)\right|^2\right]e^{-i(n-\ell)\omega}d\omega\\
&=\frac{1}{2\pi}\int_{0}^{2\pi}e^{-i(n-\ell)\omega}d\omega\\
&=\delta(n-\ell)
\end{aligned}$$

在上述推证过程中，利用了两个恒等式：

$$\left|\mathrm{H}_{\mathrm{mod}(m,2)}\left(\frac{\omega}{2}\right)\right|^2+\left|\mathrm{H}_{\mathrm{mod}(m,2)}\left(\frac{\omega}{2}+\pi\right)\right|^2=1$$

和

$$2\pi\sum_{k=-\infty}^{+\infty}\left|\mathrm{N}_{[\mathrm{m}/2]}\left(\frac{\omega}{2}+2k\pi\right)\right|^2=1$$

前者是多分辨率分析的必然结果，在用数学归纳法进行的证明中，后者由归纳假设并结合整数平移规范正交函数系的频域刻画条件提供保证. 按照数学归纳法原

理, 这个定理的结果对全部非负整数都成立. 完成证明. #

(γ) 小波包间正交性

仿照尺度函数整数平移函数系和小波函数整数平移函数系的正交关系, 可以得到相邻两个小波包函数的整数平移函数系之间的正交性, 即如下的定理.

定理 5.31 (小波包间正交性)　在多分辨率分析理论体系中, 对任意的非负整数 m, $\{\mu_{2m}(x-n);n\in\mathbb{Z}\}$ 和 $\{\mu_{2m+1}(x-n);n\in\mathbb{Z}\}$ 这两个整数平移函数系是相互正交的, 即对任意整数 $(n,\ell)\in\mathbb{Z}^2$,

$$\left\langle \mu_{2m}(\cdot-n),\ \mu_{2m+1}(\cdot-\ell)\right\rangle=0$$

证明　可以演算得到如下公式:

$$\begin{aligned}
&\left\langle \mu_{2m}(\cdot-n),\ \mu_{2m+1}(\cdot-\ell)\right\rangle\\
&=\int_{x\in\mathbb{R}}\mu_{2m}(x-n)\overline{\mu}_{2m+1}(x-\ell)dx\\
&=\int_{\omega\in\mathbb{R}}\mathrm{H}_0\left(\frac{\omega}{2}\right)\overline{\mathrm{H}_1}\left(\frac{\omega}{2}\right)\left|\mathrm{N}_m\left(\frac{\omega}{2}\right)\right|^2e^{-i(n-\ell)\omega}d\omega\\
&=\sum_{k=-\infty}^{+\infty}\int_{4\pi k}^{4\pi(k+1)}\mathrm{H}_0\left(\frac{\omega}{2}\right)\overline{\mathrm{H}_1}\left(\frac{\omega}{2}\right)\left|\mathrm{N}_m\left(\frac{\omega}{2}\right)\right|^2e^{-i(n-\ell)\omega}d\omega\\
&=\int_0^{4\pi}\mathrm{H}_0\left(\frac{\omega}{2}\right)\overline{\mathrm{H}_1}\left(\frac{\omega}{2}\right)\sum_{k=-\infty}^{+\infty}\left|\mathrm{N}_m\left(\frac{\omega}{2}+2k\pi\right)\right|^2e^{-i(n-\ell)\omega}d\omega\\
&=\frac{1}{2\pi}\int_0^{2\pi}\left[\mathrm{H}_0\left(\frac{\omega}{2}\right)\overline{\mathrm{H}_1}\left(\frac{\omega}{2}\right)+\mathrm{H}_0\left(\frac{\omega}{2}+\pi\right)\overline{\mathrm{H}_1}\left(\frac{\omega}{2}+\pi\right)\right]e^{-i(n-\ell)\omega}d\omega\\
&=0
\end{aligned}$$

在上述推证过程中, 利用了两个等式:

$$\mathrm{H}_0\left(\frac{\omega}{2}\right)\overline{\mathrm{H}_1}\left(\frac{\omega}{2}\right)+\mathrm{H}_0\left(\frac{\omega}{2}+\pi\right)\overline{\mathrm{H}_1}\left(\frac{\omega}{2}+\pi\right)=0$$

和

$$2\pi\sum_{k=-\infty}^{+\infty}\left|\mathrm{N}_m\left(\frac{\omega}{2}+2k\pi\right)\right|^2=1$$

前者是多分辨率分析的必然结果, 在用数学归纳法进行的证明中, 后者由归纳假设并结合整数平移规范正交函数系的频域条件提供保证. 建议读者给出详细的完整证明过程. #

(δ) 小波包子空间分解

假设 $j\in\mathbb{Z},m=0,1,2,\cdots$, 引入函数子空间记号:

$$U_j^m = \text{Closespan}\{\mu_{m,j,\ell}(x) = 2^{j/2}\mu_m(2^j x - \ell); \ell \in \mathbb{Z}\}$$

称之为尺度是 $s = 2^{-j}$ 的第 m 级小波包子空间.

定理 5.32 (小波包空间分解)　在多分辨率分析理论体系中, 对任意的非负整数 m, 成立正交直和分解关系 $U_{j+1}^m = U_j^{2m} \oplus U_j^{2m+1}$.

证明　首先容易证明 $U_j^{2m} \perp U_j^{2m+1}$. 其次证明, 三个小波包子空间 U_{j+1}^m, U_j^{2m},U_j^{2m+1} 分别有规范正交基:

$$\{\mu_{m,j+1,n}(x) = 2^{(j+1)/2}\mu_m(2^{j+1}x - n); n \in \mathbb{Z}\}$$
$$\{\mu_{2m,j,\ell}(x) = 2^{j/2}\mu_{2m}(2^j x - \ell); \ell \in \mathbb{Z}\}$$
$$\{\mu_{2m+1,j,\ell}(x) = 2^{j/2}\mu_{2m+1}(2^j x - \ell); \ell \in \mathbb{Z}\}$$

根据小波包函数系的定义和前述分析得到的结果可知, U_j^{2m} 和 U_j^{2m+1} 都是 U_{j+1}^m 的子空间, 从而 $U_j^{2m} \oplus U_j^{2m+1} \subseteq U_{j+1}^m$, 于是 $\{\mu_{2m,j,\ell}(x), \mu_{2m+1,j,\ell}(x); \ell \in \mathbb{Z}\}$ 是小波包子空间 U_{j+1}^m 的规范正交函数系. 最后, 证明 $\{\mu_{2m,j,\ell}(x), \mu_{2m+1,j,\ell}(x); \ell \in \mathbb{Z}\}$ 是小波包子空间 U_{j+1}^m 的完全规范正交函数系, 即任给 $\xi(x) \in U_{j+1}^m$, 当

$$\left\langle \xi(\cdot), \mu_{2m,j,n}(\cdot) \right\rangle = \left\langle \xi(\cdot), \mu_{2m+1,j,n}(\cdot) \right\rangle = 0, \quad n \in \mathbb{Z}$$

时, 必可得 $\xi(x) = 0$. 如是即可得到 $U_{j+1}^m = U_j^{2m} \oplus U_j^{2m+1}$.

实际上, 由 $\xi(x) \in U_{j+1}^m$, 存在 $\{\xi_n, n \in \mathbb{Z}\}$ 且 $\sum_{n\in\mathbb{Z}} |\xi_n|^2 < +\infty$, 满足

$$\xi(x) = \sum_{n\in\mathbb{Z}} \xi_n \mu_{m,j+1,n}(x) = 2^{(j+1)/2}\sum_{n\in\mathbb{Z}} \xi_n \mu_m(2^{j+1}x - n)$$

它的傅里叶变换可以写成

$$\begin{aligned}(\mathscr{F}\xi)(\omega) &= 2^{-j/2}\left[2^{-0.5}\sum_{n\in\mathbb{Z}} \xi_n e^{-i\times 2^{-(j+1)}\omega\times n}\right]\mathrm{N}_m(2^{-(j+1)}\omega) \\ &= \mathrm{K}(2^{-(j+1)}\omega) \times 2^{-j/2}\mathrm{N}_m(2^{-(j+1)}\omega)\end{aligned}$$

其中 $\mathrm{K}(\omega) = 2^{-0.5}\sum_{n\in\mathbb{Z}} \xi_n e^{-i\omega n}$ 是周期 2π 的平方可积或能量有限函数.

对于任意的整数 $n \in \mathbb{Z}$, 容易推导获得如下等式:

$$\begin{aligned}0 &= \left\langle \xi(\cdot), \mu_{2m,j,n}(\cdot) \right\rangle = \left\langle \xi(\cdot), 2^{j/2}\mu_{2m}(2^j \cdot - n) \right\rangle \\ &= \int_{x\in\mathbb{R}} \xi(x) 2^{j/2}\overline{\mu}_{2m}(2^j x - n)dx\end{aligned}$$

$$
\begin{aligned}
&= \int_{\omega\in\mathbb{R}} [(\mathscr{F}\xi)][2^{-j/2}\mathrm{N}_{2m}(2^{-j}\omega)e^{-i\times 2^{-j}\omega\times n}]^* d\omega \\
&= \int_{\omega\in\mathbb{R}} \mathrm{K}(2^{-(j+1)}\omega)\times 2^{-j/2}\mathrm{N}_m(2^{-(j+1)}\omega)[2^{-j/2}\mathrm{N}_{2m}(2^{-j}\omega)e^{-i\times 2^{-j}\omega\times n}]^* d\omega \\
&= \int_{\omega\in\mathbb{R}} \mathrm{K}(\omega/2)\mathrm{N}_m(\omega/2)[\mathrm{N}_{2m}(\omega)]^* e^{i\omega n} d\omega \\
&= \int_{\omega\in\mathbb{R}} [\mathrm{K}(\omega/2)][\mathrm{H}_0(\omega/2)]^* \,|\, \mathrm{N}_m(\omega)\,|^2 \, e^{i\omega n} d\omega \\
&= \sum_{k=-\infty}^{+\infty} \int_{4\pi k}^{4\pi(k+1)} [\mathrm{K}(\omega/2)][\mathrm{H}_0(\omega/2)]^* \,|\, \mathrm{N}_m(\omega)\,|^2 \, e^{i\omega n} d\omega \\
&= \int_0^{4\pi} [\mathrm{K}(\omega/2)][\mathrm{H}_0(\omega/2)]^* \sum_{k=-\infty}^{+\infty} |\, \mathrm{N}_m(\omega/2+2k\pi)\,|^2 e^{i\omega n} d\omega \\
&= \frac{1}{2\pi}\int_0^{2\pi} \{[\mathrm{K}(\omega/2)][\mathrm{H}_0(\omega/2)]^* + [\mathrm{K}(\omega/2+\pi)][\mathrm{H}_0(\omega/2+\pi)]^*\} e^{i\omega n} d\omega
\end{aligned}
$$

而且

$$
\begin{aligned}
0 &= \left\langle \xi(\cdot), \mu_{2m+1,j,n}(\cdot) \right\rangle \\
&= \int_0^{4\pi} [\mathrm{K}(\omega/2)][\mathrm{H}_1(\omega/2)]^* \sum_{k=-\infty}^{+\infty} |\, \mathrm{N}_m(\omega/2+2k\pi)\,|^2 e^{i\omega n} d\omega \\
&= \frac{1}{2\pi}\int_0^{2\pi} \{[\mathrm{K}(\omega/2)][\mathrm{H}_1(\omega/2)]^* + [\mathrm{K}(\omega/2+\pi)][\mathrm{H}_1(\omega/2+\pi)]^*\} e^{i\omega n} d\omega
\end{aligned}
$$

在这些推导过程中, 因 $\{\mu_{m,j+1,n}(x) = 2^{(j+1)/2}\mu_m(2^{j+1}x-n); n\in\mathbb{Z}\}$ 是规范正交系, 从而成立恒等式:

$$
2\pi \sum_{k=-\infty}^{+\infty} |\, \mathrm{N}_m(\omega/2+2k\pi)\,|^2 = 1
$$

此外, 因 $\{(2\pi)^{-0.5}e^{i\omega n}; n\in\mathbb{Z}\}$ 是 $\mathcal{L}^2(0,2\pi)$ 的规范正交基, 从而得到方程组:

$$
\begin{cases}
[\mathrm{K}(\omega/2)][\mathrm{H}_0(\omega/2)]^* + [\mathrm{K}(\omega/2+\pi)][\mathrm{H}_0(\omega/2+\pi)]^* = 0 \\
[\mathrm{K}(\omega/2)][\mathrm{H}_1(\omega/2)]^* + [\mathrm{K}(\omega/2+\pi)][\mathrm{H}_1(\omega/2+\pi)]^* = 0
\end{cases}
$$

或者改写为

$$
(\mathrm{K}(\omega/2), \mathrm{K}(\omega/2+\pi))\mathbf{M}^*(\omega/2) = (0,0)
$$

因为

$$
\mathbf{M}(\omega)\mathbf{M}^*(\omega) = \mathbf{M}^*(\omega)\mathbf{M}(\omega) = \begin{pmatrix} 1 & 0 \\ 0 & 1 \end{pmatrix}
$$

所以

$$
\mathrm{K}(\omega/2) = 0
$$

从而

$$
\xi(x) = 0
$$

这说明 $\{\mu_{2m,j,\ell}(x),\mu_{2m+1,j,\ell}(x);\ell\in\mathbb{Z}\}$ 是小波包子空间 U_{j+1}^m 的完全规范正交函数系，从而它是 U_{j+1}^m 的规范正交基. 证明完成. #

注释: 这些讨论说明，小波包函数子空间 U_{j+1}^m 存在两个不同的整数平移规范正交函数基，即 $\{\mu_{m,j+1,n}(x);n\in\mathbb{Z}\}$ 和 $\{\mu_{2m,j,\ell}(x),\mu_{2m+1,j,\ell}(x);\ell\in\mathbb{Z}\}$.

(ε) 小波包规范正交基

定理 5.33 (小波包规范正交基)　在多分辨率分析理论体系中，对任意的非负整数 m, 小波包函数子空间 U_{j+1}^m 的两个不同的整数平移规范正交函数基 $\{\mu_{m,j+1,n}(x);n\in\mathbb{Z}\}$ 和 $\{\mu_{2m,j,\ell}(x),\mu_{2m+1,j,\ell}(x);\ell\in\mathbb{Z}\}$ 之间存在如下互表关系:

$$\begin{cases}\mu_{2m,j,\ell}(x)=\sum\limits_{n\in\mathbb{Z}}h_{n-2\ell}\mu_{m,j+1,n}(x), & \ell\in\mathbb{Z}\\ \mu_{2m+1,j,\ell}(x)=\sum\limits_{n\in\mathbb{Z}}g_{n-2\ell}\mu_{m,j+1,n}(x), & \ell\in\mathbb{Z}\end{cases}$$

而且

$$\mu_{m,j+1,n}(x)=\sum_{\ell\in\mathbb{Z}}[\overline{h}_{n-2\ell}\mu_{2m,j,\ell}(x)+\overline{g}_{n-2\ell}\mu_{2m+1,j,\ell}(x)],\quad n\in\mathbb{Z}$$

或者特别地,

$$\sqrt{2}\mu_m(2x-n)=\sum_{\ell\in\mathbb{Z}}[\overline{h}_{n-2\ell}\mu_{2m}(x-\ell)+\overline{g}_{n-2\ell}\mu_{2m+1}(x-\ell)],\quad n\in\mathbb{Z}$$

当 $m=0$ 时，这个关系退化为尺度函数整数平移规范正交系与小波函数整数平移规范正交系之间的关系:

$$\sqrt{2}\varphi(2x-n)=\sum_{\ell\in\mathbb{Z}}[\overline{h}_{n-2\ell}\varphi(x-\ell)+\overline{g}_{n-2\ell}\psi(x-\ell)],\quad n\in\mathbb{Z}$$

证明　这个定理的数学本质是同一个线性空间中两个规范正交基之间的关系问题，在线性代数中就是规范正交基之间的过渡关系，这是一对互逆正交线性变换或者互逆酉算子. 在本定理中，小波包函数子空间 U_{j+1}^m 存在两个不同的整数平移规范正交函数基，即 $\{\mu_{m,j+1,n}(x);n\in\mathbb{Z}\}$ 和 $\{\mu_{2m,j,\ell}(x),\mu_{2m+1,j,\ell}(x);\ell\in\mathbb{Z}\}$，定理的前半部分就是正交小波包的定义关系，只是把时间变量适当伸缩即可，体现了用 $\{\mu_{m,j+1,n}(x);n\in\mathbb{Z}\}$ 表示 $\{\mu_{2m,j,\ell}(x),\mu_{2m+1,j,\ell}(x);\ell\in\mathbb{Z}\}$；定理后半部分是前半部分线性变换的逆，可以完全仿照定理 5.4 直接获得，也可以仿照 Mallat 分解公式中的系数直接写出，体现的是用 $\{\mu_{2m,j,\ell}(x),\mu_{2m+1,j,\ell}(x);\ell\in\mathbb{Z}\}$ 反过来表示规范正交基 $\{\mu_{m,j+1,n}(x);n\in\mathbb{Z}\}$.

具体地，证明后半部分. 仿照定理 5.4 的证明即可. 这里换一种证明方法.

证明目标是将 $\{\mu_{m,j+1,n}(x);n\in\mathbb{Z}\}$ 写成 $\{\mu_{2m,j,\ell}(x),\mu_{2m+1,j,\ell}(x);\ell\in\mathbb{Z}\}$ 的无穷级数.

存在系数 $\alpha_{m,j,n,k}$, $\beta_{m,j,n,k}$, $(m,j,n,k)\in\mathbb{Z}\times\mathbb{Z}\times\mathbb{Z}\times\mathbb{Z}$，满足

$$\mu_{m,j+1,n}(x)=\sum_{k\in\mathbb{Z}}[\alpha_{m,j,n,k}\mu_{2m,j,k}(x)+\beta_{m,j,n,k}(x)\mu_{2m+1,j,k}(x)]$$

用 $\overline{\mu}_{2m,j,\ell}(x)dx$ 乘上述方程的两端并积分可得，方程右边演算如下:

$$\begin{aligned}&\int_{-\infty}^{+\infty}\sum_{k\in\mathbb{Z}}[\alpha_{m,j,n,k}\mu_{2m,j,k}(x)+\beta_{m,j,n,k}(x)\mu_{2m+1,j,k}(x)]\,\overline{\mu}_{2m,j,\ell}(x)dx\\&=\sum_{k\in\mathbb{Z}}\alpha_{m,j,n,k}\int_{-\infty}^{+\infty}\mu_{2m,j,k}(x)\overline{\mu}_{2m,j,\ell}(x)dx\\&\quad+\sum_{k\in\mathbb{Z}}\beta_{m,j,n,k}(x)\int_{-\infty}^{+\infty}\mu_{2m+1,j,k}(x)\overline{\mu}_{2m,j,\ell}(x)dx\\&=\alpha_{m,j,n,\ell}\end{aligned}$$

方程左边演算如下:

$$\begin{aligned}&\int_{-\infty}^{+\infty}\mu_{m,j+1,n}(x)\overline{\mu}_{2m,j,\ell}(x)dx\\&=\int_{-\infty}^{+\infty}2^{(j+1)/2}\mu_m(2^{j+1}x-n)\cdot 2^{j/2}\,\overline{\mu}_{2m}(2^jx-\ell)dx\\&=\int_{-\infty}^{+\infty}\sqrt{2}\mu_m(2x-n)\cdot\overline{\mu}_{2m}(x-\ell)dx\\&=\left[\int_{-\infty}^{+\infty}\mu_{2m}(x)\cdot\sqrt{2}\overline{\mu}_m(2x-(n-2\ell))dx\right]^*\\&=\overline{h}_{n-2\ell}\end{aligned}$$

这些演算的结果是 $\alpha_{m,j,n,\ell}=\overline{h}_{n-2\ell}$，显然这个系数与 m,j 没有关系. 如果使用的乘积因子是 $\overline{\mu}_{2m+1,j,\ell}(x)dx$，那么，演算结果就是 $\beta_{m,j,n,\ell}=\overline{g}_{n-2\ell}$. 完成证明.　#

注释: 定理 5.33 的结果表明, 正交小波包的定义关系式与尺度方程和小波方程处于相同位置. 可以预料, 因为引入正交小波包的定义关系式, 对子空间的分析和表达首先就是针对小波子空间, 而不是尺度子空间; 其次, 随着尺度的伸缩, 即 j 的变化产生的影响, 同一个小波包子空间伸缩产生的相互正交的小波包子空间序列将被分析和表达; 最后, 随着小波包级别的变化, 即 m 的变化产生的影响, 这样得到的小波包子空间也将得到分析和表达. 可以相信和预期, 小波包理论将对函数子空间、函数、分布(广义函数比如狄拉克函数或δ函数等)和算子的研究发挥巨大的推动作用.

5.3.3　小波包子空间

小波包函数系的基本理论本质上就是为相同的函数子空间不断产生由两个相互正交的整数平移规范正交系代替原来由一个函数整数平移得到的规范正交系的过程, 这个过程不休不止, 可以永远进行下去, 就像可以不断翻新的魔术花朵一样层出不穷.

本节将研究并巧妙表达这个函数子空间规范正交基被不断替代的过程产生的

函数子空间的正交直和分解过程.

(α) 小波包过渡矩阵

为了方便表达小波包函数子空间 U_{j+1}^{m} 的两个不同整数平移规范正交小波包函数基 $\{\mu_{m,j+1,n}(x);n\in\mathbb{Z}\}$ 和 $\{\mu_{2m,j,\ell}(x),\mu_{2m+1,j,\ell}(x);\ell\in\mathbb{Z}\}$ 之间的过渡关系，并写出相应的过渡矩阵，引入下列无穷矩阵(离散算子)表示符号.

利用多分辨率分析中低通和带通滤波器系数序列，定义两个 $\infty\times(\infty/2)$ 矩阵(离散算子)记号:

$$\mathcal{H}=[h_{n,k}=h_{n-2k};(n,k)\in\mathbb{Z}^2]_{\infty\times\frac{\infty}{2}}=[\mathbf{h}^{(2k)};k\in\mathbb{Z}]_{\infty\times\frac{\infty}{2}}$$
$$\mathcal{G}=[g_{n,k}=g_{n-2k};(n,k)\in\mathbb{Z}^2]_{\infty\times\frac{\infty}{2}}=[\mathbf{g}^{(2k)};k\in\mathbb{Z}]_{\infty\times\frac{\infty}{2}}$$

为了直观起见，可以将这两个 $\infty\times(\infty/2)$ 矩阵按照列元素示意性表示如下:

$$\mathcal{H}=\begin{pmatrix}\vdots & \vdots & \vdots & \vdots & \vdots\\ \vdots & h_0 & h_{-2} & \vdots & \vdots\\ \vdots & h_{+1} & h_{-1} & \vdots & \vdots\\ \vdots & h_{+2} & h_0 & h_{-2} & \vdots\\ \vdots & \vdots & h_{+1} & h_{-1} & \vdots\\ \vdots & \vdots & h_{+2} & h_0 & \vdots\\ \vdots & \vdots & \vdots & \vdots & \vdots\end{pmatrix}_{\infty\times\frac{\infty}{2}},\quad \mathcal{G}=\begin{pmatrix}\vdots & \vdots & \vdots & \vdots & \vdots\\ \vdots & g_0 & g_{-2} & \vdots & \vdots\\ \vdots & g_{+1} & g_{-1} & \vdots & \vdots\\ \vdots & g_{+2} & g_0 & g_{-2} & \vdots\\ \vdots & \vdots & g_{+1} & g_{-1} & \vdots\\ \vdots & \vdots & g_{+2} & g_0 & \vdots\\ \vdots & \vdots & \vdots & \vdots & \vdots\end{pmatrix}_{\infty\times\frac{\infty}{2}}$$

而且，它们的复数共轭转置矩阵 $\mathcal{H}^*,\mathcal{G}^*$ 都是 $(\infty/2)\times\infty$ 矩阵，可以按照行元素示意性表示为

$$\mathcal{H}^*=\begin{pmatrix}\cdots & & & & & & & & \\ \cdots & \overline{h}_{-2} & \overline{h}_{-1} & \overline{h}_0 & \overline{h}_{+1} & \overline{h}_{+2} & \cdots & & \\ & & \cdots & \overline{h}_{-2} & \overline{h}_{-1} & \overline{h}_0 & \overline{h}_{+1} & \overline{h}_{+2} & \cdots \\ & & & & \cdots & \overline{h}_{-2} & \overline{h}_{-1} & \overline{h}_0 & \overline{h}_{+1} & \overline{h}_{+2} & \cdots \\ & & & & & & & & & & \cdots\end{pmatrix}_{\frac{\infty}{2}\times\infty}$$

$$\mathcal{G}^*=\begin{pmatrix}\cdots & & & & & & & & \\ \cdots & \overline{g}_{-2} & \overline{g}_{-1} & \overline{g}_0 & \overline{g}_{+1} & \overline{g}_{+2} & \cdots & & \\ & & \cdots & \overline{g}_{-2} & \overline{g}_{-1} & \overline{g}_0 & \overline{g}_{+1} & \overline{g}_{+2} & \cdots \\ & & & & \cdots & \overline{g}_{-2} & \overline{g}_{-1} & \overline{g}_0 & \overline{g}_{+1} & \overline{g}_{+2} & \cdots \\ & & & & & & & & & & \cdots\end{pmatrix}_{\frac{\infty}{2}\times\infty}$$

利用这些记号定义一个 $\infty\times\infty$ 的分块为 1×2 的矩阵 $\mathcal{A}$:

$$\mathcal{A}=\left(\mathcal{H}\middle|\mathcal{G}\right)=\begin{pmatrix}\vdots & \vdots & \vdots & \vdots & \vdots & \vdots & \vdots & \vdots & \vdots & \vdots\\ \vdots & h_0 & h_{-2} & \vdots & \vdots & \vdots & g_0 & g_{-2} & \vdots & \vdots\\ \vdots & h_{+1} & h_{-1} & \vdots & \vdots & \vdots & g_{+1} & g_{-1} & \vdots & \vdots\\ \vdots & h_{+2} & h_0 & h_{-2} & \vdots & \vdots & g_{+2} & g_0 & g_{-2} & \vdots\\ \vdots & \vdots & h_{+1} & h_{-1} & \vdots & \vdots & \vdots & g_{+1} & g_{-1} & \vdots\\ \vdots & \vdots & h_{+2} & h_0 & \vdots & \vdots & \vdots & g_{+2} & g_0 & \vdots\\ \vdots & \vdots & \vdots & \vdots & \vdots & \vdots & \vdots & \vdots & \vdots & \vdots\end{pmatrix}_{\infty\times\infty}$$

同时

$$\mathcal{A}^*=\begin{pmatrix}\mathcal{H}^*\\ \hline \mathcal{G}^*\end{pmatrix}=\begin{pmatrix}\cdots & & & & & & & & & \\ \cdots & \overline{h}_{-2} & \overline{h}_{-1} & \overline{h}_0 & \overline{h}_{+1} & \overline{h}_{+2} & \cdots & & & \\ & & \cdots & \overline{h}_{-2} & \overline{h}_{-1} & \overline{h}_0 & \overline{h}_{+1} & \overline{h}_{+2} & \cdots & \\ & & & & \cdots & \overline{h}_{-2} & \overline{h}_{-1} & \overline{h}_0 & \overline{h}_{+1} & \overline{h}_{+2} & \cdots\\ & & & & & & & & & & \cdots\\ \hline \cdots & & & & & & & & & \\ \cdots & \overline{g}_{-2} & \overline{g}_{-1} & \overline{g}_0 & \overline{g}_{+1} & \overline{g}_{+2} & \cdots & & & \\ & & \cdots & \overline{g}_{-2} & \overline{g}_{-1} & \overline{g}_0 & \overline{g}_{+1} & \overline{g}_{+2} & \cdots & \\ & & & & \cdots & \overline{g}_{-2} & \overline{g}_{-1} & \overline{g}_0 & \overline{g}_{+1} & \overline{g}_{+2} & \cdots\\ & & & & & & & & & & \cdots\end{pmatrix}_{\infty\times\infty}$$

利用上述引入的这些无穷维矩阵或者离散算子记号，可以将定理 5.33 的结果表示为类似线性代数理论中有限维线性空间规范正交基之间相互转换的由酉过渡矩阵表示的过渡关系. 这就是如下的定理.

定理 5.34 (小波包规范正交基的过渡关系)　在多分辨率分析理论体系中，对任意的非负整数 m，小波包函数子空间 U_{j+1}^m 的两个不同的整数平移规范正交函数基 $\{\mu_{m,j+1,n}(x);n\in\mathbb{Z}\}$ 和 $\{\mu_{2m,j,\ell}(x),\mu_{2m+1,j,\ell}(x);\ell\in\mathbb{Z}\}$ 之间存在如下互表关系:

$$(\mu_{2m,j,\ell}(x);\ell\in\mathbb{Z}\mid\mu_{2m+1,j,\ell}(x);\ell\in\mathbb{Z})=(\mu_{m,j+1,n}(x);n\in\mathbb{Z})\mathcal{A}$$

即从 U_{j+1}^m 的基 $\{\mu_{m,j+1,n}(x);n\in\mathbb{Z}\}$ 过渡到基 $\{\mu_{2m,j,\ell}(x),\mu_{2m+1,j,\ell}(x);\ell\in\mathbb{Z}\}$ 的过渡矩阵就是 $\infty\times\infty$ 的矩阵 $\mathcal{A}$.

反过来,

$$(\mu_{m,j+1,n}(x);n\in\mathbb{Z})=(\mu_{2m,j,\ell}(x);\ell\in\mathbb{Z}\mid\mu_{2m+1,j,\ell}(x);\ell\in\mathbb{Z})\mathcal{A}^*$$

即从 U_{j+1}^m 的基 $\{\mu_{2m,j,\ell}(x),\mu_{2m+1,j,\ell}(x);\ell\in\mathbb{Z}\}$ 过渡到基 $\{\mu_{m,j+1,n}(x);n\in\mathbb{Z}\}$ 的过渡矩阵就是 $\infty\times\infty$ 的矩阵 $\mathcal{A}^{-1}=\mathcal{A}^*$.

注释: 这些方程中出现的与算子或矩阵 $\mathcal{A}$ 及其复数共轭转置 $\mathcal{A}^{-1}=\mathcal{A}^*$ 有关

的运算都理解为行向量与矩阵的乘积，后续研究中还会出现矩阵与列向量相乘的表达式. 总之，约定按照矩阵与向量的形式运算理解涉及的相关运算.

证明　仔细观察，无须证明. #

(β) 尺度空间小波包分解

重复使用小波包子空间的正交直和分解关系 $U_{j+1}^{m}=U_j^{2m}\oplus U_j^{2m+1}$，可以得到尺度子空间序列的小波包子空间正交直和分解公式.

定理 5.35 (尺度空间小波包分解)　在多分辨率分析理论体系中，对任意的整数 j，尺度子空间 V_{j+1} 具有如下小波包塔式正交直和分解:

$$
\begin{aligned}
V_{j+1}&=U_{j+1}^0(=V_j\oplus W_j)\\
&=U_j^0\oplus U_j^1\\
&=U_{j-1}^0\oplus U_{j-1}^1\oplus U_{j-1}^2\oplus U_{j-1}^3\\
&\cdots\cdots\\
&=U_{j-\ell}^0\oplus U_{j-\ell}^1\oplus\cdots\oplus U_{j-\ell}^{2^\ell}\oplus U_{j-\ell}^{2^\ell+1}\oplus\cdots\oplus U_{j-\ell}^{2^{\ell+1}-1}
\end{aligned}
$$

在最后的等式中，V_{j+1} 被分解为 $2^{\ell+1}$ 个相互正交的小波包子空间的正交直和，在构造这些小波包子空间的整数平移规范正交函数基时，只需要利用第 0 级小波包(尺度函数)，第 1 级小波包(小波函数)，第 2 级小波包，…，第 $(2^{\ell+1}-1)$ 级小波包，其中 $\ell=0,1,2,\cdots$. 而且，当 $m=0,1,2,\cdots,(2^{\ell+1}-1)$ 时，小波包子空间 $U_{j-\ell}^m$ 的规范正交基可以选择为 $\{2^{(j-\ell)/2}\mu_m(2^{j-\ell}x-n);n\in\mathbb{Z}\}$，此时

$$U_{j-\ell}^m=\text{Closespan}\{2^{(j-\ell)/2}\mu_m(2^{j-\ell}x-n);n\in\mathbb{Z}\}$$

证明　对于 $\ell=0,1,2,\cdots$，当 $m=0,1,2,\cdots,(2^\ell-1)$ 时，$U_{j+1}^m=U_j^{2m}\oplus U_j^{2m+1}$ 不断“一分为二”地产生更小的但是尺度倍增的小波包子空间，在这个完全的分解过程中，尺度由 $s=2^{-(p+1)}$ 倍增为 $s=2^{-p}$ 时，小波包子空间的个数出现倍增. 当尺度最终到达 $s=2^{-(j-\ell)}$ 时，小波包子空间共有 $2^{\ell+1}$ 个. #

(γ) 小波空间小波包分解

重复使用小波包子空间的正交直和分解关系 $U_{j+1}^{m}=U_j^{2m}\oplus U_j^{2m+1}$，可以得到小波子空间序列的小波包子空间正交直和分解公式.

定理 5.36 (小波空间小波包分解)　在多分辨率分析理论体系中，对任意的整数 j，小波子空间 W_j 具有如下小波包塔式正交直和分解:

$$\begin{aligned}W_j &= U_{j-1}^2 \oplus U_{j-1}^3 \\ &= U_{j-2}^4 \oplus U_{j-2}^5 \oplus U_{j-2}^6 \oplus U_{j-2}^7 \\ &\cdots\cdots \\ &= U_{j-\ell}^{2^\ell} \oplus U_{j-\ell}^{2^\ell+1} \oplus \ \cdots \ \oplus U_{j-\ell}^{2^{\ell+1}-1}\end{aligned}$$

在最后的等式中，W_j 被分解为 2^ℓ 个相互正交的小波包子空间的正交直和，在构造这些小波包子空间的整数平移规范正交函数基时，只需利用第 2^ℓ 级小波包，第 $(2^\ell+1)$ 级小波包，$\cdots$，第 $(2^{\ell+1}-1)$ 级小波包，其中 $\ell=0,1,2,\cdots$. 而且，当 $m=0,1,2,\cdots,(2^\ell-1)$ 时，函数系 $\{2^{(j-\ell)/2}\mu_{2^\ell+m}(2^{j-\ell}x-n);n\in\mathbb{Z}\}$ 是小波包子空间 $U_{j-\ell}^{2^\ell+m}$ 的规范正交基，而且

$$U_{j-\ell}^{2^\ell+m} = \text{Closespan}\{2^{(j-\ell)/2}\mu_{2^\ell+m}(2^{j-\ell}x-n)\ ;n\in\mathbb{Z}\}$$

证明　利用在正交小波包直和分解关系 $U_{j+1}^m = U_j^{2m} \oplus U_j^{2m+1}$ 中 $j\in\mathbb{Z}$ 和非负整数 m 的任意性即可完成证明. 比如在 $U_{j+1}^0 = U_{j-\ell}^0 \oplus U_{j-\ell}^1 \oplus\cdots\oplus U_{j-\ell}^{2^{\ell+1}-1}$ 中，对于任意的 $0\leqslant u<v\leqslant(2^{\ell+1}-1)$，当 $u+1=v$ 时，如果 u 是偶数 $u=2m$，那么 $v=2m+1$，且由 $U_{j-\ell+1}^m = U_{j-\ell}^{2m}\oplus U_{j-\ell}^{2m+1}$ 知 $U_{j-\ell}^{2m}\perp U_{j-\ell}^{2m+1}$；如果 v 是偶数 $v=2m$，那么 $u=2m-1=2(m-1)+1$，而且 $U_{j-\ell+1}^{m-1} = U_{j-\ell}^{2(m-1)}\oplus U_{j-\ell}^{2(m-1)+1}$ 以及 $U_{j-\ell+1}^m = U_{j-\ell}^{2m}\oplus U_{j-\ell}^{2m+1}$，利用归纳法假设知 $U_{j-\ell+1}^{m-1}\perp U_{j-\ell+1}^m$，从而由正交直和的正交关系 $(U_{j-\ell}^{2(m-1)}\oplus U_{j-\ell}^{2(m-1)+1})\perp(U_{j-\ell}^{2m}\oplus U_{j-\ell}^{2m+1})$ 得 $(U_{j-\ell}^u = U_{j-\ell}^{2(m-1)+1})\perp(U_{j-\ell}^v = U_{j-\ell}^{2m})$. 当 $v-u>1$ 时，仿照前述讨论分析方法，$U_{j-\ell}^u, U_{j-\ell}^v$ 分别包含在尺度级别 $a=2^{-(j-\ell+1)}$ 上两个不同且相互正交的小波包空间中，由归纳法假设仍可得 $U_{j-\ell}^u\perp U_{j-\ell}^v$.

此外，利用小波包函数系的傅里叶变换表达式直接演算也可完成证明.　#

(δ) 小波包子空间的关系

在尺度空间 V_{j+1} 正交小波包子空间分解关系中，尺度从 $s=2^{-(j+1)}$ 逐次倍增直到 $s=2^{-(j-\ell)}$，在此过程中某个尺度级别上的全部小波包子空间未必每个都需要被分解为两个更小的子空间的正交直和，这样，在尺度级别 $s=2^{-(j-\ell)}$ 上的小波包子空间个数就会比 $2^{\ell+1}$ 少. 例如，分解关系 $U_{j+1}^0 = U_j^0\oplus U_{j-1}^2\oplus U_{j-1}^3$ 给出了尺度子空间 V_{j+1} 的另一种相互正交的子空间直和分解，这些更小的子空间并不具有相同的尺度级别，这里涉及尺度级别 $s=2^{-j}$ 和 $s=2^{-(j-1)}$.

定理 5.37 (小波包子空间的关系)　在多分辨率分析理论体系中，对任意的整数 j，在尺度子空间 V_{j+1} 的如下正交小波包塔式直和分解关系中:

$$\begin{aligned}V_{j+1}&=U_{j+1}^0\\&=U_j^0\oplus U_j^1\\&=U_{j-1}^0\oplus U_{j-1}^1\oplus U_{j-1}^2\oplus U_{j-1}^3\\&\cdots\cdots\\&=U_{j-\ell}^0\oplus U_{j-\ell}^1\oplus\cdots\oplus U_{j-\ell}^{2^\ell}\oplus U_{j-\ell}^{2^\ell+1}\oplus\cdots\oplus U_{j-\ell}^{2^{\ell+1}-1}\end{aligned}$$

对于任意的非负整数 $u<v$，任意选定 $U_{j-u}^{m_0}\in\{U_{j-u}^m,m=0,1,2,\cdots,(2^{u+1}-1)\}$，其中 $0\leqslant m_0\leqslant(2^{u+1}-1)$，同时，任意选定 $U_{j-v}^{n_0}\in\{U_{j-v}^n,n=0,1,2,\cdots,(2^{v+1}-1)\}$，其中 $0\leqslant n_0\leqslant(2^{v+1}-1)$，则当 $n_0\notin\{2^{v-u}m_0,2^{v-u}m_0+1,\cdots,2^{v-u}m_0+(2^{v-u}-1)\}$ 时，小波包子空间 $U_{j-u}^{m_0}$ 与 $U_{j-v}^{n_0}$ 正交，当 $n_0\in\{2^{v-u}m_0,2^{v-u}m_0+1,\cdots,2^{v-u}m_0+(2^{v-u}-1)\}$ 时，$U_{j-v}^{n_0}\subseteq U_{j-u}^{m_0}$，即 $U_{j-v}^{n_0}$ 是 $U_{j-u}^{m_0}$ 的子空间.

证明　因为 $U_{j-u}^{m_0}$ 具有如下小波包正交直和分解关系:

$$U_{j-u}^{m_0}=U_{j-v}^{2^{v-u}m_0}\oplus U_{j-v}^{2^{v-u}m_0+1}\oplus\cdots\oplus U_{j-v}^{2^{v-u}m_0+(2^{v-u}-1)}$$

所以，当 $n_0\in\{2^{v-u}m_0,2^{v-u}m_0+1,\cdots,2^{v-u}m_0+(2^{v-u}-1)\}$ 时，$U_{j-v}^{n_0}$ 是 $U_{j-u}^{m_0}$ 的上述正交直和分解关系中的子空间之一，故 $U_{j-v}^{n_0}\subseteq U_{j-u}^{m_0}$；此外，由于

$$\bigcup_{m=0}^{(2^{u+1}-1)}\{2^{v-u}m,[2^{v-u}m+1],\cdots,[2^{v-u}m+(2^{v-u}-1)]\}=\{0,1,2,\cdots,(2^{v+1}-1)\}$$

所以，如果 $n_0\notin\{2^{v-u}m_0,2^{v-u}m_0+1,\cdots,2^{v-u}m_0+(2^{v-u}-1)\}$，那么，必有非负整数 $\tilde m_0$：$0\leqslant\tilde m_0\leqslant(2^{u+1}-1)$，$n_0\in\{2^{v-u}\tilde m_0,[2^{v-u}\tilde m_0+1],\cdots,[2^{v-u}\tilde m_0+(2^{v-u}-1)]\}$，此时，$U_{j-v}^{n_0}\subseteq U_{j-u}^{\tilde m_0}$. 因为 $U_{j-u}^{\tilde m_0}\perp U_{j-u}^{m_0}$，所以 $U_{j-v}^{n_0}\perp U_{j-u}^{m_0}$.　#

定理 5.38 (小波包空间关系判定准则)　在多分辨率分析理论体系中，对任意的整数 j，在尺度子空间 V_{j+1} 的如下正交小波包塔式直和分解关系中:

$$\begin{aligned}V_{j+1}&=U_{j+1}^0\\&=U_j^0\oplus U_j^1\\&=U_{j-1}^0\oplus U_{j-1}^1\oplus U_{j-1}^2\oplus U_{j-1}^3\\&\cdots\cdots\\&=U_{j-\ell}^0\oplus U_{j-\ell}^1\oplus\cdots\oplus U_{j-\ell}^{2^\ell}\oplus U_{j-\ell}^{2^\ell+1}\oplus\cdots\oplus U_{j-\ell}^{2^{\ell+1}-1}\end{aligned}$$

对非负整数 $u<v$，称 $\{U_{j-v}^{2^{v-u}m_0}, U_{j-v}^{[2^{v-u}m_0+1]}, \cdots, U_{j-v}^{[2^{v-u}m_0+(2^{v-u}-1)]}\}$ 是尺度级别 $s=2^{-(j-u)}$ 上的小波包子空间 $U_{j-u}^{m_0}$ 在尺度级别 $s=2^{-(j-v)}$ 上的小波包子空间覆盖. 那么, 在尺度级别 $s=2^{-(j-v)}$ 上, 任取 $U_{j-v}^{n_0}\in\{U_{j-v}^{n}, n=0,1,2,\cdots,(2^{v+1}-1)\}$，如果 $U_{j-v}^{n_0}$ 在 $U_{j-u}^{m_0}$ 的小波包子空间覆盖范围内, 则 $U_{j-v}^{n_0}\subseteq U_{j-u}^{m_0}$；否则 $U_{j-v}^{n_0}\perp U_{j-u}^{m_0}$.

证明 利用 $U_{j-u}^{m_0}=U_{j-v}^{2^{v-u}m_0}\oplus U_{j-v}^{2^{v-u}m_0+1}\oplus\cdots\oplus U_{j-v}^{2^{v-u}m_0+(2^{v-u}-1)}$，将尺度级别 $s=2^{-(j-v)}$ 上的小波包子空间全体 $\{U_{j-v}^{n}, n=0,1,2,\cdots,(2^{v+1}-1)\}$ 分为如下两类:

包含类: $\{U_{j-v}^{2^{v-u}m_0}, U_{j-v}^{[2^{v-u}m_0+1]}, \cdots, U_{j-v}^{[2^{v-u}m_0+(2^{v-u}-1)]}\}$

正交类: $\{U_{j-v}^{k}, k=0,1,\cdots,(2^{v-u}m_0-1),[2^{v-u}(m_0+1)],\cdots,(2^{v+1}-1)\}$

在包含类中的小波包空间都是 $U_{j-u}^{m_0}$ 的子空间; 在正交类中的小波包空间都是与 $U_{j-u}^{m_0}$ 正交的小波包空间. 建议读者补充证明的细节并完成证明. #

注释: 在同一尺度级别上的小波包子空间相互正交.

(ε) 尺度空间和小波空间的小波包基

定理 5.39 (尺度空间和小波空间的小波包规范正交基) 在多分辨率分析理论体系中, 对任意的整数 j 和非负整数 ℓ, 小波包整数平移函数系:

$$\bigcup_{m=0}^{(2^{\ell+1}-1)}\{2^{(j-\ell)/2}\mu_m(2^{j-\ell}x-n); n\in\mathbb{Z}\}$$

是尺度子空间 V_{j+1} 的规范正交基, 此外, 小波包整数平移函数系:

$$\bigcup_{m=0}^{(2^{\ell}-1)}\{2^{(j-\ell)/2}\mu_{2^\ell+m}(2^{j-\ell}x-n); n\in\mathbb{Z}\}$$

是小波子空间 W_j 的规范正交基.

证明 根据 V_{j+1} 和 W_j 的正交小波包子空间正交直和分解关系, 利用数学归纳法可以直接验证, 建议读者完成这个证明. #

(ζ) 小波包子空间的小波包基

定理 5.40 (小波包子空间的小波包规范正交基) 在多分辨率分析理论体系中, 对任意整数 j, 非负整数 ℓ 和小波包级别 m, 小波包整数平移函数系:

$$\bigcup_{k=0}^{(2^{\ell+1}-1)}\{2^{(j-\ell)/2}\mu_{2^{\ell+1}m+k}(2^{j-\ell}x-n); n\in\mathbb{Z}\}$$

是小波包子空间 U_{j+1}^{m} 的规范正交基，子空间分解关系是

$$U_{j+1}^{m}=U_{j-\ell}^{2^{\ell+1}m}\oplus U_{j-\ell}^{2^{\ell+1}m+1}\oplus\ \cdots\ \oplus U_{j-\ell}^{2^{\ell+1}m+(2^{\ell+1}-1)}$$

而且，当 $k=0,1,2,\cdots,(2^{\ell+1}-1)$ 时，

$$U_{j-\ell}^{2^{\ell+1}m+k}=\text{Closespan}\{2^{(j-\ell)/2}\mu_{2^{\ell+1}m+k}(2^{j-\ell}x-n);n\in\mathbb{Z}\}$$

证明　参考定理 5.38 和定理 5.39 的证明方法，建议读者完成这个证明.　#

(η) 尺度空间的不完全小波包分解

定理 5.41 (尺度空间的不完全小波包分解)　在多分辨率分析理论体系中，对任意整数 j，非负整数 ℓ 和小波包级别 m，在尺度子空间 V_{j+1} 的如下正交小波包塔式直和分解关系中：

$$V_{j+1}=U_{j-\ell}^{0}\oplus U_{j-\ell}^{1}\oplus\cdots\oplus U_{j-\ell}^{2^{\ell}}\oplus U_{j-\ell}^{2^{\ell}+1}\oplus\cdots\oplus U_{j-\ell}^{2^{\ell+1}-1}$$

对于任意的非负整数 $u<v$，任意选定 $U_{j-u}^{m_0}\in\{U_{j-u}^{m},m=0,1,2,\cdots,(2^{u+1}-1)\}$，其中 $0\leqslant m_0\leqslant(2^{u+1}-1)$，那么，$V_{j+1}$ 具有如下不完全的小波包分解关系：

$$\begin{aligned}V_{j+1}=&U_{j-v}^{0}\oplus U_{j-v}^{1}\oplus\cdots\oplus U_{j-v}^{(2^{v-u}m_0-1)}\\&\oplus U_{j-u}^{m_0}\\&\oplus U_{j-v}^{[2^{v-u}(m_0+1)]}\oplus U_{j-v}^{[2^{v-u}(m_0+1)+1]}\oplus\cdots\oplus U_{j-v}^{(2^{v+1}-1)}\end{aligned}$$

证明　利用 V_{j+1} 的完全小波包子空间正交直和分解，将小波包子空间重新分组组合可得

$$\begin{aligned}V_{j+1}=&U_{j-v}^{0}\oplus U_{j-v}^{1}\oplus\cdots\oplus U_{j-v}^{(2^{v-u}m_0-1)}\\&\oplus U_{j-v}^{2^{v-u}m_0}\oplus U_{j-v}^{(2^{v-u}m_0+1)}\oplus\cdots\oplus U_{j-v}^{[2^{v-u}m_0+(2^{v-u}-1)]}\\&\oplus U_{j-v}^{[2^{v-u}(m_0+1)]}\oplus U_{j-v}^{[2^{v-u}(m_0+1)+1]}\oplus\cdots\oplus U_{j-v}^{(2^{v+1}-1)}\\=&U_{j-v}^{0}\oplus U_{j-v}^{1}\oplus\cdots\oplus U_{j-v}^{(2^{v-u}m_0-1)}\\&\oplus U_{j-u}^{m_0}\\&\oplus U_{j-v}^{[2^{v-u}(m_0+1)]}\oplus U_{j-v}^{[2^{v-u}(m_0+1)+1]}\oplus\cdots\oplus U_{j-v}^{(2^{v+1}-1)}\end{aligned}$$

即在尺度 $s=2^{-(j-v)}$ 的完全小波包子空间正交直和分解中，合并部分小波包子空间，这些被合并的小波包子空间构成 $U_{j-u}^{m_0}$ 的小波包子空间正交直和分解：

$$U_{j-u}^{m_0}=U_{j-v}^{2^{v-u}m_0}\oplus U_{j-v}^{[2^{v-u}m_0+1]}\oplus\cdots\oplus U_{j-v}^{[2^{v-u}m_0+(2^{v-u}-1)]}$$

完成证明.　#

(θ) 尺度空间混合尺度小波包基

定理 5.42 (尺度空间混合尺度小波包基) 在多分辨率分析理论体系中，对任意整数 j，非负整数 ℓ 和小波包级别 m，在尺度子空间 V_{j+1} 的如下正交小波包塔式直和分解关系中：ℓ 是非负整数，

$$V_{j+1}=U_{j-\ell}^{0}\oplus U_{j-\ell}^{1}\oplus\cdots\oplus U_{j-\ell}^{2^{\ell}}\oplus U_{j-\ell}^{2^{\ell}+1}\oplus\cdots\oplus U_{j-\ell}^{2^{\ell+1}-1}$$

任给非负整数 $u<v$，而且 m_0 满足 $0\leqslant m_0\leqslant(2^{u+1}-1)$，那么，$V_{j+1}$ 有如下的规范正交基：

$$\left[\bigcup_{m=0}^{(2^{v-u}m_0-1)}\{2^{(j-v)/2}\mu_m(2^{j-v}x-n);n\in\mathbb{Z}\}\right]$$
$$\cup\{2^{(j-u)/2}\mu_{m_0}(2^{j-u}x-\ell);\ell\in\mathbb{Z}\}$$
$$\cup\left[\bigcup_{m=[2^{v-u}(m_0+1)]}^{(2^{v+1}-1)}\{2^{(j-v)/2}\mu_m(2^{j-v}x-n);n\in\mathbb{Z}\}\right]$$

证明 在定理 5.41 中，在尺度空间不完全小波包正交直和分解关系中出现的各个小波包子空间的小波包整数平移规范正交基，因为相互之间的正交性，合并即得到需要证明的结果，完成证明. #

(ι) 小波包子空间的开放小波包基

按照前述的小波包方法，可以得到尺度空间 V_{j+1} 的涉及更多个不同尺度级别的小波包子空间分解形式对应的规范正交基，小波子空间 W_{j+1} 以及任意小波包子空间 U_{j+1}^{m} 的无穷无尽的小波包函数系产生的单一尺度以及混合尺度的小波包函数整数平移规范正交基. 这些成果提供了函数空间 $\mathcal{L}^2(\mathbb{R})$ 的各种基于正交小波包子空间的正交直和分解以及分解所得各个小波包子空间的整数平移规范正交小波包基，这本质上就是重新组织和表达函数空间，为函数空间提供新的结构，为使用函数服务于特定研究提供新途径，比如为函数表达建立新的正交函数级数展开形式.

5.3.4 函数的小波包级数

函数空间和各种小波包子空间的正交直和分解以及这些小波包子空间存在的整数平移规范正交基，为函数提供了优美、简洁的正交函数级数表达式，而且，这些表达式之间还存在结构异常简单的相互转换的酉变换关系. 本节将研究和巧妙地表达这些依赖关系.

(α) 函数的小波包投影

定理 5.43 (函数的小波包正交投影)　在多分辨率分析理论体系中，对于任意的函数 $f(x)\in\mathcal{L}^2(\mathbb{R})$，将 $f(x)$ 在 $\mathcal{L}^2(\mathbb{R})$ 的小波包子空间序列:

$$V_{j+1}=U^0_{j+1},V_{j-\ell}=U^0_{j-\ell},W_j=U^1_{j-\ell},U^2_{j-\ell},\cdots,U^{2^{\ell+1}-1}_{j-\ell}$$

上的正交投影分别记为 $f^{(0)}_{j+1}(x),f^{(0)}_{j-\ell}(x),f^{(1)}_{j-\ell}(x),f^{(2)}_{j-\ell}(x),\cdots,f^{(2^{\ell+1}-1)}_{j-\ell}(x)$，那么

$$f^{(0)}_{j+1}(x)=f^{(0)}_{j-\ell}(x)+f^{(1)}_{j-\ell}(x)+f^{(2)}_{j-\ell}(x)+\cdots+f^{(2^{\ell+1}-1)}_{j-\ell}(x)$$

而且函数系 $\{f^{(0)}_{j-\ell}(x),f^{(1)}_{j-\ell}(x),f^{(2)}_{j-\ell}(x),\cdots,f^{(2^{\ell+1}-1)}_{j-\ell}(x)\}$ 是正交函数系，此外，这个函数系正好是 $f^{(0)}_{j+1}(x)$ 在正交小波包子空间序列 $U^0_{j-\ell},U^1_{j-\ell},U^2_{j-\ell},\cdots,U^{2^{\ell+1}-1}_{j-\ell}$ 上的正交投影，其中 $\ell=0,1,2,\cdots$.

证明　建议读者完成这个证明. 提示: 至少存在两种不同的证明思路, 其一是直接利用尺度子空间列的完全的小波包子空间正交直和分解公式; 其二是利用尺度子空间列的小波包函数平移规范正交基写成函数在尺度子空间上正交投影的小波包函数正交级数表达公式.　#

定理 5.44 (小波包正交投影勾股定理)　在多分辨率分析理论体系中，对于任意的函数 $f(x)\in\mathcal{L}^2(\mathbb{R})$，将 $f(x)$ 在 $\mathcal{L}^2(\mathbb{R})$ 的小波包子空间序列:

$$V_{j+1}=U^0_{j+1},V_{j-\ell}=U^0_{j-\ell},W_j=U^1_{j-\ell},U^2_{j-\ell},\cdots,U^{2^{\ell+1}-1}_{j-\ell}$$

上的正交投影分别记为 $f^{(0)}_{j+1}(x),f^{(0)}_{j-\ell}(x),f^{(1)}_{j-\ell}(x),f^{(2)}_{j-\ell}(x),\cdots,f^{(2^{\ell+1}-1)}_{j-\ell}(x)$，那么，对于任意的整数 $j\in\mathbb{Z}$ 和非负整数 $\ell=0,1,2,\cdots$，成立如下的“勾股定理”:

$$f^{(0)}_{j+1}(x)=\sum_{m=0}^{(2^{\ell+1}-1)}f^{(m)}_{j-\ell}(x),\quad \|f^{(0)}_{j+1}\|^2_{\mathcal{L}^2(\mathbb{R})}=\sum_{m=0}^{(2^{\ell+1}-1)}\|f^{(m)}_{j-\ell}\|^2_{\mathcal{L}^2(\mathbb{R})}$$

其中

$$\begin{aligned}\|f^{(0)}_{j+1}\|^2_{\mathcal{L}^2(\mathbb{R})}&=\int_{x\in\mathbb{R}}|f^{(0)}_{j+1}(x)|^2\,dx\\ \|f^{(m)}_{j-\ell}\|^2_{\mathcal{L}^2(\mathbb{R})}&=\int_{x\in\mathbb{R}}|f^{(m)}_{j-\ell}(x)|^2\,dx,\quad m=0,1,2,\cdots,(2^{\ell+1}-1)\end{aligned}$$

证明　这个定理所述就是尺度子空间的小波包子空间正交直和分解中正交性的直接表达. 直接演算即可得到详细的证明, 这里演算一个步骤作为示范.

$$\begin{aligned}\left\|f^{(m)}_{j+1}\right\|^2_{\mathcal{L}^2(\mathbb{R})}&=\int_{x\in\mathbb{R}}|f^{(m)}_{j+1}(x)|^2\,dx\\&=\int_{x\in\mathbb{R}}[f^{(2m)}_j(x)+f^{(2m+1)}_j(x)][f^{(2m)}_j(x)+f^{(2m+1)}_j(x)]^*dx\\&=\int_{x\in\mathbb{R}}|f^{(2m)}_j(x)|^2\,dx+\int_{x\in\mathbb{R}}|f^{(2m+1)}_j(x)|^2\,dx\end{aligned}$$

$$
\begin{aligned}
&+\int_{x\in\mathbb{R}}[f_j^{(2m)}(x)][f_j^{(2m+1)}(x)]^*dx\\
&+\int_{x\in\mathbb{R}}[f_j^{(2m+1)}(x)][f_j^{(2m)}(x)]^*dx\\
&=\|f_j^{(2m)}\|^2_{\mathcal{L}^2(\mathbb{R})}+\|f_j^{(2m+1)}\|^2_{\mathcal{L}^2(\mathbb{R})}
\end{aligned}
$$

其中，利用了正交性:

$$
\begin{aligned}
\left\langle f_j^{(2m)},f_j^{(2m+1)}\right\rangle_{\mathcal{L}^2(\mathbb{R})}&=\int_{x\in\mathbb{R}}[f_j^{(2m)}(x)][f_j^{(2m+1)}(x)]^*dx\\
&=\int_{x\in\mathbb{R}}[f_j^{(2m+1)}(x)][f_j^{(2m)}(x)]^*dx\\
&=0
\end{aligned}
$$

利用这个步骤的示范，第一种方法是模仿这个计算方法直接计算范数平方从而证明这个定理；第二种方法是多次重复迭代使用刚才的示范结果递推获得定理的完整证明. 建议读者完成这些证明的细节. #

(β) 正交小波包级数表达式

定理 5.45 (正交小波包级数) 在多分辨率分析理论体系中，对于任意的函数 $f(x)\in\mathcal{L}^2(\mathbb{R})$，将 $f(x)$ 在 $\mathcal{L}^2(\mathbb{R})$ 的小波包子空间序列:

$$
V_{j+1}=U_{j+1}^0,V_{j-\ell}=U_{j-\ell}^0,W_j=U_{j-\ell}^1,U_{j-\ell}^2,\cdots,U_{j-\ell}^{2^{\ell+1}-1}
$$

上的正交投影分别表示为

$$
f_{j+1}^{(0)}(x),f_{j-\ell}^{(0)}(x),f_{j-\ell}^{(1)}(x),f_{j-\ell}^{(2)}(x),\cdots,f_{j-\ell}^{(2^{\ell+1}-1)}(x)
$$

那么，必存在 $(2^{\ell+1}+1)$ 个平方可和无穷序列 $\{d_{j-\ell,k}^{(m)};k\in\mathbb{Z}\},m=0,1,\cdots,(2^{\ell+1}-1)$ 和 $\{d_{j+1,n}^{(0)};n\in\mathbb{Z}\}$，满足

$$
\begin{aligned}
f_{j+1}^{(0)}(x)&=\sum_{n\in\mathbb{Z}}d_{j+1,n}^{(0)}\mu_{0,j+1,n}(x)\\
f_{j-\ell}^{(m)}(x)&=\sum_{k\in\mathbb{Z}}d_{j-\ell,k}^{(m)}\mu_{m,j-\ell,k}(x),\quad m=0,1,\cdots,(2^{\ell+1}-1)
\end{aligned}
$$

而且

$$
\sum_{n\in\mathbb{Z}}d_{j+1,n}^{(0)}\mu_{0,j+1,n}(x)=\sum_{m=0}^{(2^{\ell+1}-1)}\sum_{k\in\mathbb{Z}}d_{j-\ell,k}^{(m)}\mu_{m,j-\ell,k}(x)
$$

其中

$$
d_{j+1,n}^{(0)}=\int_{x\in\mathbb{R}}f_{j+1}^{(0)}(x)\overline{\mu}_{0,j+1,n}(x)dx=\int_{x\in\mathbb{R}}f(x)\overline{\mu}_{0,j+1,n}(x)dx
$$

而且，对于 $m=0,1,\cdots,(2^{\ell+1}-1)$，

$$
d_{j-\ell,k}^{(m)}=\int_{x\in\mathbb{R}}f_{j-\ell}^{(m)}(x)\overline{\mu}_{m,j-\ell,k}(x)dx=\int_{x\in\mathbb{R}}f(x)\overline{\mu}_{m,j-\ell,k}(x)dx
$$

其中 ℓ 是任意的非负整数.

证明　因为尺度子空间 V_{j+1} 具有如下小波包正交直和分解:

$$V_{j+1}=U_{j-\ell}^{0}\oplus U_{j-\ell}^{1}\oplus\cdots\oplus U_{j-\ell}^{2^{\ell}}\oplus U_{j-\ell}^{2^{\ell}+1}\oplus\cdots\oplus U_{j-\ell}^{2^{\ell+1}-1}$$

而且, 函数系 $\{2^{(j-\ell)/2}\mu_{2^{\ell}+m}(2^{j-\ell}x-n)\ ;n\in\mathbb{Z}\}$ 是小波包子空间 $U_{j-\ell}^{2^{\ell}+m}$ 的规范正交基, 同时, 对于 $m=0,1,\cdots,(2^{\ell+1}-1)$,

$$U_{j-\ell}^{2^{\ell}+m}=\mathrm{Closespan}\{2^{(j-\ell)/2}\mu_{2^{\ell}+m}(2^{j-\ell}x-n)\ ;n\in\mathbb{Z}\}$$

证明的细节建议读者补充完整.　#

定理 5.46 (小波包级数的正交性)　在多分辨率分析理论体系中, 对于任意的函数 $f(x)\in\mathcal{L}^2(\mathbb{R})$, 将 $f(x)$ 在 $\mathcal{L}^2(\mathbb{R})$ 的小波包子空间序列:

$$V_{j+1}=U_{j+1}^{0},V_{j-\ell}=U_{j-\ell}^{0},W_j=U_{j-\ell}^{1},U_{j-\ell}^{2},\cdots,U_{j-\ell}^{2^{\ell+1}-1}$$

上的正交投影分别表示为

$$f_{j+1}^{(0)}(x),f_{j-\ell}^{(0)}(x),f_{j-\ell}^{(1)}(x),f_{j-\ell}^{(2)}(x),\cdots,f_{j-\ell}^{(2^{\ell+1}-1)}(x)$$

此时存在 $(2^{\ell+1}+1)$ 个平方可和无穷序列 $\{d_{j-\ell,k}^{(m)};k\in\mathbb{Z}\},m=0,1,\cdots,(2^{\ell+1}-1)$ 和 $\{d_{j+1,n}^{(0)};n\in\mathbb{Z}\}$, 满足

$$f_{j+1}^{(0)}(x)=\sum_{n\in\mathbb{Z}}d_{j+1,n}^{(0)}\mu_{0,j+1,n}(x)$$
$$f_{j-\ell}^{(m)}(x)=\sum_{k\in\mathbb{Z}}d_{j-\ell,k}^{(m)}\mu_{m,j-\ell,k}(x),\quad m=0,1,\cdots,(2^{\ell+1}-1)$$

而且

$$\sum_{n\in\mathbb{Z}}d_{j+1,n}^{(0)}\mu_{0,j+1,n}(x)=\sum_{m=0}^{(2^{\ell+1}-1)}\sum_{k\in\mathbb{Z}}d_{j-\ell,k}^{(m)}\mu_{m,j-\ell,k}(x)$$

那么, 对于任意整数 $j\in\mathbb{Z}$ 和非负整数 ℓ, 如下等式成立:

$$\sum_{n\in\mathbb{Z}}|\ d_{j+1,n}^{(0)}\ |^2=\sum_{m=0}^{(2^{\ell+1}-1)}\sum_{k\in\mathbb{Z}}|\ d_{j-\ell,k}^{(m)}\ |^2$$

证明　因为尺度子空间 V_{j+1} 具有如下的小波包函数平移规范正交基:

$$\{2^{(j-\ell)/2}\mu_m(2^{j-\ell}x-n);m=0,1,2,\cdots,(2^{\ell+1}-1),n\in\mathbb{Z}\}$$

同时, 它还有尺度函数整数平移规范正交基:

$$\{\varphi_{j+1,k}(x)=2^{(j+1)/2}\varphi(2^{j+1}x-k);k\in\mathbb{Z}\}$$

其中 $\varphi_{j+1,k}(x)=\mu_{0,j+1,k}(x),k\in\mathbb{Z}$. 定理所述事实上就是同一个函数在两个规范正交基表达时的范数平方计算公式. 详细计算过程留给读者完成.　#

注释: $\{d_{j+1,n}^{(0)};n\in\mathbb{Z}\}$ 和 $\{d_{j-\ell,k}^{(m)};k\in\mathbb{Z}\},m=0,1,\cdots,(2^{\ell+1}-1)$ 之间存在可相互转换的线性依赖关系, 表达这种依赖关系就是小波包金字塔算法理论.

(γ) 小波包金字塔分解

定理 5.47 (小波包金字塔分解) 在多分辨率分析理论体系中, 对于任意的函数 $f(x)\in\mathcal{L}^2(\mathbb{R})$, 将 $f(x)$ 在 $\mathcal{L}^2(\mathbb{R})$ 的小波包子空间序列:

$$V_{j+1}=U_{j+1}^0,V_{j-\ell}=U_{j-\ell}^0,W_j=U_{j-\ell}^1,U_{j-\ell}^2,\cdots,U_{j-\ell}^{2^{\ell+1}-1}$$

上的正交投影分别表示为

$$f_{j+1}^{(0)}(x),f_{j-\ell}^{(0)}(x),f_{j-\ell}^{(1)}(x),f_{j-\ell}^{(2)}(x),\cdots,f_{j-\ell}^{(2^{\ell+1}-1)}(x)$$

此时存在 $(2^{\ell+1}+1)$ 个平方可和无穷序列 $\{d_{j-\ell,k}^{(m)};k\in\mathbb{Z}\},m=0,1,\cdots,(2^{\ell+1}-1)$ 和 $\{d_{j+1,n}^{(0)};n\in\mathbb{Z}\}$, 满足

$$\begin{aligned}f_{j+1}^{(0)}(x)&=\sum_{n\in\mathbb{Z}}d_{j+1,n}^{(0)}\mu_{0,j+1,n}(x)\\ f_{j-\ell}^{(m)}(x)&=\sum_{k\in\mathbb{Z}}d_{j-\ell,k}^{(m)}\mu_{m,j-\ell,k}(x),\quad m=0,1,\cdots,(2^{\ell+1}-1)\end{aligned}$$

而且

$$\sum_{n\in\mathbb{Z}}d_{j+1,n}^{(0)}\mu_{0,j+1,n}(x)=\sum_{m=0}^{(2^{\ell+1}-1)}\sum_{k\in\mathbb{Z}}d_{j-\ell,k}^{(m)}\mu_{m,j-\ell,k}(x)$$

那么, 利用平方可和无穷序列 $\{d_{j+1,n}^{(0)};n\in\mathbb{Z}\}$ 可以按照如下迭代分解计算方法:

$$\begin{cases}d_{J,k}^{(2m)}=\sum\limits_{n\in\mathbb{Z}}\overline{h}_{n-2k}d_{J+1,n}^{(m)}, & k\in\mathbb{Z}\\ d_{J,k}^{(2m+1)}=\sum\limits_{n\in\mathbb{Z}}\overline{g}_{n-2k}d_{J+1,n}^{(m)}, & k\in\mathbb{Z}\end{cases}$$

其中, $J=j,j-1,\cdots,j-\ell,\ \ m=0,1,\cdots,(2^{\ell}-1)$, 得到 $2^{\ell+1}$ 个平方可和无穷序列 $\{d_{j-\ell,k}^{(m)};k\in\mathbb{Z}\},m=0,1,\cdots,(2^{\ell+1}-1)$.

注释: $\{d_{j+1,n}^{(0)};n\in\mathbb{Z}\}$ 和 $\{d_{j-\ell,k}^{(m)};k\in\mathbb{Z}\},m=0,1,\cdots,(2^{\ell+1}-1)$ 之间的这组依赖关系称为小波包金字塔链式分解算法.

证明 在小波包子空间的正交直和分解关系 $U_{J+1}^m=U_J^{2m}\oplus U_J^{2m+1}$ 中, 小波包子空间 U_{J+1}^m 具有 $\{\mu_{m,J+1,n}(x);n\in\mathbb{Z}\}$ 和 $\{\mu_{2m,J,\ell}(x),\mu_{2m+1,J,\ell}(x);\ell\in\mathbb{Z}\}$ 两个规范正交基, 于是仿照小波分解公式的证明方法得到

$$\begin{cases}d_{J,k}^{(2m)}=\sum\limits_{n\in\mathbb{Z}}\overline{h}_{n-2k}d_{J+1,n}^{(m)}, & k\in\mathbb{Z}\\ d_{J,k}^{(2m+1)}=\sum\limits_{n\in\mathbb{Z}}\overline{g}_{n-2k}d_{J+1,n}^{(m)}, & k\in\mathbb{Z}\end{cases}$$

重复使用这个结果，并取 $J=j,j-1,\cdots,j-\ell$，$m=0,1,\cdots,(2^{\ell}-1)$，得到 $2^{\ell+1}$ 个平方可和无穷序列 $\{d_{j-\ell,k}^{(m)};k\in\mathbb{Z}\},m=0,1,\cdots,(2^{\ell+1}-1)$. 证明完成. #

(δ) 小波包金字塔合成

定理 5.48 (小波包金字塔合成)　在多分辨率分析理论体系中，对于任意的函数 $f(x)\in\mathcal{L}^2(\mathbb{R})$，将 $f(x)$ 在 $\mathcal{L}^2(\mathbb{R})$ 的小波包子空间序列:

$$V_{j+1}=U_{j+1}^0,V_{j-\ell}=U_{j-\ell}^0,W_j=U_{j-\ell}^1,U_{j-\ell}^2,\cdots,U_{j-\ell}^{2^{\ell+1}-1}$$

上的正交投影分别表示为

$$f_{j+1}^{(0)}(x),f_{j-\ell}^{(0)}(x),f_{j-\ell}^{(1)}(x),f_{j-\ell}^{(2)}(x),\cdots,f_{j-\ell}^{(2^{\ell+1}-1)}(x)$$

此时存在 $(2^{\ell+1}+1)$ 个平方可和无穷序列 $\{d_{j-\ell,k}^{(m)};k\in\mathbb{Z}\},m=0,1,\cdots,(2^{\ell+1}-1)$ 和 $\{d_{j+1,n}^{(0)};n\in\mathbb{Z}\}$，满足

$$\begin{aligned}f_{j+1}^{(0)}(x)&=\sum_{n\in\mathbb{Z}}d_{j+1,n}^{(0)}\mu_{0,j+1,n}(x)\\ f_{j-\ell}^{(m)}(x)&=\sum_{k\in\mathbb{Z}}d_{j-\ell,k}^{(m)}\mu_{m,j-\ell,k}(x),\quad m=0,1,\cdots,(2^{\ell+1}-1)\end{aligned}$$

而且

$$\sum_{n\in\mathbb{Z}}d_{j+1,n}^{(0)}\mu_{0,j+1,n}(x)=\sum_{m=0}^{(2^{\ell+1}-1)}\sum_{k\in\mathbb{Z}}d_{j-\ell,k}^{(m)}\mu_{m,j-\ell,k}(x)$$

那么，从 $2^{\ell+1}$ 个平方可和无穷序列 $\{d_{j-\ell,k}^{(m)};k\in\mathbb{Z}\}$,其中 $m=0,1,\cdots,(2^{\ell+1}-1)$ 出发，利用如下的迭代合成计算方法:

$$d_{J+1,n}^{(\tilde m)}=\sum_{k\in\mathbb{Z}}(h_{n-2k}d_{J,k}^{(2\tilde m)}+g_{n-2k}d_{J,k}^{(2\tilde m+1)}),\quad n\in\mathbb{Z}$$

其中 $\tilde m=0,1,\cdots,(2^{\ell}-1)$，$J=j-\ell,j-\ell+1,\cdots,j$，能够得到 $\{d_{j+1,n}^{(0)};n\in\mathbb{Z}\}$.

注释: $\{d_{j+1,n}^{(0)};n\in\mathbb{Z}\}$ 和 $\{d_{j-\ell,k}^{(m)};k\in\mathbb{Z}\},m=0,1,\cdots,(2^{\ell+1}-1)$ 之间的这组依赖关系称为小波包金字塔合成算法.

证明　在多分辨率分析理论体系中，对任意整数 $J\in\mathbb{Z}$，使用如下关系:

$$\begin{cases}\mu_{2m,J,k}(x)=\sum\limits_{n\in\mathbb{Z}}h_{n-2k}\mu_{m,J+1,n}(x),\quad k\in\mathbb{Z}\\ \mu_{2m+1,J,k}(x)=\sum\limits_{n\in\mathbb{Z}}g_{n-2k}\mu_{m,J+1,n}(x),\quad k\in\mathbb{Z}\end{cases}$$

产生的两个函数系:

$$\{\mu_{2m,J,k}(x)=2^{J/2}\mu_{2m}(2^Jx-k);k\in\mathbb{Z}\}$$

$$\{\mu_{2m+1,J,k}(x)=2^{J/2}\mu_{2m+1}(2^Jx-k);k\in\mathbb{Z}\}$$

是函数空间 $\mathcal{L}^2(\mathbb{R})$ 中相互正交的整数平移规范正交函数系，而且，它们分别构成 U_J^{2m} 和 U_J^{2m+1} 的规范正交基，两者共同组成 $U_{J+1}^m=U_J^{2m}\oplus U_J^{2m+1}$ 的规范正交基，而且，对于任意的整数 $J\in\mathbb{Z}$，如下关系成立：

$$\mu_{m,J+1,n}(x)=\sum_{k\in\mathbb{Z}}[\overline{h}_{n-2k}\mu_{2m,J,k}(x)+\overline{g}_{n-2k}\mu_{2m+1,J,k}(x)],\quad n\in\mathbb{Z}$$

由此可得

$$d_{J+1,n}^{(\tilde{m})}=\sum_{k\in\mathbb{Z}}(h_{n-2k}d_{J,k}^{(2\tilde{m})}+g_{n-2k}d_{J,k}^{(2\tilde{m}+1)}),\quad n\in\mathbb{Z}$$

其中 $\tilde{m}=0,1,\cdots,(2^\ell-1)$，$J=j-\ell,j-\ell+1,\cdots,j$，经过多次重复最终得到平方可和无穷序列 $\{d_{j+1,n}^{(0)};n\in\mathbb{Z}\}$. 证明完成. #

(ε) 小波包平移基的过渡关系

回顾矩阵(离散算子)记号 $\mathcal{H},\mathcal{G}$，它们的复数共轭转置矩阵 $\mathcal{H}^*,\mathcal{G}^*$，以及一个 $\infty\times\infty$ 的分块为 1×2 的矩阵 $\mathcal{A}$ 和它的逆 $\mathcal{A}^{-1}=\mathcal{A}^*$. 利用这些矩阵和分块矩阵记号可以得到如下的关于小波包函数平移规范正交基之间关系的定理.

定理 5.49 (小波包平移基的酉关系) 在多分辨率分析理论体系中，对于任意的整数 $j\in\mathbb{Z}$，相互正交的整数平移规范正交函数系 $\{\mu_{2m,j,k}(x);k\in\mathbb{Z}\}$ 和 $\{\mu_{2m+1,j,k}(x);k\in\mathbb{Z}\}$ 共同组成 U_{j+1}^m 的规范正交基，而 $\{\mu_{m,j+1,n}(x);n\in\mathbb{Z}\}$ 是子空间 U_{j+1}^m 的另一个规范正交基. 那么，小波包子空间 U_{j+1}^m 的这两个规范正交基之间存在如下表示的互逆过渡关系：

$$(\mu_{2m,j,k}(x);k\in\mathbb{Z}\mid\mu_{2m+1,j,k}(x);k\in\mathbb{Z})=(\mu_{m,j+1,n}(x);n\in\mathbb{Z})\mathcal{A}$$

即从 U_{j+1}^m 的规范正交基 $\{\mu_{m,j+1,n}(x);n\in\mathbb{Z}\}$ 过渡到基 $\{\mu_{2m,j,k}(x);k\in\mathbb{Z}\}$ 和 $\{\mu_{2m+1,j,k}(x);k\in\mathbb{Z}\}$ 的过渡矩阵就是 $\infty\times\infty$ 的矩阵 $\mathcal{A}$.

反过来，

$$(\mu_{m,j+1,n}(x);n\in\mathbb{Z})=(\mu_{2m,j,k}(x);k\in\mathbb{Z}\mid\mu_{2m+1,j,k}(x);k\in\mathbb{Z})\mathcal{A}^{-1}$$

即从 U_{j+1}^m 的正交基 $\{\mu_{2m,j,k}(x),\mu_{2m+1,j,k}(x);k\in\mathbb{Z}\}$ 过渡到基 $\{\mu_{m,j+1,n}(x);n\in\mathbb{Z}\}$ 的过渡矩阵就是 $\infty\times\infty$ 的矩阵 $\mathcal{A}^{-1}$.

(ζ) 函数的小波包坐标变换

定理 5.50 (小波包坐标变换) 在正交小波包理论体系中，小波包子空间存在正交直和分解关系 $U_{j+1}^m=U_j^{2m}\oplus U_j^{2m+1}$，对任意函数 $f(x)\in\mathcal{L}^2(\mathbb{R})$，如果 $f(x)$ 在

$U_{j+1}^m, U_j^{2m}, U_j^{2m+1}$ 上的正交投影分别为 $f_{j+1}^{(m)}(x), f_j^{(2m)}(x), f_j^{(2m+1)}(x)$，那么

$$f_{j+1}^{(m)}(x) = \sum_{n\in\mathbb{Z}} d_{j+1,n}^{(m)} \mu_{m,j+1,n}(x)$$
$$f_j^{(2m)}(x) = \sum_{k\in\mathbb{Z}} d_{j,k}^{(2m)} \mu_{2m,j,k}(x)$$
$$f_j^{(2m+1)}(x) = \sum_{k\in\mathbb{Z}} d_{j,k}^{(2m+1)} \mu_{2m+1,j,k}(x)$$

而且

$$f_{j+1}^{(m)}(x) = f_j^{(2m)}(x) + f_j^{(2m+1)}(x)$$

或者等价地，

$$\sum_{n\in\mathbb{Z}} d_{j+1,n}^{(m)} \mu_{m,j+1,n}(x) = \sum_{k\in\mathbb{Z}} d_{j,k}^{(2m)} \mu_{2m,j,k}(x) + \sum_{k\in\mathbb{Z}} d_{j,k}^{(2m+1)} \mu_{2m+1,j,k}(x)$$

同时，$\mathscr{D}_{j+1}^{(m)} = \{d_{j+1,n}^{(m)}; n\in\mathbb{Z}\}^{\mathrm{T}}$ 是 $f_{j+1}^{(m)}(x)$ 在 U_{j+1}^m 的规范正交基 $\{\mu_{m,j+1,n}(x); n\in\mathbb{Z}\}$ 下的坐标，而 $\mathscr{D}_j^{(2m)} = \{d_{j,k}^{(2m)}; k\in\mathbb{Z}\}^{\mathrm{T}}$ 和 $\mathscr{D}_j^{(2m+1)} = \{d_{j,k}^{(2m+1)}; k\in\mathbb{Z}\}^{\mathrm{T}}$ 是 $f_{j+1}^{(m)}(x)$ 在 U_{j+1}^m 的另一个规范正交基 $\{\mu_{2m,j,k}(x); k\in\mathbb{Z}\}\cup\{\mu_{2m+1,j,k}(x); k\in\mathbb{Z}\}$ 下的坐标.

此外，在 U_{j+1}^m 的前述两个规范正交基之下，$f_{j+1}^{(m)}(x)$ 的坐标向量之间满足如下坐标变换关系:

$$\left(\begin{array}{c}\mathscr{D}_j^{(2m)}\\ \hline \mathscr{D}_j^{(2m+1)}\end{array}\right) = \boldsymbol{\mathcal{A}}^{-1}\mathscr{D}_{j+1}^{(m)} = \boldsymbol{\mathcal{A}}^*\mathscr{D}_{j+1}^{(m)} = \left(\begin{array}{c}\boldsymbol{\mathcal{H}}^*\\ \hline \boldsymbol{\mathcal{G}}^*\end{array}\right)\mathscr{D}_{j+1}^{(m)}$$

其中，$\infty\times\infty$ 矩阵 $\boldsymbol{\mathcal{A}}$ 是酉矩阵，即 $\boldsymbol{\mathcal{A}}^{-1} = \boldsymbol{\mathcal{A}}^*$. 或者相反地，

$$\mathscr{D}_{j+1}^{(m)} = \boldsymbol{\mathcal{A}}\left(\begin{array}{c}\mathscr{D}_j^{(2m)}\\ \hline \mathscr{D}_j^{(2m+1)}\end{array}\right) = \left(\boldsymbol{\mathcal{H}}\middle|\boldsymbol{\mathcal{G}}\right)\left(\begin{array}{c}\mathscr{D}_j^{(2m)}\\ \hline \mathscr{D}_j^{(2m+1)}\end{array}\right) = \boldsymbol{\mathcal{H}}\mathscr{D}_j^{(2m)} + \boldsymbol{\mathcal{G}}\mathscr{D}_j^{(2m+1)}$$

这组互逆的酉变换关系前者称为函数的小波包分解算法，后者称为函数的小波包合成算法.

证明　实际上，这个定理是一个综合性定理，回顾前述相关研究内容和符号的含义直接写出即可. 完成证明.　#

(η) 小波包勾股定理

定理 5.50 表明，函数小波包坐标之间存在酉变换关系，因此，分解算法和合成算法中出现的两个分量之间必然是正交的，这样小波包变换的正交性最终体现为古老的勾股定理形式，这就是如下的定理.

定理 5.51 (小波包勾股定理)　在正交小波包理论体系中，小波包子空间存在

正交直和分解关系 $U_{j+1}^{m}=U_{j}^{2m}\oplus U_{j}^{2m+1}$，对任意函数 $f(x)\in\mathcal{L}^2(\mathbb{R})$，将 $f(x)$ 在 $U_{j+1}^{m},U_{j}^{2m},U_{j}^{2m+1}$ 上的正交投影分别记为 $f_{j+1}^{(m)}(x),f_{j}^{(2m)}(x),f_{j}^{(2m+1)}(x)$，这样，

$$f_{j+1}^{(m)}(x)=f_{j}^{(2m)}(x)+f_{j}^{(2m+1)}(x)$$

将体现为

$$\sum_{n\in\mathbb{Z}}d_{j+1,n}^{(m)}\mu_{m,j+1,n}(x)=\sum_{k\in\mathbb{Z}}d_{j,k}^{(2m)}\mu_{2m,j,k}(x)+\sum_{k\in\mathbb{Z}}d_{j,k}^{(2m+1)}\mu_{2m+1,j,k}(x)$$

那么，如下三个无穷序列列向量：

$$\begin{aligned}\mathscr{D}_{j+1}^{(m)}&=\{d_{j+1,n}^{(m)};n\in\mathbb{Z}\}^{\mathrm{T}}\\ \mathscr{D}_{j}^{(2m)}&=\{d_{j,k}^{(2m)};k\in\mathbb{Z}\}^{\mathrm{T}}\\ \mathscr{D}_{j}^{(2m+1)}&=\{d_{j,k}^{(2m+1)};k\in\mathbb{Z}\}^{\mathrm{T}}\end{aligned}$$

之间满足如下小波包合成关系：

$$\mathscr{D}_{j+1}^{(m)}=\boldsymbol{\mathcal{A}}\left(\frac{\mathscr{D}_{j}^{(2m)}}{\mathscr{D}_{j}^{(2m+1)}}\right)=\left(\boldsymbol{\mathcal{H}}\middle|\boldsymbol{\mathcal{G}}\right)\left(\frac{\mathscr{D}_{j}^{(2m)}}{\mathscr{D}_{j}^{(2m+1)}}\right)=\boldsymbol{\mathcal{H}}\mathscr{D}_{j}^{(2m)}+\boldsymbol{\mathcal{G}}\mathscr{D}_{j}^{(2m+1)}$$

而且，上式右端的两个向量在序列空间 $\ell^2(\mathbb{Z})$ 中是相互正交的：

$$\left\langle\boldsymbol{\mathcal{H}}\mathscr{D}_{j}^{(2m)},\boldsymbol{\mathcal{G}}\mathscr{D}_{j}^{(2m+1)}\right\rangle_{\ell^2(\mathbb{Z})}=0$$

同时，在序列空间 $\ell^2(\mathbb{Z})$ 中，这三个向量满足如下“勾股定理”恒等式：

$$\|\mathscr{D}_{j+1}^{(m)}\|_{\ell^2(\mathbb{Z})}^2=\|\boldsymbol{\mathcal{H}}\mathscr{D}_{j}^{(2m)}\|_{\ell^2(\mathbb{Z})}^2+\|\boldsymbol{\mathcal{G}}\mathscr{D}_{j}^{(2m+1)}\|_{\ell^2(\mathbb{Z})}^2$$

其中，根据无穷维序列向量空间 $\ell^2(\mathbb{Z})$ 中“欧氏范数(距离)”的定义，三个向量 $\mathscr{D}_{j+1}^{(m)},\boldsymbol{\mathcal{H}}\mathscr{D}_{j}^{(2m)},\boldsymbol{\mathcal{G}}\mathscr{D}_{j}^{(2m+1)}$ 的欧氏长度平方可以表示为

$$\begin{cases}\|\mathscr{D}_{j+1}^{(m)}\|_{\ell^2(\mathbb{Z})}^2=\sum\limits_{n\in\mathbb{Z}}|d_{j+1,n}^{(m)}|^2\\ \|\boldsymbol{\mathcal{H}}\mathscr{D}_{j}^{(2m)}\|_{\ell^2(\mathbb{Z})}^2=\sum\limits_{k\in\mathbb{Z}}|d_{j,k}^{(2m)}|^2\\ \|\boldsymbol{\mathcal{G}}\mathscr{D}_{j}^{(2m+1)}\|_{\ell^2(\mathbb{Z})}^2=\sum\limits_{k\in\mathbb{Z}}|d_{j,k}^{(2m+1)}|^2\end{cases}$$

证明 这里只需要证明两个向量 $\boldsymbol{\mathcal{H}}\mathscr{D}_{j}^{(2m)},\boldsymbol{\mathcal{G}}\mathscr{D}_{j}^{(2m+1)}$ 的正交性，实际上

$$\begin{aligned}\left\langle\boldsymbol{\mathcal{H}}\mathscr{D}_{j}^{(2m)},\boldsymbol{\mathcal{G}}\mathscr{D}_{j}^{(2m+1)}\right\rangle_{\ell^2(\mathbb{Z})}&=[\boldsymbol{\mathcal{G}}\mathscr{D}_{j}^{(2m+1)}]^*[\boldsymbol{\mathcal{H}}\mathscr{D}_{j}^{(2m)}]\\&=[\mathscr{D}_{j}^{(2m+1)}]^*[\boldsymbol{\mathcal{G}}^*\boldsymbol{\mathcal{H}}][\mathscr{D}_{j}^{(2m)}]=0\end{aligned}$$

其中 $[\boldsymbol{\mathcal{G}}\mathscr{D}_{j}^{(2m+1)}]^*$ 表示列向量 $[\boldsymbol{\mathcal{G}}\mathscr{D}_{j}^{(2m+1)}]$ 的复数共轭转置. 由这个正交性出发演算勾股定理恒等式的计算留给读者完成. #

5.3.5　小波包基金字塔理论

本节研究的基本问题是，在多分辨率分析小波包理论的基础上：

(1) 把尺度子空间或者小波子空间或者小波包子空间一次性分解为 $2^{\ell+1}$ 个相互正交的小波包子空间的正交直和；

(2) 把尺度子空间或者小波子空间或者小波包子空间上的整数平移规范正交基替换成 $2^{\ell+1}$ 个相互正交的规范正交函数系的并，其中每个规范正交函数系都是某个函数的整数平移函数系；

(3) 把尺度子空间或者小波子空间或者小波包子空间上的函数一次性地分解为 $2^{\ell+1}$ 个相互正交的函数的和；

(4) 假设尺度子空间或者小波子空间或者小波包子空间上有两个规范正交基，其中一个是某个函数的整数平移规范正交函数系生成的规范正交基，另一个是由 $2^{\ell+1}$ 个相互正交的规范正交函数系构成，而每个规范正交函数系都是某个函数的整数平移函数系生成，在这样的条件下，一次性统一表达子空间上任何函数在这两个规范正交基下的坐标向量之间的酉变换关系.

为了统一表达研究上述问题时出现的矩阵或线性变换关系，在多分辨率分析基础上，单独罗列和定义一些矩阵或离散算子记号.

(α) 矩阵或离散算子

回顾两个 $\infty\times(\infty/2)$ 的矩阵记号：

$$\boldsymbol{\mathcal{H}}=[h_{n,k}=h_{n-2k};(n,k)\in\mathbb{Z}^2]_{\infty\times\frac{\infty}{2}}=[\mathbf{h}^{(2k)};k\in\mathbb{Z}]_{\infty\times\frac{\infty}{2}}$$
$$\boldsymbol{\mathcal{G}}=[g_{n,k}=g_{n-2k};(n,k)\in\mathbb{Z}^2]_{\infty\times\frac{\infty}{2}}=[\mathbf{g}^{(2k)};k\in\mathbb{Z}]_{\infty\times\frac{\infty}{2}}$$

为了直观起见，可以将这两个 $\infty\times(\infty/2)$ 矩阵按照列元素示意性表示如下：

$$\boldsymbol{\mathcal{H}}=\begin{pmatrix}\vdots & \vdots & \vdots & \vdots & \vdots\\ \vdots & h_0 & h_{-2} & \vdots & \vdots\\ \vdots & h_{+1} & h_{-1} & \vdots & \vdots\\ \vdots & h_{+2} & h_0 & h_{-2} & \vdots\\ \vdots & \vdots & h_{+1} & h_{-1} & \vdots\\ \vdots & \vdots & h_{+2} & h_0 & \vdots\\ \vdots & \vdots & \vdots & \vdots & \vdots\end{pmatrix}_{\infty\times\frac{\infty}{2}},\quad \boldsymbol{\mathcal{G}}=\begin{pmatrix}\vdots & \vdots & \vdots & \vdots & \vdots\\ \vdots & g_0 & g_{-2} & \vdots & \vdots\\ \vdots & g_{+1} & g_{-1} & \vdots & \vdots\\ \vdots & g_{+2} & g_0 & g_{-2} & \vdots\\ \vdots & \vdots & g_{+1} & g_{-1} & \vdots\\ \vdots & \vdots & g_{+2} & g_0 & \vdots\\ \vdots & \vdots & \vdots & \vdots & \vdots\end{pmatrix}_{\infty\times\frac{\infty}{2}}$$

而且，它们的复数共轭转置矩阵 $\boldsymbol{\mathcal{H}}^*,\boldsymbol{\mathcal{G}}^*$ 都是 $\infty\times(\infty/2)$ 矩阵，可以按照行元素示意

性表示为

$$\mathcal{H}^*=\begin{pmatrix} \cdots & & & & & & & & & & \\ \cdots & \overline{h}_{-2} & \overline{h}_{-1} & \overline{h}_{0} & \overline{h}_{+1} & \overline{h}_{+2} & \cdots & & & & \\ & & \cdots & \overline{h}_{-2} & \overline{h}_{-1} & \overline{h}_{0} & \overline{h}_{+1} & \overline{h}_{+2} & \cdots & & \\ & & & & \cdots & \overline{h}_{-2} & \overline{h}_{-1} & \overline{h}_{0} & \overline{h}_{+1} & \overline{h}_{+2} & \cdots \\ & & & & & & & & & & \cdots \end{pmatrix}_{\frac{\infty}{2}\times\infty}$$

$$\mathcal{G}^*=\begin{pmatrix} \cdots & & & & & & & & & & \\ \cdots & \overline{g}_{-2} & \overline{g}_{-1} & \overline{g}_{0} & \overline{g}_{+1} & \overline{g}_{+2} & & & & & \\ & & \cdots & \overline{g}_{-2} & \overline{g}_{-1} & \overline{g}_{0} & \overline{g}_{+1} & \overline{g}_{+2} & \cdots & & \\ & & & & \cdots & \overline{g}_{-2} & \overline{g}_{-1} & \overline{g}_{0} & \overline{g}_{+1} & \overline{g}_{+2} & \\ & & & & & & & & & & \cdots \end{pmatrix}_{\frac{\infty}{2}\times\infty}$$

利用这些记号定义一个 $\infty\times\infty$ 的分块为 1×2 的矩阵 $\mathcal{A}$：

$$\mathcal{A}=(\mathcal{H}|\mathcal{G})=\left(\begin{array}{ccccc|ccccc} \vdots & \vdots & \vdots & \vdots & \vdots & \vdots & \vdots & \vdots & \vdots & \vdots \\ \vdots & h_0 & h_{-2} & & \vdots & \vdots & g_0 & g_{-2} & & \vdots \\ \vdots & h_{+1} & h_{-1} & & \vdots & \vdots & g_{+1} & g_{-1} & & \vdots \\ \vdots & h_{+2} & h_0 & h_{-2} & \vdots & \vdots & g_{+2} & g_0 & g_{-2} & \vdots \\ \vdots & \vdots & h_{+1} & h_{-1} & \vdots & \vdots & \vdots & g_{+1} & g_{-1} & \vdots \\ \vdots & \vdots & h_{+2} & h_0 & \vdots & \vdots & \vdots & g_{+2} & g_0 & \vdots \\ \vdots & \vdots & \vdots & \vdots & \vdots & \vdots & \vdots & \vdots & \vdots & \vdots \end{array}\right)_{\infty\times\infty}$$

它的复数共轭转置矩阵是

$$\mathcal{A}^*=\left(\frac{\mathcal{H}^*}{\mathcal{G}^*}\right)=\left(\begin{array}{ccccccccccc} \cdots & & & & & & & & & & \\ \cdots & \overline{h}_{-2} & \overline{h}_{0} & \overline{h}_{+1} & \overline{h}_{+2} & \cdots & & & & & \\ & & \cdots & \overline{h}_{-2} & \overline{h}_{0} & \overline{h}_{+1} & \overline{h}_{+2} & \cdots & & & \\ & & & & \cdots & \overline{h}_{-2} & \overline{h}_{0} & \overline{h}_{+1} & \overline{h}_{+2} & \cdots & \\ & & & & & & & & & & \cdots \\ \hline \cdots & & & & & & & & & & \\ \cdots & \overline{g}_{-2} & \overline{g}_{-1} & \overline{g}_{0} & \overline{g}_{+1} & \overline{g}_{+2} & \cdots & & & & \\ & & \cdots & \overline{g}_{-2} & \overline{g}_{-1} & \overline{g}_{0} & \overline{g}_{+1} & \overline{g}_{+2} & \cdots & & \\ & & & & \cdots & \overline{g}_{-2} & \overline{g}_{-1} & \overline{g}_{0} & \overline{g}_{+1} & \overline{g}_{+2} & \cdots \\ & & & & & & & & & & \cdots \end{array}\right)_{\infty\times\infty}$$

遵循与这些记号和矩阵构造相同的规则，引入如下系列矩阵和分块矩阵记号.

首先，对于任意非负整数 ℓ，引入两个 $[2^{-\ell}\infty]\times[2^{-(\ell+1)}\infty]$ 矩阵 $\mathcal{H}_0^{(\ell)},\mathcal{H}_1^{(\ell)}$，它们分别与 $\mathcal{H},\mathcal{G}$ 的构造方法相同，比如当 $\ell=0$ 时，$\mathcal{H}_0^{(0)}=\mathcal{H},\mathcal{H}_1^{(0)}=\mathcal{G}$，当 $\ell=1$ 时，

$\mathcal{H}_0^{(\ell)} = \mathcal{H}_0^{(1)}, \mathcal{H}_1^{(\ell)} = \mathcal{H}_1^{(1)}$ 都是 $[2^{-1}\infty]\times[2^{-2}\infty]$ 矩阵.

接着利用这些矩阵记号定义 $[2^{-\ell}\infty]\times[2^{-\ell}\infty]$ 矩阵 $\mathcal{A}_{(\ell)} = (\mathcal{H}_0^{(\ell)} \mid \mathcal{H}_1^{(\ell)})$，它是分块矩阵形式，比如当 $\ell = 0$ 时，

$$\mathcal{A}_{(\ell)} = (\mathcal{H}_0^{(\ell)} \mid \mathcal{H}_1^{(\ell)}) = \mathcal{A}_{(0)} = (\mathcal{H}_0^{(0)} \mid \mathcal{H}_1^{(0)}) = (\mathcal{H} \mid \mathcal{G})$$

或者按照列向量详细撰写如下：

$$\mathcal{A}_{(\ell)} = \mathcal{A}_{(0)} = \left(\begin{array}{ccccc|ccccc} \vdots & \vdots & \vdots & \vdots & \vdots & \vdots & \vdots & \vdots & \vdots & \vdots \\ \vdots & h_0 & h_{-2} & \vdots & \vdots & \vdots & g_0 & g_{-2} & \vdots & \vdots \\ \vdots & h_{+1} & h_{-1} & \vdots & \vdots & \vdots & g_{+1} & g_{-1} & \vdots & \vdots \\ \vdots & h_{+2} & h_0 & h_{-2} & \vdots & \vdots & g_{+2} & g_0 & g_{-2} & \vdots \\ \vdots & \vdots & h_{+1} & h_{-1} & \vdots & \vdots & \vdots & g_{+1} & g_{-1} & \vdots \\ \vdots & \vdots & h_{+2} & h_0 & \vdots & \vdots & \vdots & g_{+2} & g_0 & \vdots \\ \vdots & \vdots & \vdots & \vdots & \vdots & \vdots & \vdots & \vdots & \vdots & \vdots \end{array}\right)_{\infty\times\infty}$$

它的复数共轭转置矩阵是

$$\mathcal{A}_{(\ell)}^* = \mathcal{A}_{(0)}^* = \left(\frac{[\mathcal{H}_0^{(0)}]^*}{[\mathcal{H}_1^{(0)}]^*}\right) = \mathcal{A}^* = \left(\frac{\mathcal{H}^*}{\mathcal{G}^*}\right)$$

这样，$[2^{-\ell}\infty]\times[2^{-\ell}\infty]$ 矩阵 $\mathcal{A}_{(\ell)} = (\mathcal{H}_0^{(\ell)} \mid \mathcal{H}_1^{(\ell)})$ 是酉矩阵. 这个酉性是由多分辨率分析中小波构造矩阵的酉性决定的. 同样是这个矩阵的酉性，决定了本节建立的小波包金字塔理论是酉性的.

再次提醒注意，仔细观察引入的这些矩阵的行数和列数的变化规则，虽然都是无穷行和无穷列，但是，这里特别仔细地示意性地进行了区分.

(β) 小波包单步关系

对于任意的整数 $j \in \mathbb{Z}$，小波包函数关系：

$$\begin{cases} \mu_{2m,j,k}(x) = \sum\limits_{n\in\mathbb{Z}} h_{n-2k}\mu_{m,j+1,n}(x), & k \in \mathbb{Z} \\ \mu_{2m+1,j,k}(x) = \sum\limits_{n\in\mathbb{Z}} g_{n-2k}\mu_{m,j+1,n}(x), & k \in \mathbb{Z} \end{cases}$$

给出了两个规范正交函数系：

$$\{\mu_{m,j+1,n}(x); n \in \mathbb{Z}\}$$
$$\{\mu_{2m,j,k}(x); k \in \mathbb{Z}\} \cup \{\mu_{2m+1,j,k}(x); k \in \mathbb{Z}\}$$

之间的等价关系，即它们将张成相同的函数子空间 $\mathscr{U}_{j+1}^{m}$，为了与前述内容中的相同的函数子空间区别，这里引入新记号：

$$\begin{aligned}\mathscr{U}_{j+1}^{m}&=\text{Closespan}\{\mu_{m,j+1,n}(x)=2^{(j+1)/2}\mu_{m}(2^{j+1}x-n);n\in\mathbb{Z}\}\\&=\text{Closespan}\{\mu_{2m,j,\ell}(x),\mu_{2m+1,j,\ell}(x);\ell\in\mathbb{Z}\}\\\mathscr{U}_{j}^{2m}&=\text{Closespan}\{\mu_{2m,j,\ell}(x)=2^{j/2}\mu_{2m}(2^{j}x-\ell);\ell\in\mathbb{Z}\}\\\mathscr{U}_{j}^{2m+1}&=\text{Closespan}\{\mu_{2m+1,j,\ell}(x)=2^{j/2}\mu_{2m+1}(2^{j}x-\ell);\ell\in\mathbb{Z}\}\end{aligned}$$

上述规范正交函数系的等价性暗示小波包子空间的正交直和分解关系：

$$\mathscr{U}_{j+1}^{m}=\mathscr{U}_{j}^{2m}\oplus\mathscr{U}_{j}^{2m+1}$$

小波包子空间 $\mathscr{U}_{j+1}^{m}$ 的两个规范正交基是等价的：

$$\boxed{\begin{array}{c}\{\mu_{m,j+1,n}(x);n\in\mathbb{Z}\}\\\Updownarrow\\\{\mu_{2m,j,k}(x);k\in\mathbb{Z}\}\cup\{\mu_{2m+1,j,k}(x);k\in\mathbb{Z}\}\end{array}}$$

小波包子空间 $\mathscr{U}_{j+1}^{m}$ 的这两个规范正交基的等价关系可以用行向量-矩阵乘积形式表示为

$$\begin{aligned}(\mu_{2m,j,k}(x);k\in\mathbb{Z}\big|\mu_{2m+1,j,k}(x);k\in\mathbb{Z})&=(\mu_{m,j+1,n}(x);n\in\mathbb{Z})\boldsymbol{\mathcal{A}}\\&=(\mu_{m,j+1,n}(x);n\in\mathbb{Z})(\boldsymbol{\mathcal{H}}\big|\boldsymbol{\mathcal{G}})\end{aligned}$$

或者等价地用酉的逆算子表示为

$$\begin{aligned}(\mu_{m,j+1,n}(x);n\in\mathbb{Z})&=(\mu_{2m,j,k}(x);k\in\mathbb{Z}\big|\mu_{2m+1,j,k}(x);k\in\mathbb{Z})\boldsymbol{\mathcal{A}}^{*}\\&=(\mu_{2m,j,k}(x);k\in\mathbb{Z}\big|\mu_{2m+1,j,k}(x);k\in\mathbb{Z})\left(\frac{\boldsymbol{\mathcal{H}}^{*}}{\boldsymbol{\mathcal{G}}^{*}}\right)\\&=(\mu_{2m,j,k}(x);k\in\mathbb{Z})\boldsymbol{\mathcal{H}}^{*}+(\mu_{2m+1,j,k}(x);k\in\mathbb{Z})\boldsymbol{\mathcal{G}}^{*}\end{aligned}$$

假定 $f(x)$ 在 $\boldsymbol{\mathcal{L}}^{2}(\mathbb{R})$ 的小波包子空间序列：

$$\mathscr{U}_{j+1}^{m},\mathscr{U}_{j}^{2m},\mathscr{U}_{j}^{2m+1}$$

上的正交投影分别是 $f_{j+1}^{(m)}(x),f_{j}^{(2m)}(x),f_{j}^{(2m+1)}(x)$，此时

$$f_{j+1}^{(m)}(x)=f_{j}^{(2m)}(x)+f_{j}^{(2m+1)}(x)$$

而且 $f_{j}^{(2m)}(x),f_{j}^{(2m+1)}(x)$ 相互正交，具有级数展开形式：

$$f_{j+1}^{(m)}(x)=\sum_{n\in\mathbb{Z}}d_{j+1,n}^{(m)}\mu_{m,j+1,n}(x)$$
$$f_{j}^{(2m)}(x)=\sum_{k\in\mathbb{Z}}d_{j,k}^{(2m)}\mu_{2m,j,k}(x)$$
$$f_{j}^{(2m+1)}(x)=\sum_{k\in\mathbb{Z}}d_{j,k}^{(2m+1)}\mu_{2m+1,j,k}(x)$$

满足关系:

$$\sum_{n\in\mathbb{Z}}d_{j+1,n}^{(m)}\mu_{m,j+1,n}(x)=\sum_{k\in\mathbb{Z}}d_{j,k}^{(2m)}\mu_{2m,j,k}(x)+\sum_{k\in\mathbb{Z}}d_{j,k}^{(2m+1)}\mu_{2m+1,j,k}(x)$$

其中

$$d_{j+1,n}^{(m)}=\int_{x\in\mathbb{R}}f_{j+1}^{(m)}(x)\overline{\mu}_{m,j+1,n}(x)dx=\int_{x\in\mathbb{R}}f(x)\overline{\mu}_{m,j+1,n}(x)dx$$
$$d_{j,k}^{(2m)}=\int_{x\in\mathbb{R}}f_{j+1}^{(m)}(x)\overline{\mu}_{2m,j,k}(x)dx=\int_{x\in\mathbb{R}}f(x)\overline{\mu}_{2m,j,k}(x)dx$$
$$d_{j,k}^{(2m+1)}=\int_{x\in\mathbb{R}}f_{j+1}^{(m)}(x)\overline{\mu}_{2m+1,j,k}(x)dx=\int_{x\in\mathbb{R}}f(x)\overline{\mu}_{2m+1,j,k}(x)dx$$

引入记号:

$$\mathscr{D}_{j+1}^{(m)}=\{d_{j+1,n}^{(m)};n\in\mathbb{Z}\}^{\mathrm{T}}$$
$$\mathscr{D}_{j}^{(2m)}=\{d_{j,k}^{(2m)};k\in\mathbb{Z}\}^{\mathrm{T}}$$
$$\mathscr{D}_{j}^{(2m+1)}=\{d_{j,k}^{(2m+1)};k\in\mathbb{Z}\}^{\mathrm{T}}$$

这样, 对于任意的整数 j 和非负整数 m, 有如下的小波包系数序列关系:

$$\left(\frac{\mathscr{D}_{j}^{(2m)}}{\mathscr{D}_{j}^{(2m+1)}}\right)=\boldsymbol{\mathcal{A}}^{-1}\mathscr{D}_{j+1}^{(m)}=\boldsymbol{\mathcal{A}}^{*}\mathscr{D}_{j+1}^{(m)}=\left(\frac{\boldsymbol{\mathcal{H}}^{*}}{\boldsymbol{\mathcal{G}}^{*}}\right)\mathscr{D}_{j+1}^{(m)}=\left(\frac{\boldsymbol{\mathcal{H}}^{*}\mathscr{D}_{j+1}^{(m)}}{\boldsymbol{\mathcal{G}}^{*}\mathscr{D}_{j+1}^{(m)}}\right)$$
$$\mathscr{D}_{j+1}^{(m)}=\boldsymbol{\mathcal{A}}\left(\frac{\mathscr{D}_{j}^{(2m)}}{\mathscr{D}_{j}^{(2m+1)}}\right)=(\boldsymbol{\mathcal{H}}|\boldsymbol{\mathcal{G}})\left(\frac{\mathscr{D}_{j}^{(2m)}}{\mathscr{D}_{j}^{(2m+1)}}\right)=\boldsymbol{\mathcal{H}}\mathscr{D}_{j}^{(2m)}+\boldsymbol{\mathcal{G}}\mathscr{D}_{j}^{(2m+1)}$$

这就是单步小波包系数关系, 上式为小波包系数分解公式, 下式为小波包系数合成关系.

如果考虑尺度的影响, 从 $s=2^{-(j-\ell+1)}$ 倍增为 $s=2^{-(j-\ell)}$, 小波包子空间的正交直和分解关系可以写成

$$\mathscr{U}_{j-\ell+1}^{m}=\mathscr{U}_{j-\ell}^{2m}\oplus\mathscr{U}_{j-\ell}^{2m+1}$$

小波包子空间 $\mathscr{U}_{j-\ell+1}^{m}$ 的两个规范正交基的等价关系可以表示为

$$\boxed{\begin{array}{c}\{\mu_{m,j-\ell+1,n}(x);n\in\mathbb{Z}\}\\ \Updownarrow\\ \{\mu_{2m,j-\ell,k}(x),\mu_{2m+1,j-\ell,k}(x);k\in\mathbb{Z}\}\end{array}}$$

小波包子空间 $\mathcal{U}_{j-\ell+1}^{m}$ 的这两个规范正交基的等价关系可以用行向量-矩阵乘积形式表示为

$$\begin{aligned}(\mu_{2m,j-\ell,k}(x);k\in\mathbb{Z}\big|\mu_{2m+1,j-\ell,k}(x);k\in\mathbb{Z}) &= (\mu_{m,j-\ell+1,n}(x);n\in\mathbb{Z})\mathcal{A}_{(\ell)}\\ &= (\mu_{m,j-\ell+1,n}(x);n\in\mathbb{Z})(\mathcal{H}_0^{(\ell)}\big|\mathcal{H}_1^{(\ell)})\end{aligned}$$

或者等价地用酉的逆算子表示为

$$\begin{aligned}(\mu_{m,j-\ell+1,n}(x);n\in\mathbb{Z}) &= (\mu_{2m,j-\ell,k}(x);k\in\mathbb{Z}\big|\mu_{2m+1,j-\ell,k}(x);k\in\mathbb{Z})\mathcal{A}_{(\ell)}^{*}\\ &= (\mu_{2m,j-\ell,k}(x);k\in\mathbb{Z}\big|\mu_{2m+1,j-\ell,k}(x);k\in\mathbb{Z})\left(\frac{[\mathcal{H}_0^{(\ell)}]^{*}}{[\mathcal{H}_1^{(\ell)}]^{*}}\right)\\ &= (\mu_{2m,j-\ell,k}(x);k\in\mathbb{Z})[\mathcal{H}_0^{(\ell)}]^{*}+(\mu_{2m+1,j-\ell,k}(x);k\in\mathbb{Z})[\mathcal{H}_1^{(\ell)}]^{*}\end{aligned}$$

假定 $f(x)$ 在 $\mathcal{L}^2(\mathbb{R})$ 的小波包子空间序列:

$$\mathcal{U}_{j-\ell+1}^{m},\mathcal{U}_{j-\ell}^{2m},\mathcal{U}_{j-\ell}^{2m+1}$$

上的正交投影分别是 $f_{j-\ell+1}^{(m)}(x),f_{j-\ell}^{(2m)}(x),f_{j-\ell}^{(2m+1)}(x)$，此时

$$f_{j-\ell+1}^{(m)}(x)=f_{j-\ell}^{(2m)}(x)+f_{j-\ell}^{(2m+1)}(x)$$

而且 $f_{j-\ell}^{(2m)}(x),f_{j-\ell}^{(2m+1)}(x)$ 相互正交，具有级数展开形式:

$$\begin{aligned}f_{j-\ell+1}^{(m)}(x) &= \sum_{n\in\mathbb{Z}}d_{j-\ell+1,n}^{(m)}\mu_{m,\ j-\ell+1,n}(x)\\ f_{j-\ell}^{(2m)}(x) &= \sum_{k\in\mathbb{Z}}d_{j-\ell,k}^{(2m)}\mu_{2m,\ j-\ell,k}(x)\\ f_{j-\ell}^{(2m+1)}(x) &= \sum_{k\in\mathbb{Z}}d_{j-\ell,k}^{(2m+1)}\mu_{2m+1,\ j-\ell,k}(x)\end{aligned}$$

满足关系:

$$\sum_{n\in\mathbb{Z}}d_{j-\ell+1,n}^{(m)}\mu_{m,\ j-\ell+1,n}(x)=\sum_{k\in\mathbb{Z}}d_{j-\ell,k}^{(2m)}\mu_{2m,\ j-\ell,k}(x)+\sum_{k\in\mathbb{Z}}d_{j-\ell,k}^{(2m+1)}\mu_{2m+1,\ j-\ell,k}(x)$$

其中

$$\begin{aligned}d_{j-\ell+1,n}^{(m)} &= \int_{x\in\mathbb{R}}f_{j-\ell+1}^{(m)}(x)\overline{\mu}_{m,\ j-\ell+1,n}(x)dx=\int_{x\in\mathbb{R}}f(x)\overline{\mu}_{m,\ j-\ell+1,n}(x)dx\\ d_{j-\ell,k}^{(2m)} &= \int_{x\in\mathbb{R}}f_{j-\ell+1}^{(m)}(x)\overline{\mu}_{2m,\ j-\ell,k}(x)dx=\int_{x\in\mathbb{R}}f(x)\overline{\mu}_{2m,\ j-\ell,k}(x)dx\\ d_{j-\ell,k}^{(2m+1)} &= \int_{x\in\mathbb{R}}f_{j-\ell+1}^{(m)}(x)\overline{\mu}_{2m+1,\ j-\ell,k}(x)dx=\int_{x\in\mathbb{R}}f(x)\overline{\mu}_{2m+1,\ j-\ell,k}(x)dx\end{aligned}$$

引入记号:

$$\mathscr{D}_{j-\ell+1}^{(m)}=\{d_{j-\ell+1,n}^{(m)};n\in\mathbb{Z}\}^{\mathrm{T}}$$
$$\mathscr{D}_{j-\ell}^{(2m)}=\{d_{j-\ell,k}^{(2m)};k\in\mathbb{Z}\}^{\mathrm{T}}$$
$$\mathscr{D}_{j-\ell}^{(2m+1)}=\{d_{j-\ell,k}^{(2m+1)};k\in\mathbb{Z}\}^{\mathrm{T}}$$

这样，对于任意的整数 j 和非负整数 m，有如下的小波包系数序列关系：

$$\left(\frac{\mathscr{D}_{j-\ell}^{(2m)}}{\mathscr{D}_{j-\ell}^{(2m+1)}}\right)=\boldsymbol{\mathcal{A}}_\ell^*\mathscr{D}_{j-\ell+1}^{(m)}=\left(\frac{[\boldsymbol{\mathcal{H}}_0^{(\ell)}]^*}{[\boldsymbol{\mathcal{H}}_1^{(\ell)}]^*}\right)\mathscr{D}_{j-\ell+1}^{(m)}=\left(\frac{[\boldsymbol{\mathcal{H}}_0^{(\ell)}]^*\mathscr{D}_{j-\ell+1}^{(m)}}{[\boldsymbol{\mathcal{H}}_1^{(\ell)}]^*\mathscr{D}_{j-\ell+1}^{(m)}}\right)$$

$$\mathscr{D}_{j-\ell+1}^{(m)}=\boldsymbol{\mathcal{A}}_\ell\left(\frac{\mathscr{D}_{j-\ell}^{(2m)}}{\mathscr{D}_{j-\ell}^{(2m+1)}}\right)=\left(\boldsymbol{\mathcal{H}}_0^{(\ell)}\middle|\boldsymbol{\mathcal{H}}_1^{(\ell)}\right)\left(\frac{\mathscr{D}_{j-\ell}^{(2m)}}{\mathscr{D}_{j-\ell}^{(2m+1)}}\right)=\boldsymbol{\mathcal{H}}_0^{(\ell)}\mathscr{D}_{j-\ell}^{(2m)}+\boldsymbol{\mathcal{H}}_1^{(\ell)}\mathscr{D}_{j-\ell}^{(2m+1)}$$

这就是包含尺度影响的单步小波包系数关系，上式为小波包系数分解公式，下式为小波包系数合成关系.

这些内容是单步小波包理论的核心成果，这里只是重新总结罗列，相关的论证已经在前面完成. 另外，有些符号稍微有点差别，这是为了研究和描述小波包金字塔理论的便利.

(γ) 小波包子空间金字塔

这里研究小波包子空间以及这些小波包子空间的规范正交小波包基的金字塔分解和合成关系.

定理 5.52 (小波包子空间金字塔)　在多分辨率分析的正交小波包理论体系中，对任意整数 j，非负整数 k 和小波包级别 m，小波包函数的整数平移规范正交函数系的并集:

$$\bigcup_{\ell=0}^{2^{k+1}-1}\{2^{(j-k)/2}\mu_{2^{k+1}m+\ell}(2^{j-k}x-n)\,;n\in\mathbb{Z}\}$$

是小波包子空间 $\mathscr{U}_{j+1}^m$ 的规范正交基，$\mathscr{U}_{j+1}^m$ 的小波包子空间正交直和分解是

$$\mathscr{U}_{j+1}^m=\mathscr{U}_{j-k}^{2^{k+1}m}\oplus\mathscr{U}_{j-k}^{2^{k+1}m+1}\oplus\cdots\oplus\mathscr{U}_{j-k}^{2^{k+1}m+2^{k+1}-1}$$

而且，这里出现的小波包子空间可以表示为

$$\mathscr{U}_{j+1}^m=\text{Closespan}\{2^{(j+1)/2}\mu_m(2^{j+1}x-n);n\in\mathbb{Z}\}$$
$$\mathscr{U}_{j-k}^{2^{k+1}m}=\text{Closespan}\{2^{(j-k)/2}\mu_{2^{k+1}m}(2^{j-k}x-n)\,;n\in\mathbb{Z}\}$$

$$\mathscr{U}_{j-k}^{2^{k+1}m+1} = \mathrm{Closespan}\{2^{(j-k)/2}\mu_{2^{k+1}m+1}(2^{j-k}x-n)\ ;n\in\mathbb{Z}\}$$
$$\vdots$$
$$\mathscr{U}_{j-k}^{2^{k+1}m+2^{k+1}-1} = \mathrm{Closespan}\{2^{(j-k)/2}\mu_{2^{k+1}m+2^{k+1}-1}(2^{j-k}x-n)\ ;n\in\mathbb{Z}\}$$

证明　参考定理 5.40, 建议读者进行必要的补充完成这个证明.　#

尺度子空间的金字塔关系可以示意表示如图 1 所示.

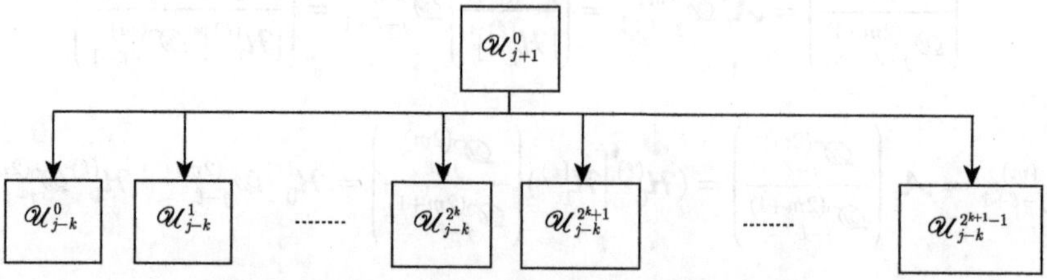

图 1　尺度子空间的金字塔分解关系示意图

小波包子空间的金字塔关系可以示意表示如图 2 所示.

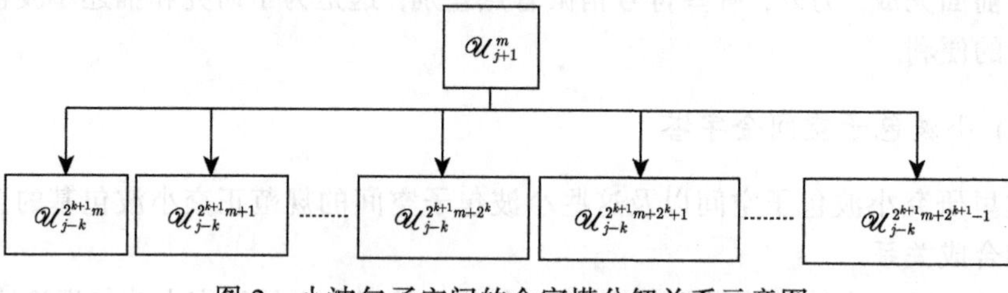

图 2　小波包子空间的金字塔分解关系示意图

(δ) 小波包子空间基的金字塔

前述讨论的结果表明, 小波包子空间的如下正交直和分解:

$$\mathscr{U}_{j+1}^{m}=\mathscr{U}_{j-k}^{2^{k+1}m}\oplus\mathscr{U}_{j-k}^{2^{k+1}m+1}\oplus\cdots\oplus\mathscr{U}_{j-k}^{2^{k+1}m+2^{k+1}-1}$$

本质上说明小波包子空间 $\mathscr{U}_{j+1}^{m}$ 有如下两个规范正交基:

$$\{2^{(j+1)/2}\mu_m(2^{j+1}x-n);n\in\mathbb{Z}\}\ 和\ \bigcup_{\ell=0}^{2^{k+1}-1}\{2^{(j-k)/2}\mu_{2^{k+1}m+\ell}(2^{j-k}x-n);n\in\mathbb{Z}\}$$

因此, 它们之间必然存在酉的线性变换关系, 这就是如下的定理.

定理 5.53 (小波包子空间基的金字塔)　在多分辨率分析的正交小波包理论体系中, 对任意整数 j, 非负整数 k 和小波包级别 m, 如下两个函数系:

$$\{2^{(j+1)/2}\mu_m(2^{j+1}x-n);n\in\mathbb{Z}\}\text{ 和 }\bigcup_{\ell=0}^{2^{k+1}-1}\{2^{(j-k)/2}\mu_{2^{k+1}m+\ell}(2^{j-k}x-n);n\in\mathbb{Z}\}$$

是等价的，即

$$\boxed{\{2^{(j+1)/2}\mu_m(2^{j+1}x-n);n\in\mathbb{Z}\}}$$
$$\Updownarrow$$
$$\boxed{\bigcup_{\ell=0}^{2^{k+1}-1}\{2^{(j-k)/2}\mu_{2^{k+1}m+\ell}(2^{j-k}x-n);n\in\mathbb{Z}\}}$$

而且都是小波包子空间 $\mathscr{U}_{j+1}^m$ 的规范正交基，可以互逆地表示如下：

$$(2^{(j-\ell)/2}\mu_{2^{\ell+1}m+k}(2^{j-\ell}x-n);n\in\mathbb{Z})=(\mu_{m,j+1,n}(x);n\in\mathbb{Z})[\boldsymbol{\mathcal{H}}_{\varepsilon_\ell}^{(0)}\boldsymbol{\mathcal{H}}_{\varepsilon_{\ell-1}}^{(1)}\cdots\boldsymbol{\mathcal{H}}_{\varepsilon_1}^{(\ell-1)}\boldsymbol{\mathcal{H}}_{\varepsilon_0}^{(\ell)}]$$

其中

$$0\leqslant k\leqslant(2^{\ell+1}-1),\quad k=\sum_{v=0}^{\ell}\varepsilon_v\times 2^v=(\varepsilon_\ell\varepsilon_{\ell-1}\cdots\varepsilon_2\varepsilon_1\varepsilon_0)_2$$

即将 $k=0,1,\cdots,(2^{\ell+1}-1)$ 表示成 $(\ell+1)$ 位的二进制形式的字符串．或者，定义如下的矩阵：

$$\boldsymbol{\mathcal{R}}_k=\boldsymbol{\mathcal{R}}_{(\varepsilon_\ell\varepsilon_{\ell-1}\cdots\varepsilon_2\varepsilon_1\varepsilon_0)_2}=\boldsymbol{\mathcal{H}}_{\varepsilon_\ell}^{(0)}\boldsymbol{\mathcal{H}}_{\varepsilon_{\ell-1}}^{(1)}\cdots\boldsymbol{\mathcal{H}}_{\varepsilon_1}^{(\ell-1)}\boldsymbol{\mathcal{H}}_{\varepsilon_0}^{(\ell)}$$

将上面的 $2^{\ell+1}$ 个分离的方程组合成一个行向量-矩阵乘积型联合方程：

$$(\mu_{2^{\ell+1}m+k,j-\ell,n}(x);n\in\mathbb{Z},0\leqslant k\leqslant(2^{\ell+1}-1))=(\mu_{m,j+1,n}(x);n\in\mathbb{Z})[\boldsymbol{\mathcal{R}}_0\,|\,\boldsymbol{\mathcal{R}}_1\,|\cdots|\,\boldsymbol{\mathcal{R}}_{2^{\ell+1}-1}]$$

反过来，上式的酉的逆关系表示为

$$(\mu_{m,j+1,n}(x);n\in\mathbb{Z})=\sum_{k=0}^{2^{\ell+1}-1}(2^{(j-\ell)/2}\mu_{2^{\ell+1}m+k}(2^{j-\ell}x-n);n\in\mathbb{Z})\boldsymbol{\mathcal{R}}_k^*$$

或者等价地表示为

$$(\mu_{m,j+1,n}(x);n\in\mathbb{Z})=(\mu_{2^{\ell+1}m+k,j-\ell,n}(x);n\in\mathbb{Z},0\leqslant k\leqslant(2^{\ell+1}-1))\left(\begin{array}{c}\boldsymbol{\mathcal{R}}_0^*\\\hline\boldsymbol{\mathcal{R}}_1^*\\\hline\vdots\\\hline\boldsymbol{\mathcal{R}}_{2^{\ell+1}-2}^*\\\hline\boldsymbol{\mathcal{R}}_{2^{\ell+1}-1}^*\end{array}\right)$$

证明　证明过程比较复杂，思路非常简单，就是多次重复利用单步小波包理论中小波包规范正交基的分解和合成关系，并仔细分析和表达其中出现的矩阵即可得到全部证明，建议读者补充完整的细节，完成这个定理的证明．　#

注释："小波包子空间基的金字塔"的简单说明. 比如 $\ell=0,1$ 时，得到

$$\{\mu_{m,j+1,n}(x);n\in\mathbb{Z}\}$$
$$\Updownarrow$$
$$\{\mu_{2m,j,n}(x);n\in\mathbb{Z}\}\cup\{\mu_{2m+1,j,n}(x);n\in\mathbb{Z}\}$$
$$\Updownarrow$$
$$\{\mu_{4m,j-1,n}(x);n\in\mathbb{Z}\}\cup\{\mu_{4m+1,j-1,n}(x);n\in\mathbb{Z}\}\cup\{\mu_{4m+2,j-1,n}(x);n\in\mathbb{Z}\}\cup\{\mu_{4m+3,j-1,n}(x);n\in\mathbb{Z}\}$$

小波包子空间基的金字塔关系可以示意表示如图 3 所示.

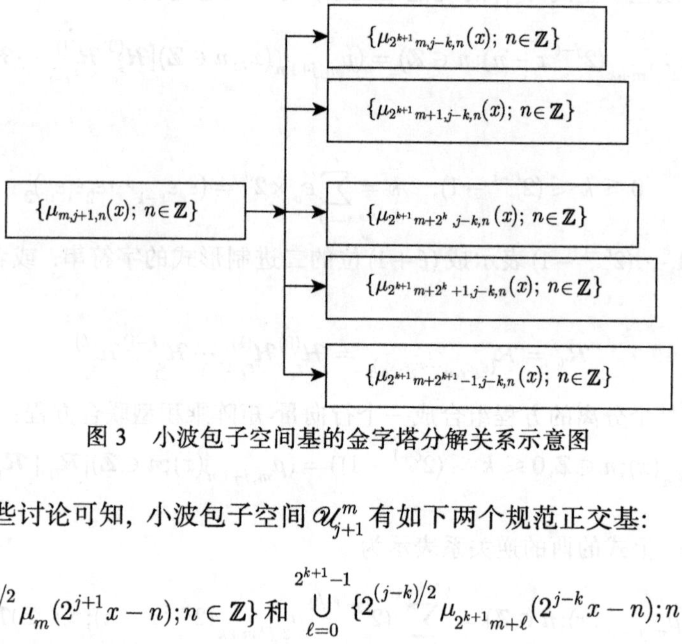

图 3　小波包子空间基的金字塔分解关系示意图

总结这些讨论可知，小波包子空间 $\mathscr{U}_{j+1}^m$ 有如下两个规范正交基:

$$\{2^{(j+1)/2}\mu_m(2^{j+1}x-n);n\in\mathbb{Z}\}\text{ 和 }\bigcup_{\ell=0}^{2^{k+1}-1}\{2^{(j-k)/2}\mu_{2^{k+1}m+\ell}(2^{j-k}x-n);n\in\mathbb{Z}\}$$

在它们之间的过渡关系中，转换矩阵-重建矩阵关系组是如下的矩阵组：

$$\left(\mathcal{H}_0^{(0)}\mathcal{H}_0^{(1)}\cdots\mathcal{H}_0^{(\ell-1)}\mathcal{H}_0^{(\ell)}\middle|\cdots\middle|\mathcal{H}_1^{(0)}\mathcal{H}_1^{(1)}\cdots\mathcal{H}_1^{(\ell-1)}\mathcal{H}_0^{(\ell)}\middle|\mathcal{H}_1^{(0)}\mathcal{H}_1^{(1)}\cdots\mathcal{H}_1^{(\ell-1)}\mathcal{H}_1^{(\ell)}\right)$$

转换矩阵||重建矩阵

$$\begin{pmatrix}[\mathcal{H}_0^{(0)}\mathcal{H}_0^{(1)}\cdots\mathcal{H}_0^{(\ell-1)}\mathcal{H}_0^{(\ell)}]^*\\ \hline [\mathcal{H}_0^{(0)}\mathcal{H}_0^{(1)}\cdots\mathcal{H}_0^{(\ell-1)}\mathcal{H}_1^{(\ell)}]^*\\ \hline \vdots\\ \hline [\mathcal{H}_1^{(0)}\mathcal{H}_1^{(1)}\cdots\mathcal{H}_1^{(\ell-1)}\mathcal{H}_0^{(\ell)}]^*\\ \hline [\mathcal{H}_1^{(0)}\mathcal{H}_1^{(1)}\cdots\mathcal{H}_1^{(\ell-1)}\mathcal{H}_1^{(\ell)}]^*\end{pmatrix}$$

可以期待的是，利用小波包子空间 $\mathcal{U}_{j+1}^{m}$ 的上述两个规范正交基之间过渡关系对应的互逆酉算子组，可以简洁地表达函数在这两个规范正交小波包基下正交投影系数序列之间的坐标变换关系.

(ε) 小波包正交投影的金字塔

定理 5.54 (小波包正交投影勾股定理)　在多分辨率分析的正交小波包理论体系中，对任意整数 j，非负整数 k 和小波包级别 m，假定 $f(x)$ 在 $\mathcal{L}^2(\mathbb{R})$ 的小波包子空间序列：

$$\mathcal{U}_{j+1}^{m}, \mathcal{U}_{j-k}^{2^{k+1}m}, \mathcal{U}_{j-k}^{2^{k+1}m+1}, \cdots, \mathcal{U}_{j-k}^{2^{k+1}m+2^{k+1}-1}$$

上的正交投影是如下的函数序列：

$$f_{j+1}^{(m)}(x), f_{j-k}^{(2^{k+1}m)}(x), f_{j-k}^{(2^{k+1}m+1)}(x), \cdots, f_{j-k}^{(2^{k+1}m+2^{k+1}-1)}(x)$$

那么，成立如下的小波包正交投影的勾股定理：

$$f_{j+1}^{(m)}(x) = f_{j-k}^{(2^{k+1}m)}(x) + f_{j-k}^{(2^{k+1}m+1)}(x) + \cdots + f_{j-k}^{(2^{k+1}m+2^{k+1}-1)}(x)$$

而且

$$\| f_{j+1}^{(m)} \|_{\mathcal{L}^2(\mathbb{R})}^2 = \| f_{j-k}^{(2^{k+1}m)} \|_{\mathcal{L}^2(\mathbb{R})}^2 + \| f_{j-k}^{(2^{k+1}m+1)} \|_{\mathcal{L}^2(\mathbb{R})}^2 + \cdots + \| f_{j-k}^{(2^{k+1}m+2^{k+1}-1)} \|_{\mathcal{L}^2(\mathbb{R})}^2$$

证明　因为小波包子空间 $\mathcal{U}_{j+1}^{m}$ 具有如下小波包子空间正交直和分解：

$$\mathcal{U}_{j+1}^{m} = \mathcal{U}_{j-k}^{2^{k+1}m} \oplus \mathcal{U}_{j-k}^{2^{k+1}m+1} \oplus \cdots \oplus \mathcal{U}_{j-k}^{2^{k+1}m+2^{k+1}-1}$$

从而，函数 $f(x)$ 的正交投影函数系：

$$\{f_{j+1}^{(m)}(x), f_{j-k}^{(2^{k+1}m)}(x), f_{j-k}^{(2^{k+1}m+1)}(x), \cdots, f_{j-k}^{(2^{k+1}m+2^{k+1}-1)}(x)\}$$

是正交函数系，满足函数求和等式，而且当 $0 \leqslant u \neq v \leqslant 2^{k+1}-1$ 时，

$$f_{j-k}^{(2^{k+1}m+u)} \perp f_{j-k}^{(2^{k+1}m+v)} \Leftrightarrow \left\langle f_{j-k}^{(2^{k+1}m+u)}, f_{j-k}^{(2^{k+1}m+v)} \right\rangle_{\mathcal{L}^2(\mathbb{R})} = 0$$

利用这个正交性直接演算可得

$$\begin{aligned}
\| f_{j+1}^{(m)} \|_{\mathcal{L}^2(\mathbb{R})}^2 &= \int_{-\infty}^{+\infty} | f_{j+1}^{(m)}(x) |^2 \, dx \\
&= \int_{-\infty}^{+\infty} \left[\sum_{v=0}^{2^{k+1}-1} f_{j-k}^{(2^{k+1}m+v)}(x) \right] \left[\sum_{u=0}^{2^{k+1}-1} f_{j-k}^{(2^{k+1}m+u)}(x) \right]^* dx \\
&= \sum_{v=0}^{2^{k+1}-1} \sum_{u=0}^{2^{k+1}-1} \int_{-\infty}^{+\infty} [f_{j-k}^{(2^{k+1}m+u)}(x)][f_{j-k}^{(2^{k+1}m+v)}(x)]^* \, dx
\end{aligned}$$

$$
\begin{aligned}
&= \sum_{v=0}^{2^{k+1}-1} \int_{-\infty}^{+\infty} | f_{j-k}^{(2^{k+1}m+v)}(x) |^2 \, dx \\
&= \| f_{j-k}^{(2^{k+1}m)} \|_{\mathcal{L}^2(\mathbb{R})}^2 + \| f_{j-k}^{(2^{k+1}m+1)} \|_{\mathcal{L}^2(\mathbb{R})}^2 + \cdots + \| f_{j-k}^{(2^{k+1}m+2^{k+1}-1)} \|_{\mathcal{L}^2(\mathbb{R})}^2
\end{aligned}
$$

这样就完成了证明. #

(ζ) 小波包正交投影系数的金字塔

定理 5.55 (小波包正交投影系数勾股定理) 在多分辨率分析的正交小波包理论体系中, 对任意整数 j, 非负整数 k 和小波包级别 m, 假定 $f(x)$ 在 $\mathcal{L}^2(\mathbb{R})$ 的小波包子空间序列:

$$
\mathscr{U}_{j+1}^{m}, \mathscr{U}_{j-k}^{2^{k+1}m}, \mathscr{U}_{j-k}^{2^{k+1}m+1}, \cdots, \mathscr{U}_{j-k}^{2^{k+1}m+2^{k+1}-1}
$$

上的正交投影是如下的函数序列:

$$
f_{j+1}^{(m)}(x), f_{j-k}^{(2^{k+1}m)}(x), f_{j-k}^{(2^{k+1}m+1)}(x), \cdots, f_{j-k}^{(2^{k+1}m+2^{k+1}-1)}(x)
$$

那么, 这些小波包正交投影可以表示为

$$
\begin{aligned}
f_{j+1}^{(m)}(x) &= \sum_{n\in\mathbb{Z}} d_{j+1,n}^{(m)} \mu_{m,j+1,n}(x) \\
f_{j-k}^{(2^{k+1}m)}(x) &= \sum_{s\in\mathbb{Z}} d_{j-k,s}^{(2^{k+1}m)} \mu_{2^{k+1}m,j-k,s}(x) \\
f_{j-k}^{(2^{k+1}m+1)}(x) &= \sum_{s\in\mathbb{Z}} d_{j-k,s}^{(2^{k+1}m+1)} \mu_{2^{k+1}m+1,j-k,s}(x) \\
&\vdots \\
f_{j-k}^{(2^{k+1}m+2^{k+1}-1)}(x) &= \sum_{s\in\mathbb{Z}} d_{j-k,s}^{(2^{k+1}m+2^{k+1}-1)} \mu_{2^{k+1}m+2^{k+1}-1,j-k,s}(x)
\end{aligned}
$$

而且成立如下求和恒等式:

$$
\begin{aligned}
\sum_{n\in\mathbb{Z}} d_{j+1,n}^{(m)} \mu_{m,j+1,n}(x) = & \sum_{s\in\mathbb{Z}} d_{j-k,s}^{(2^{k+1}m)} \mu_{2^{k+1}m,j-k,s}(x) \\
& + \sum_{s\in\mathbb{Z}} d_{j-k,s}^{(2^{k+1}m+1)} \mu_{2^{k+1}m+1,j-k,s}(x) \\
& + \cdots \\
& + \sum_{s\in\mathbb{Z}} d_{j-k,s}^{(2^{k+1}m+2^{k+1}-1)} \mu_{2^{k+1}m+2^{k+1}-1,j-k,s}(x)
\end{aligned}
$$

同时这些正交小波包投影的系数序列满足双重勾股定理恒等式:

$$
\sum_{n\in\mathbb{Z}} | d_{j+1,n}^{(m)} |^2 = \sum_{v=0}^{2^{k+1}-1} \sum_{s\in\mathbb{Z}} | d_{j-k,s}^{(2^{k+1}m+v)} |^2
$$

而且

$$\| f_{j+1}^{(m)} \|_{\mathcal{L}^2(\mathbb{R})}^2 = \sum_{n\in\mathbb{Z}} | d_{j+1,n}^{(m)} |^2, \quad \|f_{j-k}^{(2^{k+1}m+v)}\|_{\mathcal{L}^2(\mathbb{R})}^2 = \sum_{s\in\mathbb{Z}} | d_{j-k,s}^{(2^{k+1}m+v)} |^2, \quad v = 0,1,\cdots,2^{k+1}-1$$

证明　因为小波包子空间 $\mathscr{U}_{j+1}^m$ 具有如下小波包子空间正交直和分解：

$$\mathscr{U}_{j+1}^m = \mathscr{U}_{j-k}^{2^{k+1}m} \oplus \mathscr{U}_{j-k}^{2^{k+1}m+1} \oplus \cdots \oplus \mathscr{U}_{j-k}^{2^{k+1}m+2^{k+1}-1}$$

而且，这里出现的小波包子空间可以表示为

$$\begin{aligned}
\mathscr{U}_{j+1}^m &= \text{Closespan}\{2^{(j+1)/2}\mu_m(2^{j+1}x-n); n\in\mathbb{Z}\}\\
\mathscr{U}_{j-k}^{2^{k+1}m} &= \text{Closespan}\{2^{(j-k)/2}\mu_{2^{k+1}m}(2^{j-k}x-n)\ ; n\in\mathbb{Z}\}\\
\mathscr{U}_{j-k}^{2^{k+1}m+1} &= \text{Closespan}\{2^{(j-k)/2}\mu_{2^{k+1}m+1}(2^{j-k}x-n)\ ; n\in\mathbb{Z}\}\\
&\ \ \vdots\\
\mathscr{U}_{j-k}^{2^{k+1}m+2^{k+1}-1} &= \text{Closespan}\{2^{(j-k)/2}\mu_{2^{k+1}m+2^{k+1}-1}(2^{j-k}x-n)\ ; n\in\mathbb{Z}\}
\end{aligned}$$

同时，小波包子空间 $\mathscr{U}_{j+1}^m$ 有如下两个规范正交基：

$$\{2^{(j+1)/2}\mu_m(2^{j+1}x-n); n\in\mathbb{Z}\} \text{ 和 } \bigcup_{\ell=0}^{2^{k+1}-1}\{2^{(j-k)/2}\mu_{2^{k+1}m+\ell}(2^{j-k}x-n); n\in\mathbb{Z}\}$$

最后利用定理 5.54 的结果就能完成这个定理的证明.　#

(η) 小波包正交投影系数序列的金字塔

定理 5.56 (小波包正交投影系数序列勾股定理)　在多分辨率分析的正交小波包理论体系中，对任意整数 j，非负整数 k 和小波包级别 m，假定 $f(x)$ 在 $\mathcal{L}^2(\mathbb{R})$ 的小波包子空间序列：

$$\mathscr{U}_{j+1}^m, \mathscr{U}_{j-k}^{2^{k+1}m}, \mathscr{U}_{j-k}^{2^{k+1}m+1}, \cdots, \mathscr{U}_{j-k}^{2^{k+1}m+2^{k+1}-1}$$

上的正交投影是如下的函数序列：

$$f_{j+1}^{(m)}(x), f_{j-k}^{(2^{k+1}m)}(x), f_{j-k}^{(2^{k+1}m+1)}(x), \cdots, f_{j-k}^{(2^{k+1}m+2^{k+1}-1)}(x)$$

将这些小波包正交投影表示为

$$\begin{aligned}
f_{j+1}^{(m)}(x) &= \sum_{n\in\mathbb{Z}} d_{j+1,n}^{(m)}\mu_{m,j+1,n}(x)\\
f_{j-k}^{(2^{k+1}m)}(x) &= \sum_{s\in\mathbb{Z}} d_{j-k,s}^{(2^{k+1}m)}\mu_{2^{k+1}m,j-k,s}(x)\\
f_{j-k}^{(2^{k+1}m+1)}(x) &= \sum_{s\in\mathbb{Z}} d_{j-k,s}^{(2^{k+1}m+1)}\mu_{2^{k+1}m+1,j-k,s}(x)\\
&\ \ \vdots\\
f_{j-k}^{(2^{k+1}m+2^{k+1}-1)}(x) &= \sum_{s\in\mathbb{Z}} d_{j-k,s}^{(2^{k+1}m+2^{k+1}-1)}\mu_{2^{k+1}m+2^{k+1}-1,j-k,s}(x)
\end{aligned}$$

按照如下方式定义小波包正交投影系数序列向量：

$$\mathscr{D}_{j+1}^{(m)}=\{d_{j+1,n}^{(m)};n\in\mathbb{Z}\}^{\mathrm{T}}:\{\mu_{m,j+1,n}(x);n\in\mathbb{Z}\}$$

而且

$$\left(\begin{array}{c}\mathscr{D}_{j-k}^{(2^{k+1}m)}=\{d_{j-k,s}^{(2^{k+1}m)};s\in\mathbb{Z}\}^{\mathrm{T}}\\ \hline \mathscr{D}_{j-k}^{(2^{k+1}m+1)}=\{d_{j-k,s}^{(2^{k+1}m+1)};s\in\mathbb{Z}\}^{\mathrm{T}}\\ \hline \vdots\\ \hline \mathscr{D}_{j-k}^{(2^{k+1}m+2^{k+1}-1)}=\{d_{j-k,s}^{(2^{k+1}m+2^{k+1}-1)};s\in\mathbb{Z}\}^{\mathrm{T}}\end{array}\right):\left\{\begin{array}{r}\mu_{2^{k+1}m,j-k,s}(x);s\in\mathbb{Z}\\ \mu_{2^{k+1}m+1,j-k,s}(x);s\in\mathbb{Z}\\ \vdots\\ \mu_{2^{k+1}m+2^{k+1}-1,j-k,s}(x);s\in\mathbb{Z}\end{array}\right.$$

那么，这些正交小波包投影的系数序列满足勾股定理恒等式：

$$\|\mathscr{D}_{j+1}^{(m)}\|_{\ell^2(\mathbb{Z})}^2=\sum_{v=0}^{2^{k+1}-1}\|\mathscr{D}_{j-k}^{(2^{k+1}m+v)}\|_{\ell^2(\mathbb{Z})}^2$$

小波包投影过程保持内积恒等式成立：

$$\begin{aligned}&\|f_{j+1}^{(m)}\|_{\mathcal{L}^2(\mathbb{R})}^2=\|\mathscr{D}_{j+1}^{(m)}\|_{\ell^2(\mathbb{Z})}^2,\\&\|f_{j-k}^{(2^{k+1}m+v)}\|_{\mathcal{L}^2(\mathbb{R})}^2=\|\mathscr{D}_{j-k}^{(2^{k+1}m+v)}\|_{\ell^2(\mathbb{Z})}^2,\quad v=0,1,\cdots,2^{k+1}-1\end{aligned}$$

证明 仿照定理 5.55 的证明，建议读者完成这个证明. #

定理 5.57 (小波包正交投影系数序列分解金字塔) 在多分辨率分析的正交小波包理论体系中，对任意整数 j，非负整数 k 和小波包级别 m，假定 $f(x)$ 在 $\mathcal{L}^2(\mathbb{R})$ 的小波包子空间序列：

$$\mathscr{U}_{j+1}^{m},\mathscr{U}_{j-k}^{2^{k+1}m},\mathscr{U}_{j-k}^{2^{k+1}m+1},\cdots,\mathscr{U}_{j-k}^{2^{k+1}m+2^{k+1}-1}$$

上的正交投影是如下的函数序列：

$$f_{j+1}^{(m)}(x),f_{j-k}^{(2^{k+1}m)}(x),f_{j-k}^{(2^{k+1}m+1)}(x),\cdots,f_{j-k}^{(2^{k+1}m+2^{k+1}-1)}(x)$$

将这些小波包正交投影表示为

$$\begin{aligned}f_{j+1}^{(m)}(x)&=\sum_{n\in\mathbb{Z}}d_{j+1,n}^{(m)}\mu_{m,j+1,n}(x)\\f_{j-k}^{(2^{k+1}m)}(x)&=\sum_{s\in\mathbb{Z}}d_{j-k,s}^{(2^{k+1}m)}\mu_{2^{k+1}m,j-k,s}(x)\\f_{j-k}^{(2^{k+1}m+1)}(x)&=\sum_{s\in\mathbb{Z}}d_{j-k,s}^{(2^{k+1}m+1)}\mu_{2^{k+1}m+1,j-k,s}(x)\\&\vdots\\f_{j-k}^{(2^{k+1}m+2^{k+1}-1)}(x)&=\sum_{s\in\mathbb{Z}}d_{j-k,s}^{(2^{k+1}m+2^{k+1}-1)}\mu_{2^{k+1}m+2^{k+1}-1,j-k,s}(x)\end{aligned}$$

按照如下方式定义小波包正交投影系数序列向量:

$$\mathscr{D}_{j+1}^{(m)}=\left\{d_{j+1,n}^{(m)};n\in\mathbb{Z}\right\}^{\mathrm{T}}:\left\{\mu_{m,j+1,n}(x);n\in\mathbb{Z}\right\}$$

而且

$$\left(\begin{array}{c}\mathscr{D}_{j-k}^{(2^{k+1}m)}=\{d_{j-k,s}^{(2^{k+1}m)};s\in\mathbb{Z}\}^{\mathrm{T}}\\ \hline \mathscr{D}_{j-k}^{(2^{k+1}m+1)}=\{d_{j-k,s}^{(2^{k+1}m+1)};s\in\mathbb{Z}\}^{\mathrm{T}}\\ \hline \vdots\\ \hline \mathscr{D}_{j-k}^{(2^{k+1}m+2^{k+1}-1)}=\{d_{j-k,s}^{(2^{k+1}m+2^{k+1}-1)};s\in\mathbb{Z}\}^{\mathrm{T}}\end{array}\right):\left\{\begin{array}{r}\mu_{2^{k+1}m,j-k,s}(x);s\in\mathbb{Z}\\ \mu_{2^{k+1}m+1,j-k,s}(x);s\in\mathbb{Z}\\ \vdots\\ \mu_{2^{k+1}m+2^{k+1}-1,j-k,s}(x);s\in\mathbb{Z}\end{array}\right\}$$

那么, 这些正交小波包投影的系数序列满足如下酉变换关系:

$$\left(\begin{array}{c}\mathscr{D}_{j-k}^{(2^{k+1}m)}\\ \hline \mathscr{D}_{j-k}^{(2^{k+1}m+1)}\\ \hline \vdots\\ \hline \mathscr{D}_{j-k}^{(2^{k+1}m+2^{k+1}-2)}\\ \hline \mathscr{D}_{j-k}^{(2^{k+1}m+2^{k+1}-1)}\end{array}\right)=\left(\begin{array}{c}\mathscr{D}_{j-k}^{(00\cdots00)_2}\\ \hline \mathscr{D}_{j-k}^{(00\cdots01)_2}\\ \hline \vdots\\ \hline \mathscr{D}_{j-k}^{(11\cdots10)_2}\\ \hline \mathscr{D}_{j-k}^{(11\cdots11)_2}\end{array}\right)=\left(\begin{array}{c}[\mathcal{H}_0^{(0)}\mathcal{H}_0^{(1)}\cdots\mathcal{H}_0^{(k-1)}\mathcal{H}_0^{(k)}]^*\\ \hline [\mathcal{H}_0^{(0)}\mathcal{H}_0^{(1)}\cdots\mathcal{H}_0^{(k-1)}\mathcal{H}_1^{(k)}]^*\\ \hline \vdots\\ \hline [\mathcal{H}_1^{(0)}\mathcal{H}_1^{(1)}\cdots\mathcal{H}_1^{(k-1)}\mathcal{H}_0^{(k)}]^*\\ \hline [\mathcal{H}_1^{(0)}\mathcal{H}_1^{(1)}\cdots\mathcal{H}_1^{(k-1)}\mathcal{H}_1^{(k)}]^*\end{array}\right)\mathscr{D}_{j+1}^{(m)}$$

而且

$$\|\mathscr{D}_{j+1}^{(m)}\|_{\ell^2(\mathbb{Z})}^2=\sum_{v=0}^{2^{k+1}-1}\|\mathscr{D}_{j-k}^{(2^{k+1}m+v)}\|_{\ell^2(\mathbb{Z})}^2$$

证明　建议读者完成这个证明.　#

定理 5.58 (小波包正交投影系数序列合成金字塔)　在多分辨率分析的正交小波包理论体系中, 对任意整数 j, 非负整数 k 和小波包级别 m, 假定 $f(x)$ 在 $\mathcal{L}^2(\mathbb{R})$ 的小波包子空间序列:

$$\mathscr{U}_{j+1}^{m},\mathscr{U}_{j-k}^{2^{k+1}m},\mathscr{U}_{j-k}^{2^{k+1}m+1},\cdots,\mathscr{U}_{j-k}^{2^{k+1}m+2^{k+1}-1}$$

上的正交投影是如下的函数序列:

$$f_{j+1}^{(m)}(x),f_{j-k}^{(2^{k+1}m)}(x),f_{j-k}^{(2^{k+1}m+1)}(x),\cdots,f_{j-k}^{(2^{k+1}m+2^{k+1}-1)}(x)$$

将这些小波包正交投影表示为

$$
\begin{aligned}
f_{j+1}^{(m)}(x) &= \sum_{n\in\mathbb{Z}} d_{j+1,n}^{(m)} \mu_{m,j+1,n}(x) \\
f_{j-k}^{(2^{k+1}m)}(x) &= \sum_{s\in\mathbb{Z}} d_{j-k,s}^{(2^{k+1}m)} \mu_{2^{k+1}m,j-k,s}(x) \\
f_{j-k}^{(2^{k+1}m+1)}(x) &= \sum_{s\in\mathbb{Z}} d_{j-k,s}^{(2^{k+1}m+1)} \mu_{2^{k+1}m+1,j-k,s}(x) \\
&\vdots \\
f_{j-k}^{(2^{k+1}m+2^{k+1}-1)}(x) &= \sum_{s\in\mathbb{Z}} d_{j-k,s}^{(2^{k+1}m+2^{k+1}-1)} \mu_{2^{k+1}m+2^{k+1}-1,j-k,s}(x)
\end{aligned}
$$

按照如下方式定义小波包正交投影系数序列向量：

$$
\mathscr{D}_{j+1}^{(m)} = \{d_{j+1,n}^{(m)}; n\in\mathbb{Z}\}^{\mathrm{T}} : \{\mu_{m,j+1,n}(x); n\in\mathbb{Z}\}
$$

而且

$$
\left(\begin{array}{c}
\mathscr{D}_{j-k}^{(2^{k+1}m)} = \{d_{j-k,s}^{(2^{k+1}m)}; s\in\mathbb{Z}\}^{\mathrm{T}} \\
\hline
\mathscr{D}_{j-k}^{(2^{k+1}m+1)} = \{d_{j-k,s}^{(2^{k+1}m+1)}; s\in\mathbb{Z}\}^{\mathrm{T}} \\
\hline
\vdots \\
\hline
\mathscr{D}_{j-k}^{(2^{k+1}m+2^{k+1}-1)} = \{d_{j-k,s}^{(2^{k+1}m+2^{k+1}-1)}; s\in\mathbb{Z}\}^{\mathrm{T}}
\end{array}\right) : \left\{\begin{array}{r}
\mu_{2^{k+1}m,j-k,s}(x); s\in\mathbb{Z} \\
\mu_{2^{k+1}m+1,j-k,s}(x); s\in\mathbb{Z} \\
\vdots \\
\mu_{2^{k+1}m+2^{k+1}-1,j-k,s}(x); s\in\mathbb{Z}
\end{array}\right\}
$$

那么，这些正交小波包投影的系数序列满足如下酉变换关系：

$$
\mathscr{D}_{j+1}^{(m)} = [\boldsymbol{\mathcal{R}}_0 \mid \boldsymbol{\mathcal{R}}_1 \mid \cdots \mid \boldsymbol{\mathcal{R}}_{2^{k+1}-2} \mid \boldsymbol{\mathcal{R}}_{2^{k+1}-1}] \left(\begin{array}{c}
\mathscr{D}_{j-k}^{(2^{k+1}m)} \\
\hline
\mathscr{D}_{j-k}^{(2^{k+1}m+1)} \\
\hline
\vdots \\
\hline
\mathscr{D}_{j-k}^{(2^{k+1}m+2^{k+1}-2)} \\
\hline
\mathscr{D}_{j-k}^{(2^{k+1}m+2^{k+1}-1)}
\end{array}\right)
$$

或者等价地表示为

$$
\begin{aligned}
\mathscr{D}_{j+1}^{(m)} &= \sum_{u=0}^{2^{k+1}-1} \boldsymbol{\mathcal{R}}_u \mathscr{D}_{j-k}^{(2^{k+1}m+u)} \\
&= \sum_{\substack{\varepsilon_v\in\{0,1\} \\ v=0,1,\cdots,k}} \boldsymbol{\mathcal{R}}_{(\varepsilon_k\varepsilon_{k-1}\cdots\varepsilon_2\varepsilon_1\varepsilon_0)_2} \mathscr{D}_{j-k}^{(2^{k+1}m+(\varepsilon_k\varepsilon_{k-1}\cdots\varepsilon_2\varepsilon_1\varepsilon_0)_2)}
\end{aligned}
$$

其中

$$\begin{aligned}\mathcal{R}_u &= \mathcal{R}_{(\varepsilon_k\varepsilon_{k-1}\cdots\varepsilon_2\varepsilon_1\varepsilon_0)_2}\\ &= \mathcal{H}^{(0)}_{\varepsilon_k}\mathcal{H}^{(1)}_{\varepsilon_{k-1}}\cdots\mathcal{H}^{(k-1)}_{\varepsilon_1}\mathcal{H}^{(k)}_{\varepsilon_0},\quad 0\leqslant u\leqslant(2^{k+1}-1)\\ u &= \sum_{v=0}^{k}\varepsilon_v\times 2^v=(\varepsilon_k\varepsilon_{k-1}\dots\varepsilon_2\varepsilon_1\varepsilon_0)_2\end{aligned}$$

证明　建议读者完成这个证明.　#

定理 5.59 (小波包正交投影系数序列合成金字塔的正交性)　在多分辨率分析的正交小波包理论体系中, 对任意整数 j, 非负整数 k 和小波包级别 m, 假定 $f(x)$ 在 $\mathcal{L}^2(\mathbb{R})$ 的小波包子空间序列:

$$\mathscr{U}^{m}_{j+1},\mathscr{U}^{2^{k+1}m}_{j-k},\mathscr{U}^{2^{k+1}m+1}_{j-k},\cdots,\mathscr{U}^{2^{k+1}m+2^{k+1}-1}_{j-k}$$

上的正交投影是如下的函数序列:

$$f^{(m)}_{j+1}(x),f^{(2^{k+1}m)}_{j-k}(x),f^{(2^{k+1}m+1)}_{j-k}(x),\cdots,f^{(2^{k+1}m+2^{k+1}-1)}_{j-k}(x)$$

将这些小波包正交投影表示为

$$\begin{aligned}f^{(m)}_{j+1}(x)&=\sum_{n\in\mathbb{Z}}d^{(m)}_{j+1,n}\mu_{m,j+1,n}(x)\\ f^{(2^{k+1}m)}_{j-k}(x)&=\sum_{s\in\mathbb{Z}}d^{(2^{k+1}m)}_{j-k,s}\mu_{2^{k+1}m,j-k,s}(x)\\ f^{(2^{k+1}m+1)}_{j-k}(x)&=\sum_{s\in\mathbb{Z}}d^{(2^{k+1}m+1)}_{j-k,s}\mu_{2^{k+1}m+1,j-k,s}(x)\\ &\vdots\\ f^{(2^{k+1}m+2^{k+1}-1)}_{j-k}(x)&=\sum_{s\in\mathbb{Z}}d^{(2^{k+1}m+2^{k+1}-1)}_{j-k,s}\mu_{2^{k+1}m+2^{k+1}-1,j-k,s}(x)\end{aligned}$$

按照如下方式定义小波包正交投影系数序列向量:

$$\mathscr{D}^{(m)}_{j+1}=\{d^{(m)}_{j+1,n};n\in\mathbb{Z}\}^{\mathrm{T}}:\{\mu_{m,j+1,n}(x);n\in\mathbb{Z}\}$$

而且

$$\left(\begin{array}{c}\mathscr{D}^{(2^{k+1}m)}_{j-k}=\{d^{(2^{k+1}m)}_{j-k,s};s\in\mathbb{Z}\}^{\mathrm{T}}\\ \hline \mathscr{D}^{(2^{k+1}m+1)}_{j-k}=\{d^{(2^{k+1}m+1)}_{j-k,s};s\in\mathbb{Z}\}^{\mathrm{T}}\\ \hline \vdots\\ \hline \mathscr{D}^{(2^{k+1}m+2^{k+1}-1)}_{j-k}=\{d^{(2^{k+1}m+2^{k+1}-1)}_{j-k,s};s\in\mathbb{Z}\}^{\mathrm{T}}\end{array}\right):\left\{\begin{array}{r}\mu_{2^{k+1}m,j-k,s}(x);s\in\mathbb{Z}\\ \mu_{2^{k+1}m+1,j-k,s}(x);s\in\mathbb{Z}\\ \vdots\\ \mu_{2^{k+1}m+2^{k+1}-1,j-k,s}(x);s\in\mathbb{Z}\end{array}\right\}$$

以及如下同维系数序列向量:

$$\begin{aligned}
\mathscr{R}_{j+1}^{(m)} &= \mathscr{D}_{j+1}^{(m)} \\
\mathscr{R}_{j-k}^{(2^{k+1}m)} &= \boldsymbol{\mathcal{H}}_0^{(0)}\boldsymbol{\mathcal{H}}_0^{(1)}\cdots\boldsymbol{\mathcal{H}}_0^{(k-1)}\boldsymbol{\mathcal{H}}_0^{(k)}\mathscr{D}_{j-k}^{(2^{k+1}m)} \\
\mathscr{R}_{j-k}^{(2^{k+1}m+1)} &= \boldsymbol{\mathcal{H}}_0^{(0)}\boldsymbol{\mathcal{H}}_0^{(1)}\cdots\boldsymbol{\mathcal{H}}_0^{(k-1)}\boldsymbol{\mathcal{H}}_1^{(k)}\mathscr{D}_{j-k}^{(2^{k+1}m+1)} \\
&\ \ \vdots \\
\mathscr{R}_{j-k}^{(2^{k+1}m+2^{k+1}-2)} &= \boldsymbol{\mathcal{H}}_1^{(0)}\boldsymbol{\mathcal{H}}_1^{(1)}\cdots\boldsymbol{\mathcal{H}}_1^{(k-1)}\boldsymbol{\mathcal{H}}_0^{(k)}\mathscr{D}_{j-k}^{(2^{k+1}m+2^{k+1}-2)} \\
\mathscr{R}_{j-k}^{(2^{k+1}m+2^{k+1}-1)} &= \boldsymbol{\mathcal{H}}_1^{(0)}\boldsymbol{\mathcal{H}}_1^{(1)}\cdots\boldsymbol{\mathcal{H}}_1^{(k-1)}\boldsymbol{\mathcal{H}}_1^{(k)}\mathscr{D}_{j-k}^{(2^{k+1}m+2^{k+1}-1)}
\end{aligned}$$

那么，这些同维系数序列向量组：

$$\{\mathscr{R}_{j-k}^{(2^{k+1}m)},\mathscr{R}_{j-k}^{(2^{k+1}m+1)},\cdots,\mathscr{R}_{j-k}^{(2^{k+1}m+2^{k+1}-2)},\mathscr{R}_{j-k}^{(2^{k+1}m+2^{k+1}-1)}\}$$

是正交向量组，即

$$\boxed{\begin{gathered}
\mathscr{R}_{j-k}^{(2^{k+1}m+s)} \perp \mathscr{R}_{j-k}^{(2^{k+1}m+r)} \\
\Updownarrow \\
\left\langle \mathscr{R}_{j-k}^{(2^{k+1}m+s)},\mathscr{R}_{j-k}^{(2^{k+1}m+r)} \right\rangle = 0 \\
0 \leqslant s \neq r \leqslant 2^{k+1}-1
\end{gathered}}$$

同时满足

$$\mathscr{R}_{j+1}^{(m)} = \sum_{u=0}^{2^{k+1}-1} \mathscr{R}_{j-k}^{(2^{k+1}m+u)}$$

和恒等式

$$\| \mathscr{R}_{j+1}^{(m)} \|_{\ell^2(\mathbf{Z})}^2 = \sum_{u=0}^{2^{k+1}-1} \| \mathscr{R}_{j-k}^{(2^{k+1}m+u)} \|_{\ell^2(\mathbf{Z})}^2$$

即这时勾股定理仍然成立.

证明 证明过程概要. 对于 $m=(\varepsilon_k\varepsilon_{k-1}\dots\varepsilon_2\varepsilon_1\varepsilon_0)_2=0,1,2,\cdots,(2^{(k+1)}-1)$,

$$\begin{aligned}
\mathscr{R}_{j-k}^{(m)} &= \boldsymbol{\mathcal{H}}_{\varepsilon_k}^{(0)}\boldsymbol{\mathcal{H}}_{\varepsilon_{k-1}}^{(1)}\cdots\boldsymbol{\mathcal{H}}_{\varepsilon_1}^{(k-1)}\boldsymbol{\mathcal{H}}_{\varepsilon_0}^{(k)}\mathscr{D}_{j-k}^{(\varepsilon_k\varepsilon_{k-1}\cdots\varepsilon_2\varepsilon_1\varepsilon_0)_2} \\
&= \boldsymbol{\mathcal{R}}_{(\varepsilon_k\varepsilon_{k-1}\cdots\varepsilon_2\varepsilon_1\varepsilon_0)_2}\mathscr{D}_{j-k}^{(\varepsilon_k\varepsilon_{k-1}\cdots\varepsilon_2\varepsilon_1\varepsilon_0)_2} \\
&= \boldsymbol{\mathcal{R}}_m\mathscr{D}_{j-k}^{(m)}
\end{aligned}$$

或者更详细地写成：

$$\begin{aligned}
\mathscr{R}_{j-k}^{(00\cdots00)_2} &= \boldsymbol{\mathcal{H}}_0^{(0)}\boldsymbol{\mathcal{H}}_0^{(1)}\cdots\boldsymbol{\mathcal{H}}_0^{(k-1)}\boldsymbol{\mathcal{H}}_0^{(k)}\mathscr{D}_{j-k}^{(00\cdots00)_2} = \boldsymbol{\mathcal{R}}_0\mathscr{D}_{j-k}^{(0)} \\
\mathscr{R}_{j-k}^{(00\cdots01)_2} &= \boldsymbol{\mathcal{H}}_0^{(0)}\boldsymbol{\mathcal{H}}_0^{(1)}\cdots\boldsymbol{\mathcal{H}}_0^{(k-1)}\boldsymbol{\mathcal{H}}_1^{(k)}\mathscr{D}_{j-k}^{(00\cdots01)_2} = \boldsymbol{\mathcal{R}}_1\mathscr{D}_{j-k}^{(1)} \\
&\ \ \vdots \\
\mathscr{R}_{j-k}^{(11\cdots10)_2} &= \boldsymbol{\mathcal{H}}_1^{(0)}\boldsymbol{\mathcal{H}}_1^{(1)}\cdots\boldsymbol{\mathcal{H}}_1^{(k-1)}\boldsymbol{\mathcal{H}}_0^{(k)}\mathscr{D}_{j-k}^{(11\cdots10)_2} = \boldsymbol{\mathcal{R}}_{(2^{(k+1)}-2)}\mathscr{D}_{j-k}^{(2^{(k+1)}-2)} \\
\mathscr{R}_{j-k}^{(11\cdots11)_2} &= \boldsymbol{\mathcal{H}}_1^{(0)}\boldsymbol{\mathcal{H}}_1^{(1)}\cdots\boldsymbol{\mathcal{H}}_1^{(k-1)}\boldsymbol{\mathcal{H}}_1^{(k)}\mathscr{D}_{j-k}^{(11\cdots11)_2} = \boldsymbol{\mathcal{R}}_{(2^{(k+1)}-1)}\mathscr{D}_{j-k}^{(2^{(k+1)}-1)}
\end{aligned}$$

同时

$$\begin{aligned}\mathscr{D}_{j+1}^{(0)} &= \sum_{m=0}^{(2^{(k+1)}-1)} \boldsymbol{\mathcal{R}}_m \mathscr{D}_{j-k}^{(m)} \\ &= \sum_{m=(\varepsilon_k\varepsilon_{k-1}\cdots\varepsilon_1\varepsilon_0)_2=0}^{(2^{(k+1)}-1)} \mathscr{R}_{j-k}^{(\varepsilon_k\varepsilon_{k-1}\cdots\varepsilon_1\varepsilon_0)_2} \\ &= \sum_{\substack{(\varepsilon_k\varepsilon_{k-1}\cdots\varepsilon_1\varepsilon_0)_2 \\ \varepsilon_n\in\{0,1\},n=0,1,\cdots,k}} \boldsymbol{\mathcal{R}}_{(\varepsilon_k\varepsilon_{k-1}\cdots\varepsilon_1\varepsilon_0)_2} \mathscr{D}_{j-k}^{(\varepsilon_k\varepsilon_{k-1}\cdots\varepsilon_1\varepsilon_0)_2}\end{aligned}$$

包含 2^{k+1} 个向量的无穷维列向量组：

$$\{\mathscr{R}_{j-k}^{(0)},\mathscr{R}_{j-k}^{(1)},\cdots,\mathscr{R}_{j-k}^{(2^{(k+1)}-2)},\mathscr{R}_{j-k}^{(2^{(k+1)}-1)}\} = \{\mathscr{R}_{j-k}^{(\varepsilon_k\varepsilon_{k-1}\cdots\varepsilon_1\varepsilon_0)_2};\varepsilon_n\in\{0,1\},0\leqslant n\leqslant k\}$$

在无穷维序列向量空间 $\ell^2(\mathbb{Z})$ 中是相互正交的，即

$$\left\langle \mathscr{R}_{j-k}^{(m)},\mathscr{R}_{j-k}^{(\ell)} \right\rangle = 0,\quad 0\leqslant \ell\neq m\leqslant(2^{(k+1)}-1)$$

按 $(k+1)$ 位二进制表示法，$m=(\varepsilon_k\varepsilon_{k-1}\cdots\varepsilon_1\varepsilon_0)_2,\ell=(\delta_k\delta_{k-1}\cdots\delta_1\delta_0)_2$，则

$$\begin{aligned}\left\langle \mathscr{R}_{j-k}^{(m)},\mathscr{R}_{j-k}^{(\ell)} \right\rangle_{\ell^2(\mathbb{Z})} &= [\mathscr{R}_{j-k}^{(\ell)}]^*[\mathscr{R}_{j-k}^{(m)}] \\ &= \left[\prod_{u=0}^{k}[\boldsymbol{\mathcal{H}}_{\delta_{k-u}}^{(u)}]\mathscr{D}_{j-k}^{(\delta_k\delta_{k-1}\cdots\delta_1\delta_0)_2}\right]^*\left[\prod_{u=0}^{k}[\boldsymbol{\mathcal{H}}_{\varepsilon_{k-u}}^{(u)}]\mathscr{D}_{j-k}^{(\varepsilon_k\varepsilon_{k-1}\cdots\varepsilon_1\varepsilon_0)_2}\right] \\ &= [\mathscr{D}_{j-k}^{(\delta_k\delta_{k-1}\cdots\delta_1\delta_0)_2}]^*\prod_{v=0}^{k}[\boldsymbol{\mathcal{H}}_{\delta_v}^{(k-v)}]^*\prod_{u=0}^{k}[\boldsymbol{\mathcal{H}}_{\varepsilon_{k-u}}^{(u)}][\mathscr{D}_{j-k}^{(\varepsilon_k\varepsilon_{k-1}\cdots\varepsilon_1\varepsilon_0)_2}] \\ &= 0\end{aligned}$$

因为，对于 $v=0,1,\cdots,k$，

$$[\boldsymbol{\mathcal{H}}_{\delta_{k-v}}^{(v)}]^*[\boldsymbol{\mathcal{H}}_{\varepsilon_{k-v}}^{(v)}] = \begin{cases}\boldsymbol{\mathcal{I}}[2^{-(v+1)}\infty], & \delta_{k-v}=\varepsilon_{k-v} \\ \boldsymbol{\mathcal{O}}[2^{-(v+1)}\infty], & \delta_{k-v}\neq\varepsilon_{k-v}\end{cases}$$

其中

$\boldsymbol{\mathcal{I}}[2^{-(v+1)}\infty]$ 表示 $[2^{-(v+1)}\infty]\times[2^{-(v+1)}\infty]$ 的单位矩阵；

$\boldsymbol{\mathcal{O}}[2^{-(v+1)}\infty]$ 表示 $[2^{-(v+1)}\infty]\times[2^{-(v+1)}\infty]$ 的零矩阵.

因为 $0\leqslant\ell\neq m\leqslant(2^{(k+1)}-1)$，所以至少存在一个 $v:0\leqslant v\leqslant k$，使 $\delta_{k-v}\neq\varepsilon_{k-v}$，这样，$[\boldsymbol{\mathcal{H}}_{\delta_{k-v}}^{(v)}]^*[\boldsymbol{\mathcal{H}}_{\varepsilon_{k-v}}^{(v)}]=\boldsymbol{\mathcal{O}}[2^{-(v+1)}\infty]$.

此外，按 $(k+1)$ 位二进制表示法，$m=(\varepsilon_k\varepsilon_{k-1}\ldots\varepsilon_1\varepsilon_0)_2$，则

$$
\begin{aligned}
\| \mathscr{R}_{j-k}^{(m)} \|_{\ell^2(\mathbb{Z})}^2 &= \left\langle \mathscr{R}_{j-k}^{(m)}, \mathscr{R}_{j-k}^{(m)} \right\rangle_{\ell^2(\mathbb{Z})} = [\mathscr{R}_{j-k}^{(m)}]^* [\mathscr{R}_{j-k}^{(m)}] \\
&= \left[\prod_{u=0}^{k} [\boldsymbol{\mathcal{H}}_{\varepsilon_{k-u}}^{(u)}] \mathscr{D}_{j-k}^{(\varepsilon_k \varepsilon_{k-1} \cdots \varepsilon_1 \varepsilon_0)_2} \right]^* \left[\prod_{u=0}^{k} [\boldsymbol{\mathcal{H}}_{\varepsilon_{k-u}}^{(u)}] \mathscr{D}_{j-k}^{(\varepsilon_k \varepsilon_{k-1} \cdots \varepsilon_1 \varepsilon_0)_2} \right] \\
&= [\mathscr{D}_{j-k}^{(\varepsilon_k \varepsilon_{k-1} \cdots \varepsilon_1 \varepsilon_0)_2}]^* \prod_{v=0}^{k} [\boldsymbol{\mathcal{H}}_{\varepsilon_v}^{(k-v)}]^* \prod_{u=0}^{k} [\boldsymbol{\mathcal{H}}_{\varepsilon_{k-u}}^{(u)}] [\mathscr{D}_{j-k}^{(\varepsilon_k \varepsilon_{k-1} \cdots \varepsilon_1 \varepsilon_0)_2}] \\
&= [\mathscr{D}_{j-k}^{(\varepsilon_k \varepsilon_{k-1} \cdots \varepsilon_1 \varepsilon_0)_2}]^* [\mathscr{D}_{j-k}^{(\varepsilon_k \varepsilon_{k-1} \cdots \varepsilon_1 \varepsilon_0)_2}] \\
&= [\mathscr{D}_{j-k}^{(m)}]^* [\mathscr{D}_{j-k}^{(m)}] \\
&= \sum_{n \in \mathbb{Z}} | d_{j-k,n}^{(m)} |^2
\end{aligned}
$$

其中，对于 $v = 0,1,\cdots,k$，$[\boldsymbol{\mathcal{H}}_{\varepsilon_{k-v}}^{(v)}]^* [\boldsymbol{\mathcal{H}}_{\varepsilon_{k-v}}^{(v)}] = \boldsymbol{\mathcal{I}}$ 是 $[2^{-(v+1)}\infty] \times [2^{-(v+1)}\infty]$ 单位矩阵.

这是证明的核心步骤，建议读者补充完善得到完整的证明. #

(θ) 小波包金字塔的基

前述分析过程中出现的各个矩阵和矩阵分块实际上都是无穷维序列空间 $\ell^2(\mathbb{Z})$ 上的线性变换，按照特定方式组合而得到酉变换或者酉算子，这意味着这些酉变换或者酉算子将诱导空间 $\ell^2(\mathbb{Z})$ 的规范正交基.

定理 5.60 (小波包金字塔的基) 在多分辨率分析的正交小波包理论体系中，对任意非负整数 k 和小波包级别 m，当 $m = 0,1,2,\cdots,(2^{(k+1)}-1)$ 时，按 $(k+1)$ 位二进制表示 m 如下：

$$
m = (\varepsilon_k \varepsilon_{k-1} \cdots \varepsilon_2 \varepsilon_1 \varepsilon_0)_2 = \varepsilon_k \times 2^k + \varepsilon_{k-1} \times 2^{k-1} + \cdots + \varepsilon_1 \times 2 + \varepsilon_0
$$

如果将下述定义的 $\infty \times [2^{-(k+1)}\infty]$ 矩阵 $\boldsymbol{\mathcal{R}}_m$：

$$
\boldsymbol{\mathcal{R}}_m = \boldsymbol{\mathcal{R}}_{(\varepsilon_k \varepsilon_{k-1} \cdots \varepsilon_2 \varepsilon_1 \varepsilon_0)_2} = \boldsymbol{\mathcal{H}}_{\varepsilon_k}^{(0)} \boldsymbol{\mathcal{H}}_{\varepsilon_{k-1}}^{(1)} \cdots \boldsymbol{\mathcal{H}}_{\varepsilon_1}^{(k-1)} \boldsymbol{\mathcal{H}}_{\varepsilon_0}^{(k)} = \left[\prod_{\ell=k}^{0} \boldsymbol{\mathcal{H}}_{\varepsilon_\ell}^{(k-\ell)} \right]
$$

按照列向量方式重新撰写为

$$
\boldsymbol{\mathcal{R}}_m = [\mathbf{r}(m,u) \in \ell^2(\mathbb{Z}); u \in \mathbb{Z}]_{\infty \times \frac{\infty}{2^{k+1}}}
$$

那么，$\boldsymbol{\mathcal{R}}_m = [\mathbf{r}(m,u) \in \ell^2(\mathbb{Z}); u \in \mathbb{Z}]_{\infty \times [2^{-(k+1)}\infty]}$，$m = 0,1,2,\cdots,(2^{(k+1)}-1)$ 的全部列向量构成的向量系：

$$
\{\mathbf{r}(m,u) \in \ell^2(\mathbb{Z}); u \in \mathbb{Z}; 0 \leqslant m \leqslant (2^{k+1}-1)\} = \bigcup_{m=0}^{(2^{k+1}-1)} \{\mathbf{r}(m,u) \in \ell^2(\mathbb{Z}); u \in \mathbb{Z}\}
$$

是无穷维序列空间 $\ell^2(\mathbb{Z})$ 的规范正交基.

证明　证明概要. 当 $m=0,1,2,\cdots,(2^{(k+1)}-1)$ 时, $\{\mathbf{r}(m,u)\in\ell^2(\mathbb{Z});u\in\mathbb{Z}\}$ 是规范正交向量系; 当 $n=0,1,2,\cdots,(2^{(k+1)}-1)$, 而且 $n\neq m$ 时, 那么

$$\{\mathbf{r}(m,u)\in\ell^2(\mathbb{Z});u\in\mathbb{Z}\}\perp\{\mathbf{r}(n,u)\in\ell^2(\mathbb{Z});u\in\mathbb{Z}\}$$

另外, $\{\mathbf{r}(m,u)\in\ell^2(\mathbb{Z});u\in\mathbb{Z};0\leqslant m\leqslant(2^{k+1}-1)\}$ 是完全规范正交系.

建议读者补充细节给出完整的证明.　#

定理 5.60 表明, 无穷维序列线性空间 $\ell^2(\mathbb{Z})$ 的上述规范正交基由如下相互正交的规范正交向量系联合构成:

$$\{\mathbf{r}(m,u)\in\ell^2(\mathbb{Z});u\in\mathbb{Z}\},\quad 0\leqslant m\leqslant(2^{k+1}-1)$$

这意味着建立了无穷维序列线性空间 $\ell^2(\mathbb{Z})$ 的一种正交直和分解.

(ι) 小波包金字塔的正交直和分解

定理 5.61 (小波包金字塔的正交直和分解)　在多分辨率分析的正交小波包理论体系中, 对任意非负整数 k 和小波包级别 m, 当 $m=0,1,2,\cdots,(2^{(k+1)}-1)$ 时, 定义子空间序列记号如下:

$$\mathscr{U}_m=\text{Closespan}\{\mathbf{r}(m,u)\in\ell^2(\mathbb{Z});u\in\mathbb{Z}\},\quad m=0,1,2,\cdots,(2^{(k+1)}-1)$$

那么, $\{\mathscr{U}_m;m=0,1,2,\cdots,(2^{(k+1)}-1)\}$ 是 $\ell^2(\mathbb{Z})$ 中的相互正交的子空间序列, 而且

$$\ell^2(\mathbb{Z})=\left[\bigoplus_{m=0,1,2,\cdots,(2^{k+1}-1)}\mathscr{U}_m\right]$$

证明留给读者作为练习.

定理 5.62 (小波包正交投影的坐标)　在多分辨率分析的正交小波包理论体系中, 对任意整数 j, 非负整数 k 和小波包级别 m, 当 $m=0,1,2,\cdots,(2^{(k+1)}-1)$ 时, $\mathscr{D}_{j+1}^{(0)}$ 在 $\ell^2(\mathbb{Z})$ 的子空间序列 $\{\mathscr{U}_m;m=0,1,2,\cdots,(2^{k+1}-1)\}$ 上的正交投影分别是 $\mathscr{R}_{j-k}^{(0)},\mathscr{R}_{j-k}^{(1)},\cdots,\mathscr{R}_{j-k}^{(2^{(k+1)}-2)},\mathscr{R}_{j-k}^{(2^{(k+1)}-1)}$, 而且, 这些正交投影在序列空间 $\ell^2(\mathbb{Z})$ 的如下规范正交基:

$$\bigcup_{m=0}^{(2^{k+1}-1)}\{\mathbf{r}(m,u)\in\ell^2(\mathbb{Z});u\in\mathbb{Z}\}$$

之下的坐标分别是

$$\mathscr{D}_{j-k}^{(m)}=\{d_{j-k,v}^{(m)};v\in\mathbb{Z}\}^{\mathrm{T}},\quad m=0,1,2,\cdots,(2^{(k+1)}-1)$$

证明留给读者作为练习. #

关于小波链和小波包的连续形式理论以及应用，出现了大量研究文献，比如邓东皋和彭立中(1991)，王建中(1992)，刘贵忠和邸双亮(1993)，秦前清和杨宗凯(1994), Mallat(1988, 1989a, 1989b, 1989c, 1991, 1996, 2009), Mallat 和 Hwang(1992), Mallat 和 Zhang(1993), Mallat 和 Zhong(1991, 1992), Meyer 和 Ryan(1993)，迈耶和科伊夫曼(1994)，冉启文和谭立英(2002, 2004), coifman 和 Wickerhauser(1992), Wickerhauser(1992)和 Daubechies(1988a, 1988b, 1990, 1992), Daubechies 和 Sweldens(1998)等的研究内容. 这些文献有助于读者更全面理解小波链和小波包理论.

5.4　有限维小波链和小波包理论

本节的主题就是在有限维线性空间中研究小波理论、小波链理论和小波包理论，因为本章前几节在函数空间 $\mathcal{L}^2(\mathbb{R})$ 和无穷维序列线性空间 $\ell^2(\mathbb{Z})$ 中，研究特别是表达小波链理论和小波包理论时，采用了抽象的示意性的“函数行向量”(主要用于描述函数空间 $\mathcal{L}^2(\mathbb{R})$ 及其子空间的规范正交函数系和规范正交函数基)，“无穷维序列列向量”(主要用于描述函数在函数空间 $\mathcal{L}^2(\mathbb{R})$ 及其子空间的规范正交函数系和规范正交基上的正交投影系数序列)，以及“无穷行无穷列的无穷维矩阵和分块矩阵”，这些概念和符号的准确含义应该是，比如“函数行向量”和“无穷维序列列向量”表示相应希尔伯特空间中的“元素”或者“向量”，而“无穷行无穷列的无穷维矩阵和分块矩阵”表示相应希尔伯特空间中的线性变换或线性算子. 实际上，采用这样的符号不仅便于直观理解在函数空间 $\mathcal{L}^2(\mathbb{R})$ 和无穷维序列线性空间 $\ell^2(\mathbb{Z})$ 中所陈述的科学事实，而且，在有限维希尔伯特空间中研究小波理论、小波链理论和小波包理论时，这些符号及其含义就变得严谨而准确，更为重要的是，在表达有限维小波理论、小波链理论和小波包理论时会出现大量的公式和方程与以前的完全一样，非常方便.

本节研究中使用的有限维希尔伯特空间从形式上没有限制，在此需要强调的是，在多分辨率分析小波构造过程中，如果尺度方程和小波方程的系数或者低通和带通滤波器的脉冲响应系数都是有限个实数，那么，这里阐述的各项结果适用于有限维实数空间，否则，应该在有限维复数空间中理解这些结果.

5.4.1　小波理论的有限维模式

这里尝试把多分辨率分析的主要结果转换为有限维形式. 理论原理和以前的

完全一样，只是对尺度函数和小波函数施加了更苛刻的条件限制，要求它们是紧支撑的而且低通和带通滤波器脉冲响应都是有限个非零的.

(α) 有限响应多分辨率分析

假设函数空间 $\mathcal{L}^2(\mathbb{R})$ 的闭线性子空间列 $\{V_j\,;\,j\in\mathbb{Z}\}$ 和函数 $\varphi(x)$ 构成 $\mathcal{L}^2(\mathbb{R})$ 中的多分辨率分析，即如下 5 个公理成立：

❶ 单调性：$V_j\subset V_{j+1}$，$\forall j\in\mathbb{Z}$；

❷ 唯一性：$\bigcap\limits_{j\in\mathbb{Z}}V_j=\{0\}$；

❸ 稠密性：$\overline{\left(\bigcup\limits_{j\in\mathbb{Z}}V_j\right)}=\mathcal{L}^2(\mathbb{R})$；

❹ 伸缩性：$f(x)\in V_j\Leftrightarrow f(2x)\in V_{j+1}$，$\forall j\in\mathbb{Z}$;

❺ 结构性：$\{\varphi(x-n)\,;\,n\in\mathbb{Z}\}$ 构成子空间 V_0 的标准正交基，

其中，$\forall j\in\mathbb{Z}$，V_j 称为(第 j 级)尺度子空间. 对 $\forall j\in\mathbb{Z}$，子空间 W_j 是 V_j 在 V_{j+1} 中的正交补空间：$W_j\perp V_j, V_{j+1}=W_j\oplus V_j$，其中，$W_j$ 称为(第 j 级)小波子空间. 这样，小波子空间列 $\{W_j\,;\,j\in\mathbb{Z}\}$ 相互正交，即 $W_j\perp W_\ell$，$\forall j\neq\ell,(j,\ell)\in\mathbb{Z}^2$，而且具有伸缩依赖关系：即 $\forall j\in\mathbb{Z}$，$u(x)\in W_j\Leftrightarrow u(2x)\in W_{j+1}$. 而且 $W_m\perp V_j$, $\forall(j,m)\in\mathbb{Z}^2$，$m\geqslant j$. 于是，$\mathcal{L}^2(\mathbb{R})$ 与尺度子空间列 $\{V_j\,;\,j\in\mathbb{Z}\}$ 和小波子空间序列 $\{W_j\,;\,j\in\mathbb{Z}\}$ 之间有如下正交直和分解关系：$\forall(j,L)\in\mathbb{Z}\times\mathbb{Z}$，

$$\begin{cases}\mathcal{L}^2(\mathbb{R})=\bigoplus\limits_{m\in\mathbb{Z}}W_m\\ \mathcal{L}^2(\mathbb{R})=V_j\oplus\left(\bigoplus\limits_{m\geqslant j}W_m\right)\\ V_{j+L+1}=W_{j+L}\oplus W_{j+L-1}\oplus\cdots\oplus W_j\oplus V_j\quad(L\in\mathbb{N})\\ V_{j+L+1}=\bigoplus\limits_{\ell=0}^{+\infty}W_{j+L-\ell}\end{cases}$$

多分辨分析的尺度方程和小波方程如下：

$$\begin{cases}\varphi(x)=\sqrt{2}\sum\limits_{n\in\mathbb{Z}}h_n\varphi(2x-n)\\ \psi(x)=\sqrt{2}\sum\limits_{n\in\mathbb{Z}}g_n\varphi(2x-n)\end{cases}$$

假设这个多分辨分析的低通滤波器和带通滤波器都是有限脉冲响应滤波器，即低通滤波器系数序列 $\{h_n;n\in\mathbb{Z}\}$ 以及带通滤波器系数序列 $\{g_n;n\in\mathbb{Z}\}$ 只有有限项

非零. 设 $h_0 h_{M-1} \neq 0$ 且当 $n<0$ 或 $n>(M-1)$ 时, $h_n=0$, 其中 M 是偶数.

利用公式 $g_n=(-1)^{2\kappa+1-n}\overline{h}_{2\kappa+1-n}, n\in\mathbb{Z}$ 确定对应的带通滤波器系数序列, 选择整数 κ 满足 $2\kappa=M-2$ 或者 $\kappa=0.5M-1$, 在这样的选择之下, 带通滤波器系数序列中可能不为 0 的项是

$$\begin{aligned}
g_0 &= (-1)\overline{h}_{M-1}\\
g_1 &= (+1)\overline{h}_{M-2}\\
g_2 &= (-1)\overline{h}_{M-3}\\
g_3 &= (+1)\overline{h}_{M-4}\\
&\vdots\\
g_{M-2} &= (-1)\overline{h}_1\\
g_{M-1} &= (+1)\overline{h}_0
\end{aligned}$$

此时, 带通滤波器系数序列其余的项都是 0.

(β) 有限周期化

引理 5.2 (周期化正交性) 在多分辨率分析理论体系中, 将有限响应低通和带通滤波器系数序列 $\{h_n;n\in\mathbb{Z}\}$ 和 $\{g_n;n\in\mathbb{Z}\}$ 周期化, 共同的周期长度是 $N=2^{N_0}>M$, 它们在一个周期内的取值分别构成如下的维数是 N 的列向量:

$$\begin{cases}\mathbf{h}=\{h_0,h_1,\cdots,h_{M-2},h_{M-1},h_M,\cdots,h_{N-1}\}^{\mathrm{T}}\\ \mathbf{g}=\{g_0,g_1,\cdots,g_{M-2},g_{M-1},g_M,\cdots,g_{N-1}\}^{\mathrm{T}}\end{cases}$$

其中 $h_M=\cdots=h_{N-1}=g_M=\cdots=g_{N-1}=0$. 定义如下符号: 对于整数 m,

$$\begin{cases}\mathbf{h}^{(m)}=\{h_{\mathrm{mod}(n-m,N)};n=0,1,2,\cdots,N-1\}^{\mathrm{T}}\\ \mathbf{g}^{(m)}=\{g_{\mathrm{mod}(n-m,N)};n=0,1,2,\cdots,N-1\}^{\mathrm{T}}\end{cases}$$

那么, 当 $0\leqslant m,k\leqslant N-1$ 时, 成立如下正交关系:

$$\begin{cases}\left\langle\mathbf{h}^{(2m)},\mathbf{h}^{(2k)}\right\rangle=\sum\limits_{n=0}^{N-1}h_{\mathrm{mod}(n-2m,N)}\overline{h}_{\mathrm{mod}(n-2k,N)}=\delta(m-k)\\ \left\langle\mathbf{g}^{(2m)},\mathbf{g}^{(2k)}\right\rangle=\sum\limits_{n=0}^{N-1}g_{\mathrm{mod}(n-2m,N)}\overline{g}_{\mathrm{mod}(n-2k,N)}=\delta(m-k)\\ \left\langle\mathbf{g}^{(2m)},\mathbf{h}^{(2k)}\right\rangle=\sum\limits_{n=0}^{N-1}g_{\mathrm{mod}(n-2m,N)}\overline{h}_{\mathrm{mod}(n-2k,N)}=0\end{cases}$$

引理 5.3 (有限维酉性) 在多分辨率分析理论体系中, 将有限响应低通和带通滤波器系数序列 $\{h_n;n\in\mathbb{Z}\}$ 和 $\{g_n;n\in\mathbb{Z}\}$ 周期化, 共同的周期长度是 $N=2^{N_0}>M$,

它们在一个周期内的取值构成维数是 N 的列向量如引理 5.2. 定义两个维数是 $N\times(N/2))$ 的矩阵：

$$\begin{aligned}\boldsymbol{\mathcal{H}} &= [h_{n,k} = h_{\mathrm{mod}(n-2k,N)}; 0\leqslant n\leqslant N-1, 0\leqslant k\leqslant 0.5N-1]_{N\times\frac{N}{2}} \\ &= [\mathbf{h}^{(2k)}; 0\leqslant k\leqslant 0.5N-1]_{N\times\frac{N}{2}} \\ &= [\mathbf{h}^{(0)} \mid \mathbf{h}^{(2)} \mid \mathbf{h}^{(4)} \mid \cdots \mid \mathbf{h}^{(N-2)}]\end{aligned}$$

$$\begin{aligned}\boldsymbol{\mathcal{G}} &= [g_{n,k} = g_{\mathrm{mod}(n-2k,N)}; 0\leqslant n\leqslant N-1, 0\leqslant k\leqslant 0.5N-1]_{N\times\frac{N}{2}} \\ &= [\mathbf{g}^{(2k)}; 0\leqslant k\leqslant 0.5N-1]_{N\times\frac{N}{2}} \\ &= [\mathbf{g}^{(0)} \mid \mathbf{g}^{(2)} \mid \mathbf{g}^{(4)} \mid \cdots \mid \mathbf{g}^{(N-2)}]\end{aligned}$$

为了直观起见，可以将这两个 $N\times(N/2)$ 矩阵按照列元素示意性表示如下：

$$\boldsymbol{\mathcal{H}} = \begin{pmatrix} h_0 & 0 & & h_2 \\ h_1 & 0 & & h_3 \\ \vdots & h_0 & & \vdots \\ \vdots & h_1 & & \vdots \\ h_{M-1} & \vdots & \cdots & h_{M-1} \\ 0 & h_{M-1} & & 0 \\ \vdots & 0 & & \vdots \\ \vdots & \vdots & & 0 \\ \vdots & \vdots & & h_0 \\ 0 & 0 & & h_1 \end{pmatrix}_{N\times\frac{N}{2}}, \quad \boldsymbol{\mathcal{G}} = \begin{pmatrix} g_0 & 0 & & g_2 \\ g_1 & 0 & & g_3 \\ \vdots & g_0 & & \vdots \\ \vdots & g_1 & & \vdots \\ g_{M-1} & \vdots & \cdots & g_{M-1} \\ 0 & g_{M-1} & & 0 \\ \vdots & 0 & & \vdots \\ \vdots & \vdots & & 0 \\ \vdots & \vdots & & g_0 \\ 0 & 0 & & g_1 \end{pmatrix}_{N\times\frac{N}{2}}$$

而且，它们的复数共轭转置矩阵 $\boldsymbol{\mathcal{H}}^*, \boldsymbol{\mathcal{G}}^*$ 都是 $(N/2)\times N$ 矩阵，可以按照行元素示意性表示为

$$\boldsymbol{\mathcal{H}}^* = \begin{pmatrix} \overline{h}_0 & \overline{h}_1 & \cdots & \cdots & \overline{h}_{M-1} & 0 & \cdots & \cdots & \cdots & 0 \\ 0 & 0 & \overline{h}_0 & \overline{h}_1 & \cdots & \overline{h}_{M-1} & 0 & \cdots & \cdots & 0 \\ \vdots & \vdots & & & & & \vdots & & & \vdots \\ \overline{h}_2 & \overline{h}_3 & \cdots & \cdots & \overline{h}_{M-1} & 0 & \cdots & 0 & \overline{h}_0 & \overline{h}_1 \end{pmatrix}_{\frac{N}{2}\times N}$$

$$\boldsymbol{\mathcal{G}}^* = \begin{pmatrix} \overline{g}_0 & \overline{g}_1 & \cdots & \cdots & \overline{g}_{M-1} & 0 & \cdots & \cdots & \cdots & 0 \\ 0 & 0 & \overline{g}_0 & \overline{g}_1 & \cdots & \overline{g}_{M-1} & 0 & \cdots & \cdots & 0 \\ \vdots & \vdots & & & & & \vdots & & & \vdots \\ \overline{g}_2 & \overline{g}_3 & \cdots & \cdots & \overline{g}_{M-1} & 0 & \cdots & 0 & \overline{g}_0 & \overline{g}_1 \end{pmatrix}_{\frac{N}{2}\times N}$$

注释：矩阵 $\boldsymbol{\mathcal{H}}$ 的列向量是 N 维规范正交向量系 $\{\mathbf{h}^{(2k)};0\leqslant k\leqslant 0.5N-1\}$. 对于整数的 $0\leqslant k\leqslant 0.5N-1$，$\boldsymbol{\mathcal{H}}$ 的第 k 列元素：

$$\mathbf{h}^{(2k)}=\{h_{n,k}=h_{\mathrm{mod}(n-2k,N)};0\leqslant n\leqslant N-1\}^{\mathrm{T}}$$

是列向量 $\mathbf{h}$ 向下移动 $2k$ 行得到的新列向量. 这样，矩阵 $\boldsymbol{\mathcal{H}}$ 的构造方法是：$\boldsymbol{\mathcal{H}}$ 的第 0 列正好是列向量 $\mathbf{h}$；$\boldsymbol{\mathcal{H}}$ 的第 $0\leqslant k\leqslant 0.5N-1$ 列就是列向量 $\mathbf{h}$ 向下移动 $2k$ 行得到的新列向量 $\mathbf{h}^{(2k)}$. 总之，矩阵 $\boldsymbol{\mathcal{H}}$ 本质上由它的第 0 列 $\mathbf{h}$ (即低通滤波器系数序列)构造而得，每次往右移动一列，只需要将当前列向下移动两行即可. 矩阵 $\boldsymbol{\mathcal{G}}$ 的构造方法与矩阵 $\boldsymbol{\mathcal{H}}$ 的构造方法完全相同，只不过 $\boldsymbol{\mathcal{G}}$ 的第 0 列是列向量 $\mathbf{g}$.

利用这些记号定义一个 $N\times N$ 的分块为 1×2 的矩阵 $\boldsymbol{\mathcal{A}}$：

$$\boldsymbol{\mathcal{A}}=\left(\boldsymbol{\mathcal{H}}\middle|\boldsymbol{\mathcal{G}}\right)=\left(\begin{array}{cccc|cccc}
h_0 & 0 & & h_2 & g_0 & 0 & & g_2\\
h_1 & 0 & & h_3 & g_1 & 0 & & g_3\\
\vdots & h_0 & & \vdots & \vdots & g_0 & & \vdots\\
\vdots & h_1 & & \vdots & \vdots & g_1 & & \vdots\\
h_{M-1} & \vdots & \cdots & h_{M-1} & g_{M-1} & \vdots & \cdots & g_{M-1}\\
0 & h_{M-1} & & 0 & 0 & g_{M-1} & & 0\\
\vdots & 0 & & \vdots & \vdots & 0 & & \vdots\\
\vdots & \vdots & & 0 & \vdots & \vdots & & 0\\
\vdots & \vdots & & h_0 & \vdots & \vdots & & g_0\\
0 & 0 & & h_1 & 0 & 0 & & g_1
\end{array}\right)_{N\times N}$$

那么，$\boldsymbol{\mathcal{A}}=(\boldsymbol{\mathcal{H}}|\boldsymbol{\mathcal{G}})$ 是一个 $N\times N$ 的酉矩阵.

证明　$\boldsymbol{\mathcal{A}}=(\boldsymbol{\mathcal{H}}|\boldsymbol{\mathcal{G}})$ 的复数共轭矩阵是

$$\boldsymbol{\mathcal{A}}^*=\left(\frac{\boldsymbol{\mathcal{H}}^*}{\boldsymbol{\mathcal{G}}^*}\right)=\left(\begin{array}{cccccccccc}
\overline{h}_0 & \overline{h}_1 & \cdots & \cdots & \overline{h}_{M-1} & 0 & \cdots & \cdots & \cdots & 0\\
0 & 0 & \overline{h}_0 & \overline{h}_1 & \cdots & \overline{h}_{M-1} & 0 & \cdots & \cdots & 0\\
\vdots & \vdots & & & & & \vdots & & & \vdots\\
\overline{h}_2 & \overline{h}_3 & \cdots & \cdots & \overline{h}_{M-1} & 0 & \cdots & 0 & \overline{h}_0 & \overline{h}_1\\
\hline
\overline{g}_0 & \overline{g}_1 & \cdots & \cdots & \overline{g}_{M-1} & 0 & \cdots & \cdots & \cdots & 0\\
0 & 0 & \overline{g}_0 & \overline{g}_1 & \cdots & \overline{g}_{M-1} & 0 & \cdots & \cdots & 0\\
\vdots & \vdots & & & & & \vdots & & & \vdots\\
\overline{g}_2 & \overline{g}_3 & \cdots & \cdots & \overline{g}_{M-1} & 0 & \cdots & 0 & \overline{g}_0 & \overline{g}_1
\end{array}\right)_{N\times N}$$

直接演算即可验证 $\boldsymbol{\mathcal{A}}=(\boldsymbol{\mathcal{H}}|\boldsymbol{\mathcal{G}})$ 的酉性. 建议读者完成这个证明.　#

(γ) 有限空间正交直和分解

引理 5.4 (有限维正交直和分解)　在多分辨率分析理论体系中，将有限响应低通和带通滤波器系数序列 $\{h_n; n\in\mathbb{Z}\}$ 和 $\{g_n; n\in\mathbb{Z}\}$ 周期化，共同的周期长度是 $N=2^{N_0}>M$，它们在一个周期内的取值分别构成如下的维数是 N 的列向量：

$$\begin{cases}\mathbf{h}=\{h_0,h_1,\cdots,h_{M-2},h_{M-1},h_M,\cdots,h_{N-1}\}^{\mathrm{T}}\\ \mathbf{g}=\{g_0,g_1,\cdots,g_{M-2},g_{M-1},g_M,\cdots,g_{N-1}\}^{\mathrm{T}}\end{cases}$$

其中 $h_M=\cdots=h_{N-1}=g_M=\cdots=g_{N-1}=0$. 定义如下符号：对于整数 m,

$$\begin{cases}\mathbf{h}^{(m)}=\{h_{\mathrm{mod}(n-m,N)}; n=0,1,2,\cdots,N-1\}^{\mathrm{T}}\\ \mathbf{g}^{(m)}=\{g_{\mathrm{mod}(n-m,N)}; n=0,1,2,\cdots,N-1\}^{\mathrm{T}}\end{cases}$$

定义两个 $0.5N$ 维的线性子空间：

$$\mathbf{H}=\mathrm{Closespan}\{\mathbf{h}^{(2k)}; 0\leqslant k\leqslant 0.5N-1\}$$
$$\mathbf{G}=\mathrm{Closespan}\{\mathbf{g}^{(2k)}; 0\leqslant k\leqslant 0.5N-1\}$$

那么，这两个线性子空间相互正交，而且，N 维复数向量空间 $\mathbb{C}^N$ 可以分解为这两个线性子空间的正交直和，即 $\mathbb{C}^N=\mathbf{H}\oplus\mathbf{G}$.

证明　利用矩阵 $\mathcal{A}=(\mathcal{H}|\mathcal{G})$ 的酉性可以完成证明，建议读者给出证明的详细过程.　#

实际上，子空间 $\mathbf{H}$ 和 $\mathbf{G}$ 都是 $0.5N$ 维空间，虽然其中的向量在平凡规范正交基下的坐标是“N 维坐标向量”.

(δ) 有限维空间尺度分解和小波分解

定义　任何向量 $\mathscr{D}_{j+1}^{(0)}=\{d_{j+1,n}^{(0)}; n=0,1,2,\cdots,N-1\}^{\mathrm{T}}\in\mathbb{C}^N$，它在正交子空间 $\mathbf{H}$ 和 $\mathbf{G}$ 上的正交投影分别记为 $\mathscr{D}_j^{(0)}$ 和 $\mathscr{D}_j^{(1)}$，称为 $\mathscr{D}_{j+1}^{(0)}$ 的尺度分解(变换)和小波分解(变换).

定理 5.63 (有限维小波分解)　设 $\mathscr{D}_{j+1}^{(0)}=\{d_{j+1,n}^{(0)}; n=0,1,2,\cdots,N-1\}^{\mathrm{T}}\in\mathbb{C}^N$，那么，它的尺度分解和小波分解可以表示如下：

$$\left(\frac{\mathscr{D}_j^{(0)}}{\mathscr{D}_j^{(1)}}\right)=\mathcal{A}^*\mathscr{D}_{j+1}^{(0)}=\left(\frac{\mathcal{H}^*}{\mathcal{G}^*}\right)\mathscr{D}_{j+1}^{(0)}$$

其中

$$\begin{cases}\mathscr{D}_j^{(0)}=\{d_{j,k}^{(0)};k=0,1,\cdots,0.5N-1\}^{\mathrm{T}}\\ \mathscr{D}_j^{(1)}=\{d_{j,k}^{(1)};k=0,1,\cdots,0.5N-1\}^{\mathrm{T}}\end{cases}$$

这就是有限数字信号的 Mallat 分解算法公式，成立如下恒等式：

$$\sum_{n=0}^{N-1}|\,d_{j+1,n}^{(0)}\,|^2=\sum_{k=0}^{0.5N-1}|\,d_{j,k}^{(0)}\,|^2+\sum_{k=0}^{0.5N-1}|\,d_{j,k}^{(1)}\,|^2$$

而且，当 $k=0,1,\cdots,0.5N-1$ 时，

$$\begin{cases}d_{j,k}^{(0)}=\sum\limits_{n=0}^{N-1}\overline{h}_{n-2k}d_{j+1,n}^{(0)}\\ d_{j,k}^{(1)}=\sum\limits_{n=0}^{N-1}\overline{g}_{n-2k}d_{j+1,n}^{(0)}\end{cases}$$

证明 在 $\mathbb{C}^N$ 的平凡规范正交基之下，向量 $\mathscr{D}_{j+1}^{(0)}\in\mathbb{C}^N$ 的坐标向量是

$$\mathscr{D}_{j+1}^{(0)}=\{d_{j+1,n}^{(0)};n=0,1,2,\cdots,N-1\}^{\mathrm{T}}\in\mathbb{C}^N$$

而且，它的尺度分解和小波分解 $\mathscr{D}_j^{(0)}$ 和 $\mathscr{D}_j^{(1)}$ 正好就是向量 $\mathscr{D}_{j+1}^{(0)}$ 在 $\mathbb{C}^N$ 的"小波"规范正交基：

$$\{\mathbf{h}^{(2k)};0\leqslant k\leqslant 0.5N-1\}\cup\{\mathbf{g}^{(2k)};0\leqslant k\leqslant 0.5N-1\}$$

之下的坐标向量，前半部分对应 $\mathscr{D}_j^{(0)}$，后半部分对应 $\mathscr{D}_j^{(1)}$. 这样利用坐标变换表示理论可以得到有限维尺度分解和小波分解的计算公式：

$$\left(\frac{\mathscr{D}_j^{(0)}}{\mathscr{D}_j^{(1)}}\right)=\boldsymbol{\mathcal{A}}^*\mathscr{D}_{j+1}^{(0)}=\left(\frac{\boldsymbol{\mathcal{H}}^*}{\boldsymbol{\mathcal{G}}^*}\right)\mathscr{D}_{j+1}^{(0)}$$

此外，因为 $\boldsymbol{\mathcal{A}}=(\boldsymbol{\mathcal{H}}|\boldsymbol{\mathcal{G}})$ 是酉矩阵，所以上述线性变换是酉变换，保持内积恒等式成立，即

$$\|\,\mathscr{D}_{j+1}^{(0)}\,\|_{\mathbb{C}^N}^2=\left\|\left(\frac{\mathscr{D}_j^{(0)}}{\mathscr{D}_j^{(1)}}\right)\right\|_{\mathbb{C}^N}^2=\|\,\mathscr{D}_j^{(0)}\,\|_{\mathbb{C}^{0.5N}}^2+\|\,\mathscr{D}_j^{(1)}\,\|_{\mathbb{C}^{0.5N}}^2$$

这个恒等式的另一种表示是

$$\sum_{n=0}^{N-1}|\,d_{j+1,n}^{(0)}\,|^2=\sum_{k=0}^{0.5N-1}|\,d_{j,k}^{(0)}\,|^2+\sum_{k=0}^{0.5N-1}|\,d_{j,k}^{(1)}\,|^2$$

这样完成了证明. #

(ε) 有限维小波合成

定理 5.64 (有限维小波合成)　设 $\mathscr{D}_{j+1}^{(0)}=\{d_{j+1,n}^{(0)};n=0,1,2,\cdots,N-1\}^{\mathrm{T}}\in\mathbb{C}^N$，它的尺度分解和小波分解分别记为 $\mathscr{D}_j^{(0)}$ 和 $\mathscr{D}_j^{(1)}$，那么 $\mathscr{D}_{j+1}^{(0)}$, $\mathscr{D}_j^{(0)}$, $\mathscr{D}_j^{(1)}$ 满足如下的小波合成关系：

$$\mathscr{D}_{j+1}^{(0)}=\boldsymbol{\mathcal{A}}\left(\frac{\mathscr{D}_j^{(0)}}{\mathscr{D}_j^{(1)}}\right)=(\boldsymbol{\mathcal{H}}|\boldsymbol{\mathcal{G}})\left(\frac{\mathscr{D}_j^{(0)}}{\mathscr{D}_j^{(1)}}\right)=\boldsymbol{\mathcal{H}}\mathscr{D}_j^{(0)}+\boldsymbol{\mathcal{G}}\mathscr{D}_j^{(1)}$$

而且

$$\boldsymbol{\mathcal{H}}\mathscr{D}_j^{(0)}\perp\boldsymbol{\mathcal{G}}\mathscr{D}_j^{(1)}$$

满足内积恒等式：

$$\|\mathscr{D}_{j+1}^{(0)}\|_{\mathbb{C}^N}^2=\|\boldsymbol{\mathcal{H}}\mathscr{D}_j^{(0)}\|_{\mathbb{C}^N}^2+\|\boldsymbol{\mathcal{G}}\mathscr{D}_j^{(1)}\|_{\mathbb{C}^N}^2$$

其中

$$\begin{cases}\|\mathscr{D}_{j+1}^{(0)}\|_{\mathbb{C}^N}^2=\sum\limits_{n=0}^{N-1}|d_{j+1,n}^{(0)}|^2\\ \|\boldsymbol{\mathcal{H}}\mathscr{D}_j^{(0)}\|_{\mathbb{C}^N}^2=\sum\limits_{k=0}^{0.5N-1}|d_{j,k}^{(0)}|^2=\|\mathscr{D}_j^{(0)}\|_{\mathbb{C}^{0.5N}}^2\\ \|\boldsymbol{\mathcal{G}}\mathscr{D}_j^{(1)}\|_{\mathbb{C}^N}^2=\sum\limits_{k=0}^{0.5N-1}|d_{j,k}^{(1)}|^2=\|\mathscr{D}_j^{(1)}\|_{\mathbb{C}^{0.5N}}^2\end{cases}$$

这就是有限数字信号小波分解合成的“勾股定理”.

证明　根据定理 5.63 的分解公式以及矩阵 $\boldsymbol{\mathcal{A}}=(\boldsymbol{\mathcal{H}}|\boldsymbol{\mathcal{G}})$ 的酉性直接得到合成公式，此外，直接计算可得

$$\left\langle\boldsymbol{\mathcal{H}}\mathscr{D}_j^{(0)},\boldsymbol{\mathcal{G}}\mathscr{D}_j^{(1)}\right\rangle_{\mathbb{C}^N}=[\boldsymbol{\mathcal{G}}\mathscr{D}_j^{(1)}]^*[\boldsymbol{\mathcal{H}}\mathscr{D}_j^{(0)}]=[\mathscr{D}_j^{(1)}]^*[\boldsymbol{\mathcal{G}}^*\boldsymbol{\mathcal{H}}][\mathscr{D}_j^{(0)}]=0$$

其中 $[\boldsymbol{\mathcal{G}}\mathscr{D}_j^{(1)}]^*$ 表示 N 维复数列向量 $[\boldsymbol{\mathcal{G}}\mathscr{D}_j^{(1)}]$ 的复数共轭转置，正交性得证. 内积恒等式以及其中各项的表达式直接演算即可完成证明.　#

5.4.2　有限维小波链

多次重复小波的分解和合成就得到有限维小波链理论.

(α) 有限维链式小波分解

定理 5.65 (有限维链式小波分解)　设 $\mathscr{D}_{j+1}^{(0)}=\{d_{j+1,n}^{(0)};n=0,1,2,\cdots,N-1\}^{\mathrm{T}}\in$

$\mathbb{C}^N$，将它的尺度分解和小波分解分别记为 $\mathscr{D}_j^{(0)}$ 和 $\mathscr{D}_j^{(1)}$，之后重复这个过程，每次都将前一次分解得到的尺度分解向量，即记号中右上角标是 0 的向量，按照相同的投影规则或分解规则进行再次分解，把这些向量集中表示如下：

$$\begin{cases}\mathscr{D}_{j+1}^{(0)}=\{d_{j+1,n}^{(0)};n=0,1,\cdots,N-1\}^{\mathrm{T}}\\ \mathscr{D}_{j-\ell}^{(1)}=\{d_{j-\ell,k}^{(1)};k=0,1,\cdots,(2^{-(\ell+1)}N-1)\}^{\mathrm{T}}, \quad \ell=0,1,2,\cdots,L\\ \mathscr{D}_{j-\ell}^{(0)}=\{d_{j-\ell,k}^{(0)};k=0,1,\cdots,(2^{-(\ell+1)}N-1)\}^{\mathrm{T}}, \quad \ell=0,1,2,\cdots,L\end{cases}$$

那么，这 $2(L+1)$ 个有限维向量以及向量 $\mathscr{D}_{j+1}^{(0)}$ 之间满足如下计算公式：

$$\left(\frac{\mathscr{D}_{j-\ell}^{(0)}}{\mathscr{D}_{j-\ell}^{(1)}}\right)=\boldsymbol{\mathcal{A}}_\ell^*\mathscr{D}_{j-\ell+1}^{(0)}=\left(\frac{\boldsymbol{\mathcal{H}}_\ell^*}{\boldsymbol{\mathcal{G}}_\ell^*}\right)\mathscr{D}_{j-\ell+1}^{(0)}=\left(\frac{\boldsymbol{\mathcal{H}}_\ell^*\mathscr{D}_{j-\ell+1}^{(0)}}{\boldsymbol{\mathcal{G}}_\ell^*\mathscr{D}_{j-\ell+1}^{(0)}}\right), \quad \ell=0,1,2,\cdots,L$$

其中，$\boldsymbol{\mathcal{A}}_\ell=(\boldsymbol{\mathcal{H}}_\ell\big|\boldsymbol{\mathcal{G}}_\ell)_{[2^{-\ell}N]\times[2^{-\ell}N]}$ 是 $[2^{-\ell}N]\times[2^{-\ell}N]$ 的酉矩阵，按照分块矩阵表示为 1×2 的分块形式，$\boldsymbol{\mathcal{H}}_\ell,\boldsymbol{\mathcal{G}}_\ell$ 都是 $[2^{-\ell}N]\times[2^{-(\ell+1)}N]$ 矩阵，其构造方法与 $\ell=0$ 对应的 $\boldsymbol{\mathcal{H}}_\ell=\boldsymbol{\mathcal{H}}_0=\boldsymbol{\mathcal{H}}$，$\boldsymbol{\mathcal{G}}_\ell=\boldsymbol{\mathcal{G}}_0=\boldsymbol{\mathcal{G}}$ 的构造方法完全相同，只是这些矩阵的尺寸将随着 $\ell=0,1,2,\cdots,L$ 的递减取值而每次减半.

此外，成立如下恒等式：

$$\sum_{n=0}^{N-1}|\,d_{j+1,n}^{(0)}\,|^2=\sum_{\ell=0}^{L}\sum_{k=0}^{(2^{-(\ell+1)}N-1)}|\,d_{j-\ell,k}^{(1)}\,|^2+\sum_{k=0}^{(2^{-(L+1)}N-1)}|\,d_{j-\ell,k}^{(0)}\,|^2$$

而且，当 $\ell=0,1,2,\cdots,L$ 时，

$$\begin{cases}d_{j-\ell,k}^{(0)}=\displaystyle\sum_{n=0}^{(2^{-\ell}N-1)}\overline{h}_{n-2k}d_{j-\ell+1,n}^{(0)},k=0,1,\cdots,(2^{-(\ell+1)}N-1)\\ d_{j-\ell,k}^{(1)}=\displaystyle\sum_{n=0}^{(2^{-\ell}N-1)}\overline{g}_{n-2k}d_{j-\ell+1,n}^{(0)},k=0,1,\cdots,(2^{-(\ell+1)}N-1)\end{cases}$$

证明 证明过程的关键是观察并注意到，如下的尺度分解和小波分解关系：

$$\left(\frac{\mathscr{D}_j^{(0)}}{\mathscr{D}_j^{(1)}}\right)=\boldsymbol{\mathcal{A}}^*\mathscr{D}_{j+1}^{(0)}=\left(\frac{\boldsymbol{\mathcal{H}}^*}{\boldsymbol{\mathcal{G}}^*}\right)\mathscr{D}_{j+1}^{(0)}$$

每次分解都是把一个高维向量变换为两个坐标个数减半的向量，这本质上表达的是两个正交投影在各自所在的维数减半的低维尺度子空间和小波子空间的尺度基和小波基下的坐标. 这个几何意义是十分清晰的，也是十分重要的.

多次重复这个过程并注意符号的表达规则即可得到定理所述的全部结果. 建议读者补充证明的细节，给出完整的证明过程. #

下面给出这个过程的相反过程.

(β) 有限维链式小波合成

定理 5.66 (有限维小波合成链)　设 $\mathscr{D}_{j+1}^{(0)}=\{d_{j+1,n}^{(0)};n=0,1,2,\cdots,N-1\}^{\mathrm{T}}\in\mathbb{C}^N$，将它的尺度分解和小波分解分别记为 $\mathscr{D}_j^{(0)}$ 和 $\mathscr{D}_j^{(1)}$，之后重复这个过程，每次都将前一次分解得到的尺度分解向量，即记号中右上角标是 0 的向量，按照相同的投影规则或分解规则进行再次分解，把这些向量集中表示如下：

$$\begin{cases}\mathscr{D}_{j+1}^{(0)}=\{d_{j+1,n}^{(0)};n=0,1,\cdots,N-1\}^{\mathrm{T}}\\ \mathscr{D}_{j-\ell}^{(1)}=\{d_{j-\ell,k}^{(1)};k=0,1,\cdots,(2^{-(\ell+1)}N-1)\}^{\mathrm{T}},\quad \ell=0,1,2,\cdots,L\\ \mathscr{D}_{j-\ell}^{(0)}=\{d_{j-\ell,k}^{(0)};k=0,1,\cdots,(2^{-(\ell+1)}N-1)\}^{\mathrm{T}},\quad \ell=0,1,2,\cdots,L\end{cases}$$

那么，这 $2(L+1)$ 个有限维向量以及向量 $\mathscr{D}_{j+1}^{(0)}$ 之间满足如下计算公式：

$$\mathscr{D}_{j-\ell+1}^{(0)}=\boldsymbol{\mathcal{A}}_\ell\left(\frac{\mathscr{D}_{j-\ell}^{(0)}}{\mathscr{D}_{j-\ell}^{(1)}}\right)=\left(\boldsymbol{\mathcal{H}}_\ell\middle|\boldsymbol{\mathcal{G}}_\ell\right)\left(\frac{\mathscr{D}_{j-\ell}^{(0)}}{\mathscr{D}_{j-\ell}^{(1)}}\right)=\boldsymbol{\mathcal{H}}_\ell\mathscr{D}_{j-\ell}^{(0)}+\boldsymbol{\mathcal{G}}_\ell\mathscr{D}_{j-\ell}^{(1)}$$

具体地，当 $\ell=L,L-1,\cdots,2,1,0$ 时，

$$d_{j-\ell+1,n}^{(0)}=\sum_{k=0}^{(2^{-(\ell+1)}N-1)}(h_{n-2k}d_{j-\ell,k}^{(0)}+g_{n-2k}d_{j-\ell,k}^{(1)})$$

而且

$$\left\langle\boldsymbol{\mathcal{H}}_\ell\mathscr{D}_{j-\ell}^{(0)},\boldsymbol{\mathcal{G}}_\ell\mathscr{D}_{j-\ell}^{(1)}\right\rangle_{\mathbb{C}^{2^{-\ell}N}}=0$$

此外，成立如下内积恒等式：当 $\ell=0,1,2,\cdots,L$ 时，

$$||\mathscr{D}_{j-\ell+1}^{(0)}||_{\mathbb{C}^{2^{-\ell}N}}^2=\left\|\left(\frac{\mathscr{D}_{j-\ell}^{(0)}}{\mathscr{D}_{j-\ell}^{(1)}}\right)\right\|_{\mathbb{C}^{2^{-\ell}N}}^2=||\boldsymbol{\mathcal{H}}_\ell\mathscr{D}_{j-\ell}^{(0)}||_{\mathbb{C}^{2^{-\ell}N}}^2+||\boldsymbol{\mathcal{G}}_\ell\mathscr{D}_{j-\ell}^{(1)}||_{\mathbb{C}^{2^{-\ell}N}}^2$$

而且

$$||\mathscr{D}_{j-\ell}^{(0)}||_{\mathbb{C}^{2^{-(\ell+1)}N}}^2=||\boldsymbol{\mathcal{H}}_\ell\mathscr{D}_{j-\ell}^{(0)}||_{\mathbb{C}^{2^{-\ell}N}}^2=\sum_{k=0}^{(2^{-(\ell+1)}N-1)}|d_{j-\ell,k}^{(0)}|^2$$

$$||\mathscr{D}_{j-\ell}^{(1)}||_{\mathbb{C}^{2^{-(\ell+1)}N}}^2=||\boldsymbol{\mathcal{G}}_\ell\mathscr{D}_{j-\ell}^{(1)}||_{\mathbb{C}^{2^{-\ell}N}}^2=\sum_{k=0}^{(2^{-(\ell+1)}N-1)}|d_{j-\ell,k}^{(1)}|^2$$

最后内积恒等式还有另一个表达式：

$$\sum_{n=0}^{N-1}|\,d_{j+1,n}^{(0)}\,|^2=\sum_{\ell=0}^{L}\sum_{k=0}^{(2^{-(\ell+1)}N-1)}|\,d_{j-\ell,k}^{(1)}\,|^2+\sum_{k=0}^{(2^{-(L+1)}N-1)}|\,d_{j-\ell,k}^{(0)}\,|^2$$

证明 直接由定理 5.65 可以完成证明，详细过程建议读者作为练习. #

(γ) 有限维小波分解链

定理 5.67 (有限维小波分解链) 设 $\mathscr{D}_{j+1}^{(0)}=\{d_{j+1,n}^{(0)};n=0,1,2,\cdots,N-1\}^{\mathrm{T}}\in\mathbb{C}^N$，将它的尺度分解和小波分解分别记为 $\mathscr{D}_{j}^{(0)}$ 和 $\mathscr{D}_{j}^{(1)}$，之后重复这个过程，每次都将前一次分解得到的尺度分解向量，即记号中右上角标是 0 的向量，按照相同的投影规则或分解规则进行再次分解，把这些向量集中罗列如下：

$$\begin{cases}\mathscr{D}_{j+1}^{(0)}=\{d_{j+1,n}^{(0)};n=0,1,\cdots,N-1\}^{\mathrm{T}}\\ \mathscr{D}_{j-\ell}^{(1)}=\{d_{j-\ell,k}^{(1)};k=0,1,\cdots,(2^{-(\ell+1)}N-1)\}^{\mathrm{T}},\quad \ell=0,1,2,\cdots,L\\ \mathscr{D}_{j-\ell}^{(0)}=\{d_{j-\ell,k}^{(0)};k=0,1,\cdots,(2^{-(\ell+1)}N-1)\}^{\mathrm{T}},\quad \ell=0,1,2,\cdots,L\end{cases}$$

那么，其中的 $(L+3)$ 个向量：

$$\mathscr{D}_{j+1}^{(0)},\mathscr{D}_{j}^{(1)},\mathscr{D}_{j-1}^{(1)},\cdots,\mathscr{D}_{j-L}^{(1)},\mathscr{D}_{j-L}^{(0)}$$

满足如下分解计算公式：

$$\begin{pmatrix}\mathscr{D}_{j-L}^{(0)}\\ \hline \mathscr{D}_{j-L}^{(1)}\\ \hline \vdots\\ \hline \mathscr{D}_{j-1}^{(1)}\\ \hline \mathscr{D}_{j}^{(1)}\end{pmatrix}=\begin{pmatrix}\mathcal{H}_L^*\mathcal{H}_{(L-1)}^*\cdots\mathcal{H}_0^*\\ \hline \mathcal{G}_L^*\ \mathcal{H}_{(L-1)}^*\cdots\mathcal{H}_0^*\\ \hline \vdots\\ \hline \mathcal{G}_1^*\mathcal{H}_0^*\\ \hline \mathcal{G}_0^*\end{pmatrix}\mathscr{D}_{j+1}^{(0)}$$

其中分块矩阵(或者分块列向量)只按照行进行分块，被表示成 $(L+2)\times 1$ 的分块形式，从上到下各个分块的行数规则是

$$2^{-(L+1)}N,2^{-(L+1)}N,2^{-L}N,2^{-(L-1)}N,\cdots,2^{-2}N,2^{-1}N$$

即 $\mathscr{D}_{j-L}^{(0)}$ 是 $2^{-(L+1)}N$ 行列向量，$\mathscr{D}_{j-\ell}^{(1)}$ 的行数是 $2^{-(\ell+1)}N$，其中 $\ell=L,(L-1),\cdots,1,0$.

上述的计算过程称为有限维小波链，这里出现的是有限维小波分解链. 有限维小波分解链满足内积守恒，即成立如下形式的内积恒等式：

$$\|\mathscr{D}_{j+1}^{(0)}\|_{\mathbb{C}^N}^2=\left\|\begin{pmatrix}\mathscr{D}_{j-L}^{(0)}\\ \hline \mathscr{D}_{j-L}^{(1)}\\ \hline \vdots\\ \hline \mathscr{D}_{j-1}^{(1)}\\ \hline \mathscr{D}_{j}^{(1)}\end{pmatrix}\right\|_{\mathbb{C}^N}^2=\|\mathscr{D}_{j-L}^{(0)}\|_{\mathbb{C}^{2^{-(L+1)}N}}^2+\sum_{\ell=0}^{L}\|\mathscr{D}_{j-\ell}^{(1)}\|_{\mathbb{C}^{2^{-(\ell+1)}N}}^2$$

其中各个求和项的计算方法是

$$\|\mathscr{D}_{j-L}^{(0)}\|_{\mathbb{C}^{2^{-(L+1)}N}}^2=\|\mathcal{H}_L\mathscr{D}_{j-L}^{(0)}\|_{\mathbb{C}^{2^{-L}N}}^2=\sum_{k=0}^{(2^{-(L+1)}N-1)}|d_{j-L,k}^{(0)}|^2$$

$$\|\mathscr{D}_{j-\ell}^{(1)}\|_{\mathbb{C}^{2^{-(\ell+1)}N}}^2=\|\mathcal{G}_\ell\mathscr{D}_{j-\ell}^{(1)}\|_{\mathbb{C}^{2^{-\ell}N}}^2=\sum_{k=0}^{(2^{-(\ell+1)}N-1)}|d_{j-\ell,k}^{(1)}|^2,\quad \ell=0,1,\cdots,L$$

证明　这是定理 5.65 的另一种表达形式，特别提醒注意矩阵和向量的行分块方法和规则，建议读者仔细完成这个证明.　#

(δ) 有限维小波合成链

定理 5.68 (有限维小波合成链)　设 $\mathscr{D}_{j+1}^{(0)}=\{d_{j+1,n}^{(0)};n=0,1,2,\cdots,N-1\}^{\mathrm{T}}\in\mathbb{C}^N$，将它的尺度分解和小波分解分别记为 $\mathscr{D}_j^{(0)}$ 和 $\mathscr{D}_j^{(1)}$，之后重复这个过程，每次都将前一次分解得到的尺度分解向量，即记号中右上角标是 0 的向量，按照相同的投影规则或分解规则进行再次分解，把这些向量集中罗列如下：

$$\begin{cases}\mathscr{D}_{j+1}^{(0)}=\{d_{j+1,n}^{(0)};n=0,1,\cdots,N-1\}^{\mathrm{T}}\\ \mathscr{D}_{j-\ell}^{(1)}=\{d_{j-\ell,k}^{(1)};k=0,1,\cdots,(2^{-(\ell+1)}N-1)\}^{\mathrm{T}},\quad \ell=0,1,2,\cdots,L\\ \mathscr{D}_{j-\ell}^{(0)}=\{d_{j-\ell,k}^{(0)};k=0,1,\cdots,(2^{-(\ell+1)}N-1)\}^{\mathrm{T}},\quad \ell=0,1,2,\cdots,L\end{cases}$$

那么，其中的 $(L+3)$ 个向量：

$$\mathscr{D}_{j+1}^{(0)},\mathscr{D}_{j}^{(1)},\mathscr{D}_{j-1}^{(1)},\cdots,\mathscr{D}_{j-L}^{(1)},\mathscr{D}_{j-L}^{(0)}$$

满足如下合成计算公式：

$$\mathscr{D}_{j+1}^{(0)}=\begin{pmatrix}\mathcal{H}_L^*\mathcal{H}_{(L-1)}^*\cdots\mathcal{H}_0^*\\ \hline \mathcal{G}_L^*\ \mathcal{H}_{(L-1)}^*\cdots\mathcal{H}_0^*\\ \hline \vdots\\ \hline \mathcal{G}_1^*\mathcal{H}_0^*\\ \hline \mathcal{G}_0^*\end{pmatrix}^*\begin{pmatrix}\mathscr{D}_{j-L}^{(0)}\\ \hline \mathscr{D}_{j-L}^{(1)}\\ \hline \vdots\\ \hline \mathscr{D}_{j-1}^{(1)}\\ \hline \mathscr{D}_{j}^{(1)}\end{pmatrix}$$

$$\mathscr{D}_{j+1}^{(0)}=(\mathcal{H}_0\cdots\mathcal{H}_{L-1}\mathcal{H}_L\,|\,\mathcal{H}_0\cdots\mathcal{H}_{L-1}\mathcal{G}_L\,|\cdots|\,\mathcal{H}_0\mathcal{G}_1\,|\,\mathcal{G}_0)\begin{pmatrix}\mathscr{D}_{j-L}^{(0)}\\ \hline \mathscr{D}_{j-L}^{(1)}\\ \hline \vdots\\ \hline \mathscr{D}_{j-1}^{(1)}\\ \hline \mathscr{D}_{j}^{(1)}\end{pmatrix}$$

$$=\mathcal{H}_0\cdots\mathcal{H}_{L-1}\mathcal{H}_L\mathscr{D}_{j-L}^{(0)}+\mathcal{H}_0\cdots\mathcal{H}_{L-1}\mathcal{G}_L\mathscr{D}_{j-L}^{(1)}+\cdots+\mathcal{H}_0\mathcal{G}_1\mathscr{D}_{j-1}^{(1)}+\mathcal{G}_0\mathscr{D}_{j}^{(1)}$$

即等式右边的 $(L+2)$ 个 N 维列向量的和等于原始列向量 $\mathscr{D}_{j+1}^{(0)}$.

上述的计算过程称为有限维小波链, 这里出现的是有限维小波合成链. 有限维小波合成链满足内积守恒, 即成立如下形式的内积恒等式：

$$\left\|\mathscr{D}_{j+1}^{(0)}\right\|_{\mathbb{C}^N}^2=\left\|\begin{pmatrix}\mathscr{D}_{j-L}^{(0)}\\ \hline \mathscr{D}_{j-L}^{(1)}\\ \hline \vdots\\ \hline \mathscr{D}_{j-1}^{(1)}\\ \hline \mathscr{D}_{j}^{(1)}\end{pmatrix}\right\|_{\mathbb{C}^N}^2$$

而且

$$\boxed{\begin{aligned}\|\mathscr{D}_{j+1}^{(0)}\|_{\mathbb{C}^N}^2&=\|\mathscr{D}_{j-L}^{(0)}\|_{\mathbb{C}^{2^{-(L+1)}N}}^2+\sum_{\ell=0}^{L}\|\mathscr{D}_{j-\ell}^{(1)}\|_{\mathbb{C}^{2^{-(\ell+1)}N}}^2\\&=\|\mathcal{H}_0\cdots\mathcal{H}_{L-1}\mathcal{H}_L\mathscr{D}_{j-L}^{(0)}\|_{\mathbb{C}^N}^2\\&\quad+\|\mathcal{H}_0\cdots\mathcal{H}_{L-1}\mathcal{G}_L\mathscr{D}_{j-L}^{(1)}\|_{\mathbb{C}^N}^2+\cdots\\&\quad+\|\mathcal{H}_0\mathcal{G}_1\mathscr{D}_{j-1}^{(1)}\|_{\mathbb{C}^N}^2\\&\quad+\|\mathcal{G}_0\mathscr{D}_{j}^{(1)}\|_{\mathbb{C}^N}^2\end{aligned}}$$

其中各个求和项的计算方法是

$$\|\mathcal{H}_0\cdots\mathcal{H}_{L-1}\mathcal{H}_L\mathscr{D}_{j-L}^{(0)}\|_{\mathbb{C}^N}^2=\|\mathscr{D}_{j-L}^{(0)}\|_{\mathbb{C}^{2^{-(L+1)}N}}^2=\sum_{k=0}^{(2^{-(L+1)}N-1)}|d_{j-L,k}^{(0)}|^2$$

$$\|\mathcal{H}_0\cdots\mathcal{H}_{L-1}\mathcal{G}_L\mathscr{D}_{j-L}^{(1)}\|_{\mathbb{C}^N}^2=\|\mathscr{D}_{j-L}^{(1)}\|_{\mathbb{C}^{2^{-(L+1)}N}}^2=\sum_{k=0}^{(2^{-(L+1)}N-1)}|d_{j-L,k}^{(1)}|^2$$

$$\vdots$$

$$\|\mathcal{H}_0\mathcal{G}_1\mathscr{D}_{j-1}^{(1)}\|_{\mathbb{C}^N}^2=\|\mathscr{D}_{j-1}^{(1)}\|_{\mathbb{C}^{2^{-(1+1)}N}}^2=\sum_{k=0}^{(2^{-(1+1)}N-1)}|d_{j-1,k}^{(1)}|^2$$

$$\|\mathcal{G}_0\mathscr{D}_{j}^{(1)}\|_{\mathbb{C}^N}^2=\|\mathscr{D}_{j}^{(1)}\|_{\mathbb{C}^{2^{-1}N}}^2=\sum_{k=0}^{(2^{-1}N-1)}|d_{j,k}^{(1)}|^2$$

证明 这是定理 5.66 的另一种表达形式, 特别提醒注意矩阵和向量的行分块方法和规则, 建议读者仔细完成这个证明. #

(ε) 同维小波链

定理 5.69 (有限维小波链) 设 $\mathscr{D}_{j+1}^{(0)}=\{d_{j+1,n}^{(0)};n=0,1,2,\cdots,N-1\}^{\mathrm{T}}\in\mathbb{C}^N$, 将

它的尺度分解和小波分解分别记为 $\mathscr{D}_j^{(0)}$ 和 $\mathscr{D}_j^{(1)}$，之后重复这个过程，每次都将前一次分解得到的尺度分解向量，即记号中右上角标是 0 的向量，按照相同的投影规则或分解规则进行再次分解，把这些向量集中罗列如下：

$$\begin{cases}\mathscr{D}_{j+1}^{(0)} = \{d_{j+1,n}^{(0)}; n = 0,1,\cdots,N-1\}^{\mathrm{T}} \\ \mathscr{D}_{j-\ell}^{(1)} = \{d_{j-\ell,k}^{(1)}; k = 0,1,\cdots,(2^{-(\ell+1)}N-1)\}^{\mathrm{T}}, \quad \ell = 0,1,2,\cdots,L \\ \mathscr{D}_{j-\ell}^{(0)} = \{d_{j-\ell,k}^{(0)}; k = 0,1,\cdots,(2^{-(\ell+1)}N-1)\}^{\mathrm{T}}, \quad \ell = 0,1,2,\cdots,L\end{cases}$$

引入如下同维化变换：定义 $(L+2)$ 个同维向量：

$$\begin{aligned}\mathscr{R}_j^{(1)} &= \mathcal{G}_0\mathscr{D}_j^{(1)} \\ \mathscr{R}_{j-1}^{(1)} &= \mathcal{H}_0\mathcal{G}_1\mathscr{D}_{j-1}^{(1)} \\ &\vdots \\ \mathscr{R}_{j-L}^{(1)} &= \mathcal{H}_0\cdots\mathcal{H}_{L-1}\mathcal{G}_L\mathscr{D}_{j-L}^{(1)} \\ \mathscr{R}_{j-L}^{(0)} &= \mathcal{H}_0\cdots\mathcal{H}_{L-1}\mathcal{H}_L\mathscr{D}_{j-L}^{(0)}\end{aligned}$$

那么，这 $(L+2)$ 个同维向量与 $\mathscr{D}_{j+1}^{(0)}$ 同维，而且满足如下计算关系：

$$\mathscr{D}_{j+1}^{(0)} = \mathscr{R}_j^{(1)} + \mathscr{R}_{j-1}^{(1)} + \cdots + \mathscr{R}_{j-L}^{(1)} + \mathscr{R}_{j-L}^{(0)}$$

此外，N 维列向量组 $\{\mathscr{R}_j^{(1)},\mathscr{R}_{j-1}^{(1)},\cdots,\mathscr{R}_{j-L}^{(1)},\mathscr{R}_{j-L}^{(0)}\}$ 在空间 $\mathbb{C}^N$ 中相互正交，即

$$\left\langle\mathscr{R}_{j-\ell}^{(1)},\mathscr{R}_{j-r}^{(1)}\right\rangle_{\mathbb{C}^N} = 0, \quad \left\langle\mathscr{R}_{j-\ell}^{(1)},\mathscr{R}_{j-L}^{(0)}\right\rangle_{\mathbb{C}^N} = 0, \quad 0 \leqslant \ell \neq r \leqslant L$$

这个过程称为有限维小波链．在此过程中，内积恒等式成立：

$$\|\mathscr{D}_{j+1}^{(0)}\|_{\mathbb{C}^N}^2 = \|\mathscr{R}_j^{(1)}\|_{\mathbb{C}^N}^2 + \|\mathscr{R}_{j-1}^{(1)}\|_{\mathbb{C}^N}^2 + \cdots + \|\mathscr{R}_{j-L}^{(1)}\|_{\mathbb{C}^N}^2 + \|\mathscr{R}_{j-L}^{(0)}\|_{\mathbb{C}^N}^2$$

而且，内积恒等式中各项的计算方法是

$$\begin{cases}\|\mathscr{D}_{j+1}^{(0)}\|^2 = \displaystyle\sum_{n=0}^{N-1}|d_{j+1,n}^{(0)}|^2 \\ \|\mathscr{R}_{j-L}^{(0)}\|^2 = \|\mathscr{D}_{j-L}^{(0)}\|_{\mathbb{C}^{2^{-(L+1)}N}}^2 = \displaystyle\sum_{k=0}^{(2^{-(L+1)}N-1)}|d_{j-L,k}^{(0)}|^2 \\ \|\mathscr{R}_{j-\ell}^{(1)}\|^2 = \|\mathscr{D}_{j-\ell}^{(1)}\|_{\mathbb{C}^{2^{-(\ell+1)}N}}^2 = \displaystyle\sum_{k=0}^{(2^{-(\ell+1)}N-1)}|d_{j-\ell,k}^{(1)}|^2, \quad \ell = 0,1,2,\cdots,L\end{cases}$$

证明　这是定理 5.67 和定理 5.68 的互逆综合表达形式，特别提醒注意矩阵和向量的行分块方法和规则以及向量维数的变化规则，建议读者完成证明．　#

5.4.3 有限维小波链的基

(α) 有限维小波链规范正交基

在前述有限维小波链理论中，出现了一系列的同维化矩阵，能够确保在有限维小波链的分解和合成过程中出现的正交投影向量与原始向量是同维的，这为有限维小波链分析带来极大便利，但更重要的是，经过同维化处理得到的这些正交投影向量还是相互正交的向量组. 这意味着这些同维化矩阵的(同维的)列向量具有某种正交性，正如如下定理所述.

定理 5.70 (有限维小波链的基) 将如下形式的 $(L+2)$ 个矩阵

$$\mathcal{G}_0, \mathcal{H}_0\mathcal{G}_1, \ \cdots, \ \mathcal{H}_0\cdots\mathcal{H}_{L-1}\mathcal{G}_L, \ \mathcal{H}_0\cdots\mathcal{H}_{L-1}\mathcal{H}_L$$

全部按照列向量的形式重新约定撰写成如下格式：

$$\begin{aligned}
\mathcal{G}^{(0)} &= \mathcal{G}_0 = \mathcal{G}\\
&= [\mathbf{g}(0,2k) = \{g_{0,2k,m}; 0 \leqslant m \leqslant N-1\}^{\mathrm{T}} = \mathbf{g}^{(2k)}; 0 \leqslant k \leqslant [2^{-1}N]-1]_{N\times[2^{-1}N]}\\
\mathcal{G}^{(1)} &= \mathcal{H}_0\mathcal{G}_1\\
&= [\mathbf{g}(1,4k) = \{g_{1,4k,m}; 0 \leqslant m \leqslant N-1\}^{\mathrm{T}}; 0 \leqslant k \leqslant [2^{-2}N]-1]_{N\times[2^{-2}N]}\\
\mathcal{G}^{(2)} &= \mathcal{H}_0\mathcal{H}_1\mathcal{G}_2\\
&= [\mathbf{g}(2,8k) = \{g_{2,8k,m}; 0 \leqslant m \leqslant N-1\}^{\mathrm{T}}; 0 \leqslant k \leqslant [2^{-3}N]-1]_{N\times[2^{-3}N]}\\
&\ \vdots\\
\mathcal{G}^{(\ell)} &= \mathcal{H}_0\cdots\mathcal{H}_{\ell-1}\mathcal{G}_\ell\\
&= [\mathbf{g}(\ell,2^{\ell+1}k) = \{g_{\ell,2^{\ell+1}k,m}; 0 \leqslant m \leqslant N-1\}^{\mathrm{T}}; 0 \leqslant k \leqslant [2^{-(\ell+1)}N]-1]_{N\times[2^{-(\ell+1)}N]}\\
&\ \vdots\\
\mathcal{G}^{(L)} &= \mathcal{H}_0\cdots\mathcal{H}_{L-1}\mathcal{G}_L\\
&= [\mathbf{g}(L,2^{L+1}k) = \{g_{L,2^{L+1}k,m}; 0 \leqslant m \leqslant N-1\}^{\mathrm{T}}; 0 \leqslant k \leqslant [2^{-(L+1)}N]-1]_{N\times[2^{-(L+1)}N]}\\
\mathcal{H}^{(L)} &= \mathcal{H}_0\cdots\mathcal{H}_{L-1}\mathcal{H}_L\\
&= [\mathbf{h}(L,2^{L+1}k) = \{h_{L,2^{L+1}k,m}; 0 \leqslant m \leqslant N-1\}^{\mathrm{T}}; 0 \leqslant k \leqslant [2^{-(L+1)}N]-1]_{N\times[2^{-(L+1)}N]}
\end{aligned}$$

那么，$(L+2)$ 个矩阵 $\mathcal{G}^{(0)}, \mathcal{G}^{(1)}, \mathcal{G}^{(2)}, \cdots, \mathcal{G}^{(\ell)}, \cdots, \mathcal{G}^{(L)}, \mathcal{H}^{(L)}$ 的全部列向量系：

$$\left[\bigcup_{\ell=0}^{L}\{\mathbf{g}(\ell,2^{\ell+1}k); 0 \leqslant k \leqslant [2^{-(\ell+1)}N]-1\}\right] \cup \{\mathbf{h}(L,2^{L+1}k); 0 \leqslant k \leqslant [2^{-(L+1)}N]-1\}$$

是 N 维复数向量空间 $\mathbb{C}^N$ 的规范正交基.

证明 证明的关键步骤是，因为如下的分块矩阵是酉矩阵：

$$\begin{pmatrix} \mathcal{H}_L^*\mathcal{H}_{(L-1)}^*\cdots\mathcal{H}_0^* \\ \hline \mathcal{G}_L^*\ \mathcal{H}_{(L-1)}^*\cdots\mathcal{H}_0^* \\ \hline \vdots \\ \hline \mathcal{G}_1^*\mathcal{H}_0^* \\ \hline \mathcal{G}_0^* \end{pmatrix}$$

而且

$$\begin{pmatrix} \mathcal{H}_L^*\mathcal{H}_{(L-1)}^*\cdots\mathcal{H}_0^* \\ \hline \mathcal{G}_L^*\ \mathcal{H}_{(L-1)}^*\cdots\mathcal{H}_0^* \\ \hline \vdots \\ \hline \mathcal{G}_1^*\mathcal{H}_0^* \\ \hline \mathcal{G}_0^* \end{pmatrix}^* = (\mathcal{H}_0\cdots\mathcal{H}_{L-1}\mathcal{H}_L \big| \mathcal{H}_0\cdots\mathcal{H}_{L-1}\mathcal{G}_L \big| \cdots \big| \mathcal{H}_0\mathcal{G}_1 \big| \mathcal{G}_0)$$

这说明

$$(\mathcal{H}^{(L)} \big| \mathcal{G}^{(L)} \big| \cdots \big| \mathcal{G}^{(1)} \big| \mathcal{G}^{(0)}) = (\mathcal{H}_0\cdots\mathcal{H}_{L-1}\mathcal{H}_L \big| \mathcal{H}_0\cdots\mathcal{H}_{L-1}\mathcal{G}_L \big| \cdots \big| \mathcal{H}_0\mathcal{G}_1 \big| \mathcal{G}_0)$$

也是一个酉矩阵. 建议读者补充细节完成整个证明. #

(β) 有限维小波链正交直和分解

定理 5.71 (有限维小波链正交直和分解) 利用前面的同维化矩阵的列向量记号，定义子空间序列和记号如下：

$$\begin{aligned} \mathscr{W}_{j-\ell} &= \text{Closespan}\{\mathbf{g}(\ell, 2^{\ell+1}k); 0 \leqslant k \leqslant [2^{-(\ell+1)}N]-1\}, \quad \ell = 0,1,2,\cdots,L \\ \mathscr{V}_{j-L} &= \text{Closespan}\{\mathbf{h}(L, 2^{L+1}k); 0 \leqslant k \leqslant [2^{-(L+1)}N]-1\}. \end{aligned}$$

那么，在复数向量空间 $\mathbb{C}^N$ 中，子空间序列 $\{\mathscr{V}_{j-L}, \mathscr{W}_{j-\ell}, \ell = 0,1,2,\cdots,L\}$ 是相互正交的，而且

$$\mathbb{C}^N = \mathscr{V}_{j-L} \oplus \left[\bigoplus_{\ell=0,1,2,\cdots,L} \mathscr{W}_{j-\ell} \right].$$

证明 因为同维化矩阵全部联合构成一个酉矩阵，而且这些同维化矩阵自己的列向量张成的闭子空间就是定理中定义的那些子空间，因此根据定理 5.70 就可以完成定理的证明，建议读者补充必要的细节给出完整的证明. #

(γ) 有限维小波链中的坐标

定理 5.72 (有限维小波链中的坐标) 在复数向量空间 $\mathbb{C}^N$ 的平凡规范正交基 $\{e_k;k=0,1,\cdots,N-1\}$ 之下，$\mathscr{D}_{j+1}^{(0)}$ 在子空间序列 $\mathscr{W}_{j-\ell},\ell=0,1,2,\cdots,L,\mathscr{V}_{j-L}$ 上正交投影的坐标可以表示为

$$\mathscr{R}_j^{(1)},\mathscr{R}_{j-1}^{(1)},\cdots,\mathscr{R}_{j-L}^{(1)},\mathscr{R}_{j-L}^{(0)},$$

其中

$$\begin{aligned}\mathscr{R}_j^{(1)}&=\mathcal{G}_0\mathscr{D}_j^{(1)}\\ \mathscr{R}_{j-1}^{(1)}&=\mathcal{H}_0\mathcal{G}_1\mathscr{D}_{j-1}^{(1)}\\ &\vdots\\ \mathscr{R}_{j-L}^{(1)}&=\mathcal{H}_0\cdots\mathcal{H}_{L-1}\mathcal{G}_L\mathscr{D}_{j-L}^{(1)}\\ \mathscr{R}_{j-L}^{(0)}&=\mathcal{H}_0\cdots\mathcal{H}_{L-1}\mathcal{H}_L\mathscr{D}_{j-L}^{(0)}\end{aligned}$$

此外，在向量空间 $\mathbb{C}^N$ 的联合规范正交基：

$$\left[\bigcup_{\ell=0}^{L}\{\mathbf{g}(\ell,2^{\ell+1}k);0\leqslant k\leqslant[2^{-(\ell+1)}N]-1\}\right]\cup\{\mathbf{h}(L,2^{L+1}k);0\leqslant k\leqslant[2^{-(L+1)}N]-1\}$$

之下，$\mathscr{D}_{j+1}^{(0)}$ 在子空间序列 $\mathscr{W}_{j-\ell},\ell=0,1,2,\cdots,L,\mathscr{V}_{j-L}$ 上的正交投影的坐标分别是

$$\mathscr{D}_j^{(1)},\mathscr{D}_{j-1}^{(1)},\cdots,\mathscr{D}_{j-L}^{(1)},\mathscr{D}_{j-L}^{(0)},$$

其中

$$\begin{cases}\mathscr{D}_{j-\ell}^{(1)}=\{d_{j-\ell,k}^{(1)};k=0,1,\cdots,(2^{-(\ell+1)}N-1)\}^{\mathrm{T}}, & \ell=0,1,2,\cdots,L\\ \mathscr{D}_{j-L}^{(0)}=\{d_{j-L,k}^{(0)};k=0,1,\cdots,(2^{-(L+1)}N-1)\}^{\mathrm{T}}\end{cases}$$

证明 首先，在向量空间 $\mathbb{C}^N$ 的平凡规范正交基 $\{e_k;k=0,1,\cdots,N-1\}$ 中，对于任意的整数 $k=0,1,\cdots,N-1$，e_k 表示第 k 行元素等于 1 而且其他各行元素都是 0 的 N 维列向量. 其次，在空间 $\mathbb{C}^N$ 的联合规范正交基之下，从形式上看，

$$\mathscr{D}_{j-L}^{(0)}=\{d_{j-L,k}^{(0)};k=0,1,\cdots,(2^{-(L+1)}N-1)\}^{\mathrm{T}}$$

的坐标分量只有 $2^{-(L+1)}N$，但它本质上应该是 N 分量，只不过，其他分量都是 0. 这里所罗列出的分量 $d_{j-L,k}^{(0)};k=0,1,\cdots,(2^{-(L+1)}N-1)$ 是 $\mathscr{D}_{j+1}^{(0)}$ 在子空间

$$\mathscr{V}_{j-L}=\mathrm{Closespan}\{\mathbf{h}(L,2^{L+1}k);0\leqslant k\leqslant[2^{-(L+1)}N]-1\}$$

上正交投影相对于规范正交系 $\{\mathbf{h}(L,2^{L+1}k);0\leqslant k\leqslant[2^{-(L+1)}N]-1\}$ 的坐标，而这个

正交投影在规范正交系 $\bigcup\limits_{\ell=0}^{L}\{\mathbf{g}(\ell,2^{\ell+1}k);0\leqslant k\leqslant[2^{-(\ell+1)}N]-1\}$ 下的坐标全部都是 0. 最后，在空间 $\mathbb{C}^N$ 的联合规范正交基之下，从形式上看，当 $\ell=0,1,2,\cdots,L$ 时

$$\mathscr{D}_{j-\ell}^{(1)}=\{d_{j-\ell,k}^{(1)};k=0,1,\cdots,(2^{-(\ell+1)}N-1)\}^{\mathrm{T}}$$

的坐标分量只有 $2^{-(\ell+1)}N$ 个，但它本质上应该是 N 分量的，只不过，其他分量在这种情况下都是 0. 这里所罗列出的分量 $d_{j-\ell,k}^{(1)};k=0,1,\cdots,(2^{-(\ell+1)}N-1)$ 是原始向量 $\mathscr{D}_{j+1}^{(0)}$ 在子空间

$$\mathscr{W}_{j-\ell}=\text{Closespan}\{\mathbf{g}(\ell,2^{\ell+1}k);0\leqslant k\leqslant[2^{-(\ell+1)}N]-1\}$$

上的正交投影相对于规范正交系 $\{\mathbf{g}(\ell,2^{\ell+1}k);0\leqslant k\leqslant[2^{-(\ell+1)}N]-1\}$ 的坐标，而这个正交投影在 $\mathbb{C}^N$ 的联合规范正交基的其他向量(坐标轴)上的坐标全部都是 0.　#

5.4.4　有限维小波包

在函数空间 $\mathcal{L}^2(\mathbb{R})$ 的闭线性子空间列 $\{V_j;j\in\mathbb{Z}\}$ 和函数 $\varphi(x)$ 构成 $\mathcal{L}^2(\mathbb{R})$ 中的多分辨率分析中, 将多分辨分析的低通滤波器系数和带通滤波器系数分别表示为

$$\mathbf{h}_0=\{h_{0,n}=h_n;n\in\mathbb{Z}\}^{\mathrm{T}}\in\ell^2(\mathbb{Z})$$
$$\mathbf{h}_1=\{h_{1,n}=g_n;n\in\mathbb{Z}\}^{\mathrm{T}}\in\ell^2(\mathbb{Z})$$

此外, 假设低通和带通滤波器系数序列 $\mathbf{h}_0$ 和 $\mathbf{h}_1$ 只有有限项非零.

具体地，设 $h_{0,0}h_{0,M-1}\neq 0$ 且当 $n<0$ 或 $n>(M-1)$ 时，$h_{0,n}=0$，M 是偶数. 由 $h_{1,n}=(-1)^{2\kappa+1-n}\overline{h}_{0,2\kappa+1-n}$，$n\in\mathbb{Z}$ 确定对应的带通滤波器系数序列 $\mathbf{h}_1$，选择整数 κ 满足 $2\kappa=M-2$ 或者 $\kappa=0.5M-1$，在这样的选择之下，带通滤波器系数序列中可能不为 0 的项是

$$\begin{aligned}
h_{1,0}&=(-1)\overline{h}_{0,M-1}\\
h_{1,1}&=(+1)\overline{h}_{0,M-2}\\
h_{1,2}&=(-1)\overline{h}_{0,M-3}\\
h_{1,3}&=(+1)\overline{h}_{0,M-4}\\
&\vdots\\
h_{1,M-2}&=(-1)\overline{h}_{0,1}\\
h_{1,M-1}&=(+1)\overline{h}_{0,0}
\end{aligned}$$

此时，带通滤波器系数序列其余的项都是 0.

(α) 周期化正交性

引理 5.5 (周期化正交性)　在多分辨率分析理论体系中，将低通和带通滤波器系数序列 $\mathbf{h}_0$ 和 $\mathbf{h}_1$ 周期化，共同的周期长度是 $N=2^{N_0}>M$，它们在一个周期内的取值分别构成如下的维数是 N 的列向量：

$$\mathbf{h}_v=\{h_{v,0},h_{v,1},\cdots,h_{v,M-2},h_{v,M-1},h_{v,M},\cdots,h_{v,N-1}\}^{\mathrm{T}},\quad v=0,1$$

其中 $h_{v,M}=\cdots=h_{v,N-1}=0, v=0,1$. 定义如下符号：对于整数 m，

$$\mathbf{h}_v^{(m)}=\{h_{v,\mathrm{mod}(n-m,N)};n=0,1,2,\cdots,N-1\}^{\mathrm{T}},\quad v=0,1.$$

那么，当 $0\leqslant m,k\leqslant N-1$ 时，成立如下正交关系：

$$\begin{cases}\left\langle \mathbf{h}_v^{(2m)},\mathbf{h}_v^{(2k)}\right\rangle=\sum\limits_{n=0}^{N-1}h_{v,\mathrm{mod}(n-2m,N)}\overline{h}_{v,\mathrm{mod}(n-2k,N)}=\delta(m-k),\quad v=0,1,\\ \left\langle \mathbf{h}_0^{(2m)},\mathbf{h}_1^{(2k)}\right\rangle=\sum\limits_{n=0}^{N-1}h_{0,\mathrm{mod}(n-2m,N)}\overline{h}_{1,\mathrm{mod}(n-2k,N)}=0.\end{cases}$$

(β) 有限维酉矩阵

引理 5.6 (有限维酉矩阵)　利用低通和带通滤波器系数序列 $\mathbf{h}_0$ 和 $\mathbf{h}_1$，定义两个维数是 $N\times(N/2)$ 的矩阵：$v=0,1$，

$$\begin{aligned}\mathcal{H}_v&=[h_{v,n,k}=h_{v,\mathrm{mod}(n-2k,N)};0\leqslant n\leqslant N-1,0\leqslant k\leqslant 0.5N-1]_{N\times\frac{N}{2}}\\&=[\mathbf{h}_v^{(2k)};0\leqslant k\leqslant 0.5N-1]_{N\times\frac{N}{2}}\\&=[\mathbf{h}_v^{(0)}\mid\mathbf{h}_v^{(2)}\mid\mathbf{h}_v^{(4)}\mid\cdots\mid\mathbf{h}_v^{(N-2)}]\end{aligned}$$

为了直观起见，可以将这两个 $N\times(N/2)$ 矩阵按照列元素示意性表示如下：

$$\mathcal{H}_0=\begin{pmatrix}h_0&0&&h_2\\h_1&0&&h_3\\\vdots&h_0&&\vdots\\\vdots&h_1&&\vdots\\h_{M-1}&\vdots&\cdots&h_{M-1}\\0&h_{M-1}&&0\\\vdots&0&&\vdots\\\vdots&\vdots&&0\\\vdots&\vdots&&h_0\\0&0&&h_1\end{pmatrix}_{N\times\frac{N}{2}},\quad \mathcal{H}_1=\begin{pmatrix}g_0&0&&g_2\\g_1&0&&g_3\\\vdots&g_0&&\vdots\\\vdots&g_1&&\vdots\\g_{M-1}&\vdots&\cdots&g_{M-1}\\0&g_{M-1}&&0\\\vdots&0&&\vdots\\\vdots&\vdots&&0\\\vdots&\vdots&&g_0\\0&0&&g_1\end{pmatrix}_{N\times\frac{N}{2}}$$

而且，它们的复数共轭转置矩阵 $\mathcal{H}_0^*, \mathcal{H}_1^*$ 都是 $(N/2)\times N$ 矩阵，可以按照行元素示意性表示为

$$\mathcal{H}_0^* = \begin{pmatrix} \overline{h}_0 & \overline{h}_1 & \cdots & \cdots & \overline{h}_{M-1} & 0 & \cdots & \cdots & \cdots & 0 \\ 0 & 0 & \overline{h}_0 & \overline{h}_1 & \cdots & \overline{h}_{M-1} & 0 & \cdots & \cdots & 0 \\ \vdots & \vdots & & & & & \vdots & & & \vdots \\ \overline{h}_2 & \overline{h}_3 & \cdots & \cdots & \overline{h}_{M-1} & 0 & \cdots & 0 & \overline{h}_0 & \overline{h}_1 \end{pmatrix}_{\frac{N}{2}\times N}$$

$$\mathcal{H}_1^* = \begin{pmatrix} \overline{g}_0 & \overline{g}_1 & \cdots & \cdots & \overline{g}_{M-1} & 0 & \cdots & \cdots & \cdots & 0 \\ 0 & 0 & \overline{g}_0 & \overline{g}_1 & \cdots & \overline{g}_{M-1} & 0 & \cdots & \cdots & 0 \\ \vdots & \vdots & & & & & \vdots & & & \vdots \\ \overline{g}_2 & \overline{g}_3 & \cdots & \cdots & \overline{g}_{M-1} & 0 & \cdots & 0 & \overline{g}_0 & \overline{g}_1 \end{pmatrix}_{\frac{N}{2}\times N}$$

利用这些记号定义一个 $N\times N$ 的分块为 1×2 的矩阵 $\mathcal{A}$：

$$\mathcal{A} = \left(\mathcal{H}_0 \middle| \mathcal{H}_1\right) = \left(\begin{array}{cccc|cccc} h_0 & 0 & & h_2 & g_0 & 0 & & g_2 \\ h_1 & 0 & & h_3 & g_1 & 0 & & g_3 \\ \vdots & h_0 & & \vdots & \vdots & g_0 & & \vdots \\ \vdots & h_1 & & \vdots & \vdots & g_1 & & \vdots \\ h_{M-1} & \vdots & \cdots & h_{M-1} & g_{M-1} & \vdots & \cdots & g_{M-1} \\ 0 & h_{M-1} & & 0 & 0 & g_{M-1} & & 0 \\ \vdots & 0 & & \vdots & \vdots & 0 & & \vdots \\ \vdots & \vdots & & 0 & \vdots & \vdots & & 0 \\ \vdots & \vdots & & h_0 & \vdots & \vdots & & g_0 \\ 0 & 0 & & h_1 & 0 & 0 & & g_1 \end{array}\right)_{N\times N}$$

那么，$\mathcal{A} = (\mathcal{H}_0 | \mathcal{H}_1)$ 是一个 $N\times N$ 的酉矩阵.

证明　$\mathcal{A} = (\mathcal{H}_0 | \mathcal{H}_1)$ 的复数共轭矩阵是

$$\mathcal{A}^* = \left(\frac{\mathcal{H}_0^*}{\mathcal{H}_1^*}\right) = \left(\begin{array}{cccccccccc} \overline{h}_0 & \overline{h}_1 & \cdots & \cdots & \overline{h}_{M-1} & 0 & \cdots & \cdots & \cdots & 0 \\ 0 & 0 & \overline{h}_0 & \overline{h}_1 & \cdots & \overline{h}_{M-1} & 0 & \cdots & \cdots & 0 \\ \vdots & \vdots & & & & & \vdots & & & \vdots \\ \overline{h}_2 & \overline{h}_3 & \cdots & \cdots & \overline{h}_{M-1} & 0 & \cdots & 0 & \overline{h}_0 & \overline{h}_1 \\ \hline \overline{g}_0 & \overline{g}_1 & \cdots & \cdots & \overline{g}_{M-1} & 0 & \cdots & \cdots & \cdots & 0 \\ 0 & 0 & \overline{g}_0 & \overline{g}_1 & \cdots & \overline{g}_{M-1} & 0 & \cdots & \cdots & 0 \\ \vdots & \vdots & & & & & \vdots & & & \vdots \\ \overline{g}_2 & \overline{g}_3 & \cdots & \cdots & \overline{g}_{M-1} & 0 & \cdots & 0 & \overline{g}_0 & \overline{g}_1 \end{array}\right)_{N\times N}$$

根据引理 5.5 的结果即可直接验证：

$$\mathcal{A}^*\mathcal{A}=\left(\frac{\mathcal{H}_0^*}{\mathcal{H}_1^*}\right)\left(\mathcal{H}_0\middle|\mathcal{H}_1\right)=\begin{pmatrix}\mathcal{H}_0^*\mathcal{H}_0 & \mathcal{H}_0^*\mathcal{H}_1\\ \mathcal{H}_1^*\mathcal{H}_0 & \mathcal{H}_1^*\mathcal{H}_1\end{pmatrix}_{N\times N}=\mathcal{I}$$

这样完成证明. #

引理 5.7 (有限维酉矩阵)　利用低通和带通滤波器系数序列 $\mathbf{h}_0$ 和 $\mathbf{h}_1$，对于任意非负整数 ℓ，定义两个维数是 $[2^{-\ell}N]\times[2^{-(\ell+1)}N]$ 的矩阵 $\mathcal{H}_0^{(\ell)},\mathcal{H}_1^{(\ell)}$，它们分别与 $\mathcal{H}_0,\mathcal{H}_1$ 的构造方法相同，比如当 $\ell=0$ 时，$\mathcal{H}_0^{(0)}=\mathcal{H}_0,\mathcal{H}_1^{(0)}=\mathcal{H}_1$，当 $\ell=1$ 时，$\mathcal{H}_0^{(\ell)}=\mathcal{H}_0^{(1)},\mathcal{H}_1^{(\ell)}=\mathcal{H}_1^{(1)}$ 都是 $[2^{-1}N]\times[2^{-2}N]$ 矩阵.

利用这些矩阵记号定义 $[2^{-\ell}N]\times[2^{-\ell}N]$ 矩阵 $\mathcal{A}_{(\ell)}=(\mathcal{H}_0^{(\ell)}\big|\mathcal{H}_1^{(\ell)})$，比如当 $\ell=0$ 时，这个矩阵是

$$\mathcal{A}_{(\ell)}=(\mathcal{H}_0^{(\ell)}\big|\mathcal{H}_1^{(\ell)})=\mathcal{A}=(\mathcal{H}_0\big|\mathcal{H}_1)$$

那么，$[2^{-\ell}N]\times[2^{-\ell}N]$ 的矩阵 $\mathcal{A}_{(\ell)}=(\mathcal{H}_0^{(\ell)}\big|\mathcal{H}_1^{(\ell)})$ 是酉矩阵.

证明　仿照引理 5.6 并结合定义直接验证即可. #

(γ) 有限维空间的正交分解

引理 5.8 (空间的正交分解)　利用低通和带通滤波器系数序列 $\mathbf{h}_0$ 和 $\mathbf{h}_1$，定义两个维数是 $0.5N$ 的线性子空间：

$$\mathrm{H}_v=\mathrm{Closespan}\{\mathbf{h}_v^{(2k)};0\leqslant k\leqslant 0.5N-1\},\quad v=0,1$$

那么，N 维复数向量空间 $\mathbb{C}^N$ 可以分解为这两个相互正交的闭线性子空间的正交直和，即 $\mathbb{C}^N=\mathrm{H}_0\oplus\mathrm{H}_1$.

证明　利用矩阵 $\mathcal{A}=(\mathcal{H}_0\big|\mathcal{H}_1)$ 的酉性可以完成证明，建议读者给出证明的详细过程. #

小波包正交直和分解的定义和注释　正交直和分解公式 $\mathbb{C}^N=\mathrm{H}_0\oplus\mathrm{H}_1$，可以按照这里给出的同样方法，在得到的两个维数减半的子空间上再次进行分解，对分解得到的每个而不只是其中特定的某个子空间(如小波链那样)，都进行结构相同的分解，这种分解模式就是小波包模式. 按照这种模式，第一次分解得到两个维数减半的子空间；第二次完全分解完成后，得到四个维数再减半的子空间；其余类推. 到第 ℓ 步完全分解完成后，将得到 2^ℓ 个维数是 $2^{-\ell}N$ 的子空间. 这是小波包模式的重要特征，但不是最重要的特征. 小波包分解模式的最重要特征是，每次将一个子

空间正交直和地分解为两个维数减半的更小的子空间时，使用的分解矩阵都和 $\boldsymbol{\mathcal{A}}=(\boldsymbol{\mathcal{H}}_0\big|\boldsymbol{\mathcal{H}}_1)$ 完全相同，只是矩阵尺寸和待分解的子空间维数相等，比如进行第 ℓ 步完全分解时，分解矩阵 $\boldsymbol{\mathcal{A}}_{(\ell-1)}=(\boldsymbol{\mathcal{H}}_0^{(\ell-1)}\mid\boldsymbol{\mathcal{H}}_1^{(\ell-1)})$ 将是一个 $[2^{-(\ell-1)}N]\times[2^{-(\ell-1)}N]$ 的矩阵，为了完成第 ℓ 步的完全分解，这个 $[2^{-(\ell-1)}N]\times[2^{-(\ell-1)}N]$ 的矩阵将被使用 $2^{\ell-1}$ 次，最终得到 2^ℓ 个维数是 $2^{-\ell}N$ 的子空间. 关于这些分解获得的子空间的记号遵循的规则是金字塔规则，比如，

$$\begin{aligned}\mathbb{C}^N&=\mathrm{H}_0\oplus\mathrm{H}_1\\&=\mathrm{H}_{00}\oplus\mathrm{H}_{01}\oplus\mathrm{H}_{10}\oplus\mathrm{H}_{11}\\&=\mathrm{H}_{000}\oplus\mathrm{H}_{001}\oplus\mathrm{H}_{010}\oplus\mathrm{H}_{011}\oplus\mathrm{H}_{100}\oplus\mathrm{H}_{101}\oplus\mathrm{H}_{110}\oplus\mathrm{H}_{111}\end{aligned}$$

在第 L 步完全分解完成后，$\mathbb{C}^N$ 写成 $2^{(L+1)}$ 个子空间的正交直和：

$$\mathbb{C}^N=\bigoplus_{m=(\varepsilon_L\varepsilon_{L-1}\cdots\varepsilon_1\varepsilon_0)_2=0}^{(2^{(L+1)}-1)}\mathrm{H}_{\varepsilon_L\varepsilon_{L-1}\cdots\varepsilon_1\varepsilon_0}$$

当 $m=0,1,2,\cdots,(2^{(L+1)}-1)$ 时，将 m 写成 $(L+1)$ 位的二进制形式：

$$\begin{aligned}m&=\sum_{\ell=0}^{L}\varepsilon_\ell\times2^\ell=(\varepsilon_L\varepsilon_{L-1}\cdots\varepsilon_2\varepsilon_1\varepsilon_0)_2\\&=\varepsilon_L\times2^L+\varepsilon_{L-1}\times2^{L-1}+\cdots+\varepsilon_2\times2^2+\varepsilon_1\times2+\varepsilon_0\end{aligned}$$

其中，$\varepsilon_\ell\in\{0,1\}$，$\ell=0,1,\cdots,L$.

(δ) 有限维向量小波包分解

有限维向量小波包分解定义　向量 $\mathscr{D}_{j+1}^{(0)}=\{d_{j+1,n}^{(0)};n=0,1,2,\cdots,N-1\}^{\mathrm{T}}\in\mathbb{C}^N$，它在正交子空间 H_0 和 H_1 上的正交投影分别记为 $\mathscr{D}_j^{(0)}$ 和 $\mathscr{D}_j^{(1)}$，称为 $\mathscr{D}_{j+1}^{(0)}$ 的第一级小波包分解；$\mathscr{D}_j^{(0)}\in\mathrm{H}_0$ 在子空间 $\mathrm{H}_{00},\mathrm{H}_{01}$ 上的正交投影记为

$$\mathscr{D}_{j-1}^{(0)}=\mathscr{D}_{j-1}^{(00)},\quad\mathscr{D}_{j-1}^{(1)}=\mathscr{D}_{j-1}^{(01)}$$

$\mathscr{D}_j^{(1)}\in\mathrm{H}_1$ 在子空间 $\mathrm{H}_{10},\mathrm{H}_{11}$ 上的正交投影记为

$$\mathscr{D}_{j-1}^{(2)}=\mathscr{D}_{j-1}^{(10)},\quad\mathscr{D}_{j-1}^{(3)}=\mathscr{D}_{j-1}^{(11)}$$

当 $m=0,1,2,\cdots,(2^{(L+1)}-1)$ 时，将 m 写成 $(L+1)$ 位的二进制形式：

$$\begin{aligned}m&=\sum_{\ell=0}^{L}\varepsilon_\ell\times2^\ell=(\varepsilon_L\varepsilon_{L-1}\ldots\varepsilon_2\varepsilon_1\varepsilon_0)_2\\&=\varepsilon_L\times2^L+\varepsilon_{L-1}\times2^{L-1}+\ldots+\varepsilon_2\times2^2+\varepsilon_1\times2+\varepsilon_0\end{aligned}$$

其中，$\varepsilon_\ell \in \{0,1\}$，$\ell = 0,1,\cdots,L$. 这时，全部小波包正交投影表示为

$$\mathscr{D}_{j-L+1}^{(m)} = \mathscr{D}_{j-L+1}^{(\varepsilon_L\varepsilon_{L-1}\cdots\varepsilon_2\varepsilon_1\varepsilon_0)} \in \mathrm{H}_{\varepsilon_L\varepsilon_{L-1}\cdots\varepsilon_1\varepsilon_0},\quad \boxed{\begin{aligned} m &= (\varepsilon_L\varepsilon_{L-1}\cdots\varepsilon_1\varepsilon_0)_2 \\ &= 0,1,\cdots,(2^{(L+1)}-1)\end{aligned}}$$

此外，如果原始向量不是写成 $\mathscr{D}_{j+1}^{(0)} \in \mathbb{C}^N$，而是表示为 $\mathscr{D}_{j+1}^{(\xi)} \in \mathbb{C}^N$，那么，在第 L 步完全分解后得到的全部小波包正交投影表示为

$$\mathscr{D}_{j-L+1}^{(2^L\xi+m)} = \mathscr{D}_{j-L+1}^{(2^L\xi+\varepsilon_L\varepsilon_{L-1}\cdots\varepsilon_2\varepsilon_1\varepsilon_0)} \in \mathrm{H}_{\varepsilon_L\varepsilon_{L-1}\cdots\varepsilon_1\varepsilon_0},\quad \boxed{\begin{aligned} m &= (\varepsilon_L\varepsilon_{L-1}\cdots\varepsilon_1\varepsilon_0)_2 \\ &= 0,1,\cdots,(2^{(L+1)}-1)\end{aligned}}$$

定理 5.73 (向量的小波包单步变换)　对任意整数 j 和非负整数 m，假设 $\mathscr{D}_{j+1}^{(m)} \in \mathbb{C}^N$ 在正交子空间 H_0 和 H_1 上的投影是 $\mathscr{D}_j^{(2m)}, \mathscr{D}_j^{(2m+1)}$，这三个列向量的坐标可以表示如下：

$$\begin{cases} \mathscr{D}_{j+1}^{(m)} = \{d_{j+1,n}^{(m)}; n = 0,1,2,\cdots,N-1\}^{\mathrm{T}} \in \mathbb{C}^N, \\ \mathscr{D}_j^{(2m)} = \{d_{j,k}^{(2m)}; k = 0,1,2,\cdots,(0.5N-1)\}^{\mathrm{T}} \in \mathbb{C}^{0.5N}, \\ \mathscr{D}_j^{(2m+1)} = \{d_{j,k}^{(2m+1)}; k = 0,1,2,\cdots,(0.5N-1)\}^{\mathrm{T}} \in \mathbb{C}^{0.5N}. \end{cases}$$

那么，它们之间存在如下的小波包计算关系：

$$\left(\frac{\mathscr{D}_j^{(2m)}}{\mathscr{D}_j^{(2m+1)}}\right) = \boldsymbol{\mathcal{A}}^{-1}\mathscr{D}_{j+1}^{(m)} = \boldsymbol{\mathcal{A}}^*\mathscr{D}_{j+1}^{(m)} = \left(\frac{\boldsymbol{\mathcal{H}}_0^*}{\boldsymbol{\mathcal{H}}_1^*}\right)\mathscr{D}_{j+1}^{(m)} = \left(\frac{\boldsymbol{\mathcal{H}}_0^*\mathscr{D}_{j+1}^{(m)}}{\boldsymbol{\mathcal{H}}_1^*\mathscr{D}_{j+1}^{(m)}}\right)$$

而且，等价地

$$\mathscr{D}_{j+1}^{(m)} = \boldsymbol{\mathcal{A}}\left(\frac{\mathscr{D}_j^{(2m)}}{\mathscr{D}_j^{(2m+1)}}\right) = (\boldsymbol{\mathcal{H}}_0 \,|\, \boldsymbol{\mathcal{H}}_1)\left(\frac{\mathscr{D}_j^{(2m)}}{\mathscr{D}_j^{(2m+1)}}\right) = \boldsymbol{\mathcal{H}}_0\mathscr{D}_j^{(2m)} + \boldsymbol{\mathcal{H}}_1\mathscr{D}_j^{(2m+1)}$$

证明　由 $\boldsymbol{\mathcal{A}} = (\boldsymbol{\mathcal{H}}_0 \,|\, \boldsymbol{\mathcal{H}}_1)$ 的定义和酉性以及 $\mathbb{C}^N = \mathrm{H}_0 \oplus \mathrm{H}_1$ 的定义可以完成定理的证明，细节建议读者补充完整.

#

定理 5.74 (向量的小波包变换)　对任意的整数 j 和固定的非负整数 ℓ，$m = 0,1,2,\cdots,(2^\ell - 1)$，成立如下的向量小波包分解算法：

$$\left(\frac{\mathscr{D}_{j-\ell}^{(2m)}}{\mathscr{D}_{j-\ell}^{(2m+1)}}\right) = \boldsymbol{\mathcal{A}}_\ell^*\mathscr{D}_{j-\ell+1}^{(m)} = \left(\frac{\left[\boldsymbol{\mathcal{H}}_0^{(\ell)}\right]^*}{\left[\boldsymbol{\mathcal{H}}_1^{(\ell)}\right]^*}\right)\mathscr{D}_{j-\ell+1}^{(m)} = \left(\frac{\left[\boldsymbol{\mathcal{H}}_0^{(\ell)}\right]^*\mathscr{D}_{j-\ell+1}^{(m)}}{\left[\boldsymbol{\mathcal{H}}_1^{(\ell)}\right]^*\mathscr{D}_{j-\ell+1}^{(m)}}\right)$$

按照分块矩阵表示为 1×2 的矩阵 $\boldsymbol{\mathcal{A}}_{(\ell)} = (\boldsymbol{\mathcal{H}}_0^{(\ell)} \,|\, \boldsymbol{\mathcal{H}}_1^{(\ell)})$ 是 $[2^{-\ell}N]\times[2^{-\ell}N]$ 矩阵. 这个算

法的作用是把尺度级别 $s=2^{-(j-\ell+1)}$ 的全部 2^ℓ 个小波包系数向量每个分解为两个尺度级别 $s=2^{-(j-\ell)}$ 上的小波包系数向量，从而产生得到尺度级别 $s=2^{-(j-\ell)}$ 上的 $2^{\ell+1}$ 个小波包系数向量. 即尺度级别倍增，小波包系数向量的个数也倍增.

证明　利用 $\mathbb{C}^N$ 的小波包正交直和分解的定义和注释以及有限维向量小波包分解定义，从矩阵 $\mathcal{A}_{(\ell)}=(\mathcal{H}_0^{(\ell)}\big|\mathcal{H}_1^{(\ell)})$ 的构造方法可以得到定理的证明. 建议读者补充全部细节完成定理的证明.　#

定理 5.75 (向量的小波包变换)　对任意的整数 j 和固定的非负整数 ℓ，$m=0,1,2,\cdots,(2^\ell-1)$，成立如下的向量小波包合成算法：

$$\mathscr{D}_{j-\ell+1}^{(m)}=\mathcal{A}_\ell\left(\frac{\mathscr{D}_{j-\ell}^{(2m)}}{\mathscr{D}_{j-\ell}^{(2m+1)}}\right)=\left(\mathcal{H}_0^{(\ell)}\middle|\mathcal{H}_1^{(\ell)}\right)\left(\frac{\mathscr{D}_{j-\ell}^{(2m)}}{\mathscr{D}_{j-\ell}^{(2m+1)}}\right)=\mathcal{H}_0^{(\ell)}\mathscr{D}_{j-\ell}^{(2m)}+\mathcal{H}_1^{(\ell)}\mathscr{D}_{j-\ell}^{(2m+1)}$$

这个小波包合成算法的作用是，将尺度级别 $s=2^{-(j-\ell)}$ 上的 $2^{\ell+1}$ 个小波包系数向量合并得到尺度级别 $s=2^{-(j-\ell+1)}$ 的 2^ℓ 个小波包系数向量. 即尺度级别减半，小波包系数向量个数也减半.

证明　根据矩阵 $\mathcal{A}_{(\ell)}=(\mathcal{H}_0^{(\ell)}\big|\mathcal{H}_1^{(\ell)})$ 的构造方法以及酉性，从定理 5.74 直接得到这个定理的证明. 建议读者完成这个证明.　#

5.4.5　有限维小波包金字塔理论

(α) 有限维向量小波包金字塔分解

定理 5.76 (有限维向量小波包金字塔分解)　对任意的整数 j 和固定的非负整数 L，那么，$\mathscr{D}_{j+1}^{(0)}\in\mathbb{C}^N$ 经过 $(L+1)$ 次完全正交小波包投影得到的投影向量可以被表示为

$$\mathscr{D}_{j-L}^{(m)}=\{d_{j-L,k}^{(m)};k=0,1,\cdots,[2^{-(L+1)}N-1]\}^{\mathrm{T}},\quad m=0,1,2,\cdots,(2^{(L+1)}-1)$$

而且，它们可以按照如下小波包金字塔分解算法进行计算：

$$\begin{pmatrix}\mathscr{D}_{j-L}^{(0)}\\ \hline \mathscr{D}_{j-L}^{(1)}\\ \hline \vdots\\ \hline \mathscr{D}_{j-L}^{(2^{(L+1)}-2)}\\ \hline \mathscr{D}_{j-L}^{(2^{(L+1)}-1)}\end{pmatrix}=\begin{pmatrix}\left[\mathcal{H}_0^{(0)}\cdots\mathcal{H}_0^{(L-1)}\mathcal{H}_0^{(L)}\right]^*\\ \hline \left[\mathcal{H}_0^{(0)}\cdots\mathcal{H}_0^{(L-1)}\mathcal{H}_1^{(L)}\right]^*\\ \hline \vdots\\ \hline \left[\mathcal{H}_1^{(0)}\cdots\mathcal{H}_1^{(L-1)}\mathcal{H}_0^{(L)}\right]^*\\ \hline \left[\mathcal{H}_1^{(0)}\cdots\mathcal{H}_1^{(L-1)}\mathcal{H}_1^{(L)}\right]^*\end{pmatrix}\mathscr{D}_{j+1}^{(0)}$$

证明　根据定理 5.73、定理 5.74 和定理 5.75，将 $\ell=0,1,\cdots,L$ 的递推迭代结果集中表示可得

$$\begin{pmatrix} \mathscr{D}_{j-L}^{(0)} \\ \hline \mathscr{D}_{j-L}^{(1)} \\ \hline \vdots \\ \hline \mathscr{D}_{j-L}^{(2^{(L+1)}-2)} \\ \hline \mathscr{D}_{j-L}^{(2^{(L+1)}-1)} \end{pmatrix} = \begin{pmatrix} [\mathcal{H}_0^{(L)}]^*[\mathcal{H}_0^{(L-1)}]^*\cdots[\mathcal{H}_0^{(0)}]^* \\ \hline [\mathcal{H}_1^{(L)}]^*[\mathcal{H}_0^{(L-1)}]^*\cdots[\mathcal{H}_0^{(0)}]^* \\ \hline \vdots \\ \hline [\mathcal{H}_0^{(L)}]^*[\mathcal{H}_1^{(L-1)}]^*\cdots[\mathcal{H}_1^{(0)}]^* \\ \hline [\mathcal{H}_1^{(L)}]^*[\mathcal{H}_1^{(L-1)}]^*\cdots[\mathcal{H}_1^{(0)}]^* \end{pmatrix} \mathscr{D}_{j+1}^{(0)}$$

对于 $\ell=L$ 时的 2^{L+1} 个小波包分解向量 $\mathscr{D}_{j-L}^{(m)}, m=0,1,2,\cdots,(2^{(L+1)}-1)$，将标志小波包级别的 m 写成 $(L+1)$ 位的二进制形式：

$$\begin{aligned} m &= \sum_{\ell=0}^{L}\varepsilon_\ell\times 2^\ell = (\varepsilon_L\varepsilon_{L-1}\ldots\varepsilon_2\varepsilon_1\varepsilon_0)_2 \\ &= \varepsilon_L\times 2^L+\varepsilon_{L-1}\times 2^{L-1}+\cdots+\varepsilon_2\times 2^2+\varepsilon_1\times 2+\varepsilon_0 \end{aligned}$$

其中，$\varepsilon_\ell\in\{0,1\}$，$\ell=0,1,\cdots,L$. 那么，当 $m=0,1,2,\cdots,(2^{(L+1)}-1)$ 时，

$$\begin{aligned} \mathscr{D}_{j-L}^{(m)} &= [\mathcal{H}_{\varepsilon_0}^{(L)}]^*[\mathcal{H}_{\varepsilon_1}^{(L-1)}]^*\cdots[\mathcal{H}_{\varepsilon_{L-1}}^{(1)}]^*[\mathcal{H}_{\varepsilon_L}^{(0)}]^*\mathscr{D}_{j+1}^{(0)} \\ &= [\mathcal{H}_{\varepsilon_L}^{(0)}\mathcal{H}_{\varepsilon_{L-1}}^{(1)}\cdots\mathcal{H}_{\varepsilon_1}^{(L-1)}\mathcal{H}_{\varepsilon_0}^{(L)}]^*\mathscr{D}_{j+1}^{(0)}, \end{aligned}$$

集中用分块矩阵形式写成 $2^{L+1}\times 1$ 分块的表达式：

$$\begin{pmatrix} \mathscr{D}_{j-L}^{(0)} \\ \hline \mathscr{D}_{j-L}^{(1)} \\ \hline \vdots \\ \hline \mathscr{D}_{j-L}^{(2^{(L+1)}-2)} \\ \hline \mathscr{D}_{j-L}^{(2^{(L+1)}-1)} \end{pmatrix} = \begin{pmatrix} \mathscr{D}_{j-L}^{(00\cdots00)_2} \\ \hline \mathscr{D}_{j-L}^{(00\cdots01)_2} \\ \hline \vdots \\ \hline \mathscr{D}_{j-L}^{(11\cdots10)_2} \\ \hline \mathscr{D}_{j-L}^{(11\cdots11)_2} \end{pmatrix} = \begin{pmatrix} [\mathcal{H}_0^{(0)}\cdots\mathcal{H}_0^{(L-1)}\mathcal{H}_0^{(L)}]^* \\ \hline [\mathcal{H}_0^{(0)}\cdots\mathcal{H}_0^{(L-1)}\mathcal{H}_1^{(L)}]^* \\ \hline \vdots \\ \hline [\mathcal{H}_1^{(0)}\cdots\mathcal{H}_1^{(L-1)}\mathcal{H}_0^{(L)}]^* \\ \hline [\mathcal{H}_1^{(0)}\cdots\mathcal{H}_1^{(L-1)}\mathcal{H}_1^{(L)}]^* \end{pmatrix} \mathscr{D}_{j+1}^{(0)}$$

其中分块列向量和分块矩阵都只按照行进行分块，向量和矩阵都被分为 2^{L+1} 个小分块，每个小分块的行数都是 $2^{-(L+1)}N$.

矩阵 $\mathcal{H}_{\varepsilon_{L-\ell}}^{(\ell)}$ 的行数和列数分别是 $[2^{-\ell}N]\times[2^{-(\ell+1)}N], \ell=0,1,2,\cdots,L.$ 因此，$\mathcal{H}_{\varepsilon_L}^{(0)}\mathcal{H}_{\varepsilon_{L-1}}^{(1)}\cdots\mathcal{H}_{\varepsilon_1}^{(L-1)}\mathcal{H}_{\varepsilon_0}^{(L)}$ 是 $N\times[2^{-(L+1)}N]$ 矩阵. 证明完成.　#

(β) 有限维向量小波包金字塔合成

定理 5.77 (有限维向量小波包金字塔合成)　对任意的整数 j 和固定的非负整数 L，如果 $\mathscr{D}_{j+1}^{(0)} \in \mathbb{C}^N$ 经过 $(L+1)$ 次完全正交小波包投影得到的投影向量被表示为

$$\mathscr{D}_{j-L}^{(m)} = \{d_{j-L,k}^{(m)}; k = 0,1,\cdots,[2^{-(L+1)}N-1]\}^{\mathrm{T}}, \quad m = 0,1,2,\cdots,(2^{(L+1)}-1)$$

那么，从这 2^{L+1} 个小波包投影向量 $\mathscr{D}_{j-L}^{(m)}, m = 0,1,2,\cdots,(2^{(L+1)}-1)$ 合成得到 $\mathscr{D}_{j+1}^{(0)}$ 的小波包金字塔合成算法可以表示为

$$\mathscr{D}_{j+1}^{(0)} = \sum_{m=(\varepsilon_L\varepsilon_{L-1}\cdots\varepsilon_1\varepsilon_0)_2=0}^{(2^{(L+1)}-1)} \boldsymbol{\mathcal{H}}_{\varepsilon_L}^{(0)}\boldsymbol{\mathcal{H}}_{\varepsilon_{L-1}}^{(1)}\cdots\boldsymbol{\mathcal{H}}_{\varepsilon_1}^{(L-1)}\boldsymbol{\mathcal{H}}_{\varepsilon_0}^{(L)}\mathscr{D}_{j-L}^{(m)},$$

其中 $m = (\varepsilon_L\varepsilon_{L-1}\cdots\varepsilon_2\varepsilon_1\varepsilon_0)_2 = \varepsilon_L \times 2^L + \varepsilon_{L-1} \times 2^{L-1} + \cdots + \varepsilon_1 \times 2 + \varepsilon_0$ 是非负整数 m 的 $(L+1)$ 位二进制表示，其取值范围是 $m = 0,1,2,\cdots,(2^{(L+1)}-1)$.

证明　根据定理 5.76 利用小波包金字塔分解计算的酉性直接得到

$$\mathscr{D}_{j+1}^{(0)} = \left(\begin{array}{c} [\boldsymbol{\mathcal{H}}_0^{(0)}\cdots\boldsymbol{\mathcal{H}}_0^{(L-1)}\boldsymbol{\mathcal{H}}_0^{(L)}]^* \\ \hline [\boldsymbol{\mathcal{H}}_0^{(0)}\cdots\boldsymbol{\mathcal{H}}_0^{(L-1)}\boldsymbol{\mathcal{H}}_1^{(L)}]^* \\ \hline \vdots \\ \hline [\boldsymbol{\mathcal{H}}_1^{(0)}\cdots\boldsymbol{\mathcal{H}}_1^{(L-1)}\boldsymbol{\mathcal{H}}_0^{(L)}]^* \\ \hline [\boldsymbol{\mathcal{H}}_1^{(0)}\cdots\boldsymbol{\mathcal{H}}_1^{(L-1)}\boldsymbol{\mathcal{H}}_1^{(L)}]^* \end{array}\right)^* \left(\begin{array}{c} \mathscr{D}_{j-L}^{(0)} \\ \hline \mathscr{D}_{j-L}^{(1)} \\ \hline \vdots \\ \hline \mathscr{D}_{j-L}^{(2^{(L+1)}-2)} \\ \hline \mathscr{D}_{j-L}^{(2^{(L+1)}-1)} \end{array}\right)$$

将这个矩阵-向量乘积表达式按照分块矩阵和分块向量乘积法则即可改写为定理所述形式. 建议读者补充必要的细节，完成这个证明.　#

定理 5.78 (有限维向量小波包金字塔合成)　对任意的整数 j 和固定的非负整数 L，如果 $\mathscr{D}_{j+1}^{(0)} \in \mathbb{C}^N$ 经过 $(L+1)$ 次完全正交小波包投影得到的投影向量被表示为

$$\mathscr{D}_{j-L}^{(m)} = \{d_{j-L,k}^{(m)}; k = 0,1,\cdots,[2^{-(L+1)}N-1]\}^{\mathrm{T}}, \quad m = 0,1,2,\cdots,(2^{(L+1)}-1)$$

对于 $m = 0,1,2,\cdots,(2^{(L+1)}-1)$，如果它的 $(L+1)$ 位二进制表示是

$$m = (\varepsilon_L\varepsilon_{L-1}\cdots\varepsilon_2\varepsilon_1\varepsilon_0)_2 = \varepsilon_L \times 2^L + \varepsilon_{L-1} \times 2^{L-1} + \cdots + \varepsilon_1 \times 2 + \varepsilon_0$$

定义 $N \times [2^{-(L+1)}N]$ 矩阵 $\boldsymbol{\mathcal{R}}_m$ 如下：

$$\mathcal{R}_m = \mathcal{R}_{(\varepsilon_L\varepsilon_{L-1}\cdots\varepsilon_2\varepsilon_1\varepsilon_0)_2} = \mathcal{H}^{(0)}_{\varepsilon_L}\mathcal{H}^{(1)}_{\varepsilon_{L-1}}\cdots\mathcal{H}^{(L-1)}_{\varepsilon_1}\mathcal{H}^{(L)}_{\varepsilon_0} = \left[\prod_{\ell=L}^{0}\mathcal{H}^{(L-\ell)}_{\varepsilon_\ell}\right]$$

那么，从这里提供的 2^{L+1} 个小波包投影向量 $\mathscr{D}^{(m)}_{j-L}, m=0,1,2,\cdots,(2^{(L+1)}-1)$ 合成重建原始向量 $\mathscr{D}^{(0)}_{j+1}$ 的小波包金字塔合成算法可以等价地表示为

$$\begin{aligned}\mathscr{D}^{(0)}_{j+1} &= (\mathcal{R}_0 \mid \mathcal{R}_1 \mid \cdots \mid \mathcal{R}_{(2^{(L+1)}-2)} \mid \mathcal{R}_{(2^{(L+1)}-1)})\begin{pmatrix}\mathscr{D}^{(0)}_{j-L}\\ \hline \mathscr{D}^{(1)}_{j-L}\\ \hline \vdots \\ \hline \mathscr{D}^{(2^{(L+1)}-2)}_{j-L}\\ \hline \mathscr{D}^{(2^{(L+1)}-1)}_{j-L}\end{pmatrix}\\ &= [\mathcal{R}_0]\mathscr{D}^{(0)}_{j-L} + [\mathcal{R}_1]\mathscr{D}^{(1)}_{j-L} + \cdots + [\mathcal{R}_{(2^{(L+1)}-1)}]\mathscr{D}^{(2^{(L+1)}-1)}_{j-L}\end{aligned}$$

或者写成更紧凑的形式：

$$\begin{aligned}\mathscr{D}^{(0)}_{j+1} &= \sum_{m=(\varepsilon_L\varepsilon_{L-1}\cdots\varepsilon_1\varepsilon_0)_2=0}^{(2^{(L+1)}-1)} \mathcal{H}^{(0)}_{\varepsilon_L}\mathcal{H}^{(1)}_{\varepsilon_{L-1}}\cdots\mathcal{H}^{(L-1)}_{\varepsilon_1}\mathcal{H}^{(L)}_{\varepsilon_0}\mathscr{D}^{(m)}_{j-L}\\ &= \sum_{\substack{(\varepsilon_L\varepsilon_{L-1}\cdots\varepsilon_1\varepsilon_0)_2\\ \varepsilon_k\in\{0,1\},k=0,1,\cdots,L}} \mathcal{R}_{(\varepsilon_L\varepsilon_{L-1}\cdots\varepsilon_2\varepsilon_1\varepsilon_0)_2}\mathscr{D}^{(\varepsilon_L\varepsilon_{L-1}\cdots\varepsilon_1\varepsilon_0)_2}_{j-L}\\ &= \sum_{m=0}^{(2^{(L+1)}-1)} \mathcal{R}_m\mathscr{D}^{(m)}_{j-L}\end{aligned}$$

证明 这个定理是定理 5.77 的等价形式. 建议读者完成详细证明. #

定理 5.79 (有限维向量小波包金字塔合成) 对任意的整数 j 和固定的非负整数 L，如果 $\mathscr{D}^{(0)}_{j+1}\in\mathbb{C}^N$ 经过 $(L+1)$ 次完全正交小波包投影得到的投影向量被表示为

$$\mathscr{D}^{(m)}_{j-L} = \{d^{(m)}_{j-L,k}; k=0,1,\cdots,[2^{-(L+1)}N-1]\}^{\mathrm{T}}, \quad m=0,1,2,\cdots,(2^{(L+1)}-1)$$

对于 $m=0,1,2,\cdots,(2^{(L+1)}-1)$，如果它的 $(L+1)$ 位二进制表示是

$$m = (\varepsilon_L\varepsilon_{L-1}\cdots\varepsilon_2\varepsilon_1\varepsilon_0)_2 = \varepsilon_L\times 2^L + \varepsilon_{L-1}\times 2^{L-1} + \cdots + \varepsilon_1\times 2 + \varepsilon_0$$

定义 $N\times[2^{-(L+1)}N]$ 矩阵 $\mathcal{R}_m$ 如下：

$$\mathcal{R}_m = \mathcal{R}_{(\varepsilon_L\varepsilon_{L-1}\cdots\varepsilon_2\varepsilon_1\varepsilon_0)_2} = \mathcal{H}^{(0)}_{\varepsilon_L}\mathcal{H}^{(1)}_{\varepsilon_{L-1}}\cdots\mathcal{H}^{(L-1)}_{\varepsilon_1}\mathcal{H}^{(L)}_{\varepsilon_0} = \left[\prod_{\ell=L}^{0}\mathcal{H}^{(L-\ell)}_{\varepsilon_\ell}\right]$$

而且

$$\begin{aligned}\mathscr{R}_{j-L}^{(m)} &= \mathcal{H}_{\varepsilon_L}^{(0)}\mathcal{H}_{\varepsilon_{L-1}}^{(1)}\cdots\mathcal{H}_{\varepsilon_1}^{(L-1)}\mathcal{H}_{\varepsilon_0}^{(L)}\mathscr{D}_{j-L}^{(\varepsilon_L\varepsilon_{L-1}\cdots\varepsilon_2\varepsilon_1\varepsilon_0)_2}\\ &= \mathcal{R}_{(\varepsilon_L\varepsilon_{L-1}\cdots\varepsilon_2\varepsilon_1\varepsilon_0)_2}\mathscr{D}_{j-L}^{(\varepsilon_L\varepsilon_{L-1}\cdots\varepsilon_2\varepsilon_1\varepsilon_0)_2}\\ &= \mathcal{R}_m\mathscr{D}_{j-L}^{(m)}\end{aligned}$$

或者详细罗列如下：

$$\begin{aligned}\mathscr{R}_{j-L}^{(00\cdots00)_2} &= \mathcal{H}_0^{(0)}\mathcal{H}_0^{(1)}\cdots\mathcal{H}_0^{(L-1)}\mathcal{H}_0^{(L)}\mathscr{D}_{j-L}^{(00\cdots00)_2} = \mathcal{R}_0\mathscr{D}_{j-L}^{(0)}\\ \mathscr{R}_{j-L}^{(00\cdots01)_2} &= \mathcal{H}_0^{(0)}\mathcal{H}_0^{(1)}\cdots\mathcal{H}_0^{(L-1)}\mathcal{H}_1^{(L)}\mathscr{D}_{j-L}^{(00\cdots01)_2} = \mathcal{R}_1\mathscr{D}_{j-L}^{(1)}\\ &\vdots\\ \mathscr{R}_{j-L}^{(11\cdots10)_2} &= \mathcal{H}_1^{(0)}\mathcal{H}_1^{(1)}\cdots\mathcal{H}_1^{(L-1)}\mathcal{H}_0^{(L)}\mathscr{D}_{j-L}^{(11\cdots10)_2} = \mathcal{R}_{(2^{(L+1)}-2)}\mathscr{D}_{j-L}^{(2^{(L+1)}-2)}\\ \mathscr{R}_{j-L}^{(11\cdots11)_2} &= \mathcal{H}_1^{(0)}\mathcal{H}_1^{(1)}\cdots\mathcal{H}_1^{(L-1)}\mathcal{H}_1^{(L)}\mathscr{D}_{j-L}^{(11\cdots11)_2} = \mathcal{R}_{(2^{(L+1)}-1)}\mathscr{D}_{j-L}^{(2^{(L+1)}-1)}\end{aligned}$$

那么，从这里提供的 2^{L+1} 个小波包投影向量 $\mathscr{D}_{j-L}^{(m)}, m=0,1,2,\cdots,(2^{(L+1)}-1)$ 合成重建原始向量 $\mathscr{D}_{j+1}^{(0)}$ 的小波包金字塔合成算法可以等价地表示为

$$\mathscr{D}_{j+1}^{(0)} = \mathscr{R}_{j-L}^{(0)} + \mathscr{R}_{j-L}^{(1)} + \cdots + \mathscr{R}_{j-L}^{(2^{(L+1)}-2)} + \mathscr{R}_{j-L}^{(2^{(L+1)}-1)}$$

证明　实际上，定理 5.79、定理 5.78 和定理 5.77 都是小波包金字塔合成的等价形式. 建议读者详细写出这个定理的证明过程.　#

(γ) 有限维向量小波包金字塔的正交性

定理 5.80 (有限维向量小波包金字塔的正交性)　对任意的整数 j 和固定的非负整数 L，如果 $\mathscr{D}_{j+1}^{(0)} \in \mathbb{C}^N$ 经过 $(L+1)$ 次完全正交小波包投影得到的投影向量被表示为

$$\mathscr{D}_{j-L}^{(m)} = \{d_{j-L,k}^{(m)}; k=0,1,\cdots,[2^{-(L+1)}N-1]\}^{\mathrm{T}},\quad m=0,1,2,\cdots,(2^{(L+1)}-1)$$

对于 $m=0,1,2,\cdots,(2^{(L+1)}-1)$，如果它的 $(L+1)$ 位二进制表示是

$$m=(\varepsilon_L\varepsilon_{L-1}\cdots\varepsilon_2\varepsilon_1\varepsilon_0)_2=\varepsilon_L\times 2^L+\varepsilon_{L-1}\times 2^{L-1}+\cdots+\varepsilon_1\times 2+\varepsilon_0$$

定义 $N\times[2^{-(L+1)}N]$ 矩阵 $\mathcal{R}_m$ 如下：

$$\mathcal{R}_m = \mathcal{R}_{(\varepsilon_L\varepsilon_{L-1}\cdots\varepsilon_2\varepsilon_1\varepsilon_0)_2} = \mathcal{H}_{\varepsilon_L}^{(0)}\mathcal{H}_{\varepsilon_{L-1}}^{(1)}\cdots\mathcal{H}_{\varepsilon_1}^{(L-1)}\mathcal{H}_{\varepsilon_0}^{(L)} = \left[\prod_{\ell=L}^{0}\mathcal{H}_{\varepsilon_\ell}^{(L-\ell)}\right]$$

而且

$$\begin{aligned}\mathscr{R}_{j-L}^{(m)} &= \mathcal{H}_{\varepsilon_L}^{(0)}\mathcal{H}_{\varepsilon_{L-1}}^{(1)}\cdots\mathcal{H}_{\varepsilon_1}^{(L-1)}\mathcal{H}_{\varepsilon_0}^{(L)}\mathscr{D}_{j-L}^{(\varepsilon_L\varepsilon_{L-1}\cdots\varepsilon_2\varepsilon_1\varepsilon_0)_2}\\ &= \mathcal{R}_{(\varepsilon_L\varepsilon_{L-1}\cdots\varepsilon_2\varepsilon_1\varepsilon_0)_2}\mathscr{D}_{j-L}^{(\varepsilon_L\varepsilon_{L-1}\cdots\varepsilon_2\varepsilon_1\varepsilon_0)_2}\\ &= \mathcal{R}_m\mathscr{D}_{j-L}^{(m)},\end{aligned}$$

或者详细罗列如下：

$$\begin{aligned}
\mathscr{R}_{j-L}^{(00\cdots00)_2} &= \boldsymbol{\mathcal{H}}_0^{(0)}\boldsymbol{\mathcal{H}}_0^{(1)}\cdots\boldsymbol{\mathcal{H}}_0^{(L-1)}\boldsymbol{\mathcal{H}}_0^{(L)}\mathscr{D}_{j-L}^{(00\cdots00)_2} = \boldsymbol{\mathcal{R}}_0\mathscr{D}_{j-L}^{(0)}\\
\mathscr{R}_{j-L}^{(00\cdots01)_2} &= \boldsymbol{\mathcal{H}}_0^{(0)}\boldsymbol{\mathcal{H}}_0^{(1)}\cdots\boldsymbol{\mathcal{H}}_0^{(L-1)}\boldsymbol{\mathcal{H}}_1^{(L)}\mathscr{D}_{j-L}^{(00\cdots01)_2} = \boldsymbol{\mathcal{R}}_1\mathscr{D}_{j-L}^{(1)}\\
&\vdots\\
\mathscr{R}_{j-L}^{(11\cdots10)_2} &= \boldsymbol{\mathcal{H}}_1^{(0)}\boldsymbol{\mathcal{H}}_1^{(1)}\cdots\boldsymbol{\mathcal{H}}_1^{(L-1)}\boldsymbol{\mathcal{H}}_0^{(L)}\mathscr{D}_{j-L}^{(11\cdots10)_2} = \boldsymbol{\mathcal{R}}_{(2^{(L+1)}-2)}\mathscr{D}_{j-L}^{(2^{(L+1)}-2)}\\
\mathscr{R}_{j-L}^{(11\cdots11)_2} &= \boldsymbol{\mathcal{H}}_1^{(0)}\boldsymbol{\mathcal{H}}_1^{(1)}\cdots\boldsymbol{\mathcal{H}}_1^{(L-1)}\boldsymbol{\mathcal{H}}_1^{(L)}\mathscr{D}_{j-L}^{(11\cdots11)_2} = \boldsymbol{\mathcal{R}}_{(2^{(L+1)}-1)}\mathscr{D}_{j-L}^{(2^{(L+1)}-1)}
\end{aligned}$$

那么，包含 2^{L+1} 个向量的无穷维列向量组：

$$\{\mathscr{R}_{j-L}^{(0)},\mathscr{R}_{j-L}^{(1)},\cdots,\mathscr{R}_{j-L}^{(2^{(L+1)}-2)},\mathscr{R}_{j-L}^{(2^{(L+1)}-1)}\} = \{\mathscr{R}_{j-L}^{(\varepsilon_L\varepsilon_{L-1}\cdots\varepsilon_1\varepsilon_0)_2};\varepsilon_k\in\{0,1\},0\leqslant k\leqslant L\}$$

在无穷维序列向量空间 $\ell^2(\mathbb{Z})$ 中是相互正交的，即

$$\left\langle \mathscr{R}_{j-L}^{(m)},\mathscr{R}_{j-L}^{(\ell)}\right\rangle_{\mathbb{C}^N} = 0,\quad 0\leqslant \ell\neq m\leqslant(2^{(L+1)}-1)$$

证明　按 $(L+1)$ 位二进制表示法，$m=(\varepsilon_L\varepsilon_{L-1}\cdots\varepsilon_1\varepsilon_0)_2,\ell=(\delta_L\delta_{L-1}\cdots\delta_1\delta_0)_2$，则

$$\begin{aligned}
\left\langle \mathscr{R}_{j-L}^{(m)},\mathscr{R}_{j-L}^{(\ell)}\right\rangle_{\mathbb{C}^N} &= [\mathscr{R}_{j-L}^{(\ell)}]^*[\mathscr{R}_{j-L}^{(m)}]\\
&= \left[\prod_{u=0}^{L}[\boldsymbol{\mathcal{H}}_{\delta_{L-u}}^{(u)}]\mathscr{D}_{j-L}^{(\delta_L\delta_{L-1}\cdots\delta_1\delta_0)_2}\right]^*\left[\prod_{u=0}^{L}[\boldsymbol{\mathcal{H}}_{\varepsilon_{L-u}}^{(u)}]\mathscr{D}_{j-L}^{(\varepsilon_L\varepsilon_{L-1}\cdots\varepsilon_1\varepsilon_0)_2}\right]\\
&= [\mathscr{D}_{j-L}^{(\delta_L\delta_{L-1}\cdots\delta_1\delta_0)_2}]^*\prod_{v=0}^{L}[\boldsymbol{\mathcal{H}}_{\delta_v}^{(L-v)}]^*\prod_{u=0}^{L}[\boldsymbol{\mathcal{H}}_{\varepsilon_{L-u}}^{(u)}][\mathscr{D}_{j-L}^{(\varepsilon_L\varepsilon_{L-1}\cdots\varepsilon_1\varepsilon_0)_2}]\\
&= 0
\end{aligned}$$

其中因为，对于 $v=0,1,\cdots,L$,

$$[\boldsymbol{\mathcal{H}}_{\delta_{L-v}}^{(v)}]^*[\boldsymbol{\mathcal{H}}_{\varepsilon_{L-v}}^{(v)}] = \begin{cases}\boldsymbol{\mathcal{I}}[2^{-(v+1)}N], & \delta_{L-v}=\varepsilon_{L-v}\\ \boldsymbol{\mathcal{O}}[2^{-(v+1)}N], & \delta_{L-v}\neq\varepsilon_{L-v}\end{cases}$$

其中：

$\boldsymbol{\mathcal{I}}[2^{-(v+1)}N]$ 表示 $[2^{-(v+1)}N]\times[2^{-(v+1)}N]$ 的单位矩阵；

$\boldsymbol{\mathcal{O}}[2^{-(v+1)}N]$ 表示 $[2^{-(v+1)}N]\times[2^{-(v+1)}N]$ 的零矩阵.

因为 $0\leqslant\ell\neq m\leqslant(2^{(L+1)}-1)$，所以至少存在一个 $v:0\leqslant v\leqslant L$，使 $\delta_{L-v}\neq\varepsilon_{L-v}$，这样，$[\boldsymbol{\mathcal{H}}_{\delta_{L-v}}^{(v)}]^*[\boldsymbol{\mathcal{H}}_{\varepsilon_{L-v}}^{(v)}]=\boldsymbol{\mathcal{O}}[2^{-(v+1)}N]$.

(δ) 有限维向量小波包金字塔勾股定理

定理 5.81 (有限维向量小波包金字塔勾股定理)　对任意的整数 j 和固定的非负整数 L，如果 $\mathscr{D}_{j+1}^{(0)}\in\mathbb{C}^N$ 经过 $(L+1)$ 次完全正交小波包投影得到的投影向量被

表示为

$$\mathscr{D}_{j-L}^{(m)}=\{d_{j-L,k}^{(m)};k=0,1,\cdots,[2^{-(L+1)}N-1]\}^{\mathrm{T}},\quad m=0,1,2,\cdots,(2^{(L+1)}-1)$$

对于 $m=0,1,2,\cdots,(2^{(L+1)}-1)$，如果它的 $(L+1)$ 位二进制表示是

$$m=(\varepsilon_L\varepsilon_{L-1}\cdots\varepsilon_2\varepsilon_1\varepsilon_0)_2=\varepsilon_L\times 2^L+\varepsilon_{L-1}\times 2^{L-1}+\cdots+\varepsilon_1\times 2+\varepsilon_0$$

定义 $N\times[2^{-(L+1)}N]$ 矩阵 $\boldsymbol{\mathcal{R}}_m$ 如下：

$$\boldsymbol{\mathcal{R}}_m=\boldsymbol{\mathcal{R}}_{(\varepsilon_L\varepsilon_{L-1}\cdots\varepsilon_2\varepsilon_1\varepsilon_0)_2}=\boldsymbol{\mathcal{H}}_{\varepsilon_L}^{(0)}\boldsymbol{\mathcal{H}}_{\varepsilon_{L-1}}^{(1)}\cdots\boldsymbol{\mathcal{H}}_{\varepsilon_1}^{(L-1)}\boldsymbol{\mathcal{H}}_{\varepsilon_0}^{(L)}=\left[\prod_{\ell=L}^{0}\boldsymbol{\mathcal{H}}_{\varepsilon_\ell}^{(L-\ell)}\right]$$

而且

$$\begin{aligned}\mathscr{R}_{j-L}^{(m)}&=\boldsymbol{\mathcal{H}}_{\varepsilon_L}^{(0)}\boldsymbol{\mathcal{H}}_{\varepsilon_{L-1}}^{(1)}\cdots\boldsymbol{\mathcal{H}}_{\varepsilon_1}^{(L-1)}\boldsymbol{\mathcal{H}}_{\varepsilon_0}^{(L)}\mathscr{D}_{j-L}^{(\varepsilon_L\varepsilon_{L-1}\cdots\varepsilon_2\varepsilon_1\varepsilon_0)_2}\\&=\boldsymbol{\mathcal{R}}_{(\varepsilon_L\varepsilon_{L-1}\cdots\varepsilon_2\varepsilon_1\varepsilon_0)_2}\mathscr{D}_{j-L}^{(\varepsilon_L\varepsilon_{L-1}\cdots\varepsilon_2\varepsilon_1\varepsilon_0)_2}\\&=\boldsymbol{\mathcal{R}}_m\mathscr{D}_{j-L}^{(m)}\end{aligned}$$

或者详细罗列如下：

$$\begin{aligned}\mathscr{R}_{j-L}^{(00\cdots00)_2}&=\boldsymbol{\mathcal{H}}_0^{(0)}\boldsymbol{\mathcal{H}}_0^{(1)}\cdots\boldsymbol{\mathcal{H}}_0^{(L-1)}\boldsymbol{\mathcal{H}}_0^{(L)}\mathscr{D}_{j-L}^{(00\cdots00)_2}=\boldsymbol{\mathcal{R}}_0\mathscr{D}_{j-L}^{(0)}\\\mathscr{R}_{j-L}^{(00\cdots01)_2}&=\boldsymbol{\mathcal{H}}_0^{(0)}\boldsymbol{\mathcal{H}}_0^{(1)}\cdots\boldsymbol{\mathcal{H}}_0^{(L-1)}\boldsymbol{\mathcal{H}}_1^{(L)}\mathscr{D}_{j-L}^{(00\cdots01)_2}=\boldsymbol{\mathcal{R}}_1\mathscr{D}_{j-L}^{(1)}\\&\vdots\\\mathscr{R}_{j-L}^{(11\cdots10)_2}&=\boldsymbol{\mathcal{H}}_1^{(0)}\boldsymbol{\mathcal{H}}_1^{(1)}\cdots\boldsymbol{\mathcal{H}}_1^{(L-1)}\boldsymbol{\mathcal{H}}_0^{(L)}\mathscr{D}_{j-L}^{(11\cdots10)_2}=\boldsymbol{\mathcal{R}}_{(2^{(L+1)}-2)}\mathscr{D}_{j-L}^{(2^{(L+1)}-2)}\\\mathscr{R}_{j-L}^{(11\cdots11)_2}&=\boldsymbol{\mathcal{H}}_1^{(0)}\boldsymbol{\mathcal{H}}_1^{(1)}\cdots\boldsymbol{\mathcal{H}}_1^{(L-1)}\boldsymbol{\mathcal{H}}_1^{(L)}\mathscr{D}_{j-L}^{(11\cdots11)_2}=\boldsymbol{\mathcal{R}}_{(2^{(L+1)}-1)}\mathscr{D}_{j-L}^{(2^{(L+1)}-1)}\end{aligned}$$

那么，从这里提供的 2^{L+1} 个小波包投影向量 $\mathscr{D}_{j-L}^{(m)},m=0,1,2,\cdots,(2^{(L+1)}-1)$ 合成重建原始向量 $\mathscr{D}_{j+1}^{(0)}$ 的小波包金字塔合成算法可以等价地表示为

$$\mathscr{D}_{j+1}^{(0)}=\sum_{m=0}^{(2^{(L+1)}-1)}\boldsymbol{\mathcal{R}}_m\mathscr{D}_{j-L}^{(m)}=\sum_{m=(\varepsilon_L\varepsilon_{L-1}\cdots\varepsilon_1\varepsilon_0)_2=0}^{(2^{(L+1)}-1)}\mathscr{R}_{j-L}^{(\varepsilon_L\varepsilon_{L-1}\cdots\varepsilon_1\varepsilon_0)_2}=\sum_{m=0}^{(2^{(L+1)}-1)}\mathscr{R}_{j-L}^{(m)}$$

而且保持如下的"勾股定理"恒等式：

$$\|\mathscr{D}_{j+1}^{(0)}\|_{\mathbb{C}^N}^2=\sum_{m=0}^{(2^{(L+1)}-1)}\|\mathscr{R}_{j-L}^{(m)}\|_{\mathbb{C}^N}^2$$

其中，勾股定理恒等式中出现的各个范数平方可以如下计算：

$$\|\mathscr{D}_{j+1}^{(0)}\|_{\mathbb{C}^N}^2=\sum_{n\in\mathbb{Z}}|d_{j+1,n}^{(0)}|^2,\quad\|\mathscr{R}_{j-L}^{(m)}\|_{\mathbb{C}^N}^2=\sum_{k\in\mathbb{Z}}|d_{j-L,k}^{(m)}|^2,\quad m=0,1,2,\cdots,(2^{(L+1)}-1)$$

证明　按 $(L+1)$ 位二进制表示法，$m=(\varepsilon_L\varepsilon_{L-1}\cdots\varepsilon_1\varepsilon_0)_2$，则

$$\begin{aligned}\left\langle \mathscr{R}_{j-L}^{(m)}, \mathscr{R}_{j-L}^{(m)} \right\rangle_{\mathbb{C}^N}^2 &= [\mathscr{R}_{j-L}^{(m)}]^* [\mathscr{R}_{j-L}^{(m)}] \\ &= \left[\prod_{u=0}^{L} [\boldsymbol{\mathcal{H}}_{\varepsilon_{L-u}}^{(u)}] \mathscr{D}_{j-L}^{(\varepsilon_L \varepsilon_{L-1} \cdots \varepsilon_1 \varepsilon_0)_2} \right]^* \left[\prod_{u=0}^{L} [\boldsymbol{\mathcal{H}}_{\varepsilon_{L-u}}^{(u)}] \mathscr{D}_{j-L}^{(\varepsilon_L \varepsilon_{L-1} \cdots \varepsilon_1 \varepsilon_0)_2} \right] \\ &= [\mathscr{D}_{j-L}^{(\varepsilon_L \varepsilon_{L-1} \cdots \varepsilon_1 \varepsilon_0)_2}]^* \prod_{v=0}^{L} [\boldsymbol{\mathcal{H}}_{\varepsilon_v}^{(L-v)}]^* \prod_{u=0}^{L} [\boldsymbol{\mathcal{H}}_{\varepsilon_{L-u}}^{(u)}] [\mathscr{D}_{j-L}^{(\varepsilon_L \varepsilon_{L-1} \cdots \varepsilon_1 \varepsilon_0)_2}] \\ &= [\mathscr{D}_{j-L}^{(\varepsilon_L \varepsilon_{L-1} \cdots \varepsilon_1 \varepsilon_0)_2}]^* [\mathscr{D}_{j-L}^{(\varepsilon_L \varepsilon_{L-1} \cdots \varepsilon_1 \varepsilon_0)_2}] \\ &= [\mathscr{D}_{j-L}^{(m)}]^* [\mathscr{D}_{j-L}^{(m)}] \\ &= \sum_{k \in \mathbb{Z}} | d_{j-L,k}^{(m)} |^2\end{aligned}$$

其中，对于 $v = 0,1,\cdots,L$，$[\boldsymbol{\mathcal{H}}_{\varepsilon_{L-v}}^{(v)}]^*[\boldsymbol{\mathcal{H}}_{\varepsilon_{L-v}}^{(v)}] = \boldsymbol{\mathcal{I}}[2^{-(v+1)}N]$. 另外，勾股定理恒等式可以从定理 5.80 给出的正交性直接得到. #

(ε) 有限维向量小波包金字塔的基

定理 5.82 (有限维向量小波包金字塔的基) 对任意固定的非负整数 L，对于 $m = 0,1,2,\cdots,(2^{(L+1)}-1)$，将它写成 $(L+1)$ 位的二进制表示：

$$m = (\varepsilon_L \varepsilon_{L-1} \cdots \varepsilon_2 \varepsilon_1 \varepsilon_0)_2 = \varepsilon_L \times 2^L + \varepsilon_{L-1} \times 2^{L-1} + \cdots + \varepsilon_1 \times 2 + \varepsilon_0$$

定义 $N \times [2^{-(L+1)}N]$ 矩阵 $\boldsymbol{\mathcal{R}}_m$ 如下：

$$\boldsymbol{\mathcal{R}}_m = \boldsymbol{\mathcal{R}}_{(\varepsilon_L \varepsilon_{L-1} \cdots \varepsilon_2 \varepsilon_1 \varepsilon_0)_2} = \boldsymbol{\mathcal{H}}_{\varepsilon_L}^{(0)} \boldsymbol{\mathcal{H}}_{\varepsilon_{L-1}}^{(1)} \cdots \boldsymbol{\mathcal{H}}_{\varepsilon_1}^{(L-1)} \boldsymbol{\mathcal{H}}_{\varepsilon_0}^{(L)} = \left[\prod_{\ell=L}^{0} \boldsymbol{\mathcal{H}}_{\varepsilon_\ell}^{(L-\ell)} \right]$$

并按照列向量方式重新撰写为

$$\boldsymbol{\mathcal{R}}_m = [\mathbf{r}(m,k); k = 0,1,\cdots,(2^{-(L+1)}N - 1])]_{N \times [2^{-(L+1)}N]}$$

那么，$\boldsymbol{\mathcal{R}}_m = [\mathbf{r}(m,k); k = 0,1,\cdots,[2^{-(L+1)}N - 1]]_{N \times [2^{-(L+1)}N]}, m = 0,1,\cdots,(2^{(L+1)}-1)$ 的全部列向量构成的向量系

$$\begin{aligned}&\{\mathbf{r}(m,k); k = 0,1,\cdots,[2^{-(L+1)}N - 1], m = 0,1,\cdots,(2^{L+1}-1)\} \\ &\quad = \bigcup_{m=0}^{(2^{L+1}-1)} \{\mathbf{r}(m,k); k = 0,1,\cdots,[2^{-(L+1)}N - 1]\}\end{aligned}$$

是 N 维序列空间 $\mathbb{C}^N$ 的规范正交基.

证明 当 $m = 0,1,2,\cdots,(2^{(L+1)}-1)$ 时，如下的列向量组：

$$\{\mathbf{r}(m,k);k=0,1,\cdots,(2^{-(L+1)}N-1])\}$$

是规范正交系；当 $n=0,1,2,\cdots,(2^{(L+1)}-1)$ 而且 $n\neq m$ 时，那么，

$$\{\mathbf{r}(m,k);k=0,1,\cdots,(2^{-(L+1)}N-1])\}\perp\{\mathbf{r}(N,k);k=0,1,\cdots,(2^{-(L+1)}N-1])\}$$

另外，根据有限维向量小波包金字塔的酉性，可以证明

$$\{\mathbf{r}(m,k);k=0,1,\cdots,(2^{-(L+1)}N-1]);0\leqslant m\leqslant(2^{L+1}-1)\}$$

是一个完全规范正交的向量系，从而它是序列空间 $\mathbb{C}^N$ 的规范正交基.

(ζ) 有限维空间的小波包金字塔

定理 5.83 (有限维空间的小波包金字塔)　对任意固定的非负整数 L，对于 $m=0,1,2,\cdots,(2^{(L+1)}-1)$，将它写成 $(L+1)$ 位的二进制表示：

$$m=(\varepsilon_L\varepsilon_{L-1}\cdots\varepsilon_2\varepsilon_1\varepsilon_0)_2=\varepsilon_L\times 2^L+\varepsilon_{L-1}\times 2^{L-1}+\cdots+\varepsilon_1\times 2+\varepsilon_0$$

定义 $N\times[2^{-(L+1)}N]$ 矩阵 $\mathcal{R}_m$ 如下:

$$\mathcal{R}_m=\mathcal{R}_{(\varepsilon_L\varepsilon_{L-1}\cdots\varepsilon_2\varepsilon_1\varepsilon_0)_2}=\mathcal{H}^{(0)}_{\varepsilon_L}\mathcal{H}^{(1)}_{\varepsilon_{L-1}}\cdots\mathcal{H}^{(L-1)}_{\varepsilon_1}\mathcal{H}^{(L)}_{\varepsilon_0}=\left[\prod_{\ell=L}^{0}\mathcal{H}^{(L-\ell)}_{\varepsilon_\ell}\right]$$

并按照列向量方式重新撰写为

$$\mathcal{R}_m=[\mathbf{r}(m,k);k=0,1,\cdots,(2^{-(L+1)}N-1])]_{N\times[2^{-(L+1)}N]}$$

定义子空间序列记号如下：当 $m=0,1,2,\cdots,(2^{L+1}-1)$ 时，

$$\mathscr{U}^m_L=\mathrm{Closespan}\{\mathbf{r}(m,k);k=0,1,\cdots,(2^{-(L+1)}N-1])\}$$

那么，$\{\mathscr{U}^m_L;m=0,1,2,\cdots,(2^{L+1}-1)\}$ 是 N 维序列空间 $\mathbb{C}^N$ 的相互正交的子空间序列，而且，$\mathbb{C}^N=\left[\bigoplus_{m=0}^{(2^{L+1}-1)}\mathscr{U}^m_L\right]$.

证明　这实际上就是引理 5.8(空间的正交分解)的一般化表示，该引理 5.8 之后的注释"小波包正交直和分解的定义和注释"的准确表达. 关于这种分解获得的子空间的记号遵循的规则是金字塔规则，比如，

$$\begin{aligned}\mathbb{C}^N&=\mathrm{H}_0\oplus\mathrm{H}_1\\&=\mathrm{H}_{00}\oplus\mathrm{H}_{01}\oplus\mathrm{H}_{10}\oplus\mathrm{H}_{11}\\&=\mathrm{H}_{000}\oplus\mathrm{H}_{001}\oplus\mathrm{H}_{010}\oplus\mathrm{H}_{011}\oplus\mathrm{H}_{100}\oplus\mathrm{H}_{101}\oplus\mathrm{H}_{110}\oplus\mathrm{H}_{111}\end{aligned}$$

在第 L 步完全分解完成后，$\mathbb{C}^N$ 写成 $2^{(L+1)}$ 个子空间的正交直和：

$$\mathbb{C}^N = \bigoplus_{m=(\varepsilon_L\varepsilon_{L-1}\cdots\varepsilon_1\varepsilon_0)_2=0}^{(2^{(L+1)}-1)} \mathbf{H}_{\varepsilon_L\varepsilon_{L-1}\cdots\varepsilon_1\varepsilon_0}$$

当 $m=0,1,2,\cdots,(2^{(L+1)}-1)$ 时，将 m 写成 $(L+1)$ 位的二进制形式：

$$\begin{aligned} m &= \sum_{\ell=0}^{L}\varepsilon_\ell \times 2^\ell = (\varepsilon_L\varepsilon_{L-1}\ldots\varepsilon_2\varepsilon_1\varepsilon_0)_2 \\ &= \varepsilon_L \times 2^L + \varepsilon_{L-1}\times 2^{L-1} + \ldots + \varepsilon_2\times 2^2 + \varepsilon_1 \times 2 + \varepsilon_0 \end{aligned}$$

其中，$\varepsilon_\ell \in \{0,1\}$，$\ell = 0,1,\cdots,L$.

这个定理的证明从定理 5.82 可以直接得到. #

(η) 有限维向量小波包金字塔坐标

定理 5.84 (有限维向量小波包金字塔坐标) 在有限维空间 $\mathbb{C}^N$ 的平凡规范正交基之下，向量 $\mathscr{D}_{j+1}^{(0)}$ 在 $\mathbb{C}^N$ 的子空间序列 $\{\mathscr{U}_L^m; m=0,1,2,\cdots,(2^{L+1}-1)\}$ 上的全部正交小波包投影的坐标向量表示就是 $\mathscr{R}_{j-L}^{(0)},\mathscr{R}_{j-L}^{(1)},\cdots,\mathscr{R}_{j-L}^{(2^{(L+1)}-2)},\mathscr{R}_{j-L}^{(2^{(L+1)}-1)}$.

证明 建议读者完成这个定理的证明. #

定理 5.85 (有限维向量小波包金字塔坐标) 在有限维空间 $\mathbb{C}^N$ 的联合规范正交基：

$$\bigcup_{m=0}^{(2^{L+1}-1)} \{\mathbf{r}(m,k); k=0,1,\cdots,[2^{-(L+1)}N-1]\}$$

之下，向量 $\mathscr{D}_{j+1}^{(0)}$ 在 $\mathbb{C}^N$ 的子空间序列 $\{\mathscr{U}_L^m; m=0,1,2,\cdots,(2^{L+1}-1)\}$ 上的全部正交小波包投影向量 $\mathscr{R}_{j-L}^{(0)},\mathscr{R}_{j-L}^{(1)},\cdots,\mathscr{R}_{j-L}^{(2^{(L+1)}-2)},\mathscr{R}_{j-L}^{(2^{(L+1)}-1)}$ 的坐标分别是

$$\mathscr{D}_{j-L}^{(m)} = \{d_{j-L,k}^{(m)}; k=0,1,\cdots,[2^{-(L+1)}N-1]\}^{\mathrm{T}}, \quad m=0,1,2,\cdots,(2^{(L+1)}-1)$$

此时，$\mathscr{D}_{j+1}^{(0)}$ 的坐标将被表示为

$$\{d_{j-L,k}^{(m)}; k=0,1,\cdots,[2^{-(L+1)}N-1], m=0,1,2,\cdots,(2^{(L+1)}-1)\}^{\mathrm{T}}$$

或者表示为

$$\{[\mathscr{D}_{j-L}^{(m)}]^{\mathrm{T}}; m=0,1,2,\cdots,(2^{(L+1)}-1)\}^{\mathrm{T}}$$

证明和注释：在向量空间 $\mathbb{C}^N$ 的平凡规范正交基 $\left\{e_k; k=0,1,\cdots,N-1\right\}$ 中，对于任意的整数 $k=0,1,\cdots,N-1$，e_k 表示第 k 行元素等于 1 而且其他各行元素都是 0 的

N 维列向量. 作为原始数据出现的 $\mathscr{D}_{j+1}^{(0)}$ 实际是在向量空间 $\mathbb{C}^N$ 的平凡规范正交基 $\{e_k; k=0,1,\cdots,N-1\}$ 之下给出的. 在向量空间 $\mathbb{C}^N$ 的联合规范正交基:

$$\bigcup_{m=0}^{(2^{L+1}-1)} \{\mathbf{r}(m,k); k=0,1,\cdots,[2^{-(L+1)}N-1]\}$$

之下, 从形式上看, 对于 $m=0,1,2,\cdots,(2^{(L+1)}-1)$,

$$\mathscr{D}_{j-L}^{(m)} = \{d_{j-L,k}^{(m)}; k=0,1,\cdots,(2^{-(L+1)}N-1)\}^{\mathrm{T}}$$

的坐标分量只有 $2^{-(L+1)}N$, 但它本质上应该是 N 分量, 只不过, 其他分量都是 0. 这里所罗列出的分量 $d_{j-L,k}^{(m)}; k=0,1,\cdots,(2^{-(L+1)}N-1)$ 是 $\mathscr{D}_{j+1}^{(0)}$ 在子空间

$$\mathscr{U}_L^m = \text{Closespan}\{\mathbf{r}(m,k); k=0,1,\cdots,(2^{-(L+1)}N-1])\}$$

上正交投影相对于规范正交系 $\{\mathbf{r}(m,k); k=0,1,\cdots,(2^{-(L+1)}N-1])\}$ 的坐标, 而这个正交投影在规范正交系:

$$\bigcup_{n=0,n\neq m}^{(2^{L+1}-1)} \{\mathbf{r}(n,k); k=0,1,\cdots,[2^{-(L+1)}N-1]\}$$

下的坐标全部都是 0. #

小波链和小波包理论直接来源于多分辨率分析理论, 应用非常广泛, 无论是连续形式还是离散形式, 甚至于有限离散形式, 都出现了丰富的研究文献, 为便于读者探索这些理论的研究和应用, 这里罗列部分参考文献, 比如 Mallat(1988, 1989a, 1989b, 1989c), Meyer(1990, 1992), Sweldens(1994, 1996), 冉启文(1995, 2001)等的研究成果, 供读者进一步参考.

参考文献

邓东皋, 彭立中. 1991. 小波分析. 数学进展, 20(3): 294-310

刘贵忠, 邸双亮. 1993. 小波分析及其应用. 西安: 西安电子科技大学出版社

迈耶 Y. 1992. 小波与算子(第一卷). 尤众, 译. 北京: 世界图书出版公司

迈耶 Y, 科伊夫曼 R. 1994. 小波与算子(第二卷和第三卷). 王耀东, 译. 北京: 世界图书出版公司

秦前清, 杨宗凯. 1994. 实用小波分析. 西安: 西安电子科技大学出版社

冉启文. 1995. 小波分析方法及其应用. 哈尔滨: 哈尔滨工业大学出版社

冉启文. 2001. 小波变换与分数傅里叶变换理论及应用. 哈尔滨: 哈尔滨工业大学出版社

冉启文, 谭立英. 2002. 小波分析与分数傅里叶变换及应用. 北京: 国防工业出版社

冉启文, 谭立英. 2004. 分数傅里叶光学导论. 北京: 科学出版社

王建中. 1992. 小波理论及其在物理和工程中的应用. 数学进展, 21(3): 290-310

Coifman R R, Wickerhauser M V. 1992. Entropy-based algorithms for best basis selection. IEEE Transactions on Information Theory, 38(2): 713-718

Daubechies I. 1988a. Time-frequency localization operators: A geometric phase space approach. IEEE Transactions on Information Theory, 34(4): 605-612

Daubechies I. 1988b. Orthonormal bases of compactly supported wavelets. Communications on Pure and Applied Mathematics, 41(7): 909-996

Daubechies I. 1990. The wavelet transform, time-frequency localization and signal analysis. IEEE Transactions on Information Theory, 36(5): 961-1005

Daubechies I. 1992. Ten Lectures on Wavelets. Philadelphia, Pennsylvania: Society for Industrial and Applied Mathematics.

Daubechies I, Sweldens W. 1998. Factoring wavelet transforms into lifting steps. Journal of Fourier Analysis and Applications, 4(3): 247-269

Mallat S G. 1988. Multiresolution representations and wavelets. Ph. D. thesis, University of Pennsylvania

Mallat S G. 1989a. Multiresolution approximations and wavelet orthonormal bases of $L^2(R)$. Transactions of the American Mathematical Society, 315(1): 69-87

Mallat S G. 1989b. A theory for multi-resolution signal decomposition: The wavelet representation. IEEE Transactions on Pattern Analysis and Machine Intelligence, 11(7): 674-693

Mallat S G. 1989c. Multifrequency channel decompositions of images and wavelet models. IEEE Transactions on Acoustics, Speech, and Signal Processing, 37(12): 2091-2110

Mallat S G. 1991. Zero-crossings of a wavelet transform. IEEE Transactions on Information Theory, 37(4): 1019-1033

Mallat S G.1996. Wavelets for a vision. Proceedings of the IEEE, 84(4): 604-614

Mallat S G. 2009. A Wavelet Tour of Signal Processing: The Sparse Way. New York: Academic Press

Mallat S G, Hwang W L. 1992. Singularity detection and processing with wavelets. IEEE Transactions on Information Theory, 38(2): 617-643

Mallat S G, Zhang Z. 1993. Matching pursuits with time-frequency dictionaries. IEEE Transactions on Signal Processing, 41(12): 3397-3415

Mallat S G, Zhong S. 1991. Wavelet transform maxima and multiscale edges// Wavelets and Their Applications. Boston: Jones and Bartlett, 67-104

Mallat S G, Zhong S. 1992. Characterization of signals from multiscale edges. IEEE Transactions on Pattern Analysis and Machine Intelligence, 14(7): 710-732

Meyer Y. 1990. Ondelettes et Operateurs. Vol.1. Paris: Hermann

Meyer Y, Ryan R. 1993. Wavelets: Algorithms and Applications. Philadelphia: Society for Industrial & Applied Mathematics

Sweldens W. 1994. Construction and applications of wavelets in numerical analysis. Ph.D. thesis, Department of Computer Science, Katholieke Universiteit Leuven, Belgium

Sweldens W. 1996. The lifting scheme: A custom-design construction of biorthogonal wavelets. Applied & Computational Harmonic Analysis, 3(2): 186-200

Wickerhauser M V. 1992. Acoustic signal compression with wavelet packets. Wavelets: a tutorial in theory and applications, 2(6): 679-700